HOLLEMAN / RICHTER

ORGANISCHE CHEMIE

A. F. HOLLEMAN

LEHRBUCH DER CHEMIE

Zweiter Teil

Organische Chemie

Bearbeitet von

FRIEDRICH RICHTER

27. und 28., durchgesehene und verbesserte Auflage

mit 97 Figuren

WALTER DE GRUYTER & CO.

vormals G. J. Göschen'sche Verlagshandlung · J. Guttentag, Verlagsbuchhandlung · Georg Reimer
Karl J. Trübner · Veit & Comp.

BERLIN 1951

Archiv-Nr. 52 32 51 Printed in Germany

SATZ: Walter de Gruyter & Co., Berlin W 35

DRUCK: Hermann WENDT G. m. b. H., Berlin W 35

Vorwort zur ersten Auflage

Es ist nicht zu verkennen, daß die vorhandenen kurzen Lehrbücher der organischen Chemie zumeist ein sehr großes Tatsachenmaterial geben; die Zahl der Verbindungen, welche darin vorgeführt wird, ist oft jedoch so ansehnlich, daß sie nur verwirrend auf den Anfänger wirken kann. Dagegen tritt der Gedankeninhalt dieses Teiles der Chemie ebenso häufig zurück; die Begründung der Strukturformeln z. B. läßt manchmal viel zu wünschen übrig. Wie nützlich diese Bücher zum Nachschlagen auch sein mögen, so sind sie als Lehrbuch zu dienen doch oft wenig geeignet, wie wohl mancher aus eigener Erfahrung weiß.

In dem vorliegenden Buche habe ich versucht, einerseits das Tatsachenmaterial einzuschränken und anderseits die Theorie mehr in den Vordergrund zu stellen. Daher ist für fast alle Verbindungen der Strukturbeweis geliefert. In der aromatischen Reihe jedoch war dies für die höher substituierten Verbindungen nicht durchführbar; deshalb werden die Methoden der Ortsbestimmung in dieser Reihe in einem besonderen Kapitel behandelt.

An passender Stelle sind physikalisch-chemische Theorien, z. B. die Gesetze der Esterifikation, die Ionisation u. a., eingeschaltet. Ebenso sind wichtige technische Prozesse, wie die Darstellung von Alkohol, Rohrzucker usw., nicht unerwähnt geblieben. Das Buch will also in erster Linie als Lehrbuch betrachtet werden, macht dagegen nicht Anspruch darauf, ein „Beilstein" in sehr verkürzter Gestalt zu sein.

Ich schließe mit einem Wort aufrichtigen Dankes an den Herrn Verleger für die ausgezeichnete Sorge, welche er dieser Ausgabe gewidmet hat.

Groningen (Niederlande), Oktober 1898.

A. F. Holleman

Vorwort zur neunzehnten Auflage

Die vorliegende 19. Auflage von HOLLEMANs Lehrbuch der organischen Chemie ist auf Wunsch des Verfassers und der Verlagsbuchhandlung von mir einer durchgreifenden Revision unterzogen worden. Da der Grundgedanke des Werkes, wie ihn HOLLEMAN 1898 im Vorwort zur ersten Auflage ausgesprochen hat, auch heute noch volle Anerkennung verdient, so habe ich mich bemüht, an dem Aufbau des Lehrbuches, für dessen Beliebtheit die ungewöhnlich hohe Auflagenzahl Zeugnis ablegt, so wenig wie möglich zu ändern. Auch ist die organische Chemie von der lebhaften Entwicklung, in der sich ihre Nachbardisziplinen heute befinden, vorerst nicht in dem Maße befruchtet worden, daß eine völlige Neugestaltung des Werkes jetzt schon geboten erschiene. Ich habe mich deshalb vielfach darauf beschränkt, veraltete Anschauungen auszumerzen, offenkundige Fehler zu verbessern und die Fortschritte der letzten Jahre zu berücksichtigen. Darüber hinaus erwies es sich als notwendig, einige in den früheren Auflagen etwas stiefmütterlich behandelte Kapitel wesentlich zu erweitern. In erster Linie sind hiervon neben den isocyclischen Verbindungen die heterocyclischen Verbindungen betroffen worden, deren Umfang auf das Doppelte angewachsen ist. Auch das physiologisch-chemische Grenzgebiet ist seiner zunehmenden Wichtigkeit entsprechend etwas stärker als früher berücksichtigt worden. Um das Buch trotzdem nicht ungebührlich anschwellen zu lassen, habe ich vielfach eine etwas gedrängtere Form der Beweisführung gewählt, die, wie ich hoffe, auch in didaktischer Hinsicht eine Verbesserung bedeuten wird. Sodann habe ich manches ausgeschieden, was nicht unbedingt in den Rahmen eines Lehrbuches der organischen Chemie gehört und worüber sich der Studierende bei der weiten Verzweigung unserer Disziplin heute doch zwangsläufig in Speziallehrbüchern orientieren muß. Besondere Mühe habe ich schließlich auch der Revision der physikalischen Konstanten gewidmet, von denen nur die derzeit besten Werte Berücksichtigung gefunden haben.

Berlin, im April 1930.

Friedrich Richter

Vorwort zur zwanzigsten Auflage

Seit dem Erscheinen der 19. Ausgabe ist der Besitzstand der organischen Chemie wieder um zahlreiche Erkenntnisse bereichert worden. Ihre theoretischen Grundlagen sind durch physikalische Untersuchungen gefestigt, die Konstitutionsaufklärung wichtiger Naturstoffe und das Verständnis ihrer Rolle im physiologisch-chemischen Geschehen hat erhebliche Fortschritte gemacht. Nicht zuletzt ist schließlich der raschen Umgestaltung auf dem Gebiet der organisch-chemischen Industrie zu gedenken, wo traditionelle Verfahren mit häufig überraschendem Erfolg durch moderne katalytische Methoden verdrängt werden. Die 20. Auflage ist dementsprechend einer sorgfältigen Revision unterzogen und an vielen Stellen neu geschrieben worden. Neu bearbeitet sind unter anderem die Abschnitte über ungesättigte Verbindungen, freie Radikale, Kohlenhydrate, Polysaccharide, alkoholische Gärung, Sterine, Vitamine, Blut- und Blattfarbstoff, Anthocyane und Pyridin. Die eingeschalteten Kapitel über Dipole, Röntgeninterferometrie und thermochemische Messungen werden auch dem Anfänger deutlich machen, welche Verfeinerung unsere Vorstellungen über Bau und Stabilität organischer Verbindungen in neuerer Zeit erfahren haben. Trotz dieses reichlichen Stoffzuwachses ist es auch diesmal wieder durch Verzicht auf didaktisch weniger wichtiges Material gelungen, ohne eine nennenswerte Steigerung des Umfanges auszukommen. Es ist mir eine angenehme Pflicht, Herrn Prof. Holleman für mancherlei Anregungen zu danken, die ich bei der Bearbeitung der Neuauflage berücksichtigen konnte.

Berlin, im Juni 1935.

Friedrich Richter

Vorwort zur einundzwanzigsten Auflage

Der rasche Absatz der letzten Auflage machte vorübergehend einen unveränderten Nachdruck notwendig, dem nunmehr die 21., sorgfältig durchgesehene und in mancher Hinsicht erweiterte Auflage folgt. Es bedarf keiner Begründung, daß das immer noch in rascher Entwicklung begriffene Gebiet der Naturstoffe hierbei in erster Linie berücksichtigt wurde. So sind die Abschnitte Fette, Kohlenhydrate, Eiweißstoffe, Enzyme, Sterine, Vitamine, Pyrrolfarbstoffe und Alkaloide entsprechend dem Stand der Forschung teilweise neu bearbeitet und in größerer Ausführlichkeit behandelt worden. Aber auch viele den einfacheren Verbindungen gewidmete Artikel haben diesmal durch größere oder kleinere Änderungen eine reichere Ausgestaltung erfahren. Die Neuaufnahme einer verhältnismäßig beschränkten Anzahl von Verbindungen und Reaktionen, die in gleicher Weise dem Interessenkreis der reinen Chemie, der Biochemie und der chemischen Technik entstammen, erlaubte in vielen Fällen eine abgerundetere Darstellung des Verhaltens der einzelnen Körperklassen. Schließlich wurden auch die theoretischen Kapitel sorgfältig überarbeitet und nach Möglichkeit durch Beispiele im Sinn neuerer Anschauungen ergänzt. Die durch viele Auflagen bewährten Grundsätze der Einteilung und Stoffbehandlung habe ich im wesentlichen beibehalten. Sie werden im Verein mit der reichlichen Verwendung von Kleindruck der doppelten Aufgabe dieses Lehrbuchs dienlich sein, dem Anfänger die Kenntnis der Grundlagen zu vermitteln und den Fortgeschrittenen auf die Probleme der Gegenwart vorzubereiten. Zahlreichen Fachgenossen bin ich für Rat und Anregung zu Dank verpflichtet, so insbesondere den Herren Prof. Butenandt und H. Fischer für freundliche Durchsicht der Kapitel Sterine und Pyrrolfarbstoffe. Besonderer Dank gebührt schließlich auch dem Verlag, der trotz der schwierigen Zeiten Kosten und Mühe eines Neusatzes nicht scheute, um durch ein handliches und übersichtliches Format die Brauchbarkeit des Buches zu erhöhen.

Berlin, im Dezember 1939.

Friedrich Richter

Vorwort zur fünfundzwanzigsten Auflage

Die 25. Auflage wurde zugunsten einer Vereinheitlichung der Formate in einer neuen Type gesetzt und erscheint daher bei ungekürztem Inhalt in verminderter Seitenzahl. Sie wurde wie ihre Vorgänger wiederum an vielen Stellen sorgfältig verbessert und ergänzt und nach Möglichkeit auf den neuesten Stand gebracht. Sonstige Änderungen, wie sie sich aus rein methodischen Gründen angesichts des ständigen Zustroms von Material im Lauf der Zeit immer wieder als wünschenswert ergeben, wurden mit Rücksicht auf die durch den Krieg bedingten Beschränkungen vorerst noch zurückgestellt. Doch bot sich diesmal die willkommene Gelegenheit, einen Abschnitt über Einrichtung und Benutzung der wichtigsten registrierenden Werke auf dem Gebiet der organischen Chemie anzufügen. Der Student kann sich mit diesen Hilfsmitteln nicht früh genug vertraut machen. Er wird auch von der Lektüre des Lehrbuchs um so größeren Gewinn haben, je eher er in der Lage ist, seine Kenntnisse von Fall zu Fall durch Einsicht der

Original-Literatur zu erweitern und zu vertiefen. Ich habe deshalb Wert darauf gelegt, die organische Systematik zwar nur in den Grundzügen, aber doch so eingehend zu behandeln, daß dieser Abschnitt für den Anfänger als wirkliche Arbeitsanweisung betrachtet werden kann.

Z. Zt. Zobten (Bez. Breslau), im April 1944.

Friedrich Richter

Vorwort zur sechsundzwanzigsten Auflage

In nicht abreißendem und fast unübersehbarem Strom ergießen sich seit einigen Jahren die Forschungsergebnisse der Kriegs- und Nachkriegszeit in die wissenschaftliche Literatur. Der Zuwachs an Kenntnissen ist auch bei zurückhaltender Beurteilung achtunggebietend, die damit verbundene Weitung des allgemeinen Gesichtskreises nicht minder eindrucksvoll. Die 26. Auflage sucht dem bei zunächst noch unveränderter Anlage Rechnung zu tragen und ist wieder sorgfältig dem Stand der Forschung angepaßt. Fast auf jeder Seite wird der aufmerksame Leser entsprechenden Ergänzungen oder Änderungen begegnen. Sie erstrecken sich ebensowohl auf die organische Chemie klassischer Prägung, die mit der ihr eigenen Methodik und Intuition das Feld in unverminderter Lebenskraft beherrscht, wie auf ihre Verknüpfung mit physikalisch-theoretischen und biochemischen Beziehungen, aus denen sie ständig neue Impulse von steigender Wichtigkeit erhält. Daß das Lehrbuch im vergangenen Jahr auf das nicht gerade häufige Ereignis eines 50jährigen Bestehens zurückblicken konnte, verdankt es wohl vornehmlich eben der Betonung des Grundsätzlichen und dem Streben nach Einheit der theoretischen Vorstellungen, auf denen das Wundergebäude der organischen Strukturchemie ruht. Kein Erbe, dessen Besitz nicht auch hier ständig neu erworben werden müßte. Der große Wandel in den Verfahren der Technik hat in der vorliegenden Auflage gleichfalls in vielen Beispielen seinen Niederschlag gefunden.

Wie in den Vorjahren bin ich auch diesmal zahlreichen Fachgenossen, unter denen ich besonders Herrn Prof. Otto Bayer hervorheben möchte, für wertvolle Ratschläge und Auskünfte zu Dank verpflichtet.

Frankfurt a. Main, im Oktober 1949.

Friedrich Richter

Vorwort zur siebenundzwanzigsten und achtundzwanzigsten Auflage

Der rasche Absatz der 26. Auflage machte bereits nach Jahresfrist eine neue Auflage nötig. Der Text wurde wiederum sorgfältig durchgesehen und dem Fortschritt der Literatur entsprechend vielfach ergänzt. Den Fachgenossen, die mich durch Rat und Hinweise unterstützt haben, sei für ihre Hilfe verbindlichst gedankt.

Frankfurt a. Main, im Juli 1951.

Friedrich Richter

Inhalt

Isocyclische Verbindungen

Einleitung

Der Begriff der „organischen Chemie“ ist aus der chemischen Erforschung der lebendigen Substanz des Pflanzen- und Tierreiches erwachsen. BERZELIUS, der anscheinend ihren Namen zuerst gebrauchte[1], führte ihn auf den Begriff des Organs zurück[2]. Er verglich den Organismus mit einer chemischen Werkstatt, in der die Organe die Rolle von Instrumenten zur Erzeugung lebenswichtiger Produkte spielen. Die organische Chemie bedeutete für ihn die Wissenschaft, die die chemische Zusammensetzung des lebenden Körpers und die darin vor sich gehenden Prozesse beschreibt. Den gleichen Gedanken brachte L. GMELIN, der 1819 als erster die Chemie der organischen Verbindungen zusammenfassend behandelte[3], zum Ausdruck: „Sie beschäftigt sich vorzüglich mit den chemischen Verhältnissen der einzelnen näheren Bestandteile des organischen Reichs“. Die organische Chemie bildete also ursprünglich einen Teil der Physiologie, und zwar denjenigen Teil, den wir heute als chemische Physiologie bezeichnen würden. Diese uns fremd gewordene Begriffsbestimmung hängt mit den damaligen theoretischen Vorstellungen eng zusammen. Lange Zeit hindurch war man nämlich der Meinung, daß die chemischen Verbindungen, die in Pflanzen und Tieren vorkommen, unter dem Einfluß einer besonderen rätselhaften Kraft, der **Lebenskraft,** erzeugt würden und außerhalb des Organismus nicht künstlich darstellbar seien. Die erste Synthese einer organischen Verbindung, die denkwürdige Synthese des Harnstoffs durch WÖHLER (1828), vermochte dieses Vorurteil noch nicht zu überwinden.

Schon vor 1828 waren zwei organische Synthesen beschrieben worden. SCHEELE (1742 bis 1786) stellte 1783 durch Glühen von Pottasche, Holzkohle und Salmiak Kaliumcyanid dar, und WÖHLER beschrieb 1824 die Gewinnung von Oxalsäure aus Cyan. Aber beide Reaktionen boten für die damalige Zeit nichts Auffallendes. Denn Blausäure galt als anorganische Verbindung, und Oxalsäure, die man noch als C_2O_3 formulierte, wurde jedenfalls nicht als organische Verbindung im eigentlichen Sinn angesehen.

1845 folgte die Synthese der Essigsäure durch KOLBE, 1860 beschrieb BERTHELOT in seinem großen Werk „La chimie organique fondée sur la synthèse“ bereits zahlreiche synthetische Darstellungen von Kohlenwasserstoffen, Alkoholen, Fetten usw. Ganz allmählich bildete sich so die Einsicht, daß für die Entstehung und die Umwandlungen der chemischen Verbindungen in der belebten und unbelebten Natur die gleichen Gesetze gelten. Heutigentags wird diese Tatsache besonders eindrucksvoll durch die glänzenden Synthesen veranschaulicht, durch die in der chemischen Industrie organische Verbindungen in größtem Maßstabe aus einfachsten Rohstoffen und zum Teil direkt aus den Elementen aufgebaut werden.

---

[1] In den Vorlesungen über Tierchemie (Stockholm 1806). Schon vor BERZELIUS findet sich die Bezeichnung „organische Chemie“ in den nachgelassenen Aufzeichnungen des Dichters NOVALIS, der sie vielleicht von dem Naturphilosophen SCHELLING übernommen hat.

[2] Lehrbuch der Chemie, 3. Aufl., übersetzt von F. WÖHLER, Bd. III, 1. Hälfte S. 138 (Dresden 1827).

[3] Handbuch der theoretischen Chemie, Bd. III, S. 935 (Frankfurt a. M. 1819).

Obwohl nun durch diese Synthesen die früher gemachte prinzipielle Unterscheidung zwischen organischen und anorganischen Verbindungen hinfällig geworden ist, hat man doch aus gleich zu erörternden Gründen an den alten Bezeichnungen festgehalten und nur durch eine schärfere Begriffsbestimmung dem Fortschritt der Erkenntnis Rechnung getragen. Die Beobachtung, daß alle im pflanzlichen und tierischen Organismus vorkommenden Verbindungen Kohlenstoff enthalten, führte dazu, die organische Chemie als die „Chemie der Kohlenstoffverbindungen" zu definieren (GMELIN, KOLBE, KEKULÉ).

Mit dieser neuen Definition war folgerichtig eine allmähliche Loslösung der organischen Chemie von ihren Nachbarwissenschaften, wie Medizin und Pharmazie, verbunden. Durch die bahnbrechenden Arbeiten von LIEBIG (1803—1873) und WÖHLER (1800—1882) in Deutschland, von BERZELIUS (1779—1848) in Schweden, von GAY-LUSSAC (1778—1850), DUMAS (1800—1884), LAURENT (1807—1853) und GERHARDT (1816—1856) in Frankreich entwickelte sich die organische Chemie rasch zu einer selbständigen Wissenschaft, und der Umfang des von ihr zutage geförderten Materials wuchs in einem erstaunlichen Maße. Es ist nicht zu verwundern, daß über der Fülle der neuen Forschungsobjekte das ursprüngliche Ziel der organischen Chemie, die Erforschung der Substanzen in der lebenden Natur, wenn auch nicht gänzlich vergessen wurde, so doch zeitweilig in den Hintergrund treten mußte. Heute kann das Gebiet der organischen Chemie so weit als ausgebaut gelten, daß die Anwendung der gewonnenen Erfahrungen auf die Erforschung der lebenden Materie wieder zu ihren vornehmsten Aufgaben gehört.

Es wurde bereits oben bemerkt, daß durch die Möglichkeit der künstlichen Darstellung organischer Verbindungen im Reagensglas die ursprüngliche Scheidewand zwischen anorganischer und organischer Chemie niedergerissen ist. Die große Zahl der im Lauf der Zeit gelungenen Synthesen berechtigt uns zu der Annahme, daß es wenigstens im Prinzip möglich sein wird, auch die kompliziertesten organischen Substanzen synthetisch aufzubauen. Trotzdem ist es auch jetzt noch zweckmäßig, die Kohlenstoffverbindungen als „Organische Verbindungen" getrennt von den Verbindungen der anderen Elemente zu behandeln. Denn vor allen anderen Elementen zeichnet sich der Kohlenstoff dadurch aus, daß er imstande ist, sich durch seine 4 Bindungseinheiten mit zahlreichen weiteren Kohlenstoffatomen zu sehr beständigen Kohlenstoffketten und -ringen zu vereinigen und namentlich auch Wasserstoff sehr fest zu binden. Diese Eigenschaften fehlen auch den nächsten Verwandten des Kohlenstoffs, dem Bor und dem Silicium. Die genannten Eigentümlichkeiten des Kohlenstoffs lassen es verständlich erscheinen, daß die Zahl der bekannten Kohlenstoffverbindungen die Zahl der Verbindungen aller anderen Elemente weit übertrifft: man kennt heute etwa 400000 organische gegenüber etwa 30000 anorganischen Verbindungen. Bei der geringen Anzahl der außer Kohlenstoff an dem Aufbau organischer Verbindungen beteiligten Elemente — es sind im wesentlichen immer nur Wasserstoff, Sauerstoff, Stickstoff und Schwefel — ist diese erstaunliche Fülle von Verbindungen nur auf Grund einer Erscheinung möglich, die man als „Isomerie" bezeichnet. Sie besteht darin, daß in Verbindungen der gleichen Elementarzusammensetzung die Elemente in sehr verschiedener Art miteinander verknüpft sein können. So kennt man von der Formel $C_9H_{10}O_3$ bereits über 100 Verbindungen, die sich durch ihr physikalisches und chemisches Verhalten scharf voneinander unterscheiden. In der anorganischen Chemie fehlt diese Erscheinung fast ganz.

Außer der Vielzahl der Kohlenstoffverbindungen sprechen aber auch methodische Gründe für eine gesonderte Behandlung der organischen Chemie. Die Sonderstellung des Kohlenstoffs gegenüber den anderen Elementen spiegelt sich auch im physikalischen und chemischen Verhalten seiner Verbindungen. Die meisten organischen Verbindungen sind Nichtelektrolyte und in Wasser unlöslich. Während zahlreiche anorganische Verbindungen sehr hohe Temperaturen ohne chemische Veränderung ertragen, werden die Kohlenstoffverbindungen bei hoher Temperatur meist zerstört; auch zeigen sie im allgemeinen eine viel geringere Beständigkeit gegen chemische Einflüsse als die anorganischen Verbindungen[1]. Für die Untersuchung der Kohlenstoffverbindungen müssen daher andere Methoden angewandt werden, als sie bei anorganischen Stoffen gebräuchlich sind.

[1] Eine Ausnahme bilden z. B. einige einfachere Verbindungen, die sich wegen ihres salzartigen Charakters, geringen Kohlenstoffgehalts und des Fehlens von Wasserstoff nicht wie typische Kohlenstoffverbindungen verhalten, z. B. Kohlensäure und ihre Salze, die Carbonate, Kohlenoxyd und zahlreiche Carbide. Diese Verbindungen pflegt man deshalb in der anorganischen Chemie zu behandeln.

Qualitative und quantitative Analyse organischer Verbindungen

Bereits LAVOISIER (1743—1794) fand, daß in der Mehrzahl der Kohlenstoffverbindungen nur wenige Elemente vorkommen, nämlich Kohlenstoff, Wasserstoff, Sauerstoff und Stickstoff. Verbindungen mit Halogenen sind weniger häufig, noch geringer ist die Zahl der Schwefel oder Phosphor enthaltenden Substanzen. Verbindungen von Kohlenstoff mit anderen als den genannten Elementen existieren nur in verhältnismäßig sehr kleiner Anzahl. Von einigen Elementen sind Verbindungen mit Kohlenstoff überhaupt nicht bekannt.

Für die **qualitative Analyse** organischer Verbindungen kann man nicht in der gleichen Weise wie in der anorganischen Chemie verfahren, weil die organischen Verbindungen, wie bereits erwähnt, in Lösung im allgemeinen nicht in die den Elementen entsprechenden Ionen zerfallen. Um die einzelnen Elemente mit Hilfe der gebräuchlichen anorganischen Reaktionen nachweisen zu können, muß man sie daher erst in ionisierbare Gruppen (CO_3'', SO_4'' usw.) überführen. Man kommt hierbei mit sehr einfachen Methoden aus, weil man im allgemeinen nur wenige und stets die gleichen Elemente nachzuweisen hat: man unterwirft die organische Verbindung der Oxydation (Verbrennung), indem man sie mit einem Oxydationsmittel, meist Kupferoxyd, mischt und in einem einseitig geschlossenen Glasrohr erhitzt. Hierbei oxydiert der Sauerstoff des Kupferoxyds den Kohlenstoff zu Kohlendioxyd, das an der Trübung von Kalkwasser erkennbar ist, und den Wasserstoff zu Wasser. Etwa vorhandener Stickstoff entweicht als Gas in Form von Stickstoff (meist über 80% des Gesamt-Stickstoffs) und Stickoxyden und kann nachgewiesen werden, indem man ihn in einem Eudiometer mit Sauerstoff mischt und durch Funken in Stickstoffdioxyd überführt. Enthält die organische Verbindung Schwefel, Phosphor oder Halogene, so ist es praktischer, sie im zugeschmolzenen Rohr mit Salpetersäure zu oxydieren (unter Zusatz von Silbernitrat im Fall der Halogene). Man erhält dann Schwefelsäure, Phosphorsäure bzw. Halogensilber.

Abgesehen von der Oxydationsmethode, die stets mit Sicherheit zum Ziel führt, kennt man noch einige qualitative Proben. Diese haben den Vorzug, rasch und bequem ausführbar zu sein, und geben in vielen Fällen schon ausreichenden Aufschluß über die Zusammensetzung.

Kohlenstoff kann bei vielen organischen Verbindungen dadurch nachgewiesen werden, daß beim Erhitzen unter Luftabschluß (trockne Destillation) Kohle abgeschieden wird (Verkohlung). Bei flüchtigen Substanzen erkennt man das Vorliegen einer Kohlenstoffverbindung häufig daran, daß die Dämpfe charakteristisch riechen oder angezündet mit rußender Flamme verbrennen.

Organisch gebundener **Stickstoff** kann vielfach durch Erhitzen der Substanz mit Natronkalk oder konzentrierter Schwefelsäure in Ammoniak übergeführt werden. Eine andere vielbenutzte, von LASSAIGNE stammende Methode zum Nachweis des Stickstoffs besteht darin, daß man den zu untersuchenden Stoff mit einem Stückchen Natrium oder Kalium in einem engen Reagensröhrchen aus schwer schmelzbarem Glas („Glühröhrchen") erhitzt. Ist die Verbindung stickstoffhaltig, so entsteht dabei Alkalicyanid, das sich durch Überführen in Berlinerblau leicht erkennen läßt.

Die **Halogene** Chlor, Brom und Jod werden beim Glühen der Substanz mit Calciumoxyd in Calciumhalogenid übergeführt. Eine sehr empfindliche Methode, um Chlor und Brom nachzuweisen, besteht darin, daß man eine geringe Menge des Stoffes zusammen mit Kupferoxyd in die nichtleuchtende Flamme des Bunsenbrenners bringt. Dabei entsteht Kupferhalogenid, durch dessen Dampf die Flamme prächtig grün gefärbt wird (BEILSTEINs Probe). Beide Methoden können immer angewandt werden.

Schwefel läßt sich durch Erhitzen der Verbindung mit einem Stückchen Natrium in einem Glühröhrchen nachweisen. Hierbei bildet sich Schwefelnatrium, das sich durch sein Verhalten gegen Bleiacetat oder gegen Nitroprussidnatrium leicht erkennen läßt.

Methoden zum qualitativen Nachweis des **Sauerstoffs** sind nicht bekannt. Seine Anwesenheit geht nur aus der quantitativen Analyse hervor.

Nachdem man die einzelnen Elemente einer Verbindung durch die qualitative Untersuchung aufgefunden hat, geht man zur **quantitativen Analyse** über. In der anorganischen Chemie sind die Methoden, die zur qualitativen Untersuchung angewandt werden, häufig sehr verschieden von den Methoden der quantitativen Analyse; dies ist in der organischen Chemie nicht der Fall, denn zur quantitativen Analyse einer organischen Verbindung bedient man sich ebenfalls der Oxydation.

Die **Bestimmung von Kohlenstoff und Wasserstoff** wird stets in *einer* Operation ausgeführt. Das heute noch dafür angewandte Verfahren der Verbrennung einer abgewogenen Menge der Substanz mit Kupferoxyd, die sogenannte Elementar-Analyse, stammt ursprünglich von GAY-LUSSAC. Erst LIEBIG[1] hat ihm jedoch diejenige Form gegeben, die es zu einem allgemein anwendbaren und unentbehrlichen Werkzeug der organischen Chemie gemacht hat. Die Elementar-Analyse hat im Lauf der historischen Entwicklung noch mancherlei Verbesserungen erfahren und wird heute meist in folgender Weise ausgeführt.

Man vergast in einem horizontal liegenden Verbrennungsrohr die in einem Schiffchen befindliche Substanz durch Erhitzen im Sauerstoffstrom, der frei von Wasser und Kohlendioxyd sein muß, und leitet die Dämpfe über eine Schicht von glühendem Kupferoxyd, an dem sich die katalytische Verbrennung zu Kohlendioxyd und Wasser vollzieht. Die aus dem Verbrennungsrohr abziehenden Gase leitet man durch zwei Absorptionsröhrchen, in denen das Wasser durch Calciumchlorid, das Kohlendioxyd durch Natronasbest zurückgehalten wird. Die Gewichtsdifferenz der beiden Röhrchen vor und nach der Verbrennung ergibt die Menge des Wassers und Kohlendioxyds. Enthält die Analysensubstanz noch Stickstoff, Schwefel oder Halogen, so bilden sich bei der Verbrennung auch Stickstoff und Stickoxyde, Oxyde des Schwefels und Halogene, die ebenfalls eine Gewichtszunahme der Absorptionsgefäße hervorrufen würden und daher vorher beseitigt werden müssen, ohne daß dadurch irgendwelche Verluste an Wasser oder Kohlendioxyd eintreten dürfen. Man bringt zu diesem Zweck in das Verbrennungsrohr Silberwolle zur Absorption von Halogen, Bleichromat zur Bindung von Schwefeldioxyd, während Stickoxyde durch metallisches Kupfer reduziert oder durch Bleidioxyd als basisches Bleinitrat zurückgehalten werden. Silber, Kupfer und Bleichromat erhitzt man auf Rotglut (etwa 650°), Bleidioxyd auf 180—200°. Während man früher die Rohrfüllung von Fall zu Fall dem störenden Element anpaßte, ist man in neuerer Zeit nach dem Vorgang von PREGL zur Anwendung einer „Universalfüllung"

[1] Geboren 12. Mai 1803 in Darmstadt, gestorben 18. April 1873 in München. Er studierte in Bonn, Erlangen und Paris, wurde schon 1824 Professor in Gießen und wirkte von 1852 bis zu seinem Tode in München. Seine Bedeutung für die Entwicklung der organischen und physiologischen Chemie sowie der Agrikulturchemie ist außerordentlich. Es sei nur an seine grundlegenden Arbeiten über die Knallsäure, Chloral, Amygdalin und die alkoholische Gärung erinnert. Vgl. die große Biographie von J. VOLHARD (Leipzig 1909) sowie den Briefwechsel mit WÖHLER, herausgegeben von A. W. v. HOFMANN (Braunschweig 1888).

übergegangen, die alle genannten Substanzen gleichzeitig enthält und die Verbrennung beliebig zusammengesetzter Verbindungen nacheinander mit der gleichen Rohrfüllung gestattet. Fig. 1 und 2 zeigen zwei übliche Beschickungen des Verbrennungsrohres für eine C-H-Bestimmung, Fig. 3 den Aufbau der gesamten Apparatur in ihrer einfachsten Form.

Da das Gewicht der Rohrfüllung unverhältnismäßig viel größer als die Substanz-Einwaage ist — 0,2 g beim Makroverfahren[1], 20—30 mg bei dem jetzt üblichen Zentigramm-Verfahren — muß man mit sehr reinen Materialien arbeiten und das Rohr mit der Füllung vor Beginn der Analyse gründlich in einem getrockneten Gasstrom (Sauerstoff bzw. Luft) durchheizen, um die letzten Spuren von Wasser und verbrennlicher

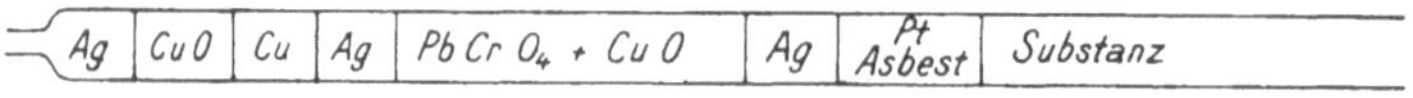

Fig. 1

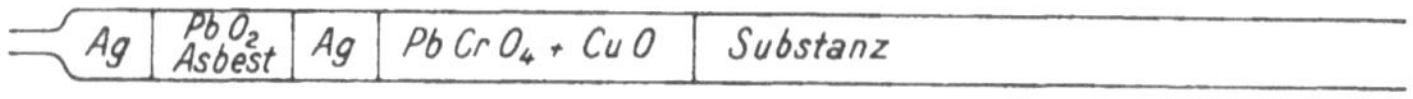

Fig. 2

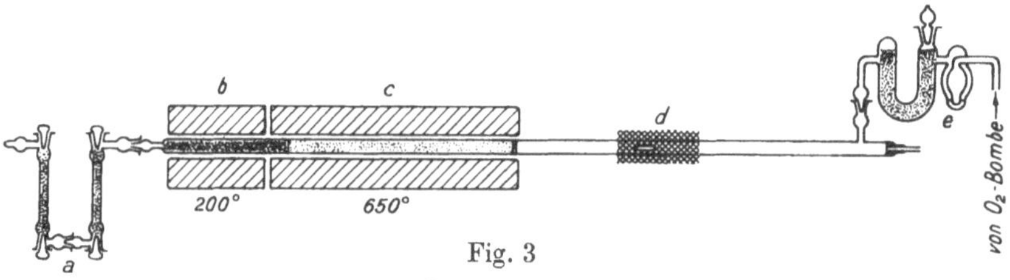

Fig. 3

a Absorptionsröhrchen
b } Gasheizung oder
c } elektrische Heizung
d Substanz
e Blasenzähler und Trockenrohr

organischer Substanz zu entfernen. Erst dann wird das Schiffchen mit der Substanz eingeführt und die Verbrennung der Substanz im Sauerstoffstrom durch vorsichtiges Erhitzen mit freier Flamme bewerkstelligt. Wenn man Bleidioxyd vorlegt und über Absorptionsröhrchen mit gut schließenden Schliffstopfen verfügt, kann man die Absorptionsröhrchen mit Sauerstoff gefüllt zur Wägung bringen. Liegt dagegen metallisches Kupfer als Bestandteil der Rohrfüllung vor, so wird zur Schonung des Kupfers nur die Hauptperiode der Verbrennung im Sauerstoffstrom ausgeführt und vorher und nachher Luft durch die Apparatur geleitet, was naturgemäß einen etwas komplizierteren Aufbau bedingt. Beide Verfahren werden praktisch ausgeübt und haben ihre besonderen Vor- und Nachteile.

Stickstoff in stickstoffhaltigen Substanzen kann nach Dumas in der gleichen Apparatur bestimmt werden. Zur Zersetzung der Stickoxyde kommt aus naheliegenden Gründen nur metallisches Kupfer in Frage. Man verbrennt die Substanz, die in diesem Fall innig mit Kupferoxyd gemischt wird, in einem Strom von luftfreiem Kohlendioxyd (Rohrfüllung siehe Fig. 4) und fängt die Verbrennungsgase unter Weglassung der Absorptionsgefäße für CO_2 und H_2O in einem mit 50%iger Kalilauge gefüllten graduierten Meßrohr („Azotometer") auf (Fig. 5). Hierbei werden alle Abgase von

[1] Lavoisier benötigte 1788 für die Elementaranalyse von Rohrzucker noch eine Einwaage von 50 g!

der Kalilauge absorbiert mit Ausnahme des Stickstoffs, der auf diese Weise direkt volumetrisch gemessen werden kann. Die Bestimmung des Stickstoffs erfolgt also getrennt von der Bestimmung des Kohlenstoffs und Wasserstoffs. Brauchbare Verfahren zur gleichzeitigen Bestimmung dieser Elemente in einem einzigen Arbeitsgang sind nicht bekannt.

In vielen Fällen kann man sich zur Bestimmung des Stickstoffs einer Methode bedienen, die von KJELDAHL angegeben ist. Sie besteht in der Überführung des Stickstoffs der organischen Substanz in Ammoniak durch Kochen mit konzentrierter Schwefelsäure unter Zusatz von etwas Quecksilberoxyd oder Selen als Sauerstoffüberträger. Meist wird die Masse zuerst durch Verkohlung schwarz; bei fortgesetztem Erhitzen erhält man jedoch eine farblose, klare Lösung. Der Kohlenstoff ist dann durch den Sauerstoff der Schwefelsäure völlig oxydiert. Nach Erkalten der Lösung verdünnt man mit Wasser, setzt überschüssige Lauge zu und bestimmt das Ammoniak in bekannter Weise durch Destillation.

Dieses schöne und einfache Verfahren ist namentlich bei stickstoffreichen Verbindungen, wo das Gasvolumen im Azotometer unbequem groß werden würde, angezeigt und findet insbesondere zu Serienbestimmungen ausgiebige Anwendung. Bei Verbindungen, in denen Stickstoff mit Sauerstoff verbunden ist, ist es im allgemeinen nicht anwendbar, weil der Stickstoff dann nur teilweise in Ammoniak übergeht. In gewissen Fällen, z. B. bei Azoverbindungen, ist es völlig unbrauchbar.

Halogene kann man nach der Methode von CARIUS bestimmen. Die Substanz wird dabei mit rauchender Salpeter-

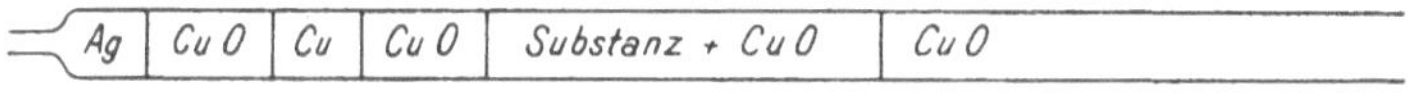

Fig. 4

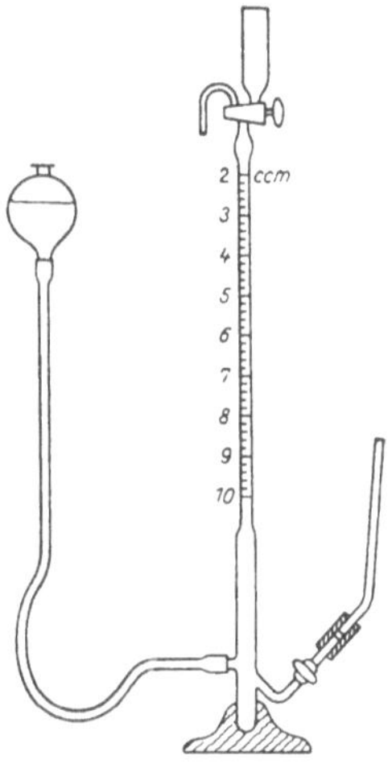

Fig. 5

säure und einem Stückchen Silbernitrat in einem zugeschmolzenen Glasrohr („Schießrohr") einige Stunden unter Druck auf 250—300° erhitzt. Man verwendet dazu den sogenannten „Schießofen", in dem sich die zugeschmolzenen Glasröhren in dickwandigen, einseitig geschlossenen schmiedeeisernen Zylindern befinden; er wird mit der Öffnung vor der Wand so aufgestellt, daß bei einer Explosion der Glasröhren jede Gefahr ausgeschlossen ist. Das bei der Reaktion entstandene Silberhalogenid wird gewogen.

Die Oxydation mit Salpetersäure nach CARIUS kann ferner zur Bestimmung von **Schwefel, Phosphor** usw. angewandt werden. Bei nichtflüchtigen halogen-, schwefel- oder phosphorhaltigen Verbindungen kann die Oxydation auch durch Schmelzen mit Ätzkali und Salpeter im Silbertiegel bewirkt werden[1].

Elegante Zentigramm-Methoden zur Stickstoff- und Sauerstoff-Bestimmung verdankt man TER MEULEN. Sie beruhen auf dem Prinzip der katalytischen Hydrierung. Zur Stickstoffbestimmung z. B. wird die Substanz mit feinem Nickelpulver (mit $10^0/_0$ ThO_2 aktiviert) vermischt und in einem Wasserstoffstrom erhitzt. Die mit Wasserstoff gemischten Dämpfe streichen danach über Nickelasbest. Der Stickstoff wird so quantitativ in Ammoniak übergeführt, das durch Titrieren bestimmt wird.

Zur Sauerstoff-Bestimmung zersetzt man die Dämpfe zunächst im Wasserstoffstrom bei 1100° an platinierten Quarzsplittern, bevor man sie über den Nickelkontakt streichen läßt. Das entstandene Wasser wird in Calciumoxyd aufgefangen, einem der wenigen Absorptionsmittel, die

[1] Eine ausführlichere Beschreibung der hier nur kurz behandelten analytischen Methoden findet man in GATTERMANN's Praxis des organischen Chemikers, 33. Aufl. von H. WIELAND (Berlin 1948). Siehe auch C. WEYGAND, Organisch-chemische Experimentierkunst, 2. Aufl. (Leipzig 1948).

kein Ammoniak binden. Halogenwasserstoffe müssen vorher durch glühenden Kalk abgefangen werden. Hierbei entsteht Wasser, das bei der Berechnung der Analyse in Abzug gebracht werden muß. Schwefelwasserstoff wird an einer erhitzten Nickelspirale zurückgehalten (BÜRGER).

Berechnung der Analysenergebnisse. Nachdem man auf die geschilderte Weise durch die quantitative Analyse einer organischen Verbindung die Gewichtsmenge der in ihr enthaltenen einzelnen Elemente ermittelt hat, ergibt sich nunmehr die Aufgabe, aus den gefundenen Zahlen den Prozentgehalt der einzelnen Elemente zu berechnen. Liegt die Summe dieser Prozentzahlen sehr nahe bei 100, so schließt man daraus, daß weitere Elemente nicht vorhanden sind. Andernfalls muß noch ein Element anwesend sein, das bei der Analyse nicht bestimmt worden ist. Dieses Element ist der Sauerstoff. Seine Menge wird also in der Weise festgestellt, daß man die Prozentzahlen der nachgewiesenen Elemente addiert und von 100 abzieht[1]. Dies Verfahren hat den Nachteil, daß alle Beobachtungsfehler, die bei der Bestimmung der anderen Elemente unterlaufen sind, in der für den Sauerstoff durch Subtrahieren ermittelten Prozentzahl zum Ausdruck kommen.

Der Kohlenstoffgehalt wird meist zu niedrig gefunden (etwa 0·1%), weil durch die verschiedenen Verbindungsstücke der Apparate eine geringe Menge Kohlendioxyd verlorengeht; der Wasserstoffgehalt fällt meist etwas zu hoch aus (etwa 0·1%), weil Kupferoxyd hygroskopisch und sehr schwer von Spuren Feuchtigkeit zu befreien ist und daher beim Erhitzen etwas Wasser liefert. Die erlaubten Fehler sind bei Kohlenstoff ±0,3%, bei Wasserstoff +0,2 bis —0,1%. Die Elementaranalyse birgt zahlreiche Fehlermöglichkeiten, die sich bei sorgfältig geleitetem Versuch teilweise kompensieren. Daß sie einer hohen Genauigkeit fähig ist, beweist die Tatsache, daß sie von DUMAS und STAS und neuerdings wieder von BAXTER zur Atomgewichtsbestimmung des Kohlenstoffs benutzt worden ist.

Aus den bei der quantitativen Analyse ermittelten Zahlen wird die Formel der Verbindung berechnet, indem man die für jedes einzelne Element gefundene Prozentzahl durch das betreffende Atomgewicht dividiert. Die so gefundenen Zahlen geben an, in welchem Atomverhältnis die Elemente in der Verbindung vorhanden sind.

Ein Beispiel einer solchen Berechnung möge dies erläutern:

Die Analyse einer stickstoffhaltigen Verbindung gab folgende Zahlen:

0·2169 g Substanz gab 0·0685 g Wasser und 0·5170 g Kohlendioxyd,
0·2218 g Substanz gab 17·4 ccm Stickstoff, gemessen über Wasser bei 6° und 762 mm Barometerstand.

Da in 44 Gewichtsteilen CO_2 12 Gewichtsteile C zugegen sind und in 18·016 Gewichtsteilen H_2O 2·016 Gewichtsteile H, so ergibt die Rechnung, daß in der Verbindung 65·01% Kohlenstoff und 3·53% Wasserstoff enthalten sind.

Das Gewicht des Stickstoffs wird folgendermaßen berechnet: Wenn das Gas über Wasser aufgefangen ist[2], muß man die Spannung des Wasserdampfes von der Barometerablesung abziehen, um den Druck zu erhalten, unter dem der Stickstoff selbst steht. Bei 6° beträgt diese Spannung 7·0 mm. Der Druck, unter dem der Stickstoff steht, beträgt also 762 — 7 = 755 mm. 1 ccm Stickstoff von 0° und 760 mm wiegt 1·2505 mg. Bei 755 mm und 6° beträgt dieses Gewicht in Milligrammen:

$$\frac{1 \cdot 2505}{1 + 6 \times 0 \cdot 00367} \times \frac{755}{760} = 1 \cdot 2156.$$

Die gefundenen 17·4 ccm Stickstoff wiegen also 1·2156 × 17·4 = 21·15 mg, woraus sich der Prozentgehalt an Stickstoff zu 9·54 berechnet.

Die Summe dieser Prozentzahlen für C, H und N beträgt 78·08, woraus folgt, daß der Sauerstoffgehalt 21·92% beträgt. Die prozentuale Zusammensetzung der Verbindung ist also der Analyse zufolge:

C	65·01	N	9·54
H	3·53	O	21·92

[1] Von der direkten Sauerstoff-Bestimmung in ihren verschiedenen Ausführungsformen (BÜRGER, UNTERZAUCHER) macht man nur in Spezialfällen Gebrauch.

[2] Fängt man den Stickstoff in der allgemein üblichen Weise über 50%iger Kalilauge auf, so kann er als trocken betrachtet werden; in diesem Fall erübrigt sich die obige Korrektur.

Dividiert man diese Zahlen durch das Atomgewicht der betreffenden Elemente, so ergibt sich:

C 5·42 H 3·51 N 0·68 O 1·37.

Dividiert man, um ganze Zahlen zu erhalten, durch 0·68, so erhält man für das Atomverhältnis der Elemente in der Verbindung die Werte

C 8·0 H 5·2 N 1·0 O 2·0,

die zur Aufstellung der Formel $C_8H_5O_2N$ berechtigen. Berechnet man zur Kontrolle für diese Formel die Zusammensetzung nach Prozenten, so findet man:

C 65·28 H 3·43 N 9·53,

also Zahlen, die mit den Ergebnissen der Analyse gut übereinstimmen. Die so gewonnene Formel $C_8H_5O_2N$ bezeichnet man als **Summenformel, Bruttoformel** oder auch als **empirische Formel** der Verbindung.

Bemerkenswert ist, daß bei hochmolekularen Verbindungen die Unterschiede in den Prozentzahlen häufig so gering sind, daß sie sich den Fehlergrenzen der Elementaranalyse nähern, z. B.

	C	H
$C_{26}H_{42}O_7$	66·9	9·1
$C_{27}H_{44}O_7$	67·5	9·2
$C_{30}H_{48}O_8$	67·1	9·02

Eine Entscheidung zwischen solchen Formeln ist auf analytischem Wege häufig schwer zu treffen. Mitunter kann man sich dann so helfen, daß man schwere Atome oder Radikale, z. B. Brom, in das Molekül einführt, wodurch die Unterschiede in den Prozentzahlen größer werden.

Bestimmung des Molekulargewichts

Die Analyse lehrt nur die „empirische" Formel, dagegen noch nicht die Molekularformel einer Verbindung kennen: eine Verbindung der Formel $C_aH_bO_c$ hat die gleiche prozentuale Zusammensetzung wie eine Verbindung der Formel $(C_aH_bO_c)_n$. Hat man also die quantitative Zusammensetzung einer Verbindung ermittelt, so ist noch ihr *Molekulargewicht* zu bestimmen.

Auf rein **chemischem Wege** lassen sich bereits Anhaltspunkte für die untere Grenze des Molekulargewichts gewinnen. Die empirische Formel des Benzols z. B. ist CH. Aus Benzol erhält man nun leicht eine Verbindung C_6H_5Br, in der ein Sechstel des Wasserstoffs durch Brom ersetzt ist und die sich wieder zu Benzol reduzieren läßt. Hieraus folgt, daß dem Benzolmolekül wenigstens die Formel C_6H_6 zukommt. Sie wird jedoch auch $C_{12}H_{12}$ oder allgemein $(C_6H_6)_n$ sein können.

Eine untere Grenze für das Molekulargewicht gibt auch das von LAURENT entdeckte **„Gesetz der paaren Atomzahlen"**, das wir heute als eine einfache Konsequenz der Vierwertigkeit des Kohlenstoffs betrachten. Wenn sich nämlich n Kohlenstoffatome miteinander zu einer Kette vereinigen, so verbraucht jedes dazu 2 seiner Bindungseinheiten, mit Ausnahme der beiden endständigen Atome, die nur 1 Bindungseinheit verbrauchen. Insgesamt werden also $2n - 2$ Bindungseinheiten verbraucht, und $2n + 2$ bleiben übrig. Diese Zahl ist durch 2 teilbar, also eine gerade Zahl, und deshalb muß auch die Summe der ungeradwertigen Elemente (Wasserstoff, Halogene, Stickstoff, Phosphor), die an Kohlenstoff gebunden sind, stets eine gerade Zahl sein. Eine Verbindung der empirischen Zusammensetzung $C_3H_2O_2N$ muß also mindestens das doppelte Molekulargewicht $C_6H_4O_4N_2$ besitzen. Der hier gegebene Beweis läßt sich leicht für alle denkbaren Verbindungstypen verallgemeinern.

Um das Molekulargewicht genau zu ermitteln, muß man daher **physikalische Methoden** anwenden, die entweder auf der Ermittlung des spezifischen Gewichts im Gaszustand beruhen (Gas- oder Dampfdichte) oder bei verdünnten Lösungen auf der Bestimmung des osmotischen Drucks oder meßbarer Eigenschaften, die mit ihm in theoretischem Zusammenhang stehen. Die theoretischen Grundlagen sowie die praktische Ausführung der Molekulargewichtsbestimmung nach diesen Methoden, von denen besonders die kryoskopische und ebullioskopische Methode nach BECKMANN von Wichtigkeit sind, findet man in den Lehrbüchern der physikalischen Chemie. In praktischer Hinsicht steht die **kryoskopische Molekulargewichtsbestimmung** an erster Stelle. Hervorgehoben sei hier noch folgendes.

Die gefundene Gefrierpunktserniedrigung (bzw. Siedepunktserhöhung) ist

$$\Delta = K \frac{c}{M},$$

wo M das Molekulargewicht der untersuchten Substanz, c die Konzentration in g für 100 g Lösungsmittel, K die kryoskopische (bzw. ebullioskopische) Konstante des Lösungsmittels bedeutet. Bezeichnet man die Erniedrigung (bzw. Erhöhung) für $c = 1$ mit A, so gilt

$$A = \frac{K}{M} \quad \text{oder} \quad AM = K.$$

Die Gesetze des osmotischen Drucks gelten streng nur für große Verdünnung, ebenso die Gleichung $AM = K$, die mit jenen Gesetzen zusammenhängt. Will man also das genaue M berechnen, so ist es nicht statthaft, A aus Beobachtungen an Lösungen von endlicher Konzentration herzuleiten, vielmehr müßte A durch die Bestimmung der Gefrierpunktserniedrigung einer äußerst verdünnten Lösung ermittelt werden. Da dies aber praktisch undurchführbar ist, hat BECKMANN eine graphische Methode ausgearbeitet, um A für unendliche Verdünnung durch Extrapolation zu finden. Man bestimmt A für drei oder vier Konzentrationen und stellt die gefundenen Werte graphisch dar, wie es in Fig. 6 der Fall ist, in der die Werte von A als Ordinaten, die Konzentrationen der Lösungen als Abszissen wiedergegeben sind. BECKMANN sowie EIJKMAN haben für eine große Anzahl von Fällen dargetan, daß die so erhaltene Kurve annähernd eine gerade Linie ist. Wenn man sie bis zur Ordinaten-Achse verlängert, gibt der Schnittpunkt den Wert von A für die Konzentration 0, d. h. für unendliche Verdünnung an. Nur, wenn die gelöste Substanz stark „assoziiert" ist (S. 37), wie es z. B. für organische Säuren in Benzollösung der Fall zu sein pflegt, erhält man stärker gekrümmte Kurven.

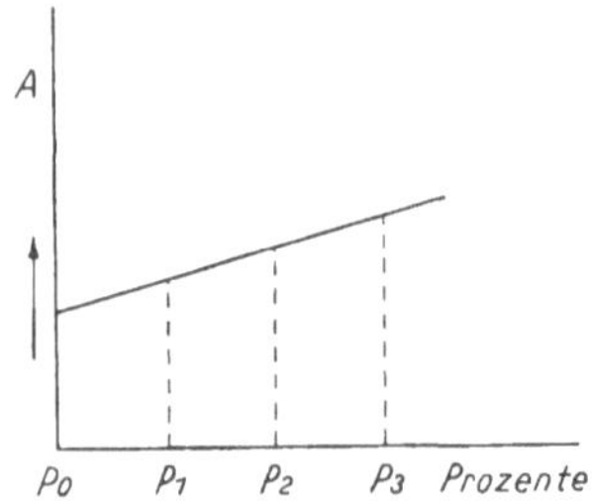

Fig. 6

Als **Lösungsmittel** kommen für die Bestimmung der Gefrierpunktserniedrigung namentlich die folgenden in Betracht:

Lösungsmittel	Schmelzpunkt	Molekulare Gefrierpunktserniedrigung[1] gefunden	berechnet
Wasser	0°	18·6	18·6
Eisessig	+ 16·6	39	38·0
Benzol	5·5	51	50·7
Nitrobenzol	5·8	69	69
Phenol	41	72—75	78·1
Naphthalin	80·1	69	69·4
Urethan	48·2	51	50
Stearinsäure	69	44—45	47
p-Toluidin	43·6	54	51
Campher	179	396	407

Von diesen sind neben Phenol namentlich die letzten fünf sehr geeignete Lösungsmittel, weil sie nicht hygroskopisch sind, weil ferner ihr Schmelzpunkt höher als die Zimmertemperatur

[1] Für 1 Mol, gelöst in 100 g Lösungsmittel.

liegt, so daß keine Eiskühlung erforderlich ist, und endlich, weil die Konstante einen sehr hohen Wert hat.

Besonders hoch ist die molekulare Gefrierpunktserniedrigung für Campher. Da diese Substanz in geschmolzenem Zustand ein ausgezeichnetes Lösungsmittel für sehr viele Verbindungen ist, stellt sie ein hervorragendes Mittel zu Molekulargewichtsbestimmungen dar (JOUNIAUX, JEFREMOW). Zur Bestimmung der Depression genügt in diesem Fall ein in ganze Grade geteiltes Thermometer.

RAST hat gezeigt, daß man sogar mit einem gewöhnlichen Schmelzpunktsapparat (S. 18) genaue Werte erhalten kann.

Die **molekulare Siedepunktserhöhung** ist im allgemeinen kleiner als die molekulare Gefrierpunktserniedrigung, wie folgende Tabelle zeigt:

Lösungsmittel	Siedepunkt	Molekulare Siedepunktserhöhung[1] gefunden	berechnet
Wasser	100°	5·2	5·2
Äther	34·6	21·6	22·0
Äthylalkohol	78·3	11·6	11·8
Benzol	80·2	26·4	26·4
Chloroform	61·2	38·0	37·7
Aceton	56·1	17·3	17·2

Die in den vorstehenden Tabellen als berechnet angegebenen Zahlen sind mittels der VAN'T HOFFschen Formel $K = \frac{0 \cdot 02\, T^2}{W}$ gefunden, in der K die molekulare Gefrierpunktserniedrigung bzw. die Siedepunktserhöhung (für 1 Mol in 100 g Lösungsmittel) darstellt, T die absolute Temperatur des Schmelz- (bzw. Siede-) Punktes und W die latente Schmelz- (bzw. Verdampfungs-) Wärme in cal/g Lösungsmittel.

Allgemeine Operationen

Bevor wir auf die organischen Verbindungen näher eingehen, erscheint es zur Vermeidung von Wiederholungen zweckmäßig, eine kurze Übersicht über einige Operationen zu geben, die bei der Darstellung und Untersuchung organischer Substanzen eine wichtige Rolle spielen und auch in theoretischer Hinsicht bemerkenswert sind. Ausführlichere Angaben findet man in den Praktikumsbüchern der organischen Chemie[2].

Neben der Kristallisation aus geeigneten Lösungsmitteln ist die **Destillation** das am meisten angewandte Hilfsmittel zur Reinigung organischer Substanzen, sei es, daß man auf diese Weise die zu reinigende Substanz von einer nicht flüchtigen Beimengung abtrennt, sei es, daß man die Unterschiede in der Flüchtigkeit der Bestandteile eines Gemisches zu einer fraktionierten Destillation (s. u.) ausnutzt. Viele Stoffe, die sich beim Sieden unter Atmosphärendruck zersetzen, lassen sich unter vermindertem Druck unverändert destillieren, weil dann der Siedepunkt viel niedriger ist. Eine geeignete Apparatur ist in Fig. 7 abgebildet. Die zu destillierende Flüssigkeit befindet sich in einem Kolben nach CLAISEN. In die Flüssigkeit taucht ein zu einer Kapillare ausgezogenes Glasrohr, durch das während des Evakuierens fortgesetzt kleine Luftbläschen eintreten; auf diese Weise wird das beim Sieden unter vermindertem Druck mitunter sehr heftige „Stoßen" der Flüssigkeit vermindert. Die Dämpfe werden nach dem Passieren eines Kühlers in der Vorlage kondensiert, die ihrerseits mit einem Manometer und der Wasserstrahlpumpe in Verbindung steht. Es empfiehlt sich, die Verbindungsröhren zwischen Kolben und Vakuum nicht zu eng zu wählen,

[1] Für 1 Mol, gelöst in 100 g Lösungsmittel.

[2] Vgl. vor allem GATTERMANN-WIELAND, Die Praxis des organischen Chemikers; WEYGAND, Organisch-chemische Experimentierkunst.

weil man sonst mit Dampfstauungen und einem beträchtlichen Druckgefälle zwischen Kolben und Manometer zu rechnen hat. Der Druck im Kolben kann dann um mehrere Millimeter höher sein, als das Manometer anzeigt. Die Nichtbeachtung dieser Vorsichtsmaßregel hat viele ungenaue Siedepunktsbestimmungen zur Folge gehabt.

Viele Substanzen, die sich auch im Vakuum der Wasserstrahlpumpe (d. h. 10—12 mm Druck) nicht unzersetzt destillieren lassen, können noch durch Destillation bei niedrigeren Drucken übergetrieben werden. Diese früher nur selten angewandte Operation

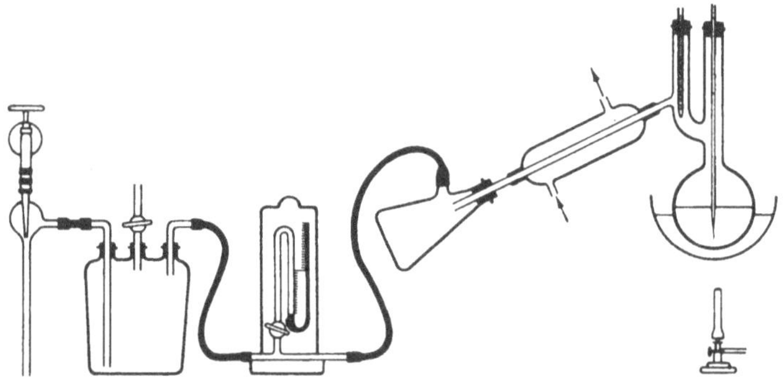

Fig. 7. Vakuumdestillation

ist seit der Einführung der Quecksilberdampfstrahl-Pumpen in jedem Laboratorium leicht ausführbar geworden. Sie wird etwas irreführend meist Hochvakuumdestillation genannt, obwohl man erst Drucke unterhalb von etwa 0·001 mm als Hochvakuum bezeichnet; die wirklichen Destillationsdrucke pflegen aber bei 1—5 mm zu liegen. Für die Druckmessung gilt in erhöhtem Maße das oben Gesagte. Die Siedepunktserniedrigung gegenüber Atmosphärendruck beträgt bei Anwendung der Wasserstrahlpumpe etwa 100°, bei der Quecksilberpumpe etwa 150°.

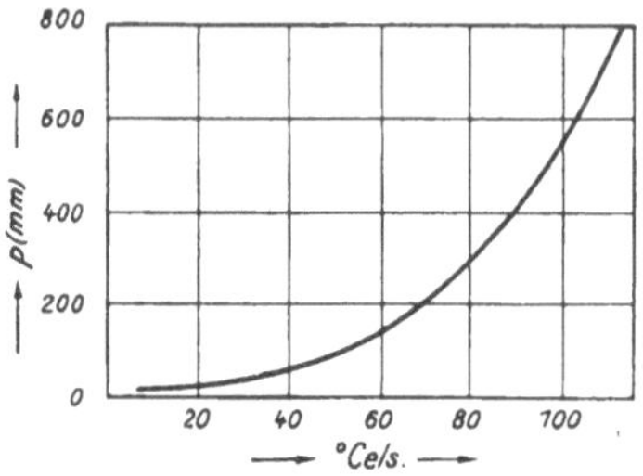

Fig. 8

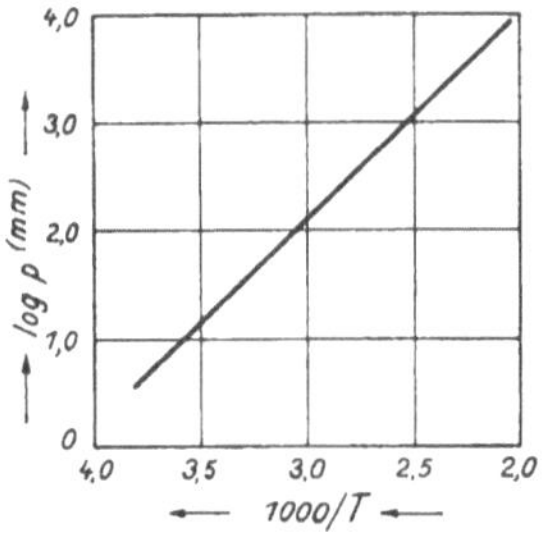

Fig. 9

Den Siedepunkt einer Substanz unter verschiedenen Drucken entnimmt man aus ihrer Dampfdruckkurve, die den Zusammenhang zwischen Dampfdruck und Temperatur wiedergibt. Nach Clausius und Clapeyron gilt in vereinfachter Form: $\ln p = -\lambda/RT + \text{konst.}$, wo p den Dampfdruck, R die Gaskonstante, T die absolute Temperatur und λ die Verdampfungswärme bedeutet. Der Dampfdruck ist also eine Exponentialfunktion und steigt viel stärker als die Temperatur an. In Fig. 8 ist die Dampfdruckkurve von Toluol wiedergegeben. In Fig. 9 ist $\log p$ gegen den reziproken Wert der Siedetemperatur (in ° absol.) aufgetragen. Die resultierende Kurve ist eine Gerade, wie die obige Gleichung es erwarten läßt. Die Clausius-Clapeyronsche Gleichung gibt eine sehr bequeme Möglichkeit zur annähernden Schätzung von Siedepunkten unter vermindertem Druck, wenn man sie mit der Troutonschen Regel (S. 37) kombiniert, nach der bei Atmosphärendruck λ/T oft = ca. 21 ist (nomographische Darstellung auf logarithmisch-hyperbolischem Papier als sich in einem Punkte schneidende Geradenschar).

Die Trennung eines Gemisches flüchtiger Stoffe von verschiedenem Siedepunkt bewirkt man durch **fraktionierte Destillation.** Sie beruht darauf, daß bei der Destillation eines Gemisches der Dampf reicher an dem flüchtigeren Bestandteil ist als die Flüssigkeit. Angenommen, man habe ein Gemisch zweier Flüssigkeiten, von denen die eine bei 100°, die andere bei 130° siedet. Zu Beginn der Destillation wird vornehmlich die bei 100° siedende übergehen, gegen Ende die bei 130° siedende. Fängt man also den Anteil, der bis 110° übergeht, und ebenso den zwischen 120—130° destillierenden gesondert auf, so hat man in diesen zwei „Fraktionen" bereits eine rohe Trennung erzielt, während die dazwischenliegende Fraktion 110—120° noch ein Gemisch darstellt.

Um die Trennung so vollständig wie möglich zu gestalten, verfährt man systematisch in folgender Weise: Die Fraktion 100—110° wird aufs neue aus dem Fraktionierkolben destilliert, bis das Thermometer 110° zeigt. Dabei macht man die Er-

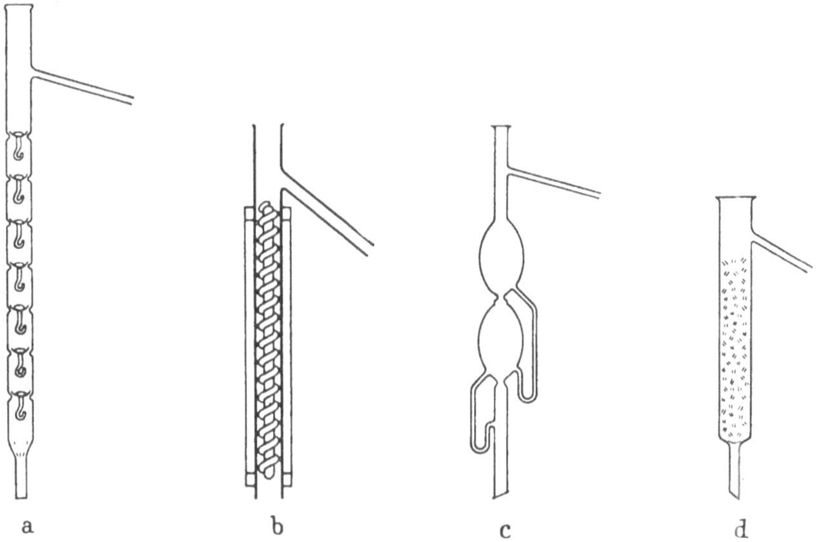

Fig. 10
(a nach YOUNG-THOMAS, b nach WIDMER, c nach LE BEL-HENNINGER, d nach HEMPEL)

fahrung, daß dann noch eine gewisse Menge Flüssigkeit in dem Kolben übrig ist. Zu dieser gibt man die Mittelfraktion, erhitzt zum Sieden und wechselt erst dann die Vorlage, wenn das Thermometer wieder auf 110° steht. In die neue Vorlage destilliert man, bis das Thermometer 120° anzeigt, gibt darauf die Fraktion 120—130° hinzu und wechselt die Vorlage, wenn das Thermometer aufs neue 120° anzeigt. Den dann noch destillierenden Teil fängt man gesondert auf. Wiederholt man dieses Verfahren einige Male, wobei man zweckmäßig die Anzahl der Fraktionen vermehrt, so daß jede zwischen engeren Grenzen siedet, so verschwinden die mittleren Fraktionen meist fast ganz, und man erreicht eine nahezu vollständige Trennung.

Theoretische Überlegungen zeigen in Übereinstimmung mit der Erfahrung, daß man durch fraktionierte Destillation nur die höhersiedende Komponente völlig rein erhalten kann, während die Reinigung des niedriger siedenden Anteils einen asymptotischen Prozeß darstellt und infolgedessen stets mehr Mühe kostet. Bezeichnend dafür ist ein Versuch von YOUNG: er zeigte, daß ein Gemisch gleicher Teile Benzol und Toluol erst bei 86° zu sieden beginnt, obwohl reines Benzol schon bei 80° siedet.

Viel schneller und vollkommener erreicht man die Trennung durch Anwendung eines **Fraktionieraufsatzes** (Fig. 10), der auf den Siedekolben aufgesetzt wird. In ihm kondensieren sich durch die kühlende Wirkung der umgebenden Luft die höher siedenden Anteile der Dämpfe. Die aus dem Destillationskolben nachströmenden Dämpfe werden gezwungen, die in den einzelnen Abschnitten („Böden") des Aufsatzes kondensierte, etwas kältere Flüssigkeit zu durchströmen; hierdurch wird die Flüssigkeit im Fraktionieraufsatz erhitzt, wodurch einerseits ihre flüchtigsten Teile wieder in Dampf verwandelt werden, andrerseits die weniger flüchtigen Teile des nachströmenden Dampfes sich kondensieren. Auf diese Weise wird eine mehrfache Kondensation und Wiederverdampfung in einer Operation erreicht. Dabei reichern sich die aufsteigenden Dämpfe unter Abnahme ihrer Temperatur an dem leichter flüchtigen Bestandteil an, während gleichzeitig der Gehalt der absteigenden Flüssigkeit an dem schwerer flüchtigen Bestandteil zunimmt. Die Wirksamkeit einer Fraktioniersäule nimmt mit der Anzahl der Böden zu.

Das **Siedeverhalten von Flüssigkeitsgemischen** soll im folgenden wegen seiner praktischen Bedeutung noch einer eingehenderen Betrachtung unterzogen werden. Um die Eigenschaften eines Gemisches zweier Flüssigkeiten *A* und *B* bequemer übersehen zu können, stellt man sie graphisch in einem rechtwinkligen Koordinatensystem dar, indem man auf der Abszisse den

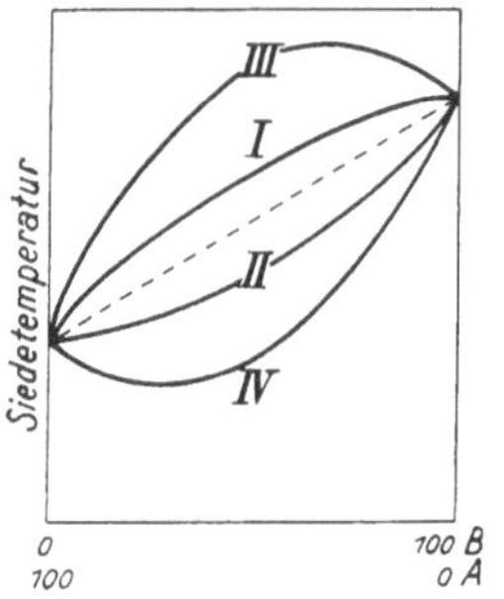

Fig. 11

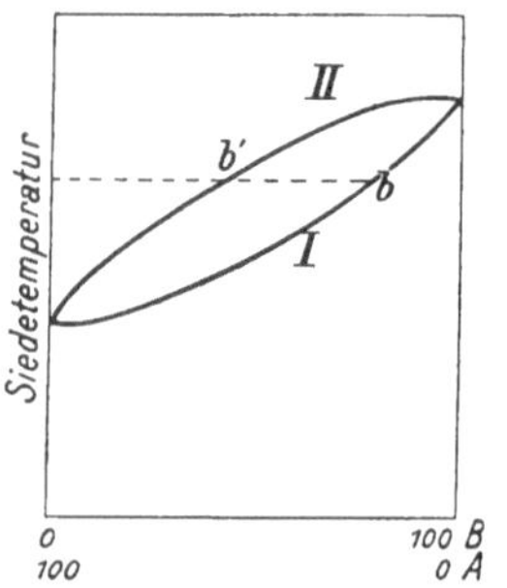

Fig. 12

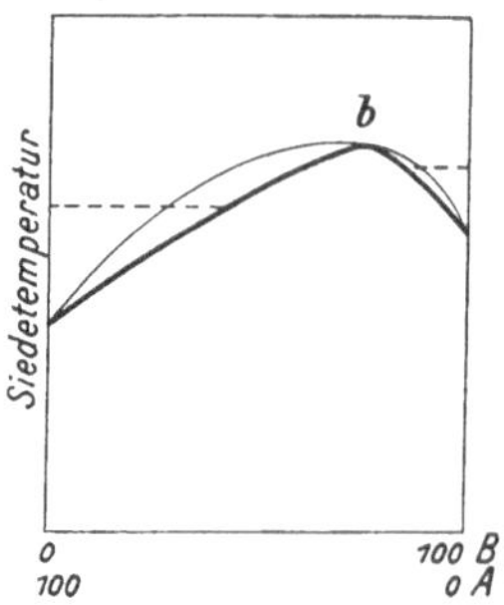

Fig. 13

Prozentgehalt an *A* (meist in Mol-%), auf der Ordinate die zu betrachtende Eigenschaft (Dampfspannung, Siedepunkt, Dichte) aufträgt. Ändert sich die Eigenschaft proportional der Zusammensetzung, so erhält man eine Gerade. Dieser recht seltene Fall ist z. B. bei der Dampfspannung einiger Flüssigkeitsgemische (Benzol-Toluol) verwirklicht[1]. Meist erhält man indessen mehr oder weniger gekrümmte Kurven, deren verschiedene Typen für den Siedepunkt in Fig. 11 wiedergegeben sind. Man sieht daraus, daß die Siedepunktskurven entweder monoton verlaufen (*I* und *II*) oder aber ein Maximum (*III*) bzw. ein Minimum (*IV*) aufweisen. In den Fällen *III* und *IV* ist — wenigstens bei konstant bleibendem Druck — das Gemisch (im Gegensatz zu *I* und *II*) durch fraktionierte Destillation nicht zu trennen. Denn aus einer Mischung wird stets der flüchtigste (niedrigst siedende) Bestandteil in größerer Menge destillieren. Der Dampf wird also reicher an *A*, der Rückstand reicher an *B* sein. Ist nun *A* leichter, *B* schwerer flüchtig als irgendeine Mischung, wie dies bei der Gestalt *I* und *II* der Siedekurve der Fall ist, so muß fortgesetzte fraktionierte Destillation zu einer praktisch vollständigen Trennung von *A* und *B* führen. Hat die Siedekurve aber ein Minimum bzw. Maximum, so sind die diesen Punkten entsprechenden Mischungen die am leichtesten bzw. am schwersten flüchtigen Bestandteile. Man wird beim Fraktionieren also stets eine Fraktion mit diesem höchsten bzw. niedrigsten Siedepunkt bekommen, die sich (bei konstantem Druck) nicht weiter trennen läßt. Man nennt ein solches Gemisch mit einem wenig glücklichen Ausdruck **azeotrop** (von α = nicht und ζέω = sieden).

Dies läßt sich in folgender Weise noch deutlicher machen. Betrachten wir zunächst wieder eine Siedekurve *I* ohne Maximum oder Minimum (Fig. 12), die also die Zusammensetzung der Flüssigkeit beim Siedepunkt repräsentiert. Da der flüchtigste Teil stets in größerer Menge in Dampfform übergeht, enthält bei jeder Mischung der Dampf, der aus der siedenden Flüssigkeit entweicht, mehr *A* als die Flüssigkeit selbst. Bei einer Zusammensetzung *b* der Mischung wird

[1] Die Siedepunktskurven sind dagegen auch in solchen Fällen keine Geraden, nähern sich aber solchen um so mehr, je kleiner die Differenz zwischen den Siedepunkten der beiden Bestandteile wird.

also ihr Dampf die Zusammensetzung b' haben[1]. Die Dampfkurve *II* liegt deshalb ihrer ganzen Länge nach höher als die Flüssigkeitskurve (Siedekurve). Hat aber die Siedekurve ein Maximum in b (Fig. 13), so wird zwar auf dem Abschnitt Ab der Dampf reicher an A sein als die Flüssigkeit, aus welcher er entweicht; auf dem Abschnitt bB dagegen wird der Dampf reicher an B sein als die Flüssigkeit, denn nun ist B der flüchtigste (am niedrigsten siedende) Bestandteil. Daraus folgt notwendig, daß im Maximum b der Dampf genau dieselbe Zusammensetzung wie die Flüssigkeit haben muß, d. h. die Mischung mit dem maximalen Siedepunkt destilliert völlig konstant, wie eine einheitliche Substanz. Dasselbe läßt sich in völlig analoger Weise für Flüssigkeitsgemische mit einem Minimum-Siedepunkt zeigen. In der graphischen Darstellung trifft dementsprechend die Dampfkurve mit der Siedekurve im Maximum (bzw. Minimum) zusammen.

Die vollständige Trennung des Flüssigkeitsgemisches durch fraktionierte Destillation ist auch dann unausführbar, wenn die Siedepunkte der Bestandteile zu dicht beieinander liegen. Denn nach Anm. 1 wird für $n = 1$ (gleichen Siedepunkten entsprechen gleiche Dampfdrucke) $x = y$, d. h. Dampf und Flüssigkeit unterscheiden sich nicht mehr in ihrer Zusammensetzung. Trotzdem läßt sich auch bei geringen Dampfdruck-Unterschieden noch eine erhebliche Trennung erreichen, wenn man für genügenden Rücklauf in der Kolonne sorgt. Das Verhältnis von Rücklauf zu Destillat für eine weitgehende Trennung hängt wesentlich von dem Faktor $\frac{1}{n-1}$ ab. Je mehr sich also n der Einheit nähert, um so größer muß der Rücklauf sein. Häufig kann man auch die Unterschiede zwischen Dampf- und Flüssigkeitszusammensetzung durch Druckverminderung vergrößern. Aus diesem Grunde kann die fraktionierte Destillation im Vakuum von Vorteil sein.

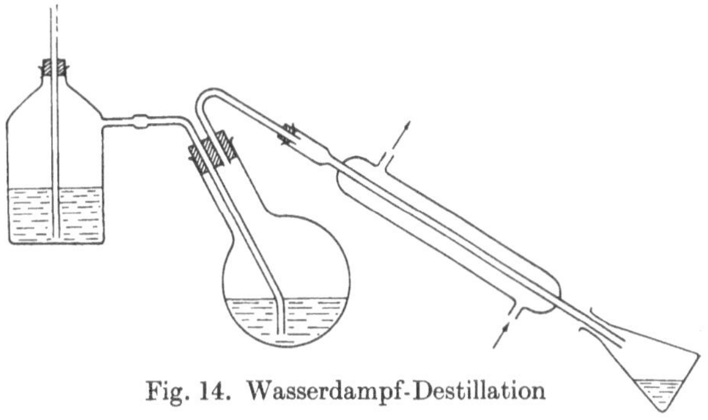

Fig. 14. Wasserdampf-Destillation

Destillation mit Wasserdampf. Beim organischen Arbeiten hat man es häufig mit einem Rohprodukt zu tun, das durch dunkelgefärbte, teer- oder pechartige Massen verunreinigt ist. Um es zu reinigen, macht man mit großem Vorteil von der Tatsache Gebrauch, daß viele Substanzen sich mit Wasserdampf verflüchtigen, wenn man sie im Wasserdampfstrom destilliert. Fig. 14 zeigt einen dafür geeigneten Apparat.

Man erhitzt Wasser in einem Blechtopf, durch dessen Hals ein Sicherheitsrohr geht, zum Sieden und leitet den entweichenden Dampf durch den seitlichen Ansatz auf den Boden des Kolbens, in dem sich die zu destillierende Substanz befindet.

Die Destillation im Wasserdampfstrom leistet, außer zur Reinigung überhaupt, auch sonst gute Dienste zur Trennung von Substanzen, von denen nur ein Teil mit Wasserdampf flüchtig ist. Das Destillat scheidet sich entsprechend dem Unterschied in den spezifischen Gewichten mehr oder weniger leicht in eine wäßrige und eine ölige Schicht.

Bei der Destillation mit Wasserdampf hat man es in den meisten Fällen mit zwei Flüssigkeiten (Wasser und destillierende Substanz) zu tun, die nicht in allen Verhältnissen mischbar sind. Betrachten wir den Grenzfall, daß die Flüssigkeiten ineinander völlig unlöslich sind. Dann wird die Dampfspannung der einen Flüssigkeit durch die Gegenwart der anderen nicht beeinflußt. Bringt man das Gemenge zum Sieden, so ist die Summe der Dampfspannungen der beiden Bestandteile gleich dem atmosphärischen Druck. Der Siedepunkt muß niedriger liegen als der des

[1] Bezeichnet man den Gehalt des Dampfes an dem flüchtigeren Bestandteil mit y, den Gehalt der Flüssigkeit an dem gleichen Bestandteil mit x, so gilt für ideale Mischungen $y = \frac{n\,x}{1+(n-1)\,x}$, wo n gleich dem Verhältnis der Dampfdrucke des leichter und des schwerer flüchtigen Bestandteils ist. Die Zusammensetzung von Dampf und Flüssigkeit unterscheidet sich also um so mehr, je größer n ist.

niedriger siedenden der beiden Stoffe (Wasser und organischer Stoff) unter gewöhnlichem Druck, da der Partialdruck natürlich kleiner sein muß als der Gesamtdruck, welcher gleich dem atmosphärischen Druck ist. Man erreicht daher durch die Destillation im Dampfstrom dasselbe wie durch Destillation unter vermindertem Druck, nämlich eine Verflüchtigung des Stoffes bei einer Temperatur, die niedriger ist als ihr Siedepunkt unter gewöhnlichem Druck.

Man hat es also nicht mit einer spezifischen Wirkung des Wasserdampfes zu tun; die Möglichkeit einer Destillation mit Wasserdampf wird nur dadurch bedingt, daß der Stoff bei nahezu 100° bereits einen merklichen Dampfdruck besitzt. Davon ist es auch abhängig, ob der Stoff rasch oder langsam mit Wasserdampf übergeht. Es seien M_1 und M_2 die Molekulargewichte von Wasser und organischem Stoff, c_1 und c_2 die Anzahl der entsprechenden Moleküle im Dampf, so verhalten sich die Gewichte von Wasser und organischem Stoff wie $c_1 M_1 : c_2 M_2$. Nach den Gasgesetzen verhalten sich aber $c_1 : c_2 = p_1 : p_2$, wo p_1 und p_2 die entsprechenden Partialdrucke bedeuten, die in unserem Fall mit den Dampfspannungen der reinen Flüssigkeiten zu identifizieren sind. Daraus folgt für das Verhältnis von Wasser zu organischem Stoff $p_1 M_1 : p_2 M_2$.

Ein Gemisch von Nitrobenzol und Wasser z. B. siedet unter 760 mm Druck bei 99·25°. Dieser Siedepunkt bleibt der gleiche, solange noch Wasser oder Nitrobenzol in dem Gemisch vorhanden ist. Der Wasserdampf hat bei dieser Temperatur eine Spannung von 740 mm, der Dampf des Nitrobenzols eine solche von 20 mm. Da das Molekulargewicht des Wassers 18, das des Nitrobenzols 123 ist, werden sich die Mengen Wasser und Nitrobenzol, welche gleichzeitig destillieren, wie $740 \times 18 : 20 \times 123$, d. h. ungefähr wie 5 : 1 verhalten. Ungeachtet der geringen Dampfspannung von Nitrobenzol beim Siedepunkt des Gemisches destilliert diese Verbindung demnach doch ziemlich rasch mit über, weil Wasser ein kleines, Nitrobenzol ein hohes Molekulargewicht hat. Selbst wenn der organische Stoff beim Siedepunkt seines Gemisches mit Wasser nur eine Dampfspannung von 10 mm hat, läßt sich die Destillation mit Wasserdampf noch ziemlich rasch ausführen. An Hand der obigen Beziehungen kann man leicht übersehen, daß die Dampfdestillation auch zur annähernden Molekulargewichtsbestimmung dienen kann, wenn das Molekulargewicht und der Partialdruck der einen Komponente (in diesem Fall des Wassers) bei der leicht zu bestimmenden Siedetemperatur des Gemisches bekannt ist.

Zur **Trennung nicht mischbarer Flüssigkeiten** dient der Scheidetrichter (Fig. 15), dessen Abflußrohr mit einem Hahn versehen ist. Diesen Apparat benutzt man auch zum **„Ausschütteln"**, d. h. um eine in Wasser gelöste Substanz der wäßrigen Lösung durch Schütteln mit einer anderen Flüssigkeit zu entziehen, die mit Wasser nicht mischbar ist, z. B. Äther, Petroläther, Chloroform, Schwefelkohlenstoff. Zu diesem Zweck gießt man die wäßrige Lösung in den Scheidetrichter, setzt Äther, Chloroform usw. zu, verschließt den Trichter mit dem Glasstopfen und schüttelt die beiden Flüssigkeiten kräftig durch. Der in Wasser gelöste Stoff wird dabei zum Teil vom Äther aufgenommen. Darauf läßt man die ätherische Lösung nach oben steigen und trennt sie nach Entfernung des Stopfens durch Öffnen des Hahnes vom Wasser. Nunmehr wird die ätherische Lösung durch Calciumchlorid oder Natriumsulfat von aufgenommenem Wasser befreit und dann zum Schluß der Äther verdampft.

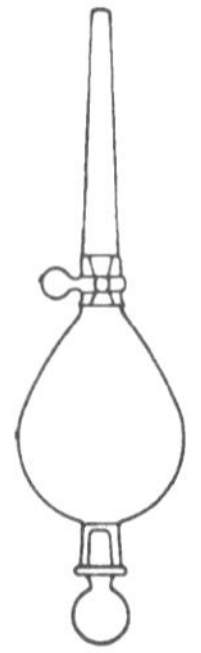

Fig. 15. Scheidetrichter

Das Ausschütteln wird schnell zum Ziel führen, wenn der der wäßrigen Lösung zu entziehende Stoff in Wasser schwer, in Äther leicht löslich ist; in diesem Fall kann man durch einige Wiederholungen der Operation mit frischem Äther die wäßrige Lösung fast ganz erschöpfen. Ist aber umgekehrt der Stoff in Wasser leicht, in Äther schwer löslich, so muß sehr oft ausgeschüttelt werden, und selbst dann bleibt die Extraktion unvollkommen.

Setzt man zwei miteinander nicht mischbaren Flüssigkeiten einen Stoff zu, der in beiden löslich ist, so löst er sich in beiden Flüssigkeiten auf, und es stellt sich ein Gleichgewichtszustand nach dem Gesetz von BERTHELOT her, das besagt, daß der Stoff sich zwischen beiden Lösungsmitteln so verteilt, daß seine Konzentrationen in beiden ein konstantes Verhältnis k **(Teilungskoeffizient)** aufweisen. Ist die Menge x_0 des gelösten Stoffes in der Menge l des ersten Lösungsmittels (Wasser) vorhanden, wird diese Lösung mit einer Menge m des zweiten Lösungsmittels (Äther) geschüttelt, und nennen wir x_1 die Menge, die im ersten Lösungsmittel zurückbleibt, so gilt folglich die Gleichung:

$$\frac{x_1}{l} = k \cdot \frac{x_0 - x_1}{m} \qquad \text{oder} \qquad x_1 = x_0 \left(\frac{k\,l}{m + k\,l} \right).$$

Zur Abkürzung führen wir ein $\frac{k\,l}{m + k\,l} = p$ und $q = 1 - p$. Ein zweites Ausschütteln mit derselben Menge m des zweiten Lösungsmittels gibt

$$\frac{x_2}{l} = k\,\frac{x_1 - x_2}{m}$$

oder, nach Substitution von x_1 aus der ersten Gleichung,

$$x_2 = x_0 p^2 \text{ und für das } n\text{-te Ausschütteln analog } x_n = x_0 p^n.$$

x_n, die Menge, die im ersten Lösungsmittel (Wasser) zurückbleibt, wird um so kleiner, je größer n und je kleiner p ist. Da p^n sich dem Nullwert wohl nähern, aber niemals Null werden kann, ist erschöpfendes Ausschütteln theoretisch unmöglich. Will man beim Ausschütteln mit wenigen Operationen (kleinem n) zum Ziel kommen, so muß offenbar $m/l \geqq k$ erfüllt sein. Ist also $k > 1$, so werden die zum Ausschütteln benötigten Mengen Lösungsmittel unbequem groß[1]. Durch n-maliges Ausschütteln mit der Menge m/n wird mehr ausgeschüttelt als durch einmaliges Schütteln mit der gesamten Menge m. Doch hat das fraktionierte Ausschütteln mit einer **begrenzten** Menge Lösungsmittel auch nur dann Vorteil, wenn $m/l > k$.

Eine Abart des Ausschüttelns ist die **fraktionierte Verteilung.** Dabei wird das Gelöste zwischen je n Portionen l und m durch Schütteln systematisch verteilt, indem die einzelnen Portionen nach dem bei Fraktionierungen üblichen Diagonalschema miteinander ins Gleichgewicht gebracht werden. Man erhält mit n^2 Ausschüttlungen $2n$ Endfraktionen. Für die Substanzverteilung auf die einzelnen Endfraktionen gelten der Reihe nach die Glieder der Entwicklung

$$1 = p^n + \frac{n!}{(n-1)!}\,p^n q + \frac{(n+1)!}{2!\,(n-1)!}\,p^n q^2 + \frac{(n+2)!}{3!\,(n-1)!}\,p^n q^3 + \cdots \frac{(2\,n-2)!}{(n-1)!\,(n-1)!}\,p^n q^{n-1} +$$

gleiche Reihe mit Vertauschung von p und q und umgekehrter Reihenfolge der Glieder. Die Verteilungskurven besitzen Maxima, deren Lage von p abhängt. Durch Aufnahme von Verteilungskurven, die mit den berechneten Werten übereinstimmen müssen, wenn k über größere Konzentrationsbereiche wirklich konstant ist, kann man die Einheitlichkeit der gelösten Substanz prüfen. Auch kann man auf diese Weise zwei und mehr Substanzen voneinander trennen, insbesondere, wenn man l, m und n und evtl. durch Wechsel des Lösungsmittels auch k in zweckmäßiger Weise wählt. Zur Erleichterung der fraktionierten Verteilung hat man sinnreiche Apparaturen konstruiert (JANTZEN, MARTIN, CRAIG). In der Technik dient die kontinuierlich betriebene fraktionierte Verteilung z. B. zur Raffination von Erdöl mit SO_2, Reinigung von Vitaminen usw. (vgl. a. S. 406).

Bestimmung der wichtigsten physikalischen Konstanten

Als Kennzeichen der Reinheit eines organischen Stoffes und somit des Erfolges der präparativen Arbeit dient die Konstanz seiner physikalischen Eigenschaften gegenüber fortgesetzter Reinigung. Das wichtigste Kriterium für die Reinheit fester Stoffe ist der **Schmelzpunkt,** d. h. die Temperatur, bei der die feste Substanz mit ihrer Schmelze im Gleichgewicht steht. Schon geringe Mengen von Verunreinigungen bewirken infolge des kryoskopischen Effekts eine beträchtliche Depression und unscharfes Schmelzen.

Die Schmelzpunktsbestimmung dient auch sehr oft dazu, Stoffe zu identifizieren. Hat man nämlich eine Verbindung erhalten, von der man vermutet, daß sie mit einer anderen, bereits bekannten Verbindung identisch ist, so gewinnt diese Vermutung eine starke Stütze, wenn der Schmelzpunkt jenes Stoffes mit dem der bekannten Verbindung übereinstimmt[2].

---

[1] In diesem Fall ist unter Umständen eine kontinuierliche Extraktions-Methode (**„Perforation“**) vorzuziehen, bei der man das organische Lösungsmittel in einem getrennten Kölbchen fortlaufend abdampft. Die kondensierten Dämpfe des reinen Lösungsmittels werden dem Extraktionsgut wieder zugeführt, beladen sich hier erneut und kehren durch einen Überlauf in das Siedegefäß zurück.

[2] Vgl. R. KEMPF und F. KUTTER, Schmelzpunktstabellen zur organischen Molekularanalyse (Braunschweig 1928).

Noch besser gelingt der Nachweis der Identität durch die **Mischprobe**; hierzu mischt man den Stoff mit demjenigen, von dem man mutmaßt, daß er identisch mit ihm ist. Ist die Vermutung richtig, so muß der Schmelzpunkt ungeändert bleiben, andernfalls wird er erheblich niedriger gefunden.

Zur Schmelzpunktsbestimmung benutzt man meist den in Fig. 16 abgebildeten Apparat. Die fein pulverisierte Substanz wird in einem 1 mm weiten Kapillarröhrchen mit Hilfe von etwas konzentrierter Schwefelsäure an die Kugel eines geprüften Normalthermometers gebracht und in einem Schwefelsäurebad langsam bis auf die Schmelztemperatur erhitzt. Im Moment des Schmelzens liest man den Stand des Thermometers ab. Der gefundene Wert ist nach den Angaben der einschlägigen Lehrbücher für den herausragenden Faden zu korrigieren. Vielfach betrachtet man als den Schmelzpunkt diejenige Temperatur, bei der die Substanz unter Meniskusbildung klar geschmolzen ist. Infolge der schlechten Wärmeübertragung zwischen der Substanz und der umgebenden Flüssigkeit findet man so aber leicht zu hohe Werte (0·5—1°). Es ist aus

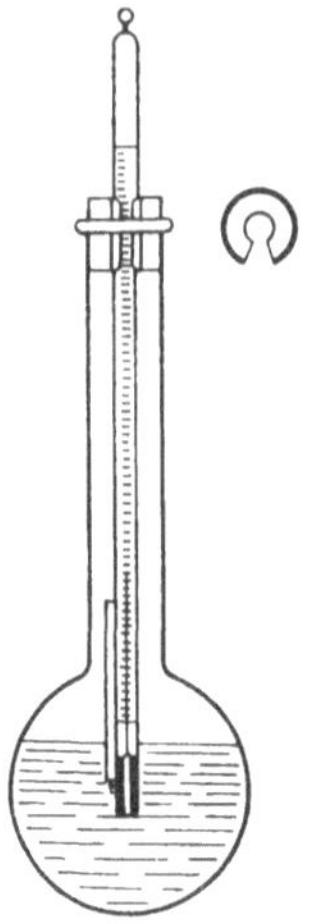

Fig. 16.
Schmelzpunktsbestimmung

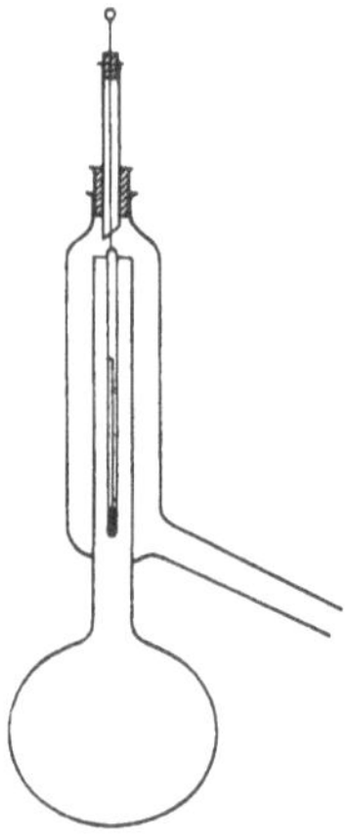

Fig. 17.
Siedekolben

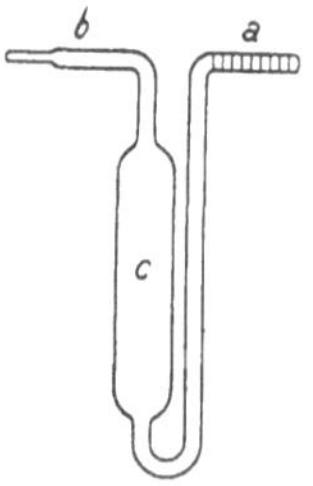

Fig. 18.
Pyknometer

diesem Grunde unbedingt erforderlich, in der Nähe des Schmelzpunktes sehr langsam zu erhitzen. Verfügt man über größere Substanzmengen (10—20 g), so erhält man genauere Werte durch Bestimmung des Erstarrungspunktes mit eingetauchtem Thermometer und kann aus dem Verlauf der Abkühlungskurve den Reinheitsgrad abschätzen. Unscharfer Schmelzpunkt kann außer durch Unreinheit auch durch Zersetzung der Substanz während des Erhitzens bedingt sein; in diesem Fall ist der Wert der Bestimmung nur beschränkt. Wegen der verfeinerten Beobachtungsmöglichkeiten gewinnt neuerdings die Bestimmung des Schmelzpunktes unter dem Mikroskop an Verbreitung (Kofler).

Zur genauen Bestimmung des **Siedepunkts** — der nächst dem Schmelzpunkt wichtigsten Konstante — dient ein Kolben nach Berthelot (Fig. 17), der durch einen vom abfließenden Dampf selbst gebildeten Dampfmantel störende Abkühlung vermeidet. Man gebraucht am besten abgekürzte Thermometer, damit der Faden seiner ganzen Länge nach dem Dampf der siedenden Flüssigkeit ausgesetzt ist. Ihre Skala beginnt bei verschieden hohen Temperaturen und umfaßt immer nur ein kleines Temperaturintervall (z. B. 50°). Eine Korrektur für den herausragenden Faden erübrigt sich dann. Wegen der Schwankungen des atmosphärischen Druckes ist es nötig, bei Siedepunktsbestimmungen den Barometerstand anzugeben; z. B. bedeutet Kp_{710}: 150° (korr.): der korrigierte Siedepunkt liegt unter 710 mm Druck bei 150°.

Neben der Bestimmung des Schmelz- und des Siedepunktes sind für die Unterscheidung organischer Verbindungen noch andere physikalische Konstanten, z. B. das **spezifische Gewicht,** von Bedeutung. Zur Bestimmung des spezifischen Gewichts von Flüssigkeiten benutzt man das **Pyknometer,** von dem Fig. 18 eine sehr praktische Form zeigt. Es besteht aus zwei dickwandigen Kapillaren *a* und *b*, die ein weiteres Rohr *c* einschließen. *a* trägt eine oder mehrere Marken, *b* läuft in eine Spitze aus. Man ermittelt zunächst den Rauminhalt des Gefäßes, indem man es einige Male mit Wasser von konstanter Temperatur bis zu der Marke füllt und wägt. Dann wird in gleicher Weise die Flüssigkeit, deren spezifisches Gewicht zu bestimmen ist, in das Gefäß gefüllt und abermals gewogen. Hieraus berechnet man die gesuchte Zahl.

Organische Flüssigkeiten besitzen meist einen sehr viel größeren Ausdehnungskoeffizienten als Wasser. Ihr spezifisches Gewicht nimmt also auch stark mit der Temperatur ab; im rohen Mittel beträgt die Änderung —0.001 für 1^0 Temperatursteigerung. Es ist deshalb nötig, die Temperatur der Flüssigkeit genau zu bestimmen (Thermostat!), und zweckmäßig, mehrere Bestimmungen bei verschiedenen Temperaturen zu machen.

Eine andere Konstante, die zur Charakterisierung mancher Verbindungen wichtig ist, ist die **Drehung der Polarisationsebene.**

Verschiedene Flüssigkeiten, z. B. Terpentinöl, drehen die Schwingungsebene des polarisierten Lichts nach rechts oder links. Derartige Verbindungen nennt man rechts- bzw. linksdrehend oder allgemein optisch-aktiv (s. S. 44). Eine linear polarisierte Welle kann als Überlagerung zweier entgegengesetzt circular polarisierter Wellen betrachtet werden. In einem optisch-aktiven Medium pflanzen sich diese beiden Wellen mit ungleicher Geschwindigkeit fort. Ihre Zusammensetzung beim Austritt ergibt daher eine linear polarisierte Welle mit gedrehter Schwingungsebene. Die Drehung ist mithin Ausdruck einer circularen Doppelbrechung (Fresnel), und ihre Größe α hängt mit den Brechungskoeffizienten n_l und n_r für links- und rechtscirculares Licht in folgender Weise zusammen:

$$n_l - n_r = \frac{\alpha \lambda}{\pi l},$$

wobei λ die Wellenlänge, l die Dicke der durchlaufenen Schicht ausdrückt. Fig. 19 zeigt die allgemeine Einrichtung eines Polarimeters. Das durch die Kondensorlinse *B* fallende Licht der

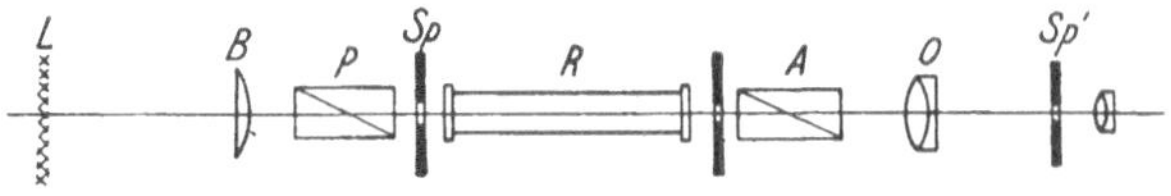

Fig. 19. Polarisationsapparat

Lichtquelle *L* wird in dem Polarisator-Nicol *P* polarisiert. *Sp* und *Sp'* sind Blenden. Betrachtet man nunmehr die Lichtquelle durch das kleine Fernrohr O, so wird maximale Dunkelheit herrschen, wenn der Analysator-Nicol *A* gegen *P* um 90^0 bzw. 270^0 gedreht ist. Schaltet man nun in den Strahlengang ein Rohr *R* mit der optisch-aktiven Flüssigkeit ein, so tritt infolge der Drehung der Polarisationsebene wieder Aufhellung ein, und man muß *A* um einen bestimmten Winkel drehen, um wieder maximale Dunkelheit zu erreichen. Der so gemessene Drehungswinkel ist proportional der Rohrlänge, die daher genau bekannt sein muß (meist 1 dm). Die Meßgenauigkeit einer solchen Anordnung ist nicht erheblich, weil die Einstellung auf maximale Dunkelheit schwierig ist. Man arbeitet deshalb heute nur noch mit dem Halbschattenpolarimeter von Lippich. Bei diesem ist vor *P* ein kleiner, die Hälfte des Gesichtsfeldes bedeckender Nicol eingeschaltet, der gegen *P* um einen kleinen Winkel δ gedreht ist. Dann sind im allgemeinen die beiden Hälften des Gesichtsfeldes von ungleicher Helligkeit und niemals vollkommen dunkel. Bei den Stellungen $90^0 + \frac{1}{2}\delta$ und $270^0 + \frac{1}{2}\delta$ des Analysators sind beide Felder gleich dunkel, so daß die Trennungslinie verschwindet. Auf diesen Punkt kann man sehr genau einstellen.

Die Größe des Drehungsvermögens (der Drehungswinkel) wird auf verschiedene Weise angegeben. Den direkt am Apparat abgelesenen Winkel bezeichnet man meist mit α. Das sogenannte spezifische Drehungsvermögen wird ausgedrückt durch $[\alpha]$ und nach folgender Formel berechnet:

$$[\alpha] = \frac{\alpha}{l \cdot d},$$

wo l die Rohrlänge (in dm), α den beobachteten Drehungswinkel und d das spezifische Gewicht bedeutet. Unter der Molekularrotation $[M]$ versteht man meist den Wert $\frac{M\,[\alpha]}{100}$, wo M das Molekulargewicht ist.

Für Lösungen optisch-aktiver Substanzen ist

$$[\alpha] = \frac{100\,\alpha}{l \cdot c} \quad \text{oder} \quad \alpha] = \frac{100\,\alpha}{l \cdot p \cdot d},$$

wo c die Anzahl Gramme gelöster Substanz in 100 ccm Lösung bedeutet, p die in 100 g Lösung enthaltenen Gramme gelöster Substanz und d das spezifische Gewicht der Lösung.

Die Größe der spezifischen Drehung ist abhängig von der Wellenlänge des Lichts, in geringem Maße auch von der Temperatur, bei Lösungen ferner von der Natur des Lösungsmittels und der Konzentration. Der Einfluß der Konzentration ist meist gering. In vielen Fällen wird bei der Messung gelbes Natriumlicht angewandt, dessen Wellenlänge der Linie D des Sonnenspektrums entspricht. Um dies auszudrücken, schreibt man $[\alpha]_D$.

Von großer Wichtigkeit für die organische Forschung ist auch die Bestimmung des **Brechungsvermögens** (Refraktion) von flüssigen Verbindungen. Die dazu nötigen Apparate werden in den Lehrbüchern der Physik beschrieben; für chemische Zwecke werden meist die von ABBE und von PULFRICH gebauten Apparate benutzt. Der Brechungsindex n ist abhängig von der Wellenlänge des Lichts; meist wird er für die drei Hauptlinien des Wasserstoffspektrums 656, 486 und 434 mμ (n_α, n_β, n_γ) oder für die gelbe Natriumlinie (n_D) bestimmt. Die Differenz der Brechungsindizes für verschiedene Farben heißt **Dispersion**. Ihre Kenntnis ist für organische Untersuchungen ebenfalls von Wert.

Ferner ist die Refraktion ebenso wie das spezifische Gewicht der Flüssigkeit von der Temperatur abhängig. LORENTZ (Leiden) und LORENZ (Kopenhagen) haben auf unabhängigen theoretischen Wegen gefunden, daß der Ausdruck

$$\frac{n^2-1}{n^2+2}\cdot\frac{1}{d},$$

wo d das spezifische Gewicht bedeutet, unabängig von der Temperatur sein muß. Dies ist in sehr zahlreichen Fällen experimentell bestätigt worden. Noch bedeutend besser gibt aber eine empirische Formel von EIJKMAN

$$\frac{n^2-1}{n+0{\cdot}4}\cdot\frac{1}{d}$$

die Abhängigkeit von n und d wieder. Sie zeigt fast völlige Konstanz für Temperaturbereiche von über 100°. Die Werte, die man durch Multiplikation dieser Ausdrücke mit dem Molekulargewicht M erhält, bezeichnet man als **Molekularrefraktion** R:

$$R = \frac{n^2-1}{n^2+2}\cdot\frac{M}{d};\quad \frac{n^2-1}{n+0{\cdot}4}\cdot\frac{M}{d}.$$

In der Praxis benutzt man ausschließlich die LORENTZ-LORENZsche Formel. Wir werden später sehen, in welcher Weise von dieser Größe Gebrauch gemacht wird.

Da nach MAXWELL für unendlich lange Wellen die Dielektrizitätskonstante $\varepsilon = n^2$ ist, so folgt aus obigen Beziehungen die schon von CLAUSIUS-MOSOTTI abgeleitete Gleichung:

$$\frac{\varepsilon-1}{\varepsilon+2}\cdot\frac{M}{d} = P,$$

wo P eine als **Molekularpolarisation** bezeichnete Konstante ist, die vielfach temperaturunabhängig und nahe gleich der auf unendlich lange Wellen extrapolierten Molekularrefraktion R_∞ ist. (Weiteres s. S. 49.)

Einteilung der organischen Chemie

Es hat sich im Lauf der Entwicklung der organischen Chemie als zweckmäßig erwiesen, die verschiedene Art, in der sich Kohlenstoffatome miteinander verbinden können, zur Grundlage der Einteilung zu machen. Verbindungen, in denen die Kohlenstoffatome nur kettenförmig etwa in der folgenden Weise

—C—C—C—C— oder —C—C—C<$^{C—}_{C—}$

miteinander verknüpft sind, unterscheiden sich in vielen Fällen erheblich von Verbindungen, in denen ein Kohlenstoffring, etwa der folgenden Art

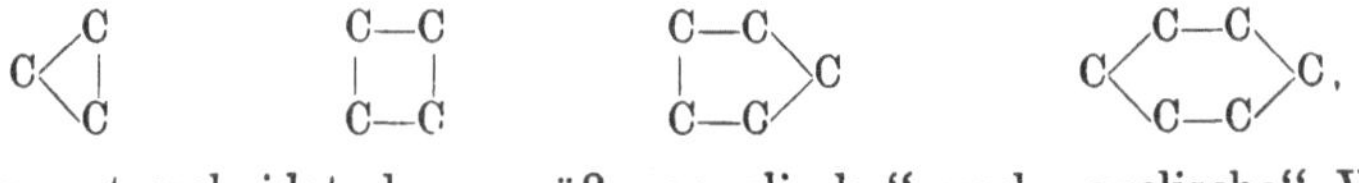

vorliegt. Man unterscheidet demgemäß „acyclische“ und „cyclische“ Verbindungen (von κύκλος = Kreis). Eine Untergruppe der cyclischen Verbindungen ergibt sich, wenn ein Teil der Ringglieder durch mehrwertige anoragnische Atome, in erster Linie O, N, S, ersetzt wird. Solche Verbindungen nennt man „heterocyclisch" und stellt ihnen die nur Kohlenstoff als Ringglied enthaltenden Verbindungen als „isocyclische" gegenüber. Mitunter findet man die Bezeichnung „carbocyclisch" gleichbedeutend mit isocyclisch gebraucht; da ja aber auch die heterocyclischen Ringe noch Kohlenstoff als Ringglied enthalten, ist diese Bezeichnung unzweckmäßig.

Wichtige Vertreter der acyclischen Verbindungen sind die Fette und ihnen nahestehende Verbindungen; für sie hat sich deshalb seit A. W. v. HOFMANN die Bezeichnung „aliphatische Verbindungen" (von ἄλειφαρ = Fett) eingebürgert. Unsere Kenntnis der cyclischen Verbindungen hat von „aromatisch" riechenden Naturstoffen (Benzoeharz, Tolubalsam, Bittermandelöl) Ausgang genommen, und eine große Gruppe der isocyclischen Verbindungen hat deshalb auch den Namen „aromatische Verbindungen" erhalten.

Während über die Zuweisung einer chemischen Verbindung zur Klasse der acyclischen oder isocyclischen Verbindungen selten Zweifel geherrscht hat, ist man mit der Abgrenzung der heterocyclischen Klasse nicht immer streng nach der Definition verfahren. Anhydride, Lactone, Lactame, z. B.

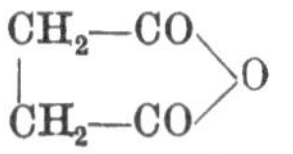
Bernsteinsäureanhydrid

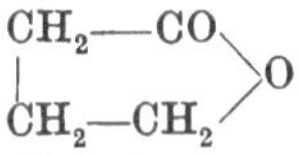
Butyrolacton

werden seit alters in den Lehrbüchern mit Rücksicht auf die nahe Beziehung zu den Säuren, aus denen sie gewonnen werden, bei diesen Säuren, d. h. bei den acyclischen Verbindungen abgehandelt, obwohl sie der Definition gemäß als heterocyclisch anzusehen sind. Vom streng systematischen Standpunkt betrachtet, bedeutet ein solches Verfahren eine gewisse Inkonsequenz, die indessen durch den Gewinn in didaktischer Beziehung ausgeglichen wird.

Verbindungen der Fettreihe

(Acyclische oder aliphatische Verbindungen)

Kohlenwasserstoffe und Verbindungen mit einer funktionellen Gruppe

Gesättigte Kohlenwasserstoffe

(Alkane, Paraffine)

Als einfachste Vertreter der acyclischen Verbindungen haben wir die **Kohlenwasserstoffe** zu betrachten, an deren Aufbau außer dem Kohlenstoff nur noch das Element Wasserstoff beteiligt ist. Wenn man sich vierwertige Kohlenstoffatome durch einfache Bindungen kettenförmig miteinander verknüpft denkt, so stehen an den Enden der Kette je 3, an allen übrigen Kohlenstoffatomen je 2 Bindungseinheiten zur Absättigung durch Wasserstoff zu Verfügung:

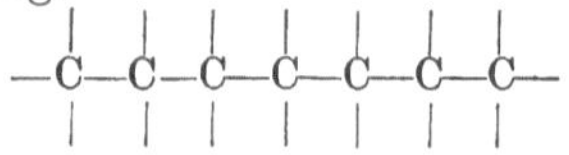

d. h. an n Kohlenstoffatomen insgesamt 2n+2 Bindungseinheiten. Diese Zahl entspricht also dem Höchstwert an Wasserstoffatomen, die von n aneinandergebundenen Kohlenstoffatomen aufgenommen werden können. Verbindungen der allgemeinen Formel C_nH_{2n+2} heißen deshalb gesättigte Kohlenwasserstoffe[1] oder **Grenzkohlenwasserstoffe.** Ein gesättigter Kohlenwasserstoff mit 1 Kohlenstoffatom besitzt die Formel CH_4, mit 2 Kohlenstoffatomen C_2H_6 usw. An Stelle der ausführlichen Formelbilder

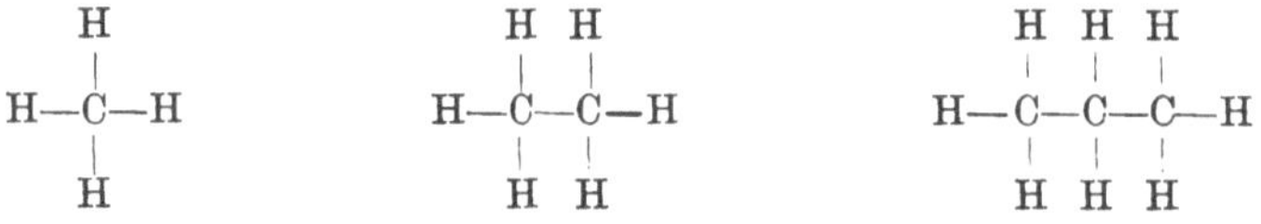

CH_4 $CH_3 \cdot CH_3$ $CH_3 \cdot CH_2 \cdot CH_3$

bedienen wir uns im folgenden der darunterstehenden, ohne weiteres verständlichen Formeln. Bevor wir dazu übergehen, diese Verbindungen zu beschreiben und den Nachweis zu erbringen, daß ihr Aufbau dem hier erläuterten Prinzip entspricht, seien einige Bemerkungen vorausgeschickt, die sich auf die Benennung derartiger Substanzen beziehen. Dies ist auch deshalb wichtig, weil man die Kohlenwasserstoffe als sogenannte **„Stammkörper“** der Einteilung und Benennung der organischen Verbin-

[1] Wir werden später Fälle kennenlernen, wo Kohlenstoffatome durch eine „doppelte Bindung“ miteinander verknüpft sind und entsprechend weniger Wasserstoffatome binden, z. B. $\frac{H}{H}{>}C{=}C{<}\frac{H}{H}$. Solche Kohlenwasserstoffe heißen „ungesättigt“. Sie lassen sich durch Addition von zwei Wasserstoffatomen leicht in gesättigte Kohlenwasserstoffe überführen, indem die Doppelbindung in eine Einfachbindung übergeht.

dungen überhaupt zugrunde zu legen pflegt. Denn jede organische Verbindung, die außer C und H noch andere Elemente enthält, läßt sich als Abkömmling („**Derivat**") eines Kohlenwasserstoffs auffassen, in dem ein oder mehrere Wasserstoffatome durch andere Elemente oder zusammengesetzte Reste (Radikale) ersetzt („**substituiert**") sind; z. B. ist CH_3Cl ein Derivat von CH_4, $CH_3 \cdot CH_2 \cdot OH$ ein Derivat von $CH_3 \cdot CH_3$.

Die **Nomenklatur der gesättigten Kohlenwasserstoffe** schließt geschichtlich an die Namen Methyl (vgl. S. 38), Äthyl, Propyl und Butyl für die einwertigen Kohlenwasserstoff-Radikale CH_3—, C_2H_5—, C_3H_7— und C_4H_9— an. Nach einem Vorschlage von A. W. v. Hofmann ist man übereingekommen, die Namen der ihnen entsprechenden Kohlenwasserstoffe auf die Endung -an ausgehen zu lassen. Die Namen der ersten 4 Glieder sind dementsprechend:

CH_4	Methan
C_2H_6	Äthan
C_3H_8	Propan
C_4H_{10}	Butan

Von C_5 an hat man der Benennung lateinische und griechische Zahlworte zugrunde gelegt:

C_5H_{12}	Pentan
C_6H_{14}	Hexan
C_7H_{16}	Heptan
C_8H_{18}	Octan
C_9H_{20}	Nonan
$C_{10}H_{22}$	Decan usf.

Die zu ihnen gehörigen einwertigen Radikale C_nH_{2n+1}— bezeichnet man in ihrer Gesamtheit als **Alkyle** (abgeleitet von Alkohol), so daß sich als Klassenbezeichnung für die gesättigten Kohlenwasserstoffe auch der Name **Alkane** ergibt. Gleichbedeutend damit ist ferner die Bezeichnung **Paraffine**[1], die die chemische Trägheit dieser Verbindungen andeuten soll (parum affinis) und am besten für das Gemisch der höheren, im technischen Paraffin vorkommenden Glieder reserviert wird. Die Namen der zu den genannten Kohlenwasserstoffen gehörigen einwertigen Alkylradikale C_6H_{13}—, C_7H_{15}— usw. erhält man, indem man -an durch -yl ersetzt: Hexyl, Heptyl, Octyl usw. Nur das Radikal C_5H_{11}— nennt man meist Amyl, neuerdings auch Pentyl.

Eine Kohlenstoffkette kann **normal** oder **verzweigt** sein. In normalen Ketten ist ein Kohlenstoffatom höchstens an 2 andere direkt gebunden: —C—C—C—C—C—; in den verzweigten Ketten kommen Kohlenstoffatome vor, die mit 3 oder 4 anderen direkt verbunden sind, z. B. $—C—C\begin{smallmatrix}\diagup C— \\ \diagdown C—\end{smallmatrix}$. Verbindungen mit normaler Kette werden häufig durch ein vor den Namen gestelltes n gekennzeichnet (n-Hexan). Eine verzweigte Kette kann man als eine normale betrachten, deren H-Atome teilweise durch Alkylgruppen substituiert sind. Diese Gruppen nennt man dann **Seitenketten.** Das Hexan der Formel

$$\begin{matrix}CH_3\\CH_3\end{matrix}\!\!>CH \cdot CH_2 \cdot CH_2 \cdot CH_3$$

kann demnach als Methylpentan bezeichnet werden. Um den Ort des Eintritts der Methylgruppe näher anzugeben, numeriert man die C-Atome der normalen Kette

[1] Der Name „Paraffin" wurde 1830 von Frh. v. Reichenbach für die von ihm im Buchenholzteer aufgefundenen Grenzkohlenwasserstoffe eingeführt. Nach allem, was man heute über die Reaktionsfähigkeit der Paraffine weiß, besteht ihr Name nicht mehr zu Recht.

(„**Hauptkette**") und gelangt so schließlich zu der korrekten und eindeutigen Bezeichnung 2-Methyl-pentan[1]. Eine Verbindung der Struktur

$$\begin{array}{l} CH_3\cdot CH_2\cdot \overset{}{C}H\cdot CH_2\cdot CH_3 \\ \qquad\qquad\;\; CH_3 \end{array}$$

wäre 3-Methyl-pentan zu nennen. Will man einen komplizierter gebauten Kohlenwasserstoff benennen, so ist es zweckmäßig, zunächst die längste in der Strukturformel enthaltene normale Kette aufzusuchen und diese darauf so zu numerieren, daß die kleinste Seitenkette eine möglichst niedrige Ziffer erhält:

$$\begin{array}{l} \overset{1}{C}H_3\cdot \overset{2}{C}H\cdot \overset{3}{C}H_2\cdot \overset{4}{C}H_2\cdot \overset{5}{C}H\cdot \overset{6}{C}H_2\cdot \overset{7}{C}H_2\cdot \overset{8}{C}H_3 \\ \qquad\;\; CH_3 \qquad\qquad\qquad C_2H_5 \end{array}$$

2-Methyl-5-äthyl-octan

Noch einige andere Bezeichnungen mögen hier erläutert werden. Ein Kohlenstoffatom, das nur mit einem anderen Kohlenstoffatom verknüpft ist, wird als **primär** gebunden bezeichnet; ist es mit zwei anderen verbunden, so nennt man es **sekundär** gebunden; mit drei oder vier Kohlenstoffatomen verknüpft, heißt es **tertiär** bzw. **quartär** gebunden; es wird auch schlechthin primär, sekundär usw. genannt. Ein Kohlenstoffatom, das sich am Ende einer Kette befindet (und demnach primär gebunden ist), wird **endständig** genannt.

Methan und Homologe

Die Verbindungen der Fettreihe können nach den Ausführungen auf S. 22 letzten Endes sämtlich als Derivate des Methans CH_4 aufgefaßt werden. Wir beginnen daher mit dem Studium dieses Kohlenwasserstoffs.

Methan findet sich in geringer Menge in den Gasen, die den Vulkanen entströmen. In den Steinkohlengruben entweicht es beim Abbauen der Steinkohlenflöze mit dem „Wetterstrom". Ferner ist es in den aus dem Bodenschlamm von Sümpfen und Teichen aufsteigenden Gasen enthalten. Daher stammen die veralteten Bezeichnungen **Sumpf-** und **Grubengas.** Aus dem „Faulschlamm" von Abwässern entsteht Methan durch einen von Mikroorganismen hervorgerufenen Gärungsprozeß. In manchen erdölreichen Gegenden (Baku; vielerorts in Amerika) entströmen überwiegend Methan enthaltende „Erdgase" (S. 33) dem Boden in so großer Menge, daß sie für industrielle Zwecke Verwendung finden. In bedeutender Menge ist Methan in den Gasen enthalten, die bei der trocknen Destillation der Steinkohlen entstehen; Leuchtgas enthält etwa 32%, Kokereigas etwa 23—29% Methan. Aus diesen Gasen wird es stellenweise durch Kompression und Verflüssigung nach dem LINDE-Verfahren gewonnen und in Stahlflaschen in den Handel gebracht. Auch bei der Kohlehydrierung und der Crackdestillation von Erdöl (S. 33) entstehen große Mengen von Methan als Nebenprodukt.

Im Laboratorium kann man Methan durch Zersetzung von Aluminiumcarbid mit Wasser

$$C_3Al_4 + 12\,H_2O = 3\,CH_4 + 4\,Al(OH)_3$$

darstellen (eine weitere Darstellung s. S. 80).

[1] Verbindungen mit verzweigter Kette werden von den normalen der gleichen Bruttoformel häufig auch durch ein vorgesetztes **Iso** unterschieden (Isohexan). Aus dem oben Gesagten erhellt aber, daß damit die Struktur noch nicht eindeutig ausgedrückt ist. Von den 5 bekannten Hexanen (S. 29) ist nur eines normal, 4 wären als Isohexane zu bezeichnen. Es ist daher, genau genommen, willkürlich, wenn man, wie es meist geschieht, unter Isohexan nur das 2-Methyl-pentan versteht. Für Kohlenwasserstoffe mit tertiären methyl-substituierten C-Atomen hat sich neuerdings die von SCHORLEMMER eingeführte Vorsilbe **Neo-** eingebürgert: Tetramethylmethan $CH_3\cdot C(CH_3)_2\cdot CH_3$ heißt Neopentan, 2·2-Dimethyl-butan $CH_3\cdot C(CH_3)_2\cdot CH_2\cdot CH_3$ Neohexan. Der Kohlenwasserstoff 2·2·3-Trimethyl-butan hat die Bezeichnung Triptan erhalten.

Die Synthese von Methan aus den Elementen gelingt, wenn man feinverteiltes Nickel, wie es durch Reduktion des Oxyds erhalten wird, mit einer dünnen Schicht Ruß bedeckt und nun im Wasserstoffstrom erhitzt. Auch ohne Katalysator können sich Kohlenstoff und Wasserstoff bei höheren Temperaturen direkt vereinigen. Die Reaktion ist eine Gleichgewichtsreaktion; bei 1100° wurde das Gleichgewicht bei etwa 0·8% Methan gefunden, bei 500° bei etwa 65%.

Methan entsteht ferner in exothermer Reaktion[1] durch Reduktion von Kohlenoxyd oder Kohlendioxyd mit Wasserstoff:

$$CO + 3\,H_2 = CH_4 + H_2O; \quad \Delta H_{298} = -60\ \text{kcal}$$
$$CO_2 + 4\,H_2 = CH_4 + 2\,H_2O; \quad \Delta H_{298} = -60\ \text{kcal}.$$

Unter dem katalytischen Einfluß von Nickel verlaufen diese Reaktionen glatt bei 250—300°; die Reduktion des Kohlenoxyds findet in der Technik Anwendung, um Wasserstoff von Spuren von Kohlenoxyd zu befreien.

Methan ist ein farb- und geruchloses Gas. Es läßt sich zu einer Flüssigkeit vom Siedepunkt —161.5° verdichten und erstarrt bei —182·6°. Seine kritische Temperatur ist —83°, der kritische Druck beträgt 46 Atm. 1 Liter des Gases wiegt bei 0° und 760 mm 0·7168 g. In Wasser ist Methan praktisch unlöslich, etwas mehr wird von Alkohol aufgenommen. Methan ist entsprechend seiner großen Bildungswärme (S. 118) eine sehr beständige Verbindung. Aus Fig. 20 kann man ersehen, in welchem Maße Methan bei steigender Temperatur gemäß der Gleichung

$$CH_4 \rightleftarrows C + 2\,H_2$$

zerfällt. Bei 250° wird der Zerfall in die Elemente in Gegenwart von Katalysatoren (Palladium) eben merklich, bei der hohen Temperatur des Induktionsfunkens oder des elektrischen Flammenbogens wird es vollständig zerlegt. Die thermische Zersetzung von Methan bei 900—1400° wird in der Technik bei der Herstellung von Ruß verwertet. Durch thermische Zersetzung im Gleichstromlichtbogen und Abschreckung der Reaktionsgase mit Wasser erhält man neben Ruß ein Gas, das neben rund 50% Wasserstoff und einigen Prozent Äthylen bis 17% Acetylen enthält (Acetylen-Darstellung nach dem Oppauer Verfahren). Methan brennt mit schwach leuchtender Flamme. Es reagiert mit Sauerstoff bei Abwesenheit von Katalysatoren schon bei 400° nach der Gleichung:

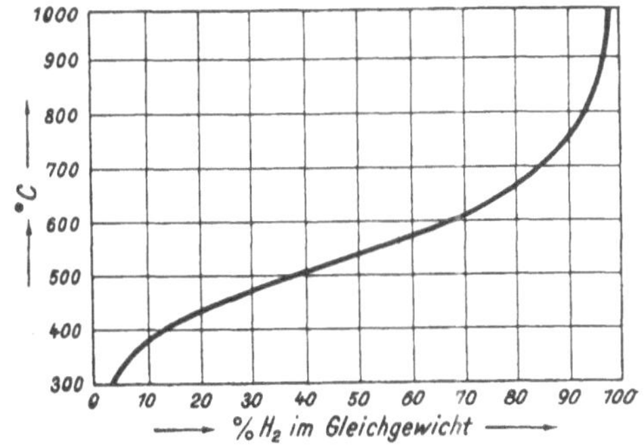

Fig. 20

$$CH_4 + O_2 = CO + H_2O + H_2.$$

Weder Wasserstoff noch Kohlenoxyd reagieren bei dieser Temperatur mit dem Sauerstoff weiter (Bone). Erst bei höherer Temperatur erfolgt dann die vollständige Verbrennung nach

$$CH_4 + 2\,O_2 = CO_2 + 2\,H_2O.$$

Die unvollständige Verbrennung von Methan besitzt technisches Interesse für die Wasserstoffgewinnung. Die bedeutenden Mengen Methan, die bei der Steinkohlenhydrierung anfallen, werden zum großen Teil durch Überleiten mit Wasserdampf über Nickel bei 900° wieder in den wertvolleren Wasserstoff zurückverwandelt. Diese Reaktion stellt also eine Umkehrung der oben angeführten Kohlenoxydhydrierung dar.

[1] Über die Wärmetönung von chemischen Reaktionen vgl. S. 118. Bei Ablauf der Reaktion von links nach rechts *abgegebene* Wärmemengen werden mit *negativem* Vorzeichen versehen.

Die eben erläuterten Reaktionen spielen eine Rolle bei der Verbrennung des Leuchtgases im **Bunsenbrenner**, der so konstruiert ist, daß das Leuchtgas mit einer zur vollständigen Verbrennung unzureichenden Menge Luft (etwa $^1/_2$ der erforderlichen Menge) gemischt wird[1]. Im Innenkegel der Bunsenflamme, der etwa 1550° C heiß ist, stellt sich das Wassergas-Gleichgewicht ein (HABER):

$$CO + H_2O \rightleftarrows CO_2 + H_2;$$

erst im heißen äußeren Saum der Bunsenflamme (1800° C) findet die vollständige Verbrennung zu $CO_2 + H_2O$ statt. In dem Raum zwischen Innen- und Außenkegel findet sich kein freier Sauerstoff: „in der Flamme kann nichts verbrennen". Die Flamme ist eine stehende Explosion, die dadurch zustande kommt, daß die Strömungsgeschwindigkeit des Gases die Fortpflanzungsgeschwindigkeit der Explosionswelle übertrifft. Bei zu kleiner Strömungsgeschwindigkeit oder zu starker Luftzufuhr schlägt die Flamme zurück.

Bei geeigneter Zusammensetzung der Methan-Luft-Gemische (6—12 Vol.-% CH_4) bzw. Methan-Sauerstoff-Gemische (6—55% CH_4) erfolgt die Verbrennung unter heftiger Explosion. Solche Gasgemische treten bisweilen in den Steinkohlengruben auf und sind an der Entstehung der gefürchteten „schlagenden Wetter" beteiligt. In Gegenwart von etwa 0.1 Vol.-% NO kann Methan zwischen 500° und 600° durch Luft in schlechter Ausbeute zu Formaldehyd oxydiert werden. Mit Salpetersäure gelingt eine Nitrierung in der Gasphase bei etwa 475°. Bei der Einwirkung von Chlor auf Methan, die unter Feuererscheinung verlaufen kann, werden nacheinander sämtliche vier Wasserstoffatome durch Chlor ersetzt („substituiert"):

$$CH_4 + Cl_2 = CH_3Cl + HCl$$
$$CH_3Cl + Cl_2 = CH_2Cl_2 + HCl \text{ usf.}$$

Man erhält stets ein Gemisch der verschiedenen Chlorierungsstufen, dessen Trennung keine besonderen Schwierigkeiten bereitet. Die Reaktion verläuft langsam bei 200°, am besten bei etwa 400°, wobei man zur Vermeidung von Explosionen im allgemeinen einen Methan-Überschuß anwendet (5 : 1).

Die **Homologen des Methans** (vgl. S. 29) sind diesem in ihren chemischen Eigenschaften sehr ähnlich. Die niedrigsten Glieder, Äthan C_2H_6, Propan C_3H_8, Butan C_4H_{10}, sind bei gewöhnlicher Temperatur gasförmig. Vom Pentan C_5H_{12} ab sind die gesättigten Kohlenwasserstoffe flüssig, etwa vom Pentadecan $C_{15}H_{32}$ ab sind sie fest. Die flüssigen Kohlenwasserstoffe riechen petroleumartig, die festen dagegen sind (auf Grund ihres sehr geringen Dampfdrucks) geruchlos. In Wasser sind sie sämtlich unlöslich. Gegenüber Oxydationsmitteln, konz. Salpetersäure und einer Reihe anderer Stoffe sind sie wesentlich reaktionsfreudiger, als man früher angenommen hat. Oxydation und Sulfochlorierung (S. 61) der flüssigen Kohlenwasserstoffe sowie ihre Nitrierung in der Gasphase sind heute ganz geläufige Reaktionen. Der Name „Paraffine" hat insofern seine Berechtigung verloren. Bei der Einwirkung von Halogenen tauschen sie ihre Wasserstoffatome teilweise oder ganz gegen Halogen aus. Von dem natürlichen Vorkommen dieser Kohlenwasserstoffe im Erdöl wird weiter unten die Rede sein. Vorher wollen wir uns jedoch über Konstitution und Darstellungsweise dieser Verbindungen Rechenschaft ablegen. Wir beschränken uns dabei zunächst auf das Grundsätzliche. Wichtige Bildungsprinzipien, insbesondere verzweigter und hochmolekularer Paraffine, werden uns in der Folge bei der Besprechung der Olefine begegnen, auf die hier verwiesen sei.

Struktur der Grenzkohlenwasserstoffe: Erscheinung der Isomerie

Von der Formel CH_4 ist nur eine Verbindung bekannt, und zwar das Methan. Ebenso kennt man nur eine Verbindung von der Formel C_2H_6 und nur eine, die durch

[1] Der Gasverbrauch eines gewöhnlichen Bunsenbrenners beläuft sich bei einem Gasdruck von 7—11 mm Quecksilber auf etwa 250—300 Liter pro Stunde.

die Formel C_3H_8 ausgedrückt wird. Zwei Verbindungen sind bekannt, welche die Formel C_4H_{10} besitzen, drei von der Formel C_5H_{12}, fünf von der Formel C_6H_{14} usw. Die Erscheinung, daß quantitativ gleich zusammengesetzte Verbindungen dennoch ein verschiedenes physikalisches und chemisches Verhalten zeigen, wird **Isomerie** (von ἴσος = gleich und μέρος = Teil) genannt (BERZELIUS 1830). Diese Erscheinung hat den älteren Chemikern viel Kopfzerbrechen gemacht, da man wohl die Existenz gewisser Radikale in organischen Verbindungen erkannt hatte, aber über die Verknüpfungsart der zahlreichen C-Atome unter sich weitgehend im Unklaren blieb. Als dann, vornehmlich durch FRANKLAND, der Begriff der mehrwertigen Elemente geschaffen war, erkannten 1857 fast gleichzeitig KEKULÉ[1] und COUPER die Vierwertigkeit des Kohlenstoffs. Sie zeigten, daß man die Zusammensetzung der organischen Verbindungen befriedigend deuten kann, wenn man annimmt, daß Kohlenstoffatome sich untereinander in der gleichen Weise wie mit anderen Elementen verbinden können, und legten mit dieser nachmals als **„Strukturtheorie"** bekannten Hypothese den Grund zu den uns heute geläufigen Strukturformeln. Diese Formeln, deren wir uns schon auf S. 22 bedient haben, lassen nun ohne weiteres erkennen, daß für die Kohlenwasserstoffe CH_4 bis C_3H_8 nur eine einzige Atomanordnung möglich ist. Darüber hinaus setzen sie uns aber in den Stand, diese Konstitution durch Synthese zu beweisen. Methyljodid CH_3J kann nach den obigen Annahmen nur Formel I besitzen:

I. 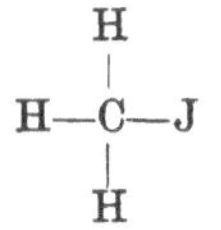 II. 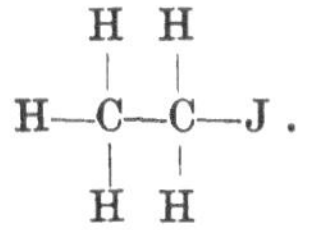

Nimmt man nun aus 2 Molekülen Methyljodid mit Hilfe von Natrium das Jod heraus[2], so vereinigen sich die frei gewordenen Kohlenwasserstoffreste zu Äthan:

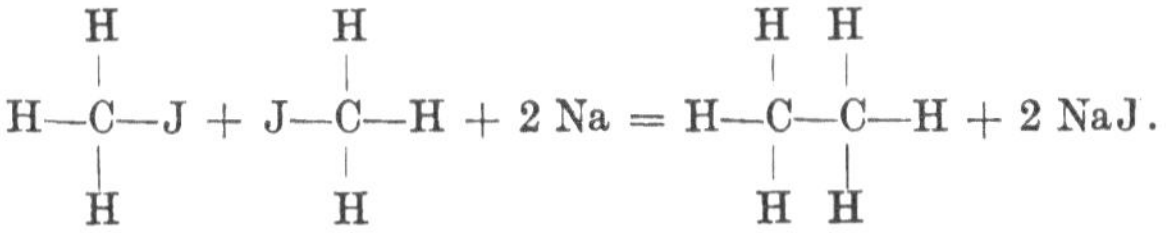

(Würtzsche Synthese)

Aus der Formel des Äthans folgt weiterhin für Äthyljodid die Formel II. Aus Äthyljodid und Methyljodid läßt sich durch erneute WÜRTZsche Synthese Propan aufbauen:

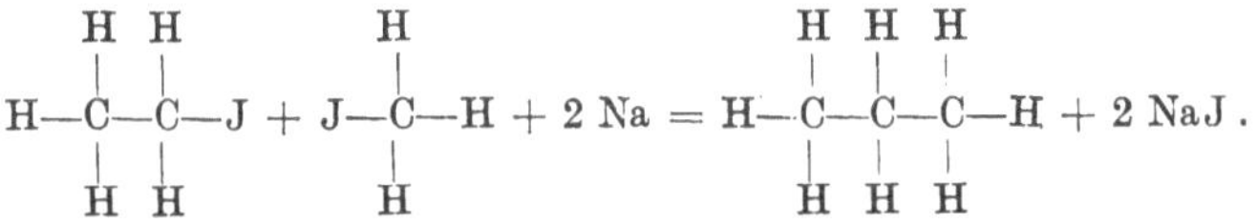

Wir besitzen also in dieser Reaktion ein Mittel, um ausgehend vom Methan zahlreiche höhere Kohlenwasserstoffe synthetisch aufzubauen. Die Betrachtung der Reaktionsgleichungen lehrt uns aber ferner, daß wir in vielen Fällen kein einheitliches Reaktionsprodukt zu erwarten haben, z. B. werden bei der Bildung von Propan gleichzeitig Äthan $CH_3 \cdot CH_3$ und Butan $CH_3 \cdot CH_2 \cdot CH_2 \cdot CH_3$ entstehen, weil ein Teil des Methyljodids und ebenso des Äthyljodids für sich mit Natrium reagieren kann. Die Erfahrung bestätigt diese Annahme und liefert damit eine starke Stütze für die Richtigkeit der Strukturtheorie.

[1] Geboren 1829 in Darmstadt, gestorben 1896 in Bonn; lehrte 1858—1865 in Gent, danach in Bonn. Seine Lehren von der Vierwertigkeit des Kohlenstoffs und von der Konstitution des Benzols bilden die Fundamente der organischen Chemie. Vgl. seine Biographie von R. ANSCHÜTZ (Berlin 1929).

[2] Über den Verlauf der hier nur schematisch wiedergegebenen WÜRTZschen Reaktion s. S. 304.

Am folgenden Beispiel sei nunmehr gezeigt, wie Isomerie durch Verschiedenheit der Struktur erklärt werden kann. Unter den fünf bekannten Hexanen C_6H_{14} gibt es ein Hexan vom Siedep. 69° und dem spezifischen Gewicht 0·658 bei 21°, sowie ein zweites Hexan, das bei 58° siedet und das spezifische Gewicht 0·667 bei gleicher Temperatur besitzt. Das erste erhält man durch Einwirkung von Natrium auf Propyljodid, dessen Struktur III auf anderem Wege bewiesen ist. Diesem Hexan muß man also die Struktur IV zuerkennen:

$$\text{III. } CH_3 \cdot CH_2 \cdot CH_2J \xrightarrow{Na} \text{IV. } CH_3 \cdot CH_2 \cdot CH_2 \cdot CH_2 \cdot CH_2 \cdot CH_3.$$

Nun ist aber außer Propyljodid noch ein isomeres Jodid, das den Namen Isopropyljodid führt, bekannt. Durch Ersatz von J durch H sind beide Jodide leicht in Propan $CH_3 \cdot CH_2 \cdot CH_3$ überzuführen. Nimmt man an, daß die Isomerie durch verschiedene Anordnung der Atome im Molekül verursacht wird, so kann die Isomerie von Propyljodid und Isopropyljodid nur auf der Verschiedenheit der Stellung beruhen, die das Jod im Molekül einnimmt. Isopropyljodid kann also nur die Strukturformel V haben, wenn Propyljodid die Struktur III besitzt. Läßt man auf Isopropyljodid Natrium wirken, so wird das Hexan vom Siedepunkt 58° gebildet. Hieraus darf man schließen, daß diesem die Struktur VI zukommt:

$$\text{V. } CH_3 \cdot CHJ \cdot CH_3 \xrightarrow{Na} \text{VI. } {CH_3 \atop CH_3}{>}CH{-}CH{<}{CH_3 \atop CH_3}.$$

Die Unterschiede in den physikalischen Eigenschaften der beiden Hexane sind damit auf einfache Weise durch Strukturisomerie erklärt.

Die in der angegebenen Weise ermittelten Strukturformeln geben uns bereits einen weitgehenden und in den meisten Fällen völlig ausreichenden Einblick in den Aufbau der organischen Verbindungen. Wir erfahren aus ihnen, in welcher Reihenfolge die Atome im Molekül miteinander verknüpft sind. Die Erfahrung hat aber gezeigt, daß auch Verbindungen identischer Struktur sich noch durch die feinere räumliche Gruppierung der Atome im Molekül voneinander zu unterscheiden vermögen (vgl. Weinsäure, Maleinsäure). Solche Isomerien, die man als Stereoisomerien bezeichnet, können nach den oben geschilderten Methoden nicht erkannt werden. Dadurch ist die Lösung des Isomerieproblems längere Zeit verzögert worden, da man natürlich anfänglich diese beiden Fälle (Strukturisomerie und Stereoisomerie) nicht voneinander zu scheiden wußte.

Die **Synthese**, wie wir sie oben an einigen einfachen Beispielen erläutert haben, ist der sicherste **Konstitutionsbeweis**, den die organische Chemie kennt. Daneben hat man aber noch zahlreiche andere chemische Umwandlungen der Konstitutionsermittlung dienstbar gemacht.

Die **Methode des Abbaus**, der vielfach der Synthese vorangeht, steht ihr an Wichtigkeit kaum nach. Beim Abbau zerschlägt man das Molekül in kleinere Bestandteile, deren Konstitution bereits bekannt ist, und baut daraus rückwärts die gesuchte Konstitutionsformel auf.

Beispiele für derartige Reaktionen werden wir bei anderer Gelegenheit kennenlernen. Hier sei nur betont, daß die Methode des Konstitutionsbeweises, wie sie soeben geschildert wurde, im allgemeinen nicht so einfach ist, wie es zunächst erscheinen möchte. Ein vorsichtiger Experimentator wird sich nicht mit einer einzigen Umsetzung begnügen, sondern versuchen, die fragliche Konstitution eines Stoffes noch durch weitere Umsetzungen sicherzustellen. Führen diese zu dem gleichen Resultat, so kann die Konstitution als bewiesen gelten. Mitunter gelangt man indessen auf diesem Wege zu widerspruchsvollen Resultaten. Dann muß angenommen werden, daß ein Teil der Reaktionen nicht in „normaler" Weise, sondern unter gleichzeitiger Atomverschiebung verlaufen ist, und es ist festzustellen, bei welcher der fraglichen Reaktionen dies der Fall ist.

Zahl der möglichen Isomeren

Geht man von der Vierwertigkeit des Kohlenstoffs und der Annahme von Atomketten aus, so vermag man nicht nur die bestehenden Isomerien zu erklären, sondern auch die Zahl der überhaupt möglichen Isomeren vorauszusehen. Für eine Verbindung C_4H_{10} z. B. kann man sich sowohl die Struktur $CH_3\cdot CH_2\cdot CH_2\cdot CH_3$ (Butan) als auch $\genfrac{}{}{0pt}{}{CH_3}{CH_3}\!>\!CH\cdot CH_3$ (2-Methyl-propan) denken. Mehr Möglichkeiten gibt es hier nicht. Für eine Verbindung der Formel C_5H_{12} sind drei Strukturformeln möglich:

1. $CH_3\cdot CH_2\cdot CH_2\cdot CH_2\cdot CH_3$
Pentan

2. $CH_3\cdot CH_2\cdot CH\!<\!\genfrac{}{}{0pt}{}{CH_3}{CH_3}$
2-Methyl-butan

3. $\genfrac{}{}{0pt}{}{CH_3}{CH_3}\!>\!C\!<\!\genfrac{}{}{0pt}{}{CH_3}{CH_3}$.
2,2-Dimethyl-propan

Für eine Verbindung der Formel C_6H_{14} sind folgende fünf Strukturen möglich:

1. $CH_3\cdot CH_2\cdot CH_2\cdot CH_2\cdot CH_2\cdot CH_3$
Hexan

2. $CH_3\cdot CH_2\cdot CH_2\cdot CH\!<\!\genfrac{}{}{0pt}{}{CH_3}{CH_3}$
2-Methyl-pentan

3. $\begin{array}{l}CH_3\cdot CH_2\cdot CH\cdot CH_2\cdot CH_3\\ \qquad\qquad\;\; CH_3\end{array}$
3-Methyl-pentan

4. $\begin{array}{l}CH_3\cdot CH\cdot CH\cdot CH_3\\ \qquad\;\; CH_3\; CH_3\end{array}$
2,3-Dimethyl-butan

5. $CH_3\cdot CH_2\cdot C\!\begin{array}{l}\diagup CH_3\\ -CH_3\\ \diagdown CH_3\end{array}$.
2,2-Dimethyl-butan

Die Zahl der von der Theorie geforderten Isomeren ist in zahlreichen Fällen wirklich erhalten worden, andererseits ist es niemals gelungen, mehr Isomere darzustellen als die Theorie angibt. Die eingangs genannten Voraussetzungen müssen deshalb als sicher begründet gelten.

In sehr vielen Fällen ist die Zahl der wirklich dargestellten Isomeren viel geringer als die Zahl der theoretisch möglichen. Denn ihre Zahl nimmt mit der Zahl der Kohlenstoffatome sehr rasch zu. So hat man ausgerechnet, daß von C_7H_{16} 9 Isomere möglich sind, von C_8H_{18} 18, von C_9H_{20} 35, von $C_{10}H_{22}$ 75, von $C_{11}H_{24}$ 159, von $C_{12}H_{26}$ 355, von $C_{13}H_{28}$ 802, von $C_{20}H_{42}$ 366319. Zwar hat man sich nicht damit abgegeben, alle 802 Isomeren der Formel $C_{13}H_{28}$ darzustellen, da wichtigere Fragen der Beantwortung harren. An der Möglichkeit, sämtliche Isomeren darzustellen, zweifelt man jedoch nicht, da man die Methoden zu ihrem Aufbau kennt und demnach bei den Versuchen keine prinzipiellen, wohl aber vielleicht experimentelle Schwierigkeiten zu erwarten hätte. Eine Berechnung der Isomerenzahl aus der C-Zahl ist nur auf kompliziertem Wege mit Hilfe von Rekursionsformeln möglich. Eine einfache generelle Formel dafür gibt es nicht; doch kann man graphisch extrapolieren.

Die Grenzkohlenwasserstoffe als Beispiel einer homologen Reihe

Wie aus der allgemeinen Formel C_nH_{2n+2} ersichtlich ist, unterscheiden sich aufeinanderfolgende Glieder der gesättigten Kohlenwasserstoffe um 1 CH_2 voneinander. Die chemischen Eigenschaften beeinflußt diese Differenz nur sehr wenig. Organische Verbindungen, die große Ähnlichkeit in ihren chemischen Eigenschaften aufweisen, aber um 1 CH_2 oder ein Vielfaches davon in der Zusammensetzung ihrer Kohlenstoffkette[1] voneinander abweichen, nennt man homolog (von ὁμόλογος = übereinstimmend). Solche Verbindungen lassen sich in regelmäßig von niedriger zu immer höherer Kohlenstoffanzahl aufsteigende Reihen ordnen, die als **homologe Reihen** bezeichnet werden.

Durch die Aufstellung der homologen Reihen erfährt das Studium der organischen Chemie eine große Vereinfachung. Man ist nicht genötigt, die **chemischen Eigenschaften**

[1] Homologie liegt also dann und nur dann vor, wenn eine Kohlenstoffkette durch Ersatz eines an Kohlenstoff gebundenen H-Atoms durch CH_3 verlängert wird. Sofern funktionelle Gruppen S. 36) vorhanden sind, besteht Homologie nur bei Gleichheit der funktionellen Gruppen. $CH_3\cdot NH_2$ (ist also homolog mit $C_2H_5\cdot NH_2$, nicht dagegen mit $CH_3\cdot NH\cdot CH_3$.

jeder Verbindung zu studieren, vielmehr genügt bei einer homologen Reihe die Kenntnis eines oder weniger Glieder, um die Eigenschaften aller Verbindungen dieser Reihe vorauszusehen. Natürlich gilt dies nur in erster Näherung; denn jedes Glied besitzt abgesehen von den Eigenschaften, die auch die anderen Glieder zeigen, noch seine individuellen Eigenschaften. In unserem Buch werden wir uns jedoch nur in Ausnahmefällen bei diesen letzteren aufhalten, weil sie nur bei einem eingehenden Studium der organischen Chemie berücksichtigt zu werden brauchen. Der Monotonie im chemischen Verhalten einer homologen Reihe stehen gesetzmäßige Änderungen der physikalischen Eigenschaften der einzelnen Glieder gegenüber, die ein Gegenstand häufigen Studiums gewesen sind.

Die **physikalischen Eigenschaften** der Glieder einer homologen Reihe ändern sich im allgemeinen regelmäßig[1] mit zunehmender Anzahl der Kohlenstoffatome. Dies gilt z. B. für die Schmelzpunkte und die Siedepunkte, das spezifische Gewicht, die Löslichkeit usw. Im allgemeinen kann man sagen, daß die Schmelz- und Siedepunkte um so höher werden, je höher man in der homologen Reihe emporsteigt.

Als Beispiel seien im folgenden einige physikalische Konstanten einer Anzahl von normalen Gliedern der Grenzkohlenwasserstoffe angeführt.

Formel	Name	F.	Kp.	Spez. Gew. D_4^t
CH_4	Methan	—182·6°	—161·5°	0·424 (bei —161·6°)
C_2H_6	Äthan	—172·0	—88·6	0·546 („ —88·6°)
C_3H_8	Propan	—187·1	—42·1	0·585 („ —42·2)
C_4H_{10}	Butan	—138·3	—0·5	0·600 („ —0·5°)
C_5H_{12}	Pentan	—129·7	+36·1	0·626 („ 20°)
C_6H_{14}	Hexan	—95·3	68·7	0·659 („ 20°)
C_7H_{16}	Heptan	—90·6	98·4	0·684 („ 20°)
C_8H_{18}	Octan	—56·8	125·7	0·703 („ 20°)
C_9H_{20}	Nonan	—53·7	150·8	0·718 („ 20°)
$C_{10}H_{22}$	Decan	—29·7	174·1	0·730 („ 20°)
$C_{11}H_{24}$	Undecan . . .	—25·6	195·8	0·740 („ 20°)
$C_{12}H_{26}$	Dodecan . . .	—9·6	216·3	0·749 („ 20°)
$C_{14}H_{30}$	Tetradecan . .	+5·5	253	0·763 („ 20°)
$C_{16}H_{34}$	Hexadecan . .	18·1	286·5	0·773 („ 20°)
$C_{20}H_{42}$	Eikosan	36	208[2]	0·778 (beim Schmelzpunkt)
$C_{21}H_{44}$	Heneikosan . .	40	219	0·778 („ „)
$C_{23}H_{48}$	Trikosan . . .	48	240	0·779 („ „)
$C_{32}H_{66}$	Dotriakontan .	70	320	0·783 („ „)
$C_{35}H_{72}$	Pentatriakontan	75	344	0·782 („ „)
$C_{60}H_{122}$	Hexakontan . .	98·9	—	0·752 („ „)

Allgemein nimmt man bei homologen Reihen wahr, daß die Differenz der Siedepunkte der aufeinanderfolgenden Glieder mit wachsender Anzahl der Kohlenstoffatome abnimmt. Zwischen den Siedepunkten von Homologen bestehen gesetzmäßige Beziehungen, die für Berechnungen nützlich sein können. Nach RAMSAY und YOUNG gilt für die Siedepunkte von zwei homologen Substanzen A und B unter verschiedenem Druck die Gleichung

$$\frac{T_A}{T_B} = \frac{T'_A}{T'_B},$$

wenn T und T' die absoluten Siedepunkte dieser Substanzen bei zwei beliebigen, für beide gleichen Drucken darstellen; durch eine einfache Umformung erhält man hieraus die von DÜHRING empirisch gefundene Regel

$$\frac{T_A - T'_A}{T_B - T'_B} = \text{konst.}$$

[1] Über eine Einschränkung dieses Prinzips s. S. 31, 76, 162.
[2] Bei 15 mm, ebenso die folgenden Glieder.

Nach dieser Beziehung hat man mit Hilfe der gut bekannten Siedepunktskurven des Wassers und des normalen Hexans die Siedepunktskurven einer großen Zahl organischer Verbindungen mit großer Genauigkeit berechnen können.

Homologe Reihen haben häufig als Versuchsmaterial für den Nachweis der **„Additivität“ physikalischer Eigenschaften** gedient. Additiv nennt man eine physikalische Eigenschaft einer chemischen Verbindung, wenn sich ihr Zahlenwert aus den Werten für die Elemente durch Addition zusammensetzen läßt. Eine streng additive Eigenschaft ist z. B. das Molekulargewicht. Die Bestimmung der Molekularrefraktion der Kohlenwasserstoffe und vieler anderer homologer Reihen hat ergeben, daß die Differenz der Werte für aufeinanderfolgende Glieder, die man also als die Molekularrefraktion der Gruppe CH_2 auffassen kann, zwar für die niederen Glieder nicht konstant ist, dagegen schon vom dritten oder vierten Glied an weitgehend konstant wird. Für die α-Linie des Wasserstoffspektrums beträgt diese Differenz 4,598 bei Anwendung der LORENTZschen Formel und 10,260 bei Anwendung der EIJKMANschen Formel. In ähnlicher Weise wie für die CH_2-Gruppe kann man auch für andere Gruppen und Atome sogenannte Gruppen- bzw. Atomrefraktionen ableiten, deren Addition die „berechnete“ Molekularrefraktion für eine Verbindung bekannter Bruttoformel ergibt. Obwohl der Einfluß der Konstitution auf die Refraktion nur gering ist, geben die sehr genau meßbaren Abweichungen von der reinen Additivität doch in zahlreichen Fällen sehr wertvolle Hinweise für die Beurteilung der Struktur. Man bezeichnet die Forschungsrichtung, die sich mit dem Aufsuchen der Zusammenhänge zwischen Refraktion und Konstitution beschäftigt, als Spektrochemie. Zu den physikalischen Eigenschaften überwiegend additiven Charakters gehören ferner z. B. das Molekularvolumen und die Verbrennungswärme.

Physikalische Eigenschaften isomerer Verbindungen

Wie bereits oben erwähnt wurde, sind einzelne physikalische Eigenschaften organischer Verbindungen, wie die Dichte, das Brechungsvermögen, die Verbrennungswärme, überwiegend additiven Charakters. Besonderheiten der Struktur prägen sich in ihnen also nur wenig aus, z. B. beträgt die Verbrennungswärme verschiedener isomerer Octane bei konstantem Druck 1302—1309 kcal/Mol, die größten Unterschiede betragen also noch nicht 1%. Dagegen sind Schmelzpunkt und Siedepunkt Eigenschaften ausgesprochen konstitutiven Charakters. Sie werden deshalb zur Identifizierung organischer Verbindungen in erster Linie herangezogen. Die nachstehende Tabelle enthält die Schmelzpunkte und Siedepunkte einiger isomerer Octane unter 760 mm Druck.

Name	Formel	Schmelzpunkt	Siedepunkt
n-Octan	$CH_3 \cdot [CH_2]_6 \cdot CH_3$	— 56·8°	125·7°
2-Methyl-heptan	$(CH_3)_2CH \cdot [CH_2]_4 \cdot CH_3$	—109·2°	117·6°
3-Methyl-heptan	$CH_3 \cdot CH_2 \cdot CH(CH_3) \cdot [CH_2]_3 \cdot CH_3$	— 120·6°	118·9°
2.2-Dimethyl-hexan	$(CH_3)_3C \cdot [CH_2]_3 \cdot CH_3$	— 121·2°	106·8°
2.5-Dimethyl-hexan	$(CH_3)_2CH \cdot [CH_2]_2 \cdot CH(CH_3)_2$	— 91·4°	109·1°
2.2.4-Trimethyl-pentan („Isooctan“)	$(CH_3)_3C \cdot CH_2 \cdot CH(CH_3)_2$	— 107·6°	99·1°
2.2.3.3-Tetramethyl-butan	$(CH_3)_3C \cdot C(CH_3)_3$	+ 100·7°	106·3°

Von den verschiedenen Isomeren hat, wie sich durch zahlreiche andere Beispiele belegen läßt, die normale Verbindung den höchsten Siedepunkt. Die Differenz zwischen den äußersten Werten beträgt annähernd 20°. Hieraus folgt sofort, daß die bereits erörterte regelmäßige Zunahme der Siedepunkte innerhalb homologer Reihen (S. 30) nur dann in Erscheinung tritt, wenn man Verbindungen von analoger Struktur miteinander vergleicht, also z. B. nur die Reihe der normalen Kohlenwasserstoffe. Im Gegensatz zum Siedepunkt ist der Schmelzpunkt oft am höchsten für dasjenige Isomere, das die meistverzweigte Kohlenstoffkette hat.

Vorkommen gesättigter Kohlenwasserstoffe in der Natur: Erdöl

Die Kohlenwasserstoffe C_nH_{2n+2} kommen in außerordentlicher Menge in der Natur als **Erdöl** (Petroleum) vor. Die größten Erdöllager der Welt finden sich in der Reihenfolge ihrer Erzeugung in den Vereinigten Staaten, Rußland, Venezuela, Iran, Niederländisch-Indien und Rumänien. Deutschland besitzt kleine Erdöllager namentlich in Hannover. Alle Erdöle sind außerordentlich komplexe Gemenge, deren Zusammensetzung erst teilweise entwirrt ist. Über die oberhalb 200° siedenden Bestandteile weiß man noch sehr wenig. Die Hauptmenge des Erdöls wird stets von Grenzkohlenwasserstoffen und den cyclischen „Naphthenen" (S. 292ff.) gebildet, während aromatische Kohlenwasserstoffe meist nur in kleineren Mengen vorhanden sind (Ausnahme Rumänien, Borneo). Die Tatsache, daß auch bei gleichem Standort die Zusammensetzung der Erdöle mit den Höhenlagen („Horizonten") stark zu wechseln pflegt, beschränkt den Wert aller Aussagen über die Zusammensetzung der Öle in Abhängigkeit vom Fundort. Immerhin überwiegen im ostamerikanischen Erdöl die Grenzkohlenwasserstoffe, die teils als normale, teils als verzweigte Verbindungen vorliegen (Öle aus Pennsylvanien und Michigan sind nach Rossini besonders reich an normalen Verbindungen). Größeren Naphthengehalt weisen die Öle der Golfküste und Kaliforniens, namentlich aber die russischen Erdöle (z. B. Baku) auf. Bemerkenswert ist der bei allen Erdölen sehr niedrige Gehalt an Olefinen (wenige Prozent). N- und S-haltige Bestandteile finden sich nur in geringer Menge. Das rohe Erdöl, das als solches nicht verwendbar ist, wird durch fraktionierte Destillation meist in vier Fraktionen zerlegt, die zum Zwecke weiterer Reinigung noch mit Säuren und Alkalien behandelt werden[1]. Die flüchtigeren Anteile führen die Namen **Petroläther** oder **Gasolin**[2] (Kp: 40—70°), **Leichtbenzin** (Kp: 60—110°), **Schwerbenzin** (Kp: 100—150°) und **Ligroin** oder **Lackbenzin** (Kp: 100—180°); sie enthalten unter anderem die Kohlenwasserstoffe C_5H_{12}, C_6H_{14}, C_7H_{16}, C_8H_{18}. Benzin findet ausgedehnte Verwendung als Betriebsstoff für Motorwagen und Flugzeuge. Es ist ein ausgezeichnetes Lösungsmittel für Fette, Öle und Harze; es dient deshalb im größten Maßstabe zum Entfetten von Knochen, ölhaltigen Samen sowie als Fleckwasser zum Reinigen von Kleidungsstücken (chemische Wäscherei).

Was zwischen 150° und 300° destilliert, ist das **Petroleum** im engeren Sinn (Kerosin, Leuchtöl), von dem große Mengen für Beleuchtungs- und Heizzwecke verbraucht werden, wenn auch naturgemäß dieses Verwendungsgebiet heute stark im Rückgang begriffen ist.

Die zwischen 300° und 350° siedenden Fraktionen des Erdöls werden als **Gasöl** oder **Treiböl** unter anderem zum Betrieb von Dieselmaschinen, Lokomotiven usw. verwendet.

Überaus wertvoll als Schmiermittel sind schließlich die oberhalb 350° destillierenden Rückstände der Rohöl-Destillation (**Schmieröl, Paraffinöl**). Man destilliert sie, um Zersetzung zu vermeiden, im Vakuum mit überhitztem Wasserdampf und scheidet die festen Kohlenwasserstoffe (**Paraffin**) durch Abkühlen aus. Diese Schmieröle, deren Eigenschaften man durch Extraktion unerwünschter Bestandteile mit Lösungsmitteln noch verbessert, scheinen vorwiegend aus Naphthenen zu bestehen. Gegenüber den

[1] Hierbei werden unter anderem 0,1—2% **Naphthensäuren** entfernt. Man versteht darunter hydroaromatische Carbonsäuren, deren Konstitution in den Grundzügen durch v. Braun aufgeklärt worden ist und die mannigfache technische Anwendung finden.

[2] In Amerika versteht man unter **Gasolin** die Fraktion 70—200°.

früher als Schmiermittel verwendeten fetten Ölen (Rüböl) besitzen sie den Vorzug, säurefrei zu sein und deshalb Maschinenteile nicht anzugreifen. Das als Paraffin bezeichnete meist zwischen 48° und 62° schmelzende Gemenge der festen Kohlenwasserstoffe C_nH_{2n+2} (z. B. $C_{22}H_{46}$, $C_{24}H_{50}$, $C_{26}H_{54}$, $C_{28}H_{58}$) kommt in einigen Erdölen, z. B. im javanischen und galizischen, in beträchtlicher Menge (8—12%) vor, während das amerikanische und russische Petroleum nur geringe Mengen enthält. Fast 90% der Welterzeugung an Paraffin stammen aus Erdöl; in Deutschland und Schottland werden bedeutende Mengen von Paraffin aus Braunkohlenteer und Schieferteer gewonnen. Das Braunkohlenparaffin besteht aus normalen Kohlenwasserstoffen. Durch Abkühlung pennsylvanischer Schmieröle unter Benzinzusatz erhält man breiartige Ausscheidungen von Paraffinen und Öl. Die teilweise entölten Produkte haben schmierige Konsistenz und finden als **Vaseline** vielfache Anwendung; bei weitgehender Entölung erhält man das höherschmelzende sogenannte **Petrolatum**. Ein sehr ähnliches Produkt wie das Petrolatum ist auch das **Erdwachs** oder **Ozokerit**, das in Galizien und Rußland bergmännisch gewonnen wird. Gereinigtes Ozokerit schmilzt bei etwa 70—80°. Man nimmt an, daß die Paraffine der Vaseline und des Ozokerits verzweigte Kohlenwasserstoffe mit etwa 35—50 Kohlenstoffatomen sind.

Asphalt[1] ist ein Gemenge hochmolekularer Kohlenwasserstoffe und enthält auch geringe Mengen von Sauerstoff-, Schwefel- und Stickstoffverbindungen. Er findet sich auf Trinidad in dem berühmten Asphaltsee, ferner z. B. im Toten Meer. Asphalthaltige Gesteine und Erdölrückstände werden in vielen Teilen der Welt technisch ausgebeutet.

Erdgas (Naturgas) ist ein häufiger Begleiter von Erdölvorkommen. Es besteht überwiegend (meist zu 90%) aus Methan. In Amerika, das besonders reich an Erdgasquellen ist, entzieht man dem Gas durch Absorption mittels aktiver Kohle oder Schwerölen niedrig siedende Benzine (z. B. Pentan).

Crack-Benzin. Infolge des außerordentlichen Anwachsens der Automobil- und Flugzeugindustrie in den letzten Jahrzehnten hat die Benzinproduktion der Nachfrage bei weitem nicht mehr zu genügen vermocht. Man ist deshalb zuerst in Amerika dazu übergegangen, die heute weniger wertvollen hochsiedenden Öle durch Zersetzungsdestillation („cracking“) in niedermolekulare, benzinähnliche Produkte aufzuspalten[2]. Auch fahrtechnisch weniger günstigen Benzinen können durch derartige Operationen („reforming“) bessere Eigenschaften verliehen werden. Die Zahl der bekannten Verfahren ist außerordentlich groß und in ständiger Entwicklung begriffen. Bei dem vielfach angewandten Dubbs-Prozeß strömt das Öl unter 20—40 Atmosphären durch Heizschlangen, die auf 465° erhitzt werden, in einen Kessel, in dem es bei 20 Atmosphären und 500° längere Zeit verbleibt, dann in eine Entspannungskammer, in dem sich die leichter siedenden Öle von den hochsiedenden kokshaltigen Rückständen trennen. Die Rückstände werden verfeuert. Die so in einer Ausbeute von 50% gewonnenen Benzine enthalten viele ungesättigte Bestandteile, deren völlige Entfernung nicht angestrebt wird, weil sie das bei gesättigten Normalparaffinen so lästige „Klopfen“ der Motoren verhindern. Heute wird ein beträchtlicher Teil des Crack-Benzins auf katalytischem Weg, z. B. unter Verwendung von Aluminiumsilicat-Kontakten, hergestellt.

Kohlehydrierung. Ein noch wichtigeres Problem bedeutet die Umwandlung von Steinkohle und Braunkohle in Benzin, da der Weltvorrat an Kohle die vorhandenen Erdölmengen bei weitem übertrifft, so daß nach der einmal zu erwartenden Erschöpfung des Erdöls Motortreibmittel aus Kohle dargestellt werden müssen. Für Staaten, die wie Deutschland nicht über große eigene Erdölvorräte verfügen, ist hiermit auch ein bedeutendes nationalwirtschaftliches Interesse verknüpft. Die technische Lösung dieser Aufgabe ist auf zwei grundsätzlich verschiedenen Wegen angestrebt worden. Nach Bergius teigt man feinverteilte Braunkohle mit einem Mineralöl an und erhitzt dieses Gemenge unter 200 Atmosphären Wasserstoffdruck auf 450°; auf diese Weise wird eine direkte „Verflüssigung“ der Kohle erreicht. Technisch durchführbar wurde das Verfahren erst durch die Ausbildung von Katalysatoren, die durch Schwefelverbindungen nicht vergiftet werden,

[1] Man leitet das Wort Asphalt meist von dem griechischen ἄσφαλτος = unveränderlich, starr ab. Doch ist die schon bei Herodot vorkommende Bezeichnung ebenso wie „Naphtha“ vermutlich ein Lehnwort aus dem Babylonischen.

[2] Um 1939 war etwa 50% der Welterzeugung an Benzin Crack-Benzin.

z. B. Molybdänsulfid, Zinnverbindungen. Die Kohlehydrierung wurde von der IG.-Farbenindustrie seit 1927 in größtem Maßstab mit Steinkohle, Braunkohle und Teerölen als Ausgangsmaterial durchgeführt, wobei ein mit Natriumsulfid aktivierter Eisenkontakt den Katalysator bildete. Gearbeitet wird bei etwa 450° und Drucken bis zu 700 Atm. Bemerkenswert ist die völlige Verflüssigung der Kohle bis auf einen Rückstand von wenigen Prozenten. Im Gegensatz hierzu wird bei dem Verfahren von FRANZ FISCHER und TROPSCH Steinkohle zunächst in ein modifiziertes Wassergas der Zusammensetzung $CO + 2 H_2$ übergeführt. Dieses verwandelt sich unter dem Einfluß von kobalthaltigen Mischkatalysatoren bei etwa 200° und gewöhnlichem oder schwach erhöhtem Druck in flüssige Kohlenwasserstoffe **(„Kogasin")**. Die Fischer-Benzine enthalten beim Normaldruck-Verfahren etwa 20%, beim Mitteldruck-Verfahren (8 Atm.) bis zu 30% Olefine und sind in den niederen Gliedern (bis etwa C_{10}) zu 85%, in den höheren Anteilen etwa zu 75 bis 80% verzweigt. Die Mengenverhältnisse entsprechen annähernd dem thermodynamischen Gleichgewicht. Durch Extraktion des Kobaltkatalysators erhält man ein höhermolekulares Paraffin, das sog. Kontaktceresin mit etwa 25 bis 150 C-Atomen und Schmelzpunkten bis etwa 90°. Laboratoriumsmäßig wurden an Rutheniumkontakten noch wenig untersuchte, bis 134° schmelzende Paraffine erhalten. Das Kogasin bildet unter anderem eine wertvolle Quelle für Dieselkraftstoffe. Ein Teil der höheren Paraffine, etwa C_{16} bis C_{28} (Paraffin-Gatsch), wird durch Oxydation in künstliche Fettsäuren verwandelt. Die Fischer-Tropsch-Synthese ist ein stark exothermer Prozeß, die Wärmeabfuhr aus dem Katalysator entsprechend schwierig. Neuere amerikanische Verfahren, bei denen der Katalysator nicht fest angeordnet ist, sondern in der Gasmasse aufgewirbelt wird („fluidized catalyst bed"), sollen wesentlich besseren Temperaturausgleich und hervorragende Motorenbenzine geben.

Bei allen Hydrierungsverfahren entstehen größere Mengen gasförmiger Grenzkohlenwasserstoffe (Methan bis Butan), deren Verwertung aus wirtschaftlichen Gründen nötig ist. Methan dient unter anderem zur Wasserstoffdarstellung. Propan und Butan werden katalytisch in ungesättigte Kohlenwasserstoffe übergeführt, die sich an phosphorsäurehaltigen Kontakten bei Temperaturen unter 300° und 100 Atmosphären zu Benzin polymerisieren **(„Polymerbenzin")**. Propan und Butan finden auch als Heiz- und Treibgase Verwendung. Eine weitere Verwendungsmöglichkeit der ungesättigten Kohlenwasserstoffe bildet ihre später zu erörternde Fähigkeit, sich unter dem Einfluß bestimmter Katalysatoren (Schwefelsäure, wasserfreier Fluorwasserstoff) mit verzweigten gesättigten Kohlenwasserstoffen zu verzweigten Paraffinen zusammenzulagern. Dieser in der Technik als „Alkylierung" bekannte Prozeß ist deshalb so wichtig, weil die hochverzweigten Paraffine sehr „klopffest" sind und höhere Kompressionen im Motor gestatten. Das Prototyp solcher Verbindungen ist das 2.2.4-Trimethyl-pentan (sog. „Isooctan") $(CH_3)_3C \cdot CH_2 \cdot CH(CH_3)_2$. Man benutzt es im Gemisch mit n-Heptan, um das Klopfverhalten von Treibstoffen zu kennzeichnen. Man schreibt einem Treibstoff die „Octanzahl" 70 zu, wenn sein Klopfverhalten das gleiche ist wie das einer Mischung aus 70% Isooctan und 30% n-Heptan. Ein dem reinen Isooctan gleichender Treibstoff hat die Octanzahl 100. In dem Maße, wie man bessere Treibstoffe gefunden hat, hat man diese Skala über 100 hinaus fortsetzen müssen. Über Bleitetraäthyl als Antiklopfmittel s. S. 71.

Die treibstofftechnisch wertlosen geradkettigen Paraffine kann man über Chromoxydkatalysatoren bei 400° zu aromatischen Verbindungen cyclisieren, ein Verfahren, das während des zweiten Weltkrieges ungeheure Bedeutung erlangt hat. Man gewinnt so aus n-Heptan Toluol, aus n-Octan hauptsächlich o-Xylol. Die obige, bei weitem nicht erschöpfende Übersicht zeigt, welch außerordentliche Bedeutung die Petroleumchemie zur Herstellung von Lösungsmitteln, Kunststoffen, Kautschuk usw. erlangt hat. Sie hat heute den Steinkohlenteer aus seiner früher beherrschenden Stellung gänzlich verdrängt. Sie hat damit freilich auch das Problem der Erschöpfbarkeit der heutigen Lagerstätten aufgeworfen. Zu berücksichtigen ist dabei, daß in den amerikanischen Erdgasquellen ein ebenbürtiges Reservoir für die Kohlenwasserstoffchemie vorhanden ist.

Entstehung des Erdöls. Petroleum ist im Innern der Erde in typischen Sedimentgesteinen, Sanden, Sandstein und Kalkstein, abgelagert. Hier wird es in Tiefen bis zu 4000 m und mehr erbohrt. Es ist in diesen Tiefen Drucken von einigen hundert Atmosphären und Temperaturen bis zu 100° und darüber ausgesetzt. Die älteren Vorstellungen, wonach das Erdöl durch Einwirkung von Wasserdampf auf Eisencarbide entstanden wäre (MENDELEJEW 1876, MOISSAN 1896), sind heute verlassen, weil sie unter anderem die optische Aktivität des Erdöls nicht zu erklären vermögen. ENGLER und HÖFER haben Fette, insbesondere das Fett abgestorbener Seetiere, als Ausgangsmaterial in Betracht gezogen. Diese Annahme schien durch Versuche von ENGLER gestützt zu werden, der durch Zersetzungsdestillation von Fischtran unter Druck bei 300—400° erdölähnliche Produkte gewonnen hatte. Neuerdings hat nun TREIBS die interessante Feststellung gemacht, daß Erdöl kleine Mengen von Chlorophyllabkömmlingen und in geringerer Menge auch Häminderivate enthält. Dies sowie andere Beobachtungen läßt auf eine ganz überwiegend pflanzliche Herkunft des Erdöls und auf eine Bildungstemperatur von höchstens 150° schließen. Auch geologische Gründe sprechen gegen eine so hohe Bildungstemperatur, wie ENGLER sie angenommen hatte. Die größte Wahrscheinlichkeit besitzt heute die Hypothese des Geologen H. POTONIÉ, wonach das Ausgangsmaterial in dem fettreichen pflanzlichen und tierischen Mikroplankton abgeschlossener Seen zu suchen wäre, das im abgestorbenen Zustand in großen Mengen zu Boden sinkt und sich dort unter Luftabschluß zu „Faulschlamm" (Sapropelium) zersetzt. Wieweit Eiweißstoffe an diesen Umsetzungen beteiligt sind, ist noch unbekannt. Daß erhebliche Teile des Erdöls durch Einwirkung anaerober Bakterien auf Fettsäuren entstanden sind, ist kaum zu bezweifeln. Für die Möglichkeit einer solchen rein biologischen Bildung spricht auch das vereinzelte Vorkommen von Grenzkohlenwasserstoffen in Pflanzen (z. B. n-Heptan in Pinus sabiniana). Kleine Mengen höherer Paraffine sind häufig in pflanzlichen Wachsen gefunden worden.

Gesättigte Verbindungen mit einer funktionellen Gruppe: Alkohole (Alkanole)

Nomenklatur. Als Alkohole bezeichnet man Verbindungen, welche die einwertige Hydroxylgruppe —OH an Kohlenstoff gebunden enthalten. Man kann sie sich also aus Kohlenwasserstoffen durch Austausch von Wasserstoff gegen Hydroxyl entstanden denken.

Die Alkohole der homologen Reihe $C_nH_{2n+1}\cdot OH$ werden entweder nach den darin enthaltenen Alkylgruppen benannt: Methyl-, Äthyl-, Propyl- usw. -alkohol, oder man charakterisiert sie durch Anhängen der Endung -ol an den Namen der entsprechenden Kohlenwasserstoffe: Methanol, Äthanol, Propanol usw. Eine veraltete Bezeichnung des Methylalkohols $CH_3\cdot OH$ ist „Carbinol"; davon abgeleitete Namen sind noch gebräuchlich: Diäthylcarbinol $C_2H_5\cdot CH(OH)\cdot C_2H_5$.

Häufig hat man auch den Rest R·O— zu benennen, der nach Wegnahme des H-Atoms der Hydroxylgruppe zurückbleibt, also gewissermaßen die alkylierte Oxy-Gruppe. Man nennt sie die **Alkoxy**-Gruppe, $CH_3\cdot O$— heißt **Methoxy-**, $C_2H_5\cdot O$— **Äthoxy-**.

Alkohole, deren Hydroxylgruppe an ein primäres Kohlenstoffatom (S. 24) gebunden ist, nennt man primäre Alkohole. Ist die Hydroxylgruppe mit einem sekundären oder tertiären Kohlenstoffatom verknüpft, so spricht man von sekundären bzw. tertiären Alkoholen. Primäre Alkohole werden also durch die allgemeine Formel $R\cdot CH_2\cdot OH$ dargestellt, sekundäre durch $R\cdot CH(OH)\cdot R_1$, tertiäre durch $\genfrac{}{}{0pt}{}{R}{R_1}\!\!>\!C(OH)\cdot R_2$, wobei unter R, R_1 und R_2 beliebige einwertige Kohlenwasserstoffradikale zu verstehen sind.

Es gibt auch Alkohole, die mehrere Hydroxylgruppen im Molekül enthalten, so das später zu besprechende Glykol $HO\cdot CH_2\cdot CH_2\cdot OH$ und das Glycerin $HO\cdot CH_2\cdot CH(OH)\cdot CH_2\cdot OH$. Man unterscheidet sie als **mehrwertige** (zwei-, drei- usw. wertige) Alkohole von den hier behandelten **einwertigen Alkoholen.**

Struktur. Der gewöhnliche Alkohol oder Äthylalkohol, von dem sich der Name der ganzen Verbindungsklasse herleitet, entspricht der Zusammensetzung C_2H_6O. Für den Aufbau einer Verbindung dieser Bruttoformel gibt es nur die folgenden, unter I und II angegebenen Möglichkeiten:

$$\text{I.}\quad \begin{matrix}\mathrm{H}\diagdown & & & \diagup\mathrm{OH}\\ \mathrm{H}{-} & \mathrm{C}{-}\mathrm{C} & & {-}\mathrm{H}\\ \mathrm{H}\diagup & & & \diagdown\mathrm{H}\end{matrix}\qquad\qquad \text{II.}\quad \begin{matrix}\mathrm{H}\diagdown & & & \diagup\mathrm{H}\\ \mathrm{H}{-} & \mathrm{C}\cdot\mathrm{O}\cdot\mathrm{C} & & {-}\mathrm{H}\\ \mathrm{H}\diagup & & & \diagdown\mathrm{H}\end{matrix}$$

Die Verbindung der Formel I enthält ein Wasserstoffatom anders gebunden als die übrigen fünf, nämlich an Sauerstoff. Bei der Verbindung II sind dagegen sämtliche Wasserstoffatome gleichwertig. Die Alkohole besitzen nun ein ausgezeichnetes Wasserstoffatom, wie sich in ihrem Verhalten gegen Natrium zeigt; aus einem Grammolekül Äthylalkohol wird ein Grammatom Wasserstoff frei, indem zugleich eine Verbindung $C_2H_5 \cdot ONa$ (Natriumalkoholat) entsteht, die durch Wasser in NaOH und Alkohol zersetzt wird. Weitere Wasserstoffatome des Alkohols werden auch durch einen Überschuß von Natrium nicht substituiert. Auch das Verhalten von Äthylalkohol gegen Phosphorhalogenide, die in der organischen Chemie häufig zum Austausch von Sauerstoff gegen Halogen angewandt werden, spricht für die besondere Bindung eines Wasserstoffatoms. Bei der Einwirkung von Phosphortrijodid entsteht Äthyljodid

$$3\, C_2H_5 \cdot OH + PJ_3 = 3\, C_2H_5J + P(OH)_3,$$

d. h. es wird dem Alkohol gleichzeitig mit dem Sauerstoff wiederum 1 Wasserstoffatom entzogen. Schließlich läßt sich Äthyljodid durch Behandlung mit Alkalien, am besten mit Silberhydroxyd (feuchtem Silberoxyd), wieder in Alkohol zurückverwandeln:

$$C_2H_5J + AgOH = C_2H_5 \cdot OH + AgJ.$$

Alle diese Umsetzungen würden in der oben in Erwägung gezogenen Formel II keine Erklärung finden, während sie mit der Formel I in gutem Einklang stehen. Durch diese Folge von Reaktionen ist somit die Anwesenheit einer Hydroxylgruppe in den Alkoholen bewiesen; wir haben die Struktur eines Alkohols aus seinen Eigenschaften abgeleitet. Umgekehrt geben die Strukturformeln Rechenschaft von allen chemischen Eigenschaften der Verbindungen, sie sind der kurze Ausdruck dafür. Man kann daraus den Wert dieser Formeln ermessen; ist man durch das Studium einiger Eigenschaften einer Verbindung in den Stand gesetzt, eine Strukturformel für sie aufzustellen, so wird man daraus ihre anderen Eigenschaften ableiten können. In zahllosen Fällen sind die so vorausgesagten Eigenschaften durch die Beobachtung bestätigt worden.

Die charakteristischen gemeinsamen Eigenschaften der Alkohole beruhen, wie wir sehen werden, sämtlich auf der Gegenwart der Hydroxylgruppe, die im Gegensatz zu dem chemisch trägen Kohlenwasserstoffrest den mannigfachsten Umsetzungen zugänglich ist. Die Hydroxylgruppe bestimmt daher die „chemische Funktion" der Alkohole. Man nennt sie deshalb eine **funktionelle Gruppe.** Andere funktionelle Gruppen sind z. B. die Carboxylgruppe $-CO_2H$, die Sulfogruppe $-SO_3H$ und die Aminogruppe $-NH_2$.

Die einzige allgemeine Bildungsweise der Alkohole, die hier erwähnt wurde, ist ihre Entstehung aus Alkylhalogeniden. Wichtige weitere Bildungsweisen der Alkohole werden wir später kennenlernen (S. 90, 98, 99, 115).

Die **Isomerie-Möglichkeit** ist bei den Alkoholen größer als bei den Kohlenwasserstoffen. Außer der Verzweigung der Kohlenstoffkette ist auch die verschiedene Stellung der Hydroxylgruppe in der Kette von Bedeutung. Die Isomerie der Alkohole hat charakteristische Unterschiede im chemischen Verhalten im Gefolge, wie weiter unten am Beispiel der Propyl- und Butylalkohole ausgeführt werden wird.

Physikalische Eigenschaften der Alkohole

Einige physikalische Eigenschaften ersieht man aus der nachstehenden Tabelle, in die nur normale primäre Verbindungen aufgenommen sind.

Name	Formel	Schmelzpunkt	Siedepunkt	Spez. Gew. D_4^0	$D_4^{34 \cdot 6}$
Methylalkohol, Methanol	$CH_3 \cdot OH$	— 97°	64·7°	0·810	—
Äthylalkohol, Äthanol	$C_2H_5 \cdot OH$	— 114	78·3	0·806	—
Propylalkohol, Propanol-(1)	$C_3H_7 \cdot OH$	— 127	97·2	0·819	—
Butylalkohol, Butanol-(1)	$C_4H_9 \cdot OH$	— 90	118·0	0·825	0·799
Amylalkohol, Pentanol-(1)	$C_5H_{11} \cdot OH$	— 79	138·3	0·829	0·804
Hexylalkohol, Hexanol-(1)	$C_6H_{13} \cdot OH$	— 52	157	—	0·808
Heptylalkohol, Heptanol-(1) ...	$C_7H_{15} \cdot OH$	— 35	176	—	0·812
Octylakohol, Octanol-(1)	$C_8H_{17} \cdot OH$	— 16	195	—	0·815
Nonylalkohol, Nonanol-(1)	$C_9H_{19} \cdot OH$	— 5	213	—	0·817

Im Gegensatz zu den Kohlenwasserstoffen sinkt hier die Siedepunktsdifferenz zweier Homologen mit steigendem Molekulargewicht verhältnismäßig langsam (Δ = etwa 20°), wenn man von den beiden ersten Gliedern der Reihe absieht. Die Alkohole teilen dieses Verhalten mit anderen „assoziierten" Flüssigkeiten, z. B. Ketonen, Säuren und Nitrilen.

Unter **Assoziation** versteht man eine durch schwache Kräfte, z. B. Dipol- oder Dispersionskräfte (VAN DER WAALSsche Kräfte), bewirkte Zusammenlagerung von Molekülen zu Doppelmolekülen, Dreifachmolekülen usw. Unter den üblichen Bedingungen einer Molekulargewichtsbestimmung in hinreichend verdünnten Lösungen oder Dämpfen machen sich solche Erscheinungen im allgemeinen nicht bemerkbar, da man ja durch die Verdünnung eine Kraftwirkung der Moleküle aufeinander sorgfältig auszuschließen bemüht ist. Anders liegt natürlich der Fall bei homogenen Flüssigkeiten, wo die Moleküle wegen ihrer räumlichen Nähe gegenseitigen Einwirkungen unterliegen müssen. Obwohl nun hier die üblichen Verfahren der Molekulargewichtsbestimmung unanwendbar sind, so ist man doch in der Lage, den Molekularzustand der Flüssigkeiten durch eine Reihe empirischer Beziehungen zu beurteilen. Solche vielfach benutzten Beziehungen sind die **TROUTONsche Regel**

$$\frac{M\,L}{T} = 21$$

(M Molekulargewicht, L spezifische Verdampfungswärme in cal/g, T absolute Siedetemperatur) und die **EÖTVÖSsche Regel**

$$\gamma\, v^{2/3} = k\,(t_k - t)$$

(γ Oberflächenspannung, v Molekularvolumen bei der Temperatur t, t_k kritische Temperatur, k oft = 2). Beide Beziehungen lassen sich aus der reduzierten VAN DER WAALSschen Zustandsgleichung auch theoretisch verständlich machen. Doch ist ihr Wert aus vielen Gründen nur recht beschränkt, weshalb auch die so ermittelten Assoziationsgrade bestenfalls unsichere Schätzungen darstellen. Weitergehende Aufschlüsse gibt z. B. das Studium der Dipolmomente (S. 49).

Die Alkohole erscheinen im homogenen Zustand als assoziiert, da sie die TROUTONsche und EÖTVÖSsche Regel nicht befolgen. Ihre Assoziationsneigung ist sogar groß genug, um auch bei der Dampfdichtebestimmung und der kryoskopischen Methode noch deutlich in Erscheinung zu treten. Wie man aus Fig. 21 ersieht, wächst der (durchschnittliche) Assoziationsgrad von Äthylalkohol in Benzol als Lösungsmittel nahezu linear mit der Konzentration. Lösungen von 0·12 Mol Alkohol in 100 g Benzol zeigen im Durchschnitt 3faches Molekulargewicht. Die Ursache dieser Assoziation wird später bei der Besprechung des Dipolcharakters der Alkohole (S. 50) deutlich werden.

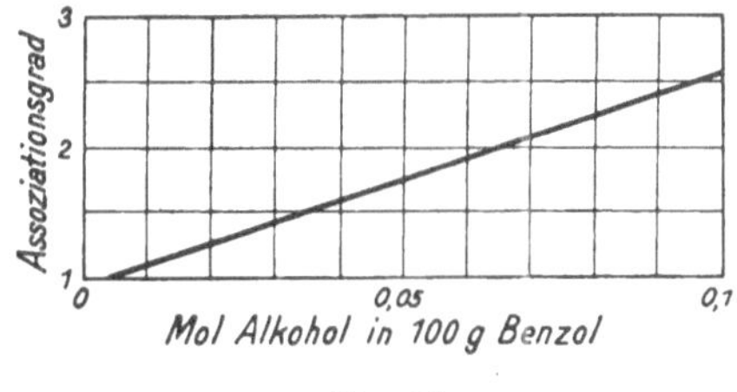

Fig. 21

Der Einfluß der Isomerie auf den Siedepunkt ist bei den Alkoholen, wie man aus der Tabelle auf S. 42 entnehmen kann, der gleiche wie bei den Kohlenwasserstoffen: die normale Verbindung besitzt den höchsten Siedepunkt.

Die niederen Alkohole C_1 bis C_4 sind bewegliche Flüssigkeiten, die mittleren C_5 bis C_{11} sind mehr ölig, die höheren bei Zimmertemperatur fest. Während die ersten Glieder C_1 bis C_3 in allen Verhältnissen mit Wasser mischbar sind, nimmt die Löslichkeit mit wachsender Anzahl der C-Atome rasch ab, indem die Kohlenwasserstoffkette den Einfluß der Hydroxylgruppe mehr und mehr zurückdrängt. Die niederen Glieder besitzen einen weingeistartigen, die mittleren unangenehmen Geruch; die festen Alkohole sind geruchlos.

Methylalkohol (Methanol) $CH_3 \cdot OH$

Diese früher auch **Holzgeist**[1] genannte Verbindung wird im großen durch langsame trockne Destillation von Buchenholz in eisernen Retorten gewonnen und entstammt den im Holz enthaltenen Methoxylgruppen (S. 256). Das Produkt der Destillation besteht neben entweichenden Gasen (hauptsächlich Methan und Wasserstoff) aus wäßriger Flüssigkeit und Holzteer. Die wäßrige Flüssigkeit (roher Holzessig) enthält Methylalkohol in einer Menge von 1—2% (bezogen auf das Gewicht des Holzes), daneben noch viele andere Stoffe, vor allem Essigsäure (5—6%) und Aceton (0,2%). Zur Entfernung der Essigsäure neutralisiert man die Destillationsprodukte mit Kalk und destilliert; die Trennung von Aceton, dessen Siedepunkt dem des Methylalkohols sehr nahe liegt, ist nur durch sorgfältige fraktionierte Destillation in Kolonnenapparaten (S. 40) zu erreichen. Sehr reinen Methylalkohol erhält man durch Veresterung mit Oxalsäure (vgl. S. 165) und Verseifung des durch Kristallisation gereinigten Esters. Weitaus die größte Menge des Methylalkohols wird jetzt synthetisch aus Wassergas bei etwa 400° unter mindestens 200 Atmosphären Druck in Gegenwart von katalytisch wirkenden Metalloxydgemischen ($ZnO + Cr_2O_3$) dargestellt:

$$CO + 2\,H_2 = CH_4O; \quad \Delta H_{298} = -21{,}7\ \text{kcal}.$$

In welchem Maße hoher Druck das Gleichgewicht zugunsten der Methanolbildung verschiebt, beleuchtet die Ausbeute an Methanol bei 350° und 10 Atmosphären; sie beträgt nur 0,04%! Wenn man diese Reaktion mit der Hydrierung von Kohlenoxyd zu Methan (S. 25) und zu flüssigen Grenzkohlenwasserstoffen nach FISCHER-TROPSCH (S. 34) vergleicht, so erkennt man den bemerkenswerten Einfluß der Katalysatoren auf die Reaktionslenkung. Bei der Methanolsynthese entstehen durch weitere Kondensation auch in geringer Menge höhere Alkohole (z. B. Isobutylalkohol). Ihre Bildung wird sehr begünstigt, wenn man den Katalysatoren Alkali zusetzt. Eisenverbindungen, namentlich Eisencarbonyl, wirken sehr schädlich, weil das aus ihnen entstehende fein verteilte Eisen die Reaktion in Richtung der Kohlenwasserstoffbildung ablenkt. Die Reaktionsgefäße dürfen daher kein Eisen enthalten. Man benutzt jetzt für diesen Zweck Kupfer-Manganlegierungen.

Methylalkohol brennt mit blaßblauer Flamme. Beim Mischen mit Wasser findet Volumverminderung (Kontraktion) und Wärmeentwicklung statt. Als dem Wasser besonders nahestehender Alkohol zeigt Methylalkohol in mancher Hinsicht ein etwas geringeres Lösungsvermögen gegenüber organischen Verbindungen als sein Homologes, der Äthylalkohol; z. B. sind Hexan und Schwefelkohlenstoff bei Zimmertemperatur mit Methylalkohol nicht vollkommen mischbar; wasserlösliche Verbindungen werden von ihm häufig besser gelöst als von Äthylalkohol.

Methylalkohol findet technische Verwendung bei der Darstellung von Anilinfarbstoffen, von Formaldehyd, zum Denaturieren des Alkohols (S. 41) und als Treibstoffzusatz. Er ist sehr giftig; schon nach dem Genuß von 8—10 g treten schwere Verdauungsstörungen, häufig Erblindung und Tod ein.

---

[1] Methyl ist von μέθυ = Wein und ὕλη = Holz abgeleitet.

Äthylalkohol (Äthanol) $C_2H_5 \cdot OH$

Äthylalkohol ist der gewöhnliche Alkohol des Handels (**Weingeist**), der in großen Mengen durch Gärung zuckerhaltiger Flüssigkeiten hergestellt wird. Die Darstellung beruht darauf, daß Glucose, eine Zuckerart von der Formel $C_6H_{12}O_6$ (vgl. S. 229), durch Hefepilze (Saccharomyceten) zu Alkohol und Kohlendioxyd vergoren[1] wird:

$$C_6H_{12}O_6 = 2\,C_2H_6O + 2\,CO_2.$$

Für die technische Herstellung des Alkohols würde reine Glucose als Ausgangsmaterial zu teuer sein. Man geht deshalb entweder von Rüben- oder Zuckerrohrmelasse oder aber von Materialien aus, die reich an Stärke sind, z. B. Kartoffeln oder den Samenkörnern der Getreidearten. Das Stärkemehl läßt sich unter der Einwirkung eines Enzyms (S. 245) in Maltose überführen, die ihrerseits enzymatisch durch Aufnahme von 1 Molekül Wasser in 2 Moleküle Glucose gespalten wird:

$$\underset{\text{Maltose}}{C_{12}H_{22}O_{11}} + H_2O = 2\,\underset{\text{Glucose}}{C_6H_{12}O_6}.$$

Das Enzym, das die Überführung der Stärke in Maltose („Verzuckerung") bewirkt, heißt Diastase; es wird aus dem durch künstliche Keimung der Gerstenkörner hergestellten Malz gewonnen. In der Technik bezeichnet man den Verzuckerungsprozeß mit Hilfe der Diastase als „Maischen", das gewonnene Produkt nennt man Maische. Der Arbeitsgang vollzieht sich bei Kartoffeln folgendermaßen: Durch Behandlung mit gespanntem Wasserdampf von 140—150° werden die Kartoffeln in einen dünnen homogenen Brei verwandelt. Diesem setzt man Diastase in Form von Malz zu. Bei einer Temperatur von 60—62° kann die Umsetzung in Maltose bereits in 20 Minuten vollzogen sein. Nunmehr läßt man die Maltoselösung bei 20—30° mit Hefe stehen, die zunächst die Hydrolyse zu Glucose und weiter deren Übergang in Alkohol bewirkt.

Aus der vergorenen Maische, deren Alkoholgehalt meist bei 10% liegt und 18% nicht überschreitet (Hemmung der Enzymtätigkeit durch den Alkohol), wird nunmehr durch Rektifikation etwa 94%iger Alkohol dargestellt. Die Destillation erfolgt in Kolonnenapparaten der in Fig. 22 schematisch wiedergegebenen Gestalt. Die Maische wird unter Heizung mit direktem Dampf zunächst in der Maischesäule vollkommen von Alkohol befreit. Das entweichende Wasser-Alkoholgemisch mit einem Alkoholgehalt von etwa 30 Gewichtsprozent wird demjenigen „Boden" einer Rektifikationssäule zugeführt, dessen Destillat mit dieser Mischung bei kontinuierlichem Betrieb im Gleichgewicht steht. Aus dem oberen Teil der Rektifikationssäule, der „Verstärkungssäule", entweicht konzentrierter Alkoholdampf, während aus der unteren „Luttersäule" „Lutterwasser" abfließt. Die Konstruktion der Kolonnenböden geht aus Fig. 23 hervor. Jeder Boden besitzt einen mit einer zentralen Prellkappe bedeckten Dampfstutzen, der den Dampf zum Durchtritt durch das Kondensat zwingt, das durch das Überlaufrohr auf den nächstniedrigen Boden abfließt. Die unten aus der Maischesäule abfließende konzentrierte *Schlempe* wird als Futtermittel sehr geschätzt, da sie noch einen großen Teil der durch Gärung nicht veränderten Nährstoffe, namentlich die Eiweißstoffe von Kartoffeln und Getreide, enthält.

Der erhaltene „Rohspiritus" wird erforderlichenfalls aufs neue einer sorgfältigen Rektifikation unterworfen, wodurch man nach einem geringen, Acetaldehyd enthaltenden Vorlauf Alkohol von 96 Volumprozent erhält. Die höher siedenden, vornehmlich im Lutterwasser angereicherten Fraktionen bilden eine ölige, unangenehm riechende Flüssigkeit, das **Fuselöl**; sie bestehen in der Hauptsache aus Amylalkoholen und höheren Homologen, die ihren Ursprung der Gärung der in den Rohmaterialien enthaltenden Aminosäuren (S. 272) verdanken.

---

[1] Unter „Gärung" versteht man im allgemeinen durch Mikroorganismen hervorgerufene chemische Prozesse, die unter Gasentwicklung verlaufen.

Über 96 Volumprozent hinaus läßt sich Alkohol durch Destillation allein nicht konzentrieren, da er mit Wasser eine konstant siedende Mischung (aus 95·57 Gewichtsprozent Alkohol und 4·43% Wasser) liefert, die bei 78·15° siedet, während reiner Alkohol erst bei 78·3° siedet. Durch Destillation über gebranntem Kalk kann man einen 99·8%igen Alkohol gewinnen. Die letzten Wasserspuren entfernt man durch Destillation über Calcium oder Natrium.

Technisch wird **absoluter Alkohol** aus wasserhaltigem nach YOUNG durch Destillation unter Zusatz von Benzol (Siedepunkt 80·4°) dargestellt. Wasser-Alkohol-Benzol bildet ein ternäres Gemisch mit einem Minimumsiedepunkt von 64·9°, das die Zusammensetzung 7·4% H_2O, 18·5% C_2H_6O und 74·1% C_6H_6 hat. Ein Gemisch von Alkohol und Benzol hat bei der Zusammensetzung 67·6% Benzol und 32·4% Alkohol einen Minimumsiedepunkt von 68·2°. Beim Destillieren eines Gemisches der drei Substanzen geht erst das ternäre Gemisch vom Siedepunkt

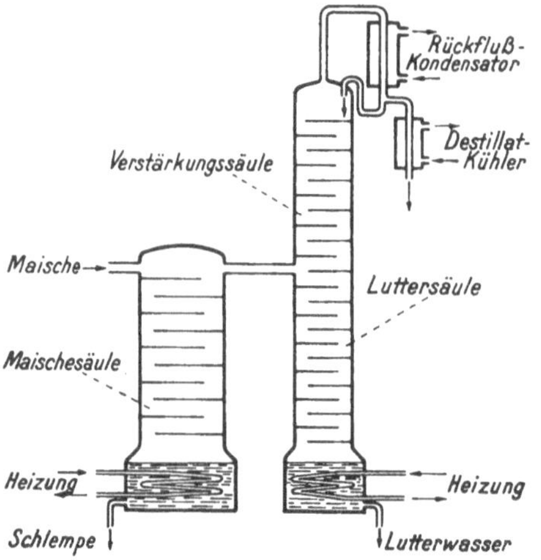

Fig. 22

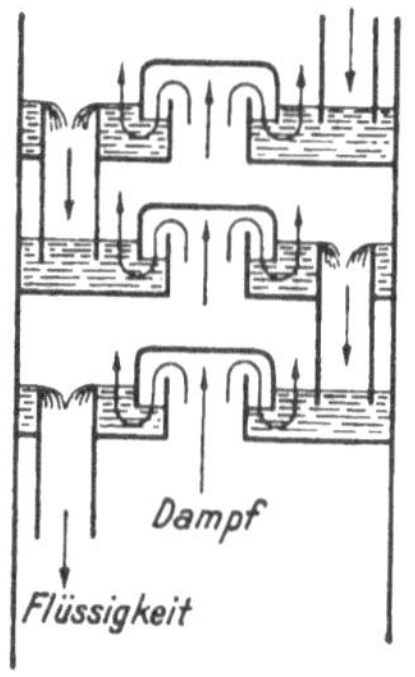

Fig. 23

64·9° über, bis alles Wasser entfernt ist. Danach destilliert das binäre Gemisch vom Siedepunkt 68·2°. In der Destillierblase bleibt dann absoluter Alkohol zurück. An Stelle von Benzol kann auch Trichloräthylen verwendet werden. Es gibt auch andere technisch ausgeübte Verfahren zur kontinuierlichen Alkoholentwässerung, so die Behandlung von Alkohol im Gegenstrom mit einem Gemisch von Kaliumacetat und Natriumacetat, das durch etwas absoluten Alkohol flüssig erhalten wird, oder die Einwirkung von Gips auf Alkoholdämpfe.

Absoluter Alkohol ist eine leicht entzündliche, wasserhelle Flüssigkeit von eigenartigem Geruch. Er siedet bei 78·3°. Bei starker Abkühlung wird er zunächst sirupös und erstarrt dann zu einem Glas, das beim Ansteigen der Temperatur in Kristalle vom Schmelzpunkt —114° übergeht. Er verbrennt mit blaßblauer, schwach leuchtender Flamme; wasserhaltiger Alkohol brennt bis zu etwa 50% Alkoholgehalt. Alkohol ist hygroskopisch und mischt sich mit Wasser in jedem Verhältnis unter Kontraktion (Volumverminderung) und Wärmeentwicklung. Das Maximum der Kontraktion tritt ein, wenn auf 52 Volumen Alkohol 48 Volumen Wasser kommen. Das Volumen beträgt nach der Mischung bei 20° an Stelle von 100 nur 96·3.

Der Wassergehalt von Alkohol-Wasser-Gemischen wird am genauesten durch Bestimmung des spezifischen Gewichts ermittelt.

Da der Staat und die Industrie an der Bestimmung des Alkoholgehaltes wäßriger Flüssigkeiten ein großes Interesse besitzen, haben sich seit über einem Jahrhundert zahlreiche Gelehrte (GILPIN und BLAGDEN 1790, TRALLES 1811, GAY-LUSSAC 1824) mit der Ausarbeitung von Tabellen befaßt, in denen das spezifische Gewicht solcher Mischungen unter Berücksichtigung ihrer Temperatur verzeichnet ist. Als beste Werte gelten heute die Zahlen von MENDELEJEW (1869) und vom Bureau of Standards in Washington (1913). Mit Hilfe dieser Tabellen läßt sich aus dem spezifischen Gewicht und der Temperatur einer Flüssigkeit ihr Alkoholgehalt finden.

Im Handel und in der Technik wird der Alkoholgehalt meist in **Volumprozenten** angegeben, d. h. es wird die Anzahl Liter absoluten Alkohols angegeben, die in 100 Litern des wasserhaltigen enthalten sind. Für wissenschaftliche Zwecke gibt man meist **Gewichtsprozente** an, d. h. die Anzahl Gramme absoluten Alkohols, die in 100 g wasserhaltigem Alkohol enthalten sind. In Gewichtsprozenten ausgedrückt ist der Gehalt eines Alkohols niedriger als in Volumprozenten.

Ein erheblicher Teil des Alkohols wird in Form geistiger Getränke verbraucht[1]. Alkohol wirkt in kleinen Quantitäten zunächst anregend, dann narkotisch, in großen Mengen ist er giftig. Er wird im Organismus fast vollständig zu Kohlensäure und Wasser verbrannt. Seine größere oder geringere Schädlichkeit ist unter anderem auch durch den Grad seiner Reinheit, namentlich etwaigen Gehalt an Fuselölen, bedingt.

Man teilt die **alkoholischen Getränke** in destillierte und nicht destillierte ein. Zu den ersteren gehören Branntwein, Genever (Alkohol destilliert mit Wacholderbeeren), Kognak (durch Destillation von Wein erhalten) usw., mit einem Alkoholgehalt von 40—50%; zu den letzteren Bier mit 3—6%, Wein mit 8·5—10%, Champagner mit 8—9%; Madeira, Porto, Sherry mit maximal 21% verdanken ihren hohen Alkoholgehalt einem nachträglichen Zusatz von absolutem Alkohol.

In der Industrie wird Alkohol zur Herstellung von Butadien für künstlichen Kautschuk (S. 132), zur Bereitung von Lacken und Firnissen, bei der Darstellung von Teerfarbstoffen und pharmazeutischen Präparaten (Chloroform, Chloral, Jodoform) usw. und als Lösungsmittel verwendet; mit Benzin gemischt dient er als Motortreibmittel; ferner wird er zur Konservierung anatomischer Präparate gebraucht. Als ausgezeichnetes Lösungsmittel für zahlreiche organische Verbindungen findet Alkohol auch im Laboratorium ausgedehnte Anwendung. Der für gewerbliche Zwecke bestimmte Alkohol wird ungenießbar gemacht (denaturiert) und ist dann steuerfrei.

Zur **Denaturierung** ist in Deutschland ein Zusatz von Methylalkohol und Pyridin vorgeschrieben; doch sind für besondere Zwecke der Technik auch andere Denaturierungsmittel gestattet.

Als Reaktion auf Äthylalkohol kann die Bildung von Jodoform dienen, das beim Zusatz von Jod und Kalilauge entsteht (S. 149).

Alkohole mit 3 bis 5 Kohlenstoffatomen

Die isomeren Alkohole C_3 bis C_5 sind in der Tabelle auf S. 42 mit ihren Strukturformeln und wichtigsten Eigenschaften zusammengestellt.

Propylalkohole (Propanole) C_3H_8O

Nach der Strukturtheorie kann es nur zwei Propanole geben, nämlich:

$CH_3 \cdot CH_2 \cdot CH_2 \cdot OH$ — Propylalkohol, Propanol-(1)

$CH_3 \cdot CH(OH) \cdot CH_3$. — Isopropylalkohol, Propanol-(2)

Es fragt sich nun, wie die Verteilung dieser Formeln auf die beiden in der Tabelle S. 42 aufgeführten Isomeren vom Siedepunkt 97° und 82° vorgenommen werden kann.

Das Resultat der Oxydation gibt darauf Antwort. Die Oxydationsprodukte der beiden Alkohole besitzen nämlich zwar die gleiche Zusammensetzung C_3H_6O, sind aber im übrigen verschieden, denn bei weiterer Oxydation gibt die Verbindung C_3H_6O (Propionaldehyd) aus dem höher siedenden Alkohol eine Säure $C_3H_6O_2$ (Propionsäure), während aus der anderen Verbindung C_3H_6O (Aceton) Kohlendioxyd und Essigsäure $C_2H_4O_2$ gebildet werden:

$$\text{Propanol}\begin{cases} C_3H_8O\ \text{Kp: } 97^0 \rightarrow C_3H_6O\ \text{(Propionaldehyd)} \\ \quad \rightarrow C_3H_6O_2\ \text{(Propionsäure).} \\ C_3H_8O\ \text{Kp: } 82^0 \rightarrow C_3H_6O\ \text{(Aceton)} \\ \quad \rightarrow CO_2 + C_2H_4O_2\ \text{(Essigsäure).} \end{cases}$$

[1] In Deutschland wurden 1937 aus Kartoffeln und Melasse 3,7 Millionen hl erzeugt. Der Verbrauch verteilte sich zu 52% auf Motortreibstoffe, 16% Trinkbranntwein, 14% Industriezwecke, 13% Brennspiritus, 3% Essigherstellung, 2% medizinische und kosmetische Zwecke.

Name	Formel	Siedepunkt	Schmelzpunkt	D_4^0	D_4^{25}
Propylalkohole, C_3H_8O					
1. Normaler, Propanol-(1)	$CH_3 \cdot CH_2 \cdot CH_2 \cdot OH$	97·2°	— 127°	0·819	0·800
2. Iso-, Propanol-(2)	$CH_3 \cdot CH(OH) \cdot CH_3$	82·4	— 90	0·801	0·781
Butylalkohole, $C_4H_{10}O$					
1. n-prim., Butanol-(1)	$CH_3 \cdot CH_2 \cdot CH_2 \cdot CH_2 \cdot OH$	118	— 90	0·825	0·806
2. n-sek., Butanol-(2)	$CH_3 \cdot CH_2 \cdot CH(OH) \cdot CH_3$	99·5	—	0·823	0·802
3. Iso-, 2-Methyl-propanol-(1)	$(CH_3)_2CH \cdot CH_2 \cdot OH$	108	—	0·817	0·798
4. tert.-, 2-Methyl-propanol-(2)	$(CH_3)_3C \cdot OH$	82·5	+ 25·6	—	0·781
Amylalkohole, $C_5H_{12}O$					
1. n-prim., Pentanol-(1)	$CH_3 \cdot [CH_2]_3 \cdot CH_2 \cdot OH$	138·3	— 79	0·830	0·811
2. Methylpropylcarbinol, Pentanol-(2)	$CH_3 \cdot [CH_2]_2 \cdot CH(OH) \cdot CH_3$	119·9	—	0·825	0·805
3. Diäthylcarbinol, Pentanol-(3)	$C_2H_5 \cdot CH(OH) \cdot C_2H_5$	116·1	—	0·837	0·816
4. Isobutylcarbinol, 2-Methyl-butanol-(4)	$(CH_3)_2CH \cdot CH_2 \cdot CH_2 \cdot OH$	132	— 117	0·824	0·806
5. Methylisopropylcarbinol, 2-Methyl-butanol-(3)	$(CH_3)_2CH \cdot CH(OH) \cdot CH_3$	113	—	—	0·814
6. Dimethyläthylcarbinol, 2-Methyl-butanol-(2)	$(CH_3)_2C(OH) \cdot CH_2 \cdot CH_3$	102·4	— 8·6	0·827	0·804
7. sek.-Butyl-carbinol, 2-Methyl-butanol-(1)	$CH_3 \cdot CH(CH_2 \cdot OH) \cdot CH_2 \cdot CH_3$	128	—	—	—
8. tert.-Butyl-carbinol, 2,2-Dimethyl-propanol-(1)	$(CH_3)_3C \cdot CH_2 \cdot OH$	114	+ 53	—	—

Propionsäure besitzt die Struktur $CH_3 \cdot CH_2 \cdot CO \cdot OH$, Aceton die Struktur $CH_3 \cdot CO \cdot CH_3$; dies wird später bewiesen werden. Man sieht ein, daß nur der primäre Propylalkohol beim Ersatz von zwei Wasserstoffatomen durch ein Sauerstoffatom in eine Verbindung von der Struktur der Propionsäure übergehen kann. Andrerseits kann die Wegnahme zweier Wasserstoffatome aus C_3H_8O nur bei einer Strukturformel wie der des sekundären Isopropylalkohols zu einer Verbindung von der Struktur des Acetons führen. Der höher siedende Alkohol muß also die Struktur des primären Propylalkohols haben, der niedriger siedende muß Isopropylalkohol sein.

Durch das Verhalten bei der Oxydation unterscheiden sich allgemein primäre und sekundäre Alkohole. Denn nach den S. 35 angeführten allgemeinen Formeln enthalten alle primären Alkohole die Gruppe $—CH_2 \cdot OH$, die durch Oxydation in die für Säuren charakteristische Gruppe $—C\langle{}^{O}_{OH}$ (die **Carboxylgruppe**) übergehen kann; sekundäre Alkohole sind durch die Gruppe $>C\langle{}^{H}_{OH}$ charakterisiert, die durch Abspalten zweier Wasserstoffatome die Gruppe $>C = O$ (**Carbonylgruppe**) liefert, die charakteristisch für die Ketone (die Homologen des Acetons) ist.

Die primären Alkohole geben also bei der Oxydation *Säuren* mit der gleichen Anzahl von Kohlenstoffatomen, die sekundären dagegen *Ketone* mit der gleichen Anzahl von Kohlenstoffatomen.

Zugleich lehren uns die mitgeteilten Tatsachen noch etwas anderes. Beim Übergang von Propylalkohol in Propionsäure und auch bei der Bildung von Aceton aus Isopropylalkohol hat die Oxydation an dem Kohlenstoffatom angegriffen, an das bereits Sauerstoff gebunden war. Dies ist fast immer der Fall; als allgemeine Regel kann man aufstellen: Wenn eine organische Verbindung der Oxydation unterworfen wird, so wird das Molekül vorzugsweise an derjenigen Stelle angegriffen, an der sich bereits Sauerstoff befindet.

Propylalkohol ist im Fuselöl enthalten und kann daraus durch Fraktionieren gewonnen werden. Er bildet eine farblose Flüssigkeit von angenehmem Geruch und ist in jedem Verhältnis mit Wasser mischbar. **Isopropylalkohol** ist ebenfalls flüssig, kommt jedoch nicht im Fuselöl vor. Er kann durch Reduktion von Aceton erhalten werden. Neuerdings wird jedoch umgekehrt Aceton durch katalytische Dehydrierung von Isopropylalkohol gewonnen, den man aus Propylen durch Wasseranlagerung bei Gegenwart starker Mineralsäuren in größtem Maßstab herstellt. Beide Alkohole sind giftiger als Äthylalkohol und finden auch als Lösungsmittel Verwendung.

Butylalkohole (Butanole) $C_4H_{10}O$

Die vier nach der Strukturtheorie möglichen Butylalkohole sind sämtlich bekannt:

1. n-Butylalkohol, Butanol-(1) $CH_3 \cdot CH_2 \cdot CH_2 \cdot CH_2 \cdot OH$ . . . . Kp: 118°
2. sek.-Butylalkohol, Butanol-(2) $CH_3 \cdot CH_2 \cdot CH(OH) \cdot CH_3$ . . . . Kp: 100°
3. Isobutylalkohol, 2-Methyl-propanol-(1) $(CH_3)_2CH \cdot CH_2 \cdot OH$ . . . . . . Kp: 108°
4. tert.-Butylalkohol, 2-Methyl-propanol-(2) $(CH_3)_2C(OH) \cdot CH_3$ . . . . . . Kp: 83°

Zwei dieser Alkohole, nämlich die vom Siedepunkt 118° und 108°, lassen sich zu Säuren von gleicher Kohlenstoffzahl (Buttersäure und Isobuttersäure) oxydieren. Sie müssen also den Formeln 1 und 3 mit der primären Alkoholgruppe entsprechen; die Struktur der beiden Säuren wird später bewiesen werden (S. 80). Den bei 100° siedenden Alkohol kann man in ein Keton von gleicher Kohlenstoffzahl verwandeln. Ihm muß also die Struktur 2 eines sekundären Alkohols zukommen. Für den vierten, bei 25° schmelzenden und bei 83° siedenden Alkohol bleibt somit nur die Formel 4. übrig. Sie steht auch mit seinem chemischen Verhalten im Einklang. tert.-Butylalkohol läßt sich nämlich nur schwer oxydieren und wird dabei sofort in Moleküle von kleinerer Kohlenstoffzahl gespalten (Aceton, Kohlensäure u. a.). Dies ist ohne weiteres verständlich, wenn die Oxydation auch hier an dem C-Atom angreift, an das bereits Sauerstoff gebunden ist. Säuren und Ketone können dann nur durch Zerfall des Moleküls entstehen.

Die Oxydation eines tertiären Alkohols liefert also in jedem Fall ausschließlich Spaltstücke von geringerer Kohlenstoffzahl.

n-Butylalkohol wird in der Technik durch katalytische Hydrierung von Crotonaldehyd (S. 143) dargestellt:

$$\underset{\text{Crotonaldehyd}}{CH_3 \cdot CH{:}CH \cdot CHO} \xrightarrow{H_2} \underset{\text{Butyraldehyd}}{CH_3 \cdot CH_2 \cdot CH_2 \cdot CHO}$$

$$\xrightarrow{H_2} \underset{\text{Butylalkohol}}{CH_3 \cdot CH_2 \cdot CH_2 \cdot CH_2 \cdot OH}$$

In Ländern, die über billige Kohlenhydrate verfügen, namentlich in den Vereinigten Staaten, gewinnt man n-Butylalkohol durch Vergärung von Stärkemaischen (namentlich Maisstärke) durch den Mikroorganismus Bacillus amylobacter. Hierbei entstehen aus 100 kg Stärke etwa 22 kg Butylalkohol neben 11 kg Aceton und Wasserstoff. Über den Mechanismus der Aceton-Butylalkohol-Gärung ist wenig Sicheres bekannt. Da unter abgeänderten Gärungsbedingungen an Stelle von Butylalkohol Buttersäure entstehen kann und die Gärungsorganismen Buttersäure zu Butylalkohol reduzieren, betrachtet man, allerdings ohne sichere Beweise, Buttersäure als Zwischenstadium. Auch hinsichtlich der Entstehungsweise des Acetons ist man über Vermutungen nicht hinausgekommen. n-Butylalkohol löst sich in etwa 12 Teilen Wasser von Zimmertemperatur und ist als Lösungsmittel für Harze sehr geschätzt. Sein Essigsäureester **(Butylacetat)** wird in größtem Maßstab als Lösungsmittel für Nitrocellulose-Lacke verwendet. **Isobutylalkohol** ist ein Bestandteil des Fuselöls. Er bildet den Hauptbestandteil der höher siedenden Alkohole der Methanol-Synthese und wird so gewonnen (S. 38). **Butanol-(2)** wird durch Wasseranlagerung an n-Butylen oder durch Hydrierung von Methyläthylketon erhalten. **tert.-Butylalkohol,** durch Wasseranlagerung an Isobutylen zugänglich, ist für viele Reaktionen ein brauchbares Lösungsmittel, weil er als tertiärer Alkohol gegen Oxydationsmittel einigermaßen beständig ist.

Amylalkohole (Pentanole) $C_5H_{12}O$

Die acht auf S. 42 verzeichneten Alkohole $C_5H_{12}O$ werden Amylalkohole genannt. **Isoamylalkohol** ist ein wichtiger Bestandteil des Fuselöls. Er riecht unangenehm, reizt zum Husten und findet mannigfache technische Verwendung. Er ist im Fuselöl von einer geringen Menge n-Amylalkohol und von sek.-Butylcarbinol begleitet.

Bei **sek.-Butylcarbinol** hat man einen sehr bemerkenswerten Fall von Isomerie beobachtet. Die früher gegebenen Beispiele haben uns gezeigt, daß man bei sorgfältigem Studium der Eigenschaften einer Verbindung imstande ist, für sie eine bestimmte Strukturformel aufzustellen unter Ausschluß aller anderen, die mit der gefundenen Elementarzusammensetzung verträglich sein würden. Umgekehrt wird eine gegebene Strukturformel auch nur für eine einzige Verbindung gültig sein können. Denn sie ist nichts anderes als der Ausdruck für einen bestimmten Komplex experimentell gefundener Eigenschaften; sind diese für zwei Verbindungen ungleich, so muß dies aus ihren Strukturformeln ersichtlich sein.

Vom sek.-Butylcarbinol sind jedoch 3 verschiedene Isomere bekannt, denen man nach sorgfältigem Studium ein und dieselbe Strukturformel I

$$\text{I.}\quad \begin{matrix} CH_3{:}CH_2 \\ CH_3 \end{matrix}{>}CH\cdot CH_2\cdot OH \qquad\qquad \text{II.}\quad \begin{matrix} CH_3\cdot CH_2 \\ CH_3 \end{matrix}{>}CH\cdot COOH$$

zuerkennen mußte. Ebenso existiert die aus sek.-Butylcarbinol durch Oxydation erhältliche Methyläthylessigsäure (II) in drei isomeren Formen. Die drei sek.-Butylcarbinole haben nun zwar gleiche chemische Eigenschaften; auch ihre physikalischen Konstanten sind innerhalb der Fehlergrenzen gleich. Aber in bezug auf *eine* physikalische Eigenschaft unterscheiden sie sich scharf voneinander; wenn nämlich ein geradlinig polarisierter Lichtstrahl durch eine Schicht dieser Alkohole hindurchgeht, so wird seine Schwingungsebene durch das eine Isomere nach links, durch das zweite um denselben Betrag nach rechts gedreht, während ihre Lage durch das dritte nicht verändert wird. Zwei der Isomeren sind also **optisch-aktiv.**

Da die Verschiedenheit dieser optisch-aktiven Verbindungen hier und in ähnlichen Fällen nur eine physikalische Konstante betrifft, während die chemischen Eigenschaften gleich sind, so kann zunächst die Frage gestellt werden, ob man es nicht mit einem rein physikalischen Unterschied zu tun hat, der durch verschiedene Anordnung der Moleküle bedingt ist, wie man dies z. B. für polymorphe Substanzen (Kalkspat, Aragonit; Quarz, Tridymit) annehmen muß. Dagegen sprechen jedoch zwei Gründe. Zunächst einmal ist nämlich verschiedene Anordnung der Moleküle nur bei festen Stoffen wahrscheinlich, weil nur in diesen die Moleküle eine feste Lage gegeneinander einnehmen können, während die Moleküle von Flüssigkeiten und Gasen sich frei bewegen. In der Tat zeigen nun nicht nur Flüssigkeiten und Lösungen, sondern sogar Dämpfe organischer Verbindungen bei normaler Dampfdichte optische Aktivität, wie zuerst Biot gezeigt hat. Hier kann aber von einer verschiedenen Anordnung der Moleküle keine Rede mehr sein, da in einem Dampf von normaler Dichte sich jedes Molekül einzeln bewegt.

Ferner bleibt die optische Aktivität auch bei Derivaten aktiver Stoffe erhalten. Dies ist die zweite Tatsache, die mit der Annahme bloßer Polymorphie unvereinbar ist.

Hieraus folgt der wichtige Schluß, daß die Drehung der Polarisationsebene durch flüssige und gelöste Stoffe ihre Ursache in dem Bau des Moleküls selbst haben muß.

Die richtige Deutung der Erscheinung fand im wesentlichen schon PASTEUR[1] (1848), als er der Meinung Ausdruck gab, daß die optisch-aktiven Moleküle einen **asymmetrischen Bau** besitzen müssen. Dann sind, wie z. B. bei einer Rechtsschraube und einer Linksschraube, zwei Konfigurationen (d. h. räumliche Anordnungen) möglich, die sich nicht miteinander zur Deckung bringen lassen, sondern Spiegelbilder darstellen. Auch die rechte und die linke Hand sind Beispiele solcher Konfigurationen. In der allgemeinen Symmetrielehre wird gezeigt, daß ein Körper sich immer dann mit seinem Spiegelbild nicht zur Deckung bringen läßt, wenn er keine Spiegelebene besitzt, d. h. wenn man ihn nicht durch eine Ebene in zwei Hälften zerlegen kann, die sich wie Bild und Spiegelbild zueinander verhalten.

PASTEURS Idee konnte jedoch nicht fruchtbar werden, solange man sich über die Anordnung der Atome im Molekül noch nicht im klaren war; dies änderte sich erst nach der Einführung der Strukturlehre durch KEKULÉ. 1874 entdeckten gleichzeitig VAN'T HOFF[2] und LE BEL[3], daß allgemein in optisch-aktiven Verbindungen mindestens ein **„asymmetrisches" Kohlenstoffatom** vorkommt, d. h. ein solches, das mit vier ungleichen Atomen oder Atomgruppen verbunden ist. Verschwindet dieses asymmetrische C-Atom dadurch, daß zwei daran gebundene Gruppen gleich werden, so geht auch die optische Aktivität verloren, wie sich aus folgendem Beispiel ergibt.

Der linksdrehende Amylalkohol I wurde durch Behandlung mit Jodwasserstoff in Amyljodid II übergeführt. Dieses erwies sich als optisch-aktiv. Behandelt man dieses Amyljodid mit naszierendem Wasserstoff, so wird Jod durch Wasserstoff ersetzt, und es entsteht 2-Methyl-butan (III). Diese Verbindung ist optisch-inaktiv. Wird dagegen das Amyljodid mit Äthyljodid in Gegenwart von Natrium umgesetzt, so entsteht 3-Methyl-hexan (IV), das sich wiederum als optisch-aktiv erweist.

I. $\begin{matrix}CH_3\\C_2H_5\end{matrix}>C<\begin{matrix}H\\CH_2\cdot OH\end{matrix}$ aktiv

II. $\begin{matrix}CH_3\\C_2H_5\end{matrix}>C<\begin{matrix}H\\CH_2J\end{matrix}$ aktiv

III. $\begin{matrix}CH_3\\C_2H_5\end{matrix}>C<\begin{matrix}H\\CH_3\end{matrix}$ inaktiv

IV. $\begin{matrix}CH_3\\C_2H_5\end{matrix}>C<\begin{matrix}H\\CH_2\cdot C_2H_5\end{matrix}$ aktiv

VAN'T HOFF machte nun die Annahme, daß die 4 Bindungseinheiten eines C-Atoms nicht in einer Ebene liegen, sondern nach den 4 Ecken *a* eines **Tetraeders** gerichtet sind, in dessen Mittelpunkt sich das Kohlenstoffatom *C* befindet (Fig. 24). Sind jetzt an die Ecken eines solchen Kohlenstofftetraeders vier verschiedene Radikale *a*, *b*, *c*, *d* gebunden, so erhält man zwei spiegelbildlich gleiche Formen (Fig. 25 und 26), die sich nicht miteinander zur Deckung bringen lassen. In der Tat fehlt auch einem solchen Molekül die Spiegelebene, von der oben die Rede war. Macht man aber z. B. *a* und *d* gleich, so kann man durch *C*, *b* und *c* eine Ebene legen, die das Molekül in zwei spiegelbildliche Hälften teilt. Hier verschwindet also die Asymmetrie und damit auch entsprechend dem Prinzip von PASTEUR die optische Aktivität.

---

[1] Geb. 27. 12. 1822 zu Dôle (Dep. Jura), gest. 28. 9. 1895 zu Paris. Lehrte seit 1849 in Straßburg, 1854 in Lille, seit 1857 in Paris. Siehe den von E. FISCHER verfaßten Nekrolog (Ber. Dtsch. Chem. Ges. **28**, 2336).

[2] Geb. 30. 8. 1852 zu Rotterdam, gest. 1. 3. 1911. Lehrte seit 1878 in Amsterdam, seit 1896 in Berlin. Vgl. den Nachruf von C. LIEBERMANN (Ber. Dtsch. Chem. Ges. **44**, 2217).

[3] Geb. 21. 1. 1847 zu Pechelbronn (Elsaß), gest. 6. 8. 1930 in Paris. Vgl. E. COHEN in Naturwissenschaften **1925**, 284 und E. WEDEKIND, Ztschr. f. angew. Chemie **43**, 985 (1930).

Es soll besonders darauf hingewiesen werden, daß unsere Überlegungen auf die spezielle Form des Tetraeders nicht den geringsten Rückschluß zulassen. Sie sind auf ein unregelmäßiges Tetraeder in gleicher Weise wie auf ein reguläres, von kongruenten Dreiecken begrenztes Tetraeder anwendbar. Nur muß man natürlich die Annahme machen, daß gleichen Substituenten gleiche Entfernungen vom zentralen C-Atom zukommen. Daß beim Ersatz eines Substituenten durch einen anderen (s. z. B. oben: Amylalkohol ⟶ Amyljodid) der Atomabstand, d. h. die Form des Tetraeders sich ändert, steht nach röntgenographischen Abstandsmessungen außer Frage. Der Winkel zwischen den Valenzrichtungen beträgt im regulären Tetraeder, das wir der Einfachheit halber allen unseren Betrachtungen zugrunde legen, $109^0\,28'$. Die bei verschiedenen Verbindungen beobachteten Abweichungen von diesem Winkel sind meist sehr gering.

Von den optisch-aktiven Amylalkoholen dreht das eine Isomere gerade soviel nach rechts wie das andere nach links. Dies ist leicht zu verstehen, wenn die Anordnung der Atomgruppen um das asymmetrische Kohlenstoffatom die Drehung der Polarisationsebene bewirkt. Denn wenn die Gruppierung von Fig. 25 Rechtsdrehung hervorruft, so wird die entgegengesetzte Anordnung (Fig. 26) notwendig die gleiche, aber entgegengesetzte Drehung hervorbringen müssen. Man bezeichnet solche Substanzen als optische **Antipoden** oder Enantiostereoisomere und unterscheidet sie durch die Zeichen *d* (von dexter = rechts) und *l* (von laevus = links) als *d*-Amylalkohol und *l*-Amylalkohol.

Das dritte Isomere des Amylalkohols, von dem oben die Rede war, ist optisch-inaktiv und stellt, was man in zahlreichen analogen Fällen auf analytischem und syn-

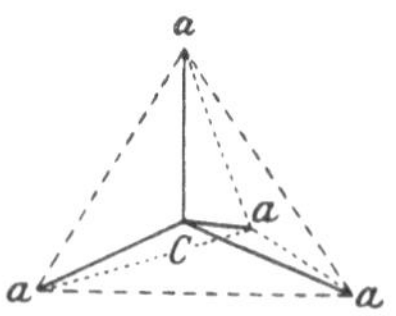

Fig. 24

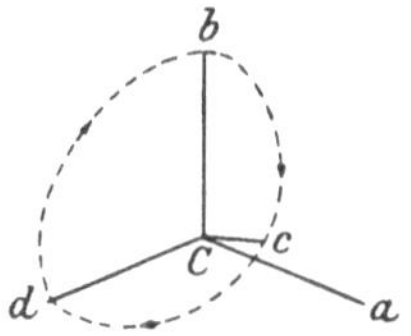

Fig. 25

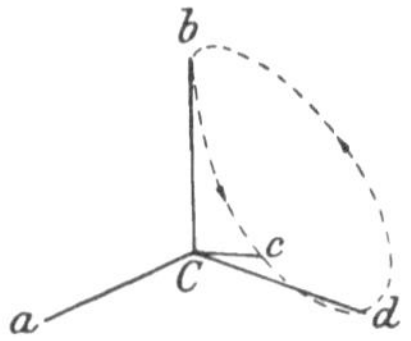

Fig. 26

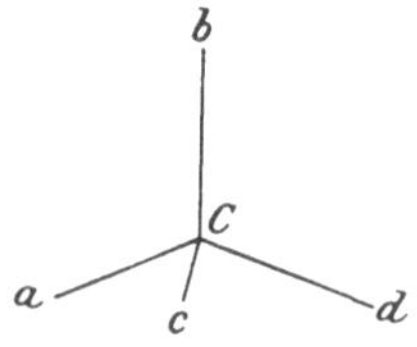

Fig. 27

thetischem Wege bewiesen hat, ein Gemenge gleicher Teile der rechts- und linksdrehenden Verbindung dar. Man nennt eine solche Verbindung nach der Traubensäure (acidum racemicum), an der dieses Verhalten zuerst beobachtet wurde, auch **Racemverbindung.** In den beiden durch die Fig. 25 und 26 dargestellten Antipoden *Cabcd* sind die relativen Entfernungen entsprechender Atome voneinander vollkommen gleich ($ab = a'\,b'$ usw.). Man muß deshalb erwarten, daß nicht nur ihre chemischen Eigenschaften, sondern auch alle physikalischen Eigenschaften (Siedepunkt, Brechung, Löslichkeit) mit Ausnahme der wenigen von der Symmetrie abhängigen vollkommen identisch sind. Dies steht mit der Erfahrung im Einklang.

Man bezeichnet die hier besprochene Isomerie als Raumisomerie oder **Stereoisomerie.** Sie wird durch die gewöhnlichen, in einer Ebene geschriebenen Strukturformeln natürlich nicht ausgedrückt. Die VAN'T HOFFsche Theorie von der „Lagerung der Atome im Raume“ läßt also das früher entwickelte wichtige Prinzip unberührt, daß die Isomerie auf der verschiedenen Anordnung der Atome im Molekül beruht.

Die optische Aktivität des Amylalkohols gibt uns auch ein einfaches Mittel an die Hand, um die **Stabilität der tetraedrischen Gruppierung** zu prüfen. Stellt man sich nämlich vor, daß die Substituenten *a*, *b*, *c* *d* in Fig. 26 Schwingungen um ihre Gleichgewichtslage ausführen können, so könnte bei hinreichender Amplitude die Konfiguration von Fig. 27 erreicht werden, indem *c* nach vorn durchschwingt, während gleichzeitig *a* und *d* nach hinten gelangen. Fig. 27 ist aber, wie man am Modell leicht erkennt, mit Fig. 25 identisch. Es wäre also eine Umwandlung der einen Modifikation in ihren Antipoden eingetreten. Eine solche Racemisierungsreaktion wäre leicht daran zu erkennen, daß die Drehung mehr oder minder rasch auf 0 abfallen müßte. Für

Zimmertemperatur ist bei Amylalkohol ein solcher Vorgang mit Sicherheit auszuschließen, da die Drehung vollkommen konstant ist. Ebensowenig hat man aber eine Racemisation durch Erhitzen hervorrufen können. Selbst bei 400°, wo Amylalkohol sich eben zu zersetzen beginnt, ist noch keine Abnahme der Drehung zu bemerken. Man muß also hieraus schließen, daß die tetraedrische Konfiguration außerordentlich beständig ist und daß die Substituenten nur Schwingungen von kleiner Amplitude ausführen können. Wir werden später Fälle kennenlernen, wo eine Racemisation leichter erfolgt, wo aber auch der zugrunde liegende Mechanismus ein anderer ist.

Einige physikalische Beweise für das VAN'T HOFFsche Tetraedermodell

Die obige Ableitung für die Richtung der Bindungseinheiten des Kohlenstoffatoms hat durch die Untersuchungen von BRAGG über den Bau des Diamanten eine glänzende Bestätigung gefunden. Aus den Beugungserscheinungen, die beim Durchgang von Röntgenstrahlen durch Kristalle auftreten, kann man die räumliche Anordnung der Atome im Kristall ableiten (v. LAUE 1912; BRAGG 1913). Für Diamant ergab sich nach dieser Methode, daß jedes Kohlenstoffatom im Zentrum eines regulären Tetraeders steht, dessen Eckpunkte von vier anderen Kohlenstoffatomen besetzt sind (Fig. 28. Maßstab in ÅNGSTRÖM-Einheiten = 10^{-8} cm). Zum gleichen Bautypus wie Diamant gehört auch die Zinkblende ZnS; in diesem Fall ist Zn = ○, S = ●. Der Abstand zweier benachbarter C-Atome (gewissermaßen der „Durchmesser" des C-Atoms) beträgt 1·54 Å. Durch röntgenographische Untersuchungen an zahlreichen aliphatischen Verbindungen ist dieser Befund über Symmetrie und Dimensionen der von einem Kohlenstoffatom ausgehenden Bindungen zu völliger Gewißheit erhoben worden. Hiervon wird später noch eingehender die Rede sein.

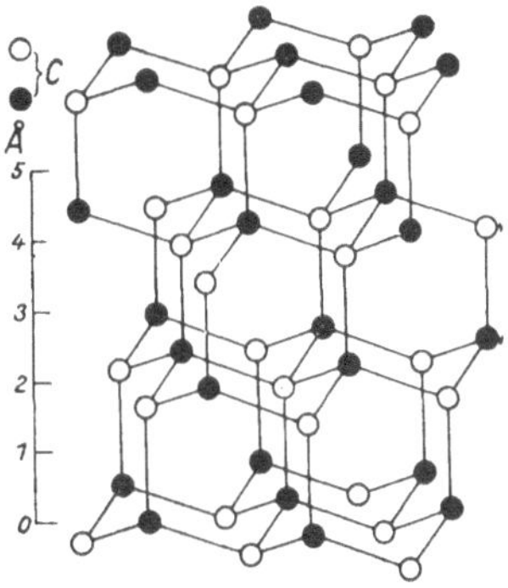

Fig. 28. Kristallbau von Diamant nach BRAGG

Einige allgemeine Betrachtungen sind erforderlich, um eine weitere Methode verständlich zu machen, deren man sich in neuerer Zeit vielfach zur Erforschung der Konfiguration organischer Moleküle bedient hat.

Für die meisten Überlegungen auf dem Gebiet der organischen Chemie genügen die herkömmlichen Strukturformeln, bei denen die gegenseitigen Bindungsverhältnisse der Atome durch Striche wiedergegeben sind. Trotzdem ist es wünschenswert, daß wir uns wenigstens in großen Zügen mit dem verfeinerten Bild vertraut machen, wie man es auf Grund der modernen Atomphysik vom Aufbau organischer Verbindungen entwerfen kann. Denn jedes tiefere Verständnis für den Ablauf chemischer Reaktionen und für die Anwendung physikalischer Hilfsmittel zur Konstitutionsaufklärung setzt eine Kenntnis der Kräfte voraus, die den Zusammenhalt der Molekel bedingen. Diese Kräfte sind, wie wir heute wissen, elektrischer Natur. Nach dem bekannten Planetenmodell von RUTHERFORD besteht das Atom aus einem positiven Kern, der durch eine bestimmte Kernladungszahl (= Ordnungszahl) charakterisiert ist, und der entsprechenden Anzahl von Elektronen, die nach der Hypothese von BOHR den Kern auf festen Bahnen umkreisen und sich auf mehrere Gruppen („Schalen") verteilen sollten. Die locker gebundenen („äußeren") Elektronen bedingen das chemische Verhalten und die Valenz des Atoms. Obwohl dieses anschauliche mechanische Modell sich in der Folge als unzulänglich erwiesen hat und durch eine unanschauliche Theorie auf wellenmechanischer Grundlage ersetzt werden mußte, so konnten doch wesentliche Bestandteile der älteren Theorie fast unverändert übernommen werden. Man pflegt daher auch heute noch, wenn auch in übertragenem Sinn, von Bahnen und Schalen zu sprechen. Der Kern des Kohlenstoffatoms besitzt, entsprechend einem Aufbau aus 6 Protonen und 6 Neutronen die Masse 12 und die Ladung 6. Er ist von 6 Elektronen umgeben, die sich auf 2 Untergruppen von 2 fester gebundenen Elektronen („K-Schale") und 4 Valenzelektronen („L-Schale") verteilen[1]. Das Wasserstoffatom besteht aus einem Kern der Ladung 1 (dem Proton) und einem Elektron. Nach der Wellenmechanik hat man sich nun vorzustellen, daß die Bindung zwischen einem C-Atom und einem H-Atom durch elektrostatische Anziehung zustande kommt, indem sich je 1 Valenzelektron des Kohlenstoffs und des Wasserstoffs zu einer stabilen Gruppe, einem „Elektronenpaar", zusammenschließen, das nunmehr beiden Kernen angehört, sich im wesentlichen zwischen diesen aufhält und dadurch überwiegend eine Anziehung ergibt. Das Auftreten dieser beruht auf dem Gewinn von „Austausch"- oder, wie man bildhaft oft sagt, „Resonanz"-Energie, der aus der Möglichkeit des Platzwechsels der beiden Elektronen 1 und 2 (s. Schema I.) zwischen den Kernen folgt. Bezeichnet man das Valenzelektron durch einen Punkt, so stellt sich der Vorgang der Bindung eines H-Atoms formal wie in Bild II. dar.

$$\text{I.}\quad C\overset{1}{\diagup}\underset{2}{\diagup}H \longleftrightarrow C\overset{1}{\diagdown}\underset{2}{\diagdown}H \qquad \text{II.}\quad \cdot\dot{\underset{\cdot}{C}}\cdot + \cdot H = \cdot\dot{\underset{\cdot}{C}}:H$$

Die Bindung durch Elektronenpaare ist typisch für Atome, die sich in ihrer „Elektronegativität" nicht sehr erheblich unterscheiden, z. B. für Moleküle aus gleichen Atomen (H_2, N_2) und für die Kohlenstoffverbindungen. Man nennt sie auch **homöopolare** oder **Atombindung.** Ihr steht die **heteropolare** oder **Ionenbindung** gegenüber, bei der ein Elektron von einem Atom an ein anderes abgegeben wird (z. B. bei der Bildung von NaCl ein Elektron des Natriumatoms an das Chloratom). In diesem Fall entstehen zwei entgegengesetzt geladene Ionen, die sich nach dem COULOMBschen Gesetz anziehen. In einem Lösungsmittel von hoher Dielektrizitätskonstante, wie es das Wasser darstellt, wird die Anziehung sehr vermindert, und die Ionen können sich voneinander trennen. Homöopolare und heteropolare Bindung stellen im übrigen nur Grenzfälle dar, zwischen denen es kontinuierliche Übergänge gibt[2]. Neuerdings formuliert man eine Reihe wichtiger organischer Reaktionen als Ionen-Reaktionen (vgl. z. B. S. 54, 152, 398). Diese sind aber mit den Ionen-Reaktionen der anorganischen Chemie nicht direkt vergleichbar. Die Umwandlung einer homöopolaren in eine heteropolare Bindung erfordert einen beträchtlichen Energieaufwand. Es bilden sich deshalb nur sehr wenige Ionen, und die Reaktionen verlaufen langsam. Man hat daher mitunter auch von Krypto-Ionen (von κρύπτειν = verbergen) gesprochen.

Wie wir aus dem oben gegebenen Symbol der C—H-Bindung erkennen, ist der Valenzstrich der älteren Chemie in der neuen Darstellung durch den Doppelpunkt des Elektronenpaares zu ersetzen. Da sich der Vorgang der H-Bindung beim C-Atom viermal wiederholen kann, gewinnen wir folgende schematische Elektronenformel des Methans:

$$\begin{array}{c} H \\ H:\ddot{\underset{\cdot\cdot}{C}}:H, \\ H \end{array}$$

bei der das C-Atom von 8 Elektronen umgeben ist. Eine solche Achtergruppe bezeichnet man als ein **„Oktett"**. Sie entspricht der maximalen Besetzungszahl der äußersten Elektronenschale in der 1. Periode des Systems der Elemente. Da diese Gruppierung sich bei den Edelgasen findet und anscheinend deren chemische Trägheit bedingt, bezeichnet man sie auch als Edelgas-Konfiguration.

Physikalisch bedeutet die obige Elektronenformel eine grobe Vereinfachung. In Wirklichkeit verteilt sich die Elektronenladung etwa in Form einer Wolke um die Atome, wobei jedoch die Ladungsdichte zwischen den Atomen besonders hoch ist. Ferner hat man in vielen Fällen im Molekül zwischen Elektronenzuständen zu unterscheiden, die verschiedene Symmetrie der Ladungsverteilung besitzen (Elektronen 1. Art, σ-Bindung; Elektronen 2. Art, π-Bindung).

---

[1] Daß auch die Elektronen der L-Schale noch paarweise verschieden sind, braucht uns hier nicht zu beschäftigen, da dieser Unterschied bei der Verbindungsbildung verschwindet.

[2] Vgl. auch die Ausführungen über „semipolare" Bindungen auf S. 66.

Die so gewonnene Vorstellung, derzufolge das Molekül als ein System elektrischer Ladungen erscheint, setzt uns in den Stand, neue und unabhängige Aufschlüsse über den Aufbau organischer Verbindungen zu gewinnen, indem wir ihr Verhalten im elektrischen Feld studieren. Während nämlich bei einem Atom die Schwerpunkte der positiven und der negativen Ladungen zusammenfallen, ist dies bei Verbindungen häufig nicht der Fall. Man hat es dann mit sogenannten **„Dipolen"** zu tun

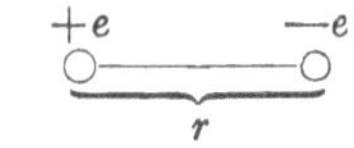

deren elektrisches Moment μ (**„Dipolmoment"**) durch das Produkt aus der Ladung e und dem Abstand r der Ladungen bestimmt ist. Diese Momente sind gerichtete Größen (Vektoren). Im elektrischen Feld der Stärke E wirkt auf einen Dipol ein Kräftepaar, dessen Drehmoment $\mu E \sin\varphi$ beträgt, wenn φ den Winkel der Dipolachse mit der Feldrichtung bedeutet. Im allgemeinen entsprechen allen Bindungen zwischen ungleichen Atomen Momente, die nach Betrag und Richtungssinn durch Pfeile in den Bindungsrichtungen wiedergegeben werden können. Die einzelnen Bindungsmomente ergeben durch vektorielle Addition[1] ein resultierendes (Gesamt)moment. Nur das Gesamtmoment ist der Messung direkt zugänglich und kann z. B. aus der Abhängigkeit der Molekularpolarisation (S. 20) von der Temperatur ermittelt werden. Bei dipolhaltigen Verbindungen ist nämlich die Molekularpolarisation temperaturabhängig und größer als die Molekularrefraktion R_∞ für unendlich lange Wellen. Nach DEBYE gilt in diesem Fall

$$P = \frac{\varepsilon - 1}{\varepsilon + 2} \cdot \frac{M}{d} = R_\infty + \frac{4}{3}\pi N \frac{\mu^2}{3\,k\,T},$$

wo k die BOLTZMANNsche Konstante ($1{,}37 \cdot 10^{-16}$ erg/grad), N die LOSCHMIDTsche Zahl ($6 \cdot 10^{23}$) ist. Das Moment beträgt für Wasser $1{,}8 \cdot 10^{-18}$, für Methyl- und Äthylalkohol $1{,}7 \cdot 10^{-18}$ elektrostatische Einheiten $\times$ cm, abgekürzt 1,7 D (von DEBYE). Die Einzelwerte des Produkts $e \cdot r$ kann man nicht bestimmen. Berücksichtigt man aber, daß die Ladung eines Bindungselektrons rund $5 \cdot 10^{-10}$ el.st.e. ausmacht, so können die Ladungsschwerpunkte nur um Bruchteile des Atomabstandes voneinander entfernt sein.

Untersuchungen über das Dipolmoment haben sich nun für Fragen der **Stereochemie** als sehr wertvoll erwiesen, wovon wir uns noch häufiger überzeugen werden (S. 171, 175, 301). Die Tatsache z. B., daß Methan optisch inaktiv ist, berechtigt für sich allein noch nicht zu dem Schluß, daß das Methan ein reguläres Tetraeder ist. Sieht man von der aus anderen Gründen unwahrscheinlichen Annahme ab, daß das Methan eben gebaut ist, so bliebe immer noch die Möglichkeit, daß seine Konfiguration durch eine tetragonale Pyramide (Fig. 29) ausgedrückt wird, denn diese besitzt ebenfalls Spiegelebenen und würde deshalb keine optische Aktivität ergeben. In der Tat sind auch solche Modelle für einzelne Kohlenstoffverbindungen mehrfach in Erwägung gezogen worden. Dagegen ergeben Tetraeder- und Pyramidenmodell verschiedene Resultate hinsichtlich des Dipolmoments.

Das Vektordiagramm des tetraedrischen Methans bildet ein reguläres Tetraeder mit 4 gleichen Momentpfeilen, die vom Schwerpunkt C des Tetraeders nach den vier

---

[1] Momente sind Vektoren, die in ihrer Richtung und parallel dazu verschoben werden dürfen. Der resultierende Vektor ist (wie im Kräfteparallelogramm) die Diagonale im Parallelogramm aus den beiden Summanden, d. h. die Schlußlinie im Vektorpolygon. Die Dimension des Dipolmoments ist $g^{1/2}\,cm^{5/2}\,sec^{-1}$, die Dimension der elektrischen Feldstärke $g^{1/2}\,cm^{1/2}\,sec^{-1}$. Das Produkt beider, also das Drehmoment, hat die Dimension $g\,cm^2\,sec^{-2}$ einer Arbeit (doch ist zu beachten, daß die Arbeit ein Skalar, das Drehmoment ein Vektor ist). Der Ausdruck $4\pi n\mu C$, wo n die Zahl der Moleküle pro cm^2 und $C = 299{,}8$ einen Umrechnungsfaktor bedeutet, hat den Wert einer Spannung (in Volt), die man an monomolekularen Schichten (S. 84) experimentell gemessen hat („Oberflächenpotential").

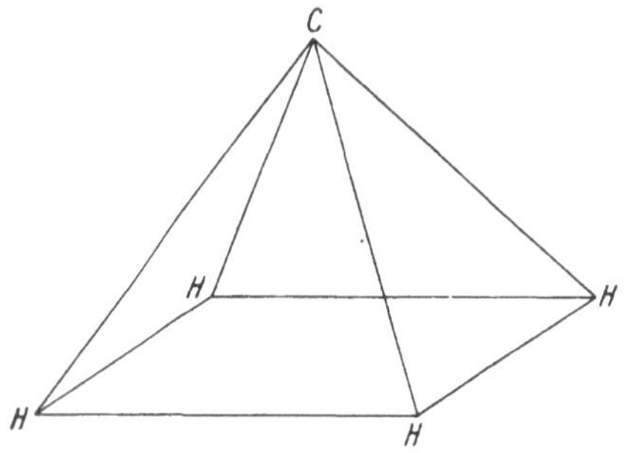

Fig. 29

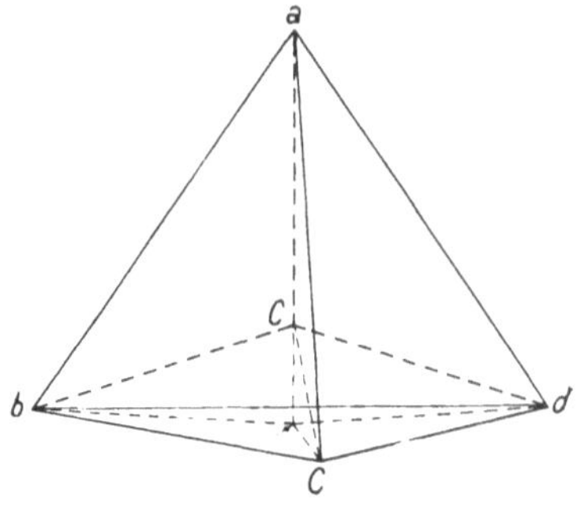

Fig. 30

Ecken *a*, *b*, *c*, *d* weisen (Fig. 30). Die Höhe *ae* des Tetraeders wird durch *C* im Verhältnis 1 : 3 geteilt. Die Projektion der 3 Momente *C b*, *C c*, *C d* auf *a e* ist deshalb je $^1/_3$ *C a*, ihre Summe also gleich —*Ca*. Die vertikalen Komponenten kompensieren sich also zu 0. Das gleiche gilt für die horizontalen Komponenten, so daß sich das Gesamtmoment zu 0 ergibt. Führt man nun dieselbe Überlegung für die Pyramide durch, so kompensieren sich wohl die Horizontalkomponenten zu 0, die Vertikalkomponenten betragen dagegen je $\mu_g \sin \alpha$ (wenn α der Neigungswinkel der Kanten gegen die Basis, μ_g das Gruppenmoment ist), so daß ein endliches Gesamtmoment $4\,\mu_g \sin \alpha$ resultiert. Experimentell wurde für Methan das Moment 0 gefunden, womit die Tetraederformel bewiesen ist. Aus dem Vorangehenden erkennt man leicht, daß das resultierende Moment einer CH_3-Gruppe den gleichen Absolutwert wie das Moment einer CH-Bindung besitzt. Es ergibt sich demnach, daß der Ersatz von H durch CH_3 im Methan an dem Moment nichts ändert. Das Moment des Äthans muß gleichfalls 0 sein. Man gelangt daher ganz allgemein zu dem durch das Experiment bestätigten Schluß, daß alle aliphatischen Kohlenwasserstoffe das Moment 0 besitzen.

Die Erkenntnis, daß die Alkohole Dipolmoleküle sind, erschließt uns das Verständnis für ihre früher besprochene Neigung zur **Assoziation.** Dipole üben auf ihre Nachbarschaft Kräfte aus und können sich nach Art von Magneten auf verschiedene Weise zusammenlagern, z. B.

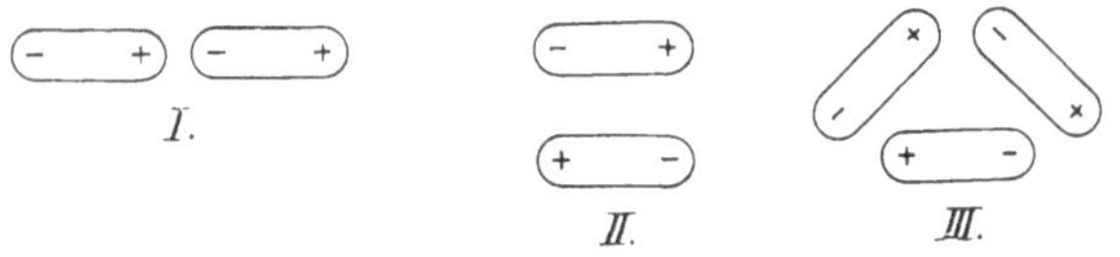

Bei der Zusammenlagerung zweier Dipole nach dem Schema II gewinnt man die Energie $\frac{\mu_1 \mu_2}{r^3}$, wo μ_1 und μ_2 die Dipolmomente und r ihren Abstand bedeutet. Daß die durch elektrostatische und wellenmechanische Effekte bedingte Anziehung recht beträchtliche Werte annehmen kann, zeigen die gemessenen Assoziationsenergien der Alkohole, die sich in der Größenordnung von mehreren kcal/Mol bewegen.

Besonders auffällige Folgen der Assoziation werden immer dann beobachtet, wenn dabei Wasserstoff einerseits und eines der stark negativen Elemente Fluor, Sauerstoff oder Stickstoff andererseits im Spiel ist. Man nimmt an, daß z. B. der Wasserstoff einer Hydroxylgruppe den Sauerstoff eines benachbarten Moleküls zu binden vermag, indem er zu dem einsamen Elektronenpaar dieses Sauerstoffs in Beziehung tritt. Dies ermöglicht eine quantenmechanische Resonanz zwischen verschiedenen Bindungszuständen

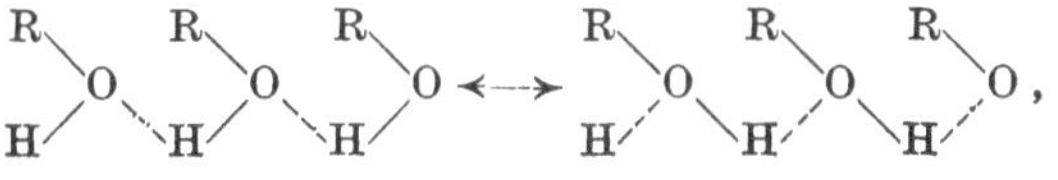

die bindungsverfestigend wirkt. Man spricht deshalb in diesen Fällen von **Wasserstoffbrücken** oder **Wasserstoffbindungen.** Ein stark polarer Charakter der Bindung scheint dabei Voraussetzung zu sein und durch die Wasserstoffbindung verstärkt zu werden. So zeigen Alkohole nach MECKE in nichtpolaren Lösungsmitteln ein molekulares elektrisches Leitvermögen, das mit steigender Verdünnung exponentiell abnimmt.

Höhere Akohole $C_nH_{2n+2}O$

Die physikalischen Eigenschaften dieser Verbindungen sind teilweise bereits S. 37 mitgeteilt worden. Die höheren Alkohole, z. B. **Laurylalkohol** $C_{12}H_{25}\cdot OH$, **Cetylalkohol** $C_{16}H_{33}\cdot OH$ und **Stearylalkohol** $C_{18}H_{37}\cdot OH$ besitzen u. a. als Ausgangsmaterial für Waschmittel wirtschaftliche Bedeutung, wovon später noch die Rede sein wird (S. 85). Sie können aus den Äthylestern der entsprechenden Carbonsäuren durch Reduktion oder katalytische Hydrierung dargestellt werden. Für die synthetische Darstellung solcher Alkohole kennt man heute eine Reihe technisch gangbarer Wege. Die sogenannte „Oxo-Synthese" beruht auf der Umsetzung von geeigneten Olefin-Fraktionen der FISCHER-TROPSCH-Synthese mit Kohlenoxyd und Wasserstoff über Kobaltkontakten bei 150° und 50—150 Atm. Druck:

$$R\cdot CH = CH_2 + CO + 2\,H_2 \begin{cases} \nearrow R\cdot CH_2\cdot CH_2\cdot CH_2\cdot OH \\ \searrow R\cdot CH(CH_3)\cdot CH_2\cdot OH \end{cases}$$

Daß hierbei Gemische verschiedener Alkohole entstehen, beeinträchtigt den Wert das Verfahrens nicht, da man für Waschmittel keine einheitlichen Verbindungen benötigt.

Cetylalkohol (Hexadecanol-1) ist ein Hauptbestandteil des Walrats und wird wegen seiner Fähigkeit zur Wasseraufnahme auch als Salbengrundlage verwandt. Die Zahl der möglichen Isomeren ist bei den höheren Alkoholen natürlich sehr groß. Von ihnen ist bisher nur eine vergleichsweise geringe Zahl bekannt, darunter eine Reihe normal-primärer Verbindungen, die man häufig in Insektenwachsen (z. B. im Bienenwachs und dem sogenannten Stocklack) antrifft. Durch die Ähnlichkeit ihrer Eigenschaften sowie ihre große Neigung, Mischkristalle zu bilden, ist ihre Reindarstellung sehr erschwert. Auch von bekannteren Naturprodukten ist deshalb die Zusammensetzung noch nicht immer mit Sicherheit ermittelt. So ist z. B. der früher für einheitlich gehaltene **Myricylalkohol** des Bienenwachses ein Gemisch von $C_{30}H_{61}\cdot OH$ und $C_{32}H_{65}\cdot OH$.

Alkoholate

Als Strukturbeweis der Alkohole wurde S. 36 die Tatsache angeführt, daß ihr Hydroxylwasserstoff durch Metalle ersetzt werden kann. Die wichtigsten „Alkoholate" sind **Natriummethylat** $CH_3\cdot ONa$ und **Natriumäthylat** $C_2H_5\cdot ONa$, farblose Pulver, die mit den zugehörigen Alkoholen kristallisierte Verbindungen eingehen können und in Alkoholen leicht löslich sind. Durch Wasser werden sie wie Salze äußerst schwacher Säuren sofort fast quantitativ in Alkohol und Alkalihydroxyd gespalten:

$$C_2H_5\cdot ONa + H_2O = C_2H_5\cdot OH + NaOH.$$

Sie finden zu organischen Synthesen mannigfache Verwendung, z. B. zu Kondensationen, zum Ersatz von Halogen durch die Methoxylgruppe $O\cdot CH_3$ usw.

Die alkoholische Lösung von Natriumäthylat, gewöhnlich durch Auflösen von Natrium in überschüssigem Alkohol erhalten, färbt sich durch Bildung von „Aldehydharz" (S. 103) allmählich braun, während die Lösung von Natriummethylat in Methylalkohol farblos bleibt. Diese Lösung verdient daher bei Synthesen häufig den Vorzug. Durch Einwirkung von Alkohol auf amalgamiertes Magnesium und Aluminium entstehen **Magnesiumäthylat** $Mg(O \cdot C_2H_5)_2$ und **Aluminiumäthylat** $Al(O \cdot C_2H_5)_3$, von denen das letztere bei 320° unzersetzt siedet und neuerdings gern zu Synthesen verwendet wird. Alkoholate anderer Metalle können in flüssigem Ammoniak durch doppelte Umsetzung erhalten werden:

$$2\,C_2H_5 \cdot OK + Ba(NO_3)_2 = 2\,KNO_3 + (C_2H_5 \cdot O)_2Ba.$$

Die Alkohole sind durch ihre Hydroxylgruppe befähigt, mit Säuren unter Wasseraustritt zu reagieren. Die auf diesem Wege entstehenden Verbindungen nennt man **Ester**[1]:

$$\underset{\text{Alkohol}}{R \cdot OH} + \underset{\text{Säure}}{HX} = \underset{\text{Ester}}{RX} + H_2O.$$

Obwohl dieser Vorgang nach seinem formelmäßigen Verlauf äußerlich der Salzbildung aus Säure und Base in der anorganischen Chemie entspricht, unterscheidet er sich von ihr doch grundlegend. Säuren, Basen und Salze in der anorganischen Chemie sind in wäßriger Lösung elektrolytisch dissoziiert. Der Vorgang der Salzbildung besteht in den einfachsten Fällen lediglich in der Vereinigung von H-Ion und OH-Ion zu nicht dissoziiertem Wasser, während das Salz sowohl in der wäßrigen Lösung wie im Kristallverband nur in Ionenform existiert. Als Ionenreaktion vollzieht sich die Salzbildung unmeßbar schnell. Im Gegensatz dazu sind weder die Alkohole noch die Ester in merklichem Betrage elektrolytisch dissoziiert. Die wäßrigen Lösungen der Alkohole leiten den elektrischen Strom nicht und reagieren nicht alkalisch. Die Esterbildung spielt sich zwischen nichtdissoziierten Molekülen ab und ist ein bei gewöhnlicher Temperatur langsam verlaufender, bequem meßbarer Prozeß.

Auch die Bildung von Oxyden durch Wasserabspaltung aus Hydroxyden hat in der organischen Chemie eine äußerliche Parallele. Durch Wasserabspaltung aus 2 Molekülen Alkohol entstehen **Äther** $R \cdot O \cdot R$, die indessen zum Unterschied von den anorganischen in Ionengittern kristallisierenden Alkali- und Erdalkalioxyden homöopolare Verbindungen darstellen. Findet die Wasserabspaltung zwischen zwei verschiedenen Alkoholen statt, so entstehen **gemischte Äther** $R_1 \cdot O \cdot R_2$.

Alkylhalogenide (Halogenalkane)

Diese können als die Ester der Alkohole mit Halogenwasserstoffsäuren angesehen werden[2], wie aus ihrer Bildungsgleichung hervorgeht:

$$C_nH_{2n+1} \cdot OH + HX \rightleftarrows C_nH_{2n+1}X + H_2O.$$

Die Geschwindigkeit ihrer Bildung nimmt von HJ über HBr zu HCl fortschreitend ab. Während es im ersten Fall nicht selten genügt, den Alkohol mit trockenem Jodwasserstoff zu sättigen, muß man bei Anwendung von HBr und HCl anschließend im zugeschmolzenen Rohr erhitzen. Bei der Darstellung von Alkylchloriden ist die Anwendung wasserentziehender Kondensationsmittel, z. B. Zinkchlorid von Vorteil. Äthylchlorid wird technisch aus Alkohol und Chlorwasserstoff in $50^0/_0$ig. Schwefelsäure in platinierten Autoklaven bei 160° gewonnen. Die Darstellung von Alkylhalogeniden durch Einwirkung der Phosphorhalogenide auf Alkohole wurde schon S. 36 erwähnt. Da diese Reaktion mitunter sehr stürmisch verläuft, geht man bei der Darstellung von Alkylbromiden und -jodiden meist nicht von fertigem PBr_3 bzw. PJ_3, sondern

[1] Die Bezeichnung stammt von GMELIN (1848).

[2] Es ist jedoch üblich, nur die Ester der Sauerstoffsäuren als Ester im engeren Sinn zu betrachten. Diese Beschränkung hat ihre Berechtigung, weil viele typische Eigenschaften dieser Verbindungen auf ihrem Sauerstoffgehalt beruhen.

von den naszierenden Verbindungen aus, was eine bessere Dosierung und damit eine leichtere Regelung der Reaktion gestattet. Um z. B. Äthylbromid darzustellen, versetzt man starken Äthylalkohol mit rotem Phosphor, der sich darin nicht auflöst. Läßt man nun unter Kühlung tropfenweise Brom zufließen, so bildet jeder Tropfen Brom mit dem Phosphor PBr_3, das sofort auf den Alkohol unter Bildung von Äthylbromid einwirkt:

$$3\,C_2H_5 \cdot OH + PBr_3 = 3\,C_2H_5Br + H_3PO_3.$$

Man trennt dann das bei 38° siedende Äthylbromid von der nicht flüchtigen phosphorigen Säure durch Destillation im Wasserbad.

Auch durch Thionylchlorid lassen sich Alkohole bequem in Chloride verwandeln:

$$C_nH_{2n+1} \cdot OH + SOCl_2 = C_nH_{2n+1}Cl + SO_2 + HCl;$$

da die Nebenprodukte bei der Reaktion als Gase entweichen, gestaltet sich die Aufarbeitung in diesem Fall besonders einfach.

Aus Paraffinen sind Alkylchloride gewinnbar, wenn man sie in der Wärme oder im Licht chloriert. Kharasch hat gefunden, daß auch mit Sulfurylchlorid in gelinder Wärme chloriert werden kann, wenn man Peroxyde, z. B. Benzoylperoxyd, als Katalysator zusetzt. Da bei der Chlorierung immer Isomerengemische und unter diesen bevorzugt sekundäre Chloride entstehen, sind diese Verfahren nur von beschränkter Brauchbarkeit. Eine vorteilhafte Darstellungsmethode, namentlich für sekundäre und tertiäre Alkylhalogenide kann die Anlagerung von Halogenwasserstoffen an Olefine sein (s. darüber S. 115).

Die folgende Tabelle verzeichnet einige physikalische Eigenschaften der Alkylhalogenide.

Name	Formel	Schmelzpunkt	Siedepunkt	Spez. Gew. D_4^0
Methylfluorid	CH_3F	— 141·8°	— 78·5°	0·8817$_4^{-78·5}$
Äthylfluorid	C_2H_5F	— 143·2	— 37·1	0·8176$_4^{-37·1}$
Propylfluorid	C_3H_7F	— 159·0	— 2·5	0·7782
Butylfluorid	C_4H_9F	—	32·5	0·8005
Amylfluorid	$C_5H_{11}F$	— 80	62·8	0·7905
Methylchlorid	CH_3Cl	— 97·7	— 24	0·952
Äthylchlorid	C_2H_5Cl	— 136	12·3	0·924
Propylchlorid	C_3H_7Cl	— 123	46	0·915
Butylchlorid	C_4H_9Cl	— 123	79	0·905
Amylchlorid	$C_5H_{11}Cl$	— 99	108	0·901
Methylbromid	CH_3Br	— 93	4·5	1·732
Äthylbromid	C_2H_5Br	— 119	38·4	1·501
Propylbromid	C_3H_7Br	— 110	71·0	1·385
Butylbromid	C_4H_9Br	— 112	101·3	1·304
Amylbromid	$C_5H_{11}Br$	— 88	129·6	1·243
Methyljodid	CH_3J	— 66	42·5	2·335
Äthyljodid	C_2H_5J	— 111	72·3	1·981
Propyljodid	C_3H_7J	— 101	102·5	1·787
Butyljodid	C_4H_9J	— 103	130·4	1·648
Amyljodid	$C_5H_{11}J$	— 86	157	1·546

Die niederen Fluoride und Chloride sind bei Raumtemperatur gasförmig und brennbar. Methylfluorid verbrennt mit blauer, die Chloride mit grüngesäumter Flamme zu Kohlendioxyd, Wasser und Halogenwasserstoff; auch Methylbromid ist bei Zimmertemperatur noch ein Gas. Von den übrigen ist die Mehrzahl flüssig, die höheren Glieder sind fest und von salbenartiger Beschaffenheit. Der Einfluß der Kohlenstoffkette auf das spezifische Gewicht ist sehr deutlich: mit steigender C-Zahl wird die Wirkung des schweren Halogens immer stärker kompensiert, die höchsten Glieder der

Reihe sind alle leichter als Wasser. In Wasser sind sie alle recht wenig löslich, dagegen mit Ausnahme der höchsten Glieder mit Alkohol und Äther mischbar. Die niederen Glieder besitzen einen angenehmen ätherischen Geruch und wirken teilweise narkotisch (Anwendung von Äthylchlorid zur Kurznarkose).

Die Reaktion zwischen Alkoholen und Halogenwasserstoffsäuren ist, wie oben bereits angedeutet, eine Gleichgewichtsreaktion. Der zeitliche Verlauf der Reaktion für ein Gemisch von 1 Molekül HX und 2 Molekülen Äthylalkohol bei Zimmertemperatur ist aus der Fig. 31 zu entnehmen. Wie man sieht, erfordert die Einstellung des Gleichgewichts bei Zimmertemperatur sehr lange Zeit.

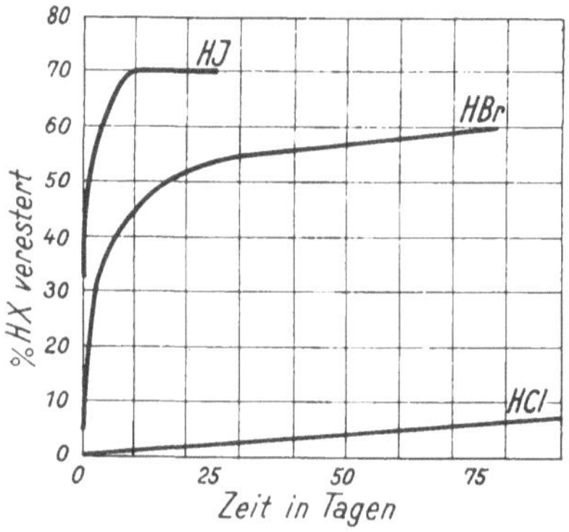

Fig. 31

Bei Anwendung eines größeren Wasserüberschusses und höherer Temperatur lassen sich die Halogenide umgekehrt zu den Alkoholen verseifen.

Während die Halogenatome der anorganischen Metallhalogenide in wäßriger oder alkoholischer Lösung durch Silbernitrat quantitativ und sofort gefällt werden, geht die Einwirkung von $AgNO_3$ auf die organischen Halogenide im allgemeinen recht langsam vonstatten. Die Lösung der Alkylhalogenide enthält demnach keine oder nur sehr wenig Ionen. Am raschesten reagieren die Jodide, die durch $AgNO_3$ in wäßrig-alkoholischer Lösung schon bei Raumtemperatur sehr bald zersetzt werden (Anwendung bei der Bestimmung von Alkoxygruppen nach ZEISEL; vgl. S. 57), während Äthylchlorid in alkoholischer Lösung erst gegen 90^0 reagiert.

Während die Umsetzungen primärer und sekundärer Halogenide vorzugsweise bimolekular verlaufen (vgl. dazu auch S. 275), ist bei tertiären Halogeniden die geschwindigkeitsbestimmende Reaktion monomolekular. Dies hat man bei tert.-Butyljodid $(CH_3)_3CJ$ folgendermaßen nachweisen können. Bringt man das Jodid in flüssigem Schwefeldioxyd mit Natriumjodid zusammen, das radioaktives Jod enthält, so geht radioaktives Jod in das tert.-Butyljodid über. Da die Reaktionsgeschwindigkeit von der NaJ-Konzentration unabhängig ist, muß eine monomolekulare Reaktion zugrunde liegen, die nur als elektrolytische Dissoziation des organischen Jodids zu erklären ist. Als charakteristischer Unterschied gegenüber den anorganischen Verbindungen bleibt jedoch die Tatsache bestehen, daß sich diese Reaktion als eine Zeitreaktion erwiesen hat. Eben dies ist zu erwarten, da die Umwandlung einer homöopolaren Bindung in eine heteropolare eine Zufuhr von Energie erfordert.

Da die Halogene zu zahlreichen Austauschreaktionen befähigt sind, spielen die Alkylhalogenide in der Synthese eine bedeutende Rolle. Vor allem Methyljodid, Äthylbromid und Äthyljodid werden zur Einführung der Alkylgruppen in organische Verbindungen vielfach verwendet. Durch reduzierende Agenzien, z. B. Zink und Salzsäure, Natriumamalgam und Wasser oder durch Jodwasserstoffsäure kann man aus Alkylhalogeniden gesättigte Kohlenwasserstoffe erhalten, indem das Halogen durch Wasserstoff ersetzt wird. Wie man aus dem geschilderten Verhalten der Halogenverbindungen erkennt, ist das Halogen in gesättigten Verbindungen, vornehmlich in den primären, recht beweglich. Wir werden später sehen, daß das Gegenteil der Fall ist, wenn Halogen an Doppelbindungen oder aromatische Kerne gebunden ist.

Die Halogenverbindungen können auch ineinander übergeführt werden; z. B. lassen sich manche, sonst schwer erhältliche Jodide durch Erhitzen der Chloride mit KJ, NaJ oder CaJ_2 in einem geeigneten Lösungsmittel (Alkohol, Aceton) gewinnen.

Ester anderer Mineralsäuren

Die Zahl der bekannten Ester von Mineralsäuren ist sehr erheblich. Von ihnen besitzen die Ester der Schwefelsäure die größte Bedeutung. Den sauren Schwefelsäureäthylester, gewöhnlich **Äthylschwefelsäure** genannt, $C_2H_5 \cdot O \cdot SO_3H$, erhält man beim Mischen von Äthylalkohol mit konzentrierter Schwefelsäure. Die Reaktion verläuft nicht quantitativ, sondern ist eine Gleichgewichtsreaktion. Da die Erdalkalisalze der Äthylschwefelsäure in Wasser leicht löslich sind, läßt sich die überschüssige Schwefelsäure durch Neutralisation mit Bariumcarbonat leicht entfernen; man erhält eine Lösung von Bariumäthylsulfat $Ba(C_2H_5 \cdot O \cdot SO_3)_2$, aus der durch Zersetzen mit der berechneten Menge Schwefelsäure die freie Äthylschwefelsäure gewonnen wird. Die reine Säure erhält man aus Alkohol nach

$$C_2H_5 \cdot OH + SO_3 = C_2H_5 \cdot O \cdot SO_3H$$

unterhalb 0°. Sie bildet bei gewöhnlicher Temperatur eine ölige, stark saure Flüssigkeit, die sich mit Wasser in jedem Verhältnis mischt und in wäßriger Lösung bei gewöhnlicher Temperatur langsam, bei Siedehitze rasch zu Schwefelsäure und Alkohol hydrolysiert wird. Die Salze der Äthylschwefelsäure kristallisieren gut und sind gegen Wasser recht beständig. Äthylschwefelsäure zersetzt sich schon bei gelinder Wärme in verschiedener Richtung. Bei der Destillation im Vakuum liefert sie in guter Ausbeute Diäthylsulfat:

$$2\,C_2H_5 \cdot O \cdot SO_3H = (C_2H_5 \cdot O)_2SO_2 + H_2SO_4,$$

wenn man die entstehende Schwefelsäure durch Natriumsulfat bindet. **Diäthylsulfat** bildet eine Flüssigkeit vom Erstarrungspunkt —26° und Siedepunkt 96° unter 15 mm Druck. Es steht in Schwefelsäuremonohydrat im Gleichgewicht mit Äthylschwefelsäure. Ein solches Gleichgewichtsgemisch mit überwiegendem Anteil Diäthylsulfat entsteht auch beim Einpressen von Äthylen unter einigen Atmosphären Druck in Schwefelsäuremonohydrat bei 40—50°

$$2\,CH_2 = CH_2 + H_2SO_4 = C_2H_5 \cdot O \cdot SO_2 \cdot O \cdot C_2H_5.$$

Diese Reaktion wird in der Technik auch zur Gewinnung von Alkohol aus Äthylen enthaltenden Gasen, z. B. Crackgasen, verwendet und ist auch auf die Homologen das Äthylens übertragbar.

Man verdünnt zu diesem Zweck mit Wasser und verseift durch Erhitzen, wobei man die kostspielige Rückkonzentration der Säure in Kauf nehmen muß. Gleichzeitig entsteht Diäthyläther, da Diäthylsulfat sich noch in ziemlich wasserhaltigem Medium mit Alkohol umsetzt:

$$C_2H_5 \cdot OH + (C_2H_5 \cdot O)_2SO_2 = C_2H_5 \cdot O \cdot C_2H_5 + C_2H_5 \cdot O \cdot SO_3H.$$

Propylen läßt sich schon mit 55—70%ig. Schwefelsäure unter 15 Atm. Druck bei 110° zu Isopropylalkohol und Diisopropyläther umsetzen.

Schwefelsäuredimethylester, Dimethylsulfat $(CH_3 \cdot O)_2SO_2$ wird durch Destillation von Methylschwefelsäure im Vakuum:

$$2\,CH_3 \cdot O \cdot SO_3H = (CH_3 \cdot O)_2SO_2 + H_2SO_4$$

oder durch Einwirkung von SO_3 auf Dimethyläther:

$$(CH_3)_2O + SO_3 = (CH_3 \cdot O)_2SO_2$$

gewonnen. Es ist ein bei 188° siedendes Öl, das wegen der großen Beweglichkeit seiner einen Methylgruppe vielfach zum Methylieren angewandt wird (ULLMANN 1900). Es ist sehr giftig. Die sauren Schwefelsäureester der höheren Fettalkohole, z. B. **Hexadecylschwefelsäure** $C_{16}H_{33} \cdot O \cdot SO_3H$ und **Octadecylschwefelsäure** $C_{18}H_{37} \cdot O \cdot SO_3H$, haben technische Bedeutung, weil ihre Salze seifenähnliche Eigenschaften besitzen (vgl. S. 85). Andere wichtige Schwefelsäureester sind die Türkischrotöle (S. 197) und das biologisch interessante Heparin (S. 289).

Äther

Die Struktur dieser mit den Alkoholen isomeren Verbindungen folgt aus ihrer Synthese durch Einwirkung von Alkoholaten auf Alkylhalogenide:

$$C_2H_5 \cdot ONa + CH_3J = C_2H_5 \cdot O \cdot CH_3 + NaJ.$$

Die Namen der Äther bildet man entweder aus den Alkylbezeichnungen und der Endung -äther, oder man betrachtet die Äther als Produkte der Substitution von Kohlenwasserstoffen durch die Alkoxygruppe R·O—: $CH_3 \cdot O \cdot CH_3$ heißt Dimethyläther oder Methoxymethan, $CH_3 \cdot O \cdot C_2H_5$ Methyläthyläther oder Methoxyäthan, $CH_3 \cdot O \cdot C_8H_{17}$ Methyloctyläther oder Methoxyoctan. Namen der letzten Art wird man bevorzugen, wenn eine Bezeichnung für das Alkylradikal nicht vorhanden oder ungebräuchlich ist.

Die bekannteste Verbindung in der homologen Reihe der Äther ist der **Diäthyläther** oder **Äthyläther,** auch kurzweg Äther genannt, $C_2H_5 \cdot O \cdot C_2H_5$. Diese Verbindung — zuerst von dem Engländer FROBENIUS 1730 genauer beschrieben — wird technisch und im Laboratorium aus Äthylalkohol und konzentrierter Schwefelsäure gewonnen. Man erhitzt zu diesem Zweck eine Mischung von 5 Gewichtsteilen 90%igem Alkohol mit 9 Gewichtsteilen Schwefelsäure auf 130—140°. Es destilliert ein Gemisch von Äther und Wasser über; läßt man in demselben Maß Alkohol in die erhitzte Flüssigkeit nachfließen, deren Temperatur konstant zu halten ist, so geht fortwährend Äther über. Sobald ungefähr das Sechsfache der Menge Alkohol zugefügt ist, die anfänglich mit Schwefelsäure gemischt wurde, wird das Destillat immer reicher an Alkohol, bis die Ätherbildung ganz aufhört. Die Ausbeute, auf Alkohol bezogen, beträgt etwa 95% der Theorie. Nach der Theorie von WILLIAMSON verläuft die Reaktion so, daß Alkohol und Schwefelsäure zunächst Äthylschwefelsäure (S. 55) geben. Diese reagiert mit Äthylalkohol analog, wie es früher für das Verhalten gegen Wasser gezeigt wurde (Alkoholyse statt Hydrolyse):

$$C_2H_5 \cdot O \cdot SO_3H + C_2H_5 \cdot OH = C_2H_5 \cdot O \cdot C_2H_5 + H_2SO_4.$$

Das Richtige trifft aber wahrscheinlich die neuere Auffassung (BROOKS, MAXIMOW), derzufolge die Äther-Bildung über Diäthylsulfat läuft. Daß dieses unter den Reaktionsbedingungen sehr leicht entstehen kann, haben wir auf S. 55 gesehen, wo auch schon die Umsetzung mit Alkohol zu Äther beschrieben ist:

$$(C_2H_5 \cdot O)_2SO_2 + C_2H_5 \cdot OH = C_2H_5 \cdot O \cdot C_2H_5 + C_2H_5 \cdot O \cdot SO_3H.$$

Beide Auffassungen erklären gleich gut die Tatsache, daß man gemischte Äther erhält, wenn man nicht Äthylalkohol, sondern z. B. Amylalkohol nachfließen läßt:

$$C_2H_5 \cdot O \cdot SO_3H + C_5H_{11} \cdot OH = C_2H_5 \cdot O \cdot C_5H_{11} + H_2SO_4.$$
$$(C_2H_5 \cdot O)_2SO_2 + C_5H_{11} \cdot OH = C_2H_5 \cdot O \cdot C_5H_{11} + C_2H_5 \cdot O \cdot SO_3H.$$

Da die Schwefelsäure (bzw. Äthylschwefelsäure) bei diesem Prozeß immer wieder regeneriert wird, sollte eine kleine Menge Schwefelsäure unbegrenzte Mengen Alkohol in Äther verwandeln können. Dies ist jedoch praktisch nicht der Fall, da nur der kleinste Teil des entstehenden Wassers mit dem Äther überdestilliert, so daß das Wasser sich allmählich im Rückstand anreichert und der Bildung von Äthylschwefelsäure entgegenwirkt; überdies wird ein Teil der Schwefelsäure durch Nebenreaktionen zu SO_2 reduziert.

Äthyläther entsteht auch, wenn man Alkoholdampf über Tonerde bei 240 bis 260° oder über entwässerten Alaun bei 200° leitet.

Der rohe Diäthyläther enthält außer Wasser noch Alkohol und etwas SO_2. Zur Reinigung behandelt man ihn mit Kalk, unterwirft ihn der fraktionierten Destillation und entfernt die geringen Mengen von Alkohol, die er auch dann noch zurückhält, durch häufiges Ausschütteln mit kleinen Quantitäten Wasser. Schließlich trocknet man ihn mit Calciumchlorid und Natrium und destilliert ihn abermals.

Diäthyläther ist eine farblose, äußerst leicht bewegliche Flüssigkeit, die bereits bei 34·6° siedet und, ohne (wie Alkohol) vorher sirupös zu werden, bei —116° erstarrt. Sein spezifisches Gewicht D_4^{20} ist 0·7135. In Wasser ist er nur wenig löslich: 100 g Wasser lösen bei 18° 7·9 g; umgekehrt löst sich Wasser in Äther (3 Volumprozent bei 22°). Infolge seines niedrigen Siedepunktes verdampft Äther an der Luft sehr rasch und kühlt dabei seine Umgebung stark ab. Das Gemenge von Ätherdampf mit Luft ist sehr explosiv. Äther hat einen angenehmen süßlichen Geruch. Beim andauernden Einatmen des Dampfes tritt Bewußtlosigkeit ein (JACKSON und MORTON 1846); da nach dem Erwachen die unangenehmen Nachwirkungen gering sind, wird Äther an Stelle von Chloroform oder im Gemisch mit diesem zur Narkose gebraucht. Äther ist wegen seines ausgezeichneten Lösungsvermögens im Laboratorium und in der Technik unentbehrlich. Besonders wichtig ist seine Verwendung zum „Ausschütteln" wäßriger Lösungen (vgl. S. 16).

Durch die Einwirkung von Licht und Luft bilden sich in Äther, der nicht über Natrium aufbewahrt wird, geringe Mengen von Peroxyden, z. B. $CH_3 \cdot CH(OH) \cdot O \cdot O \cdot CH(OH) \cdot CH_3$, die beim Schütteln mit Quecksilber dessen Oberfläche schwarz färben und gelegentlich schon zu heftigen Explosionen Veranlassung gegeben haben (Vorsicht beim Destillieren von altem Äther!). Sie können durch Behandeln mit $FeSO_4$-Lösung zerstört werden.

Die Äther sind chemisch verhältnismäßig indifferent. Bei gewöhnlicher Temperatur wirken Säuren, Alkalien, Phosphorpentachlorid nicht ein; Natrium entwickelt keinen Wasserstoff mit ihnen. Werden sie jedoch mit Halogenwasserstoffen erhitzt, so entstehen Halogenverbindungen. Jodwasserstoff gibt mit Diäthyläther schon bei Zimmertemperatur Alkohol, Äthyljodid und Wasser entsprechend den Gleichungen

$$C_2H_5 \cdot O \cdot C_2H_5 + HJ = C_2H_5J + C_2H_5 \cdot OH,$$
$$C_2H_5 \cdot O \cdot C_2H_5 + 2\,HJ = 2\,C_2H_5J + H_2O.$$

Auf dieser Reaktion beruht die **ZEISELsche Methode** zur Bestimmung von Alkoxygruppen in Äthern.

Zur Ausführung der $CH_3 \cdot O$-Bestimmung erhitzt man die Substanz im Kölbchen *A* (Fig. 32) mit Jodwasserstoffsäure (D:1,7) im CO_2-Strom. Die entweichenden Alkyljodiddämpfe passieren der Sicherheit halber ein zweites Kölbchen *B* mit siedender Jodwasserstoffsäure, durch die etwa entstandener Alkohol ebenfalls in Alkyljodid verwandelt wird. Sie werden dann in dem Waschfläschchen *C*, das mit einer Lösung von Natriumthiosulfat und Cadmiumsulfat sowie einigen Körnchen rotem Phosphor beschickt ist, von Spuren Jod und Jodwasserstoff befreit und schließlich bei *D* durch eine geeignete Absorptionsflüssigkeit zersetzt. Als solche dient bei dem Verfahren von ZEISEL wäßrig-alkoholische Silbernitratlösung. In der Vorlage scheidet sich zunächst eine farblose Doppelverbindung von Silbernitrat mit Silberjodid aus, die man durch Erwärmen mit Wasser zerlegt, worauf das Silberjodid in üblicher Weise gravimetrisch bestimmt

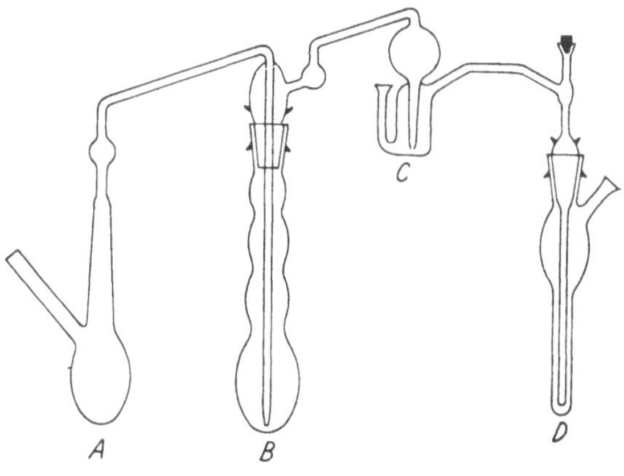

Fig. 32

wird. Zur maßanalytischen Bestimmung des Alkyljodids beschickt man nach VIEBÖCK die Vorlage *D* mit einer Lösung von Brom und Natriumacetat in Eisessig. In dieser Lösung entsteht nach den Gleichungen

$$C_2H_5J + Br_2 = C_2H_5JBr_2$$
$$C_2H_5JBr_2 = C_2H_5Br + JBr$$
$$JBr + 2\,Br_2 + 3\,H_2O = HJO_3 + 5\,HBr$$

Jodsäure, die nach Zerstörung des überschüssigen Broms mit Ameisensäure jodometrisch mit Kaliumjodid und Natriumthiosulfat bestimmt wird. Aus 1 Molekül Alkyljodid entstehen 6 Atome Jod. Diese Methode ist also sehr empfindlich und besitzt außerdem den Vorteil, daß sie durch etwa anwesenden Schwefel nicht gestört wird.

Der Sauerstoff der Äther weist in seiner äußeren Schale „einsame" Elektronenpaare auf und erscheint deshalb im Sinn der Komplexchemie als „koordinativ ungesättigt". Unter den zahlreichen Verbindungen höherer Ordnung, die man von Äthern kennt, sind die **Oxonium-Salze** am wichtigsten. Sie entstehen durch Anlagerung von Säuren, z. B. HCl, und werden gewöhnlich als Salze mit dreibindigem Sauerstoff als Zentralatom des Kations $[(C_2H_5)_2OH^+]Cl$ formuliert. Salze verwandten Typus werden uns später bei den Pyronen und Anthocyanen begegnen (S. 450). Andere Verbindungen kommen durch Einlagerung des Elektronenpaares in ein unvollständiges Oktett zustande. Borfluorid mit nur 6 Elektronen in der äußeren Schale des Bors verbindet sich mit Dimethyläther zu der bei 126° siedenden Verbindung $(CH_3)_2O \rightarrow BF_3$. Man nennt die durch → gekennzeichnete Bindung eine „semipolare" Bindung (S. 66). Ihre durch Elektronenbeugung gefundene Länge von 1,52 Å ist die einer echten Bindung. Auch in den Ätheraten der Organomagnesiumverbindungen (S. 72) und Komplexen wie $2\,(C_2H_5)_2O + BeCl_2$ oder $2\,(C_2H_5)_2O + MgJ_2$ kann man ähnliche Bindungen annehmen.

Alkyl gebunden an Schwefel

Die Elemente, die in einer Gruppe des periodischen Systems übereinanderstehen, stimmen in ihrer Valenz und dementsprechend im Typus ihrer Verbindungen überein. Ferner zeigt sich auch im chemischen Verhalten solcher Elemente und ihrer Verbindungen eine weitgehende Analogie. Ihre Erklärung findet diese Erscheinung darin, daß die Elemente einer Gruppe in der Zahl und Anordnung der Außenelektronen übereinstimmen. Erfahrungsgemäß findet man bei den organischen Verbindungen, die sich von den Elementen einer solchen Gruppe ableiten, die Eigenschaften der entsprechenden anorganischen Stoffe in allen Nuancen von Ähnlichkeit und Verschiedenheit wieder. Häufig prägen sich sogar derartige Beziehungen noch charakteristischer aus. Recht deutlich zeigt sich dies, wenn man die Sauerstoffverbindungen, die in den vorigen Kapiteln behandelt sind, mit den analog gebauten Schwefelverbindungen vergleicht.

Die Alkohole und die Äther kann man sich vom Wasser abgeleitet denken durch Ersatz eines oder beider Wasserstoffatome durch Alkyl. Die entsprechenden Schwefelverbindungen, die **Mercaptane** (Thioalkohole) und die **Thioäther,** sind auf dieselbe Weise vom Schwefelwasserstoff abzuleiten; sie werden also dargestellt durch die Formeln:

$$R \cdot SH \quad \text{und} \quad R_1 \cdot S \cdot R_2 .$$

Ihre Analogie mit den Alkoholen und Äthern geht zunächst aus ihrer Bildungsweise hervor; denn läßt man an Stelle von KOH auf Alkylhalogenid KSH einwirken, so entsteht ein Alkylmercaptan:

$$RX + KSH = R \cdot SH + KX .$$

Bei den Mercaptanen findet man die Eigentümlichkeit der Alkohole wieder, daß ein Wasserstoffatom durch Metall ersetzbar ist, wobei Mercaptide $R \cdot SMe$ entstehen;

wir haben also auf Grund der gleichen Erwägungen wie bei den Alkoholen anzunehmen, daß dieses Wasserstoffatom an Schwefel gebunden ist.

Ebenso wie die Äther durch Einwirkung von Alkylhalogenid auf Alkoholate entstehen, erhält man die Thioäther durch Behandlung der Mercaptide mit Alkylhalogenid.

Wasser ist eine neutrale Verbindung, Schwefelwasserstoff ist eine schwache Säure; in Übereinstimmung hiermit geben die Mercaptane mit Alkalien und sogar mit Basen der Schwermetalle Salze („Mercaptide"), die gegen Wasser schon erheblich beständiger sind als die Alkalialkoholate. Im Gegensatz zu den Alkoholen lösen sich deshalb Mercaptane, auch wenn sie in Wasser unlöslich sind, in Alkalien auf. Da die Mercaptane jedoch sehr schwache Säuren sind (schwächer als Schwefelwasserstoff), sind ihre Salze in diesen Lösungen teilweise hydrolytisch gespalten, so daß man z. B. mit Benzol freies Mercaptan ausschütteln kann.

Mercaptane

Eine gute Darstellungsmethode der Mercaptane besteht in der Destillation einer wäßrigen Lösung von Kaliumalkylsulfat und Kaliumhydrosulfid:

$$C_2H_5 \cdot O \cdot SO_3K + KSH = C_2H_5 \cdot SH + K_2SO_4$$

Weiter entstehen sie in guter Ausbeute, wenn man Schwefelwasserstoff, beladen mit Alkoholdampf, bei 300—350° über Thoroxyd leitet. Auch durch Anlagerung von Schwefelwasserstoff an ungesättigte Verbindungen sind sie erhältlich. Am bequemsten ist ihre Darstellung durch Reduktion der weiter unten behandelten Disulfide:

$$R \cdot S \cdot S \cdot R + H_2 = 2\,R \cdot SH.$$

Erwähnt sei auch die Umsetzung von Alkylhalogeniden oder Alkylsulfaten mit Natriumthiosulfat:

$$C_2H_5Br + Na_2S_2O_3 = C_2H_5 \cdot S \cdot SO_3Na + NaBr,$$

wobei Salze von Alkylthioschwefelsäuren (BUNTEsche Salze) entstehen, die durch Säuren in Mercaptane und Schwefelsäure zerlegt werden und bei der Oxydation mit Jod oder Wasserstoffperoxyd Disulfide liefern. S. auch die elegante Synthese der Mercaptane mit Hilfe von Thioharnstoff (S. 190).

Die Mercaptane sind mit Ausnahme des Methylmercaptans flüssig; die niederen Glieder sieden erheblich tiefer als die entsprechenden Alkohole; auch hierin bilden sie Analoga des Schwefelwasserstoffs:

	Kp.		Kp.
Schwefelwasserstoff	— 60°	Wasser	+ 100°
Methylmercaptan	+ 6°	Methylalkohol	+ 64·7°
Äthylmercaptan	+ 37°	Äthylalkohol	+ 78·3°
Propylmercaptan	+ 67°	Propylalkohol	+ 97·2°

Sie sind charakterisiert durch einen äußerst widerwärtigen Geruch, eine Eigenschaft, die sie mit fast allen flüchtigen Schwefelverbindungen gemein haben. Unsere Geruchsorgane sind selbst gegen chemisch nicht mehr nachweisbare Spuren von Mercaptanen sehr empfindlich. Vom physiologischen Standpunkt merkwürdig ist die Tatsache, daß die Mercaptane nur im ersten Augenblick ekelerregend riechen, und daß diese Empfindung rasch angenehmeren Geruchsempfindungen Platz macht („Geruchsumstimmung").

Man kennt zahlreiche, teilweise gut kristallisierte **Mercaptide.** Zu diesen gehören die Quecksilbermercaptide, die durch Einwirkung von Mercaptan auf Quecksilberoxyd entstehen. Hiervon leitet sich auch der Name dieser Verbindungen her: *corpus* *mercurium captans* wurde zu Mercaptan zusammengezogen. Ähnliche Verbindungen entstehen z. B. mit Wismut und Blei; die Bleimercaptide sind gelb und teilweise in Benzol löslich. Aus allen Mercaptiden wird durch Mineralsäuren, zum Teil sogar schon durch Wasser das Mercaptan wieder freigemacht.

Wie Schwefelwasserstoff werden auch die Mercaptane durch Luftsauerstoff langsam oxydiert. Sie geben dabei **Disulfide,** z. B. $C_2H_5\cdot S\cdot S\cdot C_2H_5$, die man als Derivate des Hydrodisulfids H_2S_2 betrachten kann. Dem entspricht, daß man Diäthyldisulfid auch durch Einwirkung von Äthylbromid auf K_2S_2 erhalten kann:

$$K_2S_2 + 2\ C_2H_5Br = (C_2H_5)_2S_2 + 2\ KBr.$$

Auch Kupfersalze oxydieren die Mercaptane; man erhält dann neben dem Disulfid Mercaptide des einwertigen Kupfers $CuS\cdot R$.

Thioäther

Thioäther kann man sowohl nach der S. 58 angegebenen Methode als auch durch Behandlung alkylschwefelsaurer Salze mit Kaliumsulfid K_2S erhalten:

$$2\ C_2H_5\cdot O\cdot SO_3K + K_2S = (C_2H_5)_2S + 2\ K_2SO_4\ .$$

Auch bilden sie sich neben Schwefelwasserstoff beim Leiten von Mercaptanen über Cadmiumsulfid bei etwa 350°. Die Thioäther sind indifferente Verbindungen von widerlichem Geruch. Sie sind flüssig, in Wasser unlöslich und sieden höher als ihre Sauerstoff-Analoga.

Ein Dichlorderivat des Diäthylsulfids, β, β'-**Dichlor-diäthylsulfid,** entsteht durch Einwirkung von Äthylen auf Chlorschwefel:

$$2\ C_2H_4 + S_2Cl_2 = (CH_2Cl\cdot CH_2)_2S + S\ .$$

Ein anderes Darstellungsverfahren besteht in der Einwirkung von HCl auf Thiodiglykol, eine sirupöse Flüssigkeit, die aus Äthylenoxyd und Schwefelwasserstoff erhalten werden kann:

$$2\ \underset{\diagdown O \diagup}{H_2C\text{——}CH_2} + H_2S = (HO\cdot CH_2\cdot CH_2)_2S.$$

β, β'-Dichlor-diäthylsulfid ist im Kriege 1914—1918 unter dem Namen **Senfgas** (Gelbkreuz, Lost) bekannt geworden. Die Dämpfe der bei 217° siedenden, bei 14,4° kristallinisch erstarrenden Flüssigkeit, die einen schwach süßlichen Geruch haben, üben eine zerstörende Wirkung auf die Bronchien aus. Auch die Haut wird unter Blasenbildung tiefgreifend zerstört. Wie die meisten Alkylhalogenide wird die Verbindung von Wasser bei gewöhnlicher Temperatur nur langsam angegriffen und hält sich deshalb tagelang im Gelände. Als wirksamstes Mittel zur Zerstörung hat sich Chlorkalk bewährt. Das isomere α, α'-Dichlor-diäthylsulfid $(CH_3\cdot CHCl)_2S$ ist unschädlich.

Der Schwefel der Thioäther addiert Halogene, Metallsalze usw. Am wichtigsten sind die in Wasser leicht löslichen Verbindungen mit einem Molekül Alkyljodid, z. B. $(C_2H_5)_3S\cdot J$. Sie tragen den Namen **Sulfoniumjodide** und sind als Koordinationsverbindungen aufzufassen, in denen der Schwefel mit der Koordinationszahl 3 auftritt. Werden sie mit feuchtem Silberoxyd behandelt, so wird J durch OH ersetzt:

$$(C_2H_5)_3S\cdot J + AgOH = (C_2H_5)_3S\cdot OH + AgJ,$$

und man erhält **Sulfoniumhydroxyde;** diese sind in Wasser leicht löslich und reagieren stark alkalisch. Sie verhalten sich ganz wie starke Basen, ziehen z. B. aus der Luft begierig Kohlendioxyd an und geben mit Säuren wieder Salze $(C_2H_5)_3S\cdot X$.

Die **Sulfoxyde** $(C_nH_{2n+1})_2SO$ entstehen durch Oxydation von Thioäthern mit Salpetersäure oder Hydroperoxyd. Ihre Struktur ergibt sich daraus, daß sie sich leicht wieder zu Thioäthern reduzieren lassen; wäre der Sauerstoff an Kohlenstoff gebunden, dann würde dies nicht möglich sein, da weder Alkohole noch Äther ihren Sauerstoff durch gemäßigte Reduktion verlieren.

Die **Sulfone** sind Verbindungen, denen man die Struktur $(C_nH_{2n+1})_2SO_2$ zuerkennt. Sie entstehen durch stärkere Oxydation der Thioäther oder der Sulfoxyde sowie durch Alkylierung der Salze von Sulfinsäuren (s. auch unten) und werden durch naszierenden Wasserstoff nicht reduziert. Wie Dichlordiäthylsulfid wirkt auch Dichlordiäthylsulfon $ClCH_2\cdot CH_2\cdot SO_2\cdot CH_2\cdot CH_2Cl$ blasenziehend, es wird aber durch Wasser leicht hydrolysiert.

Sulfonsäuren

Sulfonsäuren bilden sich bei energischer Oxydation von Mercaptanen mit Salpetersäure. Bei dieser Reaktion bleibt die Alkylgruppe der Mercaptane unberührt; denn die

Salze der Sulfonsäuren entstehen auch, wenn man Alkyljodid auf ein Alkalisulfit einwirken läßt:

$$K_2SO_3 + C_2H_5J = \underset{\text{äthansulfonsaures K}}{C_2H_5 \cdot SO_3K} + KJ.$$

Die allgemeine Formel dieser Säuren ist demnach $C_nH_{2n+1} \cdot SO_3H$. Bei Einwirkung von überschüssigem Äthyljodid auf Kaliumsulfit entsteht der Äthylester der Äthansulfonsäure:

$$K_2SO_3 + 2\,C_2H_5J = C_2H_5 \cdot SO_2 \cdot O \cdot C_2H_5 + 2\,KJ.$$

Diese Reaktionen lassen indessen keinen Schluß auf die Konstitution der anorganischen Sulfite zu; denn ROSENHEIM (1905) fand, daß der symmetrische Diäthylester der schwefligen Säure $(C_2H_5 \cdot O)_2SO$, den man aus Alkohol und Thionylchlorid erhalten kann, durch KJ rasch in ein Additionsprodukt des äthansulfonsauren Kaliums $4\,C_2H_5 \cdot SO_3K + KJ$ umgewandelt wird. Es ist also nicht zu entscheiden, ob nicht $(C_2H_5 \cdot O)_2SO$ das primäre Reaktionsprodukt ist.

Da in den Mercaptanen der Schwefel direkt an Kohlenstoff gebunden ist, muß dies auch bei den Sulfonsäuren der Fall sein. Diese lassen sich dementsprechend auch wieder zu Mercaptanen reduzieren. Die Sulfonsäuren sind starke Säuren, bilden hygroskopische Kristalle und lösen sich sehr leicht in Wasser. Durch direkte Einwirkung von H_2SO_4 auf Kohlenwasserstoffe lassen sie sich in der aliphatischen Reihe nur selten und schwierig gewinnen.

Dagegen erhält man die gleich zu besprechenden Chloride der Sulfonsäuren sehr glatt durch Behandeln der Kohlenwasserstoffe mit einem SO_2—Cl_2-Gemisch im langwelligen ultravioletten Licht oder in Gegenwart von Radikalbildnern wie Bleitetraäthyl oder Peroxyden, vielfach schon bei Raumtemperatur. Man bezeichnet dieses wichtige, von REED in Amerika 1936 aufgefundene Verfahren als **„Sulfochlorierung"**.

Phosphorpentachlorid erzeugt aus Sulfonsäuren Sulfochloride $R \cdot SO_2Cl$, deren einfachste Vertreter unterhalb 200° siedende Flüssigkeiten sind. Als wichtige Darstellungsmethode verdient die Umsetzung von Disulfiden mit feuchtem Chlor Erwähnung. In den Sulfochloriden läßt sich durch naszierenden Wasserstoff Cl gegen H austauschen. Die entstehenden Verbindungen $R \cdot SO_2H$ nennt man **Sulfinsäuren.** Die Natriumsalze dieser Säuren geben mit Alkylhalogeniden nicht, wie man erwarten sollte, Sulfinsäureester $R \cdot SO \cdot OAlk$, sondern Sulfone:

$$C_2H_5 \cdot SO_2Na + C_2H_5J = \begin{matrix} C_2H_5 \\ C_2H_5 \end{matrix}\!\!>SO_2 + NaJ.$$

Alkyl gebunden an Stickstoff

Amine

Die Substanzen, die in diesem Abschnitt zum Gegenstand der Betrachtung gemacht werden, geben ein neues Beispiel für die Analogie entsprechend gebauter anorganischer und organischer Verbindungen.

Unter Aminen versteht man Verbindungen, die sich vom Ammoniak ableiten lassen, indem man dessen Wasserstoffatome durch Kohlenwasserstoffreste ersetzt. Eine sehr charakteristische Eigenschaft des Ammoniaks ist nun seine Fähigkeit, sich durch direkte Addition mit Säuren zu Salzen zu vereinigen:

$$NH_3 + HX = [NH_4]X \quad \text{bzw.} \quad NH_3 + H^+ = NH_4^+.$$

Der dreiwertige Stickstoff vermag also noch ein Proton zu addieren[1], wobei das einfach positiv geladene Ammoniumion mit 4 gleichartig an den Stickstoff gebundenen H-Atomen entsteht. Die gleiche Additionsfähigkeit gegenüber Säuren finden wir bei den Alkylaminen wieder.

[1] Das elektronenfreie Proton lagert sich an das „einsame" Elektronenpaar des Stickstoffs an, das übrigbleibt, wenn von den 5 L-Elektronen des Stickstoffs 3 zur Herstellung einfacher Bindungen in Anspruch genommen sind. Mehr als 4 Liganden können mit dem Stickstoff nicht verbunden sein, da die äußere Elektronenschale des Stickstoffs mit 8 Elektronen abgeschlossen ist.

Ammoniak gibt mit Wasser eine alkalisch reagierende Lösung, die den elektrischen Strom leitet. Dieses Verhalten erklärt sich durch die Konkurrenz der beiden folgenden Reaktionen:

$$H^+ + OH^- \rightleftarrows H_2O \qquad (1)$$

$$NH_3 + H^+ \rightleftarrows NH_4^+ \qquad (2)$$

$$NH_3 + H_2O \rightleftarrows NH_4^+ + OH^- \qquad (3)$$

Die Ionen auf der rechten Seite der Gleichung (3) täuschen das Vorhandensein eines Ammoniumhydroxyds $NH_4 \cdot OH$ vor, dessen (sehr geringe) scheinbare Dissoziation man aus der Leitfähigkeit berechnen kann, das aber in Wirklichkeit nicht existiert.

Die niederen Alkylamine leiten in äquimolekularer wäßriger Lösung den elektrischen Strom besser als Ammoniak, sie bilden also stärkere „Basen" als dieses. Der Prozeß ist ganz analog zu formulieren:

$$CH_3 \cdot NH_2 + H_2O \rightleftarrows [CH_3 \cdot NH_3]^+ + OH^-$$

und gestattet die Definition einer Basen-Dissoziationskonstante gemäß

$$\frac{[R \cdot NH_3^+][OH^-]}{[R \cdot NH_2][H_2O]} = k_b,$$

wobei $[H_2O]$ als konstant vernachlässigt bzw. = 1 gesetzt wird.

Dagegen können die vollständig substituierten Ammoniumionen R_4N^+ natürlich kein Proton abspalten. Die quartären Ammoniumhydroxyde $R_4N \cdot OH$ existieren daher als solche und sind fast ebenso starke Basen wie die Alkalien. Als Maß für die Stärke dieser Basen sei im folgenden die Basen-Dissoziationskonstante bei 25⁰ aufgeführt:

	$k_b \times 10^5$
Ammoniak	1.65
Methylamin	42.46
Dimethylamin	59.94
Trimethylamin	6.31

Nomenklatur und Isomerie

Soweit bequeme Bezeichnungen für die Alkyle vorhanden sind, verknüpft man deren Namen mit der Endung -amin: $CH_3 \cdot NH_2$ Methylamin, $C_3H_7 \cdot NH_2$ Propylamin, $(CH_3)_2NH$ Dimethylamin, $(CH_3)_3N$ Trimethylamin. Je nachdem ein, zwei oder drei Wasserstoffatome des Ammoniaks ersetzt sind, unterscheidet man *primäre*, *sekundäre* oder *tertiäre* Amine. Die Verbindungen $R_4N \cdot OH$ führen den Namen *quartäre Ammoniumbasen*. Weitere Namen für die Amine ergeben sich, wenn man sie als Kohlenwasserstoffe auffaßt, in denen ein oder mehrere H-Atome durch die Aminogruppe NH_2 ersetzt sind: $CH_3 \cdot NH_2$ Aminomethan, $H_2N \cdot CH_2 \cdot CH_2 \cdot CH_2 \cdot NH_2$ 1,3-Diamino-propan.

Die Isomerie kann bei den Aminen verschiedene Ursachen haben. Zunächst kann sie wieder wie bei den Alkoholen auf Verzweigung der Kohlenstoffkette oder auf der Stellung des Stickstoffs im Molekül beruhen. Als neuartiges Moment kommt dann hier noch der primäre, sekundäre oder tertiäre Charakter des Amins hinzu. Eine Verbindung C_3H_9N kann z. B. sein:

Propyl- oder Isopropylamin $CH_3 \cdot CH_2 \cdot CH_2 \cdot NH_2$ oder $\genfrac{}{}{0pt}{}{CH_3}{CH_3}\!>\!CH \cdot NH_2$, primär;

Methyläthylamin $\genfrac{}{}{0pt}{}{C_2H_5}{CH_3}\!>\!NH$, sekundär;

Trimethylamin $\left.\begin{matrix} CH_3 \\ CH_3 \\ CH_3 \end{matrix}\right\rangle N$, tertiär.

Bildungsweisen

Erhitzt man Ammoniak in alkoholischer oder wäßriger Lösung mit Alkylhalogenid, so spielen sich folgende Vorgänge ab:

$$\text{I.}\quad C_2H_5Cl + NH_3 = [C_2H_5\cdot NH_3]Cl;$$

Alkylhalogenid addiert sich an NH_3, geradeso wie aus NH_3 und HCl NH_4Cl gebildet wird. Aus dem so erhaltenen salzsauren Salz wird durch überschüssiges Ammoniak teilweise primäres Amin in Freiheit gesetzt, das nun erneuter Alkylierung zugänglich ist:

$$\text{II.}\quad C_2H_5Cl + C_2H_5\cdot NH_2 = [(C_2H_5)_2NH_2]Cl,$$
$$\text{III.}\quad C_2H_5Cl + (C_2H_5)_2NH = [(C_2H_5)_3NH]Cl,$$
$$\text{IV.}\quad C_2H_5Cl + (C_2H_5)_3N = (C_2H_5)_4N\cdot Cl.$$

Man erhält also ein Gemisch der vier Alkylierungsstufen nebeneinander. Häufig kann man jedoch das Verhältnis von Ammoniak und Alkylhalogenid so wählen, daß ein bestimmtes Amin als Hauptprodukt entsteht. Auch die Natur des Alkyls ist auf den Verlauf der Reaktion von Einfluß. Mitunter kann es von Vorteil sein, die Reaktion mit flüssigem Ammoniak ohne Lösungsmittel in der Bombe bei Raumtemperatur vorzunehmen.

In der Technik vermeidet man vielfach den Umweg über die Halogenide und läßt Ammoniak direkt auf die Alkohole in der Dampfphase bei 300—450°, vorzugsweise unter Druck, einwirken, wobei aktive Tonerde als Katalysator dient:

$$CH_3\cdot OH + NH_3 = CH_3\cdot NH_2 + H_2O;\ \Delta H_{298} = -7\cdot 25\ \text{kcal.}$$

Mit überschüssigem Ammoniak entsteht dabei neben sekundärer und tertiärer Base ganz überwiegend Monomethylamin. Doch setzen sich die drei Basen stets am Katalysator in gewissem Grade ins Gleichgewicht. Primäre und sekundäre Amine erhält man ferner bei katalytischer Hydrierung von Aldehyden oder Ketonen in Gegenwart von Ammoniak mit den üblichen Hydrierungskatalysatoren:

$$CH_3\cdot CHO + NH_3 + H_2 = CH_3\cdot CH_2\cdot NH_2 + H_2O$$

und bei der katalytischen Hydrierung von Nitrilen:

$$R\cdot CN + 2\,H_2 = R\cdot CH_2\cdot NH_2.$$

Um einheitliche primäre Amine zu gewinnen, verfügt man über die folgenden Verfahren, die erst später besprochen werden können, aber hier wenigstens erwähnt seien:

1. Reduktion von Nitroverbindungen:

$$C_2H_5\cdot NO_2 + 3\,H_2 = C_2H_5\cdot NH_2 + 2\,H_2O.$$

Diese Reaktion ist wegen der beschränkten Zugänglichkeit aliphatischer Nitroverbindungen ohne größere Bedeutung.

2. Hydrolyse von Isocyansäureestern:

$$CH_3\cdot N:CO + H_2O = CH_3\cdot NH_2 + CO_2.$$

3. Alkylierung von Phthalimidkalium und folgende Spaltung mit Säuren:

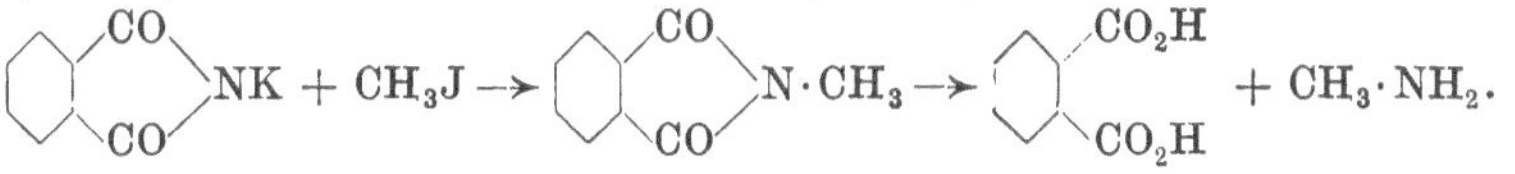

Über den wichtigen Abbau der Säureamide und Säureazide zu primären Aminen s. S. 186

Die Zerlegung der nach den obigen Verfahren erhaltenen Basengemische ist nicht immer einfach. Leicht isolierbar sind die Ammoniumbasen. Sie sind nicht flüchtig und bleiben deshalb zurück, wenn man die salzsauren Salze mit Kalilauge zerlegt und destilliert. Die primären bis tertiären Basen können im Fall der Äthylamine und Propylamine unschwer durch fraktionierte Destillation getrennt werden. Bei den Methylaminen ist dies jedoch nicht ohne weiteres möglich, weil Trimethylamin Azeotrope mit Methylamin (mit etwa 18 Mol-% Trimethylamin bei Atmosphärendruck) und anscheinend auch mit Dimethylamin bildet, deren Zusammensetzung stark druckabhängig ist. Setzt man jedoch dem Gemenge noch eine ausreichende Menge wasserfreies Ammoniak zu, so destilliert das gesamte Trimethylamin in Form eines Azeotrops mit Ammoniak (etwa 10 Mol-% Trimethylamin) zuerst über (Kp_{760}: — 35°), und die Trennung der übrigen Basen bereitet dann keine Schwierigkeit mehr. Man destilliert in der Praxis unter 5—15 Atmosphären Druck, um mit Wasser gewöhnlicher Temperatur kühlen zu können.

Im Laboratorium erreicht man eine teilweise Trennung der Methylamine auf Grund der Unlöslichkeit des salzsauren Monomethylamins in Chloroform. Eine weitere Trennung von Di- und Trimethylamin ist z. B. durch teilweise Neutralisation auf Grund der sehr verschiedenen Basizität möglich. Von den verschiedenen chemischen Trennungsmethoden solcher Basengemische erwähnen wir die Behandlung mit Sulfochloriden in alkalischer Lösung. Primäre und sekundäre Basen geben mit Benzolsulfochlorid $C_6H_5 \cdot SO_2Cl$ am Stickstoff alkylierte Sulfamide $C_6H_5 \cdot SO_2 \cdot NHR$ bzw. $C_6H_5 \cdot SO_2 \cdot NRR'$, von denen die ersteren in Alkali löslich sind. Tertiäre Amine reagieren nicht und können in geeigneter Weise, z. B. durch Destillation, entfernt werden. Die Sulfamide lassen sich mit Salzsäure bei etwa 150° unter Rückbildung der Amine spalten. Auch die Destillation tertiärer Amine über Essigsäureanhydrid oder Phosphorpentoxyd, von denen sie nicht angegriffen werden, kann für ihre Isolierung von Nutzen sein.

Nicht selten ist auch die umgekehrte Aufgabe der Alkylierung von Aminen zu lösen. Hier sei von besonderen Kunstgriffen die Darstellung „Schiffscher Basen" (S. 315) aus primärem Amin und Aldehyd und anschließende Hydrierung erwähnt:

$$R \cdot CH_2 \cdot N{=}CH \cdot CH_3 + H_2 = R \cdot CH_2 \cdot NH \cdot CH_2 \cdot CH_3,$$

ferner die Wallachsche Methylierung mit Formaldehyd und Ameisensäure, wobei diese die zunächst gebildeten Oxymethylgruppen zu Methylgruppen reduziert:

$$R \cdot CH_2 \cdot NH_2 + HO \cdot CH_2 \cdot OH = R \cdot CH_2 \cdot NH \cdot CH_2 \cdot OH + H_2O$$

$$R \cdot CH_2 \cdot NH \cdot CH_2 \cdot OH + HCO_2H = R \cdot CH_2 \cdot NH \cdot CH_3 + H_2O + CO_2.$$

Die bereits oben erwähnten Benzolsulfamide $C_6H_5 \cdot SO_2 \cdot NHR$ lassen sich mit Alkylhalogeniden und Alkali am Stickstoff alkylieren. Durch anschließendes Erhitzen mit Säure wird dann das gewünschte sekundäre Amin abgespalten.

Die quartären Ammoniumsalze, die durch Anlagerung von Halogeniden an Schiffsche Basen des Benzaldehyds entstehen, werden durch Wasser glatt unter Abspaltung von Benzaldehyd zerlegt:

$$C_6H_5 \cdot CH{=}N \begin{matrix} \diagup R \\ -R_1 \\ \diagdown Br \end{matrix} + H_2O = C_6H_5 \cdot CHO + RR_1NH + HBr.$$

Auch dies ist eine Darstellungsmethode für sekundäre Amine.

Eigenschaften

Die primären, sekundären und tertiären Amine unterscheiden sich scharf durch ihr verschiedenes Verhalten gegen salpetrige Säure HNO_2.

Die primären Amine geben unter ihrer Einwirkung in meist wenig glatter Reaktion Alkohol, Wasser und Stickstoff:

$$C_2H_5 \cdot NH_2 + HO \cdot NO = C_2H_5 \cdot OH + H_2O + N_2.$$

Der Prozeß ist der Zersetzung des Ammoniumnitrits vollkommen analog:

$$NH_4 \cdot ONO = 2\,H_2O + N_2.$$

Die sekundären Amine geben mit salpetriger Säure **Nitrosamine**:

$$(C_2H_5)_2NH + HO \cdot NO = (C_2H_5)_2N \cdot NO + H_2O,$$

gelbliche Flüssigkeiten von eigenartigem Geruch, die in Wasser wenig löslich sind und durch konzentrierte Salzsäure leicht in sekundäre Amine zurückverwandelt werden. Hieraus ergibt sich auch die Struktur der Nitrosamine; denn wenn die Nitrosogruppe durch Sauerstoff oder Stickstoff an ein Kohlenstoffatom gebunden wäre, würde man auf diese Weise das sekundäre Amin nicht regenerieren können.

Die tertiären Amine endlich werden von salpetriger Säure überhaupt nicht angegriffen, es sei denn, daß sie durch die Säure oxydiert werden.

Zum Nachweis primärer Amine durch Überführung in die stark riechenden Isonitrile und Senföle vgl. S. 69 und 191.

Eine weitere Methode, primäre, sekundäre und tertiäre Amine als solche zu erkennen, besteht darin, daß man bestimmt, wieviel Alkylgruppen das Amin noch aufzunehmen vermag (A. W. Hofmann). Ist z. B. eine Verbindung C_3H_9N identisch mit Propylamin $C_3H_7 \cdot NH_2$, so wird sie beim Erhitzen mit Methyljodid $(CH_3)_3(C_3H_7)NJ = C_6H_{16}NJ$ geben. Ist die Verbindung C_3H_9N jedoch Methyläthylamin $(CH_3)(C_2H_5)NH$, so muß bei der gleichen Behandlung $(CH_3)_3(C_2H_5)NJ = C_5H_{14}NJ$ entstehen. Ist C_3H_9N endlich Trimethylamin $(CH_3)_3N$, so wird man $(CH_3)_4NJ = C_4H_{12}NJ$ erhalten. Diese Verbindungen unterscheiden sich durch ihren Jodgehalt (55·4 bzw. 59·0 bzw. 63·1%). Der Ausfall der Analyse läßt somit einen Schluß auf die Konstitution der Ausgangssubstanz zu.

Einzelne Glieder

Die niedrigsten Glieder sind brennbare, in Wasser überaus lösliche Gase. 1 Volum Wasser löst z. B. bei 12·5° 1150 Volumina Methylamin. Die anschließenden flüssigen Glieder haben einen niedrigen Siedepunkt und sind mit Wasser in allen Verhältnissen mischbar. Sie besitzen einen eigentümlichen, an Ammoniak erinnernden Geruch. Die höheren Glieder sind geruchlos und in Wasser unlöslich. Das spezifische Gewicht der Amine ist beträchtlich kleiner als 1, das des Methylamins ist z. B. bei —11° nur 0·699. Die folgende Tabelle gibt einen Überblick über die Siedepunkte:

Alkyl	Primäres Amin	Sekundäres Amin	Tertiäres Amin
Methyl	— 6°	+ 7°	+ 3—4°
Äthyl	+ 19	55	89
n-Propyl	49	110	156
n-Butyl	76	160	215
n-Octyl	180	297	366

Kleine Mengen von Aminen finden sich in zahlreichen höheren Pflanzen als Produkte des Eiweißabbaus.

Methylamin kommt im Bingelkraut (Mercurialis perennis) vor. **Di- und Trimethylamin** hat man in der Heringslake nachgewiesen; der charakteristische Geruch des Fleisches von Hummern und Seefischen rührt von Trimethylamin her.

Trimethylamin läßt sich am besten durch Erhitzen von Ammoniumchlorid mit käuflicher 40%iger Formaldehydlösung im Autoklaven auf 120° darstellen:

$$2\,NH_4Cl + 9\,CH_2O = 2\,(CH_3)_3N,HCl + 3\,CO_2 + 3\,H_2O.$$

Hierbei steigt infolge der Kohlensäurebildung der Druck auf 40 Atmosphären; arbeitet man im offenen Gefäß, so entstehen nur Methylamin und Dimethylamin.

Tetramethylammoniumchlorid $(CH_3)_4N \cdot Cl$ kann man z. B. durch Addition von Methylchlorid an Trimethylamin gewinnen. Es bildet zerfließliche, in Alkohol lösliche Kristalle. Aus ihm wird Tetramethylammoniumhydroxyd $(CH_3)_4N \cdot OH$ erhalten, wenn man die methylalkoholische Lösung mit der äquivalenten Menge Kali versetzt. Man filtriert vom ausgeschiedenen KCl ab und verjagt den Methylalkohol durch Eindampfen mit wenig Wasser im Vakuum bei 35°. Es kristallisieren dann Hydrate der Base aus, die sehr hygroskopisch sind und begierig Kohlendioxyd anziehen. Wäßrige

Lösungen der Ammoniumbasen stellt man meist aus den Chloriden durch Einwirkung von Silberoxyd dar.

Die Ammoniumbasen zerfallen bei der trockenen Destillation in tertiäres Amin, Wasser und ungesättigten Kohlenwasserstoff C_nH_{2n}:

$$(C_2H_5)_4N \cdot OH = (C_2H_5)_3N + H_2O + C_2H_4.$$

Die höheren Glieder spalten teilweise einfach Alkohol ab:

$$(R_1)_3R_2N \cdot OH = (R_1)_3N + R_2 \cdot OH.$$

Zur Klasse der **Aminoxyde** gehört das Trimethylaminoxyd $(CH_3)_3N{:}O$, das durch Einwirkung von Wasserstoffperoxyd auf Trimethylamin erhalten werden kann und auch im Fleisch von Hummern, Haifischen und Kephalopoden gefunden worden ist. Es ist eine starke Base, die mit Jodwasserstoffsäure das Salz $(CH_3)_3N{<}^{OH}_{J}$ bildet. Dieser Formel entspricht, daß man das Jodid aus Hydroxylamin und Methyljodid in gleicher Weise erhalten kann, wie sich aus NH_3 und CH_3J schließlich $(CH_3)_4N \cdot J$ bildet. Durch Zinkstaub läßt sich die Base wieder zu Trimethylamin reduzieren.

Nach dem Oktettpostulat kann im Trimethylaminoxyd keine Doppelbindung zwischen N und O vorliegen, da dann der Stickstoff von 10 Elektronen umgeben wäre. Man nimmt daher gewöhnlich an, daß die Bindung zwischen beiden Elementen nur durch *ein* Elektronenpaar vermittelt wird und daß durch den damit formal verbundenen Ladungsunterschied zwischen Stickstoff und Sauerstoff eine zweite Bindung von ionenähnlichem Charakter zustande kommt, den man jedoch nicht mit dem vollständigen Elektronenübergang bei Ionenbildung gleichsetzen darf.

$$\begin{array}{c} CH_3\;.. \\ CH_3 : \ddot{N}^+ : \ddot{O}{:}^- \\ \ddot{C}H_3 \end{array}$$

Häufig wird das Vorliegen einer solchen **„semipolaren“ Bindung**, die sich unter Umständen durch das Auftreten beträchtlicher Dipolmomente zu erkennen gibt, durch einen Pfeil gekennzeichnet: $(CH_3)_3N \rightarrow O$.

Wir begnügen uns mit diesem kurzen Hinweis auf die Erfordernisse der Elektronentheorie, um zu begründen, daß die übliche, auch in diesem Lehrbuch angewandte Schreibweise derartiger Verbindungen mit doppelt gebundenem, scheinbar fünfwertigem Stickstoff nur eine bequeme, aus der älteren Valenzlehre übernommene Konvention darstellt.

Nitroverbindungen (Nitroalkane)

Läßt man auf ein Alkyljodid Silbernitrit einwirken, so bilden sich zwei isomere Verbindungen der Formel $C_nH_{2n+1}O_2N$, die sich infolge des großen Unterschiedes ihrer Siedepunkte leicht voneinander trennen lassen. Die beiden aus Äthyljodid entstehenden Verbindungen $C_2H_5O_2N$ sieden bei 17° und 113—114°.

Die niedrig siedende Verbindung ist Äthylnitrit, der Äthylester der salpetrigen Säure; denn sie wird durch Behandlung mit Lauge in Alkohol und salpetrige Säure zerlegt. Ihre Bildung verläuft nach der Gleichung:

$$C_2H_5J + AgNO_2 = C_2H_5 \cdot O \cdot NO + AgJ.$$

Werden **Alkylnitrite** der Reduktion unterworfen, so entstehen Alkohol und Ammoniak.

Die höher siedende Verbindung verhält sich durchaus anders. Sie wird durch Einwirkung von Alkalien nicht gespalten; bei der Reduktion werden die beiden Sauerstoffatome durch Wasserstoff ersetzt, und es entsteht primäres Amin:

$$C_2H_5 \cdot NO_2 \rightarrow C_2H_5 \cdot NH_2.$$

Hieraus ergibt sich, daß hier der Stickstoff wie bei den Aminen direkt an den Kohlenstoff gebunden sein muß.

Verbindungen, die eine Gruppe NO_2 enthalten, deren Stickstoffatom direkt an Kohlenstoff gebunden ist, heißen **Nitroverbindungen**; die Gruppe $—NO_2$ wird Nitrogruppe genannt.

Das Silbernitrit verhält sich also bei der obigen Reaktion so, als ob es gleichzeitig den Formeln $Ag \cdot O \cdot NO$ und $Ag \cdot NO_2$ entspräche. Eine befriedigende Erklärung für den Mechanismus dieser Reaktion besitzt man auch heute noch nicht. Die Kristallstruktur des Silbernitrits entspricht einem typischen Ionengitter und kann zur Erklärung um so weniger herangezogen werden, als die Ausbeuten an Nitroverbindung und Nitrit je nach dem verwendeten Jodid ganz verschieden sind.

Die Namen der einzelnen Verbindungen werden so gebildet, daß man vor die Namen der gesättigten Kohlenwasserstoffe „Nitro" setzt. Die Verbindung $CH_3 \cdot NO_2$ heißt Nitromethan, $C_2H_5 \cdot NO_2$ Nitroäthan usw. Es sind farblose Flüssigkeiten von ätherischem Geruch, die unzersetzt destillieren und in Wasser wenig löslich sind.

Für die **Formulierung der Nitrogruppe** gelten die oben bei Trimethylaminoxyd gemachten Ausführungen. Im Sinn der Elektronentheorie wäre danach die Nitrogruppe nicht $-N\genfrac{}{}{0pt}{}{\diagup\!\!\!\diagup O}{\diagdown\!\!\!\diagdown O}$, sondern $-N\genfrac{}{}{0pt}{}{\diagup\!\!\!\diagup O}{\searrow O}$ zu schreiben, wobei hier wegen der Gleichwertigkeit der beiden Sauerstoffatome noch ein Bindungswechsel $-N\genfrac{}{}{0pt}{}{\diagup\!\!\!\diagup O}{\searrow O} \longleftrightarrow -N\genfrac{}{}{0pt}{}{\nearrow O}{\diagdown\!\!\!\diagdown O}$ oder, genauer gesagt, ein Zwischenzustand zwischen beiden Formelbildern (vgl. „Mesomerie", S. 264) in Erwägung zu ziehen ist.

Nur vereinzelt ist es früher gelungen, aliphatische Kohlenwasserstoffe in flüssigem Zustand direkt mit Salpetersäure zu nitrieren. Neuerdings hat H. B. Hass in sehr interessanten Arbeiten gezeigt, daß die niedrigen Kohlenwasserstoffe (bis etwa C_6) sich mit etwa 70%ig. Salpetersäure in der Gasphase bei etwa 400—475° in ansehnlicher Ausbeute in primäre Nitroverbindungen überführen lassen:

$$CH_4 + HNO_3 = CH_3 \cdot NO_2 + H_2O.$$

Bei den höheren Kohlenwasserstoffen werden gleichzeitig Kohlenstoffbindungen gesprengt, so daß man z. B. aus Propan bei 435° und 8 Atmosphären Druck nebeneinander die beiden Nitropropane $CH_3 \cdot CH_2 \cdot CH_2 \cdot NO_2$ und $(CH_3)_2CH \cdot NO_2$, Nitroäthan $CH_3 \cdot CH_2 \cdot NO_2$ und Nitromethan erhält. Dieses Verfahren wird technisch ausgeführt.

Die Nitroverbindungen besitzen mehrere sehr charakteristische Eigenschaften. So ist eines ihrer Wasserstoffatome durch Alkalimetall, vor allem durch Natrium, ersetzbar. Man stellt die Natriumverbindungen am besten dar, indem man die Nitroverbindung in alkoholischer Lösung mit Natriumäthylat oder -methylat umsetzt. Es entsteht dann ein weißer, fein kristallinischer Niederschlag, der z. B. bei Nitroäthan die Zusammensetzung $NaC_2H_4O_2N$ hat. Da diese Natriumverbindungen in absolutem Alkohol häufig schwer löslich sind, kann man mit ihrer Hilfe Nitroparaffine von anderen Substanzen trennen. In wäßrigen Alkalien lösen sich die niederen Glieder der Nitroparaffine allmählich zu neutral reagierenden Lösungen auf; diese geben mit $FeCl_3$ eine charakteristische blutrote Färbung.

Die Möglichkeit, Wasserstoff durch Natrium zu ersetzen, besteht jedoch nur dann, wenn die Nitrogruppe an ein primäres oder sekundäres, also noch Wasserstoff tragendes C-Atom gebunden ist. Denn ebenso wie Nitroäthan gibt auch sekundäres Nitropropan, $(CH_3)_2CH \cdot NO_2$, eine Metallverbindung; dagegen ist tertiäres Nitrobutan, $(CH_3)_3C \cdot NO_2$, zu einer solchen Umsetzung nicht befähigt.

Die eingehendere Untersuchung des Verhaltens der Nitroverbindungen gegen Alkalien hat ergeben, daß der der Nitrogruppe benachbarte Wasserstoff imstande ist, vom Kohlenstoff an den Sauerstoff zu wandern:

$$CH_3 \cdot CH_2 \cdot NO_2 \longrightarrow CH_3 \cdot CH : N\genfrac{}{}{0pt}{}{\diagup\!\!\!\diagup O}{\diagdown OH}$$

Man bezeichnet eine solche Wanderung[1], der wir noch häufiger begegnen werden,

[1] Nach neuerer Auffassung wird hierbei direkt ein Proton vom Kohlenstoff abdissoziiert, worauf die negative Ladung des Anions durch Elektronenverschiebung zum Sauerstoff wandert:

$$CH_3 \cdot CH(^-) \cdot NO_2 + H^+ \longrightarrow CH_3 \cdot CH{=}NO_2^- + H^+.$$

Offenbar wird der hohe Energieaufwand für die Ionisierung einer Kohlenstoff-Bindung durch den Energiegewinn bei dieser Elektronenverschiebung weitgehend kompensiert.

als **„Desmotropie“** (von δεσμός = Bindung und τρέπειν = ändern). Auf diese Weise entstehen aus den echten neutralen Nitroverbindungen Isonitroverbindungen (auch aci-Nitroverbindungen[1] oder Nitronsäuren genannt), die sich unter anderem durch das elektrische Leitvermögen ihrer Lösungen als Säuren erweisen. Von ihnen leiten sich die Metallsalze ab. Setzt man sie jedoch aus ihren Salzen durch Zusatz der berechneten Menge Mineralsäure in Freiheit, so gehen sie mehr oder weniger rasch wieder in die echten neutralen Nitroverbindungen (die „Pseudosäuren“)[2] über. Genaueres hierüber s. S. 336.

Auf derselben Desmotropie beruht auch das Verhalten der Nitroverbindungen gegen Brom. Wenn man ihre alkalische Lösung, die also das Salz der aci-Form enthält, mit Brom zusammenbringt, so werden ein oder mehrere Wasserstoffatome durch Brom ersetzt, vorausgesetzt, daß sie sich an demselben C-Atom wie die Nitrogruppe befinden:

$$CH_3\cdot CH:\dot{N}\begin{matrix}\nearrow O\\ \searrow O\cdot Na\end{matrix} \xrightarrow{Br_2} CH_3\cdot CHBr\cdot N\begin{matrix} O\\ \nwarrow Br\\ \searrow O\cdot Na\end{matrix} \xrightarrow{-NaBr} CH_3\cdot CHBr\cdot NO_2.$$

Stellt man sich den Reaktionsverlauf in dieser Weise vor, so versteht man auch ohne weiteres, weshalb sich in $CH_3\cdot CHBr\cdot NO_2$ noch ein Bromatom einführen läßt, dagegen nicht mehr in $(CH_3)_2CBr\cdot NO_2$.

Durch Einwirkung von Kaliumnitrit auf primäre Bromnitroverbindungen kann man **Dinitroverbindungen** erhalten:

$$CH_3\cdot CHBr\cdot NO_2 + KNO_2 = CH_3\cdot CH(NO_2)_2 + KBr.$$

Diese Verbindungen haben ebenfalls den Charakter von Pseudosäuren, da der Nitrogruppe ein Wasserstoffatom benachbart ist.

Sehr charakteristisch ist das Verhalten der Nitroverbindungen gegen salpetrige Säure; es bietet eine bequeme Möglichkeit, um primäre, sekundäre und tertiäre Nitroverbindungen voneinander zu unterscheiden. Die Behandlung mit salpetriger Säure wird zu diesem Zweck stets so ausgeführt, daß man zu der alkalischen Lösung der Nitroverbindung Natriumnitrit und danach verdünnte Schwefelsäure gibt. Aus primären Nitroverbindungen entstehen auf diese Weise **Nitrolsäuren,** z. B. aus Nitroäthan **Äthannitrolsäure (Acetnitrolsäure):**

$$\begin{matrix}CH_3\cdot CH_2\\ \searrow NO_2\end{matrix} + ON\cdot OH = CH_3\cdot C\begin{matrix}\nearrow N\cdot OH\\ \searrow NO_2\end{matrix} + H_2O.$$

Die Struktur dieser Verbindungen wird dadurch bewiesen, daß sie sich auch durch Einwirkung von Hydroxylamin $H_2N\cdot OH$ auf Dibromnitroverbindungen erhalten lassen:

$$\begin{matrix}CH_3\cdot CBr_2\\ \searrow NO_2\end{matrix} + H_2N\cdot OH = CH_3\cdot C\begin{matrix}\nearrow N\cdot OH\\ \searrow NO_2\end{matrix} + 2\,HBr.$$

Die Alkylnitrolsäuren sind gut kristallisierende, aber unbeständige Verbindungen. Sie lösen sich in Alkalien mit blutroter Farbe unter Bildung von Salzen.

Die sekundären Nitroverbindungen liefern bei derselben Behandlung **Pseudonitrole:**

$$\begin{matrix}CH_3\searrow\\ CH_3\nearrow\end{matrix}C\begin{matrix}\nearrow H\\ \searrow NO_2\end{matrix} + HO\cdot NO = \begin{matrix}CH_3\searrow\\ CH_3\nearrow\end{matrix}C\begin{matrix}\nearrow NO\\ \searrow NO_2\end{matrix} + H_2O.$$

Die Pseudonitrole sind farblose, feste Substanzen, die im geschmolzenen Zustand und in Lösung eine intensiv blaue Farbe annehmen, die charakteristisch für viele Verbindungen ist, die eine an Kohlenstoff gebundene Gruppe NO („Nitroso“-Gruppe) enthalten. Vermutlich ist hier Polymerie im Spiel; die blauen Verbindungen sind monomer, die farblosen polymer, da das Molekulargewicht der Nitrosoverbindungen in ihren farbigen Lösungen desto weniger über dem normalen liegt, je dunkler die Farbe ist.

Die tertiären Nitroverbindungen endlich werden durch salpetrige Säure nicht verändert.

---

[1] acidum = Säure.

[2] ψεῦδος = Täuschung, Schein.

Nitrile (Cyanide) und Isonitrile (Isocyanide)

Wir haben in den anorganischen Sulfiten und Nitriten bereits Substanzen kennengelernt, von denen sich je zwei Reihen isomerer organischer Verbindungen ableiten, ohne daß sich daraus Rückschlüsse auf die Konstitution der anorganischen Salze ergeben. Ein analoges Verhalten hat man bei den Cyaniden beobachtet. Bei der Destillation von Kaliumäthylsulfat mit Kaliumcyanid erhält man ein übelriechendes Gemisch zweier Verbindungen C_3H_5N. Das bei niedrigerer Temperatur (78°) siedende Isomere (I) ist der Träger des widrigen Geruches, während das höher (bei 97°) siedende Isomere (II) nach der Reinigung nicht unangenehm und auch lange nicht so intensiv riecht. Gegenüber anorganischen Säuren verhalten sich diese Isomeren ganz verschieden.

I. $C_2H_5 \cdot N:C$ — Äthylisocyanid II. $C_2H_5 \cdot CN$ — Äthylcyanid

I wird von Mineralsäuren bereits bei gewöhnlicher Temperatur langsam gelöst, wobei der unangenehme Geruch verschwindet. Durch Destillation kann aus dieser Lösung Ameisensäure HCOOH gewonnen werden. Macht man den Destillationsrückstand alkalisch, so geht bei erneuter Destillation Äthylamin über, woraus hervorgeht, daß der Stickstoff dieser Verbindung C_3H_5N direkt an die Äthylgruppe gebunden ist:

$$C_2H_5 \cdot N:C + 2\,H_2O = C_2H_5 \cdot NH_2 + \underset{\text{Ameisensäure}}{HCOOH}.$$

Zu dem gleichen Schluß führt auch die Anlagerung von Wasserstoff in Gegenwart von Nickel, bei der Methyläthylamin als Hauptprodukt entsteht:

$$C_2H_5 \cdot N:C + 2\,H_2 = C_2H_5 \cdot NH \cdot CH_3.$$

Auch die Verbindung II wird von Mineralsäuren angegriffen, langsam bei gewöhnlicher Temperatur, rascher in der Siedehitze. In diesem Fall entstehen nebeneinander Ammoniak und Propionsäure $C_3H_6O_2$, eine Säure, die eine Kette von 3 C-Atomen enthält:

$$C_2H_5 \cdot CN + 2\,H_2O = \underset{\text{Propionsäure}}{C_2H_5 \cdot COOH} + NH_3.$$

Wir gelangen demnach zu dem Schluß, daß in der Verbindung I Stickstoff direkt an Äthyl gebunden ist, und daß die drei C-Atome nicht sämtlich miteinander verbunden sein können, da ja ein C-Atom sehr leicht in Form von Ameisensäure abgespalten wird. In der Verbindung II muß dagegen eine Kette von drei C-Atomen vorhanden sein, und der Stickstoff muß endständig sein. Diesen Tatsachen werden die oben angegebenen Strukturformeln gerecht.

Verbindungen vom Typus R·N:C heißen **Carbylamine** oder **Isocyanide (Isonitrile)**, solche vom Typus R·CN **Nitrile** oder **Cyanide.**

Isocyanide (Carbylamine)

entstehen als Hauptprodukt bei der Einwirkung von Alkyljodiden auf Silbercyanid. Frei von Nitrilen erhält man sie bei der Einwirkung von Chloroform und Kalilauge auf primäre Amine:

$$C_2H_5 \cdot NH_2 + CHCl_3 + 3\,KOH = C_2H_5 \cdot N:C + 3\,KCl + 3\,H_2O.$$

Wegen des äußerst widerlichen Geruches der Isocyanide ist diese Bildungsweise eine sehr empfindliche Reaktion auf primäre Amine; sekundäre und tertiäre Amine können sie nicht liefern, da sie nicht mehr *zwei* direkt an N gebundene Wasserstoffatome besitzen. Die Alkylisocyanide (Alkylcarbylamine) sind farblose, gegen Alkalien sehr beständige Flüssigkeiten. Durch Säuren werden sie in primäre Amine und Ameisensäure zerlegt. Daß sie, der oben aufgestellten Formel entsprechend, ein „zweiwertiges" C-Atom besitzen, hat Nef daraus geschlossen, daß sie Halogen, Halogenwasserstoff und Schwefel immer nur am Kohlenstoff addieren: es entstehen Verbindungen der Formel $R \cdot N:CX_2$, $R \cdot N:CHX$ (X = Halogen), $R \cdot N:CS$ usw.

Die NEFsche Formulierung der Isocyanide mit zweiwertigem Kohlenstoff ist jedoch nicht völlig befriedigend. Manches spricht dafür, daß die Isocyanide eine teilweise polare Mehrfachbindung enthalten. Auf die Argumente für den Formulierungsvorschlag von LANGMUIR $R \cdot N \overset{\rightarrow}{=} C$ oder in Elektronenschreibweise $R:\overset{+}{N}:::\overset{-}{C}:$ soll hier nicht weiter eingegangen werden. Jedenfalls erklärt das Vorhandensein eines unabgesättigten Elektronenpaars am Kohlenstoff in ausreichender Weise die einseitige Addition an diesem Element.

Nitrile

entstehen als Hauptprodukt bei der Einwirkung von Alkyljodiden auf Kaliumcyanid oder bei der trockenen Destillation von Kaliumcyanid mit alkylschwefelsauren Salzen. Die Isocyanide lagern sich beim Erhitzen in Nitrile um. Die Nitrile werden in der Wärme durch Einwirkung von Säuren und Alkalien in Säuren der gleichen Kohlenstoffzahl und Ammoniak übergeführt. Man bezeichnet diesen Prozeß als „Verseifung". Wir werden die Nitrile deshalb noch als Derivate der Säuren zu betrachten haben (S. 74, 92). Als Zwischenprodukte dieser Verseifung entstehen Säureamide. Nitrile und Säureamide können technisch durch Überleiten von Carbonsäuren im Ammoniakstrom über Borphosphat oder Wolframoxyd dargestellt werden:

$$R \cdot CO \cdot ONH_4 - H_2O \rightarrow R \cdot CO \cdot NH_2 \text{ bzw. } R \cdot CN.$$

Im Kleinen kann die Wasserabspaltung aus Säureamiden auch mit Phosphorpentoxyd bewerkstelligt werden. Man nimmt an, daß die Nitrile Stickstoff in dreifacher Bindung an Kohlenstoff enthalten: $-C{\equiv}N$. Nitrile vermögen viele Stoffe zu addieren, wobei die dreifache Bindung in eine einfache übergeht, z. B. entstehen durch Addition von Wasserstoff (über Nickel oder Kupfer bei 180 bis 200°) primäre Amine der gleichen C-Zahl:

$$C_2H_5 \cdot CN + 2\,H_2 = C_2H_5 \cdot CH_2 \cdot NH_2.$$

Ein technisch wichtiges Nitril ist Adipinsäuredinitril $NC \cdot CH_2 \cdot CH_2 \cdot CH_2 \cdot CH_2 \cdot CN$, das als Ausgangsmaterial für Hexamethylendiamin $H_2N \cdot [CH_2]_6 \cdot NH_2$ in der Kunststoffindustrie eine hervorragende Rolle spielt (S. 169).

Alkyl gebunden an Phosphor und Arsen

Ammoniak vereinigt sich mit Säuren leicht zu Salzen. Auch Phosphorwasserstoff besitzt d ese Eigenschaft, doch werden die Phosphoniumsalze PH_4X bereits durch Wasser wieder in Säure und Phosphorwasserstoff zerlegt. Im Arsenwasserstoff und Antimonwasserstoff ist der basische Charakter ganz verschwunden. Ammoniak ist schwer zu oxydieren und bei gewöhnlicher Temperatur an der Luft vollkommen beständig. Phosphor-, Arsen- und Antimonwasserstoff sind leicht oxydierbar. Alle diese Eigenschaften findet man bei den Alkylverbindungen dieser Elemente wieder.

Phosphine

Die Phosphor-Analoga der Amine heißen Phosphine; die Verbindung $CH_3 \cdot PH_2$ nennt man Methylphosphin usw. Amine sind stärkere Basen als Ammoniak, ebenso Phosphine stärkere Basen als PH_3. Die Salze der Monoalkylphosphine werden noch durch Wasser zersetzt, die Salze von Di- und Trialkylphosphinen nicht mehr. Die **quartären Phosphoniumbasen** $R_4P \cdot OH$ sind ebenso stark basisch wie die Ammoniumbasen. Wird eine Phosphoniumbase erhitzt, so spaltet sie sich nicht wie die Ammoniumbase in Alkohol (oder $C_nH_{2n} + H_2O$) und Trialkylbase, sondern in Kohlenwasserstoff C_nH_{2n+2} und eine Sauerstoffverbindung:

$$(C_2H_5)_4P \cdot OH = C_2H_6 + (C_2H_5)_3PO,$$

die den Namen **Trialkylphosphinoxyd** führt. Hier tritt also die große Neigung des Phosphors, sich mit Sauerstoff zu verbinden, zutage. Diese kann man auch an der Leichtigkeit, mit der sich Phosphine oxydieren, erkennen.

Primäre und sekundäre Phosphine entstehen durch Erhitzen von Phosphoniumjodid mit Alkyljodid und Zinkoxyd. Tertiäre Phosphine und quartäre Phosphoniumverbindungen entstehen beim Erhitzen von Phosphor mit Alkylhalogeniden, ferner beim Erhitzen von Phosphoniumjodid mit Alkoholen, indem zunächst PH_3 und Alkyljodid entstehen:

$$PH_4J + CH_3 \cdot OH = PH_3 + CH_3J + H_2O,$$

die dann weiter miteinander reagieren. Die Phosphine sind farblose Flüssigkeiten, ausgezeichnet durch einen durchdringenden, betäubenden Geruch. **Triäthylphosphin** riecht in starker Verdünnung nach Hyazinthen.

Durch Oxydation der primären Phosphine entstehen die zweibasischen **Alkylphosphonsäuren** $R \cdot PO(OH)_2$, die als Alkylderivate der phosphorigen Säure $HPO(OH)_2$ aufzufassen sind. Die **Dialkylphosphinsäuren** $R_1R_2 \cdot PO(OH)$ sind einbasisch und leiten sich von der unterphosphorigen Säure $H_2PO(OH)$ ab, während die **Trialkylphosphinoxyde** $R_1R_2R_3 \cdot PO$ keine sauren Eigenschaften haben.

Arsine

Die primären und sekundären Arsine $R \cdot AsH_2$ und R_2AsH werden durch Reduktion der Alkylarsonsäuren und Dialkylarsinsäuren mit Zinkamalgam und Salzsäure erhalten: Methylarsonsäure $CH_3 \cdot AsO(OH)_2$ gibt **Methylarsin** $CH_3 \cdot AsH_2$, Dimethylarsinsäure $(CH_3)_2AsO \cdot OH$ gibt **Dimethylarsin** $(CH_3)_2AsH$, niedrigsiedende Flüssigkeiten, die sich an der Luft oxydieren. Tertiäre Arsine entstehen aus Arsennatrium und Alkyljodid:

$$AsNa_3 + 3\,C_2H_5J = (C_2H_5)_3As + 3\,NaJ.$$

Sie besitzen keinen basischen Charakter. Durch Addition von Alkylhalogenid kann man sie in die Salze der quartären Arsoniumhydroxyde $R_4As \cdot OH$ überführen. Diese werden aus ihren Salzen durch Ag_2O in Freiheit gesetzt und sind sehr starke Basen.

Die wichtigsten Alkylverbindungen des Arsens sind die **Kakodylverbindungen**; sie sind von BUNSEN[1], der sie zuerst untersucht hat (1837), nach ihrem ekelerregenden Geruch (κακώδης = stinkend) benannt worden. Sie enthalten die einwertige Atomgruppe $(CH_3)_2As$—, die sich wie ein basisches Radikal verhält und bei der Begründung des Radikalbegriffs eine große Rolle gespielt hat. Kakodyloxyd $[(CH_3)_2As]_2O$ wird durch Destillation von Arsentrioxyd mit Kaliumacetat gewonnen („CADETsche Flüssigkeit" 1760). Beim Erhitzen des Oxyds mit Salzsäure entsteht **Kakodylchlorid** $(CH_3)_2AsCl$, das durch Einwirkung von Zink in **Kakodyl** $(CH_3)_2As \cdot As(CH_3)_2$ verwandelt wird. Diese Verbindungen sind sehr giftig. Sie rufen teilweise schon in kleinen Mengen Brechneigung und Reizung der Schleimhäute hervor.

Methylarsonsäure wird durch Methylierung von Natriumarsenit gewonnen:

$$Na_3AsO_3 + CH_3J = CH_3 \cdot AsO(ONa)_2 + NaJ.$$

Sie findet wegen ihrer geringen Giftigkeit ebenso wie die **Dimethylarsinsäure (Kakodylsäure)** in Gestalt des Natriumsalzes therapeutische Verwendung bei Blutarmut und Hautkrankheiten.

Alkyl gebunden an die Elemente der Kohlenstoffgruppe

Die Elemente Silicium, Germanium, Zinn und Blei sind vierwertig wie der Kohlenstoff. So sind namentlich beim Silicium viele Versuche angestellt worden, Atomketten von derselben Art wie die Kohlenstoffketten darzustellen. Doch haben diese Versuche nicht den gewünschten Erfolg gehabt. Die organischen Si-Verbindungen sind gegen Wasser und Sauerstoff sehr empfindlich und polymerisieren sich leicht. Die Tetraalkylderivate des Silans SiH_4 lassen sich z. B. aus $SiCl_4$ und Alkylhalogenid durch Einwirkung von Natrium darstellen. Sie weichen in ihren Eigenschaften nur wenig von den entsprechenden Kohlenstoffverbindungen ab. Tetraäthylsilan $(C_2H_5)_4Si$ siedet bei 153°, Tetraäthylmethan $(C_2H_5)_4C$ bei 139°. Beide werden durch rauchende Salpetersäure und durch Schwefelsäure bei gewöhnlicher Temperatur nicht angegriffen und geben mit Chlor Substitutionsprodukte. Analoge Tetraalkylverbindungen kennt man von Germanium, Zinn und Blei. Das aus Äthylchlorid und einer Bleinatriumlegierung darstellbare giftige **Bleitetraäthyl** $Pb(C_2H_5)_4$ findet ausgedehnte Anwendung als Zusatz

---

[1] Geboren 31. März 1811 in Göttingen, gestorben 16. August 1899 in Heidelberg. Er lehrte hauptsächlich in Marburg (1838—1851) und Heidelberg (1852—1899). Siehe den Nachruf von TH. CURTIUS (Journ. prakt. Chem. [2] **61**, 381).

zu Treibstoffen, weil es das lästige „Klopfen" der Motoren verhindert. Vom Silicium und Zinn hat man auch Verbindungen vom Typus $(CH_3)_3M—M(CH_3)_3$ dargestellt. Vom Blei und Zinn endlich sind ferner stark ungesättigte Derivate der zweiwertigen Metalle bekannt.

Durch die Erzeugung von Kunststoffen aus siliciumorganischen Verbindungen in Amerika hat die Siliciumchemie in jüngster Zeit einen außerordentlichen Aufschwung erfahren. Durch Einwirkung von Siliciumtetrachlorid auf Alkylmagnesiumhalogenide (s. u.) oder durch Leiten von Alkylhalogeniden über Siliciumkupferlegierungen bei 300° und anschließende Hydrolyse kann man Dialkylsilandiole, z. B. $(CH_3)_2Si(OH)_2$ darstellen, die sich zu **Siloxandiolen (Siliconen)**

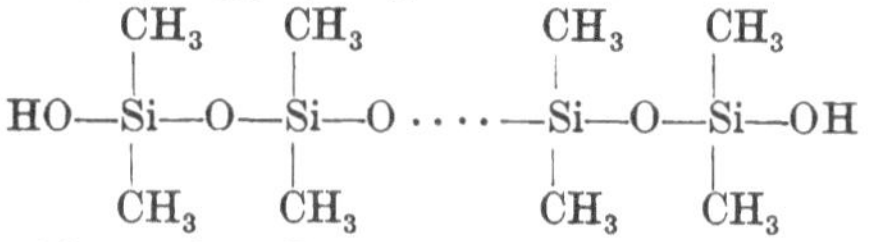

polymerisieren. Auch zahlreiche andere Bautypen sind dargestellt worden. Man erhält so Öle, Harze, Lacke und kautschukartige Stoffe, die durch ihre große Temperaturbeständigkeit ungemein wertvoll sind. Sehr auffallend und technisch interessant ist auch die geringe Temperaturabhängigkeit ihrer Viscosität, die ihnen eine besondere Stellung unter den Schmiermitteln verleiht.

Alkyl gebunden an Metalle der 2. und 1. Gruppe des periodischen Systems

Unter **„metallorganischen Verbindungen"** versteht man Verbindungen, in denen Kohlenstoff direkt an ein Metall gebunden ist. Einige Vertreter dieser Klasse lernten wir bereits im vorigen Abschnitt kennen. Die wichtigsten Verbindungen dieses Typus leiten sich aber von den 2- und 1-wertigen Metallen ab.

Schon seit langem bekannt sind organische Derivate des Zinks (FRANKLAND 1849). Beim Erhitzen von Äthyljodid mit Zink bildet sich zunächst Äthylzinkjodid $C_2H_5 \cdot ZnJ$; dieses zerfällt bei stärkerem Erhitzen nach folgender Gleichung:

$$2\,C_2H_5 \cdot ZnJ = Zn(C_2H_5)_2 + ZnJ_2\,.$$

Die **Zinkdialkyle** sind farblose Flüssigkeiten, schwerer als Wasser. Zinkdimethyl siedet bei 46°, Zinkdiäthyl bei 118°. An der Luft entzünden sie sich augenblicklich. Mit Halogenen geben sie Alkylhalogenide. Auch durch Wasser werden sie stürmisch zersetzt, Zinkdimethyl gibt hierbei Zinkoxyd und Methan. Durch Einwirkung von Zinkdialkyl auf Alkylhalogenid hat man in einigen Fällen Kohlenwasserstoffe erhalten:

$$Zn(CH_3)_2 + 2\,(CH_3)_3CJ = 2\,(CH_3)_3C \cdot CH_3 + ZnJ_2.$$

Früher für synthetische Arbeiten vielfach verwendet, sind die Zinkalkyle heute völlig durch die **Organomagnesiumverbindungen** verdrängt. Diese bilden im allgemeinen auch das beste Ausgangsmaterial für die Darstellung anderer metallorganischer Verbindungen. Den Anstoß zu ihrer Einführung in die synthetische organische Chemie gaben wichtige Beobachtungen von BARBIER (1898); ihre gründliche Untersuchung verdankt man seinem Schüler GRIGNARD. Bringt man Magnesium in vollkommen trockenem Äther mit Alkyljodid zusammen, so gerät der Äther ins Sieden und das Metall geht in Lösung, indem Alkylmagnesiumjodid $C_nH_{2n+1} \cdot MgJ$ entsteht. Diese Verbindung enthält 2 Moleküle Äther komplex gebunden, die nach dem Abdestillieren des Lösungsmittels nur durch andauerndes Erwärmen im Vakuum auf 100° entfernt werden können. Ätherfrei erhält man sie, wenn man Benzol oder Petroläther als Lösungsmittel anwendet und die Reaktion durch Zusatz kleiner Mengen eines katalytisch wirkenden tertiären Amins oder auch von Äther in Gang bringt. In den Lösungen dieser Verbindungen liegen nach den Untersuchungen von W. SCHLENK JUN. Gleichgewichte vor:

$$(C_nH_{2n+1})_2Mg + MgJ_2 \rightleftarrows 2\,C_nH_{2n+1} \cdot MgJ\,.$$

Die Lage des Gleichgewichts ist je nach der Natur des Radikals und des Halogens verschieden. Die Natur dieser Gleichgewichte ist jedoch nach neueren Untersuchungen noch sehr umstritten.

Die Alkylmagnesiumhalogenide sind zwar ziemlich oxydabel, aber nicht selbstentzündlich. Mit Wasser reagieren sie unter doppelter Umsetzung (Substitution) nach folgender Gleichung:

$$2\,C_nH_{2n+1}\cdot MgJ + H_2O = 2\,C_nH_{2n+2} + MgO + MgJ_2.$$

Es bilden sich also Kohlenwasserstoffe; analog entstehen mit Alkoholen Kohlenwasserstoffe und Alkoholate:

$$C_nH_{2+1}\cdot MgJ + C_2H_5\cdot OH = C_nH_{2n+2} + Mg(O\cdot C_2H_5)J.$$

In der gasvolumetrischen Bestimmung des aus Methylmagnesiumjodid entwickelten Methans hat man ein Mittel zur **Bestimmung der Hydroxylgruppe** (ZEREWITINOW). Mit organischen Halogeniden reagieren die Magnesiumverbindungen unter Halogenaustausch, z. B. entsteht Trimethylarsin nach der folgenden Gleichung:

$$3\,CH_3\cdot MgBr + AsBr_3 = (CH_3)_3As + 3\,MgBr_2.$$

Die wichtigste Eigenschaft der Organomagnesiumverbindungen ist ihre Fähigkeit, sich an ungesättigte Kohlenstoff-Sauerstoff- und Kohlenstoff-Stickstoffbindungen anzulagern, wobei das Alkyl an den Kohlenstoff, der MgHal-Rest an das elektronegative Element tritt. Bei der Zerlegung der Additionsverbindung mit Wasser wird der MgHal-Rest gegen Wasserstoff ausgetauscht[1]. Die Reaktion, für die wir später viele Beispiele kennenlernen werden, sei hier am Acetaldehyd veranschaulicht:

$$CH_3\cdot CH{=}O + CH_3\cdot MgJ \longrightarrow CH_3\cdot \overset{CH_3}{CH}\cdot O\cdot MgJ \longrightarrow CH_3\cdot CH(OH)\cdot CH_3 + Mg(OH)J.$$

Aus Acetaldehyd wird also ein sekundärer Alkohol, der Isopropylalkohol, erhalten.

Es ist im Rahmen dieses Buches nicht möglich, die Fülle interessanter magnesiumorganischer Reaktionen zu behandeln.

Hingewiesen sei jedoch auf die reduzierende Wirkung, die Organomagnesiumverbindungen namentlich dann auszuüben vermögen, wenn die normale Reaktion in ihrem Ablauf behindert ist. So wird z. B. Diisopropylketon durch Isopropylmagnesiumbromid zu Diisopropylcarbinol reduziert:

$$(CH_3)_2CH\cdot CO\cdot CH(CH_3)_2 + C_3H_7\cdot MgBr \longrightarrow (CH_3)_2CH\cdot CH(O\cdot MgBr)\cdot CH(CH_3)_2 + C_3H_6.$$

Überraschend ist auch die Änderung im Ablauf von Magnesiumreaktionen, die nach KHARASCH durch Zusatz geringer Mengen von Metallchloriden, namentlich $CoCl_2$ hervorgerufen wird[2]. Sie beruht auf der Bildung von Radikalen und wird uns später noch beschäftigen (S. 111).

Über die Anwendung der Organomagnesiumverbindungen zur Synthese von sekundären und tertiären Alkoholen vgl. S. 100; von Carbonsäuren s. S. 74; von Aldehyden S. 90, 98.

Die ungemein giftigen **Quecksilberalkyle** $(C_nH_{2n+1})_2Hg$ entstehen aus Alkylmagnesiumhalogeniden auf folgendem Wege:

$$HgCl_2 + 2\,C_2H_5\cdot MgCl = (C_2H_5)_2Hg + 2\,MgCl_2.$$

Sie sind gegen Sauerstoff und Wasser beständig und wenig reaktionsfähig. Durch Jod werden sie glatt in Alkyljodid und Quecksilberhalogenid gespalten:

$$R_2Hg + J_2 = R\cdot HgJ + RJ.$$
$$R\cdot HgJ + J_2 = RJ + HgJ_2.$$

Mit Alkalimetallen setzen sie sich zu den interessanten **Alkalialkylen** um (W. SCHLENK sen.):

$$Hg(CH_3)_2 + 2\,Na = Hg + 2\,CH_3Na.$$

[1] Meist zersetzt man die bei derartigen Magnesiumreaktionen intermediär entstehenden Additionsprodukte mit Eis; das abgeschiedene Magnesiumhydroxyd löst man sodann je nach der Empfindlichkeit des Reaktionsprodukts in Mineralsäure, Essigsäure oder Salmiaklösung.

[2] Vgl. z. B. KHARASCH, LEWIS, REYNOLDS, Journ. Amer. Chem. Soc. **65** (1943), 493.

Aus Alkylhalogeniden lassen sich Natriumalkyle wegen der alsbald eintretenden WÜRTZschen Reaktion nur bei Natriumüberschuß und niedriger Temperatur darstellen. Dagegen lassen sich Lithiumalkyle aus Alkylchloriden auf diesem Wege bequem gewinnen.

Die Alkalialkyle sind farblose, amorphe, unlösliche Substanzen, die sich an der Luft entzünden. Lithiumäthyl ist kristallisiert und in Äther, Benzin und Benzol löslich. Die sonst so reaktionsträgen Äther werden durch Natriumalkyle im Sinne der Gleichung

$$NaC_2H_5 + C_2H_5\cdot O\cdot C_2H_5 = C_2H_5\cdot ONa + C_2H_4 + C_2H_6$$

zersetzt. Die Reaktionen der Alkalialkyle gleichen im allgemeinen denen der Organomagnesiumverbindungen. Sie sind aber reaktionsfähiger als diese, und namentlich Lithiumverbindungen sind deshalb für Synthesen sehr beliebt. Zum Unterschied von den Magnesiumverbindungen addieren sie sich jedoch auch an C=C-Bindungen. Über Alkalialkyle als Zwischenprodukte der WÜRTZ-FITTIGschen Reaktion vgl. S. 304.

Gesättigte Monocarbonsäuren (Fettsäuren)

Man versteht unter Carbonsäuren Substanzen, die eine an Alkyl gebundene **„Carboxylgruppe"** $—C\langle{}^{O}_{OH}$ enthalten. Ihre Konstitution ergibt sich am einfachsten durch die Synthese der Carbonsäuren aus Kohlendioxyd und Alkalialkylen. Z. B. entsteht durch Einwirkung von CO_2 auf Natriummethyl $NaCH_3$ das Natriumsalz der Essigsäure $CH_3\cdot CO_2Na$; indem sich CH_3 und Na an die eine der beiden doppelten Bindungen des Kohlendioxyds $C\langle{}^{O}_{O}$ anlagern. Ganz analog bilden sich Carbonsäuren auch durch Addition von Alkylmagnesiumhalogeniden an CO_2:

$$CH_3\cdot MgBr + CO_2 = CH_3\cdot C\langle{}^{O}_{O\cdot MgBr} \xrightarrow{H_2O} CH_3\cdot COOH + Mg(OH)Br.$$

Daß tatsächlich, wie hier angenommen, die Carboxylgruppe an Kohlenstoff gebunden ist, folgt aus einer Reihe anderer Bildungsweisen. Es wurde schon früher gezeigt, daß die aus Kaliumcyanid und Alkyljodid entstehenden Nitrile (S. 70) durch Verseifung in Säuren der gleichen Kohlenstoffzahl übergehen:

$$CH_3\cdot CN + 2\,H_2O = CH_3\cdot COOH + NH_3.$$

Die Verseifung muß auf eine Addition von Wasser an die Gruppe $—C\equiv N$ zurückgeführt werden, denn an jeder anderen Stelle des Moleküls müßte sie eine Sprengung der Kohlenstoffkette zur Folge haben; die Kohlenstoffzahl könnte also nicht erhalten bleiben.

Daß durch Oxydation primärer Alkohole Säuren mit der gleichen Anzahl von C-Atomen entstehen, wurde schon S. 42 erwähnt:

$$CH_3\cdot CH_2\cdot CH_2\cdot OH + O_2 = CH_3\cdot CH_2\cdot COOH + H_2O.$$

Gesättigte Kohlenwasserstoffe lassen sich wegen ihrer Indifferenz nur schwer zu Carbonsäuren oxydieren. Durch Katalysatoren (z. B. Permanganate) läßt sich aber die Reaktion so beschleunigen, daß man bei etwa 100° höhere Paraffine durch Luft unter Sprengung der Kohlenstoffkette in Carbonsäuren umwandeln kann. Da hierbei noch zahlreiche andere Produkte entstehen, eignet sich dieses Verfahren nicht zur Darstellung einheitlicher Fettsäuren im Laboratorium. Dagegen besitzt es z. B. zur Gewinnung von Fettsäuregemischen aus Braunkohlenparaffin und synthetischen Paraffinen große technische Bedeutung.

Über die Bildung von Carbonsäuren durch oxydative Spaltung ungesättigter Verbindungen vgl. S. 124, 137, 141.

Die Gegenwart einer Hydroxylgruppe im Carboxyl geht unter anderem aus dem Verhalten gegen Phosphorchloride hervor; dabei wird wie bei den Alkoholen OH durch Cl ersetzt, und es entstehen Säurechloride R·COCl.

Von den Wasserstoffatomen der Carbonsäuren ist eines durch Metall ersetzbar. Die nächstliegende Annahme, daß hierbei das an Sauerstoff gebundene Wasserstoffatom ersetzt wird, ist leicht zu beweisen. Behandelt man z. B. essigsaures Silber $CH_3 \cdot CO \cdot OAg$ mit Äthyljodid, so entsteht Essigsäureäthylester $CH_3 \cdot CO \cdot OC_2H_5$, der sich leicht wieder zu Essigsäure und Alkohol „verseifen“ läßt. Wäre das Silberatom in die Methylgruppe eingetreten, so hätte Buttersäure $CH_3 \cdot CH_2 \cdot CH_2 \cdot CO_2H$ entstehen müssen.

Die Ersetzbarkeit eines Wasserstoffatoms in den Carbonsäuren beruht, wie weiter unten gezeigt wird, auf elektrolytischer Dissoziation. Im Vergleich zu den nicht sauren Alkoholen ist diese hier energetisch begünstigt, weil das Carbonsäure-Anion zwei gleichwertige Elektronen-Konfigurationen zuläßt (vgl. Mesomerie, S. 264):

$$\ddot{\underset{..}{O}}::\underset{R}{\underset{..}{\ddot{C}}}:\ddot{\underset{..}{O}}:^- \longleftrightarrow {}^-:\ddot{\underset{..}{O}}:\underset{R}{\underset{..}{\ddot{C}}}::\ddot{\underset{..}{O}}$$

Sowohl die Hydroxylgruppe als auch der doppelt gebundene Sauerstoff = O des Carboxyls sind zu mannigfachen Austauschreaktionen befähigt; die dabei entstehenden Carbonsäurederivate werden weiter unten abgehandelt werden (vgl. S. 86).

Nomenklatur. Die Säuren dieser homologen Reihe haben meist Trivialnamen, die an ihre Herkunft aus dem Tier- oder Pflanzenreich erinnern. Sis werden insgesamt unter dem Namen „Fettsäuren“ zusammengefaßt, da vor allem ihre höheren Glieder aus den Fetten gewonnen werden können (S. 81). Systematische Namen der einzelnen Glieder kann man bilden, indem man die Endung -carbonsäure an die Namen der Alkane anhängt: $CH_3 \cdot CH_2 \cdot CO_2H$ Äthancarbonsäure = Propionsäure; $CH_3 \cdot CH_2 \cdot CH_2 \cdot CO_2H$ Propan-carbonsäure-(1) = Buttersäure; $(CH_3)_2CH \cdot CH_2 \cdot CO_2H$ 2-Methyl-propan-carbonsäure-(1) = Isovaleriansäure. Die Trivialnamen der Carbonsäuren werden mit griechischen Buchstaben beziffert: $\overset{\gamma}{C}H_3 \cdot \overset{\beta}{C}H_2 \cdot \overset{\alpha}{C}H_2 \cdot CO_2H$, also $CH_3 \cdot CHCl \cdot CH_2 \cdot CO_2H$ = β-Chlor-buttersäure. Die von den Fettsäuren durch Wegnahme von Hydroxyl abgeleiteten Radikale heißen in den einfachsten Fällen: HCO Formyl, $CH_3 \cdot CO$ Acetyl, $CH_3 \cdot CH_2 \cdot CO$ Propionyl, $CH_3 \cdot CH_2 \cdot CH_2 \cdot CO$ Butyryl, $C_4H_9 \cdot CO$ Valeryl usw.

Vorkommen und Eigenschaften

Viele Fettsäuren kommen in der Natur in freiem Zustand als Bestandteile pflanzlicher und tierischer Produkte vor; in esterartiger Bindung an Glycerin (S. 153) und hochmolekulare Alkohole nehmen sie am Aufbau der Fette und Wachse teil. Sie sind sowohl theoretisch als auch technisch von großer Bedeutung.

Die niederen Glieder dieser Säurereihe sind bei gewöhnlicher Temperatur flüssig, können unter normalem Druck unzersetzt destilliert werden und besitzen einen höchst stechenden Geruch; mit Wasser sind sie in allen Verhältnissen mischbar. Die mittleren Glieder C_4—C_9 zeigen einen schweißartigen Geruch; sie sind nicht in allen Verhältnissen mit Wasser mischbar. Die höheren Glieder von C_{10} an sind bei Zimmertemperatur fest, paraffinartig, geruchlos, unter gewöhnlichem Druck nicht unzersetzt destillierbar und werden von Wasser kaum aufgenommen. Alle sind in Alkohol und Äther leicht löslich.

Die normalen Säuren sind mit Ausnahme des ersten Gliedes (Ameisensäure) gegen Oxydationsmittel recht beständig. Über „β-Oxydation“ der Fettsäuren vgl. S. 260.

Gegenüber Reduktionsmitteln sind die Fettsäuren äußerst widerstandsfähig. Jedoch gelingt es, sie bei etwa 300° in Gegenwart von Kupfer als Katalysator mit Wasserstoff unter 200 Atmosphären Druck zu den entsprechenden Alkoholen zu reduzieren. Man stellt auf diese Weise die höheren Fettalkohole dar, die als Ausgangsmaterial für die

Fettalkoholsulfonate $R \cdot O \cdot SO_3H$ technische Bedeutung besitzen (S. 51, 85). Interessant ist die glatte Reduktion von Säuren zu Alkoholen mit $LiAlH_4$ in Äther.

In der folgenden Tabelle werden die Namen und Formeln einiger normaler Säuren $C_nH_{2n}O_2$ nebst ihren physikalischen Konstanten aufgeführt.

Name	Formel	Schmelzpunkt	Siedepunkt	Spez. Gew. D_4^{20}
Ameisensäure	CH_2O_2	+ 8·4°	100·5°	1·220
Essigsäure	$C_2H_4O_2$	+ 16·6	118·1	1·049
Propionsäure	$C_3H_6O_2$	— 20	141·1	0·992
Buttersäure	$C_4H_8O_2$	— 5·5	164·05	0·958
Valeriansäure	$C_5H_{10}O_2$	— 34·5	186·4	0·939
Capronsäure	$C_6H_{12}O_2$	— 3·9	205	0·927
Önanthsäure	$C_7H_{14}O_2$	— 10	223	0·917
Caprylsäure	$C_8H_{16}O_2$	+ 16	237	0·910
Pelargonsäure	$C_9H_{18}O_2$	+ 12·5	253	0·905
Caprinsäure	$C_{10}H_{20}O_2$	+ 31	268	$0{\cdot}895_{20}^{30}$
Palmitinsäure	$C_{16}H_{32}O_2$	62·6	215^{15}	$0{\cdot}853_4^{62}$
Stearinsäure	$C_{18}H_{36}O_2$	69·3	232^{15}	$0{\cdot}845_4^{69}$
Behensäure	$C_{22}H_{44}O_2$	82	262^{15}	—

Während die Siedepunkte und Dichten mit der Zahl der C-Atome im Molekül regelmäßig steigen bzw. abnehmen, liegen die Schmelzpunkte der Säuren mit gerader Zahl der C-Atome höher als die der beiden benachbarten Säuren mit ungerader Zahl. In der graphischen Darstellung Fig. 33 (Kurve I) gelangt dies deutlich zum Ausdruck. Man trifft diese Alternanz der Schmelzpunkte auch in einigen anderen homologen Reihen an (S. 162). Die gleiche Oszillation findet sich auch in den Schmelzwärmen der Fettsäuren (Fig. 33 II) wieder. Die Dampfdichte der Fettsäuren übersteigt in der Nähe des Siedepunktes den normalen Wert beträchtlich; für Essigsäure wird die Dampfdichte erst etwa 80° oberhalb des Siedepunktes normal. Die Fettsäuren sind also stark assoziiert. Bei der kryoskopischen Molekulargewichtsbestimmung in nichtpolaren Lösungsmitteln (z. B. Benzol) zeigen die niederen Fettsäuren doppeltes Molekulargewicht. In Wasser, das stark polar ist, findet man dagegen einfaches Molekulargewicht. Essigsäure zeigt z. B. in Wasser bei einer Konzentration von 0,2 Mol auf 100 g normales Molekulargewicht, während in Benzol noch bei 0,01 Mol doppeltes Molekulargewicht gefunden wird. Erst unterhalb von 0·001 Mol nähert man sich hier normalen Werten. Man erklärt diese Erscheinungen mit der Bildung von ringartigen Doppelmolekülen, deren fester Zusammenhalt einmal auf den starken Dipolkräften der Carboxylgruppen, sodann auf dem Vorhandensein zweier „Wasserstoffbindungen" (S. 51) beruht:

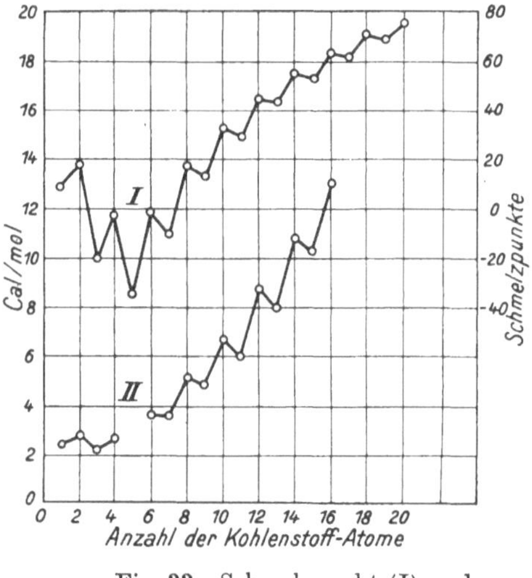

Fig. 33. Schmelzpunkt (I) und Schmelzwärmen (II) der normalen Fettsäuren

Bei der Essigsäure beträgt die Bindungsfestigkeit der Wasserstoffbindung pro Carboxylgruppe rund 8 kcal. In Wasser bilden sich Wasserstoffbindungen mit dem Lösungsmittel aus, infolgedessen ist hier das Monomere stabilisiert.

Die Fettsäuren sind in wäßriger Lösung in geringem Grade elektrolytisch dissoziiert. Die Abhängigkeit der Dissoziation von der Verdünnung entspricht der vom Massenwirkungsgesetz geforderten (OSTWALDS „Verdünnungsgesetz"). Ist also der Bruchteil α nach der Gleichung

$$C_nH_{2n+1}\cdot COOH \rightleftarrows [C_nH_{2n+1}\cdot CO_2]^- + H^\cdot$$

dissoziiert und ist die Konzentration (in Mol pro Liter) c, so gilt, wenn wir das Anion mit A^- abkürzen,

$$\frac{[A^-][H^\cdot]}{[AH]} = \frac{\alpha^2 c}{1-\alpha} = k.$$

Die Gleichgewichtskonstante k heißt **elektrolytische Dissoziationskonstante.** Ihr hundertfacher Wert wurde früher vielfach mit K bezeichnet. Sie beträgt bei 25°:

	$k \cdot 10^5$
Ameisensäure	17·72
Essigsäure	1·76
Propionsäure	1·34
Buttersäure	1·51
Valeriansäure	1·38
Capronsäure	1·32

Weitaus am stärksten ist demnach die Ameisensäure. Für $c = 0{\cdot}063$ ist Ameisensäure zu 5·17%, Essigsäure nur zu 1·67%, Salzsäure dagegen zu 100% dissoziiert. Aus der Fig. 34 kann man ersehen, wie der Dissoziationsgrad α der Essigsäure mit steigender Verdünnung zunimmt. Die Wasserstoffionenkonzentration $[H^\cdot]$ nimmt mit der Verdünnung proportional $\sqrt{c}$ ab. Denn aus der obigen Gleichung läßt sich für kleines α leicht die Beziehung

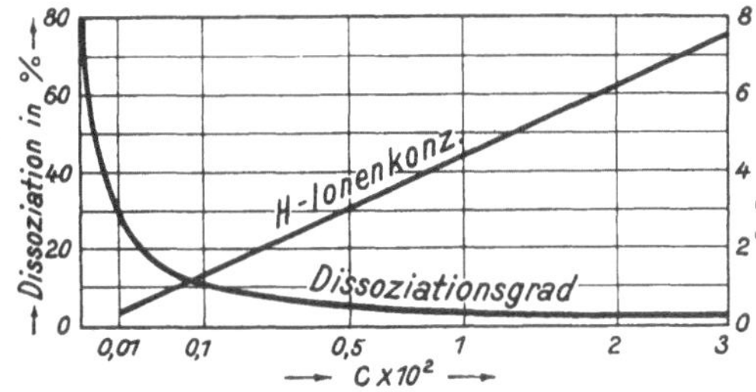

Fig. 34

$$[H^\cdot] = \alpha c = \sqrt{kc}$$

ableiten. Sehr eigenartig ist die Temperatur-Abhängigkeit der Dissoziationskonstanten, die meist bei Raumtemperatur ihren maximalen Wert haben. Den Wert der Dissoziationskonstanten hat man namentlich früher aus der elektrischen Leitfähigkeit der wäßrigen Lösung unter der Annahme

$$\frac{\Lambda_c}{\Lambda_0} = \alpha$$

bestimmt, wo Λ_c die Äquivalentleitfähigkeit bei der Konzentration c, Λ_0 den entsprechenden Wert bei unendlicher Verdünnung bedeutet. Die annähernde Konstanz der so gewonnenen Werte von k beruht auf einer Kompensation der Fehler, die dadurch entstehen, daß man die Abhängigkeit der Ionen-Beweglichkeit von der Verdünnung vernachlässigt und mit analytischen Konzentrationen statt mit Aktivitäten rechnet. Während die so begangenen Fehler bei schwachen Elektrolyten ($k < 5 \cdot 10^{-3}$) nicht sehr bedeutend sind, muß man sich im übrigen der von der Theorie der starken Elektrolyte vorgezeichneten Korrektionsverfahren bedienen. In neuerer Zeit hat man namentlich aus den elektromotorischen Kräften geeignet zusammengesetzter galvanischer Elemente sehr genaue Werte ermittelt.

Wenn in dem Ausdruck für die Dissoziationskonstante $[A^-][H^\cdot]/[AH] = k$ $[A^-] = [AH]$ gemacht, d. h. die Säure zur Hälfte neutralisiert wird, so wird $k = [H^\cdot]$. Die Wasserstoffionen-Konzentration der halbneutralisierten Säure ist also gleich der Dissoziationskonstante, die auf diese Weise angenähert bestimmt werden kann. Statt der Dissoziationskonstante rechnet man vielfach bequem mit ihrem negativen Logarithmus, den man in Analogie zu p_H als **Dissoziationsexponenten** p_K bezeichnet.

Ameisensäure HCOOH

Ameisensäure (acidum formicicum) hat ihren Namen nach dem Vorkommen im Körper der Ameisen erhalten, in dem sie schon im 17. Jahrhundert beobachtet wurde. Ihr Natriumsalz wird technisch durch Behandeln von Natriumhydroxyd oder Natronlauge mit CO unter Druck bei 150—170° erhalten:

$$CO + NaOH = HCO \cdot ONa\,.$$

Aus der um 1 Sauerstoffatom reicheren Kohlensäure läßt sich Ameisensäure durch Reduktion gewinnen, indem man Wasserstoff unter 60 Atmosphären auf eine wäßrige Lösung von $KHCO_3$ bei 70° in Gegenwart von Palladium als Katalysator einwirken läßt. Eine interessante Synthese von Kaliumformiat ist ferner die Einwirkung von Kohlendioxyd auf Kaliumhydrid:

$$KH + CO_2 = HCO \cdot OK\,.$$

Auch die vorsichtige Oxydation von Methylalkohol führt zu Ameisensäure. Der Bildung der Säure aus NaOH analog ist die Synthese ihrer Ester HCO·OR aus Alkoholen R·OH und CO; sie geht bei höheren Drucken unter dem katalytischen Einfluß von Alkoholaten vor sich. In der Technik stellt man so aus Kohlenoxyd und Methylalkohol in Gegenwart von Natriummethylat bei 100° und Drucken bis zu 200 Atm. **Ameisensäuremethylester** dar. Dieser wird entweder zu Ameisensäure verseift oder mit Ammoniak bei 40° und 14 Atm. zu Formamid umgesetzt. Über eine Laboratoriumsmethode zur Darstellung der Ameisensäure s. S. 165.

Wasserfreie Ameisensäure bildet eine farblose Flüssigkeit von stechendem Geruch. Ihre Salze **(Formiate)** sind in Wasser löslich.

Die Ameisensäure unterscheidet sich von ihren höheren Homologen durch ihre leichte Oxydierbarkeit zu Kohlendioxyd und Wasser und durch ihre Neigung zur Wasserabspaltung. Lösungen der Ameisensäure und ihrer Salze besitzen daher Reduktionsvermögen: Quecksilber(II)-chlorid wird in warmer, nicht zu saurer Lösung zu Kalomel und schließlich zu Quecksilber reduziert (Nachweis). Analog werden auch andere Metalle, z. B. Silber und Palladium, aus ihren Salzen abgeschieden. Diese leichte Oxydierbarkeit findet man bei den Homologen der Ameisensäure nicht wieder. Sie rückt die Ameisensäure in Parallele zu den später zu besprechenden Aldehyden, mit denen sie die leicht angreifbare Gruppierung —CHO gemeinsam hat.

Der Zerfall von Ameisensäure in Wasser und CO wird durch konzentrierte Schwefelsäure bewirkt (Darstellung von CO im Laboratorium). Fein verteilte Edelmetalle (Platin, Palladium, Gold) zerlegen Ameisensäure dagegen schon bei Zimmertemperatur nach der Gleichung:

$$HCOOH = H_2 + CO_2\,.$$

Ameisensäure und ihre Salze finden ausgebreitete Verwendung in der Gerberei, Nahrungsmittel-Industrie und Färberei.

Essigsäure $CH_3 \cdot COOH$

Essigsäure (acidum aceticum), schon im Altertum als roher Weinessig bekannt, wird technisch nach verschiedenen Methoden gewonnen:

a) Durch Oxydation von verdünnten alkoholischen Flüssigkeiten, z. B. Wein oder verdünntem Branntwein, an der Luft. Man gewinnt auf diesem Wege verdünnte (etwa 6—10%ige) Essigsäure, die unter dem Namen *Essig* bekannt ist. Die Essigbildung ist eine katalytische Reaktion. Ein in den Essigbakterien enthaltenes Ferment dehydriert (S. 96) den Alkohol unter Abspaltung von Wasserstoff zu Essigsäure (über den Mechanismus dieser Reaktion s. a. S. 489).

Um günstige Wachstumsbedingungen für die Bakterien zu schaffen, muß bei 25—35° unter Zusatz von Malzauszug als Nährstoff gearbeitet werden. Rascher geht der Prozeß vonstatten, wenn man zwecks Erzeugung einer großen Oberfläche den Alkohol über eine hohe Schicht von Buchenspänen fließen läßt und ihm von unten einen langsamen Luftstrom entgegenführt (Schnellessigverfahren von SCHÜZENBACH, 1823).

b) Aus dem bei der trockenen Destillation des Holzes gewonnenen **Holzessig** (S. 38). Durch Zusatz von Ätzkalk zum Destillat entsteht das Calciumsalz („Graukalk"), aus dem durch Destillation mit konzentrierter Schwefelsäure im Vakuum hochprozentige Essigsäure erhalten wird. Neuerdings vermeidet man den kostspieligen Umweg über den Graukalk und gewinnt die Essigsäure aus dem Holzessig durch Extraktion, z. B. mit Essigester, und anschließende Destillation. Da die Essigsäure bei der Holzverkohlung nur ein Nebenprodukt ist, so ist ihre Erzeugung auf diesem Wege an den Absatz der gleichzeitig gewonnenen Holzkohle gebunden.

c) Die Hauptmenge der Essigsäure wird heute auf katalytischem Wege aus Acetylen gewonnen (vgl. S. 107). Hierbei entsteht zunächst Acetaldehyd, der bei 50° durch Luft in Gegenwart von Manganacetat oder Kobaltacetat zu einem Peroxyd oxydiert wird, das spontan in Essigsäureanhydrid und Wasser zerfällt. Man kann das Essigsäureanhydrid auch als solches gewinnen, indem man z. B. in einem Lösungsmittel arbeitet, das mit Wasser ein azeotropes Gemisch bildet und die Entfernung des Wassers bei niedriger Temperatur gestattet.

Ein weiteres Verfahren, das technisches Interesse besessen hat, ist die direkte Synthese der Essigsäure aus Kohlenoxyd und Methylalkohol:

$$CH_3 \cdot OH_{gas} + CO = CH_3 \cdot COOH_{gas}; \Delta H_{298} = -34\,\text{kcal}.$$

Sie vollzieht sich über Phosphorsäurekontakten bei 200 Atm. Druck und etwa 300°, hat aber, unter anderem wegen der störenden Bildung von Methylacetat, enttäuscht.

Wasserfreie Essigsäure ist eine Flüssigkeit, die bei 16·6° zu einer eisartigen kristallinischen Masse **(Eisessig)** erstarrt. Ihre physikalischen Eigenschaften wurden schon S. 76 mitgeteilt. Sie besitzt einen stechenden Geruch. Mit Wasser mischt sie sich unter Wärmeentwicklung und Kontraktion; diese ist am größten beim molekularen Verhältnis 1:1. Das spezifische Gewicht bei 15° ist dann 1·075. Trägt man also die Dichte wäßriger Essigsäurelösungen in einem Koordinatennetz gegen die Konzentration auf, so erhält man eine Kurve mit einem Maximum bei 77 Gewichtsprozent Essigsäure. Die Zusammensetzung wäßriger Lösungen läßt sich daher aus dem spezifischen Gewicht allein nicht ermitteln. Auch die Viscosität wäßriger Essigsäurelösungen besitzt bei diesem Mengenverhältnis ein ziemlich scharfes Maximum (Fig. 35). Es ist jedoch nicht zulässig, hieraus auf die Existenz einer definierten Additionsverbindung $C_2H_4O_2 + H_2O$ zu schließen, da z. B. die Lage des Dichtemaximums stark von der Temperatur abhängig ist; auch ist es bisher nicht möglich gewesen, durch Abkühlung aus solchen Lösungen ein Hydrat abzuscheiden.

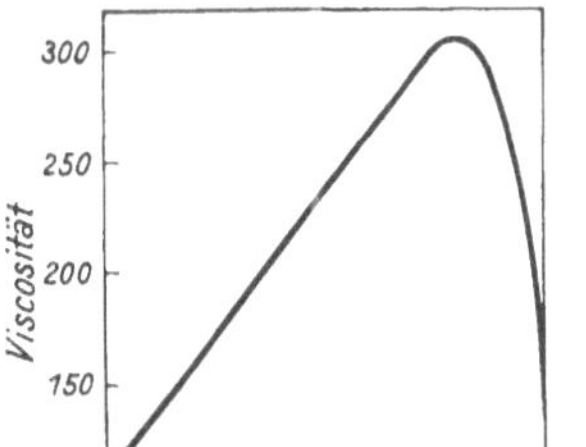

Fig. 35. Viscosität wäßriger Essigsäure in Abhängigkeit von der Konzentration

Der Wassergehalt sehr konzentrierter Essigsäure wird am leichtesten durch Bestimmung des Schmelzpunkts ermittelt. Die kryoskopische Konstante der Essigsäure ist 39°. 1 g Wasser (Molekulargewicht 18) in 100 g Essigsäure ruft also eine Gefrierpunktserniedrigung von $\frac{39}{18} = 2 \cdot 16^0$ hervor. Da man nun Depressionen von 0·05° mit Leichtigkeit messen kann, so lassen sich sehr geringe Wassermengen auf diese Weise mit großer Genauigkeit bestimmen. Kommt es darauf nicht an, so wird man natürlich die Säure in der üblichen Weise titrimetrisch bestimmen.

Die meisten Salze der Essigsäure **(Acetate)** sind in Wasser leicht löslich; ziemlich schwer löslich ist Silberacetat (etwa 1:100 bei 20°). Von technischer Wichtigkeit sind

Bleiacetat („Bleizucker") und basisches Bleiacetat („Bleiessig"), die zur Fabrikation von Bleiweiß dienen. Die Acetate der dreiwertigen Elemente werden, namentlich durch heißes Wasser, hydrolytisch zu schwer löslichen basischen Salzen gespalten. Sie dienen deshalb als Beizen in der Textilfärberei (S. 360). Aluminiumacetat (essigsaure Tonerde) findet auch medizinische Verwendung. Eisenchlorid erzeugt in Natriumacetatlösung eine blutrote Färbung, die auf der Bildung des Komplexsalzes $[Fe_3(C_2H_3O_2)_6(OH)_2](C_2H_3O_2)$ beruht; sie verschwindet beim Kochen der verdünnten Lösung, indem ein basisches Eisenacetat abgeschieden wird. Ameisensäure und Propionsäure reagieren ähnlich. Eine andere empfindliche Reaktion auf Essigsäure ist die Bildung des giftigen, am Geruch erkennbaren Kakodyloxyds (S. 71). Kleinste Mengen von Acetat-Ion lassen sich nachweisen, indem man die zu prüfende Flüssigkeit mit Lanthannitrat und Jod versetzt und ammoniakalisch macht. Es bildet sich eine kolloidale Lösung oder ein Niederschlag von basischem Lanthanacetat, das mit dem anwesenden Jod eine blaue Färbung gibt.

Bei der trockenen Destillation von wasserfreiem Natriumacetat mit Natronkalk (d. h. einem Gemenge von Natriumhydroxyd und Kalk) bildet sich Methan:

$$CH_3{\cdot}CO_2Na + NaOH = CH_4 + Na_2CO_3.$$

Auf die Homologen ist diese Reaktion nicht übertragbar, da die höheren Kohlenwasserstoffe sich bei der erforderlichen Temperatur bereits zersetzen.

Essigsäure und Acetate besitzen große technische Bedeutung. Essigsäure bildet unter anderem das Ausgangsmaterial für die Herstellung von Acetylcellulose (Films, Acetatseide), Vinylacetat, Aceton, Phenacetin, Aspirin und Essigsäureester für Lösungsmittel; Acetate (Al, Fe) finden in der Färberei und Druckerei Anwendung.

Buttersäuren $C_4H_8O_2$

n-Buttersäure, Propan-carbonsäure-(1), $CH_3{\cdot}CH_2{\cdot}CH_2{\cdot}CO_2H$ siedet bei 163·5° und ist als Ester in der Butter enthalten, in der sie 1823 von CHEVREUL entdeckt wurde. Sie wird heute durch Gärung zucker- oder stärkehaltiger Materialien mit dem Spaltpilz Bacillus butyricus dargestellt. Sie besitzt einen sehr unangenehmen Geruch[1] und ist gegen Oxydationsmittel sehr beständig. Ihre Struktur ergibt sich aus der Synthese aus Propyljodid:

$$CH_3{\cdot}CH_2{\cdot}CH_2J \rightarrow CH_3{\cdot}CH_2{\cdot}CH_2{\cdot}CN \rightarrow CH_3{\cdot}CH_2{\cdot}CH_2{\cdot}CO_2H.$$

Aus Isopropyljodid entsteht analog **Isobuttersäure,** Propan-carbonsäure-(2):

$$\begin{matrix}CH_3\\CH_3\end{matrix}{>}CHJ \rightarrow \begin{matrix}CH_3\\CH_3\end{matrix}{>}CH{\cdot}CN \rightarrow \begin{matrix}CH_3\\CH_3\end{matrix}{>}CH{\cdot}CO_2H.$$

Sie findet sich z. B. im Johannisbrot, riecht unangenehm ranzig und siedet bei 154·7°. Sie enthält ein tertiäres C-Atom und ist wie alle Verbindungen dieser Art leicht oxydierbar, wobei unter anderem Aceton und Kohlendioxyd entstehen. Auf diese Weise können n-Buttersäure und Isobuttersäure leicht unterschieden werden. Charakteristische Unterschiede in der Löslichkeit weisen die beiden Calciumsalze auf. Isobuttersaures Calcium ist der allgemeinen Regel entsprechend in heißem Wasser leichter löslich als in kaltem. Das Calciumsalz der normalen Säure verhält sich umgekehrt. Eine bei 0° gesättigte Lösung von n-Calciumbutyrat scheidet daher beim Erwärmen auf etwa 80° festes Salz aus. Nach dem Prinzip des beweglichen Gleichgewichts sollte sich demnach das normale Calciumbutyrat unter Wärmeentwicklung, das Salz der Isobuttersäure unter Wärmeabsorption in Wasser lösen. Dies stimmt mit der Beobachtung überein. Die Calciumsalze einiger homologer Säuren zeigen ein ähnliches Verhalten.

[1] Der Geruch ranziger Butter rührt teilweise von Buttersäure her.

Höhere Fettsäuren $C_nH_{2n}O_2$

Höhere Fettsäuren sind in der Natur sehr verbreitet. Es ist sehr bemerkenswert, daß die natürlich vorkommenden Säuren alle eine gerade Anzahl von C-Atomen aufweisen. Unter ihnen sind am wichtigsten Palmitinsäure $C_{16}H_{32}O_2$ und Stearinsäure $C_{18}H_{36}O_2$. Sie bilden als Ester des dreiwertigen Alkohols Glycerin den Hauptbestandteil der pflanzlichen und tierischen Fette. Durch Behandeln der Fette mit Laugen werden seit alters neben Glycerin „Seifen", d. h. die Salze der höheren Fettsäuren, gewonnen. Nach diesem Vorgang, der nichts anderes als eine Esterspaltung durch Wasseraufnahme bedeutet, pflegt man ganz allgemein hydrolytische Vorgänge als **„Verseifung"** zu bezeichnen.

Die freien Fettsäuren werden aus den Fetten durch Erhitzen mit Wasser und Basen, z. B. Kalk, Magnesia oder Zinkoxyd (etwa $^1/_3$ der zur Neutralisation erforderlichen Menge) im Autoklaven auf 150° oder mit Wasser allein auf 220° dargestellt; nach beendeter Verseifung schwimmen die unlöslichen Fettsäuren auf dem „Glycerinwasser", aus dem durch Eindampfen das Glycerin gewonnen wird.

Bei dem Verfahren nach TWITCHELL dient als verseifendes Agens ein Gemisch von Sulfonsäuren, das durch Sulfurieren eines Gemisches von Naphthalin und Ölsäure oder Ricinusöl erhalten wird. Dieses Reagens wirkt ausgezeichnet emulgierend und ermöglicht in geringer Menge eine glatte Verseifung des Fettes durch Wasser bei 100° ohne Druckanwendung. Auch durch Erhitzen mit 5—8% konzentrierter Schwefelsäure auf 105—120° können Fette verseift werden. Diese Methode wird jedoch heute nur noch in beschränktem Umfang angewandt. Vielfach werden die rohen Fettsäuren durch Destillation im Vakuum gereinigt.

Besonders reine Fettsäuren erhält man durch Spaltung von Fetten mit Hilfe des fettspaltenden Enzyms („Lipase") der Ricinussamen; die technische Anwendbarkeit dieses Verfahrens ist aber aus verschiedenen Gründen beschränkt.

Das nach den obigen Verfahren erhaltene Fettsäure-Gemisch ist bei gewöhnlicher Temperatur weich. Es enthält nämlich außer den genannten beiden Säuren (deren Schmelzpunkte bei 63° und 69° liegen und die ihren Schmelzpunkt gegenseitig erniedrigen) noch die flüssige Ölsäure $C_{18}H_{34}O_2$, die einer anderen Reihe homologer Säuren angehört. Die Ölsäure wird durch Pressen entfernt; die verbleibende feste weiße Masse **(Stearin)** dient zur Fabrikation der Stearinkerzen.

Für die synthetische Darstellung höherer Fettsäuren, soweit sie nicht von der Natur geboten werden, bedient man sich häufig der Umsetzung von Alkylhalogeniden mit Kaliumcyanid zu Nitrilen gemäß der schon S. 70 erwähnten Reaktion. Hier und bei den später zu erörternden Malonester-Synthesen dient letzten Endes als Ausgangsmaterial der entsprechende höhere Alkohol. Es ist deshalb von Interesse, daß es auch direkte Wege von diesen zu den Säuren gibt. Nach DUMAS und STAS führt die Kalischmelze der Alkohole, am besten unter Druck bei 280° ausgeführt, unter Wasserstoffentwicklung zu den zugehörigen Säuren:

$$R \cdot CH_2 \cdot OH + KOH = R \cdot COOK + 2\,H_2.$$

Auch die Luftoxydation höherer Aldehyde, die man durch Dehydrierung der Alkohole gewinnen kann, ist unter Umständen ein brauchbares Herstellungsverfahren. Die großtechnische Gewinnung höherer Fettsäuren aus den FISCHER-TROPSCH-Paraffinen wurde bereits erwähnt (S. 34, 74).

Kristallbau der höheren Fettsäuren. Über den Feinbau der Kristalle höherer Fettsäuren verdanken wir A. MÜLLER und PIPER aufschlußreiche Untersuchungen. Bekanntlich stellt man sich einen Kristall als ein regelmäßig angeordnetes Raumgitter (Punktgitter) vor, dessen Gitterpunkte die Atome sind und das man in verschiedener Weise in Scharen gleichwertiger, äquidistanter „Netzebenen" zerlegen kann[1].

[1] Vgl. BIJVOET, KOLKMEIJER, MACGILLAVRY, Röntgenanalyse von Krystallen. Berlin 1940.

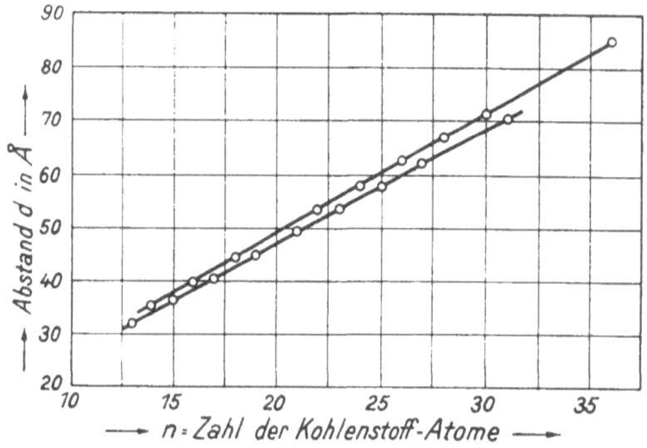

Fig. 36. Netzebenen-Abstände in Kristallen höherer Fettsäuren

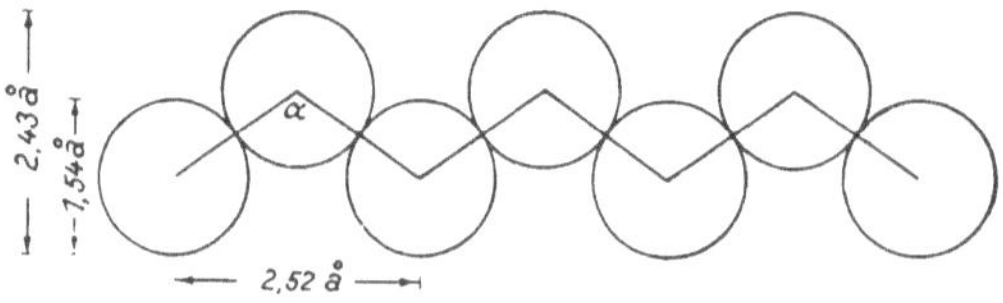

Fig. 37. Anordnung der C-Atome in einem Fettsäure-Molekül

Der Abstand d einer solchen Ebenenschar (auch **Gitterkonstante** oder **Identitätsperiode** genannt) läßt sich nach einer von W. H. und W. L. BRAGG angegebenen Beziehung

$$n\lambda = 2\,d \sin \vartheta_n (n = 1, 2, 3, 4 \text{ usw.})$$

bestimmen. Hierbei bedeutet ϑ_n den Winkel, unter dem ein monochromatisches Röntgenstrahlenbündel der Wellenlänge λ auf die Ebenenschar fallen muß, damit die abgebeugten Strahlen sich nicht durch Interferenz vernichten (also anschaulich gesprochen „Reflexion" eintritt), n die „Ordnung" der Reflexion; für die beobachteten Reflexionswinkel gilt dann die Beziehung $\sin \vartheta_1 : \sin \vartheta_2 : \sin \vartheta_3 \cdots = 1:2:3 \ldots$ Untersucht man nun Fettsäurekristalle in dieser Weise, so findet man, daß neben Netzebenen-Abständen der gewöhnlichen Größenordnung von 3 bis 4 Å (1 ÅNGSTRÖM-Einheit = 10^{-8} cm) auch sehr weite Abstände von 30 bis 100 Å auftreten, und daß diese Abstände gesetzmäßig mit der Kohlenstoffzahl zunehmen (Fig. 36). Einer Zunahme um 1 C-Atom entspricht eine Aufweitung des Gitters um etwa 2 Å. Die Figur läßt auch erkennen, daß die Abstandsänderung für geradzahlige und ungeradzahlige Fettsäuren etwas verschieden ist.

Es liegt natürlich sehr nahe, anzunehmen, daß die Gitterkonstante durch die Länge der Kohlenstoffkette bestimmt wird. MÜLLER und SHEARER haben ihren Betrachtungen die Annahme zugrunde gelegt, daß die Ketten der Fettsäuren zickzackförmig gebaut sind, der Abstand der C-Atome wie im Diamant 1·54 Å beträgt (S. 47) und der Tetraederwinkel $\alpha = 109^0$ aufrechterhalten bleibt, wie dies Fig. 37 zeigt. Aus den so errechneten Dimensionen folgt, daß zwischen 2 Netzebenen immer 2 Moleküle hintereinander in schräger Lage untergebracht werden können. Ein Schema einer solchen Anordnung nach BRAGG zeigt Fig. 38 (die Kreise bedeuten CO_2H-Gruppen, die Pfeile endständige CH_3-Gruppen). Für die Richtigkeit dieses Modells sprechen zahlreiche röntgenographische Befunde. Der Fettsäurekristall ist also aus Bündeln paralleler, langgestreckter Moleküle aufgebaut, die ein „Schichtengitter" bilden und den blättchenförmigen Habitus der Fettsäurekristalle bedingen.

Die Fettsäuren kristallisieren in mehreren **polymorphen Modifikationen,** die röntgenographisch sehr genau untersucht worden sind. Als Elementarzelle eines Kristalls bezeichnet man die kleinste Einheit, die noch sämtliche für die betreffende Kristallklasse charakteristischen Symmetrie-Eigenschaften besitzt. Die Elementarzelle der monoklin kristallisierenden Fettsäuren bildet ein Parallelepiped mit der rechteckigen Grundfläche ab und der dazu um den Winkel β geneigten Kante c. Die Lage der Stearinsäureketten in der Elementarzelle ist aus den Querschnitten der Fig. 39 ersichtlich. Man hat nun gefunden, daß $ab \sin \beta$ für alle Fettsäuren an-

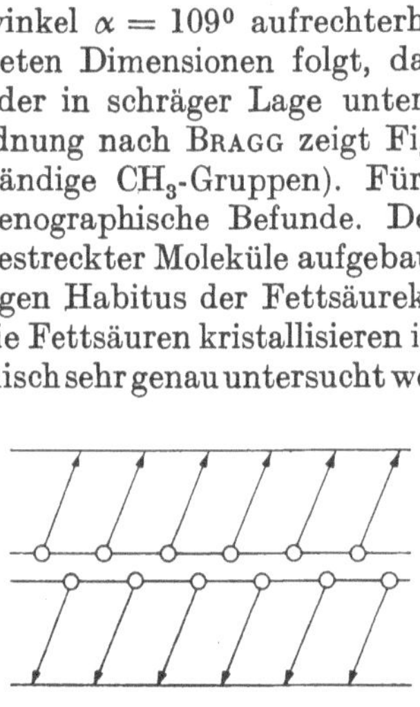

Fig. 38. Parallele Schichtung der Moleküle im Fettsäurekristall

nähernd den gleichen Wert von 37 Å^2 besitzt; die senkrecht auf c stehende Querschnittsfläche ist also immer die gleiche. Da im Mittel auf die Grundfläche immer 2 Fettsäuremoleküle entfallen, beansprucht die einzelne Fettsäurekette einen Querschnitt von rund 18·5 Å^2, also ganz erheblich mehr, als sich aus dem Durchmesser der Kette berechnen würde. Die verschiedenen polymorphen Modifikationen einer und derselben Fettsäure unterscheiden sich nur durch das Verhältnis $a:b$ und den Winkel β, während die Länge der Kohlenstoffkette keine Änderung erleidet. Bei den beiden am häufigsten beobachteten Modifikationen hat β die Werte 60—63° und 53°. Auf der Basisfläche senkrecht stehende Ketten ($\beta = 90°$) werden bei Fettsäuren nur selten beobachtet, während sie bei den Kohlenwasserstoffen die Regel bilden.

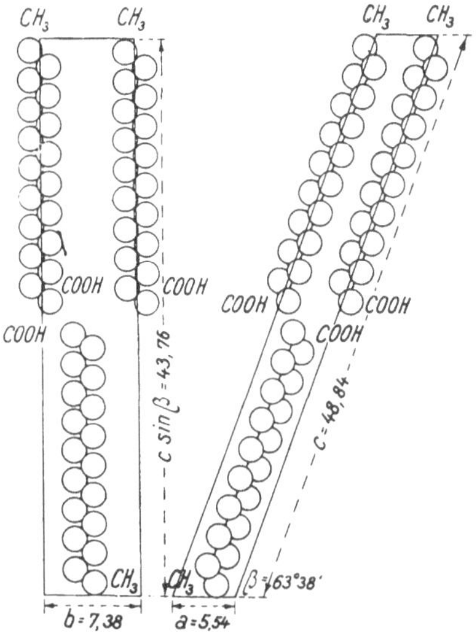

Fig. 39. Elementarzelle der β-Modifikation der Stearinsäure

Seifen. Die Alkalisalze der höheren Fettsäuren (etwa von C_{10} an) sind **Seifen.** Sie werden durch Kochen der Fette mit Alkalilaugen oder durch Neutralisieren der freien Fettsäuren gewonnen. Die mit Natronlauge bereitete Natronseife ist hart; sie wird vom gleichzeitig entstandenen Glycerin durch „Aussalzen" befreit, indem man der kochenden Masse nach der Verseifung Kochsalz im Überschuß zusetzt. Da das fettsaure Natrium in konzentrierter Kochsalzlösung unlöslich ist, scheidet es sich in geschmolzenem Zustand oben auf der glycerinhaltigen Lauge ab. Die so gewonnenen festen Seifen heißen **Kernseifen** und bestehen abgesehen von Wasser und etwas eingeschlossenem Glycerin aus fettsaurem Natrium. **Leimseifen** erhält man, wenn man den heißen „Seifenleim" erstarren läßt, ohne von der wäßrigen Glycerinlauge zu trennen. Mit Kalilauge bereitete Seifen sind weich und sind stets Leimseifen; sie heißen grüne Seifen oder Schmierseifen. Ihre Farbe ist gelblich oder grün (wenn grünes Hanföl als Ausgangsmaterial dient). Natriumpalmitat und Natriumstearat sind in kaltem Wasser praktisch unlöslich, in heißem Wasser jedoch beträchtlich löslich; die heißen Lösungen erstarren bei ausreichender Konzentration (10% und mehr) in der Kälte zu Gallerten. Mit abnehmender Kohlenstoffzahl nimmt die Löslichkeit der Seifen zu. Die Calciumsalze der höheren Fettsäuren sind in Wasser unlöslich; hartes, kalkhaltiges Wasser ist deshalb zum Waschen ungeeignet.

Eine brauchbare **Theorie der Seifenwirkung** ist erst in neuerer Zeit durch McBain, Zsigmondy u. a. gegeben worden. Die Verunreinigungen unserer Haut, unserer Kleidungsstücke usw. sind teilweise fettiger Natur, zum Teil bestehen sie aus Ruß, Eisenoxyd und Ton. Da Natriumstearat und -palmitat als Salze schwacher Säuren teilweise hydrolytisch gespalten sind (11 bzw. 15% bei 25° in 0·002 n-Lösung), so glaubte man früher, daß das freiwerdende Alkali diese fettigen Substanzen emulgiert und dabei zu gleicher Zeit die anderen Schmutzteile entfernt. Es hat sich aber herausgestellt, daß Alkalilaugen von entsprechender Konzentration nicht die geringste Waschwirkung besitzen.

Von wesentlicher Bedeutung für die Waschwirkung der Seife ist dagegen ihre Fähigkeit, die Oberflächenspannung des Wassers ganz bedeutend herabzusetzen und sich an der Grenzfläche anzureichern (**„Oberflächenaktivität"**). Damit hängt ihre Fähigkeit zur Bildung eines beständigen Schaumes eng zusammen. Schon durch Spuren von

Seife, z. B. ölsaures Natrium in 0·0001 n-Lösung, wird die Oberflächenspannung des Wassers (73 dyn/cm) um 20% herabgesetzt. Infolgedessen kann Seifenlösung viel besser in die kapillaren Zwischenräume eindringen und dort die Verunreinigungen beseitigen.

Langmuir hat sehr interessante Untersuchungen über die **Ausbreitung** der höheren Fettsäuren **auf einer Wasseroberfläche** angestellt. Jedermann weiß aus der Erfahrung, daß reine Mineralöle sich auf Wasser nicht ausbreiten, sondern in Form linsenförmiger Tropfen darauf schwimmen. Bringt man dagegen eine Spur Fettsäure in Form eines Tropfens einer sehr verdünnten Benzollösung auf Wasser, so verdunstet das Benzol, und die Fettsäure breitet sich in Form eines äußerst dünnen Films über die Oberfläche aus. Man kann nun versuchen, dieses zweidimensionale Gebilde in gleicher Weise wie ein Gas oder eine Flüssigkeit zu komprimieren, indem man z. B. durch einen paraffinierten Papierstreifen die verfügbare Oberfläche verkleinert und den von dem Film auf den Streifen ausgeübten Druck mißt. Man findet dann, daß die Fettsäuren mit mehr als 16 C-Atomen auf dem Wasser eine zusammenhängende, monomolekulare, d. h. nur 1 Molekül dicke Schicht bilden und sich bei der Kompression wie ein fester Körper verhalten; die von einem Fettsäuremolekül bedeckte Oberfläche beträgt unabhängig von der Kettenlänge 20 $Å^2$. Dies ist aber ziemlich genau der Querschnitt einer Fettsäurekette, wie er oben aus röntgenographischen Messungen am Kristall abgeleitet ist. Die Tatsache, daß Kohlenwasserstoffe keine Filme bilden, beweist, daß die Ursache der Filmbildung in den wasserlöslichen Carboxylgruppen zu suchen ist. Man muß sich also vorstellen, daß die Fettsäuremoleküle auf der Oberfläche nahezu senkrecht stehen und mit der Carboxylgruppe gewissermaßen im Wasser „verankert" sind. Oberflächenschichten von Seifen nehmen einen bedeutend größeren Raum ein (z. B. 100 $Å^2$ pro Molekül und mehr). Sie zeigen bei der Kompression ein Verhalten, das den Druck-Volumen-Beziehungen gasförmiger Stoffe entspricht. Dies hängt vermutlich mit der starken Abstoßung zwischen den ionisierten Carboxylgruppen zusammen.

Die als **Oberflächenspannung** bekannte Erscheinung erklärt sich dadurch, daß die Moleküle im Innern einer Flüssigkeit einer allseitigen gegenseitigen Anziehung unterliegen, die sich im Mittel aufhebt. Für Moleküle in der Oberfläche besteht dagegen nur eine Anziehung nach innen senkrecht zur Oberfläche, die sich daher zu verkleinern strebt, so daß möglichst viele Moleküle im Innern der Flüssigkeit liegen. Die in diesem Verkleinerungsbestreben zum Ausdruck gelangende Oberflächenenergie kann man *mathematisch* durch die Annahme einer in der Oberfläche wirkenden Kraft, der Oberflächenspannung (gemessen in dyn/cm), darstellen. Löst man eine Substanz, deren gegenseitiges Anziehungsbestreben („Kohäsionskraft") kleiner als das der Wassermoleküle ist, in Wasser, so führt dies dazu, daß die Substanz sich (soweit die osmotischen Kräfte dies zulassen) in der Oberfläche anreichert. Sie wird sozusagen aus der Lösung „ausgepreßt" und bildet eine Oberfläche mit niedrigerer Spannung. Daß die Seifen zu den stark oberflächenaktiven Stoffen gehören, ist leicht verständlich, da das Wasser auf die langen „hydrophoben" Kohlenwasserstoffketten nur eine sehr geringe Anziehung ausübt, wie unter anderem aus der Unlöslichkeit der höheren Fettsäuren in Wasser hervorgeht. Eine einfache Betrachtung zeigt, in welcher Weise die Herabsetzung der Oberflächenspannung γ mit der reinigenden Wirkung der Seifen zusammenhängt. Ein fester Stoff wird von einer Flüssigkeit um so besser benetzt, je kleiner der (in der Flüssigkeit gemessene) Kontaktwinkel ϑ zwischen beiden ist (Fig. 40). Für die Adhäsionsarbeit W zwischen einem festen Stoff und einer Flüssigkeit besteht nun die Beziehung

$$W_{\text{fest-flüss.}} = \gamma\,(1 + \cos\vartheta) \qquad \text{oder} \qquad \cos\vartheta = \frac{W}{\gamma} - 1.$$

Etwas kompliziertere, aber ähnliche Betrachtungen gelten für die Verdrängung einer Flüssigkeit von einer Oberfläche durch eine andere.

Fig. 40

Die Seifen sind in wäßriger Lösung zum Teil als Kolloide enthalten und geben dementsprechend nur sehr geringe Gefrierpunktserniedrigungen. Andererseits leiten sie aber den elektrischen Strom recht gut („**kolloide Elektrolyte**“ nach Mc Bain und Salmon). Dies beruht darauf, daß durch die kolloide Zusammenlagerung der Fettsäure-Anionen zwar die Zahl der osmotisch wirksamen Teilchen weitgehend verringert wird, dafür aber Träger mit sehr hohen Ladungen auftreten. Lagern sich z. B. 10 Palmitat-Ionen zusammen, so trägt das Teilchen 10 negative Ladungen. Zwar wird die Beweglichkeit eines solchen Anions durch seine Größe beeinträchtigt, doch wird dies durch seine Ladung so weit kompensiert, daß das Leitvermögen sich dem des Natriumacetats nähert. Auch die damit verbundene starke elektrische Aufladung der Grenzflächen durch Seifenteilchen dürfte an der reinigenden Wirkung der Seife beteiligt sein.

Neben der Seife haben in neuerer Zeit zahlreiche synthetische Waschmittel Bedeutung erlangt. Unter ihnen stehen an erster Stelle die Sulfonsäuren höherer Paraffine und die sauren Schwefelsäureester höherer Alkohole (sog. Fettalkoholsulfonate), beide in Form ihrer Alkalisalze. Sie sind u. a. dadurch ausgezeichnet, daß ihre Salze nicht hydrolytisch gespalten sind und daß sie nicht oder nur sehr wenig zur Bildung schwerlöslicher Ca- und Mg-Salze neigen, also ihre Waschwirkung auch in hartem Wasser behaupten. Neben diesen „anionen-aktiven“ Seifen gibt es auch kationen-aktive „Invertseifen“ von allerdings weniger ausgesprochener Waschwirkung. Hier ist die langkettige hydrophobe Kohlenwasserstoffgruppe mit einem Ammonium-Ion als hydrophiler Gruppierung verknüpft. Die Gesamtheit der genannten Verbindungen hat man wohl auch unter der treffenden Bezeichnung **Paraffinkettensalze** zusammengefaßt. Aber auch nicht-ionogene Verbindungen mit löslichmachenden Gruppen haben sich als oberflächen-aktive Mittel bewährt. Die Seife vereinigt in sich eine ganze Reihe von Eigenschaften wie Schaumvermögen, Netzwirkung, Emulgierwirkung, Schutzkolloidwirkung und Waschvermögen. Diese Eigenschaften gehen in ihrer Abhängigkeit von der Konstitution nicht immer vollkommen parallel. So ist bei den geradkettigen Fettsäuren das Maximum des Schaumvermögens bei C_{12} erreicht, das Maximum des Waschvermögens für Baumwolle bei C_{18}. Die chemische Natur des Waschguts, Wolle oder Baumwolle, ist von großem Einfluß auf den Waschvorgang. Bei den von der Industrie, hauptsächlich in der Textilveredelung, aber auch in anderen Zweigen, benötigten Hilfsmitteln steht vielfach nicht die Waschwirkung, sondern das gute Netz- oder Emulgiervermögen im Vordergrund. Aus diesem Grund ist die Zahl der entwickelten Typen noch ständig im Wachsen begriffen. Eine Auswahl gebräuchlicher Wasch- und Textilhilfsmittel sei im folgenden erwähnt: **Gardinol** ist der Schwefelsäureester des aus Walratöl gewinnbaren Oleylalkohols $CH_3 \cdot [CH_2]_7 \cdot CH = CH \cdot [CH_2]_7 \cdot CH_2 \cdot OH$. Die amerikanischen **Tergitole** leiten sich von synthetischen Alkoholen wie 3,9-Diäthyl-tridecanol-(6) und 2-Methyl-7-äthyl-undecanol-(4) ab. Die **Mersolate** sind Alkalisalze der Mersolsäuren, d. h. Sulfonsäuren der Fischer-Tropsch-Paraffine. Langkettige Ester der Sulfobernsteinsäure sind in den **Aerosolen** vertreten (I auf S. 86). Weitere wichtige Waschmitteltypen sind die **Igepone** (II und III), die kation-aktiven **Sapamine** (IV), die neutralen **Igepale** (V) und **Peregal** O (VI). Schließlich seien als Netzmittel ohne Waschwirkung noch die **Nekale** (z. B. Diisobutylnaphthalinsulfonsäure) genannt.

I. $\begin{array}{l} NaO_3S\cdot CH\cdot CO_2\cdot C_8H_{17} \\ CH_2\cdot CO_2\cdot C_8H_{17} \end{array}$ II. $C_{18}H_{35}\cdot CO\cdot O\cdot CH_2\cdot CH_2\cdot SO_3Na$

III. $C_{18}H_{35}\cdot CO\cdot N(CH_3)\cdot CH_2\cdot CH_2\cdot SO_3Na$

IV. $C_{18}H_{35}\cdot CO\cdot NH\cdot CH_2\cdot CH_2\cdot N(C_2H_5)_3\cdot X$

V. $R\cdot C_6H_4\cdot O\cdot [CH_2\cdot CH_2\cdot O]_x\cdot CH_2\cdot CH_2\cdot OH$

VI. $C_{18}H_{35}\cdot O\cdot [CH_2\cdot CH_2\cdot O]_x\cdot CH_2\cdot CH_2\cdot OH$ $x=10$—20

Derivate der Fettsäuren

Säurechloride

In den Säurechloriden ist die OH-Gruppe des Carboxyls durch Chlor ersetzt; sie enthalten also die Gruppe —COCl. Man erhält diese Verbindungen durch Einwirkung von Phosphortrichlorid (oder auch $POCl_3$ oder PCl_5 oder $SOCl_2$) auf die Fettsäuren:

$$3\,C_nH_{2n+1}\cdot COOH + PCl_3 = 3\,C_nH_{2n+1}\cdot COCl + H_3PO_3.$$

Infolge sekundärer Reaktionen des entstandenen Säurechlorids mit der phosphorigen Säure wird hierbei HCl entwickelt. Die Säurechloride sind gegen verseifende Agenzien sehr empfindlich; meist genügt schon die Berührung mit kaltem Wasser, um sie zu Fettsäure und Salzsäure zu hydrolysieren. Durch die Nachbarschaft des an das gleiche C-Atom gebundenen Sauerstoffs erlangt also das Halogen eine Beweglichkeit, wie sie Halogen in Alkylradikalen nicht aufweist. Denn die Alkylchloride werden von Wasser bei gewöhnlicher Temperatur nur äußerst langsam angegriffen.

Die niederen Glieder dieser Reihe sind Flüssigkeiten von scharfem Geruch und sehr unangenehmer Wirkung auf die Schleimhäute. Das Chlorid der Ameisensäure ist nicht bekannt (während Formylfluorid HCOF eine ganz beständige Verbindung ist). **Acetylchlorid** $CH_3\cdot COCl$ raucht an der Luft, siedet unzersetzt bei 51° und hat das spezifische Gewicht 1·104 bei 20°.

Säurechloride, speziell Acetylchlorid, bilden ein wichtiges Hilfsmittel zur Erkennung von Hydroxylgruppen in organischen Verbindungen. Z. B. liefern sie mit Alkoholen unter HCl-Abspaltung Ester:

$$R\cdot OH + CH_3\cdot COCl = CH_3\cdot CO\cdot OR + HCl.$$

Man läßt die auf Hydroxyl zu prüfenden Stoffe einige Zeit mit Acetylchlorid stehen oder erwärmt die Mischung gelinde. Ob Acetylgruppen in die betreffende Verbindung eingetreten sind, erkennt man aus der Analyse des Reaktionsprodukts oder auch daran, daß Acetylgruppen bei der Verseifung als Essigsäure wieder abgespalten werden.

Säureanhydride

Diese entstehen durch Behandlung der Alkalisalze der Fettsäuren mit Säurechloriden, z. B.

$$CH_3\cdot COCl + CH_3\cdot CO\cdot ONa = \begin{array}{l} CH_3\cdot CO \\ CH_3\cdot CO \end{array}\!\!>O + NaCl.$$

Essigsäureanhydrid

In der Technik wird Essigsäureanhydrid durch Oxydation von flüssigem Acetaldehyd gewonnen (s. S. 79, 96). Andere großtechnische Verfahren sind die Einwirkung von Keten (S. 145) auf Essigsäure:

$$CH_3\cdot COOH + CH_2 = CO = (CH_3\cdot CO)_2O$$

sowie die Umsetzung von Essigsäure mit Phosgen, die in der Weise ausgeführt wird, daß Phosgen in Gegenwart von Salzen wie Magnesiumchlorid oder Aluminiumchlorid als Katalysator in siedende Essigsäure eingeleitet wird. Man vermutet, daß die Reaktion in den folgenden zwei Stufen verläuft:

$$2\,CH_3\cdot COOH + MeCl_2 = (CH_3\cdot COO)_2Me + 2\,HCl$$
$$(CH_3\cdot COO)_2Me + COCl_2 = (CH_3\cdot CO)_2O + MeCl_2 + CO_2.$$

Nach Untersuchungen von Mühlhäuser und Trautz ist Essigsäure im Gleichgewicht mit Essigsäureanhydrid und Wasser bei 360° zu 1.6%, bei 560° zu 50% zerfallen.

Die höheren Säureanhydride werden am besten durch Erhitzen der Natriumsalze der höheren Fettsäuren mit Essigsäureanhydrid dargestellt. Diese Reaktion beruht auf einem Austausch der Säureradikale. Durch Umsatz von trockenem Natriumacetat, das das radioaktive Kohlenstoffisotop enthielt, mit gewöhnlichem Essigsäureanhydrid hat man festgestellt, daß diese Reaktion sich trotz der Unlöslichkeit des Salzes im Anhydrid schon bei Raumtemperatur mit überraschender Geschwindigkeit abspielt.

Auch gemischte Anhydride der Fettsäuren, z. B. Ameisensäure-essigsäure-anhydrid, existieren. Sie spalten sich teilweise schon bei der Destillation in die Anhydride der beiden Säuren. Das Anhydrid der Ameisensäure ist nicht bekannt.

Säureanhydride sind Flüssigkeiten von unangenehm stechendem Geruch. Mit Chlorwasserstoff geben sie Säurechlorid + Säure. **Essigsäureanhydrid** siedet bei 139·6° (760 mm) und hat D^{15}_{4}: 1·0871 bzw. D^{20}_{4}: 1·0810. Es dient in gleicher Weise wie Acetylchlorid als Reagens auf Hydroxylgruppen. Es löst sich bei gewöhnlicher Temperatur etwa in der 10fachen Menge Wasser und setzt sich in dieser Lösung verhältnismäßig langsam zu Essigsäure um, im Gegensatz zu Acetylchlorid, das durch Wasser sofort hydrolysiert wird:

$$(CH_3 \cdot CO)_2O + H_2O = 2\,CH_3 \cdot COOH.$$

Nennt man die molare Konzentration des Anhydrids a, die des Wassers b, x die Anhydridmenge, die nach der Zeit t verseift ist, so ist nach der Gleichung für bimolekulare Reaktionen die Verseifungsgeschwindigkeit zur Zeit t

$$\frac{dx}{dt} = k\,(a - x)\,(b - x). \qquad (1)$$

Für äquimolekulare Mengen Wasser und Anhydrid ($a = b$) ist

$$\frac{dx}{dt} = k\,(a - x)^2, \qquad (1a)$$

woraus durch Integration

$$k = \frac{1}{a\,t}\,\frac{x}{a - x} \qquad (1b)$$

folgt. Ist die Menge des Wassers groß gegen die Menge des Anhydrids, so kann man $b - x$ als konstant ansehen. Dann hat man eine pseudomonomolekulare Reaktion der einfachen Gleichung

$$\frac{dx}{dt} = k_1\,(a - x) \qquad (2)$$

oder integriert

$$k_1 = \frac{1}{t}\ln\frac{a}{a - x} = \frac{1}{0{\cdot}4343\,t}\log\frac{a}{a - x}. \qquad (3)$$

k_1 nennt man die **Geschwindigkeitskonstante** der Reaktion. Wie man aus (2) ablesen kann, repräsentiert k_1 den Bruchteil der reagierenden Substanz, der in der Zeiteinheit bei der Konzentration 1 umgesetzt würde, wenn diese Konzentration dauernd aufrechterhalten bliebe. Für die Reaktion zwischen Essigsäureanhydrid und Wasser sind verschiedene Werte von k_1 in der folgenden Tabelle verzeichnet (t in Minuten gerechnet).

Temperatur	$k_1 \times 10^2$	τ in Min.
0°	2·46	27
18°	10·5	6
25°	16·0	4

Man sieht aus den angeführten Zahlen, wie stark die Geschwindigkeit mit der Temperatur steigt. In der Spalte 3 ist die „**Halbwertszeit**" τ aufgeführt, d. h. diejenige Zeit, für die $x = {}^1\!/_2\,a$, also gerade die Hälfte der Substanz umgesetzt ist. Sie ergibt sich aus (3) zu

$$\tau = \frac{\log 2}{0{\cdot}4343\,k_1} = \frac{0{\cdot}6931}{k_1}$$

Ester der Fettsäuren

Ester entstehen durch Einwirkung von Säurechloriden oder Säureanhydriden auf Alkohole. Ferner erhält man sie durch Behandeln des Silbersalzes einer Säure mit Alkyljodiden. Auch bei direkter Einwirkung von Säuren auf Alkohole entstehen sie, äußerst langsam bei gewöhnlicher, rascher bei erhöhter Temperatur:

$$\underset{\text{Essigsäure}}{CH_3\cdot CO_2H} + \underset{\text{Äthylalkohol}}{C_2H_5\cdot OH} \rightleftarrows \underset{\text{Essigsäure-äthylester}}{CH_3\cdot CO\cdot OC_2H_5} + H_2O.$$

Die **Esterbildung** wird durch Mineralsäuren katalytisch beschleunigt, wie schon SCHEELE fand; meist sättigt man das Reaktionsgemisch mit Chlorwasserstoff oder setzt eine kleine Menge konz. Schwefelsäure hinzu. Der Prozeß ist als klassisches Beispiel einer **Gleichgewichtsreaktion** sorgfältig studiert worden, zuerst von BERTHELOT und PÉAN DE ST.-GILLES. Man kann die nach verschiedenen Zeiten gebildete Estermenge leicht bestimmen, indem man in einer Probe des Gemisches die freie Säure titriert. Man findet dann, daß auch nach beliebig langen Zeiten die Reaktion niemals vollständig ist: stets bleibt ein Teil des Alkohols und der Säure unverbunden. Geht man entsprechend der obigen Gleichung von je 1 Mol Essigsäure und Äthylalkohol aus, so bestehen nach dem Ergebnis der Analyse im Gleichgewichtszustand nebeneinander je $^2/_3$ Mol Ester und Wasser und je $^1/_3$ Mol Alkohol und Säure. Daß wir es hier mit einem wahren Gleichgewicht zu tun haben, ergibt sich am besten daraus, daß man zu einem Gemisch der genau gleichen Zusammensetzung gelangt, wenn man von einem äquimolekularen Gemisch von Essigsäureäthylester und Wasser ausgeht. Die Abhängigkeit der Esterausbeute von den Mengenverhältnissen ergibt sich aus einer einfachen kinetischen Betrachtung. Es seien p und q die (in Mol gerechneten) Anfangskonzentrationen von Alkohol und Säure, x die Konzentration von Ester bzw. Wasser zur Zeit t, dann ist die Geschwindigkeit der Esterbildung zur Zeit t den noch vorhandenen Mengen von Alkohol und Säure proportional, also gleich $k(p-x)(q-x)$, die Geschwindigkeit der Esterverseifung $k'x^2$. Im Gleichgewicht werden beide gleich, also

$$k(p-x)(q-x) = k'x^2 \quad \text{oder} \quad \frac{(p-x)(q-x)}{x^2} = \frac{k'}{k} = K.$$

Im obigen Fall waren p und $q = 1$, $x = {}^2/_3$; daraus ergibt sich für K der Wert 0·25.

Mit Hilfe des Zahlenwertes von K kann man nun berechnen, wie sich die Esterausbeute mit den Mengenverhältnissen ändert: macht man die Säurekonzentration $q = 1$, die Alkoholkonzentration $p = 0{\cdot}05$, so liegt das Gleichgewicht bei $x = 0{\cdot}049$ Mol Ester. Die Ausbeute ist also, auf den Alkohol bezogen, nahezu quantitativ. Nimmt man einen großen Alkoholüberschuß (z. B. $q = 1$, $p = 8$), so erhält man wiederum den Ester in fast quantitativer Menge ($x = 0{\cdot}967$). Um also eine quantitative Ausbeute zu erhalten, muß man eine der beiden Komponenten im Überschuß zur Anwendung bringen. Der Katalysator ist ohne Einfluß auf die Lage des Gleichgewichts, er beschleunigt nur seine Einstellung (OSTWALD); eine Verschiebung des Gleichgewichts stände im Widerspruch zum 2. Hauptsatz der Thermodynamik.

Von der Temperatur ist die Lage des Essigester-Gleichgewichts nur sehr wenig abhängig (bei 10° liegt die Grenze der Esterifizierung bei 65·2%, bei 220° bei 66·5%), während andererseits die Geschwindigkeiten der Esterbildung sowohl als auch der Esterverseifung sehr stark von der Temperatur abhängen. Nach dem Prinzip des beweglichen Gleichgewichts sollte man daher annehmen, daß die Bildungswärme des Esters (S. 119) nur gering sein kann; dies steht mit der Erfahrung im Einklang.

Die Ester sind farblose, mit Wasser nicht in jedem Verhältnis mischbare Flüssigkeiten. Sie reagieren neutral und sind leichter als Wasser. Sie besitzen häufig einen sehr angenehmen, fruchtartigen Geruch und werden deshalb als Fruchtessenzen fabrikmäßig dargestellt. Einzelne Ester besitzen auch als Lösungsmittel technische Bedeutung. **Essigsäuremethylester (Methylacetat)** siedet bei 57° und besitzt bei 20° das spezifische Gewicht 0·9338. **Essigsäureäthylester (Essigester, Äthylacetat)** $CH_3\cdot CO_2\cdot C_2H_5$ siedet bei 77·2° und hat D_4^{20}:0·900. **Essigsäureisoamylester (Isoamylacetat)** $CH_3\cdot CO_2\cdot$

C_5H_{11} siedet bei 142° und riecht nach Birnen, **Buttersäureäthylester** $C_3H_7 \cdot CO_2 \cdot C_2H_5$, Siedepunkt 121·6°, nach Ananas, **Isovaleriansäure-isoamylester** $C_4H_9 \cdot CO_2 \cdot C_5H_{11}$, Siedepunkt 193°, nach Äpfeln. In der Natur kommen Ester in großer Menge in Form der Fette (S. 154) und Wachse vor. **Bienenwachs** besteht hauptsächlich aus den Palmitinsäureestern der Alkohole $C_{30}H_{62}O$ und $C_{32}H_{66}O$.

Primäre, sekundäre und tertiäre Alkohole werden, wie MENSCHUTKIN nachwies, mit sehr verschiedener Geschwindigkeit esterifiziert. Die folgende Tabelle zeigt die von MICHAEL bestimmten bimolekularen Geschwindigkeitskonstanten der Veresterung mit Trichloressigsäure bei 25° (t in Minuten gerechnet):

	$k \cdot 10^5$
Methylalkohol	61·8
Propylalkohol	12·1
Octylalkohol	31·0
Isopropylalkohol	1·64
sek.-Butylalkohol	1·5
tert.-Butylalkohol	1·97
tert.-Amylalkohol	4·15

Die **Esterverseifung** durch reines Wasser nach der Gleichung:

$$CH_3 \cdot CO \cdot OC_2H_5 + H_2O = CH_3 \cdot CO_2H + C_2H_5 \cdot OH$$

ist ein bei gewöhnlicher Temperatur sehr langsam verlaufender Prozeß. Durch Zusatz von Säuren kann er katalytisch beschleunigt werden.

Im allgemeinen ist die Menge des Wassers, wenn eine vollständige Verseifung beabsichtigt wird, gegen die Menge des Esters sehr groß und daher praktisch als konstant anzusehen, und die Verseifungsgeschwindigkeit folgt dann der Gleichung für monomolekulare Reaktionen (vgl. S. 87).

Die Verseifung durch Basen erfolgt nach der Gleichung:

$$CH_3 \cdot CO_2 \cdot C_2H_5 + NaOH = CH_3 \cdot CO_2Na + C_2H_5 \cdot OH$$

oder als Ionenreaktion formuliert:

$$CH_3 \cdot CO_2 \cdot C_2H_5 + OH^- = CH_3 \cdot CO_2^- + C_2H_5 \cdot OH.$$

Sie ist eine bimolekulare Reaktion, für die Gleichung (1) auf S. 87 gilt.

Die Geschwindigkeit, mit der Ester durch Säuren verseift werden, hängt in hohem Maße von der Natur der zugefügten Säure ab. Starke Säuren verseifen rasch, schwache langsam. Die Geschwindigkeit der Verseifung hängt, wie sich gezeigt hat, in erster Näherung nur von dem Grade der elektrolytischen Dissoziation, d. h. von der Wasserstoffionen-Konzentration ab und wird, da sie experimentell leicht zu ermitteln ist, häufig zur Bestimmung des Dissoziationsgrades von Säuren herangezogen.

Basen verseifen sehr viel rascher als Säuren. Für Kalilauge und Salzsäure in 0·1n-Lösungen ist das Verhältnis der Geschwindigkeitskonstanten bei der Methylacetat-Verseifung 1350:1. Auch bei den Basen ist die Verseifungsgeschwindigkeit vom Dissoziationsgrad abhängig; Ammoniak verseift daher viel langsamer als Kalilauge. Das wirksame Agens sind folglich in diesem Falle die Hydroxylionen (die aber zum Unterschied von den H-Ionen bei der Reaktion allmählich verbraucht werden). Auch die Konzentration der OH-Ionen kann man mithin durch Bestimmung der Verseifungsgeschwindigkeit ermitteln. Man bestimmt z. B. auf diese Weise den Grad der Hydrolyse schwach alkalisch reagierender Salze wie Kaliumcyanid, Alkalicarbonat usw.

Die bisher angestellten Betrachtungen über die Esterverseifung lassen die Frage offen, welche der folgenden Gleichungen den Mechanismus dieser Reaktion darstellt:

$$\text{a)} \quad R_1 \cdot C \begin{cases} {=}O \\ {-}O{-}|{-}R_2 \end{cases} + H_2O \longrightarrow R_1 \cdot CO_2H + R_2 \cdot OH,$$

$$\text{b)} \quad R_1 \cdot C \begin{cases} {=}O \\ \vdots O{-}R_2 \end{cases} + H_2O \longrightarrow R_1 \cdot CO_2H + R_2 \cdot OH.$$

Man kann diese Frage entscheiden, wenn man zur Verseifung Wasser verwendet, in dem das schwere Sauerstoffisotop O^{18} angereichert ist. Verliefe die Reaktion gemäß a), so müßte der erhaltene Alkohol ebenfalls einen Überschuß an O^{18} enthalten, da in diesem Fall der Sauerstoff des Alkohols vom Wasser geliefert wird. Versuche haben ergeben, daß dies nicht der Fall ist. Demnach muß Gleichung b) der richtige Ausdruck für den Reaktionsmechanismus sein. Spaltungen gemäß a) sind, wie man heute weiß, auf Sonderfälle beschränkt.

Wie die Ester durch Wasser eine Hydrolyse zu Alkohol und Säure erleiden, so können sie unter der Einwirkung von Alkoholen einer **Alkoholyse** unterliegen:

$$\mathrm{R\cdot CO\cdot OCH_3 + C_4H_9\cdot OH \rightleftarrows R\cdot CO\cdot OC_4H_9 + CH_3\cdot OH},$$

wobei also in umkehrbarer Reaktion ein Austausch der Alkylgruppen stattfindet. Unter dem katalytischen Einfluß von wenig Natriumalkoholat vollzieht sich dieser als „Umesterung" bezeichnete Prozeß schon bei gewöhnlicher Temperatur.

Die Alkoxygruppe der Ester ist auch sonst recht beweglich. Die Ester bilden daher ein geeignetes Ausgangsmaterial für zahlreiche Umsetzungen, die mit den freien Carbonsäuren nur schwierig oder überhaupt nicht durchführbar sind. Durch Einwirkung von Natrium auf die siedende alkoholische oder amylalkoholische Lösung der Ester (BOUVEAULT und BLANC) entstehen primäre Alkohole:

$$\mathrm{R\cdot CO\cdot OC_2H_5 + 2\,H_2 = R\cdot CH_2\cdot OH + C_2H_5\cdot OH},$$

eine Reaktion, von der man zu synthetischen Zwecken häufig Gebrauch macht. Zu dem gleichen Resultat führt auch die Reduktion der Ester mit Wasserstoff bei 300° und 200 Atmosphären Druck mit Kupfer als Katalysator. Tertiäre Alkohole können aus Estern leicht mit Hilfe von Alkylmagnesiumverbindungen nach folgenden Reaktionsgleichungen gewonnen werden:

$$\text{I.}\quad \mathrm{R\cdot C}\!\left\langle\begin{matrix}\mathrm{O}\\ \mathrm{O\cdot C_2H_5}\end{matrix}\right. + \mathrm{R'\cdot MgCl} = \mathrm{R\cdot C}\!\left\langle\begin{matrix}\mathrm{O}\\ \mathrm{R'}\end{matrix}\right. + \mathrm{C_2H_5\cdot O\cdot MgCl},$$

$$\text{II.}\quad \mathrm{R\cdot C}\!\left\langle\begin{matrix}\mathrm{O}\\ \mathrm{R'}\end{matrix}\right. + \mathrm{R'\cdot MgCl} = \mathrm{R\cdot C}\!\left\langle\begin{matrix}\mathrm{O\cdot MgCl}\\ \mathrm{R'}\\ \mathrm{R'}\end{matrix}\right.$$

$$\text{III.}\quad \mathrm{R\cdot C}\!\left\langle\begin{matrix}\mathrm{O\cdot MgCl}\\ \mathrm{R'}\\ \mathrm{R'}\end{matrix}\right. + \mathrm{H_2O} = \mathrm{R\cdot C}\!\left\langle\begin{matrix}\mathrm{OH}\\ \mathrm{R'}\\ \mathrm{R'}\end{matrix}\right. + \mathrm{Mg}\!\left\langle\begin{matrix}\mathrm{Cl}\\ \mathrm{OH}\end{matrix}\right.$$

Aus Estern der Ameisensäure erhält man auf dem gleichen Wege sekundäre Alkohole. Über Enolformen der Ester vgl. S. 213; über Ester-Kondensationen S. 167, 214.

Orthoester

Die unter diesem Namen zusammengefaßte Verbindungsklasse leitet sich von den Orthocarbonsäuren $\mathrm{R\cdot C(OH)_3}$ ab, die in freiem Zustande nicht bekannt sind. Sie sind auf verschiedenen Wegen erhältlich, die Ester der Orthoameisensäure z. B. aus Natriumalkylat und Chloroform:

$$\mathrm{CHCl_3 + 3\,NaO\cdot C_2H_5 = CH(O\cdot C_2H_5)_3 + 3\,NaCl}.$$

Orthoameisensäureäthylester siedet bei 145° und wird durch Alkalien *nicht* verseift, während mit Säuren Ameisensäureäthylester oder Ameisensäure entsteht. Die Orthoester stehen also den Acetalen (S. 101) näher als den Estern.

Bei der Einwirkung von Alkylmagnesiumsalzen auf Orthoester wird schon in der Kälte glatt eine Alkoxygruppe gegen Alkyl ausgetauscht und das Acetal eines Aldehyds (S. 101) erhalten:

$$\mathrm{R\cdot MgX + C_2H_5\cdot O\cdot CH}\!\left\langle\begin{matrix}\mathrm{O\cdot C_2H_5}\\ \mathrm{O\cdot C_2H_5}\end{matrix}\right. = \mathrm{R\cdot CH}\!\left\langle\begin{matrix}\mathrm{O\cdot C_2H_5}\\ \mathrm{O\cdot C_2H_5}\end{matrix}\right. + \mathrm{C_2H_5\cdot OMgX}.$$

Säureamide $\mathrm{C_nH_{2n+1}\cdot CO\cdot NH_2}$

Diese Verbindungen enthalten die Gruppe $-\mathrm{C}\!\left\langle\begin{matrix}\mathrm{O}\\ \mathrm{NH_2}\end{matrix}\right.$. Als Konstitutionsbeweis dient ihre Bildung durch Einwirkung von Ammoniak auf Säurechloride und -anhydride oder auf Ester:

$$CH_3\cdot COCl + NH_3 = CH_3\cdot CO\cdot NH_2 + HCl,$$
$$(CH_3\cdot CO)_2O + 2\,NH_3 = 2\,CH_3\cdot CO\cdot NH_2 + H_2O,$$
$$CH_3\cdot CO\cdot O\cdot C_2H_5 + NH_3 = CH_3\cdot CO\cdot NH_2 + C_2H_5\cdot OH.$$

Aus den Ammoniumsalzen der Fettsäuren entstehen Säureamide unter Wasserabspaltung, wenn man sie stark erhitzt:

$$CH_3\cdot CO\cdot ONH_4 = CH_3\cdot CO\cdot NH_2 + H_2O.$$

Die Verseifung der Nitrile läßt sich auf der Zwischenstufe der Amide festhalten, wenn man als verseifendes Mittel 96%ige Schwefelsäure oder schwach alkalisches Wasserstoffperoxyd anwendet:

$$CH_3\cdot CN + H_2O = CH_3\cdot CO\cdot NH_2.$$

Dieser Mittelstellung der Säureamide zwischen Säuren und Nitrilen entsprechend kann man aus ihnen einerseits durch Kochen mit verdünnten Säuren oder Alkalien Säuren, andererseits durch Einwirkung wasserentziehender Mittel (P_2O_5) Nitrile darstellen.

Das Anfangsglied der Reihe, Formamid, entsteht aus Ammoniak und Kohlenoxyd in Methanol unter Druck in Gegenwart von Natriummethylat als Katalysator:

$$CO + NH_3 = HCO\cdot NH_2.$$

Seine technische Darstellung aus Ameisensäuremethylester und Ammoniak wurde bereits auf S. 78 erwähnt.

Die Amide sind krystallisierte, in Wasser spielend lösliche Substanzen, die mit Ausnahme von Formamid unzersetzt destillierbar sind. **Formamid** (Ameisensäureamid) $HCO\cdot NH_2$ schmilzt bei 2,55°, hat die Dichte D^{20}_4:1,1334 und siedet unter 15 mm bei 110°. Beim Sieden unter gewöhnlichem Druck zerfällt es in geringem Maß in Kohlenoxyd, Ammoniak, Wasser und Blausäure. **Acetamid** $CH_3\cdot CO\cdot NH_2$ schmilzt bei 82° und siedet bei etwa 222°; es riecht gewöhnlich infolge geringer Verunreinigungen nach Mäusen. Wie die Carbonsäuren sind auch die Säureamide assoziiert und zeichnen sich durch anomal hohe Siedepunkte aus. Die Erklärung dafür ist in Wasserstoffbindungen zwischen dem Wasserstoff der NH_2-Gruppe und dem Sauerstoff zu suchen.

In chemischer Beziehung unterscheiden sich die Säureamide wesentlich von den ihnen strukturell verwandten Aminen. Bei den Amiden wird die Bindung zwischen Kohlenstoff und Stickstoff durch Säuren und Alkalien leicht aufgehoben; bei den Aminen ist dies nicht der Fall. Doch sind sie gegen Hydrolyse merklich beständiger als die Ester. Während z. B. für Essigsäureäthylester die Geschwindigkeitskonstanten der Verseifung durch Natronlauge und ln-Salzsäure bei 25° 6.86 Liter $mol^{-1} min^{-1}$ bzw. 0.0064 min^{-1} sind, lauten die entsprechenden Zahlen für Acetamid 0.0022 bzw. 0.00038.

Ferner sind die basischen Eigenschaften des Ammoniaks infolge der Substitution eines seiner H-Atome durch einen Säurerest sehr geschwächt. Man kennt zwar Salze, z. B. $CH_3\cdot CO\cdot NH_2 + HCl$, aber diese werden bereits durch Wasser zersetzt und sind deshalb nur in wasserfreien Lösungsmitteln zu erhalten. Die Säureamide besitzen sogar schwach saure Eigenschaften: Acetamid ist z. B. befähigt, in wäßriger Lösung Quecksilberoxyd aufzulösen und damit eine Verbindung $(CH_3\cdot CO\cdot NH)_2Hg$ zu bilden.

In ihrem Verhalten gegen salpetrige Säure sind die Amide den Aminen vergleichbar, indem sie wie diese NH_2 gegen OH austauschen; die Amide gehen dabei in Fettsäuren über.

Über die Darstellung von primären Aminen aus Säureamiden vgl. S. 186.

Nitrile

Alles Wesentliche über Bildung und chemische Eigenschaften der Nitrile ist bereits mitgeteilt worden (S. 69, 70). Im folgenden mögen noch einige physikalische Eigenschaften aufgeführt werden:

		F.	Kp.	D_4^{20}
Ameisensäurenitril, Blausäure	HCN	— 13·2°	25·7°	0·696
Essigsäurenitril, Acetonitril	$CH_3 \cdot CN$	— 45	81·6	0·783
Propionsäurenitril, Propionitril	$C_2H_5 \cdot CN$	— 92	97·2	0·782
Buttersäurenitril, Butyronitril	$C_3H_7 \cdot CN$	— 112	117·9	0·791
Valeriansäurenitril, Valeronitril	$C_4H_9 \cdot CN$	— 96	141·3	0·799
Capronsäurenitril, Capronitril	$C_5H_{11} \cdot CN$	— 79	164	0·805

Die niedrigen Glieder der Reihe sind Flüssigkeiten von eigenartigem, nicht unangenehmem Geruch. Sie sind in Wasser ziemlich leicht löslich und besitzen ein erhebliches Lösungsvermögen für anorganische Salze.

Blausäure (Cyanwasserstoff) HCN

Eine eingehendere Besprechung erheischt das Nitril der Ameisensäure, das gewöhnlich als Blausäure oder Cyanwasserstoff bezeichnet wird und wie alle Anfangsglieder einer homologen Reihe in bezug auf Bildung und Eigenschaften einige Besonderheiten aufweist.

Cyanwasserstoff bildet sich, wenn Stickstoff und Wasserstoff oder Ammoniak über glühende Kohle geleitet werden. Da Cyanwasserstoff eine stark endotherme Verbindung (S. 118) ist (Bildungswärme $\Delta H_{298} = +31$ kcal/Mol), werden im Gleichgewicht erst bei hohen Temperaturen nennenswerte Ausbeuten erhalten. Das Gleichgewicht liegt für Atmosphärendruck und 1875° bei 4·7% HCN. Das Vorkommen geringer Mengen von Blausäure im rohen Leuchtgas beruht auf dieser Reaktion.

In verhältnismäßig bedeutender Menge entsteht Cyanwasserstoff, wenn man Stickstoff mit Kohlenwasserstoffen (Methan, Acetylen, Crackgasen) in einem elektrischen Hochspannungsbogen reagieren läßt und für rasche Abkühlung der Reaktionsgase sorgt. Ammoniak, Methan und Sauerstoff geben am glühenden Platinkontakt Cyanwasserstoff nach folgender Gleichung:

$$CH_4 + NH_3 + {}^3/_2\,O_2 = HCN + 3\,H_2O; \quad \Delta H_{298} = -115\ \text{kcal.}$$

Auch aus den Stickstoffverbindungen der Melasse (Betain, Trimethylamin) wird technisch durch Erhitzen auf hohe Temperatur HCN gewonnen.

Die reinste Blausäure der Technik wird durch Wasserabspaltung aus Formamid durch Überleiten über Zinksulfid-Katalysatoren gewonnen:

$$HCO \cdot NH_2 = HCN + H_2O; \Delta H_{298} = +28\ \text{kcal}$$

Die Reaktion ist also endotherm. Es bedarf besonderer Aufmerksamkeit, um die konkurrierende Reaktion

$$HCO \cdot NH_2 = CO + NH_3; \Delta H_{298} = +17\ \text{kcal}$$

zu unterdrücken.

Im Laboratorium stellt man Blausäure meist durch Erhitzen von Kaliumhexacyanoferrat-(II) (S. 94) mit verdünnter Schwefelsäure oder durch Auftropfen von starker Schwefelsäure auf Kaliumcyanid dar. Wasserfreie Blausäure ist eine farblose Flüssigkeit vom Geruch der bitteren Mandeln, die bei 26° siedet und bei — 15° erstarrt. Ihr spezifisches Gewicht ist 0·697 bei 18°.

In reinem Zustand ist Blausäure haltbar; ihre wäßrige Lösung zersetzt sich allmählich unter Abscheidung brauner, amorpher Massen; in der Lösung findet sich unter anderem Ammoniumformiat.

Blausäure ist ein sehr gefährliches Gift. Sie setzt die Oxydationsenergie sämtlicher Zellen herab, indem sie die eisenhaltigen Oxydationsfermente durch Komplexbildung unwirksam macht. Als Gegenmittel dienen unter anderem Spülungen mit Wasserstoffperoxyd und Einspritzungen von Natriumthiosulfatlösung. Die Giftigkeit kommt dem Cyan-Ion zu. Denn Kaliumhexacyanoferrat-(II), dessen wäßrige Lösung keine Cyan-Ionen enthält, ist völlig unschädlich. Wegen ihrer Giftigkeit spielt Blausäure eine große Rolle als Schädlingsbekämpfungsmittel.

Der Auffassung der Blausäure als das **Nitril der Ameisensäure** entsprechen die folgenden Reaktionen: Bei der Destillation von ameisensaurem Ammonium mit Phosphorpentoxyd entsteht Blausäure; umgekehrt geht diese, wie eben angegeben wurde, durch Wasseraufnahme in ameisensaures Ammonium über. Die Formel H—C≡N findet ferner in der Bildung von Blausäure aus Chloroform $CHCl_3$ beim Erwärmen mit alkoholischem Ammoniak und wenig Kali eine Stütze (S. 148). Durch Reduktion von Blausäure entsteht Methylamin:

$$H{-}C{\equiv}N + 2H_2 = CH_3{\cdot}NH_2.$$

Da andererseits manche Parallelen zwischen Blausäure und den Isonitrilen R·N:C bestehen, muß man mit einem Gleichgewicht $HCN \rightleftarrows C{:}NH$ rechnen.

Blausäure ist eine der schwächsten Säuren ($k = 4.8 \cdot 10^{-10}$); ihre wäßrige Lösung besitzt nur ein sehr schwaches Leitvermögen für den elektrischen Strom. Flüssige Blausäure hat eine sehr hohe Dielektrizitätskonstante (205·5 bei —13·3°). Sie löst trotzdem anorganische Salze nur spurenweise und zu schlecht leitenden Lösungen. Ihre hohe Dielektrizitätskonstante wird auf Wasserstoffbindungen zurückgeführt.

Blausäure findet sich häufig im Pflanzenreich, mitunter in ansehnlicher Menge, z. B. in den Blättern von Pangium edule zu 0·36%. Ihr Auftreten beruht auf der enzymatischen Hydrolyse von stickstoffhaltigen Glykosiden, deren bekanntestes das **Amygdalin** der bitteren Mandeln ist. Auch der Blausäuregehalt des Kirschlorbeerwassers rührt von Amygdalin her. Bei der Besprechung der Kohlenhydrate wird hiervon noch die Rede sein (S. 235).

Salze der Blausäure (Cyanide)

Das Natriumsalz der Blausäure wird technisch in großem Maßstabe dargestellt und dient hauptsächlich zur Auslaugung von Gold und Silber aus ihren Erzen.

Zu seiner Gewinnung gibt es viele technische Verfahren. Nach dem CASTNER-KELLNER-Prozeß verwandelt man zunächst metallisches Natrium im Ammoniakstrom bei 300 bis 400° in Natriumamid. Dieses geht beim Erhitzen mit Holzkohle auf 300—600° zunächst in Natriumcyanamid über, das sich schließlich bei 700—800° unter nochmaliger Aufnahme von 1 Atom Kohlenstoff in Natriumcyanid verwandelt:

$$2\,Na + 2\,NH_3 = 2\,NaNH_2 + H_2,$$
$$2\,NaNH_2 + C = Na_2CN_2 + 2\,H_2,$$
$$Na_2CN_2 + C = 2\,NaCN.$$

Auf analoge Weise wird durch Schmelzen von Calciumcyanamid (Kalkstickstoff) Calciumcyanid dargestellt:

$$CaCN_2 + C = Ca(CN)_2.$$

Durch Zusatz von Natriumchlorid läßt sich die Schmelztemperatur auf 1200° herabsetzen. Der technische Kalkstickstoff enthält von der Darstellung her freien Kohlenstoff, so daß sich eine besondere Zugabe von Kohlenstoff erübrigt.

Es gibt noch zahlreiche andere Möglichkeiten zur Darstellung von Cyanverbindungen aus dem Stickstoff der Luft; jedoch ist ihre technische Bedeutung geringer.

Die Cyanide der Alkalimetalle, der Erdalkalimetalle sowie das Quecksilbercyanid sind in Wasser löslich, die anderen Metallcyanide sind unlöslich. Die wäßrigen Lösungen der Alkali- und

Erdalkalicyanide reagieren infolge hydrolytischer Spaltung stark alkalisch. Die Cyanide besitzen eine sehr große Neigung zur Bildung von komplexen Salzen, von denen viele, besonders die alkalihaltigen, in Wasser löslich sind und sehr gut kristallisieren. (Vgl. darüber die Lehrbücher der anorganischen Chemie.)

Kaliumcyanid wurde früher durch Schmelzen von Kaliumhexacyanoferrat-(II) gewonnen:

$$K_4[Fe(CN)_6] = 4\,KCN + Fe + 2\,C + N_2\,.$$

Kaliumcyanid wird schon durch die Kohlensäure der Luft zersetzt, wobei Blausäure frei wird; daher riecht es stets nach Blausäure. In Wasser löst es sich sehr leicht auf, schwer in starkem Alkohol; beim Erhitzen schmilzt es ohne Zersetzung.

Die wäßrige Lösung der Alkalicyanide ist nicht beständig; wie die freie Blausäure unterliegen die Cyanide bei gewöhnlicher Temperatur langsam, beim Kochen schnell der Verseifung, wobei Ammoniak und Kaliumformiat entstehen:

$$KCN + 2\,H_2O = HCO_2K + NH_3\,.$$

Kaliumhexacyanoferrat-(II) (Kaliumferrocyanid, gelbes Blutlaugensalz) $K_4[Fe(CN)_6] + 3H_2O$ kristallisiert in schwefelgelben Kristallen; wasserfrei bildet es ein weißes Pulver. Es ist nicht giftig. Wir sahen bereits S. 92, daß es beim Erwärmen mit verdünnter Schwefelsäure Blausäure gibt. Beim Erwärmen mit konzentrierter Schwefelsäure entsteht dagegen Kohlenoxyd. Die primär entstehende Blausäure wird durch die konzentrierte Säure zu Ameisensäure und Ammoniak verseift; die Ameisensäure wird dann durch konzentrierte Schwefelsäure in Kohlenoxyd und Wasser zersetzt.

Weitere Carbonsäurederivate

Außer den bereits beschriebenen Derivaten sind noch andere Verbindungen bekannt, die sich von den Fettsäuren ebenfalls durch Substitution in der Carboxylgruppe ableiten.

Durch die Einwirkung von PCl_5 auf Säureamide entstehen die salzsauren Salze von **Imidchloriden**[1]

$$R\cdot CO\cdot NH_2 + PCl_5 \longrightarrow R\cdot C\begin{matrix}\diagup NH\cdot HCl\\ \diagdown Cl\end{matrix}\,.$$

Durch die Abspaltung eines Moleküls HCl gehen sie leicht in die freien Imidchloride über, die auch durch Addition von HCl an Nitrile erhalten werden können.

Iminoäther sind Verbindungen vom Typus $R\cdot C\begin{matrix}\diagup OR'\\ \diagdown NH\end{matrix}$. Man kann sie durch Addition von Alkohol an Nitrile unter dem Einfluß von Chlorwasserstoff erhalten:

$$R\cdot CN + R'\cdot OH = R\cdot C\begin{matrix}\diagup OR'\\ \diagdown NH\end{matrix}\,.$$

Sie bilden mit Chlorwasserstoff gut kristallisierende Salze. Behandelt man die Iminoäther mit Salmiak, so entstehen die salzsauren Salze der **Amidine**:

$$R\cdot C\begin{matrix}\diagup OC_2H_5\\ \diagdown NH\end{matrix} + NH_4Cl = R\cdot C\begin{matrix}\diagup NH_2\\ \diagdown NH\cdot HCl\end{matrix} + C_2H_5\cdot OH\,.$$

Die im freien Zustand unbeständigen Amidine sind starke einsäurige Basen, die beständige Salze bilden.

Hydroxamsäuren leiten sich von den Säureamiden durch Substitution eines an N gebundenen Wasserstoffatoms durch die OH-Gruppe ab. Sie entstehen durch Einwirkung von Hydroxylamin auf Ester oder Säureamide:

$$CH_3\cdot C\begin{matrix}\diagup\!\!\!\diagup O\\ \diagdown O\cdot C_2H_5\end{matrix} + H_2N\cdot OH = CH_3\cdot C\begin{matrix}\diagup\!\!\!\diagup O\\ \diagdown NH\cdot OH\end{matrix} + C_2H_5\cdot OH,$$

$$CH_3\cdot CO\cdot NH_2 + H_2N\cdot OH, HCl = CH_3\cdot CO\cdot NH\cdot OH + NH_4Cl\,.$$

Es sind neutral reagierende Substanzen, die in wäßriger Lösung mit $FeCl_3$ eine intensiv rote Färbung, mit Kupferacetat grüne Kupfersalze liefern (vgl. auch S. 104).

Amidoxime entstehen durch Addition von Hydroxylamin an Nitrile:

$$R\cdot CN + H_2N\cdot OH = R\cdot C\begin{matrix}\diagup\!\!\!\diagup N\cdot OH\\ \diagdown NH_2\end{matrix}\,.$$

[1] Diese salzsauren Salze faßte man früher als selbständige Verbindungen $R\cdot CCl_2\cdot NH_2$ (**„Amidchloride"**) auf. Nach HANTZSCH liegen in diesen Verbindungen wahrscheinlich Hydrochloride von Nitrilen $R\cdot CN + HCl$ bzw. $2\,HCl$ vor.

Sie können sowohl mit Säuren wie mit Basen Salze bilden. Mit einer alkalischen Kupferlösung geben sie einen schmutzigbraunen oder grünen Niederschlag; dies ist eine charakteristische Reaktion der Amidoxime.

Säurehydrazide werden durch Einwirkung von Hydrazin auf Säurechloride oder Ester gebildet. Sie besitzen also die Struktur $R\cdot CO\cdot NH\cdot NH_2$. Es sind kristallisierte, wasserlösliche Substanzen, die ammoniakalische Silberlösung reduzieren. Bei Einwirkung von salpetriger Säure entstehen daraus die **Säureazide**:

$$R\cdot CO\cdot NH\cdot NH_2 + HNO_2 = R\cdot CO\cdot N_3 + 2\,H_2O.$$

Diese sind flüchtige, explosive Stoffe, die zum Teil sehr schön kristallisieren. Mit ihrer Hilfe lassen sich Carbonsäuren zu den um 1 C-Atom ärmeren Aminen abbauen (S. 187).

Oxo-Verbindungen $C_nH_{2n}O$

(Aldehyde und Ketone)

Aldehyde entstehen durch Oxydation der primären Alkohole, Ketone analog aus sekundären Alkoholen. In beiden Fällen treten durch Oxydation 2 Wasserstoffatome aus.

Werden **Aldehyde** einer weiteren Oxydation unterworfen, so entstehen durch Aufnahme eines Sauerstoffatoms gesättigte Fettsäuren der gleichen Kohlenstoffzahl: aus dem Alkohol $C_nH_{2n+1}\cdot CH_2\cdot OH$ wird schließlich die Säure $C_nH_{2n+1}\cdot CO\cdot OH$. Somit muß auch der Aldehyd die unveränderte Alkylgruppe C_nH_{2n+1} enthalten:

$$\underset{\text{Alkohol}}{R\cdot CH_2\cdot OH} \longrightarrow \underset{\text{Aldehyd}}{R\cdot CHO} \longrightarrow \underset{\text{Säure}}{R\cdot CO_2H}.$$

Die beiden verlorenen Wasserstoffatome müssen also der Gruppe $CH_2\cdot OH$ entstammen.

Demnach bleiben für Aldehyde nur noch zwei Strukturformeln übrig:

$$\text{I.}\quad R\cdot C\Big\langle{}^{O}_{H} \qquad\qquad \text{II.}\quad R\cdot C\cdot OH,$$

von denen die zweite Formel zu verwerfen ist, weil die Aldehyde keine einzige Eigenschaft zeigen, die für Alkohole charakteristisch ist, und weil ferner Verbindungen mit zweiwertigem Kohlenstoff sehr selten sind.

Daß Formel I die Konstitution der Aldehyde richtig wiedergibt, findet nun eine weitere Stütze in der Bildung der Aldehyde aus Säurechloriden unter dem Einfluß von Reduktionsmitteln (Palladiumwasserstoff oder Natrium in feuchter ätherischer Lösung):

$$\underset{\text{Butyrylchlorid}}{C_3H_7\cdot C\Big\langle{}^{Cl}_{O}} \longrightarrow \underset{\text{Butyraldehyd}}{C_3H_7\cdot C\Big\langle{}^{H}_{O}}.$$

Aldehyde sind also Verbindungen, die die Gruppe $—C\Big\langle{}^{H}_{O}$, gebunden an Kohlenstoff, enthalten.

Auch die Oxydationsprodukte der sekundären Alkohole, die **Ketone,** verhalten sich nicht wie hydroxylhaltige Verbindungen. Ihre Bildung ist ganz analog durch das folgende Schema zu veranschaulichen:

$$\underset{\text{sek. Alkohol}}{R\cdot CH_2\cdot CH(OH)\cdot CH_2\cdot R} \longrightarrow \underset{\text{Keton}}{R\cdot CH_2\cdot CO\cdot CH_2\cdot R}.$$

Denn durch weitere Oxydation entstehen aus dem Keton zwei Säuren $R\cdot CH_2\cdot CO_2H$ und $R\cdot CO_2H$, die auch durch direkte Oxydation des sekundären Alkohols gewonnen werden können und die unveränderten Alkylgruppen des Alkohols enthalten.

Ketone enthalten also die Carbonylgruppe $>C=O$ („Ketogruppe"), gebunden an zwei Kohlenstoffatome. Bezeichnet man doppelt gebundenen Sauerstoff $=O$ als **Oxogruppe**, so kann man auch sagen: Aldehyde enthalten die Oxogruppe an einem primären, Ketone an einem sekundären Kohlenstoffatom.

Bei der Oxydation unsymmetrischer Ketone müssen nach dieser Auffassung natürlich vier Säuren entstehen. Z. B. müßte Methylnonylketon (Undecanon-2) $CH_3\cdot CO\cdot C_9H_{19}$, je nachdem die Aufspaltung rechts oder links vom Carbonyl erfolgt, einmal Essigsäure und Pelargonsäure $C_9H_{18}O_2$, das andere Mal Ameisensäure und Caprinsäure $C_{10}H_{20}O_2$ liefern. Tatsächlich geht die Oxydation auch so vor sich, daß die Spaltung nach beiden Richtungen erfolgt, jedoch ist im allgemeinen die eine Spaltungsrichtung bevorzugt; meist bleibt das kleinste Alkyl mit dem Carbonyl verbunden.

Die **Oxydation der Aldehyde** zu Säuren ist eine Reaktion, deren Mechanismus mit den gewählten Bedingungen wechselt, und durchaus nicht immer der einfachen Gleichung

$$R\cdot CHO + O = R\cdot COOH$$

entspricht, wonach der Aldehyd dem Oxydationsmittel 1 Atom Sauerstoff entziehen würde. WIELAND hat in interessanten Untersuchungen gezeigt, daß die Hydrate der Aldehyde, die beim Auflösen der Aldehyde in Wasser entstehen, unmittelbar unter Abspaltung von Wasserstoff (**„Dehydrierung"**) in Säuren übergehen können:

$$R\cdot CH(OH)_2 = R\cdot COOH + H_2.$$

Bedingung dafür ist die Gegenwart eines Katalysators, der den Wasserstoff aktiviert (z. B. Palladium, Fermente) und eines „Wasserstoff-Acceptors", d. h. einer Substanz, die sich mit dem Wasserstoff verbinden kann. Schüttelt man z. B. eine wäßrige Aldehydlösung mit Palladiumschwarz in Gegenwart von Luftsauerstoff oder einem anderen Wasserstoff-Acceptor (der auch sauerstofffrei sein kann, z. B. Methylenblau, S. 488) so wird der vom Metall übertragene Wasserstoff durch Verbindungsbildung aus dem Gleichgewicht entfernt, der Katalysator kann aufs neue Wasserstoff aktivieren, und der Aldehyd wird glatt in Säure verwandelt. Auch die Luftoxydation des Alkohols zu Essigsäure in Gegenwart von Essigbakterien beruht auf einer durch das Bakterienferment katalysierten Dehydrierung (vgl. S. 489).

Läßt man Aldehyde an der Luft stehen, so oxydieren sie sich freiwillig. Dieser **„Autoxydation"** genannte Prozeß ist wegen seiner theoretischen und technischen Bedeutung vielfach studiert, jedoch immer noch nicht bis in alle Einzelheiten geklärt. Am eingehendsten untersucht ist der Verlauf beim Acetaldehyd, wo man annehmen kann, daß zunächst aus 1 Mol (flüssigem oder in organischem Lösungsmittel gelöstem) Aldehyd und 1 Mol Sauerstoff Peressigsäure (Acetpersäure) entsteht:

$$CH_3\cdot CHO + O_2 = CH_3\cdot C\Big\langle\genfrac{}{}{0pt}{}{O}{O\cdot OH}.$$

Sie ist jedoch als solche nicht faßbar, weil sie mit überschüssigem Acetaldehyd mit großer Geschwindigkeit weiterreagiert, wobei ein Peroxyd entsteht, dem man ohne Beweis die Formel eines Peressigsäureesters des Aldehydhydrats gegeben hat:

$$CH_3\cdot C\Big\langle\genfrac{}{}{0pt}{}{O}{O\cdot OH} + CH_3\cdot CHO = CH_3\cdot C\Big\langle\genfrac{}{}{0pt}{}{O\ \ HO}{O\cdot O}\Big\rangle CH\cdot CH_3.$$

Arbeitet man bei 0°, so bleibt die Reaktion hier stehen, und das Peroxyd kann in krystallisiertem Zustand abgeschieden werden. Beim Anwärmen der Lösung zerfällt es lebhaft in Essigsäureanhydrid und Wasser:

$$CH_3\cdot C\Big\langle\genfrac{}{}{0pt}{}{O\ \ HO}{O\cdot O}\Big\rangle CH\cdot CH_3 = CH_3\cdot C\Big\langle\genfrac{}{}{0pt}{}{O\ \ O}{O}\Big\rangle C\cdot CH_3 + H_2O,$$

die sich allmählich zu 2 Molekülen Essigsäure umsetzen.

Als Katalysatoren der Autoxydation verwendet man in der Technik die Acetate von Kobalt, Mangan und Kupfer. Die Autoxydation der Aldehyde ist wahrscheinlich eine Kettenreaktion (S. 111). Für gasförmigen Acetaldehyd hat BODENSTEIN ein begründetes Reaktionsschema aufgestellt. Ehe man dieses Kettenschema auf den flüssigen Aldehyd überträgt, bedarf es indessen noch neuer Untersuchungen (vgl. a. Benzaldehyd, S. 331).

Konzentrierte Lösungen der oben erwähnten **Peressigsäure** stellt man durch Einwirkung von konzentriertem Wasserstoffperoxyd auf Eisessig oder Essigsäureanhydrid in Gegenwart von etwas konz. Schwefelsäure dar. Die Reaktion ist eine Gleichgewichtsreaktion:

$$CH_3\cdot COOH + H_2O_2 \rightleftarrows CH_3\cdot CO\cdot O\cdot OH + H_2O.$$

Peressigsäure ist eine bei 0,1° schmelzende, explosive Verbindung, die aus Kaliumjodid-Lösung sofort Jod ausscheidet und eine wichtige Rolle als Oxydationsmittel in der organischen Chemie spielt. Als Abkömmling des Wasserstoffperoxyds ist sie nur eine äußerst schwache Säure ($k = 4 \times 10^{-10}$).

Aus Natriumperoxyd und Essigsäureanhydrid bildet sich das bei 26⁰ schmelzende **Diacetylperoxyd** $CH_3 \cdot CO \cdot O \cdot O \cdot CO \cdot CH_3$. Es zerfällt beim Erhitzen in Eisessig-Lösung in Radikale, wovon später noch die Rede sein wird (S. 168).

Nomenklatur. Der Name Aldehyd ist zusammengezogen aus Al[kohol]dehyd[rogenatus] (Alkohol, dem Wasserstoff entzogen ist). Der Name Keton ist abgeleitet von dem ersten Glied der Reihe $CH_3 \cdot CO \cdot CH_3$, Aceton. Die einzelnen Glieder der Aldehydreihe werden nach den Säuren benannt, die durch Oxydation aus ihnen entstehen: $H \cdot CHO$ Formaldehyd, $CH_3 \cdot CHO$ Acetaldehyd, $C_2H_5 \cdot CHO$ Propionaldehyd, $C_4H_9 \cdot CHO$ Valeraldehyd usw.

Die Ketone werden nach den Alkylgruppen benannt, die in ihnen vorhanden sind: $(CH_3)_2CO$ Dimethylketon, $CH_3 \cdot CO \cdot C_3H_7$ Methylpropylketon usw.

Nach der systematischen Nomenklatur ist die Endung **al** charakteristisch für alle Aldehyde, **on** für alle Ketone. Man hängt diese Endungen an den Namen der entsprechenden Kohlenwasserstoffe an: Propionaldehyd $CH_3 \cdot CH_2 \cdot CHO$ = Propanal; Methylpropylketon $CH_3 \cdot CO \cdot CH_2 \cdot CH_2 \cdot CH_3$ = Pentanon-2.

Bildungsweisen

Alkohole können nicht nur durch Oxydation in Aldehyde und Ketone übergeführt werden, sondern auch durch Wasserstoffabspaltung („Dehydrierung“, s. S. 104) mittels geeigneter Katalysatoren; z. B. spaltet sich Methylalkohol in Gegenwart von Palladiumschwarz schon bei Zimmertemperatur langsam in Formaldehyd und Wasserstoff:

$$CH_3 \cdot OH = CH_2O + H_2.$$

Bei höherer Temperatur ist Kupfer ein guter Dehydrierungskatalysator; leitet man die Dämpfe primärer oder sekundärer Alkohole bei 250—400⁰ über fein verteiltes (durch Reduktion von CuO gewonnenes) Kupfer, so spalten sie sich glatt nach der Gleichung:

$$C_nH_{2n+1} \cdot OH = C_nH_{2n}O + H_2.$$

Es gibt noch einige andere den Aldehyden und Ketonen gemeinsame Bildungsweisen. Sie bilden sich z. B. bei trockner Destillation fettsaurer Salze; Calciumacetat liefert dabei Aceton:

$$\begin{array}{l} CH_3 \cdot CO \cdot | O \\ CH_3 \cdot | CO \cdot O \end{array} \!\!> Ca = CH_3 \cdot CO \cdot CH_3 + CaCO_3.$$

Bei der Destillation eines Gemisches zweier verschiedener fettsaurer Salze erhält man gemischte Ketone:

$$\begin{array}{l} CH_3 \cdot CO \cdot | ONa \\ C_2H_5 \cdot | CO \cdot ONa \end{array} = \underset{\text{Methyläthylketon}}{CH_3 \cdot CO \cdot C_2H_5} + Na_2CO_3.$$

Ist das eine der beiden Salze dabei ein Formiat, so entsteht ein Aldehyd:

$$\begin{array}{r} C_2H_5 \cdot CO \cdot | ONa \\ H | CO \cdot ONa \end{array} = \underset{\text{Propionaldehyd}}{C_2H_5 \cdot CHO} + Na_2CO_3.$$

Diese Bildungsweise illustriert die schon aus den Formeln abzulesende Tatsache, daß man die Aldehyde als Ketone auffassen kann, die an Stelle einer Alkylgruppe Wasserstoff enthalten.

Der Verlauf der Ketonbildung aus Säuren ist durch die obigen Gleichungen nur formal beschrieben. Nach NEUNHOEFFER verläuft die Reaktion anscheinend in 2 Stufen, indem zunächst eine β-Ketocarbonsäure (S. 260) entsteht, die dann unter CO_2-Abspaltung in Keton übergeht

$$2\,CH_3 \cdot CO_2H \rightarrow CH_3 \cdot CO \cdot CH_2 \cdot CO_2H$$
$$CH_3 \cdot CO \cdot CH_2 \cdot CO_2H \rightarrow CH_3 \cdot CO \cdot CH_3 + CO_2.$$

Aldehyde entstehen durch Einwirkung von Alkylmagnesiumverbindungen auf Ameisensäureester:

$$HC\begin{matrix}\diagup O\\ \diagdown O\cdot C_2H_5\end{matrix} + C_2H_5\cdot MgBr = HC\begin{matrix}\diagup O\\ \diagdown C_2H_5\end{matrix} + C_2H_5\cdot O\cdot MgBr.$$

Analog bilden sich Ketone aus Säurechloriden:

$$CH_3\cdot COCl + C_2H_5\cdot MgBr = CH_3\cdot CO\cdot C_2H_5 + MgBrCl.$$

Da Aldehyde und Ketone mit Organomagnesiumverbindungen nach S. 100 leicht weiterreagieren und Alkohole bilden, bevorzugt man für diese Synthese Organozinkverbindungen, bei denen das erste Stadium nicht überschritten wird.

Auch aus Nitrilen lassen sich Ketone durch eine Magnesiumreaktion darstellen:

$$CH_3\cdot CN + CH_3\cdot MgCl = CH_3\cdot C\begin{matrix}\diagup N\cdot MgCl\\ \diagdown CH_3\end{matrix} \xrightarrow{2H_2O} CH_3\cdot CO\cdot CH_3 + Mg(OH)Cl + NH_3.$$

Eigenschaften und allgemeine Reaktionen

Die physikalischen Eigenschaften der einfachsten normalen Aldehyde und Ketone sind in der folgenden Tabelle vereinigt:

Aldehyde	Formel	F.	Kp.	D_4^{20}
Formaldehyd	$HCHO$	— 92°	— 19°	0·815 (bei —20°)
Acetaldehyd	$CH_3\cdot CHO$	— 123	+ 20·2	0·781
Propionaldehyd	$C_2H_5\cdot CHO$	— 81	49	0·800
Butyraldehyd	$C_3H_7\cdot CHO$	— 97	75	0·817
Valeraldehyd	$C_4H_9\cdot CHO$	— 92	104	0·814
Ketone				
Aceton	$CH_3\cdot CO\cdot CH_3$	— 94	56·1	0·7905
Methyläthylketon	$CH_3\cdot CO\cdot C_2H_5$	— 86	79·6	0·805
Methylpropylketon	$CH_3\cdot CO\cdot C_3H_7$	— 84	102	0·808
Diäthylketon	$C_2H_5\cdot CO\cdot C_2H_5$	— 42	101	0·816
Methylamylketon	$CH_3\cdot CO\cdot C_5H_{11}$	— 35	151	0·815
Dipropylketon	$C_3H_7\cdot CO\cdot C_3H_7$	— 34	144	—
Dibutylketon	$C_4H_9\cdot CO\cdot C_4H_9$	— 6	188	—

Das chemische Verhalten der Aldehyde und Ketone ist durch ihren ungesättigten Charakter bestimmt. Dieser äußert sich in dem Additionsvermögen der doppelten Bindung zwischen Sauerstoff und Kohlenstoff, die dabei in eine einfache Bindung übergeht. Das Additionsvermögen ungesättigter Verbindungen ist eine Erscheinung von allgemeinster Bedeutung und wird später noch eingehend besprochen werden (S. 112).

Folgende Elemente und Verbindungen können an Aldehyde und Ketone angelagert werden.

1. **Wasserstoff.** Die Reduktion erfolgt bei der Einwirkung von Natriumamalgam auf die wäßrige Lösung, durch Behandlung mit Natrium und Alkohol oder durch katalytische Hydrierung nach einem der bekannten Verfahren (vgl. S. 112). Aldehyde liefern dabei primäre, Ketone sekundäre Alkohole.

Auch durch Alkohole können Aldehyde und Ketone in Gegenwart geeigneter Katalysatoren reduziert werden. Die Reaktion ist eine Gleichgewichts-Reaktion, die auf dem Austausch von Wasserstoff zwischen Alkohol und Oxo-Verbindung beruht:

$$R\cdot CH_2\cdot OH + R_1\cdot CHO \rightleftarrows R\cdot CHO + R_1\cdot CH_2\cdot OH.$$

Geeignete Katalysatoren sind namentlich Aluminiumalkoholate, z. B. Aluminium-tert.-butylat (Meerwein, Ponndorf, Oppenauer). Im einzelnen vollzieht sich die Reaktion vermutlich folgendermaßen: Aluminium-tert.-butylat liefert mit $R\cdot CH_2\cdot OH$ die entsprechende Al-

Verbindung $R\cdot CH_2\cdot O\cdot\frac{Al}{3}$. Diese vereinigt sich mit dem Aldehyd zu einem Zwischenprodukt, das unter Wechsel der Oxydationsstufen wieder zerfällt:

$$R\cdot CH_2\cdot O\cdot\frac{Al}{3} + R_1\cdot CHO \rightleftarrows R_1\cdot CH\begin{cases}O\cdot\frac{Al}{3}\\ O\cdot CH_2\cdot R\end{cases} \rightarrow R_1\cdot CH_2\cdot O\cdot\frac{Al}{3} + R\cdot CHO.$$

Da die Reaktion eine Gleichgewichts-Reaktion ist, muß man zur Erzielung guter Ausbeuten entweder eine der Ausgangskomponenten in großem Überschuß anwenden oder eines der Reaktionsprodukte fortlaufend aus dem Gleichgewicht entfernen. Verwendet man Äthylalkohol als Reduktionsmittel, so erfolgt die Entfernung des Acetaldehyds automatisch, indem unter dem katalytischen Einfluß des Alkoholats Essigester entsteht:

$$CH_3\cdot CHO + (CH_3)_3C\cdot O\cdot\frac{Al}{3} \rightarrow CH_3\cdot CH\begin{cases}O\cdot\frac{Al}{3}\\ O\cdot C(CH_3)_3\end{cases}$$

$$CH_3\cdot CH\begin{cases}O\cdot\frac{Al}{3}\\ O\cdot C(CH_3)_3\end{cases} + CH_3\cdot CHO \rightarrow CH_3\cdot C\begin{cases}O\cdot\frac{Al}{3}\\ O\cdot CH_2\cdot CH_3\\ O\cdot C(CH_3)_3\end{cases} \rightarrow$$

$$CH_3\cdot C\begin{cases}O\\ O\cdot C_2H_5\end{cases} + (CH_3)_3C\cdot O\cdot\frac{Al}{3}$$

(vgl. weiter unten die ähnlich verlaufende CANNIZZAROsche Reaktion). Andere Aldehyde unterliegen der gleichen Reaktion soviel langsamer, daß auf diese Weise praktisch nur der Acetaldehyd aus dem Gleichgewicht ausscheidet.

Das obige Reduktionsverfahren kann auch zur Reduktion von Ketonen dienen, die indessen wegen ihrer geringen Neigung zur Alkoholat-Bildung wesentlich schwerer reagieren. Umgekehrt kann man natürlich auch Alkohole nach dem gleichen Prinzip zu Aldehyden bzw. Ketonen oxydieren. Die Reaktion hat sich präparativ in vielen Fällen als sehr brauchbar erwiesen. Doch müssen die Bedingungen von Fall zu Fall der Gleichgewichtslage und den physikalischen Eigenschaften der Komponenten des Systems angepaßt werden.

2. **Saures Natriumsulfit, Natriumhydrogensulfit $NaHSO_3$**[1]. Werden Aldehyde oder Ketone mit einer höchst konzentrierten Lösung dieses Salzes geschüttelt, so entstehen kristallisierte Additionsprodukte, in denen Natriumsalze von Oxysulfonsäuren vorliegen:

$$R\cdot C\begin{cases}O\\ H\end{cases} + NaHSO_3 = R\cdot CH\begin{cases}OH\\ SO_3Na\end{cases}$$

Das Additionsprodukt bildet bei Behandlung mit verdünnten Säuren oder Soda sehr leicht Aldehyd bzw. Keton zurück. Bei den höheren Gliedern erfolgt die Regenerierung bereits beim Lösen in Wasser. Diese leichte Abspaltbarkeit der Sulfonsäuregruppe gab früher Veranlassung, die Additionsverbindungen für Schwefligsäureester mit der Gruppe $CH\cdot O\cdot SO_2Na$ zu halten. Indessen werden wir einer solchen Spaltbarkeit noch häufiger begegnen, wenn zwei funktionelle Gruppen an das gleiche C-Atom gebunden sind. Daß das $NaHSO_3$-Derivat des Formaldehyds **Oxymethansulfonsäure** $HO\cdot CH_2\cdot SO_3H$ ist, konnte unter anderem durch Acetylierung bewiesen werden. Denn die entstehende Acetylverbindung $CH_3\cdot CO\cdot O\cdot CH_2\cdot SO_3H$ kann durch Einwirkung von Kaliumacetat auf Jodmethansulfonsäure $JCH_2\cdot SO_3H$ synthetisch erhalten werden. Die Natriumhydrogensulfit-Verbindungen sind in Wasser sehr leicht löslich, in einer sehr konzentrierten $NaHSO_3$-Lösung aber unlöslich. Sie sind zur Abscheidung und Reinigung von Aldehyden und Ketonen sehr wertvoll.

3. **Blausäure.** Wird ein Aldehyd oder ein Keton mit wasserfreier Blausäure und einem Tropfen einer alkalisch reagierenden Lösung, z. B. Kaliumcarbonat oder Kaliumcyanid zusammengebracht, so findet Vereinigung nach folgender Gleichung statt:

$$\begin{matrix}CH_3\\ C_2H_5\end{matrix}\!\!>C=O + HCN = \begin{matrix}CH_3\\ C_2H_5\end{matrix}\!\!>C<\!\!\begin{matrix}OH\\ CN\end{matrix}.$$

[1] Nicht zu verwechseln mit Natrium**dithionit** $Na_2S_2O_4$, das früher meist als „Hydrosulfit" bezeichnet wurde; diese Bezeichnung ist in der Technik auch heute noch die übliche.

Die Bedeutung dieser Synthese ist sehr groß; denn durch Verseifen der so erhaltenen **„Cyanhydrine“ (Oxynitrile)** entstehen die wichtigen Oxysäuren (S. 191).

4. Aldehyde und Ketone addieren **Alkylmagnesiumhalogenide**; das Additionsprodukt liefert bei der Zerlegung mit Wasser einen sekundären bzw. tertiären Alkohol. Die nachstehenden Gleichungen geben den Verlauf dieser Reaktionen wieder:

$$\underset{\text{Aldehyd}}{R\cdot C\begin{smallmatrix}\nearrow O\\ \searrow H\end{smallmatrix}} + R'\cdot MgJ = \underset{\text{Additionsprodukt}}{R\cdot CH\begin{smallmatrix}\nearrow O\cdot MgJ\\ \searrow R'\end{smallmatrix}} \longrightarrow \underset{\text{sekund. Alkohol}}{R\cdot CH(OH)\cdot R'}$$

$$\underset{\text{Aceton}}{(CH_3)_2CO} + CH_3\cdot MgBr = \underset{\text{Additionsprodukt}}{(CH_3)_2C<\begin{smallmatrix}O\cdot MgBr\\ CH_3\end{smallmatrix}} \longrightarrow \underset{\text{Trimethylcarbinol}}{(CH_3)_3C\cdot OH}$$

Andere gemeinsame Eigenschaften der Aldehyde und Ketone beruhen darauf, daß das doppelt gebundene Sauerstoffatom durch andere Atome oder Atomgruppen ersetzt werden kann.

Durch **Einwirkung von Phosphorpentachlorid** wird das Sauerstoffatom durch zwei Chloratome ersetzt.

Hydroxylamin $H_2N\cdot OH$ wirkt auf folgende Weise ein:

$$(CH_3)_2CO + H_2N\cdot OH = (CH_3)_2C = N\cdot OH + H_2O.$$

Die so entstehenden **Oxime** nennt man **Aldoxime,** wenn sie sich von Aldehyden, **Ketoxime,** wenn sie sich von Ketonen ableiten. Die Oxime sind teils kristallisiert, teils flüssig. Sie besitzen sowohl schwach saure als auch basische Eigenschaften, verbinden sich demnach sowohl mit Basen als auch mit Säuren. Bei Behandlung mit Basen wird der Wasserstoff der Hydroxylgruppe durch Metall ersetzt; Säuren werden in gleicher Weise wie von Ammoniak addiert, z. B. $(CH_3)_2C = N\cdot ON + HCl$.

Durch Kochen mit verdünnter Salzsäure lassen sich die Oxime wieder in Hydroxylamin und Aldehyde oder Ketone spalten.

Über O- und N-Äther der Oxime s. S. 266.

Bei kräftiger Reduktion gehen die Oxime in primäre Amine über:

$$(CH_3)_2C = N\cdot OH + 4\,H = (CH_3)_2CH\cdot NH_2 + H_2O.$$

Wenn man die Reduktion durch katalytische Hydrierung mit einem sehr aktiven Nickelkatalysator ausführt, so werden nur die Ketoxime glatt hydriert, während die Aldoxime sich leicht in die isomeren Säureamide umlagern; z. B. entsteht aus Acetaldoxim $CH_3\cdot CH{:}N\cdot OH$ Acetamid $CH_3\cdot CO\cdot NH_2$.

Aldoxime liefern bei der Einwirkung wasserentziehender Mittel (z. B. Essigsäureanhydrid) leicht die entsprechende Nitrile:

$$C_2H_5\cdot CH : N\cdot OH \longrightarrow C_2H_5\cdot C{\equiv}N + H_2O.$$

Die Ketoxime sind einer eigenartigen Atomverschiebung zugänglich, die nach ihrem Entdecker den Namen der **Beckmannschen Umlagerung** führt. Sie erfolgt z. B. unter der Einwirkung einer kleinen Menge PCl_5. Man kann sie in folgender Weise formulieren:

$$R{-}C\begin{smallmatrix}\nearrow R'\\ \searrow N\cdot OH\end{smallmatrix} \longrightarrow R{-}C\begin{smallmatrix}\nearrow OH\\ \searrow N\cdot R'\end{smallmatrix} \longrightarrow R{-}C\begin{smallmatrix}\nearrow O\\ \searrow NH\cdot R'\end{smallmatrix}.$$

Es entsteht also unter Platzwechsel von OH und R′ aus dem Ketoxim ein am Stickstoff substituiertes Säureamid. Weiteres über diese Reaktion s. S. 334. An die technisch wichtige Umlagerung des Cyclohexanon-oxims zum Lactam der ε-Amino-capronsäure, also einem cyclischen Säureamid, sei hier erinnert:

$$\begin{matrix}CH_2{-}CH_2{-}C{:}N\cdot OH\\ | \qquad\qquad\quad |\\ CH_2{-}CH_2{-}CH_2\end{matrix} \xrightarrow[90^0]{\text{rauch. } H_2SO_4} \begin{matrix}CH_2{-}CH_2{-}CO\\ | \qquad\qquad\\ CH_2{-}CH_2{-}CH_2\end{matrix}\!\!>\!NH$$

In wäßriger Lösung bei 270⁰ lagert sich das Lactam in das als Kunststoff verwendete Polyamid $H_2N\cdot[CH_2]_5\cdot CO\ldots NH\cdot[CH_2]_5\cdot CO_2H$ (**Igamid B, Perlon L**) um.

Ganz analog wie mit Hydroxylamin reagieren Aldehyde und Ketone mit Hydrazin unter Bildung von **Hydrazonen** (R)(R')C:N·NH_2. Analytisch wichtig sind aber vor allem die **Phenylhydrazone,** die sich von einem aromatischen Abkömmling des Hydrazins, dem *Phenylhydrazin*, ableiten, für das später die Struktur C_6H_5·NH·NH_2 bewiesen werden wird.

$$(R)(R')CO + H_2N\cdot NH\cdot C_6H_5 = (R)(R')C{=}N\cdot NH\cdot C_6H_5 + H_2O.$$

Diese Verbindungen sind zum Teil gut kristallisierende, zum Teil flüssige Substanzen. Beim Erhitzen mit Salzsäure spalten sie sich unter Wasseraufnahme wieder in ihre Komponenten. Phenylhydrazin und Hydroxylamin gehören zu den beliebtesten Reagenzien auf Carbonylgruppen

Die Struktur der Phenylhydrazone geht daraus hervor, daß auch ein Phenylhydrazin, in dem der Wasserstoff der Iminogruppe (NH) durch Alkyl substituiert ist, in gleicher Weise mit Aldehyden und Ketonen reagiert; andererseits können nur diejenigen Hydrazine, die noch eine nicht substituierte NH_2-Gruppe besitzen, Hydrazone bilden.

Gleichfalls von großer Wichtigkeit für die Charakterisierung von Aldehyden und Ketonen sind die **Semicarbazone**; s. darüber S. 188.

Aldehyde (Alkanale)

Die Aldehyde sind meist Flüssigkeiten von charakteristischem, unangenehmem Geruch. Sie sieden bedeutend niedriger als die entsprechenden Alkohole. Die niedrigen Glieder der Reihe sind in allen Verhältnissen mit Wasser mischbar; diese Lösungen enthalten zum Teil unbeständige Hydrate R·$CH(OH)_2$.

Die Aldehyde zeigen außer den Eigenschaften, die sie mit den Ketonen gemein haben, noch die folgenden **besonderen Reaktionen**:

1. Reaktion mit Ammoniak, wobei **Aldehydammoniak** entsteht:

$$3\,CH_3\cdot CHO + 3\,NH_3 = \underset{\text{Aldehydammoniak}}{(C_2H_7ON)_3}.$$

Diese Verbindung scheidet sich beim Einleiten von Ammoniak in Acetaldehyd oder beim langsamen Zufügen einer konzentrierten, wäßrigen Ammoniaklösung zu stark abgekühltem Acetaldehyd in Form farbloser hexagonaler Kristalle ab, die in Wasser sehr leicht löslich sind. Durch Säuren werden die Aldehydammoniak-Verbindungen wieder in ihre Komponenten zerlegt, während die gleiche Zersetzung durch Alkali nicht möglich ist.

Aldehydammoniak ist wahrscheinlich eine heterocyclische Verbindung (2·4·6-Trimethylhexahydro-1·3·5-triazin) der nachstehenden Formel:

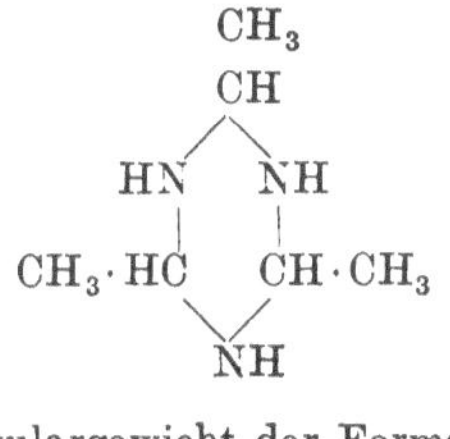

Tatsächlich entspricht das Molekulargewicht der Formel $C_6H_{15}N_3 + 3\,H_2O$. Über Schwefelsäure verliert die Verbindung leicht drei Moleküle Kristallwasser, die in Berührung mit Wasser wieder aufgenommen werden.

2. **Acetal-Bildung.** Aldehyde verbinden sich in alkoholischer Lösung leicht mit 1 Molekül Alkohol zu Halbacetalen:

$$CH_3\cdot CHO + C_2H_5\cdot OH \rightleftarrows CH_3\cdot CH{<}^{OH}_{O\cdot C_2H_5}.$$

Das Gleichgewicht ist vielfach erheblich nach rechts verschoben, doch sind die Halbacetale so unbeständig, daß ihre Existenz bisher vorwiegend auf physikalischem

Wege nachgewiesen wurde. Viel beständiger sind die Vollacetale, meist **Acetale** schlechthin genannt, die aus Aldehyd und 2 Molekülen Alkohol entstehen:

$$CH_3 \cdot CHO + \begin{matrix} HO \cdot C_2H_5 \\ HO \cdot C_2H_5 \end{matrix} \rightleftarrows CH_3 \cdot CH {<}\begin{matrix} O \cdot C_2H_5 \\ O \cdot C_2H_5 \end{matrix} + H_2O.$$

Acetaldehyd-diäthylacetal

Sie werden z. B. durch Kochen einer Mischung von Aldehyd mit einem Überschuß von 1%iger alkoholischer Salzsäure oder durch Erhitzen eines Gemenges von Aldehyd und Alkohol mit wasserfreiem Kupfersulfat erhalten. Sie bilden sich deshalb auch als Nebenprodukte bei der Oxydation von Alkoholen. Tetraalkylorthosilicate $Si(OR)_4$, die man durch Umsetzung von $SiCl_4$ mit wasserfreien Alkoholen erhalten kann, liefern beim Kochen mit Aldehyden oder Ketonen in dem betreffenden Alkohol bei Gegenwart von Chlorwasserstoff die entsprechenden Acetale. Diese vielfach brauchbare Darstellungsmethode ist von Helferich angegeben. Die Acetale sind farblose Flüssigkeiten von angenehmem Geruch, die ohne Zersetzung destillieren und durch Alkalien ebensowenig wie die Orthoester (S. 90) angegriffen werden. Durch Kochen mit wäßrigen Säuren werden sie dagegen entsprechend der angegebenen Strukturformel leicht in Aldehyd und Alkohol gespalten. Wären die eingetretenen Alkylreste an Kohlenstoff gebunden, so wäre eine so leichte Spaltung nicht zu erwarten.

3. **Polymerisation und Kondensation.** Die Aldehyde zeigen ferner die Eigentümlichkeit, daß sie sich unter dem Einfluß von Katalysatoren ohne Veränderung der Elementarzusammensetzung zu höhermolekularen Verbindungen „polymerisieren". Der Reaktionsverlauf ist je nach den angewandten Bedingungen verschieden, entspricht aber in den wichtigsten Fällen einem der beiden folgenden Wege. Durch photochemische Reaktion oder Einwirkung von Säuren entstehen Verbindungen vom Typus der Acetale. Der Reaktionsmechanismus wechselt mit den Bedingungen, läßt sich jedoch formal so beschreiben, daß die Doppelbindung des Carbonyls aktiviert wird und zweiwertige reaktionsfähige Radikale entstehen („Aufrichtung" der Doppelbindung), die sich nach folgendem Schema aneinanderreihen können:

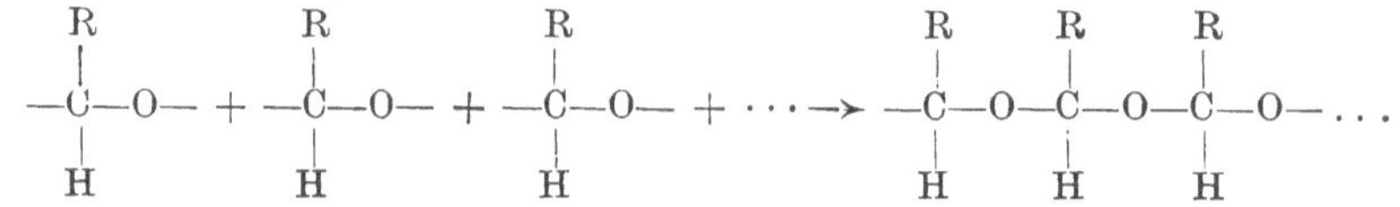

Langkettige Verbindungen dieser Art sind bisher mit Sicherheit nur beim Formaldehyd bekannt. Die endständigen Bindungen sind in diesem Fall durch die Elemente des Wassers abgesättigt[1]. Sehr häufig findet indessen eine intramolekulare Absättigung der freien Bindungen statt, indem eine ringförmige Verbindung entsteht. Versetzt man z. B. Acetaldehyd (Kp: 21°) mit einem Tropfen konzentrierter Schwefelsäure, so erwärmt er sich stark und geht teilweise in **Paraldehyd** über, der erst bei 124° siedet und ein dreimal so hohes Molekulargewicht wie Acetaldehyd zeigt. Seine Konstitution muß durch die nachstehende Formel wiedergegeben werden:

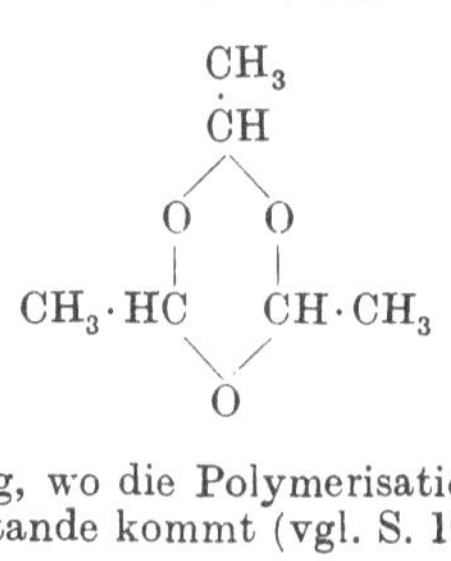

[1] Wenigstens in wäßriger Lösung, wo die Polymerisation durch Wasser-Abspaltung aus der Hydrat-Form des Formaldehyds zustande kommt (vgl. S. 105).

Paraldehyd zeigt nicht mehr die Eigenschaften der Aldehyde. Er enthält keine Hydroxylgruppen, da er mit Natrium nicht reagiert. Dagegen zeigt er die typische Empfindlichkeit der Acetale gegen Säuren, durch die er beim Erwärmen wieder völlig depolymerisiert wird, wenn man den entstehenden monomeren Acetaldehyd durch Abdestillieren aus dem Gleichgewicht entfernt.

In ganz anderer Art reagieren Aldehyde, wenn man sie mit Alkalien zusammenbringt. Wird eine wäßrige Lösung von Acetaldehyd mit konzentriertem Alkali erwärmt, so färbt sich die Flüssigkeit dunkelgelb, der Aldehyd **„verharzt"**, und nach kurzer Zeit scheidet sich eine rotgelbe, amorphe Masse (*Aldehydharz*) ab. Auf der Bildung ähnlicher Substanzen beruht vermutlich auch die Braunfärbung, die beim Aufbewahren alkoholischer Kalilauge zu beobachten ist.

Durch vorsichtige Behandlung von Acetaldehyd mit verdünnten Alkalien oder alkalisch reagierenden Salzen (Kaliumcarbonat, Natriumacetat), läßt sich indessen auch hier eine definierte Verbindung erhalten, die die gleiche empirische Zusammensetzung C_2H_4O, aber doppeltes Molekulargewicht C_4H_8O besitzt und **Aldol** genannt wird. Ihre Bildung kann in folgender Weise formuliert werden[1]:

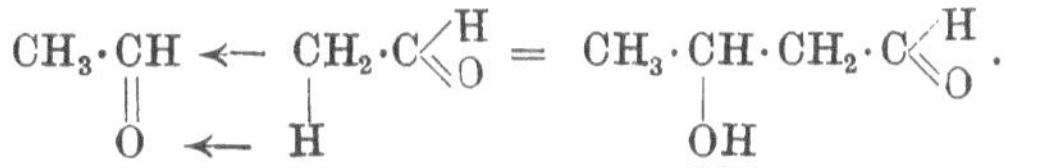

Aldol

Aldol ist zu gleicher Zeit Alkohol und Aldehyd; daher stammt sein Name Ald(ehyd-alkoh)ol. Aldol bildet eine Flüssigkeit, die sich leicht polymerisiert und leicht Wasser abspaltet, wobei Crotonaldehyd $CH_3 \cdot CH{:}CH \cdot CHO$ (S. 143) entsteht. Es kann deshalb nur unter vermindertem Druck destilliert werden (Kp_{10}: 59—60°). Es besitzt die Eigenschaften eines Aldehyds und liefert bei der Oxydation eine Oxybuttersäure $CH_3 \cdot CH(OH) \cdot CH_2 \cdot CO_2H$, die sich in Buttersäure überführen läßt. Demgemäß muß man im Aldol die Existenz einer Kette von 4 C-Atomen annehmen. Die Vereinigung der Aldehydmoleküle ist also in diesem Fall durch Kohlenstoffbindung zustande gekommen.

Monomolekulares Aldol ist nur bei —80° einigermaßen haltbar. Durch Polymerisation geht es mit großer Geschwindigkeit in das bei etwa 97° schmelzende **Paraldol** (I)

$$\text{I. } CH_3 \cdot CH(OH) \cdot CH_2 \cdot CH\begin{matrix}\diagup O—CH(CH_3)\diagdown \\ \diagdown O—CH(OH)\diagup\end{matrix}CH_2 \qquad \text{II. } CH_3 \cdot CH\begin{matrix}\diagup O—CH(CH_3)\diagdown \\ \diagdown O—CH(OH)\diagup\end{matrix}CH_2$$

über. Die Hydroxylgruppe beteiligt sich demnach an der Acetalbildung. Durch Wasser wird Paraldol teilweise wieder in die Komponenten gespalten. Ganz analog reagiert Aldol auch mit Acetaldehyd. Dabei entsteht **Aldoxan** (II), das sich infolgedessen in reichlicher Menge im rohen Aldol findet.

Die Polymerisation von Aldehyd zu Aldol unterscheidet sich von der Paraldehyd-Polymerisation wesentlich dadurch, daß dabei eine Atomverschiebung (Wanderung eines Wasserstoffatoms vom Kohlenstoff zum Sauerstoff) stattgefunden hat. Da hierbei eine neue Kohlenstoffbindung entstanden ist, kann man das Aldol nicht auf ein-

[1] Nach neuerer Elektronen-Auffassung wird vielleicht primär durch das OH-Ion als „Proton-Acceptor" ein H-Ion vom Kohlenstoff losgelöst. Dadurch entsteht ein freies Elektronenpaar am Kohlenstoff, das sich in die Oktett-Lücke eines zweiten durch Aufrichtung der C=O-Bindung polarisierten Aldehyd-Moleküls einlagert (vgl. S. 214):

fache Weise in Aldehyd zurückverwandeln („depolymerisieren"). Solche Polymerisationsreaktionen bezeichnet man vielfach als **Kondensation**[1].

Bei der Aldolpolymerisation der höheren Aldehyde tritt eine der Aldehydgruppe unmittelbar benachbarte CH- oder CH_2-Gruppe mit einem zweiten Molekül Aldehyd in Reaktion:

$$R\cdot CH_2\cdot CHO + OHC\cdot R' = R\cdot CH{<}\begin{matrix}CHO\\ CH(OH)\cdot R'\end{matrix}.$$

Ist eine solche nicht vorhanden, so bleiben Aldolpolymerisation und Verharzung im allgemeinen aus. In diesen Reaktionen tritt also eine erhöhte Beweglichkeit des der Aldehydgruppe benachbarten Wasserstoffs zutage, die auf den Einfluß der Carbonyl-Doppelbindung zurückzuführen ist.

Die oben berührte Neigung des Aldols zur Wasserabspaltung ist vielen Verbindungen dieses Typus eigen. LANGENBECK hat zu zeigen vermocht, daß sich in Gegenwart gewisser die Aldolkondensation befördernder Katalysatoren (z. B. essigsaurem Piperidin) schon bei 40⁰ ein regelrechtes Gleichgewicht zwischen Aldol und Crotonaldehyd einstellt:

$$CH_3\cdot CH(OH)\cdot CH_2\cdot CHO \rightleftarrows CH_3\cdot CH:CH\cdot CHO + H_2O.$$

Es ist daher nicht verwunderlich, daß man in Gegenwart derartiger Katalysatoren auch unmittelbar ungesättigte Aldehyde erhalten kann, zumal bei der Aufarbeitung durch Destillation die Anreicherung der am schwersten flüchtigen Aldole im Rückstand zu einer dauernden Gleichgewichtsstörung führt. Diese als **KNOEVENAGELsche Synthese** bekannte Reaktion ist von großer Bedeutung für die Darstellung ungesättigter Aldehyde, um so mehr als die Wiederholung der gleichen Reaktion mit Crotonaldehyd und seinen Analogen als Ausgangsmaterial auch den Aufbau längerer Kohlenstoffketten möglich macht (S. 143).

Reaktionen auf Aldehyde

Die Aldehyde lassen sich durch eine Reihe leicht anzustellender Proben von den Ketonen unterscheiden. Infolge ihrer leichten Oxydierbarkeit reduzieren sie FEHLINGsche Lösung und ammoniakalische Silberlösung; die Empfindlichkeit der Silberreaktion wird durch Zusatz von etwas Kalilauge wesentlich gesteigert. Fuchsinschweflige Säure (eine durch SO_2 entfärbte wäßrige Fuchsinlösung; Reagens von SCHIFF 1866) wird schon durch Spuren von Aldehyden gerötet. Auf der Bildung von Hydroxamsäuren (S. 94) beruht die Reaktion von ANGELI-RIMINI: Benzolsulfhydroxamsäure $C_6H_5\cdot SO_2\cdot NH\cdot OH$ wird durch Alkalien in Benzolsulfinsäure $C_6H_5\cdot SO_2H$ und das äußerst zersetzliche „Nitroxyl" HNO zerlegt, das mit anwesendem Aldehyd die Hydroxamsäure liefert:

$$R\cdot CHO + HNO = R\cdot C\begin{matrix}\diagup OH\\ \diagdown\!\!\diagdown N\cdot OH\end{matrix}.$$

Die Lösung gibt mit Eisenchlorid die für Hydroxamsäuren charakteristische tiefrote Färbung.

Formaldehyd (Methanal) HCHO

Wie wir früher gesehen haben, besitzt Ameisensäure einige Eigenschaften, die sich bei ihren Homologen nicht finden. Formaldehyd ist ein weiteres lehrreiches Beispiel dafür, daß das erste Glied einer homologen Reihe sich in seinem Verhalten von den höheren Gliedern unterscheidet.

Formaldehyd entsteht aus Methylalkohol durch Dehydrierung, wenn man die mit Luft gemischten Dämpfe über eine erhitzte Kupferspirale leitet (A. W. HOFMANN 1867). Der Luft fällt dabei im wesentlichen die Funktion zu, den abgespaltenen Wasserstoff

[1] Im weiteren Sinn versteht man unter Kondensation vorzugsweise Reaktionen, bei denen unter Wasserabspaltung Kohlenstoffatome miteinander verknüpft werden. Solche Reaktionen können natürlich auch zwischen Verbindungen verschiedener Konstitution eintreten. Der Begriff der Kondensation ist also wesentlich allgemeiner.

am Kupferkatalysator zu Wasser zu verbrennen. Während die Dehydrierung als solche Wärme verbraucht, ist der Gesamtprozeß infolge der hohen Wärmetönung der Wasserbildung stark exotherm. Daher bleibt die Kupferspirale auch nach Entfernung der Flamme in Glut, wenn man für ausreichende Zufuhr von Methylalkohol und Luft sorgt. Für die technische Darstellung von Formaldehyd dient als Katalysator Silber bei etwa 600°. Interessant ist ferner die Synthese von Formaldehyd aus Kohlenoxyd und Wasserstoff, die sich im ultravioletten Licht in Gegenwart von Quecksilberdampf als Sensibilisator vollzieht.

Formaldehyd ist bei gewöhnlicher Temperatur ein stechend riechendes Gas; durch Abkühlen im Kohlendioxyd-Äthergemisch kann man ihn zu einer wasserklaren Flüssigkeit kondensieren, die bei —19° siedet. Bei dieser Temperatur beginnt er auch bereits, namentlich bei Gegenwart von Feuchtigkeit, sich zu polymerisieren; bei höherer Temperatur verläuft die Polymerisation explosionsartig. Formaldehyd ist in Wasser leicht löslich. Beim Einengen dieser Lösung durch Verdampfen oder durch Eindunsten über Schwefelsäure wird er nur teilweise als Gas wiedergewonnen; ein anderer Teil scheidet sich als schwerlösliches Gemisch von Polymeren in Gestalt einer mikrokristallinen weißen Masse (**Paraformaldehyd** oder **Polyoxymethylen**) ab, aus der durch Erhitzen monomeres Formaldehydgas regeneriert wird. Während also bei der Destillation einer wäßrigen Lösung unter Atmosphärendruck Formaldehyd im Rückstand angereichert wird und in der Hauptsache Wasser überdestilliert, kehren sich die Verhältnisse um, wenn man unter Druck, also bei erhöhter Temperatur destilliert. Offenbar spaltet das Methylenglykol dann Wasser ab, und freier Formaldehyd erweist sich der Erwartung gemäß als der flüchtigere Bestandteil.

Die **Polymerisation des Formaldehyds** ist eine reversible, durch Säuren und Alkalien katalysierte Reaktion. Aus sehr konzentrierten Lösungen scheidet sich Polyoxymethylen ab, andrerseits kann dieses durch Säuren und Alkalien unter Depolymerisation wieder in Lösung gebracht werden. Nach STAUDINGERS eingehenden Untersuchungen bildet sich in wäßriger Lösung aus Formaldehyd zunächst seine Hydratform, das **Methylenglykol** $HO \cdot CH_2 \cdot OH$, das dann unter Wasserabspaltung in ein Gemisch kettenförmiger Acetale übergeht:

$$HO \cdot CH_2 \cdot O \cdot CH_2 \cdot O \cdot CH_2 \cdots O \cdot CH_2 \cdot O \cdot CH_2 \cdot OH \,.$$

Die regelmäßige Wiederholung des „Grundmoleküls" CH_2O in diesen Polymeren erinnert an die Aneinanderreihung von Methylengruppen in den homologen Reihen. STAUDINGER hat deshalb das Gemisch der Polyoxymethylene als eine „polymerhomologe" Reihe bezeichnet. Er konnte durch Synthese der niederen Glieder zeigen, wie mit steigendem Molekulargewicht bei abnehmender Löslichkeit und steigendem Schmelzpunkt Produkte erhalten werden, die dem hochmolekularen, 50—100 CH_2O-Gruppen enthaltenden Paraformaldehyd immer ähnlicher werden. Die hochmolekularen Verbindungen können nicht mehr ohne Depolymerisation gelöst oder verdampft werden. Ihr Molekulargewicht ist daher durch die geläufigen physikalischen Methoden nicht bestimmbar. Die Konstitution dieser Produkte konnte nun weiter dadurch bewiesen werden, daß die endständigen Hydroxylgruppen der Kette veräthert oder verestert wurden. Durch Einwirkung von Essigsäureanhydrid erhält man Polyoxymethylendiacetate $CH_3 \cdot CO \cdot O \cdot [CH_2 \cdot O]_n \cdot CO \cdot CH_3$, durch Fällen einer Methylalkohol enthaltenden Formaldehyd-Lösung mit Schwefelsäure Polyoxymethylendimethyläther $CH_3 \cdot O \cdot [CH_2 \cdot O]_n \cdot CH_3$. Durch quantitative Bestimmung des Acetyl- bzw. Methoxylgehaltes in diesen Verbindungen ergab sich auf chemischem Wege auch das Molekulargewicht. Die Ermittlung des Molekulargewichts durch „Endgruppenbestimmung" ist bei vielen polymeren Naturstoffen von Bedeutung geworden, wofür wir später noch Beispiele erhalten werden. Die Dimethyläther der Polyoxymethylene

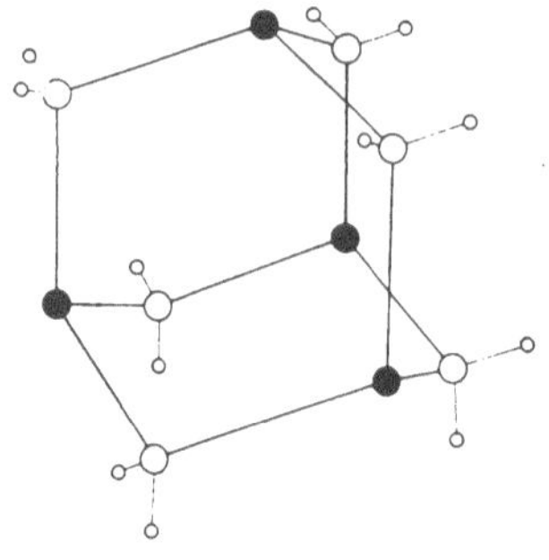

Fig. 41

sind als Vollacetale in Alkalien unlöslich. Polyoxymethylene, die von der Darstellung her Spuren Schwefelsäure enthalten, können beim Erhitzen scheinbar sublimiert werden, da der Dampf des zunächst entstehenden Monomeren an den kalten Wandungen des Gefäßes durch die Säure sofort wieder polymerisiert wird.

Außer den kettenförmigen Polymeren des Formaldehyds kennt man auch ein ringförmiges Analogon des Paraldehyds, das **Trioxymethylen** (I.). Es setzt sich aus Formaldehyd-Dampf in Form flüchtiger Nadeln vom Schmelzpunkt 63° ab, die sich vom Polyoxymethylen durch ihre leichte Löslichkeit in Wasser und organischen Lösungsmitteln unterscheiden. Trioxymethylen, das nach neueren Angaben auch durch Destillation sehr konzentrierter Formaldehyd-Lösungen mit etwas Schwefelsäure gewonnen werden kann, beginnt auch technische Verwendung zu finden.

I. $O\left\langle\begin{matrix} CH_2-O \\ CH_2-O \end{matrix}\right\rangle CH_2$ II. $O_2N\cdot N\left\langle\begin{matrix} CH_2-N-NO_2 \\ CH_2-N-NO_2 \end{matrix}\right\rangle CH_2$

Die Lösung von Formaldehyd in Ammoniak enthält zunächst Cyclotrimethylentriamin (Hexahydro-1.3.5-triazin), das aber rasch in **Hexamethylentetramin** $C_6H_{12}N_4$ übergeht, eine hygroskopische, im kubischen System kristallisierende Base, die als harntreibendes Medikament unter dem Namen **Urotropin** bekannt ist. Die auch röntgenographisch bewiesene Konstitution des Hexamethylentetramins (Fig. 41) ist durch die hohe Molekülsymmetrie bemerkenswert. Die vier N-Atome (schwarze Kreise) bilden ein Tetraeder, das einem von sechs CH_2-Gruppen gebildeten Oktaeder einbeschrieben ist. Mit 98%iger Salpetersäure liefert Hexamethylentetramin **Hexogen** (**Cyclonit**, Formel II.), einen hochbrisanten, u. a. für Torpedos verwendeten Sprengstoff.

Durch Kalilauge wird Formaldehyd nicht verharzt, sondern unter gleichzeitiger Oxydation und Reduktion zu Methylalkohol und Ameisensäure „disproportioniert“:

$$2\,CH_2O + H_2O = CH_3\cdot OH + HCOOH\,.$$

Man nennt diese Reaktion nach ihrem Entdecker die **Cannizzarosche Reaktion.** Sie ist bei vielen biochemischen Prozessen von hervorragender Bedeutung (vgl. S. 243). Die unter dem Einfluß schwacher Alkalien erfolgende Aldolpolymerisation des Formaldehyds führt zu Zuckern und wird bei diesen besprochen werden (S. 224).

Eine wäßrige, meist 40%ige Lösung von Formaldehyd kommt unter dem Namen **Formol** oder **Formalin** in den Handel. Sie enthält ein Gemisch von Formaldehyd und seinen niederen Polymeren in einem mit der Konzentration der Lösung wechselnden Verhältnis. Formaldehyd dient zur Desinfektion von Wohnräumen und als Konservierungs- und Härtungsmittel für anatomische Präparate. Er besitzt nämlich die Eigenschaft, Eiweißstoffe zu „gerben“, indem er sich mit ihnen zu in Wasser unlöslichen Kondensationsprodukten verbindet.

Kondensationsprodukte von Formaldehyd mit Phenol (**Bakelite**), Casein (**Galalith**) und Harnstoff finden als Kunstharze technische Anwendung.

Durch Kochen einer Lösung der $NaHSO_3$-Verbindung des Formaldehyds (Na-Salz der Oxymethansulfonsäure, S. 99) mit Zinkstaub entstehen Salze der **Oxymethansulfinsäure** $HO\cdot CH_2\cdot SO_2H$. Das Natriumsalz dieser Säure findet unter dem Namen **Rongalit** technische Anwendung zur Reduktion von Küpenfarbstoffen (S. 479).

Zur **Bestimmung von Formaldehyd** in einer Formol-Lösung versetzt man sie mit einem Überschuß von 2 n-Natronlauge und darauf mit Wasserstoffperoxyd; der Formaldehyd wird dadurch quantitativ in Ameisensäure übergeführt. Durch Zurücktitrieren der noch vorhandenen Lauge findet man die vorhandene Menge Formaldehyd nach der Gleichung:

$$2\,CH_2O + H_2O_2 + 2\,NaOH = 2\,HCOONa + 2\,H_2O + H_2\,.$$

Die Reaktion erklärt sich durch intermediäre Bildung von **Bis-oxymethyl-peroxyd,** das mit Natronlauge leicht in Natriumformiat und Wasserstoff zerfällt (WIELAND):

$$HO\cdot CH_2\cdot O\cdot O\cdot CH_2\cdot OH + 2\,NaOH = 2\,HCOONa + 2\,H_2O + H_2.$$

Acetaldehyd (Äthanal) $CH_3\cdot CHO$

Acetaldehyd ist der Typus der Aldehyde dieser Reihe und besitzt die allgemeinen Eigenschaften, die für die Aldehyde angegeben worden sind. Er wird im Laboratorium durch Oxydation von Äthylalkohol mit Kaliumbichromat und Schwefelsäure dargestellt. Für die technische Darstellung geht man von Acetylen aus.

Die Reaktion

$$CH\vdots CH + H_2O = CH_3\cdot CHO;\ \Delta H_{298} = -31\cdot 6\ \text{kcal}$$

wird so ausgeführt, daß aus Carbid entwickeltes Acetylen unter Atmosphärendruck in raschem Strom bei etwa 80° mit einer Lösung von Quecksilberoxyd in verdünnter (z. B. 25%ig.) Schwefelsäure in Berührung gebracht wird. Den abziehenden Gasen wird Acetaldehyd durch Kühlung und Waschen mit Wasser entzogen. Das nicht umgesetzte Acetylen kehrt in den Betrieb zurück. Die Säure wird durch Zugabe von Wasser ständig auf der richtigen Konzentration gehalten. Der Katalysator wird langsam zu Quecksilber reduziert. Der Mechanismus der katalytischen Reaktion ist nicht bekannt.

Acetaldehyd ist eine sehr flüchtige, unangenehm riechende Flüssigkeit, deren Dämpfe Kopfschmerzen erzeugen. Physikalische Eigenschaften s. S. 98. Er polymerisiert sich in Gegenwart von Katalysatoren leicht zu **Paraldehyd** $C_6H_{12}O_3$ (Schmelzpunkt 12·4°, Siedepunkt 124·0°, D_4^{15}:0·998) oder zu **Metaldehyd,** dessen Molekulargewicht der Formel $(C_2H_4O)_4$ entspricht, wie aus röntgenographischen und kryoskopischen Bestimmungen hervorgeht. Metaldehyd ist gleich dem Paraldehyd ein cyclisches Acetal. Sein Ring ist aus je 4 Sauerstoff- und Kohlenstoffatomen aufgebaut. Dementsprechend geben beide Verbindungen keine Aldehydreaktionen mehr und sind gegen Alkalien beständig. Metaldehyd ist fest und kristallisiert in Nadeln, die bei 150° zu sublimieren anfangen. Er entsteht vorzugsweise bei niedriger Temperatur.

Auf die industrielle Bedeutung des Acetaldehyds ist im vergangenen bereits mehrfach hingewiesen. In der Hauptsache dient er zur Darstellung von Essigsäureanhydrid und Essigsäure. Sein Kondensationsprodukt Aldol ist das Zwischenprodukt für die Herstellung von Butylalkohol und Butadien. Die Hydrierung zu Äthylalkohol hat zeitweilig Interesse gehabt. Von Bedeutung ist schließlich die Überführung in Essigester mit Hilfe von Aluminiumäthylat nach TISCHTSCHENKO, eine Art Cannizzaroscher Reaktion, deren Ausbeute durch Zusatz von Metallchloriden wie Aluminiumchlorid oder Zinkchlorid sehr verbessert wird:

$$2\,CH_3\cdot CHO = CH_3\cdot CO\cdot O\cdot C_2H_5.$$

Ketone (Alkanone)

Die allgemeinen Eigenschaften der Ketone $R\cdot CO\cdot R'$ wurden bereits mitgeteilt. Das erste Glied dieser homologen Reihe kann nicht weniger als drei C-Atome enthalten.

Von den Aldehyden unterscheiden sie sich durch ihre größere Beständigkeit gegenüber oxydierenden Agenzien. Sie sind an der Luft beständig und reduzieren FEHLINGsche Lösung und ammoniakalische Silberlösung nicht. Sie neigen auch nicht zur Polymerisation, lassen sich aber leicht kondensieren. Z. B. entstehen durch Einwirkung von Chlorwasserstoff auf Aceton **Mesityloxyd** (I) und **Phoron** (II).

I. $(CH_3)_2C{=}CH\cdot CO\cdot CH_3$ II. $(CH_3)_2C{=}CH\cdot CO\cdot CH{=}C(CH_3)_2.$

Bei der Einwirkung von Ammoniak auf Aceton bilden sich stickstoffhaltige Verbindungen, **Diacetonamin** (III) und **Triacetonamin** (IV), deren strukturelle Beziehung zu Mesityloxyd und Phoron leicht ersichtlich ist.

III. 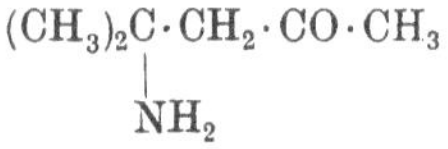

IV. 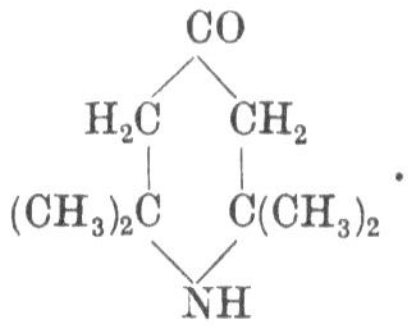

Aceton (Propanon) $CH_3\cdot CO\cdot CH_3$

Die früher übliche technische Darstellung von Aceton in der Holzverkohlungsindustrie durch trockene Destillation von Calciumacetat ist heute bedeutungslos. An ihre Stelle ist die katalytische Zersetzung von Essigsäure über Kontakten wie Cercarbonat oder Ceroxyd bei etwa 400° nach

$$2\,CH_3\cdot CO_2H = CH_3\cdot CO\cdot CH_3 + CO_2 + H_2O$$

getreten. Eine große Rolle spielt, wie bereits früher erwähnt, die Dehydrierung von Isopropylalkohol (aus Propylen). Sehr interessant ist auch die direkte großtechnische Gewinnung von Aceton aus Acetylen, das mit einem großen Überschuß von Wasserdampf bei etwa 450° über einen Katalysator aus Zinkoxyd und etwas Eisenoxyd geleitet wird, wobei die Anwendung einer Salzschmelze aus Kalium- und Natriumnitrit als Heizbad eine gute Temperaturkontrolle gewährleistet. Als Nebenprodukte entstehen in geringer Menge Acetaldehyd, Essigsäure und Methyläthylketon. Man vermutet, daß zunächst Acetaldehyd entsteht und dieser nach der folgenden Gleichung weiterreagiert:

$$2\,CH_3\cdot CHO + H_2O = CH_3\cdot CO\cdot CH_3 + 2H_2 + CO_2.$$

Schließlich ist unter den großtechnischen Verfahren noch die biologische Gewinnung durch Vergärung von Stärke, insbesondere Mais, mit Hilfe verschiedener Bakterien zu nennen (S. 244); hierbei bilden sich zugleich Butylalkohol und Äthylalkohol. Aceton ist eine farblose Flüssigkeit von eigenartigem Geruch; Siedepunkt 56·2°, Schmelzpunkt —94°, spezifisches Gewicht D_4^{20}: 0·7904. Es bildet ein ausgezeichnetes Lösungsmittel für viele organische Verbindungen und ist in jedem Verhältnis mit Wasser mischbar. Bei Salzzusatz trennt sich die wäßrige Lösung in zwei Schichten. Große Mengen Aceton werden als Lösungsmittel für Nitrocellulose und Acetylcellulose sowie für Acetylen verwendet. Bei der Reduktion von Aceton entsteht Isopropylalkohol. Durch Schwefelsäure wird es zu 1,3,5-Trimethyl-benzol (Mesitylen, S. 306) kondensiert. Das Oxim des Acetons ist kristallisiert und schmilzt bei 69°.

Durch Einwirkung von Halogenen auf Aceton sind zahlreiche **Substitutionsprodukte** erhalten worden. Die kinetisch sehr eingehend untersuchte Halogenierung des Acetons wird sowohl durch Säuren als auch durch Basen (im Sinn der Säure-Basen-Theorie von Brønsted) katalysiert, sie ist also das Beispiel einer „allgemeinen" Katalyse, die darauf beruht, daß Aceton gegenüber Säuren wenn auch äußerst schwache basische Eigenschaften, gegenüber Basen entsprechend saure Eigenschaften zu entfalten vermag. Die Tatsache, daß die Geschwindigkeit der Halogenierung von der Konzentration des Acetons, aber nicht der des Halogens abhängt, hat Lapworth so gedeutet, daß intermediär die Enolform[1] des Acetons entsteht und nur diese mit Halogen reagiert:

$$CH_3\cdot C(OH){:}\,CH_2 + Br_2 = CH_3\cdot CBr(OH)\cdot CH_2Br = CH_3\cdot CO\cdot CH_2Br + HBr.$$

Verläuft nun die Bildung des Enols sehr viel langsamer als die Halogenierung, so ist sie der geschwindigkeitsbestimmende Schritt. Einfacher ist indessen die Annahme, daß die Katalysatoren die direkte

[1] Vgl. dazu S. 263.

Ionisation des Acetons zum Ion des Enols $CH_2 = C(O^-) \cdot CH_3$ begünstigen und dies der maßgebende Schritt ist. Alle Bemühungen um den direkten Nachweis eines Enols sind bisher erfolglos geblieben. Doch lassen Versuche der neuesten Zeit (SCHWARZENBACH 1947) einen Enolgehalt von 10^{-6} im unverdünnten Aceton als möglich erscheinen.

Aceton dient als Ausgangsmaterial für die Darstellung von **Sulfonal,** das als eines der ersten synthetischen Schlafmittel (S. 483) von Interesse ist. Aceton vereinigt sich in Gegenwart von Salzsäure mit Äthylmercaptan unter Austritt von Wasser:

$$(CH_3)_2CO + 2\,HS \cdot C_2H_5 = (CH_3)_2C(S \cdot C_2H_5)_2 + H_2O.$$

Die entstandene, zur Klasse der **„Mercaptole"** $R_2C(SR')_2$ gehörige Verbindung geht durch Oxydation mit Kaliumpermanganat in das Sulfon Sulfonal:

$$(CH_3)_2C(SO_2 \cdot C_2H_5)_2,$$

2,2-Bis-(äthylsulfon)-propan über. Es kristallisiert in farblosen Prismen und ist in kaltem Wasser schwer löslich. Schmelzpunkt 128°. Wegen seiner Toxizität ist es außer Gebrauch gekommen.

Ungesättigte Kohlenwasserstoffe

Olefine (Alkylene, Alkene) C_nH_{2n}

Gibt man das Kohlenstoffgerüst der aliphatischen Verbindungen unter Berücksichtigung der Vierwertigkeit des Kohlenstoffs in der folgenden Weise wieder:

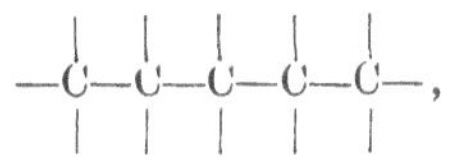

so sind die in den vorhergehenden Kapiteln behandelten Kohlenwasserstoffe C_nH_{2n+2} und ihre Derivate dadurch gekennzeichnet, daß sämtliche in diesem Symbol noch freien Bindungseinheiten durch Wasserstoff oder einwertige Atomgruppen abgesättigt sind. Im folgenden beschäftigen wir uns mit Verbindungen, bei denen dies nicht der Fall ist. Solche Verbindungen nennt man „ungesättigt". Weiter unten wird gezeigt werden, daß in ihnen Gruppierungen der Formel —C=C—, „Doppelbindungen", vorkommen.

Nomenklatur. Die Namen der Glieder dieser Reihe wurden früher meist so gebildet, daß die Endung —an der gesättigten Kohlenwasserstoffe durch —ylen ersetzt wurde: $CH_2{=}CH_2$ Äthylen usw. Nach der neueren systematischen Nomenklatur bevorzugt man statt dessen die Endung —en: $CH_2{:}CH \cdot CH_2 \cdot CH_2 \cdot CH_3$ Penten-(1), $CH_3 \cdot CH{=}CH \cdot CH_2 \cdot CH_2 \cdot CH_3$ Hexen-(2). Die einfachsten einwertigen Radikale heißen: Vinyl $CH_2{:}CH—$, Propenyl $CH_3 \cdot CH{:}CH—$ und Allyl $CH_2{:}CH \cdot CH_2—$.

Bildungsweisen. Olefine entstehen aus gesättigten Alkoholen beim Erhitzen mit wasserentziehenden Mitteln (Schwefelsäure, Zinkchlorid usw.) oder beim Überleiten über erhitzte Katalysatoren, die die Wasserabspaltung begünstigen, z. B. Aluminiumoxyd, Thoriumoxyd oder Kieselsäure:

$$CH_3 \cdot CH_2 \cdot OH = CH_2 : CH_2 + H_2O.$$

Sekundäre Alkohole spalten leichter Wasser ab als primäre; tertiäre Alkohole reagieren häufig schon ohne Zusätze. Wichtig ist ferner die Bildung von Olefinen durch Abspaltung von Halogenwasserstoff aus Alkylhalogeniden, von denen sich die Jodide durch besonders leichte Zersetzlichkeit auszeichnen. Meist geht man so vor, daß man die Halogenverbindung mit alkoholischer Kalilauge oder aromatischen Basen (Anilin, Dimethylanilin) erhitzt:

$$CH_3 \cdot CHJ \cdot CH_3 + KO \cdot C_2H_5 = CH_3 \cdot CH : CH_2 + KJ + C_2H_5 \cdot OH.$$

Bei Anwendung von alkoholischer Kalilauge entstehen aber nebenher auch Äther, wenigstens bei den primären Alkylhalogeniden; bei den sekundären und tertiären Halogenderivaten findet ausschließlich Olefinbildung statt.

Olefine entstehen ferner auch beim Erhitzen von Alkanen auf höhere Temperaturen, z. B.:

$$C_2H_6 = C_2H_4 + H_2$$
$$2\,C_3H_8 = C_3H_6 + C_2H_4 + H_2 + CH_4$$
$$2\,C_4H_{10} = C_3H_6 + CH_4 + C_2H_4 + C_2H_6$$
$$C(CH_3)_4 = (CH_3)_2C : CH_2 + CH_4 .$$

Die letztgenannten Reaktionen haben zwar für die Darstellung ungesättigter Kohlenwasserstoffe im Laboratorium im allgemeinen keine Bedeutung, weil sie meist gleichzeitig nach mehreren Richtungen verlaufen und Gemische von verschiedenen Kohlenwasserstoffen geben. Vom theoretischen und wirtschaftlichen Standpunkt ist aber das Interesse an ihnen sehr groß, da das Vorkommen der Olefine im Leuchtgas (4—5$^0/_0$) auf ihnen beruht und die Technik sich bei der Crackdestillation (S. 33) dieser Reaktionen im größten Maßstabe bedient. Die Erdölverkrackung vollzieht sich im allgemeinen bei 400—600^0, meist in flüssiger Phase und unter 15—100 Atm. Druck, teilweise aber auch unter Normaldruck in der Dampfphase und unter Zuhilfenahme von Katalysatoren von Silicat-Charakter. Die nachstehende Tabelle gibt einen Überblick über die Zusammensetzung typischer Crack-Gase (in Gewichtsprozent):

Bestandteil	thermisch	katalytisch
Wasserstoff	0·3	2·2
Methan	17·4	10·8
Äthan............	21·3	8·8
Äthylen	1·9	4·2
Propan	26·3	24·3
Propylen	10·3	12·9
Butan	8·4	6·4
Isobutan	3·9	16·0
Butylen	6·8	10·8
Isobutylen........	3·4	3·6

Die Vercrackung von Äthan, Propan, Butan bei etwa 1100^0 liefert bei geeigneter Strömungsgeschwindigkeit an 70$^0/_0$ Äthylen. Die Vercrackung der Olefine erfordert im allgemeinen höhere Temperaturen als die der Paraffine und ist in ihrem Verlauf noch wenig übersichtlich. Gewisse Erfahrungen, die in der Schmidtschen „Doppelbindungs-Regel" niedergelegt sind, scheinen dafür zu sprechen, daß die Kettensprengung bei ihnen nicht unmittelbar neben der Doppelbindung, sondern an der übernächsten Bindung, die demnach geschwächt sein muß, stattfindet. Ein bekanntes Beispiel ist der Zerfall des cyclischen Olefins Cyclohexen in Äthylen und Butadien:

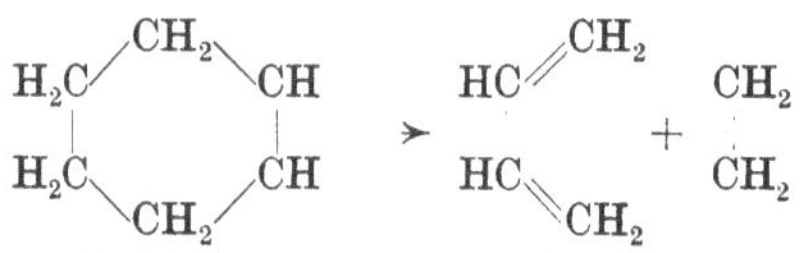

Cyclohexen Butadien

Meist ist aber die Reaktion weniger glatt: Penten-(1) liefert bei 800^0 auf 100 Mol zerfallenden Kohlenwasserstoff in Molen 30 Butadien, 45 Propylen, 80 Äthylen, 15 Methan. Für Penten-(2) lauten die entsprechenden Zahlen 50, 20, 27 und 58.

Der Mechanismus der **thermischen Zersetzung der Kohlenwasserstoffe** ist durchaus noch nicht in allen Einzelheiten geklärt, doch ist es heute ziemlich sicher, daß der Zerfall der Kohlenwasserstoffe mindestens teilweise über freie **Radikale** verläuft.

Versuche zur Darstellung von freiem Methyl CH_3— und Äthyl C_2H_5— sind schon um die Mitte des vorigen Jahrhunderts von FRANKLAND, KOLBE und anderen angestellt worden, doch ergab sich sehr bald, daß die vermeintlichen Radikale in Wahrheit gesättigte Kohlenwasserstoffe mit dem doppelten Molekulargewicht waren, nämlich Äthan und Butan. Auf Grund dieser Erfahrungen hielt man dann lange Zeit die freien Radikale für nicht existenzfähig, bis 1929 PANETH zeigte, daß sie wohl darstellbar sind, aber nur eine außerordentlich kurze Lebensdauer von etwa 0·001 Sekunde haben. Aus diesem Grunde kann man mit ihnen nicht auf die gewöhnliche Weise experimentieren.

Die Radikale Methyl und Äthyl können z. B. durch Erhitzen von $Pb(CH_3)_4$ und $Pb(C_2H_5)_4$ im Wasserstoffstrom erhalten und durch ihre Fähigkeit, erhitzte Bleispiegel unter Rückbildung der metallorganischen Verbindungen aufzulösen, nachgewiesen werden. Auf die gleiche Weise läßt sich zeigen, daß auch beim Erhitzen von Äthan auf 900° Methyl entsteht. Die Darstellung höherer Radikale wie Propyl und Butyl scheitert an ihrem Zerfall in kleinere Bruchstücke. Die Unbeständigkeit der einfachen aliphatischen Radikale ist auf ihre beispiellose Reaktionsfähigkeit zurückzuführen. Ihre Rolle beim thermischen Zerfall der Kohlenwasserstoffe möge am Beispiel des Äthans erläutert werden, wo sich folgende Reaktionen nacheinander abspielen:

$$C_2H_6 + X = 2\,CH_3— + X \qquad (1)$$

$$C_2H_6 + CH_3— = CH_4 + C_2H_5— \qquad (2)$$

$$C_2H_5— = C_2H_4 + H \qquad (3)$$

$$C_2H_6 + H = H_2 + C_2H_5— \qquad (4)$$

$$2\,C_2H_5— = C_2H_6 + C_2H_4 \qquad (5)$$

Schritt 1, die „Startreaktion“, wird durch Zusammenstoß mit einem beliebigen Partner X, der auch ein Äthan-Molekül selbst sein kann, ausgelöst.

Die Schritte 3—4 bilden eine sogenannte **„Kettenreaktion“**. Diese erzeugt ständig neue Radikale und Wasserstoffatome, mit dem Resultat, daß Äthan fortlaufend in Äthylen und Wasserstoff zerfällt, bis die Kette durch 5 „abgebrochen“ wird. Das Spiel wiederholt sich, sobald ein neues Molekül Äthan durch Stoß zum Zerfall nach 1 angeregt wird. Die kinetische Kettenlänge beträgt im Fall des Äthans etwa 10^5, d. h. auf 1 Molekül Äthan, das nach Schritt 1 zerfällt, wird die Bildung von 10^5 Molekülen Äthylen ausgelöst. So erklärt es sich, daß fast der gesamte Äthanzerfall über diese Ketten verläuft, obwohl der Zerfall nach 1 ein sehr seltenes Ereignis ist. Hieraus ergibt sich die große Bedeutung solcher Kettenreaktionen, auf die zuerst BODENSTEIN 1913 aufmerksam gemacht hat[1]. Ihre Rolle im Kohlenwasserstoff-Zerfall ist zuerst von F. O. RICE in Washington eingehender untersucht worden. Da die instabilen Zwischenprodukte immer nur in sehr kleiner Konzentration anwesend sind und daher in den Bruttogleichungen nicht auftreten, ist der Nachweis von Kettenreaktion indirekter Natur. Man erkennt sie unter anderem an charakteristischen Hemmungserscheinungen oder Induktionsperioden, die durch sehr geringe Mengen von „Inhibitoren“ wie NO oder Sauerstoff, hervorgerufen werden und auf Kettenabbruch beruhen, mitunter an nicht ganzzahliger Reaktionsordnung und an Nebenprodukten wie Methan, die einen deutlichen Fingerzeig auf Methylradikale geben.

Die Erzeugung aliphatischer Radikale in Lösung ist erst in neuerer Zeit beobachtet worden. Versetzt man eine Lösung von Phenylmagnesiumbromid und etwas Kobaltchlorid mit Methylbromid, so liefert dieses fast quantitativ ein Gas, das aus rund 60% Methan und je 20% Äthan und Äthylen besteht (KHARASCH). Vermutlich liegt folgende Reaktionskette vor:

$$C_6H_5\cdot MgBr + CoCl_2 = C_6H_5\cdot CoCl + MgClBr$$

$$2\,C_6H_5\cdot CoCl = C_6H_5\cdot C_6H_5 + 2\,CoCl—$$

$$CoCl— + CH_3Br = CoClBr + CH_3—.$$

Das Methylradikal greift das Lösungsmittel an und liefert mit diesem die genannten gasförmigen Produkte. Nach SEMERANO entstehen aus Bleialkylen und Silbernitrat in Alkohol Silbermethyl $AgCH_3$ und Silberäthyl AgC_2H_5, die schon bei —50° in Silber und die entsprechenden Radikale zerfallen. Methyl liefert hierbei nur Äthan, Äthyl hauptsächlich Äthan und Butan und nur wenig Äthylen. Von beständigen freien Radikalen mit dreiwertigem Kohlenstoff wird später bei den aromatischen Verbindungen die Rede sein (S. 414).

[1] BODENSTEIN, Ztschr. physikal. Chemie 85 (1913), 329.

Eigenschaften der Olefine

Die **physikalischen Eigenschaften** der wichtigsten Vertreter der Olefingruppe sind in der folgenden Tabelle zusammengestellt:

Name	Formel	Schmelzp.	Kp_{760}	D_4^{20}
Äthylen	$CH_2:CH_2$	— 169,2°	— 103,7°	—
Propylen	$CH_3 \cdot CH:CH_2$	— 185,3	— 47,7	0,5139
Buten-(1)	$CH_3 \cdot CH_2 \cdot CH:CH_2$	— 185,4	— 6,3	0,5951
Penten-(1)	$CH_3 \cdot CH_2 \cdot CH_2 \cdot CH:CH_2$	— 165,2	+ 30,0	0,6410
Hexen-(1)	$CH_3 \cdot [CH_2]_3 \cdot CH:CH_2$	— 139	63,6	0,6734
Hepten-(1)	$CH_3 \cdot [CH_2]_4 \cdot CH:CH_2$	— 119,2	93,3	0,6968
Octen-(1)	$CH_3 \cdot [CH_2]_5 \cdot CH:CH_2$	— 102,4	121,3	0,7160
Nonen-(1)	$CH_3 \cdot [CH_2]_6 \cdot CH:CH_2$	— 81,4	146	0,729
Decen-(1)	$CH_3 \cdot [CH_2]_7 \cdot CH:CH_2$	— 66,3	172	0,741
Undecen-(1)	$CH_3 \cdot [CH_2]_8 \cdot CH:CH_2$	— 49,2	190	0,751

Die niedrigsten Glieder dieser homologen Reihe sind Gase; sie sind in Wasser ein wenig löslich. Die mittleren, flüssigen und die höheren, festen Glieder lösen sich nicht in Wasser, wohl aber in Alkohol und Äther. Der Siedepunkt ist nur wenig niedriger als der der entsprechenden Alkane (S. 30); dagegen ist das spezifische Gewicht nicht unbeträchtlich höher.

Von den **chemischen Eigenschaften** der Olefine ist in erster Line ihr Additionsvermögen hervorzuheben. Während die Alkane nur durch Substitution, also Ersatz von Wasserstoff, Derivate zu bilden vermögen, sind die Olefine zur direkten Addition von Elementen und Verbindungen befähigt. Sie verhalten sich also so, als ob sie noch freie Bindungseinheiten besäßen, und werden deshalb **ungesättigte Verbindungen** genannt. Durch Addition von 2 Atomen Wasserstoff gehen sie in die gesättigten Alkane über:

$$CH_2:CH_2 + H_2 = CH_3 \cdot CH_3 .$$

Allerdings sind die meisten bisher erwähnten **Reduktionsmittel,** die nascierenden Wasserstoff liefern (Natrium und Alkohol, Natriumamalgam, Zink und Essigsäure) für diese Reaktion nicht geeignet. Wohl aber erfolgt eine glatte Anlagerung von gasförmigem Wasserstoff leicht unter dem Einfluß bestimmter Katalysatoren. Wirksam sind in dieser Hinsicht alle fein verteilten Metalle mit kleinem Atomvolumen, die sich auf den Minima der großen Perioden der Atomvolumenkurve finden, vor allem Nickel, Kobalt, Palladium und Platin. Die katalytische Hydrierung mit Hilfe von Nickel wurde von SABATIER und SENDERENS entdeckt und zunächst in der Dampfphase bei höheren Temperaturen ausgeführt. Später ist dann durch die Arbeiten von FOKIN, WILLSTÄTTER und PAAL gezeigt worden, daß man mit fein verteiltem oder kolloidalem Platin oder Palladium auch Flüssigkeiten oder Lösungen bei Zimmertemperaturen hydrieren kann. Ein sehr wirksamer Hydrierungskatalysator ist Platinoxyd PtO_2, das man bequem durch Schmelzen von Platinchlorwasserstoffsäure mit Natriumnitrat darstellen kann. Es geht bei der Hydrierung zunächst in Platin über (ADAMS). Schließlich hat man in neuerer Zeit gelernt, ein so aktives Nickel darzustellen, daß man auch mit diesem bei niedriger Temperatur zu hydrieren in der Lage ist. Hier ist vor allem der Nickel-Katalysator nach RANEY zu nennen, der durch Herstellung einer Nickel-Aluminium-Legierung und Herauslösen des Aluminiums mit 30%ig. Lauge gewonnen wird. Auch Kobalt- und Kupfer-Katalysatoren können in ähnlicher Weise dargestellt werden. Wegen ihrer Struktur bezeichnet man so gewonnene Kontakte auch als Skelett-Kontakte.

Der Adsorption von Wasserstoff und ungesättigten Verbindungen an diesen Katalysatoren sind in neuerer Zeit zahlreiche Untersuchungen gewidmet worden. Dabei hat sich herausgestellt, daß diese Adsorption vielfach von einer recht bedeutenden Wärmetönung (z. B. 10—20kcal/Mol) begleitet ist, die auf eine festere Bindung, die zur Bildung von Oberflächenverbindungen in monomolekularer Schicht führen kann, schließen läßt. Man spricht in solchen Fällen von „aktivierter“ Adsorption. Es scheint sicher, daß die Adsorption des Wasserstoffs bis zur Bildung von Wasserstoffatomen gehen kann. Ob andererseits eine Adsorption der doppelten Bindung des Olefins an Metall erfolgt und ob sie bis zur Aufspaltung der Bindung und Anlagerung von Metall nach dem Schema

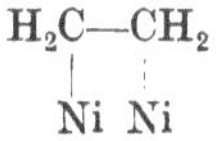

geht, mag dahingestellt bleiben. Es ist jedenfalls bemerkenswert, daß die Atomradien der katalytisch wirksamen Metalle sich gut in dieses Schema einfügen.

Olefine werden von **Oxydationsmitteln** sehr leicht angegriffen. Hierauf beruht eine von BAEYER angegebene einfache Reaktion zum Nachweis ungesättigter Verbindungen. Man versetzt die kalte wäßrige oder alkoholische Lösung der zu prüfenden Substanz mit etwas Soda und einem Tropfen Permanganatlösung. Ist eine Doppelbindung vorhanden, so verschwindet die violette Farbe des Permanganats sehr schnell, und es tritt ein flockiger Niederschlag von Mangandioxydhydrat auf. Bei Substanzen, die ohnehin diese Reaktion geben, z. B. Aldehyden, ist $KMnO_4$ natürlich als Reagens nicht brauchbar.

Häufig lassen sich als erste Oxydationsprodukte der Olefine zweiwertige Alkohole isolieren, die durch Addition von 2 OH-Gruppen entstanden sind:

$$\begin{matrix}CH_3\\CH_3\end{matrix}\!\!>C : CH_2 + O + H_2O = \begin{matrix}CH_3\\CH_3\end{matrix}\!\!>C(OH)\cdot CH_2\cdot OH,$$

die aber natürlich ihrerseits sehr leicht weiter zu Säuren oxydiert werden.

Auch gegen **molekularen Sauerstoff** sind viele Olefine nicht beständig. Sie unterliegen an der Luft einem bei Zimmertemperatur und in Abwesenheit von Katalysatoren allerdings oft langsamen Autoxydationsprozeß, in dessen Gefolge auch Kettenspaltungen beobachtet werden. Der Reaktionsmechanismus ist vielfach noch unklar. Der erste Schritt besteht häufig in einem Angriff des der Doppelbindung benachbarten Methylens unter Bildung eines Hydroperoxyds, das seinerseits mit Doppelbindungen unter Bildung eines Oxyds und Reduktion zum ungesättigten Alkohol zu reagieren vermag:

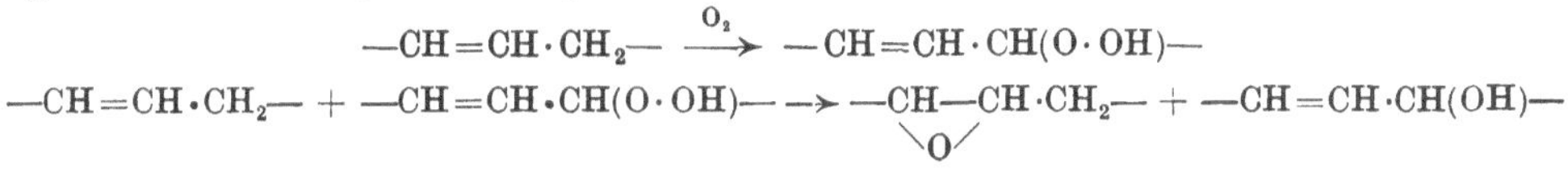

Ist die Methylengruppe reaktionsträge, so lagert die Doppelbindung Sauerstoff unter Bildung eines Peroxyds an, das, vielleicht über ein Diradikal, in 2 Mol Oxoverbindung zerfallen kann:

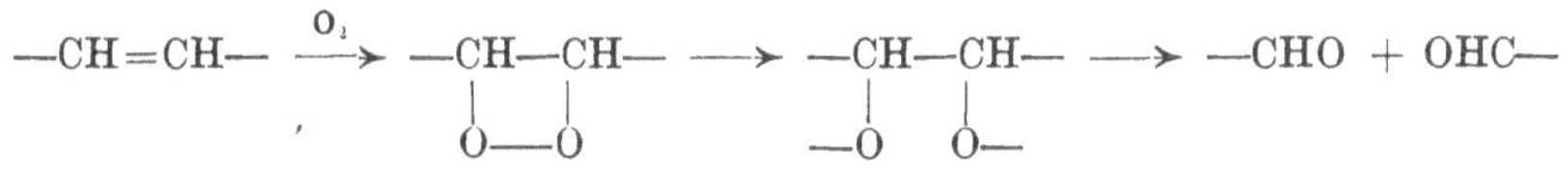

Für das chemische Verhalten der Olefine ist die Bildung derartiger Peroxyde auch deshalb nicht ohne Bedeutung, weil diese häufig die weiter unten beschriebenen Polymerisationsreaktionen zu katalysieren vermögen. Als ein wichtiger Autoxydationstypus erweist sich die Bildung polymerer Peroxyde durch 1·4-Addition an mehrfach ungesättigte Verbindungen mit konjugierten Doppelbindungen (s. darüber S. 130). Die Absättigung der Kettenenden ist im einzelnen noch unklar:

$$R\cdot CH=CH\cdot CH=CH\cdot R' + O_2 \longrightarrow -CHR\cdot CH=CH\cdot CHR'\cdot OO\cdot[CHR\cdot CH=CH\cdot CHR'\cdot OO]_x\cdot CHR\cdot CH=CH\cdot CHR'\cdot OO-$$

Bei der Betrachtung der Polymerisationsvorgänge wird hiervon nochmals die Rede sein (S. 117).

Eine sehr wichtige Methode zur Oxydation ungesättigter Verbindungen ist die namentlich von HARRIES eingehend studierte Ozonspaltung. Leitet man in die Lösung einer ungesättigten Verbindung in Petroläther oder Eisessig **Ozon**, so entstehen Ozonide, indem pro Doppelbindung 1 Molekül O_3 aufgenommen wird. Nach einer zuerst von STAUDINGER (1925) vertretenen Ansicht enthalten diese Ozonide nicht mehr die unversehrte Kohlenstoffkette. Sie sind vielmehr acetalartige Verbindungen, deren Bildung z. B. im Fall des β-Butylens folgendermaßen verläuft:

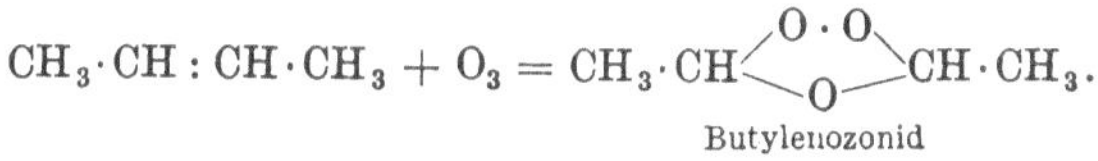

Butylenozonid

Die **Ozonide** stellen teils Flüssigkeiten dar, die sich unter gewissen Vorsichtsmaßregeln destillieren lassen, teils sind es feste, unlösliche höhermolekulare Substanzen. Ihr chemisches Verhalten steht mit der obigen Formel in gutem Einklang. Als Peroxyde zeigen sie die Explosivität, die dieser Verbindungsgruppe eigen ist. Als Acetale zerfallen sie mit Wasser nach dem folgenden Schema:

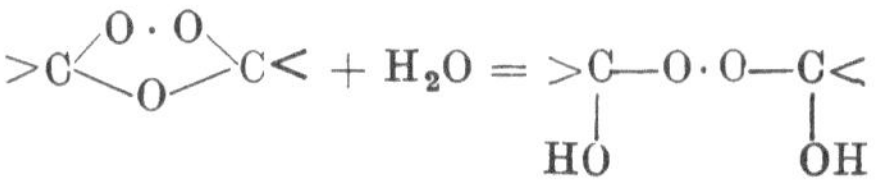

Es findet also zunächst eine Hydrolyse der Ozonide an der Ätherbindung statt. Die weitere Spaltung verläuft je nach den Umständen verschieden, als Endprodukte entstehen Aldehyde bzw. Ketone und Säuren. Für Butylenozonid gibt RIECHE folgende Formulierung:

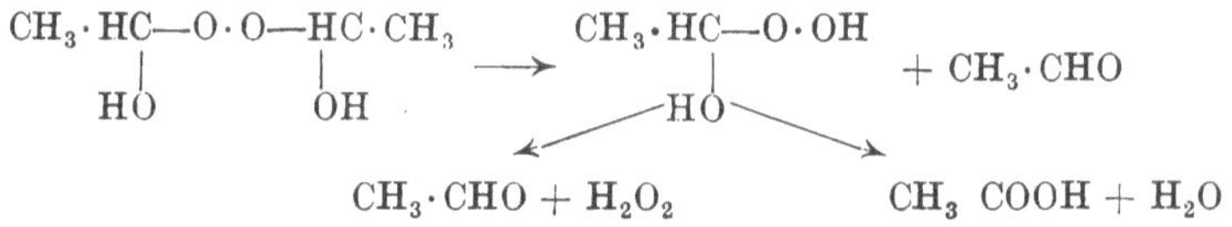

Die STAUDINGERsche Ozonidformel konnte von RIECHE auch auf synthetischem Wege gestützt werden. Stellt man nämlich durch Einwirkung von 1 Mol Wasserstoffperoxyd auf 2 Mol Acetaldehyd Bis-oxyäthyl-peroxyd dar und entzieht diesem mit Phosphorpentoxyd Wasser, so entsteht Butylenozonid:

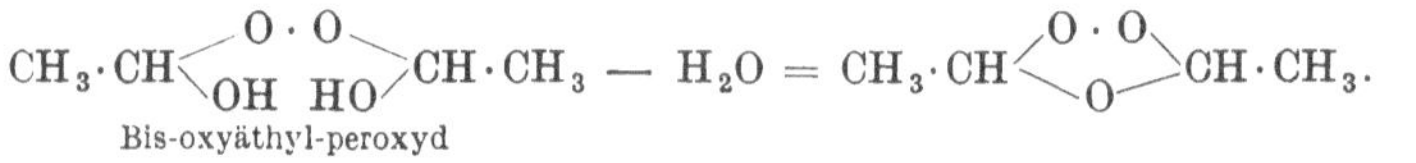

Bis-oxyäthyl-peroxyd

Es ist aus dem vorangehenden ersichtlich, daß die Ozonidspaltung ein wichtiges Hilfsmittel für die Konstitutionsermittlung ungesättigter Verbindungen darstellt. Die Reaktion verläuft meist durchaus glatt, und die in anderen Fällen erforderliche lästige Entfernung des überschüssigen Oxydationsmittels und seiner Reduktionsprodukte erübrigt sich, so daß sich die Identifizierung der Spaltstücke besonders einfach gestaltet.

Ketone werden bei der Ozonid-Spaltung mitunter in Form von Peroxyden erhalten. Erwähnt sei hier das bei 132° schmelzende Acetonperoxyd, das man auch durch Einwirkung von CAROscher Säure auf Aceton erhalten kann.

Halogene, insbesondere Brom, lagern sich leicht an die doppelte Bindung an:

$$CH_2 : CH_2 + Br_2 = CH_2Br \cdot CH_2Br.$$

Diese Reaktion dient gleichfalls zum Nachweis der doppelten Bindung: versetzt man eine Lösung in Eisessig oder Chloroform mit Brom, so wird dieses sehr rasch entfärbt. Obwohl diese Reaktion zu den geläufigsten der organischen Chemie zählt, wissen wir über ihren Mechanismus im einzelnen noch keineswegs sicher Bescheid. Hier sei nur erwähnt, daß in der Mehrzahl der Fälle die beiden Bromatome anscheinend nicht in einem Schritt, sondern nacheinander addiert werden und daß man für die unkatalysierte Reaktion einen Ionen-Mechanismus erörtert hat. Die Addition von Chlor hat fast immer eine Substitution des entstandenen gesättigten Moleküls im Gefolge („induzierte Chlorierung"). Die niedrigsten Olefine reagieren mit Chlor in der Gasphase bis etwa 150° überaus träge, wenn Licht und Katalysatoren ausgeschlossen sind, in flüssiger Phase dagegen auch bei tiefen Temperaturen recht glatt. Besonders bemerkenswert ist die Beobachtung, daß bei höheren Temperaturen (etwa 500—600°) eine Chlorierung gesättigter Seitenketten ohne Angriff auf die Doppelbindung möglich ist (GROLL, HEARNE). Man muß dann beide Gase getrennt vorwärmen, um die Temperaturzone der Addition zu vermeiden. Auf diese Weise läßt sich Propylen glatt in Allylchlorid überführen:

$$CH_2 = CH \cdot CH_3 + Cl_2 = CH_2{=}CH \cdot CH_2Cl + HCl.$$

Bei Isobutylen ist die analoge Verwandlung in Isobutenylchlorid $CH_2{=}C(CH_3) \cdot CH_2Cl$ sogar bei Raumtemperatur die überaus rasch verlaufende Hauptreaktion.

Zur quantitativen Bestimmung der Doppelbindung ist die Halogenaddition ungeeignet, weil in vielen Fällen eine weitere Substitution durch Halogen nicht zu vermeiden ist. Frei von dieser Fehlerquelle und darum eine der wichtigsten Methoden zur quantitativen Bestimmung ist die sogenannte **„Jodzahl-Methode"**, bestehend in der Addition von Chlorjod JCl an die doppelte Bindung und Rücktitration des nach Zusatz von Kaliumjodid ausgeschiedenen Jods mit Natriumthiosulfat. Als Chlorjodlösungen sind verschiedene Lösungen in Gebrauch. Die HÜBLsche Lösung ist eine alkoholische Lösung von Jod und $HgCl_2$, die WIJSsche Lösung wird durch Einleiten von Chlor in eine Eisessiglösung von Jod erhalten. Besondere Vorsichtsmaßregeln müssen bei konjugierten Doppelbindungen (S. 130) und bei Nachbarschaft eines Carboxyls zur Doppelbindung beobachtet werden. Man versteht unter der Jodzahl diejenige Menge Jod in Gramm, die von 100 g Substanz addiert wird. Auch Rhodan lagert sich an doppelte Bindungen an, sättigt aber bei mehrfach ungesättigten Verbindungen vielfach nicht alle Doppelbindungen ab, wovon man z. B. in der Fett-Analyse Gebrauch macht. Man pflegt die Rhodanzahl durch die äquivalente Gewichtsmenge Jod auszudrücken.

Unter den **Halogenwasserstoffsäuren** wird namentlich Jodwasserstoff von Olefinen leicht addiert. Die besonders bei den niederen Olefinen schwierig verlaufende Addition von Chlorwasserstoff kann durch Katalysatoren wie Wismutchlorid erleichtert werden. Doch werden feste Kontakte durch Ablagerung von polymerisiertem Olefin bald inaktiv. Arbeitet man mit flüssigen Katalysatoren, wie man sie aus Aluminium, Alkylhalogenid und etwas Brom herstellen kann, oder mit Antimonpentachlorid, so gelingt eine Anlagerung schon bei Raumtemperatur oder wenig darüber.

Konzentrierte oder rauchende **Schwefelsäure** wird unter Bildung von Alkylschwefelsäuren angelagert:

$$CH_2 : CH_2 + H_2SO_4 = CH_3 \cdot CH_2 \cdot O \cdot SO_3H.$$

Da die Alkylschwefelsäuren sich leicht zu Alkoholen verseifen lassen, kommt diese Reaktion einer Anlagerung von Wasser an die Doppelbindung gleich. Dies ist insofern wichtig, als eine direkte Umsetzung von Wasser mit der doppelten Bindung im allgemeinen nicht zu erreichen ist.

Treten Schwefelsäure oder Halogenwasserstoffe mit Homologen des Äthylens in Reaktion, so ist theoretisch die Möglichkeit zur Bildung strukturisomerer Additionsprodukte gegeben:

$$(CH_3)_2C : CH_2 + HJ \begin{cases} \nearrow (CH_3)_2CH \cdot CH_2J & \text{(I)} \\ \searrow (CH_3)_2CJ \cdot CH_3 & \text{(II)} \end{cases}$$

Es hat sich ergeben, daß der Säurerest meist an das wasserstoffärmere C-Atom tritt (Reaktion II). Ausnahmen von dieser als „MARKOWNIKOWS Regel" bekannten Gesetzmäßigkeit sind namentlich bei endständigen Doppelbindungen beobachtet worden. Sie beschränken sich anscheinend auf Bromwasserstoff, während Chlorwasserstoff, Jodwasserstoff und Schwefelsäure sich immer in der gleichen Weise verhalten. Der in ihren Einzelheiten immer noch nicht ganz geklärten anormalen Addition liegt nach KHARASCH ein Kettenmechanismus zugrunde. In der Startreaktion entstehen aus Peroxyden und Bromwasserstoff Bromatome, die nun in folgender Weise reagieren:

$$H_2C{=}CH \cdot CH_2Br + Br^{\times} \longrightarrow BrCH_2 \cdot \underset{\times}{C}H \cdot CH_2Br$$

$$BrCH_2 \cdot \underset{\times}{C}H \cdot CH_2Br + HBr \longrightarrow BrCH_2 \cdot CH_2 \cdot CH_2Br + Br^{\times}$$

Daß Jodwasserstoff nicht in gleicher Weise reagiert, ist leicht erklärlich, da er Peroxyde augenblicklich unter Jodausscheidung reduziert. Hier entstehen also keine Atome, im Gegenteil ist Jod ein starker Katalysator der normalen Addition.

Ferner kann **unterchlorige Säure** an Doppelbindungen addiert werden, wobei Chlorderivate von Alkoholen („Chlorhydrine") entstehen:

$$CH_2 : CH_2 + HOCl = \underset{\beta\text{-Chlor-äthylalkohol}}{CH_2Cl \cdot CH_2 \cdot OH.}$$

Salpetrige Säure wird unter Bildung von **„Pseudonitrositen"**[1] addiert:

$$CH_2 : CH_2 + N_2O_3 = CH_2(NO) \cdot CH_2 \cdot NO_2.$$

Die Einwirkung von **Salpetersäure** auf Olefine verläuft wegen der konkurrierenden Oxydationsreaktionen meist wenig glatt; wenn man mit Verdünnungsmitteln

[1] **Nitrosite** sind Nitroso-nitrite, z. B. $CH_2(NO) \cdot CH_2 \cdot O \cdot NO$; mit ihnen isomer sind die Pseudonitrosite (Nitroso-nitroverbindungen). Die Pseudonitrosite sind wie die einfachen Nitrosoverbindungen (S. 68) häufig dimolekular.

(z. B. Tetrachlorkohlenstoff) und unter starker Kühlung arbeitet, so scheint wie im Fall der Schwefelsäure Esterbildung vorzuwiegen:

$$(CH_3)_2C : CH \cdot CH_3 + HNO_3 = (CH_3)_2C(O \cdot NO_2) \cdot CH_2 \cdot CH_3 .$$

Die Anlagerungsfähigkeit der Olefine ist durchaus nicht auf anorganische Verbindungen beschränkt. Auch organische Verbindungen werden, namentlich unter Mitwirkung von Katalysatoren, leicht addiert. Hierauf beruht z. B. die in der Treibstoff-Technik als **„Alkylierung“** der Paraffine (IPATJEW) bekannte Reaktion, die durch Katalysatoren wie Borfluorid, konz. Schwefelsäure oder wasserfreien Fluorwasserstoff beschleunigt wird. Auf diese Weise vereinigen sich z. B. Äthylen und Isobutan unter gleichzeitiger Umlagerung zu 2·3-Dimethyl-butan. Ohne Katalysator gewinnt man bei hoher Temperatur aus den gleichen Ausgangsstoffen **Neohexan** (2·2-Dimethyl-butan):

$$(CH_3)_3CH + H_2C{=}CH_2 = (CH_3)_3C \cdot CH_2 \cdot CH_3 .$$

Es ist leicht ersichtlich, daß auch die bekannte Neigung der Olefine zur **Polymerisation** in die gleiche Kategorie von Reaktionen gehört. Die Polymerisation kann, wie schon bei den Aldehyden (S. 102) beschrieben wurde, entweder unter Bindungsverschiebung oder unter Wasserstoff-Wanderung vor sich gehen. Wasserstoff-Wanderung liegt z. B. bei der Umwandlung von Isobutylen in 2·2·4-Trimethyl-penten-(4) (**Diisobutylen**) vor, das durch Hydrierung weiter in das in der Treibstofftechnik so wichtige „Isooctan“ (S. 34) verwandelt werden kann.

Sie erfolgt bei der Einwirkung von starker Schwefelsäure oder Phosphorsäure-Kontakten auf Isobutylen und läuft vielleicht über das Trimethylcarbonium-Ion, das nur ein Elektronen-Sextett am zentralen Kohlenstoffatom besitzt:

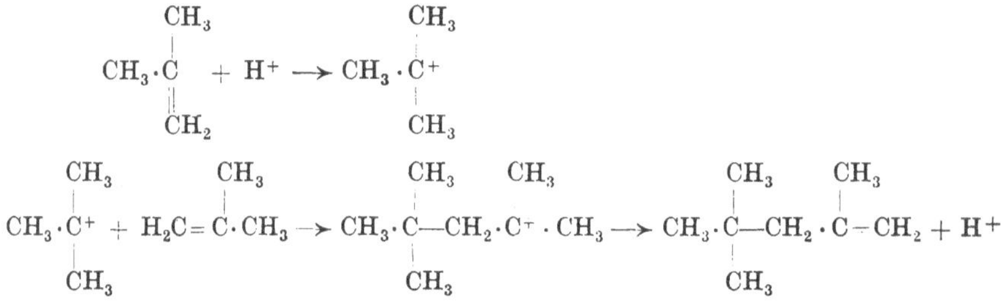

Durch Borfluorid BF_3 läßt sich Isobutylen bei —100° zu einer polymer-homologen Reihe (S. 105) von **Polyisobutylenen** der allgemeinen Formel

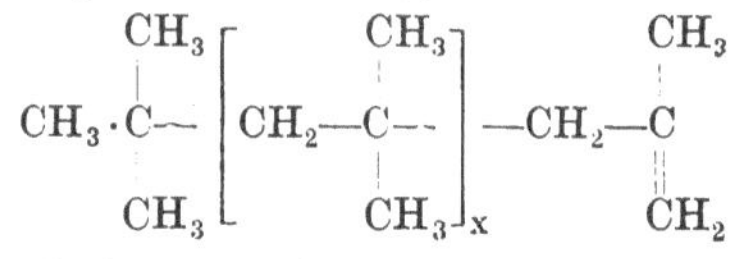

polymerisieren, bei denen sich der in eckiger Klammer eingeschlossene Rest in regelmäßiger Folge wiederholt und x Werte bis 3000 erreicht. Man nimmt an, daß die Reaktion über Carbonium-Ionen läuft und H-Ionen den Katalysator bilden (EVANS, POLANYI). Die Regelmäßigkeit des Molekülwachstums drückt sich in einer gesetzmäßigen graduellen Veränderung der physikalischen Eigenschaften aus. Dabei werden alle Viscositätsgrade durchlaufen. Monomeres Isobutylen ist bei Raumtemperatur ein Gas (Kp_{760}: —6.6°). Bis zum Hexameren hat man es mit destillierbaren Flüssigkeiten zu tun, dann folgen dickölige Produkte. Die Polymeren vom Molekulargewicht 10 bis 20000 sind klebrige honigartige Massen, und schließlich gelangt man mit Molekulargewichten von 150—200000 in das Gebiet fester kautschuk-elastischer Stoffe (**Oppanole**). Polymerisiert man Isobutylen bei —40° unter Zusatz von 1% Isopren, so wird dieses in die Ketten mit eingebaut. Ein solches Polymerisat enthält eine geringe Anzahl von Doppelbindungen und hat als **Butylkautschuk** (S. 404) technische Bedeutung.

Wegen ihres großen technischen und theoretischen Interesses sei auf diese Polymerisationsreaktionen hier noch etwas näher eingegangen. Die Polymerisation der Olefine zu hochmolekularen Produkten ist oft eine Kettenreaktion, die über Radikale verläuft. Die für die Startreaktion erforderlichen Radikale können in dem Monomeren durch thermische oder photochemische Anregung (ultraviolettes Licht) erzeugt werden. Vielfach setzt man auch zum Radikalzerfall fähige Verbindungen zu. Hierzu eignen sich besonders Peroxyde, die nach dem Schema

$$R\cdot O\cdot O\cdot R \longrightarrow 2\,R\cdot O—$$

zerfallen. Diese Radikale liefern mit dem Olefin ein neues Radikal

$$R\cdot O— + CH_2{=}CH_2 \longrightarrow R\cdot O\cdot CH_2\cdot CH_2—.$$

Die so eingeleitete Kette wächst nach dem gleichen Mechanismus mit konstanter Geschwindigkeit weiter

$$R\cdot O\cdot[CH_2]_2— + CH_2{=}CH_2 \longrightarrow R\cdot O\cdot[CH_2]_4—$$
$$R\cdot O\cdot[CH_2]_{n-2}— + CH_2{=}CH_2 \longrightarrow R\cdot O\cdot[CH_2]_n—,$$

bis durch eine Kettenabbruch-Reaktion das Radikal anderweitig verbraucht wird und damit das Kettenwachstum sein Ende findet. Jedes polymere Molekül enthält daher wenigstens eine dem Peroxyd entstammende Endgruppe RO, unter Umständen auch deren zwei, wenn das Peroxyd auch an der Abbruch-Reaktion beteiligt ist. Geringe Mengen Sauerstoff wirken wegen der Leichtigkeit, mit der dieses Element mit Radikalen reagiert, meist hemmend im Sinn einer Induktionsperiode. Andererseits bildet er dabei aber nach folgendem Schema (das für den Fall des Styrols bewiesen wurde) wieder Peroxyde

$$R\cdot O\cdot[CH_2\cdot CHR_1]— + O_2 \longrightarrow R\cdot O\cdot[CH_2\cdot CHR_1]—OO—$$
$$R\cdot O\cdot[CH_2\cdot CHR_1]—OO— + R_1CH{=}CH_2 \longrightarrow R\cdot O\cdot[CH_2\cdot CHR_1]—OO—[CH_2\cdot CHR_1]— \text{ usw.},$$

die ihrerseits durch Radikalzerfall wieder Ketten starten können. Das von allen Olefinen am schwersten polymerisierbare Äthylen wird bei 200° unter 1500 Atm. Druck durch wenig Sauerstoff in das interessante und technisch wichtige **Polyäthylen (Polythen)** verwandelt. Wenn man von den Kettenenden, die mit OH-Gruppen besetzt zu sein scheinen, absieht, hat man es hier mit den höchsten bekannten normalen Paraffinen $CH_3\cdot[CH_2]_x\cdot CH_3$ zu tun. Wie im Fall der Polyisobutylene kennt man auch hier eine ganze Skala von Produkten, die von niedrigen bis zu den höchsten Polymerisationsgraden reicht. Polythen vom Polymerisationsgrad 1000—3000 schmilzt bei etwa 117°, löst sich in der Wärme in organischen Lösungsmitteln und zeichnet sich durch einen sehr kleinen dielektrischen Verlustwinkel aus, worin sein Wert für die Hochfrequenztechnik liegt. In dem mit Benzoylperoxyd in Methanol-Lösung polymerisierten Äthylen hat man im Einklang mit dem oben entwickelten Reaktionsmechanismus Benzoylgruppen nachweisen können.

Daß beim Wachstum von Ketten Unregelmäßigkeiten in Form von Verzweigungen (z. B. Methyl-Seitenketten in Polythen) und Vernetzungen (laterale Verknüpfungen zwischen mehreren wachsenden Ketten) eintreten können, sei hier nur erwähnt. Schon geringe Vernetzungen beeinflussen Löslichkeit und Schmelzpunkt, vor allem aber die mechanischen Eigenschaften von Polymeren sehr stark.

Die Kettenlänge derartiger Polymerisate kann man in interessanter Weise beeinflussen, indem man dem Monomeren kleine Mengen eines „Reglers", z. B. Dodecylmercaptan, zusetzt. Dann erfolgt eine „Kettenübertragung" von dem wachsenden Radikal auf das Mercaptan:

$$R\cdot[CH_2]_n— + CH_2{=}CH_2 \xrightarrow{k} R\cdot[CH_2]_{n+2}—$$
$$R\cdot[CH_2]_{n+2}— + R\cdot SH \xrightarrow{k'} R\cdot[CH_2]_{n+1}\cdot CH_3 + R\cdot S—\cdot$$

Die Molekülgröße wird dann durch das Verhältnis der Geschwindigkeitskonstanten k und k′ sowie die Konzentrationen bestimmt.

Bei Molekülen mit mehreren Doppelbindungen kann die Polymerisation unter Bindungsverschiebung je nach den Umständen zu Ringen oder zu langen Ketten führen, wofür wir im Gefolge noch viele Beispiele kennen lernen werden (Dien-Synthesen, S. 385). Im Falle des Isoprens sind beide Polymerisationsarten wohlbekannt:

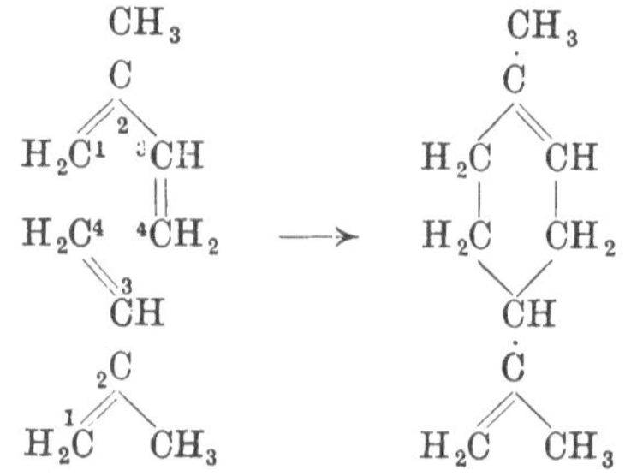

Isopren Dipenten

Die Kettenpolymerisation des Isoprens führt zum Molekül des natürlichen Kautschuks (S. 403):

$$\overset{1}{H_2C}{=}\overset{2}{\underset{CH_3}{C}}{-}\overset{3}{CH}{=}\overset{4}{CH_2} \longrightarrow \left[-CH_2-\underset{CH_3}{C}{=}CH-CH_2-\right]_n$$

$$= \cdots CH_2-\underset{CH_3}{C}{=}CH-CH_2-CH_2-\underset{CH_3}{C}{=}CH-CH_2-CH_2-\underset{CH_3}{C}{=}CH-CH_2\cdots$$

Thermochemie der Kohlenwasserstoffe

Da die Kenntnis von Wärmetönungen chemischer Reaktionen für mannigfache Zwecke von Wert ist, so ist die Ermittlung der **Bildungswärmen** der Kohlenwasserstoffe aus den Elementen für uns von Interesse. Bei der Bildung der Kohlenwasserstoffe handelt es sich nicht um rasch und vollständig verlaufende Prozesse. Eine direkte calorimetrische Messung der Wärmetönung ist daher nicht möglich. Dagegen gelangt man auf einem häufig beschrittenen Umweg leicht zu vergleichsweise genauen Resultaten. Da nach dem Prinzip von der Erhaltung der Energie die Änderung der Gesamtenergie eines Systems unabhängig von dem Weg ist, auf dem die Änderung erfolgt (Gesetz der konstanten Wärmesummen, von HESS 1840, also schon vor dem 1. Hauptsatz aufgestellt), kann man offenbar die Bildungswärme von Methan aus den Verbrennungswärmen von Kohlenstoff, Wasserstoff und CH_4 berechnen (indem man einmal C und H direkt verbrennt, ein zweites Mal C und H sich erst zu CH_4 vereinigt denkt und nunmehr dieses zu den gleichen Endprodukten verbrennt):

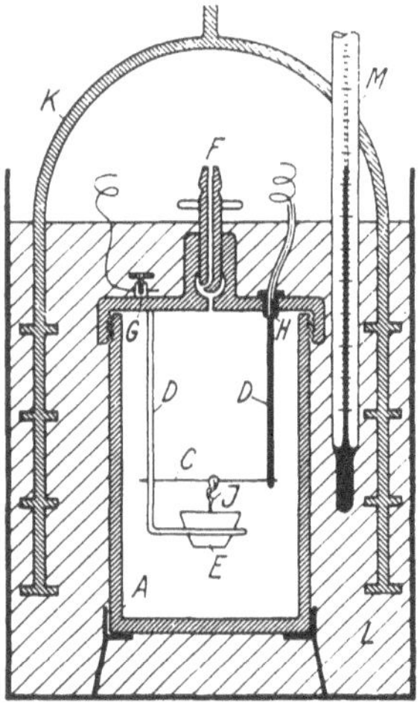

Fig. 42.
BERTHELOTsche Bombe

$$\begin{array}{llll}
C_{Graphit} + O_2 & = CO_2; & \Delta H_{298} = -\,94{\cdot}05\ \text{kcal}^{1} \\
2\,H_2 + O_2 & = 2\,H_2O\ (\text{flüss.}); & \Delta H_{298} = -\,2 \times 68{\cdot}32\ \text{kcal}^{1} \\
CH_4 + 2\,O_2 & = CO_2 + 2\,H_2O; & \Delta H_{298} = -\,212{\cdot}8\ \text{kcal} \\
\hline
C_{Graphit} + 2\,H_2 & = CH_4; & \Delta H_{298} = -\,17{\cdot}89\ \text{kcal.}
\end{array}$$

[1] Bei Ablauf der Reaktion von links nach rechts **abgegebene** Wärmemengen sind durchweg mit **negativem,** aufgenommene Wärmemengen mit positivem Vorzeichen versehen, ΔH_{298} be-

Zur Bestimmung der Verbrennungswärme bringt man die zu untersuchenden Substanzen in das Schälchen *E* der innen emaillierten, etwa 300 ccm fassenden Stahlbombe *A* nach BERTHELOT (Fig. 42), preßt durch das Ventil *F* Sauerstoff von 30 Atmosphären ein und bewirkt die Zündung, indem man an die Klemmen *G* und *H* eine elektrische Spannung anlegt; der an *D* befestigte Platindraht *C* gerät in Glut und entflammt den Baumwollfaden *J*. Die entwickelte Wärme geht auf das durch *K* gerührte Wasser des Calorimeters *L* über und wird mit Hilfe des BECKMANN-Thermometers *M* gemessen.

In der folgenden Tabelle sind für einige Kohlenwasserstoffe im Gaszustand die Verbrennungs- und Bildungswärmen (in kcal pro Mol bei 25° Celsius und konstantem Druck) wiedergegeben:

Kohlenwasserstoff	Verbrennungswärme	Bildungswärme ΔH_{298}	Freie Bildungsenergie ΔF_{298}
Methan	— 212·80	— 17·89	— 12·14
Äthan	— 372·82	— 20·24	— 7·86
Propan	— 530·61	— 24·82	— 5·61
Butan	— 687·98	— 29·81	— 3·75
Pentan	— 845·16	— 35·00	— 1·96
Hexan	— 1002·57	— 39·96	+ 0·05
Heptan	— 1160·01	— 44·89	+ 2·09
Octan	— 1317·45	— 49·82	+ 4·14
Äthylen	— 337·23	+ 12·50	+ 16·28
Propylen	— 491·99	+ 4·88	+ 14·99
Buten-(1)	— 649·76	+ 0·28	+ 17·22
Penten-(1)	— 806·85	— 5·00	+ 18·79
Butadien-(1·3)	— 607·9	+ 26·75	+ 35·71
Acetylen	— 310·62	+ 54·19	+ 50·00
Allen	— 464·84	+ 46·05	+ 49·19
Methylacetylen	— 463·11	+ 44·32	+ 46·31
Dimethylacetylen	— 616·53	+ 35·87	+ 44·72

Während also die gesättigten Kohlenwasserstoffe sich in exothermer Reaktion (d. h. unter Wärmeentwicklung) bilden, bedürfen die niedrigen Olefine und das Acetylen zu ihrer Bildung der Energiezufuhr und zerfallen unter Wärmeentwicklung.

Daß der HESSsche Satz ganz allgemein zur Berechnung von Reaktionswärmen dienen kann, sei am Beispiel der bereits früher erwähnten (S. 88) Veresterungswärme der Essigsäure erläutert:

$$CH_3\cdot CO_2H + 2\,O_2 = 2\,CO_2 + 2\,H_2O; \qquad \Delta U_{298} = -209\cdot 6\text{ kcal}$$
$$C_2H_5\cdot OH + 3\,O_2 = 2\,CO_2 + 3\,H_2O; \qquad \Delta U_{298} = -328\cdot 0\text{ kcal}$$
$$CH_3\cdot CO_2\cdot C_2H_5 + 5\,O_2 = 4\,CO_2 + 4\,H_2O; \qquad \Delta U_{298} = -537\cdot 4\text{ kcal}$$
$$CH_3\cdot CO_2H + C_2H_5\cdot OH = CH_3\cdot CO_2\cdot C_2H_5 + H_2O; \qquad \Delta U_{298} = -0\cdot 2\text{ kcal.}$$

Die Möglichkeit, die Wärmetönung organischer Reaktionen auf dem Umweg über die Verbrennungswärme zu berechnen, ist deshalb von großer Wichtigkeit, weil man auf diese Weise Voraussagen über den Ablauf von Reaktionen und die Lage von Gleichgewichten machen kann, die einer direkten messenden Verfolgung nicht zugänglich sind. BERTHELOT hatte ursprünglich angenommen, daß eine Reaktion immer dann freiwillig verläuft, wenn dabei Wärme entwickelt wird. Diese Forderung ist nun zwar häufig, aber durchaus nicht immer erfüllt. Denn die Änderung ΔH der Gesamtenergie eines Systems (in unserem Fall also die Wärmetönung) setzt sich aus der Änderung der „freien" arbeitsfähigen Energie ΔF und der sogenannten „gebundenen" Energie $T\Delta S$ (T absolute Temperatur, ΔS Änderung der Entropie) zusammen:

$$\Delta H = \Delta F + T\Delta S.$$

---

deutet Wärmetönung bei konst. Druck und 298° abs. = 25° C, ΔU_{298} den entsprechenden Wert für konst. Volumen. Für die Änderung der freien Energie ΔF bei konst. Druck wird jetzt vielfach ΔG („freie Enthalpie") geschrieben. Von Umrechnungsfaktoren, die bei thermochemischen Rechnungen vorkommen, seien erwähnt: 1 cal_{15} = 4,1847 int. Joule; 1 konventionelle thermochemische cal = 4,1833 int. Joule; Strahlungsenergie pro Mol je $\tilde{\nu} = 1/\lambda = 1000\text{ cm}^{-1}$: $2{,}857_4$ $kcal_{15}$/mol; 1 eV (Elektronen-Volt) = $23{,}052_7$ $kcal_{15}$/mol; Gaskonstante R = $1{,}98646_7$ cal_{15}/grad mol.

Diese Ausdrücke rühren daher, daß man nur bei ΔF frei darüber verfügen kann, ob man es in Form von Arbeit oder Wärme gewinnen will, während der Entropieanteil $T\Delta S$, die gebundene Energie, immer nur in Form von Wärme erhalten werden kann. Nur wenn $\Delta F = \Delta H - T\Delta S$ negatives Vorzeichen besitzt, die Reaktion also **Arbeit zu leisten** imstande ist, verläuft der Vorgang freiwillig[1]. Die Größe ΔF, die man auch als die maximale Nutzarbeit oder Affinität der Reaktion bezeichnet, läßt sich berechnen, wenn ΔS bekannt ist. ΔS wird für eine chemische Reaktion in gleicher Weise ermittelt, wie es oben für ΔH im Fall des Methans geschehen ist, d. h. als algebraische Summe $\Sigma \nu_i s_i$ der Entropien s_i der einzelnen Reaktionsteilnehmer, multipliziert mit den Molzahlen ν_i, in denen sie auftreten. s_i bei der Temperatur T, meist 298° absol. („Normalentropie"), ist nach

$$s_{iT} = \int_0^T \frac{c_i}{T}\, dT = 2 \cdot 303 \int_0^T c_i \,\mathrm{dlog}\, T$$

das Integral über die Molekularwärme in Abhängigkeit vom Logarithmus der absoluten Temperatur von 0° bis T^0, wozu gegebenenfalls noch Phasenumwandlungswärmen, z. B. Schmelz- oder Verdampfungswärmen, treten. Um s_i zu gewinnen, bestimmt man entweder die spezifische Wärme von tiefen Temperaturen an oder ermittelt sie, häufig genauer, aus spektroskopischen Daten. Die Entropien sind heute für viele Substanzen in den Handbüchern tabelliert. Mit der Gleichgewichtskonstante K_p bei konstantem Druck[2] ist ΔF durch die Beziehung $\Delta F = -RT \ln K_p$ verknüpft, wenn man die Partialdrucke aller gasförmigen Ausgangs- und Endstoffe gleich 1 setzt. Diese Größen lassen sich also wechselseitig auseinander berechnen.

Obwohl ΔS temperaturabhängig ist und die obigen Beziehungen nur für konstante Temperatur gelten, kann man häufig in 1. Näherung ΔS = konst. setzen. Man erhält dann für die Gleichgewichtskonstante von Gasreaktionen die folgende bequeme **Näherungsgleichung**:

$$\log K_p = -\frac{\Delta H_{298}}{4 \cdot 57\, T} + \frac{\Delta S_{298}}{4 \cdot 57},$$

wo ΔH_{298} und ΔS_{298} Wärmetönung bzw. Entropie bei 1 Atmosphäre Druck und 298° abs. = 25° C bedeuten. Man ersieht daraus, daß bei negativer Wärmetönung (exothermer Reaktion) die Konstante mit steigender Temperatur sinkt, also Zerfall eintritt. Bei positiver Wärmetönung (endothermer Reaktion) nimmt die Konstante mit steigender Temperatur zu, die Reaktion schreitet also zugunsten des Reaktionsprodukts fort.

Aus der Tabelle auf S. 119 ersieht man, daß die freie Bildungsenergie für die höheren gesättigten und die einfachen ungesättigten Kohlenwasserstoffe bei Zimmertemperatur positiv ist. Sie sind also, thermodynamisch betrachtet, instabil und sollten in ihre Elemente zerfallen. Das gleiche gilt für eine sehr große Anzahl organischer Verbindungen. Daß diese Substanzen trotzdem von einer recht bedeutenden Beständigkeit sein können, hängt damit zusammen, daß fast alle Reaktionen eine „Aktivierungswärme" besitzen: die Molekeln bedürfen der Energiezufuhr in Form von thermischer Energie oder durch Absorption von Strahlung, um aktiviert, d. h. in reaktionsfähigen Zustand gebracht zu werden. Die Thermodynamik sagt also nur etwas darüber aus, ob und in welchem Umfang Reaktionen möglich sind. Ob man solche Reaktionen realisisieren kann, wird in vielen Fällen davon abhängen, daß man den geeigneten Katalysator findet, der eine Herabsetzung der Aktivierungswärme bewirkt.

Man hat mehrfach versucht, auch die Bildungswärme der Kohlenwasserstoffe aus gasförmigem atomarem Kohlenstoff und atomarem Wasserstoff zu berechnen (FAJANS). Der Zerfall von H_2 in die Atome erfordert 102 kcal/Mol, die Verdampfung von 1 g-Atom Kohlenstoff (nach freilich nicht ganz sicheren Rechnungen) etwa 170 kcal. Man erhält so für die Bildungswärme von Methan aus Atomen 392 kcal. Teilt man diesen Wert durch 4, so stellt diese Zahl (98 kcal) den mittleren Energieinhalt einer CH-Bindung dar. Ebensoviel Energie ist aufzuwenden, um diese Bindung zu sprengen. Analog erhält man für die Energie einer einfachen C—C-Bindung 79, für eine doppelte Bindung 140 kcal. Sind diese Zahlen auch mit den Verbrennungswärmen an Genauigkeit nicht zu vergleichen, so besitzen sie doch als größenordnungsmäßige Schätzungen ein erhebliches Interesse. Mehr leisten sie freilich auch nicht. Insbesondere gestatten sie

---

[1] Solche Reaktionen bezeichnet man nach CORYELL (Science 92 [1940], 380) als **exergonisch** (ἔργον = Arbeit). Die in umgekehrter Richtung verlaufende Reaktion heißt **endergonisch.**

[2] Definiert durch $K_p = \frac{p_C\, p_D}{p_A\, p_B}$ für die Reaktion $A + B \rightleftarrows C + D$ oder, in allgemeiner Form, $K = \Pi x_i^{\nu_i}$, wo x_i den Molenbruch der i-ten Molekülart darstellt und die Molenzahl ν_i für verschwindende Molekülarten negativ zu rechnen ist.

keine Voraussage über die Energiebeträge, die im konkreten Fall zur Spaltung bestimmter Bindungen aufzuwenden sind. Hier hat man zuverlässigere Zahlen aus reaktionskinetischen Daten an Radikalreaktionen gewonnen, indem man die Wärmetönung als Differenz der Aktivierungswärmen von Hin- und Rückreaktion bestimmt hat. So ergaben sich z. B. für die sukzessive Abspaltung der vier Wasserstoffatome des Methans die Werte 106, 99, 62 und 80 kcal.

Äthylen (Äthen)

Dieses Gas wird im Laboratorium gewöhnlich durch Erhitzen äquimolekularer Mengen Äthylalkohol und Schwefelsäure dargestellt, zweckmäßig unter Zusatz von Aluminiumsulfat als Katalysator; zunächst entsteht Äthylschwefelsäure, die sich beim Erhitzen in Äthylen und Schwefelsäure spaltet:

$$C_2H_5 \cdot O \cdot SO_3H = C_2H_4 + H_2SO_4 .$$

Während man bei der Ätherbildung (S. 56) die Temperatur nicht über 140° steigen und fortwährend neuen Alkohol zufließen läßt, wird hier die Temperatur ohne erneute Zugabe von Alkohol gesteigert. Infolgedessen tritt zum Teil Verkohlung ein, SO_2, CO und CO_2 treten als Nebenprodukte auf. Ein reineres Produkt gewinnt man, wenn man Äthylalkohol-Dampf bei 300—400° über Tonerde oder Aluminiumphosphat leitet. Der Alkohol spaltet sich dann glatt in Wasser und Äthylen. Kohlenoxyd und Acetaldehyd, die als Nebenprodukte auftreten können, verdanken ihren Ursprung einer Dehydrierung.

In der Technik wird Äthylen unter anderem aus Kokereiabgasen und aus den Gasen, die bei der Crackdestillation von Petroleum anfallen, durch Tieftemperatur-Fraktionierung nach LINDE in einer Reinheit von 98—99% gewonnen. Auch die partielle Hydrierung von Acetylen an Palladium-Silicagel-Katalysatoren bei 200° sowie die Dehydrierung von Äthan haben zur technischen Gewinnung gedient. Das Gleichgewicht von Äthan mit Äthylen liegt bei Atmosphärendruck bei 425° bei 1.6%, bei 625° bei 23.8%, bei 925° bei 93.3% Spaltung.

Reines Äthylen besitzt einen eigenartigen, etwas süßlichen Geruch und brennt mit leuchtender, rußender Flamme. In Wasser und Alkohol ist es wenig löslich. Daß Äthylen von konz. Schwefelsäure unter Bildung von Äthylschwefelsäure und Diäthylsulfat absorbiert wird, ist schon auf S. 55 beschrieben. Durch sehr vorsichtige katalytische Oxydation mit Sauerstoff an Silber bei 200° kann aus Äthylen Äthylenoxyd in technischem Ausmaß gewonnen werden. Die gleichzeitige Oxydation zu Kohlendioxyd wird durch Beimischen von Äthylendichlorid zurückgedrängt. Auch die Oxydation von Äthylen zu Formaldehyd ist möglich und verläuft mit besserer Ausbeute als die entsprechende Oxydation des Methans. Mit Wasserstoff verbindet sich Äthylen bei Gegenwart von Nickel noch bei —80° zu Äthan. Chlor wird von Äthylen im Dunkeln bei Temperaturen von etwa 150° nur sehr träge zu Äthylenchlorid $C_2H_4Cl_2$ addiert. Anscheinend erfolgt die Vereinigung nur an der Gefäßwand. Im Gegensatz dazu steht die Leichtigkeit der Verbindung in flüssiger Phase. Beim Einleiten von Äthylen in Brom entsteht Äthylenbromid $C_2H_4Br_2$.

Von der Bildung des öligen, in Wasser unlöslichen Äthylenchlorids (vgl. S. 150) rührt der Name „gaz oléfiant" (ölbildendes Gas) für Äthylen und die Bezeichnung **„Olefine"** für die ganze Reihe her.

Amylene (Pentene)

Ein Gemenge von verschiedenen isomeren Amylenen C_5H_{10} wird durch Erhitzen von Fuselöl mit Zinkchlorid gewonnen. Von ihnen lösen sich zwei, nämlich Trimethyläthylen $(CH_3)_2C{:}CH \cdot CH_3$ und asymmetrisches Methyläthyläthylen $CH_2{:}C(CH_3)(C_2H_5)$ in einem Gemisch gleicher Volumina Wasser und Schwefelsäure zu Amylschwefelsäure $(CH_3)_2C(O \cdot SO_3H) \cdot CH_2 \cdot CH_3$ auf. Diese wird durch Wasser zu Dimethyläthylcarbinol, dem als Schlafmittel bekannten **Amylenhydrat,** $(CH_3)_2C(OH) \cdot C_2H_5$ (S. 41) verseift. In Amerika gewinnt man ein Gemenge der verschiedenen Amylalkohole („Pentasol") auch durch Chlorierung von Pentan und Isopentan aus Erdgas und Verseifung der entstandenen Chloride mit Natronlauge.

Über die Struktur der ungesättigten Verbindungen

Bis jetzt war von uns angenommen worden, daß die Olefine eine doppelte Kohlenstoffbindung enthalten. Der Beweis dafür ist auf folgende Weise zu erbringen. Man hat gefunden, daß bei allen Additionsreaktionen der Olefine die addierten Atome oder Gruppen an zwei *benachbarte* Kohlenstoffatome treten. Denn das Äthylenchlorid, das man durch Anlagerung von Chlor an Äthylen gewinnt, ist verschieden von Äthylidenchlorid $CH_3 \cdot CHCl_2$, dessen Konstitution aus seiner Bildungsweise (Einwirkung von PCl_5 auf Acetaldehyd) einwandfrei hervorgeht. Äthylenchlorid kann also nur der Formel I entsprechen. Durch Addition von Chlor an Propylen erhält man Propylenchlorid $C_3H_6Cl_2$. Dieses ist abermals verschieden von den beiden Produkten, die durch Einwirkung von PCl_5 auf Aceton bzw. Propionaldehyd entstehen und deshalb die Formeln $CH_3 \cdot CCl_2 \cdot CH_3$ und $CH_3 \cdot CH_2 \cdot CHCl_2$ besitzen müssen. Somit verbleibt für Propylenchlorid nur eine der Formeln II oder III.

I. $CH_2Cl \cdot CH_2Cl$ II. $CH_3 \cdot CHCl \cdot CH_2Cl$

III. $CH_2Cl \cdot CH_2 \cdot CH_2Cl$.

Mit der Formel III steht aber wieder nicht im Einklang, daß auch die Bildungsweise des Propylens aus den Propylhalogeniden deutlich auf die Beteiligung zweier benachbarter Atome an der Halogenwasserstoffabspaltung hinweist. Denn nur dann ist die Tatsache erklärlich, daß aus Propyljodid $CH_3 \cdot CH_2 \cdot CH_2J$ und Isopropyljodid $CH_3 \cdot CHJ \cdot CH_3$ das gleiche Propylen entsteht. Durch die mitgeteilten Beobachtungen sind also für das Propylen die Formeln

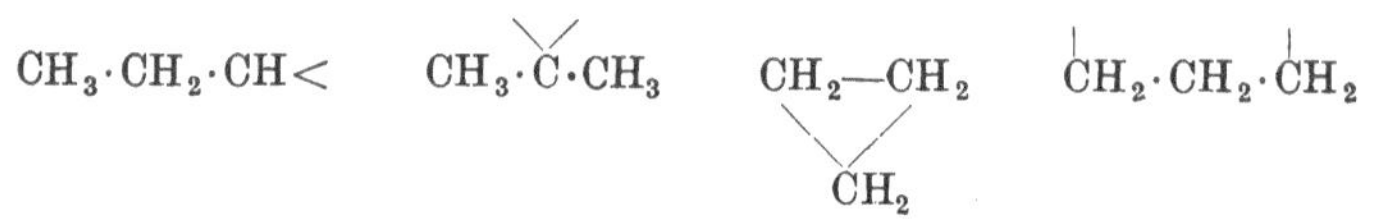

ausgeschlossen, weil aus ihnen durch Halogenaddition nicht das Propylenchlorid der Formel II entstehen könnte. Hält man an dem Prinzip von der konstanten Vierwertigkeit des Kohlenstoffs fest, so hat man sich beim Propylen nur noch zwischen den Formelbildern IV und V zu entscheiden:

IV. $CH_3 \cdot CH{=}CH_2$ V. $CH_3 \cdot \overset{|}{C}H{-}\overset{|}{C}H_2$.

Nach Formel V würde das Propylen als ein Radikal mit zwei freien Bindungen erscheinen. Wäre diese Formel zutreffend, so ist nicht recht zu verstehen, weshalb bei allen Olefinen die freien Bindungen immer paarweise auftreten. Überdies haben wir gesehen, daß sich Radikale in den wenigen Fällen, wo sie bekannt sind (S. 111), durch so große Reaktionsfähigkeit und entsprechenden Mangel an Beständigkeit auszeichnen, daß allein Formel IV als angemessener Ausdruck für das Propylen übrig bleibt. Analog ist die Formel des Äthylens $CH_2{=}CH_2$ zu schreiben.

Daß die Additions- und Abspaltungsreaktionen bei ungesättigten Verbindungen sich an unmittelbar **benachbarten Kohlenstoffatomen** abspielen, geht auch aus den folgenden Beispielen hervor. Entzieht man dem 1-Jod-2-methyl-butan (I auf S. 123) Jodwasserstoff, so kann nur 1-Methyl-1-äthyl-äthylen(II) entstehen. Lagert man an dieses wieder HJ an, so erhält man jedoch nicht das Jodid I zurück, sondern 2-Jod-2-methyl-butan(III). Die Konstitution von III beweist man durch Austausch von J gegen OH. Dabei entsteht 2-Methyl-butanol-(2)(IV), das seinerseits nach der auf S. 100 angegebenen Synthese darstellbar ist und durch Behandlung mit HJ wieder in III übergeführt werden kann. Durch Abspaltung von HJ aus III entsteht neben II auch Trimethyläthylen(V). Die Konstitution dieses Kohlenwasserstoffs folgt unter anderem aus der Bildung von Essigsäure und Aceton durch oxydative Spaltung der Doppelbindung. Auch V geht durch Addition von HJ wieder in III über. Bemerkenswert ist das Verhalten des Isopropyläthylens (VII), das man aus 4-Jod-2-methyl-butan(VI) darstellen kann. Es liefert nämlich bei der Anlagerung von HJ neben dem normalen Additionsprodukt VIII auch das Jodid III, das nur durch eine Umlagerung entstanden sein kann. Auch der Austausch von J gegen OH in VIII verläuft nicht normal, sondern führt zu dem tertiären Alkohol IV. Die Möglichkeit derartiger Umlagerungen ist also bei Konstitutionsbeweisen sorgfältig zu berücksichtigen. Sie sind jedoch gegenüber den normalen Reaktionen in der Minderzahl und geben deshalb keinen Anlaß zu Zweifeln an der hier entwickelten Beweisführung für die Konstitution der ungesättigten Verbindungen.

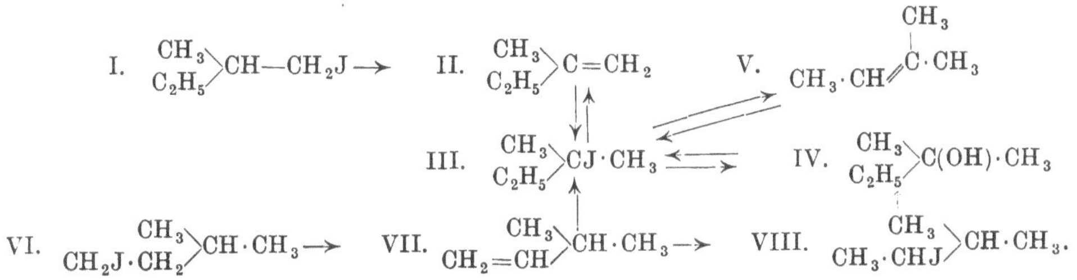

Durch eine Untersuchung von BUTLEROW ist ferner bewiesen, daß die Abspaltung von Halogenwasserstoff unterbleibt, wenn Halogen und Wasserstoff nicht von zwei unmittelbar aneinander gebundenen Kohlenstoffatomen abgespalten werden können. Er ging hierbei von Isobutylen $(CH_3)_2C\colon CH_2$ aus, an das zwei Bromatome addiert wurden: $(CH_3)_2CBr\cdot CH_2Br$. Als er diesem Dibromid HBr entzog, entstand $(CH_3)_2C\colon CHBr$; die Struktur dieser Verbindung ergibt sich aus der Oxydation, die zu Aceton führt:

$$(CH_3)_2C\colon CHBr \rightarrow (CH_3)_2CO.$$

Es gelang nun auf keine Weise, diesem 2-Methyl-1-brom-propen-(1) $(CH_3)_2C\colon CHBr$ aufs neue HBr zu entziehen. In der Tat besitzt diese Verbindung auch keinen Wasserstoff an dem Kohlenstoffatom, das der CHBr-Gruppe benachbart ist.

Durch einen naheliegenden Analogieschluß ist man zu der Anschauung gelangt, daß auch bei anderen mehrfach gebundenen Atomen (Stickstoff in den Nitrilen, Sauerstoff in den Aldehyden und Ketonen usw.) nicht freie Bindungseinheiten, sondern doppelte und dreifache Bindungen anzunehmen sind. In der Tat wird diese Auffassung ihrem Verhalten am besten gerecht, wenn man naturgemäß hier auch nicht über ein so reichhaltiges Material an definierten Additionsprodukten wie bei der Kohlenstoffdoppelbindung verfügt.

Die Leichtigkeit, mit der Doppelbindungen durch Addition in Einfachbindungen übergehen, steht im Gegensatz zu der in früheren Kapiteln betonten Tatsache, daß Kohlenstoffbindungen im allgemeinen schwer zu lösen sind. Sie verliert aber viel von ihrer scheinbaren Paradoxie, wenn man sich bewußt bleibt, daß die Schreibweise der chemischen Formeln mit Bindestrichen wohl die Reihenfolge der Atome im Molekül und ihre maximale (positive oder negative) Wertigkeit ausdrückt, aber von der wahren Natur der Bindungen und den mannigfachen Abstufungen in ihrer Reaktionsfähigkeit nur einen unvollkommenen Eindruck zu geben vermag. Dieser symbolisch-konventionelle Charakter der Bindestriche wird besonders deutlich in Fällen, wo auch Kohlenstoffbindungen verhältnismäßig leicht gelöst werden. Beispiele dafür werden uns später mehrfach begegnen. Deshalb besagt auch die Schreibweise der Doppelbindung in keiner Weise, daß den beiden Strichen zwei gleichartige Bindungen von der Stärke einer einfachen C—C-Bindung entsprechen. In der Tat haben auch quantenmechanische Überlegungen, auf die hier nicht eingegangen werden kann, ergeben, daß die 4 Elektronen, die nach S. 48 den beiden Bindestrichen zuzuordnen sind, in 2 Paare zerfallen (σ- und π-Elektronen), die verschieden stark gebunden sind und auch die beiden C-Atome verschieden stark aneinander binden. Auf den besonderen Eigenschaften der locker gebundenen π-Elektronen beruht die Reaktionsfähigkeit der Doppelbindung. Das chemische Verhalten der ungesättigten Verbindungen, wie es oben geschildert ist, führt zu dem Schluß, daß eine Doppelbindung in bezug auf ihre

Festigkeit eine Mittelstellung zwischen einer Einfachbindung und zwei einfachen Bindungen einnimmt. Dies findet auch in den thermochemisch berechneten **Bindungsenergien** (vgl. S. 120) seinen Ausdruck. Danach erfordert eine einfache C—C-Bindung zur Spaltung einen Energieaufwand von 79 kcal, eine doppelte Bindung etwa 140 kcal. Die Überführung einer Doppelbildung in eine Einfachbindung erfordert also nur etwa 61 kcal, d. h. 18 kcal weniger als zur Spaltung einer einfachen Bindung nötig wäre. Der aus Röntgen- und Elektronenbeugungsmessungen ermittelte Abstand zweier C-Atome in einer Doppelbindung beträgt 1·34 Å, ist also beträchtlich kleiner als der Abstand zweier einfach gebundener C-Atome (1·54 Å). Die größere Bindungsfestigkeit äußert sich also erwartungsgemäß in einem kleineren Atomabstand. Einer besonderen Erwähnung bedarf schließlich noch die bemerkenswerte Leichtigkeit, mit der ungesättigte Verbindungen durch Oxydationsmittel an der Stelle der doppelten Bindung gespalten werden, weil sie den Eindruck erwecken könnte, als ob eine Doppelbindung schwächer als eine einfache Bindung wäre. In Wirklichkeit nimmt jedoch die oxydative Spaltung keine Sonderstellung gegenüber den Additionsreaktionen ein. Man hat nämlich in vielen Fällen zeigen können, daß der Sprengung der Doppelbindung eine Addition von 2 OH-Gruppen vorangeht.

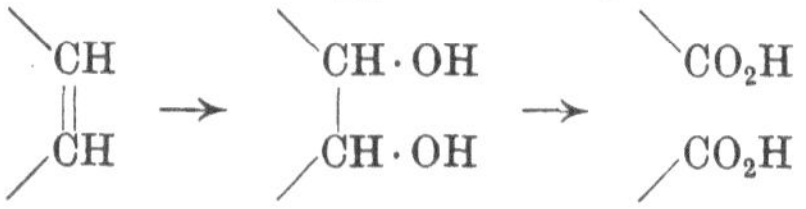

Wenn nun die Oxydation — nach der S. 42 gegebenen allgemeinen Regel — an der Stelle angreift, an der sich bereits Sauerstoff befindet, so muß ein Zerfall der Kohlenstoffkette an der Stelle der doppelten Bindung eintreten[1].

Die oxydative Sprengung der doppelten Bindung ist eines der wichtigsten Mittel zur Konstitutionsbestimmung ungesättigter Verbindungen. Denn man wird in vielen Fällen aus der Untersuchung der entstehenden Säuren einen Rückschluß auf die Lage der doppelten Bindung ziehen können. Die Oxydation von Penten-(2) zu Essigsäure und Propionsäure:

$$\underset{\text{Penten-(2)}}{CH_3 \cdot CH_2 \cdot CH : CH \cdot CH_3} \longrightarrow CH_3 \cdot CH_2 \cdot CO_2H + CH_3 \cdot CO_2H$$

zeigt an, daß die Doppelbindung zwischen dem zweiten und dritten C-Atom liegen muß.

Nicht nur das chemische Verhalten, auch die physikalischen Eigenschaften ungesättigter Verbindungen werden durch die Gegenwart einer Doppelbindung in charakteristischer Weise bestimmt. Ein gut untersuchtes Beispiel hierfür bietet die **Refraktion.** Es wurde bereits auf S. 31 hervorgehoben, daß die Refraktion der Gruppe CH_2 sehr konstant ist. Multipliziert man diesen Wert mit n und zieht das Produkt von der Molekularrefraktion einer Verbindung C_nH_{2n+2} ab, so gewinnt man die Refraktion für 2 H und damit auch die Atomrefraktion für C und H gesondert. Die folgende Tabelle zeigt einige nach diesem Verfahren erhaltene Zahlen für die *D*-Linie (LORENZsche Formel):

	Atomrefraktion		Atomrefraktion
Gruppe CH_2	4·598	Oxosauerstoff	2·189
Kohlenstoff	2·413	Äthersauerstoff	1·639
Wasserstoff	1·092	Hydroxylsauerstoff	1·522

Die durch einfache Addition dieser Zahlen erhaltenen Molekularrefraktionen stimmen im allgemeinen mit den experimentell gefundenen sehr gut überein. Bei ungesättigten Verbindungen erhält man dagegen Werte, die hinter den beobachteten zurückbleiben (z. B. für C_8H_{16} gefunden 38·73, berechnet 36·94).

BRÜHL hat diese Differenz das **Inkrement** für die doppelte Bindung genannt (versinnbildlicht durch das Zeichen **F**). Ihr mittlerer Wert ist 1·733 nach der LORENZ-

[1] Über Spaltung von α-Glykolen mit Bleitetraacetat vgl. S. 152.

schen Formel. Auch die **Molekulardispersion** $\gamma - \alpha$ (Differenz zwischen den Molekularrefraktionen für die α- und γ-Linie des Wasserstoffspektrums) ist bei ungesättigten Verbindungen erheblich größer als bei gesättigten.

Die obigen, nach einem verhältnismäßig primitiven Zerlegungsverfahren gewonnenen „Atomrefraktionen" haben keine tiefere physikalische Bedeutung und sind auch keine Konstanten im eigentlichen Sinn. Sie besitzen aber als Mittelwerte aus einem umfangreichen experimentellen Material große praktische Bedeutung und gestatten in vielen Fällen eine überaus einfache Kontrolle einer aufgestellten Konstitutionsformel. Will man auch in theoretischer Beziehung ein tieferes Verständnis erreichen, so muß man die Molekularrefraktion in Äquivalente für die einzelnen Bindungstypen zerlegen.

Cycloalkane C_nH_{2n}

Wir sahen bereits oben, daß Strukturformeln mit Kohlenstoffringen (S. 122) als Symbol der ungesättigten Verbindungen abzulehnen sind. Ringförmig gebaute Verbindungen C_nH_{2n} sind indessen auf später (S. 292) zu beschreibenden Wegen zugänglich und unterscheiden sich in der Tat von den ungesättigten Verbindungen scharf durch große Trägheit oder gänzliches Fehlen des Additionsvermögens sowie durch normale Molekularrefraktion. Dagegen sind sie in ihrem ganzen Verhalten den Grenzkohlenwasserstoffen äußerst ähnlich. Um sie als ringförmige Analoga der Alkane zu kennzeichnen, hat man sie **Cycloalkane** (von κύκλος = Kreis) genannt. Die Existenz und das abweichende Verhalten dieser Substanzen kann als weitere Stütze der Betrachtungen angesehen werden, die oben über das Wesen der ungesättigten Verbindungen angestellt wurden.

Kohlenwasserstoffe C_nH_{2n-2}

Verbindungen, die sich von den Paraffinen durch den Mindergehalt von vier Wasserstoffatomen unterscheiden, müssen entweder zwei Doppelbindungen enthalten:

$$CH_2{=}CH{-}CH{=}CH_2,$$

Butadien-(1,3)

oder sie müssen eine sogenannte **dreifache Bindung** aufweisen:

$$CH_3{\cdot}C{\equiv}CH.$$

Allylen (Propin)

Die Gründe, weshalb man statt freier Bindungseinheiten eine dreifache Bindung annimmt, sind die gleichen, die bereits für die Formulierung der Doppelbindung bei den Olefinen angeführt wurden. Der Abstand zweier dreifach gebundener C-Atome ist wiederum kleiner als der doppelt gebundener C-Atome, nämlich nur 1 · 20 Å (doppelt gebunden 1 · 34 Å, einfach gebunden 1 · 54 Å).

1. Kohlenwasserstoffe C_nH_{2n-2} mit dreifacher Bindung

Nomenklatur. Das erste Glied C_2H_2 heißt Acetylen, das zweite C_3H_4 Allylen; die höheren Glieder werden meist als substituierte Acetylene aufgefaßt, z. B. Äthylacetylen $C_2H_5{\cdot}C{\equiv}CH$ usw. Nach der systematischen Nomenklatur werden ihre Namen durch Ersatz der Endung -an der Alkane durch -in gebildet[1]. Ihr Gruppenname ist daher **Alkine.**

Bildung. Alkine entstehen bei der trockenen Destillation komplizierterer Verbindungen; sehr kleine Mengen von Acetylen und einigen Homologen sind daher im Steinkohlengas bzw. im Benzolvorlauf nachgewiesen worden. Der Acetylengehalt des Koksofengases liegt unter 0,1 Gewichtsprozent.

Die wichtigste Methode zur Darstellung von Alkinen beruht auf der gleich zu erörternden Fähigkeit des Acetylens und seiner Homologen zur Bildung von Metallverbindungen, die sich leicht mit Alkylhalogeniden und Dialkylsulfaten alkylieren lassen. Acetylen regiert mit einer Lösung von Natrium in flüssigem Ammoniak

[1] Nach neueren Vorschlägen auch -yn.

bei dessen Siedetemperatur glatt unter Erzeugung von Mononatriumacetylen, dessen Umsetzung mit Alkylhalogenid wiederum in siedendem flüssigem Ammoniak vorgenommen wird:

$$C_2H_2 + Na = HC{\equiv}CNa + H$$
$$HC{\equiv}CNa + C_4H_9Br = HC{\equiv}C\cdot C_4H_9 + NaBr.$$

Hierbei entstehen also Alkine mit einer endständigen dreifachen Bindung. Sie vermögen ebenfalls mit Natrium zu reagieren und können deshalb in analoger Reaktion in dialkylierte Acetylene verwandelt werden:

$$RC{\equiv}CNa + R'Br = R\cdot C{\equiv}C\cdot R' + NaBr.$$

Nur primäre Halogenide sind dieser Reaktion zugänglich. Aus sekundären und tertiären Halogeniden wird durch Natriumacetylen Halogenwasserstoff abgespalten.

Eine Reihe weiterer Methoden steht zur Verfügung, wenn die beschriebenen Verfahren nicht zum Ziel führen. So erhält man Alkine durch Abspaltung zweier Moleküle Halogenwasserstoff aus den Verbindungen, die durch Addition von Halogen an Alkene entstehen:

$$\underset{\text{Dibromäthan}}{CH_2Br\cdot CH_2Br} - 2\,HBr = \underset{\text{Acetylen}}{CH{\equiv}CH}.$$

Man erhitzt zu diesem Zweck die Halogenverbindungen mit alkoholischer Kalilauge oder mit Natriumamid auf etwa 120—160°.

Gleichfalls zu Alkinen gelangt man, wenn man Halogenwasserstoff aus den Verbindungen $C_nH_{2n}Cl_2$ abspaltet, die durch Einwirkung von PCl_5 auf Aldehyde oder Ketone entstehen:

$$\underset{\text{1,1-Dichlor-äthan}}{CH_3\cdot CHCl_2} - 2\,HCl = \underset{\text{Acetylen}}{CH{\equiv}CH},$$
$$\underset{\text{2,2-Dichlor-propan}}{CH_3\cdot CCl_2\cdot CH_3} - 2\,HCl = \underset{\text{Allylen}}{CH_3\cdot C{\equiv}CH}.$$

Zur Abspaltung des Halogenwasserstoffs benutzt man vorteilhaft Natriumamid, da durch alkoholische Kalilauge häufig eine Verschiebung der dreifachen Bindung in das Innere der Kette bewirkt wird, z. B. $C_2H_5\cdot C{\equiv}CH \longrightarrow CH_3\cdot C{\equiv}C\cdot CH_3$.

Die **physikalischen Eigenschaften** einiger Vertreter der Reihe zeigt die folgende Tabelle:

Name	Formel	Schmelzp.	Siedep.	Dichte D_4^t
Acetylen	$CH{\equiv}CH$	— 81·8°	— 83·6°	0·6179 (— 81·8°)
Allylen	$CH_3\cdot C{\equiv}CH$	— 101·5	— 23·3	0·6714 (— 23·3°)
Butin-(1)	$C_2H_5\cdot C{\equiv}CH$	— 122·5	+ 8·6	0·6682 (+ 8·6°)
Pentin-(1)	$C_3H_7\cdot C{\equiv}CH$	— 106·1	40·25	0·6908 (+ 20°)
Hexin-(1)	$C_4H_9\cdot C{\equiv}CH$	— 132·1	71·4	0·7156 (+ 20°)
Heptin-(1)	$C_5H_{11}\cdot C{\equiv}CH$	— 80·9	99·8	0·7325 (+ 20°)
Octin-(1)	$C_6H_{13}\cdot C{\equiv}CH$	— 79·5	126·3	0·7460 (+ 20°)
Nonin-(1)	$C_7H_{15}\cdot C{\equiv}CH$	— 65	151	0·763 (+ 20°)

Die obigen Kohlenwasserstoffe zeigen zum Teil ein eigenartiges Verhalten gegen ammoniakalische Lösungen von Kupfer(I)-chlorid oder Silbernitrat, wodurch sie leicht und scharf erkannt werden können. Leitet man Acetylengas in solche Lösungen ein, so wird an C gebundener Wasserstoff durch Metall ersetzt, und es scheiden sich Metallverbindungen des Acetylens (**Acetylenide, Carbide**) als sehr voluminöse explosive Massen ab, die in Ammoniak und Wasser unlöslich sind und mit verdünnter Salzsäure leicht Acetylen regenerieren. Die Kupferverbindungen sind gelb oder rot, die Silberverbindungen farblos. Von den Homologen des Acetylens zeigen nur diejenigen Kohlenwasserstoffe ein analoges Verhalten, die den Dihalogeniden aus Aldehyden entstammen, also eine endständige dreifache Bindung enthalten:

$$C_nH_{2n+1}\cdot CH_2\cdot CHO \longrightarrow C_nH_{2n+1}\cdot CH_2\cdot CHCl_2 \longrightarrow C_nH_{2n+1}\cdot C{\equiv}CH.$$

Demnach ist es der Wasserstoff der Gruppe $\equiv$CH, der durch Metalle ersetzt wird. Diese Metallverbindungen sind zur Isolierung der Kohlenwasserstoffe C_nH_{2n-2} sehr wertvoll. Durch Erhitzen von Natrium in Acetylen erhält man die nicht explosiven Verbindungen C_2HNa und C_2Na_2, aus denen durch Säuren Acetylen regeneriert wird. Wesentlich glatter verläuft die bereits erwähnte Darstellung von Mononatriumacetylen in flüssigem Ammoniak.

Eine interessante, für synthetische Zwecke wertvolle Magnesiumverbindung des Acetylens entsteht aus diesem durch Einwirkung von $C_2H_5 \cdot MgBr$:

$$C_2H_2 + C_2H_5 \cdot MgBr = HC \vdots C \cdot MgBr + C_2H_6.$$

Man hat angenommen, daß das Endprodukt dieser Umsetzung stets die Dimagnesium-Verbindung $BrMg \cdot C \vdots C \cdot MgBr$ ist, weil man durch Umsetzung mit Alkylhalogeniden daraus nicht nur Mono-, sondern auch Dialkylacetylene erhalten hat. Es ist jedoch neuerdings darauf hingewiesen worden, daß die nachstehende Reaktionsfolge dieses Resultat ebenfalls zu erklären vermag:

$$HC \vdots C \cdot MgBr + RBr = HC \vdots C \cdot R + MgBr_2$$
$$R \cdot C \vdots CH + HC \vdots C \cdot MgBr = R \cdot C \vdots C \cdot MgBr + C_2H_2$$
$$R \cdot C \vdots C \cdot MgBr + RBr = R \cdot C \vdots C \cdot R + MgBr_2.$$

Die Frage bedarf deshalb neuen Studiums. Bemerkenswert ist die geringere Reaktionsfähigkeit der Acetylenmagnesium-Verbindungen im Vergleich zu den Magnesiumverbindungen der gesättigten Kohlenwasserstoffe.

Durch katalytische Hydrierung lassen sich Alkine je nach den Bedingungen in Alkene oder Alkane überführen. Mit vier Halogenatomen oder zwei Molekülen Halogenwasserstoff geben sie gesättigte Halogenalkane. Unter dem Einfluß von Quecksilbersalzen addieren sie Wasser und liefern Aldehyde oder Ketone, z. B.:

$$CH \equiv CH + H_2O = CH_3 \cdot CHO; \quad CH_3 \cdot C \equiv CH + H_2O = CH_3 \cdot CO \cdot CH_3,$$

wobei wahrscheinlich Quecksilberverbindungen als Zwischenprodukte auftreten. Von der technischen Bedeutung dieser Reaktion für die Darstellung von Acetaldehyd und Aceton ist bereits S. 107, 108 die Rede gewesen.

Zahlreiche Polymerisationsreaktionen machen Acetylen zu einer sehr interessanten Verbindung, während seine Homologen in dieser Hinsicht noch wenig studiert sind. Die von BERTHELOT 1866 entdeckte Polymerisation von Acetylen zu Benzol gehört zum klassischen Bestand der organischen Chemie. Sie vollzieht sich in Abwesenheit von Katalysatoren in stark exothermer Reaktion ($\Delta H_{298} = -144$ kcal/Mol), aber geringer Ausbeute bei etwa 500°:

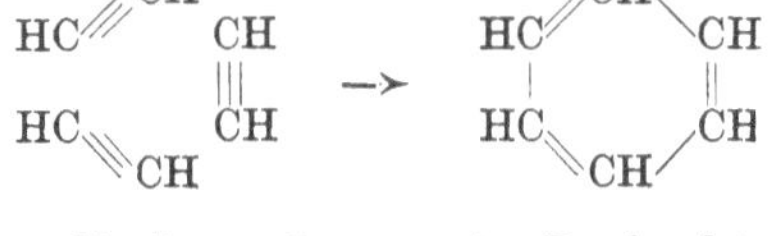

Eine Parallele dazu bildet die bemerkenswerte Beobachtung von REPPE, daß Acetylen in einem organischen Lösungsmittel bei 60—70° unter 10—20 Atm. Druck in Gegenwart von Nickelcyanid in guter Ausbeute Cyclooctatetraen (I) liefert.

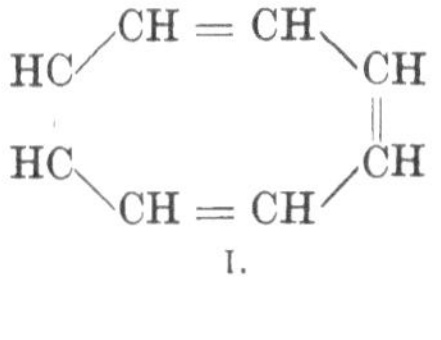

I.

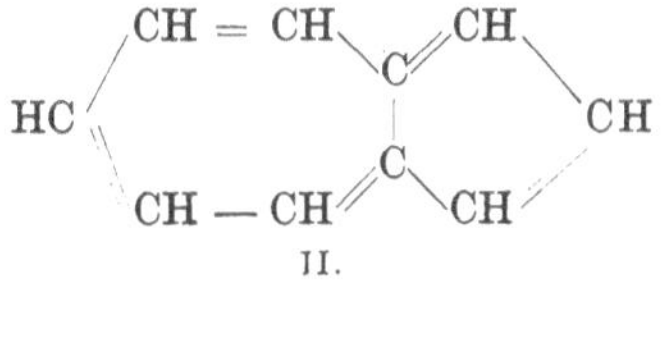

II.

Unter den Nebenprodukten der Reaktion findet man Benzol, den blauen Kohlenwasserstoff Azulen (II) und Cupren. Als Hauptprodukt bildet sich Cupren über Kupferkatalysatoren bei etwa 250°. Es stellt ein korkartiges gelbes, teilweise autoxydables Pulver dar, über dessen Konstitution man noch keine begründeten Vorstellungen hat. Die Umstände seiner Bildung und gewisse Oxydationsprodukte machen einen überwiegend ringförmigen Aufbau nicht unwahrscheinlich.

Acetylen (Äthin) C_2H_2

Acetylen ist ein farbloses, narkotisch wirkendes Gas von ätherischem Geruch, das sich ziemlich leicht in Wasser, noch leichter in Aceton löst und sich ohne Schwierigkeit zu einer Flüssigkeit verdichten läßt. Die kritische Temperatur ist 35·5°, der kritische Druck 61·65 Atmosphären. Festes Acetylen erreicht den Dampfdruck 760 mm bei —83·6°. Bei dieser Temperatur sublimiert es ohne zu schmelzen. Der Tripelpunkt, bei dem alle 3 Phasen miteinander im Gleichgewicht sind, liegt bei —81·8° und 891 mm Druck. 1 Liter Acetylen wiegt unter Normalbedingungen 1.1709 g. BERTHELOT gelang 1863 zuerst die Synthese von Acetylen aus den Elementen, indem er einen elektrischen Lichtbogen zwischen Kohleelektroden in einer Wasserstoff-Atmosphäre brennen ließ. Auch beim Vorbeileiten von Wasserstoff an einem durch Widerstandsheizung auf 1800° erhitzten Kohlestab hat man Acetylen beobachtet:

$$2\,C + H_2 = C_2H_2; \quad \Delta H_{298}: +\ 54{,}2\ \text{kcal/Mol.}$$

Da nach den thermochemischen Daten diese Reaktion sehr stark endotherm ist, nimmt die Ausbeute zwar mit steigender Temperatur zu, bleibt aber selbst bei hohen Temperaturen immer klein. Im Gleichgewicht sind bei 1727° erst 0.003, bei 2527° 4·3 Vol-% vorhanden. Dies erklärt, weshalb Acetylen in technischen Pyrolyse-Gasen normalerweise nur in äußerst geringen Mengen vorhanden ist.

Sehr erhebliche Mengen Acetylen lassen sich aus Methan im elektrischen Lichtbogen oder rein thermisch bei etwa 1500° gewinnen, indem man die Reaktionsgase mit Wasser unmittelbar abschreckt. Hierdurch verhindert man die Einstellung des Zerfallsgleichgewichts nach Verlassen der Reaktionszone im Gebiet fallender Temperatur. Die Reaktion ist stark endotherm:

$$2\,CH_4 = C_2H_2 + 3\,H_2; \quad \Delta H_{298}: +\ 90\ \text{kcal/Mol}\ C_2H_2$$

Das Reaktionsgas enthält etwa 16 Vol-% Acetylen, das mit Druckwasser ausgewaschen wird, und an sonstigen wertvollen Bestandteilen einige Prozent Äthylen. Da nach diesem Verfahren nicht nur Methan, sondern auch Erdgas und die Abgase der Kohlehydrierung verarbeitet werden können, hat es für die technische Acetylengewinnung große Bedeutung erlangt.

Die Hauptmenge des Acetylens wird aber auch heute noch durch Zersetzung von **Calciumcarbid** C_2Ca mit Wasser dargestellt. Calciumcarbid erhält man durch Zusammenschmelzen von Ätzkalk mit Kohle im elektrischen Ofen in umkehrbarer Reaktion $CaO + 3\,C \rightleftarrows CaC_2 + CO$. Reines Carbid bildet farblose, tetragonale Kristalle, das technische Produkt ist durch Verunreinigungen gefärbt. Diese bestehen aus Kohlenstoff, ferner Calciumphosphid und -sulfid, die bei der Zersetzung durch Wasser Phosphorwasserstoff und Schwefelwasserstoff liefern und dem ungereinigten Acetylen seinen unangenehmen Geruch verleihen. Sie können durch Überleiten des Gases über ein Gemisch von Chlorkalk und Natriumchromat beseitigt werden. In der Technik dienen Eisenoxyde und aktive Kohle zur Reinigung. Calciumcarbid bildet im Kristall ein deformiertes Kochsalzgitter, in dem C_2-Gruppen den Platz des Anions einnehmen.

Im Aluminiumcarbid (S. 24) wird das Anion von einzelnen C-Atomen gebildet. Es ist also aus dem Kristallbau verständlich, weshalb das erstere Acetylen, das letztere Methan liefert.

Während Acetylen unter Atmosphärendruck nicht explosiv ist, vermag es schon bei 1 Atmosphäre Überdruck zu explodieren. Mischungen mit Luft explodieren mit äußerster Heftigkeit, wenn sie mit einer Flamme in Berührung kommen. Diese Explosion ist weit gefährlicher als die einer Mischung von Leuchtgas und Luft. Dazu kommt, daß die Explosionsgrenzen bei Acetylen-Luft-Gemengen viel weiter auseinanderliegen. Die Mischung mit Luft ist explosiv, wenn sie 3—70% Acetylen enthält, während die Grenzen für Leuchtgas bei 5—28% liegen. Auf Grund eines genauen Studiums seiner Eigenschaften kann man heute in der Industrie Acetylen noch bei Drucken von 20—30 Atm. vergleichsweise gefahrlos handhaben.

Acetylen wird infolge seiner billigen und einfachen Darstellungsweise aus Carbid zu verschiedenen Zwecken angewendet. Meist wird es gelöst in Aceton in den Handel gebracht. Dazu preßt man es unter einem Druck von 12 Atmosphären in stählerne Flaschen, welche Aceton, Holzkohle und Kieselgur enthalten. Bei diesem Druck löst 1 Teil Aceton etwa 300 Teile Acetylen auf. Da Acetylen mit helleuchtender, nicht rußender Flamme brennt, benutzt man es zur Beleuchtung. Eine weitere wichtige Anwendung findet es beim **autogenen Schweißen.** Durch Verbrennen von Acetylen im Gemisch mit Sauerstoff (wozu man wegen der Explosionsgefahr besonders konstruierte Brenner verwendet) erreicht man so hohe Flammentemperaturen (3100°), daß Eisen leicht zum Schmelzen kommt und stählerne Platten für Geldschränke, Eisenbahnschienen usw. aneinandergeschmolzen werden können.

Beim **autogenen Schneiden** von Eisenplatten geht man in der Weise vor, daß man mit der Sauerstoff-Acetylenflamme eine Stelle zur Weißglut erhitzt und nun die Acetylenzufuhr abstellt. Der Sauerstoffstrahl verbrennt dann das Eisen zu Oxyd, das weggeblasen wird; die Verbrennungswärme liefert die nötige Hitze, um das Metall in der Nähe zum Schmelzen zu bringen und zu oxydieren; auf diese Weise entsteht ein scharfer, sauberer Schnitt.

Man kann Acetylen noch in Spuren nachweisen, wenn man das zu untersuchende Gas in eine ammoniakalische Lösung von CuCl einleitet; es entsteht ein Niederschlag von rotem Cu(I)-acetylenid C_2Cu_2. Leitet man dagegen Acetylen in heiße, überschüssiges CuCl und Ammoniumchlorid enthaltende Lösungen, so erhält man durch Polymerisation des Acetylens **Vinylacetylen** (Kp: 5·5°) und **Divinylacetylen** (Kp: 85°):

$$2\,C_2H_2 \longrightarrow CH_2{=}CH\cdot C\vdots CH$$
$$3\,C_2H_2 \longrightarrow CH_2{=}CH\cdot C\vdots C\cdot CH{=}CH_2.$$

Die Bildung von Vinylacetylen hat bedeutendes technisches Interesse, weil sein HCl-Anlagerungsprodukt Chloropren $CH_2{=}CCl\cdot CH{=}CH_2$ sich zu dem künstlichen Kautschuk Neopren polymerisieren läßt. Leitet man in den eben erwähnten Kupfer(I)-chlorid-Katalysator bei p_H 3,5 gleichzeitig Acetylen und Blausäure bei etwa 60—100°, so bildet sich neben Divinylacetylen in guter Ausbeute Acrylsäurenitril:

$$HC\vdots CH + HCN = H_2C{=}CH\cdot CN.$$

Durch katalytisch erregten Wasserstoff wird Acetylen mit großer Geschwindigkeit zu Äthan hydriert, die Zwischenstufe des Äthylens kann aber bei entsprechender Arbeitstechnik festgehalten werden, so daß Äthylen auch technisch so dargestellt ist. Die Addition von Chlor an Acetylen erfolgt wesentlich schwieriger als bei Äthylen, im Dunkeln bei Raumtemperatur überhaupt nicht, im Licht leicht explosionsartig (vgl. S. 150). Beim Einleiten von Acetylen in Formaldehydlösung in Gegenwart von wismuthaltigem Kupferacetylenid unter schwachem Überdruck bei etwa 110° entsteht über die Stufe des Propargylalkohols das technisch wichtige Butindiol:

$$CH_2O + CH{\equiv}CH + CH_2O = HO\cdot CH_2\cdot C{\equiv}C\cdot CH_2\cdot OH.$$

Von den zahlreichen weiteren Reaktionen, durch die Reppe die Acetylenchemie bereichert hat, seien hier nur noch die folgenden erwähnt. Durch Addition von Alkoholen an Acetylen in Gegenwart von Kaliumhydroxyd entstehen bei etwa 150° unter Druck die entsprechenden Vinyläther:

$$CH_3\cdot OH + HC\vdots CH = CH_3\cdot O\cdot CH{=}CH_2.$$

Mit Kohlenoxyd (in Form von Nickelcarbonyl) und Wasser vereinigt sich Acetylen in salzsaurer Lösung zu Acrylsäure:

$$HC{:}CH + CO + H_2O = H_2C{=}CH \cdot CO_2H\,.$$

2. Kohlenwasserstoffe C_nH_{2n-2} mit zwei Doppelbindungen

Ihre Namen werden nach der rationellen Nomenklatur durch Anhängen der Endung -dien gebildet, z. B.

$CH_2 : CH \cdot CH : CH_2$	$\genfrac{}{}{0pt}{}{CH_2}{CH_3}{>}C \cdot CH : CH_2$	$\genfrac{}{}{0pt}{}{CH_2}{CH_3}{>}C \cdot C{<}\genfrac{}{}{0pt}{}{CH_2}{CH_3}$
Butadien-(1,3)	2-Methyl-butadien-(1,3), Isopren	2,3-Dimethyl-butadien-(1,3)

Butadien und seine Homologen enthalten die Gruppe

$$-\underset{1}{C}{=}\underset{2}{C}-\underset{3}{C}{=}\underset{4}{C}-\,.$$

Ein solches System von Doppelbindungen nennt man „konjugiert“. **Konjugierte Doppelbindungen** zeigen häufig die auffallende Eigenschaft, daß sie zwei einwertige Atome an den Enden des Systems addieren („1,4-Addition“):

$$CH_2{:}CH \cdot CH{:}CH_2 + Br_2 = CH_2Br \cdot CH : CH \cdot CH_2Br\,.$$

Auch Schwefeldioxyd wird von Diolefinen leicht in 1,4-Stellung unter Bildung cyclischer Sulfone addiert:

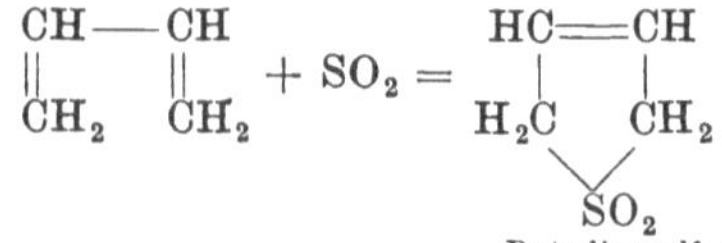

Butadiensulfon

Neben diesen Verbindungen können, namentlich unter dem katalytischen Einfluß von Peroxyden, hochmolekulare kettenförmige Sulfone entstehen, die sich infolge ihrer Unlöslichkeit leicht von den monomolekularen Produkten trennen lassen:

$$-CH_2 \cdot CH{=}CH \cdot CH_2 \cdot SO_2 \cdot CH_2 \cdot CH{=}CH \cdot CH_2 \cdot SO_2 \cdot CH_2 \cdot CH{=}CH \cdot CH_2-\,.$$

THIELE suchte in seiner **Theorie der Partialvalenzen** die Additionsfähigkeit der Doppelbindung durch die Annahme zu erklären, daß die an Doppelbindungen beteiligten C-Atome noch über freie Affinitätsbeträge (Partialvalenzen) verfügen, und gab deshalb die Doppelbindung durch das folgende Schema I wieder:

Bei einem konjugierten System würden sich nach ihm die beiden mittleren Partialvalenzen absättigen, während an den Enden freie Affinitätsbeträge nach wie vor zur Verfügung stehen (Formel II). Auf diese Weise fände die 1,4-Addition eine einfache Erklärung. Später hat sich aber herausgestellt, daß auch 1,2-Addition bei konjugierten Systemen häufig anzutreffen ist. Die THIELEsche Theorie bleibt also eine Erklärung der Tatsachen schuldig. Sie hat aber als erster erfolgreicher Versuch, die wechselseitige Beeinflussung der π-Elektronensysteme benachbarter Doppelbindungen zu erklären, erhebliche Bedeutung. Ein tieferes Verständnis der hierbei maßgebenden Faktoren ist erst durch die Quantenmechanik angebahnt worden.

Zu den bemerkenswertesten Reaktionen der Diolefine gehört die **Addition von Alkalimetallen,** die mit großer Leichtigkeit und anscheinend bevorzugt in 1,4-Stellung erfolgt:

$$CH_2{=}CH \cdot CH{=}CH_2 + 2\,Na = NaCH_2 \cdot CH{=}CH \cdot CH_2Na\,.$$

Wegen ihrer außerordentlichen Reaktionsfähigkeit haben sich allerdings die entstehenden metallorganischen Verbindungen nur in seltenen Fällen direkt nachweisen lassen. In Gegenwart eines „Wasserstoffdonators" werden die Metallatome leicht gegen Wasserstoff ausgetauscht, so daß im Endeffekt eine Hydrierungsreaktion vorliegt. Derartig wirkt z. B. Natrium in flüssigem Ammoniak:

$$CH_2{=}CH\cdot CH{=}CH_2 + 2\,Na + 2\,NH_3 \;=\; CH_3\cdot CH{=}CH\cdot CH_3 + 2\,NaNH_2.$$

Die isolierte Doppelbindung des entstandenen Butens-(2) ist gegen Natrium indifferent. Eine weitergehende Hydrierung wird deshalb nicht beobachtet. In Abwesenheit von Wasserstoffdonatoren reagiert die metallorganische Verbindung mit dem Diolefin selbst. Es erfolgt eine Kettenpolymerisation, die zu hochmolekularen Verbindungen führt und in ihrem Verlauf z. B. durch die folgenden Reaktionsschemata gedeutet werden kann:

$$NaCH_2\cdot CH{=}CH\cdot CH_2Na + CH_2{=}CH\cdot CH{=}CH_2$$
$$= NaCH_2\cdot CH{=}CH\cdot CH_2\cdot CH_2\cdot CH{=}CH\cdot CH_2Na \quad \text{(1,4-Addition)}$$

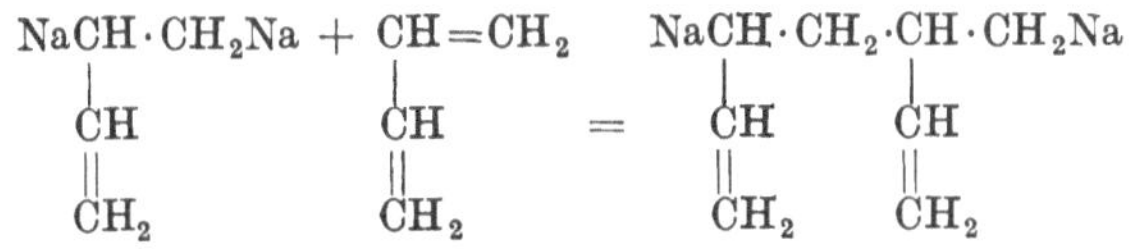
(1,2-Addition).

Durch Fortsetzung der Reaktion in gleichem Sinn (wobei auch Mischtypen durch aufeinanderfolgende 1,2- und 1,4-Addition vorkommen) gelangt man schließlich zu Produkten der allgemeinen Formel —$[C_4H_6]_n$—. Auch durch andere Agenzien, z. B. Peroxyde, Wärme und Licht, können gleichartige Polymerisationsreaktionen eingeleitet werden. Für die Absättigung der Endvalenzen gilt, was bereits früher bei den Monoolefinen ausgeführt wurde. Sie wird im allgemeinen von der Natur des für die Polymerisation gewählten Katalysators abhängen. Die Polymerisationsprodukte des hier geschilderten Typus besitzen ein hervorragendes technisches Interesse, da sie kautschukartige Eigenschaften aufweisen.

Naturkautschuk (S. 403) ist ein Polymeres des **Isoprens** C_5H_8 und liefert geringe Mengen davon bei der trockenen Destillation. Im Laboratorium läßt sich Isopren darstellen, wenn man Dämpfe von Limonen $C_{10}H_{16}$ (S. 390) bei Minderdruck über einen schwach glühenden Platindraht streichen läßt. Im großen hat man es aus Acetylen und der Natriumverbindung des Acetons auf folgendem Wege dargestellt:

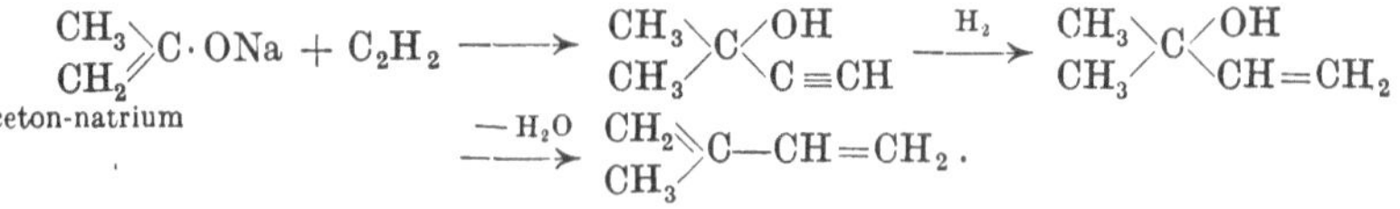

Isopren siedet bei 34°, erstarrt bei $-146°$ und hat D_4^{20}: 0·6808.

Butadien selbst, wichtig als Ausgangsmaterial für künstlichen Kautschuk[1], ist z. B. in den Gasen enthalten, die bei der Crackdestillation von Erdöl anfallen. Es bildet bei Raumtemperatur ein Gas von eigentümlichem Geruch. Kp_{760}: $-4\cdot4°$. Bei $-108\cdot9°$ erstarrt es zu tetragonalen Kristallen. Das Litergewicht des Gases unter Normalbedingungen beträgt 2,4787 g.

Zur technischen Darstellung von Butadien wird Acetylen über Acetaldehyd in Aldol verwandelt. Durch Hydrierung von Aldol entsteht Butandiol-(1,3), aus dem man durch Wasserabspaltung schließlich Butadien gewinnt:

---

[1] Künstlicher Kautschuk aus Butadien heißt **Buna**, zusammengezogen aus Butadien und Natrium. Zur Polymerisation benutzt man jedoch heute überwiegend andere Katalysatoren, während Natrium an Bedeutung zurückgetreten ist. Die wichtigsten Buna-Sorten sind Mischpolymerisate aus Butadien und Styrol bzw. Acrylsäurenitril.

$$CH_3 \cdot CH(OH) \cdot CH_2 \cdot CHO \rightarrow CH_3 \cdot CH(OH) \cdot CH_2 \cdot CH_2 \cdot OH$$
$$\rightarrow CH_2{=}CH \cdot CH{=}CH_2.$$

Es gibt noch eine ganze Reihe anderer wichtiger Verfahren zur technischen Gewinnung von Butadien, so die stufenweise Dehydrierung von Butan, ferner die katalytische Zersetzung von Alkohol über Silicagel-Mischkatalysatoren, die als Reduktion intermediär gebildeten Crotonaldehyds durch Alkohol gedeutet wird:

$$CH_3 \cdot CH{=}CH \cdot CHO + C_2H_5 \cdot OH \rightarrow CH_2{=}CH \cdot CH{=}CH_2 + CH_3 \cdot CHO + H_2O,$$

sowie schließlich die Hydrierung von Butindiol (S. 129) zu Butandiol und Wasserabspaltung aus diesem mit Hilfe eines Phosphat-Katalysators:

$$HO \cdot CH_2 \cdot C \vdots C \cdot CH_2 \cdot OH \rightarrow HO \cdot CH_2 \cdot CH_2 \cdot CH_2 \cdot CH_2 \cdot OH \rightarrow C_4H_6 + 2H_2O.$$

Besondere Erwähnung verdient noch das thermochemische Verhalten der konjugierten Doppelbindung. Die Hydrierungswärme einer Doppelbindung (d. h. die bei der Hydrierung entwickelte Wärme) beträgt ΔH_{298} = ca. — 30 kcal. Dieser Wert ergibt sich als Differenz der Bildungswärmen von Olefinen und den entsprechenden Paraffinen (vgl. S. 119) und ist auch direkt calorimetrisch gemessen worden (KISTIAKOWSKI). Entsprechend besitzen Substanzen mit 2 isolierten Doppelbindungen im Molekül eine Hydrierungswärme von etwa — 60 kcal. Für Butadien ergibt sich dagegen aus der Bildungswärme ($\Delta H_{298} = +26{\cdot}75$ kcal) und der direkten calorimetrischen Bestimmung eine Hydrierungswärme von nur — 56·56 kcal. Da in der Hydrierungswärme der Unterschied der Bindungsenergien der ungesättigten und der entsprechenden gesättigten Verbindung zum Ausdruck kommt, liefern also zwei konjugierte Doppelbindungen zur Bindungsenergie einen größeren Beitrag als zwei isolierte. Im Fall des Butadiens beträgt die durch Konjugation hervorgerufene energetische Stabilisierung etwa 3·6 kcal/Mol in Übereinstimmung mit quantenmechanischen Rechnungen, die allerdings nur unter vereinfachenden Annahmen möglich sind. Auch sonst zeigen Verbindungen mit konjugierter Doppelbindung in physikalischer Hinsicht manche Eigentümlichkeiten. Ihre **Molekularrefraktion** ist z. B. viel höher als der additiv aus den Werten für C, H und dem Inkrement für zwei Doppelbindungen berechnete Wert. Man nennt diese Differenz die **Exaltation** des konjugierten Systems.

Theoretisch recht interessant ist der Verlauf der katalytischen Hydrierung von Butadien. An Palladium bei Raumtemperatur entsteht zunächst nur ein Gemisch von Butenen, kein Butan. Butadien ist somit am Katalysator soviel stärker adsorbiert, daß die Butene keine Gelegenheit zur Hydrierung haben. Die Mengen, in denen Buten-(1) sowie cis- und trans-Buten-(2) in dem Gemisch enthalten sind, entsprechen dem thermodynamisch berechneten Gleichgewicht. Irgendwelche Schlüsse auf eine bevorzugte 1·2- oder 1·4-Addition können also daraus nicht gezogen werden. Die Addition von 1 Mol Chlor an Butadien unterhalb 0° liefert ein Gemisch von 3·4-Dichlor-buten-(1) $CH_2{=}CH \cdot CHCl \cdot CH_2Cl$ und 1·4-Dichlor-buten-(2) $ClCH_2 \cdot CH{=}CH \cdot CH_2Cl$, mit 1 Mol Brom scheint in der Gasphase an der katalytisch wirksamen Gefäßwand nur 1·4-Dibrom-buten-(2) $BrCH_2 \cdot CH{=}CH \cdot CH_2Br$ vom Schmelzpunkt 53° zu entstehen. Offenbar hängt der Verlauf der Addition weitgehend von den Reaktionsbedingungen ab.

Butadien ist das niedrigste Glied einer Klasse von Verbindungen, die man unter dem Namen **Polyen-Verbindungen** zusammengefaßt hat, weil sie zahlreiche Doppelbindungen in fortlaufender Konjugation enthalten:

$$R \cdots CH{=}CH \cdot CH{=}CH \cdot CH{=}CH \cdot CH{=}CH \cdots R.$$

Von den interessanten physikalischen und chemischen Eigenschaften dieser Verbindungen, zu denen wichtige Naturstoffe gehören, wird später noch mehrfach die Rede sein.

Der einfachste Vertreter eines Systems **„kumulierter“ Doppelbindungen** ist das **Allen** $CH_2:C:CH_2$, das durch Einwirkung von Zinkstaub auf Dibrom-propylen entsteht:

$$CH_2:CBr \cdot CH_2Br - 2\,Br = CH_2:C:CH_2.$$

Es ist ein farbloses Gas vom Schmelzpunkt —136° und Siedepunkt —34,5°, das durch Schwefelsäure unter Wasseranlagerung in Aceton übergeführt wird. Isomer mit Isopren ist das **Dimethylallen** $(CH_3)_2C:C:CH_2$, das aus dem Dibromid des Trimethyläthylens $(CH_3)_2CBr \cdot CHBr \cdot CH_3$ durch HBr-Abspaltung gewonnen werden kann. Es siedet bei 40°. Seine Konstitution ergibt sich unter anderem daraus, daß es bei der Oxydation Aceton liefert; dadurch ist die Anwesenheit der Gruppe $(CH_3)_2C$: bewiesen. Kohlenwasserstoffe mit zahlreichen kumulierten Doppelbindungen sind die von KUHN entdeckten tieffarbigen **Kumulene** $R_2C:C:C:C:C:CR_2$.

Ungesättigte Halogenverbindungen

Die gesättigten Kohlenwasserstoffe sind im allgemeinen recht indifferente Verbindungen. Da die organischen Verbindungen sämtlich als Substitutionsprodukte der gesättigten Kohlenwasserstoffe betrachtet werden können, so werden ihre Eigenschaften vielfach in erster Linie durch die Atome oder Atomgruppen bestimmt, die an Stelle von Wasserstoff in das Molekül eingetreten sind („funktionelle Gruppen“, S. 36).

Bis jetzt haben wir nur solche Verbindungen betrachtet, deren charakteristische Eigenschaften durch die Gegenwart einer einzigen funktionellen Gruppe im Molekül bewirkt wurden. Derartige Gruppen waren Hydroxyl, Carboxyl, mehrfach gebundene Kohlenstoffatome usw.

Sind nun mehrere dieser Gruppen gleichzeitig in einem Molekül anwesend, so beobachtet man häufig Änderungen in der Reaktionsfähigkeit der Substituenten, die auf eine gegenseitige Beeinflussung schließen lassen. Das Maß dieser Beeinflussung ist von Fall zu Fall sehr verschieden, wie sich bei der Betrachtung der verschiedenen Arten von ungesättigten Halogenverbindungen ergibt.

Halogensubstitutionsprodukte der Olefine $C_nH_{2n-1}X$ (X=Cl, Br, J) erhält man durch Addition von Halogen an Kohlenwasserstoffe C_nH_{2n} und darauffolgende Abspaltung eines Moleküls Halogenwasserstoff, z. B.:

$$\underset{\substack{\text{Äthylenbromid}\\ \text{1,2-Dibrom-äthan}}}{CH_2Br{-}CH_2Br} - HBr = \underset{\substack{\text{Vinylbromid}\\ \text{Bromäthylen}}}{CH_2{=}CHBr}.$$

Sie entstehen ferner durch Abspaltung eines Moleküls Halogenwassertoff aus Verbindungen, in denen zwei Halogenatome an dasselbe Kohlenstoffatom gebunden sind, z. B.:

$$\underset{\text{1,1-Dichlor-propan}}{CH_3 \cdot CH_2 \cdot CHCl_2} - HCl = \underset{\text{1-Chlor-propen-(1)}}{CH_3 \cdot CH{=}CHCl}$$

$$\underset{\text{2,2-Dichlor-propan}}{CH_3 \cdot CCl_2 \cdot CH_3} - HCl = \underset{\text{2-Chlor-propen-(1)}}{CH_3 \cdot CCl{=}CH_2}.$$

Nach ihrer Bildungsweise ist bei diesen Verbindungen das Halogenatom mit einem doppelt gebundenen Kohlenstoffatom verknüpft. Hierdurch wird ihr chemisches Verhalten im Vergleich zu den gesättigten Alkylhalogeniden tiefgreifend verändert. Die gesättigten Alkylhalogenide sind doppelten Umsetzungen leicht zugänglich. Ihr Halogenatom kann durch Hydroxyl, Alkoxyl, Säurereste, die Aminogruppe usw. ersetzt werden. Diese Fähigkeit des Doppelaustausches geht den Verbindungen, deren Halogenatom sich an einem doppelt gebundenen Kohlenstoffatom befindet, fast gänzlich ab. Mit Alkalien liefern sie keine Alkohole, mit Alkoholaten keine Äther. Erst bei verhältnismäßig hohen Temperaturen wird das Halogen als Halogenwasserstoff abgespalten, indem Kohlenwasserstoffe C_nH_{2n-2} entstehen.

Ganz anders als die beiden oben erwähnten Chlorpropene verhält sich nun das dritte mögliche Isomere, 3-Chlor-propen-(1) oder **Allylchlorid,** das also die Formel $CH_2{=}CH\cdot CH_2Cl$ besitzen muß, durch Einwirkung von PCl_3 auf Allylalkohol (S. 135) erhältlich ist und dessen interessante Gewinnungsweise durch direkte Chlorierung von Propylen bei hoher Temperatur:

$$CH_2{=}CH\cdot CH_3 + Cl_2 \longrightarrow CH_2{=}CH\cdot CH_2Cl + HCl$$

schon früher erwähnt wurde. Diese Verbindung gleicht hinsichtlich der leichten Beweglichkeit des Halogens und der Befähigung zu doppelten Umsetzungen durchaus den Alkylchloriden, mit denen sie die Bindung des Halogens an ein einfach gebundenes Kohlenstoffatom gemein hat. Die doppelte Bindung beeinflußt also in diesem Fall die normale Funktion des Halogens nicht. Das ganz verschiedene Reaktionsvermögen der Halogenverbindungen läßt folglich einen Schluß darauf zu, ob das Halogenatom seinen Platz an einem einfach oder an einem doppelt gebundenen Kohlenstoffatom hat.

Man hat neuerdings auf Grund quantenmechanischer Überlegungen die Vermutung ausgesprochen, daß die Elektronen-Konfiguration der ungesättigten Halogenverbindungen durch zwei Grenzformeln I und II beschrieben wird (die nach S. 264 im Verhältnis der Mesomerie stehen):

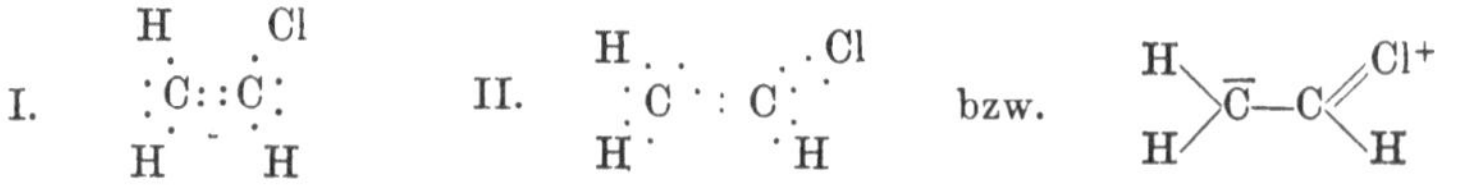

Die geringe Reaktionsfähigkeit des Halogens würde sich hiernach durch die größere Bindungsfestigkeit des doppelt gebundenen Halogens erklären. Auf die gleiche Weise läßt sich auch die Tatsache deuten, daß Verbindungen mit zum Halogen benachbarter Doppelbindung ein kleineres Dipolmoment und einen kleineren C—Cl-Abstand zeigen als gesättigte Halogenverbindungen.

Substituierte Allylhalogenide zeigen eine wichtige Umlagerungsreaktion, die als **„Allyl-Umlagerung"** bezeichnet wird. Setzt man z. B. die beiden Butenylchloride, das 1-Chlor-buten-(2) und das 3-Chlor-buten-(1), mit Kupfer(I)-cyanid um, so erhält man aus beiden in ganz überwiegender Menge das Nitril der Carbonsäure I; unterwirft man sie der Einwirkung von Magnesium und Kohlendioxyd, so entsteht wiederum nur eine Säure (II), die indessen mit der ersten isomer ist:

$$\left.\begin{matrix} CH_3\cdot CH{=}CH\cdot CH_2Cl \\ CH_3\cdot CHCl\cdot CH{=}CH_2 \end{matrix}\right\} \begin{matrix} \xrightarrow{CuCN} CH_3\cdot CH{=}CH\cdot CH_2\cdot CO_2H \quad \text{I} \\ \xrightarrow[Mg]{CO_2} CH_3\cdot CH(CO_2H)\cdot CH{=}CH_2 \quad \text{II} \end{matrix}$$

Man erklärt den Verlauf dieser Reaktionen damit, daß **„Synionie"** vorliegt, d. h. beide Chloride ein gemeinsames mesomeres Kation $[CH_3\cdot CH \overset{\cdot\cdot}{\cdots} CH \overset{\cdot\cdot}{\cdots} CH_2]^+$ besitzen (vgl. S. 264). Sehr wichtige Beispiele von Allyl-Umlagerungen findet man beim Morphin (S. 498).

Vinylchlorid (Chloräthylen) $CH_2{=}CHCl$, ist ein Gas, das sich zu einer bei $-13{\cdot}9^0$ siedenden Flüssigkeit kondensieren läßt. Es wird durch Vereinigung von Acetylen und Chlorwasserstoff bei 160^0 über Quecksilberchlorid als Katalysator dargestellt. **Vinylbromid** (Bromäthylen) $CH_2{=}CHBr$ bildet eine ätherisch riechende Flüssigkeit; beide polymerisieren sich leicht. **Allylchlorid, Allylbromid, Allyljodid** $CH_2{=}CH\cdot CH_2X$, Siedepunkte $45\cdot 1^0$, 70^0 und 103^0, werden häufig bei Synthesen zur Einführung ungesättigter Gruppen angewandt. Sie besitzen einen eigentümlichen senfartigen Geruch.

Durch Polymerisation von Vinylchlorid entsteht **Polyvinylchlorid** $[C_2H_3Cl]_n$, das als solches und als Mischpolymerisat mit anderen Vinylverbindungen technisch hergestellt wird. Es ist ein farbloses, in der Wärme plastisches Pulver, das auf Grund seiner Unbrennbarkeit und seiner Beständigkeit gegen Wasser und konzentrierte Säuren mannigfacher technischer Anwendungen fähig ist, z. B. für Rohrleitungen und Apparateauskleidungen (Igelit, Mipolam). Nachchloriertes Igelit in Faserform („PC-Faser") findet Verwendung für Filtertücher und Schutzanzüge. Mit Weichmacher versetztes Igelit dient zur Herstellung von Fußbodenbelägen, Schuhsohlen, Regenmänteln.

Ferner verdienen die **Propargylhalogenide (3-Halogen-allylene)** $CH:C\cdot CH_2X$ als Halogenverbindungen vom Typus $C_nH_{2n-3}X$ Beachtung. Es sind stechend riechende Flüssigkeiten, die durch Behandlung von Propargylalkohol $CH:C\cdot CH_2\cdot OH$ (S. 136) mit Phosphorhalogeniden erhalten werden. Ihr Halogenatom ist zu doppelter Umsetzung befähigt, während den isomeren 1-Halogen-allylenen $CX:C\cdot CH_3$ diese Fähigkeit abgeht.

Bromacetylen $CBr:CH$, durch Behandlung von Acetylendibromid (1,2-Dibrom-äthylen) $CHBr{=}CHBr$ mit alkoholischem Kali gewonnen, stellt ein Gas dar (Siedepunkt -2^0), das sich an der Luft entzündet; es phosphoresciert in alkoholischer Lösung infolge langsamer Oxydation und besitzt einen phosphorartigen Geruch.

Ungesättigte Verbindungen mit einer funktionellen Gruppe

Ungesättigte Alkohole

Auch hier kann sich das Hydroxyl an einem einfach oder doppelt gebundenen Kohlenstoffatom befinden:

$$\underset{\text{Allylalkohol}}{CH_2:CH\cdot CH_2\cdot OH} \qquad \underset{\text{Vinylalkohol}}{CH_2:CH\cdot OH.}$$

Verbindungen vom Typus des Vinylalkohols sind indessen in den einfachsten Fällen nicht bekannt, da sie mit den entsprechenden Aldehyden und Ketonen desmotrop sind und das Gleichgewicht vollkommen zugunsten dieser Verbindungen verschoben ist:

$$CH_2:CH\cdot OH \rightarrow CH_3\cdot CHO \qquad CH_2:C(OH)\cdot CH_3 \rightarrow CH_3\cdot CO\cdot CH_3.$$

Allgemein bezeichnet man Verbindungen mit einem der Doppelbindung benachbarten Hydroxyl $-C(OH)=$ als **„Enole"** (abgeleitet von den Endungen -en und -ol der systematischen Nomenklatur) und nennt diese Art der Desmotropie **„Keto-Enol-Desmotropie"**. Fälle, wo auch das Enol als solches existenzfähig ist, werden wir später kennenlernen (S. 215, 264).

Allylalkohol, Propen-(1)-ol-(3) $CH_2:CH\cdot CH_2\cdot OH$

Unter den ungesättigten Alkoholen, deren Hydroxyl mit einem einfach gebundenen Kohlenstoffatom verknüpft ist, ist Allylalkohol der wichtigste. Er wird aus Allylchlorid oder Glycerin dargestellt (s. S. 153). Seine Formel läßt sich aus der des Allylchlorids ableiten. Im Einklang damit liefert er bei der Hydrierung Propylalkohol, bei der Oxydation den zugehörigen Aldehyd Acrolein und weiter Acrylsäure:

$$\underset{\text{Allylalkohol}}{CH_2:CH\cdot CH_2\cdot OH} \rightarrow \underset{\text{Acrolein}}{CH_2:CH\cdot CHO} \rightarrow \underset{\text{Acrylsäure}}{CH_2:CH\cdot COOH.}$$

Allylalkohol muß also die für primäre Alkohole charakteristische Gruppe $-CH_2\cdot OH$ enthalten. Er ist eine bei $97\cdot 0^0$ siedende Flüssigkeit von stechendem Geruch und mit Wasser in jedem Verhältnis mischbar. Sein spezifisches Gewicht beträgt 0·854 bei 20^0. Als ungesättigte Verbindung vermag er Halogene zu addieren. Über die Addition von 2 OH-Gruppen s. S. 153.

Es sind noch viele Verbindungen bekannt, welche die Allylgruppe $CH_2:CH\cdot CH_2-$ enthalten. **Diallyldisulfid** $(CH_2:CH\cdot CH_2)_2S_2$, das den Hauptbestandteil des Knoblauchöls bildet, ist synthetisch durch Einwirkung von Allyljodid auf Natriumdisulfid erhalten worden.

Höhere ungesättigte Alkohole

Einige höhere Alkohole, die eine oder mehrere doppelte Bindungen enthalten, besitzen besonderes Interesse, weil sie vielfach in der Natur angetroffen werden und zum Teil wegen ihres angenehmen Geruchs in der Parfümerie Verwendung finden:

		Kp_{760}	Kp_{10}	D^{15}_{15}
Citronellol	$C_{10}H_{20}O$	225°	111°	0·86
Geraniol	$C_{10}H_{18}O$	230	111	0·883
Farnesol	$C_{15}H_{26}O$	—	160	0·89
Phytol	$C_{20}H_{40}O$	—	204	0·855

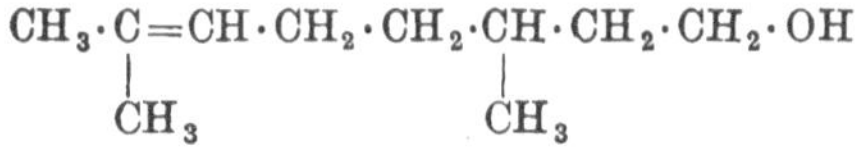

Citronellol

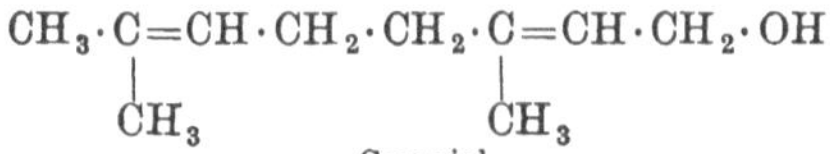

Geraniol

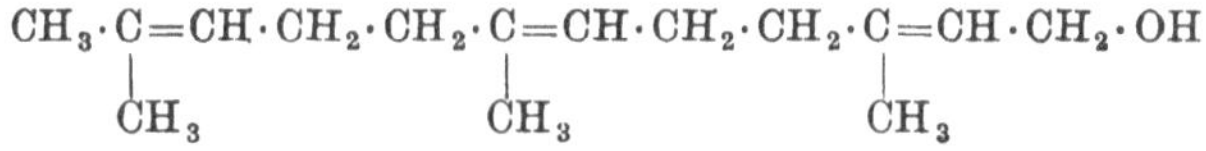

Farnesol

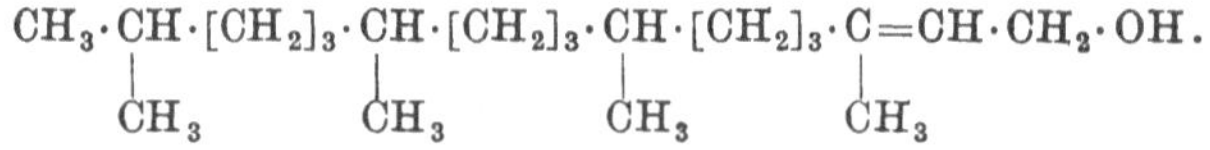

Phytol

An ihren Formeln ist besonders die rhythmische Wiederkehr der Methylseitenkette nach je 3 C-Atomen auffällig. Man kann sie sich durch Aneinanderreihung von Isoprenmolekülen (S. 131) entstanden denken. Da man dieses Bauprinzip auch bei vielen anderen Naturstoffen gefunden hat (S. 404), so hat man ihre pflanzenphysiologische Entstehung aus Isopren für möglich gehalten. Vielleicht ist Leucin (S. 271) als Muttersubstanz dieser Verbindungen anzusehen. Von den hier aufgeführten Alkoholen sind Citronellol und Geraniol (vgl. S. 144, 392) durch intensiven Rosengeruch ausgezeichnet. Farnesol riecht nach Maiglöckchen. Phytol kommt in esterartiger Bindung im grünen Blattfarbstoff, dem Chlorophyll, vor (S. 463).

Propargylalkohol, Propin-(1)-ol-(3)

Ein Alkohol mit dreifacher Bindung ist der **Propargylalkohol** $CH{\equiv}C{\cdot}CH_2{\cdot}OH$. Man erhält ihn aus Acetylen (vgl. S. 129), indem man z. B. Acetylennatrium mit Formaldehyd umsetzt. Seiner Struktur entsprechend liefert er explosive Verbindungen mit Metallen (Gruppe $\equiv CH$) und ist als primärer Alkohol durch seine Oxydierbarkeit zu einer Säure mit gleicher Kohlenstoffzahl, der Propiolsäure $CH{\equiv}C{\cdot}CO_2H$, gekennzeichnet. Er besitzt für die Darstellung von Propylalkohol und Propionaldehyd technisches Interesse.

Propargylalkohol ist eine Flüssigkeit von angenehmem Geruch und brennendem Geschmack, siedet bei 114—115° und ist in Wasser löslich. Sein spezifisches Gewicht beträgt 0·963 bei 21°.

Ungesättigte Amine

Das einfachste ungesättigte Amin, **Vinylamin** $CH_2{:}CH{\cdot}NH_2$, ist ebensowenig existenzfähig wie der Vinylalkohol. Versucht man es durch Einwirkung von Kalilauge auf β-Chlor-äthylamin $CH_2Cl{\cdot}CH_2{\cdot}NH_2$ darzustellen, so entsteht an seiner Stelle das isomere **Äthylenimin** 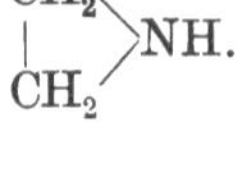

Äthylenimin ist eine giftige, nach Ammoniak riechende Flüssigkeit vom Siedepunkt 55—56°. Durch eine geringe Menge Kohlendioxyd in Äthylendiamin bei 90° wird es zu **Polyäthylenamin** $H_2N \cdot CH_2 \cdot CH_2 \cdot NH \cdot CH_2 \cdot CH_2 \cdot NH \cdots CH_2 \cdot CH_2 \cdot NH_2$ polymerisiert, das zur Erhöhung der Naßfestigkeit von Papier technische Anwendung gefunden hat.

Von den Derivaten des Vinylamins verdient das **Neurin** (Trimethylvinylammoniumhydroxyd) $(CH_3)_3N(OH) \cdot CH:CH_2$ wegen seiner nicht unerheblichen Giftigkeit, die eine allgemeine Eigenschaft quartärer Ammoniumverbindungen ist, Erwähnung. Es läßt sich aus Trimethylamin und Äthylenbromid auf folgendem Wege gewinnen:

$$(CH_3)_3N + CH_2Br \cdot CH_2Br \longrightarrow (CH_3)_3N{<}^{CH_2 \cdot CH_2Br}_{Br} \longrightarrow (CH_3)_3N{<}^{CH:CH_2}_{OH}.$$

Durch feuchtes Silberhydroxyd wird aus dem Rest $—CH_2 \cdot CH_2Br$ HBr abgespalten, gleichzeitig wird auch das ionogen gebundene Brom durch OH ersetzt. Als normales Stoffwechselprodukt ist Neurin bisher nicht mit Sicherheit nachgewiesen. Es entsteht aus Cholin (S. 159) bei der Einwirkung von Fäulnisbakterien. Neurin befördert ähnlich wie Cholin, doch in verstärktem Maße, die Bewegungen von Magen und Darm; wie Cholin lähmt es außerdem die Endigungen der motorischen Nerven.

Ungesättigte Monocarbonsäuren

Einfach ungesättigte Monocarbonsäuren $C_nH_{2n-2}O_2$ (Ölsäurereihe)

Carbonsäuren mit einer Doppelbindung lassen sich im allgemeinen aus den gesättigten Säuren $C_nH_{2n}O_2$ auf die gleiche Weise wie ungesättigte Kohlenwasserstoffe aus gesättigten Verbindungen gewinnen, also:

1. durch Einführung eines Halogenatoms in die Alkylgruppe einer gesättigten Säure und Abspaltung von Halogenwasserstoff aus der erhaltenen Halogenfettsäure (über deren Darstellung s. S. 179);
2. durch Wasserentziehung aus Monooxycarbonsäuren:

$$\underset{\text{2-Oxy-propan-carbonsäure-(1)}}{CH_3 \cdot CH(OH) \cdot CH_2 \cdot COOH} - H_2O = \underset{\text{Crotonsäure}}{CH_3 \cdot CH{=}CH \cdot COOH}.$$

Auch aus Verbindungen, die bereits eine Doppelbindung enthalten, kann man sie mitunter gewinnen, z. B. durch vorsichtige Oxydation ungesättigter Alkohole und Aldehyde oder durch Behandlung ungesättigter Halogenverbindungen (z. B. Allyljodid) mit Kaliumcyanid und Verseifung des erhaltenen Nitrils.

Eine sehr wichtige Methode zur Darstellung α,β-ungesättigter Säuren ist schließlich noch die KNOEVENAGELsche Synthese[1]. Sie ist der in der aromatischen Reihe wichtigen PERKINschen Synthese verwandt und beruht auf den besonderen, später zu besprechenden Eigenschaften der zweibasischen Malonsäure (S. 166). Erhitzt man einen Aldehyd zusammen mit Malonsäure in Gegenwart einer katalytisch wirkenden Base, z. B. Piperidin, so erfolgt Kondensation zu einer zweibasischen ungesättigten Säure, die unter Abspaltung von 1 Mol CO_2 sehr leicht in die entsprechende einbasische Säure übergeht:

$$CH_3 \cdot CHO + H_2C(CO_2H)_2 \longrightarrow CH_3 \cdot CH:C(CO_2H)_2 \longrightarrow CH_3 \cdot CH:CH \cdot CO_2H + CO_2.$$

Nomenklatur. Die meisten ungesättigten Säuren besitzen Trivialnamen, die vielfach von den Naturstoffen abgeleitet sind, aus denen man sie zuerst erhalten hat. Die systematischen Namen werden wie bei den gesättigten Fettsäuren durch Anhängen von „carbonsäure" an den Namen des entsprechenden Kohlenwasserstoffs gebildet: $CH_2:CH \cdot CO_2H$ Äthencarbonsäure (Acrylsäure); $CH_3 \cdot CH:CH \cdot CO_2H$ Propen-(1)-carbonsäure-(1) (Crotonsäure); $CH_3 \cdot CH{=}C(CH_3) \cdot CO_2H$ Buten-(2)-carbonsäure-(2)

[1] KNOEVENAGEL, Ber. Dtsch. Chem. Ges. 31 (1898), 2596; DRP. 156560 (1904).

(Angelicasäure); $CH_3\cdot[CH_2]_7\cdot CH:CH\cdot[CH_2]_7\cdot CO_2H$ Heptadecen-(8)-carbonsäure-(1) (Ölsäure). Je nach der Lage der Doppelbindung in bezug auf die Carboxyl-Gruppe unterscheidet man α,β-, β,γ-, γ,δ- usw. ungesättigte Säuren. Acrylsäure ist also eine α,β-ungesättigte Säure, Vinylessigsäure $CH_2:CH\cdot CH_2\cdot CO_2H$ eine β,γ-ungesättigte Säure.

Allgemeine Eigenschaften

Die ungesättigten Säuren sind stärkere Säuren als die entsprechenden Glieder der gesättigten Reihe. Die Dissoziationskonstante k (S. 77) beträgt z. B. für Propionsäure $C_3H_6O_2$ $1\cdot 3\times 10^{-5}$, für Acrylsäure $C_3H_4O_2$ $5\cdot 6\times 10^{-5}$, für Buttersäure $C_4H_8O_2$ $1\cdot 5\times 10^{-5}$, für Crotonsäure $C_4H_6O_2$ $2\cdot 0\times 10^{-5}$.

Die Säuren dieser Reihe zeigen die gleichen Additionsreaktionen wie die Substanzen mit Doppelbindung überhaupt. Die Anwesenheit einer Doppelbindung im Molekül der ungesättigten Säuren hat zur Folge, daß sie gegenüber Oxydationsmitteln nicht die Beständigkeit ihrer gesättigten Analogen aufweisen.

Bei der Oxydation entstehen durch Spaltung des Moleküls zwei gesättigte Säuren; es ist also auf diese Weise möglich, die Stelle der doppelten Bindung im Molekül zu bestimmen:

$$R\cdot CH:CH\cdot[CH_2]_n\cdot CO_2H \xrightarrow{O_2} R\cdot CO_2H + HO_2C\cdot[CH_2]_n\cdot CO_2H.$$

Besonders glatt verläuft die Spaltung bei der Behandlung mit Ozon, wie weiter unten am Fall der Ölsäure noch näher ausgeführt werden wird. Auch beim Schmelzen ungesättigter Säuren mit Kaliumhydroxyd an der Luft findet eine Spaltung des Moleküls unter Bildung gesättigter Fettsäuren statt:

$$R\cdot CH:CH\cdot CO_2H \xrightarrow{KOH} R\cdot CO_2H + CH_3\cdot CO_2H.$$

Man hat die letzte Methode früher vielfach zur Bestimmung des Ortes der Doppelbindung angewandt, bis man zu der Erkenntnis gelangte, daß hierbei Verschiebungen der Doppelbindung auftreten können. Daß die Doppelbindung ungesättigter Säuren schon beim Kochen mit Laugen ihren Platz wechselt, ist seit den gründlichen Untersuchungen von FITTIG wohl bekannt. Dieser Vorgang führt, wie LINSTEAD gezeigt hat, stets zu einem Gleichgewicht zwischen α,β- und β,γ-ungesättigter Säure, das im allgemeinen weit zugunsten der α,β-ungesättigten Säuren verschoben ist. γ,δ-ungesättigte Säuren werden hingegen durch Alkalien nicht umgelagert.

Das Verhalten der ungesättigten Säuren bei der Reduktion hängt von der Lage der doppelten Bindung im Molekül ab. Ist diese dem Carboxyl unmittelbar benachbart (d. h. zur Carbonyl-Doppelbindung konjugiert), so gelingt die Reduktion mit naszierendem Wasserstoff (Natriumamalgam, Zink und Schwefelsäure). Andernfalls führt wie bei den einfach ungesättigten Kohlenwasserstoffen nur die katalytische Hydrierung zum Ziel. Aus den Estern ungesättigter Säuren mit isolierter Doppelbindung erhält man nach der Methode von BOUVEAULT und BLANC (S. 90) ungesättigte Alkohole:

$$R\cdot CH{=}CH\cdot[CH_2]_n\cdot CO_2\cdot R \rightarrow R\cdot CH{=}CH\cdot[CH_2]_n\cdot CH_2\cdot OH.$$

Zu dem gleichen Resultat führt auch die katalytische Hydrierung bei 300° unter 100 Atmosphären, wenn man als Katalysator ZnO-Cr_2O_3 benutzt. Man hat hier also einen der seltenen Fälle, wo die C=C-Bindung schwerer als die C=O-Bindung angegriffen wird.

Acrylsäure (Äthencarbonsäure) $CH_2{=}CH\cdot COOH$

Zur Darstellung dieser Säure ist die Oxydation von Allylalkohol oder Acrolein wegen der Empfindlichkeit der Doppelbindung nicht besonders geeignet. Im Laboratorium arbeitet man nach folgender Reaktionsfolge:

$$CH_2{:}CH \cdot CH_2 \cdot OH \longrightarrow CH_2Br \cdot CHBr \cdot CH_2 \cdot OH$$
$$\longrightarrow CH_2Br \cdot CHBr \cdot CO_2H \xrightarrow{Zn} CH_2 : CH \cdot CO_2H.$$

Für die technische Gewinnung geht man z. B. von Äthylen aus:

$$CH_2 : CH_2 + HOCl \longrightarrow HO \cdot CH_2 \cdot CH_2Cl \xrightarrow{NaCN} HO \cdot CH_2 \cdot CH_2 \cdot CN$$
$$HO \cdot CH_2 \cdot CH_2 \cdot CN + CH_3 \cdot OH + H_2SO_4 \longrightarrow CH_2 : CH \cdot CO_2 \cdot CH_3 + NH_4HSO_4.$$

Der in diesem Zusammenhang bedeutungsvollen Synthese von Acrylsäure aus Acetylen, Kohlenoxyd und Wasser sowie von Acrylsäurenitril aus Acetylen und Blausäure wurde bereits auf S. 129, 130 gedacht.

Acrylsäure ist eine stechend riechende Flüssigkeit, mit Wasser in jedem Verhältnis mischbar; F: 12·3°; Kp: 142°; D^{20}_{4}: 1·051. Von naszierendem Wasserstoff wird sie zu Propionsäure reduziert. Acrylsäure polymerisiert sich leicht zu festen, glasartigen Polyacrylsäuren der allgemeinen Formel

$$\cdots \underset{|}{\overset{COOH}{}}CH—CH_2—\left[—\overset{COOH}{\underset{}{|}}CH—CH_2—\right]_n—\overset{COOH}{\underset{}{|}}CH—CH_2 \cdots$$

Durch gemeinsame Polymerisation von Acrylsäurenitril und Butadien werden bestimmte Sorten von künstlichem Kautschuk (S. 131) dargestellt. Polymere Acrylsäureester dienen z. B. unter der Bezeichnung „Plexigum" zur Herstellung von Klebstoffen, Lackrohstoffen, Kunstleder. In Form von Zwischenschichten zwischen Glas gestatten sie die Herstellung von splittersicherem Glas.

Crotonsäuren (Propencarbonsäuren) $C_4H_6O_2$

Von der Formel $C_4H_6O_2$ sind mehrere Säuren bekannt.

Nach den bisher in diesem Buch entwickelten Vorstellungen wird man die folgenden 4 Isomeren erwarten:

1. $CH_2{=}CH \cdot CH_2 \cdot CO_2H$ — Propen-(2)-carbonsäure-(1)
2. $CH_3 \cdot CH{=}CH \cdot CO_2H$ — Propen-(1)-carbonsäure-(1)
3. $CH_2{=}C\begin{cases}CH_3\\CO_2H\end{cases}$ — Propen-(1)-carbonsäure-(2)
4. $\begin{matrix}CH_2\\|\\CH_2\end{matrix}\!\!>\!CH \cdot CO_2H.$ — Cyclopropan-carbonsäure

Tatsächlich existieren jedoch fünf isomere Säuren $C_4H_6O_2$.

Die Säure 1, **Vinylessigsäure** (Schmelzpunkt — 38·2°, Siedepunkt 169°) ist durch Einwirkung von Kohlendioxyd auf Allylmagnesiumbromid und Zersetzung des Reaktionsprodukts mit angesäuertem Wasser synthetisch erhalten worden:

$$\underset{\text{Allylmagnesiumbromid}}{CH_2 : CH \cdot CH_2 \cdot MgBr} + CO_2 = CH_2 : CH \cdot CH_2 \cdot CO_2 \cdot MgBr$$
$$\xrightarrow{+H_2O} \underset{\text{Vinylessigsäure}}{CH_2 : CH \cdot CH_2 \cdot CO_2H} + MgBr(OH).$$

Ihr Nitril, Allylcyanid, durch Einwirkung von Allyljodid auf Kaliumcyanid erhältlich, liefert bei der Verseifung die feste **Crotonsäure** (Schmelzpunkt 71°, Siedepunkt 189°) der Formel 2:

$$\underset{\text{Allyljodid}}{CH_2 : CH \cdot CH_2J} \rightarrow \underset{\text{Allylcyanid}}{CH_2 : CH \cdot CH_2 \cdot CN} \rightarrow \underset{\text{Crotonsäure}}{CH_3 \cdot CH : CH \cdot CO_2H.}$$

Die Doppelbindung hat also während der Verseifung ihren Platz gewechselt, wie dies nach den allgemeinen Ausführungen auf S. 138 vorauszusehen war. Die Formel der Crotonsäure ist durch Oxydation bewiesen worden. Bei vorsichtiger Behandlung mit Kaliumpermanganat liefert sie Oxalsäure $HO_2C \cdot CO_2H$.

Allylcyanid selbst hat noch die Formel $CH_2 : CH \cdot CH_2 \cdot CN$, denn seine Molekularrefraktion hat den normalen (berechneten) Wert. Besäße es die Formel $CH_3 \cdot CH{=}CH \cdot C{\equiv}N$, so müßte die

Molekularrefraktion eine Exaltation (S. 132) zeigen, da dann ein konjugiertes System von mehrfachen Bindungen vorläge.

Die gleiche Struktur wie die feste Crotonsäure muß indessen auch eine flüssige, als **Isocrotonsäure** bezeichnete Säure (Schmelzpunkt 15·5°, Siedepunkt 172°) besitzen. Denn einerseits läßt sie sich ebenso wie die feste Crotonsäure zu n-Buttersäure reduzieren, woraus hervorgeht, daß auch sie eine normale Kohlenstoffkette enthält; andererseits gibt sie bei vorsichtiger Oxydation ebenfalls Oxalsäure.

Die gewöhnlichen Strukturformeln reichen somit nicht aus, um von den Isomerieverhältnissen dieser beiden Säuren Rechenschaft zu geben. Vielmehr ist hier eine neue Art von Stereoisomerie im Spiel, die später am Beispiel der Fumarsäure ausführlich erläutert werden wird (S. 173).

Eine Säure von der Formel 3 entsteht aus α-Brom-isobuttersäure durch Abspaltung von HBr:

$$\begin{matrix}CH_3\\CH_3\end{matrix}\!\!>CBr\cdot CO_2H - HBr = \begin{matrix}CH_2\\CH_3\end{matrix}\!\!>C\cdot CO_2H;$$

sie heißt **Methacrylsäure.** Diese Säure (Schmelzpunkt 15°) kommt im Öl der in Westeuropa heimischen römischen Kamille vor, dessen Hauptbestandteil Ester der Angelicasäure (S. 138) bilden.

Über die Säure 4, die Cyclopropancarbonsäure, s. S. 292.

Polymethacrylsäureester lassen sich in Form harter, glasklarer Massen erhalten, die sich bei etwa 100° verformen lassen und als Plexiglas zur Herstellung von Beleuchtungskörpern, Flugzeugbauteilen, Schmuckgegenständen und für zahlreiche andere Zwecke ausgedehnte Verwendung finden. Die Lichtdurchlässigkeit ist mit 99% größer als die von Silicatglas.

Ölsäure, Heptadecen-(8)-carbonsäure-(1) $C_{18}H_{34}O_2$

Ölsäure ist auf Grund ihres Vorkommens in den Fetten eine der wichtigsten ungesättigten Säuren. Sie wird durch Verseifen fetter Öle und weicher Fette gewonnen. Zur Trennung von den gesättigten Säuren Stearinsäure und Palmitinsäure, die dabei aus den Fetten zugleich frei werden, stellt man am besten die Bleisalze dar, von denen allein das der Ölsäure in Äther und in 95%igem Alkohol löslich ist.

Ölsäure kristallisiert in zwei polymorphen Modifikationen, die bei etwa + 13° und 16° schmelzen, ist farb- und geruchlos und bei gewöhnlicher Temperatur von ölartiger Beschaffenheit. Sie ist an der Luft namentlich in Gegenwart von Katalysatoren autoxydabel und ist nur unter vermindertem Druck destillierbar (Kp_{15}: 234—235°). Als ungesättigte Säure addiert sie Brom. Ölsäure besitzt eine normale Kohlenstoffkette, denn bei der Hydrierung geht sie in Stearinsäure über.

Die normale Struktur der Stearinsäure (s. auch S. 142) hat KRAFFT dadurch bewiesen, daß er sie auf folgendem Wege schrittweise zu Säuren mit kleinerer Kohlenstoffzahl abgebaut hat. Stearinsaures Barium wird trocken mit essigsaurem Barium im Vakuum destilliert. Hierdurch entsteht das Keton $C_{17}H_{35}\cdot CO\cdot CH_3$:

$$C_{17}H_{35}\boxed{COOba + baO\cdot}OC\cdot CH_3 \rightarrow \underset{\text{Nonadecanon-(2)}}{C_{17}H_{35}\cdot CO\cdot CH_3}.$$

Die Oxydation dieses Ketons liefert Essigsäure und eine Säure $C_{17}H_{34}O_2$. Hieraus folgt, daß das Keton in unmittelbarer Nachbarschaft der Carbonylgruppe eine CH_2-Gruppe enthalten, also die Formel $C_{16}H_{33}\cdot CH_2\cdot CO\cdot CH_3$ haben muß, da nur in diesem Fall bei der Oxydation eine Säure mit 17 Kohlenstoffatomen entstehen kann. Diese Säure $C_{17}H_{34}O_2$ wurde auf gleiche Weise in ein Keton $C_{16}H_{33}\cdot CO\cdot CH_3$ übergeführt und dieser Abbau so lange fortgesetzt, bis man zu einer Säure gelangte, von der durch Synthese (S. 261) bekannt war, daß ihre Kohlenstoffkette normal ist, nämlich zu Nonan-carbonsäure-(1) $C_{10}H_{20}O_2$.

Die Lage der Doppelbindung in der Ölsäure

$$CH_3\cdot[CH_2]_7\cdot CH{=}CH\cdot[CH_2]_7\cdot CO_2H$$

folgt aus dem Resultat der Oxydation mit Permanganat in Aceton-Lösung; dabei entstehen Octan-carbonsäure-(1) $CH_3\cdot[CH_2]_7\cdot CO_2H$ und Heptan-dicarbonsäure-(1,7) (Azelainsäure) $HO_2C\cdot[CH_2]_7\cdot CO_2H$.

Zu dem gleichen Ergebnis führt die Ozonisation von Ölsäure. Bei der Spaltung von Ölsäureozonid erhält man Nonylaldehyd und Azelainaldehydsäure:

$$CH_3\cdot[CH_2]_7\cdot CH\langle\overset{O\cdot O}{\underset{O}{}}\rangle CH\cdot[CH_2]_7\cdot CO_2H \rightarrow CH_3\cdot[CH_2]_7\cdot CHO + OHC\cdot[CH_2]_7\cdot CO_2H.$$

Bemerkenswert ist das Verhalten der Ölsäure bei der Oxydation mit wäßriger Permanganatlösung. Hierbei entsteht zunächst, wie erwartet, Dioxystearinsäure, die nunmehr aber *nicht* an der Stelle der ursprünglichen Doppelbindung weiteroxydiert wird:

$$CH_3\cdot[CH_2]_6\cdot CH_2\cdot CH(OH)\cdot CH(OH)\cdot CH_2\cdot[CH_2]_6\cdot CO_2H \rightarrow$$
$$CH_3\cdot[CH_2]_6\cdot CO_2H + HO_2C\cdot CO_2H + HO_2C\cdot[CH_2]_6\cdot CO_2H.$$

Es ist also klar ersichtlich, daß nur die Isolierung *aller* Oxydationsprodukte zu einem richtigen Schluß auf die Lage der Doppelbindung führt.

Eine charakteristische Umwandlung erleidet die Ölsäure unter der Einwirkung von Spuren salpetriger Säure, Stickoxyden usw. Sie erstarrt dann nach einiger Zeit zu der festen **Elaidinsäure** (Schmelzpunkt 51·5°), die mit der Ölsäure isomer ist. Die Reaktion ist reversibel. Man erreicht von beiden Seiten ein Gleichgewicht, das bei ca. 70% Elaidinsäure liegt (HILDITCH). Dieselbe Umwandlung erleidet auch die zu dieser Reihe gehörige, im Rüböl als Glycerid enthaltene **Erucasäure** [Heneikosen-(12)-carbonsäure-(1)] $CH_3\cdot[CH_2]_7\cdot CH{=}CH\cdot[CH_2]_{11}\cdot CO_2H$, die durch Spuren salpetriger Säure in die isomere **Brassidinsäure** übergeführt wird.

Elaidinsäure besitzt die gleiche Struktur wie Ölsäure. Die doppelte Bindung befindet sich bei beiden an derselben Stelle ihres Moleküls; denn beide Säuren addieren leicht 2 Atome Brom und liefern bei nachheriger Abspaltung von zwei Molekülen HBr dieselbe Säure $C_{18}H_{32}O_2$, die **Stearolsäure**:

$$\underset{\text{Ölsäure und Elaidinsäure}}{C_{18}H_{34}O_2} \rightarrow \underset{\text{Dibromid}}{C_{18}H_{34}O_2Br_2} \rightarrow \underset{\text{Stearolsäure}}{CH_3\cdot[CH_2]_7\cdot C{\equiv}C\cdot[CH_2]_7\cdot CO_2H}.$$

Ferner addieren beide unter der Einwirkung von konzentrierter Schwefelsäure 1 Mol Wasser und werden dadurch in die gleiche Oxystearinsäure verwandelt. Die Isomerie der Öl- und Elaidinsäure (ebenso wie die der Eruca- und Brassidinsäure) muß also wie die der beiden Crotonsäuren sterischer Natur sein (S. 140).

Ein niederes Homologes der Ölsäure ist die **Palmitölsäure** oder **Zoomarinsäure** $C_{16}H_{30}O_2$, die als Bestandteil der fetten Öle von Seetieren sehr verbreitet ist. Sie bildet eine bei — 1° erstarrende Flüssigkeit und besitzt die Konstitution einer Pentadecen-(8)-carbonsäure-(1), wie aus der Oxydation sowie aus der Hydrierung zu Palmitinsäure hervorgeht:

$$\underset{\text{Palmitölsäure}}{CH_3\cdot[CH_2]_5\cdot CH:CH\cdot[CH_2]_7\cdot CO_2H} \xrightarrow{O_2} \underset{\text{Önanthsäure}}{CH_3\cdot[CH_2]_5\cdot CO_2H} + \underset{\text{Azelainsäure}}{HO_2C\cdot[CH_2]_7\cdot CO_2H}.$$

Nach neueren Untersuchungen hat man Grund zu der Annahme, daß kleine Mengen niederer Homologen der Ölsäure ebenfalls in natürlichen Fetten vorkommen. Sie werden im Organismus bei Zufuhr der entsprechenden gesättigten Fettsäuren durch enzymatische Dehydrierung gebildet und enthalten die Doppelbindung sämtlich am achten C-Atom neben dem Carboxyl (s. a. Tabelle S. 156).

Stärker ungesättigte Monocarbonsäuren

Die Säuren der Reihe $C_nH_{2n-4}O_2$ können entweder eine dreifache oder zwei doppelte Bindungen im Molekül enthalten. Die Verbindungen der ersten Art entstehen aus den Natriumverbindungen der Acetylen-Kohlenwasserstoffe durch Einwirkung von Kohlendioxyd, z. B. entsteht aus Acetylen das erste Glied der Reihe, die bei 18° schmelzende **Propiolsäure**:

$$CH\;\vdots\;CNa + CO_2 = CH\;\vdots\;C\cdot COONa.$$

Die so gebildeten Säuren enthalten die dreifache Bindung am α-Kohlenstoffatom. Derartige Säuren werden sehr leicht wieder in Acetylen-Kohlenwasserstoff und CO_2 gespalten; namentlich ist dies bei ihren Silbersalzen der Fall, die Acetylensilber geben.

Eine allgemeine Methode zur Darstellung von Säuren mit dreifacher Bindung besteht in der Addition zweier Bromatome an Säuren mit doppelter Bindung und darauffolgenden Abspaltung zweier Moleküle HBr, z. B.:

$$\underset{\text{Crotonsäure}}{CH_3\cdot CH{=}CH\cdot COOH} \rightarrow \underset{\alpha,\beta\text{-Dibrom-buttersäure}}{CH_3\cdot CHBr\cdot CHBr\cdot COOH} \rightarrow \underset{\text{Tetrolsäure, Propin-(1)-carbonsäure-(1)}}{CH_3\cdot C \vdots C\cdot COOH.}$$

Die analoge Bildung der Stearolsäure wurde schon oben erwähnt.

Säuren mit zwei Doppelbindungen sind die Geraniumsäure (S. 144) und die Linolsäure.

Fettsäuren mit zwei und mehr doppelten Bindungen kommen an Glycerin gebunden in zahlreichen fetten Ölen vor. Es sind meist flüssige und leicht veränderliche Verbindungen, deren Trennung und Reindarstellung vielfach nicht geringe Schwierigkeiten bereitet. Einige der wichtigsten Säuren dieser Art seien im folgenden genannt:

$$CH_3\cdot[CH_2]_4\cdot CH : CH\cdot CH_2\cdot CH : CH\cdot[CH_2]_7\cdot CO_2H$$
Heptadecatrien-(8,11)-carbonsäure-(1), Linolsäure F: —5,4°

$$CH_3\cdot CH_2\cdot CH : CH\cdot CH_2\cdot CH : CH\cdot CH_2\cdot CH : CH\cdot[CH_2]_7\cdot CO_2H$$
Heptadecatrien-(8,11,14)-carbonsäure-(1), Linolensäure F: —11°

$$CH_3\cdot[CH_2]_3\cdot CH : CH\cdot CH : CH\cdot CH : CH\cdot[CH_2]_7\cdot CO_2H$$
Heptadecatrien-(8,10,12)-carbonsäure-(1), Eläostearinsäure F: 46°

$$CH_3\cdot[CH_2]_4\cdot CH{:}CH\cdot CH_2\cdot CH{:}CH\cdot CH_2\cdot CH{:}CH\cdot CH_2\cdot CH{:}CH\cdot[CH_2]_3\cdot CO_2H.$$
Nonadekatetraen-(4, 7, 10, 13)-carbonsäure-(1), Arachidonsäure

Zur Abscheidung und Trennung dieser Säuren eignen sich ihre Bromadditionsprodukte, die meist gut kristallisieren und mit steigendem Bromgehalt in Äther zunehmend schwerer löslich werden. Durch Behandeln mit Zinkstaub kann man die ungesättigten Säuren, allerdings nicht ganz unverändert, regenerieren.

Bei den obigen Säuren befinden sich die Doppelbindungen größtenteils in unkonjugierter Lage. Durch die schönen Synthesen von KUHN kennt man aber auch eine Reihe hochungesättigter Säuren mit fortlaufend konjugierten Doppelbindungen. Als Beispiel einer solchen Synthese sei hier die Darstellung der **Heptatrien-(1,3,5)-carbonsäure-(1)** angeführt. Crotonaldehyd und Acetaldehyd kondensieren sich unter dem Einfluß von Piperidinacetat zu Hexadienal. Die Kondensation dieses Aldehyds mit Malonsäure nach KNOEVENAGEL liefert eine zweibasische ungesättigte Säure, die beim Erhitzen sofort 1 Mol CO_2 verliert:

$$\underset{\text{Hexadienal}}{CH_3\cdot CH : CH\cdot CH : CH\cdot CHO} + H_2C(CO_2H)_2 \rightarrow$$
$$CH_3\cdot CH : CH\cdot CH : CH\cdot CH : C(CO_2H)_2 \rightarrow$$
$$CH_3\cdot CH : CH\cdot CH : CH\cdot CH : CH\cdot CO_2H.$$
Heptatrien-(1,3,5)-carbonsäure-(1)

Die Säuren mit vier und mehr konjugierten Doppelbindungen sind intensiv farbig. Wir werden hierauf bei der Theorie der Farbstoffe noch zurückkommen. Auf dem hier vorgezeichneten Wege ist KUHN 1937 auch die **Synthese der Stearinsäure** gelungen: 4 Moleküle Crotonaldehyd wurden zu Hexadecaheptaenal (S. 143) kondensiert, worauf der Aldehyd mit Malonsäure umgesetzt, hydriert und zwecks CO_2-Abspaltung destilliert wurde:

$$\underset{\text{Hexadecaheptaenal}}{CH_3\cdot[CH : CH]_7\cdot CHO} + H_2C(CO_2H)_2 \rightarrow CH_3\cdot[CH : CH]_7\cdot CH : C(CO_2H)_2 \xrightarrow{H_2}$$
$$CH_3\cdot[CH_2]_{14}\cdot CH_2\cdot CH(CO_2H)_2 \rightarrow \underset{\text{Stearinsäure}}{CH_3\cdot[CH_2]_{16}\cdot CO_2H.}$$

Da Crotonaldehyd letzten Endes auf Acetaldehyd zurückgeht, ist dieser Reaktionsverlauf auch unter dem Gesichtspunkt der biologischen Synthese der Fettsäuren von Interesse.

Ungesättigte Oxo-Verbindungen

(Aldehyde, Ketone, Ketene)

Ungesättigte Aldehyde sind in den vorangegangenen Kapiteln schon mehrfach erwähnt worden. Das erste Glied dieser Reihe ist **Acrolein** (Propenal) $CH_2{:}CH{\cdot}CHO$, das am besten durch Erhitzen von 1 Teil Glycerin mit 4 Teilen eines Gemisches von 5 Teilen $KHSO_4$ und 1 Teil K_2SO_4 gewonnen wird, wobei die Temperatur auf 195° zu halten ist:

$$HO{\cdot}CH_2{\cdot}CH(OH){\cdot}CH_2{\cdot}OH \xrightarrow{-2H_2O} CH_2{:}CH{\cdot}CHO.$$

Es destilliert eine farblose Flüssigkeit vom Siedepunkt 52·1°, die bei — 87° erstarrt und ein spezifisches Gewicht von 0·8447 bei 15° besitzt. Acrolein hat einen unerträglich durchdringenden Geruch, dem es auch seinen Namen verdankt (von *acer* scharf und *oleum*), und ist im Kriege zeitweilig als Gaskampfstoff verwendet worden. Es verursacht den scharfen Geruch, den man beim „Anbrennen" fetter Speisen wahrnimmt. Bei der Reduktion liefert es Allylalkohol, aus dem es andrerseits durch Oxydation gewonnen werden kann. Durch Oxydation von Acrolein entsteht Acrylsäure.

Analog der Acrylsäure polymerisiert Acrolein sich leicht, häufig schon in wenigen Tagen oder selbst Stunden, zu einer vollkommen unlöslichen Masse (Disacryl). Die Reaktion wird durch Spuren von Peroxyden ausgelöst. Durch die Zugabe winziger Mengen von Hydrochinon, aus dem bei Luftzutritt das eigentlich wirksame Chinon entsteht, kann man die Polymerisation verhindern. Die „antioxygene" Wirkung des Chinons beruht vielleicht auf Kettenabbruch (vgl. S. 111, 117).

Bei der schon erwähnten Reduktion und Oxydation zeigt Acrolein das charakteristische Verhalten der Aldehyde. Doch haben die Aldehyd-Eigenschaften durch die doppelte Kohlenstoffbindung eine gewisse Änderung erfahren. Acrolein verbindet sich z. B. nicht wie die gesättigten Aldehyde mit 1, sondern mit 2 Molekülen $NaHSO_3$. Säuren spalten aus dieser Verbindung nur 1 Molekül $NaHSO_3$ ab. Man muß daher annehmen, daß das andere Molekül an die Doppelbindung addiert worden ist.

Crotonaldehyd, Buten-(2)-al-(1), $CH_3{\cdot}CH{:}CH{\cdot}CHO$, gewinnt man aus Aldol $CH_3{\cdot}CH(OH){\cdot}CH_2{\cdot}CHO$ (S. 103) durch Wasserabspaltung. Diese Reaktion erfolgt bereits beim Erhitzen auf 140°. Daß man Crotonaldehyd auch direkt durch Kondensation von Acetaldehyd mit essigsaurem Piperidin nach der KNOEVENAGELschen Reaktion erhalten kann, wurde bereits früher erwähnt (S. 104). Crotonaldehyd ist eine bei 102° siedende Flüssigkeit, die durch Oxydation mit Silberoxyd in feste Crotonsäure übergeht. Daraus ergibt sich die angegebene Strukturformel. Aus Crotonaldehyd können nach einer Synthese von KUHN höhere Aldehyde mit zahlreichen konjugierten Doppelbindungen erhalten werden, wenn man mit essigsaurem Piperidin als Katalysator gelinde erwärmt:

$$CH_3{\cdot}CHO + CH_3{\cdot}CH{=}CH{\cdot}CHO = \underset{\text{Hexadienal}}{CH_3{\cdot}CH{=}CH{\cdot}CH{=}CH{\cdot}CHO} + H_2O$$

$$2\,CH_3{\cdot}CH{=}CH{\cdot}CHO \rightarrow \underset{\text{Octatrienal}}{CH_3{\cdot}CH{=}CH{\cdot}CH{=}CH{\cdot}CH{=}CH{\cdot}CHO}$$

$$3\,CH_3{\cdot}CH{=}CH{\cdot}CHO \rightarrow \underset{\text{Dodekapentaenal}}{CH_3{\cdot}[CH{=}CH]_5{\cdot}CHO}$$

$$4\,CH_3{\cdot}CH{=}CH{\cdot}CHO \rightarrow \underset{\text{Hexadecaheptaenal}}{CH_3{\cdot}[CH{=}CH]_7{\cdot}CHO}.$$

Die höheren ungesättigten Aldehyde mit mehreren konjugierten Doppelbindungen sind sehr unbeständig. Wegen ihrer tiefen Farbe und ihrer nahen Beziehungen zu den Carotinoiden (S. 404) verdienen sie ein großes Interesse. Ihre Verwendung für synthetische Zwecke wurde bereits S. 142 an einem Beispiel erläutert.

Propargylaldehyd (Propinal) $CH{\vdots}C{\cdot}CHO$ wird erhalten, indem man an das Diäthylacetal des Acroleins zwei Bromatome addiert und darauf zwei HBr aus diesem Additionsprodukt abspaltet:

$$CH_2 : CH\cdot CH(O\cdot C_2H_5)_2 \longrightarrow CH_2Br\cdot CHBr\cdot CH(O\cdot C_2H_5)_2 \longrightarrow CH{\equiv}C\cdot CH(O\cdot C_2H_5)_2.$$

Acetal des Acroleins — Dibromid — Acetal des Propargylaldehyds

Durch Erwärmen des Acetals mit verdünnter Schwefelsäure entsteht der freie Propargylaldehyd; er bildet eine bei 59—61° siedende Flüssigkeit, welche die Schleimhäute ebenso stark angreift wie Acrolein.

Merkwürdig ist sein Verhalten gegen Alkalien, durch die er in Acetylen und Ameisensäure gespalten wird:

$$CH{\equiv}C\cdot CHO + NaOH = CH{\equiv}CH + HCOONa.$$

Ein wichtiger ungesättigter Aldehyd mit verzweigter Kette ist **Citral** $C_{10}H_{16}O$; es zeichnet sich durch angenehmen Citronengeruch aus. Es findet sich in den ätherischen Ölen vieler Pflanzen, vor allem im Lemongrasöl (aus indischen Grasarten) und im Citronenöl. Es siedet bei 228°, unter 10 mm bei 104°. Die Aldehydnatur des Citrals geht daraus hervor, daß es sich zu einem Alkohol (Geraniol) reduzieren und zu einer Säure mit gleichviel C-Atomen (**Geraniumsäure**) oxydieren läßt. Citral besitzt folgende Struktur:

$$CH_3\cdot \underset{\displaystyle CH_3}{C}{=}CH\cdot CH_2\cdot CH_2\cdot \underset{\displaystyle CH_3}{C}{=}CH\cdot CHO,$$

2,6-Dimethyl-octadien-(2,6)-al-(8)

denn bei der Oxydation gibt es Aceton, Lävulinsäure (S. 262) und Kohlendioxyd:

$$\begin{matrix} {CH_3 \atop CH_3}{>}CO & HO_2C\cdot CH_2\cdot CH_2\cdot \underset{\displaystyle CH_3}{CO} & CO_2\ CO_2. \end{matrix}$$

Aceton — Lävulinsäure — Kohlendioxyd

Durch diese Spaltung wird auch die Lage der doppelten Bindungen im Molekül bestimmt. Ferner spaltet Citral sich beim Kochen mit Kaliumcarbonatlösung unter Aufnahme eines Moleküls Wasser in das ungesättigte Keton **Methylheptenon** und Acetaldehyd:

$$\begin{matrix} {CH_3 \atop CH_3}{>}C{=}CH\cdot CH_2\cdot CH_2\cdot \underset{\displaystyle CH_3}{CO} & CH_3\cdot CHO. \end{matrix}$$

2-Methyl-hepten-(2)-on-(6) — Acetaldehyd

Dieses Methylheptenon (Siedepunkt 173°) wird durch Oxydation ebenfalls in Aceton und Lävulinsäure gespalten, woraus seine Struktur hervorgeht. Diese ist übrigens auch durch Synthese bestätigt worden.

Auf einem hier nicht zu erörternden Umweg läßt sich Citral in zwei cyclische Isomere, α- und β-**Cyclocitral** umlagern, die für die Synthese verschiedener Naturstoffe von Bedeutung sind:

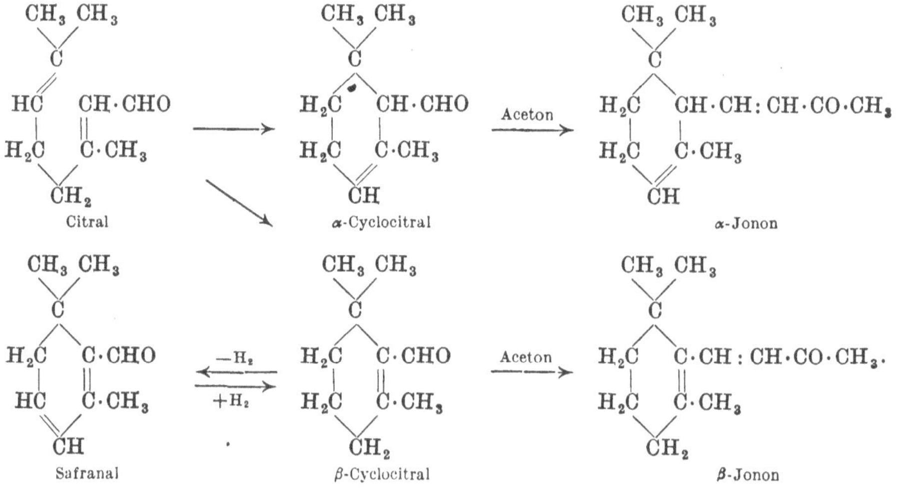

Durch Kondensation der Cyclocitrale mit Aceton und Natriumäthylat entstehen α- und β-**Jonon** $C_{13}H_{20}O$, deren Struktur durch Abbau bewiesen ist. Jonon wird technisch hergestellt, indem man zuerst Citral mit Aceton und Natronlauge behandelt und das entstehende **Pseudojonon**

$$\begin{matrix}CH_3\\CH_3\end{matrix}\!>C\!:\!CH\cdot CH_2\cdot CH_2\cdot \underset{\displaystyle CH_3}{C}=CH\cdot CH=CH\cdot CO\cdot CH_3$$

durch Zusetzen von starker Schwefelsäure umlagert. Es wird wegen seines intensiven Geruchs nach Veilchen als Riechstoff verwandt. Der natürliche Riechstoff der Veilchenwurzel **Iron** $C_{14}H_{22}O$ enthält Methylhomologe des Jonons, darunter das γ-Iron nachstehender Formel:

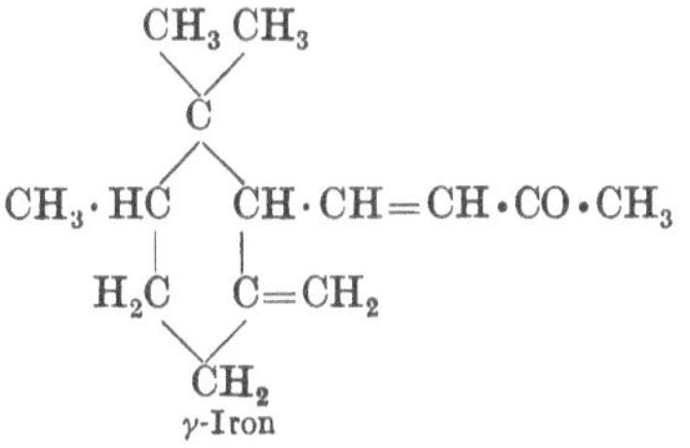

γ-Iron

Entzieht man β-Cyclocitral durch Erhitzen mit seleniger Säure 2 H-Atome, so gelangt man zu einem anderen Riechstoff, dem im Safran enthaltenen **Safranal** $C_{10}H_{14}O$, das sich andrerseits durch vorsichtige katalytische Hydrierung wieder in β-Cyclocitral zurückverwandeln läßt.

Jonon ist auch interessant wegen seiner nahen Verwandtschaft mit dem A-Vitamin (S. 434) und dem Carotin (S. 404).

Ketene

Eine sehr merkwürdige Klasse ungesättigter Oxoverbindungen sind die von STAUDINGER (1905) untersuchten Ketene $R_2C=C=O$, deren einfachstes Glied WILSMORE 1907 durch thermische Zersetzung von Essigsäureanhydrid an glühenden Drähten erhielt:

$$\begin{matrix}CH_3\cdot CO\\CH_3\cdot CO\end{matrix}\!>O \quad = \quad 2\,CH_2=CO + H_2O.$$

Die thermische Zersetzung von Essigsäure in Keten und Wasser in Kupfer- oder Sicromal-Röhren bei 600—700° mit Triäthylphosphat als Katalysator bildet die Grundlage eines technischen Verfahrens zur Herstellung von Essigsäureanhydrid, das durch Einleiten von Keten in Eisessig gewonnen wird. Keten entsteht auch beim Eintropfen von Aceton in ein Quarzrohr bei etwa 700°:

$$CH_3\cdot CO\cdot CH_3 \quad = \quad CH_2=CO + CH_4$$

sowie bei der Einwirkung von Zink auf die α-Halogenderivate von Säurebromiden:

$$CH_2Br\cdot COBr - Br_2 \quad = \quad CH_2=CO.$$

Keten ist ein farbloses Gas vom Schmelzpunkt —135° und Siedepunkt —41°; **Dimethylketen** $(CH_3)_2C=CO$ ist eine weingelbe Flüssigkeit, schmilzt bei —97·5° und siedet bei 34°. Die Anwesenheit einer kumulierten (S. 133) Doppelbindung $>C=C=O$ macht die Ketene zu ungemein reaktionsfähigen Substanzen. Durch Polymerisation gehen sie sehr leicht in dimere Produkte über; dieser Vorgang ist wahrscheinlich folgendermaßen zu formulieren:

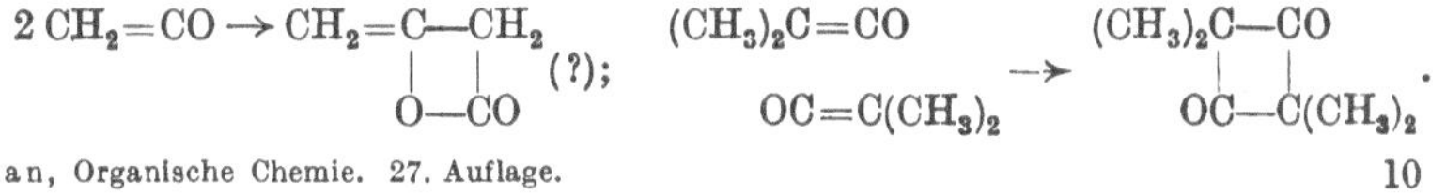

Mit Sauerstoff geben sie explosive Peroxyde, die leicht in Ketone und CO_2 zerfallen:

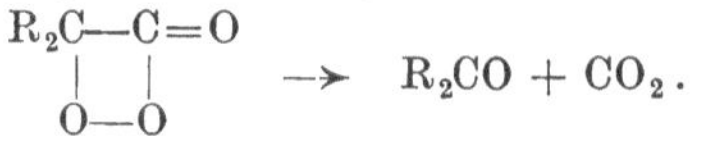

Durch Addition anorganischer Verbindungen an Ketene entstehen Säuren und deren Derivate:

$$CH_2{=}CO + H_2O = CH_3 \cdot CO_2H,$$
$$CH_2{=}CO + HCl = CH_3 \cdot COCl,$$
$$CH_2{=}CO + NH_3 = CH_3 \cdot CO \cdot NH_2.$$

In analoger Weise reagiert Keten mit organischen Oxy- und Aminoverbindungen und kann deshalb als energisches Acetylierungsmittel dienen.

Über den Mechanismus dieser Reaktionen herrscht noch keine volle Klarheit. Neben Addition an die Kohlenstoffdoppelbindung ist auch folgender Verlauf in Betracht zu ziehen:

$$CH_2{=}C{=}O + H_2O = CH_2{=}C{<}^{OH}_{OH} \rightarrow CH_3 \cdot CO_2H.$$

Sehr interessant ist die Anlagerung von Keten an Aldehyde in Gegenwart von Aluminiumchlorid-Katalysatoren; dabei entstehen die sonst schwer zugänglichen β-Lactone (S. 198), z. B. aus Formaldehyd β-Propiolacton:

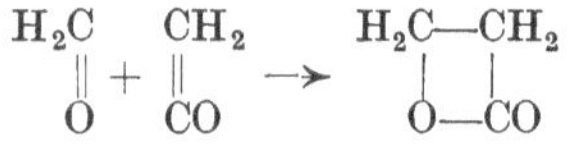

Kohlensuboxyd

Eine Substanz, die gewissermaßen als das einfachste Diketen betrachtet werden kann, ist das von DIELS entdeckte Kohlensuboxyd C_3O_2. Es entsteht in kleinen Mengen bei der Einwirkung stiller elektrischer Entladungen auf Kohlenoxyd.

Es wird am besten dargestellt, indem man den Dampf von Diacetylweinsäureanhydrid mit einem rotglühenden Platindraht in Berührung bringt. Der Verlauf der Reaktion ist undurchsichtig.

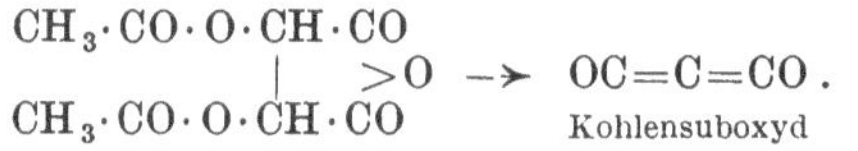

Die angegebene Struktur des Kohlensuboxyds wird bewiesen durch seine Bildung bei der Destillation von Malonsäure mit der zehnfachen Menge Phosphorpentoxyd:

$$HO_2C \cdot CH_2 \cdot CO_2H - 2\,H_2O = OC{=}C{=}CO.$$

Als Nebenprodukte bilden sich bei dieser Reaktion unter anderem Kohlendioxyd und Essigsäure. Reines Kohlensuboxyd ist ein Gas von äußerst stechendem Geruch, zu einer Flüssigkeit kondensierbar, die bei 6° siedet und bei —111·3° erstarrt. Bei etwa 200° zerfällt es in Kohlendioxyd und Kohlenstoff. Im unreinen Zustande polymerisiert es sich rasch zu einer dunkelroten, amorphen Masse. Mit Wasser bildet es Malonsäure zurück. Die nach der Formel zu erwartende Geradlinigkeit des Moleküls ist durch Elektronenbeugungs-Aufnahme bewiesen worden. Der Abstand der C-Atome voneinander ist auffällig klein (1·27 Å).

Verbindungen mit mehreren Substituenten oder funktionellen Gruppen

Polyhalogenverbindungen

Mehrwertige Halogenderivate des Methans

Die Halogenverbindungen, die sich von den gesättigten Kohlenwasserstoffen durch Substitution *eines* Wasserstoffatoms durch Halogen ableiten lassen, die Alkylhalogenide, sind bereits S. 52 besprochen worden. Wir haben jetzt die Verbindungen, die durch Substitution mehrerer Wasserstoffatome entstehen, zu betrachten.

Im Methan können alle vier Wasserstoffatome nacheinander durch direkte Einwirkung von Chlor oder Brom ersetzt werden. Die Reaktion erfordert im Dunkeln Temperaturen von 200—400°. Im Licht erfolgt die Chlorierung schon bei niedrigerer Temperatur. Technisch gewinnt man Methylchlorid, Methylenchlorid und Chloroform durch Einwirkung von Chlor auf überschüssiges Methan im Dunkeln bei etwa 375°. Jod wirkt auf Methan (und allgemein auf Kohlenwasserstoffe C_nH_{2n+2}) nicht ein, Fluor mit großer Heftigkeit unter völliger Substitution.

Die Trihalogenverbindungen CHX_3, die auch auf anderem Wege leicht dargestellt werden können, finden als Arzneimittel ausgedehnte Anwendung. Sie sind auch geeignete Ausgangsmaterialien für die Darstellung anderer Halogenmethane.

Chloroform (Trichlormethan) $CHCl_3$

Chloroform entsteht bei der Einwirkung von Äthylalkohol auf Chlorkalk. Man nimmt an, daß die gleichzeitig chlorierende und oxydierende Wirkung des Chlorkalks den Alkohol in Aldehyd verwandelt, welcher dann in Trichloracetaldehyd $CCl_3 \cdot CHO$ (Chloral) übergeht. Diese Verbindung wird durch Basen, in diesem Fall also durch den im Chlorkalk vorhandenen Ätzkalk, in Chloroform und Ameisensäure gespalten (s. S. 216). Auch aus Aceton und Chlorkalk entsteht Chloroform, ein Verfahren, das auch zur Darstellung benutzt wird.

Chloroform ist eine wasserhelle, bei —63·5° erstarrende, bei +61·2° siedende Flüssigkeit vom spezifischen Gewicht 1·526 bei 0°. Es ist nicht brennbar, besitzt einen eigenartigen Geruch, schmeckt süßlich und ist in Wasser wenig löslich. Es besitzt ein gutes Lösungsvermögen für Fette und Öle, wovon man im Laboratorium häufig Gebrauch macht. Der Edinburger Geburtshelfer SIMPSON entdeckte 1847, daß Chloroformdampf beim Einatmen Bewußtlosigkeit verursacht; seitdem wird es zur Narkose bei chirurgischen Operationen angewendet.

Ganz ungefährlich ist die Chloroform-Narkose nicht. Ungeachtet der großen Erfahrungen, die man auf diesem Gebiet gesammelt hat, kommen doch noch von Zeit zu Zeit Todesfälle durch Herzstillstand vor. Gegenwärtig benutzt man Chloroform nur noch in sehr beschränktem Umfang in der Frauenchirurgie, weil Frauen gegen Chloroform weniger empfindlich sind. Die gebräuchliche Form der Allgemein-Narkose ist die durch einen Äthylchloridrausch eingeleitete Äthernarkose.

Narkotika sind Substanzen, die die Erregbarkeit der Zelle, vor allem des Zentralnervensystems, in reversibler Weise aufzuheben vermögen. Von den verschiedenen Theorien der Narkose seien hier zwei wegen ihrer Wichtigkeit genannt. Nach OVERTON verhalten sich die Zellen, was ihre Durchlässigkeit für gelöste Substanzen betrifft, so, als ob sie von einer Membran eingehüllt wären, die aus „Lipoiden“ (Fetten, Lecithin, Cholesterin) besteht. Lipoidlösliche Substanzen dringen ein, lipoidunlösliche nicht. H. H. MEYER und OVERTON haben nun darauf hingewiesen, daß die typischen Narkotika (Alkohole, Äther, Chloroform, Urethane) sämtlich lipoidlöslich sind und daß ferner ihre narkotische Wirksamkeit um so größer (also die zur Narkotisierung erforderliche Konzentration um so kleiner) ist, je größer der Teilungskoeffizient Öl : Wasser ist. Jedoch ist die Zellwand schwerlich ein Lösungsmittel im Sinn der Phasenlehre. Abweichend von dieser Anschauung haben I. TRAUBE und namentlich O. WARBURG den Standpunkt vertreten, daß Narkotika solche Substanzen sind, die an Grenzflächen besonders leicht adsorbiert werden und deshalb andere, für den Chemismus der Zelle nötige Substanzen von der Oberfläche verdrängen können. Die heutige Vorstellung von der Zellwand als einem Maschenwerk von Eiweißketten führt zu Anschauungen über das Permeabilitätsverhalten, die in beiden Theorien einen richtigen Kern erkennen lassen. Der eigentliche Vorgang der Narkose ist damit aber noch nicht erklärt.

Chloroform ist eine ziemlich unbeständige Verbindung. Bei längerem Stehen unter Luftzutritt, namentlich im Licht, liefert es unter anderem das sehr giftige, die Atmungsorgane angreifende Phosgen $COCl_2$ (S. 182). Die Zersetzung wird durch Zusatz von wenig Alkohol (1‰) und Aufbewahrung im Dunkeln gehemmt. Die Halogenatome des Chloroforms sind zu doppelten Umsetzungen befähigt; mit Natriumalkoholat entsteht z. B. Orthoameisensäureäthylester:

$$CHCl_3 + 3\,NaOC_2H_5 = CH(O\cdot C_2H_5)_3 + 3\,NaCl\,.$$

Ameisensäure selbst kann man aus Chloroform durch Einwirkung von wäßrigen Alkalien erhalten.

Beim Erwärmen von Chloroform mit alkoholischem Ammoniak und wenig Kali werden drei Chloratome durch Stickstoff ersetzt, und es entsteht Kaliumcyanid:

$$CHCl_3 + NH_3 + 4\,KOH = KCN + 3\,KCl + 4\,H_2O\,.$$

Die Bildung von Isonitrilen aus Chloroform, alkoholischem Kali und primären Aminen wurde bereits S. 69 besprochen.

Methylenchlorid (Dichlormethan) CH_2Cl_2 entsteht aus Chloroform durch Reduktion mit Zink und Salzsäure in alkoholischer Lösung und wird durch Chlorierung von Methan dargestellt. Es ist flüssig, siedet bei 40°, besitzt das spezifische Gewicht 1·326 bei 20° und findet in der Technik als Lösungsmittel Verwendung.

Tetrachlormethan, Tetrachlorkohlenstoff CCl_4 erhält man, indem man Chlorschwefel bei 60° in Gegenwart von Eisen auf Schwefelkohlenstoff einwirken läßt:

$$CS_2 + 2\,S_2Cl_2 = CCl_4 + 6\,S\,.$$

Andere Verfahren beruhen auf der Chlorierung von Schwefelkohlenstoff mit Chlor sowie auf der direkten Chlorierung von Methan oder seinen Chlorierungsprodukten. Tetrachlorkohlenstoff ist ebenfalls flüssig, nicht brennbar, siedet bei 76°, erstarrt bei —22·9° und besitzt das spezifische Gewicht 1·593 bei 20°. Beim Erhitzen mit viel Wasser auf 250° liefert er HCl und CO_2. Er besitzt als Lösungsmittel für Fette technische Bedeutung, greift aber Eisen und Kupfer an, so daß die Gefäße verbleit werden müssen.

Wie man sieht, haben diese Verbindungen entsprechend ihrem hohen Halogengehalt alle ein hohes spezifisches Gewicht. Bei den analogen Brom- und Jodverbindungen ist es dementsprechend noch höher.

Durch Einwirkung von Fluorwasserstoff auf Tetrachlorkohlenstoff in Gegenwart von Antimonpentachlorid bei etwa 70° gewinnt man **Dichlordifluormethan** CCl_2F_2 als ein Gas, das bei —30° sich zur Flüssigkeit kondensiert und bei etwa —155° erstarrt. Es hat unter dem Namen **Freon-12** (Frigen) große Bedeutung als Kältemittel in Kältemaschinen und für andere Zwecke. **Kohlenstofftetrafluorid** CF_4 kann aus Kohlenstoff und Fluor oder durch Verbrennung von Tetrafluoräthylen gewonnen werden. Es schmilzt bei —184°, siedet bei —128° und besitzt ebenfalls als Kältemittel Interesse.

Tribrommethan, Bromoform $CHBr_3$, wird analog wie Chloroform dargestellt. Schmelzpunkt + 8°, Siedepunkt 149·6°, spezifisches Gewicht 2·904 bei 15°. Es findet gelegentlich therapeutische Anwendung bei Keuchhusten.

Atom-Dimensionen der Chlormethane

Über die absoluten Dimensionen der Moleküle der Chlormethane sind von Debye und anderen interessante Untersuchungen angestellt worden. Sie bilden ein schönes Beispiel dafür, daß man heute in einfachen Fällen bereits zu sehr exakten Aussagen gelangen kann. Wie zuerst Debye zeigte, erhält man mit Röntgenstrahlen (und Elektronenstrahlen) nicht nur bei Kristallgittern, sondern auch bei den Einzelmolekülen eines Gases beobachtbare Interferenzen, die eine Berechnung der Abstände der Atomschwerpunkte im Molekül gestatten. Die so gefundenen (in Ångström gemessenen) Atom-Abstände sind in der folgenden Tabelle zusammengestellt.

	Abstand Cl—Cl	C—Cl	< Cl—C—Cl	Dipolmoment
CH_3Cl	—	1·783	—	1·87 D
CH_2Cl_2	2·93	1·77	111·7°	1·58 D
$CHCl_3$	2·91	1·761	111·3°	1·01 D
CCl_4	2·87	1·760	109·5°	0

Wie man aus der Tabelle erkennt, erfolgt beim Übergang vom Tetrachlorkohlenstoff zum Chloroform und Methylenchlorid eine leichte Abstandsvergrößerung, die als eine geringe Spreizung der Valenzwinkel gedeutet werden kann. Auch die Betrachtung der in der Tabelle verzeichneten Dipolmomente ist von Interesse. Tetrachlorkohlenstoff hat als reguläres Tetraeder kein Moment (vgl. S. 49). Die anderen Chlormethane haben erwartungsgemäß Momente. Wenn man annimmt, daß das Moment des Methylchlorids praktisch identisch mit dem Moment der C—Cl-Bindung ist, so kann man versuchen, die Zahlenwerte für die anderen Halogenmethane durch vektorielle Addition zu berechnen. Der fehlerhafte Wert, den man auf diese Weise z. B. für Chloroform erhält ($1{\cdot}9 \times 10^{-18}$), zeigt, daß man bei räumlich so eng benachbarten Momenten die gegenseitige Induktion, die momentverkleinernd wirkt, nicht mehr vernachlässigen darf.

Jodoform (Trijodmethan) CHJ_3

Diese wichtige Verbindung kann ebenfalls aus Alkohol gewonnen werden, indem man ihn mit Jod und KOH oder K_2CO_3 behandelt:

$$C_2H_5{\cdot}OH + 5\,J_2 + H_2O = CHJ_3 + CO_2 + 7\,HJ.$$

Statt des Alkohols verwendet man als Ausgangsmaterial auch Aceton, weil dabei das Jod besser ausgenutzt wird:

$$C_3H_6O + 3\,J_2 + H_2O = CHJ_3 + 3\,HJ + CH_3{\cdot}CO_2H.$$

Jodoform wird am besten auf elektrolytischem Wege dargestellt. Man verwendet hierzu eine wäßrige Lösung, die in 400 ccm 60 g KJ, 20 g Soda und 80 ccm Alkohol oder Aceton enthält. Die Temperatur wird auf etwa 65° gehalten. Bei der Elektrolyse wird das zur Jodoformbildung erforderliche Jod an der Anode in Freiheit gesetzt. Nach diesem Verfahren kann man etwa 80% des Kaliumjodids in Jodoform umsetzen. Das übrige Jod findet man zum Teil als Kaliumjodat wieder. Um diese Nebenreaktion zurückzudrängen, neutralisiert man das an der Kathode entstehende überschüssige Alkali ständig durch Einleiten von Kohlendioxyd. Ferner hüllt man die Kathode in Pergamentpapier ein, um eine Reduktion von Jod zu Jodwasserstoff an der Kathode zu verhindern.

Jodoform bildet citronengelbe, dichroitische, hexagonale Kristallblättchen von süßlichem Geschmack und einem eigentümlichen, „safranartigen" Geruch; es sublimiert sehr leicht und schmilzt bei 119°. Infolge dieser charakteristischen Eigenschaften ist seine Bildung zum Nachweis von Alkohol sehr brauchbar. Doch ist dabei zu beachten, daß alle Stoffe, die eine Methylgruppe in Nachbarschaft zu einer Hydroxyl- oder Carbonylgruppe enthalten (z. B. Acetaldehyd und Aceton), die gleiche Reaktion geben. Bei der Ausführung der **Jodoform-Reaktion** fügt man zu der auf Alkohol zu prüfenden Flüssigkeit zuerst Jod und dann vorsichtig so viel Kalilauge, daß die Jodfarbe gerade verschwindet. Ist viel Alkohol zugegen, so entsteht sofort ein gelber Niederschlag von Jodoform, bei Spuren erst nach einiger Zeit.

Jodoform findet bei der Wundbehandlung als Antiseptikum Anwendung. Es ist jedoch merkwürdig, daß es an sich nicht Bakterien tötet; seine Einwirkung auf Mikroorganismen beginnt erst nach einer Zersetzung, die durch die Wirkung der Wundsekrete unter Mitwirkung der Körperwärme hervorgerufen wird.

Methylenjodid, Dijodmethan CH_2J_2, erhält man durch Reduktion von Jodoform mit Jodwasserstoffsäure und Phosphor oder mit Natriumarsenit. Es ist eine farblose Flüssigkeit von hohem spezifischem Gewicht, nämlich 3·321 bei 20°, und siedet bei etwa 180°.

Halogenderivate der Homologen des Methans

Die Bildungsweisen der hierhergehörigen Verbindungen sind größtenteils schon besprochen worden. Verbindungen vom Typus $R{\cdot}CHX_2$ und $R{\cdot}CX_2{\cdot}R'$ entstehen durch Einwirkung von PCl_5 auf Aldehyde bzw. Ketone. Auch die Bildung von Halogenverbindungen durch Addition von Halogen oder Halogenwasserstoff an Stoffe mit doppelten oder dreifachen Bindungen wurde schon erwähnt. Einen prinzipiellen Weg zur Gewinnung halogenreicher Verbindungen zeigt das folgende Schema:

$$CH_3 \cdot CH_3 \rightarrow CH_3 \cdot CH_2Cl \rightarrow CH_2 : CH_2 \rightarrow CH_2Cl \cdot CH_2Cl \rightarrow$$
$$\rightarrow CHCl : CH_2 \rightarrow CHCl_2 \cdot CH_2Cl \rightarrow CCl_2 : CH_2 \rightarrow$$
$$\rightarrow CCl_3 . CH_2Cl \rightarrow CCl_2 : CHCl \rightarrow CCl_3 \cdot CHCl_2 \rightarrow$$
$$\rightarrow CCl_2 : CCl_2 \rightarrow CCl_3 \cdot CCl_3 .$$

Eine andere allgemeine Methode für die Darstellung chlor- oder bromreicher Verbindungen beruht auf der direkten Einwirkung von Chlor oder Brom auf Kohlenwasserstoffe C_nH_{2n+2} in Gegenwart von Katalysatoren, z. B. von Eisen.

1,2-Dichlor-äthan, Äthylenchlorid $CH_2Cl \cdot CH_2Cl$, wird auch **Öl der holländischen Chemiker** genannt, weil es 1795 von DEIMANN, BONDT, PAETS VAN TROOSTWIJK und LAUWERENBURGH aus Äthylen (damals **ölbildendes Gas** genannt) und Chlor dargestellt wurde. Es ist eine bei 83·7° siedende Flüssigkeit, deren spezifisches Gewicht 1·282 bei 0° beträgt.

1,1,2,2-Tetrachlor-äthan, Acetylentetrachlorid $CHCl_2 \cdot CHCl_2$, wird jetzt technisch aus Chlor und Acetylen dargestellt, mit vorgelegtem Acetylentetrachlorid als Lösungsmittel und Eisenchlorid als Katalysator bei 60—70°; es siedet bei 147°. Wird es mit Kalk und Wasser gekocht, so spaltet es HCl ab und gibt **Trichloräthylen** $CCl_2{:}CHCl$ vom Siedepunkt 87°. Wird Tetrachloräthan in wäßriger Suspension mit Zinkstaub behandelt, so tritt Erwärmung ein, und **1,2-Dichloräthylen** $CHCl{:}CHCl$, Siedepunkt 55°, destilliert über. Alle diese Substanzen sind ausgezeichnete Extraktionsmittel für Fette und Öle und auch deshalb wertvoll, weil sie nicht brennbar sind.

Hexachloräthan C_2Cl_6 entsteht durch direkte Vereinigung von Kohlenstoff und Chlor, wenn ein elektrischer Lichtbogen zwischen Kohlespitzen in einer Chloratmosphäre unterhalten wird. Zu seiner Darstellung kann man von Chlorderivaten des Äthylens oder Acetylens ausgehen. Es bildet campherartig riechende Tafeln.

1,2-Dibrom-äthan, Äthylenbromid $CH_2Br \cdot CH_2Br$, wird vielfach für Synthesen angewandt; ferner dient es als Lösungsmittel. Man gewinnt es durch Einleiten von Äthylen in Brom, das (zur Vermeidung von Bromverlusten) mit Wasser überschichtet ist. Äthylenbromid ist eine farblose Flüssigkeit von angenehmem Geruch; bei +10·0° ist es fest; es siedet bei 131°. Sein spezifisches Gewicht bei 20° beträgt 2·180.

1,3-Dibrom-propan, Trimethylenbromid $CH_2Br \cdot CH_2 \cdot CH_2Br$, das bei Synthesen eine gewisse Rolle spielt, wird durch Anlagerung von HBr an Allylbromid $CH_2 : CH \cdot CH_2Br$ (aus Allylalkohol) gewonnen, wenn Sauerstoff oder Peroxyde zugegen sind. In Abwesenheit dieser Agenzien verläuft die HBr-Anlagerung sehr langsam und führt zu Propylenbromid $CH_3 \cdot CHBr \cdot CH_2Br$. 1,3-Dibrom-propan ist flüssig, siedet bei 165° und besitzt das spezifische Gewicht 1·974 bei 17°.

Anschließend sei hier noch das **Tetrafluoräthylen** $CF_2{=}CF_2$ erwähnt, das am einfachsten durch thermische Zersetzung von Chlordifluormethan $CHClF_2$ (Kp: —41°) bei etwa 700° gewonnen wird. Es ist ein farb- und geruchloses Gas vom Siedepunkt —76·3° und Schmelzpunkt —142·5° und läßt sich leicht zu einem kettenförmigen Polymeren (Teflon) polymerisieren. Teflon ist eine farblose Substanz, die unschmelzbar ist, einen sehr niedrigen dielektrischen Verlustfaktor aufweist, durch kein Lösungsmittel gelöst oder auch nur gequollen wird und chemisch von beispielloser Resistenz ist. Durch Fluor wird es unter Bildung von CF_4 vergast.

Mehrwertige Alkohole

Als mehrwertige Alkohole bezeichnet man Verbindungen, die mehr als eine Hydroxylgruppe, an verschiedene Kohlenstoffatome gebunden, enthalten. Verbindungen mit mehreren Hydroxylgruppen an demselben Kohlenstoffatom $R \cdot CH(OH)_2$ oder $R \cdot C(OH)_3$ sind mit wenigen Ausnahmen (S. 216, 262) nicht beständig; bei dem Versuch, sie zu isolieren, erhält man stets die um 1 H_2O ärmeren Aldehyde oder Carbonsäuren. Beständige Derivate dieser Verbindungen sind schon früher besprochen worden. Es sind dies die Aldehyddiacetate $R \cdot CH(O \cdot CO \cdot CH_3)_2$, die Acetale $R \cdot CH(O \cdot C_2H_5)_2$ und die Orthoester $R \cdot C(O \cdot C_2H_5)_3$.

Verbindungen mit mehreren Hydroxylen an verschiedenen Kohlenstoffatomen sind in großer Zahl bekannt. Einige von ihnen sollen hier näher beschrieben werden.

Zweiwertige Alkohole (Glykole)

Diese Verbindungen entstehen analog wie die einwertigen Alkohole aus den entsprechenden Halogenverbindungen.

Der Austausch von Halogen gegen Hydroxyl kann durch Umsetzung mit Silber- oder Alkaliacetat und nachherige Verseifung des so entstehenden Diacetats bewirkt werden. Die direkte Umwandlung der Halogenverbindungen in Glykole durch Kochen mit Sodalösung oder mit Wasser und Bleioxyd liefert meist wenig befriedigende Ausbeuten.

Glykole vom Typus R·CH(OH)·CH(OH)·R, in denen die hydroxylierten Kohlenstoffatome direkt aneinander gebunden sind (α-Glykole), entstehen aus den Olefinen C_nH_{2n} entweder durch Addition von Brom und nachfolgenden Austausch von Br gegen OH oder durch direkte Addition zweier OH-Gruppen, die man durch vorsichtige Oxydation mit verdünnter wäßriger Permanganatlösung bewerkstelligen kann (S. 113). Aus Äthylen entsteht auf diese Weise **Äthylenglykol** (Äthandiol-1,2) (von Wurtz **Glykol** genannt wegen seiner Mittelstellung zwischen Glycerin und Alkohol):

$$CH_2{=}CH_2 \longrightarrow HO{\cdot}CH_2{\cdot}CH_2{\cdot}OH\,.$$

Eine andere Darstellungsweise der Glykole von diesem Typus besteht in der Reduktion der Ketone. Neben der Bildung von sekundären Alkoholen findet hierbei Bindung von zwei Molekülen statt, wobei jedes Molekül Keton nur *ein* Wasserstoffatom aufnimmt und die zwei ungesättigten Reste sich vereinigen:

$$\begin{array}{c} CH_3{\cdot}CO{\cdot}CH_3 \\ \\ CH_3{\cdot}CO{\cdot}CH_3 \end{array} \xrightarrow{H_2} \begin{array}{c} CH_3{\cdot}C(OH){\cdot}CH_3 \\ | \\ CH_3{\cdot}C(OH){\cdot}CH_3 \end{array}$$

Pinakon
(2,3-Dimethyl-butandiol-2,3)

Die so erhaltenen Glykole heißen **Pinakone**; das Reduktionsprodukt aus Aceton wird gewöhnlich kurzweg Pinakon genannt. Es verbindet sich mit 6 Molekülen Wasser zum gut kristallisierenden **Pinakonhydrat.** Man reduziert das Aceton mit Natrium in Gegenwart von konzentrierter Kalilauge oder auf elektrolytischem Wege. Die unerwünschte, gleichzeitig erfolgende Reduktion der Ketone zu sekundären Alkoholen wird vermieden, wenn man Magnesiumamalgam als Reduktionsmittel anwendet. Man löst zu diesem Zweck in trockenem Aceton etwa 10% Sublimat, bringt diese Lösung in Berührung mit Magnesiumband und läßt auf das Reaktionsprodukt Wasser einwirken.

Die Glykole sind meist dicke, farblose Flüssigkeiten von süßlichem Geschmack. Siedepunkt und spezifisches Gewicht liegen bei ihnen beträchtlich höher als bei den einwertigen Alkoholen der gleichen Kohlenstoffzahl. So siedet z. B. Glykol bei 197·9°, Äthylalkohol bei 78°; das spezifische Gewicht des Glykols ist bei 0° 1·127, das des Äthylalkohols 0·806.

Die Hydroxyle der Glykole zeigen dasselbe chemische Verhalten wie das Hydroxyl der einwertigen Alkohole: Ersetzbarkeit durch Halogen, Äther-, Ester-, Alkoholatbildung, Oxydation zu Aldehyd und Säure bzw. zu Keton. Diese Reaktionen können sich sowohl über ein als auch über beide Hydroxyle erstrecken; man kennt z. B. Verbindungen wie $HO{\cdot}CH_2{\cdot}CH_2Cl$ Glykolchlorhydrin, β-Chlor-äthylalkohol (vgl. S. 115); $C_2H_5{\cdot}O{\cdot}CH_2{\cdot}CH_2{\cdot}OH$ Glykolmonoäthyläther; $C_2H_5{\cdot}O{\cdot}CH_2{\cdot}CH_2{\cdot}O{\cdot}C_2H_5$ Glykoldiäthyläther usw.

Bei der Wasserabspaltung geben die Glykole je nach Konstitution und Bedingungen entweder Olefine oder — indem Wasser zwischen den beiden Hydroxylen austritt — Anhydride. Das Anhydrid des Glykols selbst, **Äthylenoxyd,** kann auf diesem Wege nicht erhalten werden; es entsteht aus Glykolchlorhydrin durch Abspaltung von HCl:

$$\begin{array}{l} CH_2Cl \\ | \\ CH_2{\cdot}OH \end{array} - HCl = \begin{array}{l} CH_2\diagdown \\ |\qquad\;\; O\,. \\ CH_2\diagup \end{array}$$

Glykolchlorhydrin Äthylenoxyd

In der Technik setzt man Äthylen mit Chlorwasser um; die durch Hydrolyse des Chlors entstehende unterchlorige Säure bildet mit dem Äthylen Glykolchlorhydrin. Dieses wird unter Einleiten von Wasserdampf mit Kalkmilch umgesetzt, wobei das Äthylenoxyd als Gas entweicht. Die direkte Darstellung von Äthylenoxyd aus Äthylen und Sauerstoff über Silber wurde schon erwähnt (S. 121). Wenn man aus Glykol durch Erhitzen mit kleinen Mengen Schwefelsäure oder Toluolsulfonsäure Wasser abspaltet, so bildet sich ein Dimeres des Äthylenoxyds, **Diäthylendioxyd** oder **Dioxan**

$$O\!<\!\begin{smallmatrix}CH_2\cdot CH_2\\ CH_2\cdot CH_2\end{smallmatrix}\!>\!O.$$

Dioxan erstarrt bei 11·8° kristallinisch, siedet bei 101·4° und zeigt D_4^{20}: 1·0336. Es ist mit Wasser in allen Verhältnissen mischbar und ein wertvolles Lösungsmittel für die verschiedenartigsten Verbindungen, aber nicht ungiftig. Äthylenoxyd geht bei der Einwirkung von Brom in ein Brom-Additionsprodukt des Dioxans über.

Äthylenoxyd bildet eine bei 10·7° siedende, giftige Flüssigkeit. Seine Konstitution folgt unter anderem daraus, daß es mit PCl_5 Äthylenchlorid $ClCH_2\cdot CH_2Cl$ liefert. Durch Wasser wird es mit größter Leichtigkeit in Glykol verwandelt. Hierauf beruht die technische Darstellung von Glykol, das unter anderem dem Kühlwasser von Motoren als Schutzmittel gegen das Einfrieren zugesetzt wird. Viel geringer ist das Additionsvermögen für Wasser bei den Anhydriden der Glykolhomologen, deren Hydroxylgruppen um drei und mehr C-Atome voneinander entfernt sind; sie lassen sich häufig aus den entsprechenden Glykolen durch direkte H_2O-Abspaltung darstellen.

Sehr merkwürdig verläuft häufig die Dehydratation von verzweigten Glykolen mit benachbarten Hydroxylen; z. B. entsteht beim Kochen von Pinakon mit verdünnter Schwefelsäure das Keton **Pinakolin**, indem eine Methylgruppe in die durch Wasserabspaltung entstandene Lücke wandert:

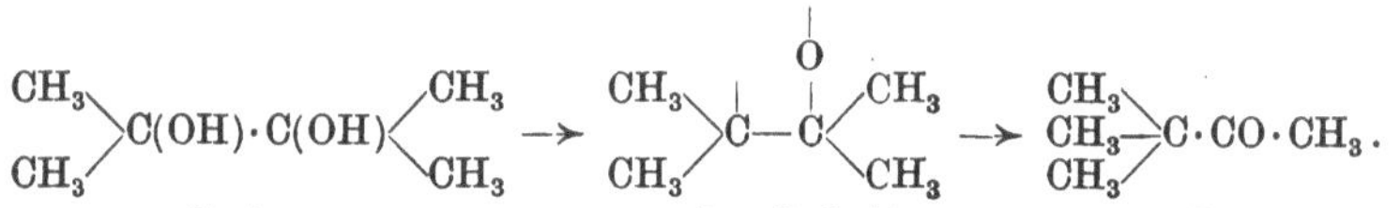

Pinakon (hypothetisch) Pinakolin

Man bezeichnet diesen namentlich von MONTAGNE, MEERWEIN und TIFFENEAU studierten Umlagerungsvorgang als **„Pinakolin-Umlagerung“**. Unter dem Gesichtspunkt der Kohlenstoffverzweigung betrachtet, verläuft diese Umlagerung nach dem Schema:

tertiär + tertiär → quartär + sekundär.

Wichtige Beispiele für die Pinakolin-Umlagerung werden wir später in der Camphergruppe kennenlernen. Hier hat MEERWEIN Anhaltspunkte gewonnen, daß das sich umlagernde Zwischenprodukt ein Carbonium-Ion ist, daß man also der Pinakolin-Umlagerung einen Ionen-Mechanismus zugrunde legen muß (S. 398). Über die Struktur des Pinakolins gibt unter anderem seine Synthese aus Trimethylessigsäurechlorid $(CH_3)_3C\cdot COCl$ und Zinkdimethyl Aufschluß. Man kennt auch Reaktionen, die eine Umkehrung der Pinakolin-Umlagerung darstellen (sogenannte **„Retropinakolin-Umlagerung“**). Als Beispiel sei die Wasserabspaltung aus Pinakolinalkohol, dem Reduktionsprodukt des Pinakolins, angeführt:

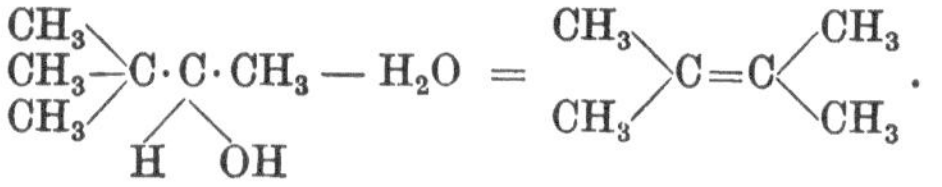

Pinakolinalkohol Tetramethyläthylen

Es wurde bereits S. 124 erwähnt, daß α-Glykole durch Oxydationsmittel unter Sprengung der Kohlenstoffkette angegriffen werden können. Nach den Untersuchungen von CRIEGEE verläuft diese Reaktion schon bei Zimmertemperatur glatt und quantitativ, wenn man als Oxydationsmittel Bleitetraacetat anwendet. Aus Pinakon erhält man auf diese Weise 2 Moleküle Aceton. Die Zwischenstufen dieser Reaktion sind vermutlich durch die nachstehenden Gleichungen wiederzugeben. Es bildet sich zunächst eine cyclische Bleiverbindung. Diese zerfällt rückwärts unter Bildung eines Diradikals, das sich alsdann unter Sprengung der Kohlenstoffkette zu 2 Molekülen Keton stabilisiert:

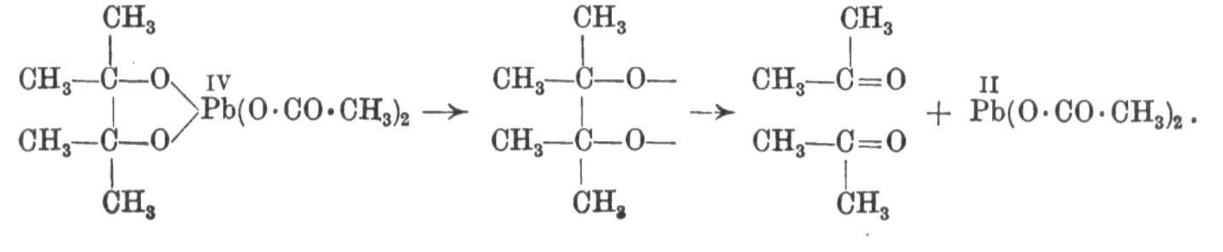

Dreiwertige Alkohole

Glycerin $HO \cdot CH_2 \cdot CH(OH) \cdot CH_2 \cdot OH$

Der am besten bekannte dreiwertige Alkohol ist **Glycerin**, Propantriol-(1, 2, 3). Fette und Öle sind die Glycerinester der höheren Fettsäuren; aus ihnen wird Glycerin durch Verseifung in technischem Maßstabe dargestellt (S. 81). Die Entdeckung des Glycerins geht auf SCHEELE zurück, der es 1779 aus Olivenöl abschied. Während des Weltkrieges 1914—1918 wurde es vorübergehend durch Vergärung von Zuckern unter Zusatz von neutralem Natriumsulfit dargestellt (vgl. S. 244).

Synthetisch ist Glycerin bereits 1873 von FRIEDEL und SILVA in folgender Weise erhalten worden: Sie gingen von der Essigsäure aus, die nach mehreren Methoden aus den Elementen aufgebaut werden kann (z. B. aus Acetylen). Essigsäure liefert, in Form ihres Ca-Salzes trocken destilliert, Aceton, das durch Reduktion in Isopropylalkohol übergeführt wurde. Dieser wurde durch Wasserabspaltung in Propylen verwandelt; durch Addition von Chlor entstand hieraus Dichlorpropan, das durch Behandlung mit Chlorjod in Trichlorpropan übergeführt wurde. Durch Erhitzen dieser Verbindung mit Wasser resultierte endlich Glycerin:

$$\underset{\text{Essigsäure}}{CH_3 \cdot CO_2H} \rightarrow \underset{\text{Aceton}}{CH_3 \cdot CO \cdot CH_3} \rightarrow \underset{\text{Isopropylalkohol}}{CH_3 \cdot CH(OH) \cdot CH_3} \rightarrow \underset{\text{Propylen}}{CH_3 \cdot CH{=}CH_2} \rightarrow$$

$$\underset{\text{1,2-Dichlor-propan}}{CH_3 \cdot CHCl \cdot CH_2Cl} \rightarrow \underset{\text{1,2,3-Trichlor-propan}}{CH_2Cl \cdot CHCl \cdot CH_2Cl} \rightarrow \underset{\text{Glycerin}}{HO \cdot CH_2 \cdot CH(OH) \cdot CH_2 \cdot OH}.$$

Auch wichtige technische Synthesen des Glycerins gehen vom Propylen aus, das durch Chlorierung in Allylchlorid übergeführt wird. Anlagerung von unterchloriger Säure gibt dann z. B. Dichlorhydrin $C_3H_5Cl_2(OH)$, das mit Alkalien zu Glycerin verseift wird.

Legt man die Regel zugrunde, daß sich zwei Hydroxylgruppen nicht an *einem* Kohlenstoffatom befinden können, so kann man Glycerin nur die eben gegebene Struktur zuerteilen.

Diese Struktur wird, außer durch die beschriebene Synthese, durch folgende Beweise gestützt:

a) Glycerin entsteht bei vorsichtiger Oxydation von Allylalkohol mit $KMnO_4$, indem an die doppelte Bindung zwei OH-Gruppen addiert werden:

$$CH_2 : CH \cdot CH_2 \cdot OH \rightarrow HO \cdot CH_2 \cdot CH(OH) \cdot CH_2 \cdot OH.$$

b) Wird Glycerin $C_3H_8O_3$ vorsichtig mit Salpetersäure oxydiert, so entsteht zunächst Glycerinsäure $C_3H_6O_4$, ebenso wie aus Äthylalkohol C_2H_6O Essigsäure $C_2H_4O_2$ entsteht; folglich muß sich im Glycerin eine Gruppe —$CH_2 \cdot OH$ befinden. Bei weiterer Oxydation der Glycerinsäure entsteht eine zweibasische Säure, Tartronsäure $C_3H_4O_5$; also werden wiederum zwei H-Atome durch ein O-Atom unter Bildung einer neuen Carboxylgruppe ersetzt. Daraus geht hervor, daß zwei Gruppen —$CH_2 \cdot OH$ im Molekül vorhanden sein müssen. In Anbetracht dessen, daß die Tartronsäure noch Alkoholeigenschaften besitzt, muß ihr die Konstitution $HOOC \cdot CH(OH) \cdot COOH$ zukommen. Damit ist die obige Konstitutionsformel des Glycerins bewiesen.

Glycerin ist eine sirupartige Flüssigkeit von süßem Geschmack. Dieser Eigenschaft verdankt es seinen Namen (von γλυκερός = süß). Es ist farblos, sehr hygroskopisch, in jedem Verhältnis mit Wasser und Alkohol mischbar, in Äther unlöslich. Völlig wasserfrei erstarrt es beim Abkühlen zu Kristallen vom Schmelzpunkt 18—19°. Der Siedepunkt liegt bei 290°. Fig. 43 zeigt die Flüssigkeits- und Dampfzusammensetzung von Glycerin-Wasser-Mischungen beim Siedepunkt. Man erkennt daraus den starken, fast 100° betragenden Anstieg des Siedepunkts bei der Entfernung der letzten Prozente Wasser durch Destillation von Glycerin. Das chemische Verhalten von Glycerin ist ganz durch seine dreifache Alkoholfunktion gegeben. Es liefert z. B. drei Reihen

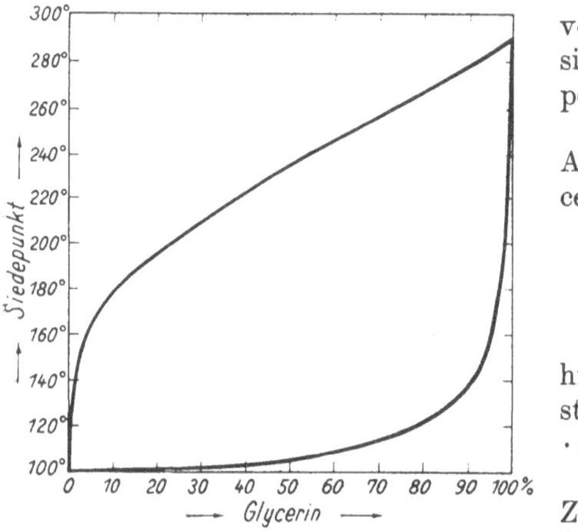

Fig. 43

von Estern, je nachdem die Esterifizierung sich auf eine, zwei oder drei Hydroxylgruppen erstreckt.

Die S. 143 erwähnte Darstellung von Acrolein durch Wasserentziehung aus Glycerin kann folgendermaßen formuliert werden:

$$\begin{array}{l} \qquad\quad OH \quad H \\ CH_2{-}C{-\!\!-}CH\cdot OH; \\ \quad\ OH \quad H \end{array}$$

hiernach würde also $CH_2{=}C{=}CH\cdot OH$ entstehen müssen, das jedoch sofort in $CH_2{=}CH\cdot CHO$ übergeht.

Glycerin wird technisch für sehr viele Zwecke gebraucht, so in der Kunstharz-, Nahrungsmittel- und Tabakindustrie und bei der Fabrikation von Druckfarben. Sein Hauptanwendungsgebiet ist jedoch die Herstellung des wichtigen Explosivstoffs **Nitroglycerin,** das 1847 von SOBRERO in Turin entdeckt wurde. Der Name ist falsch gebildet, da man es nicht mit einer Nitroverbindung (S. 66), sondern mit einem Salpetersäureester, Glycerintrinitrat, $CH_2(O\cdot NO_2)\cdot CH(O\cdot NO_2)\cdot CH_2(O\cdot NO_2)$ zu tun hat; denn bei der Verseifung mit Alkalien liefert Nitroglycerin Glycerin und Alkalinitrat.

Nitroglycerin wird erhalten, wenn man Glycerin vorsichtig in ein gut gekühltes Gemisch gleicher Gewichtsteile konzentrierter Schwefelsäure und Salpetersäure (D: 1,52) so einfließen läßt, daß die Temperatur 30° nicht übersteigt. In der Technik geht man vielfach so vor, daß man das Glycerin in Form feinster Tröpfchen in die Nitriersäure einspritzt. Das Nitroglycerin scheidet sich oben auf der Säure als farbloses Öl ab, das nach dem Waschen mit Wasser und Sodalösung beständig ist. Das Einatmen des Dampfes verursacht Kopfschmerzen.

Das spezifische Gewicht von Nitroglycerin ist 1·601 bei 15°; beim Abkühlen erstarrt es leicht zu dimorphen Kristallen vom Schmelzpunkt 2° bzw. 13°.

Durch Stoß oder Schlag explodiert Nitroglycerin überaus heftig unter ausschließlichem Zerfall in gasförmige Produkte:

$$2\,C_3H_5(O\cdot NO_2)_3 = 6\,CO_2 + 5\,H_2O + 3\,N_2 + {}^1/_2\,O_2.$$

Flüssiges Nitroglycerin eignet sich unter anderem wegen seiner Stoßempfindlichkeit nicht zur technischen Verwendung. Läßt man es nach einem Vorschlag von ALFRED NOBEL (1866) von Kieselgur aufsaugen, so bildet sich eine teigige Masse, das **Dynamit,** das gewöhnlich aus 75% Nitroglycerin und 25% Kieselgur besteht. Gurdynamit wird heute kaum noch verwendet. Durch Lösen von 7—8% Kollodiumwolle (s. bei Cellulose) in Nitroglycerin erhält man ein elastisches Gel, die **Sprenggelatine,** die vor dem Dynamit den Vorzug besitzt, daß sie nach der Verpuffung keinen festen Rückstand hinterläßt. Die Explosion der Sprenggelatine verläuft sehr rasch („brisant"); deshalb ist sie für Schußwaffen unbrauchbar, da diese gegen einen so plötzlichen Druck nicht genügend widerstandsfähig sind. Dagegen sind „Nitroglycerinpulver" aus etwa 20—30% Nitroglycerin und 70—80% Kollodiumwolle (Ballistit, Cordit) für schwere Geschütze unentbehrlich. Auch **Glykoldinitrat („Nitroglykol")** $O_2N\cdot O\cdot CH_2\cdot CH_2\cdot O\cdot NO_2$ wird technisch dargestellt. Es wird hauptsächlich im Gemisch mit Nitroglycerin verwendet, um den Schmelzpunkt des Nitroglycerins herabzusetzen.

Fette und Öle

Diese Substanzen, denen wir schon bei der Besprechung der Seifen begegnet sind (S. 81), kommen sowohl im Tierreich als auch im Pflanzenreich in sehr großer Menge vor. Die drei Hydroxylgruppen des Glycerins sind bei diesen Verbindungen durch höhere Fettsäuren, hauptsächlich Palmitinsäure, Stearinsäure und Ölsäure, esterifiziert[1]. Derartige Triester des Glycerins bezeichnet man als **Glyceride.** Die natürlich vorkommenden Glyceride sind keine chemischen Individuen, sondern stets Gemenge, die häufig eine sehr große Zahl verschiedener Glyceride enthalten. Glyceride mit einem hohen Prozentgehalt an gesättigten höhermolekularen Fettsäuren sind bei gewöhnlicher Temperatur fest und werden als Fette bezeichnet. Je nach der Konsistenz, die durch den Schmelzpunkt der Glyceride und das Mengenverhältnis an gesättigten und ungesättigten Bestandteilen bestimmt wird, unterscheidet man harte Fette (Rinder- und Hammeltalg, Kokosfett) und weiche Fette (Butter, Schweineschmalz). Die bei Zimmertemperatur flüssigen Öle[2] zeichnen sich im allgemeinen durch Reichtum an ungesättigten Fettsäuren aus. Fette und Öle sind leichter als Wasser, nicht unzersetzt destillierbar und nicht flüchtig mit Wasserdampf. Sie lösen sich schwer in Alkohol, dagegen leicht in Äther, Chloroform, Benzin und Schwefelkohlenstoff. Auf synthetischem Wege kann man Triester des Glycerins am einfachsten erhalten, indem man Glycerin und Fettsäure im Molekularverhältnis 1:3 unter vermindertem Druck auf 200° erhitzt, bis kein Wasser mehr entweicht. Die so darstellbaren Glyceride sind **einfache Glyceride,** an deren Aufbau jeweilig nur eine einzige Fettsäure beteiligt ist, z. B. Glycerintripalmitat (meist kurz „Tripalmitin" genannt) $C_3H_5(O \cdot CO \cdot C_{15}H_{31})_3$. Dagegen sind die natürlich vorkommenden Fette und Öle ganz überwiegend Gemenge **gemischter Glyceride,** die verschiedene Fettsäuren im gleichen Glyceridmolekül enthalten. Aus Butter hat man z. B. Glycerin-oleo-palmito-butyrat $C_3H_5(O \cdot CO \cdot C_{17}H_{33})(O \cdot CO \cdot C_{15}H_{31})(O \cdot CO \cdot C_3H_7)$ isolieren können, aus Schweineschmalz Glycerin-oleo-palmito-stearat $C_3H_5(O \cdot CO \cdot C_{17}H_{33})(O \cdot CO \cdot C_{15}H_{31})(O \cdot CO \cdot C_{17}H_{35})$. Die direkte Zerlegung von Fetten in ihre Glyceridkomponenten durch fraktionierte Kristallisation ist mühselig, verlustreich und unvollständig. Gewöhnlich beginnt man daher die Konstitutionsaufklärung eines Fettes mit der Verseifung. Die freien Fettsäuren trennt man dann in der bei Ölsäure angegebenen Weise über die Bleisalze in feste gesättigte und flüssige ungesättigte Säuren, worauf man z. B. in die Methylester verwandelt, fraktioniert destilliert und die verseiften Fraktionen gegebenenfalls weiteren Reinigungsoperationen unterwirft. Diese Methode gibt natürlich nur einen Überblick über die Zusammensetzung der Gesamtfettsäuren. HILDITCH hat verschiedene Verfahren angegeben, wie man Aufschluß über die Verteilung der Säuren in den einzelnen Glyceridkomponenten erhalten kann. Man kann z. B. die Fette mit Kaliumpermanganat behandeln, wobei die gesättigten Glyceride unangegriffen bleiben, während Glyceride mit ungesättigten Säuren an der Doppelbindung gespalten werden:

$$C_3H_5\begin{cases} O \cdot CO \cdot [CH_2]_7 \cdot CH : CH \cdot [CH_2]_7 \cdot CH_3 \\ O \cdot CO \cdot C_{15}H_{31} \\ O \cdot CO \cdot C_{15}H_{31} \end{cases} \longrightarrow C_3H_5\begin{cases} O \cdot CO \cdot [CH_2]_7 \cdot CO_2H \\ O \cdot CO \cdot C_{15}H_{31} \\ O \cdot CO \cdot C_{15}H_{31} \end{cases} + CH_3 \cdot [CH_2]_7 \cdot CO_2H\,.$$

Es entstehen also Glyceride mit freien Carboxylgruppen, die man mit Alkalien ausschütteln kann. Die Trennung der zurückbleibenden gesättigten Glyceride bereitet dann schon wesentlich geringere Schwierigkeiten. Das Ergebnis dieser Untersuchungen ist, daß in vielen Fetten die gesamten vorhandenen Fettsäuren sich bemerkenswert gleichmäßig über die gesamten Glycerinmoleküle verteilen. Dies hat bei dem meist beträchtlichen Ölsäuregehalt der meisten Fette einerseits zur Folge, daß fast alle natürlich vorkommenden Glyceride mindestens einen Ölsäurerest enthalten, und führt andererseits dazu, daß einheitliche Glyceride wie Tripalmitin oder Triolein als Fett-

[1] Die Kenntnis des Aufbaus der Fette verdankt man den 1813 begonnenen grundlegenden Untersuchungen von CHEVREUL (1786—1889).

[2] Wohl zu unterscheiden von den ganz anders zusammengesetzten „ätherischen" Ölen, die mit Wasserdampf flüchtig sind.

bestandteil gewöhnlich erst dann auftreten, wenn durch starkes Überwiegen einer einzigen Fettsäure eine solche Gleichverteilung nicht mehr für alle Glycerinmoleküle möglich ist.

Der prozentische Anteil einzelner Fettsäuren an den Gesamtfettsäuren verschiedener Fette und Öle ist aus der folgenden Tabelle ersichtlich.

	Schweine-fett	Rinder-talg	Butter	Waltran	Olivenöl	Leinöl
Buttersäure	—	—	3·0	—	—	—
Capronsäure	—	—	1·4	—	—	—
Caprylsäure	—	—	1·5	—	—	—
Caprinsäure	—	—	2·7	—	—	—
Nonen-(8)-carbonsäure-(1)	—	—	0·3	—	—	—
Laurinsäure	—	0·1	3·7	—	—	—
Undecen-(8)-carbonsäure-(1)	—	—	0·4	—	—	—
Myristinsäure	2·3	2·0	12·1	6·3	0·5	—
Tridecen-(8)-carbonsäure-(1)	—	0·4	1·6	3·7	—	—
Palmitinsäure	25·6	26·9	25·3	18·2	10	ca. 5
Pentadecen-(8)-carbonsäure-(1)	3	1·9	4·0	13·3	1	—
Stearinsäure	14·9	26·5	9·2	2·4	3	ca. 5
Ölsäure	42·2	39·1	29·6	38·4	77	ca. 25
Linolsäure	13·8	1·7	3·6	—	8·5	ca. 18
Linolensäure	—	—	—	—	—	ca. 46
C_{20} ungesättigt	} 1·2	0·1	} 0·3	11·4	—	—
C_{22} ungesättigt		—		6·3	—	—

Eine besondere Stellung nehmen unter den Fetten **Butter** und **Kokosfett** ein, da an ihrem Aufbau auch niedere, mit Wasserdampf flüchtige Fettsäuren beteiligt sind.

Wenn man Butter mit Kalilauge verseift, die entstandenen fettsauren Salze mit verdünnter Schwefelsäure zersetzt und anschließend destilliert, so verflüchtigen sich mit dem Wasserdampf praktisch nur Buttersäure bis Caprinsäure, während die höheren Fettsäuren höchstens in Spuren übergehen. Zweckmäßig entfernt man die höheren Fettsäuren vor der Destillation in Form ihrer unlöslichen Magnesiumsalze. Da flüchtige Säuren aus anderen tierischen oder pflanzlichen Fetten durch Verseifung kaum erhalten werden, so gibt die alkalimetrische Bestimmung der Fettsäuren im Destillat einen wichtigen Anhaltspunkt für das Vorliegen von Butter oder Kokosfett. Da Buttersäure in Wasser beträchtlich leichter löslich ist als ihre Homologen, ist auch eine einfache analytische Unterscheidung zwischen Butter und Kokosfett möglich. Hierauf gründet sich eines der üblichen Verfahren zur Unterscheidung von Butter und Margarine (einem Gemisch von tierischen und pflanzlichen Fetten mit Milch, vorzugsweise Magermilch). Für die Herstellung von Margarine ist, um ihren Nachweis zu erleichtern, ein Zusatz von Sesamöl gesetzlich vorgeschrieben[1]. Dieses ist an der Rotfärbung, die es mit Furfurol und Salzsäure gibt, leicht zu erkennen (BAUDOUINsche Reaktion). — Das charakteristische Aroma der Butter ist anscheinend auf Diacetyl (S. 213) zurückzuführen, das durch bakterielle Tätigkeit entsteht und in Butter in Mengen von etwa 1 mg/kg vorhanden ist. Vom ernährungsphysiologischen Standpunkt wichtig ist der Gehalt der Butter an Carotin (S. 404), das die Gelbfärbung der Butter bedingt, und an Vitamin A (S. 434). Ihre Menge beträgt durchschnittlich etwa 10 mg/kg.

Unter den fetten Ölen spielen Olivenöl, Mohnöl, Mandelöl, Erdnußöl und Leinöl in der menschlichen Ernährung als Speiseöle eine bedeutende Rolle. Öle mit einem beträchtlichen Gehalt an mehrfach ungesättigten Fettsäuren (Linolsäure, Linolensäure, Eläostearinsäure), z. B. Leinöl und chinesisches Holzöl (Tungöl), verwandeln sich in dünner Schicht an der Luft durch Oxydation und peroxyd-katalysierte Polymerisation in harte transparente Schichten, die als **Firnisse** eine ausgedehnte Verwendung finden. Man bezeichnet diesen Vorgang als „Trocknen" und unterscheidet deshalb trocknende und nicht trocknende Öle.

[1] Seit 1915 darf zu diesem Zweck auch Kartoffelstärke zugesetzt werden.

Die Fette bilden als Nährstoffreserven die wichtigste Form des Energiedepots für den pflanzlichen und tierischen Organismus. So findet man sie im Pflanzenreich vor allem in Samen, Früchten und Keimlingen, während das Depotfett der Tiere vornehmlich im Bindegewebe der Muskeln und der Haut sowie in der Bauchhöhle abgelagert wird. Das vom Menschen und Tier mit der Nahrung aufgenommene Fett wird nicht unmittelbar als solches gespeichert, sondern im Darmkanal zunächst durch ein von der Pankreasdrüse abgesondertes Enzym („Lipase") in Glycerin und Fettsäuren gespalten. Die resorbierten Spaltprodukte werden dann in der Darmschleimhaut wieder zu solchen Fetten zusammengefügt, die den Bedürfnissen des Organismus am besten entsprechen. Ganz streng spezifisch verfährt allerdings der Tierkörper bei der Auswahl der ihm dargebotenen Fettsäuren nicht. Denn ein gewisser Parallelismus in der Zusammensetzung des Nahrungs- und Körperfetts ist vielfach beobachtet worden. Über die Art, wie sich dieser Fettumbau vollzieht, ist man noch im unklaren. Doch zeigt die nachfolgende Zusammenstellung, daß zwischen der Zusammensetzung des Körperfetts und der entwicklungsgeschichtlichen Stellung der Tiergattung ein enger Zusammenhang bestehen muß:

Zusammensetzung der Fettsäuren in Gewichtsprozent

	Gesättigte (Palmitinsäure)	Ungesättigte C_{16}	C_{18}	C_{20}	C_{22}
Süßwasserfische	13—15	20	40—45	12	0— 5
Seefische	12—15	15—18	27—30	20—25	8—12
Wale	12—15	15—18	35—40	15—20	5—10
Frosch	11	15	52	15	
Schildkröte	14	9	65	7	
Eidechse	18	10	56	5	
Huhn	25—26	6— 7	60	0·5—1	
Ratte	24—28	7— 8	60	0·3—0·5	
Schwein	25—29	3	50—65	0·3—1	
Rind	27—30	2	40—50	—	

Die Fischöle (Trane) unterscheiden sich hiernach von den Fetten der höheren Säugetiere in charakteristischer Weise durch den hohen Gehalt an Pentadecen-(8)-carbonsäure-(1) und an ungesättigten Säuren mit 20 und mehr Kohlenstoffatomen, die bis zu sechs Doppelbindungen im Molekül enthalten können. Daß der tierische Organismus auch Nahrungskohlenhydrate zu einem erheblichen Teil in Fett verwandelt, ist aus der Tiermast wohl bekannt. Auch für die niederen Fettsäuren der Butter vermutet man einen Aufbau aus Kohlenhydraten. In der Pflanze entsteht das Fett überhaupt nur sekundär aus Kohlenhydrat.

Die Industrie der Fette ist sehr umfangreich. Sie umfaßt die Seifensiederei (S. 83), die Herstellung der Stearinkerzen (S. 81) und die Margarine-Fabrikation. Da in der Margarine-Industrie hauptsächlich feste Fette gebraucht werden und billige Öle in großen Mengen zur Verfügung stehen, pflegt man Öle (z. B. Baumwollsaatöl und Fischöle) und weiche Fette nach der Erfindung von NORMANN (1902) durch katalytische Hydrierung zu **„härten"**. Man versetzt das Öl mit Nickel (früher meist auf Kieselgur niedergeschlagen, jetzt vielfach reines, durch thermische Zersetzung von Nickelformiat erhaltenes Nickel) und leitet unter ständigem Rühren bei 160—180° Wasserstoff ein; dieser wird unter 3—15 Atmosphären Druck glatt aufgenommen und verwandelt die ungesättigten Glyceride teilweise in gesättigte. Besonders günstig ist, daß die hochungesättigten Säuren der Fischöle und Waltrane hierbei eher angegriffen werden als die Ölsäure. Hierdurch wird der anscheinend durch diese Säuren verursachte Trangeruch beseitigt, ohne daß das Fett vollkommen gesättigt wird, was wegen des hohen Schmelzpunktes der gesättigten Glyceride unerwünscht wäre. Die bevorzugte („selektive") Hydrierung der mehrfach ungesättigten Säuren beruht wahrscheinlich auf ihrer stärkeren Adsorption am Katalysator. Über die Struktur der dabei entstehenden einfach ungesättigten Säuren ist noch wenig Sicheres bekannt. Auch Ölsäure selbst kann bei der katalytischen Hydrierung Veränderungen durch teilweise Umwandlung in ihr Stereoisomeres, die feste Elaidinsäure, und in Isomere mit anderer Lage der Doppelbindung erfahren. Diese festen ungesättigten Säuren, die man in der Technik unter dem Sammelbegriff **„Isoölsäuren"** zusammenfaßt, können zum Nachweis gehärteter Öle dienen, da sie in der Natur bisher nicht gefunden sind. Chinesisches Holzöl, in der Hauptsache ein Glycerid der dreifach konjugierten Eläostearinsäure (S. 142), liefert bei der Hydrierung das Glycerid der bei 38^0 schmelzenden **Vaccensäure** $CH_3 \cdot [CH_2]_5 \cdot CH{=}CH \cdot [CH_2]_9 \cdot CO_2H$. Diese entspricht in ihrer Konfiguration der Elaidinsäure und findet sich in geringer Menge in tierischen Fetten. Nach neuerer Ansicht ist sie jedoch ein Gemisch verschiedener Isoölsäuren.

Über Analyse der Fette nach der Jodzahl-Methode vgl. S. 115.

Vier- und höherwertige Alkohole

Die normalen Alkohole mit vier und mehr Hydroxylgruppen treten in mehreren stereoisomeren Formen auf. Diese Erscheinung, die mit dem Vorhandensein mehrerer asymmetrischer Kohlenstoffatome im Molekül zusammenhängt, wird später eingehend besprochen werden (S. 199, 225). Man trifft mehrwertige Alkohole vielfach im Pflanzenreich an, so den vierwertigen **Erythrit** $HO \cdot CH_2 \cdot CH(OH) \cdot CH(OH) \cdot CH_2 \cdot OH$ in Algen und Flechten. Adoniskraut enthält den fünfwertigen **Adonit** $C_5H_{12}O_5$, dessen Stereoisomere **Arabit** und **Xylit** sind. Von den sechswertigen Alkoholen $C_6H_{14}O_6$ finden sich **Sorbit** in Vogelbeeren, **Dulcit** und **Mannit** in verschiedenen Mannaarten. Die normale Konstitution dieser Alkohole wurde schon frühzeitig durch Reduktion mit Jodwasserstoffsäure bewiesen. Hierbei entsteht z. B. aus Erythrit 2-Jod-butan $CH_3 \cdot CHJ \cdot CH_2 \cdot CH_3$, aus Mannit 2-Jod-hexan $CH_3 \cdot CHJ \cdot CH_2 \cdot CH_2 \cdot CH_2 \cdot CH_3$. Die mehrwertigen Alkohole stehen in naher Beziehung zu den Zuckern, die als die zugehörigen Monoaldehyde und Monoketone aufzufassen sind. Sie lassen sich dementsprechend durch Reduktion oder Hydrierung aus ihnen gewinnen: Dulcit entsteht durch Reduktion von Galaktose, Mannit aus Mannose und Fructose, Sorbit aus Glucose und Fructose.

Im Gegensatz zu den einwertigen Alkoholen, die keine saure Funktion besitzen (S. 51), zeigen die Polyhydroxylverbindungen infolge der induktiven Wirkung der „negativen" Hydroxylgruppen (S. 177) die Natur äußerst schwacher Säuren (k: ca. 10^{-14}). Sie sind imstande, Alkalisalze zu bilden, die durch Wasser nicht vollständig hydrolysiert werden. Z. B. löst sich der in Wasser schwer lösliche Mannit spielend in Alkalilaugen, Dulcit liefert mit einem Überschuß von Natronlauge ein Mononatriumsalz usw. Noch stärkere Säuren sind die komplexen Kupferverbindungen der Polyhydroxylverbindungen: während Dulcit durch eine unzureichende Menge Wasser bei Gegenwart von 1 Mol NaOH nicht vollständig gelöst wird, geht er auf Zusatz von Kupferhydroxyd als komplexe Kupferalkaliverbindung mit tiefblauer Farbe in Lösung (W. Traube). Aus derartigen Lösungen wird das Kupfer nicht durch Alkali, wohl aber durch H_2S gefällt.

Sehr interessant ist auch der Einfluß der mehrwertigen Alkohole auf Borsäure in wäßriger Lösung. Solche Lösungen zeigen nämlich im Gegensatz zu der recht schwachen Borsäure ein ansehnliches Leitvermögen, was auf die Bildung einer stärkeren Säure schließen läßt. Auf diese Erscheinung werden wir später zurückkommen (vgl. S. 322).

Gleich dem Glycerin und den Zuckern zeichnen sich die obigen Verbindungen durch süßen Geschmack aus. Sorbit, durch katalytische Hydrierung von Glucose erhältlich, hat neuerdings unter dem Namen **Sionon** als Zuckerersatz für Zuckerkranke Verwendung gefunden.

Mehrwertige Verbindungen, die Halogen-, Hydroxyl- oder Aminogruppen enthalten

Von den zahlreichen Verbindungen, die hierher gehören, werden wir nur einige betrachten.

Verbindungen mit Halogen und Hydroxyl an verschiedenen C-Atomen (**„Halogenhydrine“**) erhält man durch teilweisen Ersatz der Hydroxyle mehrwertiger Alkohole durch Halogen. Von Glykolchlorhydrin $HO \cdot CH_2 \cdot CH_2Cl$ war schon S. 115 und 151 die Rede. Ein **Glycerindichlorhydrin,** das 1,3-Dichlorpropanol-(2) (auch **Dichlorhydrin** schlechthin genannt) erhält man als Hauptprodukt, wenn Glycerin in Gegenwart von 2% Eisessig bei 100° mit Chlorwasserstoff gesättigt wird. Es besitzt die symmetrische Formel $CH_2Cl \cdot CH(OH) \cdot CH_2Cl$, da es verschieden ist von dem Dichlorpropanol, das durch Addition von Chlor an Allylalkohol gewonnen wird und das demnach die Formel $CH_2(OH) \cdot CHCl \cdot CH_2Cl$ haben muß. Beim Behandeln von Dichlorhydrin mit Kali entsteht **Epichlorhydrin** $CH_2 \cdot CH \cdot CH_2Cl$ (mit O-Brücke zwischen CH_2 und CH), das nach Bildungsweise und Verhalten ein Abkömmling des Äthylenoxyds ist.

Diamine, deren Aminogruppen sich an verschiedenen Kohlenstoffatomen befinden, entstehen bei der Fäulnis von Fleisch durch Abspaltung von CO_2 aus den Diaminocarbonsäuren der Eiweißstoffe. Unter ihnen sind **Cadaverin** (1,5-Diamino-pentan) $H_2N \cdot CH_2 \cdot [CH_2]_3 \cdot CH_2 \cdot NH_2$ und **Putrescin** (1,4-Diamino-butan) $H_2N \cdot CH_2 \cdot [CH_2]_2 \cdot CH_2 \cdot NH_2$ zu nennen. Man hat diese Verbindungen früher wegen ihres Auftretens bei der Leichenfäulnis zu den Leichengiften (Ptomainen) gerechnet, sie aber später als verhältnismäßig harmlose Begleiter anderer Gifte erkannt. Ihre Struktur ist auf synthetischem Wege bewiesen worden.

Für die Synthese des 1,5-Diamino-pentans geht man von 1,3-Dibrom-propan aus, das bei der Behandlung mit Kaliumcyanid 1,3-Dicyan-propan liefert. Dieses Produkt wird mit Natrium und siedendem Alkohol oder technisch mit Raney-Kobalt reduziert, wodurch beide Cyangruppen in $CH_2 \cdot NH_2$ übergehen (S. 70), also ein Diamin entsteht:

$$BrCH_2 \cdot CH_2 \cdot CH_2Br \rightarrow NC \cdot CH_2 \cdot CH_2 \cdot CH_2 \cdot CN \rightarrow H_2N \cdot CH_2 \cdot CH_2 \cdot CH_2 \cdot CH_2 \cdot CH_2 \cdot NH_2 .$$

Erhitzt man das salzsaure Salz des 1,5-Diamino-pentans, so gibt es ein Molekül Salmiak ab und geht in ein heterocyclisches Imin, das **Piperidin** (S. 456), über, welches das Verhalten eines gesättigten sekundären Amins zeigt:

$$CH_2 < \begin{matrix} CH_2-CH_2 \cdot NH_2 \\ CH_2-CH_2 \cdot NH_2HCl \end{matrix} - NH_4Cl = CH_2 < \begin{matrix} CH_2 \cdot CH_2 \\ CH_2 \cdot CH_2 \end{matrix} > NH .$$

Diaminobutan und Diaminopropan liefern beim Erhitzen analoge Verbindungen mit geschlossener Kette, jedoch schwerer als Diaminopentan. Das einfachste Diamin, **Äthylendiamin** $H_2N \cdot CH_2 \cdot CH_2 \cdot NH_2$, aus Äthylenchlorid und alkoholischem Ammoniak darstellbar, ist eine ammoniakalisch riechende Flüssigkeit. Kp: 116·5°. Es läßt sich nicht in Äthylenimin (S. 136) überführen.

Ein Vertreter der **Oxyamine,** der also zugleich Alkohol und Amin ist, möge hier seiner physiologischen Bedeutung wegen erwähnt werden, nämlich das im Tier- und Pflanzenreich sehr verbreitete **Cholin**[1]. Seine Struktur ist von WÜRTZ durch Synthese bewiesen worden; es entsteht aus Trimethylamin und Äthylenoxyd in wäßriger Lösung:

---

[1] Von χολή = Galle, in der es 1849 von STRECKER entdeckt wurde.

$$(CH_3)_3N + \underset{|-O-|}{CH_2 \cdot CH_2} + H_2O = (CH_3)_3N \lt \begin{matrix} CH_2 \cdot CH_2 \cdot OH \\ OH \end{matrix}$$

Es ist also ein Ammoniumhydroxyd. Das ihm zugrunde liegende Oxyamin, 2-Amino-äthanol-(1), β-Amino-äthylalkohol $HO \cdot CH_2 \cdot CH_2 \cdot NH_2$ heißt **Colamin.**

Seit längerer Zeit hat diese Verbindung unter dem Namen Äthanolamin auch technische Bedeutung. Man gewinnt sie zusammen mit Diäthanolamin $(HO \cdot CH_2 \cdot CH_2)_2NH$ und Triäthanolamin $(HO \cdot CH_2 \cdot CH_2)_3N$ durch Einwirkung von Äthylenoxyd auf Ammoniak. Alle drei Amine finden Verwendung als Ausgangsmaterialien in der Waschmittelerzeugung und in der pharmaceutischen Industrie. Lösungen von Triäthanolamin dienen auch zur Absorption von Kohlendioxyd aus Industriegasen; zur Regenerierung genügt bloßes Erwärmen der Lösung.

Cholin und Colamin nehmen am Aufbau komplizierter, den Fetten nahestehender Verbindungen teil, die wegen ihres Phosphorgehalts den Namen **Phosphatide** tragen. Wie die Fette kommen auch die Phosphatide in der Natur immer als Gemische vor. Ein oder zwei Hydroxyle des Glycerins sind durch Fettsäuren verestert, das dritte Hydroxyl ist an Phosphorsäure gebunden, die als mehrbasische Säure noch eine weitere Alkoholkomponente esterartig binden kann. Phosphatide, die als zweite Alkoholkomponente Cholin enthalten („Phosphatidylcholine"), nennt man **Lecithine,** die entsprechenden Abkömmlinge des Colamins („Phosphatidylcolamine") sind die **Kephaline**[1]. Ihr Bauprinzip wird durch die folgenden Formeln veranschaulicht:

$$\begin{array}{l} CH_2 \cdot O \cdot \text{Fettsäure} \\ | \\ CH \cdot O \cdot \text{Fettsäure} \\ | \\ CH_2 \cdot O \cdot \underset{\overset{\cdot}{O^-}}{PO} \cdot O \cdot CH_2 \cdot CH_2 \cdot N(CH_3)_3^+ \end{array} \qquad \begin{array}{l} CH_2 \cdot O \cdot \text{Fettsäure} \\ | \\ CH \cdot O \cdot \text{Fettsäure} \\ | \\ CH_2 \cdot O \cdot \underset{\overset{\cdot}{O^-}}{PO} \cdot O \cdot CH_2 \cdot CH_2 \cdot NH_3^+. \end{array}$$

Lecithin Kephalin

Durch Variation der Fettsäurereste ergibt sich eine große Anzahl von Phosphatiden, die außerdem noch in zwei isomeren Formen auftreten können, je nachdem der Phosphorsäurerest in α-Stellung (endständiges Hydroxyl) oder β-Stellung (mittelständiges Hydroxyl) des Glycerins gebunden ist. Die Phosphatide geben sich durch ihr reichliches Auftreten in allen lebenswichtigen pflanzlichen und tierischen Organen als Verbindungen von großer physiologischer Bedeutung zu erkennen. So findet man sie bei Pflanzen vor allem in Samen, bei Tieren im Gehirn, in der Nervensubstanz, der Leber und im Eigelb. Sie lösen sich leicht in Fettlösungsmitteln und in Fetten, von denen sie noch am besten auf Grund ihrer Schwerlöslichkeit in Aceton getrennt werden können. Das Zusammentreffen der dreibasischen Phosphorsäure mit dem Ammoniumhydroxyd-Rest des Cholins und Colamins verleiht ihnen den Charakter innerer Ammoniumsalze. Die Phosphatide enthalten also ähnlich den Seifen eine hydrophile Gruppe und lösen sich deshalb in Wasser zu kolloidalen Lösungen, die ein gewisses Emulgierungsvermögen für Fette besitzen. Die natürlich vorkommenden Phosphatide sind optisch-aktiv, da das mittelständige C-Atom des Glycerins asymmetrisch wird, sobald die beiden endständigen C-Atome ungleichartig substituiert sind. Die Synthese von Phosphatiden ist zuerst auf einem von Grün angegebenen Wege bewerkstelligt worden. Durch Einwirkung von Phosphorpentoxyd auf Distearin entsteht zunächst ein Pyrophosphorsäureester, der sich leicht zu Distearinphosphorsäure hydrolysieren läßt:

$$C_3H_5 \lt \begin{matrix} (O \cdot CO \cdot C_{17}H_{35})_2 \\ OH \end{matrix} \xrightarrow{P_2O_5} C_3H_5 \lt \begin{matrix} (O \cdot CO \cdot C_{17}H_{35})_2 \\ O \cdot PO(OH) \cdot O \cdot PO(OH)_2 \end{matrix} \xrightarrow{H_2O} C_3H_5 \lt \begin{matrix} (O \cdot CO \cdot C_{17}H_{35})_2 \\ O \cdot PO(OH)_2 \end{matrix}.$$

Die Veresterung dieser Säure mit Cholin führt zu einem Distearin-lecithin, das alle

[1] Nach neueren Untersuchungen (Folch 1941) enthält „Kephalin" neben Phosphatidylcolamin große Mengen Phosphatidylserin, dessen alkoholische Komponente die Oxyaminosäure Serin (S. 273) ist.

typischen Eigenschaften der Lecithine zeigt. Verbindungen vom Typus der Distearinphosphorsäure (**„Phosphatidsäuren“**) sind auch in der Natur als Calcium- und Magnesiumsalze in grünen Blättern und in Weizenkeimlingen gefunden worden. Durch Säuren und Alkalien wird aus den Phosphatiden erst der basische Bestandteil, dann die Fettsäure abgespalten, und es hinterbleibt α- oder β-Glycerinphosphorsäure. Die beiden **Glycerinphosphorsäuren** $HO\cdot CH_2\cdot CH(OH)\cdot CH_2\cdot O\cdot PO(OH)_2$ und $(HO\cdot CH_2)_2CH\cdot O\cdot PO(OH)_2$ sind Säuren von der Stärke der Phosphorsäure und werden wie viele saure Phosphorsäureester von Alkalien überhaupt nicht, von Säuren auch in der Hitze nur schwer verseift (Halbwertszeit der Spaltung bei $p_H 3$ und 100° ca. 5 Stdn.). Beachtenswert ist die beim Erhitzen mit Säuren eintretende Umlagerung von β-Glycerinphosphorsäure in die α-Form.

Die Fettsäuren der Säugetier-Phosphatide unterscheiden sich von den Fettsäuren der Glyceride durch einen höheren Gehalt an ungesättigten C_{20}- und C_{22}-Säuren. Vielfach ist angenommen worden, daß die Phosphatide auf dem Wege der Umesterung an der Absorption der Fettsäuren des Nahrungsfetts im Verdauungstrakt beteiligt sind, doch liegen schlüssige Beweise dafür nicht vor.

Glycerin ist nicht der einzige am Aufbau der Phosphatide beteiligte mehrwertige Alkohol. Man kennt Inosit (S. 387) enthaltende Phosphatide, und die namentlich im Gehirn reichlich vorkommenden **Sphingomyeline** enthalten an Stelle von Glycerin die ungesättigte Dioxyaminoverbindung **Sphingosin.** Die Aminogruppe ist säureamidartig mit einer Fettsäure, vornehmlich Stearinsäure und Lignocerinsäure $C_{24}H_{48}O_2$, gekuppelt, gleichzeitig ist eine der Hydroxylgruppen wie im Lecithin mit Cholinphosphorsäure verestert:

$$\begin{array}{l} CH_3\cdot[CH_2]_{12}\cdot CH:CH\cdot CH\cdot CH(CH_2\cdot OH)\cdot NH\cdot \text{Fettsäure} \\ \qquad\qquad\qquad\qquad\qquad\quad O \\ \qquad\qquad\qquad\quad {}^-O\cdot PO\cdot O\cdot CH_2\cdot CH_2\cdot N(CH_3)_3^+. \end{array}$$

Sphingomyelin

Unter den sonstigen Estern des Cholins verdient das **Acetylcholin** $CH_3\cdot CO\cdot O\cdot CH_2\cdot CH_2\cdot N(CH_3)_3\cdot OH$ wegen seiner mächtigen physiologischen Wirkungen eine besondere Erwähnung. Es bewirkt in minimalen Konzentrationen eine Senkung des Blutdrucks, Verlangsamung der Herztätigkeit und eine Steigerung der Darmperistaltik. Diese Reaktionen sind teilweise typisch für eine Reizung des Vagusnerven. Tatsächlich scheint Acetylcholin als „chemischer Vermittler“ eine große Rolle bei der Reizleitung im Nerven zu spielen, da bei der Nervenreizung kleine Mengen davon in den Endapparaten des Vagus und an den Übergangsstellen (Synapsen) von einer Ganglienzelle zur nächsten ausgeschüttet werden (Loewi, Dale). Die Menge des Acetylcholins in den Organen ist sehr gering (z. B. 0,1 mg pro Liter im Blut), da es durch die regulierende Wirkung eines Enzyms (Cholinesterase) außerordentlich rasch wieder zerstört wird.

Mehrbasische Säuren

Zweibasische gesättigte Säuren

Von den zahlreichen isomeren Säuren $C_nH_{2n}(COOH)_2$ mit verschiedener Stellung der Carboxylgruppen sind vor allem diejenigen Säuren von Wichtigkeit, in denen sich die Carboxylgruppen an den Enden der Kette befinden. Sie sollen deshalb hier in erster Linie betrachtet werden.

Nomenklatur. Die Namen dieser Säuren leiten sich häufig von den Substanzen ab, aus denen sie zuerst gewonnen wurden (Oxalsäure, Bernsteinsäure, Korksäure). Die systematischen Namen werden aus Namen der entsprechenden Kohlenwasserstoffe analog wie die der Monocarbonsäuren gebildet: $HO_2C\cdot CH_2\cdot CH_2\cdot CO_2H$ Äthandicarbonsäure-(1,2).

Die allgemeinen **Bildungsweisen** der zweibasischen Säuren sind die gleichen wie die der einbasischen Säuren. So entstehen sie durch Oxydation der entsprechenden Glykole und Dialdehyde und durch Verseifung der Dinitrile. Namentlich der Aufbau der Nitrile aus geeigneten Halogenverbindungen ist daher eine wichtige Vorstufe für die Darstellung der Dicarbonsäuren. Für viele Dicarbonsäuren gibt es besondere Darstellungsweisen. Hervorzuheben ist hier namentlich die Sprengung der Doppelbindung in ungesättigten Säuren (Ölsäure ⟶ Azelainsäure) und die oxydative Spaltung ringförmiger Verbindungen (Cyclohexanon ⟶ Adipinsäure, s. S. 385).

Die zweibasischen Säuren sind gut kristallisierende Verbindungen. Die Glieder mit mehr als drei Kohlenstoffatomen können zumindest im Vakuum ohne Zersetzung destilliert werden; bei der Destillation unter Atmosphärendruck spalten sie vielfach Wasser ab unter Bildung innerer Anhydride, von denen später die Rede sein wird (S. 169).

Der Schmelzpunkt zeigt in dieser Säurereihe dieselbe Eigentümlichkeit wie bei den gesättigten Fettsäuren (S. 76): die Glieder mit gerader Zahl der C-Atome haben einen höheren Schmelzpunkt als die benachbarten Glieder mit ungerader Zahl der C-Atome.

Name	Name	Formel	Schmelzpunkt	100 Gewichtsteile Wasser lösen bei 20°
Oxalsäure	—	$HO_2C \cdot CO_2H$	189·5	8·6 Gew.-Tle.
Malonsäure	Methandicarbonsäure	$HO_2C \cdot CH_2 \cdot CO_2H$	133	73·5 ,, ,,
Bernsteinsäure	Äthandicarbonsäure	$HO_2C \cdot [CH_2]_2 \cdot CO_2H$	183	5·8 ,, ,,
Glutarsäure	Propandicarbonsäure	$HO_2C \cdot [CH_2]_3 \cdot CO_2H$	97·5	63·9 ,, ,,
Adipinsäure	Butandicarbonsäure	$HO_2C \cdot [CH_2]_4 \cdot CO_2H$	153	1·5 ,, ,,
Pimelinsäure	Pentandicarbonsäure	$HO_2C \cdot [CH_2]_5 \cdot CO_2H$	105·5	5·0 ,, ,,
Korksäure	Hexandicarbonsäure	$HO_2C \cdot [CH_2]_6 \cdot CO_2H$	140	0·16 ,, ,,
Azelainsäure	Heptandicarbonsäure	$HO_2C \cdot [CH_2]_7 \cdot CO_2H$	108	0·24 ,, ,,
Sebacinsäure	Octandicarbonsäure	$HO_2C \cdot [CH_2]_8 \cdot CO_2H$	134·5	0·10 ,, ,,
—	Nonandicarbonsäure	$HO_2C \cdot [CH_2]_9 \cdot CO_2H$	110	
—	Decandicarbonsäure	$HO_2C \cdot [CH_2]_{10} \cdot CO_2H$	126	
Brassylsäure	Undecandicarbonsäure	$HO_2C \cdot [CH_2]_{11} \cdot CO_2H$	112	
—	Dodecandicarbonsäure	$HO_2C \cdot [CH_2]_{12} \cdot CO_2H$	124	

Aus der graphischen Darstellung der Schmelzpunkte (Fig. 44) ersieht man zugleich deutlich, daß die Schmelzpunkte der geraden und ungeraden Reihe mit wachsender Zahl der Kohlenstoffatome einander immer näher kommen.

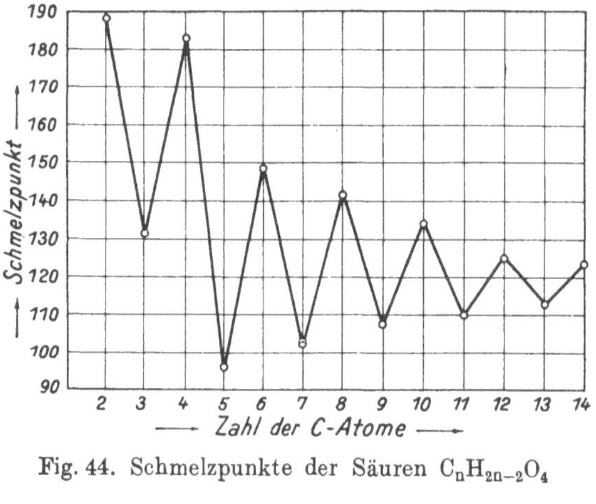

Fig. 44. Schmelzpunkte der Säuren $C_nH_{2n-2}O_4$

Eine Eigentümlichkeit gleicher Art zeigen einige andere physikalische Konstanten dieser Säuren. Die Löslichkeit der Säuren mit ungerader Kohlenstoffzahl ist sehr viel größer als die der Säuren mit gerader Anzahl der C-Atome; sie fällt (wie stets) mit steigender C-Zahl sowohl in der geraden als auch in der ungeraden Reihe.

Verkade hat gezeigt, daß derartige Oscillationen nur bei Eigenschaften vorkommen, die mit dem festen Zustand, vermutlich mit der Kristallstruktur, zusammenhängen. Er fand sie z. B. auch bei den Verbrennungswärmen der festen Dicarbonsäuren. Dagegen fehlen bei den flüssigen Dimethylestern dieser Säuren Anzeichen für eine solche Oscillation der physikalischen Eigenschaften.

Die zweibasischen Säuren sind durchweg stärkere Säuren als die einbasischen. Außergewöhnlich stark ist die Oxalsäure; bei den Homologen nimmt die Dissoziationskonstante mit wachsender Entfernung der Carboxylgruppen ab (S. 176). Die Dissoziationskonstante k beträgt bei 25° für Oxalsäure etwa 5×10^{-2}, für Malonsäure $1 \cdot 67 \times 10^{-3}$, für Bernsteinsäure $6 \cdot 21 \times 10^{-5}$.

Oxalsäure (Kleesäure) $C_2H_2O_4 + 2H_2O$

Zwischen Oxalsäure und Ameisensäure besteht ein genetischer Zusammenhang; man kann sowohl Ameisensäure in Oxalsäure wie umgekehrt Oxalsäure in Ameisensäure verwandeln. Erhitzt man Natriumformiat auf 400°, so entwickelt sich aus der schmelzenden Masse Wasserstoff, und es bildet sich Natriumoxalat:

$$\begin{array}{l} NaOOC\,|H| \\ NaOOC\,|H| \end{array} = \begin{array}{l} NaOOC \\ \quad | \\ NaOOC \end{array} + H_2.$$

Da sich das Oxalat bei dieser Temperatur bereits mit merklicher Geschwindigkeit in Carbonat und CO zersetzt, muß man rasch erhitzen, um gute Ausbeuten an Oxalat zu erhalten.

Diese Methode dient auch zur technischen Darstellung von Oxalsäure.

Das entstandene Natriumoxalat liefert mit Kalk Calciumoxalat, das mit Schwefelsäure zerlegt wird, und Natronlauge. Diese wird durch Behandlung mit Kohlenoxyd wieder in Formiat verwandelt.

Der umgekehrte Übergang von Oxalsäure in Ameisensäure wird auf S. 165 besprochen werden.

Oxalsäure entsteht bei der Oxydation zahlreicher Kohlenstoffverbindungen durch Salpetersäure und gehört daher zu den am längsten bekannten organischen Verbindungen; sie wird z. B. durch Erwärmen von Zucker mit Salpetersäure auch technisch gewonnen. Auch durch die oxydierende Wirkung schmelzender Alkalien auf Sägespäne unter Luftzutritt bei 200—240° entsteht Oxalsäure. Nach diesem Verfahren wurde die Säure früher ausschließlich dargestellt. Andere Bildungsweisen der Oxalsäure, die theoretisches Interesse beanspruchen, sind die Einwirkung von Kohlendioxyd auf Kalium oder Natrium bei einer Temperatur von etwa 360° und die Verseifung ihres Nitrils NC·CN (Dicyan, S. 166). Da Dicyan durch Erhitzen von Quecksilbercyanid entsteht, kommt diese Bildung einer Synthese aus Blausäure gleich.

Oxalsäure findet sich in vielen Pflanzen, meist als oxalsaures Calcium. Reich an Oxalsäure sind z. B. Rhabarber und Spinat, ferner Sauerklee und Sauerampfer, die saures oxalsaures Kalium („Kleesalz") enthalten. Auch der tierische Organismus enthält kleine, wohl der Nahrung entstammende Mengen von Oxalsäure. Größere Mengen wirken durch Störung des Calcium-Stoffwechsels giftig. Oxalsäure kristallisiert mit zwei Molekülen Kristallwasser, das bereits bei etwa 30° langsam zu entweichen beginnt. Die wasserfreie Säure (Schmelzpunkt 189·5°) sublimiert bei vorsichtigem Erhitzen. Bei raschem Erhitzen zerfällt Oxalsäure in CO_2 und die Zerfallsprodukte der Ameisensäure, CO und H_2O; bei vorsichtigem Arbeiten lassen sich auch kleine Mengen Ameisensäure erhalten. Zerfall nach

$$HO_2C \cdot CO_2H = CO_2 + HCO_2H$$

beobachtet man auch beim Erhitzen von Oxalsäure in Dioxan-Lösung oberhalb 120° und bei der Einwirkung von ultraviolettem Licht auf wäßrige Lösungen. Die thermische Zersetzung wäßriger Lösungen verläuft bei 100° noch überaus langsam (Halbwertszeit ca. 30 Tage); bei höherer Temperatur bilden sich in größerer Menge CO_2, Ameisensäure, CO und H_2. Eine glatte Zersetzung nach

$$HO_2C\cdot CO_2H = CO_2 + CO + H_2O$$

tritt bei der Einwirkung von Sonnenlicht auf Uranylsalz enthaltende wäßrige Lösungen von Oxalsäure[1] sowie beim Erwärmen von Oxalsäure mit konzentrierter Schwefelsäure ein. Es ist besonders bemerkenswert, daß die letztgenannte Reaktion in wasserfreier Schwefelsäure (Wassergehalt $< 0\cdot 6\%$) viel rascher als in gewöhnlicher konzentrierter Säure verläuft. Sie wird also offenbar erst bei sehr hoher Protonen-Aktivität katalytisch beschleunigt.

Während Oxalsäure gegen Salpetersäure bemerkenswert beständig ist, wird sie in Gegenwart von Katalysatoren von vielen Oxydationsmitteln leicht angegriffen. Sie wird schon beim Schütteln der wäßrigen Lösung mit Sauerstoff langsam zu CO_2 und Wasser verbrannt, wenn (eisenhaltige) Blutkohle als Katalysator zugegen ist (Freundlich, Warburg). Ihre Oxydation durch Kaliumpermanganat findet in der Maßanalyse Anwendung: 1 Molekül Oxalsäure erfordert 1 Atom Sauerstoff:

$$C_2H_2O_4 + O = 2\,CO_2 + H_2O.$$

Die Reaktion wird durch folgende Gleichung wiedergegeben:

$$2\,KMnO_4 + 5\,C_2H_2O_4 + 3\,H_2SO_4 = K_2SO_4 + 2\,MnSO_4 + 10\,CO_2 + 8\,H_2O.$$

Das Mangan(II)-sulfat, das bei dieser Reaktion gebildet wird, übt eine katalytisch beschleunigende Wirkung auf den Prozeß aus; die ersten Tropfen Permanganatlösung werden bei gewöhnlicher Temperatur nur sehr langsam entfärbt. Ist jedoch einmal $MnSO_4$ gebildet, so geht die Entfärbung immer schneller. Fügt man deshalb von vornherein $MnSO_4$-Lösung zu, so verläuft die Reaktion sofort mit der für Titrationen notwendigen Geschwindigkeit.

Von den **Salzen der Oxalsäure** sind nur die Alkalisalze in Wasser löslich. Analytisch wichtig ist das in Wasser und Essigsäure unlösliche Calciumoxalat. Als zweibasische Säure vermag die Oxalsäure saure und neutrale Salze zu bilden. Auch sogenannte Tetraoxalate, die durch Vereinigung eines Moleküls sauren Salzes mit einem Molekül Säure entstehen, sind bekannt. Als solches ist Kaliumtetraoxalat $KHC_2O_4\cdot H_2C_2O_4\cdot 2H_2O$ zu nennen, das einen Bestandteil des **Kleesalzes** bildet. Zahlreiche mehrwertige Metalle treten mit Oxalsäure zu komplexen Anionen zusammen; die Alkalisalze dieser Komplexe sind meist in Wasser löslich.

Das im Gegensatz zu den meisten Fe(II)-Salzen gelblich gefärbte Eisen(II)-oxalat $FeC_2O_4 + 2\,H_2O$ löst sich in Kaliumoxalatlösung unter Bildung des komplexen Kaliumeisen(II)-oxalats $K_2[Fe(C_2O_4)_2]$. Es ist in festem Zustand gelb. Durch reines Wasser wird es teilweise in die Komponenten gespalten, es läßt sich daher nur in Gegenwart von überschüssigem Kaliumoxalat unzersetzt in Lösung überführen. Die blutrote Lösung des Komplexsalzes besitzt ein starkes Reduktionsvermögen. Sie färbt sich an der Luft unter Sauerstoffabsorption rasch grün, wobei Kaliumeisen(III)-oxalat $K_3[Fe(C_2O_4)_3]$ entsteht, und scheidet aus Silbernitrat und Platinchlorid sofort die Metalle ab; sie wurde deshalb früher als photographischer Entwickler gebraucht.

Viel stabiler als das Eisen(II)-salz ist das grüne Kaliumeisen(III)-oxalat, das durch Wasser nicht zersetzt wird und mit Kaliumrhodanid keine merkliche Reaktion auf Fe(III)-Ionen gibt. Dagegen ist die wäßrige Lösung außerordentlich lichtempfindlich. Im Sonnenlicht findet eine intramolekulare Oxydoreduktion statt, bei der Eisen zur zweiwertigen Stufe reduziert und gleichzeitig Oxalsäure zu Kohlensäure oxydiert wird:

$$2\,K_3[Fe(C_2O_4)_3] = 2\,FeC_2O_4 + 3\,K_2C_2O_4 + 2\,CO_2.$$

Von dieser Eigenschaft macht man beim Platinlichtdruck Gebrauch. Legt man nämlich ein photographisches Negativ auf ein Papier, das dieses Komplexsalz enthält, so erfolgt an den Stellen, wo das Licht einwirkt, Reduktion zu Fe^{II}-Salz. Taucht man nun das Papier in eine Platinlösung, so wird das Metall nur da niedergeschlagen, wo zweiwertiges Eisen entstanden ist. Die gleiche Lichtempfindlichkeit zeigt auch das grüne Kaliumkobalt(III)-oxalat $K_3[Co(C_2O_4)_3]$, während das blauschwarze Kaliumchrom(III)-oxalat lichtbeständig ist.

---

[1] Die Reaktion verläuft wahrscheinlich über eine Komplexverbindung:

$$H_2[UO_2(C_2O_4)_2] = UO_2(C_2O_4) + CO_2 + CO + H_2O.$$

Ein lichtempfindliches System ist auch die EDERsche Lösung. Sie besteht aus einem Gemisch von 2 Volumen einer 4%igen Ammoniumoxalatlösung und 1 Volumen einer 5%igen Sublimatlösung. Im Dunkeln bleibt sie unverändert. Unter dem Einfluß des Lichtes zersetzt sie sich aber nach der Gleichung:

$$2\,HgCl_2 + (NH_4)_2C_2O_4 = 2\,HgCl + 2\,CO_2 + 2\,NH_4Cl.$$

Die Kalomelausscheidung ist der Intensität des absorbierten Lichts und der Zeit proportional (Verwendung als „Aktinometer"). Diese Reaktion wird durch Fe^{III}-Ionen sowie Spuren gewisser fluoreszierender Stoffe (z. B. Eosin) stark beschleunigt.

Derivate der Oxalsäure

Von den Derivaten der Oxalsäure möge hier der kristallisierte **Dimethylester** vom Schmelzpunkt 54° Erwähnung finden. Er dient zur Gewinnung reinen Methylalkohols; man kann ihn nämlich durch Umkristallisieren leicht reinigen und dann durch Verseifung in Methylalkohol zurückverwandeln. Der Diäthylester ist flüssig. Beide Ester erhält man leicht durch Destillieren einer Lösung von wasserfreier Oxalsäure in dem betreffenden Alkohol.

Zur Esterbildung der Oxalsäure stehen auch die folgenden wichtigen Umsetzungen in Beziehung. Bei der **Einwirkung von Oxalsäure auf Glycerin** entstehen je nach den Versuchsbedingungen **Allylalkohol** oder **Ameisensäure**; beide Verbindungen können auf diese Weise im Laboratorium dargestellt werden. Löst man wasserfreie Oxalsäure in einem Überschuß von Glycerin bei etwa 50° auf, so bilden sich nebeneinander saures und neutrales Glycerinoxalat (I und III); denn fügt man nun alkoholisches Ammoniak zu, so entstehen Oxamidsäure und Oxamid (s. unten), ganz analog wie aus anderen Estern der Oxalsäure. Der saure Ester verliert schon bei 100° leicht 1 CO_2 und geht dabei in Glycerinmonoformiat (II) über. Fügt man dann wieder Oxalsäure zu, so wird Ameisensäure frei, die abdestilliert, und es bildet sich wieder der saure Oxalester des Glycerins (I), worauf der Prozeß von neuem anfangen kann. Eine begrenzte Menge Glycerin kann daher unbegrenzte Mengen Oxalsäure in Ameisensäure umwandeln. Steigert man dagegen nach beendeter Ameisensäure-Entwicklung die Temperatur über 200°, so spaltet der neutrale Ester (III) 2 CO_2 ab, und es bildet sich Allylalkohol (IV). Will man Ameisensäure erzeugen, so nimmt man zweckmäßig kristallisierte Oxalsäure, deren Wassergehalt (2 H_2O) die Bildung des sauren Esters auf Kosten des neutralen Esters begünstigt.

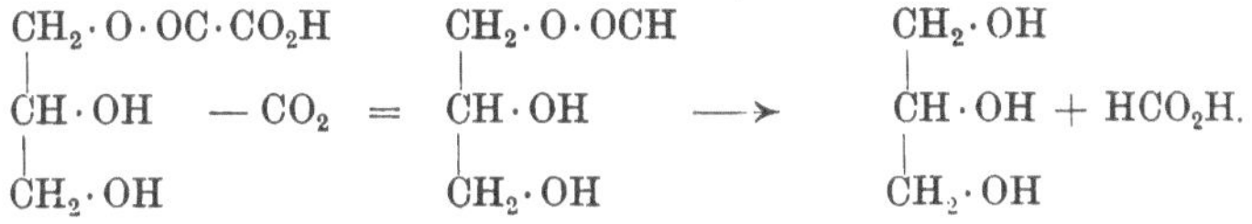

I II

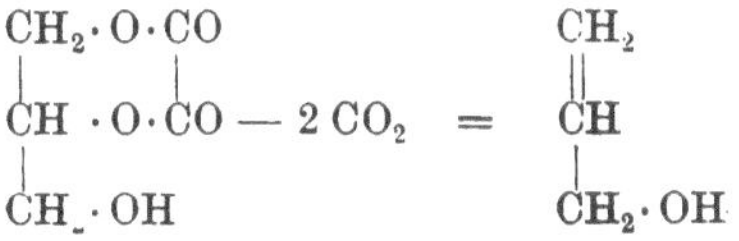

III IV

Während die Allylalkohol-Bildung nach obigem Schema als gut begründet gelten kann, gibt es für den Weg, auf dem die Ameisensäure entsteht, noch andere Erklärungsmöglichkeiten, zwischen denen zur Zeit nicht sicher entschieden werden kann. Daß der hier gegebene Reaktionsverlauf einen möglichen Weg darstellt, beweist die Bildung von Ameisensäure beim Erhitzen von Ameisensäureäthylester mit Oxalsäure:

$$C_2H_5\cdot O\cdot OCH + C_2H_2O_4 = HO_2C\cdot CO_2\cdot C_2H_5 + HCO_2H.$$

Oxalylchlorid ClOC·COCl kann durch Einwirkung von 2 Mol Phosphorpentachlorid auf 1 Mol Oxalsäure erhalten werden. Es ist eine farblose Flüssigkeit vom Siedepunkt 64°, welche bei —12° zu weißen Kristallen erstarrt. Beim Zusammenbringen der Dämpfe von Oxalylchlorid und Wasser bilden sich Oxalsäure und Salzsäure. Wird Oxalylchlorid aber in flüssiges Wasser gebracht, so zerfällt es quantitativ in Kohlendioxyd, Kohlenoxyd und Salzsäure.

Das Diamid $H_2N \cdot OC \cdot CO \cdot NH_2$, **Oxamid,** ist eine in Wasser, Alkohol und Äther so gut wie unlösliche Substanz, die sich beim Zufügen von Ammoniak zur Lösung des Oxalsäurediäthylesters abscheidet.

Die Monoamide zweibasischer Säure führen den Namen **Amidsäuren.** Das Monoamid der Oxalsäure $HO_2C \cdot CO \cdot NH_2$ heißt also **Oxamidsäure.** Sie bildet Kristalle vom Schmelzpunkt 210°, die in kaltem Wasser schwer, in Alkohol unlöslich sind.

Das Nitril der Oxalsäure $C_2N_2 = NC \cdot CN$ wird gewöhnlich als **Cyan** oder **Dicyan** bezeichnet. Es bildet ein Gas und wurde zuerst 1815 von Gay-Lussac durch Erhitzen von Quecksilbercyanid $Hg(CN)_2$ erhalten, das dabei in Quecksilber und Cyan zerlegt wird. Als Nebenprodukt entsteht eine braune, amorphe polymere Modifikation Paracyan $(CN)_x$, die sich bei sehr hoher Temperatur in Cyan verwandelt. Gay-Lussac betrachtete das Cyan als das freie Radikal der „Cyan-Verbindungen" und bereitete damit die nachmalige Radikaltheorie vor. Besser als aus Quecksilbercyanid kann man Cyan so darstellen, daß man eine Lösung von Kaliumcyanid in eine Kupfersulfatlösung einfließen läßt. Das Kupfer(II)-cyanid, das zunächst entstehen sollte, zersetzt sich sofort in Kupfer(I)-cyanid und Cyan:

$$4\,KCN + 2\,CuSO_4 = 2\,K_2SO_4 + 2\,CuCN + (CN)_2,$$

eine Reaktion, die ganz analog der Einwirkung von Kaliumjodid auf Kupfersulfatlösung verläuft, wobei Kupfer(I)-jodid und freies Jod entstehen.

Als Nitril der Oxalsäure gibt sich das Cyan durch die folgenden Reaktionen zu erkennen. Es entsteht aus oxalsaurem Ammonium sowie aus Oxamid beim Erhitzen mit einem wasserentziehenden Mittel (P_2O_5). In Salzsäure gelöstes Cyan geht unter Aufnahme von 4 Mol Wasser in Oxalsäure und Ammoniak über.

Cyan zeigt eine gewisse Ähnlichkeit mit den Halogenen, die sich bereits durch die oben an zweiter Stelle aufgeführte Darstellungsweise kundgibt. Ferner kommt diese Ähnlichkeit durch folgende Tatsachen zum Ausdruck: Kalium kann wie im Chlorstrom, so auch in einer Atmosphäre von Cyangas verbrennen. Dabei entsteht KCN. Leitet man Cyan in Kalilauge, so entstehen Kaliumcyanid KCN und Kaliumcyanat KCNO; es besteht also völlige Analogie zur Bildung von KCl und KClO beim Einleiten von Chlor in Kalilauge. Silbercyanid ist ebenso wie Silberchlorid ein weißer Niederschlag von käsiger Beschaffenheit, in Wasser und verdünnten Säuren unlöslich, in wäßrigem Ammoniak löslich.

Cyan besitzt einen eigentümlichen, stechenden Geruch und ist sehr giftig; zu einer Flüssigkeit verdichtet siedet es bei — 21°. Bei — 27·9° ist es fest. Cyan verbrennt mit purpurgesäumter Flamme. Es ist eine stark endotherme Verbindung ($\Delta H_{298} = +73$ kcal/Mol). Bei Rotglut zersetzt es sich langsam in seine Elemente. In Wasser löst es sich bei 18° zu etwa 1%. Diese Lösung zersetzt sich beim Stehen und scheidet sogenannte Azulminsäure in braunen amorphen Flocken ab.

Malonsäure (Methandicarbonsäure) $HO_2C \cdot CH_2 \cdot CO_2H$

Nächst Oxalsäure ist Malonsäure die wichtigste der aliphatischen Dicarbonsäuren. Die Reaktion, die zur Darstellung von Malonsäure dient, ist gleichzeitig beweisend für ihre Struktur. Beim Kochen von Chloressigsäure (die man durch Halogenieren von Essigsäure erhält, vgl. S. 181) mit Kaliumcyanid entsteht Cyanessigsäure, die beim Verseifen der Nitrilgruppe in Malonsäure übergeht:

$$CH_2Cl \cdot COOH \longrightarrow CH_2<^{CN}_{COOH} \longrightarrow CH_2<^{COOH}_{COOH}\,.$$

Malonsäure ist in der Natur nur selten gefunden worden, z. B. in den grünen Teilen von Getreidepflanzen. In Wasser ist sie sehr leicht löslich (s. Tab. S. 162). Wenig über ihren Schmelzpunkt (133°) erhitzt, gibt sie unter Bildung von Essigsäure 1 Molekül CO ab:

$$HO_2C \cdot CH_2 \cdot CO_2H = CH_3 \cdot CO_2H + CO_2.$$

Die Erfahrung hat gelehrt, daß alle Verbindungen, die zwei Carboxylgruppen an demselben Kohlenstoffatom enthalten, beim Erhitzen 1 Molekül CO_2 abspalten. Schon beim Kochen mit Wasser findet diese Reaktion langsam statt.

Einen eigenartigen Verlauf nimmt die Wasserabspaltung aus Malonsäure, die beim Erhitzen mit Phosphorpentoxyd erfolgt. Hierbei entsteht das S. 146 beschriebene Kohlensuboxyd.

Von den Estern der Malonsäure ist vor allem **Malonsäurediäthylester** (kurz **Malonester** genannt) von Wichtigkeit, da er zu vielen Synthesen dient.

Er bildet eine Flüssigkeit von schwachem Geruch, siedet bei 199·3° und besitzt ein spezifisches Gewicht von 1·0613 bei 15°. Malonester ist in Natronlauge unlöslich; seine (Brutto)-Dissoziationskonstante ist nur 5×10^{-14}. In wasserfreien Lösungsmitteln wird aber ein Wasserstoffatom leicht durch Natrium ersetzt. Der entstehende **Natriummalonester** ist unlöslich in Äther und Benzol, aus konzentrierter alkoholischer Lösung kristallisiert er in farblosen Nadeln. Er steht in alkoholischer Lösung im Gleichgewicht mit Natriumäthylat und Malonester, bildet sich also auch aus diesen:

$$NaC_7H_{11}O_4 + C_2H_5\cdot OH \rightleftarrows C_7H_{12}O_4 + C_2H_5\cdot ONa.$$

Bei der Einwirkung von Natrium oder Natriumäthylat auf Malonester wird ein Proton vom Methan-Kohlenstoff abgelöst. Das entstehende Anion besitzt wahrscheinlich eine Elektronen-Konfiguration, die einem Zwischenzustand (vgl. Mesomerie, S. 264) zwischen den folgenden Grenzformeln entspricht:

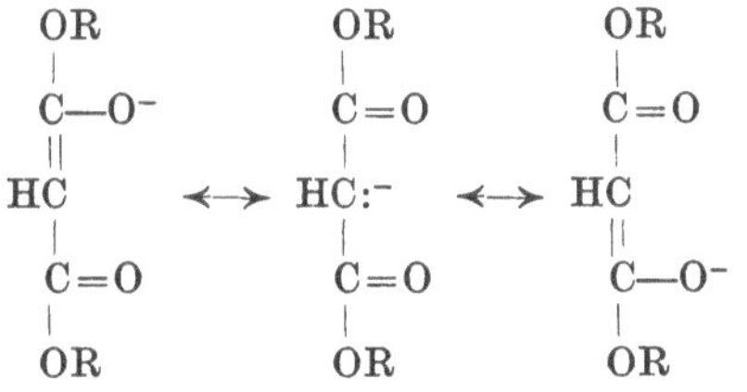

I. II. III.

Natriummalonester besitzt also mindestens teilweise Enolat-Struktur, während freier Malonester auch nicht spurenweise enolisiert ist.

Daß bereits einfache Monocarbonsäureester bei der Einwirkung von Alkalimetallen gemäß

$$CH_3\cdot C\begin{array}{l}\diagup O\\ \diagdown OC_2H_5\end{array} + K = CH_2{=}C\begin{array}{l}\diagup OK\\ \diagdown OC_2H_5\end{array} + H$$

Esterenolate zu bilden vermögen, wie SCHEIBLER angenommen hat, ist wegen der unvermeidlichen Nebenreaktionen nicht mit Sicherheit bewiesen. In einzelnen Fällen sind Verbindungen dieser Konstitution durch Einwirkung von Triphenylmethylnatrium auf Ester erhalten worden. Der später zu beschreibende Methantricarbonsäuretrimethylester ist durch die Anhäufung negativer Gruppen acid genug, um geringe Mengen Enol zu bilden, das durch Methylierung mit Diazomethan als Acetal eines Ketens nachgewiesen werden kann (ARNDT):

$$(CH_3\cdot O\cdot OC)_2C{=}C\begin{array}{l}\diagup OH\\ \diagdown OCH_3\end{array} + CH_2N_2 \rightarrow (CH_3\cdot O\cdot OC)_2C{=}C\begin{array}{l}\diagup OCH_3\\ \diagdown OCH_3\end{array}$$

Auch bei der Racemisierung der Weinsäure hat man ein Enolat als Durchgangsstufe angenommen (S. 203), ohne daß allerdings andere Mechanismen ausgeschlossen wären.

Beim Umsetzen von Natriummalonester mit Alkylhalogeniden erhält man keinen O-Äther, wie man es zunächst erwarten könnte, sondern ausschließlich C-Alkylmalonsäureester:

$$C_2H_5J + [:CH(CO_2\cdot C_2H_5)_2]^-Na^+ \rightarrow C_2H_5\cdot CH(CO_2\cdot C_2H_5)_2 + NaJ.$$

Der nach der obigen Reaktion erhaltene Äthylmalonester ist ebenfalls der Enolatbildung fähig, er liefert daher auch eine Natriumverbindung, die sich wiederum mit Äthyljodid umsetzen läßt und in den Äthylester einer dialkylierten Malonsäure übergeht:

$$(C_2H_5)_2C{<}\begin{array}{l}CO_2H\\ CO_2H\end{array}.$$

Diäthylmalonsäure (Pentan-dicarbonsäure-3,3)

Man kann so auch zwei verschiedene Alkylgruppen einführen. Behandelt man z. B. die Natriumverbindung des Malonsäureesters zuerst mit Methyljodid, so entsteht Methylmalonsäureester, dessen Natriumverbindung bei Einwirkung von Äthyljodid Methyläthylmalonsäureester gibt.

Wie sich aus diesen Beispielen[1] ergibt, kann man vom Malonsäureester ausgehend eine große Anzahl höherer **zweibasischer Säuren** darstellen. Da alle diese Säuren zwei an dasselbe Kohlenstoffatom gebundene Carboxyle enthalten und mit der Malonsäure die Eigenschaft gemein haben, beim Erhitzen über den Schmelzpunkt CO_2 abzuspalten, so kann die Malonsäureester-Synthese auch zur Gewinnung einbasischer Säuren dienen. Beim Erhitzen von Methyläthylmalonsäure erhält man z. B. unter CO_2-Abspaltung Methyläthylessigsäure, die in ihrer Struktur mit der früher erwähnten Valeriansäure (S. 44) übereinstimmt:

$$\begin{matrix}CH_3\\C_2H_5\end{matrix}\!>C<\!\begin{matrix}CO_2H\\CO_2H\end{matrix} = \begin{matrix}CH_3\\C_2H_5\end{matrix}\!>CH\cdot CO_2H + CO_2.$$

In der Tat hat man sie in ihre beiden aktiven Komponenten zerlegen und so auch die aktiven Valeriansäuren synthetisieren können, die durch Oxydation der akt. sek.-Butylcarbinole entstehen.

Die KNOEVENAGELsche Synthese ungesättigter Säuren aus Malonsäure und Aldehyden ist schon früher besprochen worden (S. 137).

Bernsteinsäure (Äthan-dicarbonsäure-1,2) $HO_2C\cdot CH_2\cdot CH_2\cdot CO_2H$

Diese Säure ist gut kristallisiert und schmilzt bei 183°. In kaltem Wasser ist sie schwer löslich (s. Tabelle S. 162). Sie findet sich im Bernstein (*Succinum*), in manchen Braunkohlen und in vielen Pflanzen. Synthetisch erhält man sie in folgender Weise:

1. Aus Äthylenbromid. Beim Behandeln mit Kaliumcyanid geht dieses in Bernsteinsäuredinitril $NC\cdot CH_2\cdot CH_2\cdot CN$ über, das beim Verseifen Bernsteinsäure gibt. Ein technisches Verfahren zur Darstellung des Nitrils besteht in der Anlagerung von Blausäure an Acrylsäurenitril in Gegenwart von etwas KCN bei 50°:

$$HCN + CH_2{=}CH\cdot CN = NC\cdot CH_2\cdot CH_2\cdot CN.$$

2. Aus Malonsäure. Die Natriumverbindung des Malonsäureesters wird mit Chloressigsäureester (S. 181) in Reaktion gebracht, wodurch ein Ester der Äthantricarbonsäure-1,1,2 entsteht:

$$(C_2H_5\cdot O_2C)_2CHNa + ClCH_2\cdot CO_2\cdot C_2H_5 = NaCl + (C_2H_5\cdot O_2C)_2CH\cdot CH_2\cdot CO_2\cdot C_2H_5.$$

Die aus diesem Ester durch Verseifen erhaltene Äthantricarbonsäure spaltet, über ihren Schmelzpunkt erhitzt, CO_2 ab und gibt Bernsteinsäure:

$$\begin{matrix}CH_2\cdot CO_2H\\HO_2C\cdot \dot{C}H\cdot CO_2H\end{matrix} = \begin{matrix}CH_2\cdot CO_2H\\\dot{C}H_2\cdot CO_2H\end{matrix} + CO_2.$$

Von theoretischem Interesse ist die Bildung von Bernsteinsäure beim Erwärmen von Essigsäure mit Diacetylperoxyd auf 90° (KHARASCH). Das Peroxyd liefert durch thermischen Zerfall Methyl-Radikale. Diese entziehen der Essigsäure Wasserstoff, worauf das Essigsäure-Radikal sich dimerisiert:

$$2\,CH_3 + \begin{matrix}CH_3\cdot CO_2H\\CH_3\cdot CO_2H\end{matrix} = \begin{matrix}CH_2\cdot CO_2H\\\cdot\\CH_2\cdot CO_2H\end{matrix} + 2\,CH_4.$$

[1] Im folgenden werden wir uns meist der bequemen konventionellen Formulierung dieser Reaktionen bedienen, wonach sie als doppelte Umsetzungen erscheinen:

$$NaCH(CO_2\cdot C_2H_5)_2 + C_2H_5J = C_2H_5\cdot CH(CO_2\cdot C_2H_5)_2 + NaJ.$$

In der Technik gewinnt man Bernsteinsäure durch Oxydation von Tetrahydrofuran (aus Butindiol durch Hydrierung und Wasserabspaltung, S. 446) mit Salpetersäure. Die Salze der Bernsteinsäure heißen **Succinate.** Calciumsuccinat ist (im Gegensatz zu Calciumoxalat) in Wasser löslich. Charakteristisch ist das Eisen(III)-succinat, das beim Mischen von Lösungen von $FeCl_3$ und Alkalisuccinat in braunroten, amorphen Flocken ausfällt.

Adipinsäure (Butan-dicarbonsäure-1,4) $HO_2C \cdot CH_2 \cdot CH_2 \cdot CH_2 \cdot CH_2 \cdot CO_2H$

Adipinsäure kristallisiert in monoklinen Krystallen, die bei 153° schmelzen. In Wasser ist sie noch schwerer löslich als Bernsteinsäure. Für ihre Darstellung geht man von Cyclohexanol aus, das durch Hydrierung von Phenol gewonnen wird und durch 54%ig. Salpetersäure bei 70° in guter Ausbeute zu Adipinsäure oxydiert wird:

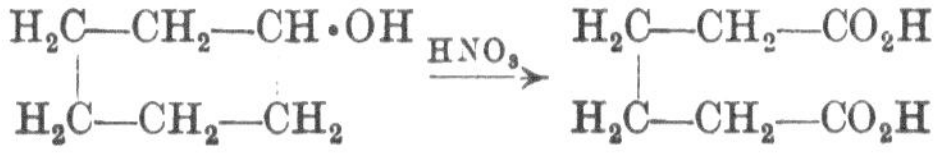

Durch Verschmelzen von Adipinsäure mit Hexamethylendiamin erhält man ein Polykondensationsprodukt (Polyamid) der allgemeinen Formel $HO_2C \cdot [CH_2]_4 \cdot CO \cdot NH \cdot [CH_2]_6 \cdot NH \cdot CO \cdot [CH_2]_4 \cdot CO \cdots NH \cdot [CH_2]_6 \cdot NH_2$, das sich zu einer Kunstseide von ausgezeichneten mechanischen Eigenschaften (**Nylon**) verspinnen läßt. Nach dem gleichen Aufbauprinzip lassen sich aus polyfunktionellen Verbindungen zahlreiche Kunststoffe darstellen. Erwähnt seien hier nur die Polycarbamidsäureester („Polyurethane") aus Isocyanaten (S. **186**), z. B. Perlon und Igamid, die Polyester aus Glycerin und Dicarbonsäuren unter Beteiligung von Maleinsäure oder Phthalsäure (Alkydharze, Glyptalharze) und die noch zu erwähnenden Harnstoff-Formaldehyd-Harze.

Ringschluß bei zweibasischen Säuren

Bernsteinsäure und Glutarsäure spalten im Gegensatz zu Oxalsäure und Malonsäure leicht 1 Mol Wasser ab; ihre Anhydride besitzen ringförmige Struktur:

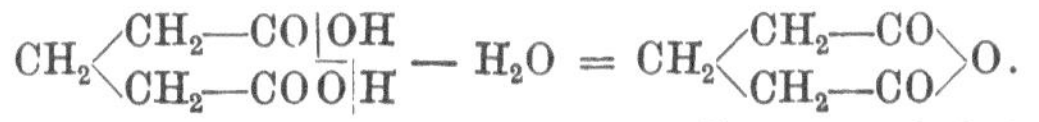

Glutarsäure — Glutarsäureanhydrid

Daß die Wasserabspaltung aus Glutarsäure sich nur auf *ein* Molekül Säure und nicht auf zwei erstreckt, folgt aus dem Molekulargewicht des Anhydrids, das der Formel $C_5H_6O_3$ und nicht $C_{10}H_{12}O_6$ entspricht. Durch Lösen in Wasser werden die gut kristallisierenden Anhydride ziemlich rasch in die zweibasischen Säuren zurückverwandelt.

Den Anhydriden dieser Säuren analog sind die Imide; sie enthalten an Stelle des Ringsauerstoffs eine NH-Gruppe. Das Imid der Bernsteinsäure, **Succinimid,** erhält man durch rasches Destillieren von bernsteinsaurem Ammonium. Es schmilzt bei 126° und ist gegen Wasser beständig.

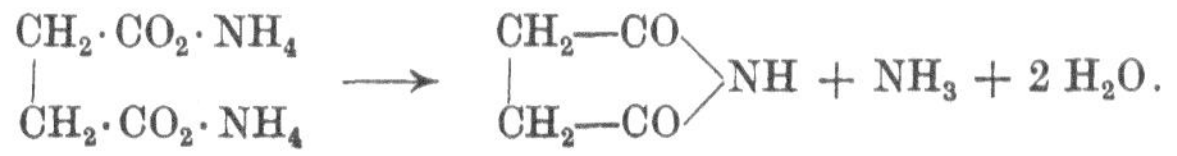

In der Technik gewinnt man Succinimid direkt durch Erwärmen von Acrylsäurenitril mit Kaliumcyanid-Lösung.

Wie ein reiches Erfahrungsmaterial zeigt, treten die an den Enden einer Kohlenstoffkette befindlichen Atome besonders leicht miteinander in Reaktion, wenn 5- oder 6-gliedrige Ringe entstehen können; bei kürzeren Ketten erfolgt der Ringschluß schwieriger oder gar nicht. Analogen Erscheinungen begegneten wir bereits bei der Wasserabspaltung aus Glykolen (S. 151) sowie bei der Abspaltung von NH_3 aus Diaminen (S. 159).

Diese bevorzugte Bildung 5- und 6-gliedriger Ringe wird nun sofort verständlich, wenn man die VAN'T HOFFsche Tetraeder-Hypothese zugrunde legt und weiterhin „freie Drehbarkeit" der C-Atome um die C—C-Bindungen annimmt (s. darüber unten). Konstruiert man sich derartige Ringe mit Tetraedermodellen, so sieht man, daß die Bindungen der endständigen Kohlenstoffatome sich bei 5 und 6 Gliedern so weit nähern können, daß sie sich ohne wesentliche Winkelveränderung (am Modell ohne „Spannung") zu einem Ring zusammenfügen lassen (Fig. 45 bis 48). Dies ist nach der von BAEYER aufgestellten **„Spannungstheorie"** (1885) der Grund für die besondere Stabilität dieser Ringsysteme im Gegensatz zu den weniger beständigen 3- und 4-Ringen. In der Sprache der Quantenmechanik drückt sich die „Spannung" darin aus, daß eine Abweichung von den tetraedrischen Bindungswinkeln mit einem Verlust an Bindungsstärke verknüpft ist. Aus röntgenographischen Untersuchungen

Fig. 45

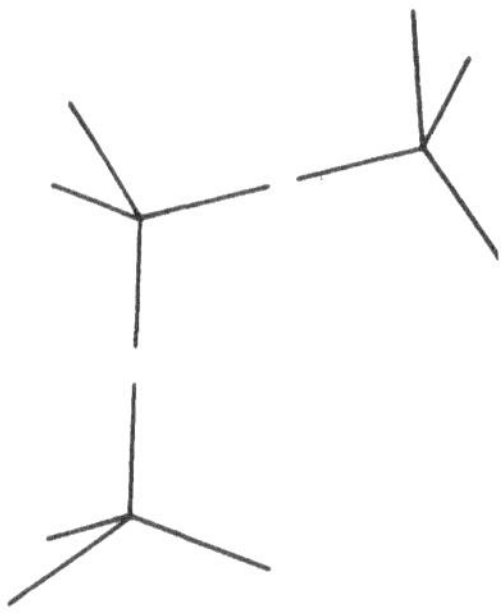

Fig. 46

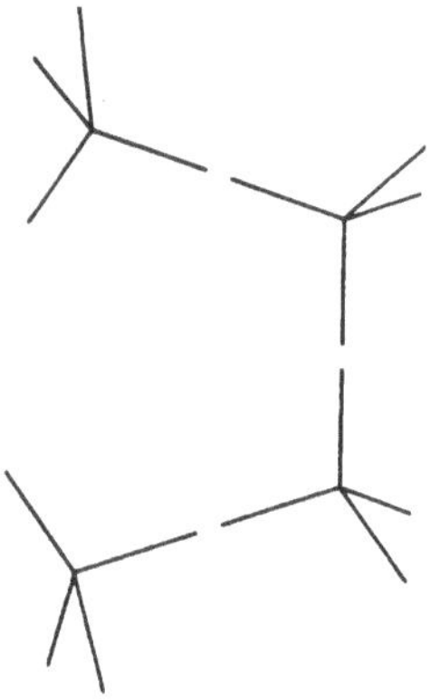

Fig. 47

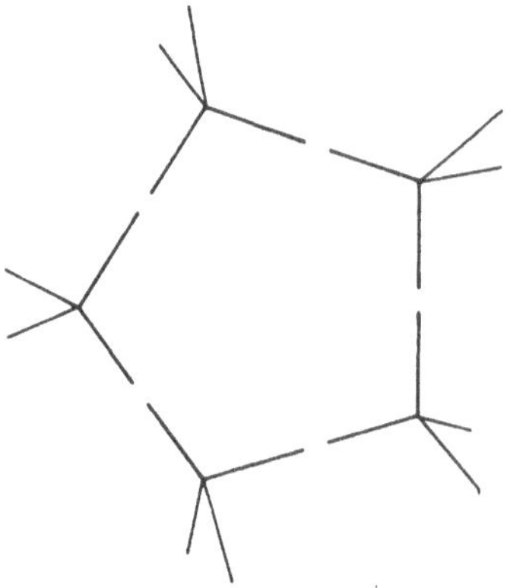

Fig. 48

weiß man, daß Sauerstoff und Stickstoff sich in bezug auf Atomdurchmesser und Valenzwinkel nicht sehr beträchtlich von Kohlenstoff unterscheiden. Die zunächst nur für Kohlenstoffringe angestellte Betrachtung läßt sich deshalb ohne weiteres auf O- und N-haltige Heterocyclen übertragen und erklärt in einfacher Weise die leichte Bildung der oben besprochenen Anhydride und Imide. Ringe mit mehr als sechs Gliedern sind, wie die Modellbetrachtung lehrt, nicht mehr eben und deshalb stets spannungsfrei. In der Tat kennt man heute durch die schönen Untersuchungen von RUZICKA Kohlenstoffringe mit 16 und mehr Ringgliedern, die sich als durchaus beständig erwiesen haben. Allerdings nehmen die Ausbeuten bei derartigen Ringschluß-Reaktionen mit steigender Kettenlänge rasch ab, weil die Wahrscheinlichkeit immer geringer wird, daß die reagierenden Endgruppen infolge der freien Drehbarkeit häufig in eine für den Ringschluß günstige Lage kommen. Während aber die hochgliedrigen Kohlenstoffringe, sobald sie einmal gebildet sind, wegen der Festigkeit der C—C-Bindung von großer Beständigkeit sind, trifft dies für die Anhydride der höheren Säuren nicht zu. CAROTHERS hat gezeigt, daß Adipinsäure und ihre Homologen beim Erhitzen mit Essigsäureanhydrid zunächst überhaupt keine cyclischen Anhydride bilden, sondern polymere kettenförmige Anhydride, deren Endgruppen wahrscheinlich durch Essigsäure besetzt sind:

$$CH_3\cdot CO\cdot O\cdot OC\cdot[CH_2]_4\cdot CO\cdot O\cdot OC\cdot[CH_2]_4\cdot CO\cdot O\cdots\, OC\cdot[CH_2]_4\cdot CO\cdot O\cdot OC\cdot CH_3.$$

Wenn man diese kristallisierten „linearen" Anhydride im Hochvakuum erhitzt, so zersetzen sie sich teilweise unter Bildung der monomeren cyclischen Anhydride (monomeres Adipinsäureanhydrid schmilzt bei 20°), die aber äußerst unbeständig sind und von selbst wieder in hochpolymere Verbindungen übergehen. In diesem Verhalten spiegelt sich also deutlich die große Reaktionsfähigkeit der Säureanhydride wieder. Für die Darstellung von cyclischen Säureimiden mit mehr als 6 Ringgliedern sind bisher keine Methoden bekannt geworden. Doch kennt man Lactame (S. 269) mit bis zu 21 Ringgliedern. Diese N-haltigen Ringe sind viel beständiger.

Das oben erwähnte, schon von VAN'T HOFF aufgestellte **Postulat der freien Drehbarkeit** einfach gebundener Kohlenstoffatome um die verbindende Achse gründet sich auf die fast ausnahmslos (s. aber S. 406) bestätigte Erfahrung der Nichtexistenz von „Rotationsisomeren“. Bestünde diese freie Drehbarkeit nicht, so könnte man schon im Fall des Äthans mindestens zwei Isomere (Fig. 49 und 50) erwarten. Tatsächlich kennt man nur *ein* Äthan, *ein* Äthylenchlorid, *eine* Bernsteinsäure usw. Dies braucht nun aber

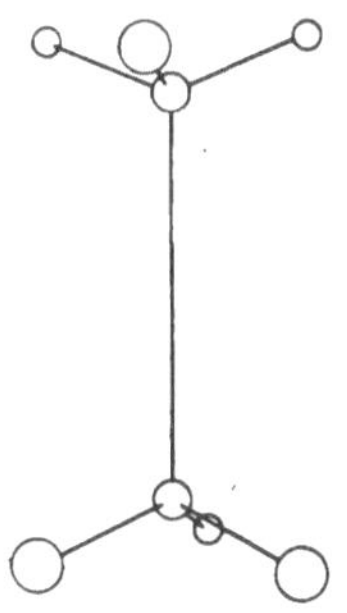

Fig. 49

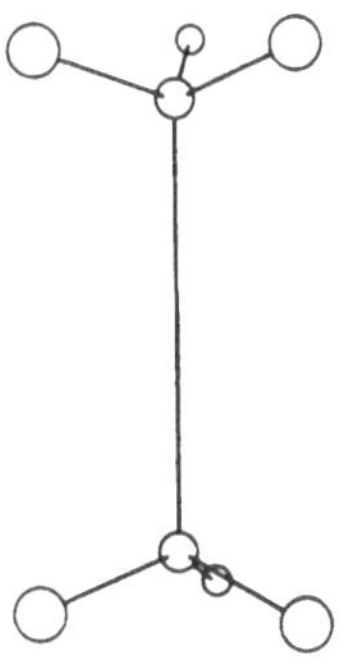

Fig. 50

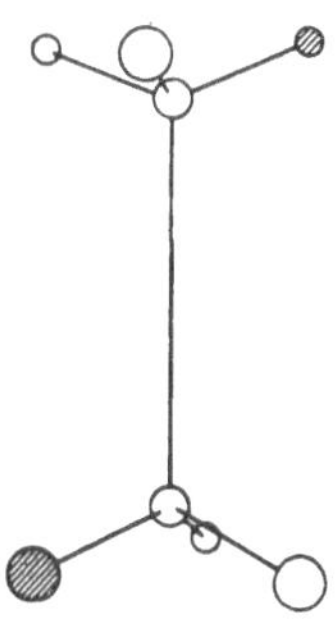

Fig. 51

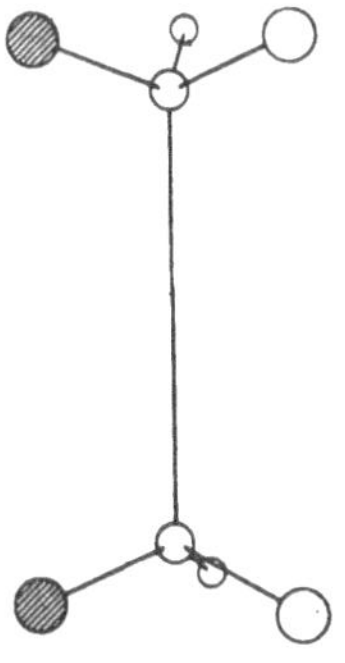

Fig. 52

keineswegs zu bedeuten, daß die Rotation um die C—C-Achse in all diesen Fällen *vollkommen* ungehindert ist. Solange der Energieaufwand für die Überführung einer Konfiguration in die andere die Energie der Temperaturbewegung nicht wesentlich überschreitet, wird die Isolierung von Rotationsisomeren immer unmöglich sein. Beim Äthan ergibt sich dieser Energieaufwand aus dem Temperaturverlauf der spezifischen Wärme zu etwa 3 kcal/Mol. Danach befindet sich bei Zimmertemperatur nur ein kleiner Teil der Moleküle im Zustand völlig ungehinderter Rotation.

Es scheint, daß allgemein Konfigurationen nach Art von Fig. 49 etwas stabiler sind als solche nach Fig. 50, daß also benachbarte Wasserstoffatome gegeneinander „versetzte“ Lagen[1] einzunehmen bestrebt sind. Diese Konfiguration trifft man in den so verbreiteten zickzackförmig gebauten Kohlenwasserstoffketten an, und der ebene oder nicht ebene Bau von Ringen wird offenbar durch das gleiche Bestreben mindestens so sehr bestimmt wie durch die Innehaltung tetraedrischer Valenzwinkel.

Eine weitere Prüfungsmöglichkeit für freie Rotation bietet das Dipolmoment. Wenn man im Äthylenchlorid $ClCH_2 \cdot CH_2Cl$ die Richtung der C—Cl-Gruppenmomente durch schraffierte Kreise versinnbildlicht, so gibt es zwei extreme Konfigurationen des Moleküls, denen Extremwerte des resultierenden Gesamtmoments entsprechen (Fig. 51 und 52). Für Fig. 51 ist das resultierende Moment 0, für Fig. 52 ein Maximum. Bei vollkommen ungehinderter Drehbarkeit muß man einen Mittelwert zwischen diesen Extremwerten erwarten, der sich nach der Formel

$$\mu = \mu_g \sin \psi \sqrt{2}$$

berechnen läßt. Hierbei ist μ_g das Teilmoment der C—Cl-Bindung, ψ der Winkel, den

[1] Englisch: „staggered configuration“.

es mit der Molekülachse bildet. Beim Äthylenchlorid findet man ein Anwachsen des resultierenden Moments mit steigender Temperatur. Die beiden C—Cl-Momente stoßen sich infolge ihrer räumlichen Nähe stark ab (Bevorzugung der Konfiguration. von Fig. 51), so daß selbst bei den höchsten gemessenen Temperaturen noch nicht der nach obiger Formel für völlig freie Rotation berechnete Momentwert erreicht wird Bei anderen Molekülen, deren Teilmomente so weit voneinander entfernt sind, daß sie sich gegenseitig nicht mehr beeinflussen, entspricht das Gesamtmoment meist gut dem nach der Formel zu erwartenden Mittelwert. Hier ist also die Rotation vollkommen frei.

Verseifung der Ester mehrwertiger Alkohole und mehrbasischer Säuren

Die Verseifung von Estern kann durch Säuren oder Alkalien bewerkstelligt werden (S. 89). Die Erfahrung hat gelehrt, daß bei den Estern von mehrbasischen Säuren (wie auch von mehrwertigen Alkoholen), die Verseifung stufenweise vor sich geht. Wenn die Verseifungsgeschwindigkeit in der ersten Stufe sehr viel größer als in der zweiten ist, so kann man den intermediär entstehenden sauren Ester unschwer isolieren. Verseift man z. B. Oxalsäurediäthylester mit 1 Mol Alkali, so erhält man fast nur Oxalsäuremonoäthylester, weil der Diäthylester 5000mal rascher als der Monoester verseift wird.

Bei der **sauren Verseifung** hat sich für die Ester von symmetrischen zweibasischen Säuren und für die Ester von zweiwertigen Alkoholen die merkwürdige Tatsache herausgestellt, daß die Verseifungskonstanten der zwei Stufen k_1 und k_2 sich wie 2 : 1 verhalten. Wird z. B. Glykoldiacetat oder Malonsäurediäthylester verseift, so ist die Geschwindigkeitskonstante der sauren Verseifung dieser Ester doppelt so groß wie die Konstante von Glykolmonoacetat oder Malonsäuremonoäthylester.

Dies läßt sich auf Grund kinetischer Vorstellungen leicht erklären. Stellt man sich vor, daß für die katalytische Wirkung der H-Ionen bei der Säureverseifung Zusammenstöße zwischen den Estermolekülen und den H-Ionen erforderlich sind, so ist die Geschwindigkeitskonstante k offenbar ein Maß für die Zahl der erfolgreichen Zusammenstöße. Berücksichtigt man nun ferner, daß die H-Ionen einen sehr viel kleineren Durchmesser als die Estermoleküle haben, so muß man sich ihre Stöße auf die Estergruppen lokalisiert denken und gelangt dann zu dem Schluß, daß die Wahrscheinlichkeit eines erfolgreichen Zusammenstoßes bei einem Diester doppelt so groß ist wie bei einem Monoester, weil der Diester zwei in gleicher Weise reaktionsfähige Stellen besitzt.

Ist der Ester unsymmetrisch (z. B. der Ester der Methylbernsteinsäure) ($HO_2C \cdot CH[CH_3] \cdot CH_2 \cdot CO_2H$), besteht also das Molekül nicht aus zwei gleichen Hälften, so muß die Folge sein, daß die Verseifungskonstanten nicht mehr im Verhältnis 2 : 1 stehen, weil wir — nach obiger Betrachtungsweise — dann denselben Fall haben, als ob ein Gemisch zweier ungleicher Ester verseift wird. Die Erfahrung lehrte, daß dies auch wirklich zutrifft.

Bei der **alkalischen Verseifung** von Estern mehrwertiger Alkohole verhalten sich die Verseifungskonstanten ebenso. Wenn z. B. die Konstante für Glycerinmonoacetat gleich 1 gesetzt wird, so beträgt sie für das Diacetat 2 und für das Triacetat 3. Die OH-Ionen wirken hierbei katalytisch, und die Erklärung des einfachen Verhältnisses dieser Konstanten ist dieselbe wie oben.

Werden dagegen Ester mehrbasischer Säuren der alkalischen Verseifung unterworfen, so ist das Verhältnis ein ganz anderes, und zwar ist die Konstante für den neutralen Ester viele Male größer als für den sauren Ester. So verhalten sich z. B. die Verseifungsgeschwindigkeiten des neutralen Malonesters und des sauren Malonesters nahezu wie 100 : 1. Man kann dies in der Weise erklären, daß sich in der alkalischen Lösung des sauren Esters (welche also das stark ionisierte Salz dieses sauren Esters enthält) sehr viele Anionen, z. B. $C_2H_5 \cdot O_2C \cdot CH_2 \cdot COO'$, befinden, deren negative Ladungen die ebenfalls negativen OH-Ionen abstoßen, so daß diese ihre verseifende Wirkung nicht ausüben können.

Zweibasische ungesättigte Säuren

Die einfachsten ungesättigten Dicarbonsäuren leiten sich vom Äthylen ab. Nach der Strukturtheorie kann man zwei isomere Äthylendicarbonsäuren $C_4H_4O_4$ der Formeln I und II erwarten:

I $CH_2{=}C(CO_2H)_2$	II $HO_2C \cdot CH{=}CH \cdot CO_2H$.
Äthylen-dicarbonsäure-1,1	Äthylen-dicarbonsäure-1,2

Zwei Säuren der empirischen Zusammensetzung $C_4H_4O_4$ sind nun unter den Namen **Maleinsäure** und **Fumarsäure** seit langem bekannt. Man bemerkte jedoch schon frühzeitig, daß beide eine unverzweigte Kohlenstoffkette enthalten müssen und daß ihre Struktur nur durch die Formel II ausgedrückt werden kann[1]. Diese zunächst sehr verwirrende Tatsache bildete den Gegenstand zahlreicher Arbeiten und fand schließlich durch die Aufstellung der stereochemischen Theorie ihre befriedigende Erklärung. Da die Isomerie der beiden Säuren noch heute als Musterbeispiel für ein großes Gebiet stereochemischer Erscheinungen gelten kann, werden wir sie im folgenden etwas eingehender betrachten.

Fumarsäure ist in kleinen Mengen im Pflanzen- und Tierreich weit verbreitet und ein häufiger Bestandteil von Pilzen. Maleinsäure ist in der Natur bisher nicht gefunden worden. Beide sind gut kristallisiert, unterscheiden sich aber in bemerkenswerter Weise durch Schmelzpunkt und Löslichkeit. Maleinsäure schmilzt bei etwa 138° und löst sich spielend in Wasser. Fumarsäure sublimiert bei 200°, ohne zu schmelzen, und ist in Wasser schwer löslich. Sie wird also im Kristall durch stärkere Kohäsionskräfte zusammengehalten als Maleinsäure.

Beide Säuren entstehen durch Erhitzen von Äpfelsäure:

$$HO_2C\cdot CH(OH)\cdot CH_2\cdot CO_2H \xrightarrow{-H_2O} HO_2C\cdot CH = CH\cdot CO_2H.$$

Je nach der Art des Erhitzens entsteht die eine oder die andere Säure. Wird die Temperatur sehr lange bei etwa 140—150° gehalten, so entsteht in der Hauptsache Fumarsäure; wird dagegen schnell und energisch höher erhitzt, so entsteht unter Wasserabspaltung Maleinsäureanhydrid, das durch Wasseraufnahme leicht in Maleinsäure verwandelt werden kann[2]. Hieraus ergibt sich für beide Säuren die oben bereits angeführte Strukturformel II, die darin eine Stütze findet, daß beide Säuren bei der Behandlung mit Natriumamalgam und Wasser Bernsteinsäure, bei der Addition von Bromwasserstoffsäure Monobrombernsteinsäure und beim Erhitzen mit Wasser auf hohe Temperatur wieder Äpfelsäure liefern. Auch ein weit verbreitetes Enzym Fumarase katalysiert den Übergang von Fumarsäure in Äpfelsäure. Es ist also nicht daran zu zweifeln, daß beiden Säuren die gleiche Struktur zukommt. Eine gleichartige Isomerie wurde früher schon bei den Crotonsäuren (S. 140) sowie bei Ölsäure und Elaidinsäure (S. 141) flüchtig erwähnt.

Die Deutung dieser Isomerie gestaltet sich nach den Darlegungen von VAN'T HOFF sehr einfach, wenn man wiederum das Tetraedermodell des Kohlenstoffatoms zugrunde legt. Da bei der Doppelbindung je zwei Bindungseinheiten zweier Kohlenstoffatome zusammentreten, hat man im Modell zwei Tetraeder mit einer Kante zusammenzulagern. Wie Fig. 53 und 54 zeigen, gibt es nun für eine solche Zusammenlagerung zwei Möglichkeiten, wenn die an jedes Kohlenstoffatom gebundenen Substituenten verschieden (*a* und *b*) sind. In Fig. 53 liegen die gleichnamigen Substituenten übereinander, in Fig. 54 dagegen diagonal. Am Modell erkennt man, daß die vier Substituenten mit den beiden doppelt gebundenen Kohlenstoffatomen in einer Ebene liegen. Man kann daher die Symmetrieverhältnisse übersichtlich durch die folgenden Schemata wiedergeben:

$$\begin{array}{c} a\text{—C—}b \\ \| \\ a\text{—C—}b \end{array} \quad \text{isomer mit} \quad \begin{array}{c} a\text{—C—}b \\ \| \\ b\text{—C—}a \end{array}$$

$$\begin{array}{c} a\text{—C—}b \\ \| \\ c\text{—C—}d \end{array} \quad \text{isomer mit} \quad \begin{array}{c} a\text{—C—}b \\ \| \\ d\text{—C—}c \end{array},$$

[1] Derivate der Säure I sind bekannt, aber unwichtig.

[2] Technische Darstellung von Maleinsäure aus Benzol s. S. 351. Als Bestandteil von Kunstharzen (S. 169) gewinnt Maleinsäure eine rasch wachsende Bedeutung.

aus denen zugleich hervorgeht, daß die Zahl der zu erwartenden Isomeren stets gleich zwei ist, wenn nur die Substituenten paarweise verschieden sind. Ist dies für eines der Kohlenstoffatome nicht mehr der Fall, so verschwindet die Isomeriemöglichkeit:

$$\begin{array}{c} a\text{—}C\text{—}b \\ \| \\ c\text{—}C\text{—}c \end{array} = \begin{array}{c} b\text{—}C\text{—}a \\ \| \\ c\text{—}C\text{—}c \end{array}.$$

Auf Grund dieser Vorstellungen werden die beiden Crotonsäuren durch die Formeln I und II wiedergegeben und Fumar- und Maleinsäure durch III und IV:

$$\text{I}\quad \begin{array}{c} CH_3\text{—}C\text{—}H \\ \| \\ H\text{—}C\text{—}CO_2H \\ \text{trans-} \end{array} \quad \text{und} \quad \text{II}\quad \begin{array}{c} H\text{—}C\text{—}CH_3 \\ \| \\ H\text{—}C\text{—}CO_2H \\ \text{cis-} \end{array}$$

Crotonsäure

$$\text{III}\quad \begin{array}{c} HO_2C\text{—}C\text{—}H \\ \| \\ H\text{—}C\text{—}CO_2H \\ \text{trans} \end{array} \quad \text{und} \quad \text{IV}\quad \begin{array}{c} H\text{—}C\text{—}CO_2H \\ \| \\ H\text{—}C\text{—}CO_2H \\ \text{cis} \end{array}.$$

Man pflegt solche Konfigurationen als cis- (= diesseits) und trans- (= jenseits) voneinander zu unterscheiden.

Die Existenzfähigkeit zweier Isomeren entsprechend obigem Schema setzt nun offenbar voraus, daß doppelt gebundene Kohlenstoffatome die Fähigkeit zur freien Drehbarkeit verloren haben. Diese Stabilität gegen Verdrehungen ergibt sich bei der

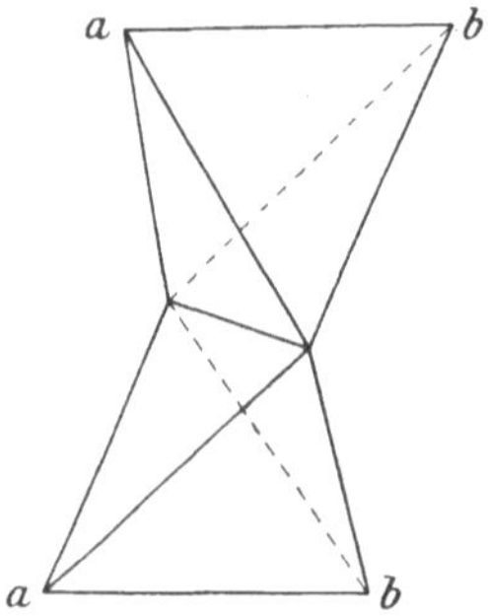

Fig. 53

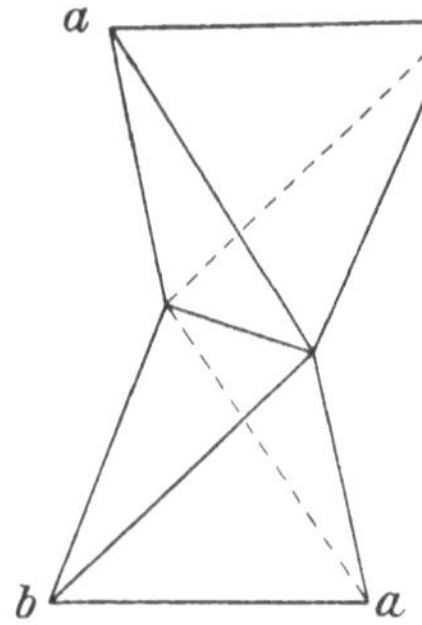

Fig. 54

van't Hoffschen Tetraedertheorie der Doppelbindung anschaulich aus rein räumlichen Gründen. Bei der modernen Elektronentheorie der Valenz fällt dieses Argument weg. Doch führt die quantenmechanische Rechnung, auf die hier nicht näher eingegangen werden kann, im Endeffekt zu dem gleichen Ergebnis, nämlich Existenz zweier stabiler Isomeren, bei denen die vier Substituenten wie bei van't Hoff in einer Ebene liegen. Thermochemisch drückt sich diese Stabilität in einer bedeutenden Aktivierungswärme für die Umwandlung einer ungesättigten Verbindung in ihr Stereoisomeres aus. Sie ist meist von der Größenordnung 20 kcal. Die doppelte Bindung unterscheidet sich also in dieser Hinsicht grundlegend von einer einfachen frei drehbaren Bindung. Im tetraedrischen Modell schließen die Substituenten an einer Doppelbindung mit dieser einen Winkel von 125° 16′ ein. Die quantenmechanische Rechnung verlangt den nur wenig verschiedenen Wert von 120°. Röntgen- und Elektronenbeugungsaufnahmen haben im allgemeinen 120—124° ergeben.

Bei unseren bisherigen Betrachtungen ist die Frage noch offen geblieben, wie die Formeln III und IV auf Maleinsäure und Fumarsäure zu verteilen sind. Sie läßt sich beantworten, wenn man das verschiedene Verhalten bei der Wasserabspaltung berücksichtigt.

Maleinsäure ist fähig, ein Anhydrid zu bilden, Fumarsäure nicht. Bei Betrachtung der beiden Schemata fällt auf, daß in IV die Carboxylgruppen nahe beieinander stehen, in III dagegen weiter voneinander entfernt sind. Da die freie Drehbarkeit durch die Doppelbindung aufgehoben ist, werden daher nur bei der Säure mit der cis-Formel die Carboxylgruppen miteinander leicht in Reaktion treten können:

Maleinsäure

Hieraus würde also folgen, daß *Fumarsäure durch III, Maleinsäure durch IV veranschaulicht werden muß.* Diese Auffassung entspricht in der Tat auch dem sonstigen Verhalten der beiden Säuren. Wir werden dies S. 204 noch näher bestätigt finden.

An der Aufklärung der hier besprochenen, schon von VAN'T HOFF richtig gedeuteten Isomerie-Erscheinungen war unter anderem JOH. WISLICENUS (1835—1902) hervorragend beteiligt. Er bezeichnete diese Art der Isomerie als **geometrische Isomerie.** Heute unterscheidet man sie meist als **Äthylenisomerie** oder **cis-trans-Isomerie** von der optischen oder Enantiostereoisomerie. In physikalischer Beziehung unterscheiden sich Äthylenisomere von den optischen Isomeren durch das Fehlen von optischer Aktivität; denn in dem obigen Schema liegen die vier Gruppen a und b in einer Ebene, die eine Symmetrieebene des Moleküls ist. In optischen Isomeren sind die relativen Abstände gleicher Atome einander gleich; bei den Äthylenisomeren ist dies nicht der Fall, daher unterscheiden sich ihre physikalischen Eigenschaften (Schmelzpunkt, Dichte, Refraktion) erheblich.

Die Bestimmung der Konfiguration der beiden Äthylendicarbonsäuren wurde unter der Annahme durchgeführt, daß nur räumlich nahe Atomgruppen miteinander in Reaktion zu treten vermögen. Zum Unterschied von der optischen Isomerie (S. 44), wo die optische Aktivität selbst einen untrüglichen Fingerzeig auf den Bau des Moleküls gibt, ist es hier also ein chemisches Argument, das zur Konfigurationsbestimmung dient. Es muß schon jetzt gesagt werden, daß sich auf diesem Wege bisweilen Widersprüche ergeben haben, die zu der Annahme zwingen, daß Abspaltungs- und Anlagerungsreaktionen auch in trans-Stellung leicht erfolgen. In solchen Fällen sind aber die abgespaltenen Gruppen stets an unmittelbar benachbarte C-Atome gebunden. Die obige Ableitung der Formeln der Malein- und Fumarsäure wird also hierdurch nicht berührt.

Bei einfach gebauten Verbindungen vermag die Bestimmung des Dipolmoments Aufschluß über die Konfiguration zu geben. Man kann in ähnlicher Weise wie oben beim Äthylenchlorid (S. 171) schließen, daß von den beiden Formen des Dichloräthylens nur die cis-Form (I) ein endliches Moment zeigen darf, während die trans-Form (II) das Moment 0 besitzen muß. Dies wurde in der Tat von ERRERA gefunden.

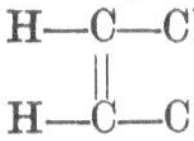

I.

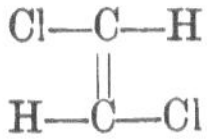

II.

Eine Bestätigung dieser Konfigurationsformeln hat man auch durch Elektronenbeugung erlangt. Danach ist der Abstand der Cl-Atome der Erwartung entsprechend beim trans-Isomeren größer (4·27 Å) als beim cis-Isomeren (3·22 Å).

Maleinsäure kann auf verschiedene Weise in Fumarsäure übergeführt werden. Fumarsäure entsteht z. B., wenn man Maleinsäure einige Zeit über den Schmelzpunkt erhitzt, wenn man sie bei Zimmertemperatur mit konzentrierten Halogenwasserstoffsäuren in Berührung bringt oder wenn man eine konzentrierte Maleinsäurelösung, mit etwas Bromwasser versetzt, dem Sonnenlicht aussetzt. Maleinsäureäthylester wird durch Spuren von Jod in Fumarsäureester umgewandelt. Fumarsäure erscheint also im allgemeinen als die stabilere Modifikation. Allgemein wirken solche Verbindungen umlagernd, die sich an die Doppelbindung anzulagern vermögen, ohne daß es jedoch zur Bildung stabiler Anlagerungsverbindungen zu kommen braucht. Denn metallisches Kalium, das keine definierte Verbindung mit Maleinsäuremethylester gibt, lagert diesen doch glatt in Fumarsäureester um (MEERWEIN). Umgekehrt geht Fumarsäure durch Destillation in Maleinsäureanhydrid über. Durch ultraviolettes Licht läßt sich sowohl Fumarsäure in Maleinsäure, als Maleinsäure in Fumarsäure umwandeln; von beiden Seiten kommt man zu einem „stationären" Zustand[1]. Maleinsäureanhydrid lagert sich leicht an Kohlenwasserstoffe mit konjugierten Doppelbindungen an. Da die hierbei unter Ringschluß entstehenden Dicarbonsäureanhydride häufig ausgezeichnet kristallisieren, besitzt man in diesen „Dien-Synthesen" ein viel benutztes analytisches und synthetisches Hilfsmittel (s. z. B. S. 396, 397, 416).

Nach neueren Untersuchungen von SZENT-GYÖRGYI, KREBS u. a. scheint der Fumarsäure auch eine große biologische Bedeutung zuzukommen. Bei der Zellatmung wird durch Enzyme aktivierter Wasserstoff des Nährsubstrats (z. B. Zucker) über eine Reihe von Zwischenstoffen schließlich an molekularen Sauerstoff übertragen und zu Wasser verbrannt. Einer dieser Zwischenstoffe ist vielleicht die Fumarsäure. Sie kann in der Zelle in reversibler Reaktion ($\Delta F_{298} = + 20$ kcal) aus Bernsteinsäure entstehen, indem diese in Gegenwart von wasserstoffaufnehmenden Stoffen durch ein Ferment (Succinodehydrase) dehydriert wird (S. 489). Die letzte Reaktion kann man auch im Reagensglas nachahmen, indem man Bernsteinsäure in Gegenwart eisenhaltiger Blutkohle mit Sauerstoff behandelt. Maleinsäure kann bemerkenswerter Weise die Fumarsäure im Zellgeschehen nicht ersetzen, sie wirkt im Gegenteil hemmend auf die Zellatmung.

Dissoziationskonstanten zweibasischer Säuren

Daß die zweibasischen Säuren stärker als die einbasischen sind, wurde bereits S. 163 kurz erwähnt. Auch der Einfluß der Doppelbindung, die den sauren Charakter der Fettsäuren verstärkt, findet sich bei den zweibasischen Säuren in gesteigertem Maße wieder. Eine weitere Zunahme der Säurestärke ist schließlich bei Einführung einer dreifachen Bindung zu verzeichnen. Acetylendicarbonsäure $HO_2C \cdot C \vdots C \cdot CO_2H$ ist in bezug auf ihre Stärke mit der Schwefelsäure vergleichbar.

	°C	$k_1 \cdot 10^5$	$k_2 \cdot 10^7$	k_1/k_2
Oxalsäure	25	5360	542	989
Malonsäure	25	167	20	835
Bernsteinsäure	25	6 · 21	23 · 1	26 · 9
Glutarsäure	25	4 · 1	31 · 6	12 · 9
Adipinsäure	25	3 · 7	38 · 7	9 · 6
Pimelinsäure	25	3 · 1	37 · 7	8 · 2
Korksäure	25	3 · 0	39 · 5	7 · 6
Maleinsäure	25	1200	6 · 0	20000
Fumarsäure	25	95 · 7	413	23

Wenn man die Dissoziationskonstanten der zweibasischen Säuren in der üblichen Weise aus Leitfähigkeitsmessungen zu ermitteln versucht, so findet man unter Umständen bei starker Verdünnung eine andere Konstante als bei konzentrierteren Lösungen. Dies hängt damit zusammen, daß die Dissoziation der zweibasischen Säuren stufenweise erfolgt. Zunächst erfolgt Dissoziation der Säure H_2A in $H^{\cdot}$ und HA'. Bei fortschreitender Verdünnung lagert sich über diesen Prozeß ein zweites Gleichgewicht, nämlich die Dissoziation von HA' in $H^{\cdot}$ und A''. Man hat daher die Dissoziationskonstanten der 1. und 2. Stufe k_1 und k_2 zu unterscheiden. Die Betrachtung der obigen Tabelle lehrt nun zunächst, daß k_1 um so größer ist, je näher die Carboxylgruppen

[1] Das stationäre photochemische Gleichgewicht ist verschieden vom rein thermischen (sich im Dunkeln einstellenden) Gleichgewicht und wird nur vermöge der Absorption von Strahlungsenergie aufrechterhalten.

einander stehen. Oxalsäure ist bereits so stark, daß das nur für schwache Elektrolyte gültige OSTWALDsche Verdünnungsgesetz nicht mehr streng anwendbar ist. Ferner bemerkt man die auffallende Tatsache, daß k_2 im allgemeinen um so kleiner ist, je größer k_1 ist. Bei den starken Säuren Oxalsäure und Maleinsäure ist deshalb die Dissoziation nach der 1. Stufe praktisch vollendet, bevor die zweite Dissoziation überhaupt begonnen hat. Wie WEGSCHEIDER gezeigt hat, sind die Unterschiede zwischen k_1 und k_2 zum Teil rein statistisch zu erklären. Bei symmetrisch gebauten Dicarbonsäuren H_2A ist wegen des Vorhandenseins zweier gleichwertiger Carboxylgruppen der *Zerfall* nach der 1. Stufe doppelt so wahrscheinlich wie z. B. für den Ester CH_3HA. Umgekehrt ist für die zweite Stufe der *rückläufige* Prozeß der Assoziation $H^{\cdot} + A'' = AH'$ doppelt so wahrscheinlich, weil das H-Ion zwei gleichwertigen COO'-Ionen gegenübersteht. Man sollte deshalb insgesamt ein Verhältnis $\frac{k_1}{k_2} = 4$ erwarten. Das Verhältnis ist aber, wie obige Tabelle lehrt, in Wirklichkeit immer viel größer. Dies ist qualitativ unschwer verständlich. Man kann annehmen, daß das Carboxyl wie jede andere negative Gruppe[1] die Dissoziation einer Carbonsäure um so stärker begünstigt, je geringer die Entfernung zwischen beiden Gruppen ist. Ist jedoch einmal das erste H-Ion abdissoziiert, so wird das zurückbleibende Anion HA' seinerseits viel schwieriger dissoziieren, weil die bereits vorhandene negative Ladung durch ihre Anziehung das positive H-Ion zurückhält. Dieser Einfluß macht sich natürlich desto mehr geltend, je näher die negative Ladung dem Wasserstoffatom steht. Ein großes k_1 hat auf diese Weise automatisch ein kleines k_2 zur Folge. Es hat nicht an Versuchen gefehlt, den Zusammenhang zwischen dem Abstand der Carboxylgruppen und der Größe der Dissoziationskonstanten quantitativ zu erfassen. Da die zur Abdissoziation eines H-Ions erforderliche Arbeit mit der Dissoziationskonstanten durch die Beziehung $A = RT \ln k + \text{const}$ verknüpft ist, stellt offenbar $A_2 - A_1 = RT \ln \frac{k_2}{k_1}$ den Mehraufwand für die Abdissoziation des zweiten H-Ions dar. Wie zuerst BJERRUM gezeigt hat, ist dieser Ausdruck proportional $\frac{1}{D \cdot r}$, wo D die Dielektrizitätskonstante des Lösungsmittels, r der Abstand der Carboxylgruppen ist.

Allgemein gilt für die verstärkende Wirkung eines negativen Substituenten auf die Dissoziation einer Monocarbonsäure annähernd

$$RT \ln \frac{k_{II}}{k_I} = \frac{N e_0 \mu}{D \cdot r^2}.$$

Hier bedeutet k_{II} die Konstante der unsubstituierten Monocarbonsäure, k_I die Konstante der gleichen Säure nach Einführung einer negativen Gruppe, N die LOSCHMIDTsche Zahl, e_0 das elektrische Elementarquantum und μ das Gruppenmoment der negativen Gruppe. Doch sind alle diese Beziehungen schon deshalb wenig genau, weil D durch die Ladung in unbekannter Weise beeinflußt wird und durch Induktion auch eine Änderung der Elektronenkonfiguration im Molekül selbst hervorgerufen wird.

Mehrfach ungesättigte zweibasische Säuren

Die einfachste Säure mit zwei Doppelbindungen ist die Butadiendicarbonsäure-1,4 oder Muconsäure. Die Theorie läßt für sie drei stereoisomere Formen erwarten, die sämtlich bekannt sind.

---

[1] Man versteht darunter vorwiegend solche Gruppen, die, als Substituenten in ein Molekül eingeführt, dessen sauren Charakter verstärken. Ihre Wirkung macht sich also in einer Vergrößerung der Dissoziationskonstante von Säuren geltend (OSTWALD). Solche negative Gruppen sind z. B. Halogen, Cyan, Carboxyl, Nitro. Ihr Verhalten wird dadurch verständlich, daß sie fast durchweg Dipolcharakter haben und durch ihren der sauren Gruppe zugewandten positiven Pol einen induktiven Effekt auf die Bindungselektronen des Moleküls ausüben.

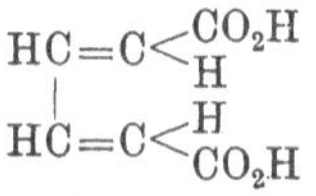
„trans-trans"

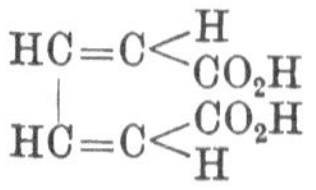
„cis-cis"

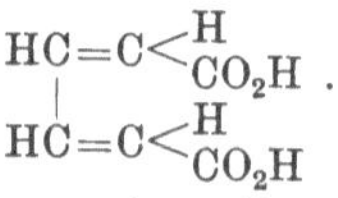
„cis-trans"

Die hochschmelzende trans-trans-Modifikation (F: 298°) kann durch Abspaltung von HBr aus Dibromadipinsäure gewonnen werden und bildet sich auf einem biologisch interessanten Wege, wenn man Benzol an Kaninchen verfüttert:

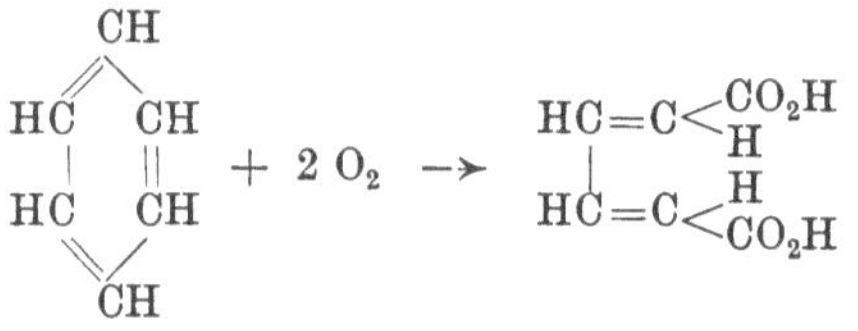

Theoretisch sollte man erwarten, daß Benzol in cis-cis-Muconsäure übergeht. Mit chemischen Mitteln gelingt eine gleichartige Oxydation von Benzol nicht. BÖESEKEN ist aber zum Ziel gelangt, indem er Benzol durch seine reaktionsfähigere Oxyverbindung (Phenol) ersetzte. Diese liefert mit Peressigsäure die niedrigerschmelzende cis-cis-Muconsäure (F: 187°). Als zweites Oxydationsprodukt erhält man wider Erwarten nicht Maleinsäure, sondern hauptsächlich Fumarsäure. Der Ablauf dieser Reaktionen zeigt also, daß man aus den Bildungsprozessen allein die Konfiguration nicht mit Sicherheit ableiten kann. Zum Beweis der Konfigurationsformeln der Muconsäuren hat man andere Wege eingeschlagen, von deren Wiedergabe hier abgesehen werden muß. Durch Belichten in Gegenwart von etwas Jod läßt sich cis-cis-Muconsäure leicht in die schwerer lösliche trans-trans-Säure umlagern. Dicarbonsäuren mit zahlreichen konjugierten Doppelbindungen sind das **Crocetin** und **Bixin.** Sie werden später gemeinsam mit den Carotinoiden besprochen werden (S. 405).

Eine Reihe von Säuren mit mehreren dreifachen Bindungen verdienen wegen ihrer eigenartigen Zusammensetzung hier eine kurze Erwähnung. Sie sind von BAEYER aus **Acetylendicarbonsäure** erhalten worden. Diese Säure entsteht aus Dibrombernsteinsäure durch Entziehung von 2 HBr. Das saure Kaliumsalz der Acetylendicarbonsäure geht beim Erwärmen mit Wasser leicht unter CO_2-Abspaltung in propiolsaures Kalium (S. 141) über:

$$KO_2C \cdot C \vdots C \cdot CO_2H = CO_2 + KO_2C \cdot C \vdots CH.$$

Wenn man die Kupferverbindung dieses Salzes, $KO_2C \cdot C \vdots CCu$, mit Kaliumhexacyanoferrat-(III) behandelt, so bildet sich CuO, und die beiden Säurereste verbinden sich unter Bildung von $HO_2C \cdot C \vdots C—C \vdots C \cdot CO_2H$, **Diacetylendicarbonsäure** (Butadiindicarbonsäure). Das saure Salz dieser Säure spaltet wiederum leicht CO_2 ab, und die Kupferverbindung der entstehenden einbasischen Säure liefert bei der Behandlung mit Kaliumhexacyanoferrat-(III) aufs neue CuO und **Tetraacetylendicarbonsäure** (Octatetraindicarbonsäure):

$$2\,KO_2C \cdot C \vdots C \cdot C \vdots CCu \longrightarrow KO_2C \cdot C \vdots C \cdot C \vdots C \cdot C \vdots C \cdot C \vdots C \cdot CO_2K.$$

Diese Verbindungen sind sehr unbeständig; sie zersetzen sich z. B. schon am Tageslicht unter Bildung dunkel gefärbter Polymerisationsprodukte.

Dreibasische Säuren

Säuren vom Typus der Malonsäure zeichnen sich, wie wir früher sahen, bereits durch eine gewisse Zerfallstendenz aus. Säuren mit einer größeren Anhäufung von Carboxylgruppen an dem gleichen Kohlenstoffatom sind überhaupt nur noch in Form ihrer Ester darstellbar. Wir begegnen hier also aufs neue der Erscheinung, daß die Bindungsfestigkeit negativer Gruppen an ein Kohlenstoffatom mit der Zahl dieser Gruppen rasch abnimmt. Der Triäthylester der **Methantricarbonsäure** wird durch

Einwirkung von Chlorameisensäureester (S. 182) auf Natriummalonsäureester gewonnen:

$$C_2H_5\cdot O_2CCl + NaCH(CO_2\cdot C_2H_5)_2 = C_2H_5\cdot O_2C\cdot CH(CO_2\cdot C_2H_5)_2 + NaCl.$$

Er ist, wie früher gezeigt wurde (S. 167), schwach enolisiert.

Durch erneute Einwirkung von Chlorameisensäureester auf die Na-Verbindung von Methantricarbonsäureester entsteht **Methantetracarbonsäureester** $C(CO_2\cdot C_2H_5)_4$. Beim Verseifen dieser Ester mit Schwefelsäure wird CO_2 abgespalten; man erhält also an Stelle der erwarteten drei- bzw. vierbasischen Säure Malonsäure zurück.

Als Beispiel einer Säure mit drei Carboxylgruppen an verschiedenen Kohlenstoffatomen sei die **Propantricarbonsäure**-(1,2,3) (**Tricarballylsäure**) angeführt. Diese Säure erhält man aus 1,2,3-Tribrom-propan durch Behandlung mit Kaliumcyanid und Verseifung des gewonnenen Trinitrils:

$$\begin{array}{ccc} CH_2\cdot & CH\cdot & CH_2 \\ | & | & | \\ Br & Br & Br \end{array} \longrightarrow \begin{array}{ccc} CH_2- & CH- & CH_2 \\ | & | & | \\ CN & CN & CN \end{array} \longrightarrow \begin{array}{ccc} CH_2- & CH- & CH_2 \\ | & | & | \\ COOH & COOH & COOH \end{array}$$

Eine eigenartige Synthese mehrbasischer Säuren besteht in der Addition von Natrium malonsäureester an Ester ungesättigter Säuren, z. B. an Fumarsäureester (Synthese von MICHAEL):

$$\begin{array}{c} Na \\ | \\ HC(CO_2\cdot C_2H_5)_2 \end{array} + \begin{array}{c} C_2H_5\cdot O_2C\cdot CH \\ \| \\ HC\cdot CO_2\cdot C_2H_5 \end{array} = \begin{array}{l} Na\cdot CH\cdot CO_2\cdot C_2H_5 \\ | \\ CH\cdot CO_2\cdot C_2H_5 \\ | \\ CH(CO_2\cdot C_2H_5)_2 \end{array}.$$

Auch hier erhält man wieder nach dem Verseifen und der Abspaltung von CO_2 (aus dem endständigen Malonsäure-Rest) Propantricarbonsäure.

Aconitsäure, Propentricarbonsäure-(1,2,3), ist ein Beispiel einer ungesättigten dreibasischen Säure. Sie kommt in verschiedenen Pflanzen vor (z. B. im Eisenhut, Aconitum Napellus) und ist hier wahrscheinlich durch Einwirkung eines Ferments auf Citronensäure entstanden. Man erhält sie beim Erhitzen von Citronensäure (S. 209) durch Wasserabspaltung. Aconitsäure hat die Struktur $\begin{array}{c} H \\ HO_2C \end{array}\!\!>C=C<\!\!\begin{array}{c} CO_2H \\ CH_2\cdot CO_2H \end{array}$, denn bei der Reduktion geht sie in Propantricarbonsäure-(1,2,3) über. Außer der gewöhnlichen trans-Aconitsäure vom Schmelzpunkt 195° gibt es noch eine labile cis-Aconitsäure (F: 125°), bei der die an die Doppelbindung gebundenen Carboxylgruppen cis-Stellung einnehmen.

Halogenderivate der Carbonsäuren

Halogenierte Säuren können direkt durch Einwirkung von Chlor oder Brom auf die gesättigten Fettsäuren gewonnen werden. Diese Reaktion verläuft jedoch nicht glatt. Sie wird durch Halogen-Überträger (Phosphor, Schwefel) und Belichtung beschleunigt. Sehr leicht gelangt man zu Halogencarbonsäuren, wenn man nicht die Säure selbst, sondern ihr Bromid (Chlorid) mit Brom (Chlor) behandelt.

Am einfachsten geht man so vor, daß man ein Gemisch der Säure mit rotem Phosphor allmählich mit Brom versetzt und erwärmt. Das entstehende Phosphorbromid verwandelt die Säure in ihr Bromid, das nun bromiert wird. Nach beendigter Reaktion zersetzt man das Säurebromid mit Wasser zur freien Säure:

$$R\cdot CH_2\cdot COBr + Br_2 \longrightarrow R\cdot CHBr\cdot COBr \longrightarrow R\cdot CHBr\cdot CO_2H.$$

In den meisten Fällen genügt zur Halogenierung der Säuren eine sehr kleine Menge Phosphor. Das hierbei entstehende Säurebromid beschleunigt die Reaktion katalytisch nach folgendem Schema (DAWSON):

$$CH_3\cdot COBr + Br_2 \longrightarrow CH_2Br\cdot COBr + HBr$$
$$CH_2Br\cdot COBr + CH_3\cdot CO_2H \longrightarrow CH_2Br\cdot CO\cdot O\cdot CO\cdot CH_3 + HBr$$
$$CH_2Br\cdot CO\cdot O\cdot CO\cdot CH_3 + HBr \longrightarrow CH_2Br\cdot CO_2H + CH_3\cdot COBr \quad \text{usw.}$$

Brom tritt bei der Halogenierung der Fettsäuren nach diesem Verfahren fast ausschließlich in die α-Stellung zum Carboxyl (s. auch S. 192); ist diese besetzt, so erfolgt überhaupt keine Einwirkung. Bei der Chlorierung entstehen nicht selten Gemische von stellungsisomeren Substitutionsprodukten. Bei der Chlorierung von Säurechloriden mit Chlor im ultravioletten Licht oder in Gegenwart von Peroxyden mit Sulfurylchlorid hat man sehr bedeutende Ausbeuten an β-substituierten Produkten erhalten.

Weitere Darstellungsverfahren für Halogenfettsäuren beruhen auf der Umsetzung von Oxysäuren mit Phosphorhalogeniden und auf der Addition von Halogenwasserstoff an ungesättigte Säuren; im letzten Fall entstehen regelmäßig β-Halogencarbonsäuren:

$$\underset{\text{Acrylsäure}}{CH_2 : CH \cdot CO_2H} + HBr = \underset{\beta\text{-Brom-propionsäure}}{CH_2Br \cdot CH_2 \cdot CO_2H}.$$

Jodierte Säuren kann man häufig vorteilhaft aus den chlorierten Säuren durch Erwärmen mit Kaliumjodid-Lösung gewinnen.

Durch Einführung von Halogen werden die Fettsäuren, wie die unten aufgeführten Dissoziationskonstanten zeigen, wesentlich stärker. Die verstärkende Wirkung der Halogene nimmt von Fluor zu Jod hin ab; durch Einführung mehrerer Chloratome wird der saure Charakter sehr erheblich gesteigert. Auch die Stellung des Halogenatoms ist von Einfluß; denn je weiter das Halogen vom Carboxyl entfernt ist, desto geringer ist der induktive Effekt (S. 177) und damit die Erhöhung von k.

Name	Formel	k
Essigsäure	$CH_3 \cdot CO_2H$	$1{\cdot}76 \times 10^{-5}$
Fluoressigsäure	$CH_2F \cdot CO_2H$	$2{\cdot}18 \times 10^{-3}$
Chloressigsäure	$CH_2Cl \cdot CO_2H$	$1{\cdot}4 \times 10^{-3}$
Bromessigsäure	$CH_2Br \cdot CO_2H$	$1{\cdot}38 \times 10^{-3}$
Jodessigsäure	$CH_2J \cdot CO_2H$	$7{\cdot}5 \times 10^{-4}$
Dichloressigsäure	$CHCl_2 \cdot CO_2H$	$5{\cdot}14 \times 10^{-2}$
Trichloressigsäure	$CCl_3 \cdot CO_2H$	$2{\cdot}3 \times 10^{-1}$
Buttersäure	$CH_3 \cdot CH_2 \cdot CH_2 \cdot CO_2H$	$1{\cdot}51 \times 10^{-5}$
α-Chlor-buttersäure	$CH_3 \cdot CH_2 \cdot CHCl \cdot CO_2H$	$1{\cdot}39 \times 10^{-3}$
β-Chlor-buttersäure	$CH_3 \cdot CHCl \cdot CH_2 \cdot CO_2H$	$8{\cdot}9 \times 10^{-5}$
γ-Chlor-buttersäure	$CH_2Cl \cdot CH_2 \cdot CH_2 \cdot CO_2H$	3×10^{-5}

Umgekehrt übt die Carboxylgruppe ihrerseits auf die Halogenatome einen erheblichen Einfluß aus. Die Reaktionsfähigkeit des Halogens in den Halogenfettsäuren ist wesentlich größer als bei den Alkylhalogeniden; außerdem finden sich je nach der Stellung des Halogens charakteristische Unterschiede in dem Verlauf der Reaktionen.

α-Halogencarbonsäuren gehen beim Kochen mit Wasser oder Alkalien durch Austausch von Halogen gegen Hydroxyl glatt in α-Oxysäuren über:

$$CH_3 \cdot CHCl \cdot CO_2H + H_2O \longrightarrow CH_3 \cdot CH(OH) \cdot CO_2H.$$

Die Bildung ungesättigter Säuren durch Abspaltung von Halogenwasserstoff tritt dabei im allgemeinen ganz zurück; sie kann aber durch Wasserausschluß erzwungen werden, indem man z. B. die Ester der Halogenfettsäuren mit Chinolin erhitzt:

$$R \cdot CH_2 \cdot CHBr \cdot CO_2 \cdot C_2H_5 + C_9H_7N = R \cdot CH{=}CH \cdot CO_2 \cdot C_2H_5 + C_9H_7N, HBr.$$

β-Halogencarbonsäuren geben unter dem Einfluß von Wasser oder Alkalien teils β-Oxysäuren, teils liefern sie unter Halogenwasserstoff-Abspaltung ungesättigte Säuren.

Sehr eigentümlich ist das Verhalten mancher β-Halogencarbonsäuren gegen Natriumcarbonat. Beim Erwärmen in wäßriger Lösung wird dem Molekül nicht allein Halogenwasserstoff entzogen, sondern es wird zugleich auch CO_2 abgespalten, wodurch ein ungesättigter Kohlenwasserstoff entsteht, z. B.:

$$\underset{\beta\text{-Brom-}\alpha\text{-methyl-buttersäure}}{CH_3 \cdot CHBr \cdot CH(CH_3) \cdot CO_2Na} = \underset{\text{Buten-(2)}}{CH_3 \cdot CH : CH \cdot CH_3} + NaBr + CO_2.$$

Die **γ-Halogencarbonsäuren** endlich verwandeln sich beim Kochen mit Wasser oder Behandeln mit Alkalicarbonat mit großer Leichtigkeit in cyclische Verbindungen, die γ-Lactone (S. 197). Es ist möglich, daß hierbei zuerst γ-Oxysäuren entstehen, die, wie wir sehen werden, durch leichten Übergang in Lactone ausgezeichnet sind. Doch spricht auch manches dafür, daß es sich hierbei um eine echte monomolekulare Reaktion des Halogenfettsäure-Anions handelt:

$$BrCH_2\cdot CH_2\cdot CH_2\cdot CO_2^- = \underbrace{CH_2\cdot CH_2\cdot CH_2\cdot CO}_{O} + Br^-.$$

Die Geschwindigkeit dieser Lactonbildung kann recht bedeutend sein. So verläuft die in der obigen Gleichung wiedergegebene Bildung von γ-Butyrolacton aus dem Natriumsalz der γ-Brom-buttersäure bei 25° mit einer Halbwertszeit von 1 Minute.

Chlorderivate der Essigsäure

Chloressigsäure $CH_2Cl\cdot COOH$ erhält man durch Einwirkung von Chlor auf Essigsäure in Gegenwart von Phosphor oder Jod; im großen verwendet man Schwefel als Überträger. Sie bildet farblose Kristalle vom Schmelzpunkt 63° und ist ein wichtiges Zwischenprodukt bei der technischen Synthese von Indigo (S. 478). Eine andere Darstellungsweise beruht auf der Einwirkung von 75%iger Schwefelsäure (als Katalysator) auf Trichloräthylen:

$$CHCl = CCl_2 + 2\,H_2O = CH_2Cl\cdot COOH + 2\,HCl.$$

Di- und Trichloressigsäure $CHCl_2\cdot COOH$ und $CCl_3\cdot COOH$ werden gewöhnlich aus Chloral (S. 215) dargestellt. Dichloressigsäure ist flüssig und siedet bei 191°. Trichloressigsäure schmilzt bei 57°, siedet bei 195° und ist eine starke Säure ($k = 0.23$); sie ist wenig beständig und zerfällt bereits beim Kochen mit Wasser in Kohlendioxyd und Chloroform (vgl. den analogen Vorgang bei Chloral):

$$CCl_3\cdot COOH = CHCl_3 + CO_2.$$

Dies ist wieder ein Beispiel dafür, daß eine Verbindung durch Anhäufung negativer Elemente oder Gruppen an einem Kohlenstoffatom unbeständig wird.

Die historisch wichtige **Synthese der Essigsäure,** die KOLBE 1845 gefunden hat, läuft über Trichloressigsäure als Zwischenprodukt, aus der durch Reduktion mit Natriumamalgam und Wasser Essigsäure erhalten wird. Trichloressigsäure kann man synthetisch darstellen aus Schwefelkohlenstoff CS_2, der durch direkte Synthese aus seinen Elementen zu gewinnen ist. Wenn Chlor auf CS_2 einwirkt, so entsteht CCl_4, das beim Durchleiten durch ein glühendes Rohr Tetrachloräthylen C_2Cl_4 gibt. Dieses brachte KOLBE mit Wasser und Chlor im Sonnenlicht zusammen und erhielt so Trichloressigsäure, wahrscheinlich nach folgender Gleichung:

$$CCl_2:CCl_2 + O \longrightarrow CCl_3\cdot COCl \xrightarrow{H_2O} CCl_3\cdot CO_2H.$$

Es würde sich also nach dieser Annahme primär eine eigenartige Umlagerung vollziehen. Tatsächlich erhielt BESSON Trichloressigsäurechlorid aus Tetrachloräthylen und Ozon, und ähnliche Reaktionen sind später namentlich von SWARTS studiert worden.

Kohlensäure und ihre Derivate

Kohlensäure, die man nach ihrer Formel $H_2CO_3 = HO\cdot CO\cdot OH$ als Oxyameisensäure auffassen könnte und die als Verbindung mit mehreren Funktionen in gewisser Hinsicht ein Bindeglied zwischen den Dicarbonsäuren und den weiter unten besprochenen Oxycarbonsäuren darstellt, ist in freiem Zustand nicht bekannt.

Sie zerfällt äußerst leicht in Wasser und ihr Anhydrid CO_2, Kohlendioxyd. In wäßriger Lösung ist sie nur in sehr geringer Menge (weniger als 1%) neben ihren Zerfallsprodukten existenzfähig. Sie erscheint daher als eine sehr schwache zweibasische Säure ($k_1 = 3\times 10^{-7}$, $k_2 = 5\times 10^{-11}$), während sie nach ihrer wahren Dissoziationskonstante ($k_1 = 5\times 10^{-4}$) stärker als Ameisensäure ist. Während Kohlensäure selbst und ihre Salze auf der Grenze zur anorganischen Chemie stehen, sind viele ihrer funktionellen Derivate auch für die organische Chemie von Wichtigkeit. Sie sollen daher im folgenden etwas näher betrachtet werden.

Kohlensäurechlorid, Phosgen $COCl_2$

Phosgen entsteht in einer Gleichgewichtsreaktion durch Umsetzung von Chlor mit Kohlenoxyd bei schwachem Überdruck; in der Technik wird hierbei aktive Kohle bei 40—70° als Katalysator benutzt. Bei dieser Temperatur liegt das Gleichgewicht $CO + Cl_2 \rightleftarrows COCl_2$ völlig auf der rechten Seite, während bei 505° bereits etwa 67% Phosgen dissoziiert sind. Der Name Phosgen stammt von J. DAVY, der irrtümlicherweise glaubte, daß die Reaktion nur im Sonnenlicht stattfinden könnte. Es ist ein erstickend riechendes, äußerst giftiges Gas, das auch als Gaskampfstoff Verwendung gefunden hat. In Benzol löst es sich leicht. Es ist flüssig bei + 8·2°, erstarrt bei — 126° und hat ein spezifisches Gewicht von 1·434 bei 0°.

Phosgen wird durch ultraviolettes Licht, besonders durch die sehr kurzwelligen Strahlen, bereits bei gewöhnlicher Temperatur in geringem Maße in Kohlenoxyd und Chlor gespalten. Aber CO und Cl_2 verbinden sich auch unter dem Einfluß dieser Strahlen; es stellt sich also ein stationäres photochemisches Gleichgewicht ein (vgl. S. 176).

Phosgen muß als Chlorid der Kohlensäure betrachtet werden. Für diese Auffassung sprechen die folgenden Tatsachen. Mit Wasser, in dem es schwer löslich ist, reagiert es unter Bildung von Salzsäure und Kohlensäure. Mit Alkohol entsteht bei gewöhnlicher Temperatur rasch **Chlorameisensäureäthylester**:

$$Cl\cdot CO\cdot Cl + HO\cdot C_2H_5 = Cl\cdot CO\cdot OC_2H_5 + HCl.$$

Bei längerer Einwirkung von Alkohol oder Natriumalkoholat entsteht **Kohlensäurediäthylester** $CO(O\cdot C_2H_5)_2$.

Bei der Einwirkung von Ammoniak werden die beiden Chloratome durch Amidgruppen ersetzt; es entsteht also, obwohl infolge von Nebenreaktionen in schlechter Ausbeute, $CO(NH_2)_2$, das Amid der Kohlensäure, Harnstoff. Alle diese Umsetzungen sind charakteristisch für Säurechloride.

Die **Chlorameisensäureester** sind farblose Flüssigkeiten von heftigem Geruch, die unzersetzt sieden. Sie können dazu dienen, die Gruppe $—CO\cdot O\cdot C_2H_5$ in Verbindungen einzuführen (S. 179). Die Kohlensäureester sind ebenfalls flüssig, besitzen ätherischen Geruch und sind in Wasser unlöslich. Sie werden leicht verseift.

Kohlensäuremonoamid, Carbamidsäure

Die freie Carbamidsäure, das Halbamid der Kohlensäure, $H_2N\cdot CO\cdot OH$, ist unbekannt. Ihr Ammoniumsalz entsteht durch Vereinigung von trocknem Kohlendioxyd mit trocknem Ammoniak:

$$CO_2 + 2\,NH_3 = H_2N\cdot CO\cdot O\cdot NH_4.$$

Beim Einleiten von CO_2 in eine ammoniakalische Calciumchloridlösung entsteht kein Niederschlag, da das carbamidsaure Calcium $Ca(CH_2O_2N)_2$ in Wasser löslich ist. Die Lösungen carbamidsaurer Salze liefern infolge der Leichtigkeit, mit der Carbamidsäure hydrolysiert wird, beim Erwärmen Carbonate und Ammoniak.

Der Äthylester der Carbamidsäure, $H_2N\cdot CO\cdot O\cdot C_2H_5$, heißt **Urethan.** In ungenauer Verallgemeinerung bezeichnet man danach auch die anderen Ester der Carbamidsäure gemeinhin als Urethane. Sie entstehen durch Einwirkung von Ammoniak auf Kohlensäureester oder Chlorameisensäureester:

$$\underset{\text{Chlorameisensäureäthylester}}{OC{<}^{Cl}_{O\cdot C_2H_5}} \longrightarrow \underset{\text{Urethan}}{OC{<}^{NH_2}_{O\cdot C_2H_5}}; \qquad \underset{\text{Kohlensäurediäthylester}}{OC{<}^{O\cdot C_2H_5}_{O\cdot C_2H_5}} \longrightarrow \underset{\text{Urethan}}{OC{<}^{NH_2}_{O\cdot C_2H_5}}.$$

Durch Addition von Alkohol an Isocyansäureester (S. 186) entstehen am Stickstoff substituierte Urethane:

$$O:C:N\cdot CH_3 + C_2H_5\cdot OH = OC{<}^{O\cdot C_2H_5}_{NH\cdot CH_3}.$$

Die Urethane sind unzersetzt destillierbar. Das gewöhnliche Urethan schmilzt bei 48·2° und ist in Wasser leicht löslich. Beim Kochen mit wäßrigen Laugen oder Säuren zerfallen die Urethane in Alkohol, Kohlendioxyd und Ammoniak.

Beim Eintragen von Urethan in höchst konzentrierte Salpetersäure bildet sich **Nitrourethan** $O_2N \cdot NH \cdot CO \cdot O \cdot C_2H_5$, das durch vorsichtige Spaltung Nitramid $NH_2 \cdot NO_2$ liefert.

Kohlensäurediamid, Harnstoff $CO(NH_2)_2$

Harnstoff (**Carbamid**, lateinisch *urea*) ist der mengenmäßig wichtigste organische Bestandteil im Harn der Menschen, Säugetiere, Amphibien und Fische. Der erwachsene Mensch scheidet täglich etwa 1500 g Urin mit einem Harnstoffgehalt von rund 30 g aus. Harnstoff findet sich aber auch im Pflanzenreich, besonders in Pilzen.

Harnstoff ist das Endprodukt der Umwandlungen, welche die Eiweißstoffe im Säugetier-Organismus erleiden. Zum Teil entsteht er sicherlich synthetisch aus dem Ammoniak, das infolge der Desaminierung der Aminosäuren stets in geringer Menge im Blut enthalten ist, und Kohlendioxyd, wie Stoffwechselversuche mit $C^{14}O_2$ gezeigt haben (vgl. auch S. 273). Wir sahen, daß Harnstoff gemäß seiner Bildungsweise aus dem Chlorid der Kohlensäure, dem Phosgen, als das Amid der Kohlensäure zu betrachten ist. Daraus ergibt sich seine Struktur:

$$\underset{\text{Phosgen}}{COCl_2} + 2\,NH_3 = \underset{\text{Harnstoff}}{CO(NH_2)_2} + 2HCl.$$

Harnstoff bildet sich ferner beim Eindampfen einer wäßrigen Lösung von Ammoniumcyanat NH_4CNO. Dies ist die Synthese von WÖHLER[1], der 1828 Harnstoff durch Einengen einer Lösung von Kaliumcyanat und Ammoniumsulfat gewann. Die Reaktion, deren historische Bedeutung bereits S. 1 hervorgehoben wurde, ist auch für die Darstellung von Harnstoff brauchbar.

WALKER und HAMBLY haben den Vorgang näher studiert. Dabei ergab sich, daß auch die umgekehrte Reaktion — Umwandlung von Harnstoff in Ammoniumcyanat — stattfindet; denn als reiner Harnstoff in kochendes Wasser gebracht wurde, gab die Lösung alsbald mit Silbernitrat einen Niederschlag von Silbercyanat. Man hat demnach das Gleichgewicht

$$\underset{\text{Harnstoff}}{CO(NH_2)_2} \rightleftarrows \underset{\text{Ammoniumcyanat}}{NH_4CNO},$$

das stark nach der Seite des Harnstoffs verschoben ist, da die Lösung bei 100° im Gleichgewicht nur wenige Prozente Cyanat enthält.

Technisch wird Harnstoff jetzt für Düngungszwecke durch Erhitzen von Ammoniak und Kohlendioxyd auf 150° unter 50—100 Atmosphären Druck dargestellt:

$$CO_2 + 2\,NH_3 = CO(NH_2)_2 + H_2O.$$

Die Anwendung von Druck ist nötig, weil das zunächst entstehende carbamidsaure Ammonium oberhalb 58° wieder in die Komponenten zerfällt. Bei 150° beträgt der Dissoziationsdruck etwa 44 Atmosphären. Da die Reaktion nur in flüssiger Phase glatt und kontinuierlich durchführbar ist, arbeitet man unter Zusatz von etwas Wasser, obwohl hierdurch, wie man der obigen Gleichung entnehmen kann, das Gleichgewicht zuungunsten von Harnstoff verschoben wird.

Harnstoff kristallisiert in tetragonalen Prismen, die denen des Kalisalpeters ähnlich sind. Er ist in Wasser und Alkohol mit neutraler Reaktion leicht löslich und schmilzt bei 132°. Er ist eine äußerst schwache Base; seine Salze sind daher weitgehend hydro-

[1] Geboren 31. Juli 1800 in Eschersheim bei Frankfurt a. M., ging nach beendetem medizinischem Studium zu BERZELIUS nach Stockholm. Er lehrte an den städtischen Gewerbeschulen in Berlin (1825) und Cassel (1831). Von 1836 bis zu seinem Tode (23. September 1882) war er ordentlicher Professor in Göttingen. Seine Hauptleistungen liegen auf dem Gebiet der anorganischen Chemie. Vgl. A. W. v. HOFMANNs Nekrolog (Ber. Dtsch. Chem. Ges. **15**, 3127) sowie den von ihm herausgegebenen Briefwechsel zwischen LIEBIG und WÖHLER Braunschweig 1888).

lytisch gespalten. Das Nitrat $CON_2H_4 \cdot HNO_3$ und das Oxalat $(CON_2H_4)_2 \cdot C_2H_2O_4$ sind in den betreffenden Säuren schwer löslich und besitzen daher analytische Bedeutung.

Beim Erhitzen von Harnstoff über den Schmelzpunkt bilden sich Ammoniak und Cyansäure (S. 185), die sich mit Harnstoff zu **Biuret** verbindet:

$$HCNO + H_2N \cdot CO \cdot NH_2 = \underset{\text{Biuret}}{H_2N \cdot CO \cdot NH \cdot CO \cdot NH_2}.$$

Biuret kristallisiert in langen Nadeln mit 1 H_2O und schmilzt unter Zersetzung bei 193°; es löst sich in 65 Teilen Wasser von 15°. In alkalischer Lösung gibt es mit Kupfersulfat eine charakteristische violettrote Färbung (Biuretreaktion), die auf der Bildung einer komplexen Verbindung aus 2 Mol Biuret, 2 Mol KOH und 1 Mol CuO beruht.

Bei stärkerem Erhitzen polymerisiert sich die gebildete Cyansäure zu Cyanursäure (S. 187):

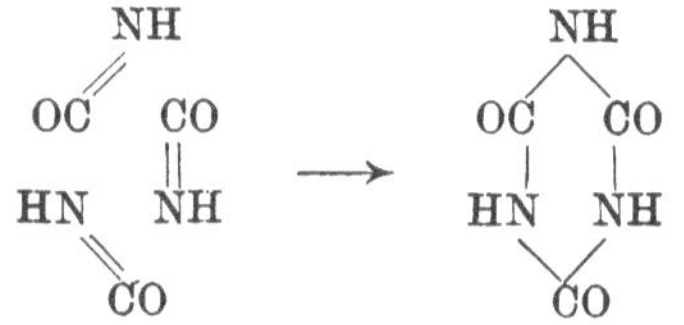

Cyanursäure

Beim Erhitzen mit Basen oder Säuren verhält sich Harnstoff wie ein Säureamid, indem er Kohlensäure und Ammoniak liefert. Die gleiche Reaktion wird auch durch ein spezifisch auf Harnstoff eingestelltes Enzym (**Urease**) bewirkt, das sich in Sojabohnen und Jackbohnen findet.

Harnstoff-Formaldehyd-Kondensationsprodukte (**Pollopas**) spielen als künstliche plastische Massen eine wichtige Rolle. Diese Kondensationsprodukte, die durch Erwärmen wäßriger Lösungen der Komponenten bei anfangs neutraler, später schwach saurer Reaktion dargestellt werden, bestehen aus hochmolekularen Ketten und Netzen, die nach folgendem Prinzip gebaut sind:

$$\ldots . NH \cdot CO \cdot N \cdot CH_2 \cdot NH \cdot CO \cdot NH \cdot CH_2 \cdot NH \ldots .$$

$$CH_2$$

$$|$$

$$\ldots . NH \cdot CO \cdot N \cdot CH_2 \cdot NH \cdot CO \cdot NH \cdot CH_2 \cdot NH \ldots .$$

Sie sind wie die Phenolharze durch Pressen in der Wärme, wobei die Kondensation weiter fortschreitet, härtbar und wegen ihrer Farblosigkeit sehr geschätzt.

Die am Stickstoff acylierten Harnstoffderivate heißen **Ureide**. $CH_3 \cdot CO \cdot NH \cdot CO \cdot NH_2$ ist z. B. Acetylharnstoff oder Essigsäureureid. Zur Gruppe der Ureide gehören zahlreiche Schlafmittel, z. B. Veronal. Auch Harnstoffderivate, die sich von der desmotropen Formel eines **Isoharnstoffs** $H_2N \cdot C(OH):NH$ ableiten, sind bekannt.

Zur quantitativen Bestimmung des Harnstoffs im Harn bedient man sich verschiedener Methoden. Meist hydrolysiert man den Harnstoff mit Urease und bestimmt das entstandene Ammoniak titrimetrisch. Der Methode von Knop liegt die Tatsache zugrunde, daß eine Lösung von Brom in Kalilauge (sogenannte „Bromlauge“, die Kaliumhypobromit enthält) aus einer Lösung von Harnstoff den Stickstoff annähernd quantitativ in Freiheit setzt, wobei intermediär Hydrazin entsteht. Die Reaktion entspricht dem Hofmannschen Abbau der Säureamide (S. 186).

Guanidin $HN:C(NH_2)_2$

Guanidin wurde zuerst aus einer im Guano vorkommenden Purinbase, dem Guanin (S. 485), gewonnen. Man kann es z. B. durch Einwirkung von Ammoniak auf Cyanamid (S. 188) erhalten:

$$H_2N \cdot CN + NH_3 = HN:C(NH_2)_2.$$

Zur Darstellung erhitzt man zweckmäßig Kalkstickstoff mit festem Ammoniumnitrat auf 100°, wobei Calciumnitrat und salpetersaures Guanidin entstehen.

Guanidin ist eine in Wasser und Alkohol leicht lösliche, kristallisierende Base, die sich mit einem Äquivalent Säure zu gut kristallisierenden Salzen vereinigt und an Stärke den Alkalien vergleichbar ist. An der Luft zerfließt es und zieht begierig CO_2 an. Aus dem Vergleich von Guanidin mit Harnstoff ersieht man, wie sehr die basischen Eigenschaften des Harnstoffs beim Ersatz des Carbonylsauerstoffs durch die Imidogruppe gesteigert werden.

Die Erklärung hierfür ist wahrscheinlich die gleiche wie beim Carboxyl-Ion (S. 75), nämlich Existenz mehrerer äquivalenter Elektronenstrukturen des Guanidinium-Ions, zwischen denen Mesomerie (S. 264) besteht:

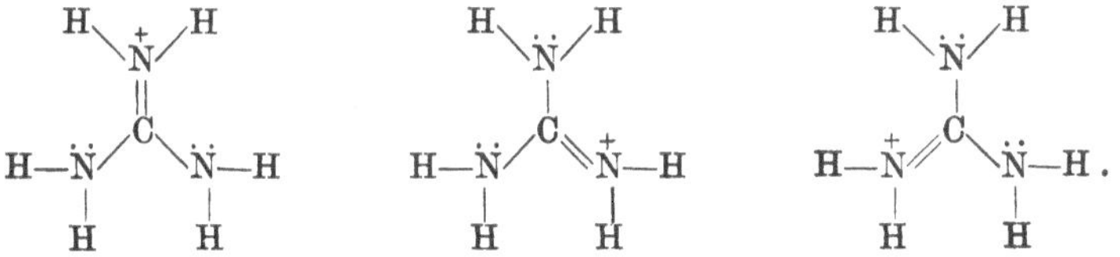

Wichtige Derivate des Guanidins sind die später zu besprechenden Aminosäuren Arginin und Kreatin.

Cyansäure

Wie Blausäure als Nitril der Ameisensäure, kann man Cyansäure als Nitril der Kohlensäure HO·CN betrachten. Cyansäure wird am besten durch Erhitzen von Cyanursäure $C_3H_3O_3N_3$ (S. 187) gewonnen, die ein Trimeres der Cyansäure ist und nach S. 184 aus Harnstoff dargestellt werden kann. Beim Kondensieren der entstehenden Dämpfe in einer Kältemischung erhält man Cyansäure als eine farblose, unter 0° beständige Flüssigkeit (Schmelzp. — 86°), die beim Herausnehmen aus der Kältemischung explosionsartig aufschäumt und in ein anderes weißes, amorphes Polymeres $(CHON)_x$, **Cyamelid,** übergeht. In wäßriger Lösung zerfällt Cyansäure über 0° schnell in Kohlendioxyd und Ammoniak:

$$HCNO + H_2O = NH_3 + CO_2.$$

Ein Teil des entstehenden Ammoniaks liefert mit noch unangegriffener Cyansäure nach der WÖHLERschen Reaktion Harnstoff.

Von den Salzen der Cyansäure (**Cyanate**) ist namentlich das Kaliumcyanat KOCN wichtig. Es wird durch Oxydation von KCN mit Permanganat in Gegenwart von Kupferoxyd oder durch Erhitzen von Kaliumhexacyanoferrat-(II) mit $K_2Cr_2O_7$ dargestellt. Es ist in Wasser leicht löslich und bei Dunkelrotglut beständig. Als Salz einer schwachen Säure ist es in wäßriger Lösung hydrolytisch gespalten und deshalb nur in Gegenwart von überschüssigem Alkali beständig.

Man kennt zwei Reihen von Derivaten der Cyansäure, die man von der normalen **Cyansäure** HO·CN und ihrer tautomeren Form, der **Isocyansäure** O:C:NH, ableitet. Der letztgenannten Formel entspricht wahrscheinlich die wasserfreie Cyansäure, während das Cyanat-Ion in den Alkalicyanaten wohl mesomer ist.

Chlorcyan ClCN kann als das Chlorid der normalen Cyansäure aufgefaßt werden. Es ist eine bei + 12·5° siedende, sehr giftige Flüssigkeit vom spezifischen Gewicht 1·222 bei 0°. Man kann Chlorcyan durch Behandeln von Blausäure oder KCN mit Chlor darstellen; es polymerisiert sich leicht zu Cyanurchlorid $C_3N_3Cl_3$ (S. 187), namentlich bei Gegenwart von HCl. Durch Kalilauge wird es zu Kaliumchlorid und Kaliumcyanat verseift:

$$ClCN + 2\,KOH = KCNO + KCl + H_2O.$$

Ester der normalen Cyansäure konnten bisher nicht erhalten werden. Bei der Einwirkung von Natriumalkoholaten auf Chlorcyan entstehen die polymeren **Cyanursäureester** $(R \cdot O \cdot CN)_3$ (S. 187).

Die 1854 von WÜRTZ[1] entdeckten **Isocyansäureester** sind dagegen gut bekannt. Sie werden durch Einwirkung von Dialkylsulfat auf Kaliumcyanat dargestellt, wobei man zweckmäßig trockne Soda zusetzt:

$$KCNO + (C_2H_5)_2SO_4 = C_2H_5 \cdot N : CO + C_2H_5 \cdot O \cdot SO_3K.$$

Technisch können Isocyanate durch Einwirkung von Phosgen auf Amine unter verschiedenen Bedingungen erhalten werden. Hierbei entstehen zunächst Carbamidsäurechloride, die dann Chlorwasserstoff abspalten:

$$R \cdot NH_2 + COCl_2 \longrightarrow R \cdot NH \cdot COCl + HCl \longrightarrow R \cdot N : CO + HCl.$$

Die Alkylisocyanate sind Flüssigkeiten von heftigem, erstickendem Geruch. Auch sie polymerisieren sich leicht, und zwar zu Isocyanursäureestern (S. 187).

Die Struktur der Isocyansäureester ergibt sich aus der Spaltung, die sie durch Wasser erleiden. Hierbei entstehen Kohlendioxyd und primäres Amin, z. B.:

$$CH_3 \cdot N : CO + H_2O = CO_2 + CH_3 \cdot NH_2.$$

Durch diese Reaktion ist es WÜRTZ zuerst geglückt, primäre Amine ohne Beimengung von sekundären und tertiären Aminen zu erhalten. Die Isocyansäureester verbinden sich mit Alkoholen und Aminen leicht zu Carbamidsäureestern bzw. substituierten Harnstoffen:

$$R \cdot N : CO + C_2H_5 \cdot OH = R \cdot NH \cdot CO_2 \cdot C_2H_5$$
$$R \cdot N : CO + H_2N \cdot C_2H_5 = R \cdot NH \cdot CO \cdot NH \cdot C_2H_5.$$

Aus Diisocyanaten und Glykolen gewinnt man auf diese Weise die als Kunststoffe wichtigen Polycarbamidsäureester (Perlon):

$$HO \cdot [CH_2]_4 \cdot O \cdot CO \cdot NH \cdot [CH_2]_6 \cdot NH \cdot CO \cdot O \cdots NH \cdot [CH_2]_6 \cdot NH \cdot CO \cdot O \cdot [CH_2]_4 \cdot OH.$$

Isocyansäureester entstehen als Zwischenprodukte beim **Hofmannschen Abbau**[2] der Säureamide zu primären Aminen durch die Einwirkung von Brom und Alkalilauge. Leichter noch verläuft diese Umsetzung bei der Destillation der Säureamide mit Chlorkalk und Kalkwasser. HOOGEWERFF und VAN DORP haben gezeigt, daß man sich den Verlauf dieser Reaktion in folgender Weise vorstellen muß: Das erste Produkt, das entsteht, ist ein am Stickstoff bromiertes Amid: $R \cdot CO \cdot NH_2 \longrightarrow R \cdot CO \cdot NHBr$, das man isoliert hat. Durch den Eintritt des Broms werden die Säureamide, deren Wasserstoff sich bereits unter dem Einfluß des Acylrestes durch Metalle ersetzen läßt (S. 91), noch saurer, so daß man sogar unbeständige Alkalisalze isolieren kann. Man kann sich also vorstellen, daß in der alkalischen Lösung erst H^+, dann Br^- abgespalten wird, wodurch der Stickstoff mit einem Elektronensextett zurückbleibt:

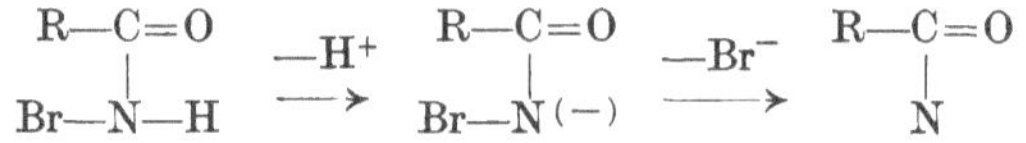

[1] A. WÜRTZ, geboren 26. November 1817 in Straßburg, gestorben 12. Mai 1884 in Paris, wirkte als Nachfolger von DUMAS an der Ecole de Médecine in Paris, von 1875 bis zu seinem Tode an der Sorbonne. Er hat an der Begründung der Strukturchemie wesentlichen Anteil. Die organische Chemie verdankt ihm die Kenntnis zahlreicher neuer Körperklassen. Er entdeckte die Amine, Butylalkohol, Glykol, Äthylenoxyd, Aldol. Seine wichtigen Untersuchungen über Abkömmlinge der Cyanursäure und Cyansäure sind bereits oben erwähnt. Vgl. den ausführlichen Nachruf von A. W. v. HOFMANN, Ber. Dtsch. Chem. Ges. **20** (1887), 815.

[2] A. W. VON HOFMANN, geboren 8. April 1818 in Gießen, gestorben 5. Mai 1892 in Berlin. Studierte unter LIEBIG, lehrte 1845—1863 in London, 1865 bis zu seinem Tode in Berlin. Zu den hervorragendsten Gegenständen seiner Arbeiten zählen die Amine und Ammoniumbasen, Piperidin, Coniin, Fuchsinfarbstoffe. Durch ihn wurde das Vorkommen von Benzol, Anilin und Chinolin im Steinkohlenteer nachgewiesen. Vgl. die Gedenkrede von W. WILL [Berlin 1892].

Dieses Produkt stabilisiert sich durch Umlagerung zum Isocyansäureester , der sich unter Einwirkung des vorhandenen Wassers in CO_2 und ein primäres Amin $R \cdot NH_2$ spaltet. Das Amin kann sich, namentlich wenn Alkali nicht im Überschuß ist, mit noch unverändertem Isocyanat zu einem Harnstoff $R \cdot NH \cdot CO \cdot NH \cdot R$ verbinden.

Eine verwandte Reaktion ist der **Abbau der Säureazide** nach CURTIUS. Säureazide $R \cdot CO \cdot N_3$ entstehen aus den Säurehydraziden durch Einwirkung von salpetriger Säure. Beim Erhitzen mit Alkohol gehen sie unter Verlust eines Moleküls Stickstoff in Isocyanate $R \cdot N : CO$ über, die sich mit dem Alkohol sofort zu Urethanen $R \cdot NH \cdot CO \cdot OC_2H_5$ (S. 182) verbinden. Durch Hydrolyse der Urethane entstehen wiederum primäre Amine.

Cyanursäure und Isocyanursäure $C_3H_3O_3N_3$

Es wurde bereits früher erwähnt, daß Chlorcyan (S. 185) sich leicht zu Cyanurchlorid $C_3N_3Cl_3$, dem Chlorid der Cyanursäure (Formel I), polymerisiert. Cyanurchlorid liefert beim Erwärmen mit Wasser Cyanursäure, die gewöhnlich durch Erhitzen von Harnstoff gewonnen wird (S. 184). Von ihr leiten sich zwei verschiedene Reihen von Estern ab, die normalen **Cyanursäureester** und die **Isocyanursäureester.** Die normalen Ester entstehen durch Einwirkung von Cyanurchlorid (oder -bromid) auf Natriumalkoholat. Das Alkyl ist in ihnen an Sauerstoff gebunden, denn sie geben beim Verseifen Alkohol und Cyanursäure. Aus diesem Grunde schreibt man den Cyanursäureestern die Struktur II zu:

I. 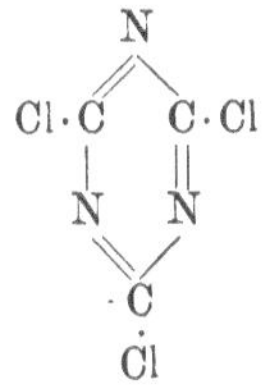 II. 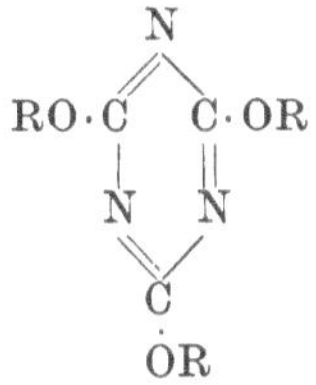 III. 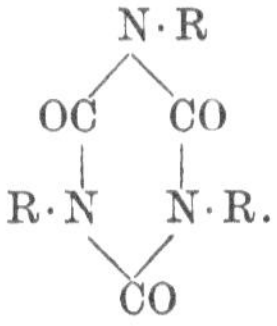

Die Isocyanursäureester entstehen durch Polymerisation von Isocyansäureestern oder beim Erhitzen von Alkyljodid mit dem Silbersalz der Cyanursäure. In ihnen ist Alkyl an Stickstoff gebunden, denn sie werden beim Kochen mit Alkali in primäres Amin und Kohlendioxyd gespalten. Dem gibt die Strukturformel III Ausdruck. Läßt man jedoch bei gewöhnlicher Temperatur Alkyljodid auf das Silbersalz einwirken, so entstehen die O-Ester. Diese wandeln sich beim Erhitzen in die N-Ester um; auf diese Weise erklärt es sich, daß die Alkylierung je nach der Temperatur verschieden ausfällt.

Knallsäure

Im Anschluß an die Cyansäure mag noch die Knallsäure besprochen werden, weil beide Verbindungen miteinander isomer sind. Als LIEBIG und WÖHLER 1823 fanden, daß die Silbersalze der beiden Säuren die gleiche Zusammensetzung haben, zweifelten sie anfänglich an der Richtigkeit ihrer Analysen. Wenige Jahre später erhielt WÖHLER an Stelle von Ammoniumcyanat den isomeren Harnstoff. Diese damals „paradox“ erscheinenden Beobachtungen führten dann zur Aufstellung des Isomeriebegriffs durch BERZELIUS. Knallquecksilber $Hg(CNO)_2$ wurde 1800 von HOWARD durch Umsetzung von Quecksilber, Salpetersäure und Alkohol in bestimmten Verhältnissen erhalten. Mit Silber entsteht analog knallsaures Silber. Die Salze der Knallsäure **(Fulminate)** sind höchst explosiv. Ihre Wirkung ist aber trotz großer Brisanz lokal. So glückte es HOWARD, etwas Quecksilberfulminat in einem Ballon zur Explosion zu bringen, ohne daß dieser zertrümmert wurde. Schießbaumwolle (S. 257), die beim Anzünden blitzartig abbrennt, wird durch Verpuffen einer kleinen Menge Knallquecksilber zur Explosion gebracht. Dies gilt auch für andere Sprengstoffe, weshalb das Knallquecksilber in der Sprengstofftechnik als Explosionserreger („Initialsprengstoff“) eine wichtige Rolle spielt.

Die Knallsäure selbst ist eine sehr unbeständige, flüchtige Verbindung, die in ihrem Geruch an Blausäure erinnert und sehr giftige Eigenschaften besitzt. Sie polymerisiert sich leicht zu verschiedenen heterocyclischen Verbindungen.

Knallsäure ist von NEF als Oxim des Kohlenoxyds $C:N\cdot OH$ aufgefaßt worden, obwohl gegen diese Formel ähnliche Bedenken wie gegen die Formel der Isocyanide (S. 70) geltend gemacht werden können. Bei der Behandlung mit Salzsäure nimmt sie Wasser auf und liefert Hydroxylamin und Ameisensäure. Die Bildung der Knallsäure aus Alkohol hat man sich nach WIELAND, dem wir eingehende Untersuchungen über die Knallsäure verdanken, in folgender Weise vorzustellen:

$$CH_3\cdot CHO \longrightarrow \begin{matrix} CH\cdot CHO \\ \ddot{N}\cdot OH \end{matrix} \longrightarrow \begin{matrix} CH\cdot CO_2H \\ \ddot{N}\cdot OH \end{matrix} \longrightarrow \begin{matrix} O_2N\cdot C\cdot CO_2H \\ \ddot{N}\cdot OH \end{matrix} \longrightarrow$$

$$\underset{\text{Methylnitrolsäure}}{O_2N\cdot CH:N\cdot OH} + CO_2 \longrightarrow C:N\cdot OH + HNO_2.$$

Cyanamid $H_2N\cdot CN$

Cyanamid, das als Amid der Cyansäure oder als Nitril der Carbamidsäure angesehen werden kann, entsteht unter anderem aus Chlorcyan und Ammoniak. Es ist eine farblose, kristallinische, hygroskopische Masse vom Schmelzpunkt etwa 40°. Seine Wasserstoffatome sind durch Metallatome, z. B. Silber, vertretbar. Während es in schwach saurer Lösung ziemlich beständig ist, wird es durch Alkalien leicht zu **Dicyandiamid** $H_2N\cdot C(:NH)\cdot NH\cdot CN$ polymerisiert. Starke Alkalien verwandeln es zunächst in Harnstoff, der dann selbst der Hydrolyse anheimfällt. Der Umsetzung von Cyanamid mit Ammoniak zu Guanidin wurde bereits gedacht (S. 184). Silbercyanamid ist gelb und merkwürdigerweise unlöslich in verdünntem Ammoniak, das sonst die meisten Silberverbindungen auflöst.

Technische Bedeutung besitzt das Calciumsalz (**Calciumcyanamid, Kalkstickstoff**), das beim Glühen von Calciumcarbid im Stickstoffstrom entsteht:

$$CaC_2 + N_2 \rightleftarrows CaCN_2 + C;$$

durch Zufügen von 10% Calciumchlorid wird die Stickstoffaufnahme sehr erleichtert. Calciumcyanamid kann auch durch Glühen eines Gemisches von Kalk und Kohlenstoff in einer Atmosphäre von Stickstoff dargestellt werden. Kalkstickstoff wird als Kunstdünger verwendet, weil er sich mit Wasser zu Calciumcarbonat und Ammoniak umsetzt, bei gewöhnlicher Temperatur langsam, rasch beim Erhitzen unter Druck:

$$CaCN_2 + 3\,H_2O = CaCO_3 + 2\,NH_3.$$

Dieser Prozeß bedeutet eine Darstellung von NH_3 aus dem Stickstoff der Luft und ist auch zu diesem Zweck zeitweilig technisch ausgeführt worden. Durch Behandeln von Kalkstickstoff mit Wasser und Kohlendioxyd in der Kälte erhält man freies Cyanamid.

Über die Darstellung von Natriumcyanamid Na_2CN_2 vgl. S. 93.

Semicarbazid

Ein Hydrazinderivat der Kohlensäure ist das **Semicarbazid** $H_2N\cdot CO\cdot NH\cdot NH_2$, das am besten aus Kaliumcyanat und Hydrazinsulfat dargestellt wird:

$$HN:C:O + H_2N\cdot NH_2 = H_2N\cdot CO\cdot NH\cdot NH_2.$$

Auch durch elektrolytische Reduktion von Nitroharnstoff kann es gewonnen werden. Es schmilzt bei 96°, reagiert in wäßriger Lösung neutral und bildet mit 1 Mol Säure gut kristallisierende Salze. Mit Aldehyden und Ketonen vereinigt es sich unter Wasseraustritt zu häufig gut kristallisierten, verhältnismäßig schwer löslichen Verbindungen (**Semicarbazonen**):

$$R_2CO + H_2N\cdot NH\cdot CO\cdot NH_2 = R_2C:N\cdot NH\cdot CO\cdot NH_2 + H_2O.$$

Es dient daher zum Nachweis und zur Abscheidung von Aldehyden und Ketonen.

Schwefelderivate der Kohlensäure

Es sind sehr zahlreiche Verbindungen bekannt, die sich von den im vorhergehenden beschriebenen Kohlensäure-Derivaten durch teilweisen oder vollständigen Ersatz von O durch S ableiten und als Derivate der **Thiokohlensäure** H_2CO_2S, **Dithiokohlensäure** H_2COS_2 und **Trithiokohlensäure** H_2CS_3 betrachtet werden können. Einige der wichtigsten Verbindungen sollen im folgenden behandelt werden.

Schwefelkohlenstoff CS_2

Diese Verbindung kann man durch Leiten von Schwefeldämpfen über Holzkohle bei 900° direkt synthetisch darstellen. Auch in der Technik wird dieses Verfahren befolgt. Der rohe Schwefelkohlenstoff enthält Schwefel und Schwefelwasserstoff, von denen er durch Destillation befreit wird. Reiner Schwefelkohlenstoff stellt eine stark lichtbrechende, nahezu farblose, ätherisch riechende Flüssigkeit vom Siedepunkt 46·25° und vom Erstarrungspunkt —116·8° dar. In Wasser ist er kaum löslich; sein spezifisches Gewicht beträgt 1·2927 bei 0°. Er ist äußerst leicht entzündlich und wirkt eingeatmet giftig, weshalb beim Arbeiten mit ihm Vorsicht geboten ist. Schwefelkohlenstoff besitzt ein hervorragendes Lösungsvermögen für Schwefel, Phosphor, Jod und viele organische Verbindungen.

Schwefelkohlenstoff ist eine beständige Verbindung, obgleich er endotherm ist (ΔF_{298} von flüssigem Schwefelkohlenstoff + 9,8 kcal/Mol). Sein Dampf kann jedoch durch Knallquecksilber zur Explosion gebracht werden. Beim Erhitzen auf Rotglut zerfällt er in die Elemente, allerdings entsprechend seiner endothermen Natur nicht vollständig. Wasser spaltet oberhalb 150° in Kohlendioxyd und Schwefelwasserstoff. Von Halogenen wird Schwefelkohlenstoff bei gewöhnlicher Temperatur wenig angegriffen; bei Gegenwart eines Halogenüberträgers entsteht Tetrachlor(brom)-kohlenstoff (technische Darstellung).

CS_2 ist ebenso wie CO_2 ein Säureanhydrid oder besser Anhydrosulfid. Durch Addition von Alkali- und Erdalkalisulfiden entstehen die **Trithiocarbonate,** z. B.:

$$BaS + CS_2 = \underset{\text{Bariumtrithiocarbonat}}{BaCS_3}.$$

Das Bariumsalz ist gelb und in kaltem Wasser schwer löslich. Die freie **Trithiokohlensäure** H_2CS_3 kann aus ihren Salzen durch Säuren als schweres, rotes, zersetzliches Öl abgeschieden werden. Ihr Kaliumsalz verwendet man zur Bekämpfung der Reblaus.

Xanthogensäure ist der O-Äthylester der Dithiokohlensäure. Ihr Kaliumsalz entsteht durch Addition von Kaliumäthylat an Schwefelkohlenstoff:

$$CS_2 + KO \cdot C_2H_5 = C_2H_5 \cdot O \cdot CS \cdot SK.$$

Es scheidet sich beim Schütteln von Schwefelkohlenstoff mit alkoholischer Kalilauge in Form gelber, glänzender Nadeln ab. Die freie Xanthogensäure ist sehr unbeständig; sie zerfällt unter stürmischem Aufkochen in Alkohol und Schwefelkohlenstoff. Hierbei wirkt der entstehende Alkohol autokatalytisch beschleunigend. Ihren Namen (von ξανθός = gelb) verdankt Xanthogensäure dem Umstand, daß ihre Salze mit Kupfersulfat unter Reduktion einen gelben Niederschlag von Kupfer(I)-xanthogenat geben, der durch schwarzes Kupfersulfid und andere Produkte verfärbt ist; gleichzeitig entsteht bei dieser Reaktion als Oxydationsprodukt Dixanthogen $(C_2H_5 \cdot O \cdot CS \cdot S—)_2$.

Auch andere Alkoholate bilden mit Schwefelkohlenstoff analoge Xanthogensäuren. Besonders wichtig ist die Bildung von Cellulosexanthogenat aus Alkalicellulose. Sie bildet die Grundlage der Kunstseidefabrikation (S. 258).

Kohlenoxysulfid COS

Diese Verbindung ist ein leicht entzündliches, farb- und geruchloses Gas und entsteht aus Äthylisocyanat und Schwefelwasserstoff:

$$2\,C_2H_5 \cdot N : CO + H_2S = COS + CO(NH \cdot C_2H_5)_2.$$

Kohlenoxysulfid bildet sich auch, wenn ein Gemenge von CO und Schwefeldämpfen durch ein mäßig erhitztes Rohr geleitet wird. Es siedet bei —50·2° (760 mm); Schmelzpunkt —138·2°.

Kohlenoxysulfid ist eine exotherme Verbindung (ΔH_{298} = — 35 kcal/Mol).

Es wird von Wasser, in dem es löslich ist, langsam zu CO_2 und H_2S zersetzt; auch die Zersetzung durch Alkalien ist ein langsam verlaufender Vorgang (Barytwasser wird erst nach einigen Sekunden getrübt). Es vermag mit Alkoholaten Salze zu bilden, die man von der **Thiokohlensäure** ableiten kann:

$$COS + C_2H_5 \cdot OK = C_2H_5 \cdot O \cdot CSOK.$$

Thiocyansäure oder Rhodanwasserstoffsäure HCNS

Diese Säure erinnert in ihren Eigenschaften in vielen Punkten an die Cyansäure. Sie ist jedoch eine starke Säure und gegen Wasser erheblich beständiger. Ihre Salze heißen **Thiocyanate** oder **Rhodanide.** Sie sind nicht giftig und kommen in kleinen Mengen im Speichel und im Harn vor.

Kaliumrhodanid KCNS entsteht beim Kochen einer Kaliumcyanid-Lösung mit Schwefel. — *Silberrhodanid* AgCNS wird aus einer Kaliumrhodanid-Lösung durch Silbernitrat als weißer käsiger Niederschlag gefällt. Es ist in verdünnten Mineralsäuren unlöslich. — *Eisen(III)-rhodanid* ist von dunkelblutroter Farbe[1]. Seine Bildung ist ein empfindliches Reagens auf Eisen(III)-salze; es dient als Indikator bei der volumetrischen Silberbestimmung nach VOLHARD, bei der das Silber durch Kaliumrhodanid gefällt wird. — *Quecksilberrhodanid* besitzt die Eigentümlichkeit, sich bei der Verbrennung sehr stark aufzublähen (Pharaoschlangen). Mit Brom in CS_2 liefert es $HgBr_2$ und **Rhodan** NCS·SCN, gelbliche Kristalle vom F: —2°. Rhodan ähnelt den Halogenen, wirkt oxydierend und addiert sich an doppelte Bindungen, z. B. entsteht mit Äthylen Äthylendirhodanid $NCS \cdot CH_2 \cdot CH_2 \cdot SCN$. In mehrfach ungesättigten Verbindungen sättigt Rhodan häufig nur einen Teil der vorhandenen Doppelbindungen ab. Die Kombination der Jodzahl mit der Rhodanzahl gibt daher z. B. in der Fett-Analyse analytisch wertvolle Aufschlüsse (S. 115). Zur Gewinnung verläßlicher Zahlen bedarf es allerdings einer gewissen Umsicht.

Eine wäßrige Lösung der freien Säure kann man aus Bariumrhodanid und der äquivalenten Menge verdünnter Schwefelsäure erhalten. Die wasserfreie Säure, die man durch Einwirkung von Kaliumbisulfat auf Kaliumrhodanid darstellen kann, ist ein farbloses Gas, das in flüssiger Luft zu einer schneeweißen Kristallmasse vom Schmelzpunkt — 110° erstarrt. Von — 100° an wandelt sich wasserfreier Rhodanwasserstoff in eine ganze Reihe von Polymeren um, die sich durch Erwärmen wieder zu dem Monomeren depolymerisieren lassen. Beim Behandeln der Salze mit überschüssiger 55%ig. Schwefelsäure nimmt Rhodanwasserstoffsäure ein Molekül Wasser auf und zersetzt sich dabei analog wie die Cyansäure:

$$HCNS + H_2O = NH_3 + COS.$$

Ammoniumrhodanid, das man technisch unter anderem aus den Waschwässern der Leuchtgasfabrikation gewinnt, lagert sich beim Schmelzen in **Thioharnstoff** $H_2N \cdot CS \cdot NH_2$ um (vgl. die analoge Bildung von Harnstoff, S. 183). Im Gleichgewicht sind bei 160° etwa 30% Thioharnstoff vorhanden, der beim Behandeln der erkalteten Schmelze mit starkem Alkohol zurückbleibt. Er bildet rhombische Kristalle vom Schmelzpunkt 180° und löst sich in 11 Teilen Wasser. In Berührung mit HgO spaltet er H_2S ab und geht in Cyanamid (S. 188) über.

Thioharnstoff kann durch Alkylhalogenide oder Dialkylsulfate am Schwefel alkyliert werden. Hierbei entstehen Derivate des tautomeren Isothioharnstoffs $H_2N \cdot C(SH):NH$. Z. B. erhält man mit Äthylbromid das bromwasserstoffsaure Salz des S-Äthyl-isothioharnstoffs:

$$\begin{matrix} H_2N \\ H_2N \end{matrix} \!\!>\! CS + C_2H_5Br = \begin{matrix} H_2N \\ HN \end{matrix} \!\!\gg\! C \cdot S \cdot C_2H_5 + HBr.$$

Die aus dem Salz mit Natronlauge in Freiheit gesetzte Base zerfällt sehr leicht in Äthylmercaptan und Cyanamid:

$$\begin{matrix} H_2N \\ HN \end{matrix} \!\!\gg\! C \cdot S \cdot C_2H_5 = H_2N \cdot CN + C_2H_5 \cdot SH.$$

Diese Reaktion stellt ein wichtiges und elegantes Verfahren zur Darstellung von Mercaptanen dar.

[1] Der Name Rhodanid ist von ῥόδεος = rot abgeleitet.

Von der Thiocyansäure kennt man im Gegensatz zur Cyansäure zwei Esterreihen, die Thiocyansäureester R·S·CN und die Isothiocyansäureester R·N:CS.

Thiocyansäureester entstehen durch Einwirkung von Alkyljodid auf die Salze der Rhodanwasserstoffsäure:

$$C_2H_5J + KSCN = C_2H_5 \cdot S \cdot CN + KJ.$$

Sie sind in Wasser unlösliche Flüssigkeiten, die lauchartig riechen und eingeatmet nicht ungiftig sind. Sowohl durch Oxydation als auch durch Reduktion kann man zeigen, daß in diesen Verbindungen das Alkyl in der Tat an Schwefel gebunden ist. Beim Erhitzen gehen sie in Isothiocyansäureester über; Allylrhodanid $C_3H_5 \cdot S \cdot CN$ z. B. geht bereits bei der Destillation in das isomere Allylisothiocyanat $C_3H_5 \cdot N:CS$ über. Durch Spuren von Säuren werden die Thiocyansäureester zu Trithiocyanursäureestern polymerisiert.

Isothiocyansäureester, R·N:CS, werden nach dem Allylisothiocyanat, das den eigentümlichen Geruch und Geschmack des Senfsamens verursacht, auch **Senföle** genannt. Sie entstehen durch Einwirkung primärer Amine auf Schwefelkohlenstoff und Erhitzen der entstehenden Alkyldithiocarbamidsäure mit $HgCl_2$:

$$CS_2 + CH_3 \cdot NH_2 \longrightarrow CH_3 \cdot NH \cdot CS \cdot SH \xrightarrow{HgCl_2} CH_3 \cdot NH \cdot CS \cdot SHgCl$$
$$\longrightarrow CH_3 \cdot N:CS + HgS + HCl.$$

Wegen des heftigen Geruchs der Senföle kann diese Reaktion zum Nachweis primärer Amine dienen.

Daß in den Senfölen Alkyl an Stickstoff gebunden ist, ergibt sich aus den folgenden Reaktionen. Unter der Einwirkung von konzentrierter Schwefelsäure nehmen die Senföle Wasser auf und geben primäre Amine und Kohlenoxysulfid:

$$R \cdot N:CS + H_2O = R \cdot NH_2 + COS.$$

Bei der Reduktion erhält man gleichzeitig ein primäres Amin und ein festes Produkt, das als ein Polymeres des in freiem Zustand unbekannten Thioformaldehyds CH_2S betrachtet wird:

$$R \cdot N:CS + 4\,H = R \cdot NH_2 + CH_2S.$$

Die Bildung von Allylsenföl aus Senfsamen beruht auf einer enzymatischen Reaktion. Die Samen enthalten ein eigentümlich gebautes Glucosid (S. 220), das **Sinigrin,** das durch ein im Senfsamen vorkommendes Enzym **Myrosin** in Allylsenföl, Glucose und Kaliumdisulfat gespalten wird:

$$\underset{\text{Sinigrin}}{CH_2:CH \cdot CH_2 \cdot N{=}C{<}^{S \cdot C_6H_{11}O_5}_{O \cdot SO_3K}} \xrightarrow{H_2O} \underset{\text{Senföl}}{CH_2:CH \cdot CH_2 \cdot N:CS} + \underset{\text{Glucose}}{C_6H_{12}O_6} + KHSO_4$$

Auch im Meerrettich ist Sinigrin nachgewiesen worden.

Oxysäuren

Einbasische Oxysäuren

Die **Bildungsweisen** dieser Säuren sind im allgemeinen gegeben, wenn man die Methoden für die Einführung der Carboxyl- und der Hydroxylgruppe kennt.

Ihre Gewinnung aus Halogencarbonsäuren durch Austausch von Halogen gegen Hydroxyl wurde bereits S. 180 erwähnt. Bromfettsäuren eignen sich besser als Chlorfettsäuren, weil sie viel leichter reagieren. Eine wichtige Darstellungsmethode für die α-Oxysäuren geht von den um 1 C-Atom ärmeren Aldehyden und Ketonen aus, die sich unter dem katalytischen Einfluß von Alkalien (z. B. Kaliumcyanid) mit Blausäure zu Oxynitrilen („Cyanhydrinen“) verbinden:

$$CH_3 \cdot CHO + HCN = \underset{\text{Acetaldehyd-cyanhydrin}}{CH_3 \cdot CH{<}^{OH}_{CN}}.$$

Man kann auch das lästige Arbeiten mit freier Blausäure umgehen, indem man die entsprechenden Bisulfitverbindungen (S. 99) mit Kaliumcyanid umsetzt:

$$CH_3 \cdot CH{<}^{OH}_{SO_3K} + KCN = CH_3 \cdot CH{<}^{OH}_{CN} + K_2SO_3.$$

Da die Cyanhydrinbildung eine allerdings meist stark nach rechts verschobene Gleichgewichtsreaktion ist, kann die Verseifung der Cyanhydrine mit Alkalien zu einer rückläufigen Spaltung führen; man bewerkstelligt daher ihre Überführung in die freien Oxysäuren am besten durch vorsichtige Behandlung mit Säuren. Die so gewonnenen Oxysäuren sind identisch mit den Säuren, die man durch Bromierung der Fettsäurebromide und anschließenden Halogenaustausch gewinnt. Damit ist also gleichzeitig die α-Stellung des Halogens in den α-Bromfettsäuren auf einem neuen Wege bewiesen. Die Darstellung der Cyanhydrine spielt namentlich für Synthesen in der Zuckergruppe eine bedeutende Rolle.

Der Darstellung von Alkoholen aus Ketonen entspricht die Reduktion von Ketoncarbonsäuren zu Oxysäuren:

$$\underset{\text{Lävulinsäure}}{CH_3 \cdot CO \cdot CH_2 \cdot CH_2 \cdot CO_2H} \longrightarrow \underset{\gamma\text{-Oxy-valeriansäure}}{CH_3 \cdot CH(OH) \cdot CH_2 \cdot CH_2 \cdot CO_2H}.$$

Säuren, die eine Aminogruppe enthalten (S. 266), liefern bei Einwirkung von salpetriger Säure Oxysäuren:

$$\underset{\text{Glykokoll}}{H_2N \cdot CH_2 \cdot CO_2H} + HNO_2 = \underset{\text{Glykolsäure}}{HO \cdot CH_2 \cdot CO_2H} + N_2 + H_2O.$$

Interessant ist schließlich noch die Bildung von Oxysäuren durch Permanganat-Oxydation von Fettsäuren, die ein tertiäres Wasserstoffatom enthalten, weil sie aufs neue die große Reaktionsfähigkeit derartiger Wasserstoffatome beleuchtet:

$$\underset{\text{Isobuttersäure}}{(CH_3)_2CH \cdot CO_2H} + O = \underset{\alpha\text{-Oxy-isobuttersäure}}{(CH_3)_2C(OH) \cdot CO_2H}.$$

Eigenschaften

Die Oxysäuren sind bei gewöhnlicher Temperatur fest. Doch werden die niederen Glieder wegen ihrer hygroskopischen Eigenschaften meist nur in Sirupform erhalten. Die einfachen Oxysäuren lösen sich leicht in Wasser, die höheren Glieder sind nur noch in organischen Lösungsmitteln löslich. Der Siedepunkt ist im Vergleich zu den Fettsäuren bedeutend erhöht, so daß eine Destillation unter gewöhnlichem Druck nicht ohne Zersetzung möglich ist.

Die Stärke der Fettsäuren wird durch die Einführung von Hydroxyl gesteigert, wobei ebenso wie bei den Halogencarbonsäuren (S. 180) die Entfernung des Carboxyls vom Hydroxyl von Einfluß ist, wie aus den folgenden Werten für die Dissoziationskonstante k bei 25° hervorgeht:

Name	Formel	k
Essigsäure	$CH_3 \cdot CO_2H$	$1{\cdot}76 \times 10^{-5}$
Glykolsäure (Oxyessigsäure)	$CH_2(OH) \cdot CO_2H$	$1{\cdot}48 \times 10^{-4}$
Propionsäure	$CH_3 \cdot CH_2 \cdot CO_2H$	$1{\cdot}34 \times 10^{-5}$
Milchsäure (α-Oxy-propionsäure)	$CH_3 \cdot CH(OH) \cdot CO_2H$	$1{\cdot}37 \times 10^{-4}$
Hydracrylsäure (β-Oxy-propionsäure)	$CH_2(OH) \cdot CH_2 \cdot CO_2H$	3×10^{-5}

Entsprechend ihrer Doppelnatur als Alkohole und Säuren können die Oxysäuren zwei verschiedene Reihen von Derivaten bilden, die durch ein unterschiedliches chemisches Verhalten gekennzeichnet sind. Die Umsetzung mit Alkoholen führt zu Estern, die durch Alkalien in normaler Weise wieder verseift werden:

$$CH_3 \cdot CH(OH) \cdot CO_2H \longrightarrow CH_3 \cdot CH(OH) \cdot CO_2 \cdot C_2H_5.$$

Andererseits kennt man zahlreiche Äthersäuren, die an Stelle des alkoholischen Hydroxyls eine Alkoxygruppe enthalten. Zu ihrer Darstellung benutzt man fast ausschließlich den bequemen Weg über die Halogenfettsäureester, die man mit Natriumalkylat umsetzt und anschließend verseift:

$$ClCH_2\cdot CO_2\cdot C_2H_5 + NaO\cdot C_2H_5 \longrightarrow C_2H_5\cdot O\cdot CH_2\cdot CO_2\cdot C_2H_5 \xrightarrow{H_2O} \underset{\text{Äthoxyessigsäure}}{C_2H_5\cdot O\cdot CH_2\cdot CO_2H}.$$

In ihrer Beständigkeit gegen verseifende Mittel erweisen sich diese Äthersäuren als echte Äther. Durch Säurechloride wird das alkoholische Hydroxyl der Oxysäuren verestert. Auf einer analogen Veresterung beruhen auch die charakteristischen Reaktionen, die die Oxysäuren auf Grund der gleichzeitigen Anwesenheit von Hydroxyl- und Carboxylgruppe in ihrem Molekül mit sich selbst eingehen können. Die Art der Reaktionsprodukte wird hierbei durch die Stellung des Hydroxyls in ähnlicher Weise beeinflußt, wie wir es früher bei den Halogenfettsäuren festgestellt haben. Die Oxysäuren spalten nämlich sehr leicht, vielfach schon beim Aufbewahren, regelmäßig beim Erhitzen für sich oder mit Katalysatoren, Wasser ab.

γ- und δ-Oxysäuren reagieren intramolekular und gehen in Lactone (S. 197) über; z. B. liefert γ-Oxy-buttersäure Butyrolacton:

$$\begin{array}{l} CH_2\cdot CH_2\cdot CH_2\cdot CO \\ | \qquad\qquad\quad\;\; | \\ OH \qquad\qquad\; OH \end{array} - H_2O = \begin{array}{l} CH_2\cdot CH_2\cdot CH_2\cdot CO \\ \llcorner\!\_\_\_\_\, O \,\_\_\_\_\lrcorner \end{array}$$

Die Wasserabspaltung aus β-Oxysäuren führt zu ungesättigten Säuren:

$$\underset{\beta\text{-Oxy-buttersäure}}{CH_3\cdot CH(OH)\cdot CH_2\cdot CO_2H} - H_2O = \underset{\text{Crotonsäure}}{CH_3\cdot CH = CH\cdot CO_2H}.$$

α-Oxysäuren und viele Oxysäuren mit weiter entferntem Hydroxyl liefern schließlich lineare Polyester (sogenannte „**Estolide**"), die meist Gemische von mehreren Polymer-Homologen darstellen, z. B.:

$$\underset{\text{Lactylmilchsäure}}{CH_3\cdot CH(OH)\cdot CO\cdot O\cdot CH(CH_3)\cdot CO_2H}$$

$$\underset{\text{Lactyl-lactyl-milchsäure}}{CH_3\cdot CH(OH)\cdot CO\cdot O\cdot CH(CH_3)\cdot CO\cdot O\cdot CH(CH_3)\cdot CO_2H}.$$

Diese Polyester sind flüssige oder feste Produkte, die sich bei der Destillation unter Bildung flüchtiger ringförmiger Produkte zersetzen. Die bekannteste Reaktion dieser Art ist die Bildung von **Lactid** (S. 194), das man durch Erhitzen von Milchsäure über das Zwischenstadium der Lactylmilchsäure erhält:

$$\begin{array}{ll} CH_3\cdot CH\cdot OH & HOOC \\ \quad\;\; | & \quad | \\ \quad COOH & HO\cdot CH\cdot CH_3 \end{array} \rightarrow \underset{\text{Lactid}}{\begin{array}{l} CH_3\cdot CH-O-CO \\ \qquad\;\; | \qquad\quad\; | \\ \qquad CO-O-CH\cdot CH_3 \end{array}} + 2\,H_2O.$$

Nach der obigen Strukturformel ist dieses Anhydrid ein zweifacher Ester. In der Tat wird es auf gleiche Weise wie ein Ester durch Kochen mit Wasser oder verdünnten Säuren verseift und geht dadurch wieder in Milchsäure über.

Glykolsäure (Oxyessigsäure)

Diese Säure findet sich in unreifen Weintrauben. Gewöhnlich stellt man sie durch Kochen von Chloressigsäure mit 1 Mol Kalilauge dar:

$$CH_2Cl\cdot CO_2H + KOH = CH_2(OH)\cdot CO_2H + KCl$$

oder durch elektrolytische Reduktion von Oxalsäure.

Glykolsäure kristallisiert aus Wasser in Nadeln, die bei 80° schmelzen, und ist in Wasser, Alkohol und Äther sehr leicht löslich. Ihr Ca-Salz ist in kaltem Wasser schwer löslich. Bei der Destillation im Vakuum spaltet die Säure Wasser ab und geht in **Glykolid** über:

$$\begin{array}{ll} CH_2\cdot OH & HO\cdot OC \\ | & \qquad | \\ CO\cdot OH & HO\cdot CH_2 \end{array} \rightarrow 2\,H_2O + \begin{array}{l} CH_2\cdot O\cdot CO \\ | \qquad\quad\;\; | \\ CO\cdot O\cdot CH_2. \end{array}$$

Milchsäure (α-Oxy-propionsäure)

Von der Propionsäure leiten sich zwei in der α- bzw. β-Stellung substituierte Oxysäuren ab. Für die β-Säure (Hydracrylsäure) ist auf S. 139 ein Darstellungsweg angegeben, durch den gleichzeitig ihre Konstitution sichergestellt ist. Viel wichtiger ist indessen die α-Oxy-propionsäure oder Milchsäure $CH_3 \cdot CH(OH) \cdot CO_2H$.

Auf synthetischem Wege kann man Milchsäure nach den auf S. 191 angegebenen Verfahren erhalten. Für ihre großtechnische Darstellung geht man jedoch von Zuckern aus, die durch die sehr verbreitete Gattung der Milchsäurebakterien in **„Milchsäuregärung“** versetzt werden. Als Ausgangsmaterial dient wie bei der alkoholischen Gärung meist Kartoffel- oder Getreidestärke, die man zunächst mit diastasereichem Grünmalz verzuckert, da die im allgemeinen diastasearmen Milchsäurebakterien, die man in der Technik verwendet, Stärke direkt nicht anzugreifen vermögen. Die auf einen Gehalt von 10% gebrachte Zuckerlösung wird dann bei 46—48° mit einer Reinkultur von Bacillus Delbrücki vergoren. Da die Bakterientätigkeit durch größere Mengen freier Säuren gehemmt wird, setzt man dem Gärgut zur Neutralisation Calciumcarbonat zu. Die Theorie dieses interessanten Prozesses, der mit einer Sprengung der Kohlenstoffkette der Zucker durch das Ferment der Milchsäurebakterien verbunden ist, wird später bei den Zuckern behandelt werden. Auch auf chemischem Wege lassen sich aus Zuckern reichliche Mengen von Milchsäure erhalten, indem man z. B. Glucose mit Natronlauge erhitzt. Ihren Namen verdankt die Milchsäure (acidum lacticum) ihrem Vorkommen in der sauren Milch, wo sie durch Milchsäuregärung des Milchzuckers entsteht. In dieser wurde sie 1780 von SCHEELE entdeckt. Sie bildet sich ferner bei der künstlichen Säuerung pflanzlicher Materialien, z. B. bei der Herstellung von Sauerkraut und bei dem als Silage bekannten Prozeß der Darstellung von Preßfutter.

Milchsäure enthält ein asymmetrisches Kohlenstoffatom und kann daher in zwei optisch-aktiven und einer racemischen Form auftreten. Milchsäurebakterien bilden je nach Rasse rechtsdrehende oder linksdrehende Milchsäure. Die in der Technik verwandten Kulturen sind Mischungen verschiedener Stämme. Vermutlich aus diesem Grund ist die so gewonnene sogenannte **Gärungsmilchsäure** gewöhnlich nahezu optischinaktiv. Auch der tierische Organismus enthält ein Fermentsystem, das Zucker in Milchsäure umzuwandeln vermag. So entsteht aus Glykogen im arbeitenden Muskel bei unzureichender Sauerstoffversorgung rechtsdrehende Milchsäure (**„Fleischmilchsäure“**), die mit dem Blut in den Kreislauf gelangt:

$$\underset{\text{Glykogen}}{C_6H_{10}O_5} + H_2O \longrightarrow \underset{l(+)\text{-Milchsäure}}{2C_3H_6O_3}; \quad \Delta H_{298} = -36\ \text{kcal}; \ \Delta F_{298} = -48\ \text{kcal}.$$

Man bezeichnet ihre enzymatische Bildung als **Glykolyse.** Milchsäure ist im Organismus nur in kleiner Menge enthalten (ca. 10 mg in 100 cm^3 Blut). Erst bei Sauerstoffmangel und in absterbenden Organen findet eine beträchtliche Anhäufung statt, die schon in der Frühzeit der organischen Chemie ihre Isolierung gestattete (BERZELIUS 1806).

Wasserfreie Milchsäure erhält man durch Destillation der wasserhaltigen Gärungsmilchsäure unter stark vermindertem Druck (1 mm); sie ist kristallisiert und schmilzt bei + 18°. Die im Handel befindliche etwa 90%ige Säure ist ein geruchloser Sirup, hat das spezifische Gewicht 1·21 und schmeckt stark sauer. Beim Konzentrieren der wasserhaltigen Milchsäure unter gewöhnlichem Druck entsteht unter Abnahme des Säuretiters teilweise Lactylmilchsäure $CH_3 \cdot CH(OH) \cdot CO \cdot O \cdot CH(CH_3) \cdot CO_2H$, die daher einen regelmäßigen Bestandteil der Handelsmilchsäure darstellt. Beim Erhitzen von Milchsäure auf 180—250° im Vakuum spaltet die Lactylmilchsäure Wasser ab und geht in **Lactid** über, das sich in der Vorlage in schönen

Kristallen vom Schmelzpunkt 124⁰ abscheidet (vgl. S. 193). Lactid wird schon durch kaltes Wasser langsam zu Lactylmilchsäure hydrolysiert.

Salze der Milchsäure (Lactate). Die Alkalisalze sind in Wasser sehr leicht löslich; ihre etwa 50%igen Lösungen haben die Konsistenz von Glycerin. In vielen Fällen können sie als Ersatzmittel an seiner Stelle benutzt werden. Inaktives Zinklactat kristallisiert mit $3H_2O$ und dient wegen seines Kristallisationsvermögens zur quantitativen Bestimmung der Milchsäure.

Milchsäure findet technische Verwendung in der Gerberei (S. 370) zum Entkalken der Felle, ferner in der Nahrungsmittel- und Kunststoff-Industrie sowie schließlich in der Zahnheilkunde als Ätzmittel.

Die **Struktur** der Milchsäure ergibt sich auf Grund ihrer Synthese aus Acetaldehyd mittels der Cyanhydrin-Reaktion. Beim Erhitzen mit verdünnter Schwefelsäure spaltet sie sich in Acetaldehyd und Ameisensäure; der gleiche Vorgang findet auch beim Erhitzen von Milchsäure auf 300—500⁰ statt:

$$CH_3 \cdot CH(OH) \cdot CO_2H = CH_3 \cdot CHO + HCO_2H.$$

Diese Spaltung ist gewissermaßen eine Umkehrung der Cyanhydrin-Reaktion; viele α-Oxysäuren zeigen ein gleiches Verhalten. Wird Milchsäure mit konzentrierter Schwefelsäure erhitzt, so zersetzt sich die primär entstehende Ameisensäure unter Entwicklung von Kohlenoxyd.

Durch milde Oxydationsmittel, z. B. Wasserstoffperoxyd, wird Milchsäure zu Acetaldehyd und CO_2 oxydiert:

$$CH_3 \cdot CH(OH) \cdot CO_2H + O = CH_3 \cdot CHO + CO_2 + H_2O.$$

Diese Reaktion ist für viele α-Oxysäuren charakteristisch.

Stereochemie. Die im Laboratorium aus inaktivem Material synthetisch dargestellte Milchsäure ist optisch-inaktiv.

Die Erfahrung hat gelehrt, daß es allgemein unmöglich ist, von inaktivem Material ausgehend durch chemische Umsetzungen zu optisch-aktiven Formen zu gelangen. Da die inaktive Milchsäure zu gleichen Teilen aus rechts- und linksdrehender Säure besteht, müssen sich demnach beide Säuren bei der Synthese in gleicher Menge bilden. Zum Verständnis dieser Erscheinung führt die folgende Überlegung.

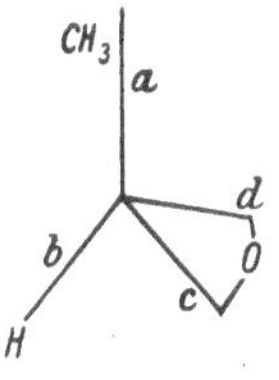

Fig. 55. Acetaldehyd

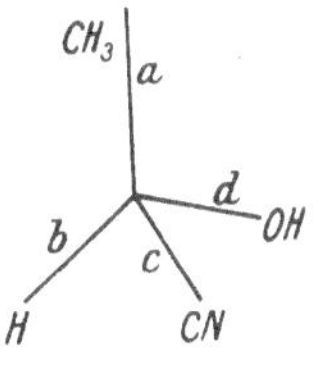

Fig. 56. Milchsäurenitril

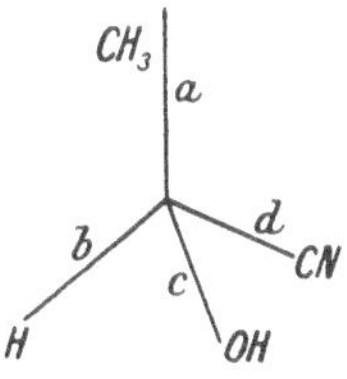

Fig. 57. Milchsäurenitril

Das Nitril der Milchsäure erhält man durch Addition von Blausäure an Acetaldehyd (S. 191). Stellen wir Acetaldehyd durch die Raumformel Fig. 55 dar, so kann offenbar die Addition von HCN in zwei Richtungen verlaufen, indem von den zwei Bindungen *c* und *d*, mit denen der Sauerstoff an Kohlenstoff gebunden ist, entweder *c* (Fig. 56) oder *d* (Fig. 57) gelöst wird.

Fig. 56 und 57 verhalten sich zueinander wie Bild und Spiegelbild, können also nicht zur Deckung gebracht werden; sie stellen das Rechts- und das Linksnitril der Milchsäure dar. Man sieht also zunächst, daß bei der Addition beide optisch-aktiven Modifikationen gebildet werden können. Nun ist die Wahrscheinlichkeit für die Bildung beider Verbindungen völlig gleich, da die Lage von *d* und *c* in bezug auf *a* und *b* vollkommen gleich ist. Beide Modifikationen müssen sich also in gleicher Menge bilden.

Eine ganz analoge Überlegung gilt nun für den Fall, daß ein asymmetrisches Kohlenstoffatom durch Substitution entsteht, z. B. für die Bildung von α-Brom-propionsäure $\begin{matrix}H\\Br\end{matrix}\!>\!C\!<\!\begin{matrix}CH_3\\COOH\end{matrix}$ aus Propionsäure $\begin{matrix}cH\\dH\end{matrix}\!>\!C\!<\!\begin{matrix}CH_3\\COOH\end{matrix}$. Je nachdem H*c* oder H*d* durch Brom ersetzt wird, werden wiederum die beiden entgegengesetzt drehenden Säuren entstehen; auch hier ist die Bildungswahrscheinlichkeit in beiden Fällen gleich, die entstehende Säure also optisch-inaktiv.

Eine dritte Entstehungsweise eines asymmetrischen Kohlenstoffatoms zeigt das Beispiel der Bildung von Methyläthylessigsäure (I) aus Methyläthylmalonsäure (II)

$$\text{I.}\quad \begin{matrix}CH_3\\C_2H_5\end{matrix}\!>\!C\!<\!\begin{matrix}H\\COOH\end{matrix} \qquad\qquad \text{II.}\quad \begin{matrix}CH_3\\C_2H_5\end{matrix}\!>\!C\!<\!\begin{matrix}\overset{c}{C}OOH\\CO\underset{d}{O}H\end{matrix}$$

durch Abspaltung von CO_2. Die Abspaltung kann ebenfalls sowohl an der Bindungseinheit *c* als auch an der Bindungseinheit *d* mit gleicher Wahrscheinlichkeit stattfinden, so daß man auch hier im Einklang mit der Erfahrung eine inaktive Säure erwarten muß.

Obwohl somit, wie wir gesehen haben, im Laboratorium grundsätzlich nur optisch-inaktive Verbindungen gewonnen werden können, so verfügt man doch über eine Reihe von Verfahren, um eine Spaltung der künstlich gewonnenen Racemverbindungen in die optischen Antipoden zu bewerkstelligen. Näheres darüber wird bei Besprechung der Weinsäuren (S. 204) ausgeführt werden.

Die aktiven Milchsäuren unterscheiden sich von den früher behandelten optisch-aktiven Verbindungen wie dem Amylalkohol durch eine größere Leichtigkeit der Racemisation. Das aus ihnen durch Erhitzen auf 150—200° erhaltene Lactid ist teilweise optisch-inaktiv. Besonders Alkalien wirken in der Wärme auf viele α-Oxysäuren racemisierend (z. B. Aepfelsäure, Weinsäure).

Es ist auffällig, daß sich namentlich solche Verbindungen leicht racemisieren lassen, die noch Wasserstoff am asymmetrischen Kohlenstoff enthalten und demnach der Enolisierung fähig sind. Die Racemisierung wäre dann leicht verständlich, da das Enol als ungesättigte Verbindung symmetrisch sein muß: akt. Milchsäure ⟶ (hypothetisches) Enol $CH_3 \cdot C(OH) = C(OH)_2$ ⟶ racem. Milchsäure. Im analogen Fall der Mandelsäure (S. 337) hat Erlenmeyer durch Versuche mit schwerem Wasserstoff diese Deutung ausschließen können.

Unter dem Einfluß von Katalysatoren kann eine Racemisierung optisch-aktiver Verbindungen vielfach schon bei Zimmertemperatur erfolgen (**„Autoracemisation"**). Walden fand z. B., daß rechtsdrehender Brompropionsäureisobutylester $CH_3 \cdot CHBr \cdot CO_2 \cdot C_4H_9$ und noch einige andere Verbindungen mit einem an das asymmetrische C-Atom gebundenen Bromatom inaktiv geworden waren, nachdem sie drei bis vier Jahre bei gewöhnlicher Temperatur aufbewahrt worden waren. Das katalytisch wirkende Agens sind in diesem Fall Spuren von Bromionen. Der Mechanismus der Autoracemisation ist hier aufgeklärt, wovon bei Gelegenheit der Waldenschen Umkehrung noch die Rede sein wird (S. 275), und vermutlich auch auf die Alkali-Racemisation übertragbar.

Ricinolsäure

Ricinolsäure ist eine ungesättigte Oxysäure und besitzt als einzige in Fetten angetroffene Oxyfettsäure besonderes Interesse. Sie kommt als Glycerid im **Ricinusöl** vor, dessen Fettsäuren zu 80% aus Ricinolsäure bestehen. Ihre Konstitution als λ-Oxyölsäure

$$CH_3 \cdot [CH_2]_5 \cdot CH(OH) \cdot CH_2 \cdot CH = CH \cdot [CH_2]_7 \cdot CO_2H$$

ist durch Oxydation bewiesen worden. Bei der Behandlung mit Permanganat entstehen unter Absättigung der Doppelbindung zwei stereoisomere Trioxystearinsäuren, während der Ozonabbau Azelainsäure $HO_2C \cdot [CH_2]_7 \cdot CO_2H$ liefert. Ricinolsäure schmilzt bei 5° und ist rechtsdrehend. Bei der Einwirkung von konzentrierter Schwefelsäure auf Ricinolsäure bei Zimmertemperatur wird die Hydroxylgruppe durch Schwefelsäure verestert; mit Monohydrat entsteht bei —10° ein Ricinolsäuredischwefelsäureester, indem sich ein zweites Molekül Schwefelsäure an die doppelte Bindung anlagert:

$$CH_3\cdot[CH_2]_5\cdot\underset{O\cdot SO_3H}{\underset{|}{CH}}\cdot CH_2\cdot CH_2\cdot\underset{O\cdot SO_3H}{\underset{|}{CH}}\cdot[CH_2]_7\cdot CO_2H$$

Analoge Vorgänge spielen sich bei der Behandlung von Ricinusöl mit konzentrierter Schwefelsäure ab, gleichzeitig wird das Ricinusöl teilweise verseift. Das mit Natronlauge neutralisierte Reaktionsprodukt heißt **„Türkischrotöl"** und spielt als Netz- und Emulgiermittel eine Rolle in der Färberei (S. 429).

Lactone

γ-Oxysäuren spalten, wie schon oben bemerkt, leicht Wasser ab und gehen in γ-Lactone über. Ein gleiches Verhalten beobachtet man auch bei δ-Oxysäuren, die δ-Lactone geben. Man hat hier also ein neues Beispiel für die Leichtigkeit, mit der ringförmige Gebilde von fünf und sechs Atomen gebildet werden (S. 169). Häufig erfolgt die Wasserabspaltung spontan, wenn man die Oxysäure aus ihren Salzen in Freiheit setzt. In solchen Fällen sind die Oxysäuren selbst nicht bekannt, wohl aber ihre Ester, Salze und Amide. Die Lactone sind beständig gegen kalte verdünnte Sodalösung, werden aber durch Ätzalkalien in Salze der Oxysäuren verwandelt, woraus sich ihre Struktur ergibt. Sie können als die inneren Ester der Oxysäuren betrachtet werden.

γ-Lactone können auf verschiedene Weise gewonnen werden. Säuren mit doppelter Bindung in β,γ- oder γ,δ-Stellung werden durch Erwärmen mit verdünnter Schwefelsäure in γ-Lactone umgewandelt. Bei γ,δ-ungesättigten Säuren hängt es von den Substituenten an der Doppelbindung (Wasserstoff oder Alkyl) ab, ob man γ- oder δ-Lactone erhält. Man kann diese Lactonbildung als eine Anlagerung des Carboxyls an die doppelte Bindung auffassen:

$$R\cdot\overset{\gamma}{C}H:\overset{\beta}{C}H\cdot\overset{\alpha}{C}H_2\cdot CO = R\cdot CH\cdot CH_2\cdot CH_2\cdot CO$$
$$\nwarrow H\text{———}O \qquad\qquad \text{|———}O\text{———|}$$

Auch α,β-ungesättigte Säuren liefern bei anhaltendem Kochen mit verdünnter Schwefelsäure γ-Lactone, wobei eine Verschiebung der Doppelbindung vorausgeht.

Eine andere Methode zur Darstellung von γ-Lactonen besteht in der Reduktion der γ-Ketonsäuren, deren Synthese später näher besprochen werden wird (S. 262).

Bei der Einwirkung von Wasser gehen die Lactone langsam in der Kälte, rasch in der Wärme zum Teil in die betreffenden Oxysäuren über; es stellt sich ein Gleichgewicht ein, dessen Lage unter anderem von der Wassermenge abhängig ist:

$$\underset{\gamma\text{-Oxy-buttersäure}}{CH_2(OH)\cdot CH_2\cdot CH_2\cdot CO_2H} \rightleftarrows \underset{\text{|———O———|}}{CH_2\cdot CH_2\cdot CH_2\cdot CO} + H_2O\,.$$

Butyrolacton

Bei γ-Lactonen ist in verdünnter wäßriger Lösung bei 100° das Gleichgewicht meist weitgehend zugunsten des Lactons verschoben (Butyrolacton 75%, Valerolacton 93%).

Außer Wasser vermögen die Lactone auch HBr zu addieren:

$$\underset{\text{|———O———|}}{CH_2\cdot CH_2\cdot CH_2\cdot CO} + HBr = CH_2Br\cdot CH_2\cdot CH_2\cdot CO_2H\,.$$

Die Konstitution dieser Halogencarbonsäuren ergibt sich daraus, daß sie sich wieder in Lactone zurückverwandeln lassen (S. 181).

Ferner addieren Lactone Ammoniak, wodurch Amide von γ-Oxysäuren erhalten werden.

Durch Behandlung von β-Halogencarbonsäuren mit feuchtem Silberoxyd kann man β-Lactone gewinnen. Diese werden aber durch kochendes Wasser sofort in die β-Oxysäuren verwandelt, aus denen sie sich durch Wasserabspaltung *nicht* zurückerhalten lassen. Das aus Formaldehyd und Keten (S. 146) erhältliche β-**Propiolacton** $\overline{O\cdot CH_2\cdot CH_2\cdot CO}$ schmilzt bei -33.4^0 und zeigt $Kp_{10}: 51^0$. Es ist eine ungemein reaktionsfähige Substanz.

Auch aus Oxysäuren, bei denen das Hydroxyl von der Carboxylgruppe weit entfernt ist, kann man Lactone erhalten. Diese Lactone haben nicht nur wegen ihrer Ringgröße Interesse, sondern auch wegen des moschusartigen Geruchs, der einigen Gliedern dieser Gruppe eigen ist. Im allgemeinen wird bei der Wasserabspaltung aus solchen Säuren die Estolidbildung sehr begünstigt sein. Man kann sie aber zugunsten der Lactonbildung zurückdrängen, indem man in äußerst verdünnter Lösung arbeitet, weil dadurch die Wahrscheinlichkeit einer Reaktion zwischen mehreren Säuremolekülen sehr vermindert wird. Auf diese Weise stellt man technisch aus 14-Oxy-tetradecan-carbonsäure-1 das in der Parfümerie als Moschusriechstoff verwendete **Exaltolid** (I) dar, das von KERSCHBAUM im Angelicawurzelöl gefunden wurde. Das sogenannte Moschuskörneröl aus den Samen einer Hibiscusart enthält ein ungesättigtes, hochgliedriges Lacton **Ambrettolid,** für das KERSCHBAUM die Formel II bewiesen hat.

$$\underbrace{CH_2\cdot[CH_2]_{13}\cdot CO}_{O} \qquad \underbrace{CH_2\cdot[CH_2]_7\cdot CH = CH\cdot[CH_2]_5\cdot CO}_{O} \qquad O{<}\begin{matrix}CH_2\cdot[CH_2]_9\cdot CO\\ CO\cdot[CH_2]_9\cdot CH_2\end{matrix}{>}O\,.$$

I. II. III.

CAROTHERS hat gezeigt, daß man hochgliedrige Lactone auch erhalten kann, wenn man die Oxysäuren zuerst durch Erhitzen mit wasserabspaltenden Mitteln in die Estolide verwandelt und diese dann unter stark vermindertem Druck destilliert. Vielfach bilden sich bei diesen Prozessen auch dimere Lactone, die man als Ringhomologe des Lactids auffassen kann, z. B. aus 10-Oxy-decan-carbonsäure-1 die Verbindung III.

Mehrbasische Oxysäuren

Als wichtigste Vertreter dieser Gruppe sind Äpfelsäure, Weinsäure und Citronensäure zu besprechen. Sie finden sich, wie ihr Name besagt, in Früchten und sind auch sonst im Pflanzenreich weit verbreitet. Sie haben deshalb schon frühzeitig die Aufmerksamkeit der Forscher auf sich gezogen. C. F. WENZEL studierte im 18. Jahrhundert ihr Salzbildungsvermögen, und SCHEELE gelang die Darstellung der reinen Säuren aus Früchten. Ihr besonderes Interesse gründet sich nicht allein auf ihre Stellung im pflanzlichen Stoffwechsel. Wir verdanken vielmehr dem eingehenden Studium ihrer Eigenschaften auch eine außerordentliche Erweiterung unserer stereochemischen Begriffsbildung. Sie nehmen daher auch im Gebäude der theoretischen Chemie einen zentralen Platz ein.

Die einfachste hierher gehörige Säure ist die **Oxymalonsäure** oder **Tartronsäure** $HO_2C\cdot CH(OH)\cdot CO_2H$, eine kristallisierte, in der Natur bisher nicht angetroffene Säure, die sich durch Einwirkung von Salpetersäure auf Glycerinsäure $HO\cdot CH_2\cdot CH(OH)\cdot CO_2H$ darstellen läßt. Sie schmilzt bei 160^0 unter Verlust von Kohlendioxyd; die Glykolsäure, die hierbei entstehen sollte, spaltet sofort Wasser ab und geht in ein Polymeres des Glykolids über (S. 193).

Äpfelsäure ist die wichtigste Säure in den Früchten der kühleren Zonen und namentlich in unreifen Früchten, ferner in den fleischigen Organen der Succulenten (z. B. Fetthenne) und in Tabakblättern reichlich vorhanden. Für ihre Gewinnung eignen sich vorzüglich unreife Vogelbeeren oder Ahornsaft. Sie besitzt die Formel einer Oxybernsteinsäure

$$HO_2C\cdot CH(OH)\cdot CH_2\cdot CO_2H$$

und wird als solche durch Erhitzen mit Jodwasserstoffsäure zu Bernsteinsäure reduziert, durch PCl_5 in Monochlorbernsteinsäure verwandelt. Die Anwesenheit eines alkoholischen Hydroxyls ergibt sich ferner aus der Fähigkeit ihres Diäthylesters, mit Acetylchlorid einen Essigsäureester zu bilden. Auch die Bildung eines unbeständigen β-Lactons der Äpfelsäure entspricht der obigen Formel.

Daß Äpfelsäure beim Erhitzen unter Wasserabspaltung Fumarsäure und Maleinsäure bildet, wurde bereits früher erwähnt (S. 173), ebenso die Existenz eines in tierischen Organen vorkommenden Enzyms Fumarase, das die Einstellung des Gleichgewichts

$$HO_2C\cdot CH = CH\cdot CO_2H + H_2O \rightleftarrows HO_2C\cdot CH(OH)\cdot CH_2\cdot CO_2H; \quad \Delta F_{298} = -0{,}7 \text{ kcal}$$

bewirkt. Die Formel der Äpfelsäure enthält ein asymmetrisches Kohlenstoffatom, so daß zwei optisch-aktive Säuren und eine inaktive Form möglich sind. Die natürliche Äpfelsäure ist linksdrehend. Beim Erhitzen von Fumarsäure oder Maleinsäure mit Wasser unter Druck bildet sich optisch-inaktive Äpfelsäure, die auf diese Weise dargestellt werden kann.

Weinsäuren $C_4H_6O_6$

Weinsäure steht nach ihrer Bruttoformel in naher Beziehung zur Äpfelsäure, von der sie sich nur durch den Mehrgehalt eines Sauerstoffatoms unterscheidet. Sie wird dementsprechend durch Jodwasserstoffsäure zunächst zu Äpfelsäure, dann zu Bernsteinsäure reduziert. Wie die sogleich zu besprechenden Synthesen ergeben, liegt dieses Sauerstoffatom ebenfalls in Form einer Hydroxylgruppe vor, so daß die Weinsäure als eine Dioxybernsteinsäure

$$HO_2C\cdot CH(OH)\cdot CH(OH)\cdot CO_2H$$

zu formulieren ist. Weinsäure zeigt gegenüber den bisher behandelten optisch-aktiven Verbindungen die Besonderheit, daß sie in zwei optisch-aktiven Formen (d- und l-Weinsäure) und zwei inaktiven Modifikationen (Traubensäure und Mesoweinsäure) auftritt. Die Gesamtzahl der Stereoisomeren beträgt also 4. Die Strukturformeln der inaktiven Säuren ergeben sich folgendermaßen: Durch Addition von Brom an Fumarsäure und Maleinsäure entstehen Dibrombernsteinsäuren, deren Silbersalze beim Kochen mit Wasser gleichzeitig Traubensäure und Mesoweinsäure liefern:

$$\begin{array}{l} CH\cdot CO_2H \\ \| \\ CH\cdot CO_2H \end{array} \longrightarrow \begin{array}{l} CHBr\cdot CO_2H \\ | \\ CHBr\cdot CO_2H \end{array} \longrightarrow \begin{array}{l} HO\cdot CH\cdot CO_2H \\ | \\ HO\cdot CH\cdot CO_2H \end{array}.$$

Dieselben Säuren lassen sich ferner aus dem Dialdehyd Glyoxal (S. 211) mit Hilfe der Cyanhydrin-Reaktion darstellen:

$$\begin{array}{l} CHO \\ | \\ CHO \end{array} \longrightarrow \begin{array}{l} HO\cdot CH\cdot CN \\ | \\ HO\cdot CH\cdot CN \end{array} \longrightarrow \begin{array}{l} HO\cdot CH\cdot CO_2H \\ | \\ HO\cdot CH\cdot CO_2H \end{array}.$$

Die Existenz zweier inaktiver Säuren wird nun erklärlich, wenn wir beachten, daß die Strukturformel der Dioxybernsteinsäure *zwei* asymmetrische Kohlenstoffatome enthält.

Die allgemeine Formel einer Verbindung mit zwei asymmetrischen Kohlenstoffatomen wollen wir mit $C_1(a\,b\,c)$—$C_2(d\,e\,f)$ wiedergeben. Wir nehmen also zunächst an, daß die an jedes der asymmetrischen Kohlenstoffatome gebundenen Gruppen ungleich sind; solche asymmetrische C-Atome nennt man **ungleichwertig.** Da nun die Gruppierung an jedem dieser C-Atome sowohl zu Rechts- als auch zu Linksdrehung führen kann, so sind in einer Verbindung mit zwei ungleichwertigen asymmetrischen C-Atomen die folgenden vier Kombinationen möglich:

	1	2	3	4
$C_1(abc)$	rechts	rechts	links	links
|				
$C_2(def)$	rechts	links	links	rechts

Die Zahl der aktiven Isomeren ist demnach in einem solchen Falle vier. Dazu treten noch zwei inaktive Kombinationen, die aus gleichen Mengen von zwei Antipoden bestehen (1 mit 3, 2 mit 4). Stereoisomere, die sich zueinander wie die Kombinationen 1 und 2 verhalten, werden als **diastereoisomer** bezeichnet.

Sind drei ungleichwertige asymmetrische C-Atome in einem Molekül anwesend, so verdoppelt sich die Zahl der optisch-aktiven Isomeren, wird also $2^3 = 8$, da dann jede der vier obigen Kombinationen noch mit dem dritten, links- oder rechtsdrehenden C-Atom verbunden ist. In gleicher Weise gelangt man zu dem allgemeinen Schluß, daß die Gegenwart von n asymmetrischen C-Atomen die Existenz von 2^n optisch-aktiven Isomeren bedingt. Hierzu treten dann noch die inaktiven Verbindungen, die durch Zusammenfügen von je zwei aktiven, aber entgegengesetzt drehenden Isomeren zu erwarten sind.

In der Weinsäure liegt jedoch eine Verbindung vor, deren asymmetrische Kohlenstoffatome beide mit den *gleichen* Gruppen verbunden, d. h. **gleichwertig** sind. Hierdurch werden die Fälle 2 und 4 identisch; außerdem erkennt man leicht, daß die Kombination 2 (= 4) optisch-inaktiv sein muß, da sich die Drehungen der rechts-Konfiguration von C_1 und der links-Konfiguration von C_2 innerhalb des Moleküls gegenseitig zu 0 kompensieren. Da schließlich die beiden aktiven Kombinationen 1 und 3 zu einer racemischen Verbindung zusammentreten können, wird die Gesamtzahl der Isomeren 4, nämlich:

	1	2	3	4
$CH(OH)(CO_2H)$	rechts	rechts	links	inaktive Kombination von 1 und 3
|				
$CH(OH)(CO_2H)$	rechts	links	links	

1 und 3 entsprechen offenbar der d- und l-Weinsäure. Die optisch-inaktive Säure 2 ist die Mesoweinsäure, Traubensäure endlich ist das Isomere 4.

Zwischen den beiden inaktiven Isomeren, Traubensäure und Mesoweinsäure, besteht ein wichtiger Unterschied. Traubensäure, die man außer auf dem Wege der Synthese auch durch Mischen zweier Lösungen von d- und l-Weinsäure zu gleichen Teilen gewinnen kann, läßt sich wieder in ihre aktiven Komponenten zerlegen; Mesoweinsäure dagegen ist unspaltbar, da sie nur aus Molekülen *einer* Art besteht; sie ist **„intramolekular inaktiv"**.

Bei der bisherigen Erörterung von Symmetrieverhältnissen optisch-aktiver Verbindungen haben wir uns stets räumlicher Modelle oder perspektivischer Darstellungen solcher Modelle bedient. Es bedeutet nun eine große Vereinfachung, daß es für die meisten Fälle vollkommen genügt, wenn man nicht die Raumformeln selbst, sondern ihre Projektion auf eine Ebene (sogenannte **Projektionsformeln**) betrachtet. Hierfür ist nichts weiter erforderlich, als daß man sich ein für allemal auf eine bestimmte Auf-

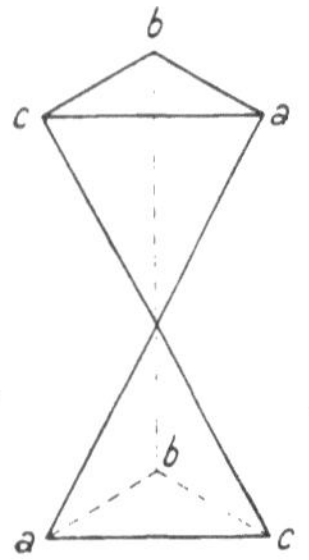

Fig. 58

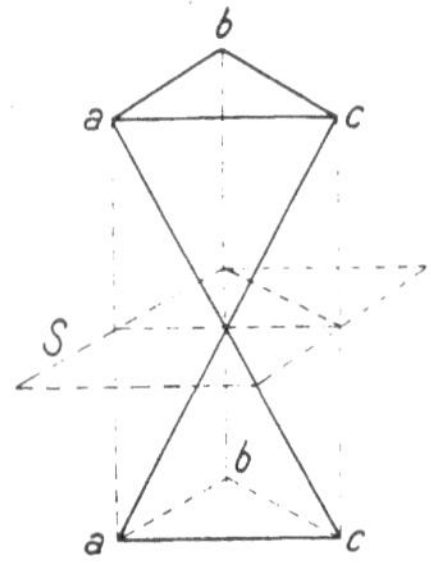

Fig. 59

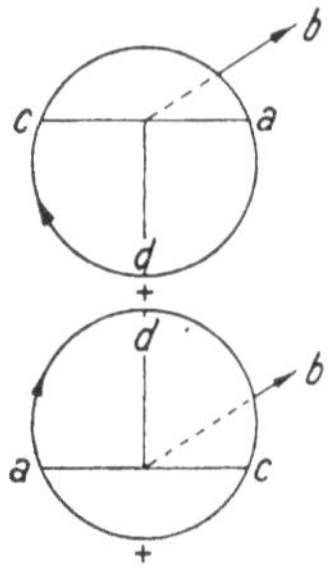

Fig. 60

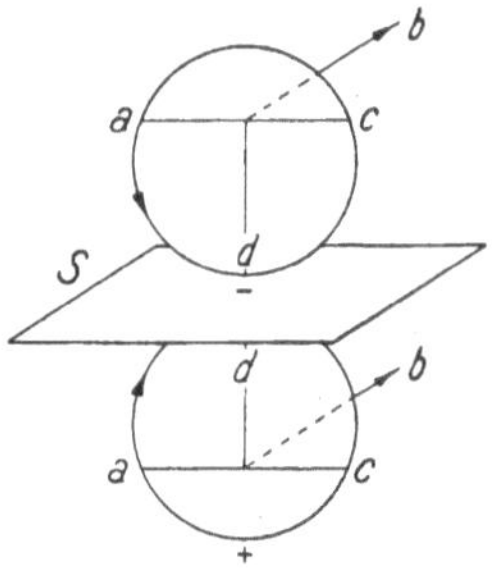

Fig. 61

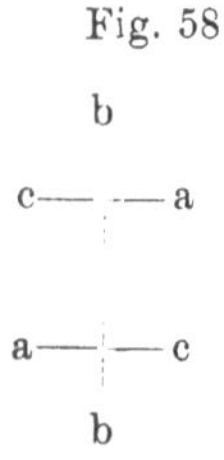

Fig. 62

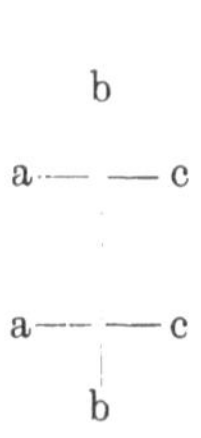

Fig. 63

stellung der Raummodelle einigt. Nach einem Vorschlag von Emil Fischer geht man dazu folgendermaßen vor. Man dreht an einem räumlichen Modell der Verbindung C(abc)—C(abc) die beiden Tetraeder derart um die verbindende C—C-Achse, daß die Atome abc paarweise übereinanderstehen und eines der drei Paare vom Beschauer weg *nach hinten* weist. In den Fig. 58 und 59 ist dieses Paar bb. Fig. 58 ist das Raummodell einer Kombination von zwei identischen, z. B. rechtsdrehenden[1] Tetraedern C(*abc*) (↻ in Fig. 60). Fig. 59 repräsentiert die Kombination eines rechtsdrehenden mit einem spiegelbildlichen[2], linksdrehenden Tetraeder (↻ und ↺ in Fig. 61). Projiziert man nunmehr alles in eine Ebene und läßt man zur weiteren Vereinfachung die zentralen C-Atome weg, so erhält man die Projektionsformeln Fig. 62 und 63, aus denen sich das Vorhandensein oder Nichtvorhandensein von Spiegelsymmetrie ohne weiteres ablesen läßt (s. weiter unten).

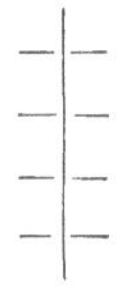

Bei Ketten von mehreren Kohlenstoffatomen (z. B. für vier C-Atome) erhält man in analoger Weise die nebenstehende Projektionsformel. Man überzeugt sich davon, indem man sich die Figuren von S. 170 mit der Ebene, in der die C-C-Bindungen liegen, senkrecht zur Ebene des Papiers gestellt denkt (Kettenenden vom Beschauer abgewandt!) und sie danach auf die angegebene Weise projiziert.

Schreibt man nun die Formeln der Weinsäuren in dieser Weise, so gelangt man zu den folgenden Projektionsformeln:

I II III IV

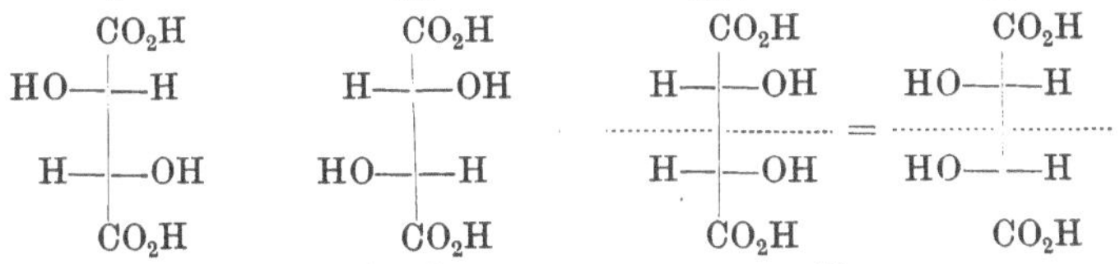

Links Rechts Meso

Die Verteilung von I und II auf die beiden aktiven Weinsäuren beruht auf ihrer Beziehung zur Glucose (S. 230). Traubensäure ist durch die Formel I + II wiederzugeben.

Die Formeln für Rechts- und Linksweinsäure können durch Drehung um 180° in der Papierebene (d. h. um eine zur Projektionsebene senkrechte Achse) nicht zur Deckung gebracht werden[3]. Sie sind also verschieden. Mesoweinsäure ist dagegen mit ihrem Spiegelbild identisch: die Formeln III und IV können durch Drehung in der Papierebene miteinander zur Deckung gebracht werden.

Nach S. 45 gibt sich das Vorhandensein von Asymmetrie in einfacher Weise durch Fehlen einer Spiegelebene im Molekül zu erkennen. Spiegelebenen (z. B. die Ebene *S* in Fig. 59 und 61) stehen senkrecht zur Projektionsebene[4], ihre Spur in der Papierebene ist also eine Gerade. Läßt sich demnach eine Projektionsformel durch eine Gerade in zwei spiegelbildliche Hälften teilen, so enthält das Molekül eine Spiegelebene und kann nicht optisch-aktiv sein. Die Formeln der Mesoweinsäure genügen dieser Bedingung (punktierte Linie), während für I und II eine derartige Gerade nicht existiert.

d-Weinsäure (acidum tartaricum)

Die meist **Weinsäure** schlechthin genannte d-Weinsäure findet sich im Traubensaft als in Wasser schwer lösliches saures Kaliumsalz $C_4H_5O_6K$ (Löslichkeit bei Zimmertemperatur etwa 5 g im Liter). Durch den bei der Gärung des Traubensaftes entstandenen Alkohol wird dieses Salz beim Lagern des Weines an den Wänden und auf dem

[1] Zur Festlegung eines Drehungssinns einer Gruppe muß der Beschauer stets in gleicher Richtung daraufblicken (etwa längs → b in Fig. 60 und 61; der Drehungssinn ist dann z. B. durch den Fortschrittssinn a → d → c gegeben).

[2] Über die eingezeichnete Spiegelebene *S* vgl. weiter unten.

[3] Dreht man die Projektionsformel um eine Achse *in der Papierebene* um 180°, so gelangen sie allerdings zur Deckung. Dies würde jedoch bedeuten, daß die im Raummodell hinten befindlichen Carboxylgruppen nach vorn gelangen. Diese Aufstellung ist aber durch die Projektionsvorschrift ausgeschlossen. Drehungen um eine in der Projektionsebene liegende Achse sind deshalb unzulässig.

[4] Die Projektionsebene selbst kann bei der vorgeschriebenen Aufstellung niemals eine Spiegelebene sein.

Boden der Fässer in Form von Kristallen abgeschieden (roher **Weinstein**, Tartarus crudus), da es in verdünntem Alkohol noch schwerer löslich ist als in Wasser. Durch Kochen des rohen Weinsteins mit Salzsäure, Fällen mit Kalk und Zerlegung des Ca-Salzes mit Schwefelsäure erhält man freie Weinsäure in großen, durchsichtigen Kristallen der Zusammensetzung $C_4H_6O_6$, also ohne Kristallwasser.

d-Weinsäure schmilzt bei 170° und ist in Wasser und Alkohol leicht löslich, in Äther unlöslich. Beim Erhitzen über ihren Schmelzpunkt spaltet sie Wasser ab und geht, je nach der Dauer und dem Grad des Erhitzens, in verschiedene Anhydride über. Bei stärkerem Erhitzen wird die Masse braun und verbreitet Caramelgeruch, bei noch höherer Temperatur tritt Verkohlung unter Bildung von Brenztraubensäure (S. 259) und Brenzweinsäure (Methylbernsteinsäure) ein.

Die Bildung der Brenztraubensäure ist vielleicht so zu erklären, daß unter Austritt von Wasser zunächst Oxalessigsäure entsteht, deren große Neigung zum Übergang in Brenztraubensäure bekannt ist.

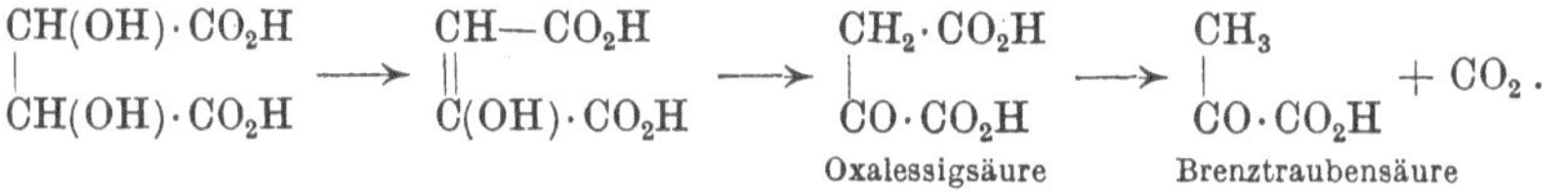

Brenzweinsäure entsteht durch sekundäre Veränderungen aus Brenztraubensäure.

Die Salze der Weinsäure heißen **Tartrate.** Außer dem eben erwähnten sauren Kaliumsalz (Cremor tartari) sind hier noch das in Wasser leicht lösliche neutrale Kaliumsalz und das Kaliumantimonyltartrat von der Zusammensetzung $KSbC_4H_2O_6 + 1\frac{1}{2}H_2O$ — wegen seiner Erbrechen erregenden Wirkung **Brechweinstein** genannt — der Erwähnung wert. Man erhält Brechweinstein durch Kochen des sauren Kaliumsalzes mit Antimonoxyd und Wasser. Er ist in Wasser leicht löslich.

Aus vielen Metallsalzen werden Hydroxyde durch Alkalien nicht gefällt, wenn weinsaure Salze zugegen sind. So schlägt z. B. KOH bei Anwesenheit von Weinsäure aus Kupfersalzen kein $Cu(OH)_2$ nieder. Die tiefblaue Mischung der wäßrigen Lösungen von Kupfersulfat mit weinsaurem Alkali und Alkalilauge (im Überschuß) ist unter dem Namen **Fehlingsche Lösung** bekannt. Reduzierende Stoffe scheiden daraus gelbrotes Kupfer(I)-oxyd ab. Fehlingsche Lösung ist deshalb ein sehr gebräuchliches Reagens, um Verbindungen auf ihr Reduktionsvermögen zu prüfen. Wegen ihrer geringen Haltbarkeit muß sie für den Gebrauch stets frisch bereitet werden.

Wahrscheinlich enthält die Fehlingsche Lösung „innerkomplexe" Kupfersalze der Weinsäure, in denen sich die Hydroxylgruppen der Weinsäure in gleicher Weise an das Kupferatom angelagert haben, wie dies von den Hydraten und Ammoniakaten anorganischer Kupfersalze bekannt ist. Auch die Tatsache, daß die Kupfersalze der Glykolsäure und Milchsäure den elektrischen Strom weniger leiten als die Salze der Essigsäure und Propionsäure (obgleich Glykolsäure und Milchsäure die stärkeren Säuren sind), deutet auf die komplexe Natur solcher Salze hin. (Über innerkomplexe Salze der Aminosäuren s. S. 270.) Des Interesses halber sei hier die Komplexformel aufgeführt, die man neuerdings für einen der in der Fehlingschen Lösung enthaltenen Cu-Komplexe (I.) zur Diskussion gestellt hat, sowie die sehr ähnliche des Brechweinsteins (II.). Volle Klarheit über die Konstitution besteht indessen noch nicht.

I. 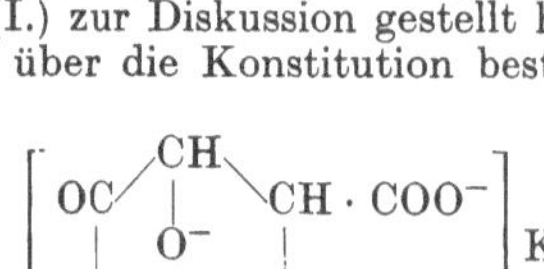

II. 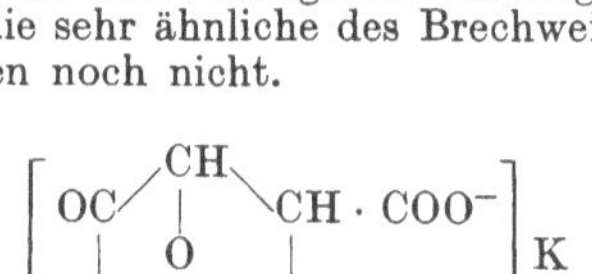

l-Weinsäure

Linksdrehende Weinsäure ist in der Natur erst einmal in einer zur Familie der Leguminosen gehörigen Bauhinia-Art gefunden worden. Ihre Darstellung aus Traubensäure nach den Verfahren von PASTEUR wird uns weiter unten eingehend beschäftigen. Abgesehen von ihrem entgegengesetzten Drehungsvermögen und kristallographischen Eigentümlichkeiten (S. 205) stimmen l-Weinsäure und ihre Salze in ihren Eigenschaften mit der Rechtsweinsäure überein.

Traubensäure

Traubensäure wurde von dem Fabrikanten KESTNER in den Nebenprodukten der Weinsäure-Herstellung entdeckt. Ihre Isomerie mit Weinsäure wurde 1826 von GAY-LUSSAC wahrscheinlich gemacht. Den exakten Beweis lieferte 1830 BERZELIUS, der im Anschluß hieran den Isomerie-Begriff aufstellte[1]. Traubensäure ist kein Naturprodukt. Sie entsteht vielmehr erst im Fabrikationsgang beim Erhitzen der d-Weinsäure.

Wir sahen S. 196, daß manche optisch-aktiven Verbindungen durch Erhitzen inaktiv gemacht, d. h. in eine äquimolekulare Mischung der entgegengesetzt drehenden Isomeren übergeführt werden können. Bei günstiger Wahl der Bedingungen kann dieser Prozeß mitunter ziemlich rasch verlaufen. Es genügt z. B., d-Weinsäure acht Stunden am Rückflußkühler mit viel überschüssiger Natronlauge zu erhitzen, um sie vollständig in ein Gemisch von Traubensäure und Mesoweinsäure überzuführen.

Die Umwandlung in Traubensäure beruht auf dem Übergang von 50% der d-Säure in die entgegengesetzt drehende Modifikation. Die Betrachtung der Konfigurationsformeln auf S. 201 lehrt, daß dabei ein Austausch der Gruppen an *beiden* asymmetrischen Kohlenstoffatomen stattfinden muß, während zur Bildung von Mesoweinsäure Konfigurationswechsel an *einem* Kohlenstoffatom genügt.

Wie Versuche von R. KUHN gezeigt haben, liegt in alkalischer Lösung ein echtes Gleichgewicht zwischen Traubensäure und Mesoweinsäure vor. Es ist daher wahrscheinlich, daß der Übergang von d- in l-Weinsäure über die Mesoweinsäure erfolgt und daß dabei das Natriumsalz einer Enolform der Weinsäure $NaO_2C \cdot CH(OH) \cdot C(OH) = C(ONa)_2$ eine Rolle spielt (vgl. aber S. 196).

Traubensäure (acidum racemicum) schmilzt bei 204°, ist in Wasser schwerer löslich als die beiden aktiven Säuren und unterscheidet sich von diesen durch ihre Kristallform. Im kristallisierten Zustand besitzt sie die Zusammensetzung $C_4H_6O_6 + H_2O$. Auch ihre Salze (*Racemate*) zeigen zum Teil einen anderen Kristallwassergehalt als die entsprechenden Salze der aktiven Säuren. Daß Traubensäure eine Mischung aus gleichen Teilen der beiden aktiven Komponenten ist, erkennt man daran, daß sie aus Lösungen der Rechts- und Linkssäure synthetisch gewonnen werden kann (PASTEUR 1849). Sind die Lösungen konzentriert, so wird beim Mischen Wärme entwickelt, und die viel schwerer lösliche Traubensäure kristallisiert aus. Umgekehrt kann Traubensäure in d- und l-Weinsäure gespalten werden (S. 204).

Traubensäure existiert als besonderes, von d- und l-Weinsäure verschiedenes Individuum nur im Kristallzustand. Sie ist also eine Art von Molekülverbindung. Dagegen bestehen ihre Lösungen sowie ihre flüssigen Ester nur aus einem Gemisch der beiden Antipoden, wie unter anderem aus Molekulargewichtsbestimmungen folgt.

Traubensäure war die erste Substanz, an der PASTEUR optische Inaktivität als Folge der Anwesenheit gleicher Mengen entgegengesetzt drehender Isomeren beobachtete. Deshalb bezeichnet man solche Verbindungen als **racemische Verbindungen.**

Mesoweinsäure

Diese Säure wurde 1853 von PASTEUR entdeckt. Sie ist ebenso wie Traubensäure optisch-inaktiv; sie läßt sich aber nicht in aktive Weinsäuren zerlegen. Sie entsteht neben Traubensäure, wenn man d-Weinsäure mit überschüssiger Natronlauge am Rückflußkühler während einiger Stunden kocht, kristallisiert mit $1 H_2O$ und schmilzt wasserfrei bei 140°.

[1] POGGENDORFFS Annalen der Physik und Chemie **19**, 305.

Das saure Kaliumsalz der Mesoweinsäure ist in kaltem Wasser leichter löslich als das entsprechende Salz der anderen Weinsäuren. Weinsäure, Traubensäure und Mesoweinsäure sind mikrochemisch durch die Kristallform ihrer Ca-Salze leicht zu unterscheiden. Auch ist traubensaures Calcium viel schwerer löslich als die Ca-Salze der beiden anderen Säuren: eine Lösung von Traubensäure wird durch Gipswasser getrübt, die Lösung der beiden anderen Säuren nicht.

Die auf S. 201 wiedergegebenen Konfigurationsformeln der Weinsäuren erfahren eine weitere Bestätigung durch den Zusammenhang, der zwischen diesen Säuren und Fumar- und Maleinsäure besteht; man kann nämlich Traubensäure und Mesoweinsäure aus diesen Säuren nahezu quantitativ durch Oxydation mit $KMnO_4$ oder mit Kaliumchlorat und Osmiumtetroxyd (OsO_4) als Katalysator erhalten; hierbei werden zwei Hydroxylgruppen addiert; Fumarsäure geht in Traubensäure, Maleinsäure in Mesoweinsäure über:

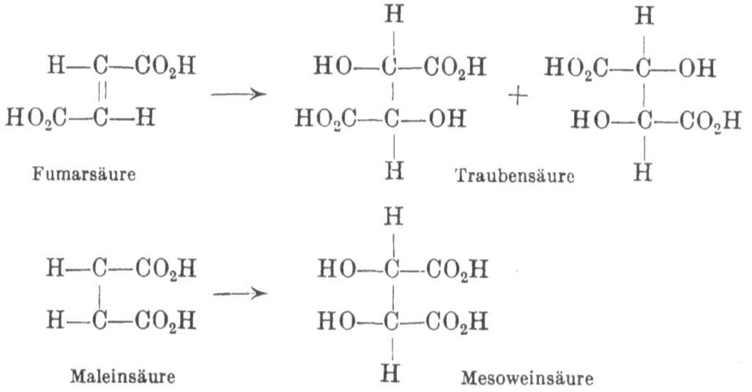

Nicht immer ist indessen der sterische Verlauf solcher Additionen so übersichtlich wie im vorliegenden Fall. Z. B. verläuft die Addition von Chlor an Fumar- und Maleinsäure *nicht* nach dem folgenden Schema:

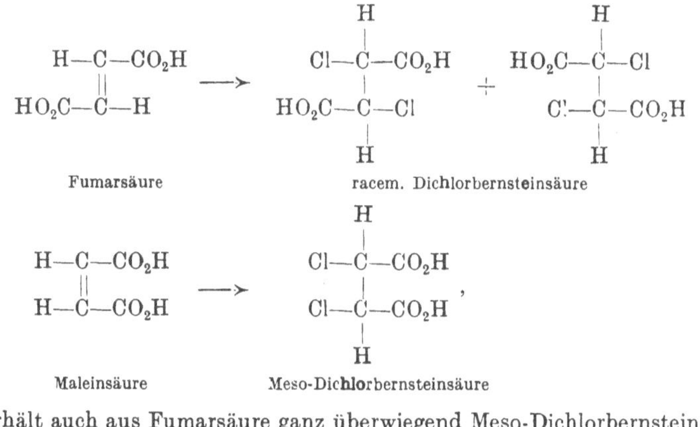

sondern man erhält auch aus Fumarsäure ganz überwiegend Meso-Dichlorbernsteinsäure und nur wenig racemische Säure.

Über racemische Verbindungen und ihre Spaltung in optisch-aktive Komponenten

Die Erfahrung hat gelehrt, daß optisch-aktive, in entgegengesetzter Richtung drehende Isomere (Antipoden, Enantiostereoisomere) in ihren physikalischen und chemischen Eigenschaften völlig übereinstimmen; nur im Drehungsvermögen und einigen physiologischen Wirkungen weichen die Antipoden voneinander ab. Sie besitzen also gleiche Löslichkeit und gleichen Schmelz- bzw. Siedepunkt; ihre Salze kristallisieren mit gleichviel Molekülen Kristallwasser und so fort. Daher ist die Zerlegung eines racemischen Gemisches in seine aktiven Komponenten mit den gewöhnlichen Hilfsmitteln nicht möglich, weil die Voraussetzung dafür, nämlich die Verschiedenheit der physikalischen und chemischen Eigenschaften, fehlt.

PASTEUR hat drei Verfahren angegeben, die trotzdem eine Spaltung ermöglichen. Das erste, nur selten anwendbare, beruht darauf, daß aus einer Lösung eines Racemats sich bei langsamer Kristallisation die beiden Antipoden getrennt ausscheiden, wenn sie schwerer löslich sind als das Racemat. An dem Kristallgemisch kann man auf Grund der Kristallform (s. weiter unten) eine **mechanische Auslese der Antipoden** vornehmen, was allerdings eine etwas mühsame Operation ist. PASTEUR führte eine solche Trennung beim Natriumammoniumracemat $Na(NH_4)C_4H_4O_6+H_2O$ durch und isolierte auf diese Weise zum erstenmal ein Salz der l-Weinsäure. VAN'T HOFF zeigte später, daß die Kristalle von Rechts- und Linkstartrat sich aus der Lösung nur unterhalb 28° getrennt abscheiden, während oberhalb dieser Temperatur das Racemat kristallisiert; bei dieser Temperatur schneidet sich die Löslichkeitskurve der Antipoden mit der Kurve des Racemats. Das Racemat verhält sich demnach wie ein Doppelsalz, das bei 28° einen Umwandlungspunkt besitzt:

$$\underset{\text{Na-NH}_4\text{-racemat}}{2\,Na(NH_4)C_4H_4O_6\cdot H_2O} + 6\,H_2O \rightleftarrows \underset{\text{rechts + links-Na-NH}_4\text{-tartrat}}{2\,Na(NH_4)C_4H_4O_6\cdot 4\,H_2O}.$$

Wesentlich einfacher gestaltet sich die Spaltung im vorliegenden Fall, wenn man folgendermaßen vorgeht: Eine kaltgesättigte Lösung von $Na\text{-}NH_4$-racemat wird auf einem Wasserbad vorsichtig bis zu einem spezifischen Gewicht 1·24—1·28 eingeengt und dann langsam abgekühlt. Die so erhaltene übersättigte Lösung impft man nun an zwei voneinander entfernten Stellen mit je einem Kriställchen des rechts- und des linksdrehenden Salzes. Am nächsten Tage findet man dann diese Kristallkörnchen zu einem dicken Klumpen des rechts- bzw. linksdrehenden Salzes angewachsen. Hat man keine Impfkristalle zur Verfügung, so kann man eine isomorphe Substanz benutzen: ein Kristall von l-Asparagin (S. 272) bewirkt die Ausscheidung des d-Tartrats, während das l-Tartrat in Lösung bleibt.

In Fig. 64 sind die Kristallformen beider Tartrate abgebildet. Man sieht, daß sie sich durch die spiegelbildliche Stellung der Flächen *a* unterscheiden: es sind also nicht nur die Moleküle, sondern auch die Kristalle enantiomorph. Diese Fähigkeit, in „hemiedrischen" Kristallen aufzutreten, ist vielen, aber durchaus nicht allen optisch-aktiven Verbindungen eigen.

Die zweite Spaltungsmethode, die PASTEUR aufgefunden hat, beruht auf der verschiedenen Löslichkeit der **Salze aktiver Säuren mit optisch-aktiven Basen.** Ist die Base, mit der die aktive Säure sich vereinigt, optisch-inaktiv (wie bei den Metallsalzen), so bleibt die Symmetrie des Moleküls von der Salzbildung unberührt; die Konfigurationen der Salzmoleküle verhalten sich zueinander wie Spiegelbilder. Die Verhältnisse ändern sich jedoch, wenn die beiden Antipoden einer Säure sich mit einer aktiven, z. B. einer linksdrehenden Base vereinigen. Denn wir haben jetzt die Salze:

links-Säure	rechts-Säure
links-Base	links-Base

Die Konfigurationen der Salzmoleküle bilden also keine Spiegelbilder mehr; sie sind nicht enantiostereoisomer, sondern diastereoisomer. Infolgedessen ist auch keine Gleichheit des Energieinhalts und der physikalischen Eigenschaften mehr vorhanden. Traubensäure z. B. läßt sich durch Salzbildung mit dem linksdrehenden Alkaloid Cinchonin spalten, da Cinchoninlinkstartrat schwerer löslich ist und deshalb eher auskristallisiert als Cinchoninrechtstartrat.

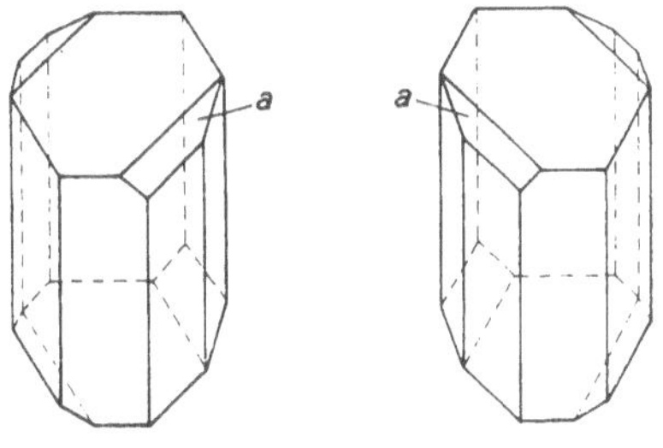

Fig. 64

Die Salzbildung optischer Antipoden mit aktiven Basen ist nicht der einzige Weg, um Racemate auf dem Umweg über Diastereoisomere zu zerlegen. Wenn man aktive Säuren mit aktiven Alkoholen verestert, erhält man diastereoisomere Ester, die sich gleichfalls durch ihre Eigenschaften unterscheiden. Zur Spaltung sind diese Verbindungen vielfach wenig geeignet, weil sie oft flüssig sind oder aber zur Bildung von Molekülverbindungen neigen, die man als „partielle" oder „aktive" Racemate bezeichnet hat, da die Kombination d-Säure-l-Alkohol + l-Säure-l-Alkohol in bezug auf die Säurekomponente mit einem Racemat verglichen werden kann. Im Vergleich zur Salzbildung tritt hier aber noch ein neuer Umstand auf, der mit größerem Vorteil ebenfalls zur Trennung benutzt werden kann. Antipoden reagieren nämlich mit einem optisch-aktiven Alkohol mit verschiedener Geschwindigkeit. Der verschiedene Energieinhalt der beiden diastereoisomeren Ester d-Säure-l-Alkohol und l-Säure-l-Alkohol bedingt eine verschiedene Lage des Veresterungsgleichgewichts und, da die Gleichgewichtskonstante gleich dem Verhältnis der Geschwindigkeiten von Hin- und Rückreaktion ist, auch eine Verschiedenheit in den Geschwindigkeitskonstanten. Während also die Geschwindigkeit der Esterbildung mit einem optisch-inaktiven Alkohol für die beiden Antipoden gleich sein muß, da die entstehenden Ester auch optische Antipoden sind und deshalb gleichen Energieinhalt besitzen, trifft dies für die Veresterung mit einem optisch-aktiven Alkohol nicht mehr zu. Hierauf beruht die **„Geschwindigkeitsmethode"** von MARCKWALD und MC KENZIE (1899). Wenn man z. B. racemische Mandelsäure mit linksdrehendem Menthol (S. 391) 1 Stunde auf 155^0 erhitzt, so erweist sich die nicht esterifizierte Säure als linksdrehend. In gleicher Weise ließ sich auch die Amidbildung aus einem racemischen Amin und einer aktiven Säure zur Spaltung des Amins in seine aktiven Bestandteile benutzen.

Die dritte, **biochemische Spaltungsmethode** PASTEURS beruht auf der Feststellung, daß Mikroorganismen eine der beiden Konfigurationen rascher assimilieren bzw. zerstören als den Antipoden. Läßt man nach PASTEUR auf einer verdünnten nährsalzhaltigen Traubensäure-Lösung den Schimmelpilz Penicillium glaucum wachsen, so ist nach einiger Zeit nur noch Linksweinsäure übrig. Im Einzelfall kann man je nach der Art des Mikroorganismus große Unterschiede beobachten. Penicillium glaucum greift z. B. vorwiegend linksdrehende Milchsäure an, so daß eine racemische Milchsäure-Lösung allmählich rechtsdrehend wird. In Gegenwart von Cholerabazillen reichert sich dagegen umgekehrt die linksdrehende Säure an. Einen dritten Fall stellt die Hefe dar, die rechtsdrehende Milchsäure nur wenig rascher als den Antipoden angreift. Diese Unterschiede in der Umsatzgeschwindigkeit sind nicht auf Mikroorganismen beschränkt. So hat man nachweisen können, daß in den Säugetier-Organismus eingeführte rechts-Milchsäure fast quantitativ in Glykogen umgewandelt wird, während links-Milchsäure kein Glykogen liefert und zu einem beträchtlichen Teil unverändert wieder ausgeschieden wird.

Die biochemische Spaltung der Racemate ist, wie man heute weiß, nur ein Sonderfall der allgemeinen auf Diastereoisomerie beruhenden Spaltungsmethoden. Denn die biochemischen Reaktionen beruhen ohne Ausnahme auf der katalytischen Wirkung von Enzymen (S. 245). Die Enzyme sind aber optisch aktive Substanzen. Die Bildung lockerer Zwischenverbindungen aus dem Enzym und dem der Reaktion unterworfenen „Substrat", die das Wesen der Katalyse ausmacht, führt also bei Racematen zwangsläufig zu diastereoisomeren Verbindungen, für die die oben aufgestellten Betrachtungen gelten. Man pflegt die Eigenschaft der Enzyme, die katalytische Umsetzung eines optischen Antipoden zu bevorzugen, als ihre „optische Spezifität" zu bezeichnen. PASTEUR hat daher mit seiner biochemischen Spaltungsmethode gleichzeitig eine grundlegende Tatsache der Enzymchemie entdeckt.

Optisch-aktive Verbindungen mit anderen Elementen als Zentralatom

Die im vorigen Abschnitt beschriebenen Trennungsmethoden haben es ermöglicht, auch andere Verbindungen mit asymmetrischem Bau in optische Antipoden zu zerlegen, wie es nach PASTEURS Prinzip der molekularen Asymmetrie zu erwarten war. In der Tat wird man ja ganz allgemein das Auftreten von Spiegelbildisomeren erwarten können, wenn ein n-wertiges Atom mit n verschiedenen Gruppen derartig verbunden ist, daß sich eine nichtebene Anordnung des Moleküls ergibt. Man kennt gegenwärtig eine große Reihe tetraedrisch gebauter optisch-aktiver Verbindungen, bei denen z. B. N, S, Se, Sn, P, As, Si die Rolle des asymmetrischen Atoms spielt. Aus der untenstehenden Zusammenstellung von Beispielen kann man entnehmen, daß die asymmetrischen Gruppierungen vielfach Kationen sind. Man benötigt daher zur Spaltung optischaktive Säuren, unter denen sich namentlich die Bromcamphersulfonsäuren als sehr brauchbar erwiesen haben. Die Salze werden dabei gewöhnlich nicht aus Wasser, sondern aus Aceton oder anderen organischen Lösungsmitteln kristallisiert; hierdurch wird eine hydrolytische Spaltung, die die optische Auflösung vereiteln könnte, ausgeschlossen.

$\begin{matrix}C_7H_7 \\ C_3H_5\end{matrix} > \overset{+}{N} < \begin{matrix}C_6H_5 \\ CH_3\end{matrix}$ $\quad C_2H_5—\overset{+}{S} < \begin{matrix}CH_3 \\ CH_2\cdot CO_2H\end{matrix}$ $\quad C_6H_5—\overset{+}{Se} < \begin{matrix}CH_3 \\ CO\cdot C_6H_5\end{matrix}$

$\begin{matrix}C_2H_5 \\ C_3H_7\end{matrix} > Sn < \begin{matrix}CH_3 \\ J\end{matrix}$ $\quad \begin{matrix}C_6H_5 \\ O\!=\end{matrix} > P < \begin{matrix}C_2H_5 \\ CH_3\end{matrix}$ $\quad \begin{matrix}C_2H_5 \\ C_3H_7\end{matrix} > Si < \begin{matrix}CH_2\cdot C_6H_5 \\ CH_2\cdot C_6H_4\cdot SO_3H.\end{matrix}$

Nur bei einem Teil der oben aufgeführten Verbindungen ist das asymmetrische Atom von vier Liganden umgeben. Diese Verbindungen gleichen in ihrem Bau in jeder Hinsicht den aktiven Kohlenstoffverbindungen. Bei den Abkömmlingen des Schwefels und Selens muß dagegen das asymmetrische Atom selbst an einer Tetraeder-Ecke liegen, wenn das Molekül asymmetrisch gebaut sein soll. Daß Konfigurationen dieser letzten Art nicht immer stabil sind, zeigt das Beispiel der Derivate des dreiwertigen Stickstoffs $NR_1R_2R_3$, deren Spaltung, vielleicht wegen zu großer Racemisationsgeschwindigkeit, bisher trotz vieler Bemühungen nicht gelungen ist.

Die Erscheinung der optischen Aktivität ist nicht auf Hauptvalenzverbindungen beschränkt. Sie findet sich nach den klassischen Untersuchungen von WERNER auch bei den Komplexsalzen. Diese Verbindungen sind nicht nur deshalb interessant, weil hier die Zahl der das Zentralatom umgebenden Gruppen häufig 4 übersteigt. Sie zeigen vielmehr überdies einen verhältnismäßig symmetrischen Aufbau, so daß die eigentliche Ursache der optischen Aktivität, nämlich asymmetrischer Bau des Gesamtmoleküls, in voller Klarheit zutage tritt.

Nach WERNER hat man bekanntlich anzunehmen, daß in den komplexen Metallverbindungen des Co, Cr, Fe usw. sechs Atome oder Gruppen direkt an das Metallatom gebunden sind und sich in den Ecken eines regelmäßigen Oktaeders befinden, in dessen Mittelpunkt das Metallatom steht.

Es sind dann bei Verbindungen vom Typus $Me^{A_2}_{B_4}$ zwei Konfigurationen möglich, die man sich durch „Axialsubstitution" I und „Kantensubstitution" II (Fig. 65) entstanden denken kann; es müssen daher zwei Stereoisomere existieren, die wirklich auch in einer Anzahl von Fällen erhalten wurden. Es ist leicht einzusehen, daß auch von Verbindungen $Me^{A_3}_{B_3}$ zwei Stereoisomere möglich sind. Um zu entscheiden, ob eine Verbindung MeA_2B_4 die Konfiguration I oder II hat, geht WERNER von der sehr einleuchtenden Annahme aus, daß eine zweiwertige Gruppe (z. B. Äthylendiamin, Kohlensäure, Oxalsäure) nur durch Kantensubstitution gebunden werden kann. Wird dann die Kohlensäure usw. durch zwei einwertige Gruppen ersetzt, so hat auch die so entstandene Verbindung die Konfiguration II.

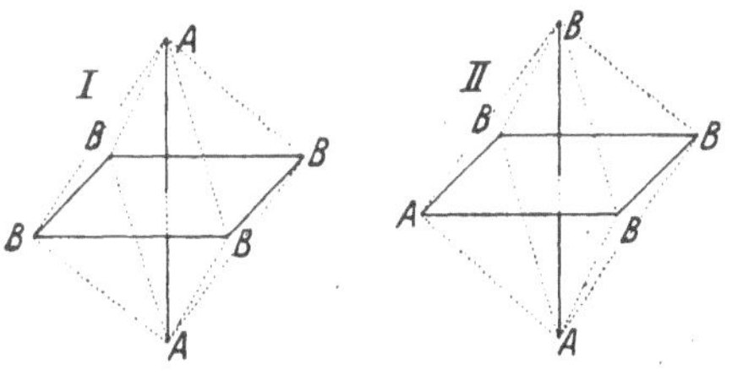

Fig. 65. Stereoisomerie beim Oktaeder

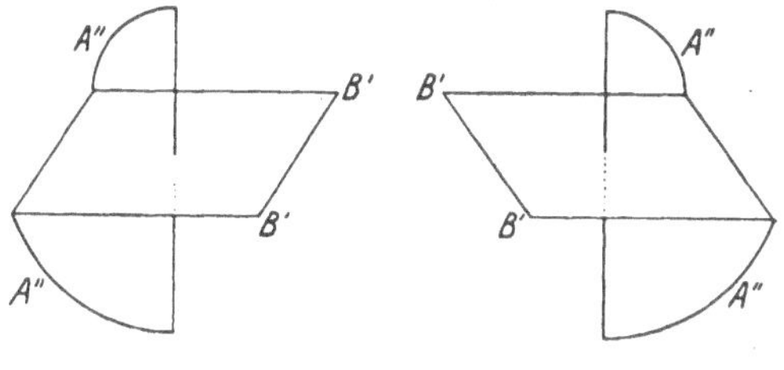

Fig. 66. Optische Aktivität beim Oktaeder

Optisch-aktiv können aber die Verbindungen MeA_2B_4 mit einwertigen Gruppen A und B nicht sein, denn beide Stereoisomere haben eine Spiegelebene. Sind jedoch zwei zweiwertige und zwei einwertige Gruppen (oder drei zweiwertige Gruppen) oktaedrisch um das Metallatom gruppiert, so sind zwei Formen möglich, die keine Spiegelebene mehr haben (Fig. 66). In der Tat gelang es WERNER, eine Anzahl solcher Verbindungen in optisch-aktive Komponenten zu zerlegen. Von einem asymmetrischen Atom kann bei diesen Verbindungen keine Rede mehr sein. Man ersieht daraus, daß das „asymmetrische C-Atom" im Sinne VAN'T HOFFS wohl eine hinreichende, aber keine notwendige Bedingung für das Auftreten optischer Aktivität darstellt. Beispiele für aktive Kohlenstoffverbindungen, die kein asymmetrisches C-Atom enthalten, werden wir später kennenlernen (S. 389, 406). Auffallend ist das sehr hohe spezifische Drehungsvermögen, das viele dieser Verbindungen haben; es erreicht bei komplexen Kobaltverbindungen gelegentlich 1200°. Dies hängt damit zusammen, daß diese meist stark farbigen Verbindungen Absorptionsbanden im Sichtbaren haben und daß die Drehung in der Nähe von Absorptionsbanden stark ansteigt.

Konglomerat, racemische Verbindung, pseudoracemische Mischkristalle

Ein racemischer Stoff besteht im flüssigen, gasförmigen oder gelösten Zustand lediglich aus einem Gemisch der beiden optischen Antipoden; wir sahen dies bereits bei der Traubensäure und bei ihren Estern (S. 203). Ist er jedoch kristallisiert, so sind drei Fälle möglich. Erstens können die Kristalle teils rechts-, teils linksdrehend sein, so daß man sie durch Auslesen trennen kann. Man bezeichnet die racemische Substanz dann als ein **Konglomerat** der optischen Antipoden.

Zweitens kann eine aus zwei entgegengesetzt optisch-aktiven Modifikationen gebildete Verbindung vorliegen, die als **racemische Verbindung** bezeichnet wird. Ihre Bildung ist etwa mit der eines Doppelsalzes zu vergleichen, das entsteht, wenn man eine Lösung zweier Salze unter bestimmten Umständen kristallisieren läßt.

Auch für den dritten Fall gibt es eine Analogie mit dem Auskristallisieren gemischter Salzlösungen. Hierbei treten nämlich, wenn die Salze isomorph sind, häufig Kristalle auf, welche beide Salze in wechselndem, nicht stöchiometrischem Verhältnis enthalten. Mitunter können die Salze in jedem Verhältnis miteinander zusammentreten, in vielen Fällen ändert sich dagegen das Verhältnis nur innerhalb bestimmter Grenzen. Kristalle, die beide Salze in wechselndem Verhältnis enthalten, heißen **Mischkristalle**; sind nun die beiden Komponenten optische Antipoden, so spricht man von **pseudoracemischen Mischkristallen.** Allerdings fehlt den optischen Antipoden eine wesentliche Voraussetzung *echter* Mischkristallbildung, nämlich die Ähnlichkeit des Gitterbaus. Die pseudoracemischen Mischkristalle gehören daher wohl nicht selten zu den „anomalen Mischkristallen", die in Wirklichkeit Zwillingsverwachsungen darstellen, wie man sie in der anorganischen Chemie z. B. bei den Glimmern kennt. Es sind aber auch Fälle denkbar, wo die Gitterstabilität ganz überwiegend durch bestimmte Bauelemente diktiert wird. Dann wird trotz ungleicher Konfiguration der Bausteine immer noch ein stabiles Gitter zustandekommen, in dem mit Bausteinen falscher Konfiguration besetzte Gitterpunkte als „Störstellen" zu betrachten sind.

Was aus einer gegebenen Lösung oder der Schmelze einer racemischen Substanz auskristallisieren wird, ein Konglomerat, eine racemische Verbindung oder „pseudoracemische Mischkristalle", kann unter anderem von der Temperatur, bei der die Kristallisation erfolgt, abhängen. Wir lernten ein Beispiel dafür bereits beim $Na\text{-}NH_4$-racemat kennen; oberhalb 28° kristallisiert aus der Lösung dieses Salzes das Racemat, unterhalb dieser Temperatur scheiden sich dagegen die Tartrate getrennt (d. h. das Konglomerat) aus.

BAKHUIS ROOZEBOOM hat gezeigt, wie man die genannten drei Kategorien auf Grund der Phasenlehre unterscheiden kann. Wie oben beim Natriumammoniumtartrat ausgeführt wurde, scheidet sich ein Konglomerat aus, wenn die Antipoden schwerer löslich sind als das Racemat. Bereitet man also eine gesättigte Lösung eines Konglomerats, so ist diese sowohl in bezug auf die rechtsdrehende als auch in bezug auf die linksdrehende Verbindung gesättigt; eine derartige Lösung ist natürlich optisch-inaktiv. Gibt man nun feste Links- oder Rechtssubstanz zu und schüttelt, so nimmt die Lösung nichts mehr auf, da sie in bezug auf das Zugeführte bereits gesättigt ist. Die Menge gelöster Substanz darf sich also nicht ändern, und die Lösung muß optisch-inaktiv bleiben. Bei einer racemischen Verbindung dagegen ist die gesättigte Lösung zwar in bezug auf das Racemat gesättigt, aber nicht in bezug auf die beiden optisch-aktiven Modifikationen. Setzt man also dieser Lösung links- oder rechtsdrehende Substanz zu, so ändert sich die Gesamtmenge der gelösten Substanz, und die Flüssigkeit wird optisch-aktiv. Weniger einfach ist es meist, zu erkennen, ob man es mit „pseudoracemischen Mischkristallen" zu tun hat.

Häufig empfiehlt sich zur Unterscheidung der verschiedenen Typen von Racematen die Aufnahme einer Schmelzkurve mit wechselnden Mengen der Antipoden. Wenn ein Konglomerat vorliegt, sollte man die übliche Schmelzkurve eines binären Systems mit eutektischem Minimum

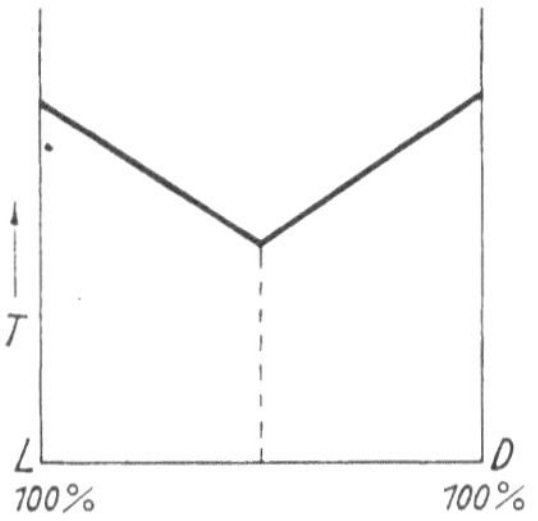

Fig. 67

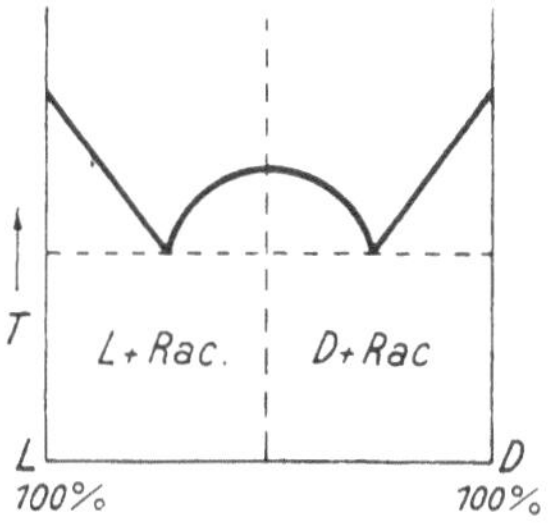

Fig. 68

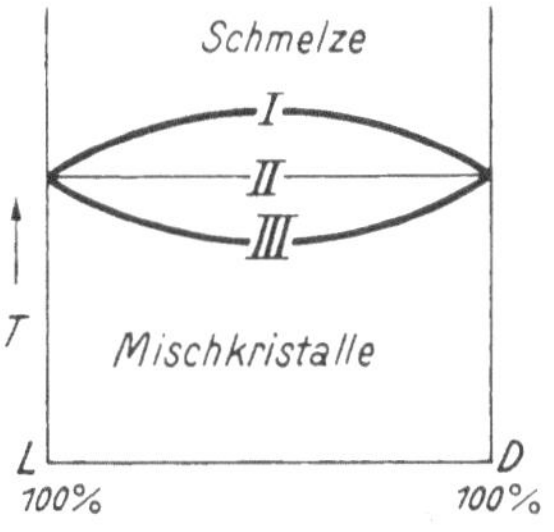

Fig. 69

erwarten; wegen der Identität der Antipoden in bezug auf den Schmelzpunkt wäre die Kurve symmetrisch (Fig. 67). Doch ist bisher mit Sicherheit kein derartiger Fall bekannt geworden. Ein Racemat gibt sich durch ein Maximum zu erkennen, das von den Schmelzpunkten der Antipoden durch 2 Minima (Eutektika der Antipoden mit dem Racemat) getrennt ist (Fig. 68). Der durch das Maximum bezeichnete Schmelzpunkt des Racemats kann höher oder tiefer als der Schmelzpunkt der Antipoden liegen. Im Fall von „Mischkristallen" schließlich erhält man eine Gerade oder symmetrische Kurve mit schwachem Maximum oder Minimum, aber ohne eutektische Punkte (Fig. 69).

Citronensäure

Citronensäure, deren oben schon kurz gedacht wurde, ist eine dreibasische Säure, die die empirische Formel $C_6H_8O_7$ besitzt und im Pflanzenreich sehr verbreitet ist. Sie ist die vorherrschende Säure in Citronen, Orangen, Ananas, Heidelbeeren, Johannisbeeren, Himbeeren und Erdbeeren. Man gewann sie früher fast ausschließlich aus Citronen, deren Saft etwa 5—7% freie Citronensäure enthält. Man fällt sie aus dem Saft nach Vergärung des darin enthaltenen Zuckers als Tricalciumsalz, das in kaltem Wasser leicht, in heißem Wasser dagegen sehr schwer löslich ist. Das Calciumsalz wird schließlich mit verdünnter Schwefelsäure zersetzt. Heute werden beträchtliche Mengen von Citronensäure durch Vergärung von Glucose oder Rohrzucker (bzw. Melasse) mit bestimmten Schimmelpilzen (Citromyces, Aspergillus niger) dargestellt. Die Gärung, die auf einem Oxydationsprozeß beruht und nur bei Luftzufuhr vor sich geht, verläuft vermutlich über Brenztraubensäure, Essigsäure und Oxalessigsäure als Zwischenstufen. Die Ausbeute kann 50% und mehr des angewandten Zuckers betragen.

Citronensäure ist optisch-inaktiv und nicht spaltbar. Sie muß also symmetrisch gebaut sein. Da sie ferner bei der Wasserabspaltung Aconitsäure liefert, deren Formel früher abgeleitet wurde (S. 179), muß sie die Struktur einer 2-Oxy-propan-tricarbonsäure-1,2,3 besitzen:

$$\begin{array}{lcl} CH_2\cdot CO_2H & & CH_2\cdot CO_2H \\ | & & | \\ C(OH)\cdot CO_2H - H_2O & = & C\cdot CO_2H \\ | & & \| \\ CH_2\cdot CO_2H & & CH\cdot CO_2H \\ \text{Citronensäure} & & \text{Aconitsäure} \end{array}$$

Diese Formel ist auch durch Synthese bewiesen worden. Man geht von 1,3-Dichlorpropanol-(2) $CH_2Cl\cdot CH(OH)\cdot CH_2Cl$ (S. 159) aus, das man durch Oxydation in das symmetrische Dichloraceton überführt. Das daraus gewonnene Cyanhydrin verseift man zur Oxysäure:

$$HO\cdot C\begin{cases} CH_2Cl \\ CN \\ CH_2Cl \end{cases} \longrightarrow HO\cdot C\begin{cases} CH_2Cl \\ CO_2H \\ CH_2Cl \end{cases}.$$

Diese behandelt man mit Kaliumcyanid und erhält so ein Dinitril, das schließlich beim Verseifen Citronensäure liefert:

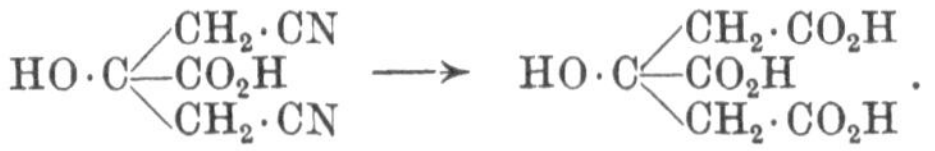

In physiologischer Beziehung ist das Vorkommen von Citronensäure im tierischen Organismus bemerkenswert. Milch enthält etwa 1—2 g im Liter, kleine Mengen finden sich im Blut und im Harn. Man weiß heute, daß Citronensäure im Tierkörper synthetisch aufgebaut werden kann. Einen möglichen Weg einer solchen Synthese wies zuerst die Darstellung der Citronensäure aus Oxalessigsäure und Brenztraubensäure (KNOOP und MARTIUS). Hierbei entsteht zunächst eine Ketocarbonsäure, die durch Wasserstoffperoxyd zu Citronensäure und CO_2 oxydiert werden kann:

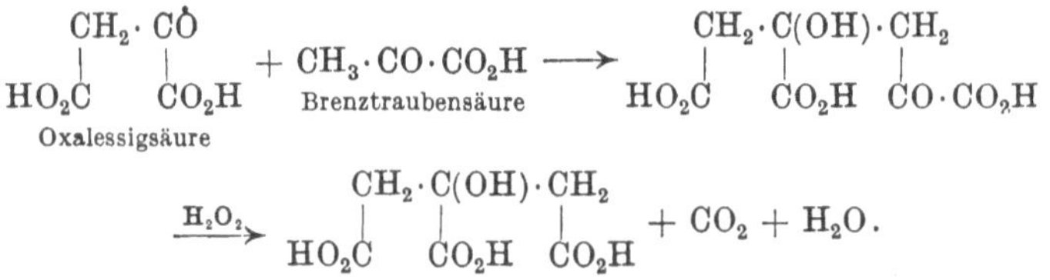

Citronensäure kristallisiert mit einem Molekül Wasser in wasserhellen Kristallen, die in Wasser und Alkohol leicht löslich sind. Dampft man die wäßrige Lösung bis zu einer Temperatur von 130⁰ ein, so scheidet sich beim Erkalten die wasserfreie Säure in farblosen Kristallen vom Schmelzpunkt 153⁰ ab. Sie dient zur Bereitung erfrischender Getränke und bildet die saure Komponente in verschiedenen Heilmitteln; auch im Baumwolldruck findet sie Verwendung. Bei der bakteriellen Zersetzung von Citronensäure entstehen unter anderem Essigsäure, Oxalessigsäure und Brenztraubensäure. Von der Bedeutung dieses Vorgangs für die Bildung des Butteraromas wird später die Rede sein (S. 213).

Daß der Citronensäure im Stoffwechsel eine wichtige Rolle zukommt, ergibt sich aus neueren Untersuchungen von MARTIUS (1937), KREBS und D. E. GREEN. Beim Abbau durch Fermentsysteme, wie sie z. B. im Muskel und in der Leber vorkommen, entsteht über verschiedene Zwischenstufen unter anderem α-Keto-glutarsäure:

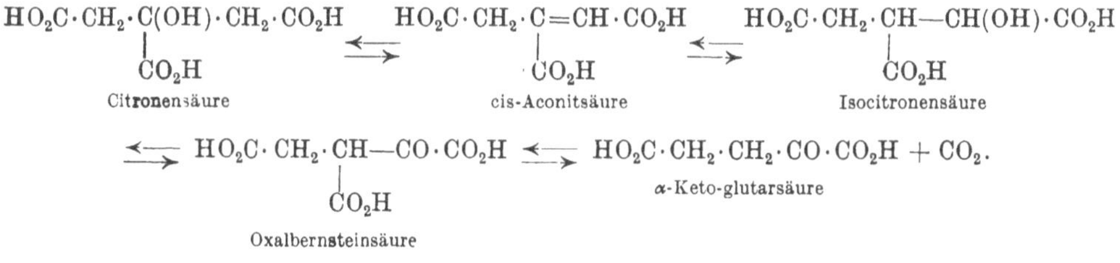

Der oxydative Abbau von α-Keto-glutarsäure ergibt unter Verlust von 1 CO_2 Bernsteinsäure, deren weitere Oxydation über Fumarsäure und Äpfelsäure zu Oxalessigsäure führt. Diese kann sich, wie oben gezeigt, mit Brenztraubensäure (bzw. Essigsäure) wieder zu Citronensäure vereinigen. Letzten Endes können also über den „Citronensäure-Cyclus" (oder „Tricarbonsäure-Cyclus") Brenztraubensäure und Essigsäure vollständig zu Kohlendioxyd und Wasser verbrannt werden, während die Oxalessigsäure sich ständig regeneriert. Da der Abbau der Kohlenhydrate im tierischen und pflanzlichen Stoffwechsel über Brenztraubensäure führt (S. 244), gibt der Tricarbonsäure-Cyclus eine Erklärung ihres oxydativen Abbaus. Wie OCHOA gezeigt hat, sind diese Reaktionen in Gegenwart von Fermenten vollständig reversibel, so daß sie auch für den Assimilations-Stoffwechsel Bedeutung besitzen könnten. α-Keto-glutarsäure nimmt wegen ihres leichten Übergangs in Glutaminsäure (S. 272) auch eine zentrale Stellung im Eiweißstoffwechsel ein.

Mehrwertige Aldehyde und Ketone

Die mehrwertigen Aldehyde und Ketone ähneln naturgemäß in vieler Beziehung den entsprechenden einwertigen Verbindungen. Dagegen gibt das gleichzeitige Vorhandensein zweier funktioneller Gruppen wiederum, wie wir dies schon bei den zweibasischen Säuren konstatierten, Veranlassung zu Ringschluß-Reaktionen.

Die eingehendere Besprechung dieser Reaktionen muß auf später verschoben werden, so daß wir uns hier mit einigen das Prinzip erläuternden Beispielen begnügen wollen:

Glyoxal — Imidazol (Glyoxalin)

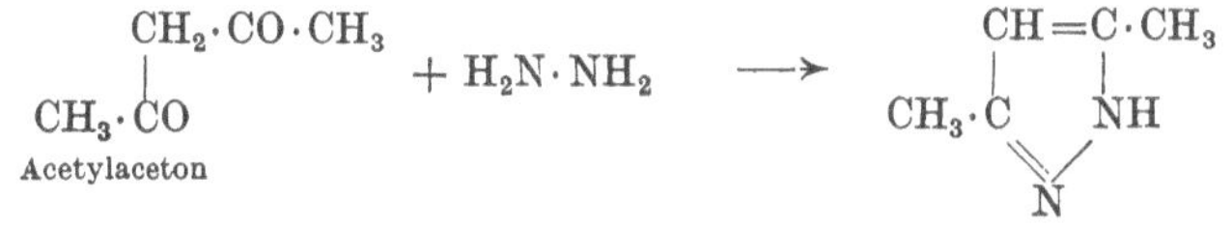

Acetylaceton — Dimethyl-pyrazol

Glyoxal (Äthandial), OHC·CHO, der einfachste Vertreter der **Dialdehyde** (Alkandiale), kann durch Oxydation von Alkohol mit Salpetersäure dargestellt werden.

Die Reaktion verläuft in ihrem Anfangsstadium vielleicht ähnlich wie die Knallsäurebildung (S. 187). In einen hohen Glaszylinder bringt man starke Salpetersäure, überschichtet sie mit Wasser und dieses wieder vorsichtig mit Alkohol, wobei man Sorge tragen muß, daß sich die einzelnen Schichten nicht mischen. Salpetersäure und Alkohol diffundieren in die wäßrige Schicht, in der nun eine allmähliche Oxydation von Alkohol zu Glyoxal unter gleichzeitiger Bildung von Glykolsäure, Oxalsäure und anderen Oxydationsprodukten vor sich geht. Glyoxal entsteht auch beim Erhitzen von Alkohol mit Selendioxyd auf 200°, beim Überleiten von Äthylen über erhitztes Selendioxyd sowie bei der Einwirkung von Ozon auf Acetylen. Zur technischen Gewinnung von Glyoxal wird Äthylenglykol in der Dampfphase über Kupferkatalysatoren mit Sauerstoff bei etwa 250—450° oxydiert oder Acetaldehyd mit Salpetersäure umgesetzt.

Durch Eindunsten wäßriger Lösungen erhaltenes Glyoxal ist eine farblose, amorphe Masse, die noch wasserhaltig und in Wasser leicht löslich ist, aber, einmal getrocknet (im Vakuum bei 110—120°), nur sehr langsam wieder in Lösung geht. Man hat es hier mit einem Polymeren von unbekannter Molekulargröße zu tun, das, in Wasser gelöst, wie das einfache Molekül reagiert. Bei der Destillation des Polymeren mit Phosphorpentoxyd entweicht das Monomere als smaragdgrünes Gas, das sich in einer stark gekühlten Vorlage zu schönen gelben Kristallen verdichtet, die bei noch stärkerer Abkühlung farblos werden. Sie schmelzen bei 15° zu einer gelben Flüssigkeit, die bei 51° siedet. Monomolekulares Glyoxal ist nur kurze Zeit existenzfähig: namentlich durch Spuren Wasser wird die Umwandlung in das Polymere sehr beschleunigt. Glyoxal ist der einfachste Vertreter einer farbigen Verbindung, die nur aus Kohlenstoff, Wasserstoff und Sauerstoff besteht.

Als Dialdehyd erweist sich Glyoxal durch die Vereinigung mit 2 Molekülen $NaHSO_3$ und durch die Bildung eines Dioxims. Ferner zeigt es auch die anderen Reaktionen der Aldehyde, z. B. Bildung eines Silberspiegels. Durch Wasserstoffperoxyd wird es zu Ameisensäure, durch Salpetersäure zu Oxalsäure oxydiert. Bei der Behandlung von Glyoxal mit Kalilauge entsteht nach der Reaktion von CANNIZZARO Glykolsäure. Diese Disproportionierung, die sich im allgemeinen zwischen zwei Molekülen Aldehyd abspielt, verläuft also hier im Fall des Dialdehyds intramolekular:

$$\begin{matrix} OHC\text{—}CHO \\ + H_2\text{—}O \end{matrix} = HO \cdot CH_2 \cdot COOH.$$

Führt man diese Reaktion in schwerem Wasser aus, so enthält die gebildete Glykolsäure kein Deuterium in direkter Bindung an Kohlenstoff. Demnach muß primär ein Wasserstoffatom von einem Kohlenstoff an das Nachbar-Kohlenstoffatom wandern, ohne daß das Lösungsmittel hierbei beteiligt ist.

Succindialdehyd (Butandial) $OHC \cdot CH_2 \cdot CH_2 \cdot CHO$ wurde von HARRIES durch Ozonbehandlung von Hexadien-(1,5) $CH_2 : CH \cdot CH_2 \cdot CH_2 \cdot CH : CH_2$, das man aus Allyljodid nach der WÜRTZschen Reaktion darstellen kann, erhalten. Hierbei bildet sich unter Sprengung der Kohlenstoffkette ein **Ozonid,** indem jede Doppelbindung 1 Molekül Ozon aufnimmt:

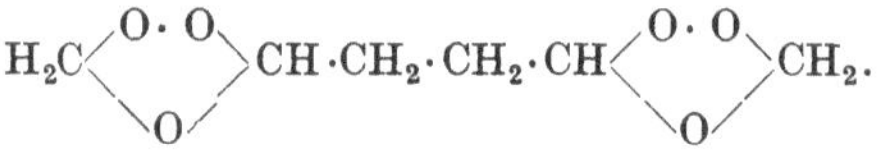

Das Diozonid des Hexadiens ist eine sirupöse, explosive Flüssigkeit, die sich bei vorsichtigem Erhitzen mit Wasser unter Bildung des genannten Dialdehyds zersetzt.

Für die Darstellung des Succindialdehyds geht man gewöhnlich von dem heterocyclischen Pyrrol (S. 459) aus. Succindialdehyd besitzt Interesse, weil er die Synthese von Alkaloiden ermöglicht (S. 495).

Das nächsthöhere Homologe des Glyoxals, **Methylglyoxal** $CH_3 \cdot CO \cdot CHO$, ein **Ketoaldehyd** (s. auch unten), entsteht durch Wasserabspaltung aus Glycerinaldehyd (S. 216); auch Dioxyaceton zeigt die gleiche Reaktion:

$$\left.\begin{array}{l} HO \cdot CH_2 \cdot CH(OH) \cdot CHO \searrow \\ HO \cdot CH_2 \cdot CO \cdot CH_2 \cdot OH \nearrow \end{array}\right. CH_3 \cdot CO \cdot CHO + H_2O.$$

Methylglyoxal kann ferner durch Kochen von Aceton mit Selendioxyd als Oxydationsmittel dargestellt werden. Es scheint technisch in analoger Weise wie Glyoxal durch katalytische Oxydation von Propylenglykol zugänglich zu sein.

Methylglyoxal ist eine tiefgelbe, sich leicht polymerisierende Flüssigkeit.

Die durch Alkalien sowie durch Fermente bewirkte CANNIZZAROsche Reaktion führt zu Milchsäure:

$$CH_3 \cdot CO \cdot CHO + H_2O = CH_3 \cdot CH(OH) \cdot CO_2H.$$

Da man aus den Zwischenprodukten der alkoholischen Gärung und der Glykolyse Derivate des Methylglyoxals isolieren kann, hat man Methylglyoxal lange Zeit als ein Intermediärprodukt dieser Prozesse betrachtet. In den modernen Gärungstheorien ist das Methylglyoxal durch Glycerinaldehyd abgelöst, dessen leichter Übergang in Methylglyoxal eine zwanglose Erklärung für die älteren Befunde gewährt.

Diketone (Alkandione)

Die Bildungsweisen und Eigenschaften dieser Verbindungen sind je nach dem Abstand der Carbonylgruppen verschieden. Man kennt 1,2-Diketone, $-\overset{1}{C}O \cdot \overset{2}{C}O-$; 1,3-Diketone $-\overset{1}{C}O \cdot \overset{2}{C}H_2 \cdot \overset{3}{C}O-$; 1,4-Diketone $-\overset{1}{C}O \cdot \overset{2}{C}H_2 \cdot \overset{3}{C}H_2 \cdot \overset{4}{C}O-$ sowie Verbindungen, in denen der Abstand der Carbonylgruppen noch größer ist.

1,2-Diketone. Die Vertreter dieser wichtigen Verbindungsklasse können nach folgendem Verfahren gewonnen werden. Gibt man zu einem Keton Amylnitrit (auch Natriumnitrit ist vielfach brauchbar) und etwas Salzsäure, so wird die dem CO benachbarte reaktionsfähige Methylengruppe in $C:N \cdot OH$ umgewandelt, und es entsteht das Monooxim eines Diketons:

$$R \cdot CO \cdot CH_2 \cdot R \longrightarrow R \cdot CO \cdot C(:N \cdot OH) \cdot R'.$$

Solche Verbindungen nennt man **Isonitroso-ketone.** Beim Kochen mit verdünnter Schwefelsäure wird das Oxim in bekannter Weise unter Bildung von Hydroxylamin gespalten und das Diketon in Freiheit gesetzt. Auf dem gleichen Wege können auch Ketoaldehyde gewonnen werden, z. B. Methylglyoxal aus Isonitrosoaceton $CH_3 \cdot CO \cdot CH:N \cdot OH$.

Diacetyl, Dimethylglyoxal (Butandion-2,3) $CH_3 \cdot CO \cdot CO \cdot CH_3$, wird auf diese Weise aus Methyläthylketon erhalten. Es bildet eine gelbe Flüssigkeit von stechend süßlichem Geruch und ist in Wasser löslich; seine Dämpfe zeigen die Farbe des Chlors. Siedepunkt 88°, spezifisches

Gewicht 0·973 bei 20°. Diacetyl verhält sich ganz wie ein Stoff mit zwei Carbonylgruppen, addiert 2 Mol HCN, gibt ein Mono- und ein Dioxim usw. Daß die beiden Carbonyle einander benachbart sind, zeigt die Einwirkung von Wasserstoffperoxyd, durch das Diacetyl leicht und quantitativ in 2 Mol Essigsäure übergeführt werden kann:

$$CH_3\cdot CO\cdot CO\cdot CH_3 + H_2O_2 = 2CH_3\cdot COOH\,.$$

Diacetyl findet sich in kleiner Menge in der Butter (etwa 0,5 mg pro kg), deren Aroma es im wesentlichen bedingt. Die Quelle des Diacetyls ist angeblich die Citronensäure der Milch, die durch gewisse Streptokokken über Brenztraubensäure $CH_3\cdot CO\cdot CO_2H$ zu Acetaldehyd abgebaut wird. Nascierender Acetaldehyd reagiert nun mit einem zweiten Molekül Acetaldehyd unter Bildung eines Oxyketons:

$$CH_3\cdot CHO + OHC\cdot CH_3 = \underset{\text{Acetoin}}{CH_3\cdot CH(OH)\cdot CO\cdot CH_3}.$$

Diese als **Acyloin-Kondensation** (vgl. auch S. 214) bekannte Reaktion der Aldehyde spielt namentlich bei aromatischen Aldehyden eine Rolle und wird dort näher besprochen werden. Acetoin, das sich ebenfalls in Spuren in Milch und Butter findet, oxydiert sich sehr leicht und geht auf diese Weise in Diacetyl über.

Das Dioxim des Diacetyls, **Dimethylglyoxim** $CH_3\cdot C(:N\cdot OH)\cdot C(:N\cdot OH)\cdot CH_3$, liefert ein rosenrotes, sehr schwer lösliches Nickelsalz und findet deshalb in der analytischen Praxis Verwendung.

1,3-Diketone werden nach einem von CLAISEN und W. WISLICENUS entdeckten Kondensationsverfahren dargestellt, indem man Säureester auf Ketone in Gegenwart von Natriumäthylat als Kondensationsmittel einwirken läßt:

$$R\cdot CO\cdot O\cdot C_2H_5 + CH_3\cdot CO\cdot R_1 = R\cdot CO\cdot CH_2\cdot CO\cdot R_1 + C_2H_5\cdot OH\,.$$

Der Mechanismus dieser Reaktion ist trotz vieler darauf verwandter Mühe noch nicht vollkommen aufgeklärt, da die Isolierung von Zwischenprodukten niemals gelungen ist. Das Eintreten der Reaktion ist nach allen experimentellen Erfahrungen jedenfalls daran gebunden, daß einer der beiden Partner neben dem Carbonyl eine nicht substituierte CH_2-Gruppe enthält. Nach der einfachsten und früher bevorzugten Auffassung addiert sich zunächst 1 Molekül Natriumäthylat an den Ester, worauf das Additionsprodukt mit dem Keton unter Austritt von 2 Molekülen Alkohol reagiert:

$$\underset{\text{hypothetisch}}{\left[\underset{\displaystyle ONa}{CH_3\cdot \overset{|}{C}}\!<\!{}^{O\cdot C_2H_5}_{O\cdot C_2H_5}\right]} + CH_3\cdot CO\cdot CH_3 = \underset{\displaystyle ONa}{CH_3\cdot \overset{|}{C}}=CH\cdot CO\cdot CH_3 + 2\,C_2H_5\cdot OH\,.$$

Es entsteht also zunächst das Natriumsalz der Enolform des Diketons, und man nimmt wohl mit Recht an, daß die Tendenz zur Bildung des konjugierten Systems aus C=C- und C=O-Doppelbindung die treibende Kraft des ganzen Vorgangs bildet. Die Voraussetzung für die Bildung eines beständigen Enolat-Ions ist, wie man leicht einsieht, daß die Enolform wesentlich stärker sauer als Alkohol sein muß. Bei den hier behandelten Verbindungen ist diese Bedingung ohne Ausnahme erfüllt. Eine etwas abweichende Formulierung des gleichen Vorgangs läßt die Verwandtschaft der CLAISEN-Kondensation mit der Aldolkondensation hervortreten: unter dem katalytischen Einfluß von Natriumäthylat addiert sich der Wasserstoff der Methylengruppe an den Carbonylsauerstoff des Esters, worauf Abspaltung von 1 Molekül Alkohol und Bildung eines weiteren Moleküls Alkohol durch Umsetzung der elektrolytisch dissoziierten Enolform mit dem Alkoholat eintritt:

$$\underset{\displaystyle O}{\overset{\displaystyle O\cdot C_2H_5}{CH_3\cdot C}} + \underset{\displaystyle H}{CH_2}\cdot CO\cdot CH_3 \xrightarrow{NaOC_2H_5} \underset{\text{hypothetisch}}{\left[\underset{\displaystyle OH}{\overset{\displaystyle O\cdot C_2H_5}{CH_3\cdot C}}\!-\!CH_2\cdot CO\cdot CH_3\right]}$$

$$\longrightarrow \underset{\displaystyle ONa}{CH_3\cdot \overset{|}{C}}=CH\cdot CO\cdot CH_3 + 2\,C_2H_5\cdot OH$$

In der Ausdrucksweise der Elektronentheorie verläuft der Vorgang so, daß das OC_2H_5-Ion als Protonenfänger ein Proton von der Methylgruppe des Acetons loslöst. Dadurch entsteht am Kohlenstoff ein freies Elektronenpaar, das sich in die Oktettlücke eines durch Aufrichtung des doppelt gebundenen Sauerstoffs polarisierten Estermoleküls einlagert. Durch anschließende Abspaltung von Alkohol wird das Reaktionsprodukt aus dem Gleichgewicht herausgeführt und stabilisiert (ARNDT, EISTERT):

$$\begin{matrix} OC_2H_5 \\ \ddot{}\\ CH_3:C^+ \\ \ddot{} \\ :\ddot{O}:^- \end{matrix} + \left[\begin{matrix} H \\ :\ddot{C}:CO\cdot CH_3 \\ \ddot{H} \end{matrix}\right]^- \rightleftarrows \begin{matrix} OC_2H_5 \\ CH_3:\ddot{C}:CH_2\cdot CO\cdot CH_3 \\ :\ddot{O}:^- \end{matrix}$$

$$\longrightarrow \begin{matrix} CH_3:C::CH\cdot CO\cdot CH_3 + C_2H_5\cdot OH \\ :\ddot{O}:^- \end{matrix}$$

Oben sind als hypothetische Zwischenprodukte Natriumäthylat-Verbindungen der Ester angenommen worden. Hiergegen könnte der Einwand erhoben werden, daß derartige Verbindungen nur in wenigen speziellen Fällen nachgewiesen werden konnten. Essigester gibt z. B. keine stabile Additionsverbindung. Daß aber im System Ester—Äthylat wenigstens Spuren solcher Verbindungen vorhanden sein müssen, folgt mit großer Wahrscheinlichkeit aus der Tatsache der Umesterung (S. 90). Für den katalytischen Ablauf einer Reaktion genügen aber solche Spuren durchaus, wenn sie nur mit ausreichender Geschwindigkeit nachgebildet werden. Falls Fettsäureester mit Alkalimetallen Ester-enolate $R\cdot CH{=}C(O\cdot C_2H_5)ONa$ bilden (S. 167), kommen auch diese als Zwischenprodukte bei der CLAISEN-Kondensation in Betracht. Tatsächlich hat man bei solchen Kondensationen das Natriumäthylat vielfach mit Erfolg durch metallisches Natrium ersetzen können. Trotzdem ist es nicht ausgeschlossen, daß auch in diesen Fällen Natriumäthylat das eigentliche katalytische Agens darstellt. Denn die Einwirkung von Alkalimetallen ist stets von einer Nebenreaktion begleitet, bei der neben dem Enolat eines Acyloins (S. 213) Natriumäthylat entsteht:

$$\begin{matrix} CH_3\cdot CO_2\cdot C_2H_5 \\ \\ CH_3\cdot CO_2\cdot C_2H_5 \end{matrix} + 4\,Na = \begin{matrix} CH_3\cdot C\cdot ONa \\ \| \\ CH_3\cdot C\cdot ONa \end{matrix} + 2\,C_2H_5\cdot ONa\,.$$

Enolat des Acetoins

Da endlich auch solche Ester der CLAISEN-Kondensation zugänglich sind, die in α-Stellung zur Carboxylgruppe keinen Wasserstoff enthalten und sicher keine Enolate bilden können (z. B. Benzoesäureester), so können jedenfalls Ester-enolate nicht in allen Fällen als Zwischenprodukte angenommen werden. Diesen Schwierigkeiten entgeht man, wenn man, wie in dem letzten der obigen Schemata, die Methylen-Komponente (d. h. das Keton) als Angriffspunkt des Äthylats ansieht.

Über die ganz analog verlaufende Kondensation zweier Estermoleküle zu β-Ketonsäureestern vgl. S. 261.

Es ist oben bereits auseinandergesetzt worden, daß die 1,3-Diketone Metallsalze bilden, die sich von der Enolform ableiten. Die Enolisierungstendenz der 1,3-Diketone ist so groß, daß sie schon im homogenen Zustand zu etwa 80% als Monoenol-Formen vorliegen. Diese besitzen den Charakter schwacher Säuren. Die Dissoziationskonstante des enolisierten Acetylacetons $CH_3\cdot CO\cdot CH = C(OH)\cdot CH_3$ ist z. B. von der Größenordnung 10^{-9}. Diketone der allgemeinen Formel $CH_3\cdot CO\cdot C(Alk)_2\cdot CO\cdot CH_3$ geben keine Metallverbindungen. Die Gruppe $CH_3\cdot CO$ hat also, wie sich auch beim Aceton zeigt, keine erhebliche Neigung zur Enolisierung.

Acetylaceton, Pentandion-(2,4) $CH_3\cdot CO\cdot CH_2\cdot CO\cdot CH_3$, wird nach der oben angegebenen Methode durch Kondensation von Essigester und Aceton erhalten. Es bildet eine farblose, angenehm riechende, bei 137° siedende Flüssigkeit vom spezifischen Gewicht 0·979 bei 15°. Beim Kochen mit Alkalien wird es in Aceton und Essigsäure gespalten; es bildet somit ein neues Beispiel für die Unbeständigkeit von Verbindungen, in denen ein Kohlenstoffatom mit „negativen" Gruppen überladen ist.

Besonderes Interesse besitzen unter den Metallverbindungen des Acetylacetons das in Wasser schwer lösliche Kupfersalz $Cu(C_5H_7O_2)_2$ sowie das unzersetzt destillierbare Aluminiumsalz, dessen Dampfdichte von COMBES bestimmt wurde und zu der Formel $Al(C_5H_7O_2)_3$ führte, wodurch Aluminium als dreiwertiges Element charakterisiert wurde.

Die Acetylacetonate der mehrwertigen Metalle besitzen Eigenschaften, die von denen der gewöhnlichen Salze stark abweichen. Viele von ihnen sind in Benzol, Chloroform und anderen organischen Flüssigkeiten löslich, was bei echten Salzen nicht der Fall ist. Ihre wäßrige Lösung leitet den elektrischen Strom nur sehr schwach. Sie zeigen die gewöhnlichen Reaktionen der Metalle nicht oder nur sehr langsam. Auch sind sie in wäßriger Lösung nicht hydrolytisch gespalten, obwohl bei den Fe(III)- und Al-Verbindungen Base und Säure zugleich sehr schwach sind. Nach den Anschauungen von HANTZSCH, WERNER und LEY hat man es hier mit „inneren Komplexsalzen" zu tun. Kupferacetylacetonat wäre danach wie folgt zu formulieren:

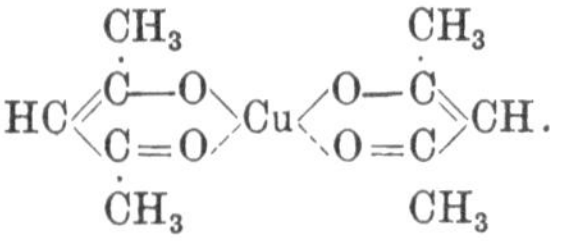

Innerkomplexsalze dieses Typus, bei denen eine Verbindung zwei Koordinationsstellen eines metallischen Zentralatoms besetzt, hat MORGAN (1920) **Chelate** (von griech. chele = Krebsschere) genannt.

Viel stärker sauer als Acetylaceton sind die namentlich von CLAISEN studierten 1,3-Ketoaldehyde $R \cdot CO \cdot CH_2 \cdot CHO$. Da sie überwiegend in der Enolform $R \cdot CO \cdot CH{:}CH \cdot OH$ vorliegen, bezeichnet man sie meist als **Oxymethylenketone.** Sie bilden sehr beständige Natrium- und Kupfersalze. **Oxymethylen-acetylaceton** $(CH_3 \cdot CO)_2C{:}CH \cdot OH$ vom Schmelzpunkt 48° rötet in Lösung Lackmus und läßt sich mit Natronlauge titrieren; es ist stärker als Essigsäure.

1,4-Diketone. Als Beispiel dieser Klasse von Verbindungen ist das **Acetonylaceton** Hexandion-(2,5) $CH_3 \cdot CO \cdot CH_2 \cdot CH_2 \cdot CO \cdot CH_3$ zu nennen, dessen Darstellung später (S. 262) angegeben werden wird. Es bildet eine farblose, angenehm riechende Flüssigkeit vom Siedepunkt 194° und spezifischen Gewicht 0·970 bei 21°. 1,4-Diketone bilden ein wertvolles Ausgangsmaterial für Ringschluß-Reaktionen. Hiervon wird später noch ausführlich die Rede sein (S. 446, 448, 459).

Halogenierte Aldehyde

Einer der wichtigsten Vertreter dieser Gruppe ist das **Chloral (Trichloracetaldehyd)** $CCl_3 \cdot CHO$, das mit 1 Mol Wasser kristallisiert und unter dem Namen **Chloralhydrat** als Schlafmittel angewendet wird. Chloral wird durch Einleiten von sorgfältig getrocknetem Chlorgas in absoluten Äthylalkohol bis zur Sättigung dargestellt (LIEBIG 1832). Die Reaktion, die anfangs durch Kühlung gemäßigt werden muß, wird durch Erwärmen, zuletzt auf 100°, zu Ende gebracht.

Den Verlauf der Einwirkung von Chlor auf trocknen Alkohol hat man sich nach CHATTAWAY und BACKEBERG (1924) wohl so vorzustellen, daß als primäres Reaktionsprodukt **Äthylhypochlorit** $C_2H_5 \cdot OCl$ entsteht. Dieses, eine gelbe, heftig nach unterchloriger Säure riechende Flüssigkeit vom Kp:36°, wird gewöhnlich durch Einleiten von Chlor in wäßrig-alkoholische Natronlauge dargestellt und zerfällt schon bei Zimmertemperatur stürmisch in Acetaldehyd und HCl (ST. GOLDSCHMIDT):

$$CH_3 \cdot CH_2 \cdot OCl \longrightarrow CH_3 \cdot CHO + HCl.$$

Der Acetaldehyd wird nun einerseits durch Chlor schrittweise chloriert, andererseits unter dem Einfluß von Alkohol und HCl acetalisiert, so daß man als Endprodukt der Reaktion das Monoäthylacetal des Chlorals, Chloralalkoholat, erhält:

$$\underset{\text{Chloralalkoholat}}{CCl_3 \cdot CH(OH)\,(OC_2H_5).}$$

Das gut kristallisierende, bei etwa 50° schmelzende Chloralalkoholat liefert beim Behandeln mit konzentrierter Schwefelsäure neben Äthylschwefelsäure wasserfreies Chloral $CCl_3 \cdot CHO$ als eine farblose, ölige Flüssigkeit von durchdringendem Geruch. Es siedet bei 97° und hat ein spezifisches Gewicht von 1·512 bei 20°. Mischt man

Chloral mit Wasser, so erstarrt es nach anfänglicher Wärmeentwicklung zu einer kristallisierten Masse, Chloralhydrat (Schmelzpunkt 51⁰), dem man die Formel $CCl_3 \cdot CH(OH)_2$ gibt, weil es nicht mehr *alle* Aldehydreaktionen zeigt. So färbt es z. B. fuchsinschweflige Säure nicht rot. Durch die Beständigkeit dieses Hydrats unterscheidet sich Chloral von den nicht substituierten aliphatischen Aldehyden, deren Hydratbildung S. 101 besprochen wurde. Die Struktur des Chlorals ergibt sich daraus, daß es wie die Aldehyde mit ammoniakalischer Silberlösung einen Silberspiegel liefert, mit $NaHSO_3$ ein kristallisiertes Additionsprodukt gibt und durch Salpetersäure zu Trichloressigsäure oxydiert wird.

Wäßrige Lösungen von Alkalien spalten Chloral bereits bei gewöhnlicher Temperatur in Chloroform und Ameisensäure:

$$CCl_3 \cdot CHO + KOH = CHCl_3 + HCOOK.$$

Die Bildung von Chloroform aus Chloral durch Einwirkung alkalischer Flüssigkeiten gab Veranlassung zu dem Versuch, das Chloral als Schlafmittel anzuwenden. Man erwartete, daß das alkalisch reagierende Blut aus dem Chloral Chloroform abspalten und dieses somit im Körper selbst entstehen würde. LIEBREICH fand 1869, daß das Chloral in der Tat ein starkes Hypnotikum ist; später angestellte Versuche zeigten jedoch, daß die Wirkung des Chlorals *nicht* auf der Bildung von Chloroform beruht, da das Chloral im Organismus zu Trichloräthylalkohol reduziert wird, der dann in Verbindung mit Glucuronsäure (S. 229) als **Urochloralsäure** ausgeschieden wird.

Das in ähnlicher Weise wie Chloral aus Alkohol und Brom erhältliche giftige **Bromal** $CBr_3 \cdot CHO$ wird durch Wasser in Bromalhydrat $CBr_3 \cdot CH(OH)_2$ übergeführt, das Kristalle vom Schmelzpunkt etwa 50⁰ bildet. Es bildet das Ausgangsmaterial für die Darstellung von **Tribromäthylalkohol,** der unter dem Namen „**Avertin**" als sogenanntes „Basis"-Narkotikum in der Chirurgie Anwendung findet.

Tribromäthylalkohol entsteht aus Bromal durch Reduktion mit Alkohol und Aluminiumäthylat nach dem auf S. 98 beschriebenen Verfahren. Er schmilzt bei 80⁰.

Oxyaldehyde und Oxyketone

Mit der Besprechung der Oxyaldehyde und Oxyketone wenden wir uns einem Gebiet von größter Wichtigkeit zu, da die höheren Glieder dieser Reihe die Zucker sind, deren außerordentliche Verbreitung in der Natur von ihrer biologischen Bedeutung Zeugnis ablegt. Wir begegnen bei diesen Verbindungen aufs neue der bereits mehrfach beobachteten Tatsache, daß die gleichzeitige Anwesenheit verschiedener Funktionen im Molekül Eigenschaften hervorruft, die den Repräsentanten der einfachen Funktionen abgehen.

Der einfachste Oxyaldehyd ist der **Glykolaldehyd** $HO \cdot CH_2 \cdot CHO$, aus Bromacetaldehyd $BrCH_2 \cdot CHO$ durch Einwirkung von Barytwasser darstellbar. Er bildet mit Wasserdampf flüchtige Kristalle, die bei 76⁰ unter Zersetzung schmelzen, und gibt die gewöhnlichen Aldehydreaktionen.

Unter den Verbindungen mit 3 C-Atomen sind in erster Linie **Glycerinaldehyd** (I) und **Dioxyaceton** (II) hervorzuheben. Beide sind durch Oxydation von Glycerin erhältlich. Mit Wasserstoffperoxyd in Gegenwart von Eisen (II)-salz bildet sich überwiegend Glycerinaldehyd, während Dioxyaceton gewonnen wird, wenn man Brom und Soda als Oxydationsmittel anwendet. Beide Verbindungen sind kristallisiert, löslich in Wasser und lagern sich in Gegenwart von Alkalien ineinander um. Das Gleichgewicht liegt anscheinend weitgehend auf der Seite des Dioxyacetons, das man z. B. durch Erhitzen von Glycerinaldehyd mit Pyridin in beträchtlicher Menge erhalten kann. Die umgekehrte Verwandlung ist schwer zu beobachten, da sich der Glycerinaldehyd durch Verharzung und noch zu besprechende Reaktionen leicht weiter verändert.

I 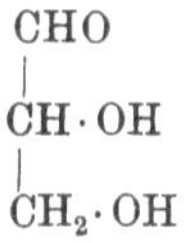
II 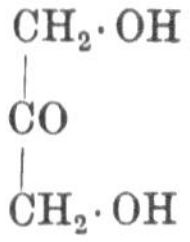
III 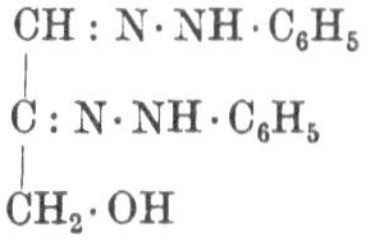

Weiterhin gehören in diese Gruppe die Acyloine, von denen wir einen Vertreter im Acetoin $CH_3 \cdot CH(OH) \cdot CO \cdot CH_3$ bereits kennengelernt haben (S. 213).

Im chemischen Verhalten der Oxyaldehyde und Oxyketone zeigen sich charakteristische Unterschiede, die auf der gegenseitigen Entfernung der beiden Funktionen voneinander beruhen. Verbindungen, die die beiden Gruppen in 1,2-Stellung enthalten (α-Oxyaldehyde und α-Oxyketone), oxydieren sich außerordentlich leicht, z. B. reduzieren nicht nur die α-Oxyaldehyde, sondern auch die α-Oxyketone sehr glatt FEHLINGsche Lösung und ammoniakalische Silberlösung. Während die Oxyaldehyde hierbei vornehmlich Säuren bilden, liefern die Acyloine als erste faßbare Oxydationsprodukte α-Diketone. Zu den Substanzen, die auf die in Frage stehenden Verbindungen oxydierend wirken, gehören bemerkenswerterweise auch aromatische Abkömmlinge des Hydrazins, namentlich das Phenylhydrazin $C_6H_5 \cdot NH \cdot NH_2$. Setzt man 1,2-Oxyoxoverbindungen in schwach essigsaurer Lösung mit Phenylhydrazin um, so reagiert zunächst die Oxogruppe unter Bildung eines normalen Phenylhydrazons $R \cdot CH(OH) \cdot C(:N \cdot NH \cdot C_6H_5) \cdot R'$. Die Reaktion bleibt jedoch hierbei nicht stehen. Vielmehr verliert die CH(OH)-Gruppe 2 Wasserstoffatome, die 1 Molekül Phenylhydrazin in Ammoniak und das Amin $C_6H_5 \cdot NH_2$ (Anilin) spalten, worauf die neu entstandene CO-Gruppe gleichfalls unter Hydrazonbildung reagiert. Insgesamt werden also 3 Moleküle Phenylhydrazin unter Bildung eines Bis-phenylhydrazons $R \cdot C(:N \cdot NH \cdot C_6H_5) \cdot C(:N \cdot NH \cdot C_6H_5) \cdot R'$ umgesetzt. Die entstehenden Dihydrazone der α-Diketone bzw. α-Ketoaldehyde bezeichnet man als **Osazone.** Wie man leicht erkennt, ergeben isomere Verbindungen hierbei identische Osazone, z. B. liefern Glycerinaldehyd und Dioxyaceton das gleiche **Glycerosazon** (III).

In alkalischer Lösung bilden 1,2-Oxyoxoverbindungen Dienole:

$$R \cdot CH(OH) \cdot CO \cdot R' \longrightarrow R \cdot C(OH) : C(OH) \cdot R'.$$

Da sie immer nur in sehr geringen Mengen auftreten, hat man sie nicht isolieren, sondern nur durch ihre Reaktionen nachweisen können. Die Dienole sind autoxydabel, ihre alkalischen Lösungen absorbieren aus der Luft Sauerstoff. Die Bildung dieser Dienole liefert die Erklärung für verschiedene Umlagerungsreaktionen. Acetoin, das ein asymmetrisches C-Atom in der CH(OH)-Gruppe besitzt, racemisiert sich in alkalischer Lösung, da das intermediär entstehende Enol symmetrisch gebaut ist. Unsymmetrisch substituierte Verbindungen $R \cdot CH(OH) \cdot CO \cdot R'$ bilden in alkalischer Lösung über die Dienolform ein Gleichgewicht mit dem Isomeren $R \cdot CO \cdot CH(OH) \cdot R'$. So erklärt sich die Umlagerung von Glycerinaldehyd ($R = HO \cdot CH_2$, $R' = H$) in Dioxyaceton:

$$HO \cdot CH_2 \cdot CH(OH) \cdot CHO \rightleftharpoons HO \cdot CH_2 \cdot C(OH) : CH \cdot OH \rightleftharpoons HO \cdot CH_2 \cdot CO \cdot CH_2 \cdot OH\,.$$

Von Wichtigkeit ist schließlich noch die Neigung der 1,2-Oxyoxoverbindungen zur Bildung von Dimeren (IV und V), die als cyclische Halbacetale, durch Anlagerung einer Oxygruppe an die Oxogruppe eines zweiten Moleküls entstanden, aufzufassen sind:

IV 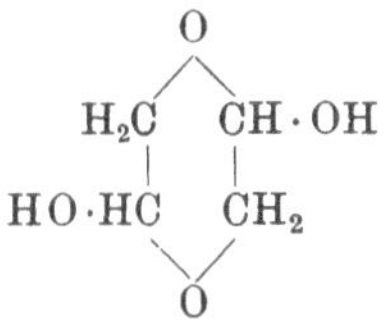
Glykolaldehyd, dimer

V 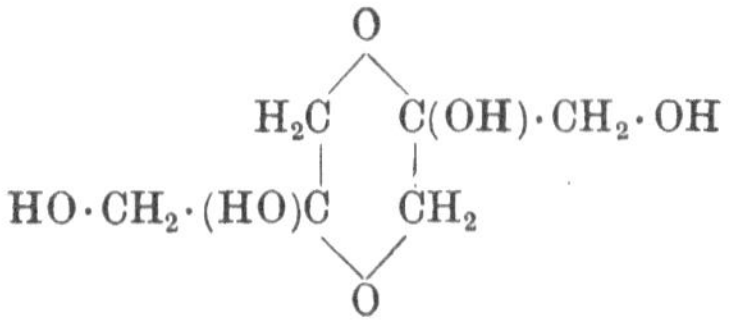
Dioxyaceton, dimer

VI

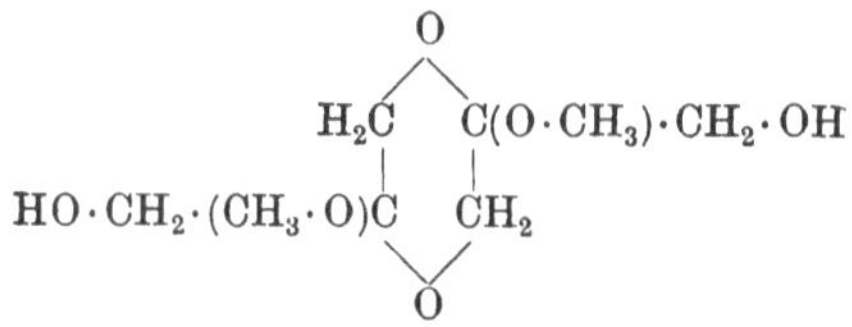

dimeres Methylacetal des Dioxyacetons

Zu Derivaten dieser Dimeren gelangt man auch, wenn man versucht, die 1,2-Oxyoxoverbindungen mit Methylalkohol und Chlorwasserstoff in Acetale (S. 101) zu verwandeln. Dioxyaceton liefert hierbei die Verbindung VI, die als Bis-methylacetal des cyclischen Dimeren aufzufassen ist und als solches durch verdünnte wasserhaltige Säuren leicht wieder aufgespalten wird. α-Oxyaldehyde liefern unter gleichen Umständen zwar normale Dimethylacetale $R\cdot CH(OH)\cdot CH(O\cdot CH_3)_2$, die sich aber beim Erhitzen ebenfalls in dimere Verbindungen vom Typus VI umlagern.

Eine interessante Abart dieser Reaktion beobachtet man nun, wenn man die gleiche Acetalisierungs-Reaktion mit 1,4- oder 1,5-Oxyoxoverbindungen (γ- oder δ-Oxyaldehyden) ausführt. Diese Verbindungen nehmen nämlich bei der Behandlung mit Methylalkohol und Chlorwasserstoff nur *eine* Alkoholgruppe auf, sind monomolekular und zeigen kein Reduktionsvermögen mehr. Es liegen also offenbar cyclische Acetale vor, die durch Acetalbildung zwischen der Hydroxyl- und Oxogruppe des gleichen Moleküls (innere Halbacetal-Bildung) entstanden sein müssen:

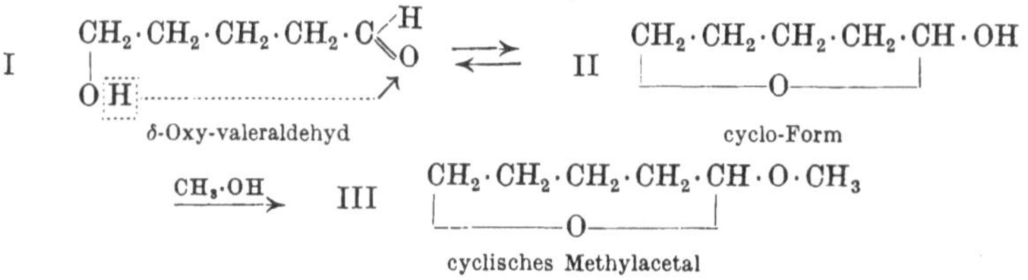

δ-Oxy-valeraldehyd — cyclo-Form — cyclisches Methylacetal

Nach den Betrachtungen auf S. 169 müssen sich solche Ringe bevorzugt bilden, wenn ein Ring mit 5 oder mehr Gliedern entstehen kann. Es liegt hier also eine neue Art von Desmotropie vor, die man als **Oxo-cyclo-Desmotropie** bezeichnet. Das Gleichgewicht zwischen Oxo-Form (I) und Cyclo-Form (II) liegt anscheinend schon in wäßriger Lösung weit auf der Seite von II. Hierfür spricht einmal das Absorptionsspektrum, in dem die charakteristische Bande der freien Oxogruppe nur noch schwach angedeutet ist, sodann die verhältnismäßig langsame Reaktion mit Aldehyd-Reagenzien (fuchsinschwefliger Säure, Fehlingscher Lösung), die offenbar nur in dem Maße vor sich geht, wie sich II in I umlagert.

Kohlenhydrate

Unter den großen Naturstoffklassen, die schon frühzeitig die Aufmerksamkeit der Chemiker gefesselt haben, gibt es eine sehr verbreitete Gruppe von Substanzen, die mit ihrem hervorragendsten und am längsten bekannten Vertreter, dem Rohrzucker, süßen Geschmack und neutrale Reaktion gemein haben und die man deshalb als **Zucker** bezeichnet. Auch eine Reihe nicht süß schmeckender Stoffe, wie Stärke und Cellulose, aus denen ein großer Teil der pflanzlichen Substanzen aufgebaut ist, wird wegen ihrer engen Beziehungen zu den Zuckern dieser Klasse zugerechnet. Schon Lavoisier, Gay-Lussac und Thenard und andere bemerkten, daß viele dieser Verbindungen eine der allgemeinen Formel $C_nH_{2n}O_n$ entsprechende Zusammensetzung haben, also neben Kohlenstoff die Elemente des Wassers enthalten. In Ermangelung eines näheren Einblicks in die Struktur bürgerte sich daher für die ganze Verbindungsgruppe der Name „Kohlenhydrate“ ein, der sich bis auf den heutigen Tag erhalten hat. Nach ihrem Verhalten gegen Säuren teilt man die Klasse der Kohlenhydrate in zwei Untergruppen ein. Die eine umfaßt diejenigen Substanzen, die durch Säurehydrolyse in einfachere Substanzen gespalten werden, die ihrerseits noch alle Eigenschaften der Kohlenhydrate besitzen. Solche Kohlenhydrate nennt man je nach der Anzahl der dabei erhaltenen Zuckermoleküle **Oligosaccharide**[1] bzw. **Polysaccharide**[2]. Die zweite Gruppe vereinigt alle Kohlenhydrate, die sich nicht in dieser Weise spalten lassen. Man nennt sie **Monosaccharide.** Da die Vertreter der zweiten Gruppe offenbar den einfachsten Bau besitzen, beginnen wir unsere Betrachtungen mit diesen.

Monosaccharide

Nomenklatur der Monosaccharide und ihrer Derivate

Allgemeine Eigenschaften

Es wird weiter unten gezeigt werden, daß die Monosaccharide als Oxyaldehyde bzw. Oxyketone aufzufassen sind, die mehrere Hydroxylgruppen enthalten. Je nach der Anzahl der Sauerstoffatome im Molekül unterscheidet man Tetrosen, Pentosen, Hexosen usw. In der Mehrzahl der Fälle ist die Anzahl der Sauerstoffatome gleich der Anzahl der Kohlenstoffatome, so daß die genannten Bezeichnungen vielfach auch den Kohlenstoffgehalt angeben. Die Funktion der Oxogruppe wird durch Vorsetzen der Silben „Aldo“- und „Keto“- zum Ausdruck gebracht:

$$HO\cdot CH_2\cdot CH(OH)\cdot CH(OH)\cdot CH(OH)\cdot CH(OH)\cdot CHO\,,$$

Aldohexose

$$HO\cdot CH_2\cdot CH(OH)\cdot CH(OH)\cdot CH(OH)\cdot CO\cdot CH_2\cdot OH\,.$$

Ketohexose

Allgemein faßt man die Aldehydzucker als **Aldosen,** die Ketozucker als **Ketosen** zusammen.

Die Aldosen lassen sich bei vorsichtiger Oxydation zu Säuren von gleicher Kohlenstoffzahl oxydieren. Durch Oxydation der Aldehydgruppe entstehen die einbasischen Aldonsäuren. Ergreift die Oxydation auch die endständige $CH_2\cdot OH$-Gruppe, so entstehen zweibasische Säuren vom Typus der Zuckersäure $HO_2C\cdot CH(OH)\cdot CH(OH)\cdot CH(OH)\cdot CH(OH)\cdot CO_2H$. Ketosen müssen bei der Oxydation stets Säuren mit einer geringeren Anzahl von Kohlenstoffatomen liefern.

Die Reduktion der Monosaccharide nimmt den von den Aldehyden und Ketonen bekannten Verlauf: Aldosen und Ketosen gehen unter Aufnahme von zwei Wasserstoffatomen in die entsprechenden mehrwertigen Alkohole (Pentite, Hexite usw.) über. Derartige Verbindungen sind uns im Mannit und Dulcit bereits begegnet (S. 158).

Man kennt mehrere **Reaktionen,** die allen Monosacchariden gemeinsam sind. Da sie sehr leicht ausführbar sind, finden sie für den Nachweis und die Charakterisierung der Zucker allgemeine Verwendung. Wie die nachfolgende Aufzählung zeigt, handelt es sich dabei durchweg um Reaktionen, die entweder für Aldehyde bzw. Ketone oder für 1,2-Oxyoxo-Verbindungen charakteristisch sind:

1. Beim Erwärmen mit ammoniakalischer Silberlösung entsteht ein Silberspiegel.
2. Beim Erwärmen mit Alkalien tritt unter Gelb- bis Braunfärbung Autoxydation und Zersetzung ein.
3. Alkalische Kupferlösung, z. B. FEHLINGsche Lösung, wird beim Erwärmen reduziert, indem sich gelbes bis rotes Kupfer(I)-oxyd abscheidet.

---

[1] ὀλίγος = wenig.
[2] πολύς = viel.

Da die Monosaccharide als Polyhydroxyl-Verbindungen schon an und für sich die Fällung von Metallhydroxyden in alkalischer Lösung zu verhindern vermögen, gelingt diese Reaktion auch schon in ihrer einfachsten, von TROMMER angegebenen Form. Man löst den Zucker in Natronlauge und versetzt mit einigen Tropfen Kupfersulfatlösung. Es bildet sich eine tiefblaue Lösung, und beim Erwärmen fällt Kupfer(I)-oxyd aus.

4. Beim Erwärmen mit überschüssigem Phenylhydrazin in verdünnter essigsaurer Lösung entstehen Osazone als feinkristallisierte gelbe Niederschläge (s. den genauen Beweis für die Konstitution der Osazone auf S. 232). Da die Zucker in Wasser sehr leicht löslich und namentlich bei Gegenwart von anderen Stoffen, z. B. Salzen, schwer zum Kristallisieren zu bringen sind, bilden die schwerlöslichen Osazone ein wichtiges Hilfsmittel zur Abscheidung und Erkennung der Monosaccharide.

5. Die wichtigsten Hexosen werden durch Hefe unter Bildung von Alkohol und CO_2 „vergoren“ (S. 242). Diese Reaktion kann zur Unterscheidung und Trennung der Hexosen von den Pentosen dienen, die von Hefe nicht angegriffen werden.

Struktur der Monosaccharide

Nach diesen allgemeinen Bemerkungen wenden wir uns nunmehr der Aufgabe zu, die oben angegebene **Struktur der Aldohexosen** zu beweisen. Ist diese bekannt, so sind damit zugleich die Strukturformeln fast aller übrigen Monosaccharide gegeben, da diese mit den Hexosen in genetischem Zusammenhang stehen. Die Konstitutionsformel der Aldohexosen ergibt sich aus den folgenden Tatsachen:

1. Die empirische Formel der Hexosen ist $C_6H_{12}O_6$.

2. In weitaus den meisten Hexosen kommt eine normale Kette von sechs Kohlenstoffatomen vor; denn der durch Reduktion der Hexose erhältliche Hexit liefert bei weiterer Reduktion mit Jodwasserstoffsäure bei hoher Temperatur 2- und 3-Jodhexan $CH_3 \cdot CH_2 \cdot CH_2 \cdot CH_2 \cdot CHJ \cdot CH_3$ und $CH_3 \cdot CH_2 \cdot CHJ \cdot CH_2 \cdot CH_2 \cdot CH_3$.

Die Struktur von 2-Jod-hexan ist durch Überführung in den entsprechenden Alkohol bewiesen worden. Er liefert bei der Oxydation Hexanon-(2) $CH_3 \cdot CH_2 \cdot CH_2 \cdot CH_2 \cdot CO \cdot CH_3$, das bei weiterer Oxydation Buttersäure und Essigsäure gibt.

3. Die Hexosen enthalten 5 Hydroxylgruppen. Denn beim Erhitzen mit Essigsäureanhydrid und wenig Natriumacetat oder Zinkchlorid entstehen Pentaacetyl-Derivate. Ebenso können beim Methylieren mit Dimethylsulfat und Kalilauge bis zu 5 Methylgruppen eingeführt werden. Diese Pentamethyl-Derivate zeigen aber in zweierlei Hinsicht ein auffallendes Verhalten. Sie besitzen kein Reduktionsvermögen mehr, enthalten also nicht mehr die Aldehydgruppe. Ferner spalten sie beim Erhitzen mit verdünnten Säuren *eine* Methylgruppe leicht als Methylalkohol ab, während die übrigen Methylgruppen die für Äther charakteristische Resistenz gegen Säuren aufweisen. Man muß daraus schließen, daß eine der 5 Hydroxylgruppen eine besondere Stellung im Molekül einnimmt. Diese Annahme findet eine weitere Stütze im Verhalten der Hexosen gegen Alkohole. Erhitzt man nämlich Hexosen unter Wasserausschluß mit Alkoholen, die 1‰ Chlorwasserstoff als Katalysator enthalten, so vereinigen sie sich unter Wasseraustritt mit 1 Molekül Alkohol zu Verbindungen, die man wegen ihrer strukturellen Analogie zu einer verbreiteten Gruppe von zuckerhaltigen Naturstoffen als **Glykoside**[1] bezeichnet. Mehr als 1 Molekül Alkohol läßt sich auf diese Weise nicht einführen. Durch verdünnte Säuren wird das Alkoholradikal mit großer Leichtigkeit wieder abgespalten. Die durch Wasserstoff-Ionen katalysierte Glykosid-Bildung ist also durch folgende Gleichung wiederzugeben:

$$\underset{\text{Glucose}}{C_6H_{12}O_6} + CH_3 \cdot OH \rightleftharpoons \underset{\text{Methylglucosid}}{C_6H_{11}O_5(O \cdot CH_3)} + H_2O.$$

[1] Unter den allgemeinen Begriff der **Glykoside** fallen die Glucoside = Derivate der Glucose, Mannoside = Derivate der Mannose, Fructoside = Derivate der Fructose usw.

Auch in den Glykosiden ist durch die Reduktionsprobe keine freie Oxogruppe mehr nachweisbar. Die leicht abspaltbare Alkoholgruppe ist offenbar die gleiche wie in den oben erwähnten Pentamethyläthern, da diese auch durch Methylierung von Methylglykosiden mit Methyljodid und Silberoxyd oder Dimethylsulfat und Kalilauge erhalten werden können. Da das sechste, durch die obigen Reaktionen nicht erfaßte Sauerstoffatom weder einer Hydroxylgruppe noch einer Oxogruppe angehören kann, bleibt nur noch die Annahme übrig, daß eine Oxydbindung vorliegt.

Alle hier mitgeteilten Beobachtungen lassen sich nun in einfacher Weise deuten, wenn man den Aldohexosen die Fähigkeit zur Oxo-cyclo-Desmotropie zuschreibt, wie wir sie früher schon am Beispiel des δ-Oxy-valeraldehyds veranschaulicht haben (S. 218). Nach einer zuerst von Colley und Tollens ausgesprochenen Hypothese hat man also anzunehmen, daß die Hexosen außer in der acyclischen Oxo-Form (I) noch in einer desmotropen Cyclo-Form (II) mit ringförmig gebundenem Sauerstoff zu existieren vermögen:

$$\text{I.}\quad HO\cdot\overset{6}{C}H_2\cdot\overset{5}{C}H(OH)\cdot\overset{4}{C}H(OH)\cdot\overset{3}{C}H(OH)\cdot\overset{2}{C}H(OH)\cdot\overset{1}{C}HO$$

Oxo-Form

$$\text{II.}\quad HO\cdot\overset{6}{C}H_2\cdot\underbrace{\overset{5}{C}H\cdot\overset{4}{C}H(OH)\cdot\overset{3}{C}H(OH)\cdot\overset{2}{C}H(OH)\cdot\overset{1}{C}H}_{O}\cdot O\mathbf{H}.$$

Cyclo-Form

Formel II erklärt zwanglos die ausgezeichnete Stellung der in 1 gebundenen Hydroxylgruppe. Während nämlich die Hydroxylgruppen in 2, 3, 4 und 6 echte Alkoholgruppen sind und normale Äther bilden, kommt die Hydroxylgruppe in 1 durch innere Halbacetalbildung zustande. Die in 1 gebundenen Gruppen müssen daher die typische Säure-Empfindlichkeit der Acetale zeigen. Für die freien Zucker in wäßriger Lösung hat man ein Gleichgewicht zwischen den Formen I und II anzunehmen, das im allgemeinen fast ganz zugunsten von II verschoben ist[1]. Auf diese Lage des Gleichgewichts ist es zurückzuführen, daß die Aldohexosen nicht mehr alle Aldehyd-Reaktionen geben, z.B. verbinden sie sich nicht mit $NaHSO_3$, röten fuchsinschweflige Säure[2] nicht (eine Reaktion, die auch beim Oxyvaleraldehyd nur noch langsam eintritt) und polymerisieren sich nicht. Die Existenz eines Gleichgewichts in den wäßrigen Lösungen der freien Zucker erklärt auch Besonderheiten der optischen Drehung („Mutarotation"), die bei der Glucose näher besprochen werden (S. 230). Die Glykoside, die sich von Formel II durch Ersatz des fettgedruckten H-Atoms gegen Alkyl ableiten, besitzen nicht mehr die Möglichkeit zur Desmotropie. Sie können infolgedessen auch kein Reduktionsvermögen mehr aufweisen.

Daß das Gleichgewicht bei den Aldohexosen fast ganz auf der Seite von II liegt, läßt sich sehr anschaulich durch die chemische Tatsache beweisen, daß sie sich durch Bromwasser in schwach saurer Lösung unter Verlust von 2 Wasserstoffatomen glatt zu Lactonen (III) oxydieren lassen, ohne daß das Zwischenstadium der freien Oxysäure durchlaufen wird. Die nähere Untersuchung dieser Lactone gibt nun auch Aufschluß über die bisher willkürlich angenommene Lage der Sauerstoffbrücke.

Bei der Oxydation von Glucose entsteht nämlich das δ-Lacton der Gluconsäure III, das sich von dem gleichfalls bekannten γ-Lacton IV durch seine physikalischen Eigenschaften und sein Verhalten bei der Hydrolyse unterscheidet. Das δ-Lacton wird durch Wasser außerordentlich viel rascher und in viel größerem Umfange zu Gluconsäure aufgespalten als das γ-Lacton.

[1] Daß bei den folgenden Darlegungen für die freien Zucker trotzdem überwiegend die früher übliche Aldehydformel benutzt wird, geschieht lediglich zum Zweck einer übersichtlicheren Darstellung.

[2] Abweichend verhalten sich 2-Desoxy-zucker (S. 224).

$$\text{III.}\quad HO\cdot CH_2\cdot \overset{\delta}{C}H\cdot \overset{\gamma}{C}H(OH)\cdot \overset{\beta}{C}H(OH)\cdot \overset{\alpha}{C}H(OH)\cdot CO \quad (\text{Ring über O zwischen } \delta \text{ und } CO)$$

$$\text{IV.}\quad HO\cdot CH_2\cdot CH(OH)\cdot CH\cdot CH(OH)\cdot CH(OH)\cdot CO. \quad (\text{Ring über O zwischen } CH \text{ und } CO)$$

Der strenge Beweis dafür, daß bei der Oxydation der Glucose keine Umlagerung eingetreten ist — Veränderungen der Ringgröße bei unsubstituierten Zuckern sind häufig beobachtet — wird nach HAWORTH so geliefert, daß man den Zucker vorsichtig methyliert und die nicht mehr umlagerungsfähige Methylverbindung mit Salpetersäure oxydiert.

Aus Glucose entsteht so Trimethoxyglutarsäure, was nur bei 1,5-Struktur (Pyran-Struktur) möglich ist:

$$CH_3\cdot O\cdot CH_2\cdot CH\cdot CH(O\cdot CH_3)\cdot CH(O\cdot CH_3)\cdot CH(O\cdot CH_3)\cdot CH\cdot OH \quad (\text{Ring über O})$$

$$\longrightarrow HO_2C\cdot CH(O\cdot CH_3)\cdot CH(O\cdot CH_3)\cdot CH(O\cdot CH_3)\cdot CO_2H.$$

Auf ähnliche Weise wurde auch für die anderen Monosaccharide nachgewiesen, daß ihnen ein sechsgliedriger Ring zugrunde liegt.

Die Derivate der Zucker enthalten in überwiegender Anzahl, aber durchaus nicht ausschließlich, eine in 1,5 gebundene Sauerstoffbrücke. So hat man in neuerer Zeit festgestellt, daß bei der Einwirkung von alkoholischem Chlorwasserstoff auf Monosaccharide *bei Zimmertemperatur* neben den normalen (pyranoiden) Glucosiden auch furanoide[1] Glucoside entstehen, deren Sauerstoffbrücke zwischen 1 und 4 liegt, wie wiederum durch Methylierung und Oxydation bewiesen werden konnte. Sie unterscheiden sich von den pyranoiden Glucosiden durch die wesentlich größere Geschwindigkeit, mit der sie von Säuren gespalten werden. Hieraus ergibt sich deutlich, wie groß die Schwierigkeiten sind, denen eine exakte Konstitutionsbestimmung in der Zuckergruppe begegnet.

Als weiteres Beispiel eines Glucose-Derivats mit furanoidem Ring sei hier noch die **Diacetonglucose** genannt, weil sie uns gleichzeitig die Kenntnis einer wichtigen Reaktionsweise der Zucker vermittelt. Die alkoholischen Hydroxyle der Zucker liefern nämlich mit Aldehyden und Ketonen unter dem Einfluß wasserabspaltender Mittel cyclische Acetale, wobei der Ringschluß sich meist, aber nicht immer auf benachbarte Hydroxyle erstreckt. Für die aus Glucose erhaltene Diacetonglucose wurde auf hier nicht zu erörterndem Wege die folgende Konstitution bewiesen:

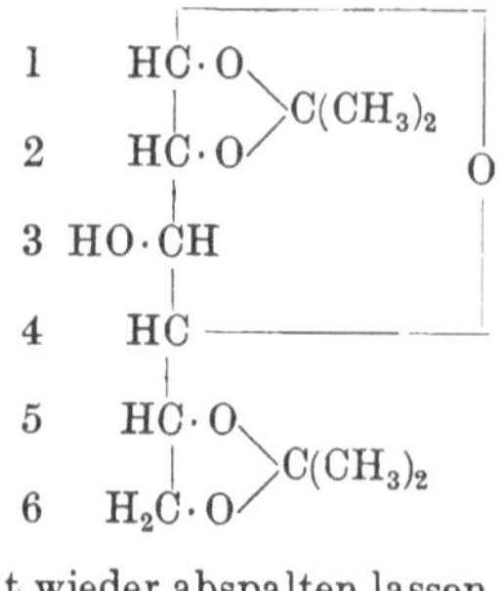

Da die Acetongruppen sich leicht wieder abspalten lassen, besitzt man in diesen Verbindungen ein wertvolles Mittel, um bestimmte Hydroxylgruppen vorübergehend gegen den Angriff von Reagenzien zu schützen und die Einführung weiterer Substituenten in gewünschter Weise zu lenken.

Obwohl nach den obigen Ausführungen die Ringform der Zucker die bevorzugte Reaktionsform ist, so sind doch **acyclische Derivate** nicht vollkommen unbekannt. Wenn man von den Oximen und Osazonen[2] absieht, sind solche Verbindungen meist

[1] Der heterocyclische Sechsring mit 1 Sauerstoffatom im Ring heißt **Pyran**, der analoge Fünfring wird als **Furan** bezeichnet (vgl. S. 445, 449).

[2] Auch für die Oxime und Osazone der Zucker sind in vielen Fällen cyclische Formeln in Erwägung gezogen worden.

auf Umwegen erhalten worden. Doch hat sich gezeigt, daß selbst bei der „Acetolyse“ von Methylglucosid mit Eisessig-Essigsäureanhydrid und konzentrierter Schwefelsäure neben der cyclischen Pentaacetylglucose kleine Mengen der acyclischen Heptaacetylglucose

$$acO\cdot CH_2\cdot[CH\cdot O\cdot ac]_4\cdot CH(O\cdot ac)_2$$

entstehen. Bei den Ketosen bilden sich acyclische Pentaacylverbindungen mit freier Oxogruppe sogar sehr leicht.

Die Anwendung der geschilderten Methoden auf die verschiedenen Aldohexosen hat ergeben, daß sie sämtlich die gleiche Strukturformel (I bzw. II auf S. 221) besitzen. Ihre Isomerie muß also sterischer Art sein. Nun enthält in der Tat Formel I vier ungleichartige asymmetrische C-Atome (2—5), Formel II deren sogar fünf (1—5). Man hat demnach für Formel I $2^4 = 16$ aktive und 8 Racemformen, für Formel II $2^5 = 32$ aktive und 16 Racemformen zu erwarten. Die genaue Bestimmung der Konfiguration für die einzelnen Zucker wird den Gegenstand eines der nächsten Abschnitte bilden.

In ähnlicher Weise wie für die Aldohexosen ist auch der Beweis für die **Struktur der Ketohexosen** geliefert worden. Alle bisher bekannten natürlichen Ketohexosen (unter anderem Fructose, Sorbose) enthalten die Oxogruppe in 2-Stellung. Ihre allgemeine Formel ist daher

$$HO\cdot CH_2\cdot CH(OH)\cdot CH(OH)\cdot CH(OH)\cdot CO\cdot CH_2\cdot OH$$

bzw.

$$\underbrace{CH_2\cdot CH(OH)\cdot CH(OH)\cdot CH(OH)\cdot C}_{O}(OH)\cdot CH_2\cdot OH.$$

Die normale Kohlenstoffkette ist durch Überführung in normales 2-Jod-hexan bewiesen worden. Bei der Oxydation entstehen Glykolsäure und Dioxybernsteinsäure, wodurch die Stellung der Oxogruppe festgelegt ist[1]. Die Ringgröße der Fructose wurde von HAWORTH wiederum durch Methylierung ermittelt. Bei der Einwirkung von methylalkoholischer Salzsäure auf Fructose bildet sich Methylfructosid (I), von dem man durch Methylierung mit Silberoxyd und Methyljodid zum Tetramethyl-methylfructosid (II) gelangt. Nunmehr wurde die glykosidisch gebundene Methylgruppe wieder abgespalten und die entstandene Tetramethylfructose (III) mit Salpetersäure oxydiert. Hierbei wurden Trimethoxyglutarsäure (IV) und Dimethoxybernsteinsäure erhalten, deren Bildung nur bei der hier angenommenen Ringstruktur möglich ist.

I $$\underbrace{CH_2\cdot CH(OH)\cdot CH(OH)\cdot CH(OH)\cdot C}_{O}(O\cdot CH_3)\cdot CH_2\cdot OH$$

II $$\underbrace{CH_2\cdot CH(O\cdot CH_3)\cdot CH(O\cdot CH_3)\cdot CH(O\cdot CH_3)\cdot C}_{O}(O\cdot CH_3)\cdot CH_2\cdot O\cdot CH_3$$

III $$\underbrace{CH_2\cdot CH(O\cdot CH_3)\cdot CH(O\cdot CH_3)\cdot CH(O\cdot CH_3)\cdot C}_{O}(OH)\cdot CH_2\cdot O\cdot CH_3$$

IV $$HO_2C\cdot CH(O\cdot CH_3)\cdot CH(O\cdot CH_3)\cdot CH(O\cdot CH_3)\cdot CO_2H.$$

Wegen des Vorhandenseins zweier $CH_2\cdot OH$-Gruppen ist die Anzahl der Stereoisomeren bei den Ketosen geringer als bei den Aldosen. Die Oxo-Form enthält 3 asymmetrische C-Atome, entsprechend 8 aktiven und 4 Racemformen, während sich von der Cyclo-Form mit 4 asymmetrischen C-Atomen 16 aktive und 8 Racemformen ableiten.

Zusammenfassend ist aus den vorhergehenden Ausführungen zu entnehmen, daß die Zucker Oxyoxo-Verbindungen mit mehreren Hydroxylgruppen sind, deren charak-

[1] Hierfür werden auf den folgenden Seiten noch weitere Beweise gegeben werden.

teristische Eigenschaften durch die Oxo-cyclo-Desmotropie und die Fähigkeit zur Glykosid-Bildung bedingt sind. Beide Eigenschaften gehen, wie wir gesehen haben, dem Glykolaldehyd sowie den C_3-Verbindungen Glycerinaldehyd und Dioxyaceton, die man wohl auch als Triosen zu bezeichnen pflegt, ab. Die typischen Eigenschaften der Zucker beginnen also erst bei Verbindungen mit wenigstens 4 Kohlenstoffatomen.

Kurz erwähnt seien noch einige Zucker, die weniger Sauerstoff- als Kohlenstoffatome enthalten. Unter ihnen sind diejenigen Zucker am wichtigsten, die man sich aus den Hexosen durch Ersatz der endständigen $CH_2 \cdot OH$-Gruppe durch Methyl entstanden denken kann („Methylpentosen"). Ein solcher Zucker ist z. B. die **Rhamnose,** die in der Natur als Bestandteil von Glykosiden mehrfach gefunden ist und die Konstitutionsformel I besitzt. Eine Tetrose mit 6 Kohlenstoffatomen ist die **Digitoxose** (II), die in gebundener Form einen Bestandteil der Digitalis-Glykoside bildet. Allgemein pflegt man solche Zucker als **„Desoxyzucker"** zusammenzufassen. Sie finden sich auch in gewissen Nucleinsäuren (z. B. 2-Desoxyribose, S. 485) und zeichnen sich durch eine rote Färbung mit Fuchsinschwefligsäure aus („Nucleal-Reaktion" von Feulgen).

I 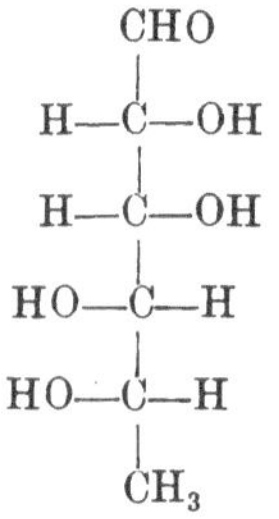 II 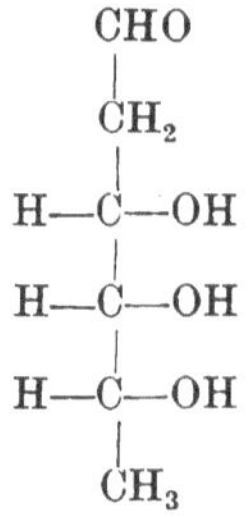

Synthese, Aufbau und Abbau der Zucker

Die künstliche Darstellung der Monosaccharide auf synthetischem Wege würde sich wegen der zahlreichen Stereoisomerie-Möglichkeiten sehr schwierig gestalten. Im allgemeinen ist man auch darauf nicht angewiesen, da viele Zucker, sofern sie in der Natur nicht in freiem Zustand vorkommen, durch Spaltung von natürlichen Oligo- und Polysacchariden oder von Glykosiden mit Säuren oder Enzymen leicht gewonnen werden können. Trotzdem besitzen die wenigen bekannt gewordenen Synthesen ein hohes theoretisches Interesse, weil sie in naher Beziehung zu physiologischen Vorgängen stehen. Die zuerst von O. Loew und E. Fischer beschriebenen Synthesen gehen vom Formaldehyd und vom Glycerinaldehyd aus.

Durch Aldolpolymerisation von Formaldehyd unter dem Einfluß von Kalkwasser entsteht ein süß schmeckender Sirup (zuerst von Butlerow 1861 beobachtet), der Verbindungen $C_6H_{12}O_6$ enthält und als **Formose** bezeichnet wird. Ein ähnlich zusammengesetztes, **Acrose** genanntes Produkt erhält man auch bei der Aldolpolymerisation von Glycerinaldehyd. Beide Produkte sind wie alle aus inaktivem Material dargestellten Stoffe natürlich optisch-inaktiv. Sie bestehen im wesentlichen aus Ketosen (Fructose und Sorbose), die man sich folgendermaßen entstanden denken kann. Drei Moleküle Formaldehyd kondensieren sich zu Glycerinaldehyd:

$$H_2CO + HCO\overset{H}{} + HCO\overset{H}{} = HO \cdot CH_2 \cdot CH(OH) \cdot CHO,$$

der in alkalischem Medium teilweise in Dioxyaceton übergeht. Die beiden Triosen kondensieren sich schließlich zu einer Ketose:

$$HO \cdot CH_2 \cdot CH(OH) \cdot CHO + HO \cdot CH_2 \cdot CO \cdot CH_2 \cdot OH$$
$$= HO \cdot CH_2 \cdot CH(OH) \cdot CH(OH) \cdot CH(OH) \cdot CO \cdot CH_2 \cdot OH.$$

Abgesehen von diesen Synthesen kennt man ferner eine Reihe von Verfahren, die die Umwandlung von Monosacchariden ineinander durch schrittweisen Aufbau oder Abbau gestatten. Für die Konstitutionsaufklärung der Zucker sind diese genetischen

Verknüpfungen von großer Bedeutung gewesen. Außerdem ist auf diesem Wege die Darstellung solcher Zucker gelungen, die in der Natur selten oder gar nicht vorkommen.

Die gebräuchlichste Methode zur Umwandlung eines Monosaccharids in einen Zucker mit 1 C-Atom mehr ist die Cyanhydrin-Reaktion. Addiert man an eine Aldohexose Blausäure, so liefert das erhaltene Cyanhydrin beim Verseifen eine einbasische Säure mit sieben C-Atomen:

$$HO\cdot CH_2\cdot CH(OH)\cdot CH(OH)\cdot CH(OH)\cdot CH(OH)\cdot CH(OH)\cdot COOH,$$

die wie alle diese Säuren leicht in ein γ- oder δ-Lacton übergeht.

Diese Lactone lassen sich durch Natriumamalgam in wäßriger Lösung zu den entsprechenden Aldosen reduzieren:

$$HO\cdot CH_2\cdot CH(OH)\cdot \underbrace{CH\cdot CH(OH)\cdot CH(OH)\cdot CH(OH)\cdot CO}_{O} \xrightarrow{H_2}$$

$$HO\cdot CH_2\cdot CH(OH)\cdot \underbrace{CH\cdot CH(OH)\cdot CH(OH)\cdot CH(OH)\cdot CH}_{O}\cdot OH.$$

Die Bedeutung dieser Reaktion leuchtet ein. Durch abwechselnde Cyanhydrinsynthese und Reduktion des Lactons kann man Schritt für Schritt Aldosen mit einer, theoretisch gesprochen, beliebig hohen C-Atomzahl aufbauen. Es ist auf diese Weise gelungen, bis zu **Dekosen** (zehn C-Atome) zu gelangen. In der Natur kommen diese höheren Monosaccharide nicht vor.

Stufenweiser Abbau von Monosacchariden läßt sich auf verschiedene Weise durchführen. Oxydiert man z. B. Pentosen zu Pentonsäuren und behandelt diese in Form ihrer Ca-Salze mit H_2O_2 bei Anwesenheit von Eisen (III)-acetat, so werden sie weiter oxydiert (vgl. S. 195), und man gelangt zu einer Tetrose (Verfahren von Ruff):

$$\underset{\text{Pentonsäure}}{HO\cdot CH_2\cdot [CH\cdot OH]_3\cdot CO_2H} + O = \underset{\text{Tetrose}}{HO\cdot CH_2\cdot [CH\cdot OH]_2\cdot CHO} + CO_2 + H_2O.$$

Eine andere Methode (Verfahren von Weerman) beruht darauf, daß man die Pentonsäuren bzw. Hexonsäuren in ihre Amide überführt und diese mit NaClO behandelt (vgl. den Hofmannschen Abbau der Säureamide, S. 186):

$$\underset{\text{Amid der Gluconsäure}}{HO\cdot CH_2\cdot [CH\cdot OH]_4\cdot CO\cdot NH_2} \xrightarrow{NaClO} HO\cdot CH_2\cdot [CH\cdot OH]_4\cdot N{=}CO$$

$$\xrightarrow{NaOH} \underset{\text{Arabinose}}{HO\cdot CH_2\cdot [CH\cdot OH]_3\cdot CHO} + NaCNO$$

Bestimmung der Konfiguration der Monosaccharide

Es würde viel zu weit führen, die Konfiguration aller bekannten Pentosen und Hexosen abzuleiten; doch ist es wünschenswert, wenigstens im Prinzip den Weg kennenzulernen, den man einschlägt, wenn eine beträchtliche Anzahl asymmetrischer Kohlenstoffatome vorhanden ist.

Um die Ableitungen übersichtlicher zu gestalten, werden wir in diesem Abschnitt die aldehydische (acyclische) Formel der Monosaccharide benutzen.

Die Konfiguration der Pentosen läßt sich in einfacher Weise aus dem optischen Verhalten der Trioxyglutarsäuren ableiten, die aus ihnen durch Oxydation entstehen:

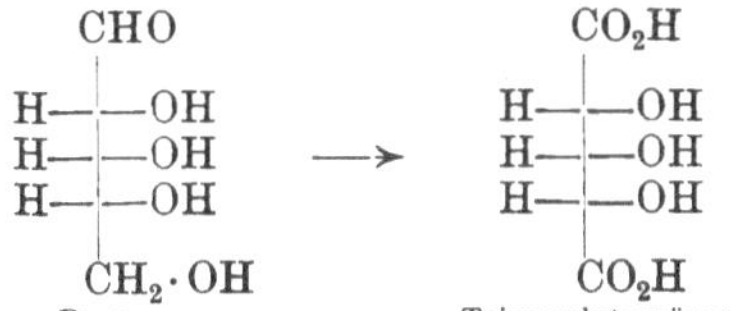

Pentose   Trioxyglutarsäure

Während die linksstehende Pentose asymmetrisch und daher optisch-aktiv ist, besitzt die zugehörige Trioxyglutarsäure eine Symmetrieebene und ist deshalb wie die Mesoweinsäure intramolekular inaktiv.

Wir wollen nun im folgenden sämtliche für die Pentosen möglichen Raumformeln aufstellen, wobei wir von den optischen Antipoden immer nur die eine Form berücksichtigen. Es ergeben sich dann vier verschiedene optisch-aktive Typen:

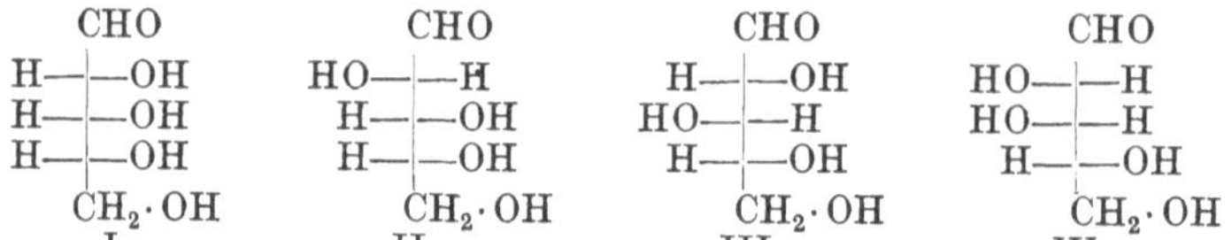

I Ribose — II Arabinose — III Xylose — IV Lyxose

Da nun Arabinose bei der Oxydation eine optisch-aktive Trioxyglutarsäure liefert, kann sie nicht I oder III sein. Die Entscheidung zwischen den übrigbleibenden Formeln II und IV kann auf verschiedene Weise getroffen werden.

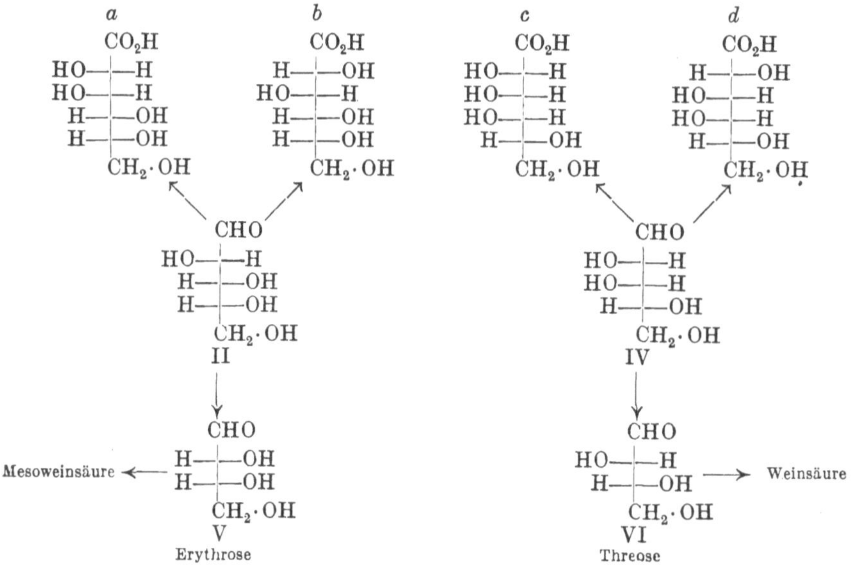

Bei der Cyanhydrin-Synthese entstehen aus II und IV je 2 Hexonsäuren a und b bzw. c und d (in Form ihrer Nitrile), die sich nur durch die Konfiguration der Gruppe $CH(OH) \cdot CO_2H$ voneinander unterscheiden. Oxydiert man nun diese wieder zu den entsprechenden Dicarbonsäuren, so sieht man, daß eine der Säuren aus IV (nämlich d) eine inaktive Dicarbonsäure geben muß. Aus Arabinose wurden aber 2 *aktive* Dicarbonsäuren erhalten. Dieser Forderung wird nur Formel II gerecht, die darum die Formel der Arabinose sein muß. Damit stimmt nun ein weiterer Konfigurationsbeweis überein. Arabinose läßt sich nämlich zu der Tetrose Erythrose V abbauen, die durch Oxydation in Mesoweinsäure übergeht. Diese kann wiederum aus IV nicht auf diesem Wege entstehen.

Nachdem somit die Formel der Arabinose festgelegt ist, bereitet die Verteilung der Formeln I, III und IV auf die übrigen Pentosen keine Schwierigkeiten mehr. Ribose gibt das gleiche Osazon wie Arabinose, sie muß also Formel I besitzen. Bei der Oxydation gibt sie eine inaktive Trioxyglutarsäure. Eine zweite, davon verschiedene, ebenfalls inaktive Trioxyglutarsäure erhält man aus Xylose, diese muß also der Formel III entsprechen. Für Lyxose, die das gleiche Osazon wie Xylose gibt, bleibt dann schließlich Formel IV übrig. Damit stimmt überein, daß Lyxose (wie Xylose) beim Abbau Threose VI und Weinsäure ergibt.

Wie man aus der Gesamtheit der obigen Ableitungen erkennt, besteht jede Konfigurationsermittlung einer gegebenen Substanz letzten Endes darin, daß man sie in schrittweise genau verfolgbaren Aufbau- oder Abbaureaktionen in Verbindungen überführt, deren Symmetrieverhältnisse sich aus ihrem optischen Verhalten in eindeutiger Weise ergeben. Diese gewaltige Arbeit für die zahlreichen Verbindungen der Zuckergruppe ausgeführt zu haben, ist eine der unvergänglichen Leistungen EMIL FISCHERS[1].

Einige Worte müssen schließlich noch über die Verwendung der **Vorzeichen d- und l- zur Unterscheidung optischer Antipoden** gesagt werden. Unsere früheren Ausführungen über optisch-aktive Verbindungen könnten nämlich zu dem Glauben verleiten, daß Verbindungen gleicher Konfiguration auch gleiches Drehungsvorzeichen besitzen. Diese Annahme erweist sich indessen als trügerisch. Z. B. geht rechtsdrehender Glycerinaldehyd (I) durch Oxydation in die Glycerinsäure gleicher Konfiguration (II) über, die jedoch in freiem Zustand linksdrehend ist.

I 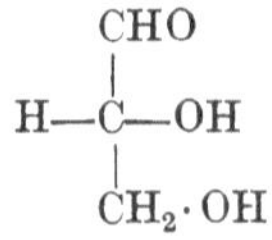

II 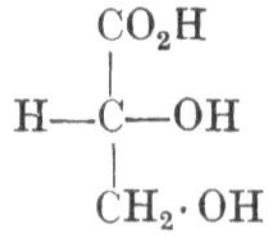

Die Salze dieser Glycerinsäure sind hinwiederum rechtsdrehend. Die Drehung ist also nach Größe und Vorzeichen in hohem Maße konstitutiv bedingt und erlaubt keine unmittelbaren Rückschlüsse auf die Konfiguration. Aus theoretischen und mnemotechnischen Gründen ist es nun erwünscht, gleiche Konfiguration optisch-aktiver Verbindungen auch im Namen zum Ausdruck zu bringen. E. FISCHER ist deshalb als erster dazu übergegangen, die Vorzeichen *d*- und *l*- ohne Rücksicht auf den tatsächlichen Drehungssinn zur Angabe der Konfiguration zu benutzen. Er nannte die gewöhnliche Fructose, obwohl sie linksdrehend ist, *d*-Fructose, weil sie aus der rechtsdrehenden, willkürlich als *d*-Glucose bezeichneten Glucose erhalten werden kann und die gleiche Konfiguration wie diese besitzt. Bei Verbindungen mit mehreren asymmetrischen C-Atomen, wie sie in den Zuckern vorliegen, gelangt man jedoch nur dann zu einer widerspruchsfreien Bezeichnung, wenn man sich für den Konfigurationsvergleich auf ein bestimmtes C-Atom einigt. ROSANOFF sowie WOHL und FREUDENBERG haben vorgeschlagen, hierfür das „letzte" asymmetrische C-Atom der Zucker auszuwählen, d. h. bei Glucose (III) das C-Atom 5. Alle Zucker, deren letztes asymmetrisches C-Atom die gleiche Konfiguration[2] wie das C-Atom 5 der *d*-Glucose hat (z. B. rechtsdrehende Xylose IV), erhalten dann das Vorzeichen *d*-. Da *d*-Glucose durch stufenweisen Abbau schließlich in rechtsdrehenden Glycerinaldehyd[3] als letzte optisch-aktive Verbindung verwandelt wird, kann man auch sagen: *d*-Zucker sind solche, deren letztes asymmetrisches C-Atom gleiche Konfiguration wie *d*-Glycerinaldehyd (I) hat.

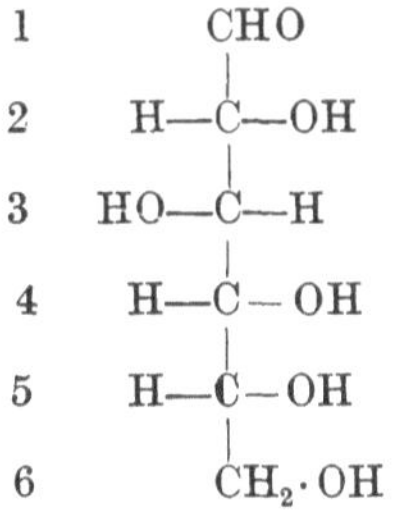

III
d-Glucose

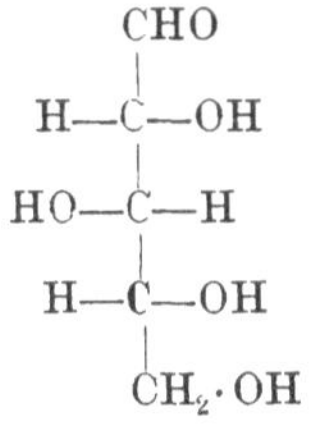

IV
d-Xylose

Die tatsächliche Drehung kann man nach WOHL und FREUDENBERG durch + und — ausdrücken. Linksdrehende *d*-Fructose ist also *d*-(—)-Fructose, rechtsdrehender *d*-Glycerinaldehyd *d*-(+)-Glycerinaldehyd. In den letzten Jahren haben sich die Präfixe D- und L- in den Fällen, wo die Konfiguration und nicht der Drehungssinn bezeichnet werden soll, eingeführt. *d*-(—)-Fructose ist also in dieser Schreibweise D-Fructose.

---

[1] Geboren 9. Oktober 1852 in Euskirchen, gestorben 15. Juli 1919 in Berlin. Schüler von A. BAEYER, studierte 1872—1875 in Straßburg, folgte BAEYER 1875 nach München, wo er sich habilitierte, und lehrte 1882 als Ordinarius in Erlangen, 1885 in Würzburg, seit 1892 in Berlin. Seine wichtigsten Arbeiten betreffen das Gebiet der Purine, Kohlenhydrate, Gerbstoffe, Aminosäuren und Eiweißstoffe. Vgl. die von K. HOESCH verfaßte Biographie.

[2] Um an den Projektionsformeln die Gleichheit der Konfiguration ablesen zu können, muß man sie immer in der gleichen Weise schreiben, z. B. so, daß die CHO-Gruppe stets oben liegt.

[3] *d*-Glycerinaldehyd genannt, da er gleiche Konfiguration wie *d*-Glucose haben muß.

Nähere Beschreibung der Monosaccharide

Pentosen

d(−)-**Ribose**[1] bildet in glykosidartiger Bindung einen Bestandteil von Nucleinsäuren, z. B. der Nucleinsäure, die im Plasma der Hefe vorkommt (S. 485). Von den übrigen Aldopentosen sind nur Arabinose und Xylose eingehender zu behandeln. Aus ihnen aufgebaute Polysaccharide, sogenannte **Pentosane,** kommen in vielen Pflanzengummen, in verholzten Zellwänden und im Holz vor.

l(+)-**Arabinose** gewinnt man aus arabischem Gummi und Kirschgummi beim Kochen mit verdünnten Säuren durch Hydrolyse der darin enthaltenen Polysaccharide. Die racemische Arabinose kommt bei der sogenannten Pentosurie auch im Harn vor. Arabinose kristallisiert gut, schmilzt bei 160° und schmeckt süß. Ihr Phenylosazon schmilzt bei 166°.

d(+)-**Xylose** erhält man aus **Xylan** (S. 254), das durch Säuren viel leichter als Cellulose hydrolysiert wird. Geeignete Ausgangsmaterialien sind Maisspindeln und die Schalen von Aprikosenkernen. Xylose kristallisiert ebenfalls gut, schmeckt sehr süß und schmilzt bei 143°, ihr Phenylosazon schmilzt bei 164°.

Arabinose und Xylose besitzen die Strukturformel:

$$\overset{5}{CH_2}\cdot\overset{4}{CH}(OH)\cdot\overset{3}{CH}(OH)\cdot\overset{2}{CH}(OH)\cdot\overset{1}{CH}\cdot OH\,;\quad (\text{C-1 und C-5 über O verbrückt})$$

die Konfigurationsformeln sind schon auf S. 226 gegeben worden.

Bei vorsichtiger Oxydation von Arabinose und Xylose mit Bromwasser werden zwei stereoisomere Säuren von der Formel $HO\cdot CH_2\cdot[CH\cdot OH]_3\cdot CO_2H$ **(Arabonsäure** bzw. **Xylonsäure)** gebildet. Bei kräftiger Oxydation entsteht aus beiden **Trioxyglutarsäure** $HO_2C\cdot[CH\cdot OH]_3\cdot CO_2H$ (Strukturbeweis: Reduktion zu Glutarsäure); die Säure aus Arabinose ist optisch-aktiv, die aus Xylose intramolekular inaktiv. Daß der Brückensauerstoff in Arabinose und Xylose an die C-Atome 1 und 5 gebunden ist, wurde genau wie bei Glucose bewiesen (vgl. S. 221).

Durch Reduktion von Arabinose und Xylose mit Natriumamalgam entstehen die entsprechenden stereoisomeren fünfwertigen Alkohole Arabit bzw. Xylit.

Mittels der Cyanhydrin-Synthese können die Pentosen in Hexosen übergeführt werden (S. 225), ein Beweis, daß auch in den Pentosen die Kohlenstoffkette normal und an jedes C-Atom nur *eine* OH-Gruppe gebunden ist.

Die Pentosen werden durch Hefe nicht vergoren (S. 220). Doch kennt man eine ganze Reihe von Mikroorganismen, die Pentosen angreifen. Bei Bacterium coli und einem niederen Pilz (Fusarium) sind Alkohol und Kohlendioxyd die Hauptprodukte der Gärung (etwa 2 Mol CO_2 auf 1 Mol Alkohol). Pentosen zeigen eine gemeinschaftliche Reaktion, durch die sie leicht zu erkennen und von den Hexosen zu unterscheiden sind. Beim Kochen mit verdünnter Schwefelsäure oder Salzsäure liefern die Pentosen und die entsprechenden Polysaccharide (Pentosane) mit Wasserdampf flüchtiges **Furfurol,** das man z. B. daran erkennen kann, daß es mit Lösungen von salzsaurem Anilin eine rote Färbung gibt (vgl. S. 447).

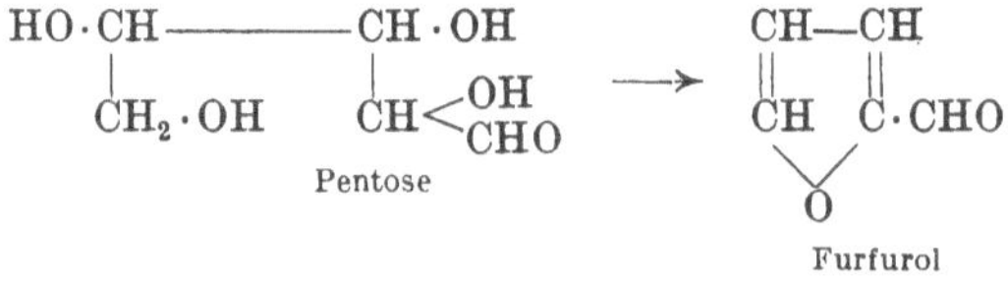

[1] Der Name Ribose ist von E. Fischer durch Umstellung der Buchstaben von Arabinose gebildet worden, um die stereochemische Umlagerung zu versinnbildlichen, ein auch sonst in der Zuckerchemie häufig befolgtes Prinzip. Die Namen Arabinose und Xylose bezeichnen ihre Herkunft aus arabischem Gummi und aus Holz (griech.: ξύλον).

Hexosen

Struktur und Konfiguration der wichtigsten Hexosen ergeben sich aus den folgenden Formeln:

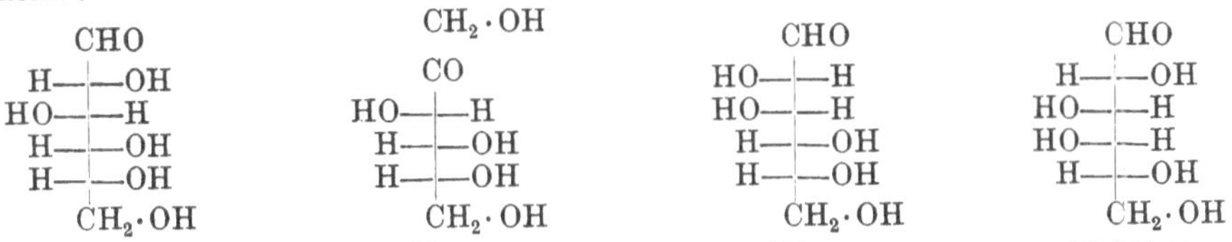

d-Glucose *d* Fructose *d*-Mannose *d*-Galaktose

Es sind farblose, süß schmeckende Verbindungen, die schwer kristallisieren und nicht ohne Zersetzung flüchtig sind. In Wasser sind sie leicht, in Alkohol schwer löslich, in Äther unlöslich.

d(+)-**Glucose, Traubenzucker** $C_6H_{12}O_6 + H_2O$, findet sich in vielen Pflanzen, in ansehnlicher Menge z. B. im Saft der Trauben und in anderen süß schmeckenden Früchten. Im normalen Blut findet sie sich in einer Menge von 0,1%. Bei Zuckerkrankheit (Diabetes mellitus) kann der Gehalt bis auf 1,8% steigen. Übersteigt der Glucosegehalt des Blutes 0,16%, so erscheint Glucose auch im Harn. Glucose kann aus vielen Oligo- und Polysacchariden gewonnen werden; so gibt z. B. Rohrzucker bei der Hydrolyse ein Gemenge von Glucose und Fructose **(Invertzucker).** Natürlicher Invertzucker ist der Honig; beim Stehen kristallisiert daraus Glucose. Stärke gibt bei der Hydrolyse nur Glucose; durch kurzes Erhitzen mit 0,03 *n* Salzsäure auf 150° wird daraus Glucose in technischem Maßstab gewonnen („Stärkezucker"). Auch Cellulose wird, wenngleich weniger leicht, durch Säuren zu Glucose aufgespalten.

Glucose kristallisiert aus Wasser von Zimmertemperatur mit 1 H_2O; aus Alkohol oder Methylalkohol scheidet sie sich wasserfrei aus und schmilzt dann bei 146°. Glucose ist in Wasser sehr leicht löslich (bei 15° löst sich 1 Gewichtsteil in 1·2 Gewichtsteilen Wasser), wenig dagegen in absolutem Alkohol. *d*-Glucose ist rechtsdrehend. Linksdrehende Glucose hat man durch Aufbau aus *l*-Arabinose dargestellt.

d-Glucose läßt sich als Aldose zu *d*-**Gluconsäure** $HO \cdot CH_2 \cdot [CH \cdot OH]_4 \cdot CO_2H$ oxydieren[1]; durch weitere Oxydation entsteht unter anderem die zweibasische *d*-Zuckersäure $HO_2C \cdot [CH \cdot OH]_4 \cdot CO_2H$.

Zuckersäure bildet ein charakteristisches, schwer lösliches saures Kaliumsalz, das zum Nachweis der *d*-Glucose dienen kann. Man oxydiert die auf Glucose zu prüfende Substanz mit Salpetersäure (D: 1·17); auf Zusatz einer konzentrierten Lösung von Kaliumacetat scheidet sich Zuckersäure in Form des Kaliumsalzes ab.

Von der Glucose leitet sich noch eine andere interessante Carbonsäure ab, die **Glucuronsäure.** In ihr ist die endständige $CH_2 \cdot OH$-Gruppe der Glucose zu Carboxyl oxydiert, sie besitzt also die Formel $HO_2C \cdot CH \cdot [CH(OH)]_3 \cdot CH \cdot OH$. Durch direkte Oxydation der Glucose kann
|——— O ———|
sie aus leicht ersichtlichen Gründen nicht erhalten werden. Dagegen gelingt die Darstellung ihrer Glykoside („Glucuronide") durch Oxydation von Glucosiden mit NO_2 in wasserfreiem Medium (MAURER). Glucuronide finden sich im Harn nach Eingabe körperfremder Substanzen. Z. B. erhält man nach Verfütterung des cyclischen Alkohols Menthol $C_{10}H_{19} \cdot OH$ Mentholglucuronsäure $HO_2C \cdot CH \cdot [CH(OH)]_3 \cdot CH \cdot O \cdot C_{10}H_{19}$. Die Glucuronsäurebildung dient im
|——— O ———|
Organismus offenbar dem Zweck einer Entgiftung[2].

---

[1] Auch durch oxydative Gärung von Glucose mit bestimmten Schimmelpilzen entsteht Gluconsäure.

[2] Unter Beteiligung von Glucuronsäure und anderen „Uronsäuren" aufgebaute Polysaccharide bilden den Hauptbestandteil zahlreicher Pflanzengummen, -schleime und Pektine, die u. a. als Klebstoffe und Verdickungsmittel technische Bedeutung besitzen. Glykosidisch

Auch die **Konfiguration der *d*-Glucose** läßt sich in recht übersichtlicher Weise durch oxydativen Abbau nach verschiedenen Verfahren beweisen. Durch stufenweisen Abbau zu dem um 2 C-Atome ärmeren Zucker nach dem RUFFschen Verfahren entsteht *d*-Erythrose (V auf S. 226), die bei der Oxydation Mesoweinsäure ergibt. Diese entspricht den C-Atomen 3—6 der Glucose. Durch Oxydation von *d*-Glucose mit Salpetersäure entsteht *d*-Zuckersäure, deren Diamid sich durch WEERMANschen Abbau auf beiden Seiten in *l*-Weinsäure verwandeln läßt (C-Atome 2—5 der Glucose). Neben Zuckersäure entsteht bei der Oxydation mit Salpetersäure noch die sogenannte[1] 5-Keto-gluconsäure, die bei weiterer Oxydation mit Salpetersäure und Vanadiumsalzen Oxalsäure und *d*-Weinsäure (C-Atome 1—4 der Glucose) ergibt. Das ganze Abbauschema läßt sich in folgender Weise zusammenfassen:

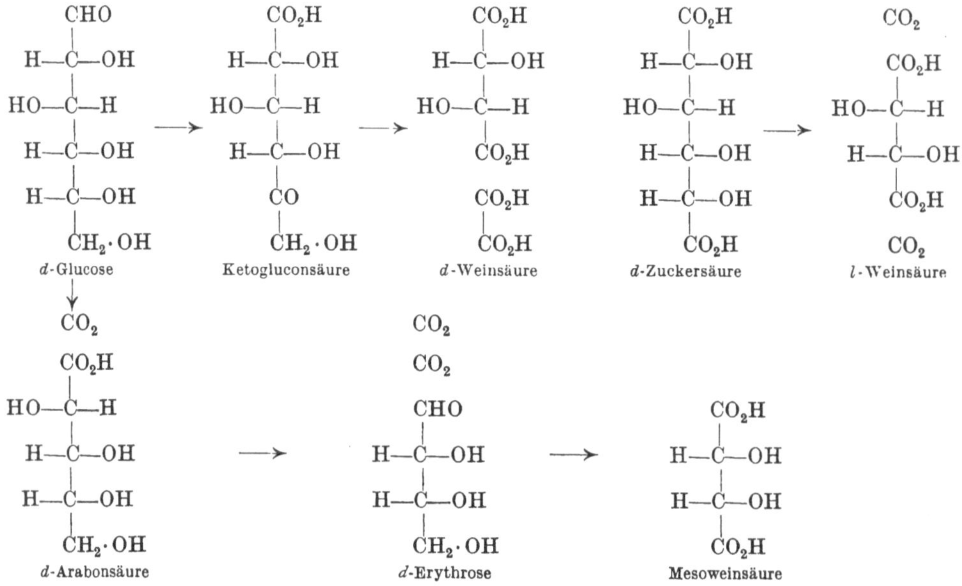

Bei der Reduktion liefert *d*-Glucose einen sechswertigen Alkohol, den linksdrehenden **Sorbit.** Ihr Osazon, ***d*-Glucosazon,** ist in Wasser schwer löslich und kristallisiert in gelben Nadeln vom Schmelzpunkt 208°. Die bereits erwähnte (S. 39) alkoholische Gärung von Glucose wird S. 242 eingehend besprochen werden.

Wäßrige Lösungen von Glucose zeigen die Eigentümlichkeit, daß ihr Drehungswinkel mit der Zeit veränderlich ist. Z. B. zeigt Glucose unmittelbar nach der Herstellung der wäßrigen Lösung $[\alpha]_D = +109{\cdot}1^\circ$; diese Drehung sinkt im Laufe einiger Stunden auf den konstanten Endwert $+52{\cdot}3^\circ$. Derselbe Zustand wird in der Wärme rascher, auf Zusatz von Alkali fast augenblicklich erreicht.

Diese **Mutarotation** genannte Erscheinung, die eine allgemeine Eigenschaft der Aldosen ist, beruht auf der Existenz von zwei isomeren Modifikationen der Glucose, zwischen denen sich in wäßriger Lösung ein Gleichgewicht einstellt. Man kennt nämlich außer der oben beschriebenen α-Modifikation der *d*-Glucose, die durch Kristallisation aus kalter wäßriger oder siedender alkoholischer Lösung erhalten wird, noch eine β-Modifikation. Z. B. erhält man durch kurzes Kochen von α-Glucose mit $2^1/_2$ Teilen Pyridin eine kristallisierte Verbindung mit 1 Mol Pyridin, die das Pyridin bei 100° oder auch schon beim Liegenlassen an der Luft vollständig abgibt. Diese β-Glucose zeigt unmittelbar nach der Auflösung eine spezifische Drehung von $+19{\cdot}8^\circ$. Nach einiger Zeit erreicht die Drehung dieser Lösung ebenfalls den konstanten, dem Gleichgewicht α-Glucose $\rightleftarrows$ β-Glucose entsprechenden Endwert $+52{\cdot}3^\circ$.

---

gebundene Glucuronsäure ist in Gummi arabicum (aus Acacia-Rinde) und Kirschgummi enthalten. Aus gewissen Tangarten gewonnene Alginsäure enthält eine fortlaufende Kette von glykosidisch in 4-Stellung verknüpften Mannuronsäuren. Pektine (Citrus- und Rübenpektin) sind analog aus *d*-Galakturonsäure aufgebaut.

[1] Korrekter ist diese Säure als $\alpha,\beta,\gamma,\varepsilon$-Tetraoxy-$\delta$-oxo-capronsäure zu bezeichnen.

Die Isomerie von α-Glucose und β-Glucose ist sterischer Natur und zu erwarten, wenn man die cyclische Glucoseformel zugrunde legt (vgl. S. 223).

Je nach der Stellung der OH-Gruppe am C-Atom 1 müssen dann 2 Isomere möglich sein, die sich wie cis- und trans-Formen voneinander unterscheiden. Diese Isomerie verschwindet natürlich beim Übergang in die desmotrope acyclische Aldehydform, und man kann sich vorstellen, daß die Einstellung eines Gleichgewichts zwischen α- und β-Form, wie sie durch die Mutarotation angezeigt wird, über die gemeinsame Aldehydform als Zwischenglied verläuft. Den beiden Glucosen entsprechen zwei stereoisomere Formen des Methylglucosids; α-Methylglucosid gibt mit dem Enzym α-Glucosidase (aus Hefe) α-Glucose, β-Methylglucosid mit β-Glucosidase (Emulsin) β-Glucose. Die Glucoside zeigen keine Mutarotation, weil bei ihnen die Möglichkeit der Oxo-cyclo-Desmotropie aufgehoben ist.

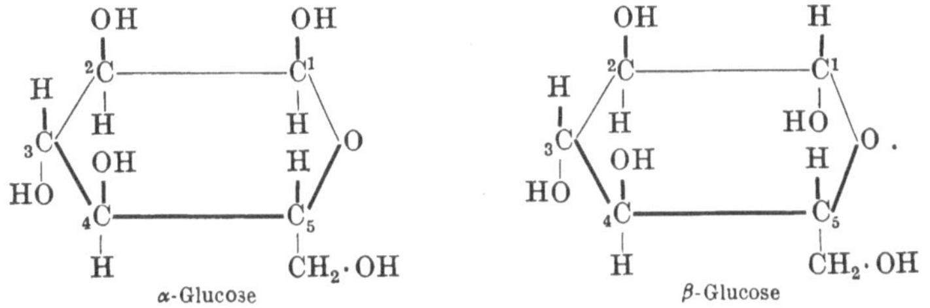

α-Glucose β-Glucose

Daß die beiden eben angeführten Konfigurationsformeln in der angegebenen Weise auf α- und β-Glucose bzw. ihre Glucoside zu verteilen sind, konnte nach verschiedenen Verfahren (s. a. S. 348) wahrscheinlich gemacht werden. Hier sei nur eine Methode erwähnt, die eine einfache Prüfung der gezogenen Schlüsse gestattet. Wie zuerst MALAPRADE gefunden hat, werden 1·2-Glykole, also Verbindungen mit Hydroxylgruppen an benachbarten Kohlenstoff-Atomen, durch Perjodsäure in gleicher Weise wie durch Bleitetraacetat (S. 152) oxydativ gespalten, wobei aus den CH·OH-Gruppen zwei Aldehydgruppen entstehen, die mit Bromwasser zu Carboxylgruppen oxydiert werden. HUDSON und JACKSON haben diese Reaktion auf die pyranoiden Glykoside der Pentosen angewandt, wo sie in folgender Weise verläuft:

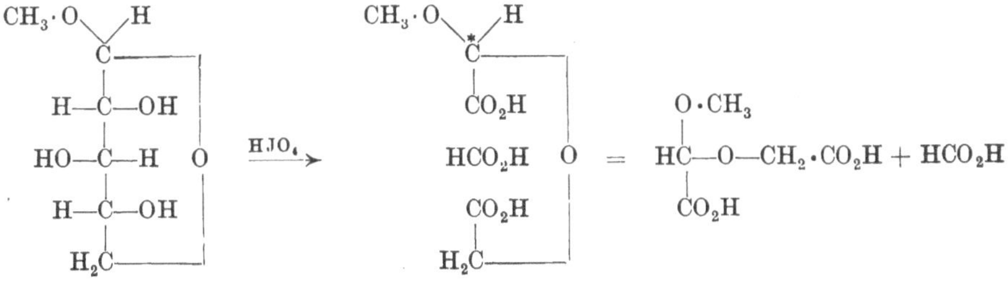

Es entsteht also neben 1 Mol Ameisensäure ein Acetal der Glyoxylsäure mit 1 Mol Methylalkohol und 1 Mol Glykolsäure, das nur ein einziges (mit Stern bezeichnetes) asymmetrisches C-Atom besitzt. Danach ist klar, daß optische Antipoden dieser Verbindung entstehen müssen, wenn einmal das α-Glykosid und das andere Mal das β-Glykosid einer Pentose oxydiert wird. Ferner müssen die α-Glykoside aller Pentosen dieselbe optisch-aktive Abbauverbindung geben. Alle diese Erwartungen sind in ausgezeichneter Weise bestätigt worden. Auch die etwas komplizierteren Verhältnisse bei den Hexosen stehen im Einklang mit früheren Ableitungen.

d-Glucose findet wegen ihres süßen Geschmacks (der jedoch weniger intensiv als der des Rohrzuckers ist) mannigfache praktische Anwendung. Mit wenig Wasser liefert sie eine farblose, sirupartige Flüssigkeit; die als „weißer Sirup" zu Likören, in Zuckerbäckereien usw. Verwendung findende Substanz enthält (infolge unvollständiger Hydrolyse der als Ausgangsmaterial benutzten Stärke) auch noch Dextrine (S. 252). Ferner wird *d*-Glucose als rasch resorbierbares Nährmittel gebraucht (Dextropur).

***d*(—)-Fructose.** Diese Verbindung findet sich neben *d*-Glucose in den meisten süßen Früchten. Sie bildet einen Bestandteil des Invertzuckers und des Honigs (S. 237). Man kann sie aus dem Polysaccharid Inulin darstellen, das in den Dahliaknollen enthalten ist und bei der Hydrolyse ausschließlich *d*-Fructose liefert. *d*-Fructose kristallisiert sehr schwer, ist linksdrehend und löst sich leicht in Wasser. Durch Hefe wird sie wie *d*-Glucose leicht vergoren.

d-Fructose ist eine der wenigen bekannten Ketosen; sie besitzt die Formel:

$$HO \cdot CH_2 \cdot CH(OH) \cdot CH(OH) \cdot CH(OH) \cdot CO \cdot CH_2 \cdot OH \quad \text{bzw.}$$
$$\underbrace{CH_2 \cdot CH(OH) \cdot CH(OH) \cdot CH(OH) \cdot C}_{O}(OH) \cdot CH_2 \cdot OH.$$

Dementsprechend liefert sie bei der Oxydation mit Quecksilberoxyd in Gegenwart von Barythydrat Glykolsäure $HO \cdot CH_2 \cdot CO_2H$ und α, β, γ-Trioxy-buttersäure $HO \cdot CH_2 \cdot CH(OH) \cdot CH(OH) \cdot CO_2H$. Einen zweiten Strukturbeweis liefert das Ergebnis der Cyanhydrin-Synthese. Diese muß zu einer Heptonsäure der Formel I führen:

$$\text{I.}\quad HO \cdot CH_2 \cdot [CH \cdot OH]_3 \cdot \underset{\displaystyle CO_2H}{\underset{|}{C}}(OH) \cdot CH_2 \cdot OH \qquad \text{II.}\quad CH_3 \cdot [CH_2]_3 \cdot \underset{\displaystyle CO_2H}{\underset{|}{CH}} \cdot CH_3 \, .$$

In der Tat hat die erhaltene Oxysäure diese Struktur; denn durch Reduktion mit Jodwasserstoffsäure bei hoher Temperatur entsteht Methyl-n-butyl-essigsäure (Hexan-carbonsäure-2) (II), deren Struktur durch Synthese (S. 261) ermittelt worden ist.

Im Gegensatz zu den Aldosen ist Fructose gegen saure Oxydationsmittel recht widerstandsfähig; sie wird z. B. von Bromwasser bei Zimmertemperatur nur sehr langsam angegriffen und kann auf diese Weise neben Aldosen nachgewiesen werden. Bindet man aber die im Laufe der Oxydation entstehende Bromwasserstoffsäure durch Zusatz von Calciumcarbonat, so erfolgt rasche Oxydation zu Trioxybuttersäure.

Auch bei der Oxydation mit Hypojodit (Jod und Alkali) reagieren nur Aldosen (quantitative Bestimmung der Aldosen nach WILLSTÄTTER-SCHUDEL).

Das Osazon aus *d*-Fructose ist mit dem aus *d*-Glucose identisch. Vergleicht man die Oxo-Formeln der *d*-Glucose und der *d*-Fructose auf S. 229 miteinander, so sieht man ein, daß die beiden Osazone nur dann identisch sein können, wenn bei der *d*-Glucose das Kohlenstoffatom 2, bei der *d*-Fructose das endständige Kohlenstoffatom 1 nach vorangegangener Hydrazonbildung den zweiten Phenylhydrazinrest aufnimmt. Deshalb nimmt man an, daß bei der Osazonbildung die beiden Phenylhydrazinreste immer an unmittelbar benachbarte Kohlenstoffatome treten. Glucosazon (= Fructosazon) besitzt also die Struktur:

$$HO \cdot CH_2 \cdot [CH \cdot OH]_3 \cdot \underset{\displaystyle N \cdot NH \cdot C_6H_5}{\underset{\|}{C}} - CH = N \cdot NH \cdot C_6H_5$$

Es ist bemerkenswert, daß Methylphenylhydrazin $\begin{smallmatrix} CH_3 \\ C_6H_5 \end{smallmatrix}\!\!>\! N \cdot NH_2$ mit Ketosen so viel rascher als mit Aldosen reagiert, daß man bei den Aldosen meist nur farblose Hydrazone isoliert, die sich von den intensiv gelben Osazonen der Ketosen leicht trennen lassen. Methylphenylhydrazin ist somit ein wertvolles Mittel, um Ketosen aufzufinden.

Aus den Osazonen kann man durch vorsichtiges Erwärmen mit konzentrierter Salzsäure zwei Moleküle Phenylhydrazin abspalten und dadurch Verbindungen mit zwei Carbonylgruppen, sogenannte **Osone**, erhalten. Aus Glucosazon z. B. entsteht **Glucoson**

$$HO \cdot CH_2 \cdot [CH \cdot OH]_3 \cdot CO \cdot CHO.$$

Osone werden bei der Behandlung mit Zinkstaub und Essigsäure reduziert, wobei erfahrungsgemäß stets die endständige Gruppe Wasserstoff aufnimmt. Aus Glucoson entsteht so $HO \cdot CH \cdot [CH \cdot OH]_3 \cdot CO \cdot CH_2 \cdot OH$, d. h. Fructose. Auf diese Weise kann man also Aldosen in Ketosen überführen:

$$\text{Aldose} \longrightarrow \text{Osazon} \longrightarrow \text{Oson} \longrightarrow \text{Ketose.}$$

Auch durch bloßes Erhitzen mit Pyridin lassen sich Aldosen und Ketosen teilweise ineinander umwandeln.

Umgekehrt kann man auch aus einer Ketose eine Aldose erhalten. Zu diesem Zweck unterwirft man die Ketose der Reduktion, wodurch ein Hexit erhalten wird. Durch Oxydation führt man den sechswertigen Alkohol in die einbasische Hexonsäure über, die durch Wasserabspaltung in das entsprechende Lacton übergeht. Dieses Lacton gibt endlich bei der Reduktion die Aldose:

Ketose ⟶ Hexit ⟶ Hexonsäure ⟶ Lacton ⟶ Aldose.

***d*(+)-Mannose.** Ein dieser Aldose entsprechendes Polysaccharid (**Mannan**) kommt in den Schalen der Steinnuß vor. Mannose ist zuerst durch vorsichtige Oxydation des sechswertigen Alkohols Mannit, der sich in verschiedenen Pflanzen findet, erhalten worden; dieser Bildung verdankt sie ihren Namen. Sie bildet hygroskopische, in Wasser überaus leicht lösliche Kristalle und wird durch Hefe leicht vergoren. Charakteristisch für *d*-Mannose ist ihr in Wasser schwer lösliches Phenylhydrazon (Schmelzpunkt 195 bis 200°), da die Hydrazone der meisten anderen Monosaccharide in Wasser leicht löslich sind. Bei der Oxydation der *d*-Mannose bildet sich zunächst die einbasische ***d*-Mannonsäure** $HO \cdot CH_2 \cdot [CH \cdot OH]_4 \cdot CO_2H$, dann die zweibasische ***d*-Mannozuckersäure** $HO_2C \cdot [CH \cdot OH]_4 \cdot CO_2H$.

d-Mannose und *d*-Glucose lassen sich durch Cyanhydrinsynthese aus *d*-Arabinose aufbauen. Hieraus ergibt sich gleichzeitig ihre Konfiguration, da die Konfiguration der Arabinose nach den Ausführungen auf S. 226 bekannt ist. Denn Tetramethylglucose gibt bei der Oxydation die gleiche Xylotrimethoxyglutarsäure, die auch durch Oxydation von Trimethylxylose erhalten wird. Damit ist für Glucose die Konfiguration am C-Atom 2 festgelegt. Die andere der beiden möglichen Konfigurationen bleibt dann für die Mannose übrig. Die folgenden Formeln verdeutlichen die Zusammenhänge:

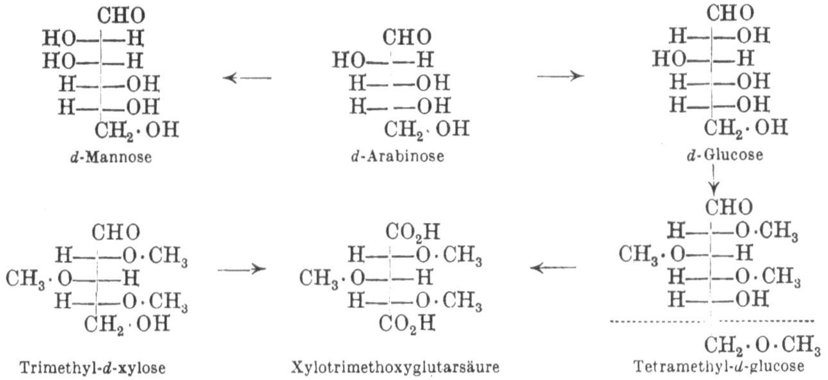

d-Mannose kann auf einem von E. Fischer angegebenen Wege in *d*-Glucose übergeführt werden. Zu diesem Zweck oxydiert man *d*-Mannose zunächst zu *d*-Mannonsäure. Diese wird mit Chinolin erhitzt, wodurch sie teilweise in die stereoisomere *d*-Gluconsäure übergeht, die sich in Form ihres Lactons zu *d*-Glucose reduzieren läßt. Umgekehrt geht *d*-Gluconsäure durch Erhitzen mit Chinolin teilweise in *d*-Mannonsäure über, so daß auch der Übergang der *d*-Glucose in *d*-Mannose möglich ist.

d-Mannose und *d*-Glucose sowie *d*-Mannonsäure und *d*-Gluconsäure unterscheiden sich lediglich durch die Anordnung der Gruppen am Kohlenstoffatom 2. Dies folgt auch daraus, daß das Osazon der *d*-Mannose mit dem der *d*-Glucose identisch ist. Man pflegt diesen Spezialfall der Diastereoisomerie in der Zuckergruppe als **Epimerie** zu bezeichnen. Auf die gleiche Weise lassen sich auch andere epimere Aldonsäuren ineinander umlagern. Die isomerisierende Wirkung des Chinolins beschränkt sich somit auf das Kohlenstoffatom 2.

Die Epimerisation beruht auf einem Übergang der Gruppierung $—CH(OH) \cdot CO—$ in das Dienol $—C(OH){:}C(OH)—$, den wir S. 217 als eine allgemeine Eigenschaft der

1,2-Oxyoxo-Verbindungen erkannt haben. Bei den freien Zuckern wird sich der Vorgang in folgender Form abspielen:

```
OH                                   H
·                                    ·
C—CHO  ——>  HO·C=CH·OH  <——  C—CHO.
·                                    ·
H                                    OH
```

Man sieht leicht ein, daß Glucose, Mannose und Fructose das gleiche Enol liefern müssen. In der Tat fanden LOBRY DE BRUYN und VAN EKENSTEIN, daß das erste Stadium der Alkali-Einwirkung auf Glucose in der Ausbildung eines Gleichgewichtszustandes mit Mannose und Fructose besteht.

d(+)-**Galaktose** kann durch Hydrolyse von Milchzucker erhalten werden und ist das Oxydationsprodukt des sechswertigen Alkohols Dulcit, der in einigen Pflanzen vorkommt. Sie kristallisiert mit 1 H_2O, schmilzt wasserfrei bei 168°, ist stark rechtsdrehend und wird durch Hefe (allerdings schwieriger als die übrigen Hexosen) vergoren. Bei der Oxydation liefert sie die einbasische ***d*-Galaktonsäure,** durch weitere Oxydation erhält man die zweibasische **Schleimsäure** $HO_2C \cdot [CH \cdot OH]_4 \cdot CO_2H$. Diese ist inaktiv und nicht spaltbar, wie man es auch aus der Konfigurationsformel der *d*-Galaktose (S. 229) sofort ablesen kann. Schleimsäure ist in Wasser schwer löslich und kann deshalb zum Nachweis von *d*-Galaktose dienen. Das Phenylosazon der *d*-Galaktose schmilzt bei 201°.

Wie Pentosen durch Säuren in Furfurol verwandelt werden (S. 228), so entsteht aus Hexosen, besonders reichlich aus Ketosen, primär **Oxymethyl-furfurol**:

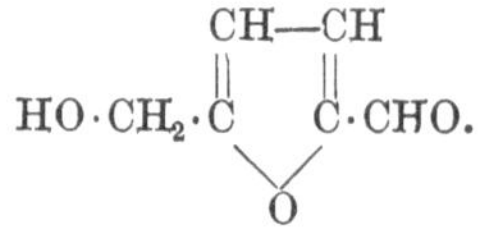

Dieses ist jedoch gegen Säuren sehr empfindlich und geht in einer eigenartigen, von Sauerstoff-Verschiebung begleiteten Reaktion glatt in Ameisensäure und Lävulinsäure $CH_3 \cdot CO \cdot CH_2 \cdot CH_2 \cdot CO_2H$ über, deren Silbersalz in Wasser schwer löslich ist und charakteristisch kristallisiert.

Oligosaccharide

1. Disaccharide

Die Mehrzahl der natürlich vorkommenden Disaccharide ist ausschließlich aus Hexosen zusammengesetzt; sie haben also die Formel

$$2\,C_6H_{12}O_6 - H_2O = C_{12}H_{22}O_{11}.$$

Bei der Hydrolyse geben sie teils zwei verschiedene Monosaccharide, teils 2 Moleküle eines einzigen Monosaccharids. Weniger häufig sind Disaccharide, die in eine Pentose und eine Hexose spaltbar sind.

Die Hydrolyse der Disaccharide zu Monosacchariden wird durch Kochen mit verdünnten Säuren oder durch Einwirkung von Enzymen bewirkt. Da die hydrolytische Spaltung sehr leicht erfolgt, nimmt man an, daß in den Oligo- und Polysacchariden die Monosaccharid-Reste nicht durch Kohlenstoffbindung, sondern durch ein oder mehrere Sauerstoffatome verknüpft sind.

An dem Aufbau der Disaccharide ist eines der darin enthaltenen Monosaccharide stets mit dem C-Atom 1 beteiligt[1]. Ist dies auch bei dem anderen Monosaccharid der Fall, so hat man den Typus des „nicht reduzierenden" Disaccharids:

[1] Ätherartige Disaccharide, bei denen zwei alkoholische Hydroxylgruppen unter Wasseraustritt reagiert haben, also die reduzierenden Gruppen beider Monosaccharide intakt sind, hat man in neuerer Zeit synthetisch gewonnen (STACEY).

$$HO\cdot\overset{6}{C}H_2\cdot\overset{5}{C}H\cdot[\overset{4-2}{C}H\cdot OH]_3\cdot\overset{1}{C}H\cdot O\cdot\overset{1}{C}H\cdot[\overset{2-4}{C}H\cdot OH]_3\cdot\overset{5}{C}H\cdot\overset{6}{C}H_2\cdot OH. \qquad (I)$$

(O-Brücke jeweils zwischen C-5 und C-1 beider Hälften: └——O——┘ └——O——┘)

Die beiden reduzierenden Gruppen, die ursprünglich vorhanden waren, sind infolge der Kuppelung verschwunden. Beteiligt sich der zweite Zucker jedoch mit einem anderen („alkoholischen") Hydroxyl an der Kuppelung:

$$HO\cdot\overset{6}{C}H_2\cdot\overset{5}{C}H\cdot[\overset{4-2}{C}H\cdot OH]_3\cdot\overset{1}{C}H\cdot O\cdot\overset{6}{C}H_2\cdot\overset{5}{C}H\cdot[\overset{4-2}{C}H\cdot OH]_3\cdot\overset{1*}{C}H\cdot OH, \qquad (II)$$

(└——O——┘ └——O——┘)

so bleibt eine reduzierende Gruppe (*) erhalten, und das Disaccharid reduziert z. B. FEHLINGsche Lösung. In fast allen bisher bekannten natürlichen Disacchariden vom Typus II wird die Verknüpfung durch das alkoholische Hydroxyl in 4 oder in 6 vermittelt.

Ein Disaccharid vom Typus I wurde 1909 von E. FISCHER und DELBRÜCK synthetisch auf folgendem Wege erhalten. Durch Behandlung von Glucose mit Essigsäureanhydrid und Bromwasserstoffsäure bildet sich **Acetobromglucose,** der die Formel

$$acO\cdot CH_2\cdot CH\cdot CH(Oac)\cdot CH(Oac)\cdot CH(Oac)\cdot CHBr$$

(└————O————┘)

zukommt (ac = Acetyl). Bei der Behandlung dieser Verbindung mit Silbercarbonat wird das in 1-Stellung befindliche, sehr bewegliche Brom entfernt und eine Sauerstoffbrücke zwischen zwei Molekülen geschaffen. Durch vorsichtige Verseifung mit Barytwasser konnten nun die 8 Acetylgruppen abgespalten werden, und es wurde ein Disaccharid der Formel I erhalten, das keine reduzierenden Eigenschaften hatte[1].

Durch Behandlung von 1, 2, 3, 4-Tetraacetyl-glucose

$$HO\cdot CH_2\cdot CH\cdot[CH\cdot Oac]_3\cdot CH\cdot Oac$$

(└——O——┘)

mit Acetobromglucose und Silberoxyd haben HELFERICH und KLEIN ein reduzierendes Disaccharid, die **Gentiobiose** (Formel II), synthetisch erhalten.

Nach ähnlichen und anderen Verfahren ist in den letzten Jahren die Mehrzahl der natürlich vorkommenden Disaccharide synthetisiert worden. Die wichtigsten Disaccharide werden im folgenden zunächst kurz beschrieben, während ihre Konstitution zusammenfassend in einem besonderen Abschnitt behandelt werden soll.

Von der Gentiobiose leitet sich eines der am längsten bekannten Glykoside ab, das **Amygdalin** $C_{20}H_{27}O_{11}N$. Es ist in bitteren Mandeln, Kirschlorbeerblättern und vielen Obstsamen enthalten. Läßt man die Pflanzenteile mit Wasser stehen, so vollzieht sich unter der Einwirkung des Enzyms **Emulsin** der folgende, durch die denkwürdigen Untersuchungen von LIEBIG und WÖHLER (1837) aufgeklärte Vorgang:

$$\underset{\text{Amygdalin}}{C_{20}H_{27}O_{11}N} + 2\,H_2O = \underset{\text{Benzaldehyd}}{C_7H_6O} + HCN + \underset{\text{Glucose}}{2\,C_6H_{12}O_6}$$

Wie diese Komponenten im Amygdalin miteinander verbunden sind, ist erst durch spätere Untersuchungen aufgeklärt worden, die ihren Abschluß in der Synthese des Amygdalins durch CAMPBELL und HAWORTH sowie KUHN und SOBOTKA fanden. Danach liegt ein Glykosid aus Gentiobiose und Mandelsäurenitril (S. 337) vor:

$$C_6H_5\cdot CH{<}^{CN}_{O\cdot C_6H_{10}O_4\cdot C_6H_{11}O_5}.$$

Die leichte Spaltung von Mandelsäurenitril in Benzaldehyd und Blausäure ist nach den früheren Ausführungen über Cyanhydrine (S. 191) nicht weiter verwunderlich.

[1] Das Disaccharid heißt **Isotrehalose** zum Unterschied von der natürlich vorkommenden **Trehalose** gleicher Struktur. Beide Zucker unterscheiden sich durch die Konfiguration an den C-Atomen 1. Allgemein bezeichnet man den Disaccharid-Typus I als „Trehalose"-Typus.

Läßt man Hefe-Extrakt auf Amygdalin einwirken, so wird nur 1 Molekül Glucose aus der Gentiobiose abgespalten, und es entsteht das auch natürlich vorkommende **Prunasin (Mandelsäurenitril-glucosid)**:

$$C_6H_5 \cdot CH(CN) \cdot O \cdot C_6H_{11}O_5.$$

Interessant sind die von BOURQUELOT entdeckten Synthesen von Glykosiden und Oligosacchariden durch Enzyme. Bringt man Emulsin, das β-Glucosidase enthält, in eine methylalkoholische Lösung von Glucose (d. h. das Gemisch von α- und β-Glucose), so bildet sich nach Ablauf eines Monats eine ansehnliche Menge β-Methylglucosid. Unter der Einwirkung von α-Glucosidase aus Unterhefe entsteht in gleicher Weise α-Methylglucosid. Auch aus zahlreichen anderen Alkoholen ließen sich die entsprechenden Alkylglucoside synthetisch darstellen. Umgekehrt werden diese durch dieselben Enzyme wieder in Alkohol und Glucose gespalten; es stellt sich also ein Gleichgewichtszustand ein.

BOURQUELOT versuchte nun, auf analoge Weise aus Monosacchariden Disaccharide zu erhalten. Tatsächlich gelang es ihm auch, mit Hilfe von Emulsin Gentiobiose und Cellobiose (S. **239**) synthetisch darzustellen.

Malzzucker (Maltose)

Dieses Disaccharid entsteht aus Stärke bei der Einwirkung von Amylase (Diastase) und stellt ein für die Gärungsindustrie wichtiges Zwischenprodukt dar (S. 39). Maltose kristallisiert in feinen weißen Nadeln, die 1 Mol Wasser enthalten, und dreht stark nach rechts. Durch Kochen mit verdünnten Mineralsäuren entsteht ausschließlich *d*-Glucose. Maltose zeigt noch ganz die Reaktionen der Monosaccharide: sie zeigt Mutarotation, reduziert alkalische Kupferlösung, bildet mit 2 Mol Phenylhydrazin ein Osazon (Phenylmaltosazon) und läßt sich zu einer einbasischen Säure, der **Maltobionsäure** $C_{12}H_{22}O_{12}$, oxydieren, die bei der hydrolytischen Spaltung *d*-Gluconsäure $HO \cdot CH_2 \cdot [CH \cdot OH]_4 \cdot CO_2H$ und *d*-Glucose liefert.

Von den zwei reduzierenden Gruppen, die sich in zwei Molekülen *d*-Glucose befinden, ist in der Maltose nur eine intakt geblieben. Hierfür spricht die Bildung des Osazons mit zwei anstatt mit vier Molekülen Phenylhydrazin und die Oxydation zur einbasischen anstatt zur zweibasischen Säure.

Milchzucker (Lactose)

Milchzucker findet sich in der Milch der Säugetiere, aus der er auch gewonnen wird.

Gewöhnlich verwendet man zur Darstellung die **Molken**; so heißt die von Fett und Casein befreite Flüssigkeit, die übrig bleibt, nachdem Milch entrahmt und die erhaltene Magermilch auf Käse verarbeitet worden ist. Die Molken enthalten nahezu allen Milchzucker, ferner einen großen Teil der anorganischen Bestandteile der Milch. Der Milchzucker wird durch Eindampfen der Molken gewonnen und durch Umkristallisieren gereinigt.

Milchzucker kristallisiert mit 1 Mol Wasser in harten Kristallen. Er schmeckt nicht so süß wie Rohrzucker und wird hauptsächlich in der Säuglingsernährung verwendet. Durch bakterielle Zersetzung liefert er die Milchsäure, die bei der Sauermilch- und Yoghurt-Bereitung auftritt. Durch Hydrolyse wird er in *d*-Galaktose und *d*-Glucose gespalten. Er zeigt die Reaktionen der Monosaccharide; in derselben Weise wie bei Maltose läßt sich nachweisen, daß in seinem Molekül noch eine reduzierende Gruppe vorkommt. Die freie reduzierende Gruppe ist die der *d*-Glucose; denn bei der Oxydation mit Bromwasser entsteht aus Milchzucker **Lactobionsäure**, die bei der Hydrolyse in *d*-Galaktose und *d*-Gluconsäure gespalten wird. Milchzucker ist daher eine Galaktosidoglucose, und zwar 4-[β-*d*-Galaktosido]-*d*-glucose.

Über eine strukturisomere Galaktosidoglucose, die **Melibiose**, s. S. 250.

Rohrzucker (Saccharose)

Rohrzucker findet sich in vielen Pflanzen und Früchten, z. B. Aprikosen, Pfirsichen, Birnen und Ananas. Er wird in erster Linie aus den Wurzeln der Zuckerrübe und den Stengeln des Zuckerrohrs technisch gewonnen. Er schmilzt, aus Wasser oder Alkohol kristallisiert, bei 182⁰. Bei stärkerem Erhitzen bräunt er sich und liefert Karamel, ein Gemisch verschiedener Zersetzungsprodukte. Die gesättigte wäßrige Lösung enthält bei 20⁰ 67% Saccharose; in Alkohol ist Rohrzucker fast unlöslich. Bei der Hydrolyse mit verdünnter Säure entstehen *d*-Glucose und *d*-Fructose. Während Rohrzucker selbst stark nach rechts dreht, ist ein Gemenge dieser Monosaccharide linksdrehend, da *d*-Fructose bei gewöhnlicher Temperatur stärker nach links dreht als die gleiche Menge *d*-Glucose nach rechts. Wegen dieser Umkehr des Drehungsvermögens im Laufe der Hydrolyse wird die Reaktion als **Inversion** bezeichnet (Biot, Persoz 1833). Das Reaktionsprodukt heißt **Invertzucker.** Einen natürlichen Invertzucker stellt der Honig dar.

Beim Rohrzucker findet man die charakteristischen Reaktionen der Monosaccharide *nicht* wieder. Er reduziert alkalische Kupferlösung nicht, wird durch Kali nicht braun gefärbt und bildet kein Osazon. Man darf hieraus schließen, daß freie reduzierende Gruppen nicht vorhanden sind, der Rohrzucker also zum Typus I von S. 235 gehört.

Rohrzucker zeigt wie andere Kohlenhydrate das Verhalten einer äußerst schwachen Säure (k = etwa 10^{-1}), die wir früher als eine allgemeine Eigenschaft der Polyhydroxylverbindungen erkannt haben (S. 158). Wegen der relativen Unempfindlichkeit des Rohrzuckers gegen Alkalien sind seine Salze mit Basen **(Saccharate)** bequem darstellbar. So kennt man z. B. ein Monocalciumsaccharat und ein Dicalciumsaccharat $C_{12}H_{22}O_{11} \cdot CaO \cdot 2H_2O$ bzw. $C_{12}H_{22}O_{11} \cdot 2CaO$, die sich in Wasser leicht lösen. Kocht man eine solche Lösung, so fällt das sehr schwer lösliche Tricalciumsaccharat $C_{12}H_{22}O_{11} \cdot 3CaO \cdot 3H_2O$ aus.

Da Rohrzucker ein starkes Drehungsvermögen besitzt ($[\alpha]_D = +66 \cdot 5^0$), kann man seinen Gehalt in Lösungen durch Feststellung der Drehung sehr genau ermitteln. Sind neben Rohrzucker in der Lösung noch andere optisch-aktive Substanzen vorhanden, so muß deren Drehung natürlich berücksichtigt werden.

Die **Inversion des Rohrzuckers durch Säuren** ist wie die Esterverseifung (S. 89) eine pseudomonomolekulare Reaktion, da die Konzentration des Wassers dabei im allgemeinen als konstant angenommen werden kann.

Ist α_0 die Anfangsdrehung der Rohrzuckerlösung, $-\beta_0$ die Enddrehung der vollständig invertierten Lösung, α die während der Inversion zur Zeit t abgelesene Drehung, so läßt sich leicht ableiten, daß die Reaktionsgeschwindigkeit der Gleichung

$$k = \frac{1}{t} \ln \frac{\alpha_0 - \beta_0}{\alpha - \beta_0},$$

gehorcht, deren Gültigkeit schon 1850 von Wilhelmy bewiesen wurde. Diese Beobachtungen bilden die historische Grundlage der gesamten Reaktionskinetik.

Die Geschwindigkeitskonstante k ist in sehr verdünnten Lösungen der H-Ionen-Konzentration proportional ($[H^{\cdot}]$ bis $0 \cdot 001$ n). Bei konzentrierteren Säuren nimmt indessen die invertierende Wirkung rascher zu als die elektrometrisch gemessene H-Ionen-Konzentration. Ferner ist k auch von der Zucker-Konzentration nicht unabhängig, wie man es theoretisch erwarten sollte, z. B. ist für 0·1 n HCl bei 35⁰

Zucker-Konzentration %	k ($\log_{10}$, min) × 10
0·1	1·417
1·0	1·460
10·0	1·522

Man hat es also mit einem ziemlich komplizierten Verhalten zu tun, das anscheinend am besten gedeutet werden kann, wenn man anstatt von den Konzentrationen von den „Aktivitäten“ ausgeht, wie es in der modernen Theorie der starken Elektrolyte geschieht.

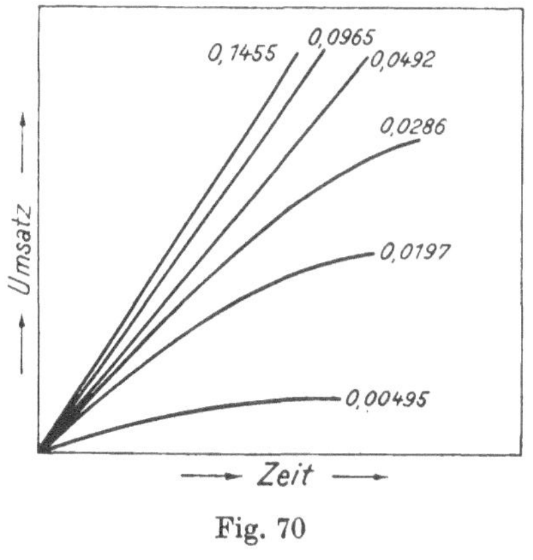

Fig. 70

Während bei der Säurehydrolyse des Rohrzuckers der Umsatz $\frac{dx}{dt}$ der jeweilig noch vorhandenen Rohrzucker-Konzentration proportional ist, beobachtet man bei der **enzymatischen Hydrolyse** die Besonderheit, daß der Umsatz der Zeit proportional ist, solange die Rohrzucker-Konzentration nicht unter einen bestimmten Wert gesunken ist (die Reaktion ist, wie man zu sagen pflegt, nullter Ordnung). Dies geht anschaulich aus den in Fig. 70 wiedergegebenen Versuchen von Kuhn hervor, wo der Umsatz von Rohrzucker bei verschiedenen Anfangskonzentrationen (in Mol/l) gegen die Zeit aufgetragen ist. Man erklärt dieses Verhalten mit der Annahme, daß aus Rohrzucker und Enzym zunächst eine Zwischenverbindung entsteht, deren Konzentration geschwindigkeitsbestimmend ist und konstant bleibt, solange genügend Rohrzucker vorhanden ist, um das gesamte Enzym zu binden. Erst wenn dies nicht mehr der Fall ist, beginnt der Umsatz mit der Zeit zu sinken.

Die technische Gewinnung des Rohrzuckers

Rohrzucker wird technisch aus Zuckerrohr und aus Zuckerrüben gewonnen. Zuckerrohr (Saccharum officinarum), ein 2—4 m hohes Gras, wird in allen tropischen Ländern angebaut; die größten Kulturen finden sich in Kuba, Britisch-Indien und Java. Die Stengel des Zuckerrohrs werden zwischen schweren eisernen Walzen zermalmt, wodurch ein Zuckersaft erhalten wird, der in ähnlicher Weise auf Zucker verarbeitet wird, wie es im folgenden für die in Europa angebauten Zuckerrüben beschrieben ist.

Der Zucker ist im Zellsaft der Zuckerrüben (und des Zuckerrohrs) gelöst und wird daraus durch Diffusion gegen Wasser gewonnen. Zur Erleichterung dieses Vorgangs werden die Zuckerrüben in dünne Schnitzel von 2—3 mm Dicke geschnitten und mit heißem Wasser behandelt, das eine Loslösung des Plasmaschlauchs von der Zellwand bewirkt. Um die Diffusion mit möglichst wenig Wasser so vollkommen wie möglich zu gestalten, werden die Schnitzel in eisernen Zylindern (Diffuseuren) in der Weise mit Wasser ausgelaugt, daß das frische Wasser stets auf das Gefäß mit den erschöpften Schnitzeln geleitet wird. Der zuckerreichste Saft gelangt so schließlich in den Zylinder, der gerade mit frischen Schnitzeln gefüllt worden ist (Prinzip des Gegenstroms). Durch dieses Verfahren erhält man eine Zuckerlösung, die ungefähr ebensoviel Zucker wie die Rüben selbst enthält, nämlich 12—15%.

Zu dieser Lösung setzt man Kalk, wodurch zweierlei erreicht wird. Erstens werden die in dem Saft enthaltenen freien Säuren (Oxalsäure, Citronensäure usw.) sowie die Phosphate gefällt. Die Entfernung der Säuren ist notwendig, weil sie beim Eindampfen der Flüssigkeit Inversion bewirken würden. Zweitens werden durch den Kalk auch die Eiweißstoffe und Farbstoffe teilweise niedergeschlagen. Um beide Ziele zu erreichen, ist ein Überschuß von Kalk erforderlich, der zum Teil als Saccharat in Lösung geht. Um diesen zu entfernen, leitet man Kohlendioxyd in die Flüssigkeit ein, jedoch nur so viel, daß sie noch schwach alkalisch bleibt. Der Niederschlag wird in Filterpressen von der Lösung getrennt. Zur Gewinnung einer möglichst großen Zuckermenge wird das Filtrat („Dünnsaft") bei niederer Temperatur in Vakuumapparaten unter vermindertem Druck eingekocht. Hierbei sinkt die Alkalität durch Ausscheidung von Calciumoxalat, Zersetzung von Amiden unter Ammoniak-Entwicklung usw. Das erste Konzentrationsprodukt ist der Dicksaft. Durch erneutes Einleiten von Kohlendioxyd wird gegebenenfalls der überschüssige Kalk gefällt; der Dicksaft ist dann nahezu neutral und wird nach dem Abfiltrieren des Calciumcarbonats bis zur Abscheidung einer reichlichen Menge von Zuckerkristallen verkocht. Läßt man nun erkalten, so scheidet sich eine weitere Menge Zucker ab, der durch Zentrifugieren von dem nicht kristallisierenden Sirup getrennt wird.

Der so gewonnene Rohzucker ist braungelb und siruphaltig. Zur Reinigung wird er „raffiniert", d. h. mit einer Zuckerlösung gewaschen, aufs neue gelöst, über Aktivkohle filtriert und abermals im Vakuum eingedampft. Auf diese Weise verbleibt schließlich ein Sirup, der infolge seines Gehalts an Nichtzuckerstoffen (namentlich

Aminosäuren) keinen kristallisierten Zucker mehr ausscheidet; er heißt **Melasse** und wird am besten auf Spiritus verarbeitet.

Die Struktur der Disaccharide

Wir sahen bereits oben, daß wir reduzierende und nichtreduzierende Disaccharide zu unterscheiden haben. Betrachten wir zunächst als Vertreter der erstgenannten Klasse die schon erwähnte **Cellobiose** (S. 236, 255), die aus Cellulose erhalten wird und bei der Hydrolyse in 2 Moleküle Glucose zerfällt. Wenn wir hypothetisch die folgende Formel der Cellobiose aufstellen:

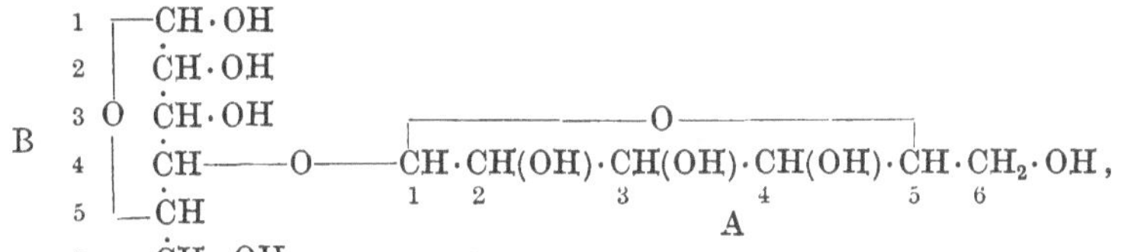

Cellobiose

so kann als sicher gelten, daß der Glucoserest A durch Vermittlung der OH-Gruppe 1 an den Glucoserest B gebunden ist. A ist also in gleicher Weise wie in den Glykosiden gebunden; wir können ihn daher als den glykosidischen Anteil bezeichnen und die Cellobiose eine Glucosido-glucose nennen. Dann bleiben noch folgende Fragen zu beantworten:

1. An welchem C-Atom von B greift A ein?
2. Wie groß sind die Sauerstoffringe in A und B?
3. Wie ist die stereochemische Konfiguration am C-Atom 1 von A, haben wir es mit einem α-Glucosid oder einem β-Glucosid zu tun?

Besteht das Disaccharid aus zwei verschiedenen Monosacchariden, so ist ferner zu ermitteln, welches Monosaccharid durch A und welches durch B vorgestellt wird. Daß dies keine Schwierigkeiten bereitet, sahen wir schon beim Milchzucker: die Oxydation vermag in diesem Fall zu entscheiden (S. 236).

Die obenstehenden Fragen sind vor allem durch die glänzenden Untersuchungen von Irvine und von Haworth und ihren Schülern der Lösung nahegebracht worden. Für Cellobiose wurde der Beweis der obigen Formel in folgender Weise geführt. Durch Methylierung mit Dimethylsulfat und Alkali wird der Wasserstoff der sämtlichen 8 Hydroxylgruppen durch Methyl ersetzt. Erwärmt man die entstandene Oktamethylcellobiose mit verdünnter Salzsäure, so wird sie an der Stelle der glykosidischen Bindungen hydrolysiert. Man erhält ein Gemisch von Tri- und Tetramethylglucose, und zwar stammt die Trimethylglucose von B, da die (glykosidisch gebundene) Methylgruppe am C-Atom 1 leicht abspaltbar ist.

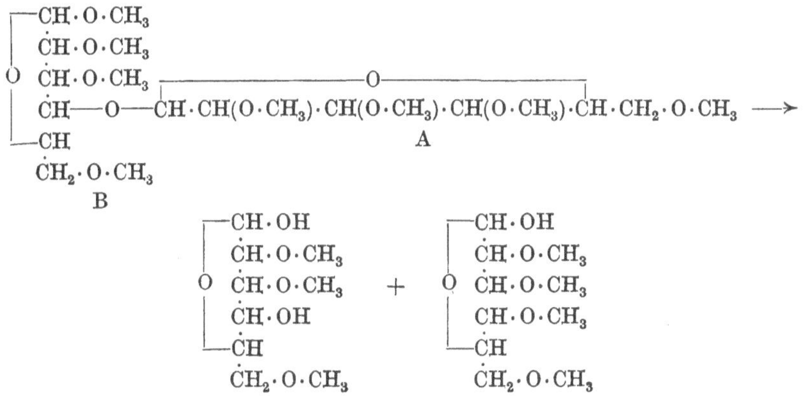

Tri- und Tetramethylglucose können durch ihre verschiedene Löslichkeit in Chloroform getrennt werden. Die Tetramethylglucose erwies sich als identisch mit dem 2, 3, 4, 6-Methylderivat, das durch direkte Methylierung freier Glucose erhalten werden kann (S. 222). Die freie alkoholische OH-Gruppe der Trimethylglucose muß bei der Hydrolyse der Oktamethylcellobiose entstanden sein. Kann man also feststellen, an welchem C-Atom sie sich befindet, so ist die Verknüpfungsstelle der Monosaccharide in Cellobiose aufgeklärt.

Für eine Trimethylglucose mit einer freien OH-Gruppe am C-Atom 1 und einer freien alkoholischen OH-Gruppe sind vier Formeln möglich:

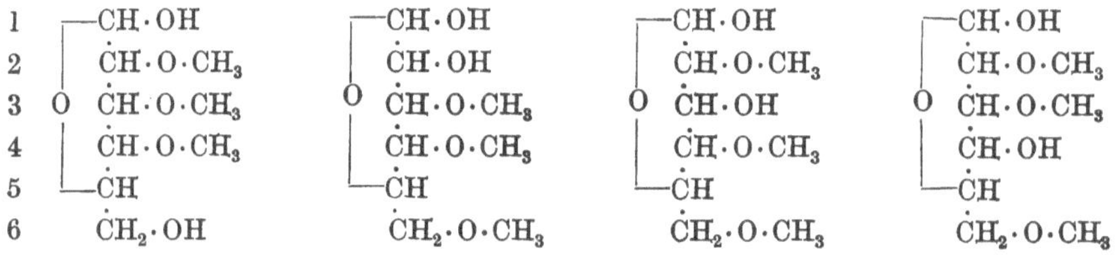

I II III IV

Von diesen ist II ausgeschlossen, da die Trimethylglucose aus Cellobiose kein Osazon gibt, was bei II möglich sein müßte. I ist auf einem hier nicht zu erörternden Wege synthetisch zugänglich und gibt bei der Oxydation mit Salpetersäure Xylotrimethoxyglutarsäure (V).

V 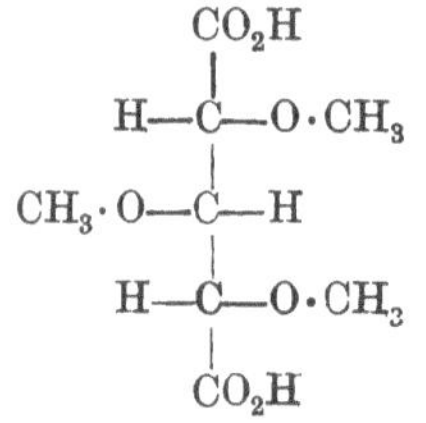

VI 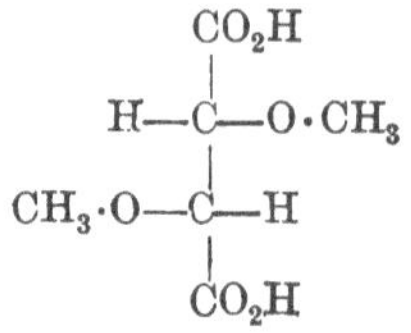

Da die Trimethylglucose aus Cellobiose bei der gleichen Oxydation Dimethylweinsäure (VI) gibt, was bei III unmöglich ist, so bleibt nur IV als möglich übrig. Es liegt also 2, 3, 6-Trimethyl-glucose vor, deren freies C-Atom 4 die gesuchte Verknüpfungsstelle ist.

Der obige Beweis ist noch nicht ganz eindeutig. 2,3,6-Trimethylglucose würde nämlich auch entstehen, wenn der Zuckerrest B die Sauerstoffbrücke zwischen den C-Atomen 1 und 4 enthielte, die Verknüpfung der Zucker in der Cellobiose also in 5-Stellung erfolgte. Diese Möglichkeit läßt sich ausschließen, indem man Cellobiose erst zu Cellobionsäure oxydiert. Durch vollständige Methylierung entsteht dann Oktamethylcellobionsäuremethylester VII, der durch Säure in 2,3,4,6-Tetramethylglucose und 2,3,5,6-Tetramethylgluconsäurelacton VIII gespalten wird:

VII 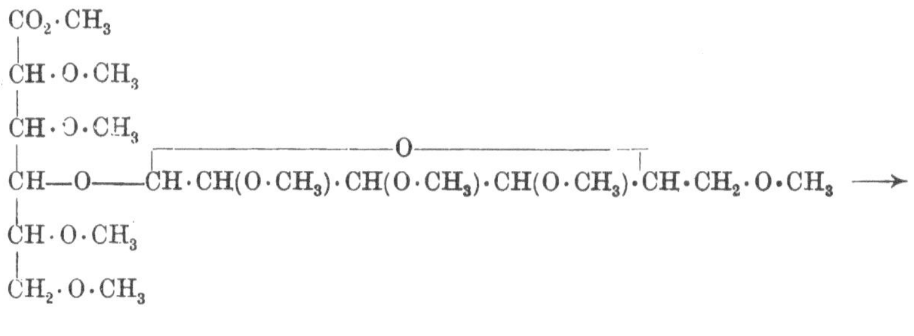

VIII 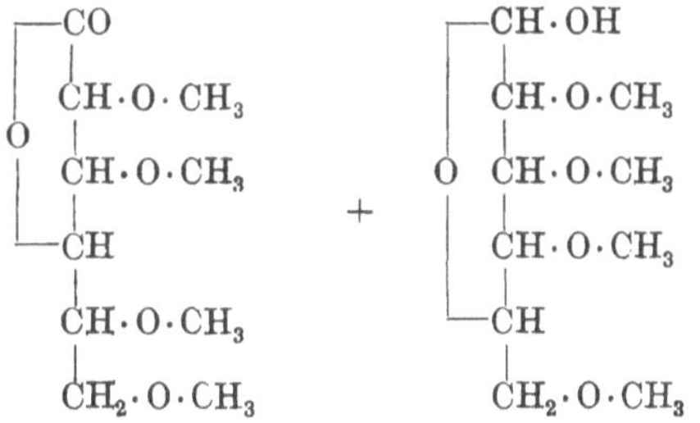

Da die 5-Stellung im Tetramethylgluconsäurelacton besetzt ist, bleibt als Verknüpfungsstelle nur 4 übrig. Die ersten Synthesen der Cellobiose stammen von HELFERICH und FREUDENBERG. Eine übersichtliche Synthese hat neuerdings STACEY angegeben, der Octaacetylcellobiose aus Acetobromglucose und dem Natriumderivat der 1,2,3,6-Tetraacetyl-β-glucopyranose erhalten hat.

Maltose. Bei der Anwendung der Methylierungsmethode auf Maltose und Maltobionsäure ist gefunden worden, daß bei der Hydrolyse die gleichen Spaltprodukte entstehen, die aus Cellobiose erhalten werden. Maltose muß daher die gleiche Strukturformel wie Cellobiose besitzen. Es bleibt nun noch zu entscheiden, welches der beiden Disaccharide das α-Glucosid und welches das β-Glucosid darstellt.

Dies läßt sich auf Grund ihres Verhaltens gegen Enzyme feststellen. Maltose wird durch das Hefeenzym α-Glucosidase, dagegen nicht durch das Emulsin (β-Glucosidase) der bitteren Mandeln gespalten. Da α-Glucosidase spezifisch für α-Glucoside, Emulsin aber für β-Glucoside ist, ist Maltose also ein α-Glucosid (α-4-Glucosido-glucose). Für Cellobiose bleibt dann die β-Konfiguration (β-4-Glucosido-glucose) übrig. Sie ist auch durch Spaltung mit Emulsin direkt bewiesen worden.

Rohrzucker. Die Tatsache, daß dieser Zucker nicht reduzierend ist, beweist, daß die C-Atome 1 von Glucose und 2 von Fructose durch Sauerstoff verbunden sein müssen, denn nur dann gibt es keine freie reduzierende Gruppe im Molekül.

Durch Methylierung wurde ein Oktamethylderivat erhalten, das bei der Hydrolyse die gewöhnliche 2, 3, 4, 6-Tetramethyl-glucose gab:

$$HO\cdot \underbrace{CH\cdot CH(O\cdot CH_3)\cdot CH(O\cdot CH_3)\cdot CH(O\cdot CH_3)\cdot CH}_{O}\cdot CH_2\cdot O\cdot CH_3,$$

wodurch bewiesen ist, daß im Rohrzucker der Glucoserest die gleiche Ringstruktur wie in den anderen Disacchariden besitzt. Dagegen war das zweite Spaltungsprodukt, Tetramethylfructose, nicht identisch mit dem Methylierungsprodukt der gewöhnlichen linksdrehenden Fructose, deren Brückensauerstoffatom an die C-Atome 2 und 6 gebunden ist. HAWORTH ist der Beweis gelungen, daß dieses Sauerstoffatom in der gebundenen Fructose an 2 und 5 haftet.

Die Struktur des Rohrzuckers muß daher durch folgendes Bild wiedergegeben werden:

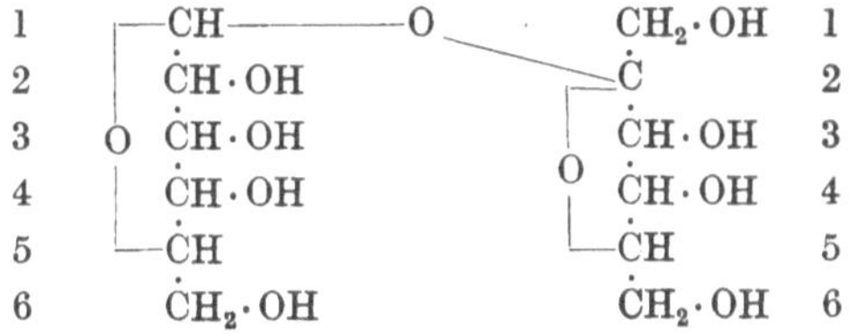

Glucose Fructose

Wir haben hier also die bemerkenswerte Tatsache, daß die freie Fructose pyranoide Ringstruktur hat, während die Fructose-Komponente des Rohrzuckers furanoid gebaut ist. Dasselbe gilt für Inulin, in dem die Fructose-Moleküle dieselbe Struktur wie in Rohrzucker haben. Die Konfiguration der beiden Zucker-Komponenten im Rohrzucker am C-Atom 1 ist α-glykosidisch für die Glucose, β-glykosidisch für die Fructose. Die Synthese des Rohrzuckers ist Hassid und Doudoroff 1944 gelungen, indem sie ein Ferment aus dem Bacterium Pseudomonas saccharophila auf ein Gemenge von Fructose und Glucose-1-phosphat einwirken ließen.

Über die alkoholische Gärung

Unter „Gärungsprozessen" versteht man eine Reihe bei gewöhnlicher Temperatur langsam verlaufender Reaktionen, deren Eintritt an die Gegenwart von Mikroorganismen (Hefen, Schimmelpilzen, Bakterien) oder den von ihnen erzeugten Enzymen gebunden ist. Meist sind Gärungen von einer Gasentwicklung begleitet und weisen eine positive Wärmetönung auf.

Die alkoholische Gärung war bereits im Altertum bekannt. Über ihre Natur hat man jedoch erst in der zweiten Hälfte des 19. Jahrhunderts einige Klarheit gewonnen. Es waren insbesondere zwei Fragen, die der Lösung harrten: erstens die nach der Ursache der Gärung; zweitens die nach dem chemischen Prozeß, der sich dabei abspielt.

Über die Ursache der alkoholischen Gärung gab es im vorigen Jahrhundert zwei Meinungen, die einander scharf gegenüberstanden:

1. Die Hypothese von Liebig, wonach die Eiweißbestandteile der Hefe, die mit der Hefe in die Zuckerlösung gelangen, sich in Zersetzung befinden und dadurch rein chemisch den Zerfall der Zuckermoleküle anregen. Der Lebensprozeß der Hefe sollte in keinem ursächlichen Zusammenhang mit der Gärung stehen. Liebig leugnete sogar anfänglich, daß Hefe aus lebenden Zellen besteht.

2. Die Hypothese von Cagniard de la Tour und von Schwann, später (1860) namentlich durch Pasteurs Versuche näher begründet, nach welcher im Gegenteil allein die lebende und sich fortpflanzende Hefe zur Zuckerspaltung befähigt sein sollte. Die Gärung wurde gewissermaßen als eine physiologische Erscheinung, als eine komplizierte Lebensäußerung der Hefezellen, aufgefaßt.

Liebigs Hypothese fand, gestützt durch die Autorität des großen Chemikers, während einer Reihe von Jahren viele Anhänger. Jedoch vermochte sie sich gegenüber den vollkommen überzeugenden Versuchen, die Pasteur zur Verteidigung seines Standpunktes anstellte, nicht auf die Dauer zu halten. Dennoch zeigte sich, daß auch Pasteurs Hypothese noch nicht richtig war. Die entscheidende Aufklärung brachten erst Buchners Versuche. Sie ergaben, daß in beiden Anschauungen ein richtiger Kern enthalten ist.

Die Gärung ist nach Pasteurs Theorie unzertrennlich an die Gegenwart lebender Hefezellen gebunden, die sich während des von ihnen bewirkten Spaltungsprozesses rasch vermehren. 1897 gelang jedoch E. Buchner der Nachweis, daß die Gärwirkung von der lebenden Zelle unabhängig ist. Durch Zerreiben von Hefe mit Quarzsand und Kieselgur werden die Zellwände teilweise zerstört. Aus der so gewonnenen Masse kann man durch hohen Druck einen vollkommen zellfreien Preßsaft herstellen, der Zuckerlösung in starke Gärung versetzt. Daß diese Gärung nicht auf Reste noch lebenden Protoplasmas zurückzuführen ist, wird dadurch bewiesen, daß auch durch Aceton abgetötete Hefezellen einen durchaus gärkräftigen Preßsaft liefern. Die Gärung wird demnach durch ein in den Hefezellen enthaltenes, aus ihnen abtrennbares Enzym verursacht; Buchner hat es **Zymase** genannt. Die Hefezellen haben nur die Bedeutung, daß sie Zymase erzeugen.

Die Enträtselung des chemischen Prozesses, der sich bei der alkoholischen Gärung abspielt, hat nicht weniger Mühe gekostet als die Ermittlung ihrer Ursache.

Lavoisier hat zuerst (etwa 1789) den Gärungsprozeß quantitativ studiert; er kam zu dem Resultat, daß dabei der Zucker ohne Aufnahme von Wasser oder anderen Stoffen in Alkohol und Kohlendioxyd zerfällt. Gay-Lussac (1813) hat auf Grund theoretischer Erwägungen die Gleichung: $C_6H_{12}O_6 = 2\,C_2H_6O + 2\,CO_2$ aufgestellt, die auch jetzt noch als der richtige Ausdruck für den Hauptvorgang der Gärung anerkannt wird.

Schon der bloße Vergleich der Struktur von Zucker mit der von Kohlendioxyd und Alkohol zeigt, daß man es hier mit einer tiefgreifenden Zersetzung des Zuckermoleküls zu tun hat, die über verschiedene Zwischenstufen verlaufen muß.

Es ist nun in der Tat auf verschiedenen Wegen gelungen, Anhaltspunkte für die Existenz solcher **Zwischenstufen** zu gewinnen. Grundlegend in dieser Hinsicht war die Beobachtung von NEUBERG (1917), daß bei der alkoholischen Gärung intermediär Acetaldehyd entsteht und daß man diesen in Form der nicht weiter vergärbaren Bisulfitverbindung „abfangen" kann, wenn man die Gärung in Gegenwart von Sulfit verlaufen läßt. Ferner war die Erkenntnis von Wichtigkeit, daß die Zymase ein kompliziertes System aus mehr als 10 Fermenten darstellt, die im Verlauf der Gärung verschiedene Aufgaben zu erfüllen haben. Es gelang, Teilfermente der Zymase zu entfernen bzw. durch Schädigung außer Funktion zu setzen, wiederum mit der Wirkung, daß die Gärung auf bestimmten Zwischenstufen angehalten wurde. So wurde wahrscheinlich gemacht, daß der Vergärung eine Umwandlung des Zuckers in Phosphorsäureester[1] vorangeht (auf Kosten von Phosphaten, die in der Hefezelle enthalten sind oder bei der Gärung zugesetzt werden) und daß der nach solcher „Vorbereitung" einsetzende Zerfall über Phosphorsäureester von Glycerinaldehyd, Dioxyaceton, Glycerinsäure (EMBDEN, MEYERHOF 1933) und Brenztraubensäure zum Acetaldehyd und schließlich zum Alkohol führt. Daß zwischen Dioxyaceton, Glycerinaldehyd und Methylglyoxal enge chemische Beziehungen bestehen, wurde schon früher besprochen. Ähnliches gilt auch für das Verhältnis zwischen Glycerinsäure und Brenztraubensäure:

$$\underset{\text{Glycerinsäure}}{HO\cdot CH_2\cdot CH(OH)\cdot CO_2H} = H_2O + \underset{\text{enol-Brenztraubensäure}}{CH_2{:}C(OH)\cdot CO_2H} \rightarrow \underset{\text{Brenztraubensäure}}{CH_3\cdot CO\cdot CO_2H}.$$

Auf Grund dieser Feststellungen kann man sich nun im einzelnen folgendes Bild vom Verlauf der alkoholischen Gärung machen[2]. Die erste Stufe des Zuckerzerfalls besteht in einer Umwandlung von Glucose in Fructose und anschließender Verschiebung von Wasserstoff innerhalb des Zuckermoleküls, die durch das Teilferment „Zymohexase" (= Aldolase + Isomerase) bewirkt wird und eine Umkehrung der Hexose-Synthese durch Aldolkondensation (S. 224) darstellt. Sie führt zur Bildung von 2 Molekülen Triose (Dioxyaceton bzw. Glycerinaldehyd):

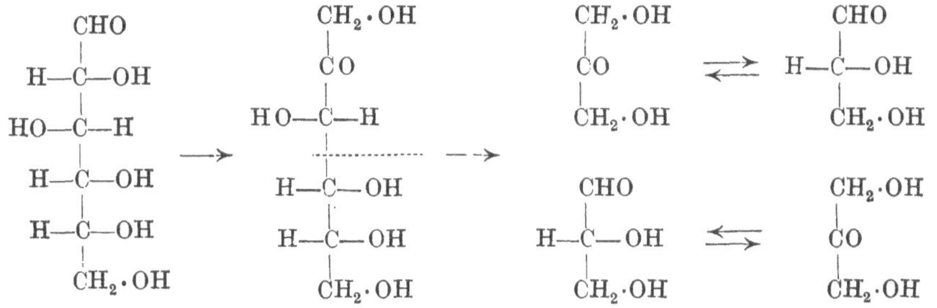

Tatsächlich verläuft die enzymatische Kondensation von Dioxyaceton mit Glycerinaldehyd, wie MEYERHOF (1934) am Beispiel der Phosphorsäureester gezeigt hat, als vollkommen reversible Gleichgewichtsreaktion. Der durch den Zuckerzerfall entstandene Glycerinaldehyd unterliegt nunmehr einer CANNIZZAROschen Reaktion, wobei Glycerin und Glycerinsäure entstehen:

$$2\,HO\cdot CH_2\cdot CH(OH)\cdot CHO + H_2O = HO\cdot CH_2\cdot CH(OH)\cdot CH_2\cdot OH + HO\cdot CH_2\cdot CH(OH)\cdot CO_2H.$$

[1] HARDEN und YOUNG bewiesen 1906 zuerst die komplexe Natur der Zymase und die Entstehung von Phosphorsäureestern bei der Gärung.

[2] Um das Verständnis zu erleichtern, sind die folgenden Vorgänge an den Formelbildern der freien Oxyverbindungen, nicht ihrer Phosphorsäureester, erläutert. Aus dem gleichen Grunde wurde davon abgesehen, die komplizierte Koppelung der verschiedenen Reaktionsphasen in allen Einzelheiten wiederzugeben. Es handelt sich also um eine stark schematisierte Darstellung.

Die aus der Glycerinsäure gebildete Brenztraubensäure wird durch das in der Zymase enthaltene Ferment „Carboxylase“ in Acetaldehyd und Kohlendioxyd zerlegt:

$$CH_3 \cdot CO \cdot CO_2H = CH_3 \cdot CHO + CO_2.$$

Acetaldehyd vermag schließlich mit inzwischen neu gebildeter Triose abermals nach CANNIZZARO zu reagieren:

$$HO \cdot CH_2 \cdot CH(OH) \cdot CHO + CH_3 \cdot CHO \xrightarrow{H_2O} HO \cdot CH_2 \cdot CH(OH) \cdot CO_2H + C_2H_5 \cdot OH.$$

Es entstehen also nebeneinander Glycerinsäure und Alkohol. Nunmehr ist der Prozeß stationär geworden: Glycerinsäure erzeugt aufs neue Acetaldehyd und CO_2, Acetaldehyd wieder Glycerinsäure und Alkohol usw. Die Gesamtbilanz entspricht also der GAY-LUSSACschen Gärungsgleichung:

$$C_6H_{12}O_6 \; (= 2\,\text{Triose}) = 2\,C_2H_5 \cdot OH + 2\,CO_2; \quad \Delta H_{298} = -20\,\text{kcal}; \; \Delta F_{298} = -55\,\text{kcal}.$$

Nach den Untersuchungen von WARBURG sind an der CANNIZZAROschen Reaktion zwischen Glycerinaldehyd und Acetaldehyd, die den Kernpunkt der alkoholischen Gärung darstellt, zwei Fermente beteiligt, die dissoziierbare Verbindungen aus Cozymase bzw. Dihydrocozymase (S. 486) mit zwei Proteinen darstellen. Das oxydierende Ferment Protein I + Cozymase dehydriert Glycerinaldehyd zu Glycerinsäure. Die entstandene Dihydrocozymase verbindet sich mit Protein II zu reduzierendem Ferment, das unter Rückbildung von Cozymase Acetaldehyd in Alkohol überführt.

Nach dem vorangehenden ist es leicht verständlich, daß der Gärungsablauf grundlegend geändert werden muß, wenn man den Acetaldehyd durch Zusatz von Sulfit der weiteren Umsetzung entzieht. Dann muß die Hexose dauernd in Glycerin und Acetaldehyd + CO_2 (aus Glycerinsäure) zerfallen. Auf diese Weise häuft sich Glycerin in so beträchtlichen Mengen an, daß diese Methode im ersten Weltkrieg zur Darstellung von Glycerin aus Zuckern angewandt worden ist.

Außer der alkoholischen Gärung kennt man noch verschiedene **andere Gärungsprozesse**, wie die Milchsäure- und Buttersäuregärung, die Fäulnisprozesse und zahlreiche andere Gärungen, von denen wir bereits die Bildung von Butylalkohol und Aceton aus Stärke (S. 43) und von Citronensäure aus Glucose (S. 209) nannten. Wie der chemische Prozeß bei diesen Gärungen verläuft, ist noch nicht in allen Fällen aufgeklärt. Über die sogenannte alkoholische Gärung der Aminosäuren siehe S. 272.

Beim Tier wird im arbeitenden Muskel Zucker durch Fermente zu $l(+)$-Milchsäure abgebaut. Dieser als **Glykolyse** bezeichnete Prozeß verläuft über ähnliche Zwischenstufen wie die alkoholische Gärung. Wegen des Fehlens von Carboxylase bleibt aber die Brenztraubensäure erhalten. Sie oxydiert über das Cozymase-System 1 Mol Triose zu Glycerinsäure, wobei sie selbst in Milchsäure übergeht. Es sind zahlreiche Versuche gemacht worden, die Energetik der Muskelarbeit mit chemischen Teilprozessen zu verknüpfen. Der bekannteste von ihnen ist die Theorie von MEYERHOF, wonach die Milchsäure-Bildung die Energie für die Muskelkontraktion liefert. Neuere Untersucher lassen dies nur für die allererste, anaerobe Phase gelten. Der Gesamtmechanismus ist noch völlig unklar.

Die **Verbrennung der Nährstoffe** durch Sauerstoff, wie sie bei der Zellatmung im tierischen Organismus erfolgt (S. 489), beginnt mit einer Dehydrierung durch Dehydrasen. Der Unterschied gegenüber der Gärung besteht vor allem darin, daß die atmenden Zellen über Fermente verfügen, die mit Sauerstoff reagieren, der so letzten Endes als Acceptor für den abgespaltenen Wasserstoff auftritt. Bei den durch systematische Züchtung erhaltenen „Kulturhefen“ ist dieses Oxydationssystem sehr schwach entwickelt, sie zeigen daher auch in Sauerstoff fast unverminderte Gärung. Bei den sogenannten wilden Hefen, deren Oxydationssystem besser entwickelt ist, tritt dagegen in Sauerstoff die Atmung in erfolgreiche Konkurrenz mit der Gärung (PASTEUR-MEYERHOFsche Reaktion). Die Gärung ist daher als energieliefernder Vorgang für die Anaerobier, was die Atmung für die Aerobier ist. Sie ist nach PASTEURS Worten „Leben ohne Sauerstoff“.

Enzyme

Unter Enzymen oder Fermenten[1] versteht man hochmolekulare Katalysatoren, die von Organismen erzeugt werden. Sie nehmen infolge verschiedener noch zu erörternder Umstände eine Sonderstellung unter den Katalysatoren ein. Augenfällig ist vor allem ihre bemerkenswert hohe „Spezifität", die sich darin äußert, daß ein bestimmtes Enzym in der Regel nur wenige, chemisch miteinander nahe verwandte „Substrate" anzugreifen vermag. Enzyme sind in der lebenden Natur überall verbreitet und an allen Stoffwechselvorgängen beteiligt. Es gibt kein Leben ohne Enzyme. Eines der wichtigsten Beispiele für Enzymwirkungen bietet die Verdauung. Mit dem Speichel wird eine **Amylase** abgesondert, die Stärke hydrolysiert. Die Drüsen der Magenschleimhaut erzeugen das eiweißspaltende **Pepsin** (SCHWANN 1836). Unter den zahlreichen Enzymen der Pankreasdrüse findet man neben Amylase eine fettspaltende **Lipase** und das eiweisspaltende **Trypsin.** Nicht minder zahlreich sind die Enzyme des Pflanzenreichs. Die von PAYEN und PERSOZ 1833 entdeckte diastatische Wirkung von Gerstenmalz (S. 39) beruht auf dem Vorkommen von Amylasen. Die alkoholische Gärung durch den **Zymase**-Komplex der Hefe wurde bereits besprochen. Ein glykosidspaltendes Ferment, das **Emulsin** (1830 von ROBIQUET entdeckt, von LIEBIG und WÖHLER 1837 genauer studiert), findet sich in den bitteren Mandeln. Auch an der Assimilation der Kohlensäure durch das grüne Blatt, der Stickstoff-Assimilation der Leguminosen und der Mineralisierung von pflanzlichem und tierischem Abfall sind Enzyme beteiligt.

Die im allgemeinen geringe Konzentration der Enzyme in den natürlichen Ausgangsmaterialien (im Höchstfall oft Zehntel- oder Hundertstelprozente) hat sich im Verein mit ihrer großen chemischen Empfindlichkeit auf ihr Studium sehr hinderlich ausgewirkt. Die Enzymchemie ist daher zahlreiche Irrwege gegangen, ja, es schien zeitweilig so, als ob in den Enzymen eher besondere Zustandsformen allbekannter Stoffe als eine besondere Verbindungsklasse vorläge. Hier haben sich nun in den letzten Jahrzehnten große Wandlungen vollzogen. Es hat sich herausgestellt, daß alle bisher gut untersuchten Enzyme zur Klasse der Eiweißstoffe gehören. Bereits PERRIN (1905) und MATHEWS und GLENN (1911) haben vermutet, daß für das Wesen der Enzymwirkung zwei Umstände von ausschlaggebender Bedeutung sind: das Vorhandensein von großen Molekülen kolloider Dimension, die als **„Träger"** wirken und durch Adsorption des angreifbaren Substrats die Voraussetzung für die Enzymreaktion schaffen, und die Anwesenheit einer **„aktiven Gruppe"** (auch prosthetische Gruppe[2] oder Wirkgruppe genannt), die den eigentlichen Umsatz vermittelt. Diese Voraussage ist namentlich durch die eingehende Untersuchung der oxydierenden bzw. dehydrierenden Fermente auf das glänzendste bestätigt worden. Diese enthalten neben dem Eiweiß, das die Rolle des kolloiden, keineswegs indifferenten Trägers spielt, eine niedermolekulare Komponente, die die prosthetische Gruppe darstellt und häufig in einem durch das Massenwirkungsgesetz geregelten Dissoziations-Gleichgewicht mit dem Eiweiß steht. Man nennt in solchen Fällen das intakte Enzym auch **Holoenzym,** seine Komponenten **Apoenzym** (Eiweißstoff) und **Coenzym** (prosthetische Gruppe)[3], so daß das Dissoziations-Gleichgewicht durch folgende Formel beschrieben wird:

---

[1] Der Ausdruck Fermente stammt vom lateinischen fermentatio = Gärung. Die Bezeichnung Enzyme (von ἐν = in und ζύμη = Sauerteig) wurde 1876 von KÜHNE eingeführt. Vor BUCHNERS Entdeckung der zellfreien Gärung unterschied man zwischen „geformten Fermenten", deren Wirkung von der lebenden Zelle nicht trennbar schien, und löslichen, auch außerhalb der Zelle wirksamen „Enzymen". Zur letzten Gruppe zählten z. B. Diastase, Emulsin, Pepsin. Nachdem diese Unterscheidung an Bedeutung verloren hat, bevorzugt man im allgemeinen den Ausdruck Enzyme.

[2] Von προστίθημι = ich füge hinzu.

[3] ὅλος = ganz, ἀπό = weg, *co* = begleitend.

$$\frac{[\text{Apoenzym}]\,[\text{Coenzym}]}{[\text{Holoenzym}]} = k\,.$$

Die Bindungsfestigkeit des Coenzyms an das Apoenzym kann alle Stufen von der Stärke einer Hauptvalenz bis zu einer lockeren Nebenvalenz durchlaufen[1]. Es ist eine Frage der Spekulation, ob man annehmen soll, daß eine prosthetische Gruppe auch in den zahlreichen Fällen vorhanden ist, wo ihr experimenteller Nachweis bisher nicht erbracht werden konnte. Denn der Nachweis einer solchen Gruppe wird schwer oder unmöglich sein, wenn ihre Menge zu gering ist oder wenn sie einen hauptvalenzmäßig eingebauten Bestandteil des Eiweißmoleküls bildet, der ohne irreversible Zerstörung nicht entfernt werden kann.

Dieses Bild erklärt bereits viele der früher rätselhaft erscheinenden Enzym-Eigenschaften. Mit den Eiweißstoffen teilen die Enzyme die Temperaturempfindlichkeit. Erhitzen auf Temperaturen, die erheblich unter 100° liegen, genügt meist, um das Eiweiß irreversibel zu verändern und die Fermentwirkung zu vernichten. Die lockere Bindung zwischen Träger und aktiver Gruppe kann einer weitgehenden Reinigung entgegenwirken. Schon durch Dialyse in nahezu neutraler Lösung wird unter Umständen die aktive Gruppe von ihrem Träger gelöst und das Enzym in seine Komponenten gespalten. Die Trennung der Hefezymase in ein thermolabiles, nichtdialysables Apoenzym und ein thermostabiles, dialysables Coenzym (Cozymase) durch HARDEN und YOUNG (1906) war im wesentlichen ein solcher Vorgang. Aus dem Gesagten ergibt sich bereits, daß die Reindarstellung der Enzyme in ungünstigen Fällen schwierig sein wird. Die begleitenden Verunreinigungen spielen häufig die Rolle von Schutzkolloiden, mit deren Entfernung das Enzym instabil wird. Immerhin ist die Darstellung der Enzyme seit dem Bekanntwerden ihrer Eiweißnatur auf eine festere Grundlage gestellt, und die mehr empirisch ausprobierten Reinigungsverfahren der älteren Zeit sind vielfach rationelleren Verfahren gewichen, die in vielen Fällen auch die Isolierung kristallisierter Enzyme in größeren Mengen ermöglicht haben (z. B. Urease durch SUMNER 1926, Pepsin und Trypsin durch NORTHROP 1930). Die Darstellung der Enzyme hat, sofern sie nicht schon in gelöstem Zustand in Form von Organflüssigkeiten oder Preßsäften vorliegen, mit der Freilegung des an das Zellprotoplasma gebundenen Enzyms zu beginnen. Außer indifferenten Lösungsmitteln, Säuren oder Alkalien wird hierfür häufig die „Autolyse“ angewandt, d. h. der freiwillige Abbau durch die zelleigenen Enzyme, der einsetzt, sobald durch Schädigung oder Abtötung der Zelle die natürlichen Regulationen gestört sind. Die gewonnenen Extrakte lassen sich unter Umständen durch Dialyse oder Elektrophorese reinigen. Durch die von BRÜCKE entdeckte auswählende Adsorption kann häufig eine Konzentrierung der Enzyme erreicht werden. Die Adsorption an Kaolin, Tonerde und anderen Oxyden ist von WILLSTÄTTER und seiner Schule zur Trennung von Enzymgemischen verwandt worden. Die Adsorbate werden durch vorsichtige Behandlung mit Wasser oder Alkalien wieder zerlegt („eluiert“). Heute spielen Eiweißfällungsmittel, z. B. Ammoniumsulfat, für die Isolierung der Enzyme die Hauptrolle.

Die in früheren Abschnitten mehrfach betonte **Spezifität der Enzyme** macht sich in zweierlei Hinsicht geltend. Die Enzyme sind wirkungsspezifisch auf die Lösung (eventuell auch Herstellung) eines bestimmten Bindungstypus eingestellt. Diese Spezifität hinsichtlich des Konstitutionstypus der Substrate bildet die Grundlage der Einteilung der Enzyme. Man unterscheidet, um nur einige der Hauptgruppen zu nennen:

---

[1] Dissoziations-Gleichgewichte der oben geschilderten Art sind natürlich nur bei lockerer Bindung zu erwarten.

Enzym-Klasse	Substrat
I. Hydrolasen	C·O- und C·N-Bindungen
1. Esterasen	Ester einwertiger Alkohole
2. Lipasen	Fette
3. Phosphatasen	Phosphorsäureester
4. Carbohydrasen	Oligo- und Polysaccharide, Glykoside
5. Amidasen	C·N-Bindungen, z. B. Harnstoff
6. Proteinasen	Eiweißstoffe
II. Oxydoredukasen (Oxydasen, Dehydrasen, Wasserstoffüberträger)	oxydierbare bzw. dehydrierbare Verbindungen
III. Peroxydasen	Phenole + H_2O_2
IV. Katalasen	H_2O_2
V. Aldolasen	Aldolbindungen

Die Wirkungs-Spezifität ist, soweit unsere Kenntnisse reichen, eine Funktion der aktiven Gruppe des Enzyms. Diese bestimmt den Reaktionstypus (Hydrolyse, Oxydation usw.). Im übrigen wird aber die Art des angreifbaren Substrats anscheinend weitgehend durch den Eiweißstoff bestimmt. Es gibt z. B. Enzyme mit gleicher Wirkgruppe, die je nach dem Träger nur Aminosäuren oder nur Dihydropyridin-Verbindungen oxydieren. Immerhin sind gewisse Veränderungen in der Konstitution des Substrats möglich, ohne daß die Enzymreaktion aufgehoben wird. Man beobachtet dann in der Regel nur eine Beschleunigung oder Verlangsamung des Umsatzes.

Dieser relativen Spezifität steht eine oft ungemein hohe Spezifität in bezug auf sterische Änderungen am Substrat gegenüber, die leicht verständlich ist, wenn das Substrat mit mehreren Gruppen an der Oberfläche des Enzyms verankert wird (Mehrpunkt-Kontakt). Wie E. Fischer zeigte, sind von den drei Hexosen Glucose, Mannose und Fructose nur die natürlich vorkommenden *d*-Formen leicht vergärbar. In der Niere finden sich zwei verschiedene Fermente, von denen eines nur *d*-Aminosäuren, das andere nur *l*-Aminosäuren dehydriert (Krebs). Enzym und Substrat stehen also nach dem bekannten, von E. Fischer geprägten Ausdruck[1] zueinander in ähnlichem Verhältnis wie Schlüssel und Schloß.

Die **stereochemische Spezifität** der Enzyme legte zunächst die Annahme nahe, daß überhaupt jedes Substrat ein eigenes Enzym zu seiner Spaltung erfordere. Sie scheint in vielen Fällen, namentlich wenn man die Spaltungsgeschwindigkeit nicht außer acht läßt, zuzutreffen. Doch gilt sie sicherlich nicht allgemein. So hat auf dem Gebiet der Carbohydrasen namentlich Weidenhagen gezeigt, daß die sogenannte **Maltase** der Hefe nicht nur Maltose, sondern auch α-Methylglucosid und Rohrzucker spaltet. Sie ist also eine α-Glucosidase, die spezifisch auf Glucoside der pyranoiden α-Glucose eingestellt ist, während die Konstitution des Aglykons (Glucose, Methylalkohol bzw. Fructose) nur einen sekundären Einfluß auf die Spaltungsgeschwindigkeit ausübt. Ebenso ist die **Saccharase** der Hefe **(Invertin)** eine β-Fructofuranosidase, da sie nicht nur Rohrzucker, sondern auch andere furanoide β-Fructoside spaltet. Seit langem bekannt ist die Verwendung von Mandelemulsin zum Nachweis β-glucosidischer Bindungen. Nach Helferich spaltet die β-Glucosidase des Süßmandel-Emulsins nicht nur β-*d*-Glucoside, sondern auch β-*d*-Xyloside. Der Ersatz der $CH_2 \cdot OH$-Gruppe der Glucose durch Wasserstoff beeinträchtigt demnach die Wirksamkeit des Enzyms nicht. Ein Enzym wird also im allgemeinen auf eine Mehrzahl von Substraten eingestellt sein, wenn diese sich in ihrem räumlichen Bau weitgehend entsprechen.

Die **Wirkgruppe der Enzyme** konnte in einigen Fällen (zuerst von Warburg 1924) chemisch charakterisiert oder in reinem Zustand isoliert werden. So sind als Wirkgruppe einiger Oxydasen und der Katalase Verbindungen vom Hämintypus (also eisenhaltige Verwandte des Blutfarbstoffs) erkannt worden. Das am längsten bekannte der wasserstoffübertragenden „gelben Fermente“ (Flavoproteine) enthält als Wirkgruppe den Phosphorsäureester des Vitamins B_2. Das „Coferment“ der Carboxylase („Cocarboxylase“) ist ein Pyrophosphorsäureester von Vitamin B_1. Die Cofermente der Dehydrasen (z. B. „Cozymase“) sind Nucleotide, die einen Pyridinring enthalten (S. 486). Es bestehen also teilweise überraschende Zusammenhänge mit den Vitaminen

[1] Ber. Dtsch. Chem. Ges. **27** (1894), 2992.

(S. 434), die mehr Licht auf die Wirkungsweise dieser Stoffgruppe geworfen haben. Das gelbe Ferment wurde zuerst von THEORELL in Träger und Wirkgruppe, die beide für sich unwirksam sind, zerlegt und aus den Komponenten wieder synthetisiert. An vielen Stoffwechselprozessen sind gleichzeitig mehrere Enzyme beteiligt. So sind anscheinend bei der Sauerstoffübertragung in der Zellatmung das Atmungsferment („Cytochromoxydase"), drei weitere eisenhaltige Enzyme (Cytochrome) und ein gelbes Ferment hintereinandergeschaltet. Auch die Zymase enthält eine ganze Reihe von Enzymen, von denen jedes eine besondere Funktion zu erfüllen hat.

Über den Mechanismus der Umsetzung zwischen Wirkgruppe und Substrat ist man am besten bei den Oxydoredukasen unterrichtet. Hier handelt es sich, wie der Name besagt, um Oxydations-Reduktions-Reaktionen, bei denen z. B. das Hämineisen des Atmungsferments durch Sauerstoff zu dreiwertigem Eisen oxydiert und darauf (über verschiedene Zwischenstufen) durch das Substrat wieder reduziert wird. Beim gelben Ferment wird der Farbstoff abwechselnd hydriert und dehydriert und so fort. Die Rolle von Vitamin B_1, das ein Amin ist (S. 434), in der Carboxylase kann man auf Grund von Modellversuchen von LANGENBECK verstehen. Es hat sich nämlich gezeigt, daß auch gewisse synthetische höhermolekulare Amine eine deutliche carboxylatische Wirkung zeigen, d. h. Brenztraubensäure in Acetaldehyd und CO_2 zerlegen. Der Reaktionsverlauf ist nach LANGENBECK folgender:

$$\underset{\displaystyle CO_2H}{R\cdot \overset{}{CO}} + H_2N\cdot R_1 \longrightarrow \underset{\substack{\displaystyle CO_2H \\ \text{Substrat + Ferment}}}{R\cdot C{=}N\cdot R_1} + H_2O \longrightarrow R\cdot CH{=}N\cdot R_1 + \mathbf{CO_2}$$

$$R\cdot CH{=}N\cdot R_1 + R\cdot CO\cdot CO_2H \longrightarrow \underset{\substack{\displaystyle CO_2H \\ \text{Substrat + Ferment}}}{R\cdot C{=}N\cdot R_1} + \mathbf{R\cdot CHO} \quad \text{usf.}$$

Ein Phosphat des Pyridoxals (S. 435) scheint als Coenzym von Aminosäure-Decarboxylasen zu wirken. Auch hier entsteht zunächst eine SCHIFFsche Base, die nach desmotroper Verschiebung von H von der Aminosäure zum Pyridin-Stickstoff CO_2 verliert (R. KUHN).

Das von den Enzymen entworfene Bild wäre nicht vollständig, wenn wir nicht noch kurz ihrer Beeinflussung durch Zusätze gedächten. Diese treten als **Aktivierung** oder als **Hemmung** in Erscheinung. Wir werden später bei der genaueren Besprechung der Eiweißstoffe auf ihre amphotere Natur zurückkommen. Ihr Zustand in Lösungen ist also von der Wasserstoffionen-Konzentration abhängig. Dementsprechend zeigen die Enzyme ein mehr oder minder ausgesprochenes Maximum ihrer Wirksamkeit bei einem bestimmten p_H, eine Tatsache, auf die zuerst SØRENSEN aufmerksam gemacht hat. Desgleichen kann die Wasserstoffionen-Konzentration die elektrolytische Dissoziation des Substrats und dadurch ebenfalls die Reaktionsgeschwindigkeit beeinflussen. Schwermetalle können durch Salzbildung oder Reaktion mit Sulfhydrylgruppen die Wirkung hemmen. Ein Beispiel dafür bildet die Harnstoff spaltende Urease. Die Hemmung kann in diesem Fall durch Blausäure, die das Metall bindet, wieder aufgehoben werden. Eisenhaltige Oxydasen werden durch Blausäure oder Kohlenoxyd „vergiftet" (Komplexbildung mit dem Eisen). Beispiele für Aktivierung liegen in der Förderung der Phosphatase durch Magnesium, der Peptidasen durch Zink, Kobalt und Mangan, der Hefe-Aldolase durch Zink und der Phenoloxydase durch Kupfer vor. Es ist wohl denkbar, daß man in diesen Metallen teilweise Coenzyme zu sehen hat.

Einige Worte müssen schließlich noch über die **quantitative Bestimmung** der Enzymwirkung gesagt werden, da sie meist das einzige Mittel darstellt, um den Erfolg der Darstellungs- und Anreicherungsverfahren zu kontrollieren. Da die Wirksamkeit der Enzyme oft nur nach der von ihnen hervorgerufenen Reaktionsgeschwindigkeit beurteilt werden kann und vielfach Proportionalität zwischen Enzym-Menge und Geschwindigkeitskonstante besteht, erscheint die Geschwindigkeitskonstante als das geeignete Maß für die Enzym-Menge. In der Praxis ergeben sich jedoch Schwierigkeiten dadurch, daß die Ordnung der Reaktion von der Substrat-Konzentration abhängt, die kinetischen Gesetze häufig nicht streng erfüllt sind und Aktivierungs- und Hemmungsstoffe unbekannter Art die Geschwindigkeit in schwer zu kontrollierender Weise beeinflussen können. Man kann daher meist nur relative Bestimmungen unter Standard-Bedingungen ausführen, indem man Art und Konzentration des Substrats sowie die optimale Wasserstoffionen-Konzentration festlegt und die Messung der Geschwindigkeitskonstante durch die Feststellung der Zeit ersetzt, die für die Erreichung eines bestimmten Spaltungsgrades benötigt wird. Nach WILLSTÄTTERS Vorschlag enthält z. B. ein Saccharasepräparat 1 Saccharase-Einheit, wenn 50 mg bei 15,5° 4 g Rohrzucker in 25 ccm 1% Na_2HPO_4 enthaltender Lösung in 1 Minute zu 75,75% (d. h. bis zur Drehung 0) spalten. Bei Enzymen, die einen Farbstoff als prosthetische Gruppe enthalten, kann man die Konzentration kolorimetrisch ermitteln, sobald man die Zusammensetzung des reinen Enzyms und die Gleichgewichtsverhältnisse kennt.

Über Entstehung optisch-aktiver Verbindungen (Asymmetrische Synthese)

Wir haben schon S. 206 ein Beispiel dafür gegeben, wie man aktive Substanzen aus symmetrischem Material unter Zuhilfenahme von optisch-aktiven Substanzen darstellen kann, indem man die verschiedene Reaktionsgeschwindigkeit von Diastereoisomeren ausnutzt und nach Beendigung des Prozesses die Hilfssubstanz wieder entfernt. Man nennt solche Vorgänge **relative asymmetrische Synthesen,** weil sie das Vorhandensein einer aktiven Hilfssubstanz voraussetzen.

Einige weitere Beispiele mögen solche Synthesen erläutern.

Wenn man Brenztraubensäure $CH_3 \cdot CO \cdot CO_2H$ reduziert, so bildet sich die inaktive Milchsäure. Reduziert man aber einen Ester dieser Ketonsäure mit einem optisch-aktiven Alkohol, z. B. dem linksdrehenden Borneol, so bildet sich ein Gemisch des *d*-Säureesters mit einem geringen Überschuß des *l*-Säureesters, aus dem durch Verseifung (also Entfernung des eingeführten asymmetrischen Gebildes) aktive Milchsäure erhalten wird:

$$CH_3 \cdot CO \cdot CO_2 \cdot C_{10}H_{17} \longrightarrow \underset{l\text{-Milchsäure}}{CH_3 \cdot CH(OH) \cdot CO_2H}.$$

Die primär entstehenden Bornylester der *d*- und *l*-Milchsäure sind diastereoisomer und bilden sich mit verschiedener Geschwindigkeit.

l-Weinsäure bildet sich im Überschuß, wenn nicht Fumarsäure selbst, sondern ihr saurer Bornylester 2 OH-Gruppen aufnimmt (S. 204). Die Geschwindigkeitsunterschiede von Diastereoisomeren sind im allgemeinen nicht sehr groß (in den bisher bekannten Fällen maximal 100%). Der Grad der erreichbaren Asymmetrie ist daher nicht sehr beträchtlich, wenn nicht sekundäre Umstände (z. B. Trennungen nach dem PASTEURschen Prinzip) dazu treten, die mit der asymmetrischen Synthese als solcher nichts zu tun haben.

Asymmetrischen Synthesen im größten Maßstab begegnen wir in der Natur, wo die Pflanzen unaufhörlich rechtsdrehende Glucose und zahlreiche andere optisch-aktive Verbindungen aus inaktivem Material (Kohlendioxyd und Wasser) darstellen. Auch hier haben wir es mit relativen asymmetrischen Synthesen zu tun, da wir die Allgegenwart von Enzymen als eine biologische Tatsache hinnehmen müssen. Die Frage nach der ersten Entstehung optisch-aktiver Verbindungen in der Natur (gewissermaßen ihrer „Urzeugung"), die man als **absolute asymmetrische Synthese** zu bezeichnen hätte, ist gegenwärtig noch ungelöst. Eine interessante Erklärungsmöglichkeit scheint das Vorhandensein von zirkular polarisiertem Licht im Tageslicht zu bieten. Man kann theoretisch ableiten, daß optische Antipoden für bestimmte Wellenbezirke ungleiches Absorptionsvermögen für rechts- und linkszirkulares Licht besitzen müssen (COTTON-

Effekt). Photochemische Umsetzungen in zirkularem Licht werden daher einen Antipoden im Überschuß erzeugen bzw. zerstören, wenn der Unterschied in den Absorptionskoeffizienten für rechts- und linkszirkulares Licht genügend groß ist und wenn sich an die photochemische Reaktion keine Dunkelreaktionen anschließen, die das Ausbeuteverhältnis verschlechtern. Experimentelle Beweise hierfür lieferte zuerst W. KUHN, der aus einem Racemat in rechtszirkularem Licht den einen, in linkszirkularem Licht den anderen Antipoden im Überschuß erhielt.

Für organische Verbindungen gilt die Erfahrungstatsache, daß sich in der Natur von zwei optischen Antipoden meist nur ein einziger findet. So treten Glucose und Weinsäure fast ausschließlich in der rechtsdrehenden Form auf. Jedoch besitzt diese Regel keine ausschließliche Gültigkeit. Wir sahen bereits, daß Bakterien teils *d*-, teils *l*-Milchsäure erzeugen.

2. Trisaccharide und Tetrasaccharide

Von **Trisacchariden** sind nur wenige bekannt; ihre Formel ist $3\,C_6H_{12}O_6 - 2\,H_2O = C_{18}H_{32}O_{16}$; eines der wichtigsten ist die **Raffinose** $C_{18}H_{32}O_{16} + 5\,H_2O$, so genannt, weil sie aus der beim Raffinieren des Rübenzuckers abfallenden Melasse dargestellt werden kann. Man gewinnt sie am besten durch Extraktion von Baumwollsamen, der etwa 3% Raffinose enthält, mit Wasser. Sie schmeckt nicht süß. Bei der Hydrolyse mit starken Säuren zerfällt sie unter Aufnahme zweier Moleküle Wasser in je 1 Molekül *d*-Fructose, *d*-Glucose und *d*-Galaktose. Bei der Hydrolyse mit verdünnten Säuren sowie mit Fructosidase glückt es, die Raffinose quantitativ in *d*-Fructose und das Disaccharid **Melibiose** zu spalten, die sich als eine 6-Galaktosido-glucose erwiesen hat. Durch Einwirkung von Emulsin wird Raffinose in *d*-Galaktose und Rohrzucker gespalten. Für ihren Aufbau ergibt sich demnach folgendes Schema:

Rohrzucker (Glucose—Fructose)

Galaktose—Glucose—Fructose

Melibiose (Galaktose—Glucose)

Raffinose zeigt die Zuckerreaktionen nicht, da sie keine reduzierende Gruppe enthält. Sie kristallisiert in dünnen Prismen mit 5 Mol Kristallwasser. Rohrzucker kristallisiert aus raffinosehaltigen Lösungen in eigenartigen spitzen Kristallen (Spitzenzucker). Man hat es hier mit einem der häufigen Fälle zu tun, wo die Kristall*tracht* (nicht das Kristall*system*!) durch Lösungsgenossen beeinflußt wird. Das älteste Beispiel dieser Art ist die Kristallisation von Kochsalz in Oktaedern in Gegenwart von Harnstoff.

In der Manna der Manna-Esche, reichlich in den Wurzelknollen von Stachys tuberifera, findet sich ein nicht reduzierendes Tetrasaccharid **Stachyose** $C_{24}H_{42}O_{21} + 4\,H_2O$, das sich bei der Hydrolyse in 2 Mol Galaktose, 1 Mol Glucose und 1 Mol Fructose spaltet.

Polysaccharide

Die meisten Polysaccharide sind scheinbar amorph und haben sich erst bei der Strukturuntersuchung mit Röntgenstrahlen als mikrokristallin erwiesen. Sie schmecken nicht süß und sind in Wasser vielfach schwer oder unlöslich. Durch Hydrolyse mit Säuren oder Enzymen werden sie in Hexosen oder Pentosen gespalten. Sie sind also nach demselben Prinzip wie die Oligosaccharide aufgebaut, von denen sie sich aber durch viel höheres Molekulargewicht unterscheiden. Die am besten bekannten Polysaccharide liefern bei der Hydrolyse ausschließlich Monosaccharide mit der gleichen Anzahl von C-Atomen; z. B. entstehen aus Pentosanen nur Pentosen, aus Hexosanen nur Hexosen.

Die Zusammensetzung der Polysaccharide müßte der Formel $nC_6H_{12}O_6 - (n - 1)\,H_2O$ entsprechen, wenn sie nach demselben Prinzip wie die Oligosaccharide aufgebaut wären. Eine Entscheidung darüber ist aber analytisch kaum zu treffen, weil diese Formel für großes n sich nicht mehr merklich von $(C_6H_{10}O_5)_n$ unterscheidet:

	C	H
$(C_6H_{10}O_5)_{16} + H_2O$	44·1	6·25
$(C_6H_{10}O_5)_{40} + H_2O$	44·3	6·23
$C_6H_{10}O_5$	44·4	6·17
Cellulose (gefunden)	43·5—44·0	—

Ferner ist es infolge der Eigenschaften der Polysaccharide außerordentlich schwer oder unmöglich, sie in analysenreinem Zustande zu gewinnen (fast alle Präparate enthalten etwas Asche, z. B. Phosphate, Kieselsäure). Aus diesem mehr negativen Grunde schreibt man ihnen gewöhnlich die Formel $(C_6H_{10}O_5)_n$ zu. Weiter unten wird gezeigt werden, wie man auf chemischem Wege die unzureichenden Aussagen der Elementaranalyse ergänzen kann.

Stärke

Die Stärke ist eines der ersten Assimilationsprodukte in der lebenden Pflanze. Sie findet sich in den verschiedensten Geweben und Organen der Pflanze, und zwar in mikroskopischen Körnchen in Pflanzenzellen eingelagert. Die Körnchen sind nach Größe (0·5 bis 170 μ) und Form sehr verschieden; sie sind kugelig, oval usw., meist aus zahlreichen, um einen Kern gruppierten Schichten aufgebaut. Besonders reich an Stärke sind Kartoffeln, Bananen, Getreidekörner, Tapioka und die Stämme der Sagopalme.

Das Verhalten der Stärke gegen Wasser ist überaus kompliziert. Unvorbehandelte Stärkekörner werden von kaltem Wasser nicht merklich angegriffen. Beim Erwärmen setzt von etwa 50° an unter Wasseraufnahme eine starke Quellung ein. Die trübe Suspension dieser gequollenen Stärkekörnchen, die unter dem Namen „Kleister" bekannt ist, besitzt schon bei niedriger Konzentration (1—4%) eine hohe Viscosität und erstarrt beim Erkalten zu einer steifen Gallerte. Bei der Verkleisterung unterhalb 100° geht nur wenig Substanz in Lösung. Erst bei andauerndem Erhitzen und Rühren verwandelt sich der Kleister allmählich in ein klares, nunmehr ziemlich dünnflüssiges kolloides Sol, das aber nicht sonderlich stabil ist. Bei längerem Stehenlassen, rascher beim Ausfrieren setzt sich ein Teil der Stärke wieder in schwer löslicher Form ab, eine Erscheinung, die man als „Retrogradation" zu bezeichnen pflegt. Durch langdauerndes Vermahlen oder durch Behandeln mit verdünnter kalter Salzsäure kann man die Dispergierung der Stärke in Wasser wesentlich erleichtern. Derartig vorbehandelte „lösliche Stärke" hat durch teilweisen Abbau das Vermögen zur Kleisterbildung verloren und läßt sich direkt in klare dünnflüssige Lösungen überführen, die aber nach längerer Zeit ebenfalls retrogradieren.

Die Viscosität des Stärkekleisters hängt in bedeutendem Maße von seinem Elektrolyt-Gehalt ab. Kartoffelstärke enthält unter anderem kleine Mengen Phosphorsäure in esterartiger Bindung (POSTERNAK), und bildet deshalb mit Kationen Salze, die durch Wasser teilweise hydrolytisch gespalten werden. Bei der natürlichen Kartoffelstärke ist dieses Kation hauptsächlich Kalium, doch kann unter Umständen schon beim Fabrikationsprozeß durch einen permutitartigen Basenaustausch ein Teil des Kaliums durch Calcium ersetzt werden. Kaliumstärke gibt einen sehr hochviscosen Kleister, dessen Zähigkeit bald abnimmt. Dagegen ist die Zähigkeit des Kleisters aus Calciumstärke zwar viel geringer, dafür aber zeitlich ziemlich konstant.

Stärke läßt sich auf verschiedene Weise in zwei Fraktionen, unverzweigte **Amylose** und verzweigtes **Amylopektin,** zerlegen. Wenn man Stärkekleister mit Butylalkohol auf 120° erhitzt oder ihn bei Raumtemperatur mit Thymol sättigt, so fällt die sehr schwer lösliche Amylose aus, während Amylopektin in Lösung bleibt. Die meisten Stärkearten enthalten etwa 20—30% Amylose. Die spezifische Drehung von Stärkelösungen beträgt etwa +190°.

Die Molekulargewichte hochmolekularer Stoffe von der Art der Stärke lassen sich natürlich nach den üblichen Methoden nicht mehr bestimmen. Doch kennt man einige physikalische Methoden, die wenigstens eine Abschätzung der Größenordnung gestatten. Man kann z. B. die Lösungen hochmolekularer Stoffe durch hohe Zentrifugalkräfte (bis zum 10^6-fachen der Erdschwere) entmischen und aus der Konzentrationsänderung in verschiedener Höhe und der Sedimentationsgeschwindigkeit die Teilchengröße berechnen (Ultrazentrifuge von SVEDBERG). STAUDINGER hat ferner gefunden, daß bei polymer-homologen Reihen (S. 105) in sehr verdünnten Lösungen zwischen der relativen Viscosität η (bezogen auf Wasser = 1), der Konzentration c

(in g/100 cm³) und dem Polymerisationsgrad P (d. h. der Anzahl der Gruppen $C_6H_{10}O_5$ pro Mol im Fall der Stärke) folgende Beziehung besteht:

$$\frac{\eta - 1}{c} = k\,P$$

Wenn man also z. B. für niedrigmolekulare Glieder einer solchen Reihe das Molekulargewicht osmotisch oder kryoskopisch bestimmen kann, so kann man den Zahlenwert der Konstante k und damit den Polymerisationsgrad der hochmolekularen Glieder berechnen. Es ist bei diesen Methoden nicht ganz leicht, zu beurteilen, ob die erhaltenen Zahlen Teilchengewichte von Kolloidteilchen oder chemische Molekulargewichte darstellen. STAUDINGER hat in einer Reihe von Fällen wahrscheinlich machen können, daß wahre Molekulargewichte chemisch einheitlicher Moleküle vorliegen, wenn bei vorsichtiger Umwandlung einer hochmolekularen Substanz in Derivate und Rückverwandlung der Derivate in das Ausgangsmaterial die viscosimetrisch bestimmten Molekülgrößen unverändert bleiben. Für Stärke wurden viscosimetrisch und osmotisch Molekulargewichte von ca. 5×10^4 bis $3{\cdot}5 \times 10^5$ (Amylose) bzw. 2×10^5 bis 10^7 (Amylopektin) gefunden. Messungen in der Ultrazentrifuge an Gesamtstärke ergaben Werte von etwa $3{\cdot}5 \times 10^5$ bis $1{\cdot}1 \times 10^7$. KRAEMER und LANSING haben darauf hingewiesen, daß das osmotisch ermittelte Durchschnittsmolekulargewicht $\overline{M}$ ein Zahlendurchschnitt ist: haben wir ein Gemisch von Teilchen verschiedenen Molekulargewichts und bezeichnen wir allgemein die Zahl der Teilchen, die ein bestimmtes Molekulargewicht M_i haben, mit n_i, so ist der Zahlendurchschnitt $\overline{M}$

$$\overline{M} = \frac{\Sigma n_i M_i}{\Sigma n_i} \qquad M_{\text{gew}} = \frac{\Sigma n_i M_i^2}{\Sigma n_i M_i} \qquad M_{\text{ult}} = \frac{\Sigma n_i M_i^3}{\Sigma n_i M_i^2}$$

während viscosimetrisch ein „Gewichts"durchschnitt M_{gew}, mit der Ultrazentrifuge ein Durchschnitt M_{ult} ermittelt wird. Man erkennt leicht, daß diese Werte nur dann identisch sind, wenn alle Teilchen das gleiche Molekulargewicht haben. Stärke und andere polymere Kohlenhydrate sind stark polydispers, d. h. Mischungen von Teilchen verschiedenen Molekulargewichts.

In chemischer Beziehung ist Stärke durch das Fehlen der Monosaccharid-Reaktionen charakterisiert. Sie reduziert alkalische Kupferlösung nicht, wird von Alkalien nicht merklich angegriffen und gibt keine Verbindung mit Phenylhydrazin. Bekannt ist die intensive Blaufärbung, die selbst sehr verdünnte Lösungen mit Jod geben. Sie ist eine Eigenschaft der Amylose und kann zu ihrer colorimetrischen Bestimmung dienen. Mit abnehmender Kettenlänge der Amylose (etwa unterhalb 30 Glucoseresten) geht die Farbe in Rot über. Auch Amylopektin gibt nur eine rote Färbung mit Jod, die jedoch meist von der Blaufärbung der Amylose überdeckt ist.

Durch Kochen mit verdünnten Säuren werden Amylose und Amylopektin zu *d*-Glucose aufgespalten. Stärke hydrolysierende Fermente (Amylasen) finden sich verbreitet im Pflanzen- und Tierreich, z. B. im Getreide[1], im Speichel und in der Pankreasdrüse. Sie bauen Stärke zu Maltose ab. Man unterscheidet α-Amylasen (z. B. aus Pankreas) und β-Amylasen (z. B. aus Bataten), die sich in ihrer Wirkung beträchtlich voneinander unterscheiden. β-Amylase spaltet unmittelbar zu Maltose, indem sie die Kette schrittweise vom Ende her abbaut. Dagegen greift α-Amylase die glykosidischen Bindungen wahllos an. Hier entstehen deshalb Dextrine als Zwischenprodukte. Ein Abbau bis zu Glucose erfolgt nicht in größerem Umfang. Dagegen ist in der Kartoffel eine Phosphorylase enthalten, die in Gegenwart von Phosphat-Ion Stärke zu Glucose-1-phosphat aufspaltet, eine Reaktion, welche deshalb besonders bemerkenswert ist, weil sie umkehrbar ist, also synthetische Stärke liefern kann (HANES 1940). Amylase vermag den synthetischen Aufbau von Stärke nicht zu bewerkstelligen.

Unter **Dextrinen** versteht man gummiartige, wasserlösliche Polysaccharide, deren Molekulargewicht kleiner als das der Stärke ist. Sie bilden sich auch beim Erhitzen von Stärke allein oder mit ein wenig Salpetersäure auf 110° und sind als Zwischenprodukte des hydrolytischen Stärke-Abbaus zu betrachten. Die Dextrine werden aus ihrer wäßrigen Lösung durch Alkohol in amorphen Flocken gefällt und färben Jodlösung teils rot, teils überhaupt nicht. Niedrigmolekulare kristallisierte Dextrine, z. B. $[C_6H_{10}O_5]_6$ und $[C_6H_{10}O_5]_7$, sind von SCHARDINGER

[1] Gerstenmalz enthält (am hervorgerufenen Reduktionsvermögen gemessen) auf 1 Teil α-Amylase ca. 4 Teile β-Amylase, die nach Inaktivierung der α-Verbindung mit Säure isoliert werden kann.

durch Einwirkung von Bacillus macerans auf Stärke erhalten worden. Sie reduzieren FEHLINGsche Lösung nicht und besitzen anscheinend ringförmige Konstitution. Durch Schwefelsäure werden sie quantitativ zu Glucose aufgespalten.

Die Untersuchungen über den chemischen Bau der Stärke sind vorwiegend mit Gesamtstärke ausgeführt worden. Durch Behandeln mit Essigsäureanhydrid und Pyridin lassen sich in Stärke drei Acetylgruppen (berechnet auf $C_6H_{10}O_5$) einführen. Durch Einwirkung von Dimethylsulfat und Alkali auf Triacetylstärke werden die Acetylgruppen abgespalten und durch Methylgruppen ersetzt. Bei der Hydrolyse dieser Trimethylstärke erhält man ganz überwiegend 2, 3, 6-Trimethylglucose und geringe Mengen 2, 3, 4, 6-Tetramethylglucose. Also müssen in der Stärke die Stellungen 1, 4 und 5 der Glucose durch Sauerstoffbrücken miteinander verknüpft sein. HAWORTH hat diese Befunde ursprünglich so erklärt, daß Stärke aus einer fortlaufenden Kette von pyranoiden Glucoseresten besteht, die in 4-Stellung glykosidisch miteinander verknüpft sind:

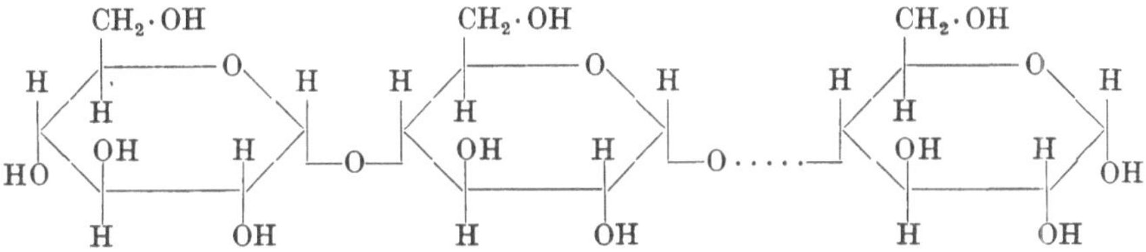

Der am linken Ende der Kette befindliche Glucoserest ist offenbar für die Entstehung von Tetramethylglucose verantwortlich. Auch die Umwandlung von Stärke in Maltose ist mit dieser Formel leicht verständlich. Denn je zwei aufeinanderfolgende Glucosereste repräsentieren jeweilig 1 Molekül Maltose. Für den allgemeinen sterischen Aufbau der Stärke ergibt sich aus der Bildung von Maltose, die ein α-Glucosid ist, daß die Glucose-Moleküle in der Stärke ganz überwiegend, wenn nicht ausschließlich durch α-glykosidische Bindungen miteinander verknüpft sind. Nach unseren heutigen Kenntnissen entspricht das hier entwickelte Formelbild demjenigen Bestandteil der Gesamtstärke, den wir als Amylose bezeichnet haben. Die Formel des Amylopektins ergab sich aus der Tatsache, daß die Menge der Tetramethylglucose für eine unverzweigte Kette hohen Molekulargewichts erheblich zu groß war und daß die genauere Durchmusterung der Methylierungsprodukte auch 2·3-Dimethyl-glucose zutageförderte. Dies läßt darauf schließen, daß die Glucoseketten des Amylopektins auch seitlich in 6-Stellung mit Glucose glucosidisch verknüpft („verzweigt") sind. Jeder dieser etwa 20 Glucosereste enthaltenden Seitenzweige liefert 1 Molekül Tetramethylglucose pro Endgruppe. Mit dieser Anschauung steht das Verhalten des Amylopektins gegen β-Amylase in gutem Einklang. Diese vermag die Verknüpfungen in 6-Stellung nicht zu spalten. Nachdem etwa 55% Maltose entstanden sind, bleibt ein von β-Amylase nicht weiter angreifbares „Grenzdextrin" zurück. Es ist bemerkenswert, daß die Kartoffel ein als „Q-Enzym" bezeichnetes Ferment enthält, das in noch nicht anz klarer Weise Amylose in Amylopektin umzubauen vermag. Der langkettige Bau der Amylose bedingt physikalische Eigenschaften, die sich merklich denen der Cellulose nähern. Bei der Untersuchung mit Röntgenstrahlen kann man ein Faserdiagramm erhalten. Das Triacetylderivat ist faserförmig, und unter der Einwirkung von Alkalilaugen wird in das Gitter der Amylose wie bei der Cellulose Alkalihydroxyd eingelagert.

Die technische Gewinnung der Stärke ist im Prinzip sehr einfach. Die Rohprodukte sind zumeist Kartoffeln, Reis, Mais und Weizen. Zur Gewinnung der Stärke aus Kartoffeln werden diese fein zerrieben, wobei die Zellwände, von denen die Stärkekörner eingeschlossen sind, zerrissen werden. Die erhaltene Masse wird auf Sieben unter Wasserzufluß gebürstet. Die Stärke wird hierbei ausgewaschen und geht durch die Siebmaschen hindurch. während Zellmembranen usw. zurückbleiben. Nachdem sich die Stärke abgesetzt hat, wird sie langsam bei höchstens 30° getrocknet. Stärke findet für mancherlei Zwecke Verwendung, z. B. als Kleister und zum „Stärken" der Wäsche. Dieses beruht darauf, daß Kleister, auf die Wäsche gebracht, durch die Hitze des Bügeleisens in Dextrin übergeführt wird, das dem Gewebe den steifen, glänzenden Überzug verleiht. Stärke ist ein sehr wichtiger Bestandteil unserer Nahrungsstoffe und als solcher von großer Bedeutung. Sie wird durch Enzyme des Verdauungskanals zu Glucose abgebaut, die teilweise weiterem Abbau anheimfällt, teilweise in Glykogen (s. unten) und namentlich in Fette umgewandelt wird. Über den Weg, auf dem sich dieser Umbau vollzieht, sind auf Grund neuerer Experimentalarbeiten gut begründete Verstellungen entwickelt worden, auf die jedoch hier nicht näher eingegangen werden soll.

Glykogen $(C_6H_{10}O_5)_x$, **Leberstärke,** findet sich nicht nur in Pilzen und in der Hefe, sondern vor allem im *tierischen* Organismus. Glykogen bildet die Reserve, in die der Organismus einen Teil der Nahrungs-Kohlenhydrate umformt. Besonders reich an Glykogen sind die Parenchymzellen der Leber (bis zu 18% des Lebergewichts) und das Sarkoplasma der Muskeln. Gewöhnlich wird es aus der Leber von gut gefütterten Kaninchen durch Kochen mit Kalilauge isoliert, wodurch das Gewebe der Leber zerstört, Glykogen jedoch nicht angegriffen wird. Es bildet ein amorphes farbloses Pulver, das mit Wasser bereits bei gewöhnlicher Temperatur aufquillt und ohne Kleisterbildung eine opalisierende Flüssigkeit liefert. Die spezifische Drehung beträgt etwa +190° bis 200°. Es reduziert FEHLINGsche Lösung nicht und gibt mit Jod eine rote Färbung. Bei der Hydrolyse mit Säuren entsteht nur *d*-Glucose, mit *β*-Amylase Maltose. Bei der Methylierung wurden ähnliche Resultate wie bei Stärke erhalten. Die bisherigen Untersuchungen lassen auf starke Verzweigungen der Kette und von der Stärke nur wenig verschiedenen Aufbau schließen. Das osmotisch und mit der Ultrazentrifuge bestimmte Molekulargewicht ist von der Größenordnung 0·5—7 Millionen. Eine Phosphorylase des Muskels baut Glykogen in Gegenwart von Phosphat-Ion reversibel zu Glucose-1-phosphat ab. Die Resynthese von glykogenähnlichen Produkten aus diesem hat zuerst SCHÄFFNER 1938 beobachtet, KIESSLING und CORI haben sie genauer untersucht. Über den enzymatischen Abbau von Glykogen zu *l*(+)-Milchsäure vgl. S. 244.

Cellulose

Ein weiteres, in der Natur überaus verbreitetes Polysaccharid ist die Cellulose. Sie bildet als Gerüstsubstanz den Hauptbestandteil der pflanzlichen Zellwandungen, in denen sie mit Hemicellulosen[1] und Lignin (S. 256) vergesellschaftet ist.

Fast reine Cellulose liegt in der Watte, einem Produkt der Baumwollspinnerei, vor. Die Baumwollhaare sind einzellige Gebilde von 1—5 cm Länge[2]. Das Holz der Laub- und Nadelbäume besteht zu 40—60% aus Cellulose, die in nicht ganz reiner Form den technisch gewonnenen Zellstoff (S. 257) darstellt. Die Holzzellen („Holzfasern") sind viel kürzer (durchschnittlich 1—4 mm).

Cellulose zeichnet sich ihrer biologischen Funktion als Gerüstsubstanz entsprechend durch weitgehende Unlöslichkeit in milde wirkenden Agenzien aus. Sie ist selbst bei Siedetemperatur gegen verdünnte Säuren und Alkalien praktisch beständig und reduziert FEHLINGsche Lösung nicht nennenswert. Erst bei der Behandlung mit konzentrierten Säuren (60—70%iger Schwefelsäure oder 38%iger Salzsäure) und anschließendem Kochen mit verdünnter Säure wird sie vollständig abgebaut. Hierbei entsteht ausschließlich *d*-Glucose (BRACONNOT 1819). Auf Grund dieser Reaktion wird neuerdings Glucose technisch direkt aus Holz gewonnen (Holzverzuckerung), indem man dieses in zerkleinertem Zustand bei etwa 160° in Diffusionsbatterien mit 0·2—0·6%iger Schwefelsäure auslaugt (SCHOLLER). Da hierbei aber aus den die Cellulose begleitenden Polysacchariden noch andere Zucker entstehen, verarbeitet man die anfallende Zuckerlösung durch Gärung auf Alkohol und Futterhefe.

---

[1] Unter „Hemicellulosen" versteht man die Cellulose begleitende Polysaccharide, von denen **Xylan** (S. 228) das wichtigste ist. Über die Konstitution dieser Substanzen weiß man noch sehr wenig. Häufig ist an ihrem Aufbau Glucuronsäure oder Galakturonsäure beteiligt.

[2] Die Baumwollhaare werden im „cotton-gin" von dem ölhaltigen Baumwoll-Samen entfernt. Die kürzeren, durch das „ginning" nicht erfaßten Fasern werden bei der Entölung der Samen gewonnen und heißen „Linters". Sie bilden ein wichtiges Ausgangsmaterial für die später zu beschreibenden Kunststoffe.

Cellulose ist in einer ammoniakalischen Lösung von Kupferoxyd (SCHWEIZERS Reagens) zu einer sehr viscosen, linksdrehenden Lösung löslich; durch Säuren oder Salze wird sie hieraus unverändert, aber ihrer natürlichen Faserstruktur beraubt, wieder ausgefällt. Man bezeichnet diese umgefällte Cellulose irreführend als Hydratcellulose, weil man sie früher für ein Hydrat hielt. Cellulose ist in SCHWEIZERS Reagens wahrscheinlich molekular gelöst. Ihr Polymerisationsgrad (Anzahl der $C_6H_{10}O_5$-Gruppen pro Molekül) in SCHWEIZER-Lösung ergibt sich aus der Viscosität und dem Verhalten in der Ultrazentrifuge zu etwa 2000—3000. Bei der technischen Gewinnung und Verarbeitung wird die Cellulose teilweise abgebaut, wobei ihr Polymerisationsgrad auf 1000—200 sinkt. Beim Behandeln von Cellulose mit stärkeren Alkalien, z. B. 18%iger Natronlauge, entstehen Alkaliverbindungen nicht genau bekannter Zusammensetzung, die durch Wasser leicht hydrolysiert werden. Sie sind unter anderem deswegen von Bedeutung, weil sie mit Schwefelkohlenstoff lösliche Xanthogensäureester (s. Viscose, S. 258) liefern.

Wie die Stärke enthält auch die Cellulose auf je 6 C-Atome 3 freie Hydroxylgruppen. Man erhält mit Salpeterschwefelsäure ein Trinitrat, mit Essigsäureanhydrid ein Triacetat. Bei der Methylierung, die am besten mit Methyljodid und Natrium in flüssigem Ammoniak vorgenommen wird, bildet sich ein Trimethyläther. Bei der Hydrolyse dieses Trimethyläthers entsteht nun neben Spuren Tetramethylglucose ausschließlich 2, 3, 6-Trimethylglucose (IRVINE, HAWORTH). Man nimmt deshalb an, daß Cellulose aus kettenförmig in 1, 4-Stellung miteinander verknüpften Glucoseresten aufgebaut ist:

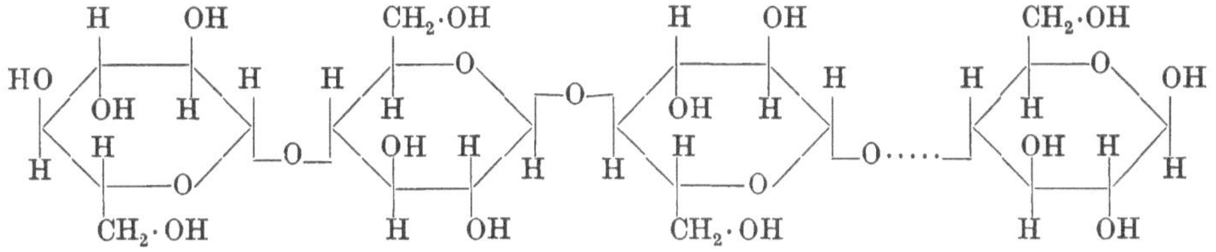

Bei dem hohen Molekulargewicht der Cellulose muß dann die Ausbeute an Tetramethylglucose tatsächlich verschwindend gering sein. Mit der obigen Kettenformel steht auch der hydrolytische Abbau der Cellulose selbst in bestem Einklang. Hierbei kann nämlich als Zwischenprodukt in großer Menge das bereits besprochene Disaccharid Cellobiose isoliert werden. Außerdem bilden sich kristallisierte Penta- bis Trisaccharide, deren Konstitution zum Teil auch synthetisch bewiesen wurde. Bei der Verzuckerung von Cellulose mit konzentrierter Schwefelsäure in Gegenwart von Essigsäureanhydrid erhält man Cellobioseoktaacetat ebenfalls in guter Ausbeute. Cellobiose steht also als einfachstes Disaccharid aus Cellulose zu dieser in gleichem Verhältnis wie Maltose zur Stärke. Wie bei der Stärke erfolgt auch bei der Cellulose die Verknüpfung der Glucosereste in 1, 4-Stellung. Abgesehen von der größeren Regelmäßigkeit des Aufbaus besteht aber sterisch ein großer Unterschied, denn Cellobiose ist ein β-Glykosid, Maltose dagegen ein α-Glykosid. Die Auffassung der Cellulose als fortlaufende Kette β-glykosidisch verbundener Glucosereste ist auch durch sorgfältige röntgenographische Untersuchungen gut gestützt. In den natürlichen Fasern, die aus amorphen und kristallinen Bereichen aufgebaut sind, liegen die monoklinen Cellulosekristallite weitgehend parallel (Auftreten eines „Faserdiagramms" im Röntgenbild). Es ist anzunehmen, daß auch die besonderen mechanischen Eigenschaften der Cellulose, die in bezug auf Reißfestigkeit den Metallen nahekommt, auf dieser parallelen Zusammenlagerung der langen Molekülketten beruhen. Ohne Zweifel spielen hierbei auch „Wasserstoffbindungen" zwischen den Hydroxylgruppen benachbarter Ketten eine wesentliche Rolle. Ihre

Sprengung, z. B. bei der Methylierung (S. 258), ist deshalb mit einer wesentlichen Änderung der physikalischen Eigenschaften verbunden. Cellulose verzuckernde Enzyme (Cellulasen) scheinen im Wirbeltierorganismus zu fehlen. Sehr verbreitet sind sie bei Schnecken, Insekten, Bakterien und Schimmelpilzen. Wegen der Unlöslichkeit der Cellulose erfolgt der Angriff jedoch sehr langsam.

Lignin

Die Zellwandungen der Pflanzen, insbesondere das Holz, enthalten außer Cellulose noch die sogenannten Hemicellulosen und bis zu 25% Lignin. Da es die Cellulose gewissermaßen einhüllt, bezeichnet man es auch als inkrustierende Substanz. Man gewinnt es aus dem Holz durch Behandeln mit sehr konzentrierter (45%iger) Salzsäure oder abwechselnde Einwirkung von Kupferoxydammoniak und Säuren, wodurch die Polysaccharide größtenteils in Lösung gebracht werden. Auch andere Methoden, z. B. katalytische Hydrierung mit Nickel bei 170°, sind zur Abtrennung von Lignin verwendet worden. Lignin enthält mehr Kohlenstoff als die Kohlenhydrate und ist in Säuren völlig unlöslich. Bei der Natronzellstoff-Herstellung geht es in der Natronlauge in Lösung. Es enthält etwa 15—20% Methoxylgruppen, auf die man die Bildung von Methylalkohol bei der Holzverkohlung zurückführt, sowie freie OH-Gruppen. Bei der Kalischmelze entstehen Oxalsäure und Carbonsäuren, die sich vom Brenzcatechin und Pyrogallol ableiten. Durch vorsichtige Oxydation mit Nitrobenzol erhält man Vanillin (S. 374). Alle diese Reaktionen deuten darauf hin, daß Lignin ungleich den Zuckern keine aliphatische, sondern eine aromatische Substanz ist. Lignin wird durch Anilinsalze gelb, durch Phloroglucin in salzsaurer Lösung rot gefärbt und kann auf diese Weise in Papier nachgewiesen werden.

Nach dem heutigen Stand unserer Kenntnisse, die wir im wesentlichen FREUDENBERG und HIBBERT verdanken, sind im Lignin vielleicht Bruchstücke der folgenden Konstitution enthalten, die man sich im Molekül ketten- und netzförmig aneinandergereiht zu denken hat:

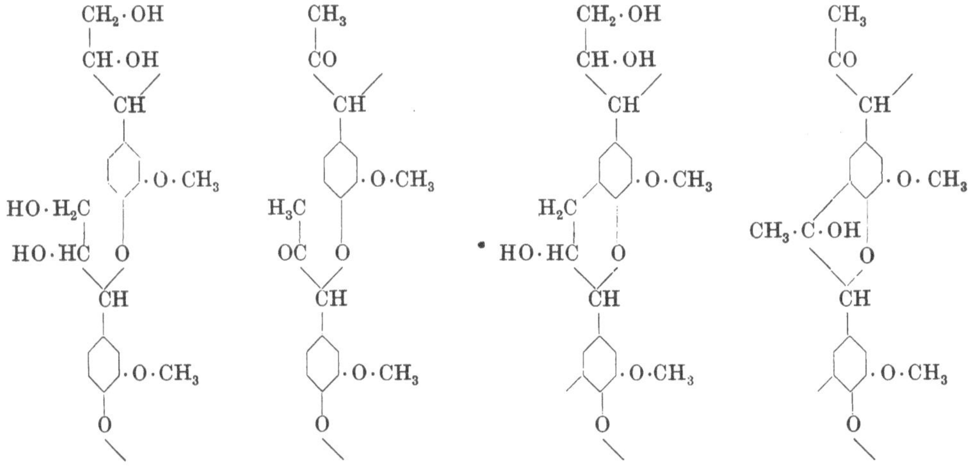

Diese Formeln machen auch die wichtige Reaktion verständlich, die beim Kochen von Lignin mit Bisulfit-Lösung eintritt. Hierbei werden die Ätherbindungen gespalten, und das Lignin geht in Form von „Ligninsulfonsäure“ in Lösung:

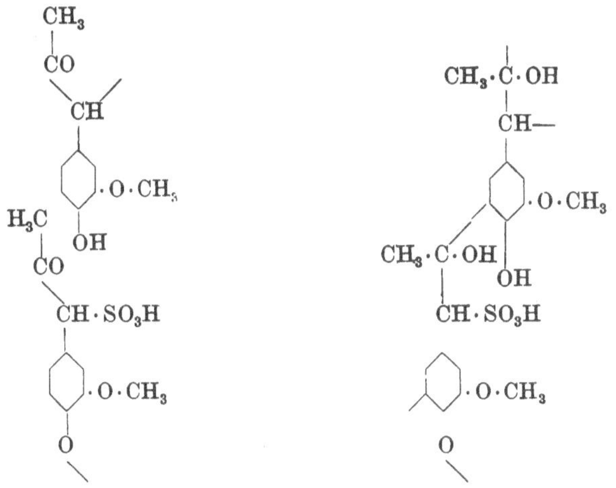

Die technische Verwendung der Cellulose

Schießbaumwolle; Kunstseide

In der Industrie findet die Cellulose in den verschiedensten Formen Anwendung. Die Bastfasern von Flachs, Hanf, Ramie und Jute dienen in der Textilindustrie zur Herstellung von Garnen und Geweben. Das **Leinen** gewinnt man aus den Bastfasern der Flachspflanze. Infolge der Beständigkeit der Cellulose gegen chemische Agenzien kann der Bast auf verschiedene Weise von dem umgebenden Parenchym getrennt werden. In der Praxis geschieht dies durch einen als „Rösten" bezeichneten bakteriellen Prozeß; die Flachsstengel werden in Wasser gelegt, wodurch das Parenchym verfault. Die auf diese Weise losgelöste Bastfaser ist von grauer Farbe und wird durch Rasenbleiche oder Chlorkalk gebleicht. Die Einzelzellen sind 2—4 cm lang, die Bastfaserbündel bis zu 1 m. Der wichtigste Textilrohstoff ist die **Baumwolle**, die aus den Samenhaaren zahlreicher Gossypium-Arten gewonnen wird und fast reine Cellulose darstellt. Vielfach wird sie durch „Mercerisation", d. h. durch Behandlung mit Alkalien (Mercer 1848) im gespannten Zustand (Lowe 1889) veredelt. Sie wird dadurch fester und erhält seidenartigen Glanz. **Papier** wurde früher aus Hadern (d. h. Leinen- und Baumwoll-Lumpen) bereitet, jetzt dienen hauptsächlich Holz und Stroh als Rohmaterial. Bei der Fabrikation muß zunächst das zerfaserte Holz oder Stroh von den Begleitstoffen (Harz, Hemicellulosen und Lignin) möglichst befreit werden. Man erreicht dies beim Holz (vorzugsweise Nadelholz) durch Kochen mit einer Lösung von saurem schwefligsaurem Calcium („Sulfit-Lauge"), beim Stroh durch Erhitzen mit Natronlauge unter Druck. Dabei gehen Harz und inkrustierende Substanz zum größten Teil in Lösung, während die Cellulose nur wenig angegriffen wird. Der gewonnene **Zellstoff** wird alsdann gebleicht. Es gelingt jedoch auf diese Weise nicht, Lignin und Hemicellulosen ganz zu entfernen. Der Cellulose-Gehalt von Sulfit-Zellstoff beträgt etwa 85—90%. Der Aufschluß von Buchenholz zu Zellstoff erfolgt ebenfalls nach dem Sulfitverfahren. Ein etwa 98%ig. Zellstoff kann durch Behandlung von Buchenholz mit 14%ig. Salpetersäure bei 50° gewonnen werden.

Pergamentpapier gewinnt man durch kurzes Eintauchen von ungeleimtem Papier (Filtrierpapier) in 75%ige Schwefelsäure und sofortiges Auswaschen mit Wasser.

Cellulosetrinitrat bildet die **Schießbaumwolle** (Stickstoffgehalt theoretisch 14,2%, praktisch 12,5—13,5%), die aus Baumwolle oder Edelzellstoff dargestellt wird, wie Baumwolle aussieht, sich aber rauher anfühlt und wegen ihrer starken Explosivkraft in der Sprengtechnik ausgedehnte Anwendung findet. Schießbaumwolle verbrennt an der Luft blitzartig ohne Explosion, sie explodiert aber sehr heftig, wenn sie in gepreßter Form durch Knallquecksilber oder Schlag entzündet wird. Dabei treten nur gasförmige Produkte auf, nämlich Stickstoff, Wasserstoff, Wasserdampf, Kohlenoxyd und Kohlendioxyd. Wegen ihrer sehr brisanten Wirkung ist sie in dieser Form als Treibmittel für Schußwaffen ungeeignet. Gute Lösungsmittel für Schießbaumwolle sind Aceton, Butylacetat und Amylacetat.

Beim Befeuchten mit Alkohol-Äther quillt Schießbaumwolle auf und wird in eine amorphe durchscheinende Masse übergeführt (gelatiniert), die gekörnt langsamer als die ursprüngliche Schießbaumwolle explodiert und nunmehr für Schußwaffen verwendbar ist. In dieser Form bildet die Schießbaumwolle das **rauchlose** oder **rauchschwache** Schießpulver.

Die niedriger nitrierte **Kollodiumwolle**, ein Gemisch von Mono- und Dinitrat, mit einem Stickstoffgehalt von 10,5—12%, ist im Gegensatz zur Schießbaumwolle in Alkohol-Äthergemisch (1 : 2) löslich. Solche Kollodiumlösungen finden in der Medizin als Deckmittel für kleine Wunden, zur Blutstillung und als Klebe- und Bindemittel Verwendung. In der Lackindustrie und der Herstellung von Kunstleder spielen Lösungen von Kollodium z. B. in Essigester oder Butylacetat eine bedeutende Rolle. **Celluloid** wird aus Kollodiumwolle durch Zusatz von Campher hergestellt, der die Rolle eines „Weichmachers" spielt. Celluloid ist historisch der erste Vertreter der großen Gruppe von thermoplastischen Kunststoffen, denen Formbarkeit in der Wärme und andere erwünschte mechanische Eigenschaften durch Einverleibung von Weichmachern verliehen werden (HYATT 1870). Sehr bedeutende Mengen von Nitrocellulose dienen zur Herstellung von Kinofilm.

Bringt man Cellulose in Lösung und preßt sie dann durch sehr feine Düsen in ein Bad, in dem sie wieder gefällt wird, so erhält man die „Hydratcellulose" in Form von glänzenden Fäden, die wie Seide aussehen und unter dem Namen **Kunstseide** Verwendung finden. Wenn man die Cellulose-Lösung durch einen engen Spalt in das Bad preßt, so erhält man durchsichtige Folien, die je nach ihrer Dicke als Umhüllungsmaterial (**„Cellophan"**) oder als Filmunterlage verwendet werden. Durch den Spinnprozeß werden die ungeordneten Kristallite der Hydratcellulose parallel orientiert. Die Kunstseide gibt daher ein Faserdiagramm, das dem der natürlichen Fasern ziemlich ähnlich ist.

Cellüloselösungen werden in der Kunstseidefabrikation hauptsächlich nach 2 Verfahren hergestellt: 1. mittels SCHWEIZERS Reagens (Kupferseide), als Fällungsbad dienen z. B. alkalische Lösungen, der Faden wird mit Schwefelsäure entkupfert; 2. durch Überführen von Alkalicellulose in das Na-Salz des Xanthogensäureesters (S. 189), wobei eine sehr dickflüssige Masse erhalten wird, die **Viscose**, aus der die Cellulose durch Schwefelsäure gefällt werden kann (Viscose-Seide). Die meiste Kunstseide wird nach dem Viscose-Verfahren dargestellt. Auf den gleichen Prinzipien beruht auch die Fabrikation der „Zellwolle" (die also chemisch mit Wolle nichts zu tun hat). Der Unterschied besteht lediglich darin, daß der aus der Düse austretende unendliche Kunstseidefaden mit einer Art Häckselmaschine zu kurzen, etwa 3—15 cm langen Fasern zerschnitten wird, die nunmehr analog wie Baumwolle und Wolle zu Garnen versponnen werden. Auch Derivate der Cellulose können in gleicher Weise wie Cellulose auf Kunstseide verarbeitet werden. CHARDONNET-Seide wird z. B. erhalten, indem man eine Lösung von Kollodiumwolle in Alkohol-Äther in Wasser preßt und die gewonnenen Fäden „denitriert". Da bei der Verseifung mit Alkali allein Oxydation eintritt, benutzt man zur Denitrierung Reduktionsmittel, z. B. NaSH. Große Wichtigkeit hat in neuerer Zeit die Acetatseide erlangt. Man verwandelt Cellulose durch Behandeln mit einer Eisessiglösung von Essigsäureanhydrid und etwas Schwefelsäure als Katalysator in das Triacetat. Da dieses jedoch nur in teuren halogenhaltigen Lösungsmitteln löslich ist, muß man nachträglich durch Wasserzusatz einen Teil der Acetylgruppen wieder abspalten, um eine spinnfähige Lösung zu erhalten. Man arbeitet in diesem Fall meist nach dem sogenannten Trockenspinnverfahren, indem man nach dem Auspressen aus der Düse das Lösungsmittel (z. B. Aceton) einfach verdunsten läßt. Acetatseide weist für bestimmte Zwecke besondere Vorzüge auf, sie ist z. B. weniger hygroskopisch und besitzt größere Naßfestigkeit als die aus reiner Cellulose bestehenden Kunstseiden. Durch Mischen mit Weichmachungsmitteln wie Trikresylphosphat oder bestimmten Phthalsäureestern (Campher ist in diesem Fall nicht brauchbar) erhält man celluloidartige Produkte (**„Cellon"**), die wegen ihrer Schwerverbrennlichkeit als Filmunterlage Verwendung finden.

Auch die Verätherungsprodukte der Cellulose haben technische Bedeutung erlangt. Durch Einwirkung von Methylchlorid oder Dimethylsulfat auf Alkalicellulose erhält man eine **Methylcellulose** (Tylose S), in der etwa die Hälfte der Hydroxylgruppen veräthert ist. Im Gegensatz zu nicht methylierter und voll methylierter Cellulose sind solche Produkte wasserlöslich, weil durch Lösung von „Wasserstoffbindungen" der Zusammenhalt der Ketten gelockert wird. Solche Produkte finden als Appreturen und Klebmittel (Glutofix) Verwendung. Durch Verkneten von Alkalicellulose mit chloressigsaurem Natrium gewinnt man das Na-Salz der **Carboxymethylcellulose** (Tylose HBR), in dem ein Teil der OH-Gruppen durch $O \cdot CH_2 \cdot CO_2Na$-Gruppen ersetzt ist. Das wasserlösliche Natriumsalz findet u. a. als Zusatz zu künstlichen Waschmitteln Verwendung.

Aminoderivate der Zucker

Die interessanteste dieser nicht sehr zahlreichen Verbindungen ist das **Glucosamin** (vgl. S. 289), dessen Formel

$$HO \cdot CH_2 \cdot CH(OH) \cdot CH(OH) \cdot CH(OH) \cdot CH(NH_2) \cdot CHO$$

unter anderem daraus hervorgeht, daß bei der Oxydation Glucosaminsäure entsteht, die aus Arabinose mit Blausäure und Ammoniak synthetisch erhalten werden konnte.

Die Konfiguration des Glucosamins entspricht der *d*-Glucose. Durch Einwirkung von salpetriger Säure liefert es unter Waldenscher Umkehr die schlecht charakterisierte **Chitose,** der man die nachstehende Formel einer 2,5-Anhydro-d-mannose zuschreibt:

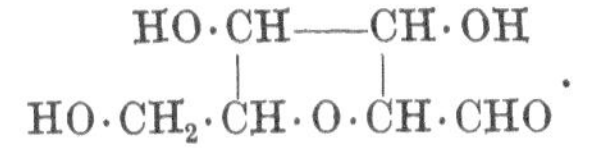

Die Muttersubstanz des Glucosamins ist das stickstoffhaltige Polysaccharid **Chitin** $(C_8H_{13}O_5N)_n$, das den organischen Hauptbestandteil des Panzers der Crustaceen bildet und auch in den Zellwänden der Pilze häufig angetroffen wird. Chitin ist nach seinem chemischen und röntgenographischen Verhalten ein völliges Analogon der Cellulose, von der es sich durch Ersatz des 2-ständigen Hydroxyls durch eine Acetylamino-Gruppe ableitet:

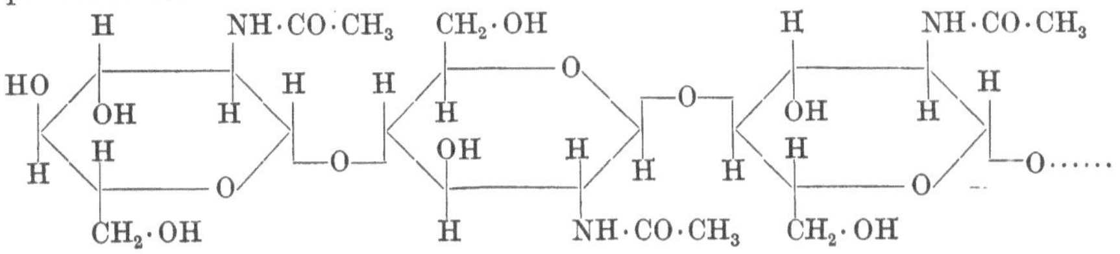

Man stellt Chitin, das noch resistenter als Cellulose ist, am besten aus Krebsschalen dar. Beim Kochen mit konzentrierter Lauge spaltet es sich in Essigsäure und das freie Amin **Chitosan,** das seinerseits durch Kochen mit konzentrierter Salzsäure unter Spaltung der glucosidischen Bindungen in salzsaures Glucosamin übergeführt wird. Durch Behandeln von Chitosan mit salpetriger Säure sollte Cellulose entstehen. Diese interessante Umwandlung ist indessen nicht gelungen, da Waldensche Umkehrung eintritt und gleichzeitig die glucosidischen Bindungen aufgespalten werden.

Oxo-carbonsäuren

(Aldehyd- und Ketonsäuren)

Glyoxylsäure $OHC \cdot CO_2H$

Sie ist das erste Glied in der Reihe der Aldehydsäuren, findet sich in unreifen Früchten und kann synthetisch aus Dibromessigsäure $CHBr_2 \cdot CO_2H$ durch Erhitzen mit Wasser dargestellt werden. Sie entsteht auch durch Oxydation von Äthylalkohol mit Salpetersäure auf die beim Glyoxal (S. 211) angegebene Weise, durch Elektroreduktion von Oxalsäure oder durch Spaltung von Weinsäure nach dem von Criegee für Glykole ausgearbeiteten Bleitetraacetat-Verfahren (S. 152).

Glyoxylsäure enthält 1 Molekül Wasser, von dem sie nicht ohne Zersetzung befreit werden kann; dies gilt auch von ihren Salzen. Aus diesem Grunde nimmt man wie beim Chloral eine chemische Bindung des Wassers an: $(HO)_2CH \cdot CO_2H$. Glyoxylsäure zeigt alle Eigenschaften der Aldehyde; sie reduziert ammoniakalische Silberlösung, addiert $NaHSO_3$, bildet ein Oxim usw. Durch Kochen mit Kalilauge liefert sie, nach der Reaktion von Cannizzaro, Glykolsäure und Oxalsäure:

$$2\,OHC \cdot CO_2H + H_2O = HO \cdot CH_2 \cdot CO_2H + HO_2C \cdot CO_2H.$$

Brenztraubensäure $CH_3 \cdot CO \cdot CO_2H$

Diese Säure ist das erste Glied in der Reihe der Ketonsäuren; ihr Name rührt daher, daß sie sich bei der Destillation von Weinsäure und Traubensäure $HO_2C \cdot CH(OH) \cdot CH(OH) \cdot CO_2H$ bildet. Der mutmaßliche Verlauf dieser Reaktion ist schon früher besprochen worden (S. 202).

Auch Glycerinsäure liefert beim Erhitzen mit $KHSO_4$ sowie bei enzymatischen Reaktionen Brenztraubensäure. Synthetisch kann Brenztraubensäure durch Einwirkung von Acetylchlorid auf Kaliumcyanid und Verseifnug des entstandenen Nitrils gewonnen werden:

$$CH_3{\cdot}COCl \longrightarrow CH_3{\cdot}CO{\cdot}CN \longrightarrow CH_3{\cdot}CO\ CO_2H.$$

Dieses Verfahren kann allgemein zur Darstellung von α-Ketonsäuren dienen. Brenztraubensäure ist flüssig, spezifisches Gewicht 1·27 bei 20°, Schmelzpunkt ca. 13°, Siedepunkt 165°; in Wasser ist sie in jedem Verhältnis löslich; ihr Geruch ist dem der Essigsäure ähnlich. Brenztraubensäure ist eine ziemlich starke Säure ($k = 3{\cdot}2 \times 10^{-3}$). Sie besitzt alle Eigenschaften eines Ketons, bildet ein Oxim, addiert Blausäure usw. Bei der Reduktion liefert sie Milchsäure. Auch bei der Glykolyse (S. 194, 244) ist Brenztraubensäure die Vorstufe der Milchsäure. Über ihre physiologische Oxydation s. S. 210. Charakteristisch ist das sehr schwer lösliche Phenylhydrazon der Brenztraubensäure, das in langen Nadeln kristallisiert.

Beim Erhitzen mit verdünnter Schwefelsäure auf 150° zerfällt Brenztraubensäure in Kohlendioxyd und Acetaldehyd:

$$CH_3{\cdot}CO{\cdot}CO_2H = CH_3{\cdot}CHO + CO_2.$$

Daß die gleiche Reaktion schon bei gewöhnlicher Temperatur durch die Carboxylase der Hefe hervorgerufen wird, wurde schon bei der alkoholischen Gärung auseinandergesetzt, wo auch die zentrale Rolle der Brenztraubensäure als Durchgangsstadium des biologischen Kohlenhydrat-Abbaus betont wurde (S. 244). Beim Erwärmen mit konzentrierter Schwefelsäure wird Brenztraubensäure in CO und Essigsäure zerlegt, eine allen α-Ketonsäuren gemeinsame Reaktion.

Acetylessigsäure (Acetessigsäure) $CH_3{\cdot}CO{\cdot}CH_2{\cdot}CO_2H$

Acetessigsäure ist das einfachste Beispiel einer β-Ketonsäure. Die freie Säure spielt im Laboratorium nur eine geringe Rolle. Sie kommt im Harn Zuckerkranker vor; in der Medizin wird sie auch Diacetsäure genannt. Dagegen besitzt ihr Äthylester, der Acetessigester, größere Bedeutung.

Acetessigsäure findet sich neben β-Oxy-buttersäure und Aceton in bedeutender Menge im Harn der Zuckerkranken. Diese Anhäufung von „Acetonkörpern" beruht auf einer Störung der Fettverbrennung und ist theoretisch deshalb interessant, weil sie einen Beweis dafür gibt, daß Fettsäuren im Organismus durch „β-Oxydation" abgebaut werden. Ihre biologische Oxydation verläuft, wie zuerst Knoop (1904) zeigte, so, daß ein zur Carboxylgruppe β-ständiges C-Atom zunächst zu Carbonyl oxydiert wird, worauf an dieser Stelle Sprengung der C-Kette in Essigsäure und die um 2 C-Atome ärmere Carbonsäure erfolgt. Aus diesem Grunde vermehren nur Fettsäuren mit einer geraden Anzahl von C-Atomen die Menge der Acetonkörper im Harn. Freilich gilt diese Feststellung nur mit der Einschränkung, daß der Organismus die Fähigkeit besitzt, ungeradzahlige Fettsäuren teilweise in geradzahlige zu verwandeln, die dann natürlich ebenfalls „ketogen" wirken. Den Mechanismus der β-Oxydation stellen sich manche Forscher so vor, daß ähnlich wie bei der Umwandlung von Bernsteinsäure in Oxalessigsäure (S. 210) zuerst Dehydrierung zu einer ungesättigten Säure erfolgt, die dann Hydratisierung und Oxydation erfährt: $R{\cdot}CH_2{\cdot}CH_2{\cdot}CO_2H \rightarrow R{\cdot}CH{=}CH{\cdot}CO_2H \rightarrow R{\cdot}CH(OH){\cdot}CH_2{\cdot}CO_2H \rightarrow R{\cdot}CO{\cdot}CH_2{\cdot}CO_2H$. Der Abbau der Acetessigsäure im Organismus ist in ähnlicher Weise mit dem „Tricarbonsäure-Cyclus" verknüpft, wie dies bei der Brenztraubensäure der Fall ist. Das gemeinsame Einmünden des Fett-Abbaus und des Kohlenhydrat-Abbaus in den Tricarbonsäure-Cyclus läßt ihre wechselseitige Abhängigkeit besser verstehen. Im Diabetes tritt die Störung dieser Beziehungen in Erscheinung. (Nach einem bekannten medizinischen Ausspruch „verbrennt das Fett im Feuer der Kohlenhydrate".) Wie Verkade gezeigt hat, gibt es noch einen anderen interessanten Abbauweg, der allerdings im Organismus eine geringere Rolle spielt: manche Fettsäuren liefern nämlich durch Oxydation der endständigen Methylgruppe („ω-Oxydation") Dicarbonsäuren:

$$\underset{\text{Caprinsäure}}{CH_3{\cdot}[CH_2]_8{\cdot}CO_2H} \longrightarrow \underset{\text{Sebacinsäure}}{HO_2C{\cdot}[CH_2]_8{\cdot}CO_2H}.$$

Acetessigester wird nach der WISLICENUS-CLAISENschen Kondensationsmethode durch Einwirkung von Natrium auf Essigester oder von Natriumäthylat auf Essigester unter Abdestillation des Alkohols dargestellt. Die Theorie dieser Reaktion ist bereits früher erörtert worden (S. 213). Er ist eine angenehm erfrischend riechende, farblose Flüssigkeit vom Siedepunkt 181° und vom spezifischen Gewicht 1·031 bei 15°. In Wasser ist er wenig löslich. Der gewöhnliche Acetessigester ist ein Gemisch von Keto- und Enolform; näheres darüber s. S. 265. Er kann in zweifacher Weise eine Spaltung erleiden, die man je nach der Art der entstehenden Produkte als **Keton-** oder als **Säurespaltung** bezeichnet.

Ketonspaltung findet beim Erhitzen von Acetessigester mit verdünnten Säuren oder verdünnten Alkalien statt, wobei Aceton, Kohlendioxyd und Alkohol entstehen:

$$CH_3\cdot CO\cdot CH_2\cdot CO_2\cdot C_2H_5 + H_2O = CH_3\cdot CO\cdot CH_3 + CO_2 + C_2H_5\cdot OH.$$

Die Säurespaltung erfolgt beim Erhitzen mit starken Alkalilaugen; sie ist eine Umkehrung der Bildungsreaktion:

$$CH_3\cdot CO\cdot CH_2\cdot CO_2\cdot C_2H_5 + 2\,H_2O = CH_3\cdot COOH + CH_3\cdot COOH + C_2H_5\cdot OH.$$

Man kennt vom Acetessigester eine ganze Reihe von Derivaten, in denen ein oder beide Wasserstoffatome der CH_2-Gruppe durch verschiedene Gruppen ersetzt sind. Diese Derivate können gleichfalls der Keton- und der Säurespaltung unterliegen. Dies führt also einerseits zu zahlreichen Homologen des Acetons $RH_2C\cdot CO\cdot CH_3$ oder $R'R''HC\cdot CO\cdot CH_3$, andererseits zu zahlreichen substituierten Essigsäuren $RH_2C\cdot CO_2H$ und $R'R''HC\cdot CO_2H$.

Zur Darstellung derartiger Derivate aus Acetessigester läßt man Alkylhalogenid auf Natriumacetessigester einwirken. Wie beim Malonester macht man auch hier die Erfahrung, daß das Alkyl stets an den Kohlenstoff tritt:

$$CH_3\cdot C(ONa):CH\cdot CO_2\cdot C_2H_5 + CH_3J = CH_3\cdot CO\cdot CH(CH_3)\cdot CO_2\cdot C_2H_5 + NaJ.$$

In dem erhaltenen α-Methyl-acetessigester läßt sich das zweite H-Atom der CH_2-Gruppe auf analoge Weise ersetzen.

Acetessigester ist also mannigfachen Substitutions- und Spaltungsreaktionen zugänglich und bildet aus diesem Grunde ein wichtiges Ausgangsmaterial für Synthesen aller Art. Er hat technische Bedeutung als Ausgangsmaterial für Antipyrin, Pyrazolonfarbstoffe, Vitamin B_1 und Atebrin.

Beispiele. 1. Das in der Gartenraute (*Ruta graveolens*) vorkommende **Undecanon-(2)** ist durch Einwirkung von n-Octyljodid auf die Natriumverbindung des Acetessigesters erhalten worden:

$$CH_3\cdot C(ONa):CH\cdot CO_2\cdot C_5H_5 \xrightarrow{C_4H_{17}J} CH_3\cdot CO\cdot CH{<}{\begin{smallmatrix}C_8H_{17}\\ CO_2\cdot C_2H_5\end{smallmatrix}};$$

n-Octylacetessigester

$$\text{Ketonspaltung} \longrightarrow CH_3\cdot CO\cdot CH_2\cdot C_8H_{17}.$$

Durch Säurespaltung des n-Octylacetessigesters erhält man Nonan-carbonsäure-(1) $C_{10}H_{20}O_2$, deren Kohlenstoffkette demnach normal sein muß (vgl. S. 140).

2. Die **Hexan-carbonsäure-(2),** die durch Cyanhydrin-Synthese aus d-Fructose (S. 232) erhalten wurde, ist synthetisch durch Einführung von n-Butyl und Methyl in den Acetessigester aufgebaut worden:

$$CH_3\cdot C(ONa):CH\cdot CO_2\cdot C_2H_5 \xrightarrow{C_4H_9J} CH_3\cdot CO\cdot CH{<}{\begin{smallmatrix}CO_2\cdot C_2H_5\\ C_4H_9\end{smallmatrix}}$$

$$CH_3\cdot C(ONa):C{<}{\begin{smallmatrix}CO_2\cdot C_2H_5\\ C_4H_9\end{smallmatrix}} \xrightarrow{CH_3J} CH_3\cdot CO\cdot C{\begin{smallmatrix}\diagup CH_3\\ -C_4H_9\\ \diagdown CO_2\cdot C_2H_5\end{smallmatrix}};$$

Methylbutylacetessigester

Säurespaltung gibt: $\underset{\displaystyle CO_2H}{\overset{}{CH_3\cdot \underset{|}{CH}\cdot C_4H_9}}$

3. **γ-Ketonsäuren** werden durch Kondensation von α-Halogenfettsäuren und Acetessigester und darauffolgende Ketonspaltung erhalten:

$$\begin{matrix} CH_3\cdot C(ONa):CH\cdot CO_2\cdot C_2H_5 \\ +\ R\cdot CHX\cdot CO_2\cdot C_2H_5 \end{matrix} \longrightarrow CH_3\cdot CO\cdot CH\negthinspace<\negthinspace\begin{matrix} CO_2\cdot C_2H_5 \\ CHR\cdot CO_2\cdot C_2H_5 \end{matrix};$$

Ketonspaltung gibt: $CH_3\cdot CO\cdot CH_2\cdot CHR\cdot CO_2H$.

4. Läßt man auf die Natriumverbindung des Acetessigesters Jod einwirken, so vereinigen sich zwei Moleküle zu **Diacetylbernsteinsäureester**

$$\begin{matrix} CH_3\cdot CO\cdot CH & \text{———} & CH\cdot CO\cdot CH_3 \\ | & & | \\ CO_2\cdot C_2H_5 & & CO_2\cdot C_2H_5 \end{matrix},$$

der beim Kochen mit 20%iger Kaliumcarbonat-Lösung leicht Kohlendioxyd und Alkohol abspaltet und in **Acetonylaceton** (Hexandion-2,5) (S. 215) übergeht:

$$\underset{\text{Acetonylaceton}}{CH_3\cdot CO\cdot CH_2\cdot CH_2\cdot CO\cdot CH_3},$$

dessen Struktur als 1,4-Diketon aus dieser Synthese folgt.

Lävulinsäure (γ-Keto-valeriansäure) $CH_3\cdot CO\cdot CH_2\cdot CH_2\cdot CO_2H$

Diese Säure ist die einfachste γ-Ketonsäure; sie kann auf die eben besprochene Weise (Beispiel 3) synthetisch aus Acetessigester und Monochloressigsäureester erhalten werden. Zur Darstellung dient ihre S. 234 besprochene Bildung beim Kochen von Hexosen (bzw. Stärke) mit konzentrierter Salzsäure. Als Zwischenprodukt entsteht hierbei Oxymethylfurfurol. Analog gewinnt man ihren Äthylester durch Erhitzen von Hexosen mit 4·5%iger alkoholischer Salzsäure auf 160°.

Lävulinsäure ist kristallinisch, schmilzt bei 33° und siedet bei 250° unter geringer Zersetzung. Sie vermag ein Oxim und ein Hydrazon zu bilden und addiert Blausäure; kurzum, sie zeigt alle Reaktionen der Ketone. Mit Brom entsteht eine β, δ-Dibromlävulinsäure vom Schmelzpunkt 115°, die zur Identifizierung benutzt werden kann.

Mesoxalsäure $HO_2C\cdot CO\cdot CO_2H + H_2O$

Sie ist ein Beispiel einer zweibasischen Ketonsäure. Ihre Struktur ergibt sich aus ihrer Bildung aus Dibrommalonester beim Kochen mit Barytwasser:

$$(C_2H_5\cdot O_2C)_2CBr_2 + Ba(OH)_2 = (C_2H_5\cdot O_2C)_2C(OH)_2 + BaBr_2.$$

Zur Darstellung eignet sich die Einwirkung von Stickoxyden auf Malonester.

Mesoxalsäure, ein wichtiges Spaltungsprodukt der Harnsäure (S. 481), kann ebensowenig wie Glyoxylsäure wasserfrei, d. h. ohne das Molekül Wasser, welches ihre Formel anzeigt, erhalten werden. Jedoch ist ein Ester $C_2H_5O\cdot OC\cdot CO\cdot CO\cdot OC_2H_5$ der wasserfreien Säure bekannt, der eine grüngelbe Farbe hat, wie wir sie bereits beim Glyoxal und beim Diacetyl angetroffen haben. Dieser Ester addiert äußerst leicht Wasser und geht dabei in eine farblose Kristallmasse über. Der freien Säure muß also die Struktur $(HO)_2C(CO_2H)_2$ zugesprochen werden; sie besitzt jedoch die meisten Eigenschaften der Ketone, ebenso wie Chloral und Glyoxylsäure die meisten Eigenschaften der Aldehyde zeigen. Beim Kochen mit Wasser spaltet Mesoxalsäure Kohlendioxyd ab und geht in Glyoxylsäure über:

$$HOOC\cdot C(OH)_2\cdot COOH \longrightarrow (HO)_2CH\cdot COOH + CO_2.$$

Da das Kohlenstoffatom mit vier „negativen" Gruppen belastet ist, hat diese leichte Abspaltung von CO_2 nichts Befremdendes. Sie geht hier wesentlich leichter vor sich als bei der Malonsäure, die erst beim Erhitzen über ihren Schmelzpunkt (auf 140—150°) CO_2 abgibt.

Über Desmotropie (Tautomerie) und Mesomerie

In den früheren Kapiteln dieses Buches sind uns mehrfach Fälle begegnet, die darauf schließen lassen, daß Ketone sich entsprechend dem Schema

$$—CH_2·CO— \rightleftarrows —CH = C(OH)—$$

„enolisieren" können und daß das Gleichgewicht zwischen den beiden Formen zugunsten der Enolform verschoben ist, wenn durch die Enolisierung ein energieärmeres konjugiertes System entsteht. Während z. B. bei einfachen Aldehyden und Ketonen die Enolbildung sich dem Nachweis mit chemischen Mitteln entzieht, sind die bereits besprochenen β-Diketone mit der Gruppierung $—CO·CH_2·CO—$ stark enolisiert. Die Isolierung der Keto-Enol-Isomeren und die richtige Deutung ihrer Beziehungen zueinander verdankt man vornehmlich den grundlegenden Untersuchungen von CLAISEN (seit 1893). Nahe verwandt mit den Diketonen ist der Acetessigester, der als Schulbeispiel einer enolisierbaren Verbindung eine besondere Bedeutung erlangt hat. Hier gelang es KNORR, sowohl die Keto- als auch die Enolform in reinem Zustand darzustellen und nachzuweisen, daß in Schmelze und Lösung ein *echtes Gleichgewicht* zwischen beiden Formen existiert. Man faßt derartige auf einem reversiblen Bindungswechsel beruhende Erscheinungen unter der Bezeichnung Tautomerie (C. LAAR 1885) oder Desmotropie (JACOBSON 1887) zusammen. Ob eine Isolierung der desmotropen Formen gelingt, hängt natürlich von der Umlagerungsgeschwindigkeit und vom Aggregatzustand ab[1]. Wir haben bereits früher gesehen, daß eine andere desmotrope Verbindung, das aci-Nitroäthan $CH_3·CH:NO_2H$, sich ziemlich rasch und vollständig in Nitroäthan $C_2H_5·NO_2$ umlagert. Da es flüssig ist, konnte es niemals in reinem Zustand isoliert werden. Viele zunächst unerwartete Eigenschaften desmotropiefähiger Verbindungen finden durch das Vorhandensein von Gleichgewichten eine zwanglose Erklärung. Man versteht z. B., weshalb β-Diketone einerseits Dioxime geben, andererseits sauer reagieren und Brom addieren können. Doch ist die Mannigfaltigkeit der Desmotropie-Erscheinungen damit durchaus nicht erschöpft. Obwohl man z. B. im allgemeinen annimmt, daß in den Natriumverbindungen der Enolformen das Metall an Sauerstoff gebunden ist[2], so entstehen doch bei den meisten Umsetzungen der Natriumverbindungen Derivate, die den Substituenten an C gebunden enthalten. Man kennt Fälle, wo man diese unerwartete Reaktion auf eine sekundäre Umlagerung zurückführen kann. Bei der Einwirkung von Acetylchlorid auf Natriumacetessigester entsteht nicht β-Acetoxy-crotonsäureäthylester (I), sondern α-Acetyl-acetessigester (II):

$$CH_3·C(ONa):CH·CO_2·C_2H_5 \begin{cases} \nearrow CH_3·\underset{\dot{O}·CO·CH_3}{C}{=}CH·CO_2·C_2H_5 & \text{I.} \\ \searrow CH_3·CO·\underset{\dot{C}O·CH_3}{CH}·CO_2·C_2H_5 & \text{II.} \end{cases}$$

Nachdem man aber gefunden hatte, daß I durch Behandeln von Acetessigester mit Acetylchlorid und Pyridin dargestellt werden kann, hat sich herausgestellt, daß I durch katalytische Wirkung von Natriumacetessigester quantitativ in II umgelagert wird. Für die *Alkylierung* des Natriumacetessigesters reicht aber diese Erklärung nicht

---

[1] KNORR hat 1894 vorgeschlagen, unter dem Namen **Desmotropie** alle diejenigen Fälle zusammenzufassen, in denen wegen geringer Umwandlungsgeschwindigkeit die Isolierung der Isomeren gelingt. Alle übrigen Substanzen, bei denen man ein durch Bindungswechsel bedingtes Gleichgewicht annehmen muß, deren Umwandlungsgeschwindigkeit aber für eine Isolierung der Isomeren zu groß ist, sollten als **tautomer** bezeichnet werden. Diese Unterscheidung ist jedoch niemals scharf eingehalten worden, so daß man beide Ausdrücke als gleichbedeutend betrachten kann.

[2] Bzw. der Enolsauerstoff Träger der negativen Ladung ist:

$$[CH_3·C(O^-):CH·CO_2·C_2H_5]Na^+.$$

aus. Denn der synthetisch zugängliche β-Äthoxy-crotonsäureäthylester (III) wird durch Natriumacetessigester nicht umgelagert. Trotzdem entsteht, wie wir gesehen haben, aus Natriumacetessigester und Methyljodid α-Methyl-acetessigester (IV):

$$\underset{\displaystyle O\cdot C_2H_5}{CH_3\cdot C} = CH\cdot CO_2\cdot C_2H_5 \quad \text{III.} \qquad CH_3\cdot CO\cdot \underset{\displaystyle CH_3}{CH}\cdot CO_2\cdot C_2H_5 \quad \text{IV.}$$

Die Deutung dieser Beobachtungen hat lange Zeit erhebliche Schwierigkeiten gemacht. Man ist auch heute noch nicht in der Lage, in jedem Fall zu erklären, weshalb eine bestimmte Reaktion so verläuft, wie das Experiment es ergibt. Als feststehend kann aber gelten, daß es das *Anion* des Natriumacetessigesters ist, das in diesen Umsetzungen reagiert. Nach ARNDT und EISTERT ist dieses Anion durch zwei Grenzformeln (V.) darzustellen:

$$\text{Va.}\ CH_3\cdot C(O^-):CH\cdot CO_2\cdot C_2H_5 \longleftrightarrow CH_3\cdot CO\cdot CH(^-)\cdot CO_2\cdot C_2H_5\ \text{Vb.},$$

von denen Va. das Anion des Enolats, Vb. das der (ja als heteropolar aufzufassenden) metallorganischen Verbindung ist, die jedoch nicht im Verhältnis der Tautomerie, sondern der **„Mesomerie“** (ausgedrückt durch $\leftrightarrow$) stehen sollen. Dieser Hypothese liegt die Erfahrung zugrunde, daß Verbindungen, die bei gleicher Atomanordnung durch mehrere Formeln wiedergegeben werden können, die sich *nur in der Elektronen-Anordnung* unterscheiden, häufig nur in einer einzigen energetisch begünstigten Form existieren, deren tatsächliche Elektronen-Konfiguration einem „Zwischenzustand“ zwischen den verschiedenen Grenzformeln entspricht. Im Gegensatz zur Desmotropie, bei der zwei verschiedene Verbindungen im Gleichgewicht nebeneinander nachweisbar sind, ist also bei der Mesomerie nur eine einzige Verbindung anwesend, deren formelmäßig nicht angebbarer Bindungszustand durch die extremen Formeln nur eingrenzend beschrieben wird. Wir werden später (z. B. bei Benzol) Verbindungen kennenlernen, deren physikalisches und chemisches Verhalten entschieden für das Vorhandensein von Mesomerie spricht. Das desmotropieähnliche Verhalten solcher Verbindungen bei chemischen Reaktionen erklärt man durch „Deformation“ der Ladungsverteilung der mesomeren Verbindung in Richtung einer der Grenzformeln unter dem Einfluß des jeweiligen Reaktionspartners. Wir haben die Bildung mesomerer Ionen schon früher gelegentlich der Besprechung der Allyl-Isomerie erwähnt (S. 134). Der Vergleich der Formeln mit den Grenzformeln des Acetessigester-Ions lehrt, daß wir es in beiden Fällen mit wesensverwandten Vorgängen zu tun haben. Wie die Herstellung der homöopolaren Bindung (S. 48) ist auch die Mesomerie mit einem Gewinn an „Resonanz“energie verknüpft, mit dem Unterschied, daß bei der Resonanz im Fall der Mesomerie mehr als nur 2 Elektronen ausgetauscht werden.

Auch die Umsetzungen anderer Metallverbindungen stehen dem Gebiet der Desmotropie-Erscheinungen nahe. So erhält man aus Nitriten je nach den Bedingungen Salpetrigsäureester oder Nitroverbindungen, aus Cyaniden Nitrile oder Isonitrile. Auch hier wird man anzunehmen haben, daß mesomere Ionen oder Zwischenprodukte der Reaktionen den Verlauf bestimmen. Ins einzelne gehende Untersuchungen über den Mechanismus der Reaktion vom modernen Standpunkt stehen aber noch aus.

Die vorausgegangenen Bemerkungen mögen genügen, um zu zeigen, daß die experimentellen Befunde von Fall zu Fall darüber entscheiden müssen, ob man es mit Desmotropie oder Mesomerie zu tun hat. Wir gehen nun dazu über, die Eigenschaften desmotroper Verbindungen am Fall des Acetessigesters einer näheren Betrachtung zu unterziehen. Der flüssige Acetessigester ist, wie KNORR nachgewiesen hat, ein Gleichgewichtsgemisch von zwei desmotropen Formen. Bei starker Abkühlung kristallisiert die Ketoform $CH_3\cdot CO\cdot CH_2\cdot CO_2\cdot C_2H_5$ (F: 39°) aus. Zur Darstellung der Enolform $CH_3\cdot C(OH):CH\cdot CO_2\cdot C_2H_5$ suspendierte KNORR Natriumacetessigester in stark gekühltem Petroläther und leitete die äquivalente Menge vollkommen trockenen Chlorwasserstoff ein. Durch Verdampfen des Lösungsmittels bei niederer Temperatur erhielt er das freie Enol als ein Öl, das erst in flüssiger Luft zum Erstarren zu bringen war.

Später hat sich herausgestellt, daß man die beiden Desmotropen einfacher durch fraktionierte Destillation im Vakuum trennen kann. Im Dampf ist namentlich bei niedriger Temperatur der Enolgehalt viel höher. Da schon das Alkali des Glases enolisierend wirkt, muß das Destillationsgefäß aus Quarz bestehen (K. H. MEYER).

Die Keto- und die Enolform einer desmotropen Substanz sind durch ihre physikalischen und chemischen Eigenschaften leicht zu unterscheiden. Von physikalischen Hilfsmitteln sind die Refraktion und das Absorptionsspektrum dazu am besten geeignet. Die Enolform enthält eine doppelte Kohlenstoffbindung, sie besitzt daher eine höhere Refraktion als die Ketoform[1]. Im Fall des Acetessigesters ist z. B. n_D^{10} für die Ketoform 1·422, für die Enolform 1·448. Man kann daher aus der Refraktion berechnen, in welchem Verhältnis die beiden Formen sich im flüssigen Gemisch befinden, wenn man die Refraktion der reinen Komponenten kennt. Die Enolform des Acetessigesters ist eine sehr schwache Säure, deren Dissoziationskonstante von der Größenordnung 10^{-11} ist.

Zur chemischen Charakterisierung der beiden Formen dienen hauptsächlich die zwei folgenden Methoden: 1. Beim Zufügen von etwas Eisenchlorid zu der verdünnten wäßrigen oder alkoholischen Lösung färben sich die Enole sehr intensiv, meist violett, während die Ketoverbindungen farblos bleiben.

2. K. H. MEYER entdeckte, daß die Enole als ungesättigte Verbindungen im Gegensatz zu den Ketoverbindungen in alkoholischer Lösung momentan Brom addieren, und machte hiervon Gebrauch, um die Menge des Enols in einer tautomeren Mischung zu bestimmen. Verläßliche Ergebnisse erhält man natürlich nur, wenn die Additionsgeschwindigkeit größer ist als die Geschwindigkeit, mit der sich die Keto- in die Enolform umlagert.

An Hand dieser Verfahren kann man nun auch die Bedingungen ermitteln, unter denen ein Enol *ketisiert* und umgekehrt eine Ketoverbindung *enolisiert* wird. Einen großen Einfluß hat das Lösungsmittel. Flüssiger Acetessigester enthält bei gewöhnlicher Temperatur, wenn das Gleichgewicht zwischen beiden Formen sich eingestellt hat, nur 7·4% Enol; der Rest ist Ketoform. In der folgenden Tabelle ist der Enolgehalt von Acetessigester in verschiedenen Lösungsmitteln bei 18° angegeben, wie er durch Titrieren mit Brom ermittelt wurde. Man erkennt, daß stark polare Lösungsmittel die Bildung der ebenfalls stark polaren Ketoform begünstigen.

Lösungsmittel	% Enol	Lösungsmittel	% Enol
Methylalkohol	6·9	50%ig. Methylalkohol	1·5
Äthylalkohol	12·0	Äther	27·1
Amylalkohol	15·3	Schwefelkohlenstoff	32·4
Wasser	0·4	Hexan	46·4

Eine interessante Beziehung besteht nach VAN'T HOFF und DIMROTH zwischen der Löslichkeit L und der Gleichgewichtskonzentration C von Enolen in zwei verschiedenen Lösungsmitteln α und β:

$$\frac{L_\alpha}{L_\beta} = k \frac{C_\alpha}{C_\beta}$$

Die Temperatur hat auf den Gleichgewichtszustand beim Acetessigester selbst wenig Einfluß. Die Wärmetönung der Umwandlung kann also nur gering sein. Im

[1] Beim Ersatz eines Oxo-Sauerstoffs (Atomrefraktion 2·2) gegen einen Hydroxylsauerstoff (Atomrefraktion 1·5) sinkt die Molrefraktion um 0·7, während die Doppelbindung einen Zuwachs von 1·7 ergibt. Es ergibt sich also eine Steigerung um rund 1·0, die noch größer wird, wenn man die Exaltation in Rechnung stellt, die durch die Konjugation der Doppelbindung mit der Carboxylgruppe hervorgerufen wird.

allgemeinen ist aber konstatiert worden, daß Temperaturerhöhung das Gleichgewicht nach der Ketoseite verschiebt, wiewohl meistens nicht viel.

Wenn die Isomeren sich nicht zu rasch ineinander umwandeln, kann man natürlich auch die Geschwindigkeit der Gleichgewichtseinstellung kinetisch verfolgen. Für Acetessigester stellte sich heraus, daß die Geschwindigkeitskonstante der Ketisierung viel größer als die der Enolisierung ist. Die Geschwindigkeit hat für verschiedene desmotrope Substanzen sehr weit auseinandergehende Werte.

Qualitativ kann man die Umwandlung der Enolform in die Ketoform bei Acetessigester in folgender Weise nachweisen: Fügt man zu einer verdünnten wäßrigen Lösung der Natriumverbindung die äquivalente Menge Salzsäure, so scheidet sich die Enolform in feinen Tröpfchen ab, da sie bei 0° nur etwa zu 0·5% in Wasser löslich ist. Allmählich gehen aber die Tröpfchen in Lösung, indem die Enolform sich in die Ketoform umwandelt, die sich bei 0° zu etwa 11% in Wasser löst. Enolverbindungen sind in Alkalilauge sofort löslich, die Ketoverbindungen nicht. Jedoch gehen auch diese unter Umwandlung in die Enolform langsam in Lösung; denn fügt man nunmehr wieder Säure zu, so scheidet sich zunächst nicht die Ketoform, sondern das Enol aus.

Außer der Keto-Enol-Desmotropie sind in früheren Abschnitten bereits die **Nitro-Isonitro-Desmotropie** und die **Oxo-cyclo-Desmotropie** behandelt worden. Recht interessant liegen die Verhältnisse bei den Imiden von Ketoverbindungen, z. B. beim Imid des Acetessigesters (I) und der Verbindung II, die man aus Acetylaceton und Äthylamin erhält:

$$\text{I}\quad CH_3\cdot C(:NH)\cdot CH_2\cdot CO_2\cdot C_2H_5 \rightleftarrows CH_3\cdot C(NH_2):CH\cdot CO_2\cdot C_2H_5$$

$$\text{II}\quad CH_3\cdot CO\cdot CH_2\cdot C(CH_3):N\cdot C_2H_5 \rightleftarrows CH_3\cdot CO\cdot CH:C(CH_3)\cdot NH\cdot C_2H_5.$$

Die hier vorliegende **„Ketimid-Enamin-Desmotropie"** unterscheidet sich nicht unerheblich von der Keto-Enol-Desmotropie. Denn nach dem Ergebnis der spektrochemischen Untersuchung sind alle derartigen Verbindungen praktisch reine ungesättigte Amine. Auch das Lösungsmittel hat auf die Lage des Gleichgewichts keinen merklichen Einfluß.

Zu den Verbindungen, bei denen man eine Desmotropie in Betracht gezogen hat, gehören schließlich auch die **Oxime.** Diese geben nämlich bei der Alkylierung N- und O-Äther. Behandelt man Acetonoxim mit Methyljodid und Natriummethylat, so entsteht ein O-Methyläther $(CH_3)_2C:N\cdot O\cdot CH_3$, der bei der Spaltung mit Salzsäure Aceton und Hydroxylamin-O-methyläther $H_2N\cdot O\cdot CH_3$ liefert. Die letztgenannte Verbindung läßt sich durch Erhitzen mit Jodwasserstoffsäure in Hydroxylamin und Methyljodid zerlegen, ein Beweis, daß das Methyl an Sauerstoff gebunden ist. Behandelt man dagegen Acetonoxim mit Methyljodid allein, so bildet sich ein N-Methyläther, der durch Reduktionsmittel in Aceton und Methylamin gespalten wird:

$$(CH_3)_2C:N\genfrac{}{}{0pt}{}{\nearrow O}{\searrow CH_3} + H_2 = (CH_3)_2CO + H_2N\cdot CH_3.$$

Es ist aber möglich, daß die alte Deutung dieser Reaktion im Sinne einer Desmotropie der Oximgruppierung $>C:N\cdot OH \rightleftarrows >C:N\genfrac{}{}{0pt}{}{\nearrow O}{\searrow H}$ nicht zutreffend ist. Vielmehr handelt es sich bei der Bildung des N-Äthers vielleicht um eine Anlagerung an das unverbundene Elektronenpaar des dreiwertigen Stickstoffs und anschließende Abspaltung von Jodwasserstoff:

$$\left[(CH_3)_2C:N\genfrac{}{}{0pt}{}{OH}{CH_3}\right]^+ J^- \longrightarrow (CH_3)_2C:N\genfrac{}{}{0pt}{}{\nearrow O}{\searrow CH_3} + HJ.$$

Aminosäuren

Als Aminosäuren bezeichnet man Carbonsäuren, in denen an Kohlenstoff befindlicher Wasserstoff durch die Aminogruppe ersetzt ist. Sie sind physiologisch sehr wichtig, da viele von ihnen als Spaltungsprodukte der Eiweißstoffe auftreten. Einige Aminosäuren kommen auch frei in der Natur vor. Zur synthetischen Darstellung sind vor allem die folgenden Methoden geeignet:

1. Einwirkung von Ammoniak auf Halogenfettsäuren; die Reaktion ist der Bildung von Aminen analog:

$$NH_3 + ClCH_2 \cdot CO_2H = H_2N \cdot CH_2 \cdot CO_2H + HCl\,.$$

2. Reduktion der Oxime von Oxocarbonsäuren mit Natriumamalgam:

$$R \cdot C(:N \cdot OH) \cdot CO_2H + 2\,H_2 = R \cdot CH(NH_2) \cdot CO_2H + H_2O\,.$$

In dieser Reaktion besitzt man also ein Mittel zur Überführung von Aldehyd- und Ketonsäuren in Aminosäuren.

Wie KNOOP gezeigt hat, kann man Aminosäuren auch direkt aus Ketonsäuren erhalten, wenn man sie in Gegenwart von Ammoniak mit Palladium und Wasserstoff behandelt:

$$C_2H_5 \cdot CO \cdot CO_2H + NH_3 + H_2 = C_2H_5 \cdot CH(NH_2) \cdot CO_2H + H_2O.$$

Es gibt auch Enzyme, die diese Reaktion katalysieren. Von der Bedeutung dieses Vorgangs für den Aminosäure-Stoffwechsel wird weiter unten bei Glutaminsäure die Rede sein.

3. Einwirkung von Ammoniak auf die Cyanhydrine der Aldehyde oder Ketone und darauffolgende Verseifung der Nitrilgruppe; hierbei entstehen α-Aminosäuren:

$$CH_3 \cdot C\begin{smallmatrix} H \\ O \end{smallmatrix} \longrightarrow CH_3 \cdot C\begin{smallmatrix} H \\ OH \\ CN \end{smallmatrix} \xrightarrow{NH_3} CH_3 \cdot C\begin{smallmatrix} H \\ NH_2 \\ CN \end{smallmatrix} \longrightarrow CH_3 \cdot C\begin{smallmatrix} H \\ NH_2 \\ COOH \end{smallmatrix}$$

Im Gegensatz zu den synthetisch gewonnenen Aminosäuren sind die natürlich vorkommenden, soweit sie ein asymmetrisches C-Atom enthalten, optisch-aktiv, und zwar besitzen sie bemerkenswerterweise nahezu sämtlich *l*-Konfiguration.

Bei den Aminosäuren sind zwei entgegengesetzte Funktionen in einem Molekül vereinigt; sie liefern sowohl mit Säuren als auch mit Basen Salze, sind also amphotere Substanzen **(Ampholyte)**.

Wie zuerst BJERRUM überzeugend nachgewiesen hat, liegen die Aminosäuren in wäßriger Lösung überwiegend als innere Salze $^+H_3N \cdot R \cdot CO_2^-$ vor, für die sich der Name **„Zwitterionen“** oder **„Dipol-Ionen“** eingebürgert hat, weil sie gleichzeitig zwei entgegengesetzte Ladungen tragen. Entsprechend diesem Salzcharakter sind die Aminosäuren feste, nicht destillierbare Substanzen, die in Wasser leicht löslich sind, während sie von Alkohol schwer, von anderen organischen Lösungsmitteln gar nicht gelöst werden. Die Dissoziationsverhältnisse der Aminosäuren sind sehr eingehend untersucht worden. Es hat sich gezeigt, daß die undissoziierte, elektrisch neutrale Form $H_2N \cdot R \cdot CO_2H$ bei den aliphatischen Aminosäuren nicht in nennenswerter Menge auftritt, so daß man nur mit den folgenden Ionen-Arten zu rechnen hat: (1) Zwitterion $^+H_3N \cdot R \cdot CO_2^-$ (im folgenden mit A^{+-} abgekürzt), (2) $^+H_3N \cdot R \cdot CO_2H (A^+)$, (3) $H_2N \cdot R \cdot CO_2^- (A^-)$. Ihr Mengenverhältnis hängt von der H-Ionenkonzentration ab; reine wäßrige Lösungen enthalten fast ausschließlich das Zwitterion. Das Gleichgewicht zwischen den verschiedenen Ionen wird durch I und II (oder III) beschrieben:

I $\quad ^+H_3N \cdot R \cdot CO_2^- + H^+ \rightleftharpoons {}^+H_3N \cdot R \cdot CO_2H$ (Säure-Dissoziationskonstante $K_1 = K_S$),

II $\quad ^+H_3N \cdot R \cdot CO_2^- + OH^- \rightleftharpoons H_2N \cdot R \cdot CO_2^- + H_2O$ (Basen-Dissoziationskonstante K_B),

III $\quad H_2N \cdot R \cdot CO_2^- + H^+ \rightleftharpoons {}^+H_3N \cdot R \cdot CO_2^-$ $\left(\text{Konstante } K_2 = \frac{K_W}{K_B}\right)$.

II und III sind miteinander formal identisch und unterscheiden sich nur durch die Konstante K_w, das Ionenprodukt des Wassers $[H^+][OH^-] = 10^{-14}$. Wenn man I und III miteinander vergleicht, so sieht man, daß die Aminosäuren sich bezüglich ihrer Dissoziation wie zweibasische Säuren mit den Dissoziationskonstanten K_1 und K_2 verhalten. Durch Anwendung des Massenwirkungsgesetzes auf I und III erhält man die Gleichungen (1) und (2):

$$\frac{[A^{+-}][H^+]}{[A^+]} = K_S \quad \text{bzw.} \quad [A^+] = \frac{[A^{+-}][H^+]}{K_S}, \tag{1}$$

$$\frac{[A^-][H^+]}{[A^{+-}]} = \frac{K_W}{K_B} \quad \text{bzw.} \quad [A^-] = \frac{K_W}{K_B}\,\frac{[A^{+-}]}{[H^+]}\,. \tag{2}$$

Da die Gesamtkonzentration $c = [A^{+-}] + [A^{+}] + [A^{-}]$, so folgt aus (1) und (2):

$$\frac{c}{[A^{+-}]} = 1 + \frac{[\mathrm{H}^+]}{K_S} + \frac{K_W}{K_B[\mathrm{H}^+]}. \qquad (3)$$

Gleichung (3) gibt die Abhängigkeit der Konzentration des Zwitterions von der Wasserstoffionen-Konzentration wieder. Besonderes Interesse verdient die Wasserstoffionen-Konzentration, bei der $[A^{+-}]$ ein Maximum wird. Sie ergibt sich durch Differenzieren von (3) zu

$$[\mathrm{H}^+] = \sqrt{\frac{K_S\,K_W}{K_B}}. \qquad (4)$$

Durch Einsetzen von (4) in (1) und (2) erkennt man, daß für $[A^{+-}] = \max.$ $[A^{+}] = [A^{-}]$ ist Die entgegengesetzt geladenen Ionen sind also in gleicher Konzentration vorhanden, so daß im elektrischen Feld keine Wanderung stattfindet. Man nennt deshalb die durch (4) definierte Wasserstoffionen-Konzentration den **„isoelektrischen Punkt"**.

Durch Einsetzen der Zahlenwerte für K_W (10^{-14}), K_S und K_B aus untenstehender Tabelle ersieht man, daß beim isoelektrischen Punkt die Konzentration des Zwitterions um Zehnerpotenzen größer als die Konzentration der Anionen und Kationen ist. Da bei den α-Aminosäuren $K_S > K_B$, reagiert ihre Lösung sehr schwach sauer. Ihr isoelektrischer Punkt K_J liegt im sauren Gebiet. Allgemein kann man ableiten, daß die Reaktion einer Ampholyt-Lösung zwischen dem Neutralpunkt und dem isoelektrischen Punkt liegt, und zwar dem letzteren um so näher, je konzentrierter die Lösung ist.

	K_S	K_B	K_J
Aminoessigsäure	$10^{-2.3}$	$10^{-4.2}$	$10^{-6.0}$
α-Amino-propionsäure	$10^{-2.4}$	$10^{-4.2}$	$10^{-6.1}$
β-Amino-propionsäure	$10^{-3.6}$	$10^{-3.8}$	$10^{-6.9}$
α-Amino-isobutylessigsäure	$10^{-2.3}$	$10^{-4.3}$	$10^{-6.0}$
α-Amino-buttersäure	$10^{-2.6}$	$10^{-4.4}$	$10^{-6.1}$
ε-Amino-capronsäure	$10^{-4.4}$	$10^{-3.25}$	$10^{-7.6}$

Am isoelektrischen Punkt besitzt die Löslichkeit der Aminosäuren ein Minimum. Denn die Konzentration Λ, die die Gesamtlöslichkeit angibt, setzt sich aus der Konzentration λ der undissoziierten Form (d. h. des Zwitterions) und der Konzentration der einfach geladenen Ionen zusammen:

$$\Lambda = \lambda + [A^{+}] + [A^{-}].$$

λ ist eine Konstante, da die undissoziierte Form als Bodenkörper vorliegt, $[A^{+}] + [A^{-}]$ besitzt nach den obigen Ausführungen beim isoelektrischen Punkt den minimalen Wert.

Die Aminosäuren lassen sich alkalimetrisch mit Phenolphthalein als Indikator bestimmen, wenn man 97%igen Alkohol als Lösungsmittel anwendet. Die Reaktion, die oft mißverständlich gedeutet ist, beruht auf einer Verschiebung des Gleichgewichts III. Sie stellt also in Wirklichkeit eine Titration der **Amino**gruppe dar. Wesentlich für die Ausführbarkeit der Reaktion ist die erhebliche Änderung der Dissoziationskonstante des Phenolphthaleins in starkem Alkohol (MICHAELIS). Ganz entsprechend kann man auch die **Carboxyl**gruppe mit Salzsäure titrieren, wenn man einen geeigneten Indikator anwendet (LINDERSTRØM-LANG).

Daß die Aminosäuren in ihren Lösungen tatsächlich als Zwitterionen vorliegen, zeigt auch ihr dielektrisches Verhalten. Die Dielektrizitätskonstante ihrer Lösungen steigt proportional der Konzentration, und zwar ist das Inkrement der Zunahme um so größer, je größer der Abstand der beiden polaren Gruppen ist. Da sich die Aminosäuren in unpolaren Lösungsmitteln nicht lösen, ist eine direkte Messung ihres Dipolmoments nicht möglich.

Aminosäuren werden durch Sauerstoff über die Zwischenstufe von Iminosäuren zu Ketosäuren dehydriert, wenn Dehydrasen zugegen sind, die sich nach KREBS besonders reichlich in der Leber und der Niere finden:

$$\mathrm{R\cdot CH(NH_2)\cdot CO_2H} \xrightarrow{-\mathrm{H_2}} \mathrm{R\cdot C(:NH)\cdot CO_2H} \xrightarrow{\mathrm{H_2O}} \mathrm{R\cdot CO\cdot CO_2H + NH_3}.$$

Auch an eisenhaltiger Tierkohle vollzieht sich der gleiche Vorgang (WARBURG, WIELAND), mit dem Unterschied, daß auch die Iminosäure bzw. Ketosäure noch weiterer Oxydation unterliegt. Die enzymatische Desaminierung ist nicht nur für den Abbau, sondern wie unten gezeigt werden wird, auch für die wechselseitigen Umwandlungen der Aminosäuren im Organismus von großer Bedeutung.

Die Wasserstoffatome der Aminogruppe können gegen mannigfache Radikale ausgetauscht werden; man kennt daher zahlreiche Derivate der Aminosäuren. Mit Säurechloriden z. B. reagieren sie analog wie Ammoniak; es entstehen Säureamide, in denen ein Wasserstoffatom der Aminogruppe durch Acyl substituiert ist:

$$R\cdot COCl + H_2N\cdot CH_2\cdot CO_2H = R\cdot CO\cdot NH\cdot CH_2\cdot CO_2H + HCl.$$

Bei diesen Verbindungen ist der basische Charakter der Aminogruppe aufgehoben. Sie zeigen also das Verhalten von normalen Carbonsäuren.

Auch sind zahlreiche Aminosäuren bekannt, deren Aminowasserstoff durch Alkyl substituiert ist. Sie werden dargestellt, indem man statt Ammoniak Amine auf Halogen fettsäuren einwirken läßt, z. B.:

$$(CH_3)_2NH + ClCH_2\cdot CO_2H = (CH_3)_2N\cdot CH_2\cdot CO_2H + HCl.$$

Man findet bei den Aminosäuren die meisten Reaktionen der Amine wieder, so z. B. die Reaktion mit salpetriger Säure, durch die hier Oxysäuren entstehen, wie Alkohole aus den primären Aminen.

Bei den α-Aminosäuren verläuft diese Reaktion fast momentan. Sie dient daher zur gasvolumetrischen Bestimmung des α-Aminosäure-Stickstoffs in Eiweißstoffen nach VAN SLYKE. Über die Bildung von Diazoverbindungen durch Einwirkung von salpetriger Säure auf die *Ester* von Aminosäuren s. S. 275.

Bei den Aminosäuren kehren dieselben charakteristischen Verschiedenheiten wieder, die durch die Lage der Aminogruppe in bezug auf die Carboxylgruppe bedingt werden, wie wir sie bei den Oxy- und bei den Halogensäuren zu beobachten Gelegenheit hatten (S. 193 und 180). α-Aminosäuren geben durch Austritt zweier Moleküle Wasser aus zwei Molekülen Säure leicht cyclische Anhydride **(Diketopiperazine)**:

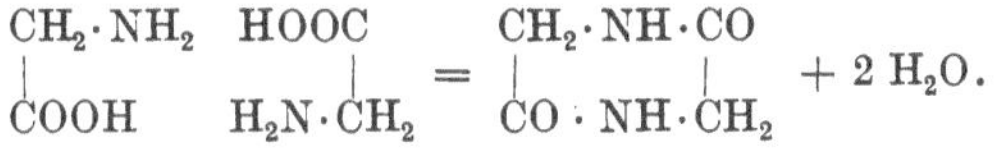

β-Aminosäuren spalten leicht Ammoniak ab und bilden ungesättigte Säuren. So liefert z. B. β-Amino-propionsäure (erhalten aus β-Jod-propionsäure beim Erhitzen mit Ammoniak) beim Schmelzen Acrylsäure:

$$H_2N\cdot CH_2\cdot CH_2\cdot CO_2H = NH_3 + CH_2:CH\cdot CO_2H.$$

Umgekehrt kann man auch Ammoniak an ungesättigte Säuren anlagern; diese Reaktion kann für die Darstellung von β-Aminosäuren von Wert sein.

γ-Aminosäuren endlich bilden in gleicher Weise wie γ-Oxysäuren innere Anhydride, die den Lactonen analog gebaut sind und als **„Lactame“** bezeichnet werden:

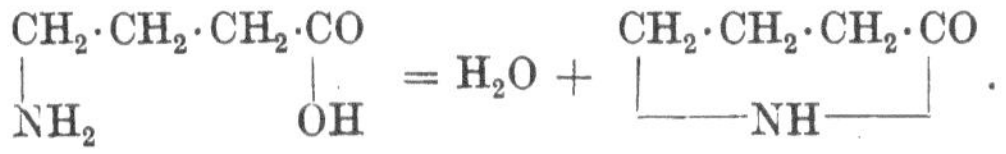

γ-Amino-buttersäure   Lactam der γ-Amino-buttersäure

Abweichend von den Lactonen, die sich oft freiwillig bilden, erfordern aber die Lactame zu ihrer Darstellung Erhitzen auf höhere Temperatur. Durch Kochen mit Säuren oder Alkalien werden die γ- und δ-Lactame wieder zu den Aminosäuren aufgespalten. Siehe auch ε-Amino-capronsäure-lactam (Caprolactam), S. 100.

Ester der Aminosäuren können nach der gewöhnlichen Methode gewonnen werden, indem man in die absolut-alkoholische Lösung der Säuren Chlorwasserstoff einleitet. Infolge der Ausschaltung der freien Carboxylgruppe tritt bei den Estern der basische Charakter der Amine voll in Erscheinung. Sie werden daher zunächst als Hydrochloride (z. B. $H_2N\cdot CH_2\cdot CO_2\cdot C_2H_5 + HCl$) erhalten. Die freien Ester werden aus diesen Salzen hergestellt, indem man ihre wäßrige Lösung mit einer konzentrierten

Alkali- oder Pottaschelösung bei niedriger Temperatur versetzt[1] und die Flüssigkeit direkt mit Äther extrahiert. Sie sind im Gegensatz zu den freien Säuren im Vakuum unzersetzt destillierbar und deshalb für die Reinigung und Trennung von Aminosäuren sehr nützlich (E. FISCHER). Dies war von großer Wichtigkeit für die Chemie der Proteine, da diese sowohl bei der Einwirkung von Basen als auch von Säuren zahlreiche Aminosäuren geben, die damals auf andere Weise schwer trennbar waren.

Einzelne Glieder

Aminoessigsäure (Glykokoll, Glycin) $H_2N \cdot CH_2 \cdot CO_2H$ wurde 1819 von BRACONNOT durch Kochen von Leim mit verdünnter Schwefelsäure oder Barytwasser erhalten und wegen ihres süßen Geschmacks als **„Leimzucker"** bezeichnet. Man stellt sie gewöhnlich synthetisch aus Chloressigsäure und Ammoniak dar. Ein Benzoylderivat des Glykokolls ist die **Hippursäure** $C_6H_5 \cdot CO \cdot NH \cdot CH_2 \cdot CO_2H$, die im Harn von Pflanzenfressern, in geringerer Menge auch im menschlichen Harn vorkommt. Sie besitzt die Konstitution eines Säureamids und kann dementsprechend durch Kochen mit verdünnter Schwefelsäure gespalten werden. Dabei entstehen Benzoesäure und Glykokoll:

$$C_6H_5 \cdot CO \cdot NH \cdot CH_2 \cdot CO_2H \longrightarrow \underset{\text{Benzoesäure}}{C_6H_5 \cdot CO_2H} + \underset{\text{Glykokoll}}{H_2N \cdot CH_2 \cdot CO_2H}.$$

Glykokoll ist kristallisiert, schmilzt bei 232° unter Zersetzung und ist in Wasser sehr leicht löslich, in absolutem Alkohol unlöslich. Charakteristisch für Glykokoll, wie überhaupt für viele Aminosäuren, ist das in Wasser schwer lösliche, in dunkelblauen Nadeln mit 1 Mol Kristallwasser kristallisierende Kupfersalz, das man durch Kochen seiner Lösung mit Kupfercarbonat gewinnt; es ist ein „inneres Komplexsalz" von der Formel I.

I. 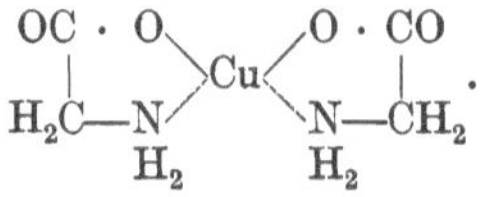

Die Aminogruppen sind also in der gleichen Weise an das Cu-Atom addiert, wie z. B. im Kupferacetat-Ammoniak $Cu(NH_3)_2(O \cdot CO \cdot CH_3)_2$. Als Komplexsalz hat es eine sehr geringe elektrolytische Leitfähigkeit. In Alkalien löst es sich, ohne $Cu(OH)_2$ abzuscheiden. Eine genauere Untersuchung des Komplexsalzes mit Zink hat gezeigt, daß seine Lösungen neben dem Komplex vom Typus I mit zwei Glykokollresten in überwiegender Menge ein komplexes Kation mit 1 Glykokollrest (Formel II) enthalten.

II. 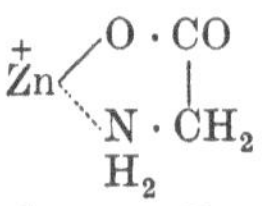

Ein N-Methylderivat des Glykokolls ist das von LIEBIG dargestellte **Sarkosin** $CH_3 \cdot NH \cdot CH_2 \cdot CO_2H$. Durch Umsetzung mit Cyanamid kann man daraus einen Guanidin-Abkömmling, das **Kreatin**, erhalten:

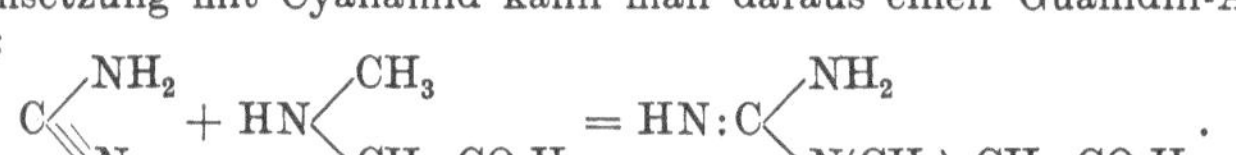

Kreatin

Kreatin ist in den Muskeln der verschiedensten Tiergattungen sehr verbreitet; menschliche Muskeln enthalten etwa 0·3—0·6%. Zu seiner Darstellung kann man vom käuflichen Fleischextrakt ausgehen. Kreatin geht namentlich bei saurer Reaktion unter Verlust von 1 Mol Wasser in **Kreatinin**

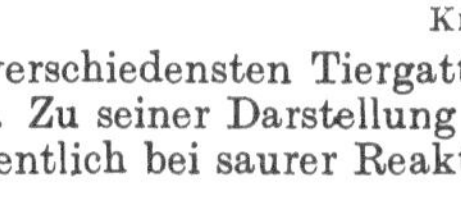

Kreatinin

über, das einen regelmäßigen Bestandteil der stickstoffhaltigen Basen des Harns bildet. Während über die Vorstufen des Kreatins in der Muskulatur nichts Sicheres bekannt ist (es entsteht vielleicht aus Arginin, s. S. 273), sind wir über seine Funktion durch die Untersuchungen von

[1] Die leichte Verseifbarkeit der Aminosäureester ist bemerkenswert.

LOHMANN und PARNAS wohl unterrichtet. Kreatin liegt nämlich in der Muskulatur als **Kreatinphosphorsäure (Phosphokreatin, Phosphagen)** $H_2O_3P \cdot NH \cdot C(:NH) \cdot N(CH_3) \cdot CH_2 \cdot CO_2H$ vor, die durch reversible Umesterung die Phosphorsäure an Adenylsäure (S. 486) abgibt und ein Glied in der Kette der Phosphorylierungsprozesse bildet, die am Kohlenhydrat-Abbau im Muskel beteiligt sind. Bei der hydrolytischen Spaltung der Kreatinphosphorsäure zu Kreatin und Phosphorsäure wird die sehr beträchtliche Wärmemenge von 11 kcal/Mol (ΔF_{298}: —16,7 kcal) in Freiheit gesetzt, während z. B. die Esterbindung in der Glycerinphosphorsäure bei der Verseifung nur 1,3 kcal liefert.

Ein Trimethylderivat des Glykokolls ist das **Betain** $C_5H_{11}O_2N + H_2O$. Es ist im Saft der Zuckerrüben enthalten und sammelt sich bei der Zuckerfabrikation in der Melasse an. Auch in den Muskeln niederer Wirbeltiere und Wirbelloser ist es sehr verbreitet. Es ist seiner Konstitution nach ein inneres Ammoniumsalz (Zwitterion) der Formel

$$^{+}(CH_3)_3N \cdot CH_2 \cdot COO^{-}.$$

Diese Auffassung findet eine Stütze darin, daß Betain durch Addition von Chloressigsäure an Trimethylamin erhalten werden kann:

$$(CH_3)_3N + CH_2Cl \cdot CO_2H = (CH_3)_3N \cdot CH_2 \cdot CO \cdot O \quad \boxed{Cl \quad H},$$

was der analogen Bildung von Alkylammoniumsalzen durch Addition von Alkylhalogeniden an tertiäre Amine entspricht. Betain läßt sich durch Erhitzen auf 100° oder Aufbewahren über Schwefelsäure vom Kristallwasser befreien und zeichnet sich, wie überhaupt Substanzen von Salzcharakter, durch geringe Löslichkeit in Äther und hohen Schmelzpunkt (293°) aus. Betain ist eine ungemein beständige Substanz; man kann es mit konzentrierter Schwefelsäure auf 140° erhitzen oder längere Zeit mit Königswasser kochen, ohne daß Zersetzung eintritt. Beim Erhitzen auf etwa 300° lagert es sich zu Dimethylaminoessigsäuremethylester $(CH_3)_2N \cdot CH_2 \cdot CO_2 \cdot CH_3$ um; gleichzeitig erfolgt noch Zersetzung unter Abspaltung von Trimethylamin.

Viele tertiäre Amine sind befähigt, in Substanzen überzugehen, die in ihrer Struktur dem Betain entsprechen. Derartige Verbindungen bezeichnet man allgemein als **Betaine.**

Alanin, α-Amino-propionsäure $CH_3 \cdot CH(NH_2) \cdot CO_2H$ wird synthetisch aus α-Brompropionsäure durch Einwirkung von Ammoniak erhalten. *l*(+)-Alanin entsteht besonders reichlich bei der Hydrolyse von Seidenfibroin.

Leucin, α-Amino-isobutylessigsäure, ist einer der wichtigsten Bausteine der Eiweißstoffe und entsteht daraus durch Fäulnis (PROUST 1818) oder durch Hydrolyse mit Säuren oder Alkalien[1]. Synthetisch erhält man es z. B. aus Isovaleraldehydammoniak und Blausäure durch Verseifung des so gewonnenen Nitrils:

$$\underset{\text{Isovaleraldehydammoniak}}{(CH_3)_2CH \cdot CH_2 \cdot CH{<}^{OH}_{NH_2}} + HCN \longrightarrow \underset{\text{Leucin}}{(CH_3)_2CH \cdot CH_2 \cdot CH{<}^{CO_2H}_{NH_2}}.$$

Das aus Eiweißstoffen erhaltene *l*(—)-Leucin ist in wäßriger Lösung linksdrehend.

Bei der Spaltung von Eiweißstoffen wird auch ein *l*(+)-**Isoleucin** von der Formel ${}^{CH_3}_{C_2H_5}{>}CH \cdot CH(NH_2) \cdot CO_2H$ erhalten. Seine Struktur ist bewiesen durch Synthese aus dem optisch-aktiven Amylalkohol, der zum entsprechenden Aldehyd oxydiert wurde. Die Umwandlung des Aldehyds in Isoleucin erfolgte analog wie beim Leucin.

F. EHRLICH zeigte, daß das **Fuselöl,** das als Nebenprodukt bei der alkoholischen Gärung entsteht, nicht aus dem Zucker, sondern aus Leucin und Isoleucin gebildet wird. Diese Substanzen stammen aus den Eiweißstoffen, die in den gärenden Flüssigkeiten enthalten sind. EHRLICH fand nämlich, daß bei der Vergärung von Zucker unter Zusatz von Leucin 3-Methyl-butanol-1, bei Zusatz von Isoleucin 2-Methyl-butanol-1 gebildet wird. Diese Alkohole sind aber die Hauptbestandteile des Fuselöls.

---

[1] Der Name leitet sich von λευκός = weiß her.

Die Spaltung dieser Aminosäuren durch Hefe, man könnte sagen die alkoholische Gärung der Aminosäuren, erfolgt nach der schematischen Gleichung:

$$R\cdot CH(NH_2)\cdot CO_2H + H_2O = R\cdot CH_2\cdot OH + CO_2 + NH_3.$$

Auch andere Aminosäuren sind nach dieser Gleichung durch Hefe vergärbar.

Als Zwischenprodukte bei dieser Gärung hat man α-Ketosäuren anzunehmen, die unter der Einwirkung von Carboxylase in Aldehyde übergehen.

Abkömmling einer **Aminodicarbonsäure** ist das im Pflanzenreich sehr verbreitete **Asparagin**; es findet sich namentlich in den Keimlingen von Leguminosen, in den Sprossen des Spargels usw. In Lupinenkeimlingen findet es sich bis zu einem Betrage von 20—30% der Trockensubstanz. Es muß als Halbamid der Aminobernsteinsäure $HO_2C\cdot CH(NH_2)\cdot CH_2\cdot CO\cdot NH_2$ aufgefaßt werden; denn durch Verseifung geht es in Aminobernsteinsäure, **Asparaginsäure** $HO_2C\cdot CH(NH_2)\cdot CH_2\cdot CO_2H$ über. Deren Struktur folgt aus dem Verhalten gegen salpetrige Säure, wobei Äpfelsäure entsteht. Das natürliche Asparagin ist linksdrehend. Es ist geschmacklos; sein Antipode, das rechtsdrehende Asparagin, dagegen schmeckt süß.

Homolog mit dem Asparagin ist das ebenfalls in keimenden Samen vorkommende **Glutamin**, das Monoamid der Glutaminsäure (α-Amino-glutarsäure) $HO_2C\cdot CH(NH_2)\cdot CH_2\cdot CH_2\cdot CO_2H$. Als quantitativ hervorragender Baustein des Muskeleiweiß spielt Glutaminsäure auch im Tierreich eine bedeutende Rolle.

Enzyme, die die natürliche *l*(+)-Glutaminsäure im Sinn der folgenden Gleichung zu α-Ketoglutarsäure und Ammoniak dehydrieren (Glutaminsäure-Dehydrasen):

$$HO_2C\cdot CH_2\cdot CH_2\cdot \underset{NH_2}{\underset{|}{CH}}\cdot CO_2H \xrightarrow{-H_2} HO_2C\cdot CH_2\cdot CH_2\cdot \underset{NH}{\underset{\|}{C}}\cdot CO_2H$$

$$\xrightarrow{H_2O} HO_2C\cdot CH_2\cdot CH_2\cdot CO\cdot CO_2H + NH_3$$

sind in der Natur recht verbreitet (von Euler), während auf andere Aminosäuren eingestellte Dehydrasen nur in Leber und Niere in größerer Menge vorzukommen scheinen. Die Glutaminsäure nimmt ferner auch insofern eine Sonderstellung unter den Aminosäuren ein, als auch die umgekehrte Reaktion, die enzymatische Bildung aus Ketoglutarsäure und Ammoniak, sehr leicht verläuft. Die besondere biologische Bedeutung dieser Reaktion geht aus einer zweiten, von Braunstein und Kritzmann entdeckten enzymatischen Reaktion hervor. In Leber, Niere und im Muskel findet sich ein Enzym **Aminopherase**, das eine reversible Umaminierung zwischen Ketosäuren (namentlich Oxalessigsäure und Brenztraubensäure) und Glutaminsäure bewirkt:

$$R\cdot CO\cdot CO_2H + HO_2C\cdot CH_2\cdot CH_2\cdot \underset{NH_2}{\underset{|}{CH}}\cdot CO_2H \rightleftarrows R\cdot \underset{NH_2}{\underset{|}{CH}}\cdot CO_2H + HO_2C\cdot CH_2\cdot CH_2\cdot CO\cdot CO_2H.$$

Glutaminsäure spielt danach die Rolle eines Stickstoff-Überträgers bei der biologischen Synthese von Aminosäuren aus Ketosäuren. In Pflanzen scheint die Asparaginsäure eine ähnliche Aufgabe zu erfüllen.

Bei der Hydrolyse von Eiweißstoffen mit Säuren werden außer Monoaminosäuren auch **Diaminosäuren** erhalten, von denen einige hier erwähnt werden mögen. Sie sind stärker basisch als sauer. Daher stammt die von Kossel eingeführte Bezeichnung „Hexonbasen" für die basischen Aminosäuren mit sechs Kohlenstoffatomen.

Lysin ist eine α,ε-Diamino-capronsäure $H_2N\cdot CH_2\cdot [CH_2]_3\cdot CH(NH_2)\cdot CO_2H$. Bei der Fäulnis liefert es Cadaverin (1,5-Diamino-pentan).

E. Fischer hat die Formel durch Synthese bewiesen. Natriummalonester wird mit γ-Chlorbutyronitril zusammengebracht, wodurch γ-Cyanpropyl-malonester entsteht:

$$\underset{\gamma\text{-Chlor-butyronitril}}{NC\cdot CH_2\cdot CH_2\cdot CH_2Cl} + NaCH(CO_2\cdot C_2H_5)_2 \longrightarrow \underset{[\gamma\text{-Cyan-propyl}]\text{-malonester}}{NC\cdot [CH_2]_3\cdot CH(CO_2\cdot C_2H_5)_2}.$$

Bei der Behandlung mit Äthylnitrit und Na-Alkoholat verliert dieser Ester ein Carboxyl, und es entsteht das Na-Salz eines Oxims:

$$NC\cdot CH_2\cdot CH_2\cdot CH_2\cdot C(:N\cdot OH)\cdot CO_2\cdot C_2H_5.$$

Wird dieses Oxim mit Natrium und Alkohol behandelt, so wird gleichzeitig die N·OH-Gruppe zu NH_2 und die Cyangruppe zu $CH_2 \cdot NH_2$ reduziert, wodurch

$$H_2N \cdot CH_2 \cdot [CH_2]_3 \cdot CH(NH_2) \cdot CO_2H,$$

d. h. inaktives Lysin, erhalten wird.

Ornithin, das als solches in Eiweißstoffen nicht vorkommt, ist das nächstniedere Homologe von Lysin, also α,δ-Diamino-valeriansäure $H_2N \cdot [CH_2]_3 \cdot CH(NH_2) \cdot CO_2H$. Es entsteht beim Kochen von Arginin mit Barytwasser und liefert unter der Wirkung von Bakterien Putrescin (1,4-Diamino-butan). Seine Struktur ist ebenfalls durch Synthese von E. FISCHER bewiesen.

Das stark basische **Arginin** $C_6H_{14}O_2N_4$ ist ein wichtiger Eiweißbaustein. Synthetisch kann es durch Einwirkung von Cyanamid auf Ornithin erhalten werden:

$$\underset{\text{Ornithin}}{H_2N \cdot [CH_2]_3 \cdot CH(NH_2) \cdot CO_2H} + \underset{\text{Cyanamid}}{CH_2N_2} = \underset{\text{Arginin}}{H_2N \cdot C(:NH) \cdot NH \cdot [CH_2]_3 \cdot CH(NH_2) \cdot CO_2H}.$$

Es erscheint möglich, daß Arginin in der Leber aus Ornithin, Ammoniak und Kohlensäure über **Citrullin** $H_2N \cdot CO \cdot NH \cdot [CH_2]_3 \cdot CH(NH_2) \cdot CO_2H$ als Zwischenprodukt entsteht. Da Arginin andrerseits durch ein Ferment Arginase in Ornithin und **Harnstoff** zerlegt wird, so ist von KREBS die Hypothese aufgestellt worden, daß die Harnstoff-Bildung im Organismus auf diesen Reaktionen beruht und daß Ornithin hierbei die Rolle eines Katalysators spielt. Es ist aber wahrscheinlich, daß dies nicht der einzige Weg der physiologischen Harnstoff-Bildung ist. Denn auch Glutaminsäure ist ein guter Harnstoffbildner, ohne daß dabei intermediär Ammoniak abgespalten würde. Vermutlich findet eine Transaminierung von Glutaminsäure oder Asparaginsäure auf Citrullin statt.

Auch **Oxyaminosäuren** kommen in der Natur als Eiweiß-Bausteine vor. **Serin** ist seit langem als Bestandteil der Seide bekannt. Es ist von E. FISCHER und LEUCHS aus Glykolaldehyd und Blausäure synthetisch erhalten worden und besitzt danach die Struktur einer β-Oxy-α-amino-propionsäure $HO \cdot CH_2 \cdot CH(NH_2) \cdot CO_2H$. Die homologe β-Oxy-α-amino-buttersäure $CH_3 \cdot CH(OH) \cdot CH(NH_2) \cdot CO_2H$ ist neuerdings in Eiweißstoffen aufgefunden worden. Sie liefert bei der Reduktion α-Amino-buttersäure, bei der Oxydation Milchsäurealdehyd. Da sie in ihrer Konfiguration der Threose (S. 226) entspricht, hat sie den Namen **Threonin** erhalten.

Ein Schwefel-Analogon des Serins ist das **Cystein** $HS \cdot CH_2 \cdot CH(NH_2) \cdot CO_2H$. Es oxydiert sich sehr leicht zu dem entsprechenden Disulfid **Cystin** $HO_2C \cdot CH(NH_2) \cdot CH_2 \cdot S \cdot S \cdot CH_2 \cdot CH(NH_2) \cdot CO_2H$, das schon 1810 von WOLLASTON in Blasensteinen entdeckt, aber erst gegen Ende des vorigen Jahrhunderts als ein weit verbreiteter Eiweißbaustein erkannt wurde. Cystin ist im Gegensatz zu den meisten Aminosäuren in Wasser sehr schwer löslich. Auch ein Thioäther des Cysteins, **Lanthionin** $[HO_2C \cdot CH(NH_2) \cdot CH_2]_2S$, ist in Eiweißhydrolysaten gefunden worden. Eine weitere schwefelhaltige Aminosäure ist endlich das **Methionin** $CH_3 \cdot S \cdot CH_2 \cdot CH_2 \cdot CH(NH_2) \cdot CO_2H$, das 1923 von J. H. MÜLLER bei der Hydrolyse von Eiweißstoffen aufgefunden und erstmalig von BARGER und COYNE (1929) synthetisiert wurde.

WALDENsche Umkehrung

Durch die optische Aktivität der Aminosäuren ist das theoretisch und biologisch wichtige Problem gestellt, in welcher Beziehung ihre Konfiguration zu dem S. 225 behandelten Konfigurations-Schema der Zucker und Oxysäuren steht. Einer allgemeinen Beantwortung dieser Frage stellen sich große Schwierigkeiten in den Weg, weil die meisten Reaktionen zur Umwandlung von Amino- in Oxysäuren sich am asymmetrischen Kohlenstoffatom selbst abspielen.

Bei derartigen Umwandlungen optisch-aktiver Verbindungen ineinander sind nun sehr auffallende Unregelmäßigkeiten beobachtet worden, die für die Theorie des chemischen Reaktionsverlaufs überhaupt von großem Interesse sind, weil hier durch die Drehung Erscheinungen beobachtbar werden, die sicherlich auch bei inaktiven Verbindungen eine große Rolle spielen. Wie zuerst P. WALDEN gezeigt hat, wird (—)-Chlorbernsteinsäure durch Ag_2O in (—)-Äpfelsäure, durch Kalilauge dagegen in (+)-Äpfelsäure verwandelt. Stellt man sich die Konfigurationen der beiden Äpfelsäuren nach dem früher (S. 195) gegebenen Schema vor, so ist das Resultat nur so erklärlich, daß im einen Fall während der Substitution von Cl durch OH die beiden Substituenten *a* und *d* die Plätze getauscht haben. Einen solchen Vorgang bezeichnet man als „WALDENsche Umkehrung". Für die Bestimmung der konfigurativen Verwandtschaft zweier Verbindungen sind also alle Reaktionen von zweifelhaftem Wert, bei denen das asymmetrische C-Atom in Mitleidenschaft gezogen wird.

Irrig wäre die Annahme, daß die bloße Umkehrung des Drehungssinnes bei einer *einzigen* chemischen Umwandlung das geringste mit einer Konfigurationsänderung zu tun hätte. Daß der Drehungssinn als solcher keinen Rückschluß auf die Konfiguration zuläßt, wurde bereits S. 227 gezeigt. Linksdrehender Amylalkohol (S. 46) liefert bei der Oxydation rechtsdrehende Methyläthylessigsäure, obwohl bei dieser Reaktion die Konfiguration nicht geändert wird. Wie stark Drehungsgröße und -sinn von der Konstitution des gesamten Moleküls abhängen, sieht man aus den molekularen Drehungen der folgenden Derivate der *d*(—)-Milchsäure, die sämtlich die gleiche Konfiguration haben:

Methylmilchsäuremethylester	+ 112°
Acetylmilchsäuremethylester	+ 74°
Benzoylmilchsäuremethylester	— 35°

Der Nachweis der WALDENschen Umkehrung ist also erst dann erbracht, wenn man eine Substanz (+)-A je nach dem Weg in (+)-B oder (—)-B überführen kann.

Durch zweimal wiederholte WALDENsche Umkehrung kann man die folgenden „optischen Kreisprozesse" konstruieren, von denen der erste von WALDEN, der zweite von E. FISCHER angegeben worden ist:

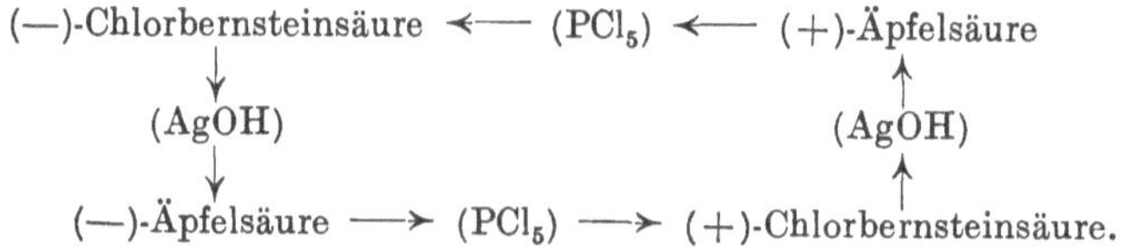

Offenbar muß hier entweder bei der Einwirkung von feuchtem Silberoxyd oder bei der Einwirkung von Phosphorpentachlorid eine Umlagerung der Gruppen am asymmetrischen Kohlenstoffatom stattgefunden haben.

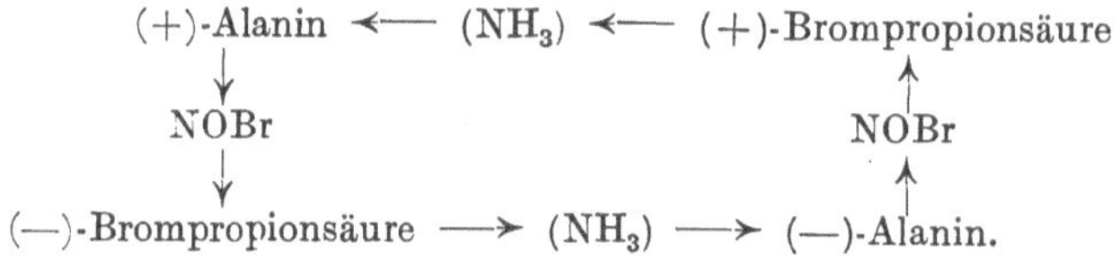

Man kennt noch viele andere Beispiele der WALDENschen Umkehrung.

Wenn eine optisch-aktive Verbindung sich in ihren Antipoden umwandelt, so müssen zwei der Gruppen oder Atome, die an das asymmetrische C-Atom gebunden sind, den Platz tauschen. Dies ergibt sich als einfache Folgerung aus der Theorie des asymmetrischen Kohlenstoffatoms. E. FISCHER hat eine Reaktionsfolge angegeben, bei der man eine solche Vertauschung vornimmt, ohne das asymmetrische C-Atom selbst zu berühren:

$$\begin{matrix}C_3H_7\\H\end{matrix}>C<\begin{matrix}CO\cdot NH_2\\CO_2H\end{matrix} \longrightarrow \begin{matrix}C_3H_7\\H\end{matrix}>C<\begin{matrix}CO\cdot NH_2\\CO_2\cdot CH_3\end{matrix}$$

$$\longrightarrow \begin{matrix}C_3H_7\\H\end{matrix}>C<\begin{matrix}CO_2H\\CO_2\cdot CH_3\end{matrix} \longrightarrow \begin{matrix}C_3H_7\\H\end{matrix}>C<\begin{matrix}CO_2H\\CO\cdot NH_2\end{matrix}.$$

Ausgangsprodukt und Endprodukt zeigten entgegengesetzte Drehungen. Man kann diese Umsetzungen also als einen neuen Beweis der VAN'T HOFFschen Theorie betrachten.

Um das Problem der WALDENschen Umkehrung seiner Lösung zuzuführen, sind zwei Fragen zu beantworten: 1. Bei welchen chemischen Umsetzungen tritt Umkehrung ein (z. B. im obigen Fall: durch Ag_2O oder durch KOH)? 2. Welches ist die Ursache der Umkehrung? Von diesen Fragen ist die erste durch neuere Arbeiten wenigstens im Prinzip erledigt. Da chemische Umsetzungen allein hier nicht zum Ziel führen können, ist man auf den Vergleich physikalischer Eigenschaften, in erster Linie der Drehung, angewiesen.

Hierbei wird der (auch theoretisch zu begründende) Erfahrungssatz zugrunde gelegt, daß analoge Verbindungen gleicher Konfiguration analoge Drehungsverschiebungen zeigen, wenn man sie gleichen chemischen Veränderungen unterwirft. Vergleicht man z. B. Derivate der *d*-Milchsäure mit den Derivaten der rechtsdrehenden α-Brom-propionsäure, deren Konfiguration als *d*-oder *l*-Verbindung bestimmt werden soll:

	Toluolsulfo-*d*-milchsäure	Methyl-*d*-milchsäure	Acetyl-*d*-milchsäure	(+)-Brom-propionsäure
Dimethylamid	+ 51°	+ 84°	+ 28°	— 28°
Chlorid	+ 145°	+ 112°	+ 49°	+ 46°

so sieht man, daß in jedem Fall beim Übergang vom Dimethylamid zum Chlorid der Säure Rechtsverschiebung auftritt. In diese Reihe paßt also nur (+)-Brompropionsäure, nicht (—)-Brompropionsäure. Die rechtsdrehende Säure hat demnach die gleiche Konfiguration wie die *d*-Milchsäure; sie ist daher als *d*(+)-α-Brom-propionsäure zu bezeichnen.

Nachdem auf diese Weise eine Reihe von Konfigurationsformeln ermittelt war, hat sich als Resultat ergeben, daß in den oben angeführten Fällen von WALDENscher Umkehrung die Einwirkung von PCl_5 und von NH_3 unter Umlagerung, die von Ag_2O und von NOBr dagegen ohne Umlagerung vor sich gegangen ist.

Die Frage nach Ursache und Verlauf des Konfigurationswechsels ist heute dank den Untersuchungen von KENYON und PHILLIPS sowie INGOLD und HUGHES weitgehend geklärt. Nach theoretischen Überlegungen liegt die günstigste Angriffsrichtung für ein Reagenz auf der Linie der zu sprengenden Bindung. Es ist leicht einzusehen und steht im Einklang mit der Erfahrung, daß dann bei bimolekularen Reaktionen vom Typus $HO^- + R-X \rightarrow HO-R + X^-$ stets Umkehrung eintreten muß (Fall 1). Verläuft dagegen die erste Stufe der Austauschreaktion monomolekular gemäß $R-X \rightarrow R^+ + X^-$, so hängt es von der Lebensdauer des Carbonium-Ions R^+ und anderen Umständen ab, so insbesondere der Nachbarschaft ionisierter oder freie Elektronenpaare enthaltender Substituenten, ob Umkehrung eintritt oder nicht. Das Carbonium-Ion strebt eine ebene Konfiguration an (vgl. S. 415), so daß stets bedeutende Racemisierung beobachtet wird (Fall 2). Es ist hiernach klar, daß man durch Änderung der Reaktionsordnung, z. B. durch Änderung des Lösungsmittels und der Verdünnung, das sterische Resultat der Reaktion beeinflussen kann und daß die kinetische Erforschung des Reaktionstypus heute ein wichtiges Hilfsmittel der Konfigurationsbestimmung darstellt. Unter den Typus 1 fällt auch die früher erwähnte **Autoracemisation** aktiver Halogenverbindungen durch Halogen-Ion. Sind nämlich organisch gebundenes Halogen und Halogen-Ion gleich, so ist das Reaktionsprodukt der Antipode des Ausgangsmaterials, Racemisation also die natürliche Folge dieses Reaktionsmechanismus.

Aliphatische Diazoverbindungen

Während freie Aminoessigsäure durch salpetrige Säure in Glykolsäure verwandelt wird, erhielt CURTIUS durch Einwirkung von salpetriger Säure auf den Äthylester der Aminoessigsäure ein eigentümliches gelbes Öl von charakteristischem Geruch, das beim Erhitzen explodiert. Es besitzt die Zusammensetzung $C_4H_6O_2N_2$ und bildet sich nach folgender Gleichung:

$$C_2H_5 \cdot O_2C \cdot CH_2 \cdot NH_2 + HNO_2 = C_2H_5 \cdot O_2C \cdot CH : N : N + 2\,H_2O.$$

Diese Verbindung hat den Namen **Diazoessigester** erhalten. Ihre Struktur ergibt sich aus den mannigfachen Umsetzungen, zu denen sie befähigt ist und die sich in drei Gruppen zusammenfassen lassen. Zu der ersten Gruppe gehören diejenigen Umwandlungen, die sich unter Abgabe des Diazostickstoffs vollziehen. Beim Zusammenbringen mit verdünnten Säuren entsteht z. B. Glykolsäureester:

$$C_2H_5\cdot O_2C\cdot CHN_2 + H_2O = C_2H_5\cdot O_2C\cdot CH_2\cdot OH + N_2.$$

BREDIG hat gefunden, daß diese Reaktion durch Wasserstoffionen katalytisch beschleunigt wird, und hierauf eine der empfindlichsten Methoden zum Nachweis und zur quantitativen Bestimmung dieses Ions gegründet.

Auf gleiche Weise entsteht mit Salzsäure Monochloressigester und mit Jod Dijodessigester. Mit organischen Säuren entstehen Acylglykolsäureester:

$$C_2H_5\cdot O_2C\cdot CHN_2 + CH_3\cdot COOH = C_2H_5\cdot O_2C\cdot CH_2\cdot O\cdot CO\cdot CH_3 + N_2.$$

Unter dem katalytischen Einfluß von Kupfer vermag der Diazoessigester bei etwa 100° seinen gesamten Stickstoff abzugeben unter Bildung von Fumarsäureester:

$$2\,N_2CH\cdot CO_2\cdot C_2H_5 = 2\,N_2 + C_2H_5\cdot O_2C\cdot CH = CH\cdot CO_2\cdot C_2H_5.$$

Die zweite Gruppe umfaßt diejenigen Umwandlungen, bei denen Stickstoff nicht gasförmig austritt, sondern die Diazogruppe sich unter Bindungsverschiebung an ungesättigte Gruppen anlagert. Hierbei entstehen Pyrazolderivate (S. 466).

Die dritte Gruppe von Reaktionen besteht in Additionen, wobei die mehrfachen Bindungen in einfache verwandelt werden. Als Beispiel sei die Reduktion mit Natriumamalgam in alkalischer Lösung erwähnt, wobei Hydrazinoessigsäure entsteht:

$$HO_2C\cdot CHN_2 + 2\,H_2 = HO_2C\cdot CH_2\cdot NH\cdot NH_2.$$

Intermediär entsteht dabei das Hydrazon der Glyoxylsäure $HO_2C\cdot CH{:}N\cdot NH_2$, das durch Säuren in Hydrazin und Glyoxylsäure gespalten wird.

Eine analoge Konstitution wie Diazoessigester besitzt auch das **Diazomethan** $CH_2 : N : N$, das man am einfachsten durch Einwirkung von alkoholischer Kalilauge auf Hydrazin und Chloroform darstellen kann:

$$CHCl_3 + N_2H_4 = CH_2N_2 + 3\,HCl.$$

Es ist ein gelbes, giftiges und explosives Gas, das dieser Eigenschaften wegen meist in ätherischer Lösung verwandt wird. Es ist als Methylierungsmittel sehr geschätzt. Während es nämlich gegen alkoholische Hydroxylgruppen indifferent ist, reagiert es mit sauren OH-Gruppen (vgl. Phenole, S. 311) augenblicklich unter Stickstoff-Entwicklung und Bildung des Methyläthers:

$$CH_3\cdot C(OH){:}CH\cdot CO_2\cdot C_2H_5 + CH_2N_2 = CH_3\cdot C(O\cdot CH_3){:}CH\cdot CO_2\cdot C_2H_5 + N_2.$$

Seine photochemische Zersetzung liefert **Methylen** CH_2 als freies Radikal oder reaktionsfähiges Molekül mit zweiwertigem Kohlenstoff, während die katalytische Zersetzung, z. B. mit Bortriäthyl, hochschmelzendes **Polymethylen** $[CH_2]_n$ ergibt. Sehr interessant ist sein Verhalten gegen Aldehyde und Ketone. Mit Aldehyden liefert es teils die homologen Methylketone, teils die damit isomeren Äthylenoxyde:

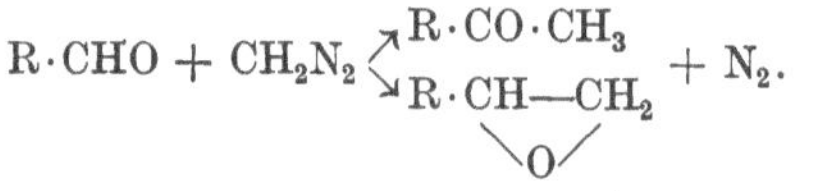

Mit Ketonen reagiert es nicht ohne weiteres. Setzt man aber Wasser oder Methylalkohol zu, so wird die Reaktion katalytisch beschleunigt und verläuft dann analog wie mit den Aldehyden:

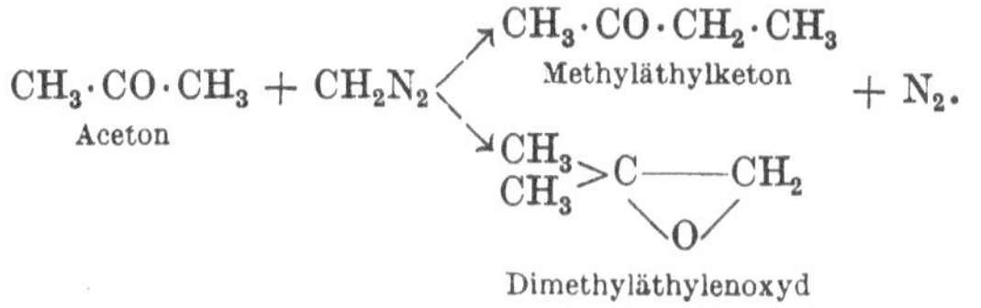

Dimethyläthylenoxyd

Eiweißstoffe

Die Eiweißstoffe oder Proteine[1] nehmen unter den organischen Naturstoffen, die die lebende Substanz des Pflanzen- und Tierkörpers bilden, in bezug auf Menge und Wichtigkeit einen hervorragenden Platz ein. Man kann mit großer Wahrscheinlichkeit behaupten, daß alle Lebenstätigkeit an die Gegenwart von Eiweißstoffen gebunden ist. Ein nie fehlender Elementarbestandteil der Eiweißstoffe ist, wie man schon frühzeitig erkannte, der Stickstoff. Während nun die Pflanze ihr Eiweiß aus anorganischen Verbindungen synthetisiert und Stickstoffverbindungen nicht in nennenswertem Maß ausscheidet (BOUSSINGAULT), ist der tierische Organismus nicht zur Synthese aller Eiweißstoffe befähigt und überdies durch Exkretion stickstoffhaltiger Stoffwechsel-Endprodukte ständigem Substanzverlust ausgesetzt. Er bedarf also zur Aufrechterhaltung des Lebens und zum Wachstum dauernder Eiweißzufuhr, während Fette und Kohlenhydrate wenigstens zeitweilig für die Ernährung entbehrt werden können. Unter den eiweißreichen Produkten des Tierreichs stehen die Eier, das Muskelfleisch und die Milch an erster Stelle. Im Pflanzenreich zeichnen sich besonders die Samen durch hohen Eiweißgehalt aus.

Die im Lauf des vorigen Jahrhunderts über den Bau des Eiweißmoleküls ausgeführten Untersuchungen haben ergeben, daß man es mit Substanzen von außerordentlich kompliziertem Bau zu tun hat. Die Elementaranalyse gibt über ihre Zusammensetzung nur wenig Aufschluß, da diese bei den verschiedensten Eiweißstoffen nur innerhalb enger Grenzen schwankt:

Kohlenstoff	50—55%
Wasserstoff	6·5—7·3%
Stickstoff	15—18·7%
Sauerstoff	18—28%
Schwefel	0·4—3·5%

Seitdem BRACONNOT 1819 beim Kochen von Leim mit Schwefelsäure oder Barytwasser Glykokoll und Leucin erhalten hatte, sind einzelne Aminosäuren beim Abbau zahlreicher Eiweißstoffe nachgewiesen worden. Aber erst SCHÜTZENBERGER konnte gegen 1875 durch zahlreiche Analysen wahrscheinlich machen, daß das komplizierte Gemisch, das beim Erhitzen von Eiweißstoffen mit Barytwasser im Autoklaven auf 200° entsteht, ausschließlich aus Aminosäuren besteht und ein höheres Gewicht als das Ausgangsmaterial besitzt. Die Spaltung muß also unter Wasseraufnahme erfolgen, d. h. in einer Hydrolyse bestehen. Nur wenige schwer lösliche Aminosäuren wie Leucin und Tyrosin konnten von SCHÜTZENBERGER in annähernd reinem Zustand isoliert werden. Die Auflösung des unentwirrbar scheinenden Gemenges der Aminosäuren in seine Bestandteile und die Ermittlung der quantitativen Verhältnisse ist eines der unvergänglichen Verdienste von EMIL FISCHER.

Er hydrolysierte die Proteine durch Kochen mit konzentrierter Salzsäure oder 25%iger Schwefelsäure, wobei die Hydrolyse rascher als bei der alkalischen Spaltung und ohne wesentliche Racemisierung verläuft, wandelte die Aminosäuren auf die S. 269 angegebene Weise in ihre Ester um und konnte nunmehr durch Destillation im Vakuum das Estergemenge in einige Fraktionen zerlegen, die nur noch ungefähr je drei Aminosäureester enthielten. Durch Verseifen wurden die freien Aminosäuren gewonnen, die dann durch geeignete Methoden getrennt werden konnten. Bei der quantitativen Aufarbeitung der Spaltungsprodukte nach FISCHERS Estermethode und den verbesserten Trennungsverfahren, die man in neuerer Zeit entwickelt hat, sind im

[1] Die Bezeichnung „Proteine" stammt von MULDER (1838), der irrtümlich annahm, daß sich alle Eiweißstoffe von der gleichen Grundsubstanz ableiten, die er deshalb Protein (von πρῶτος = der erste) nannte.

allgemeinen nicht mehr als 80% des Eiweiß[1] in Form bestimmter Verbindungen wiedererhalten worden (vgl. die Tabelle auf S. 285). Der Fehlbetrag ist auf Zersetzungen im Lauf der Hydrolyse, Schwierigkeiten der Trennung und vielleicht noch unbekannte Bausteine zurückzuführen.

Von neueren analytischen Hilfsmitteln ist u. a. die chromatographische Trennung (vgl. S. 405) der Aminosäuren in ihren verschiedenen modernen Ausführungsformen zu nennen. Wichtig wird auch die mikrobiologische Bestimmung, die den Einfluß bestimmter Aminosäuren auf das Wachstum von Mikroorganismen analytisch verwertet. Ein weiteres, noch wenig angewandtes, aber grundsätzlich interessantes Verfahren beruht auf dem Prinzip der „Isotopen-Verdünnung". Mit Hilfe von Ammoniumchlorid, das N^{15} enthält, oder von Bariumcarbonat mit radioaktivem Kohlenstoff C^{14} kann man nach bekannten Verfahren Aminosäuren aufbauen, die N^{15} oder C^{14} enthalten. Vermischt man nun z. B. ein auf Glykokoll zu analysierendes Hydrolysat mit einer bekannten Menge a des synthetisch hergestellten isotopen Glykokolls (dessen Gehalt an dem isotopen Element C_0 sei), scheidet sodann eine Probe reines Glykokoll aus dem Hydrolysat ab und findet darin den Isotopengehalt C_1, so ist die Gesamtmenge des vorhandenen Glykokolls

$$x = \left(\frac{C_0}{C_1} - 1\right) a.$$

Für die Bestimmung von N^{15} verwandelt man den Aminostickstoff nach VAN SLYKE in elementaren Stickstoff, den man im Massenspektrographen analysiert. Für C^{14} bestimmt man die β-Strahlungsintensität mit dem GEIGER-MÜLLER-Zähler. Die Genauigkeit der Bestimmung hängt nur von der Reinheit der abgeschiedenen Glykokollprobe ab. Natürlich vermeidet auch dieses Verfahren nur die Fehlerquellen, die von unvollkommener Trennung herrühren. Über die Anwendung von Isotopen zur Aufklärung von Reaktionsmechanismen und Stoffwechselvorgängen vgl. z. B. S. 54, 90, 211 und 465.

Bisher hat man aus Eiweißstoffen etwa 20 verschiedene Aminosäuren isoliert, von denen die wichtigsten im folgenden aufgezählt seien:

1. **Einbasische Monoaminosäuren**: Glykokoll, Alanin, α-Amino-isovaleriansäure (Valin), Leucin, Isoleucin und das der aromatischen Reihe angehörende Phenylalanin $C_6H_5 \cdot CH_2 \cdot CH(NH_2) \cdot CO_2H$.

2. **Zweibasische Monoaminosäuren**: Asparaginsäure, Glutaminsäure (Aminoglutarsäure).

3. **Diaminosäuren**: Lysin, Arginin.

4. **Oxyaminosäuren**: Serin, Threonin $CH_3 \cdot CH(OH) \cdot CH(NH_2) \cdot CO_2H$ und das aromatische Tyrosin $HO \cdot C_6H_4 \cdot CH_2 \cdot CH(NH_2) \cdot CO_2H$ (S. 374).

5. Verbindungen mit einem stickstoffhaltigen Ring. Hierzu gehören **Pyrrolidin-α-carbonsäure** (Prolin) und **Oxypyrrolidincarbonsäure** (Oxyprolin). **Tryptophan** leitet sich von der heterocyclischen Stickstoffbase Indol (S. 475) ab und ist wahrscheinlich der Teil des Eiweiß, der durch weitere Zersetzung den charakteristischen Geruch der menschlichen Fäces verursacht (S. 476). Tryptophan ist dadurch charakterisiert, daß es mit Bromwasser einen violetten Niederschlag bzw. eine violette Färbung gibt. Bei der Säurehydrolyse der Eiweißstoffe wird es völlig zerstört. **Histidin** schmilzt unter Zersetzung bei 285° und ist ein Abkömmling des Imidazols (S. 466), das zwei Stickstoffatome im Ring enthält. Der Imidazol-Ring des Histidins erweist sich mit einer klassischen Basendissoziationskonstante k_b von 10^{-8} als beträchtlich basisch. Histidin ist daher zweibasisch und bildet ein Mono- und ein Dihydrochlorid.

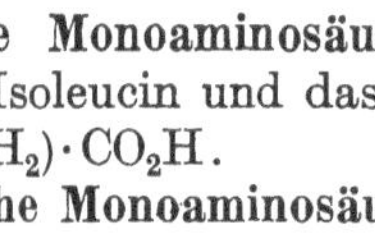

Prolin

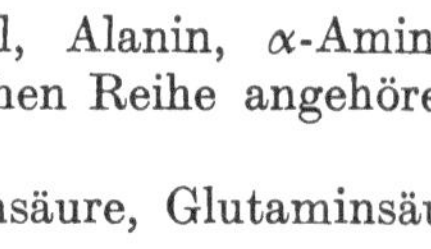

Oxyprolin

[1] Man pflegt die Ausbeute an Aminosäuren in Prozenten des angewandten Eiweiß auszudrücken. Hierbei ist aber zu bedenken, daß infolge der Wasseraufnahme bei der Hydrolyse die Summe der Aminosäuren etwa 110—120% des Eiweißgewichts betragen muß.

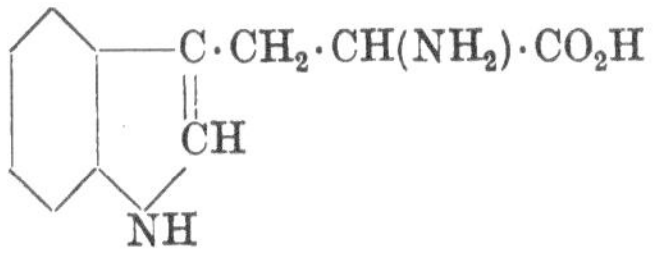

Tryptophan

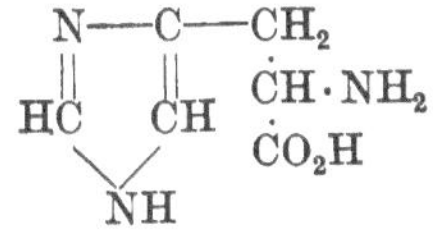

Histidin

6. **Schwefelhaltige Aminosäuren**: Cystin, Cystein, Lanthionin und Methionin.

Konstitution der Eiweißstoffe

Die Frage nach der Verknüpfungsart der einzelnen Aminosäuren im Eiweißmolekül ist zuerst etwa 1902 von HOFMEISTER und EMIL FISCHER in bestimmter Weise beantwortet worden. Sie nahmen eine Verknüpfung der Carboxylgruppen mit den Aminogruppen in säureamidartiger Bindung an:

$$H_2N \cdot CHR \cdot CO \cdot NH \cdot CHR \cdot CO \cdot NH \cdot CHR \cdot CO \cdot NH \cdot CHR \cdot CO_2H.$$

Derartige Aminosäure-Abkömmlinge sind von E. FISCHER je nach der Anzahl der beteiligten Aminosäure-Reste als **Dipeptide, Tripeptide** bzw. allgemein als **Polypeptide** bezeichnet worden[1]. Diese Formel erklärt die Bildung von Aminosäuren bei der Hydrolyse mit Säuren und Alkalien und die Abwesenheit größerer Mengen von freien Aminogruppen in den Eiweißstoffen. Sie ist ferner mit der Tatsache im Einklang, daß bei der Hydrolyse Aminogruppen und Carboxylgruppen in annähernd äquivalenten Mengen frei werden und daß die Eiweißstoffe die blauviolette Farbreaktion des Biurets geben, das ebenfalls ein Säureamid ist. Am Aufbau der fortlaufenden Polypeptid-Kette ist, wie es scheint, nur die α-Aminosäure-Gruppierung $—CH(NH_2) \cdot CO_2H$ beteiligt. Der Rest der Aminosäuren (in der obigen Formel als R bezeichnet) spielt die Rolle von Seitenketten an der Polypeptid-Kette. In diesen Seitenketten befindet sich auch das zweite Carboxyl der Asparaginsäure und Glutaminsäure, das teils als freie Carboxylgruppe, teils an Ammoniak gebunden als Säureamidgruppe $—CO \cdot NH_2$ auftritt. Tatsächlich spalten die Eiweißstoffe schon beim Kochen mit verdünnten Säuren und Alkalien kleine Mengen Ammoniak ab, die ihrem Gehalt an Asparaginsäure und Glutaminsäure annähernd äquivalent sind. Ferner läßt sich das Vorhandensein von seitenständigen $CO \cdot NH_2$-Gruppen direkt durch enzymatischen Abbau beweisen, wobei Asparagin und Glutamin (S. 272) erhalten werden.

Während die bisher angeführten analytischen Konstitutionsbeweise mehr indirekter Natur sind, hat EMIL FISCHER mit der künstlichen Darstellung von Polypeptiden den direkten Weg der Eiweiß-Synthese beschritten, die von jeher als eine der größten Aufgaben der organischen Chemie gegolten hat.

Eine nähere Beschreibung der synthetischen Methoden, die man zur Darstellung der Polypeptide anwendet, würde zu weit führen; nur einzelne sollen kurz erwähnt werden. Die Ester der Aminosäuren gehen beim Erwärmen, bisweilen schon bei gewöhnlicher Temperatur, unter Verlust von 2 Molekülen Alkohol in Anhydride (Diketopiperazine) über (vgl. S. 269). Die Bildung von Diketopiperazin aus Aminoessigsäureester wird durch folgende Gleichung veranschaulicht:

$$2\,H_2N \cdot CH_2 \cdot CO_2 \cdot C_2H_5 = 2\,C_2H_5 \cdot OH + HN{<}\begin{matrix} CO \cdot CH_2 \\ CH_2 \cdot CO \end{matrix}{>}NH.$$

Unter der Einwirkung von verdünnter Lauge nimmt Diketopiperazin 1 Mol H_2O auf und gibt das Dipeptid Glycylglycin, $H_2N \cdot CH_2 \cdot CO \cdot NH \cdot CH_2 \cdot CO_2H$.

Wichtiger ist die folgende Methode: Wird eine Aminosäure in Acetylchlorid suspendiert und mit PCl_5 behandelt, so verwandelt sich Carboxyl in COCl, und dieses Säurechlorid ist gegen

[1] Bei der Benennung der einzelnen Polypeptide geht man von den Radikal-Bezeichnungen der Aminosäuren aus, wobei man statt Aminoessigsäure den kürzeren Namen „Glycin“ benutzt. Die folgenden Beispiele bedürfen keiner weiteren Erläuterung: Glycylglycin $H_2N \cdot CH_2 \cdot CO \cdot NH \cdot CH_2 \cdot CO_2H$, Diglycylglycin $H_2N \cdot CH_2 \cdot CO \cdot NH \cdot CH_2 \cdot CO \cdot NH \cdot CH_2 \cdot CO_2H$, Alanylglycylglycin $H_2N \cdot CH(CH_3) \cdot CO \cdot NH \cdot CH_2 \cdot CO \cdot NH \cdot CH_2 \cdot CO_2H$.

Alkalien soweit beständig, daß man es in alkalischer Lösung mit einem zweiten Molekül Aminosäure kuppeln kann:

$$H_2N \cdot CH_2 \cdot COCl + H_2N \cdot CH_2 \cdot CO_2H = HCl + H_2N \cdot CH_2 \cdot CO \cdot NH \cdot CH_2 \cdot CO_2H.$$

Die Anwendung der gleichen Reaktion auf Peptide begegnet nach neueren Erfahrungen grundsätzlichen Bedenken. Denn α-Acylaminosäuren werden durch PCl_5 in die den Säurechloriden isomeren Hydrochloride von **Oxazolonen („Azlactonen")** verwandelt:

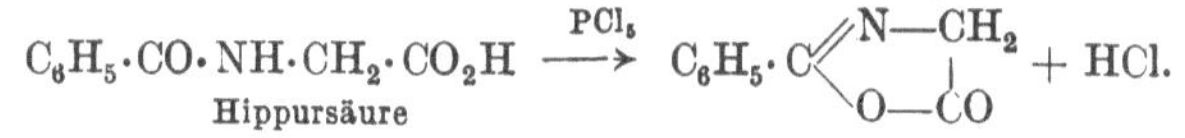

Hippursäure

Diese reagieren zwar mit Aminosäuren unter Lactonaufspaltung wie die Säurechloride, doch beeinträchtigen Racemisierungen und ev. Umlagerungen die Übersichtlichkeit. Dadurch verliert dieses für die Ankuppelung von mehreren Aminosäure-Resten in 1 Schritt interessante Verfahren seinen Wert.

Bevor man das Carboxyl einer Aminosäure in ein kupplungsfähiges Derivat verwandelt, ist oft ein „Schutz" der Aminogruppe durch Einführung von Acetyl oder Benzoyl erforderlich. Die nachträgliche Abspaltung dieser Gruppe verläuft aber häufig so schwer, daß gleichzeitig auch das Peptid hydrolysiert wird. Diese Schwierigkeit läßt sich nach M. BERGMANN überwinden, wenn man die zu schützende Aminogruppe mit Kohlensäurebenzylester-chlorid $C_6H_5 \cdot CH_2 \cdot O \cdot COCl$, das aus Benzylalkohol (S. **338**) und Phosgen erhalten werden kann, umsetzt. Man erhält so **„Carbobenzoxy"-Verbindungen,** aus denen sich die Verbindung mit freier Aminogruppe *ohne Hydrolyse* durch katalytische Hydrierung regenerieren läßt:

$$\underset{\text{Carbobenzoxy-glycylglycin}}{C_6H_5 \cdot CH_2 \cdot O \cdot CO \cdot NH \cdot CH_2 \cdot CO \cdot NH \cdot CH_2 \cdot CO_2H}$$

$$\xrightarrow{H_2} \underset{\text{Toluol}}{C_6H_5 \cdot CH_3} + CO_2 + \underset{\text{Glycylglycin}}{H_2N \cdot CH_2 \cdot CO \cdot NH \cdot CH_2 \cdot CO_2H}.$$

Auf diese Weise können viele sonst schwer zugängliche Peptide synthetisiert werden.

Mit Hilfe des Carbobenzoxy-Verfahrens synthetisierten z. B. HARINGTON und MEAD das Tripeptid Glutathion, das aus je 1 Mol Glutaminsäure, Cystein und Glykokoll aufgebaut ist:

$$HO_2C \cdot CH(NH_2) \cdot CH_2 \cdot CH_2 \cdot CO \cdot NH \cdot CH(CH_2 \cdot SH) \cdot CO \cdot NH \cdot CH_2 \cdot CO_2H$$

Glutathion wurde **1921** von HOPKINS in Hefe und im Muskel entdeckt. Es findet sich in kleiner Menge in den meisten Zellen und spielt auf Grund des reversiblen Übergangs der Sulfhydryl- in die Disulfid-Bindung die Rolle eines Überträgers bei Redox-Vorgängen.

Die Gewinnung von hochmolekularen Peptiden durch direkte Polymerisation eines „Grundmoleküls", wie sie uns auf vielen anderen Gebieten vertraut ist, hat auf dem Eiweiß-Gebiet bisher kaum eine Rolle gespielt. Erst neuerdings hat man eine Beobachtung von LEUCHS (1908) wiederaufgegriffen, wonach die Anhydride der **N-Carboxy-aminosäuren** (I.) durch Wasser katalytisch in Kohlendioxyd und schwerlösliche Produkte gespalten werden, die sich als Polypeptide erwiesen haben. Die Reaktion verläuft im Fall des Leucins folgendermaßen:

$$\overline{OC \cdot CH(C_4H_9) \cdot NH \cdot COO}\ (I.) + H_2O \rightarrow HOOC \cdot CH(C_4H_9) \cdot NH \cdot COOH$$

$$\xrightarrow{-CO_2} HOOC \cdot CH(C_4H_9) \cdot NH_2 \xrightarrow{+I.} HOOC \cdot CH(C_4H_9) \cdot NH \cdot CO \cdot CH(C_4H_9) \cdot NH \cdot COOH$$

$$\xrightarrow{-CO_2} HOOC \cdot CH(C_4H_9) \cdot NH \cdot CO \cdot CH(C_4H_9) \cdot NH_2 \xrightarrow{+I.} \text{usw.}$$

In der Natur ist ein solches aus einer einzigen Aminosäure bestehendes Polypeptid bisher nur einmal angetroffen worden. Die Kapselsubstanz des Milzbrand-Bacillus besteht aus **Poly-d-glutaminsäure**

$$H_2N \cdot \underset{CH_2 \cdot CH_2 \cdot CO_2H}{\underset{|}{CH}} \cdot CO \cdot [NH \cdot \underset{CH_2 \cdot CH_2 \cdot CO_2H}{\underset{|}{CH}} \cdot CO]_n \cdot NH \cdot \underset{CH_2 \cdot CH_2 \cdot CO_2H}{\underset{|}{CH}} \cdot CO_2H$$

Die Peptidkette enthält etwa 50—100 d(—)-Glutaminsäure-Reste. Mehrere solcher Ketten sind unter sich wieder durch die Carboxyle der $CH_2 \cdot CH_2 \cdot COOH$-Seitenketten peptidartig verknüpft. Das Polypeptid, das man auch durch Zusatz von d-Glutaminsäure zu Kulturen von Bacillus subtilis erhalten kann, fällt dadurch auf, daß es den optischen Antipoden der in Eiweißstoffen vorkommenden l(+)-Glutaminsäure enthält. Aus Bacillus brevis hat man ein antibakteriell wirkendes, wahrscheinlich cyclisches Polypeptid **Gramicidin S** isoliert, das aus je 1 Mol l-Valin, l-Ornithin, l-Leucin, d-Phenylalanin und l-Prolin aufgebaut ist.

Nach den angegebenen Verfahren sind von EMIL FISCHER und anderen zahlreiche Polypeptide dargestellt worden. Die erhaltenen Di- und Tripeptide konnten in zahlreichen Fällen mit den einfachen Peptiden indentifiziert werden, die man aus Eiweiß-

Hydrolysaten isoliert hat. Bei den höheren synthetischen Peptiden von EMIL FISCHER (das höchste von ihm dargestellte enthielt 15 Glycin- und 3 Leucin-Reste, war also ein Octadecapeptid) besteht nach heutiger Kenntnis keine Gewähr für Einheitlichkeit. In ihren allgemeinen Eigenschaften stehen sie jedoch den nativen Eiweißstoffen sehr nahe. An dem im wesentlichen peptidartigen Bau der Eiweißstoffe ist daher nach FISCHERS Arbeiten kaum mehr zu zweifeln. Ein weiteres wichtiges Argument für die Peptid-Struktur der Eiweißstoffe liefert schließlich auch ihr enzymatischer Abbau, von dem weiter unten die Rede sein wird.

Trotzdem ist man sich über viele Einzelheiten des Aufbaus der Eiweißstoffe auch heute noch nicht im klaren, sodaß auch an eine synthetische Darstellung vorläufig nicht gedacht werden kann. Daß mehrere Peptidketten seitlich durch die Disulfid-Brücken des Cystins miteinander verknüpft sein können, kann als ziemlich sicher gelten. Wieweit auch die Carboxylgruppen der Glutaminsäure und Asparaginsäure durch amidartige Verknüpfung oder durch Veresterung mit Serin oder Cystein zu solchen Verzweigungen beitragen, ist vorerst Sache der Vermutung. Wasserstoffbrücken zwischen dem Imidwasserstoff und dem Carbonylsauerstoff benachbarter Peptidketten haben nach verbreiteter Auffassung wesentlichen Anteil an den Bindungsverhältnissen innerhalb des Proteinmoleküls. Zuverlässige Methoden zur Bestimmung von Zahl und Art der endständigen Aminosäuren sind noch in der Entwicklung begriffen. Noch weniger ist man über die Reihenfolge der Aminosäuren in den Peptidketten unterrichtet. Zwar hat man die ansprechende Vermutung geäußert, daß die Aminosäuren im Eiweiß nicht regellos verteilt sind, sondern, soweit sie in einfachen Molekularverhältnissen auftreten, sich längs der Kette periodisch wiederholen (ASTBURY, BERGMANN). Doch reichen bis jetzt weder die analytischen noch die röntgenographischen Unterlagen für eine überzeugende Beweisführung aus, und es fehlt auch nicht an gegenteiligen Erfahrungen.

Physikalische Eigenschaften und Reaktionen der Eiweißstoffe

Die vorangehenden Ausführungen über die Konstitution der Eiweißstoffe machen ihr physikalisches Verhalten wenigstens in den Grundzügen verständlich. Die Eiweißstoffe sind typisch hochmolekulare Verbindungen. Ihre geringe Diffusionsfähigkeit und das mangelnde Vermögen der meisten Proteine zur Dialyse durch Membranen wie Kollodium oder Pergamentpapier wurde schon in den grundlegenden Untersuchungen GRAHAMS über die Kolloide (seit 1851) erkannt[1]. Zur Bestimmung des Molekulargewichts ist die kryoskopische Methode bereits zu unempfindlich, während die Methode des osmotischen Drucks unter Berücksichtigung der notwendigen Korrekturen[2] noch ziemlich genaue Resultate gibt. Für einen Eiweißstoff vom Molekulargewicht 18600 ist die Gefrierpunktserniedrigung in 1%iger wäßriger Lösung nur 0,001°, während der osmotische Druck immerhin noch 125 mm Wassersäule entspricht. Für Eialbumin ergaben sorgfältige Messungen nach der osmotischen Methode, wie sie zuerst von SØRENSEN ausgeführt wurden, ein Molekulargewicht von 43000. Zahlreiche Molekulargewichtsbestimmungen an Eiweißstoffen sind von SVEDBERG mit Hilfe der

[1] Die Ableitung der Bezeichnung „Kolloide“ von κόλλα = Leim weist darauf hin, daß man die Proteine geradezu als Prototyp der Kolloide betrachtete.

[2] Diffundierende Salze, deren Gegenwart sich häufig nicht umgehen läßt, verteilen sich bei Anwesenheit eines Eiweiß-Ions ungleichmäßig auf beiden Seiten der Membran. Dies führt zur Ausbildung einer elektrischen Potentialdifferenz E (DONNAN-Membranpotential) und einer osmotischen Druckdifferenz p_i, die man von dem Gesamtdruck in Abzug bringen muß. Man berechnet die Korrektur p_i aus E nach der Gleichung

$$p_i = 15{,}4\, E^2 \Sigma c_i\, z_i^2 \; mm\, Hg,$$

wobei c_i die Konzentration, z_i die Wertigkeit der Ionen in der Außenflüssigkeit bedeutet (ADAIR). Beim isoelektrischen Punkt verschwindet das Membranpotential.

Ultrazentrifuge ausgeführt worden. Die so gewonnenen Zahlen bewegen sich zwischen 10^4 und 6×10^6. Für das Protein, das bei der „Mosaikkrankheit" des Tabaks auftritt, hat man ein Molekulargewicht von ca. 45×10^6, für ein Protein aus viruskranken Seidenraupen sogar 9×10^8 gefunden. Ob es sich dabei um Teilchengewichte oder Molekulargewichte handelt, ist freilich vorläufig nicht mit Sicherheit zu entscheiden. Sehr auffällig ist die häufig beobachtete Tatsache, daß manche Eiweißstoffe bei einer Änderung des p_H, der Salzkonzentration und selbst bei bloßer Verdünnung der Lösung reversibel in Teilchen kleineren Molekulargewichts zerfallen. Es ist daher nicht ausgeschlossen, daß die Eiweißmoleküle teilweise aus kleineren, durch Assoziation zusammengehaltenen Bestandteilen aufgebaut sind.

Wenn man das hohe Molekulargewicht der Eiweißstoffe und die große Zahl der in ihnen gefundenen Aminosäuren berücksichtigt, so erkennt man leicht, daß die Zahl strukturisomerer Eiweißstoffe nahezu unbegrenzt sein kann. Lassen sich doch schon aus einem Eiweißstoff, der aus 20 verschiedenen Aminosäuren aufgebaut ist, und nur ein Molekulargewicht von etwa 2000 hat, durch bloße Variation der Reihenfolge der Aminosäure-Reste $2 \cdot 3 \times 10^{18}$ Isomere ableiten. Man hat deshalb mitunter den Gedanken ausgesprochen, daß jedes lebende Wesen sein individuelles Eiweiß besitzen könnte. Daß die Natur indessen von diesen Isomerie-Möglichkeiten (Größenordnung etwa 10^{1000}) keinen vollen Gebrauch macht, ergibt sich neben einer rein gewichtsmäßigen Abschätzung unter anderem daraus, daß Eiweißstoffe mit gleicher physiologischer Aufgabe bei verwandten Arten so ähnlich zusammengesetzt sind, daß sie chemisch nur schwer zu unterscheiden sind. Vielfach geben in solchen Fällen die sehr empfindlichen **serologischen Reaktionen** noch weitergehenden Aufschluß über die vorhandenen Abstufungen von Ähnlichkeit und Verschiedenheit. Injiziert man beispielsweise einem Kaninchen ein artfremdes Protein, z. B. Eialbumin vom Huhn, so reagiert es auf dieses „Antigen" nach einiger Zeit mit der Bildung eines „Antikörpers": d. h. es tritt im Serum ein globulinartiges Protein auf, das durch Hühnerei-Albumin unter Bildung eines unlöslichen Niederschlags quantitativ gefällt wird. Eialbumine verwandter Ordnungen (Pute, Ente, Gans) geben die Fällung mit dem durch Hühneralbumin hervorgerufenen Antikörper zwar auch (serologische „Kreuzreaktion"). Aber ein Teil des Antikörpers bleibt unverbunden und kann durch Hühneralbumin noch gefällt werden. Die chemischen Grundlagen dieser sehr spezifischen Reaktionen sind durch neuere Arbeiten dem Verständnis wesentlich näher gebracht.

Wie andere hochmolekulare Substanzen zeigen auch die Eiweißstoffe in bezug auf die Neigung zur Kristallisation große Unterschiede. Während viele Proteine bisher nur amorph erhalten worden sind, kristallisieren zahlreiche andere Eiweißstoffe außerordentlich gut. Dies gilt namentlich von den wasserlöslichen niedermolekularen, obwohl auch sehr hochmolekulare Eiweißstoffe in kristallisierter Form bekannt sind. Die Symmetrie dieser Kristalle ist für Substanzen so komplizierten Baus bemerkenswert hoch. Viele Eiweißkristalle sind pseudohexagonal oder pseudokubisch und geben im Röntgendiagramm eine Fülle von Interferenzen. Sie sind sehr wasserreich, nur unter der Mutterlauge gut haltbar und büßen beim Trocknen unter starker Schrumpfung ihren Ordnungszustand teilweise ein. Die meisten Eiweißmoleküle besitzen kugelige oder ellipsoidische Form. Nur wenige Proteine zeigen im natürlichen Zustand eine Faser-Struktur (Faser-Proteine) und damit zusammenhängend auch gewisse elastische Eigenschaften. Trotz zahlreicher röntgenographischer Untersuchungen besteht über das Bauprinzip dieser Fasern noch keine volle Klarheit. Doch hat ein Aufbau aus parallelen gefalteten Ketten (ASTBURY) viel für sich. Für einige sehr hochmolekulare Eiweißstoffe hat man die Anordnung der einzelnen Moleküle in dichtester Kugelpackung im Kristall elektronenmikroskopisch direkt sichtbar machen können. Jedoch ist die Vergrößerung natürlich viel zu gering, um die Lagerung der Atome selbst zu bestimmen.

Es ist nicht ausgeschlossen, daß die Eiweißstoffe im kristallisierten Zustand teilweise Mischkristalle oder Molekülverbindungen aus verschiedenen Komponenten darstellen. Die Reindarstellung und Charakterisierung der Proteine ist wegen dieser Eigenschaften mit erheblichen Schwierigkeiten verknüpft. Das Löslichkeitsverhalten der Eiweißstoffe erinnert in mancher Hinsicht an das der Aminosäuren. Viele Proteine sind in Wasser löslich, in Alkohol und Aceton unlöslich. Ihre Lösungen sind optisch-aktiv, und zwar linksdrehend. Wie die Aminosäuren zeigen die Proteine das Verhalten amphoterer Stoffe. Ihre Löslichkeit ist vom p_H abhängig und zeigt beim isoelektrischen Punkt ein Minimum. Viele Eiweißstoffe flocken daher aus, wenn man die Wasserstoffionen-Konzentration auf den isoelektrischen Punkt bringt. Obwohl die Anzahl der freien basischen und sauren Gruppen oft erheblich ist[1], ist ihr Bindungsvermögen für Säuren und Basen mit Rücksicht auf die Molekülgröße nicht beträchtlich. Die Mehrzahl der Eiweißstoffe hat einen isoelektrischen Punkt im sauren Gebiet; das p_H ihrer wässerigen Lösungen liegt zwischen dem Neutralpunkt und dem isoelektrischen Punkt.

Manche Eiweißstoffe lassen sich aus ihren Lösungen durch Salzzusatz leicht abscheiden („aussalzen"), andere schwer oder gar nicht. Die Aussalzbarkeit, die ebenfalls vom p_H abhängt, ist ein wichtiges Hilfsmittel zur Erkennung und Trennung der einzelnen Eiweißstoffe. Man benutzt zum Aussalzen fast ausschließlich Ammoniumsulfat; alle Eiweißstoffe werden beim Sättigen ihrer Lösung mit Ammoniumsulfat bei geeignetem p_H vollkommen ausgesalzen. Durch zunehmende Konzentration der Ammoniumsulfat-Lösung können Eiweißstoffe aus ihrer wäßrigen Lösung fraktioniert gefällt werden. Erfolgt das Aussalzen bei gewöhnlicher Temperatur, so werden die Eiweißstoffe dadurch nicht verändert, da sie nach dieser Operation die gleichen Löslichkeitsverhältnisse zeigen wie vorher. Auch der dem Aussalzen entgegengesetzte Vorgang ist bekannt. Namentlich die Globuline unterscheiden sich von anderen Eiweißstoffen dadurch, daß sie in verdünnten Salzlösungen leichter löslich sind als in Wasser. Dies hängt wahrscheinlich mit ihrem besonders hohen Dipolmoment zusammen.

Wenig klar sind bisher die teilweise irreversiblen Veränderungen, die die meisten Eiweißstoffe bei der Koagulation und „Denaturierung" erleiden. Man versteht darunter das Unlöslichwerden beim Erhitzen der Lösungen, bei der Einwirkung von Säuren, von starkem Alkohol und von ultraviolettem Licht. Man nimmt an, daß die Anfangsstadien der Denaturierung mit einer Aufrollung der stark gefalteten Polypeptidketten und Lösung von Wasserstoffbrücken verbunden sind, und daß dabei bestimmte Atomgruppen der Einwirkung von Reagenzien leichter zugänglich werden. So lassen sich z. B. SH- und —S·S-Gruppen nach der Denaturierung in wesentlich größerer Menge als vorher nachweisen.

Man kennt zahlreiche **allgemeine Reaktionen** zum Nachweis von Eiweißstoffen, die teils auf den besonderen physikalischen Eigenschaften, teils auf der Anwesenheit bestimmter Bausteine im Molekül beruhen. Die Koagulation der Proteine beim Kochen mit Essigsäure oder beim Zusatz von Salpetersäure wird zum Nachweis im Harn benutzt. Durch die Salze der meisten Metalle, besonders Kupfersulfat, Eisenchlorid und angesäuerte Sublimatlösung, werden in Wasser unlösliche Verbindungen gefällt. Auch mit einigen Säuren gehen Eiweißstoffe unlösliche Verbindungen ein. Solche Säuren sind unter anderem Tannin und Pikrinsäure. Durch Trichloressigsäure und Phosphorwolframsäure werden Eiweißstoffe unter Salzbildung vollständig gefällt. Man benutzt sie daher neben der Koagulation durch Kochen in der Nähe des isoelektrischen Punkts und der Fällung mit Alkohol zur Abscheidung von gelöstem Eiweiß.

Zur Erkennung der Eiweißstoffe dienen verschiedene **Farbenreaktionen**: 1. MILLONS Reagens (Quecksilber(II)-nitrat-Lösung, die salpetrige Säure enthält) liefert beim Kochen mit Eiweißstoffen (wenigstens, wenn sie Tyrosin enthalten) eine rote koagulierte Masse. Diese Reaktion ist eine Phenol-Reaktion. 2. Die Xanthoprotein-

[1] Die absolute Anzahl der Säuregruppen in Hämoglobin (Molekulargewicht 67000) beträgt ca. 96, die der basischen Gruppen ca. 79. Bei rund 600 Aminosäure-Resten im Molekül entspricht dies insgesamt etwa 29% der vorhandenen Gruppen.

Reaktion, d. h. Auftreten einer Gelbfärbung beim Zusammenbringen mit Salpetersäure und nachfolgendem Alkalischmachen, ist gleichfalls auf die Anwesenheit aromatischer Reste in den Proteinen zurückzuführen. Die Gelbfärbung der menschlichen Haut durch Salpetersäure beruht auf dieser Reaktion. 3. Die Biuret-Reaktion: beim Erwärmen mit Alkalilauge und einem Tropfen einer verdünnten (2%igen) Kupfersulfat-Lösung entsteht eine schöne violette Färbung. 4. Die Tryptophan-Reaktion: Mit Formalin und konzentrierter nitrithaltiger Salzsäure entsteht eine blaue Färbung, die auf der Anwesenheit von Tryptophan beruht.

Einteilung der Eiweißstoffe

Die Einteilung der Eiweißstoffe gründet sich bei den gegenwärtig noch mangelhaften Kenntnissen über ihren feineren Bau teils auf physikalische Kriterien (Löslichkeitsunterschiede), teils auf die Anwesenheit bestimmter charakteristischer Bausteine. Außer den einfachen Eiweißstoffen kennt man noch sogenannte zusammengesetzte Proteine („Proteide"), in denen das Eiweiß mehr oder weniger fest mit anderen chemischen Verbindungen (prosthetischen Gruppen) verknüpft ist. Solche Verbindungen sind namentlich Farbstoffe, Zucker, Nucleinsäuren und Phosphorsäure. Es ist sogar nicht ausgeschlossen, daß die Mehrzahl der natürlich vorkommenden Proteine solche prosthetischen Gruppen enthält, die entweder sehr leicht abgespalten werden oder sich wegen wenig charakteristischer Eigenschaften und geringer Menge bisher dem Nachweis entzogen haben. Daß zahlreiche Enzyme zur Klasse der Proteide gehören, ist schon früher erörtert worden. Die nachstehende Einteilung der Eiweißstoffe ist nach den obigen Ausführungen nur als vorläufig zu betrachten und nicht frei von Willkür.

I. **Einfache Eiweißstoffe**:

a) **Albumine.** Zu ihnen gehören: Serumalbumin, Eieralbumin, Lactalbumin (Milchalbumin).
b) **Globuline.** Serumglobulin, Fibrin, Myosin (Hauptbestandteil der quergestreiften Muskulatur), Lactoglobulin, Pflanzenglobuline.
c) **Prolamine** aus Getreidekörnern, z. B. Gliadin, Zein.
d) **Histone,** ausgesprochen basische Substanzen, Bestandteile der Zellkerne.
e) **Protamine** von einfacherem Bau als andere Eiweißstoffe, z. B. Salmin, Clupein.
f) **Skleroproteine,** Gerüst-Eiweißstoffe, z. B. Keratine (Horn, Haar), Elastin, Kollagene (Leimstoffe).

II. **Zusammengesetzte Eiweißstoffe („Proteide")**:

a) **Phosphorproteide**: Casein, Vitellin.
b) **Nucleoproteide**: Verbindungen von Eiweiß mit Nucleinsäuren.
c) **Chromoproteide**: Hämoglobin, Hämocyanin.
d) **Glykoproteide**: Verbindungen von Eiweiß mit Kohlenhydraten (Schleimstoffe, Mucine).

Spezielle Beschreibung einiger Eiweißstoffe

Die folgende Tabelle gibt einen Überblick über den Anteil der wichtigsten Aminosäuren am Aufbau einer Reihe von Eiweißstoffen[1]. Da derartige Analysen sehr schwierig sind, besitzen die Zahlenwerte nur eine beschränkte Genauigkeit.

---

[1] Die Zahlen bedeuten die Ausbeute an Aminosäuren in Prozent des angewandten Eiweiß. Ihre Summe muß also bei theoretischer Ausbeute nach S. 278 etwa 120% betragen.

	Myosin	Fisch-muskel	kryst. Ei-albumin	Hämo-globin	Fibrin	Woll-keratin	Kollagen-Gelatine	Seiden-fibroin	Casein	Zein	Clupein	Insulin	Tabak-Mosaik-Virus
Glykokoll	1·9		3·3	4·5	5·7	6·5	27·0	43·8	2·7	0	0	4·5	1·9
Alanin	6·5		7·4	10·0	3·7	4·1	10·5	26·4	2·8	9·8	4·4	4·6	5·1
Valin	2·6	5·8	6·8	8·0	3·9	4·8	2·4	3·5	6·7	3·0	5·8	9·1	9·2
Leucin[1]	15·6	13·1	15·0	16·0	11·7	11·3	6·2	2·1	16·4	30·0	—	15·8	15·9
Phenylalanin ...	4·3	4·5	7·5	7·9	3·9	3·8	2·4	1·5	5·2	6·6	—	8·0	8·4
Serin	4·3	4·9	7·6	5·8	7·0	10·3	3·8	12·6	7·5	1·0	10·4	6·6	7·2
Threonin	5·1	4·5	3·6	4·4	6·2	6·4	1·7	1·4	4·1	2·5	—	3·5	9·9
Tyrosin........	3·4	4·4	4·4	5·2	5·2	4·7	0·3	10·6	6·9	5·9	—	12·2	3·8
Lysin	11·9	9·0	5·1	6·4	10·1	2·7	5·2	0·3	7·9	0·0	—	2·4	1·5
Arginin	7·4	7·4	5·8	3·7	7·7	10·3	10·1	1·0	4·2	1·6	86·0	3·4	9·8
Histidin	2·4	2·4	2·4	7·9	2·5	0·6	1·1	0·5	2·5	0·8	—	5·3	0·0
Asparaginsäure	8·9	2·8	8·2	14·9	12·6	6·6	6·8	—	6·3	3·4	—	5·7	13·5
Glutaminsäure .	22·1	10·1	16·3	11·9	14·8	14·1	11·8	—	24·2	35·6	—	19·9	11·3
Cystin	1·4	1·2	2·3	1·0	1·5	11·9	0·2	—	0·3	1·0	—	11·7	0·7
Methionin	3·4	3·5	5·0	1·0	2·6	0·7	1·1	0·2	3·5	2·5	—	0·0	0·0
Tryptophan	0·8	1·3	1·3	2·2	3·3	1·8	0·1	0·4	1·4	0·2	—	0·0	2·1
Prolin	1·9	3·2	4·3	5·0	3·9	6·8	17·5	1·5	8·0	9·0	5·7	2·9	5·8
Oxyprolin	—	—	—	—	—	—	14·9	—	0·0	0·0	—	0·0	—
Ammoniak	1·2	1·4	1·2	1·2	—	1·1	0·4	0·0	1·6	3·6	—	1·7	—

Die **Albumine** sind die bekanntesten und am leichtesten zugänglichen Eiweißstoffe. Am besten untersucht ist das Protein des Hühnereiweiß. Auch im Blutserum und in der Milch finden sich Albumine. Sie sind schwefelreich und glykokollarm. Sie sind in reinem Wasser sehr leicht löslich (20% und mehr) und teilweise gut kristallisierbar. Spuren von Fremdstoffen wie Fettsäuren oder Decanol können, wie im Fall des Serumalbumins, die Kristallisation sehr begünstigen. Auch die Salze (z. B. Sulfate) kristallisieren gut. Neutrale Albumin-Lösungen werden durch Kochsalz, Magnesiumsulfat und halbgesättigte Ammoniumsulfat-Lösung nicht ausgesalzen. Hierin unterscheiden sie sich von den Globulinen, die stets mit ihnen zusammen auftreten.

Die **Globuline** sind in reinem Wasser unlöslich; in verdünnten Salzlösungen beim isoelektrischen Punkt sind sie dagegen löslich. Von Magnesiumsulfat werden sie bei 30^0 vollkommen, durch Kochsalz unvollkommen ausgesalzen. Viele pflanzliche Globuline kristallisieren sehr gut. Das **Thyreoglobulin** der Schilddrüse verdient wegen seines Jodgehalts besonderes Interesse. Es enthält als Baustein Dijodtyrosin (S. 374). **Myosin,** der Hauptbestandteil der Muskelfibrillen des quergestreiften Muskels, ähnelt den Globulinen in seiner Löslichkeit in 0,6 m-KCl-Lösung und der Aussalzbarkeit durch halbgesättigte Ammoniumsulfat-Lösung. Es löst sich aber auch in reinem Wasser zu äußerst viscosen Lösungen. Sein besonderer Reichtum an sauren und basischen Gruppen und die damit verknüpften mannigfaltigen Ladungszustände lassen es für seine Funktion als kontraktiles Element besonders geeignet erscheinen. In der Ultrazentrifuge wurden Molekulargewichte über 10^6 ermittelt.

Aus dem tierischen Blut erhält man nach Entfernung der Blutkörperchen eine gelbliche Flüssigkeit, das Blutplasma. Dieses scheidet durch einen Gerinnungsprozeß ein Globulin, **Fibrin,** ab. Die zurückbleibende Flüssigkeit heißt Blutserum. Sie enthält **Serumalbumin** und **Serumglobuline.** Das Plasma enthält etwa 0·25% Fibrinogen und etwa je 3% Albumin und Globuline. Auch die sich bei der Immunisierung bildenden „Antikörper" gehören zu den Globulinen.

Die mit der Gerinnung des Blutes verknüpfte Umwandlung des Plasmaproteins Fibrinogen in das in Form von Fäden sich unlöslich ausscheidende Fibrin (Mengen von 0.02g/Liter geben noch ein festes Gel) ist vermutlich ein komplizierter fermentativer Vorgang, der hier nur andeutungsweise skizziert werden kann. Das mit Fibrinogen reagierende Ferment entsteht aus

[1] In diesen Zahlen ist Isoleucin inbegriffen.

einer Vorstufe Prothrombin, die durch Calcium-Ionen und ein aktivierendes Protein Thromboplastin in das wirksame Thrombin verwandelt wird. Versetzt man Blutplasma mit Oxalat oder Citrat, so verliert es infolge der Bindung des Calciums seine Gerinnungsfähigkeit.

Prolamine. Unter diesem Namen wird eine Reihe pflanzlicher Eiweißstoffe zusammengefaßt, die sich vor allen anderen Proteinen durch ihre Löslichkeit in verdünntem (z. B. 70%igem) Alkohol auszeichnen. Zu ihnen gehört der Hauptbestandteil des Weizenklebers, das **Gliadin,** sowie das **Zein** aus Mais. Zu ihren Kennzeichen gehören des weiteren hoher Gehalt an Glutaminsäure (30—40%) und Prolin (bis etwa 13%).

Basische, häufig argininreiche Eiweißstoffe sind die namentlich von KOSSEL untersuchten **Histone.** Sie sind in salzartiger Bindung an Nucleinsäuren (S. 485) verbreitete Bestandteile von Zellkernen und Zellplasma. Das am besten untersuchte Histon der Kalbsthymus hat ein Molekulargewicht von 2×10^6 und einen isoelektrischen Punkt bei $p_H = 12$. Den Histonen nahe stehen die **Protamine,** sehr einfach zusammengesetzte, niedrigmolekulare, stark basische Proteine, deren Arginingehalt bis auf 90% steigen kann. Sie finden sich nur bei einigen Fischarten und sind von KOSSEL aus Fisch-Spermatozoen (**Salmin** aus Lachs, **Clupein** aus Hering) isoliert worden. Sie bilden neutral reagierende Salze und sind nicht koagulierbar.

Unter dem Namen **Skleroproteine** faßt man eine Reihe von Eiweißstoffen zusammen, die sich durch ihre Unlöslichkeit in Wasser, verdünnten Säuren und Alkalien und besondere chemische Widerstandsfähigkeit auszeichnen und sich im tierischen Organismus namentlich in solchen Teilen finden, die mechanische Funktionen zu erfüllen haben.

Keratin (Hornstoff) bildet den Hauptbestandteil der Epidermis, der Haare (Wollfaser!), Nägel, Hufe, Hörner und Federn. Es ist besonders reich an Schwefel (4—5%) und nur sehr schwer spaltbar. Charakteristisch für Keratin ist ein hoher Gehalt an Cystin. Enzyme, die Keratin bei p_H etwa 9 abbauen, finden sich im Darm der Larven von Kleidermotten. Auch das Enzym Papain greift Wolle bei diesem p_H an. Reduktionsmittel wie Thioglykolsäure verwandeln das Cystin der Wolle in Cystein. So vorbehandelte Wolle ist, vermutlich unter Denaturierung, in Lösungen von Harnstoff, Guanidinsalzen oder Fettalkoholsulfonaten löslich. Das daraus reversibel fällbare Protein besitzt ein Molekulargewicht von etwa 40 000.

Zu den verbreitetsten Eiweißstoffen zählen die **Kollagene.** Sie bilden unter anderem den Hauptbestandteil des Bindegewebes, des Knochen- und des Knorpelgewebes. Sie unterscheiden sich in mehrfacher Hinsicht von den anderen Eiweißstoffen. In ihrer Zusammensetzung weichen sie von ihnen durch einen Mehrgehalt an Stickstoff (17·9%) ab. Sie geben bei der hydrolytischen Spaltung kaum Tyrosin, dagegen als wichtigstes Spaltungsprodukt Glykokoll; daneben treten Prolin, Oxyprolin, Alanin, Glutaminsäure und Arginin auf. Beim Kochen mit Wasser gehen die Kollagene, wohl unter teilweisem Abbau, in lösliches **Glutin** oder Leim über. Im Gegensatz zu den Albuminen und Globulinen wird Leim durch Säuren nicht koaguliert, gibt aber Fällungen mit Sublimatlösung auf Zusatz von Salzsäure sowie mit Tannin. Reiner, farbloser Knochenleim heißt **Gelatine.** Ihr Molekulargewicht liegt je nach dem Abbaugrad bei etwa 30000—120000.

Zu den Kollagenen rechnet man auch das **Elastin,** das das elastische Gewebe der Muskelscheiden und Bänder (vor allem des Nackenbandes) bei den höheren Tieren bildet. Wolle und Elastin geben in gedehntem Zustand bei der Röntgenuntersuchung typische Faserdiagramme.

Bei den niederen Tieren hat man eine Reihe von Stoffen gefunden, die sich in ihren chemischen Eigenschaften mehr oder weniger den Kollagenen oder auch wohl dem Elastin nähern. Von diesen sei das **Spongin,** der Hauptbestandteil der Schwämme, erwähnt. Es enthält etwa 1% Jod; unter seinen Abbauprodukten findet sich Dijodtyrosin.

Der Faden der Rohseide besteht aus einem Kern von **Seidenfibroin** und einer äußeren, unansehnlichen Hülle von **Sericin (Seidenleim).** Das gelatineartige Sericin läßt sich durch Kochen mit Wasser entfernen, während Fibroin selbst bei 200° von Wasser nicht weiter angegriffen wird. Seidenfibroin ist fast ausschließlich aus Glykokoll, Alanin, Serin und Tyrosin aufgebaut. Es ist teilweise kristallinisch und gibt bei der Röntgen-Strukturanalyse ein Faserdiagramm.

Proteide sind Eiweißstoffe, in denen Eiweiß mehr oder weniger fest mit niedrigmolekularen Substanzen verbunden ist. Unter Umständen besteht zwischen den Komponenten ein reversibles Gleichgewicht. Die Wichtigkeit zahlreicher Proteide als Enzyme ist bereits früher erörtert worden (S. 247).

Die **Phosphorproteide** sind Proteide, die als prosthetische Gruppe Phosphorsäure enthalten; sie sind in Wasser wenig löslich, dagegen lösen sie sich leicht in Alkalien. Die Lösung ihrer Salze ist nicht koagulierbar; sie wird beim Kochen nicht verändert.

Zu dieser Klasse gehört das **Casein**, das in Kuhmilch zu etwa 3% als Calciumsalz vorkommt. Casein enthält esterartig an Serin gebundene Phosphorsäure. Wenn man Milch durch Zusatz von Säure auf den isoelektrischen Punkt des Caseins ($p_H = 4 \cdot 7$) bringt, so fällt es aus. Die Koagulation von Milch mit dem Labferment des Kälbermagens (Rennin) dient zur Käsebereitung. Hierbei tritt vermutlich ein proteolytischer Abbau von Caseinogen, der Vorstufe des Caseins, ein. Da bei der Butter- und Rahmgewinnung große Mengen Magermilch abfallen, hat man versucht, für das Casein technische Verwendung zu finden. Wenn gepreßtes Casein in Formaldehyd „gehärtet" wird, entsteht eine plastische Masse (**Galalith**), die sich zur Herstellung von Knöpfen, künstlichem Horn, künstlichem Schildpatt usw. eignet. Eine alkalische Lösung von Casein kann zu künstlicher Wolle versponnen werden (**Lanital**), indem man sie durch Düsen in ein saures Bad einpreßt und mit Formaldehyd härtet. Lanital steht zwar chemisch der Naturwolle nahe, seine Naßfestigkeit ist aber noch unbefriedigend. Auch Pflanzenglobuline und Federkeratin sind für die Herstelllung sogenannter „regenerierter" Proteinfasern in Betracht gezogen worden. Die peptidähnlichen synthetischen Fasern Nylon und Perlon wurden bereits früher erwähnt (S. 169).

Ein weiteres interessantes Phosphorprotein ist das von Mecham und Olcott aus Eigelb isolierte **Phosvitin** (Mol.-Gew. ca. 20000) mit einem P-Gehalt von 10% in Form von Phosphorsäure, die mit Serin verestert ist.

Die **Nucleoproteide** (*nucleus* = Kern) bilden den Hauptbestandteil der Zellkerne der Tiere und Pflanzen. Doch ist ihr Vorkommen durchaus nicht darauf beschränkt. Sie sind auch im Zellplasma weit verbreitet. Sie sind salzartige Verbindungen von **Nucleinsäuren** mit Eiweißstoffen, namentlich Histonen und Protaminen.

Die Nucleinsäuren (S. 485) sind komplizierte Gebilde, die aus Purinbasen, Pyrimidinbasen, Kohlenhydraten und Phosphorsäure zusammengesetzt sind. Die bekannteste und am leichtesten zugängliche Hefenucleinsäure aus dem Plasma der Hefe enthält als Kohlenhydrat d-Ribose. In den Zellkernen hat man bisher überwiegend andere Nucleinsäuren angetroffen, die als Kohlenhydrat Desoxyribose enthalten. Das Prototyp dieser Nucleinsäuren ist die Thymusnucleinsäure aus der Thymusdrüse. Wie Mirsky gezeigt hat, bestehen die Chromosomen der Lymphocyten der Thymusdrüse zu 90% aus Nucleoproteid, das leicht in Histon und 45% Desoxyribose-Nucleinsäure zerlegt werden kann. Die Gene, d. h. die Träger der Vererbung in den Chromosomen, bestehen aus Nucleoproteiden. Weitreichende Perspektiven ergeben sich aus den Arbeiten von Beadle, Tatum und Bonner, wonach biochemische Reaktionen eindeutig von bestimmten Genen kontrolliert werden. Durch Zerstörung bestimmter Gene des Schimmelpilzes Neurospora konnten sie Mutanten erzeugen, denen z. B. die Fähigkeit zur Synthese von Indol verlorengegangen war und die infolgedessen die Vorstufe Anthranilsäure unverwertet ausschieden.

Die Nucleoproteide besitzen sauren Charakter; sie sind in Wasser unlöslich, in Alkalilauge löslich. Sie geben die Farbenreaktionen der Eiweißstoffe. Zu den Nucleoproteiden gehört auch das **„Virus"-Protein**[1], das man hundertgrammweise (!) aus Tabakblättern isolieren kann, die von der sogenannten Mosaik-Krankheit befallen sind

[1] Unter Virus-Arten versteht man Krankheitskeime, die morphologisch nicht als Bakterien oder Protozoen erkennbar sind und sich nicht in zellfreien Medien züchten lassen. Sie passieren die meisten Bakterienfilter und sind wegen ihrer Kleinheit unter den üblichen Bedingungen der Bakterien-Mikroskopie im allgemeinen unsichtbar, aber im Elektronenmikroskop nachweisbar. Ihr Durchmesser beträgt etwa 10—300 mμ (Staphylokokken 1000 mμ). Auch Bakterien unterliegen dem Angriff von Virusarten. Für die Vira der Bakterien ist der von d'Hérelle (1917) eingeführte Name „Bakteriophagen" gebräuchlich geblieben.

(STANLEY, BAWDEN). Dieses Protein ist sehr hochmolekular (ca. 40×10^6). Es kann in Form parakristalliner nadelförmiger Gebilde abgeschieden werden, bildet Stäbchen von 280 mμ Länge und 15 mμ Dicke und löst sich in Wasser zu etwa 3—4 %igen, bläulichweiß opalisierenden Lösungen (TYNDALL-Effekt). Es hat einen Ribonucleinsäure-Gehalt von 6% und zerfällt in alkalischer Lösung in Bruchstücke, deren Teilchengröße zu dem ursprünglichen Molekulargewicht in einfachen Zahlenverhältnissen steht, und die sich in saurer Lösung wieder zu einem dem Ausgangsmaterial sehr ähnlichen Protein vereinigen lassen (SCHRAMM). Das Tabakmosaik-Virus wirkt in kleinsten Mengen (10^{-9} g) auf gesunde Tabakpflanzen und eine beschränkte Anzahl anderer Pflanzen infektiös. Auf welche Weise dieses Protein aus dem Zellprotoplasma entsteht, so daß das Virus sich nach Art eines lebenden pathogenen Erregers in seinem Wirt zu „vermehren" scheint, ist noch völlig ungeklärt. Auch andere Virusarten sind als Nucleoproteide erkannt worden.

Chromoproteide sind Verbindungen von Eiweißstoffen mit Farbstoffen. Als **Hämoglobine** bezeichnet man die Farbstoffe des Wirbeltierblutes. Die Trockensubstanz der roten Blutkörperchen von Menschenblut enthält 90% Hämoglobin, das leicht in Form rosaroter hexagonaler Tafeln kristallisiert. Es läßt sich in das in reinem Wasser leicht lösliche, bei p_H 7 isoelektrische Globin und die Farbstoffkomponente Hämin (S. 461) spalten.

Das Eisen im Hämoglobin ist zweiwertig. Hämoglobin vereinigt sich mit dem Sauerstoff der eingeatmeten Luft in der Lunge zu **Oxyhämoglobin** (1 Mol O_2 pro Atom Fe), das ebenfalls *zweiwertiges* Eisen enthält, seinen Sauerstoff leicht wieder abgibt und auf diese Weise das Transportmittel für den Sauerstoff darstellt, der für die Oxydationsprozesse im tierischen Organismus benötigt wird.

Der Globinanteil verschiedener Hämoglobine ist je nach Alter und Gattungszugehörigkeit merklich verschieden, so daß auch die physikalischen Eigenschaften differieren. Menschliches Oxyhämoglobin ist in Wasser und Pufferlösungen sehr leicht löslich (20% und mehr), während sich Hämoglobin viel schwerer löst. Da das von ADAIR osmotisch bestimmte Molekulargewicht des Hämoglobins (66800) der Anwesenheit von 4 Atomen Eisen im Molekül entspricht, sollte nach dem Massenwirkungsgesetz die Dissoziation des Hämoglobins der Formel

$$\frac{[\mathrm{OxHb}]}{[\mathrm{Hb}]} = k\,p^4$$

folgen, wo p den Partialdruck des Sauerstoffs, OxHb Oxyhämoglobin und Hb Hämoglobin bedeutet. Die gemessene Dissoziationskurve (Fig. 71) besitzt zwar die hiernach zu erwartende S-Form, bedarf aber zu ihrer Deutung im einzelnen zusätzlicher Annahmen. Die Lage der Kurve hängt vom p_H ab, und zwar wird mit wachsendem p_H die Kurve nach links verschoben, entsprechend einer steigenden Affinität des Hämoglobins zum Sauerstoff. Hierdurch erklärt sich die Tatsache, daß im Blut bei gleicher Sauerstoffspannung die Dissoziation des Oxyhämoglobins um so größer ist, je höher die CO_2-

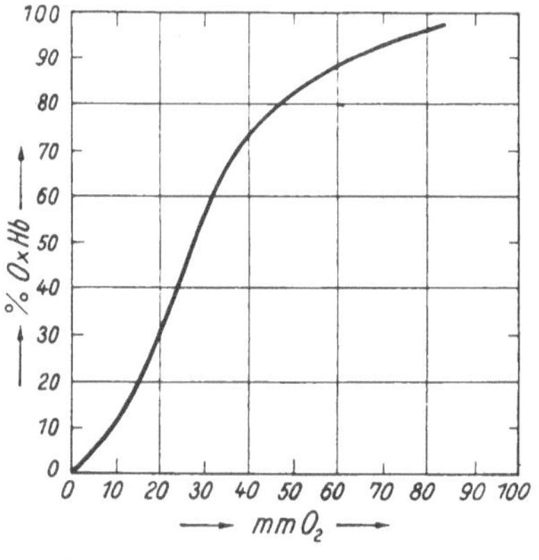

Fig. 71. Sauerstoff-Sättigung von Hämoglobin in Abhängigkeit vom Sauerstoff-Druck

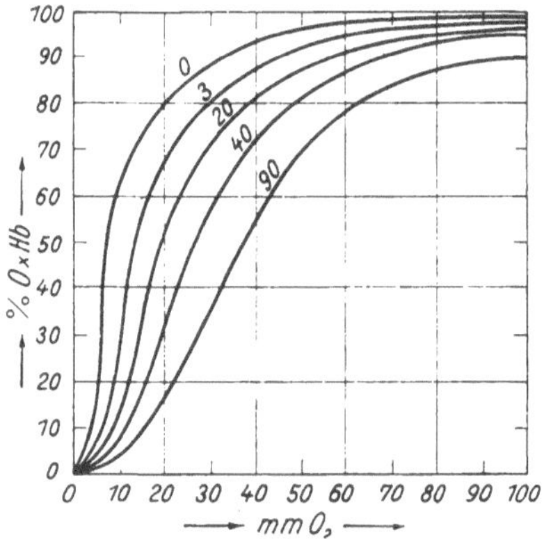

Fig. 72. Sauerstoff-Sättigung von Hämoglobin in Blut verschiedener CO_2-Spannung

Spannung des Blutes ist (BOHR-Effekt). Für die automatische Regulierung der Funktionen des Blutes ist dieser Umstand von großer Bedeutung. Fig. 72 zeigt die prozentuale Sättigung von Hämoglobin mit Sauerstoff bei CO_2-Spannungen von 0—90 mm CO_2-Druck. Mit Kohlenoxyd verbindet sich Hämoglobin ebenfalls reversibel zu **Kohlenoxydhämoglobin.** Die Giftigkeit des Kohlenoxyds beruht darauf, daß Kohlenoxyd von Hämoglobin viel leichter als Sauerstoff gebunden wird. Wenn die Luft nur 0·1% CO enthält, werden bereits 50% des Hämoglobins in CO-Verbindung umgewandelt, 0·3% belegen 75% des Hämoglobins; die übrigen 25% reichen für die Sauerstoffversorgung des Organismus nicht mehr aus. Oxyhämoglobin, das gelbrote lange Nadeln bildet, liefert bei der Behandlung mit Eisessig und Kochsalz **Hämin** (S. 461), das in charakteristischen rotbraunen Tafeln kristallisiert. Diese Kristalle waren früher in der Gerichtsmedizin für den mikroskopischen Nachweis von Blutflecken wichtig. Durch verschiedene Oxydationsmittel wird Hämoglobin zu **Methämoglobin** (S. 462) oxydiert, dem dreiwertiges Eisen zugrunde liegt. Alle diese Verbindungen besitzen sehr charakteristische Absorptionsspektra. In den letzten Jahren sind einige Verbindungen bekannt geworden, die gleich dem Hämoglobin die Fähigkeit zur reversiblen Absorption von Sauerstoff ohne Valenzwechsel des Zentralatoms besitzen. Es handelt sich dabei durchweg um Komplexsalze des zweiwertigen Kobalts mit Aminosäuren oder mit SCHIFFschen Basen des Salicylaldehyds. Die letzteren haben zur Sauerstoff-Gewinnung aus Luft auch technische Verwendung gefunden.

Besonderes Interesse verdient es, daß im Blut von Arthropoden und Mollusken, z. B. Oktopus, die Funktion des Hämoglobins von einem kupferhaltigen Eiweißstoff **Hämocyanin** übernommen wird, der dem arteriellen Blut blaue Farbe verleiht, während das venöse Blut farblos ist. Die prosthetische Gruppe dieses Proteids ist keine häminartige Verbindung, sondern komplex gebundenes Kupferion. In den roten Blutkörperchen und im Blutplasma des Pferdes hat man ein kristallisiertes kupferhaltiges Protein noch ungewisser physiologischer Bedeutung, das tiefblaue **Hämocuprein,** gefunden. Es hat ein Molekulargewicht von 35000 und verbindet sich nicht mit Sauerstoff. Auch verschiedene Fermente (Phenoloxydasen) enthalten Kupfer als prosthetische Gruppe.

Glykoproteide sind Verbindungen von Eiweiß mit Kohlenhydraten. Nach neueren Erkenntnissen enthalten viele Eiweißstoffe kleine Mengen von Kohlenhydraten in chemischer Bindung. Unter ihnen scheint Glucosamin einen nie fehlenden Bestandteil zu bilden. Das für die Blutgruppe A spezifische Protein enthält Acetylglucosamin und Galaktose, Mannose und Fucose, **Ovomucoid** aus Eiereiweiß Acetylglucosamin, Mannose und Galaktose in Form von hauptvalenzmäßig gebundenen Polysacchariden. Die früher ebenfalls zu den Glykoproteiden gerechneten, die zähflüssige Beschaffenheit der Schleimdrüsenabsonderungen, Gelenkflüssigkeit usw. bedingenden **Mucine** sind dagegen saure Polysaccharide. Sie kommen entweder frei oder in salzartiger Verbindung mit Eiweiß vor. Im Bindegewebe, in der Haut und vielen anderen Organen und Körperflüssigkeiten findet sich eine hochviskose, **Hyaluronsäure** genannte Substanz, die in der Hauptsache aus Acetylglucosamin und Glucuronsäure aufgebaut ist. Man schreibt ihr eine Rolle in der Permeabilität der Zellwandungen und der Abwehr infektiöser Keime zu. Ihre Wirkung wird durch ein u. a. in Hoden vorkommendes Enzym Hyaluronidase aufgehoben, ein Vorgang, der vielleicht auch für die Befruchtung von Bedeutung ist. Die **Mucoitinschwefelsäure** der Magenmucosa ist ein Polysaccharid aus Acetylglucosamin, Glucuronsäure und Schwefelsäure. Ein ihr strukturell nahestehender Polyschwefelsäureester ist das ebenfalls im Tierkörper vorkommende, die Blutgerinnung hemmende **Heparin.**

Einwirkung von Enzymen auf Eiweißstoffe

Außer durch Säuren und Alkalien werden Eiweißstoffe auch durch Enzyme (**Proteasen**) gespalten. Bei der Verdauung findet ein fermentativer Abbau des Nahrungseiweiß zu Aminosäuren statt, aus denen dann synthetisch körpereigenes Eiweiß wieder aufgebaut wird. Angesichts der großen biologischen Bedeutung der Eiweißstoffe ist es nicht verwunderlich, daß eiweißspaltende Enzyme in der Natur weit verbreitet sind. Unter den Enzymen, die natürlich vorkommende („native") Eiweißstoffe hydrolytisch an den Peptid-Bindungen angreifen und sie zu Polypeptiden und mitunter bis zu Aminosäuren abbauen, stehen an erster Stelle das Pepsin des Magensafts (mit Wirkungsoptimum bei etwa p_H 2—4), das Trypsin und Chymotrypsin der Pankreasdrüse (Optimum bei p_H 7—8) und das als Papain bezeichnete Enzymgemisch aus dem Milchsaft des Melonenbaums (Optimum bei p_H ca. 5). Man hat diese Enzyme früher allgemein unter der Bezeichnung **Proteinasen** zusammengefaßt und ihnen gewöhnlich die Fähigkeit zur Spaltung niedrigmolekularer Peptide abgesprochen. Auf Peptide spezifisch eingestellte Fermente, wie sie sich reichlich z. B. in Darmschleimhaut, aber auch in fast allen anderen Organen finden, werden als Peptidasen bezeichnet. An diesen wurden namentlich von GRASSMANN und WALDSCHMIDT-LEITZ zuerst einige Voraussetzungen für ihre Substrat-Spezifität ermittelt. Man fand **Dipeptidasen,** die für ihre Wirksamkeit in unmittelbarer Nachbarschaft der zu spaltenden Peptidbindung eine freie Aminogruppe und eine freie Carboxylgruppe benötigen, eine Kombination, wie sie gerade in den Dipeptiden verwirklicht ist. **Carboxypeptidasen** erfordern neben der Peptidbindung ein freies Carboxyl. Sie spalten deshalb Polypeptide von der Seite des Carboxyls her. Analoges gilt für **Aminopeptidasen** in bezug auf die freie Aminogruppe. Als durch die neueren Peptid-Synthesen eine viel größere Mannigfaltigkeit synthetischer Peptide zugänglich wurde, erkannte vor allem BERGMANN, daß auch die Proteinasen durchaus zur Spaltung einfacher Peptide imstande sind, wenn die Nachbarschaft der zu spaltenden Bindung die gleiche wie in hochmolekularen Peptiden ist. Es wird also eine weitere Peptidbindung als Nachbar benötigt. Die Proteinasen sind demnach **„Endopeptidasen“** (ἔνδο = innen), d. h. auf das Innere der Peptidkette eingestellt, während die niederen Peptide durch **„Exopeptidasen“** (ἔξω = außen), d. h. auf Endgruppen eingestellte Peptidasen gespalten werden. Für die Tätigkeit der Endopeptidasen sind an anderer Stelle des Moleküls befindliche freie Amino- oder Carboxylgruppen von Fall zu Fall förderlich oder hemmend, z. B. benötigt Pepsin für seine Wirksamkeit freie Carboxylgruppen im Substrat. Noch ein anderes wichtiges Ergebnis gewann durch diese Untersuchungen Anerkennung: die spezifische Einstellung der Enzyme auf ganz bestimmte Bausteine. Pepsin spaltet Peptidbindungen, an denen Tyrosin oder Phenylalanin beteiligt ist, Trypsin ist spezifisch auf Lysin und Arginin eingestellt usf. Der Beseitigung der Scheidewand zwischen Proteinasen und Peptidasen kommt deshalb besondere Bedeutung zu, weil dadurch ein weiterer Beweis dafür geliefert ist, daß Peptide und Eiweißstoffe gleichartig gebaut sind und daß man keine besonderen Bindungen in Eiweißstoffen anzunehmen braucht.

Erscheinungen von Aktivierung und Hemmung werden bei den eiweißspaltenden Enzymen sehr häufig angetroffen. Die Aktivierung des Trypsins durch „Enterokinase“ aus Darmschleimhaut ist von KUNITZ als ein enzymatischer Vorgang aufgeklärt, bei dem Trypsin aus einer inaktiven Vorstufe Trypsinogen in Freiheit gesetzt wird. Metallionen, namentlich Mg^{++} und Mn^{++}, wirken als Aktivatoren vieler Peptidasen, und die meist hemmend wirkende Blausäure entfaltet beim Papain eine fördernde Wirkung.

Wie Untersuchungen von O. LOEWI und von ABDERHALDEN ergeben haben, ist der tierische Organismus imstande, aus einem geeignet zusammengesetzten Gemisch von Aminosäuren wieder Eiweiß zu synthetisieren; denn Tiere, die mit einem solchen Gemisch gefüttert werden, bleiben am Leben. Auch im Reagenzglas kann man auf enzymatischem Wege Peptide aus Aminosäuren aufbauen. Die Proteasen wirken also nicht nur hydrolytisch, sondern auch synthetisch. Wesentlich für das Gelingen der Fütterungsversuche mit Aminosäuren ist aber, daß das Aminosäuregemisch alle **„lebenswichtigen“ Aminosäuren** enthält, d. h. diejenigen, die der tierische Organismus nicht synthetisieren kann. Nach den Feststellungen von W. C. ROSE sind dies für den Menschen: Lysin, Tryptophan, Phenylalanin, Leucin, Isoleucin, Threonin, Methionin, Valin. Aus diesem Grunde ist z. B. Gelatine, die kein Tryptophan enthält, biologisch minderwertig.

Isocyclische Verbindungen

Einleitung

Im ersten Teil sind fast ausschließlich Kohlenstoffverbindungen mit offener Atomkette und nur in vereinzelten Fällen solche mit geschlossenen Ringen behandelt worden. Von den letzteren wurden z. B. die Lactone und die Anhydride zweibasischer Säuren angeführt. Diese Verbindungen, deren Ringe leicht zu sprengen sind, stehen hinsichtlich ihrer Bildungsweisen und Eigenschaften den Verbindungen mit offener Kette so nahe, daß sie im Anschluß an diese und nicht unter den heterocyclischen Verbindungen besprochen worden sind.

Das gemeinsame Kennzeichen der jetzt zu behandelnden isocyclischen Verbindungen (vgl. S. 21) ist das Vorhandensein von geschlossenen Kohlenstoffringen im Molekül. Da diese Ringe wegen der ausschließlichen Anwesenheit von Kohlenstoffbindungen im allgemeinen nur schwer gesprengt werden, rechtfertigt sich ihre Zusammenfassung zu einer besonderen Gruppe. Die Größe der bis jetzt bekannten Ringe liegt zwischen 3 und 34 C-Atomen. Das Hauptkontingent der cyclischen Verbindungen wird aber von den 5- und 6-gliedrigen Ringen gestellt, die sich am leichtesten bilden und die größte Beständigkeit besitzen. Nach der Anzahl der Ringe kann man die cyclischen Verbindungen einteilen in **monocyclische** (mit 1 Ring), **bicyclische** (mit 2 Ringen), **tricyclische** usw. Die Verbindungen mit zwei und mehr Ringen nennt man auch allgemein **polycyclische** Verbindungen. Von **kondensierten** Systemen spricht man, wenn zwei Ringe mehrere Glieder gemeinsam haben (in Formel I mit einem Stern versehen); andernfalls spricht man von **nichtkondensierten** Systemen (Formel II und III).

I. 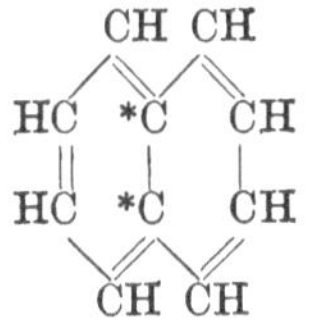

II. $H_2C<\genfrac{}{}{0pt}{}{CH_2}{CH_2}>CH\cdot CH_2\cdot CH<\genfrac{}{}{0pt}{}{CH_2}{CH_2}>CH_2$

III. $HC\genfrac{}{}{0pt}{}{\nearrow CH-CH\searrow}{\searrow CH=CH\nearrow}C\cdot C\genfrac{}{}{0pt}{}{\nearrow CH-CH\searrow}{\searrow CH=CH\nearrow}CH\,.$

Ein besonderer Fall liegt schließlich bei Ringen vor, die nur *ein* Kohlenstoffatom gemeinsam haben (IV):

IV. $H_2C<\genfrac{}{}{0pt}{}{CH_2}{CH_2}>C<\genfrac{}{}{0pt}{}{CH_2}{CH_2}>CH_2\,.$

Man nennt sie **Spirane** (von spira = Brezel).

Dieser formalen Klassifikation der cyclischen Verbindungen steht eine andere, auf chemischen Gesichtspunkten beruhende Einteilung gegenüber. Die Erfahrung hat gelehrt, daß mono- und polycyclische Gebilde, die man als Sechsringe mit 3 konjugierten Doppelbindungen oder als Aggregate solcher Ringe formulieren kann, ausgesprochene chemische Besonderheiten zeigen. Man pflegt diese Eigenschaften als „aromatischen Charakter" zu bezeichnen, weil sie kennzeichnend für eine Verbindungsgruppe sind, die man seit alters unter dem Namen **aromatische Verbindungen** zusammenfaßt. Dagegen weicht das chemische Verhalten der teilweise oder ganz gesättigten cyclischen

Verbindungen von dem der entsprechenden aliphatischen nur in geringem Grade ab. Sie werden nach einem Vorschlag von Bamberger als **alicyclische Verbindungen** (zusammengezogen aus aliphatisch und cyclisch) bezeichnet.

Die Nomenklatur der alicyclischen Verbindungen ist der der aliphatischen vollkommen nachgebildet: die Verbindung der Formel I heißt Cyclopropan, Verbindung II Cyclopentan, Verbindung III Cyclopenten usf.

I. 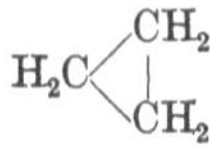 II. 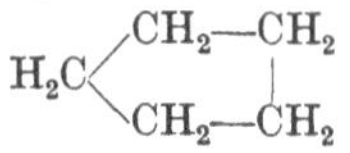 III. 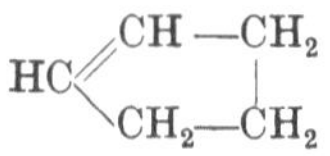

Die gesättigten Verbindungen C_nH_{2n} bezeichnet man in ihrer Gesamtheit als **Cycloalkane** (vgl. auch S. 125) oder, da sie reichlich in manchen Erdölen vorkommen (S. 32), auch als **Naphthene.**

Die Besprechung der Derivate cyclischer Verbindungen wird durch die vorangegangene Behandlung der entsprechenden aliphatischen Verbindungen wesentlich vereinfacht, da wir hier alle charakteristischen Funktionen einzelner Gruppen wiederfinden, so die Alkohol-, Aldehyd-, Säurefunktionen usw., deren Eigenschaften bei den aliphatischen Verbindungen bereits ausführlich auseinandergesetzt worden sind.

A. Monocyclische Verbindungen

1. Alicyclische Verbindungen

Cyclopropan-Verbindungen

Den Ausgangspunkt für die Synthese alicyclischer Verbindungen bilden in erster Linie aliphatische Verbindungen, die an den Kettenenden zwei reaktionsfähige, den Ringschluß vermittelnde Gruppen enthalten.

Cyclopropan entsteht durch Einwirkung von Zinkstaub auf 1,3-Dibrom-propan $CH_2Br \cdot CH_2 \cdot CH_2Br$. Es ist ein brennbares Gas, das sich zu einer bei —32·8° siedenden Flüssigkeit kondensieren läßt, sich bei gewöhnlicher Temperatur unter 5—6 Atmosphären Druck verflüssigt und bei —127·6° kristallinisch erstarrt. Da es Brom nur im Sonnenlicht verhältnismäßig rasch aufnimmt und dabei wieder 1,3-Dibrom-propan liefert, während die Reaktion im diffusen Tageslicht recht träge verläuft, kann es nicht mit Propylen $CH_3 \cdot CH = CH_2$ identisch sein. Gegen Permanganat ist es beständig. Von Halogenwasserstoffen wird es auch bei 300° kaum angegriffen. Aus diesem Verhalten und aus seiner Synthese ergibt sich die Strukturformel $\begin{matrix} H_2C \\ | \\ H_2C \end{matrix}\!>CH_2$. Zwischen 500° und 600° lagert sich Cyclopropan in monomolekularer Reaktion in Propylen um.

Cyclopropancarbonsäure (F: 18°) erhält man aus Äthylenbromid durch Umsetzung mit Natriummalonester, nachherige Verseifung und Abspaltung von CO_2:

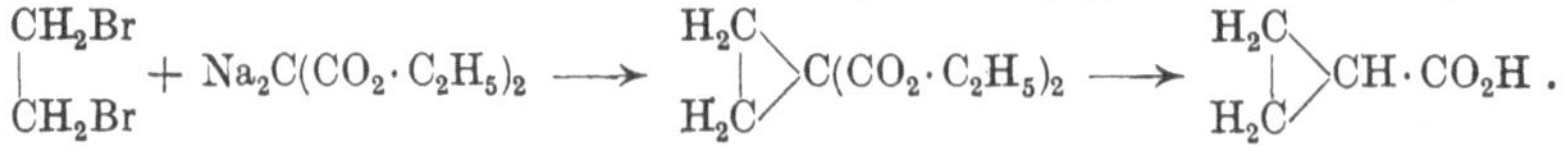

Cyclobutan-Verbindungen

Von den Verbindungen dieser Reihe ist die **Cyclobutan-dicarbonsäure-(1,1)** am leichtesten zugänglich; ihr Diäthylester entsteht durch Einwirkung von Natrium malonester auf 1,3-Dibrom-propan:

$$H_2C{<}{\begin{matrix} CH_2Br \\ CH_2Br \end{matrix}} + Na_2C{<}{\begin{matrix} CO_2 \cdot C_2H_5 \\ CO_2 \cdot C_2H_5 \end{matrix}} = H_2C{<}{\begin{matrix} CH_2 \\ CH_2 \end{matrix}}{>}C(CO_2 \cdot C_2H_5)_2 + 2\,NaBr\,.$$

Die durch Verseifung erhaltene freie Dicarbonsäure verliert beim Erhitzen 1 Mol CO_2 und geht in **Cyclobutancarbonsäure** über. Aus dieser Säure ist Cyclobutan auf einem Wege gewonnen worden, der sich häufig zur Darstellung von Kohlenwasserstoffen als gangbar erwiesen hat:

Man verwandelt Cyclobutancarbonsäureamid (I) nach S. 186 in Cyclobutylamin (II) und führt dieses durch Behandlung mit überschüssigem Methyljodid (sogenannte „erschöpfende Methylierung") in das Jodid der quartären Ammoniumbase über. Die freie Base (III) zerfällt bei der trockenen Destillation in Trimethylamin, Wasser und Cyclobuten (IV), das schließlich mit Wasserstoff und Nickel zu Cyclobutan reduziert wird (WILLSTÄTTER).

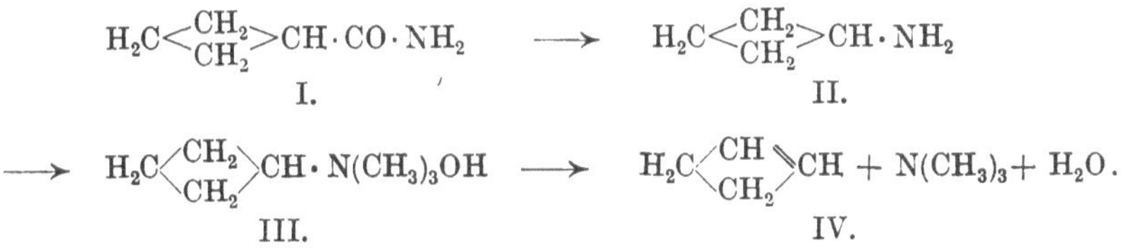

Cyclobutan ist ein brennbares Gas vom Siedepunkt +12·5°. Der Vierring des Cyclobutans ist nicht sehr beständig. So entsteht bei der Oxydation des Cyclobutanols das entsprechende Keton Cyclobutanon nur in geringer Menge. Das Hauptprodukt der Reaktion erweist sich als Cyclopropyl-formaldehyd, der nur durch Umlagerung des Vierrings in einen Dreiring entstanden sein kann:

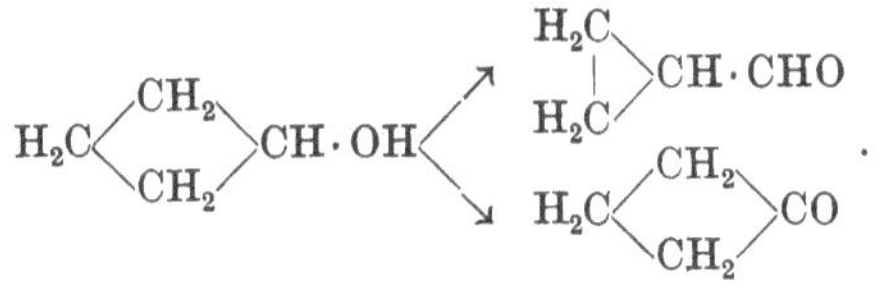

Umgekehrt beobachtet man eine Ringerweiterung vom Vierring zum Fünfring, wenn man Cyclobutylcarbinol (durch Reduktion von Cyclobutancarbonsäureester mit Natrium und Alkohol gewonnen) mit Bromwasserstoff behandelt; es entsteht Bromcyclopentan, das durch nascierenden Wasserstoff in Cyclopentan umgewandelt wird:

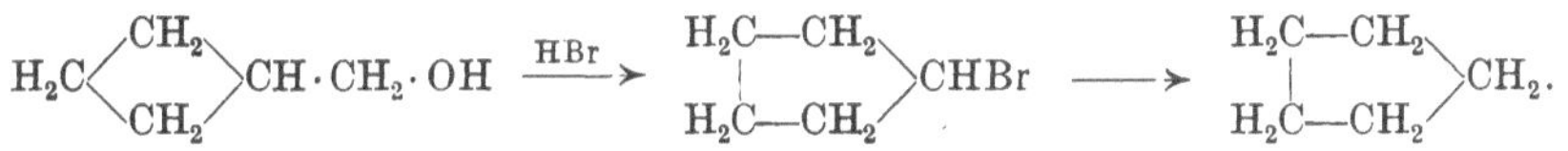

Cyclopentan-Verbindungen

Während man für die Darstellung von Drei- und Vierringen von Dihalogenverbindungen mit endständigem Halogen ausgeht, sind für die Synthese höhergliedriger Ringsysteme auch andere Verbindungen geeignet, die zwei funktionelle Gruppen am Kettenende enthalten. Die wichtigste Reaktion dieser Art ist die Synthese cyclischer Ketone, die bei Anwendung von Dicarbonsäuren intramolekular verläuft. So erhält man bei der trockenen Destillation von adipinsaurem Calcium ein Ketoderivat des Cyclopentans:

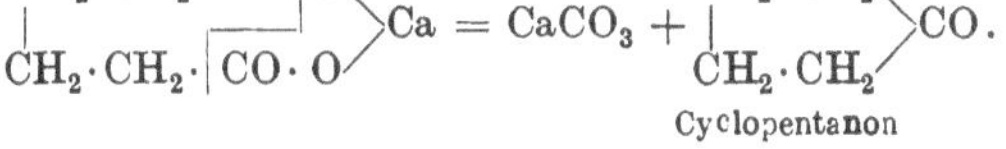

Cyclopentanon

Es ist anzunehmen, daß hierbei durch Ringschluß zunächst Cyclopentanoncarbonsäure entsteht, die dann unter Abspaltung von Kohlendioxyd in Cyclopentanon übergeht.

Die Struktur des Cyclopentanons läßt sich durch Oxydation leicht bestimmen. Hierbei entsteht Propandicarbonsäure (Glutarsäure):

wogegen ein Keton mit offener Atomkette in einbasische Säuren zerfallen würde.

Cyclopentanon kommt im „Holzöl", einem Nachlauf bei der Fabrikation von Methylalkohol durch Holzverkohlung, vor. Es ist eine pfefferminzartig riechende, in Wasser schwer lösliche Flüssigkeit vom Siedepunkt 130·7°.

Cyclopentan kann man aus Cyclopentanon durch Reduktion erhalten, wobei die Carbonylgruppe zuerst zwei Wasserstoffatome aufnimmt und in CH·OH übergeht. Durch Behandlung mit HJ wird dann zunächst die Hydroxylgruppe durch Jod und dieses endlich durch Wasserstoff ersetzt:

Es wird am besten durch katalytische Hydrierung von Cyclopenten oder Cyclopentanon dargestellt. Cyclopentan ist eine bei 49·3° siedende farblose Flüssigkeit, die im kaukasischen Petroleum vorkommt. Es erstarrt bei —93·9°.

Einen Fünfring mit zwei Doppelbindungen enthält das **Cyclopentadien,** das sich im Stein-

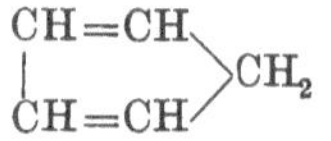

Cyclopentadien

kohlenteer findet und aus dem Vorlauf des Rohbenzols gewonnen werden kann. Kp: 41°. D_4^{20}: 0·7982. n_D^{20}: 1·4465. Als Verbindung mit konjugierten Doppelbindungen autoxydiert es sich leicht und polymerisiert sich schon bei Zimmertemperatur langsam zu einem Dimeren, bei höherer Temperatur zu einer ganzen Reihe von Polymeren. Seine Methylengruppe ist sehr reaktionsfähig; sie reagiert mit Kalium unter Bildung einer gelblichen Kaliumverbindung (vgl. S. 300), mit Aldehyden und Ketonen bei Gegenwart von Alkalien unter Bildung von **Fulvenen.** Fulven (I) selbst ist nicht sicher bekannt. Mit Aceton entsteht **Dimethylfulven** (II),

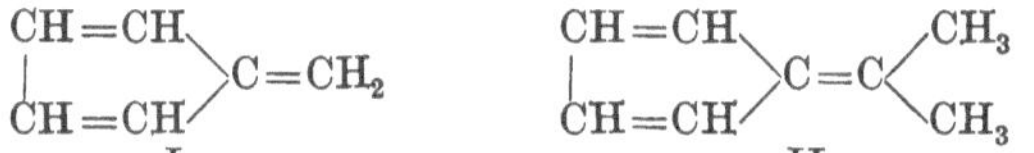

I. II.

das wie seine Homologen durch intensiv orangerote Farbe (fulvus = rotgelb) ausgezeichnet ist. Auch die Fulvene polymerisieren sich leicht. Beim Schütteln mit Luft geben sie Peroxyde.

Höhere Cycloalkane C_nH_{2n}

Cyclohexan und seine Derivate bilden die „hydroaromatischen Verbindungen", die wegen ihres Zusammenhanges mit den aromatischen Verbindungen und den Terpenen später in einem besonderen Abschnitt (S. 384) behandelt werden sollen.

Cycloheptan-Verbindungen kann man auf verschiedene Weise darstellen. Die am längsten bekannte Verbindung dieser Art ist das **Cycloheptanon** (vgl. S. 494), das durch trockene Destillation von hexandicarbonsaurem Calcium gewonnen werden kann:

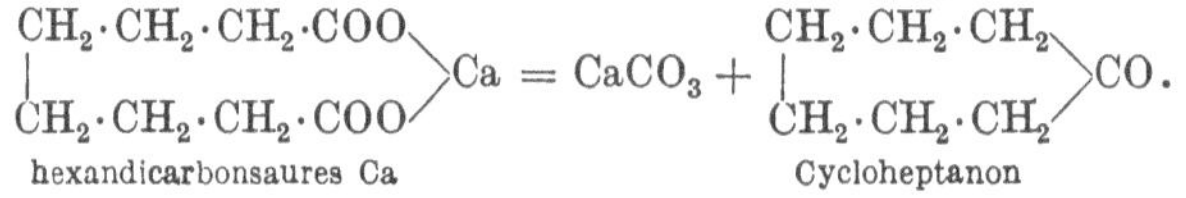

hexandicarbonsaures Ca Cycloheptanon

Durch Addition von Blausäure, Verseifung des Nitrils und Reduktion der entstandenen α-Oxysäure wird daraus die Cycloheptancarbonsäure

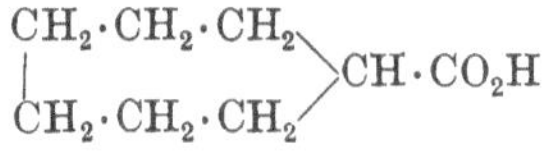

erhalten.

Die beim Cyclobutan besprochene Ringerweiterungs-Reaktion ist eine allgemeine Eigenschaft der Ringe von kleiner Gliederzahl: Cyclohexyl-methylamin (I) gibt (wie andere derartige primäre Amine) ein beständiges Nitrit (II):

$$H_2C{<}^{CH_2\cdot CH_2}_{CH_2\cdot CH_2}{>}CH\cdot CH_2\cdot NH_2 \longrightarrow (CH_2)_5{>}CH\cdot CH_2\cdot NH_2,\ HNO_2,$$

I. II.

das jedoch beim Kochen in essigsaurer Lösung Stickstoff abspaltet und in den Alkohol des nächsthöheren Ringsystems, Cycloheptanol, übergeht:

$$(CH_2)_5{>}CH\cdot CH_2\cdot NH_2,\ HNO_2 \longrightarrow (CH_2)_6{>}CH\cdot OH.$$

Denn bei der Oxydation dieses Alkohols entsteht Cycloheptanon.

Auf ganz analoge Weise kann man auch den Siebenring in einen **Achtring** umwandeln. Über einen Achtring mit vier doppelten Bindungen, **Cyclooctatetraen,** s. S. 299.

Bei der Darstellung **höhergliedriger Ringsysteme** nehmen die Ausbeuten sehr stark ab. Dies hängt vermutlich damit zusammen, daß die Endglieder einer Kette, die miteinander in Reaktion treten sollen, infolge der freien Drehbarkeit im Durchschnitt um so seltener in die erforderliche günstige Lage kommen, je länger die Kette ist (vgl. die analogen Verhältnisse bei den Säureanhydriden und Lactonen, S. 169). Infolgedessen werden meist solche Reaktionsprodukte überwiegen, die durch extramolekulare, zwischen mehreren Molekülen sich abspielende Prozesse entstehen können. Durch trockene Destillation der Thoriumsalze der höheren aliphatischen Dicarbonsäuren im Vakuum ist es RUZICKA gelungen, die höheren cyclischen Monoketone bis zum Cyclooctadecanon $C_{18}H_{34}O$ in geringer Menge zu erhalten. Gleichzeitig bilden sich auch Diketone von doppelter Gliederzahl, deren Reduktion als bisher größten monocyclischen Ringkohlenwasserstoff das Cyclotetratriakontan $C_{34}H_{68}$ ergab. Bessere Ausbeuten an höhergliedrigen Ringen wurden durch Ringschluß von Dinitrilen unter dem Einfluß bestimmter Lithiumverbindungen erhalten, wenn die intramolekulare Reaktion durch extreme Verdünnung begünstigt wurde (ZIEGLER):

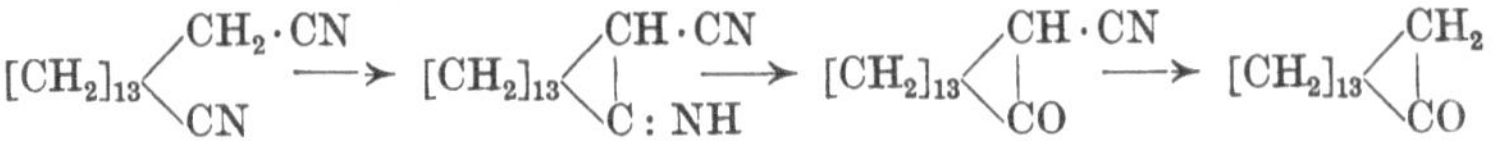

Das wichtigste Cyclisierungs-Verfahren ist heute die Acyloin-Kondensation der Dicarbonsäureester (vgl. S. 214). Die Monoketone mit 14—18 C-Atomen sind durch Moschusgeruch ausgezeichnet. Der natürliche **Moschus,** der aus dem Sekret des Moschusbocks gewonnen wird, enthält ein Keton **Muscon** $C_{16}H_{30}O$, für das RUZICKA 1926 die Formel eines 1-Methyl-cyclopentadecanons-(3) bewiesen hat. Im Analsekret der Zibetkatze findet sich das ungesättigte **Zibeton** $C_{17}H_3O_0$. An Stärke des Geruchs werden diese Verbindungen noch durch das Cyclopentadecanon übertroffen, das unter dem Namen **Exalton** technisch fabriziert wird.

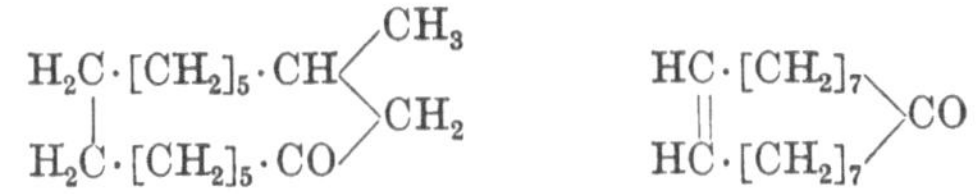

Muscon Zibeton

Folgende Tabelle gibt einige **physikalische Konstanten der Cycloalkane** mit 3 bis 8 C-Atomen im Vergleich mit denen der normalen Alkane C_nH_{2n+2} und Alkene C_nH_{2n}.

Anzahl C-Atome	C_nH_{2n+2}		C_nH_{2n} ungesättigt		C_nH_{2n} cyclisch	
	Kp_{760}	Dichte D_4^t	Kp_{760}	Dichte D_4^t	Kp_{760}	Dichte D_4^t
3	— 42°	0·585 (— 42°)	— 47·7°	0·610 (—47°)	— 32·9°	0·720 (—79°)
4	— 0·5°	0·600 (—0·5°)	— 6·7°	0·626 (—6·9°)	+ 12·5°	0·703 (0°)
5	+ 36·1°	0·626 (20°)	+ 30·1°	0·641 (20°)	49·3°	0·7457 (20°)
6	68·7°	0·659 (20°)	63·7°	0·674 (20°)	80·7°	0·7785 (20°)
7	98·4°	0·684 (20°)	94°	0·697 (20°)	120°	0·810 (20°)
8	125·6°	0·703 (20°)	121·7°	0·715 (20°)	146°	0·830 (20°)

Die Cycloalkane sieden also bei höherer Temperatur und haben ein viel höheres spezifisches Gewicht als die ungesättigten Verbindungen, mit denen sie isomer sind.

2. Aromatische Verbindungen

Unter den Pflanzenstoffen finden sich Substanzen, die durch angenehmen Geruch ausgezeichnet sind, z. B. Bittermandelöl, Kümmelöl, Tolubalsam, Benzoeharz, Vanille. Ihre Untersuchung lehrte, daß sie in der Hauptsache aus Verbindungen von einigermaßen analogem Charakter bestehen; in analytischer Beziehung unterscheiden sie sich von den Verbindungen der Fettreihe durch einen wesentlich niedrigeren Gehalt an Wasserstoff. Aus dem Kümmelöl gewinnt man das **Cymol** $C_{10}H_{14}$, aus dem Tolubalsam (S. 330) das **Toluol** C_7H_8, aus dem Benzoeharz die **Benzoesäure** $C_7H_6O_2$ usw. Die gesättigten Verbindungen mit der gleichen Anzahl von Kohlenstoffatomen besitzen die Formeln $C_{10}H_{22}$, C_7H_{16}, $C_7H_{14}O_2$.

Als man in die Beschaffenheit dieser Verbindungen einen tieferen Einblick noch nicht gewonnen hatte, faßte man sie wegen ihres aromatischen Geruchs als **aromatische Verbindungen** zu einer Gruppe zusammen, in gleicher Weise wie man einst nur wegen der gleichen Konsistenz die gewöhnliche Butter mit der „Antimonbutter" ($SbCl_3$) in eine Gruppe einordnete, und wie man jetzt noch Verbindungen von nicht genügend aufgeklärter Konstitution bei Übereinstimmung einiger Eigenschaften zusammenreiht, z. B. Bitterstoffe, viele Alkaloide, Pflanzenfarbstoffe.

Die nähere Untersuchung der aromatischen Verbindungen zeigte, daß in diesem Fall die an sich zunächst willkürliche Zusammenfassung nach der äußerlichen Übereinstimmung ihre innere Berechtigung hat und dadurch begründet ist, daß alle diese Substanzen als Derivate ein und desselben Kohlenwasserstoffs C_6H_6, **Benzol,** betrachtet werden können, ebenso wie man sich die aliphatischen Verbindungen durch Substitution aus dem Methan CH_4 entstanden denken kann. Bei der Oxydation des Toluols z. B. entsteht Benzoesäure $C_7H_6O_2$, deren Calciumsalz, der Destillation mit Kalk unterworfen, Benzol liefert; oxydiert man Cymol, so erhält man die zweibasische Terephthalsäure $C_8H_6O_4$, die in gleicher Weise behandelt ebenfalls Benzol liefert, usw.

Nach ihrer Bruttoformel sollte man von den Benzolderivaten das Verhalten stark ungesättigter Verbindungen erwarten. Tatsächlich ist dies aber nur in geringem Maße der Fall. Additionsprodukte mit Halogenen bilden sich nur langsam und unter Zuhilfenahme von Belichtung. Die Substitution unter Halogenwasserstoff-Entwicklung, die bei den Benzol-Kohlenwasserstoffen die Regel ist, erfordert zu ihrem glatten Verlauf meist die Gegenwart von Überträgern. Der Benzolring ist ferner gegen Oxydationsmittel sehr beständig und gibt nicht die BAEYERsche Reaktion auf doppelte Bindungen (S. 113). Charakteristisch für das Reaktionsvermögen aromatischer Verbindungen ist ferner namentlich ihr Verhalten gegen konzentrierte Salpetersäure und Schwefelsäure.

Mit konzentrierter Salpetersäure entstehen unter Wasserabspaltung Nitroverbindungen:

$$C_6H_6 + HNO_3 = \underset{\text{Nitrobenzol}}{C_6H_5 \cdot NO_2} + H_2O.$$

Als Nitroderivat ist das Nitrobenzol dadurch gekennzeichnet, daß es sich zu einem Amin reduzieren läßt.

Mit konzentrierter Schwefelsäure liefern aromatische Verbindungen vollkommen analog Sulfonsäuren:

$$C_6H_6 + H_2SO_4 = \underset{\text{Benzolsulfonsäure}}{C_6H_5 \cdot SO_3H} + H_2O.$$

Der Schwefel der Sulfogruppe ist an ein Kohlenstoffatom des Benzolkerns gebunden; denn Benzolsulfonsäure entsteht auch durch Oxydation von Thiophenol $C_6H_5 \cdot SH$:

$$C_6H_5 \cdot SH \longrightarrow C_6H_5 \cdot SO_3H.$$

Während nun die aromatischen Verbindungen in vielfacher Hinsicht gesättigten Substanzen ähneln, ist auf der anderen Seite ihre **Verwandtschaft mit ungesättigten Verbindungen** in manchen Punkten doch unverkennbar. Ihr Verhalten bei der katalytischen Hydrierung und bei der Behandlung mit Ozon ist das ungesättigter Verbindungen. Daß im Chlor- und Brombenzol die Halogenatome sehr fest gebunden und Umsetzungen nur schwer zugänglich sind, entspricht ebenfalls dem, was über die Halogenverbindungen der Olefine ausgeführt wurde (S. 133). Wir gelangen daher zu dem Schluß, daß die aromatischen Verbindungen hinsichtlich ihres Sättigungszustandes eine Mittelstellung zwischen gesättigten und ungesättigten Verbindungen einnehmen. Es ergibt sich nun die Aufgabe, für diese Besonderheiten einen angemessenen strukturellen Ausdruck zu finden.

Struktur des Benzols

Wir sahen oben, daß die aromatischen Verbindungen sich, sei es auch mitunter auf kompliziertem Wege, sämtlich auf Benzol zurückführen lassen. Die Frage nach der Struktur des Benzols ist daher für die aromatische Chemie von größter Wichtigkeit. Wir haben auch bereits auf die wichtige Tatsache hingewiesen, daß das Benzol trotz seiner in der Bruttoformel C_6H_6 hervortretenden Wasserstoffarmut die Eigenschaften einer ungesättigten Verbindung nur in auffallend geringem Grade aufweist. Dies muß mit einer besonderen Bindungsart der Kohlenstoffatome im Benzol zusammenhängen. Es ist daher in erster Linie notwendig, festzustellen, wie die sechs Wasserstoffatome auf die Kohlenstoffatome verteilt sind. Hierzu genügt die Kenntnis von zwei Tatsachen. Erstens: *es gibt keine isomeren Monosubstitutionsprodukte des Benzols.* Zweitens: *die Disubstitutionsprodukte können in drei isomeren Formen auftreten.* Man kennt z. B. nur ein Monobrombenzol C_6H_5Br, dagegen drei Dibrombenzole $C_6H_4Br_2$, die durch die Vorsilben Ortho-, Meta- und Para- unterschieden werden.

Aus der ersten Tatsache folgt die **Gleichwertigkeit der sechs Wasserstoffatome,** d. h. es entsteht stets ein und dasselbe Monosubstitutionsprodukt, gleichviel, welches von den sechs Wasserstoffatomen des Benzols substituiert ist.

Für das Benzol sind drei Formeln denkbar, in denen die Wasserstoffatome gleichwertig sind:

$$\text{I.}\ C_4(CH_3)_2 \qquad \text{II.}\ C_3(CH_2)_3 \qquad \text{III.}\ (CH)_6.$$

Wir wollen jetzt näher untersuchen, mit welcher dieser Formeln die **zweite** obenerwähnte Tatsache in Übereinstimmung zu bringen ist.

Ein Disubstitutionsprodukt würde nach I sein können:

$$C_4\begin{cases} CH_2X \\ CH_2X \end{cases} \quad \text{oder} \quad C_4\begin{cases} CHX_2 \\ CH_3 \end{cases}.$$

Mehr Isomere sind hier nicht möglich. Da diese Formel also an Stelle der drei Isomeren, die man stets beobachtet, nur zwei denkbar erscheinen läßt, so ist sie zu verwerfen.

Nach II würden möglich sein:

$$\overset{a}{C_3\begin{cases} CHX \\ CHX \\ CH_2 \end{cases}} \qquad \overset{b}{C_3\begin{cases} CHX \\ CH_2 \\ CHX \end{cases}} \qquad \overset{c}{C_3\begin{cases} CX_2 \\ CH_2 \\ CH_2 \end{cases}} \qquad \overset{d}{C_3\begin{cases} CH_2 \\ CX_2 \\ CH_2 \end{cases}},$$

also scheinbar vier Isomere. Bedenkt man indessen die Gleichwertigkeit der Wasserstoffatome und sagt man sich, daß dieselbe nur dann existieren kann, wenn auch die

CH_2-Gruppen im Benzolmolekül vollkommen gleichartig gebunden sind, so sieht man ein, daß $a = b$ und $c = d$ wird, mit anderen Worten, daß die Anzahl der möglichen Isomeren wiederum auf zwei beschränkt ist. Deshalb muß auch diese Formel verworfen werden, weil sie der Existenz von drei isomeren Disubstitutionsprodukten widerspricht. So bleibt nur noch die Formel III übrig, in der jedes Kohlenstoffatom mit nur einem Wasserstoffatom verbunden ist. Dadurch reduziert sich die Frage nach der Struktur des Benzols auf die Aufgabe, für eine Verbindung C_6H_6, deren Kohlenstoffatome mit je einem Wasserstoffatom verbunden sind, eine Formel aufzustellen, die folgenden Anforderungen genügt: 1. daß alle Wasserstoffatome gleichwertig sind; 2. daß die Möglichkeit dreier Disubstitutionsprodukte besteht; 3. daß keine „aktiven" doppelten oder mehrfachen Bindungen darin vorkommen. Eine offene Kohlenstoffkette kann den gestellten Forderungen nicht genügen, da man in einer solchen stets endständige und mittelständige CH-Gruppen hätte, woraus notwendig die Ungleichwertigkeit der Wasserstoffatome folgen würde. Nur wenn man von der Annahme eines **geschlossenen Ringes von sechs Kohlenstoffatomen**

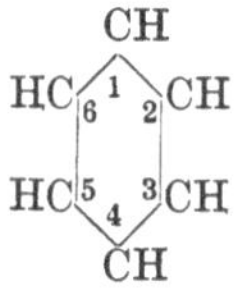

ausgeht, ist es möglich, die Gleichwertigkeit der sechs Wasserstoffatome zu formulieren. Eine derartige Anordnung der CH-Gruppen genügt zugleich dem zweiten Erfordernis; denn es ist leicht einzusehen, daß die Verbindungen $C_6H_4X_2$ 1,2 (= 1,6); 1,3 (= 1,5) und 1,4 die drei Isomeren darstellen:

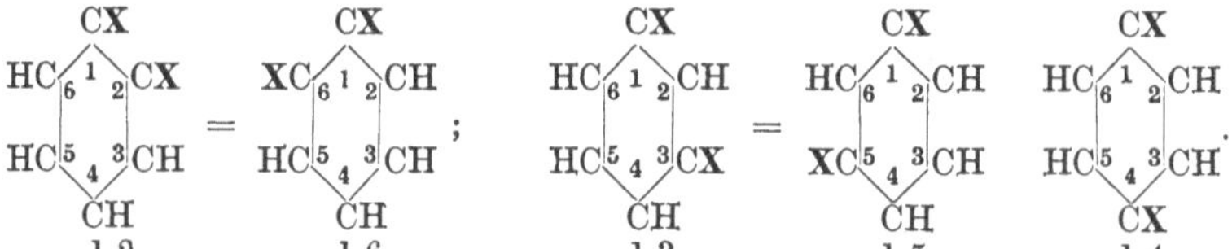

1,2 = 1,6 (ortho); 1,3 = 1,5 (meta); 1,4 (para)

Die 1865 von R. Kekulé aufgestellte Sechsringformel hat sich bei den überaus zahlreichen Untersuchungen über isomere Benzolderivate stets bewährt, und insofern ist die Struktur des Benzols aufgeklärt. Um die Beantwortung der letzten Frage nach der Absättigung der vierten Bindungseinheit der Kohlenstoffatome hat man sich lange Zeit vergeblich bemüht. Sie ist, wie wir sehen werden, mit den Mitteln der klassischen Strukturchemie nicht lösbar.

Kekulé nahm in Benzol drei doppelte Bindungen an (Fig. 73 auf S. 299). Diese Formel hatte aber zwei Nachteile: Erstens stellte sie das Benzol als eine ungesättigte Verbindung dar; ferner sollten nach ihr die zwei Orthostellen ungleich sein, weil die Kohlenstoffatome einerseits mit einer einfachen, andrerseits mit einer doppelten Bindung zusammenhängen. Kekulé mußte daher die zusätzliche Hypothese einführen, daß die Doppelbindungen im Benzolring nicht festliegen, sondern „oscillieren". Es gibt m. a. W. zwei gleichwertige Kekulé-Strukturen.

Willstätter versuchte, durch Synthese zu einer Verbindung C_6H_6 mit 3 Doppelbindungen nach der Formulierung Kekulés zu gelangen. Er ging dabei vom Cyclohexanol (I) aus, das sich durch Wasserabspaltung leicht in Cyclohexen (II) verwandeln läßt. Durch Addition von Brom entsteht das Dibromid (III), das durch Einwirkung von Dimethylamin 1 Mol HBr verliert, während das andere Br-Atom durch den Dimethylaminrest ersetzt wird (IV). Dieses Cyclohexenyl-dimethyl-amin wird nun mit CH_3J, danach mit AgOH behandelt, wodurch die Base V entsteht, die durch trockene Destillation unter vermindertem Druck in Cyclohexadien (VI) übergeht. Sowohl II als auch VI zeigen ganz den Charakter ungesättigter Verbindungen. Wird an VI Brom addiert, so bildet sich VII, das sich in derselben Weise in die Diammoniumbase VIII umwandeln läßt, wie V aus III erhalten wurde. Unter sehr niedrigem Druck zersetzt sich die Base bereits bei 40° in Wasser, Trimethylamin und eine Verbindung IX, die nun das gesuchte Cyclohexatrien sein sollte, jedoch mit Benzol vollkommen identisch war.

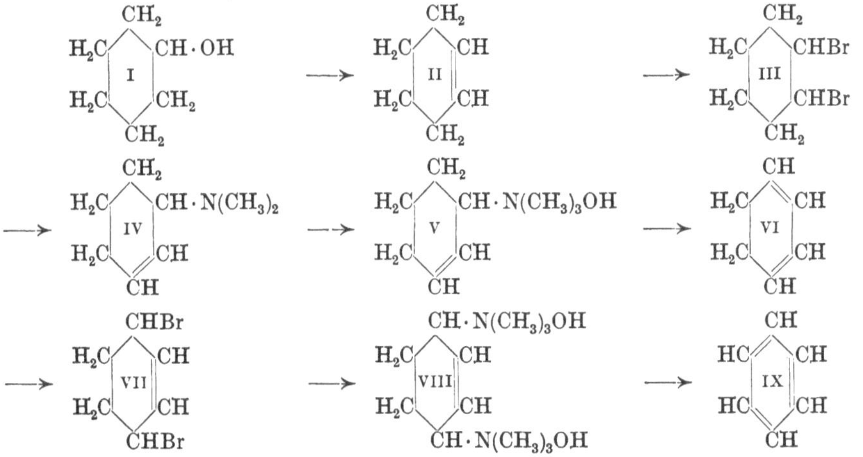

Sobald also eine dritte Doppelbindung im Sechsring entstehen soll, ändert die Verbindung ihren ganzen Charakter, indem das ungesättigte Verhalten verschwindet.

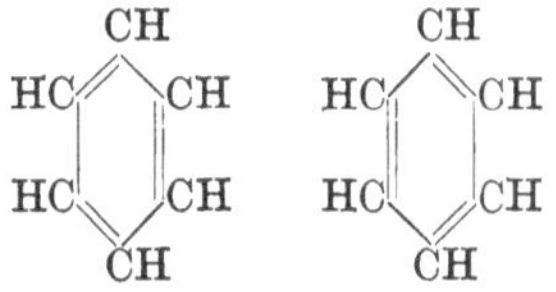

Fig. 73. Benzolformel von KEKULÉ

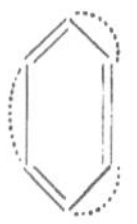

Fig. 74. Benzolformel von THIELE

Wendet man THIELES Hypothese der Partialvalenzen (S. 130) auf die Formel von KEKULÉ an, so ergibt sich scheinbar eine Erklärung für diese Erscheinung. Denn nach der THIELEschen Auffassung enthält das Benzol drei inaktive Doppelbindungen und keine freien Partialvalenzen (Fig. 74).

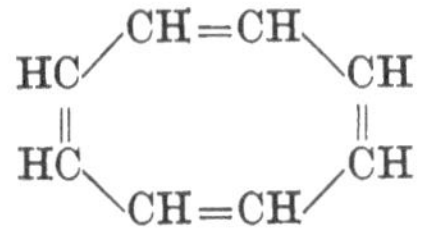

Cyclooctatetraen

Am Beispiel des Cyclooctatetraens, dessen Synthese von WILLSTÄTTER nach den eben geschilderten Methoden durchgeführt und dessen Synthese aus Acetylen durch REPPE S. 127 erwähnt wurde, läßt sich zeigen, daß diese Erklärung nicht ausreichend ist. Cyclooctatetraen (vgl. S. 496) ist stark ungesättigt und ähnelt in keiner Weise dem Benzol. Es bildet eine Flüssigkeit vom Kp_{760}: 142° und Schmelzpunkt —5.8°; D_4^{20}: 0.921; n_D^{20}: 1.529. Seine wesentlich abweichenden Eigenschaften hängen zweifellos mit dem nicht ebenen Bau des Moleküls zusammen, der durch röntgenographische und spektroskopische Untersuchungen erwiesen ist.

Auch die physikalischen Eigenschaften von Benzol zeigen manche Besonderheit. Während man z. B. bei dem acyclischen Hexatrien-(1,3,5) $CH_2 = CH \cdot CH = CH \cdot CH = CH_2$ entsprechend der mehrfachen Konjugation eine bedeutende Exaltation der Molekularrefraktion erwartet (S. 132) und auch tatsächlich gefunden hat (EM_D ca. 3,1), findet man bei Benzol keine Exaltation, wenn man seine Molekularrefraktion unter der Annahme von 3 Doppelbindungen berechnet. Aber auch das im übrigen so abweichende Cyclooctatetraen zeigt keine Exaltation der Molekularrefraktion.

Zu beachten ist übrigens, daß mit dem Eintritt von Seitenketten in den Benzolkern auch Exaltationen auftreten, indem, wie man sagt, die Konjugation „gestört" wird. Wie sich Benzol und seine Homologen in den optischen Eigenschaften unterscheiden, so treten gewisse Differenzen auch im chemischen Verhalten in Erscheinung: Benzol wird erheblich schwerer halogeniert, nitriert und sulfuriert als seine Homologen, die sich somit als merklich weniger gesättigt erweisen.

Das Absorptionsspektrum (vgl. S. 349) von Benzol weicht ebenfalls von dem des Hexatriens stark ab (Fig. 75). Das langwellige Bandensystem des Benzols bei ca. 250 mμ verdankt seinen Ursprung einem durch Kernschwingungen modulierten Elektronenübergang bei 262,5 mμ und ist hauptsächlich durch Resonanz der beiden Kekulé-Strukturen bedingt. Cyclooctatetraen scheint erst bei 200 mμ eine Bande aufzuweisen.

Von sonstigen Versuchen, das Benzolproblem zu lösen, sind noch die Formel von DEWAR, die Diagonalformel von CLAUS und die „zentrische" Formel von ARMSTRONG und BAEYER zu nennen

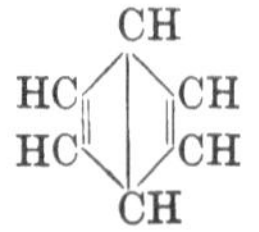

Benzolformel von DEWAR

Benzolformel von CLAUS

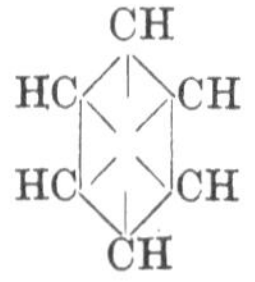

Benzolformel von ARMSTRONG-BAEYER

Wir können den vorangehenden Ausführungen entnehmen, daß es der klassischen Strukturchemie nicht gelungen ist, die Bindungsverhältnisse im Benzol eindeutig zu beschreiben. Die Gründe für dieses Versagen sind durch die moderne Elektronentheorie verständlich geworden. Am Zustandekommen der Bindungen im Benzol sind die 6 Kohlenstoffatome mit je 4 Außenelektronen, die 6 Wasserstoffatome mit je 1 Elektron beteiligt. Von diesen 30 Elektronen werden zur Herstellung von sechs einfachen C—C-Bindungen und 6 C—H-Bindungen 12 Elektronenpaare, d. h. 24 Elektronen beansprucht. Durch paarweise Zusammenfassung und Lokalisierung der übrigbleibenden 6 Elektronen würden sich die oben beschriebenen Valenzstrukturen nach KEKULÉ und DEWAR ergeben. Die quantenmechanische Rechnung zeigt nun, daß eine solche Zusammenfassung nicht in eindeutiger Weise möglich ist. Die 6 Elektronen[1] bilden vielmehr eine abgeschlossene Gruppe, deren Schwingungszustand als eine Überlagerung der den einzelnen Valenzstrukturen entsprechenden Schwingungszustände aufzufassen ist. Man drückt dies häufig auch so aus, daß man mit einer der Schwingungslehre entnommenen Analogie von einer „Resonanz" zwischen den verschiedenen Valenzstrukturen spricht. Die Struktur des Benzols läßt sich also prinzipiell nicht durch eine einzige Formel beschreiben, Benzol ist eine typisch mesomere (S. 264) Substanz. In energetischer Beziehung kommt die Stabilität dieses Zustandes darin zum Ausdruck, daß die Bildungswärme des Benzols etwa 40 kcal größer ist als sich für eine Formel mit 3 Doppelbindungen berechnen würde. Die gleichmäßige Ladungsverteilung bedingt eine 6zählige Symmetrie für das Benzol-Molekül (gegenüber 3zähliger Symmetrie beim KEKULÉ-Modell). Röntgendiagramm und Ramanspektrum stehen hiermit im Einklang. Erfahrungsgemäß tritt Resonanz nur bei eben gebauten Molekülen auf. Dem Cyclooctatetraen fehlen mit dem ebenen Bau die benzolähnlichen Eigenschaften.

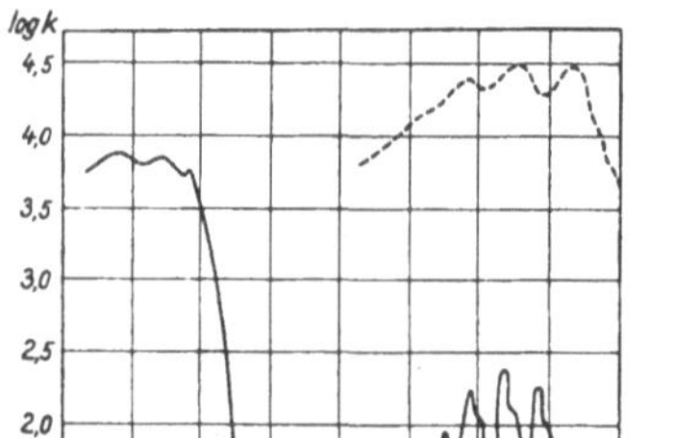

Fig. 75. Absorption von Benzol (—) und Hexatrien (---) in Hexan

Die Zahl 6 spielt auch im Elektronengebäude anderer Ringverbindungen eine bemerkenswerte Rolle. Der Ring C_5H_5 mit 5 überschüssigen Elektronen ist als solcher nicht existenzfähig. Wohl bekannt ist dagegen die Verbindung $[C_5H_5]^-K^+$, das früher erwähnte Cyclopentadienkalium

[1] Diese Elektronen sind π-Elektronen (vgl. S. 48) im Gegensatz zu den übrigen, an Einfach-Bindungen beteiligten Elektronen, die σ-Elektronen sind. Die Länge der C—C-Bindung im Benzol liegt mit 1·42 Å zwischen einer einfachen und einer doppelten Bindung.

(S. 294), bei dem das Kalium durch Abgabe seines Valenzelektrons die Sechselektronengruppe vervollständigt. Eine Reihe heterocyclischer Verbindungen wie Pyrrol C_4H_5N, Pyridin C_5H_5N und Thiophen C_4H_4S enthalten gleichfalls mehr Elektronen als zur Herstellung einfacher Bindungen erforderlich sind. Auch bei ihnen kommt es zur Ausbildung der für das Benzol charakteristischen abgeschlossenen Gruppe von 6 π-Elektronen. Alle diese Verbindungen zeichnen sich in chemischer Hinsicht durch typisch aromatischen Charakter aus.

Als eine Bestätigung der oben auf chemischem Wege abgeleiteten Symmetrie des Benzol-Moleküls kann man auch die Erfahrungen betrachten, die man an den Dipol-Momenten disubstituierter Benzol-Derivate gesammelt hat. Aus den Vektordiagrammen o-, m- und p-substituierter Benzol-Derivate mit gleichen Substituenten

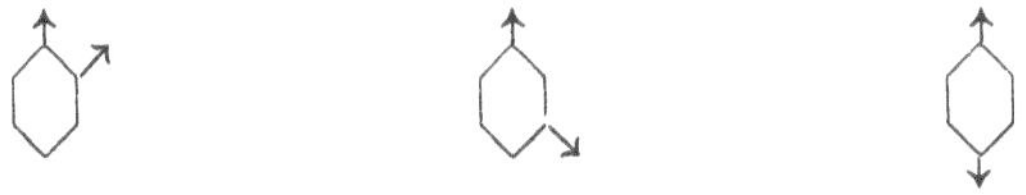

läßt sich bei Annahme eines ebenen regulären Sechsecks leicht ableiten, daß zwischen dem resultierenden Gesamtmoment μ und dem Gruppenmoment μ_1 des Substituenten (gleich dem Gesamtmoment des Monosubstitutionsprodukts) folgende Beziehungen bestehen müssen:

$$\text{o-Verbindung} \quad \mu = \mu_1 \sqrt{3}$$
$$\text{m-Verbindung} \quad \mu = \mu_1$$
$$\text{p-Verbindung} \quad \mu = 0\,.$$

Sind die beiden Substituenten verschieden (Gruppenmoment μ_1 und μ_2), so gilt

$$\text{o-Verbindung} \quad \mu = \sqrt{\mu_1^2 + \mu_2^2 + \mu_1 \mu_2}$$
$$\text{m-Verbindung} \quad \mu = \sqrt{\mu_1^2 + \mu_2^2 - \mu_1 \mu_2}$$
$$\text{p-Verbindung} \quad \mu = \mu_1 - \mu_2\,.$$

Hierbei sind μ_1 und μ_2 mit gleichem oder entgegengesetztem Vorzeichen einzusetzen, je nachdem sie dem Benzolkern gleiche oder entgegengesetzte Pole zuwenden. Diese Beziehungen sind nun entsprechend der Erwartung in vielen Fällen recht gut erfüllt. Wo Abweichungen auftreten, sind sie in besonderen Verhältnissen begründet (Spreizung der Valenzen o-ständiger Substituenten infolge „sterischer Hinderung" oder Rotation mehrgliedriger Substituenten, deren Moment einen Winstel mit der Benzol-Ebene bildet). Trotz des näherungsmäßigen Charakters dieser Rechnungen steht deshalb das allgemeine Resultat in guter Übereinstimmung mit der angenommenen Konstitution des Benzol-Kerns.

Nomenklatur und Isomerie der Benzolderivate

Die Namen der monocyclischen und aromatischen Kohlenwasserstoffe pflegt man durch Substitution von ihrem Grundkörper, dem Benzol, abzuleiten. Viele der Benzolhomologen besitzen auch gebräuchliche Trivialnamen. Es ist ferner üblich, den Benzolring als **„Kern"**, die substituierenden Alkyle usw. als **Seitenketten** zu bezeichnen. Sind mehrere Substituenten im Kern vorhanden, so muß ihre gegenseitige Stellung durch eine Ortsbestimmung ermittelt werden. Wie diese ausgeführt wird, soll später ausführlich besprochen werden (S. 376). Die Stellung der Substituenten numeriert man mit 1—6. Isomere Disubstitutionsprodukte unterscheidet man auch durch Vorsetzen der Silben Ortho- (abgekürzt o-) = 1,2 bzw. 1,6; Meta- (m-) = 1,3 bzw. 1,5; Para- (p-) = 1,4. Einige Beispiele mögen dies erläutern:

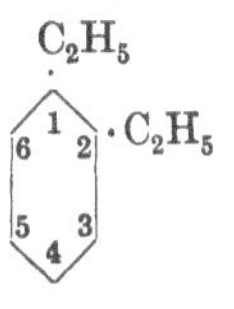

1,2-Diäthyl-benzol, o-Diäthyl-benzol

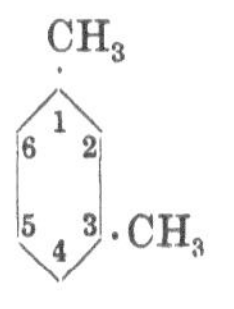

1,3-Dimethyl-benzol, m-Xylol

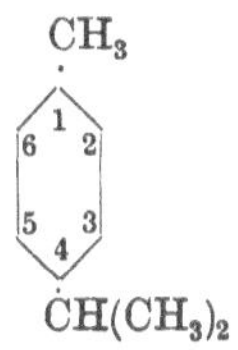

1-Methyl-4-isopropyl-benzol, p-Cymol

Die C- und H-Atome des Benzolkerns pflegt man in den Formeln nicht mitzuschreiben.

Bei drei Substituenten hängt die Zahl der Isomeren davon ab, ob alle drei Substituenten gleich sind oder nicht. Im ersten Fall gibt es drei Isomere:

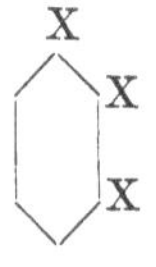

vicinal 1,2,3

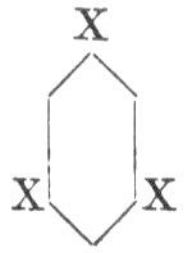

symmetrisch 1,3,5

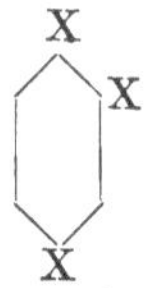

asymmetrisch 1,2,4

Wenn einer der Substituenten von den beiden anderen verschieden ist, so erhöht sich die Zahl der Isomeren auf sechs, da bei vicinaler Stellung jetzt X, Y, $X = 1:2:3$ isomer ist mit X, X, $Y = 1:2:3$ und bei dem asymmetrischen Derivat auch Isomere auftreten, je nachdem die ungleiche Gruppe auf 1, 2 oder 4 steht. Es ist leicht, die Zahl der möglichen Isomeren (zehn) bei Ungleichheit aller drei Substituenten abzuleiten. Bei vier gleichen Substituenten gibt es ebenso viele Isomere (also drei) wie bei zwei, da die beiden übrigbleibenden Wasserstoffatome zueinander dann in Ortho-, Meta- oder Parastellung stehen.

Das einwertige Radikal des Benzols, C_6H_5—, heißt **Phenyl.** Vom Toluol $CH_3 \cdot C_6H_5$ leiten sich die Radikal-Bezeichnungen **Tolyl** $CH_3 \cdot C_6H_4$— und **Benzyl** —$CH_2 \cdot C_6H_5$ ab; im ersten Fall ist ein Wasserstoffatom aus dem Kern, im zweiten Fall aus der Seitenkette abgetrennt. $C_6H_5 \cdot CH<$ heißt **Benzal** oder **Benzyliden.**

Allgemein nennt man die aromatischen Kohlenwasserstoff-Radikale **Aryle.**

Die Oxyverbindung $C_6H_5 \cdot OH$ heißt **Phenol,** $C_6H_5 \cdot CH_2 \cdot OH$ heißt **Benzylalkohol.**

Aromatische Kohlenwasserstoffe

Darstellung aromatischer Kohlenwasserstoffe aus Steinkohlenteer

Die aromatischen Kohlenwasserstoffe werden technisch durch trockne Destillation von Steinkohlen bei 1000—1100° erhalten, wobei einerseits **Leuchtgas** und Gaswasser entstehen, andererseits **Teer** (3% der Kohle), während in den Retorten Koks zurückbleibt.

Steinkohle und Braunkohle sind die fossilen Umwandlungsprodukte vorzeitlicher Pflanzen. Braunkohle ist aus Waldmooren von Laub- und Nadelbäumen bei schwach saurer bis neutraler Reaktion und Zutritt von Luft entstanden, Steinkohle aus Sumpfmooren von Schachtelhalmen, Farnen, Bärlappgewächsen bei saurer bis alkalischer Reaktion und überwiegend unter Luftabschluß. Bei dem als „Inkohlung" bezeichneten Fossilisationsprozeß reichern sich die Wachse, Harze und das Lignin des Pflanzenkörpers an. Abspaltung von Kohlendioxyd, Wasser und Methan bewirkt eine fortschreitende Anreicherung des Kohlenstoffs, während der Gehalt an Wasserstoff und Sauerstoff abnimmt. Torf und Braunkohle gehören dem Tertiär und Quartär an, sind also geologisch jünger als Steinkohle, die sich in den Formationen Jura, Trias, Perm und Carbon findet. Die Grundsubstanz der Kohlen besteht anscheinend aus hochkondensierten, vielleicht auch durch Sauerstoffbrücken miteinander verknüpften aromatischen Ringsystemen und ist infolge ihrer weitgehenden Unlöslichkeit einer chemischen Untersuchung kaum zugänglich. Durch Behandlung mit indifferenten Lösungsmitteln bei Temperaturen, bei denen noch keine durch Gasentwicklung erkennbare Zersetzung zu bemerken ist, kann man der Kohle sogenanntes **„Bitumen"**[1] entziehen. Seine Menge ist bei Steinkohlen gering (einige Prozent), bei deutschen Braunkohlen häufig erheblich, etwa 10—30%. Das Bitumen enthält Kohlenwasserstoffe, Wachse und Harze; aus bestimmten Braunkohlen wird durch Extraktion **Montanwachs** technisch gewonnen. Der unlösliche Rest der Steinkohlen kann durch Erhitzen mit Pyridin, Phenol oder Tetralin auf höhere Temperatur weitgehend in Lösung gebracht werden. Über die Natur dieser wohl als Depolymerisation und chemische Einwirkung zu deutenden Vorgänge ist wenig bekannt. Tetralin wirkt lösend durch abgespaltenen Wasserstoff, der eine Hydrierung der Kohle bewirkt. Braunkohle enthält im Gegensatz zu Steinkohle erhebliche Mengen alkalilöslicher, hochmolekularer Substanzen **(Huminsäuren).**

[1] Bitumen (lateinisch) = Erdharz, Pech.

Der bei der Steinkohlen-Destillation erhaltene Teer entstammt zu einem beträchtlichen Teil dem Bitumen, aber auch der Kohlensubstanz selbst. Während der normale Steinkohlenteer aus aromatischen Verbindungen besteht, kann man durch Destillation der Kohle im Vakuum oder Verschwelung bei niedriger Temperatur (unterhalb 550°) einen „Urteer" gewinnen, der eine völlig abweichende Zusammensetzung aufweist. Er enthält fast keine aromatischen Kohlenwasserstoffe, an deren Stelle aliphatische und vor allem cyclische gesättigte und ungesättigte Kohlenwasserstoffe sowie bedeutende Mengen (bis 50%) Phenole treten. Destilliert man diesen Urteer durch rotglühende Röhren, so erhält man ein Destillat, das mit dem gewöhnlichen Steinkohlenteer identisch ist. Die Bildung des Steinkohlenteers verläuft daher wahrscheinlich in zwei Phasen: 1. bei niedriger Temperatur Zersetzung unter Bildung von Cyclokohlenwasserstoffen und Phenolen; 2. Zersetzung dieser Produkte bei höherer Temperatur in Gase (Leuchtgas) und gewöhnlichen Teer; vermutlich spielt hierbei die Reduktion der Phenole durch Wasserstoff eine große Rolle. Der Hauptzweck der Steinkohlen-Destillation ist die Koksgewinnung. Aus Braunkohle läßt sich ein brauchbarer Koks nur unter Schwierigkeiten erhalten. Infolgedessen wird auch nur ein geringerer Prozentsatz der geförderten Braunkohle verkokt. Die hierbei übliche Verschwelung bei niedriger Temperatur (etwa 500°) liefert Braunkohlenschwelteer (5—10% der Kohle), der reich an paraffinischen und phenolischen Bestandteilen ist, aber auch aromatische Kohlenwasserstoffe enthält. Er steht seiner Natur nach dem Urteer näher als dem bei hoher Temperatur gewonnenen Steinkohlenteer. Eines der wichtigsten Produkte der Braunkohlenschwelerei ist Paraffin. In neuerer Zeit hat auch die Gewinnung von Benzin aus Braunkohlenteer große Fortschritte gemacht. In Deutschland wurden 1937 1,8 Millionen t Steinkohlenteer und 600000 t Braunkohlenteer erzeugt.

Steinkohlenteer, eine eigentümlich riechende, dicke, schwarze Flüssigkeit (schwarz durch darin schwebende Kohleteilchen), ist ein äußerst kompliziertes Gemenge, das indifferente, saure und basische Substanzen enthält. Die ersten sind hauptsächlich Kohlenwasserstoffe; unter ihnen überwiegen die aromatischen weitaus. Naphthalin kommt zu 5—10% im Teer vor, Benzol + Toluol machen 1—1·5% aus. Unter den sauren Bestandteilen des Teers überwiegen Phenol (0,5%) und Kresole (1—1,5%). Basische, N-haltige Bestandteile sind nur in geringer Menge vorhanden.

Die Trennung der Bestandteile des Teers erfolgt, soweit sie technisch in Betracht kommt, teils auf chemischem Weg, teils durch Fraktionieren. Der Teer wird zuerst einer einfachen Destillation unterworfen. Ein großer Teil des Teers (50—60%) ist nicht ohne Zersetzung destillierbar und bleibt als schwarze, feste Masse in dem Destillierapparat zurück; dieser Rückstand ist das **Pech.** Das Destillat wird in fraktionierter Destillation getrennt; dabei werden die folgenden Fraktionen gewonnen:

1. **Leichtöl,** das bis 180° übergeht (etwa 1%);
2. **Mittelöl (Carbolöl),** das zwischen 180—250° destilliert (etwa 12%);
3. **Schweröl** oder **Kreosotöl,** zwischen 250—300° (etwa 9%);
4. **Anthracenöl,** das über 300° übergeht (etwa 19%).

Das Leichtöl enthält Benzol und seine Homologen, vornehmlich Toluol (Methylbenzol) und Xylol (Dimethylbenzol). Sie werden durch fraktionierte Destillation getrennt. Weitaus größere Mengen Benzol (rund 1% der destillierten Kohle) werden aus dem Kokereigas durch Waschen mit Schwerölen isoliert.

Gegenüber der Steinkohlen-Destillation treten andere Quellen für aromatische Verbindungen an Bedeutung im allgemeinen zurück. Einzelne Petroleumarten, z. B. das Borneo-Petroleum, enthalten technisch verwertbare Mengen an Benzol und Toluol. Dieses Vorkommen wurde während des Weltkrieges 1914—1918 in Amerika und Frankreich industriell ausgebeutet. Durch Cracken (S. 33, 110) von Petroleum unter Druck bei 700° bis 800° (Hall-Prozeß) wurden in jener Zeit ebenfalls Benzol und Toluol gewonnen. Im zweiten Weltkrieg wurde Toluol aus der Heptan-Fraktion des Erdöls durch Dehydrierung und Cyclisierung über Chromoxyd-Katalysatoren bei 400° in gewaltigen Mengen dargestellt.

Synthese aromatischer Kohlenwasserstoffe

Benzol und Homologe

Man kennt zahlreiche Umwandlungen aliphatischer Verbindungen, die entweder direkt zu aromatischen Verbindungen führen oder zunächst hydroaromatische Substanzen liefern, die ihrerseits durch Dehydrierung oder Wasserabspaltung leicht in Benzolderivate verwandelt werden können. Die praktische Bedeutung dieser Synthesen, von denen später noch vielfach die Rede sein wird, ist im Fall der einfachen aromatischen Kohlenwasserstoffe meist gering, da diese im größten Maßstab aus Steinkohlenteer oder Erdöl (S. 303) dargestellt werden und häufig das bequemste Ausgangsmaterial für die Gewinnung hydroaromatischer Verbindungen bilden. Eine besondere Erwähnung verdienen die pyrogenen Synthesen von BERTHELOT. Sie sind zwar wie die meisten Reaktionen dieser Art theoretisch unübersichtlich, besitzen aber historische Bedeutung, weil sie zahlreiche Bildungsmöglichkeiten für aromatische Verbindungen zu einer Zeit eröffneten, wo man in ihre Struktur noch wenig Einblick hatte, und weil sie in enger Beziehung zu den technischen Bildungsprozessen stehen. BERTHELOT fand, daß zahlreiche aliphatische Verbindungen, namentlich Acetylen, beim Durchleiten durch glühende Röhren Benzol bilden. Auch Naphthalin, Anthracen, Styrol fanden sich unter den Destillationsprodukten. Später hat man festgestellt, daß auch andere aliphatische Kohlenwasserstoffe, z. B. Methan und Äthylen, bei Rotglut Teere liefern, die reich an aromatischen Kohlenwasserstoffen sind. Vgl. auch die oben erwähnte Crackdestillation von Petroleum.

Vielleicht bilden sich bei der hohen Reaktionstemperatur intermediär Radikale (z. B. CH), die sich dann zu Benzol und anderen aromatischen Produkten polymerisieren. Auf ähnliche Art ist wohl teilweise auch die Bildung eines aromatischen Teers bei der Steinkohlen-Destillation zu erklären. Die aromatischen Verbindungen sind stark endotherm und ihrerseits bei den angewandten hohen Temperaturen nicht beständig. Sie werden nur dadurch, daß man die Einstellung des Gleichgewichts verhindert und sie rasch aus der heißen Reaktionszone entfernt, vor dem Zerfall in die Elemente bewahrt.

Die bisher besprochenen pyrogenen Synthesen haben hauptsächlich technisches Interesse. Für den synthetischen Aufbau beliebiger Benzolhomologen im Laboratorium aus den von der Technik zur Verfügung gestellten Ausgangsmaterialien besitzen vor allem die Methoden von FITTIG und von FRIEDEL und CRAFTS Bedeutung.

Die **FITTIGsche Synthese** ist das Analogon der WÜRTZschen Reaktion in der aromatischen Reihe: Man läßt Natrium auf ein Gemenge von Brombenzol (oder einem anderen im Kern bromierten Kohlenwasserstoff) und Alkyljodid oder -bromid einwirken:

$$C_6H_5Br + C_2H_5J + 2\,Na = \underset{\text{Äthylbenzol}}{C_6H_5 \cdot C_2H_5} + NaBr + NaJ.$$

Hierbei entstehen als Nebenprodukte unter anderem Dialkyl und Diphenyl $C_6H_5 \cdot C_6H_5$. Mitunter verläuft die Reaktion hauptsächlich unter Bildung dieser unerwünschten Produkte; die Ausbeute gestaltet sich jedoch bei den höheren normal-primären Alkylhalogeniden besonders günstig.

Wie SCHORIGIN, SCHLUBACH und andere gezeigt haben, entsteht hierbei intermediär **Natriumphenyl** C_6H_5Na (S. 335); denn das Reaktionsgemenge gibt mit Kohlenoxyd Benzophenon $C_6H_5 \cdot CO \cdot C_6H_5$, mit Kohlendioxyd Benzoesäure $C_6H_5 \cdot CO_2H$, wenn man durch Anwendung von überschüssigem Natrium und niedriger Temperatur die Bildung der Metallverbindungen begünstigt. Nach ST. GOLDSCHMIDT spielen bei der FITTIGschen Synthese folgende Reaktionen eine Rolle:

$$R \cdot J + 2\,Na = R \cdot Na + NaJ \quad (1)$$
$$R \cdot Na + R' \cdot J = R \cdot R' + NaJ \quad (2)$$
$$R \cdot Na + R'' \cdot H = R'' \cdot Na + R \cdot H \quad (3)$$

Störungen werden danach immer dann zu erwarten sein, wenn die Reaktion 3 einen größeren Umfang annimmt, also durch Übertragung des Natriums auf eine andere Wasserstoffverbindung ein neues Alkaliaryl entstehen kann. Vollziehen sich dagegen im wesentlichen nur die Reaktionen 1 und 2, so hat man es mit einem normalen Ablauf zu tun und erhält gute Ausbeuten an dem gewünschten Produkt. Sicher ist der Mechanismus der WÜRTZ-FITTIGschen Reaktion nicht immer der gleiche. Bei dem stark heteropolaren Charakter der metallorganischen Bindung sind Ionen als Zwischenstufen durchaus in Betracht zu ziehen.

Die **FRIEDEL-CRAFTSsche Synthese** beruht auf der katalytischen Wirkung von Aluminiumchlorid. Setzt man dieses zu einem Gemenge von aromatischem Kohlenwasserstoff und Alkylchlorid, so entweicht Chlorwasserstoff in Strömen, und man erhält eine im Kern alkylierte Verbindung:

$$C_6H_6 + ClCH_3 = HCl + C_6H_5 \cdot CH_3 .$$

Die Reaktion bleibt gewöhnlich nicht bei der Einführung *einer* Alkylgruppe stehen; es entstehen vielmehr neben dem Monosubstitutionsprodukt auch die höheren Homologen, vorwiegend m- und p-Verbindungen, die durch fraktionierte Destillation abgetrennt werden müssen.

Ferner ist neben dem Aufbau auch ein Abbau der Kohlenwasserstoffe konstatiert worden. Behandelt man z. B. Toluol $C_6H_5 \cdot CH_3$ mit Aluminiumchlorid, so entsteht einerseits Benzol C_6H_6, andrerseits Xylol $C_6H_4(CH_3)_2$. Hierbei werden also die Alkylgruppen des einen Kohlenwasserstoffs auf den anderen übertragen. Man kann diesen Vorgang bei aromatischen Kohlenwasserstoffen mit vielen Seitenketten auch durch konzentrierte Schwefelsäure hervorrufen. Die bei der FRIEDEL-CRAFTSschen Reaktion erforderliche Menge an Aluminiumchlorid ist von Fall zu Fall sehr verschieden. So ist mitunter nur eine Spur $AlCl_3$ nötig, um die Reaktion in Gang zu setzen; in anderen Fällen, z. B. bei Säurechloriden, dagegen braucht man auf 1 Mol der in Reaktion tretenden Verbindungen mindestens 1 Mol $AlCl_3$. Nach BÖESEKENS Versuchen ist die Reaktion trotzdem immer als eine Katalyse durch $AlCl_3$ aufzufassen; denn in den Fällen, in denen viel $AlCl_3$ angewendet werden muß, bildet sich eine stabile Verbindung zwischen $AlCl_3$ und den reagierenden Stoffen, wodurch der größte Teil des Katalysators unwirksam gemacht wird. Geschwindigkeitsbestimmend ist dann die Menge des Aluminiumchlorids; solange festes Aluminiumchlorid im Überschuß vorhanden ist, verläuft die Reaktion mit konstanter Geschwindigkeit (STEELE, ULICH). Über den Mechanismus der FRIEDEL-CRAFTSschen Reaktion sind viele Theorien aufgestellt worden, ohne daß endgültige Klarheit gewonnen wäre. Sicher ist von Bedeutung, daß $AlCl_3$ nur ein Elektronen-Sextett besitzt. Auch Olefine lassen sich mit $AlCl_3$ an aromatische Kohlenwasserstoffe anlagern:

$$C_6H_6 + C_2H_4 = C_6H_5 \cdot CH_2 \cdot CH_3 .$$

Benzolhomologe mit längerer Seitenkette können bisweilen vorteilhaft durch Erhitzen von höheren Alkoholen mit aromatischem Kohlenwasserstoff und Zinkchlorid auf 270—300° dargestellt werden. Zinkchlorid wirkt hierbei als wasserentziehendes Mittel:

$$C_6H_6 + HO \cdot C_5H_{11} = C_6H_5 \cdot C_5H_{11} + H_2O .$$

Darstellung von Kohlenwasserstoffen aus Diazoniumverbindungen s. S. 325.

Benzol und seine Homologen können weiter noch durch folgende Reaktionen dargestellt werden:

1. Analog den gesättigten aliphatischen entstehen die aromatischen Kohlenwasserstoffe durch Destillation der Calciumsalze aromatischer Säuren mit Natronkalk:

$$C_6H_5 \cdot CO_2\,ca + ca \cdot OH = C_6H_6 + CaCO_3 .$$

2. Benzol und seine Homologen kann man aus den entsprechenden Sulfonsäuren durch Erhitzen mit Schwefelsäure oder Salzsäure regenerieren. Die Abspaltung der Sulfogruppe wird durch Einleiten von überhitztem Wasserdampf befördert:

$$C_6H_3(CH_3)_2SO_3H + H_2O = C_6H_4(CH_3)_2 + H_2SO_4 .$$

Diese Methode wird zur Trennung aromatischer und aliphatischer Kohlenwasserstoffe angewendet. Erhitzt man ein solches Gemenge mit konzentrierter Schwefelsäure, so werden nur die aromatischen Verbindungen in Sulfonsäuren verwandelt, während die Alkane unangegriffen bleiben und sich infolge ihrer Unlöslichkeit von den in Wasser löslichen Sulfonsäuren mechanisch trennen lassen.

Da die Neigung der aromatischen Kohlenwasserstoffe zur Bildung von Sulfonsäuren verschieden groß ist, so kann diese Methode auch zur Trennung aromatischer Kohlenwasserstoffe voneinander dienen.

Die aromatischen Kohlenwasserstoffe mit gesättigter Seitenkette sind farblose Flüssigkeiten von starkem Lichtbrechungsvermögen und eigentümlichem Geruch und brennen mit stark rußender Flamme. Mit Wasser sind sie nicht mischbar, wohl aber mit starkem Alkohol. Sie sind ihrerseits gute Lösungsmittel für organische Verbindungen.

Nachstehend einige ihrer physikalischen Eigenschaften:

Name	Formel	F	Kp_{760}	D_4^{20}	n_D^{20}
Benzol	C_6H_6	+ 5·53⁰	80·10⁰	0·8790	1·5011
Methylbenzol (Toluol)	$C_6H_5 \cdot CH_3$	—95·0	110·62	0·8668	1·4968
1·3-Dimethyl-benzol (m-Xylol)	$C_6H_4(CH_3)_2$	—47·98	139·10	0·8641	1·4972
1·3·5-Trimethyl-benzol (Mesitylen)	$C_6H_3(CH_3)_3$ (1, 3, 5)	—44·73	164·64	0·8653	1·4990
Äthylbenzol	$C_6H_5 \cdot C_2H_5$	—95·0	136·19	0·8670	1·4958
Isopropylbenzol (Cumol)	$C_6H_5 \cdot CH(CH_3)_2$	—96·0	152·39	0·8618	1·4913
1-Methyl-4-isopropyl-benzol (p-Cymol)	$C_6H_4(CH_3) \cdot CH(CH_3)_2$	—68·2	177·23	0·8567	1·4908

Die Siedepunkte von stellungsisomeren Benzolderivaten liegen meist sehr nahe beieinander. Dagegen zeigen ihre Schmelzpunkte sehr erhebliche Differenzen. Die Paraverbindungen haben in der ganzen aromatischen Reihe fast immer den höchsten Schmelzpunkt.

Benzol C_6H_6 wurde 1825 von FARADAY in einer Flüssigkeit entdeckt, die in den Anfängen der Leuchtgas-Industrie beim Komprimieren von Leuchtgas erhalten worden war. Es schmilzt bei $+5 \cdot 5^0$ und wird durch Ausfrieren in reinem Zustand gewonnen[1]. Dagegen ist **Toluol** erst bei $—95^0$ fest; auch die anderen Homologen haben meist sehr niedrige Schmelzpunkte. Die molekulare Bildungswärme von Benzoldampf aus den Elementen bei 25^0 beträgt $\Delta H_{298} = +19 \cdot 8$ kcal, die freie Bildungsenergie $\Delta F_{298} = +30 \cdot 99$ kcal; Benzol ist also wie die meisten aromatischen Verbindungen endotherm.

o-, m- und **p-Xylol** schmelzen bei $—25 \cdot 2^0$, $—47 \cdot 98^0$ bzw. $+13 \cdot 2^0$; m-Xylol bildet den Hauptbestandteil (70—85%) des Teerxylols.

Da diese drei Isomeren dicht beieinander liegende Siedepunkte (o-Xylol $144 \cdot 4^0$, m-Xylol $139 \cdot 1^0$, p-Xylol $138 \cdot 3^0$) besitzen, kann ihre Trennung nicht durch fraktionierte Destillation allein bewerkstelligt werden. Man trennt daher die Hauptmenge des am höchsten siedenden o-Xylols durch fraktionierte Destillation ab und sulfoniert alsdann die einzelnen Fraktionen. Bei der Behandlung mit Schwefelsäure bei gewöhnlicher Temperatur gehen nur m- und o-Xylol in Lösung (als Sulfonsäuren), während p-Xylol unangegriffen zurückbleibt. Die Sulfonsäuren der Meta- und Orthoverbindung lassen sich durch fraktionierte Kristallisation ihrer Natriumsalze voneinander trennen. Neuerdings trennt man die drei Xylole durch fraktioniertes Ausfrieren voneinander (I. G. Farbenindustrie).

p-Cymol oder 1-Methyl-4-isopropyl-benzol, $C_6H_4{\begin{matrix} CH(CH_3)_2 & 4 \\ CH_3 & 1 \end{matrix}}$, steht in naher Beziehung zu den Terpenen $C_{10}H_{16}$ und den Campherarten $C_{10}H_{16}O$, aus denen es auf verschiedene Weise gewonnen werden kann. Es findet sich auch in einigen ätherischen Ölen, wie Kümmelöl, Thymianöl, Eucalyptusöl usw.

Im Kern monosubstituierte Derivate der aromatischen Kohlenwasserstoffe

Monohalogenverbindungen

Es wurde bereits früher erwähnt (S. 296), daß Benzol mit Halogenen nur sehr schwer in Reaktion zu bringen ist. Chlor und Brom lösen sich in Benzol auf und wirken im Dunkeln überhaupt nicht ein. Im diffusen Tageslicht bilden sich dann langsam teils Substitutionsprodukte (Chlorbenzol, Brombenzol), teils Additionsprodukte (Ben-

[1] Über Thiophen-Gehalt des Teerbenzols s. S. 448.

zolhexachlorid $C_6H_6Cl_6$[1] bzw. -bromid $C_6H_6Br_6$). Durch Katalysoren werden diese Prozesse, wie SLATOR sowie LUTHER und GOLDBERG gezeigt haben, in sehr verschiedener Weise beschleunigt: Im Sonnenlicht erfolgt ganz überwiegend Addition, Sauerstoff wirkt verzögernd (wie auch bei Additionen an Doppelbindungen beobachtet); Jod begünstigt Addition und Substitution in gleichem Maße, während Eisenhalogenide der Substitution zur alleinigen Herrschaft verhelfen. Zur Darstellung der kernhalogenierten Derivate des Benzols wendet man deshalb Eisen als Beschleuniger an. Wasser ist wegen verzögernder Wirkung möglichst auszuschließen. Um Brombenzol zu gewinnen, fügt man z. B. zu trockenem Benzol ein wenig Eisenpulver und läßt nun unter Abkühlung Brom eintropfen; es bildet sich zunächst $FeBr_3$, worauf unter Entwicklung von Bromwasserstoff Brombenzol C_6H_5Br entsteht. Jod reagiert mit Benzol bei gewöhnlicher Temperatur überhaupt nicht. Zur Darstellung von Jodbenzol muß man Benzol mit Jod und Jodsäure im geschlossenen Rohr erhitzen; die Jodsäure dient dazu, den entstehenden Jodwasserstoff zu Jod zu oxydieren, da sonst das entstandene C_6H_5J durch HJ wieder in Benzol umgewandelt würde. Über eine andere Darstellungsweise der Halogenbenzole s. S. 325.

Auch bei den Benzolhomologen muß man im allgemeinen einen Katalysator (Fe) anwenden, um den Wasserstoff des Kerns durch Chlor oder Brom zu ersetzen; doch reagieren einzelne Homologe schon mit Brom allein sehr lebhaft. Tritt Halogen in den Kern von Benzolhomologen, so nimmt es die p- und o-Stelle zur Seitenkette ein, z. B. entstehen aus Toluol nebeneinander o- und p-Chlor-toluol (vgl. darüber S. 340). Über die Bedingungen, unter denen Halogen in die Seitenkette der Homologen tritt, wird später Näheres mitgeteilt werden (S. 335).

In den aromatischen Halogenverbindungen ist das Halogenatom äußerst schwer in Reaktion zu bringen (vgl. S. 297). Man kann sie mit Alkalien, Kaliumhydrosulfid, Kaliumcyanid, Ammoniak usw. in wäßriger oder alkoholischer Lösung erhitzen, ohne daß das Halogenatom ausgetauscht wird. Nur bei sehr kräftigem Angriff, z. B. bei der Einwirkung von Natriummethylat bei 220° oder von wäßriger Lauge bei 300°, ist das Halogenatom durch OCH_3 bzw. OH zu ersetzen. Der Ersatz von Chlor oder Brom durch NH_2 läßt sich bei Gegenwart von Kupfer(I)-verbindungen durchführen. Auf diese Weise entsteht aus C_6H_5Cl mit konzentriertem wäßrigem Ammoniak im Autoklaven bei 180° Anilin $C_6H_5 \cdot NH_2$.

Einer der wenigen Fälle, wo die Umsetzung leicht erfolgt, ist die FITTIGsche Synthese. Maßgebend ist hier die große Reaktionsfähigkeit der metallorganischen Verbindung. Auch Magnesium wirkt auf Brombenzol in Ätherlösung ebenso leicht ein wie auf Alkylhalogenid. Die Lösung enthält die Verbindung $C_6H_5 \cdot MgBr$, mit deren Hilfe tertiäre Alkohole mit der Gruppe C_6H_5 genau so wie in der Fettreihe erhalten werden können (S. 90).

Chlorbenzol C_6H_5Cl stellt eine farblose Flüssigkeit dar, die bei 132° ohne Zersetzung siedet, bei —45·2° erstarrt und bei 20° das spezifische Gewicht 1·106 besitzt. — **Brombenzol** siedet bei 156°; spezifisches Gewicht 1·495 bei 20°. — **Jodbenzol** siedet bei 188·5° und hat D_4^{15}: 1·8383. Es färbt sich an der Luft unter Ausscheidung von Jod braun.

Jodbenzol und andere im Kern jodierte Verbindungen besitzen das Vermögen, zwei Atome Chlor zu addieren und dadurch in Jodidchloride vom Typus $C_6H_5 \cdot JCl_2$ überzugehen, aus denen beim Behandeln mit Alkalien gelbe amorphe Substanzen entstehen, die **Jodoso-Verbindungen** heißen. **Jodosobenzol** z. B. ist $C_6H_5 \cdot JO$. Sie werden durch Erhitzen sowie durch Oxydation mit Chlorkalk in **Jodoxy-Verbindungen** übergeführt:

$$2\,\underset{\text{Jodosobenzol}}{C_6H_5 \cdot JO} = C_6H_5J + \underset{\text{Jodoxybenzol}}{C_6H_5 \cdot JO_2}; \qquad C_6H_5 \cdot JO + O = C_6H_5 \cdot JO_2.$$

Jodoxybenzol ist kristallinisch und explodiert beim Erhitzen.

Die leichte Rückverwandlung dieser Substanzen in Jodbenzol ist beweisend für die obige Struktur. Beim Jodosobenzol z. B. gelingt sie bereits durch die Einwirkung von Kaliumjodid, beim Jodobenzol durch Wasserstoffperoxyd, wobei Sauerstoff entwickelt wird.

[1] Von **Benzolhexachlorid** = **Hexachlorcyclohexan** sind wie von Inosit (S. 387) acht Stereoisomere möglich. Das γ-Isomere („**Gammexan**") hat Bedeutung als Schädlingsbekämpfungsmittel.

Mononitroverbindungen

Einer der charakteristischen Unterschiede zwischen aromatischen und aliphatischen Verbindungen besteht, wie bereits erwähnt, darin, daß die aromatischen Verbindungen durch konzentrierte Salpetersäure direkt und glatt in Nitroverbindungen übergeführt werden können. Dies ist auch fast die einzige Methode, nach der aromatische Nitroverbindungen dargestellt werden.

Zu diesem Zweck bringt man den zu nitrierenden Stoff gewöhnlich in ein Gemisch von konzentrierter Schwefelsäure und Salpetersäure; bei der Nitrierung entsteht nämlich Wasser:

$$C_6H_6 + HO \cdot NO_2 = C_6H_5 \cdot NO_2 + H_2O,$$

das die Salpetersäure verdünnt und ihre Wirksamkeit vermindert; durch die Schwefelsäure wird es unschädlich gemacht. Häufig verwendet man auch rauchende Salpetersäure (spezifisches Gewicht 1·52). Das nitrierende Agens in der Salpeterschwefelsäure ist nach Hughes und Ingold „Nitronium-Ion" NO_2^+. Die Einführung von Nitrogruppen erfolgt um so leichter, je mehr Alkylgruppen an den Benzolkern gebunden sind.

Die Mononitroverbindungen sind sehr beständige Stoffe, die ohne Zersetzung destilliert werden können; ihre Nitrogruppe ist sehr fest gebunden. Bei den aromatischen Nitroverbindungen ist ein Ersatz von Wasserstoff durch Metall, wie er bei den primären und sekundären Nitroverbindungen der Fettreihe beobachtet wird, nicht möglich. Denn die Nitrogruppe ist am aromatischen Kern tertiär gebunden, so daß an dem mit ihr verbundenen Kohlenstoffatom kein Wasserstoffatom mehr vorhanden ist (vgl. S. 67). Durch Reduktion der Nitroverbindungen entstehen Amine; doch läßt sich hier, abweichend von den Nitroverbindungen der Fettreihe, die Reduktion leicht so leiten, daß die Zwischenprodukte isoliert werden können (S. 317). Die Nitrogruppe läßt sich gegen Halogen austauschen, wenn man die Nitroverbindungen mit Thionylchlorid auf etwa 180° erhitzt.

Die Mononitroverbindungen sind meist gelbliche Flüssigkeiten von angenehmem Geruch. Sie sind schwerer als Wasser, in diesem fast unlöslich und mit Wasserdampf flüchtig.

Nitrobenzol wird in den Anilinfarben-Fabriken in größtem Maßstab durch Nitrieren von Benzol mit einem Gemenge von Salpetersäure und Schwefelsäure dargestellt. Wenn die Reaktion beendet ist, wird das oben schwimmende Nitrobenzol von der Schwefelsäure, die nur noch geringe Mengen Salpetersäure enthält, getrennt, mit Wasser gewaschen und zum Zweck der Reinigung, insbesondere zur Trennung von Dinitrobenzol, mit Wasserdampf destilliert.

Nitrobenzol ist eine gelbliche Flüssigkeit. Es besitzt einen dem Bittermandelöl ähnlichen Geruch, weshalb es als Parfüm, besonders für billige Seifensorten, verwendet wird. Sein Siedepunkt liegt bei 210°, sein Schmelzpunkt bei 5·85°; sein spezifisches Gewicht beträgt 1·203 bei 20°. Es ist namentlich in Dampfform giftig.

Nitrotoluol. Beim Nitrieren von Toluol mit Salpeterschwefelsäure entsteht ein Gemisch von Ortho- und Paraverbindung; von der Metaverbindung werden dagegen nur einige Prozente gebildet. Während in anderen Fällen im allgemeinen die Paraverbindung in größter Menge erhalten wird, überwiegt hier die Orthoverbindung; bei Nitrierung bei 0° erhält man z. B. 58·8% Ortho-, 36·8% Para- und 4·4% Metanitrotoluol.

o-Nitrotoluol ist flüssig und schmilzt bei —3·4°; p-Nitrotoluol ist fest (Schmelzpunkt 51·4°). Die Trennung dieser Isomeren wird durch systematisches Ausfrieren und damit kombinierte fraktionierte Destillation erreicht. In Fig. 76 ist die Erstarrungskurve von Gemischen von o- und p-Nitrotoluol abgebildet. Man ermittelt ein derartiges Schmelzdiagramm nach der Methode der **thermischen Analyse,** indem man sich verschieden zusammengesetzte Gemische der Isomeren herstellt und die zugehörigen Schmelzpunkte bestimmt. Zu diesem Zweck geht man meist so vor, daß man die Mischung schmilzt und die Abkühlungskurve aufnimmt, indem man die Temperatur der sich abkühlenden Schmelze in regelmäßigen Zeitabständen in ein Diagramm einträgt. Man erhält dann eine Kurve der in Fig. 77 abgebildeten Form. Das horizontale Stück (bei Gemischen nur durch einen Knick in der Kurve angedeutet) entspricht der Erstarrungstemperatur, wo die Abkühlung durch die latente Schmelzwärme kompensiert wird. Häufig ist die Aufnahme eines **„Auftau-Schmelzdiagramms"** bequem. In diesem Fall bestimmt man für jede Mischung im Kapillarröhrchen Beginn des Auftauens und Ende des Schmelzvorgangs. Die Auftaupunkte liegen für die meisten Mischungen auf einer Horizontalen (Fig. 78), die dem Schmelzpunkt des Eutektikums entspricht und eine sehr genaue Festlegung des eutektischen Punktes gestattet. Die Schmelzpunkte liefern wie oben die Schmelzkurve. — Da das Nitrierungsprodukt von Toluol etwa 40% Paraverbindung enthält, liegt sein Erstarrungspunkt auf dem Para-Ast der Kurve, so daß beim Abkühlen p-Nitrotoluol auskristallisiert. Dieses kann von den

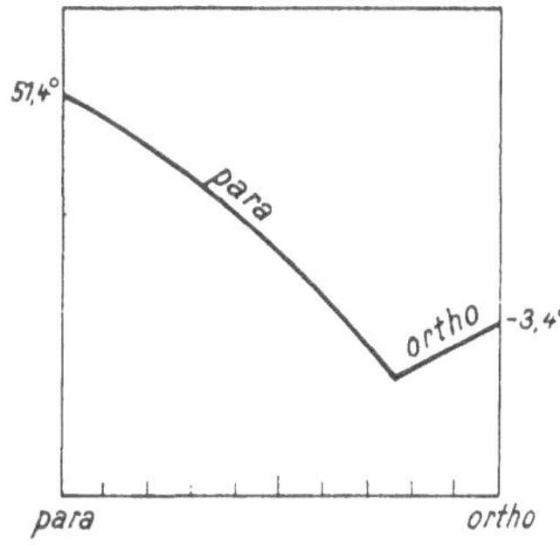

Fig. 76

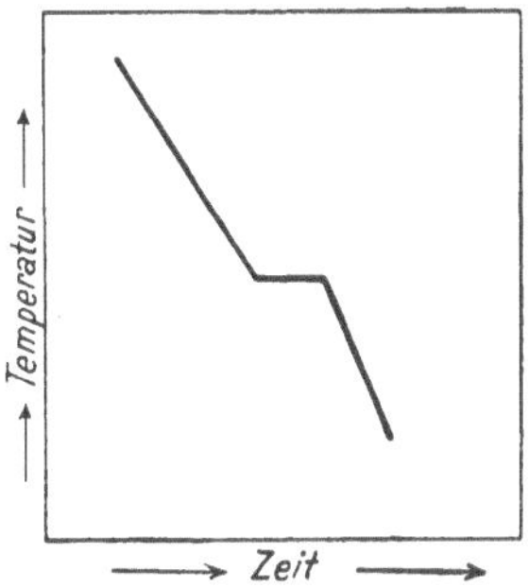

Fig. 77

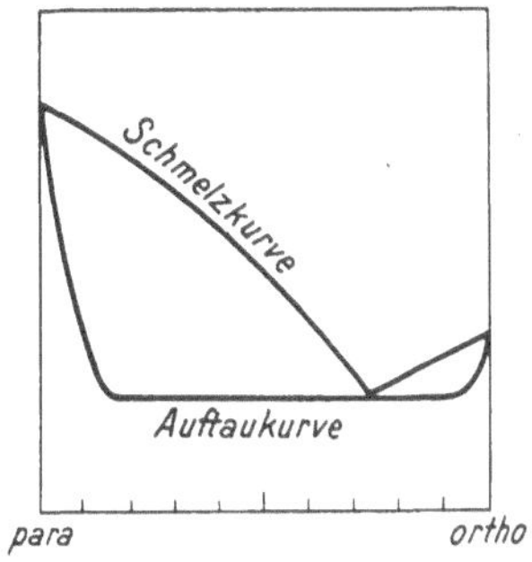

Fig. 78

flüssig gebliebenen Anteilen durch Filtrieren (oder technisch durch Zentrifugieren) getrennt werden. Beim fraktionierten Destillieren dieses Öles geht zunächst o-Nitrotoluol (Siedepunkt 220°), später p-Nitrotoluol (Siedepunkt 238·5°) über. Wird die fraktionierte Destillation mit dazwischengeschaltetem Ausfrieren einige Male wiederholt, so ist die erste Fraktion so reich an Orthoverbindung geworden, daß ihre Zusammensetzung auf den Ortho-Ast der Erstarrungskurve zu liegen kommt und beim Abkühlen o-Nitrotoluol auskristallisiert.

Monosulfonsäuren

Die Darstellung dieser Verbindungen wurde bereits S. 296 besprochen: sie entstehen durch Einwirkung von konzentrierter oder rauchender Schwefelsäure auf aromatische Verbindungen. Hierbei bleibt jedoch ein großer Teil der Schwefelsäure unausgenutzt, da die Sulfonierung nicht mehr stattfindet, wenn der Gehalt der Säure auf 64% gesunken ist. Man muß dann die Benzolsulfonsäure von der Schwefelsäure trennen. Man kann dabei ebenso verfahren wie bei der Trennung von Äthylschwefelsäure von Schwefelsäure (S. 55), da auch die Erdalkalisalze der aromatischen Sulfonsäuren in Wasser leicht löslich sind. Eine zweite, mitunter anwendbare Trennungsmethode besteht darin, daß man festes Kochsalz zu der konzentrierten Lösung des Gemenges von Schwefelsäure und Sulfonsäure bis zur Sättigung fügt, wodurch das Na-Salz der Sulfonsäure in festem Zustand abgeschieden wird.

Bei flüchtigen Kohlenwasserstoffen wie z. B. Benzol kann man die Schwefelsäure ganz in Sulfonsäure umwandeln, wenn man die Schwefelsäure auf 170° erhitzt und Benzoldampf einleitet (H. Meyer). Das Wasser, das bei dem Sulfonierungsprozeß entsteht, destilliert über, wodurch die Schwefelsäure bis zum Ende auf einer solchen Konzentration bleibt, daß Sulfonierung stattfinden kann.

Die freien Sulfonsäuren sind farblose, kristallisierte Substanzen, häufig hygroskopisch und in Wasser sehr leicht löslich, daher nicht leicht rein darzustellen. Wie auf S 305 erwähnt, lassen sich die aromatischen Kohlenwasserstoffe aus ihnen durch Behandlung mit überhitztem Wasserdampf oder mit Salzsäure bei hoher Temperatur gewinnen. Die Sulfonierung ist also eine umkehrbare Reaktion. Die Salze der Sulfonsäuren kristallisieren meist gut und können zur Reinigung der entsprechenden Säuren dienen.

Durch Behandlung mit PCl_5 erhält man die Säurechloride

$$C_6H_5\cdot SO_2\cdot OH \longrightarrow C_6H_5\cdot SO_2Cl,$$

die auch durch Einwirkung von Chlorsulfonsäure auf aromatische Kohlenwasserstoffe direkt darstellbar sind:

$$C_6H_6 + SO_3HCl = C_6H_5\cdot SO_3H + HCl$$
$$C_6H_5\cdot SO_3H + SO_3HCl = C_6H_5\cdot SO_2Cl + H_2SO_4.$$

Gegen kaltes und sogar noch gegen siedendes Wasser sind diese **Sulfochloride** recht beständig; nur langsam bilden sie mit ihm die Sulfonsäuren zurück. Benzolsulfochlorid schmilzt bei 14·5°; es besitzt wie die meisten dieser Verbindungen einen höchst unangenehmen Geruch.

Die aus den Sulfochloriden und Alkoholen erhältlichen **Sulfonsäureester** besitzen sowohl theoretisch wie präparativ ein bedeutendes Interesse. Sie setzen sich abweichend von den Carbonsäureestern (S. 89) derart um, daß die Bindung zwischen dem Sauerstoff und dem Alkoholrest gelöst wird:

$$C_6H_5-\overset{\overset{\displaystyle O}{\uparrow}}{\underset{\underset{\displaystyle O}{\downarrow}}{S}}-O\,\vdots\,C_2H_5 + C_6H_5\cdot ONa = C_6H_5\cdot SO_3Na + C_6H_5\cdot O\cdot C_2H_5.$$

Sie gleichen also darin etwa den Alkylhalogeniden. Dies ermöglicht einmal Reaktionen, die sich bei den Carbonsäureestern nicht bewerkstelligen lassen, z. B. ihre Umwandlung in Halogenverbindungen:

$$CH_3\cdot C_6H_4\cdot SO_2\cdot O\cdot CH_3 + LiJ = CH_3\cdot C_6H_4\cdot SO_3Li + CH_3J.$$

Andererseits tritt aus diesem Grunde bei Alkoholradikalen mit asymmetrischem C-Atom im Gefolge dieser Reaktionen in der Regel WALDENsche Umkehrung ein.

Die Verseifung der Sulfonsäureester wird durch Säuren nicht katalysiert. Durch Alkalien werden sie etwas schwerer als die entsprechenden Ester der Benzoesäure verseift. Der überaus billige p-Toluolsulfonsäuremethylester wird in gleicher Weise wie Dimethylsulfat zu Methylierungen verwendet. p-Toluolsulfochlorid dient u. a. in der Zuckerchemie zur bevorzugten Veresterung primärer Hydroxylgruppen, die nach der eben beschriebenen Methode leicht weiter in Halogenverbindungen verwandelt werden können. Man bezeichnet häufig den Toluolsulfo-Rest $CH_3\cdot C_6H_4\cdot SO_2$- als **„Tosyl“** und seine Einführung als **„Tosylierung“**.

Bei der Behandlung der Chloride mit überschüssigem konzentriertem Ammoniak entstehen die **Sulfonamide**:

$$C_6H_5\cdot SO_2Cl \longrightarrow C_6H_5\cdot SO_2\cdot NH_2,$$

mit primären und sekundären Aminen N-substituierte Sulfonamide $C_6H_5\cdot SO_2\cdot NR_1R_2$.

Die Sulfonamide sind gut kristallisierende Verbindungen, deren Schmelzpunkte häufig zur Identifizierung von aromatischen Kohlenwasserstoffen oder von Aminen von Wert sind. Infolge des stark negativen Charakters der $C_6H_5\cdot SO_2$-Gruppe sind die Wasserstoffatome der NH_2-Gruppe durch Metalle ersetzbar. Die Sulfonamide sind daher in Alkalien und in Ammoniak löslich. Über ihre Anwendung in der Therapie s. S. 356.

Durch Reduktion der Sulfochloride mit Zink und Salzsäure entstehen **Thiophenole** $C_6H_5\cdot SH$, die umgekehrt durch Oxydation wieder in Sulfonsäuren übergeführt werden können.

Die Sulfogruppe kann durch Hydroxyl und Cyan ersetzt werden; s. S. 311 und 329.

Einwertige Phenole

Unter Phenolen versteht man Verbindungen, die eine oder mehrere an den Benzolkern gebundene Hydroxylgruppen enthalten. Phenol $C_6H_5\cdot OH$ und einige seiner

Homologen (Kresol usw.) finden sich im Steinkohlenteer, bei dessen fraktionierter Destillation sie sich im Carbolöl und Kreosotöl anhäufen. Aus diesen Destillaten gewinnt man sie durch Ausschütteln mit Alkali, das die Phenole löst, während die Kohlenwasserstoffe ungelöst bleiben. Aus der alkalischen Lösung werden die Phenole durch Kohlendioxyd abgeschieden und darauf durch fraktionierte Destillation getrennt. Eine weitere wichtige Quelle der Gewinnung von Phenolen (z. B. Xylenolen) sind die Produkte der Kohlehydrierung. Auch in den Abwässern der Kokereien, Gaswerke und Braunkohlenschwelereien sind Phenole enthalten.

Phenol und seine Homologen können ferner auf folgende Weise dargestellt werden:

1. Durch Schmelzen eines sulfonsauren Salzes mit Alkali:

$$C_6H_5 \cdot SO_3K + 2\,KOH = C_6H_5 \cdot OK + K_2SO_3 + H_2O.$$

In der Technik benutzt man, wenn angängig, an Stelle des teuren Kaliumhydroxyds Natriumhydroxyd. Unter Umständen läßt sich die Reaktion besser regeln, wenn man mit 60%iger Natronlauge im Autoklaven auf hohe Temperatur (z. B. 270°) erhitzt.

2. Durch Einwirkung von salpetriger Säure auf aromatische Amine, eine Reaktion, die einer Bildungsweise von Alkoholen in der Fettreihe analog ist (S. 64). Während aber aus dem aliphatischen Amin sofort der Alkohol entsteht, lassen sich hier sehr wichtige Zwischenprodukte, die Diazoverbindungen (S. 323), isolieren.

3. Chlorbenzol kann durch Erhitzen mit 10%iger Sodalösung auf 320—400° unter etwa 200 Atm. Druck in Phenol verwandelt werden. Nach diesem Verfahren werden namentlich in Amerika bedeutende Mengen von Phenol dargestellt. Ein sehr interessantes technisches Verfahren ist der Raschig-Prozeß zur Phenolgewinnung. Hierbei wird ein dampfförmiges Gemenge von Benzol, Chlorwasserstoff und Luft bei etwa 200° über Kupfer-Eisen- oder Kupfer-Kobalt-Katalysatoren in Chlorbenzol verwandelt. Das Chlorbenzol wird bei 400—500° über Silicat- oder Phosphatkontakten zu Phenol und Salzsäure hydrolysiert, die wieder in die Chlorbenzol-Fabrikation zurückkehrt. Das Verfahren läuft also auf eine Darstellung von Phenol aus Benzol und Sauerstoff hinaus.

Die Phenole können in gewisser Hinsicht mit tertiären Alkoholen verglichen werden, da auch bei diesen die Hydroxylgruppe an ein Kohlenstoffatom gebunden ist, das keinen Wasserstoff mehr trägt. Sie können ebensowenig wie die tertiären Alkohole zu Aldehyden, Ketonen oder Säuren mit der gleichen Anzahl von Kohlenstoffatomen oxydiert werden. Bei den Phenolen findet man einen großen Teil der Alkoholfunktionen der Fettreihe wieder; so bilden ihre Natriumverbindungen mit Alkylhalogeniden Äther. Ferner liefern die Phenole Ester, z. B. mit Acetylchlorid Acetate; unter der Einwirkung von PCl_5 wird die OH-Gruppe, wenn auch nicht so glatt wie in der Fettreihe, durch Cl ersetzt. Aber außer diesen Alkoholfunktionen besitzen die Phenole noch besondere Eigenschaften, die durch ihren stärker sauren Charakter bedingt sind. Daß sie in Alkalien löslich sind, wurde bereits bei der Abscheidung der Phenole aus dem Carbolöl erwähnt; dabei entstehen Phenolate, z. B. $C_6H_5 \cdot ONa$. Die Alkohole der Fettreihe besitzen diese Fähigkeit nicht in dem Grade; soweit sie sich in Wasser nicht lösen, sind sie auch in Alkalien unlöslich und geben erst bei der Behandlung mit Alkalimetallen Alkoholate. Die stärker sauren Eigenschaften der Phenole können nur durch die Phenylgruppe verursacht werden[1]: *die Phenylgruppe ist ein „negatives" Radikal.* Die Phenole sind übrigens nur äußerst schwache Säuren; ihre Dissoziationskonstante ist von der Größenordnung 10^{-10}. Ihre wäßrige Lösung leitet den elektrischen Strom nur sehr wenig; die Phenolate werden bereits durch Kohlensäure zersetzt. Im Gegensatz zu den aliphatischen Alkoholen werden Phenole entsprechend ihrem sauren Charakter schon in der Kälte leicht durch Diazomethan (S. 276) veräthert:

$$C_6H_5 \cdot OH + CH_2N_2 = C_6H_5 \cdot O \cdot CH_3 + N_2.$$

[1] Wobei an eine Wechselwirkng der π-Elektronen des Benzols mit den Elektronen des Sauerstoffs zu denken ist.

Der Einfluß der Phenylgruppe auf die Eigenschaften des Hydroxyls ist also sehr deutlich; umgekehrt ist der Einfluß, den die Hydroxylgruppe auf den Benzolkern ausübt, nicht minder groß. Die übrigen Wasserstoffatome desselben werden viel leichter substituiert. Während Benzol von Brom bei gewöhnlicher Temperatur überhaupt nicht substituiert wird, liefert Phenol in wäßriger Lösung mit Bromwasser sofort einen Niederschlag von „Tribromphenolbrom" (S. 344), eine Reaktion, die so glatt verläuft, daß sie sogar zur quantitativen Bestimmung von Phenol Anwendung gefunden hat. Während zur Überführung von Benzol in Nitrobenzol konzentrierte Salpetersäure erforderlich ist, geht Phenol bereits durch Behandlung mit verdünnter Salpetersäure in Nitrophenol über. Auch von Oxydationsmitteln werden die Phenole leichter angegriffen als die aromatischen Kohlenwasserstoffe.

Durch Erhitzen mit Chlorzinkammoniak wird die OH-Gruppe, wenn auch schwierig, durch NH_2 substituiert. Durch Destillation über Zinkstaub lassen sich die Phenole zu den entsprechenden Kohlenwasserstoffen reduzieren. Mit Eisenchlorid in wäßriger Lösung geben sie charakteristische, sehr intensive Färbungen, die wahrscheinlich auf Komplexbildung beruhen.

Phenol wurde 1834 von RUNGE im Steinkohlenteer entdeckt und **Carbolsäure** (von carbo = Kohle und oleum = Öl) genannt. Es bildet farblose Nadeln von eigentümlichem Geruch, schmilzt bei 40·8° und siedet bei 182·2°. Seiner antiseptischen Eigenschaften wegen fand es früher ausgedehnte Anwendung als Desinfizienz[1]. Phenol wird von 12 Teilen Wasser bei 16° gelöst; die Lösung rötet Lackmus. Umgekehrt vermag es auch selbst Wasser zu lösen; bei dem niedrigen Molekulargewicht des Wassers und der hohen molekularen Gefrierpunktserniedrigung des Phenols (= 75) genügen bereits etwa 5%, um Phenol bei gewöhnlicher Temperatur flüssig zu erhalten. Die technische Bedeutung von Phenol ist außerordentlich groß[2]. Es dient als Ausgangsmaterial für Phenolformaldehydharze und -lacke, Cyclohexanon, Adipinsäure, Polyamide, künstliche Gerbstoffe, Salicylsäure, Pikrinsäure, Pharmazeutika, Schädlingsbekämpfungsmittel und Farbstoffe.

Die drei Oxytoluole $CH_3 \cdot C_6H_4 \cdot OH$ führen den Namen **Kresole**; sie finden sich im Steinkohlenteer (1—1,5%), werden aber meist nicht getrennt; die reinen o-, m- und p-Isomeren werden aus den entsprechenden Aminoverbindungen oder Sulfonsäuren dargestellt. Sie wirken ebenfalls stark antiseptisch. p-Kresol entsteht ebenso wie Phenol bei der Darmfäulnis aus Tyrosin und ist im menschlichen Harn in Form einer „gepaarten Schwefelsäure" $CH_3 \cdot C_6H_4 \cdot O \cdot SO_3H$ enthalten (etwa 30 mg im Liter). Die Bindung an Schwefelsäure ist als eine Entgiftung aufzufassen.

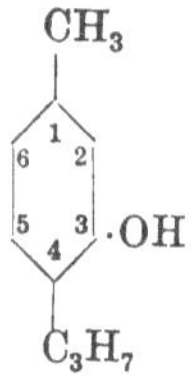

Thymol, das unter anderem als Antiseptikum in Mundwässern Verwendung findet, ist ein 3-Oxy-p-cymol (s. nebenstehende Formel) und findet sich in der Natur im Thymianöl. Es wird technisch nach der FRIEDEL-CRAFTSschen Reaktion aus m-Kresol und Isopropylchlorid bei —10° dargestellt; bei höherer Temperatur entstehen Isomere. Bei der katalytischen Hydrierung liefert es Menthol (S. 391).

Durch Erwärmen von Phenol mit 30%ig. Formaldehyd-Lösung in Gegenwart von Kondensationsmitteln entstehen harzartige Produkte, die wie Bernstein aussehen. Solche Phenolharze, zu denen der **Bakelit** (nach dem Erfinder BAEKELAND) gehört, finden zur Herstellung von Lacken und Kunststoffen der verschiedensten Art Verwendung. Die Bedeutung der Phenol-Formaldehyd-

[1] Die antiseptische Wirkung des Phenols wurde bereits von RUNGE entdeckt. Seit 1865 wurde es von dem englischen Chirurgen LISTER (1827—1912) in Form des Carbol-Verbandes und des „Carbol-spray" in die chirurgische Praxis eingeführt. Heute ersetzt man in der Chirurgie die Antisepsis mit chemischen Mitteln nach Möglichkeit durch die Asepsis. Da man im Laufe der Zeit viele bessere Antiseptika gefunden hat, ist die Anwendung des Phenols stark zurückgegangen. **Lysol** ist eine Lösung von Kresolen in Seifenwasser.

[2] Deutschland erzeugte vor dem Krieg jährlich etwa 30000 t, Amerika 1947 rund 120000 t.

Kondensationsprodukte **(Phenoplaste)** ist immer noch im Steigen begriffen. Der Chemismus der Reaktion ist nur in großen Zügen aufgeklärt, da die Natur der Produkte eine ins einzelne gehende chemische Untersuchung nahezu unmöglich macht. Die Art der entstehenden Kondensationsprodukte hängt außer von dem Kondensationsmittel (saure oder alkalische Agenzien) in erster Linie von dem Mengenverhältnis von Phenol und Formaldehyd, sodann von der Konstitution des Phenols ab. Phenol selbst reagiert sehr leicht in beiden o-Stellungen und der p-Stellung, wodurch dreidimensionale Kondensationsprodukte entstehen, die vollkommen unlöslich und unschmelzbar sind:

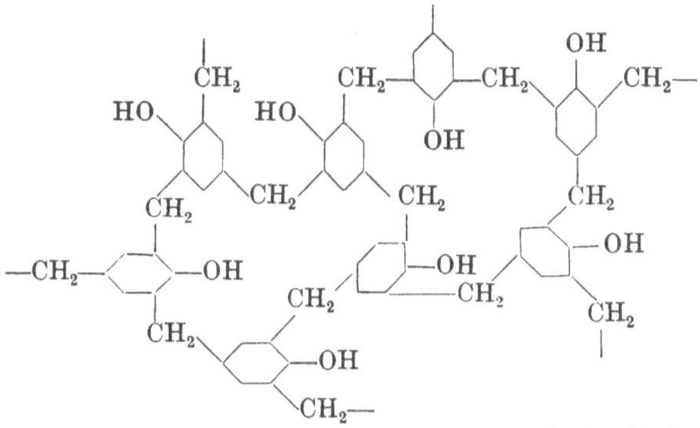

Von den Homologen des Phenols sind nur m-Kresol und 1,3,5-Xylenol einer gleichartigen Kondensation fähig. Man nimmt an, daß an der Harzbildung außer Methylenbrücken auch Ätherbrücken $—CH_2·O·CH_2—$ beteiligt sind. Meist leitet man die Reaktion bei niedriger Temperatur ein, wobei die Hauptmenge des abgespaltenen Wassers entfernt wird. Die so erhaltenen, noch plastischen Produkte werden unter Zusatz von Holzmehl, Papier oder Gewebebahnen in geheizten Pressen gleichzeitig zu Ende kondensiert („gehärtet") und geformt. Wendet man das Phenol im Überschuß an (bis zu 1,5 Mol Phenol auf 1 Mol Formaldehyd) und kondensiert sauer, so entstehen zunächst lösliche, schmelzbare Kondensationsprodukte vom Typus des Dioxydiphenylmethans,

$$HO·C_6H_4·CH_2·C_6H_4·OH \qquad HO·C_6H_4·CH_2·C_6H_3(OH)·CH_2·C_6H_4·OH$$

die sich durch Erhitzen mit mehr Formaldehyd oder Hexamethylentetramin härten lassen. Geht man aber an Stelle von Phenol von Kresolen oder Xylenolen mit besetzter o- und p-Stellung aus, so ist eine solche Härtung nicht möglich. Mit Phenolüberschuß dargestellteProdukte finden z. B. als **„Novolake"** in der Lackindustrie Verwendung. Mit Formaldehyd-Überschuß bereitete Lacke unterwirft man nachträglicher Härtung im Lacktrockenofen („Einbrennlacke"). Interessante Phenolformaldehydharze sind auch die sog. **Austauscherharze („Wofatite", „Dowex")**, die saure Gruppen, namentlich Sulfogruppen, enthalten und analog den Zeolithen als Basenaustauscher verwendbar sind. Sie spielen unter anderem in der Wasserenthärtung eine hervorragende Rolle.

Phenoläther

Man kann die Phenoläther in gemischte, fettaromatische, wie $C_6H_5·O·CH_3$ **Anisol,** und rein aromatische, wie $C_6H_5·O·C_6H_5$ **Diphenyläther,** einteilen. Die fettaromatischen Äther entstehen durch Einwirkung von Alkylhalogenid oder Dialkylsulfat auf Phenolate:

$$C_6H_5·ONa + C_2H_5J = C_6H_5·O·C_2H_5 + NaJ.$$

Die rein aromatischen Äther können wegen der geringen Beweglichkeit des Kernhalogens auf diese Weise nur bei hoher Temperatur und Gegenwart von Kupferpulver dargestellt werden. Diphenyläther erhält man derart als Nebenprodukt bei der Darstellung von Phenol aus Chlorbenzol (S. 311).

Die Äther sind beständige Substanzen, die die Eigenschaften aliphatischer Äther und aromatischer Kohlenwasserstoffe in sich vereinigen. Erhitzt man sie mit Halogenwasserstoffsäure auf hohe Temperatur, so bilden sich Phenol und Alkylhalogenid zurück:

$$C_6H_5·O·CH_3 + HJ = C_6H_5·OH + CH_3J.$$

Die rein aromatischen Äther werden indessen durch Jodwasserstoff selbst bei 250° nicht gespalten.

Anisol $C_6H_5 \cdot O \cdot CH_3$ ist flüssig und siedet bei 154°; es wird durch Behandeln von Phenol mit Dimethylsulfat und Alkali dargestellt. Seine Bildung aus Phenol und Diazomethan wurde schon S. 311 erwähnt. **Phenetol** $C_6H_5 \cdot O \cdot C_2H_5$ ist ebenfalls flüssig und siedet bei 170°. Beide Äther besitzen einen eigentümlichen Geruch.

Monoaminoverbindungen

Die Amine der aromatischen Reihe, welche die Aminogruppe im Kern enthalten, werden fast ausschließlich durch Reduktion der entsprechenden Nitroverbindungen nach verschiedenen Verfahren dargestellt. Eine andere Bildungsweise, die jedoch seltener Anwendung findet, besteht in der Umsetzung von Phenolen mit Chlorzinkammoniak bei 300°.

Die aromatischen Amine sind farblose, hoch siedende Flüssigkeiten oder feste Stoffe von eigentümlichem Geruch. In Wasser sind sie wenig löslich; ihr spezifisches Gewicht beträgt nahezu 1; ihr Siedepunkt liegt oberhalb 180°. Im Gegensatz zu den Aminen der Fettreihe, die stärkere Basen als Ammoniak bilden, sind die aromatischen Monoamine nur schwache Basen; ihre wäßrige Lösung bläut z. B. rotes Lackmuspapier nicht und leitet den elektrischen Strom fast gar nicht. Ihre Salze sind hydrolytisch gespalten und reagieren infolgedessen sauer. Der Einfluß der Phenylgruppe (deren negativen Charakter wir bereits beim Phenol kennenlernten) auf die Aminogruppe ist also deutlich erkennbar. Dies zeigt sich vor allem bei Di- und Triphenylamin. Diphenylamin ist noch befähigt, mit starken Säuren Salze zu bilden, die jedoch durch Wasser völlig hydrolytisch gespalten werden, während Triphenylamin sich kaum noch mit Säuren verbindet.

Die Hydrolyse der Salze des Diphenylamins kann sehr schön am Pikrat gezeigt werden. Pikrinsäure (S. 345) ist eine starke Säure und von intensiv gelber Farbe. Diphenylaminpikrat ist braun und Diphenylamin farblos. Das Salz und die freie Base sind in Wasser fast unlöslich, Pikrinsäure dagegen ist ziemlich löslich. Das hydrolytische Gleichgewicht wird durch

$$\frac{[\text{Säure}]\,[\text{Base}]}{[\text{Salz}]\,[\text{Wasser}]} = k$$

dargestellt. In der wäßrigen Lösung ist die Konzentration des Salzes und der Base konstant, da sie fortwährend mit diesen Verbindungen gesättigt bleibt, die in festem Zustand am Boden des Gefäßes liegen. Macht man die Menge des Wassers hinreichend groß, so kann man sie auch als konstant betrachten. Die Anwendung des Massenwirkungsgesetzes führt also in diesem Fall zu

$$\text{Konzentration}_{\text{Säure}} = \text{const.}$$

Dies bedeutet, daß die Sättigungskonzentration der Pikrinsäure bei gegebener Temperatur konstant ist, solange Diphenylamin als Bodenkörper anwesend ist. Bei 40·6° beträgt diese Konzentration 13 g pro l. Übergießt man Diphenylamin mit einer Pikrinsäurelösung dieser Konzentration, so bleibt es farblos, da das Salz völlig hydrolysiert ist. Erhöht man nun die Konzentration, so wird der Bodenkörper durch Salzbildung braun, und es geht so lange Pikrinsäure in die feste Phase, bis die Lösung wieder 13 g Säure pro l enthält.

Der Einfluß, den die Aminogruppe auf den Benzolkern ausübt, ist dem des Hydroxyls insofern analog, als auch in den Aminoverbindungen die Wasserstoffatome des Kerns viel leichter substituiert werden, als im Benzol selbst. So bildet sich aus Anilin bei der Behandlung mit Bromwasser sofort 2,4,6-Tribrom-anilin. Ferner werden die Amine auch viel leichter oxydiert als die Kohlenwasserstoffe.

In den primären aromatischen Aminen kann der Wasserstoff der Aminogruppe in der gleichen Weise durch Alkyl substituiert werden, wie dies in der Fettreihe der Fall ist:

$$C_6H_5 \cdot NH_2 + CH_3J = C_6H_5 \cdot NH \cdot CH_3 + HJ.$$

Man kennt nicht allein sekundäre und tertiäre aromatische Amine, sondern auch quartäre Ammoniumbasen, z. B. $C_6H_5 \cdot N(CH_3)_3 \cdot OH$, die stark basische Eigenschaften besitzen und wie die aliphatischen Ammoniumbasen durch Erhitzen in tertiäre Amine und Alkohol bzw. Olefin + Wasser gespalten werden können.

Wird ein Amino-Wasserstoffatom des Anilins durch den Rest einer organischen Säure ersetzt, so erhält man ein **Anilid,** z. B. $C_6H_5 \cdot NH \cdot CO \cdot CH_3$ **Acetanilid.** Anilide entstehen bereits beim Kochen einer Säure mit Anilin; Acetanilid erhält man z. B. durch Erhitzen von Anilin mit Eisessig:

$$C_6H_5 \cdot NH_2 + HO \cdot CO \cdot CH_3 = C_6H_5 \cdot NH \cdot CO \cdot CH_3 + H_2O.$$

Gerade wie die Säureamide der aliphatischen Reihe werden auch die Anilide durch Kochen mit verdünnten Laugen oder Mineralsäuren mehr oder weniger leicht wieder in ihre Komponenten gespalten.

Aromatische Aldehyde reagieren mit aromatischen Aminen unter Wasseraustritt, indem „SCHIFFsche Basen“ gebildet werden:

$$C_6H_5 \cdot CHO + H_2N \cdot C_6H_5 = \underset{\text{Benzalanilin}}{C_6H_5 \cdot CH{=}N \cdot C_6H_5} + H_2O.$$

Mit aliphatischen Aldehyden entstehen kompliziertere Produkte.

Primäre Amine

Primäre aromatische Amine zeigen die Carbylamin-Reaktion und geben mit salpetriger Säure Diazoverbindungen (S. 323).

Anilin, $C_6H_5 \cdot NH_2$, ist zuerst 1826 von UNVERDORBEN durch trockene Destillation von Indigo (portugiesisch Anil) erhalten worden und findet sich in geringer Menge im Steinkohlenteer. Bei der Darstellung für technische Zwecke erhitzt man Eisenpulver und Salzsäure in einem gußeisernen, mit Rührwerk und Rückflußkühler versehenen Kessel zum Sieden und trägt allmählich Nitrobenzol ein:

$$C_6H_5 \cdot NO_2 + 3\,Fe + 6\,HCl = C_6H_5 \cdot NH_2 + 2\,H_2O + 3\,FeCl_2.$$

Es ist merkwürdig, daß man bei diesem Prozeß für die Reduktion viel weniger Salzsäure (nur $^1/_{40}$ Teil) benötigt, als die Gleichung erfordert. Man erklärt dies meist damit, daß $FeCl_2$ noch reduzierend auf Nitrobenzol wirkt. Hierbei entsteht freie Salzsäure, die ständig $FeCl_2$ aus dem Eisen regeneriert. Nach Beendigung der Reduktion wird Kalk zugesetzt und das Anilin mit Wasserdampf überdestilliert. Auch die katalytische Reduktion von Nitrobenzol in der Gasphase über Kupfer bei 170—370° wird technisch ausgeführt. Aus Chlorbenzol wird Anilin durch Erhitzen mit 25%igem Ammoniak und Kupfer(I)-oxyd auf 150—250° gewonnen.

Anilin ist eine farblose Flüssigkeit, die sich an der Luft nur in ganz reinem Zustand nicht bräunt. Sein Siedepunkt liegt bei 184·4°, sein Schmelzpunkt bei —6·2°, das spezifische Gewicht beträgt 1·023 bei 20°. In Wasser ist es wenig löslich (ca. 3,5% bei 18°). Anilin ist ebenso wie Nitrobenzol ein Blutgift. Man muß sich daher vor längerem Einatmen der Dämpfe hüten.

Anilin (nicht seine Salze) wird in wäßriger Lösung durch Chlorkalk intensiv violett gefärbt[1]. Die Kondensation von Anilin mit aromatischen Aldehyden zu „SCHIFFschen Basen“ wurde bereits erwähnt. Aus Formaldehyd und Anilin entsteht unter anderem das schwer lösliche Anhydroformaldehydanilin

$$C_6H_5 \cdot N \begin{matrix} \diagup CH_2 \cdot N(C_6H_5) \diagdown \\ \diagdown CH_2 \cdot N(C_6H_5) \diagup \end{matrix} CH_2$$

(F: 140°), das zum Nachweis dienen kann.

[1] RUNGE fand 1834 diese Reaktion an einer im Steinkohlenteer enthaltenen Base auf, die er deshalb **Kyanol** nannte (κυάνεος = dunkelblau). Daß dieser Bestandteil des Teers Anilin ist, erkannte 1843 A. W. HOFMANN.

Über die Oxydation von Anilin zu Chinon und Anilinschwarz s. S. 351, 353.

o- und p-Toluidin $CH_3 \cdot C_6H_4 \cdot NH_2$ finden sich spurenweise im Steinkohlenteer und werden durch Reduktion der entsprechenden Nitrotoluole dargestellt; o-Toluidin ist flüssig, p-Toluidin fest (Schmelzpunkt 43·75°). Die Monoaminoderivate der Xylole bezeichnet man als **Xylidine.** Sie sind durch Druckhydrierung der Nitroxylole bei 200° mit Molybdänsulfid als Katalysator technisch gewonnen worden.

Sekundäre Amine

Die rein aromatischen sekundären Amine, deren einfachster Vertreter **Diphenylamin** $C_6H_5 \cdot NH \cdot C_6H_5$ (Schmelzpunkt 54°, Siedepunkt 310°) ist, entstehen beim Erhitzen salzsaurer primärer Amine mit freien Aminen:

$$C_6H_5 \cdot NH_2HCl + C_6H_5 \cdot NH_2 = NH_4Cl + (C_6H_5)_2NH.$$

Diphenylamin dient als äußerst empfindliches Reagens auf Salpetersäure; zu diesem Zweck bringt man den zu untersuchenden Stoff mit einer Lösung von Diphenylamin in 80%iger Schwefelsäure zusammen. Die Anwesenheit von Salpetersäure oder salpetriger Säure gibt sich durch eine sehr intensive Blaufärbung zu erkennen. Auf diese Weise lassen sich noch 0·001% HNO_3 in Schwefelsäure nachweisen.

Diese Reaktion kann indessen nur dann zum Nachweis von Salpetersäure dienen, wenn keine anderen oxydierenden Substanzen zugegen sind, weil Diphenylamin auch mit Bromwasser, Kaliumpermanganat, Wasserstoffperoxyd usw. Blaufärbung gibt. Dabei entsteht Tetraphenylhydrazin $(C_6H_5)_2N \cdot N(C_6H_5)_2$ (S. 415), das von konzentrierter H_2SO_4 mit blauer Farbe gelöst wird. Die Konstitution des Farbstoffs ist noch nicht endgültig festgestellt.

Von der Darstellung gemischter fettaromatischer Amine, z. B. von Methylanilin $C_6H_5 \cdot NH \cdot CH_3$, war S. 314 die Rede. Auch hier bleibt die Einwirkung des Alkyljodids auf Anilin nicht bei der Substitution *eines* Wasserstoffs der NH_2-Gruppe durch Alkyl stehen, so daß meist ein Gemenge von unverändertem primärem mit sekundärem und tertiärem Amin entsteht. Um reines sekundäres Amin zu erhalten, ersetzt man deshalb zweckmäßig ein Wasserstoffatom der Aminogruppe zunächst durch Säureradikale, z. B. Acetyl, und behandelt das entstandene Anilid mit Alkyljodid.

Zur Darstellung von **Methylanilin** $C_6H_5 \cdot NH \cdot CH_3$ verfährt man z. B. in folgender Weise: Anilin wird durch Kochen mit Eisessig in **Acetanilid** $C_6H_5 \cdot NH \cdot CO \cdot CH_3$ übergeführt. In diesem ist das an Stickstoff gebundene H-Atom durch Natrium ersetzbar. Beim nachfolgenden Behandeln mit Methyljodid erhält man **Methylacetanilid** $C_6H_5 \cdot N(CH_3) \cdot CO \cdot CH_3$, das bei der Verseifung mit Alkalien Monomethylanilin liefert.

Ebenso wie in der Fettreihe geben auch die aromatischen sekundären Amine bei der Einwirkung von salpetriger Säure leicht Nitrosamine. Beim Erwärmen dieser Verbindungen mit Phenol und Schwefelsäure, Ausgießen in Wasser und Übersättigen mit Lauge entsteht eine intensiv blaue Färbung (LIEBERMANNsche Reaktion). Sie beruht auf der Bildung von Indophenol (S. 358) aus Phenol und salpetriger Säure.

Durch vorsichtige Oxydation der Nitrosamine kann man diese in **Nitramine** $\genfrac{}{}{0pt}{}{C_6H_5}{R}{>}N \cdot NO_2$ überführen. Diese entstehen auch durch direkte Einwirkung von rauchender Salpetersäure auf sekundäre Amine, wie Methyl- oder Äthylanilin; zugleich treten dann noch drei Nitrogruppen in den Kern. Der Sprengstoff N-Nitro-N-methyl-2·4·6-trinitro-anilin (**„Tetryl“**) $(O_2N)_3C_6H_2 \cdot N(CH_3) \cdot NO_2$ wird am einfachsten durch Nitrierung des billigen Dimethylanilins gewonnen. Nitramine sind auch in der aliphatischen Reihe, namentlich durch FRANCHIMONT, in großer Zahl dargestellt worden. Der wichtigste Nitraminsprengstoff ist das S. 106 erwähnte Hexogen.

Tertiäre Amine

Es sind nur wenige rein aromatische tertiäre Amine bekannt. Ein Beispiel ist das **Triphenylamin** $(C_6H_5)_3N$, das man durch Behandlung von Diphenylamin mit Natrium und Brombenzol erhält. Es schmilzt bei 127° und besitzt keine basischen Eigenschaften mehr.

Mit Überchlorsäure $HClO_4$ kann sich jedoch Triphenylamin zu einem Salz $[(C_6H_5)_3NH]ClO_4$ verbinden, das durch Wasser sofort hydrolysiert wird, wie sich denn überhaupt diese äußerst starke Säure mit vielen Verbindungen von geringer Basizität, sowohl stickstoffhaltigen als auch stickstofffreien, zu vereinigen vermag. Vom Tri-p-tolylamin kennt man ein tiefblaues Perbromid $[(C_7H_7)_3N]Br_3$ und ein ebenfalls tiefblaues Perchlorat $[(C_7H_7)_3N]ClO_4$. Die Kationen dieser beiden Salze sind freie Radikale (S. 415) mit *zweiwertigem* Stickstoff (Weitz). Die tertiären Amine gleichen also in diesen Reaktionen edlen Metallen.

Die gemischten fettaromatischen tertiären Amine, deren wichtigster Vertreter das **Dimethylanilin** $C_6H_5\cdot N(CH_3)_2$ ist, können durch Einwirkung von Alkylhalogeniden auf Anilin dargestellt werden. In der Technik werden sie nach einer anderen Methode erhalten, nämlich durch Erhitzen von Anilin mit Alkoholen und Salzsäure oder Schwefelsäure.

Mit 2 Mol Methylalkohol entstehen so bei 200° wesentlich Mono- und Dimethylanilin. Nun spalten aber die salzsauren Salze dieser Basen ziemlich leicht CH_3Cl ab. Freies Methyl- oder Dimethylanilin dagegen bleibt beim Erhitzen unverändert. Bei lange fortgesetztem Erhitzen von Methylalkohol und salzsaurem Anilin auf 250 bis 300° entsteht deshalb schließlich das salzsaure Salz des p-Toluidins $CH_3\cdot C_6H_4\cdot NH_2$, indem das vom Stickstoff abgespaltene Alkyl in den Kern wandert.

Die Dialkylaniline teilen mit Anilin und den Phenolen die bemerkenswerte Eigenschaft, daß das p-Wasserstoffatom sehr beweglich ist, d. h. sehr leicht substituiert werden kann. So reagiert Dimethylanilin leicht mit salpetriger Säure unter Bildung von **p-Nitroso-dimethylanilin** $ON\cdot$  $\cdot N(CH_3)_2$, wenn zu der salzsauren Lösung Natriumnitrit gefügt wird. Diese Nitrosoverbindung kristallisiert in prächtig grünen Blättchen, die bei 85° schmelzen; ihr salzsaures Salz bildet gelbe Nadeln. Durch Oxydation mit Kaliumpermanganat kann die Nitrosogruppe zur Nitrogruppe oxydiert werden, und es entsteht **p-Nitro-dimethylanilin** $O_2N\cdot$  $\cdot N(CH_3)_2$.

Kocht man Nitrosodimethylanilin mit Natronlauge, so wird die Aminogruppe abgespalten; man erhält demnach Dimethylamin und Nitrosophenol:

$$C_6H_4{<}\begin{matrix}NO\\N(CH_3)_2\end{matrix} + H_2O = \underset{\text{Nitrosophenol}}{C_6H_4\left\{\begin{matrix}NO\\OH\end{matrix}\right.} + HN(CH_3)_2.$$

Diese Reaktion kann zur Darstellung von reinem Dimethylamin dienen. Auch zu Kohlenstoffkondensationen ist das p-Wasserstoffatom des Dimethylanilins befähigt. So entsteht durch Einwirkung von Aldehyden leicht ein Kondensationsprodukt:

$$C_6H_5\cdot CH\boxed{O + \begin{matrix}H\\H\end{matrix}}\begin{matrix}C_6H_4\cdot N(CH_3)_2\\C_6H_4\cdot N(CH_3)_2\end{matrix} = C_6H_5\cdot\overset{1}{C}H[C_6H_4\cdot\overset{4}{N}(CH_3)_2]_2 + H_2O.$$

Seine Struktur ergibt sich aus seinem Zusammenhang mit Abkömmlingen des Triphenylmethans $CH(C_6H_5)_3$. Aus Phosgen und Dimethylanilin entsteht mit Zinkchlorid als Kondensationsmittel ein Paraderivat des Benzophenons $C_6H_5\cdot CO\cdot C_6H_5$:

$$OC{<}\begin{matrix}Cl\\Cl\end{matrix} + \begin{matrix}C_6H_5\cdot N(CH_3)_2\\C_6H_5\cdot N(CH_3)_2\end{matrix} = \underset{\text{MICHLERs Keton}}{O\overset{1}{C}{<}\begin{matrix}C_6H_4\cdot \overset{4}{N}(CH_3)_2\\C_6H_4\cdot \overset{4}{N}(CH_3)_2\end{matrix}} + 2\,HCl.$$

Man gelangt also auf diese Weise leicht zu mehrkernigen Verbindungen, die eine große Bedeutung in der Farbenindustrie erlangt haben (vgl. S. 409).

Zwischenprodukte bei der Reduktion von Nitroverbindungen

In der acyclischen Reihe führt die Reduktion von Nitroverbindungen direkt zu Aminen; bei der Oxydation der aliphatischen Amine werden die Alkylgruppen abgespalten (Äthylamin gibt z. B. Essigsäure und Ammoniak). In der aromatischen Reihe sind dagegen Zwischenprodukte bekannt, die durch Reduktion von Nitroverbindungen, zum Teil aber auch durch Oxydation aromatischer Amine dargestellt werden können. Von diesen Verbindungen sollen hier nur diejenigen behandelt werden, die sich vom Nitrobenzol und Anilin ableiten.

Während die Reduktion von Nitrobenzol in sauren Lösungen zu Anilin führt, entstehen durch alkalische Reduktionsmittel Verbindungen, in denen zwei Reste des Nitrobenzols zusammengetreten sind. Ausgehend vom Nitrobenzol erhält man nachstehende Reihe von Reduktionsprodukten:

1. **Nitroverbindung** $C_6H_5 \cdot NO_2 \quad O_2N \cdot C_6H_5$.
2. **Azoxyverbindung** $C_6H_5 \cdot \underset{\ddot{O}}{N}{=}N \cdot C_6H_5$.
3. **Azoverbindung** $C_6H_5 \cdot N{=}N \cdot C_6H_5$.
4. **Hydrazoverbindung** $C_6H_5 \cdot NH{-}NH \cdot C_6H_5$.
5. **Aminoverbindung** $C_6H_5 \cdot NH_2 \quad H_2N \cdot C_6H_5$.

Zum Verständnis der Reaktionen, die sich hierbei abspielen, betrachten wir zweckmäßig zunächst ein anderes Reduktionsprodukt des Nitrobenzols, nämlich das

N(β)-Phenylhydroxylamin $C_6H_5 \cdot NH \cdot OH$

Dieses ist das erste faßbare Reduktionsprodukt des Nitrobenzols. Es wird durch Behandlung von Nitrobenzol mit Zinkstaub in ganz schwach saurer Lösung (verdünnter Essigsäure oder eiskalter Salmiaklösung) oder auch mit Aluminiumamalgam und Wasser in ätherischer Lösung gewonnen. Es bildet farblose Nadeln vom Schmelzpunkt 81° und ist sehr veränderlich. Gegen Silberlösung und FEHLINGsche Lösung zeigt es das Reduktionsvermögen des Hydroxylamins. Durch Mineralsäuren, in denen es als schwache Base löslich ist, wird es namentlich in der Wärme leicht in p-Aminophenol umgelagert:

Anders verläuft die Umlagerung, wenn die p-Stellung besetzt ist; in diesem Falle bildet sich ein **Chinol,** so genannt, weil es dem Chinon (S. 350) konstitutiv nahesteht:

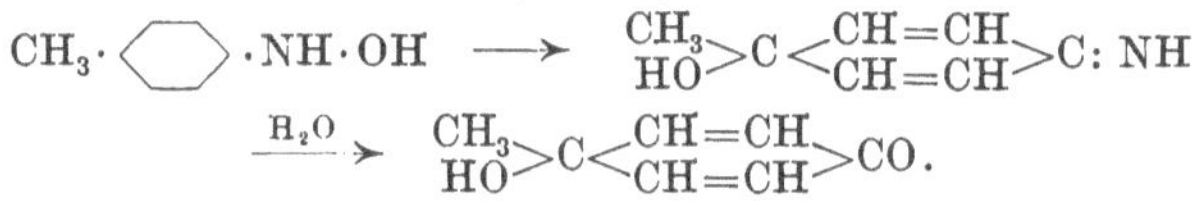

Chinol

Das isomere **O(α)-Phenylhydroxylamin** $C_6H_5 \cdot O \cdot NH_2$ ist nicht bekannt. Das homologe O-Benzyl-hydroxylamin $C_6H_5 \cdot CH_2 \cdot O \cdot NH_2$ entsteht aus Benzylchlorid und der Natriumverbindung des Acetonoxims:

$$C_6H_5 \cdot CH_2Cl + NaO \cdot N : C(CH_3)_2$$
$$= C_6H_5 \cdot CH_2 \cdot O \cdot N : C(CH_3)_2 \xrightarrow{HCl} C_6H_5 \cdot CH_2 \cdot O \cdot NH_2 + (CH_3)_2CO.$$

Es ist flüssig, wird durch Salzsäure in Benzylalkohol $C_6H_5 \cdot CH_2 \cdot OH$ und $NH_2 \cdot OH$ gespalten und reduziert FEHLINGsche Lösung nicht.

Nitrosobenzol $C_6H_5 \cdot NO$

Durch Oxydation, z. B. mit $K_2Cr_2O_7$, geht N-Phenylhydroxylamin in Nitrosobenzol über. Wie die meisten Nitrosoverbindungen (vgl. S. 68) ist dieses in festem Zustande farblos und dimolekular. Beim Schmelzen (F: 68°) und in Lösung dissoziiert es zu der grünen monomeren Form. Es ist auch durch Oxydation von Anilin mit CAROscher Säure zu erhalten.

Nitrosobenzol vereinigt sich mit Phenylhydroxylamin zu Azoxybenzol:

$$C_6H_5 \cdot NO + HO \cdot NH \cdot C_6H_5 = C_6H_5 \cdot N{=}\underset{\ddot{O}}{N} \cdot C_6H_5 + H_2O.$$

Es reagiert also mit dem Hydroxylamin wie ein Aldehyd:

$$\underset{\text{Benzaldehyd}}{C_6H_5 \cdot CHO} + HO \cdot NH \cdot C_6H_5 = \underset{\text{Benzalphenylhydroxylamin}}{C_6H_5 \cdot CH{=}\underset{\ddot{O}}{N} \cdot C_6H_5} + H_2O.$$

Die Reaktion ist deshalb besonders wichtig, weil sie uns das Auftreten von Azoxybenzol und analogen Verbindungen bei der Reduktion des Nitrobenzols zwanglos verstehen läßt. In beiden Fällen verhält sich das Phenylhydroxylamin, als ob es die Formel $C_6H_5\cdot N(:O)H_2$ hätte. Verbindungen vom Typus des Benzalphenylhydroxylamins nennt man **Nitrone.**

Azoxybenzol

wird am einfachsten durch Kochen von Nitrobenzol mit alkoholischer Kalilauge gewonnen. Es kristallisiert in blaßgelben, bei 36° schmelzenden Nadeln. Man schrieb ihm früher die Formel $C_6H_5\cdot \underset{\diagdown O \diagup}{N—N}\cdot C_6H_5$ zu. ANGELI fand jedoch, daß bei der Oxydation von Monobromazobenzol $C_6H_5\cdot N{=}N\cdot C_6H_4Br$ zwei isomere Monobromazoxybenzole entstehen, deren Struktur sich nur durch die Formeln

$$C_6H_5\cdot N{=}\underset{\ddot{O}}{N}\cdot C_6H_4Br \quad \text{und} \quad C_6H_4Br\cdot N{=}\underset{\ddot{O}}{N}\cdot C_6H_5$$

deuten läßt. Bei den symmetrischen Azoxyverbindungen ist eine solche Strukturisomerie nicht möglich. Trotzdem hat man auch hier 2 Isomerenpaare beobachtet. Ihre Isomerie muß sterisch im Sinn der folgenden Formeln erklärt werden:

stabiles Azoxybenzol (trans) F: 36° labiles Azoxybenzol (cis) F: 81°

Die labilen Formen lagern sich sehr leicht in die stabilen um. Bei den strukturisomeren Monobromazoxybenzolen findet eine solche Umlagerung nicht statt. Sie besitzen beide trans-Konfiguration. Beim Erhitzen mit konzentrierter Schwefelsäure lagert sich Azoxybenzol in p-Oxy-azobenzol um:

$$C_6H_5\cdot \underset{\ddot{O}}{N}{=}N\cdot C_6H_5 \longrightarrow \underset{\text{p-Oxy-azobenzol}}{C_6H_5\cdot N{=}N\cdot C_6H_4\cdot OH};$$

auch Sonnenlicht wirkt umlagernd; es entsteht aber o-Oxy-azobenzol.

p-Azoxyphenetol $C_2H_5\cdot O\cdot C_6H_4\cdot N_2O\cdot C_6H_4\cdot O\cdot C_2H_5$ zeigt eine Eigentümlichkeit, die man auch bei zahlreichen anderen langgestreckten Molekülen, vornehmlich p-Derivaten des Benzols, beobachtet hat, nämlich die Bildung einer **„kristallinen Flüssigkeit“.** Erhitzt man die Verbindung, so schmilzt sie zunächst bei 134° zu einer trüben Flüssigkeit, die bei 165° plötzlich klar wird. Dünne Schichten der trüben Schmelze zeigen zwischen gekreuzten Nikols im konvergenten Licht die charakteristischen, häufig farbenprächtigen Figuren doppelbrechender einachsiger Kristalle. Die 1888 von REINITZER an Estern des Cholesterins entdeckte und namentlich von O. LEHMANN und VORLÄNDER eingehend untersuchte Erscheinung beruht nach heutiger Vorstellung darauf, daß die langgestreckte Gestalt eine parallele Anordnung der Moleküle in der Schmelze begünstigt. Derartige Flüssigkeiten weisen also noch einen gewissen, an den Kristallbau erinnernden Ordnungszustand auf, jedoch mit dem Unterschied, daß die Ordnung nicht mehr dreidimensional, immer nur auf kleine Bezirke beschränkt und auch nicht zeitlich stabil ist. Es bilden sich Schwärme parallel geordneter Moleküle aus, die relativ zueinander beliebige statistisch ungeordnete Lagen einnehmen und in ständiger Bildung und Auflösung begriffen sind. Durch die Doppelbrechung des Lichts durch diese Schwärme wird das trübe Aussehen dieser Systeme hervorgerufen. Infolge der Größe der Schwärme, die etwa von Lichtwellen-Dimension ist, genügen schon schwache äußere Kräfte (z. B. thermische Konvektionsströmungen), um einen höheren Ordnungszustand in der trüben Schmelze hervorzurufen. Auf einer solchen teilweisen Ordnung beruht die an dünnen Schichten zwischen Objektträger und Deckglas beobachtete Doppelbrechung und die Aufhellung der trüben Flüssigkeiten durch ein Magnetfeld. Im Röntgendiagramm zeigen die trüben Schmelzen nur die verwaschenen Beugungsringe amorpher Flüssigkeiten, wenngleich auch hier durch Orientierung an Grenzflächen oder Einwirkung magnetischer Felder kristallähnliche Diagramme erhalten werden können. Die kristallinen Flüssigkeiten sind also „hochorganisierte Flüssigkeiten“, haben aber mit Kristallen im eigentlichen Sinn nichts zu tun. Die von O. LEHMANN eingeführte Bezeichnung „flüssige Kristalle“ ist daher heute nicht mehr zweckmäßig. Das Existenzgebiet der trüben Schmelze (d. h. der Abstand des Klärpunkts vom Schmelzpunkt) weist bei verschiedenen Verbindungen große Unterschiede auf. Es ist recht interessant, daß man bei den Klärpunkten homologer Verbindungen ähnliche Alternanz-Erscheinungen wie bei den Schmelzpunkten der geradzahligen und ungeradzahligen Fettsäuren beobachtet hat.

Azobenzol $C_6H_5 \cdot N{=}N \cdot C_6H_5$

entsteht durch Reduktion von Nitrobenzol mit einer Lösung von Zinnchlorür in überschüssiger Kalilauge oder auch durch Destillation von Azoxybenzol über Eisenfeile. Ferner bildet es sich aus Anilin und Nitrosobenzol:

$$C_6H_5 \cdot NH_2 + ON \cdot C_6H_5 = C_6H_5 \cdot N{=}N \cdot C_6H_5 + H_2O.$$

In der Technik wird Nitrobenzol mit Natriumamalgam reduziert.

Azobenzol ist eine gut kristallisierende Substanz von orangeroter Farbe. Es existiert wie die Azoxybenzole in 2 stereoisomeren Modifikationen:

stabiles Azobenzol (trans) F: 68° labiles Azobenzol (cis) F: 71°

Im Tageslicht stellt sich ein stationäres photochemisches Gleichgewicht (S. 176) ein, an dem die cis-Konfiguration je nach dem Lösungsmittel mit 15—40% beteiligt ist. Das thermische Gleichgewicht liegt ganz zugunsten der trans-Form. Azobenzol ist in Wasser fast unlöslich, dagegen leicht löslich in organischen Lösungsmitteln. Es siedet unzersetzt bei 295° und ist mit Wasserdampf destillierbar.

Für die Strukturformel ist seine Reduzierbarkeit zu Anilin beweisend.

Hydrazobenzol $C_6H_5 \cdot NH{-}NH \cdot C_6H_5$

Azobenzol geht durch Reduktion mit Zinkstaub und alkoholischem Kali in Hydrazobenzol über; mit Hilfe dieses Reduktionsmittels gelingt es auch, Nitrobenzol direkt zu Hydrazobenzol zu reduzieren. Hydrazobenzol ist farblos, kristallinisch und schmilzt bei 126°. Durch starke Reduktionsmittel geht es in Anilin, durch Oxydation dagegen leicht wieder in Azobenzol über. Die Oxydation wird schon durch den Sauerstoff der Luft bewirkt; auch durch Eisenchlorid wird Azobenzol regeneriert.

Sehr charakteristisch für Hydrazobenzol ist sein Übergang in **Benzidin** (vgl. S. 320). Er erfolgt beim Übergießen von Hydrazobenzol mit starken Säuren schon in der Kälte:

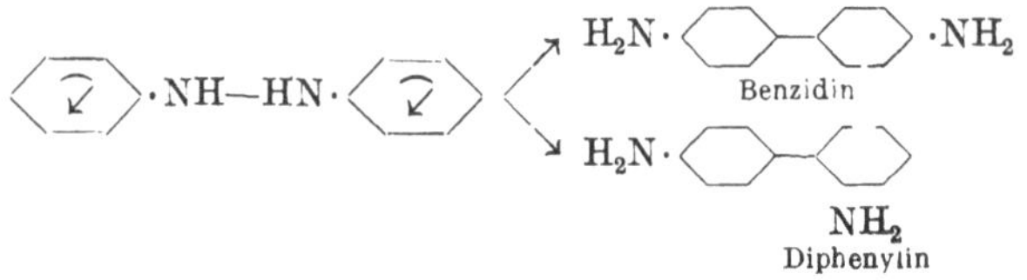

Die beiden Benzolringe werden sozusagen gedreht, und es entsteht Diaminodiphenyl, wie sich daraus ergibt, daß das Reaktionsprodukt in Diphenyl $C_6H_5 \cdot C_6H_5$ (S. 4 6) übergeführt werden kann. Benzidin (p, p'-Diamino-diphenyl), das Hauptprodukt dieser Umlagerungsreaktion, enthält die Aminogruppen in Parastellung zueinander. Das gleichzeitige Auftreten geringer Mengen von Diphenylin (o, p'-Diamino-diphenyl) erinnert an die geläufige Verknüpfung der o- mit der p-Substitution.

Reduziert man Azobenzol mit *sauren* Agenzien, so entsteht sofort Benzidin, für das sein in kaltem Wasser sehr schwer lösliches Sulfat charakteristisch ist. Benzidin existiert in einer Reihe polymorpher Modifikationen von nahe beieinander liegendem Schmelzpunkt. Die stabile Modifikation schmilzt bei 129°.

Die Parastellung der Aminogruppen des Benzidins ergibt sich unter anderem daraus, daß ein Hydrazobenzol, in dem die in Parastellung zur Hydrazogruppe befindlichen Wasserstoffatome substituiert sind, nicht in ein Benzidin übergehen kann. Solche Verbindungen erleiden jedoch manchmal eine andere intramolekulare Umlagerung, die sogenannte **Semidin-Umlagerung** oder halbe Benzidin-Umlagerung, bei der Derivate des Diphenylamins entstehen, indem statt beider Benzolkerne nur *einer* gedreht wird, z. B.:

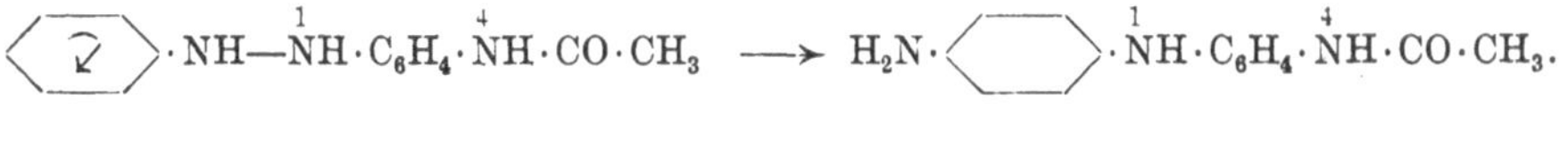

Über den Mechanismus der Benzidin-Umlagerung hat man noch keine völlige Klarheit gewonnen. Ein intermediärer Zerfall in zwei Bruchstücke, wie man ihn zunächst erwarten sollte, scheint jedoch nicht einzutreten. Denn dann sollten gemischte Benzidine auftreten können, wenn man zwei verschiedene Hydrazoverbindungen gleichzeitig in derselben Lösung umlagert:

$$R_A \cdot NH \cdot NH \cdot R_A + R_B \cdot NH \cdot NH \cdot R_B \longrightarrow 2\,H_2N \cdot R_A \cdot R_B \cdot NH_2.$$

Ein derartiger Effekt ist aber niemals beobachtet worden.

Über Elektroreduktion von Nitroverbindungen

Bei der Elektrolyse von Lösungen organischer Substanzen beobachtet man im allgemeinen Oxydation an der Anode und Reduktion an der Kathode. Die Vorgänge bei der kathodischen Reduktion lassen sich rein qualitativ am anschaulichsten erklären, wenn man berücksichtigt, daß die Kathode sich beim Stromdurchgang mit Wasserstoff belädt, also eine Wasserstoffelektrode wird. Die Reduktion wird nur durch den in der Elektrode gelösten („atomaren") Wasserstoff bewirkt, nicht dagegen durch den sichtbar entwickelten molekularen Wasserstoff, sie erfolgt also lediglich an der Oberfläche der Elektrode. Die elektrolytische Reduktion gewährt verschiedene Vorteile. Denn erstens braucht man die reduzierte Lösung nicht von Fremdstoffen (oxydiertem Reduktionsmittel usw.) zu befreien. Zweitens kann man die Reduktionsenergie durch Kontrolle des Elektrodenpotentials in der gewünschten Weise abstufen. Denn setzt man das Potential der Wasserstoffelektrode von 1 Atmosphäre H_2-Druck in einer Lösung von der H-Ionenkonzentration 1 gleich 0, so entspricht nach der NERNSTschen Theorie ein negativeres Potential einem höheren Wasserstoffdruck, somit der Anwendung eines kräftigeren Reduktionsmittels. Die Höhe des Elektrodenpotentials wird durch verschiedene Umstände bestimmt, unter anderem durch die Konzentration des Elektrolyten, die Stromdichte (Stromstärke/Elektrodenoberfläche), das Elektrodenmaterial und die Polarisation durch die elektrochemische Reaktion selbst. Unedle Elektroden, namentlich Nickel, Blei und Quecksilber zeigen die Erscheinung der „Überspannung"; der Wasserstoff wird bei ihnen erst bei einer um 0·1—0·4 Volt höheren Spannung (verglichen mit der Platinelektrode) entbunden. Da bereits 0·15 Volt einer Drucksteigerung auf das 10fache entsprechen, vermag man also auf diese Weise Druckerhöhungen zu erreichen, die auf anderem Wege kaum zu verwirklichen wären. Es sei jedoch darauf hingewiesen, daß eine auch quantitativ befriedigende Deutung der elektrolytischen Reduktion nur gewonnen werden kann, wenn man sie als eine direkte Aufnahme von Elektronen an der Elektrode betrachtet.

Die Regelung der Stromdichte ist auch noch unter einem anderen Gesichtspunkt von Bedeutung. Je größer die Stromdichte, je kleiner also die Elektrodenoberfläche bei gleicher Stromstärke ist, um so größer ist die Zahl der pro Flächeneinheit entladenen Ionen. Falls die Entladungsprodukte miteinander reagieren können, werden solche Prozesse somit durch hohe Stromdichte begünstigt werden. Hierauf beruht die anodische Bildung von Persulfaten bei der Elektrolyse von Sulfaten und die KOLBEsche Synthese von Kohlenwasserstoffen bei der Elektrolyse fettsaurer Salze:

$$CH_3 \cdot COO^- - e^- \longrightarrow CH_3 \cdot COO$$
$$CH_3 \cdot COO \longrightarrow CH_3 + CO_2;\ \Delta H_0 = -\text{ca. } 10\text{ kcal}$$
$$2\,CH_3 \longrightarrow C_2H_6;\ \Delta H_0 = -94\text{ kcal (CLUSIUS 1943)}.$$

Wie oben gezeigt wurde, hat man es durch Variation der Faktoren bei der Elektrolyse in der Hand, die Reduktionskraft stufenweise zu erhöhen. Dies ist besonders bei solchen Verbindungen von Wert, deren Reduktion über Zwischenprodukte verläuft, da man dann häufig in der Lage ist, die Reduktion auf dem gewünschten Zwischenstadium festzuhalten.

Die Nitroverbindungen sind nun Substanzen, die verschiedene Reduktionsstufen durchlaufen können, ehe das Endprodukt, das Amin, erreicht wird. Die elektrolytische Reduktion des Nitrobenzols und seiner Derivate ist deshalb von theoretischem und praktischem Interesse. Durch die Untersuchungen von GATTERMANN, ELBS, HABER und anderen ist es gelungen, einen vollständigen Einblick in ihren Verlauf zu gewinnen.

Im Fall des Nitrobenzols haben wir zunächst primäre und sekundäre Reduktionsprodukte zu unterscheiden. Der primäre, elektrische Reduktionsprozeß verläuft folgendermaßen:

$$\underset{\text{Nitrobenzol}}{C_6H_5 \cdot NO_2} \longrightarrow \underset{\text{Nitrosobenzol}}{C_6H_5 \cdot NO} \longrightarrow \underset{\text{Phenylhydroxylamin}}{C_6H_5 \cdot NH \cdot OH} \longrightarrow \underset{\text{Anilin}}{C_6H_5 \cdot NH_2}.$$

Die Anwesenheit von Nitrosobenzol ist zu erkennen, wenn man der Flüssigkeit Hydroxylamin zusetzt, mit dem es unter Wasseraustritt reagiert und $C_6H_5 \cdot N_2OH$ gibt, das man mit Hilfe von α-Naphthol in Form eines Azofarbstoffs isolieren kann (S. 361). Phenylhydroxylamin erkennt man daran, daß es mit Benzaldehyd das schwer lösliche Benzalphenylhydroxylamin gibt.

In mäßig **saurer Lösung** (das Nitrobenzol wird durch zugefügten Alkohol in Lösung gebracht, weil es sich in verdünnter Schwefelsäure nur wenig löst) und bei schneller Reduktion verläuft der Prozeß in der Tat fast vollständig nach dem obigen Schema; denn die Ausbeute an Anilin beträgt etwa 90% der Theorie.

Wenn die Lösung jedoch stärker sauer ist, wandelt sich Phenylhydroxylamin sehr rasch in p-Aminophenol um (s. oben S. 318), das für die weitere Reduktion verloren ist, so daß man auf diesem Wege geradezu p-Aminophenol darstellen kann. Daß in mäßig saurer Lösung gleichwohl nahezu die theoretische Anilinmenge erhalten wird, kommt daher, daß die verdünnte Säure zwar auch in dem angegebenen Sinn umlagernd wirkt, jedoch viel langsamer, so daß unter diesen Bedingungen die Geschwindigkeit der Reduktion größer ist als die der Umlagerung.

In **alkalischer Lösung** treten zwei andere sekundäre Reaktionen ein:

1. Durch Einwirkung von Nitrosobenzol auf Phenylhydroxylamin entsteht Azoxybenzol. Diese Reaktion verläuft bei Gegenwart von Alkali viel schneller als die weitere Reduktion von Phenylhydroxylamin, so daß Anilin hier nur in geringer Menge entsteht; dagegen findet man Produkte der weiteren Reduktion von Azoxybenzol, und zwar hauptsächlich Hydrazobenzol.

2. Hydrazobenzol setzt sich mit noch vorhandenem Nitrobenzol schnell in Azobenzol und Azoxybenzol um:

$$3\,C_6H_5\cdot NH\cdot NH\cdot C_6H_5 + 2\,C_6H_5\cdot NO_2 = 3\,C_6H_5\cdot N{=}N\cdot C_6H_5 + C_6H_5\cdot \underset{\ddot{O}}{N}{=}N\cdot C_6H_5 + 3\,H_2O.$$

Daneben wird in alkalischer Lösung Hydrazobenzol durch den Sauerstoff der Luft rasch zu Azobenzol oxydiert, so daß man letzteres in sehr guter Ausbeute gewinnen kann.

Die weitere Reduktion von Hydrazobenzol zu Anilin erfordert beträchtlich höhere Kathodenspannung; denn selbst bei einem Potential, das um 0·5 Volt negativer ist als das für die Bildung von Nitrosobenzol und Phenylhydroxylamin benötigte, werden nur Spuren von Anilin aus Hydrazobenzol gewonnen.

Nachstehend eine Übersicht über diese Reaktionen, in der die vertikalen Pfeile die primären elektrischen Reaktionen, die schrägen Pfeile die sekundären chemischen Prozesse bezeichnen:

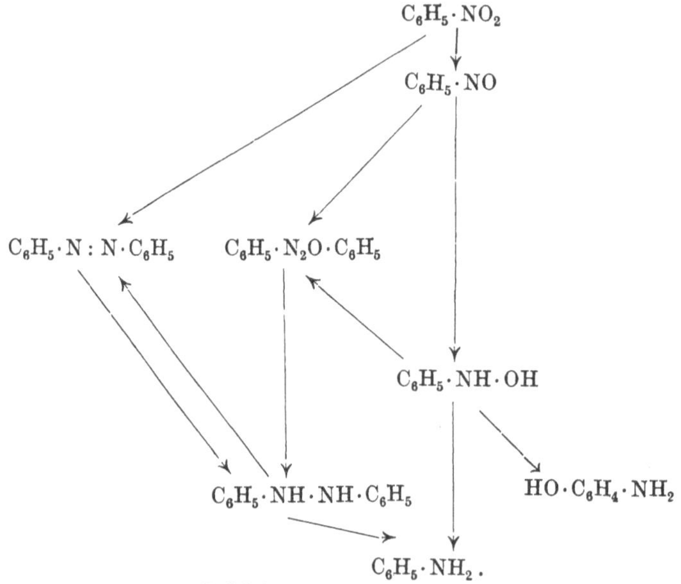

Reduktionsschema von HABER

Auch bei der Reduktion von Nitrobenzol auf rein chemischem oder katalytischem Wege werden dieselben Zwischenstufen durchlaufen (BAMBERGER, BRAND).

Diazoverbindungen

Wir haben oben (S. 320) im Azobenzol den ersten Vertreter der zahlreichen organischen Verbindungen kennengelernt, deren Molekül die **Azogruppe** —N=N— enthält. Unter der Bezeichnung **Azoverbindungen** faßt man alle diejenigen Substanzen zusammen, bei denen die Azogruppe beiderseits an Aryl (oder auch Alkyl) gebunden ist. Ihnen zur Seite tritt nun eine Klasse von Verbindungen, bei denen die N_2-Gruppe nur einseitig an einem Kohlenwasserstoffrest verankert ist. Es sind dies die Diazoverbindungen der aromatischen Reihe, die im Jahre 1858 von GRIESS entdeckt wurden. Sie haben nicht allein theoretisches Interesse, sondern sind auch für die Technik der organischen Verbindungen von größter Bedeutung. Während in der acyclischen Reihe die Überführung in Diazoverbindungen nur bei einer bestimmten Art von Aminoverbindungen (S. 275) geglückt ist, lassen sich primäre aromatische Amine allgemein „diazotieren".

Die Diazoverbindungen pflegt man nach den Untersuchungen von HANTZSCH in zwei Hauptgruppen einzuteilen:

I. Verbindungen von der Strukturformel $[Ar\cdot\overset{+}{N}\cdot N]X^-$ (Ar = Phenyl, C_6H_5 mit Homologen und Derivaten; X = Anion). Dies sind die **Diazoniumsalze**, die den Charakter von Ammoniumsalzen haben.

II. Verbindungen von der Strukturformel Ar·N:N·X; **Diazoverbindungen** von azoähnlichem Charakter. Sie können in zwei stereoisomeren Modifikationen auftreten (vgl. S. 326):

1. Verbindungen von der Stereoformel $\begin{array}{r}Ar\cdot N\\ \|\\ X\cdot N\end{array}$; **Syndiazoverbindungen.** Diese sind mehr oder weniger instabil und können nicht in allen Fällen isoliert werden.

2. Verbindungen von der Stereoformel $\begin{array}{l}Ar\cdot N\\ \;\;\;\;\;\|\\ \;\;\;\;\;N\cdot X\end{array}$; **Antidiazoverbindungen**; diese sind stabil.

Den Ausgangspunkt für die Darstellung der Diazoverbindungen bilden in nahezu allen Fällen die Diazoniumsalze der Gruppe I. Zwar haben die Diazoniumverbindungen für sich allein nur geringe Bedeutung und werden meist nicht isoliert. Ihre große Wichtigkeit für die aromatische Chemie liegt aber in ihren mannigfachen Umsetzungen, durch die man von ihnen zu zahlreichen neuen Verbindungen gelangt.

Diazoniumsalze entstehen bei der Einwirkung von salpetriger Säure auf die Salze aromatischer Amine:

$$\underset{\text{Anilinnitrat}}{C_6H_5\cdot NH_2\cdot HNO_3} + HNO_2 = \underset{\text{Benzoldiazoniumnitrat}}{C_6H_5\cdot N_2\cdot NO_3} + 2\,H_2O.$$

Da nur die Kationen der aromatischen Basen mit salpetriger Säure reagieren, verläuft die Umsetzung um so rascher, je weiter die Hydrolyse der Salze zurückgedrängt ist. Daher gebraucht man im allgemeinen einen Überschuß von Säure. Die Reaktion wird gewöhnlich in der Weise ausgeführt, daß man eine Lösung von Natriumnitrit unter Eiskühlung langsam zu einer Lösung von 1 Molekül Anilin in $2^1/_2$ Molekül Mineralsäure zutröpfelt; die Temperatur muß möglichst tief gehalten werden, da die Diazoniumverbindungen sich leicht zersetzen. Auf diese Weise erhält man eine Lösung des Diazoniumsalzes. Die Diazoniumsalze sind in Wasser meist leicht löslich (am leichtesten die Chloride), schwer löslich dagegen in Alkohol und Äther.

Zur **Darstellung** eines solchen Salzes, z. B. **des Benzoldiazoniumnitrats,** $C_6H_5 \cdot N_2 \cdot NO_3$, **in festem Zustand,** löst man Anilin in verdünnter Salpetersäure auf und leitet Stickoxyde, aus Salpetersäure und As_2O_3 dargestellt, ein. Auf Zusatz von Alkohol und Äther scheidet sich das Nitrat in kristallisierter Form ab. Dieses Salz detoniert beim Erhitzen oder auf Schlag mit großer Heftigkeit. Man hüte sich also, mehr als einige Dezigramm davon in trockenem Zustande darzustellen. Die Diazoniumsalze sind in festem Zustand vielfach äußerst explosiv, während ihre wäßrige Lösung vollkommen gefahrlos zu handhaben ist. Man vermeidet es daher meist, sie in fester Form zu isolieren, was auch für ihre Verwendung zu Umsetzungen ganz unnötig ist. Immerhin gibt es eine Reihe von Diazoniumsalzen, die recht beständig sind und von der Farbenindustrie in fester Form in den Handel gebracht werden (z. B. Derivate von Halogen- und Nitroanilinen). Salze aromatischer Sulfonsäuren und von Borfluorwasserstoffsäure, besonders aber Doppelsalze mit Zinkchlorid zeichnen sich durch vergleichsweise gute Haltbarkeit aus.

Die oben erwähnte Strukturformel der Diazoniumsalze ergibt sich aus folgenden Betrachtungen: Die Atomgruppe N_2X ist nur mit *einem* Kohlenstoffatom des Benzolkerns verbunden. Denn bei allen Umsetzungen der Diazoverbindungen entstehen nur solche Verbindungen, die statt dieser Gruppe einen Substituenten verknüpft mit *einem* Kohlenstoffatom des Kernes enthalten, wie wir später sehen werden.

Die Gruppe $[C_6H_5 \cdot N_2]^+$ verhält sich weiter in vielfacher Hinsicht wie das Kation einer Base, die den Alkalien an Stärke vergleichbar ist. Ihre Salze mit starken Mineralsäuren zeigen wie KCl neutrale Reaktion; dagegen reagieren die kohlensauren Salze infolge hydrolytischer Spaltung alkalisch wie die Carbonate der Alkalimetalle. Nach dem Leitvermögen zu schließen, sind die Chloride und andere Salze der Diazoniumbase ebenso stark in Ionen gespalten wie KCl oder NH_4Cl. Die Analogie zu den Alkalisalzen tritt ferner hervor in der Existenz von gelben, in Wasser schwer löslichen Platindoppelsalzen des Benzoldiazoniumchlorids $(C_6H_5N_2Cl)_2PtCl_4$, Golddoppelsalzen, z. B. $(C_6H_5N_2Cl)AuCl_3$, schwer löslichen Perchloraten usw. Man muß also in den Diazoniumsalzen ebenso wie in den Ammoniumverbindungen koordinativ vierwertigen Stickstoff als Träger der basischen Eigenschaften annehmen.

Von der wäßrigen Lösung des freien Benzoldiazoniumhydroxyds ist demnach zu erwarten, daß sie stark alkalisch reagiert. Sie wird erhalten, wenn man das in Wasser gelöste Chlorid mit Silberoxyd behandelt oder das Sulfat mit der äquivalenten Menge Barytwasser zusammenbringt. Die so bereitete Lösung reagiert in der Tat stark alkalisch, sie zersetzt sich aber nach einiger Zeit unter Abscheidung von Harzflocken.

Bringt man ein Diazoniumsalz in starke Kalilauge, so scheidet sich eine Kaliumverbindung $C_6H_5N_2OK$ ab. Diese bildet sich nicht nur in konzentrierter, sondern auch in verdünnter Lösung. Denn wenn man eine verdünnte Lösung von Benzoldiazoniumhydroxyd mit einer äquivalenten Menge Natronlauge vermischt, so ist das molekulare Leitvermögen der Mischung beträchtlich kleiner als die Summe des Leitvermögens der zusammengegossenen Lösungen. Von den anfangs vorhandenen Ionen $[C_6H_5N_2O]^- + H^+ + Na^+ + OH^-$ muß demnach ein Teil in den undissoziierten Zustand übergegangen sein, d. h. es muß Salzbildung stattgefunden haben.

Benzoldiazoniumhydroxyd erscheint also hiernach als eine amphotere Substanz. Hantzsch hat es für wenig wahrscheinlich gehalten, daß ein Ampholyt im eigentlichen Sinn vorliegt, und bevorzugte die Annahme, daß in der wäßrigen Lösung des Diazoniumhydroxyds ein Gleichgewicht zwischen diesem und einer isomeren Form, dem Syndiazohydrat, besteht:

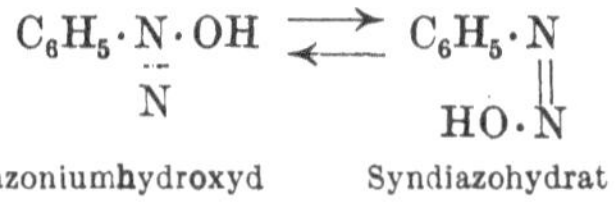

Diazoniumhydroxyd Syndiazohydrat

und die Alkaliverbindungen (Syndiazotate) sich von letzterem ableiten.

Das nicht sehr beständige Syndiazotat lagert sich beim Erwärmen mit Lauge in das Antidiazotat um. Das freie Antidiazohydrat muß, wenn es überhaupt existenzfähig ist, sehr unbeständig sein. Denn beim Zerlegen der Antidiazotate mit Kohlensäure erhält man an seiner Stelle die isomere Pseudosäure, das neutral reagierende Phenylnitrosamin:

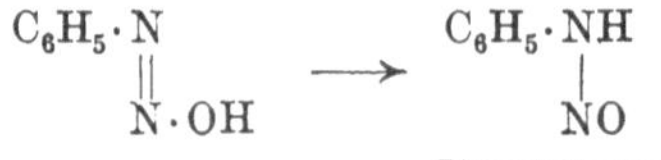

Phenylnitrsoamin

Durch Mineralsäuren werden die Diazotate und das Phenylnitrosamin wieder in Diazoniumsalze zurückverwandelt. Antidiazotate werden wegen ihrer Beständigkeit als Ersatz für Diazoniumsalze in den Handel gebracht (z. B. das des p-Nitroanilins) und finden im Zeugdruck Verwendung (vgl. Pararot).

Umsetzungen der Diazoverbindungen

Viele Umsetzungen der Diazoverbindungen haben das Gemeinsame, daß die Gruppe —N_2— als freier Stickstoff aus dem Molekül austritt und durch einen Substituenten ersetzt wird, der mit *einer* Bindungseinheit an den Benzolkern gebunden ist. Durch eingehendes Studium ist es in vielen Fällen gelungen, die Bedingungen zu finden, unter denen diese Reaktionen nahezu quantitativ verlaufen.

1. **Ersatz der Gruppe —N_2— durch Hydroxyl** findet langsam in der Kälte, rasch beim Erwärmen der wäßrigen Lösung eines Diazoniumsalzes statt:

$$C_6H_5\cdot N_2\cdot Cl + H_2O = C_6H_5\cdot OH + N_2 + HCl.$$

Die Reaktion, deren Kinetik häufig untersucht worden ist, ist erster Ordnung. Eine gleichartige Zersetzung findet auch bei Belichtung statt. Es ist aber hervorzuheben, daß thermische und photochemische Beständigkeit nicht parallel laufen. Von der technischen Anwendung dieser Lichtempfindlichkeit wird später die Rede sein (S. 365).

2. **Ersatz durch Alkoxyl —OC_nH_{2n+1}** wird analog durch Kochen eines Diazoniumsalzes mit Alkohol erreicht:

$$C_6H_5\cdot N_2\cdot HSO_4 + HO\cdot C_2H_5 = C_6H_5\cdot O\cdot C_2H_5 + N_2 + H_2SO_4.$$

3. **Ersatz der N_2-Gruppe durch Wasserstoff** findet unter bestimmten Bedingungen ebenfalls bei der Einwirkung von Alkohol auf Diazoniumsalze statt. Dabei entsteht aus dem Alkohol Aldehyd:

$$\underset{\text{p-Nitrobenzoldiazoniumchlorid}}{O_2N\cdot C_6H_4\cdot N_2\cdot Cl} + C_2H_5\cdot OH = \underset{\text{Nitrobenzol}}{O_2N\cdot C_6H_5} + N_2 + HCl + \underset{\text{Aldehyd}}{C_2H_4O}.$$

Im allgemeinen verlaufen die Reaktionen 2 und 3 nebeneinander. Enthält der Benzolkern aber bereits einige negative Substituenten (Halogene, Nitrogruppen), so tritt der Ersatz durch Wasserstoff in den Vordergrund. Die gleiche Reaktion läßt sich auch durch Zusatz von alkalischer Stannitlösung zu einer eiskalten Diazoniumsalzlösung erreichen. Man besitzt hierin eine allgemeine Methode zur Umwandlung von Aminen in Kohlenwasserstoffe.

4. **Austausch der N_2-Gruppe gegen Chlor** erfolgt beim Zusammenbringen der Lösung eines Diazoniumchlorids mit einer Lösung von Kupfer(I)-chlorid in konzentrierter Salzsäure (SANDMEYER) oder auch mit fein verteiltem Kupferpulver (GATTERMANN), wobei ebenfalls zunächst Kupfer(I)-salze entstehen:

$$C_6H_5\cdot N_2\cdot Cl = C_6H_5Cl + N_2.$$

Kupfer(I)-chlorid wirkt hier anscheinend katalytisch; vermutlich tritt als Zwischenprodukt eine Kupfer(I)-verbindung auf, die später wieder zerfällt. Mitunter sind auch andere Halogenide wirksam, z. B. $CuCl_2$ (KÖRNER) oder $CaCl_2$ (KUHN). Wesentlich scheint in diesen Fällen eine hohe Halogenionen-Konzentration der Lösung zu sein.

In analoger Weise findet **Austausch gegen Brom** statt; zur Darstellung von Brombenzol wird zunächst Benzoldiazoniumsulfat hergestellt und dieses mit einer Bromkalium-Lösung versetzt. Fügt man zu diesem Gemisch Kupferpulver, so entsteht unter Stickstoffentwicklung Brombenzol.

Der **Ersatz durch Jod** tritt leicht ein, wenn man die Lösung des Diazoniumsulfats zu einer erwärmten Jodkalium-Lösung gibt. Hierbei ist Kupfer oder Kupfer(I)-jodid nicht notwendig.

5. **Der Austausch der N_2-Gruppe gegen Cyan** verläuft unter der Einwirkung von Kupfer(I)-verbindungen ebenfalls glatt. Man verfährt hier in der Weise, daß man die Lösung des Diazoniumsalzes in eine Lösung von Kaliumkupfercyanür einfließen läßt:

$$C_6H_5\cdot N_2\cdot Cl + KCN = C_6H_5\cdot CN + N_2 + KCl.$$

Diese Reaktion ist von großer Bedeutung für die Synthese aromatischer Säuren, da sie deren Nitrile liefert, die man nur zu verseifen braucht.

6. **Austausch der N_2-Gruppe gegen Schwefel.** Fügt man zu einer Lösung eines Diazoniumsalzes eine Lösung von Kaliumxanthogenat, so fällt meist zunächst das Diazoniumxanthogenat aus:

$$C_6H_5 \cdot N_2 \cdot Cl + KS \cdot CS \cdot OC_2H_5 = C_6H_5 \cdot N_2 \cdot S \cdot CS \cdot OC_2H_5 + KCl.$$

Wird dieser Niederschlag mit der Flüssigkeit erwärmt, so entwickelt sich Stickstoff, wobei der Schwefel direkt an den Kern tritt und sich Xanthogensäurephenylester $C_6H_5 \cdot S \cdot CS \cdot OC_2H_5$ bildet; denn bei der Oxydation entsteht Benzolsulfonsäure. Man hat in dieser von Leuckart angegebenen Reaktion eine wertvolle Methode, um Sulfogruppen an solchen Stellen in Benzolderivate einzuführen, wo dies durch direkte Behandlung mit Schwefelsäure nicht möglich ist. Durch Verseifung der Xanthogensäureester entstehen Thiophenole, z. B. $C_6H_5 \cdot SH$.

7. **Austausch der N_2-Gruppe gegen Arsen.** Natriumarsenit setzt sich in schwach alkalischer Lösung mit Diazoniumsalzen um. Hierbei entstehen die Natriumsalze aromatischer Arsonsäuren (Bartsche Reaktion):

$$C_6H_5 \cdot N_2 \cdot Cl + Na_2HAsO_3 = C_6H_5 \cdot AsO(OH)ONa + NaCl + N_2.$$

Den Mechanismus der oben aufgeführten Umsetzungen stellt man sich nach der allerdings nicht allgemein anerkannten Anschauung von Hantzsch folgendermaßen vor: Man nimmt an, daß die erste Phase der Reaktion im Übergang des Diazoniumsalzes in die Syndiazoverbindung besteht und daß aus dieser dann Stickstoff herausgespalten wird. Die Entstehung von Phenol und von Chlorbenzol z. B. müßte demnach in folgender Weise formuliert werden:

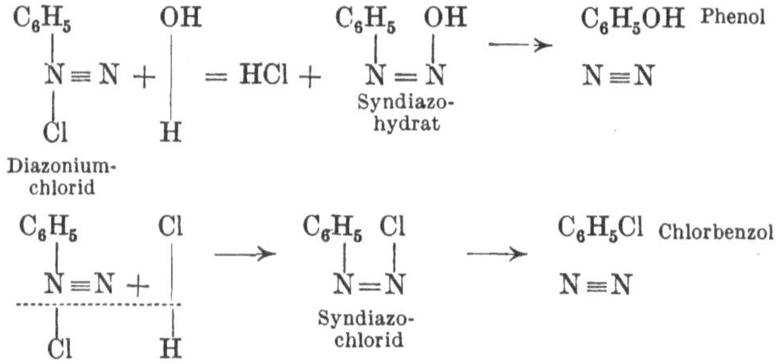

Die Reaktionen zwischen Diazoniumsalz und Alkohol gestalten sich dann so:

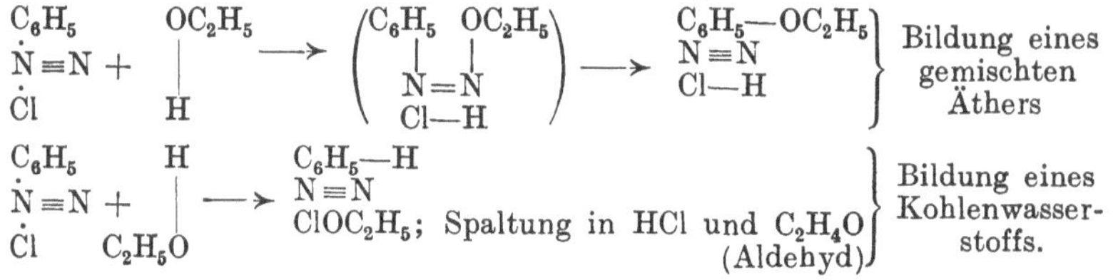

Die Syndiazoverbindungen sind jedoch meist sehr unbeständig; sie lagern sich leicht in Antidiazoverbindungen um, in denen die Phenylgruppe und der Säurerest weit voneinander entfernt sind und sich daher nicht mehr vereinigen können:

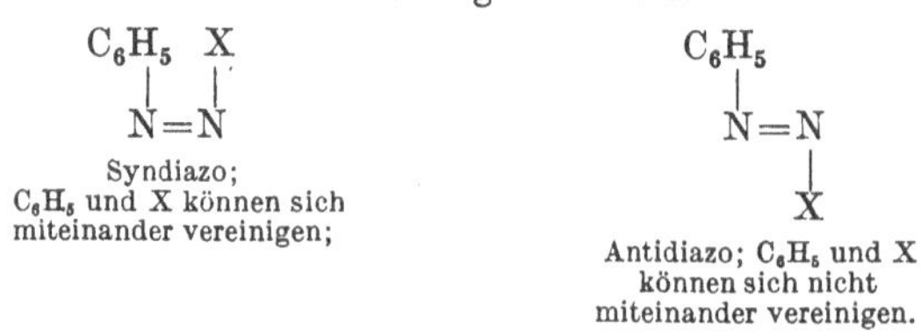

In einigen Fällen ist es Hantzsch gelungen, diese Zwischenprodukte zu isolieren und dadurch seine Auffassung zu stützen. Bei der Diazotierung von p-Chloranilin $ClC_6H_4 \cdot NH_2$ entstand auf Zusatz von Cyanid nicht sofort p-Chlorbenzonitril $ClC_6H_4 \cdot CN$, sondern es konnte ein gelbes Zwischenprodukt, p-Chlorbenzoldiazocyanid $ClC_6H_4 \cdot N_2 \cdot CN$, isoliert werden, das in Berührung mit Kupferpulver stürmisch Stickstoff entwickelte und in das Nitril überging. Dieses p-Chlorbenzolsyndiazocyanid war jedoch sehr wenig stabil; es wandelte sich rasch in eine isomere Verbindung (die Antiform) um, auf die Kupferpulver ohne jede Wirkung war.

Dipolmoment-Messungen an den Diazocyaniden scheinen dafür zu sprechen, daß diesen Verbindungen tatsächlich die von HANTZSCH angenommenen Konfigurationen zukommen.

Die katalytische Wirkung von Kupfer(I)-Ion bei der GATTERMANNschen Reaktion kann man nach WATERS in folgender Weise verstehen:

$$\begin{aligned} Cu^+ &= Cu^{++} + e^- \\ (Ar{:}N{:}{:}{:}N{:})^+ + e^- &= Ar^\cdot + {:}N{:}{:}{:}N{:} \\ Ar^\cdot + Cl^- &= ArCl + e^- \\ e^- + Cu^{++} &= Cu^+ \end{aligned}$$

Das Kupfer(I)-Ion liefert also das Elektron, das benötigt wird, um das Diazonium-Kation in molekularen Stickstoff und ein neutrales Aryl-Radikal zu spalten.

Die obigen Ausführungen lassen erkennen, daß die Diazoniumsalze große Bedeutung als Zwischenprodukte für die Darstellung zahlreicher Verbindungen haben. Da sie aus den Nitroverbindungen auf dem Umwege über ihre Reduktionsprodukte, die Amine, entstehen, so ist klar, daß eben deshalb die Nitrierung der aromatischen Substanzen eine der gebräuchlichsten Operationen ist. Die Bedeutung der Diazoverbindungen ist jedoch nicht auf solche Reaktionen beschränkt, bei denen die beiden Stickstoffatome frei werden. Vielmehr gibt es auch **Reaktionen, bei denen die Stickstoffatome im Molekül verbleiben.** Durch solche als „Kuppelung“ bezeichnete Umsetzungen gelangt man ebenfalls zu wichtigen Verbindungen. Die Form, in der die Diazoverbindung kuppelt, hängt von der Reaktion der Lösung ab. Erfahrungsgemäß kuppeln die Diazotate rascher und vollständiger als die Diazoniumsalze. Nach Ansicht mancher Autoren sind auch in saurer Lösung Diazohydroxyde die Träger der Kupplungs-Reaktion. Die verschiedenen Reaktionstypen können durch die folgenden Beispiele veranschaulicht werden:

1. Durch Einwirkung primärer und sekundärer aromatischer Amine auf Diazoniumsalze entstehen die **Diazoaminoverbindungen**:

$$C_6H_5 \cdot N_2 \cdot Cl + H_2N \cdot C_6H_5 = \underset{\text{Diazoaminobenzol}}{C_6H_5 \cdot N{=}N \cdot NH \cdot C_6H_5} + HCl.$$

Sie entstehen auch, wenn salpetrige Säure auf freies Anilin einwirkt und treten deshalb auch auf, wenn man Anilin bei Gegenwart einer unzureichenden Säuremenge diazotiert. Die Diazoaminoverbindungen sind schwach gelb, in reinem Zustande vielleicht farblos. Sie sind kristallisiert und besitzen nur sehr schwach basische Eigenschaften. Durch Säuren werden die Diazoaminoverbindungen verhältnismäßig leicht wieder in Diazoniumsalz und Amin gespalten:

$$C_6H_5 \cdot N : N \cdot NH \cdot C_6H_5 + HCl = C_6H_5 \cdot N_2 \cdot Cl + C_6H_5 \cdot NH_2.$$

Diazoniumchlorid und Anilin vermögen aber in schwach saurer (ameisensaurer, essigsaurer) Lösung noch in anderer Weise zu kuppeln (in stärker saurer Lösung bleibt die Reaktion aus):

$$C_6H_5 \cdot N_2 \cdot Cl + C_6H_5 \cdot NH_2 = \underset{\text{p-Aminoazobenzol}}{C_6H_5 \cdot N{=}N \cdot C_6H_4 \cdot NH_2} + HCl.$$

Die Bindung erfolgt also in p-Stellung zur Aminogruppe. Es ist daher nicht verwunderlich, daß bei der Darstellung des Diazoaminobenzols auch geringe Mengen Aminoazobenzol auftreten. Erwärmt man in Anilin gelöstes Diazoaminobenzol mit salzsaurem Anilin, das dabei lediglich als Säurespender fungiert, so entsteht glatt Aminoazobenzol.

Diese Reaktion hatte man lange Zeit für eine monomolekulare Umlagerung des Diazoaminobenzols unter dem katalytischen Einfluß von salzsaurem Anilin gehalten:

Diazoaminobenzol Aminoazobenzol

Daß dies nicht möglich ist, ergibt sich aus folgendem Versuch von ROSENHAUER: Erwärmt man Diazoaminobenzol mit Dimethylanilin + salzsaurem Dimethylanilin, so entsteht Dimethylaminoazobenzol, das seine Entstehung nur intermediär gebildetem Benzoldiazoniumchlorid verdanken kann:

$$C_6H_5 \cdot N_2 \cdot NH \cdot C_6H_5 + HCl \longrightarrow C_6H_5 \cdot N_2 \cdot Cl \xrightarrow{+\text{ Dimethylanilin}} \underset{\text{Dimethylaminoazobenzol}}{C_6H_5 \cdot N_2 \cdot C_6H_4 \cdot N(CH_3)_2}.$$

In Fällen, wo die p-Stellung zur Aminogruppe besetzt ist, tritt die Azogruppe in Orthostellung.

Aminoazobenzol und zahlreiche seiner Derivate gehören zur Gruppe der Azofarbstoffe (S. 361) und besitzen große technische Bedeutung.

2. Mit tertiären aromatischen Aminen reagieren die Diazoniumsalze, wie oben am Beispiel des Dimethylanilins gezeigt wurde, so, daß Bindung an der Parastelle des Amins erfolgt, also **Aminoazoverbindungen** entstehen

3. Mit Phenolen bilden sie in alkalischer Lösung in analoger Weise **Oxyazoverbindungen**:

$$C_6H_5 \cdot N_2 \cdot OH + \underset{\text{Phenol}}{C_6H_5 \cdot OH} = \underset{\text{p-Oxyazobenzol}}{C_6H_5 \cdot N{=}N \cdot C_6H_4 \cdot OH} + H_2O.$$

Auch Phenoläther, z. B. Anisol, lassen sich mit Diazoverbindungen kuppeln.

Hydrazine

Die wichtigste organische Hydrazinverbindung ist das **Phenylhydrazin** $C_6H_5 \cdot NH \cdot NH_2$. Als Reagens auf Aldehyde, Ketone und Kohlenhydrate ist sie schon wiederholt erwähnt worden.

Salze des Phenylhydrazins entstehen durch Reduktion von Diazoniumsalzen. So gibt Benzoldiazoniumchlorid mit der berechneten Menge $SnCl_2$ in salzsaurer Lösung salzsaures Phenylhydrazin:

$$C_6H_5 \cdot N_2 \cdot Cl + 2\,H_2 = C_6H_5 \cdot NH \cdot NH_2 + HCl.$$

Das Salz wird von kaltem Wasser ziemlich schwer, von konzentrierter Salzsäure fast gar nicht gelöst und scheidet sich deshalb direkt ab.

Nach E. FISCHER setzt man Benzoldiazoniumchlorid mit Na_2SO_3 um, macht stark salzsauer und erhitzt; es entsteht zunächst Benzol-anti-diazosulfonat, das vermutlich schweflige Säure anlagert und schließlich unter dem Einfluß der Salzsäure beide Sulfogruppen verliert:

$$C_6H_5 \cdot N{=}N \cdot SO_3Na \longrightarrow C_6H_5 \cdot \underset{\displaystyle SO_3H}{N}{-}NH \cdot SO_3Na \longrightarrow C_6H_5 \cdot NH \cdot NH_2.$$

Dieses Verfahren findet auch technische Anwendung.

Phenylhydrazin ist eine farblose, nicht ungiftige Substanz, die sich an der Luft braun färbt. Es schmilzt bei $+ 19{\cdot}6^0$ zu einer öligen Flüssigkeit, die bei 241^0 unter geringer Zersetzung siedet. In Wasser ist es nur wenig löslich.

Durch energische Reduktion wird Phenylhydrazin in Anilin und Ammoniak gespalten. Oxydationsmitteln gegenüber ist es sehr empfindlich. Mit einer alkalischen Kupferlösung z. B. liefert es Wasser, Stickstoff und Benzol. Das Sulfat des Phenylhydrazins läßt sich mit Quecksilberoxyd wieder zum Diazoniumsalz oxydieren, jedoch geht die Oxydation leicht weiter unter Elimination von Stickstoff.

Phenylhydrazin ist eine schwache einsäurige Base; es liefert gut kristallisierende Salze. Man kennt auch eine unbeständige Natriumverbindung, die durch Einwirkung von Natriumamid erhalten wird.

Behandelt man die Natriumverbindung mit Methyljodid, so entsteht asymmetrisches Methylphenylhydrazin:

$$C_6H_5 \cdot NH \cdot NH_2 \longrightarrow C_6H_5 \cdot NNa \cdot NH_2 \longrightarrow C_6H_5 \cdot N(CH_3) \cdot NH_2.$$

Seine Konstitution folgt daraus, daß es auch aus Methylanilin durch Umwandlung in das Nitrosamin $C_6H_5 \cdot N(CH_3) \cdot NO$ und anschließende Reduktion erhalten werden kann. Die wichtige Umwandlung von Phenylhydrazin in Antipyrin wird später besprochen werden (S. 467).

Über Tetraphenylhydrazin s. S. 316 und S. 415.

Aromatische Monocarbonsäuren

Benzoesäure und ihre Homologen

Die einfachste aromatische Carbonsäure ist die Benzoesäure $C_6H_5 \cdot CO_2H$. Von den mannigfachen Methoden, nach denen Benzoesäure erhalten werden kann, sollen nur die allgemein zur Darstellung von Carbonsäuren benutzten im folgenden kurz besprochen werden. Man erhält Benzoesäure:

1. Durch Oxydation aller aromatischen Verbindungen mit einer Seitenkette:

$$\left.\begin{array}{l} C_6H_5 \cdot C_nH_{2n+1} \\ C_6H_5 \cdot CHO \end{array}\right\} \rightarrow C_6H_5 \cdot CO_2H\,.$$

Als Ausgangsmaterial verwendet man meist Toluol, weil dieses am leichtesten zu erhalten ist. Man oxydiert es in der Technik meist direkt, z. B. mit Luft und Katalysatoren, oder verwandelt es zunächst durch Einleiten von Chlor in der Siedehitze in Phenyltrichlormethan (Benzotrichlorid), das durch Erhitzen mit Wasser in Benzoesäure übergeführt wird:

$$C_6H_5 \cdot CCl_3 + 2\,H_2O = C_6H_5 \cdot CO_2H + 3\,HCl\,.$$

2. Aus Phthalsäure (Benzol-o-dicarbonsäure) durch Einwirkung von Zinkoxyd bei 400°:

$$C_6H_4(CO_2H)_2 = C_6H_5 \cdot CO_2H + CO_2.$$

Dieses Verfahren wird ebenfalls technisch ausgeführt, wobei daran erinnert sei, daß Phthalsäure ihrerseits aus Naphthalin oder o-Xylol gewonnen wird.

3. Durch Einführung der Cyan-Gruppe in den Benzolkern und Verseifung des so erhaltenen Benzonitrils $C_6H_5 \cdot CN$.

Die Einführung der Cyan-Gruppe kann auf verschiedene Weise erfolgen: *a*) durch Diazotieren von Anilin und Behandlung des Diazoniumsalzes mit Kaliumkupfercyanür; *b*) durch Destillation des K-Salzes der Benzolsulfonsäure mit Kaliumcyanid:

$$C_6H_5 \cdot SO_3K + KCN = C_6H_5 \cdot CN + K_2SO_3;$$

c) durch Erhitzen von Brombenzol mit Kaliumcyanid in wäßrig-alkoholischer Lösung auf 200° unter Zusatz von Kupfer(I)-cyanid. Die Nitrilgruppe wird dann gleichzeitig verseift, so daß direkt Benzoesäure erhalten wird.

4. Benzol und Phosgen reagieren bei Gegenwart von Aluminiumchlorid so miteinander, daß Benzoylchlorid entsteht:

$$C_6H_6 + ClCOCl = \underset{\text{Benzoylchlorid}}{C_6H_5 \cdot COCl} + HCl\,.$$

Benzoylchlorid wird durch Wasser leicht in Benzoesäure übergeführt.

5. Aus Phenylmagnesiumbromid und CO_2 analog der Bildung von Essigsäure (S. 74).

Benzoesäure kommt, hauptsächlich als Ester, in vielen natürlichen Harzen und Balsamen, so im Benzoeharz, Peru- und Tolubalsam, vor[1]. Ihr Vorkommen im Pflanzen-

[1] **Benzoeharz** und die teilweise flüssigen Balsame sind wie die Coniferenharze (S. 443) pathologische Wundsekrete, die bei Verletzung des Cambiums gebildet werden. Benzoeharz (aus in Hinterindien und Sumatra heimischen Styrax-Arten) besteht nach den Untersuchungen von REINITZER, ZINKE und FREUDENBERG hauptsächlich aus dem Benzoesäureester des Coniferylalkohols (s. nebenstehende Formel). Der flüssige **Perubalsam** (in San Salvador aus Myroxylon-Arten gewonnen) enthält zu 60—70% ein

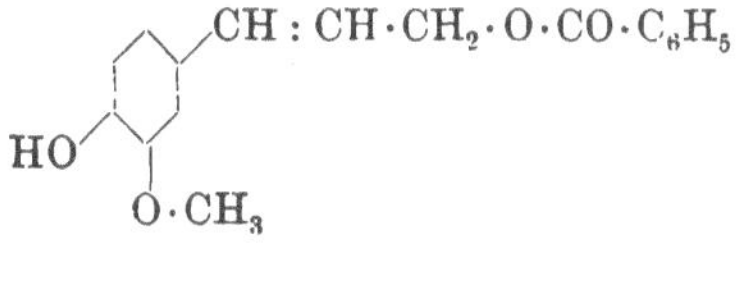

fresser-Harn in Form von Hippursäure wurde bereits S. 270 erwähnt. Sie kristallisiert in Blättchen, schmilzt bei 122·5°, sublimiert sehr leicht und siedet bei 250°; sie ist auch mit Wasserdampf flüchtig, so daß sie durch Destillation im Dampfstrom gereinigt werden kann. Benzoesäure ist in Wasser schwer, in Alkohol und Äther leicht löslich. Von ihren Salzen sind nur die Alkalisalze in Wasser leicht löslich. Benzoesäure ist mit $k = 6 \times 10^{-5}$ stärker als Essigsäure ($k = 1{\cdot}8 \times 10^{-5}$).

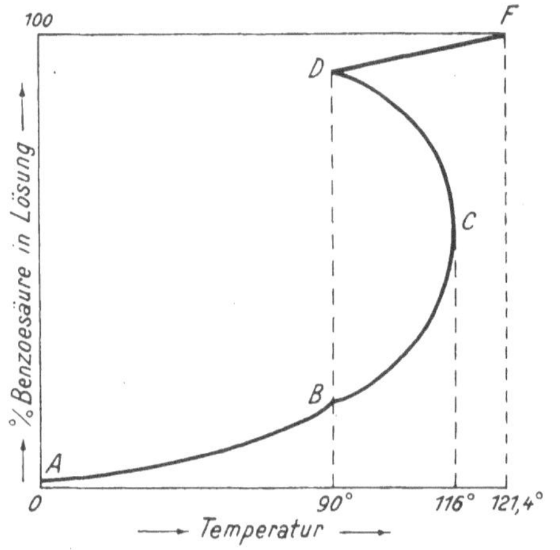

Fig. 79. Löslichkeitskurve der Benzoesäure

Die Löslichkeitskurve der Benzoesäure in Wasser ist eingehend studiert worden; sie zeigt einen interessanten Verlauf (Fig. 79): Bis 90° steigt die Löslichkeit mit der Temperatur ziemlich schnell an (Stück *AB*). Bei dieser Temperatur schmilzt die Säure jedoch unter Wasser, wobei zwei Phasen entstehen, eine wäßrige, die 11·2% Säure enthält (Punkt *B*), und eine säurereiche mit 95·88% Säure (Punkt *D*). Die gegenseitige Löslichkeit der beiden Schichten wird durch das Kurvenstück *BCD* dargestellt, wo *BC* die Zusammensetzung der wäßrigen, *DC* die der konzentrierten Schicht angibt. Der prozentische Gehalt der beiden Schichten an Säure strebt mit steigender Temperatur dem gleichen Wert zu; denn dann löst sich Benzoesäure mehr in Wasser, und umgekehrt auch Wasser mehr in Benzoesäure. Bei 116° wird die Zusammensetzung der beiden Schichten gleich, d. h. die Flüssigkeit wird wieder homogen. Gibt man bei 90° zu der säurereichen Schicht mehr Benzoesäure, so muß man die Temperatur erhöhen, um alles geschmolzen zu erhalten; man bewegt sich dann nämlich auf einer Kurve *DF*, die bei *F* in den Schmelzpunkt der reinen Benzoesäure mündet. Die Kurve *DF* ist also zugleich die Schmelzpunktskurve der Säure, wenn man wachsende Mengen Wasser zufügt.

Benzoylchlorid $C_6H_5 \cdot COCl$, das bei der Einwirkung von Phosphorpentachlorid oder Thionylchlorid auf Benzoesäure entsteht, stellt eine unangenehm riechende Flüssigkeit vom Siedepunkt 197° dar. Ein interessantes technisches Darstellungsverfahren besteht in der Verseifung von Benzotrichlorid $C_6H_5 \cdot CCl_3$ mit Eisessig in Gegenwart von Zinkchlorid oder Schwefelsäure als Katalysator, wobei als verwertbares Nebenprodukt Acetylchlorid entsteht. Auch die Verseifung von Benzotrichlorid mit 1 Mol Wasser in Gegenwart von Eisenchlorid bei 100° liefert in guter Ausbeute Benzoylchlorid. Es wird von kaltem Wasser nur langsam zersetzt, ist also viel beständiger als Acetylchlorid. Benzoylchlorid dient häufig dazu, die Benzoylgruppe in Hydroxylverbindungen oder Amine einzuführen, was sich in einfacher Weise nach einer von Baumann und Schotten angegebenen Methode bewerkstelligen läßt. Man schüttelt die zu benzoylierende Substanz (z. B. Phenol) mit Benzoylchlorid bei Gegenwart von wäßrigem Alkali; der entstandene Benzoesäureester ist in Wasser unlöslich, während das überschüssige Benzoylchlorid durch die Lauge zerstört wird. Um die bei der Reaktion freiwerdende Salzsäure zu binden, wird an Stelle von Alkali mit Vorteil auch Pyridin angewendet.

Benzoesäureanhydrid entsteht durch Kochen von Benzoesäure mit Essigsäureanhydrid. Es wird erst durch Kochen mit Wasser in Benzoesäure verwandelt; bei gewöhnlicher Temperatur ist es gegen Wasser sehr beständig.

Die Bildung von **Benzoesäureäthylester**, der durch angenehmen Geruch charakterisiert ist und bei 212·5° siedet, verwendet man bisweilen als Reaktion auf Äthylalkohol.

Gemisch von Benzosäurebenzylester und Zimtsäurebenzylester, das man früher als „Cinnamein“ bezeichnete. **Tolubalsam** (so genannt nach dem Ort Tolu in Columbien) entstammt südamerikanischen Myroxylon-Arten. Er enthält nur etwa 7% „Cinnamein“ und ist fest.

Benzamid $C_6H_5\cdot CO\cdot NH_2$ wird durch Einwirkung von Ammoniak oder Ammoniumcarbonat auf Benzoylchlorid gewonnen, kristallisiert dimorph und schmilzt bei 130°. Es bildet wie Acetamid leicht ein Natriumderivat. Der stärker saure Charakter der Benzoesäure kommt darin zum Ausdruck, daß das **Dibenzamid** $(C_6H_5\cdot CO)_2NH$ sich wie eine einbasische Säure verhält und sich leicht in verdünnter Natronlauge zu einem Mononatriumsalz löst, das allerdings unter Abspaltung von Benzoesäure rasch verseift wird.

Benzonitril $C_6H_5\cdot CN$, dessen Bildungsweisen oben mitgeteilt wurden, ist eine nach bitteren Mandeln riechende Flüssigkeit vom Siedepunkt 191°. Es besitzt alle Eigenschaften der Nitrile.

Die Homologen der Benzoesäure, die Toluylsäuren (Methylbenzolcarbonsäuren) $CH_3\cdot C_6H_4\cdot CO_2H$, Xylylsäuren (Dimethylbenzolcarbonsäuren) $(CH_3)_2C_6H_3\cdot CO_2H$ usf., sind wie die Benzoesäure kristallisiert und in Wasser sehr wenig löslich. Sie werden nach analogen Methoden wie Benzoesäure dargestellt.

Einwertige aromatische Aldehyde und Ketone

Von den aromatischen Aldehyden ist **Benzaldehyd** $C_6H_5\cdot CHO$ der bekannteste. Er kann analog den aliphatischen Aldehyden durch Oxydation des entsprechenden Alkohols Benzylalkohol $C_6H_5\cdot CH_2\cdot OH$ erhalten werden. Da man jedoch Benzylalkohol im Laboratorium gewöhnlich aus Benzaldehyd darstellt, ist dieser Weg ohne praktisches Interesse. Technisch wird Benzaldehyd dargestellt, indem man durch Chlorierung von Toluol erhaltenes Benzalchlorid $C_6H_5\cdot CHCl_2$ mit Wasser und Eisen als Katalysator oder mit Kalkwasser erhitzt:

$$C_6H_5\cdot CHCl_2 + H_2O = C_6H_5\cdot CHO + 2\,HCl,$$

eine Bildungsweise, deren Analogon in der Fettreihe keine Bedeutung hat. Auch durch direkte Oxydation von Toluol mit verschiedenen Oxydationsmitteln kann Benzaldehyd dargestellt werden.

Das in den bitteren Mandeln vorkommende Glykosid Amygdalin wird durch Emulsin in Benzaldehyd, Blausäure und Glucose gespalten (S. 235). Daher rührt die Bezeichnung **Bittermandelöl** für Benzaldehyd.

Benzaldehyd stellt eine Flüssigkeit von angenehmem Geruch nach bitteren Mandeln dar, die in Wasser wenig löslich ist, bei 179° siedet und bei 15° das spezifische Gewicht 1·049 besitzt. Er zeigt in vieler Hinsicht die Eigenschaften der aliphatischen Aldehyde, wird bereits durch den Sauerstoff der Luft oxydiert (namentlich im Sonnenlicht), reduziert unter Spiegelbildung ammoniakalische Silberlösung (aber nicht FEHLINGsche Lösung), bildet mit $NaHSO_3$ ein kristallinisches Additionsprodukt, addiert Blausäure und Wasserstoff, bildet ein Oxim, ein Phenylhydrazon usw.

Bei der freiwilligen Oxydation einiger Substanzen durch den Sauerstoff der Luft („Autoxydation") hat man beobachtet, daß dabei Sauerstoff „aktiviert" wird. Dieser vermag dann Substanzen zu oxydieren, die sonst an der Luft beständig sind. Dies gilt auch von der Autoxydation des Benzaldehyds. Bringt man ihn mit Wasser, Indigosulfonsäure und Luft zusammen in eine geschlossene Flasche und läßt diese einige Wochen stehen, so nimmt die Menge des freien Sauerstoffs ab, und die Untersuchung ergibt, daß die Indigosulfonsäure ebensoviel Sauerstoff verbraucht hat, wie zur Bildung der entstandenen Benzoesäure erforderlich war. BAEYER hat angenommen, daß als primäres Produkt hierbei Benzoylwasserstoffperoxyd **(Benzopersäure)** $C_6H_5\cdot CO\cdot O_2H$ entsteht, das dann die Indigosulfonsäure oxydiert, indem es selbst zu Benzoesäure reduziert wird. Nach neueren Untersuchungen ist die Reaktion aber komplizierter.

Die Oxydation des Benzaldehyds an der Luft ist eine Kettenreaktion, die vielleicht mit Abspaltung eines H-Atoms beginnt (WITTIG):

$$1.\; C_6H_5\cdot C\langle^{O} + O_2 \longrightarrow C_6H_5\cdot C\langle^{O}_{O\cdot O-} + C_6H_5\cdot CHO$$

$$\longrightarrow C_6H_5\cdot C\langle^{O}_{O\cdot OH} + C_6H_5\cdot C\langle^{O}$$

$$2.\; C_6H_5\cdot C\langle^{O}_{O\cdot OH} + C_6H_5\cdot CHO = 2\,C_6H_5\cdot COOH.$$

Daß Benzopersäure Benzaldehyd glatt zu Benzoesäure oxydiert, hat schon BAEYER gezeigt. In organischen Lösungsmitteln verläuft die zweite Phase der Autoxydation von Benzaldehyd ziemlich langsam. In diesem Fall kann man die angehäufte Benzopersäure leicht durch die Jodausscheidung nachweisen, die sie in Kaliumjodidlösung hervorruft. Da Benzopersäure mit ungesättigten Verbindungen glatt unter Bildung von Oxyden reagiert:

$$C_6H_5\cdot CO\cdot O_2H + {>}C{=}C{<} = C_6H_5\cdot CO_2H + {>}\underset{\diagdown\,O\,\diagup}{C{-}C}{<}$$

benutzt man sie häufig zur titrimetrischen Bestimmung von Doppelbindungen. Der Verbrauch an Benzopersäure wird jodometrisch ermittelt. Zur Darstellung von Benzopersäure (F: ca. 42°) geht man entweder direkt von Benzoylchlorid und Natriumperoxyd aus oder man verseift das aus den gleichen Reagenzien gewonnene käufliche Dibenzoylperoxyd $(C_6H_5\cdot CO\cdot O)_2$ mit Natriumäthylat-Lösung zu benzopersaurem Natrium und Benzoesäureester.

Die Autoxydation von Benzaldehyd wird stark verzögert durch Zusatz von sehr geringen Mengen Hydrochinon, das durch Reaktion mit den $C_6H_5\cdot CO_3$-Radikalen die Ketten abbricht. Andere mehrwertige Phenole wirken ähnlich (**„Antioxygene“** von MOUREU und DUFRAISSE).

In einigen Reaktionen verhalten sich die aromatischen Aldehyde anders als die aliphatischen. So entsteht aus Benzaldehyd und Ammoniak keine dem Aldehydammoniak analoge Verbindung, sondern eine Verbindung $(C_6H_5\cdot CH)_3N_2$, die aus drei Molekülen Benzaldehyd und zwei Molekülen Ammoniak abgeleitet werden kann:

$$C_6H_5\cdot CH{<}\begin{matrix}N:CH\cdot C_6H_5\\ N:CH\cdot C_6H_5\end{matrix}.$$

Diese Verbindung führt den Namen **Hydrobenzamid.**

Für die aromatischen Aldehyde ist weiter ihr Verhalten gegen alkoholische Kalilauge charakteristisch, wodurch sie der Umlagerung von CANNIZZARO unterliegen; aus Benzaldehyd z. B. entstehen Benzoesäure und Benzylalkohol:

$$2\,C_6H_5\cdot CHO + H_2O = C_6H_5\cdot COOH + C_6H_5\cdot CH_2\cdot OH\,.$$

Die Bruttoreaktion ist trimolekular. Ihre Geschwindigkeit ist der OH-Ionenkonzentration und dem Quadrat der Benzaldehyd-Konzentration proportional. Man nimmt an, daß sich primär ein OH-Ion anlagert und intermediär Benzoesäurebenzylester entsteht. Bei höherer Temperatur (300°) entsteht dieser Ester übrigens in reichlicher Menge auch aus Benzaldehyd allein. Auf dem raschen Eintreten der CANNIZZAROschen Reaktion beruht wahrscheinlich auch die auffallende Tatsache, daß Benzaldehyd (alkalische) FEHLINGsche Lösung nicht reduziert. Aliphatische Aldehyde (ausgenommen Formaldehyd) geben die CANNIZZAROsche Reaktion nicht, weil bei ihnen die Aldolpolymerisation viel rascher ist.

Während sich aliphatische Aldehyde nur unter besonderen Bedingungen in Acyloine (S. 213) überführen lassen, verläuft diese Reaktion in der aromatischen Reihe sehr glatt. Beim Kochen der alkoholischen Lösung von Benzaldehyd mit etwa KCN entsteht **Benzoin:**

$$2\,C_6H_5\cdot CHO = C_6H_5\cdot CH(OH)\cdot CO\cdot C_6H_5\,.$$

Aromatische Aldehyde kondensieren sich leicht mit Dimethylanilin oder Phenolen zu Triphenylmethan-Derivaten (vgl. S. 408):

$$C_6H_5\cdot CHO + \begin{matrix}C_6H_5\cdot OH\\ C_6H_5\cdot OH\end{matrix} = C_6H_5\cdot CH{<}\begin{matrix}C_6H_4\cdot OH\\ C_6H_4\cdot OH\end{matrix} + H_2O\,.$$

Auch Anilin reagiert mit Benzaldehyd schon bei gelindem Erwärmen; es bildet sich unter Ausscheidung von Wassertropfen Benzylidenanilin $C_6H_5\cdot CH{:}N\cdot C_6H_5$, das beim Abkühlen auskristallisiert. Über die PERKINsche Synthese von Zimtsäure aus Benzaldehyd und Essigsäure s. S. 339.

Homologe des Benzaldehyds können nach GATTERMANN-KOCH dargestellt werden, indem man z. B. auf Toluol bei gleichzeitiger Anwesenheit von $AlCl_3$ und Kupfer(I)-chlorid ein Gemisch von Kohlenoxyd und Chlorwasserstoff einwirken läßt; dieses reagiert dann wie Formylchlorid:

p-Toluylaldehyd

Benzaldehyd selbst wird nach dieser Reaktion nur dann in guter Ausbeute erhalten, wenn man unter Druck arbeitet.

Über die REIMER-TIEMANNsche Synthese von Oxyaldehyden s. S. 373.

Die *aromatischen Ketone* lassen sich in gemischte fettaromatische und in rein aromatische Ketone einteilen. In ihrem chemischen Verhalten gleichen sie weitgehend den aliphatischen Ketonen. Der bekannteste Vertreter der ersten Klasse ist **Acetophenon** $C_6H_5 \cdot CO \cdot CH_3$, das durch Destillation eines Gemisches von Essigsäure und Benzoesäure über Thoroxyd (ThO_2) bei 430—460° entsteht. Die wertvollsten Dienste zur Keton-Synthese leistet aber die FRIEDEL-CRAFTSsche Methode. Mit ihrer Hilfe stellt man Acetophenon aus Benzol mit Acetylchlorid und Aluminiumchlorid dar. Technisch wichtig ist die Feststellung, daß bei der Keton-Synthese die teuren Säurechloride durch Säureanhydride oder Säuren ersetzt werden können, wenn man mehr Aluminiumchlorid anwendet. Acetophenon ist kristallisiert, schmilzt bei +20° und siedet bei 202°. Es besitzt einen angenehmen, heuartigen Geruch und ist in Wasser wenig löslich.

Benzophenon (Diphenylketon) $C_6H_5 \cdot CO \cdot C_6H_5$ kann durch trockne Destillation von benzoesaurem Calcium, ferner aus Benzol, Aluminiumchlorid und Benzoylchlorid oder Phosgen dargestellt werden. Benzophenon tritt in drei Modifikationen auf, zwei metastabilen vom Schmelzpunkt 27° und 46° und einer stabilen vom Schmelzpunkt 47·9°. Es siedet bei 305·9° und ist in Wasser unlöslich, in Alkohol und Äther leicht löslich. Durch Reduktion geht es in **Benzhydrol** $C_6H_5 \cdot CH(OH) \cdot C_6H_5$ über, wobei gleichzeitig **Benzpinakon** (Tetraphenyläthylenglykol):

$$\begin{array}{c}(C_6H_5)_2C—C(C_6H_5)_2\\ \quad HO \quad\; OH\end{array}$$

entsteht (vgl. auch S. 415). Beim Schmelzen mit Kali liefert Benzophenon Benzol und Kaliumbenzoat:

$$C_6H_5 \cdot CO \cdot C_6H_5 + KOH = C_6H_6 + C_6H_5 \cdot CO_2K.$$

Bei der FRIEDEL-CRAFTSschen Synthese von Ketonen hat BÖESEKEN zwei Zwischenprodukte isoliert. Das Säurechlorid vereinigt sich nämlich zuerst mit $AlCl_3$ zu $C_6H_5 \cdot COCl + AlCl_3$. Setzt man dann 1 Mol Benzol zu, so entweicht 1 Mol HCl, und es entsteht wieder eine kristallisierte Verbindung $C_6H_5 \cdot CO \cdot C_6H_5 + AlCl_3$. Gibt man hierzu Wasser, so entsteht quantitativ das Keton $C_6H_5 \cdot CO \cdot C_6H_5$. Der Prozeß verläuft also in drei Stufen.

Oxime

Die Oxime aromatischer Aldehyde und Ketone treten in mehreren Formen auf. Wie zuerst WERNER und HANTZSCH überzeugend bewiesen haben, hat man es hier mit einem Fall von cis-trans-Isomerie zu tun, der in jeder Beziehung der VAN'T HOFFschen Theorie von der Isomerie der Fumar- und Maleinsäure entspricht. Stellt man sich nämlich den räumlichen Bau des Stickstoffatoms so vor, daß das N-Atom in einer Ecke eines Tetraeders steht und seine Valenzen nach den drei anderen Ecken gerichtet sind (Fig. 80 auf S. 334), so sind zwei Isomere denkbar, wenn das Stickstoffatom mit 2 Bindungseinheiten an Kohlenstoff gebunden ist (Fig. 81 und 82).

In einfacherer Schreibweise läßt sich diese Isomerie durch die Formeln

$$\begin{array}{c}X—C—Y\\ \| \\ N—Z\end{array} \quad \text{und} \quad \begin{array}{c}X—C—Y\\ \| \\ Z—N\end{array}$$

wiedergeben. Den beiden isomeren Formen des Benzaldoxims sind hiernach die folgenden Formeln zu erteilen:

$$\text{I.}\ \begin{array}{c}C_6H_5—C—H\\ \| \\ N—OH\end{array} \qquad \text{II.}\ \begin{array}{c}C_6H_5—C—H\\ \| \\ HO—N\end{array}$$

α-Benzaldoxim β-Benzaldoxim

Die Konfiguration mit benachbarter Stellung von H und OH (I) nennt man **syn-Form**, die Konfiguration II **anti-Form.** α-Benzaldoxim schmilzt bei 35° und liefert mit Essigsäureanhydrid eine Acetylverbindung. β-Benzaldoxim schmilzt bei 128° und wird durch Essigsäureanhydrid unter Wasserabspaltung glatt in Benzonitril übergeführt. Auf Grund dieser letzteren Reaktion hat man dem β-Benzaldoxim lange Zeit die syn-Konfiguration I zugeschrieben, weil diese wegen der räumlichen Nachbarschaft der reagierenden Gruppen besondere Neigung zur Wasserabspaltung zeigen sollte. In neuerer Zeit angestellte Versuche haben jedoch ergeben, daß die Konfigurationsformeln zu vertauschen sind, daß also wie in vielen Fällen so auch hier die Abspaltung aus der trans-Stellung besonders leicht erfolgt.

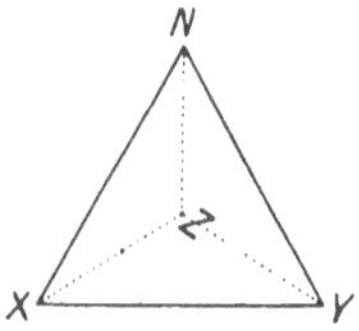

Fig. 80

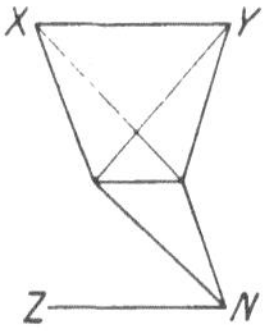

Fig. 81

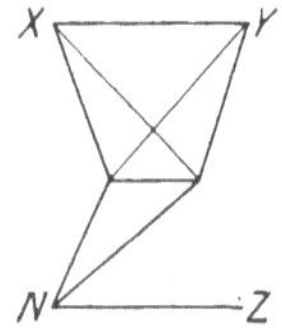

Fig. 82

Bei Ketonen sind nach obigem stereoisomere Oxime nur zu erwarten, wenn sie zwei verschiedene Radikale enthalten. Im Einklang hiermit gibt Benzophenon nur *ein* Oxim $(C_6H_5)_2C:N\cdot OH$, während unsymmetrische Ketone $R\cdot CO\cdot R'$ stets deren zwei liefern. Die wichtigste Methode der Konfigurationsbestimmung beruht hier auf der BECKMANNschen Umlagerung:

$$\begin{array}{c} R-C-R' \\ \| \\ N\cdot OH \end{array} \longrightarrow \begin{array}{c} OC-R' \\ | \\ NH\cdot R \end{array} \qquad \begin{array}{c} R'-C-R \\ \| \\ N\cdot OH \end{array} \longrightarrow \begin{array}{c} OC-R \\ | \\ NH\cdot R' \end{array}.$$

Die Umlagerung erfolgt also gleichfalls durch Platzwechsel der trans-ständigen Gruppen.

Den Beweis hierfür hat MEISENHEIMER auf folgendem Wege erbracht. Von den Oximen des 2-Brom-5-nitro-acetophenons geht die β-Verbindung (I.) sehr leicht in eine ringförmige Verbindung (II.) über, die α-Verbindung (III.) dagegen nicht. Hierdurch ist die Konfiguration der beiden Oxime zweifelsfrei festgestellt.

I. 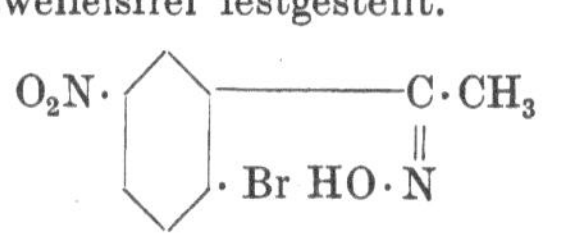

II. 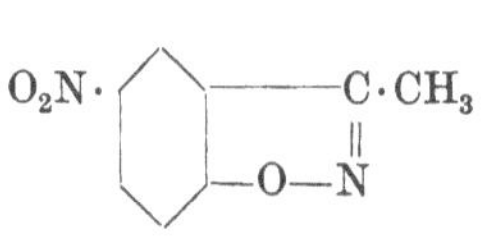

III. 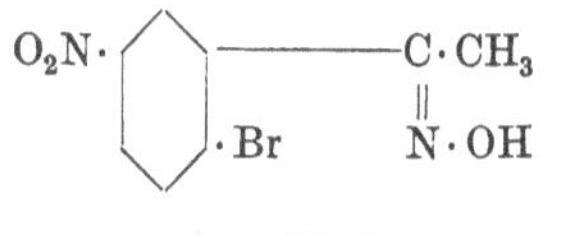

IV. 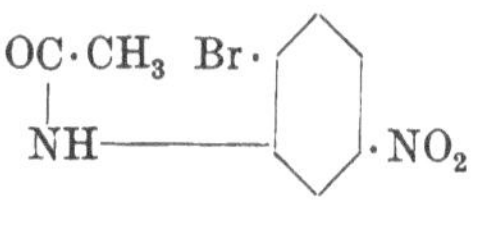

Bei der BECKMANNschen Umlagerung gibt nun III. 2-Brom-5-nitro-acetanilid (IV). Der Platzwechsel hat sich also entsprechend der obigen Behauptung in trans-Stellung vollzogen.

Aromatische Arsenverbindungen

Die Bildung von **Phenylarsonsäure** $C_6H_5\cdot AsO(OH)_2$ durch Umsetzung von Benzoldiazoniumchlorid mit Natriumarsenit wurde bereits früher erwähnt (S. 326). Phenylarsonsäure wird durch SO_2 zu **Phenylarsenoxyd** $C_6H_5\cdot AsO$ (weißes Pulver von amphoterem Verhalten), durch stärkere Reduktionsmittel zu **Arsenobenzol** $C_6H_5\cdot As = As\cdot C_6H_5$ reduziert. Arsenobenzol bildet farblose, in Alkohol schwer lösliche Nadeln vom F: 212°. Anomalien im Molekulargewicht machen seine Konstitution ziemlich unsicher. Seine therapeutisch wichtigen Derivate werden S. 356 besprochen werden.

Aus Chlorbenzol, $AsCl_3$ und Natrium oder aus Phenylmagnesiumbromid und $AsCl_3$ entsteht **Triphenylarsin** $(C_6H_5)_3As$, Schmelzpunkt 59°, aus dem durch Einwirkung von $AsCl_3$ **Diphenylarsenchlorid** $(C_6H_5)_2AsCl$ erhalten werden kann. Diese bei 39° schmelzende Substanz hat im Kriege als äußerst giftiger Gaskampfstoff Verwendung gefunden (sogenannter Blaukreuzstoff).

Aromatische Metallverbindungen

Solche Verbindungen sind außer von Magnesium (S. 307) namentlich vom Quecksilber, Zinn, Blei und Wismut bekannt. **Quecksilberdiphenyl** $Hg(C_6H_5)_2$ entsteht durch Behandeln von Brombenzol mit Natriumamalgam oder aus Phenylmagnesiumbromid und $HgBr_2$, wobei sich primär $C_6H_5 \cdot HgBr$ bildet. Es ist kristallinisch, schmilzt bei 122°, ist giftig und wie die entsprechenden Alkylverbindungen an der Luft beständig. Bei höherer Temperatur zerfällt es in Quecksilber und Diphenyl. DIMROTH (1898) verdankt man die wichtige Beobachtung, daß auch eine direkte „Mercurierung" von Benzol möglich ist. Beim Kochen von Benzol mit Quecksilberacetatlösung entsteht **Phenylquecksilberacetat**:

$$C_6H_6 + Hg(O \cdot CO \cdot CH_3)_2 = C_6H_5 \cdot Hg \cdot O \cdot CO \cdot CH_3 + CH_3 \cdot COOH.$$

Dieses läßt sich durch Natriumstannit glatt zu Quecksilber und Quecksilberdiphenyl reduzieren. Noch leichter lassen sich Phenole mercurieren. Diese Verbindungen haben therapeutische Bedeutung. Die organischen Quecksilberverbindungen gehören zu den wenigen metallorganischen Verbindungen, die durch Wasser und hydroxylhaltige Lösungsmittel nicht angegriffen werden. Durch Säuren werden sie gespalten.

Bei der Einwirkung von Natrium auf $Hg(C_6H_5)_2$ oder auf Chlorbenzol entsteht **Natriumphenyl** C_6H_5Na. Es ist ein weißes, nur unter Luftabschluß haltbares Pulver und besitzt die diesen Verbindungen eigene hohe Reaktionsfähigkeit. Von seinem Auftreten bei der FITTIGschen Synthese war schon oben die Rede (S. 304).

Benzolhomologe mit substituierten Seitenketten

Bei Homologen des Benzols können Substituenten nicht nur in den Kern, sondern auch in die Seitenkette eintreten. Da man derartige Verbindungen als substituierte Methane betrachten kann, entspricht ihr den aliphatischen Verbindungen ähnelndes Verhalten der Erwartung. Das Interesse an diesen Verbindungen beruht jedoch nicht ausschließlich auf den speziellen Darstellungsverfahren, die sich vielfach von den Gewinnungsmethoden kernsubstituierter Derivate charakteristisch unterscheiden, sondern auch auf ihrer gesteigerten Reaktionsfähigkeit. Wir haben es also hier mit einer Rückwirkung der Phenylgruppe zu tun, deren „negativer" Charakter schon früher hervorgehoben wurde. Zur Besprechung eignen sich in erster Linie die Toluolderivate, da diese am besten studiert sind.

Verbindungen mit Halogen in der Seitenkette

Wenn man Chlor oder Brom auf Toluol einwirken läßt, so hängt es ganz von den Versuchsbedingungen ab, ob das Halogen in den Kern oder in die Seitenkette tritt, und zwar läßt sich die Reaktion fast quantitativ in die eine oder die andere Richtung lenken. In Abwesenheit von Katalysatoren reagiert Toluol mit Chlor oder Brom im Dunkeln nur sehr langsam im Lauf von Tagen, wobei das Halogen hauptsächlich in den Kern tritt. Steigert man aber die Temperatur auf 100°, so erfolgt die Halogenierung rasch und nahezu quantitativ in der Seitenkette. Die Substitution in der Seitenkette wird also durch Temperatursteigerung viel stärker beschleunigt. Im gleichen Sinn beschleunigend wirkt auch Belichtung. Ein Gemisch von Toluol und Brom entfärbt sich im Sonnenlicht in wenigen Minuten, das Brom tritt quantitativ in die Seitenkette.

Völlig anders spielt sich die Reaktion in Gegenwart von Katalysatoren ab. Bereits Spuren von Aluminiumbromid oder Eisenbromid (z. B. 0·002 Mol $FeBr_3$ auf 1 Mol Br_2) beschleunigen die Kernsubstitution in einem Maße, daß auch Temperatursteigerung und Belichtung einen Angriff der Seitenkette nicht erzwingen können.

Die photochemische Chlorierung der Seitenkette des Toluols ist eine Kettenreaktion mit Chloratomen, die durch Einwirkung des Lichts auf das Chlormolekül entstehen. Eine gleichartige Chlorierung läßt sich auch im Dunkeln mit Sulfurylchlorid bewerkstelligen, wenn man ein Peroxyd, z. B. Dibenzoylperoxyd, als radikallieferndes Agens zufügt.

Die Kernhalogenierung der aromatischen Kohlenwasserstoffe ist dagegen nach heutiger Auffassung eine Ionen-Reaktion, bei der das Halogen-Molekül „heterolytisch" in entgegengesetzt geladene Ionen gespalten wird:

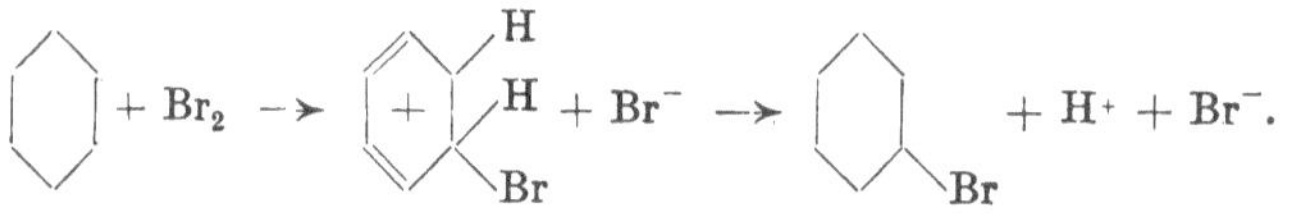

Die Abspaltung des H-Ions aus der Zwischenverbindung ist energetisch wegen des Gewinns an Resonanzenergie bei der Rückkehr zum aromatischen Sättigungszustand günstiger als die Anlagerung eines zweiten Bromatoms. Dieser Mechanismus macht auch verständlich, weshalb gerade solche Verbindungen bei der Halogenierung katalytisch wirksam sind, die zur Komplexbildung mit Halogen-Ionen neigen.

Die Benzylhalogenide $C_6H_5 \cdot CH_2X$ sind leicht von den kernhalogenierten Toluolen zu unterscheiden. Ihr Halogenatom ist der doppelten Umsetzung noch leichter zugänglich als das Halogenatom der Alkylhalogenide, während in den isomeren kernhalogenierten Toluolen das Halogen ebenso fest wie im Monohalogenbenzol gebunden ist. Sie bilden daher ein wichtiges Ausgangsmaterial für zahlreiche Umsetzungen. Die kernhalogenierten Toluole haben einen schwachen, nicht unangenehmen Geruch; die Benzylhalogenide dagegen reizen die Schleimhäute der Augen heftig.

Benzylchlorid ist eine farblose Flüssigkeit; es siedet bei 179·4°, erstarrt bei —39° und hat bei 15° das spezifische Gewicht 1·104.

Bei der weiteren, langsamer verlaufenden Einwirkung von Chlor auf siedendes Toluol bilden sich **Benzalchlorid** $C_6H_5 \cdot CHCl_2$ (Siedepunkt 205°) und Phenyltrichlormethan **(Benzotrichlorid)** $C_6H_5 \cdot CCl_3$, das bei —4·8° erstarrt und bei 220° siedet. Der Umwandlung von Benzalchlorid in Benzaldehyd wurde schon oben gedacht, ebenso des Übergangs von Benzotrichlorid in Benzoesäure und Benzoylchlorid (S. 329 u. 330).

Benzyljodid $C_6H_5 \cdot CH_2J$, aus Benzylchlorid und KJ in Alkohol erhältlich, schmilzt bei 24°.

Verbindungen mit einer Nitrogruppe in der Seitenkette

Wie man es durch geeignete Wahl der Bedingungen in der Hand hat, Toluol vorzugsweise im Kern oder in der Seitenkette zu halogenieren, so ist auch eine bevorzugte Nitrierung n der Seitenkette möglich. Wie KONOWALOW gezeigt hat, erhält man nämlich beim Erhitzen von Toluol im Schießrohr mit verdünnter Salpetersäure (D:1·12) auf 100° **Phenylnitromethan** $C_6H_5 \cdot CH_2 \cdot NO_2$. Seine Konstitution folgt daraus, daß es auch durch Einwirkung von Benzylchlorid oder -jodid auf Silbernitrit gewonnen wird:

$$C_6H_5 \cdot CH_2Cl + AgNO_2 = C_6H_5 \cdot CH_2 \cdot NO_2 + AgCl\,.$$

Dies ist auch die beste Darstellungsmethode. Bei der Reduktion liefert es Benzylamin $C_6H_5 \cdot CH_2 \cdot NH_2$.

Phenylnitromethan und seine im Kern substituierten Derivate zeigen wie die primären und sekundären aliphatischen Nitroverbindungen die Eigenschaft der Desmotropie (S. 67), existieren also in zwei Modifikationen, welche leicht ineinander übergehen. Phenylnitromethan war einer der ersten Fälle, an denen diese Erscheinung von HOLLEMAN und HANTZSCH näher studiert wurde. Das freie Phenylnitromethan ist eine gelbe Flüssigkeit; seine wäßrige Lösung gibt mit Eisenchlorid keine Farbreaktion. Stellt man jedoch mit Hilfe von Na-Alkoholat die Na-Verbindung dar und setzt das Phenylnitromethan aus seiner alkalischen Lösung durch die berechnete Menge Säure wieder in Freiheit, so scheidet sich eine gegen 84° schmelzende kristallisierte Substanz von der Zusammensetzung des Phenylnitromethans ab, deren wäßrige Lösung durch Eisenchlorid gefärbt wird. Nach wenigen Stunden wandeln sich diese Kristalle wieder in das gewöhnliche flüssige Phenylnitromethan um. Die kristallisierte instabile aci-Form hat die Struktur $C_6H_5 \cdot CH{=}NO \cdot OH$; die Gegenwart einer Hydroxylgruppe folgt unter anderem daraus, daß sie schon bei niedriger Temperatur heftig mit Phenylisocyanat $C_6H_5 \cdot N{:}CO$ reagiert, während gewöhnliche Nitroverbindungen dies nicht tun. Bei der Salzbildung geht Phenylnitromethan $C_6H_5 \cdot CH_2 \cdot NO_2$ also in eine tautomere Modifikation über.

Die Rückverwandlung der aci-Form kann man sehr schön beim m-Nitrophenylnitromethan $C_6H_4\langle{}^{NO_2}_{CH_2 \cdot NO_2}$ verfolgen. Die freie Nitroverbindung ist nämlich hier farblos, während ihr Na-Salz intensiv gelbe Farbe hat. Setzt man der tiefgelben Lösung dieses Salzes eine äquivalente Menge Salzsäure zu, so verschwindet die Farbe nur langsam, da die Umwandlung der aci-Verbindung in die normale Form eine gewisse Zeit erfordert. Auch am Abfall des elektrischen Leitvermögens der Flüssigkeit unmittelbar nach dem Zusatz der Salzsäure kann man den Prozeß verfolgen. Denn die aci-Form ist eine echte Säure, die in wäßriger Lösung den elektrischen Strom leitet; die alsbald entstehende normale Modifikation zeigt dagegen keine sauren Eigenschaften, sie ist eine **„Pseudosäure"**, und ihre Lösung besitzt deshalb kein Leitvermögen.

Mitunter, z. B. beim α,α-Dinitro-äthan $CH_3 \cdot CH(NO_2)_2$, vollziehen sich die wechselseitigen Umlagerungen der aci- und Pseudoform ineinander so rasch, daß sie sich der direkten Beobachtung entziehen. In einem solchen Fall erkennt man das Vorliegen einer Pseudosäure daran, daß eine nicht oder kaum leitende Wasserstoffverbindung neutral reagierende Alkaliverbindungen bildet. Ist nämlich eine Säure so schwach, daß ihre Lösung den elektrischen Strom nur sehr wenig leitet, so müssen ihre Alkalisalze stark hydrolytisch gespalten sein und daher stark alkalisch reagierende Lösungen geben. Ist dies nicht der Fall, wie beim Natrium-dinitroäthan, so muß notwendigerweise die zu dem Salz gehörige Säure eine andere sein als das in wäßriger Lösung neutral reagierende und nichtleitende Dinitroäthan selbst.

Säuren mit Carboxyl in der Seitenkette

Unter den hierher gehörigen Verbindungen mit gesättigter Seitenkette steht die **Phenylessigsäure** $C_6H_5 \cdot CH_2 \cdot CO_2H$ an erster Stelle. Sie kann nach der in der aliphatischen Reihe üblichen Methode durch Einwirkung von Kaliumcyanid auf Benzylchlorid und Verseifung des hierbei erhaltenen Nitrils $C_6H_5 \cdot CH_2 \cdot CN$ (Benzylcyanid) dargestellt werden. Die Säure schmilzt bei 76° und gibt bei der Oxydation Benzoesäure, wogegen die isomeren Toluylsäuren $C_6H_4\langle{}^{CH_3}_{CO_2H}$ durch Oxydation in die zweibasischen Phthalsäuren verwandelt werden. Phenylessigsäure ist stärker als Essigsäure; ihre Dissoziationskonstante beträgt bei 25° 6×10^{-5}.

Ein Hydroxylderivat der Phenylessigsäure ist die **Mandelsäure** $C_6H_5 \cdot CH(OH) \cdot CO_2H$. Eine glykosidische Verbindung aus Mandelsäurenitril und Gentiobiose ist das in den bitteren Mandeln vorkommende Amygdalin (S. 235); aus diesem wird Mandelsäure durch Erwärmen mit rauchender Salzsäure gewonnen. Die Struktur der Mandelsäure ist durch die synthetische Darstellung ihres Nitrils aus Benzaldehyd und Blausäure gegeben:

$$C_6H_5 \cdot CHO + HCN = C_6H_5 \cdot CH(OH) \cdot CN\,.$$

Die natürliche Mandelsäure ist linksdrehend; die synthetische Verbindung kann durch Schimmelpilz-Kulturen (*Saccharomyces ellipsoideus*) gespalten werden, wobei linksdrehende Säure übrigbleibt. Auch durch Überführung in das Cinchoninsalz läßt sich die Spaltung bewerkstelligen; das Salz der rechtsdrehenden Säure kristallisiert dabei zuerst aus.

Während aus Benzaldehyd und Blausäure natürlich nur inaktives Mandelsäurenitril entstehen kann, verläuft die gleiche Synthese in Gegenwart von Emulsin (das als Eiweißstoff optisch-aktiv ist) asymmetrisch, und es entsteht das Nitril der Links-Mandelsäure[1]. Von besonderem Interesse ist schließlich noch die Beobachtung von BREDIG, daß man mit gleichem Erfolg dabei das Enzym Emulsin durch eine wohlbekannte optisch-aktive Base, nämlich Chinin, ersetzen kann. Der katalytische und der fermentative Prozeß sind also durchaus wesensgleich. Inaktive Mandelsäure schmilzt bei 119° und ist in Wasser leicht löslich; die aktiven Säuren schmelzen bei 134° und sind in Wasser schwerer löslich.

Eine weitere fettaromatische Oxycarbonsäure ist die **Tropasäure,** die als Bestandteil des Alkaloids Atropin von Bedeutung ist und sich synthetisch auf folgendem Wege gewinnen läßt. Durch Kondensation von Acetophenon mit Blausäure und Verseifung des entstandenen Cyanhydrins entsteht **Atrolactinsäure.** Diese verliert bei trockener Destillation 1 Mol Wasser und geht in **Atropasäure** über, die beim Behandeln mit starker Salzsäure HCl addiert; beim Kochen dieses Additionsprodukts mit Sodalösung entsteht Tropasäure (S. 494).

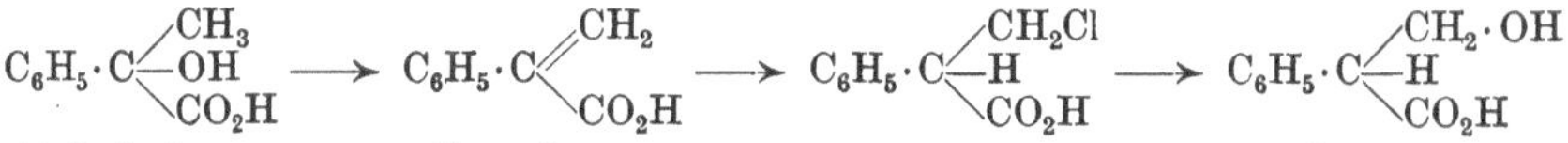

Atrolactinsäure Atropasäure Tropasäure

Aromatische Alkohole

Als Typus dieser Verbindungen möge der **Benzylalkohol** $C_6H_5 \cdot CH_2 \cdot OH$ besprochen werden, der durchaus die Eigenschaften eines aliphatischen Alkohols zeigt. Man gewinnt ihn durch Einwirkung von Sodalösung auf Benzylchlorid oder aus Benzaldehyd und konzentrierter Kalilauge nach der CANNIZZAROschen Reaktion (S. 332). Aus Benzoesäure entsteht er glatt durch Reduktion mit $LiAlH_4$ in Äther. Mit PCl_5 reagiert Benzylalkohol leicht unter Rückbildung von Benzylchlorid; er bildet Äther, Ester usw. und läßt sich als primärer Alkohol leicht zu dem entsprechenden Aldehyd, Benzaldehyd, und weiter zu Benzoesäure oxydieren. Phenol-Eigenschaften zeigt der Benzylalkohol entsprechend der Stellung des Hydroxyls in der Seitenkette nicht; er ist in Alkalien unlöslich und gibt mit Eisenchlorid keine charakteristische Färbung. Durch konzentrierte Schwefelsäure wird Benzylalkohol verharzt. Vielleicht entstehen hierbei kettenförmige Polymere folgender Struktur: $HO \cdot CH_2 \cdot C_6H_4 \cdot CH_2 \cdot C_6H_4 \ldots CH_2 \cdot C_6H_5$.

Benzylalkohol ist flüssig, in Wasser schwer löslich und siedet bei 205 · 5°. Ester des Benzylalkohols finden sich z. B. im Perubalsam und im Jasminblütenöl.

β-Phenyl-äthylalkohol $C_6H_5 \cdot CH_2 \cdot CH_2 \cdot OH$ wird durch Reduktion von Phenylessigsäureäthylester mit Na und Alkohol dargestellt. Zur technischen Darstellung nutzt man die Anlagerung von Äthylenoxyd an Benzol aus, die unter dem Einfluß von Aluminiumchlorid erfolgt. Er ist eine farblose Flüssigkeit vom Siedepunkt 221° und besitzt einen schwachen Rosengeruch. Er hat die Eigenschaft, den Geruch von ätherischen Ölen, die damit gemischt werden, zu verstärken und zu fixieren; daher findet er Anwendung in der Parfümerie. Der Ätherextrakt von Rosen besteht zu 60% aus Phenyläthylalkohol.

Verbindungen mit NH_2 in der Seitenkette

Benzylamin $C_6H_5 \cdot CH_2 \cdot NH_2$ ist der einfachste Vertreter eines Amins mit der NH_2-Gruppe in der Seitenkette. Man kann Benzylamin nach analogen Methoden wie Amine der Fettreihe darstellen, also durch Einwirkung von Benzylchlorid auf Ammoniak (wobei auch Di- und Tribenzylamin entstehen), durch Addition von Wasserstoff an Benzonitril $C_6H_5 \cdot CN$, durch Reduktion von Phenylnitromethan $C_6H_5 \cdot CH_2 \cdot NO_2$ usw. Nicht nur in seinen Bildungsweisen, sondern auch in seinen Eigenschaften schließt es sich den primären Aminen der Fettreihe völlig an; so reagiert es stark alkalisch ($k = 2 \cdot 4 \times 10^{-5}$), liefert keine Diazoverbindung usw. Es ist eine Flüssigkeit von ammoniaka-

[1] Da diese Reaktion eine Gleichgewichts-Reaktion ist, muß die entstandene Links-Mandelsäure, wie sich mathematisch ableiten läßt, durch Emulsin schließlich vollkommen racemisiert werden. Tatsächlich beobachtet man, daß die optische Aktivität ein Maximum durchläuft, wenn die Reaktion annähernd bis zum Gleichgewicht fortgeschritten ist.

lischem Geruch, die bei 185° siedet, mit Wasserdampf flüchtig ist, ein spezifisches Gewicht von 0·983 bei 19° besitzt und an der Luft Kohlensäure anzieht. Es ist also eine viel stärkere Base als Anilin, dessen NH_2-Gruppe unter dem direkten Einfluß des aromatischen Kerns steht.

Verbindungen mit einer ungesättigten Seitenkette

Kohlenwasserstoffe, Alkohole und Aldehyde

Styrol (Phenyläthylen) $C_6H_5\cdot CH{=}CH_2$, so genannt nach seinem Vorkommen im **Storax** (Styrax), dem Wundbalsam eines mit der Platane verwandten Baumes (*Liquidambar orientalis*), kommt auch im Steinkohlenteer vor und kann durch trockene Destillation von Zimtsäure (s. unten) erhalten werden. In der Technik dient als Ausgangsmaterial Äthylbenzol, das aus Benzol und Äthylen mit $AlCl_3$ als Katalysator bei 90° gewonnen wird. Äthylbenzol wird alsdann bei etwa 625° im Wasserdampf-Strom über einem Katalysator aus Zinkoxyd und Aluminiumoxyd mit etwas Chromoxyd zu Styrol dehydriert. Styrol stellt eine flüssige, angenehm riechende Verbindung vom Siedepunkt 146° dar.

Es besitzt das Additionsvermögen der Stoffe mit doppelter Bindung. Beim Behandeln mit Salpetersäure entsteht eine Nitroverbindung, deren NO_2-Gruppe sich in der Seitenkette befindet, das **Nitrostyrol** $C_6H_5\cdot CH{=}CH\cdot NO_2$. Die Struktur dieser Verbindung ergibt sich daraus, daß sie auch durch Kondensation von Benzaldehyd mit Nitromethan entsteht:

$$C_6H_5\cdot CHO + H_2CH\cdot NO_2 = C_6H_5\cdot CH{=}CH\cdot NO_2 + H_2O\,.$$

Durch Erhitzen, aber auch schon langsam bei gewöhnlicher Temperatur, geht Styrol in das glasartige, in der Wärme formbare und elastische **Polystyrol** über. Polystyrol ist ein Gemisch von Polymeren der allgemeinen Formel:

$$\begin{array}{l}C_6H_5\\ |\\ CH_2\cdot CH_2-\end{array}\left[\begin{array}{l}C_6H_5\\ |\\ CH\cdot CH_2\end{array}\right]_n\!\!-\begin{array}{l}C_6H_5\\ |\\ C{=}CH_2\end{array}$$

Es wird technisch durch Wärmepolymerisation bei etwa 180° oder durch Polymerisation in Emulsion mit Persulfat oder Wasserstoffperoxyd als Katalysator gewonnen. Polystyrol findet unter dem Namen **Trolitul** wegen seines ausgezeichneten Isolationsvermögens in der Elektroindustrie Anwendung. Infolge seiner Löslichkeit in vielen Lösungsmitteln ist es auch für Lacke brauchbar.

Phenylacetylen $C_6H_5\cdot C{\equiv}CH$ kann aus $C_6H_5\cdot CCl_2\cdot CH_3$ (aus Acetophenon und PCl_5) durch Behandlung mit Kali oder aus Phenylpropiolsäure $C_6H_5\cdot C{\equiv}C\cdot COOH$ durch Erhitzen ihres Kupfersalzes mit Wasser gewonnen werden. Es siedet bei 143° und zeigt große Ähnlichkeit mit Acetylen; z. B. gibt es Metallverbindungen. Beim Auflösen in starker Schwefelsäure nimmt es 1 Molekül Wasser auf und geht in Acetophenon über.

Zimtalkohol $C_6H_5\cdot CH{=}CH\cdot CH_2\cdot OH$ kristallisiert in Nadeln vom F: 34° und findet sich als Zimtsäureester im Storax; er riecht nach Hyazinthen. Bei vorsichtiger Oxydation liefert er Zimtsäure, bei stärkerer Oxydation Benzoesäure.

Zimtaldehyd $C_6H_5\cdot CH{=}CH\cdot CHO$, der Riechstoff des Zimts, bildet den Hauptbestandteil des Zimtöls und kann daraus als $NaHSO_3$-Verbindung isoliert werden. Er stellt ein angenehm riechendes, bei 251° siedendes Öl dar, das in Berührung mit starken Säuren verharzt und mit Ammoniak analog wie Benzaldehyd reagiert. Er kann aus Benzaldehyd und Acetaldehyd durch Einwirkung sehr verdünnter Natronlauge dargestellt werden:

$$C_6H_5\cdot CHO + CH_3\cdot CHO = C_6H_5\cdot CH{=}CH\cdot CHO + H_2O.$$

Ungesättigte Säuren

Zimtsäure (Phenylacrylsäure) $C_6H_5\cdot CH{=}CH\cdot CO_2H$ ist der wichtigste Vertreter der ungesättigten aromatischen Säuren; sie findet sich im Peru- und Tolubalsam, die neben harzartigen Stoffen hauptsächlich die Ester von Zimtsäure und Benzoesäure mit Benzylalkohol enthalten. Synthetisch ist sie durch die PERKINsche Reaktion zugänglich; man erhitzt Benzaldehyd mit Essigsäureanhydrid und Natriumacetat als Katalysator:

$$C_6H_5\cdot CHO + (CH_3\cdot CO)_2O \longrightarrow C_6H_5\cdot CH(OH)\cdot CH_2\cdot CO\cdot O\cdot CO\cdot CH_3$$
$$\longrightarrow C_6H_5\cdot CH{=}CH\cdot CO_2H + CH_3\cdot CO_2H.$$

Man kann zu dieser Reaktion auch substituierte Benzaldehyde sowie Essigsäure-Homologe und Malonsäure verwenden und ist so imstande, eine große Anzahl einwertiger, ungesättigter aromatischer Säuren darzustellen.

Nach der oben wiedergegebenen Gleichung besteht die PERKINsche Reaktion in einer Umsetzung zwischen dem Aldehyd und einem Säureanhydrid, während man früher mit FITTIG meist annahm, daß das Säureanhydrid lediglich die Wasserabspaltung aus dem Aldehyd und Natriumacetat begünstigt.

Zimtsäure kristallisiert in feinen Nadeln, die bei 134° schmelzen und in kaltem Wasser sehr schwer löslich sind. Sie zeigt ganz den Charakter der Stoffe mit doppelter Bindung, besitzt also Additionsvermögen und reduziert eine Lösung von Permanganat und Soda.

Ihre Strukturformel läßt zwei Stereoisomere voraussehen:

$$\begin{array}{c} C_6H_5{-}C{-}H \\ \| \\ H{-}C{-}CO_2H \\ \text{trans-Form} \end{array} \quad \text{und} \quad \begin{array}{c} C_6H_5{-}C{-}H \\ \| \\ HO_2C{-}C{-}H \\ \text{cis-Form} \end{array}.$$

Außer der bei 134° schmelzenden Säure sind noch vier andere Zimtsäuren bekannt geworden, nämlich drei Isozimtsäuren (F: 32°, 42° und 58°) und eine Allozimtsäure (F: 68°), deren Deutung große Schwierigkeiten bereitet hat. Doch kann es heute namentlich nach den Untersuchungen von BIILMANN als ziemlich wahrscheinlich gelten, daß hier ein Fall von Polymorphie vorliegt. Wenn nämlich irgendeine dieser Säuren geschmolzen und die Schmelze rasch abgekühlt wird, so kristallisiert die Isosäure vom Schmelzpunkt 42°. Erhitzt man diese auf etwa 44° und impft die so erhaltene Schmelze mit der Isosäure vom Schmelzpunkt 58°, so erstarrt die Schmelze sofort und zeigt den Schmelzpunkt 58°. Wird die jetzt vorliegende Säure vom Schmelzpunkt 58° geschmolzen und auf 64° gebracht, dann mit Allosäure geimpft, so erstarrt sie zum drittenmal und ist jetzt in die Allosäure umgewandelt. Die Ursache dieser Polymorphie ist vielleicht darin zu suchen, daß sich durch Drehung der C_6H_5- und CO_2H-Gruppen um die einfachen Bindungen verschiedene Konfigurationen („Rotationsisomere, Atropisomere") herstellen lassen, die im Kristallgitter stabilisiert sein könnten, aber durch so niedrige Potentialschwellen voneinander getrennt sind, daß sie in Schmelzen und Lösungen höchstens eine flüchtige Existenz haben können und rasch demselben Gleichgewicht zustreben müssen. Tatsächlich liegen Unterschiede der Schmelzen und Lösungen, wenn überhaupt vorhanden, an der Grenze der Nachweisbarkeit.

Der gewöhnlichen stabilen Zimtsäure vom Schmelzpunkt 134° schreibt man die trans-Formel zu. Sie läßt sich durch Bestrahlung mit ultraviolettem Licht in Benzollösung teilweise in die niedrigschmelzenden cis-Säuren umlagern. Diese können auch durch vorsichtige Reduktion von Phenylpropiolsäure $C_6H_5{\cdot}C\vdots C{\cdot}CO_2H$ mit Wasserstoff und Palladium dargestellt werden.

Zwei- und mehrfach substituierte Benzolderivate

Für die Einführung mehrerer Substituenten in den Benzolkern bedient man sich im allgemeinen der gleichen Methoden die sich für die Monosubstitutionsprodukte als gangbar erwiesen haben. Um ein Halogennitrobenzol zu erhalten, wird man also ein Halogenbenzol nitrieren oder Nitrobenzol halogenieren usw. In der Praxis ist man aber in dieser Hinsicht großen Beschränkungen unterworfen. Denn wie die Erfahrung in sehr zahlreichen Fällen gezeigt hat, entstehen bei derartigen Substitutions-Reaktionen durchaus nicht alle möglichen Stellungsisomeren. Es existieren vielmehr ausgesprochene, namentlich von HOLLEMAN untersuchte Substitutions-Regelmäßigkeiten, deren Ursache man erst neuerdings besser zu verstehen beginnt. Der Ort eines neu eintretenden Substituenten wird nämlich durch den zuerst eingeführten bzw. bereits vorhandenen Substituenten bestimmt. Es gibt eine Klasse von Substituenten (Substituenten „1. Ordnung"), die den Substitutionsprozeß meist erleichtern und den neu eintretenden Substituenten, gleich welcher Art, ganz überwiegend in o- und p-Stellung dirigieren. m-Substitutionsprodukte entstehen in solchen Fällen sehr viel langsamer und daher stets nur in untergeordneter Menge. Zu dieser Klasse gehören Halogen, Alkyl, die Oxy-, Alkoxy- und die Aminogruppe. Die Substituenten 2. Ordnung dirigieren dagegen überwiegend in m-Stellung und bewirken keine Erleichterung der Substitution. Die dieser Klasse angehörenden Substituenten sind sämtlich ungesättigt; zu ihnen gehören die folgenden Gruppen: NO_2, SO_3H, CO_2H, CHO, CO_2·Alk, CO·NH_2, CN. Durch das Vorhandensein solcher Regelmäßigkeiten erklärt es sich, daß man für die Herstellung bestimmter Substitutionsprodukte häufig auf Umwege angewiesen ist, z. B. Einführung von Halogenen durch Nitrierung, Reduktion der Nitrogruppe zur Aminogruppe und schließlich Austausch derselben gegen Halogen durch die Diazoreaktion.

Die einzelnen Substituenten in den Polysubstitutionsprodukten des Benzols zeigen im allgemeinen das gleiche chemische Verhalten wie in den Monosubstitutionsprodukten. Als neues Moment tritt jedoch hier vielfach eine gegenseitige Beeinflussung der Substituenten hinzu, die ähnlichen Gesetzmäßigkeiten unterliegt, wie sie für die dirigierende Wirkung konstatiert wurden. Während das Halogen in den Halogenbenzolen sehr fest gebunden ist, wird seine Reaktionsfähigkeit durch Nitrogruppen in o- oder p-Stellung außerordentlich erhöht. Auch Nitro-, Hydroxyl- und Alkoxylgruppen am Benzolkern werden durch den Einfluß o- oder p-ständiger Nitrogruppen viel beweglicher. Dagegen haben Nitrogruppen in m-Stellung keinen Einfluß auf die Beweglichkeit des Halogens. Daß Hydroxyl- und Aminogruppen auch die Kernwasserstoffatome in o- und p-Stellung beweglicher machen, geht z. B. aus der Leichtigkeit hervor, mit der Aldehyde in die o- und p-Stellung von Phenolen und Aminen unter Kohlenstoff-Kondensation eintreten.

Polyhalogenverbindnngen

Die Einführung von Chlor oder Brom in den aromatischen Kern unter dem Einfluß von Katalysatoren (Eisenchlorid oder Eisen) bleibt nicht bei der Bildung von Monosubstitutionsprodukten stehen. Zur Darstellung von Monochlorbenzol verwendet man aus diesem Grunde in der Technik nur 60% der berechneten Menge Chlor. Ein zweites Halogenatom tritt nach den oben erörterten Substitutions-Regelmäßigkeiten hauptsächlich in Para-Stellung zu dem bereits vorhandenen; daneben entstehen die Ortho- und die Meta-Verbindung, letztere in geringer Menge. Für die Darstellung der m-Dihalogenverbindungen ist man daher auf einen Umweg angewiesen. Sie können aus m-Dinitrobenzol (S. 342) durch Reduktion und nachherige Diazotierung des entstandenen Diamins oder durch Halogenierung von Anilin und Entfernung der Aminogruppe aus dem o, p-Dihalogenanilin gewonnen werden. m-Dichlorbenzol wird in einfacher Weise direkt durch Chlorieren von siedendem m-Dinitrobenzol dargestellt. Die Para-Dihalogenverbindungen sind fest, die isomeren Ortho- und Meta-Verbindungen flüssig. Treten drei Halogenatome in den Kern, so bildet sich hauptsächlich die 1, 2, 4-Verbindung, das asymmetrische Trihalogenbenzol, denn dieses kann sich aus allen drei Dihalogenbenzolen bilden. Beim Benzol selbst gelingt es, durch fortgesetztes Chlorieren alle sechs Wasserstoffatome zu substituieren; man erhält so **Hexachlorbenzo** C_6Cl_6 („JULINS Chlorkohlenstoff"), das in farblosen Nadeln vom Schmelzpunkt 229° kristallisiert. Diese Verbindung ist sehr stabil und in den meisten Lösungsmitteln schwer löslich; sie bildet sich oft bei kräftiger Chlorierung von Benzolderivaten, wobei dann vorhandene Substituenten durch Chlor verdrängt werden.

Halogennitroverbindungen

Die Halogenbenzole werden schwerer als Benzol selbst nitriert. Hierbei bilden sich fast ausschließlich die o- und die p-Verbindung, und zwar mehr p- als o-Derivat. Die Nitrierung von Chlorbenzol gibt z. B. bei 40° in runden Zahlen 61% p- und 30% o-Chlornitrobenzol $C_6H_4\langle{}^{Cl}_{NO_2}$ und nur 1% m-Chlornitrobenzol. Will man m-Chlornitrobenzol darstellen, so muß man von einer m-dirigierenden Verbindung, z. B. Nitrobenzol ausgehen, das sich bei 40° glatt chlorieren läßt, wenn es mit $FeCl_3$ als Katalysator versetzt ist. Auch aus m-Dinitrobenzol kann man durch Halbreduktion zu m-Nitroanilin und anschließende Diazotierung m-Halogennitrobenzole darstellen.

Während das Halogen in den m-Halogennitrobenzolen geradeso unbeweglich wie in den unsubstituierten Monohalogenbenzolen selbst ist, erweist es sich im o- und p-Chlornitrobenzol als leicht beweglich, z. B. läßt es sich durch Kochen der genannten Verbindungen mit $NaOCH_3$ in alkoholischer Lösung oder mit alkoholischem Ammoniak glatt gegen OCH_3 oder NH_2 austauschen.

Diese Beweglichkeit nimmt noch stark zu, wenn mehrere Nitrogruppen sich in Ortho- und Para-Stellung zum Halogen befinden. Im **Pikrylchlorid** 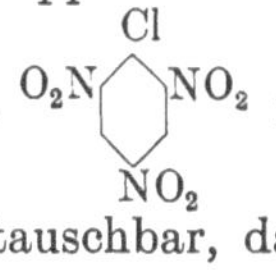 ist das Chloratom so leicht gegen die verschiedensten Substituenten austauschbar, daß es sich geradezu wie ein Säurechlorid verhält. Mit heißem Wasser setzt es sich z. B. zu Salzsäure und Pikrinsäure $C_6H_2(NO_2)_3 \cdot OH$ um, mit Ammoniak zu Pikramid $C_6H_2(NO_2)_3 \cdot NH_2$ usf.

Polynitroverbindungen

Die Einführung mehrerer Nitrogruppen in aromatische Kohlenwasserstoffe erfordert meist energischere Bedingungen als die Mononitrierung. Die Nitrogruppen treten hierbei entsprechend ihrem m-dirigierenden Charakter zueinander in m-Stellung. Benzol, das wesentlich schwerer als seine Homologen nitriert wird, liefert mit rauchender Salpetersäure + Schwefelsäure bei erhöhter Temperatur **m-Dinitrobenzol** neben geringen Mengen des Ortho- und Para-Isomeren. m-Dinitrobenzol ist eine in farblosen Nadeln kristallisierende Substanz vom Schmelzpunkt 90°. Sein Reduktionsprodukt, das m-Phenylendiamin, dient zur Bereitung von Anilinfarbstoffen. Auch m-Dinitrobenzol ist noch einer weiteren Nitrierung zugänglich; erhitzt man es mit einem Gemisch von Salpetersäure und rauchender Schwefelsäure auf 140°, so entsteht das symmetrische **1, 3, 5-Trinitro-benzol.**

Mehr als drei Nitrogruppen durch direkte Nitrierung in Benzol einzuführen, gelingt nicht; bereits die Einführung der dritten Nitrogruppe begegnet erheblichem Widerstand.

In den mehrfach nitrierten Benzolen ist die Beweglichkeit der Wasserstoffatome und Nitrogruppen im Vergleich zum Mononitrobenzol wesentlich erhöht. Schon m-Dinitrobenzol geht z. B. durch Oxydation, wenn auch sehr unvollständig, in **2,6-Dinitrophenol** über. Trinitrobenzol läßt sich auf dem gleichen Wege glatt in Pikrinsäure, Trinitrophenol (S. 345), überführen.

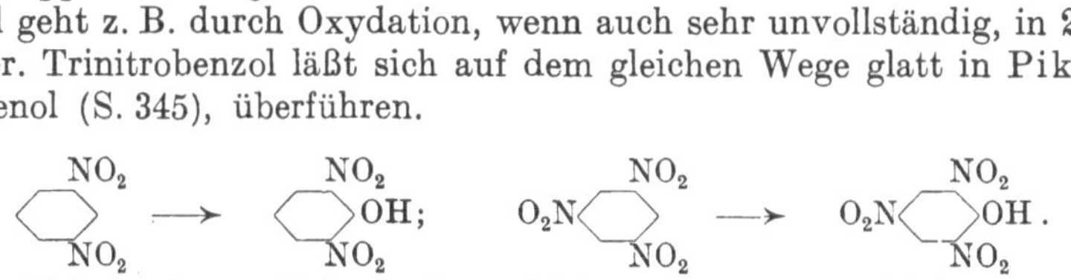

m-Dinitrobenzol — Dinitrophenol; Trinitrobenzol — Pikrinsäure

Im o- und p-Dinitrobenzol ist eine der Nitrogruppen leicht gegen OCH_3 und NH_2 austauschbar, wobei die entsprechenden **Nitroanisole** bzw. **Nitroaniline** erhalten werden:

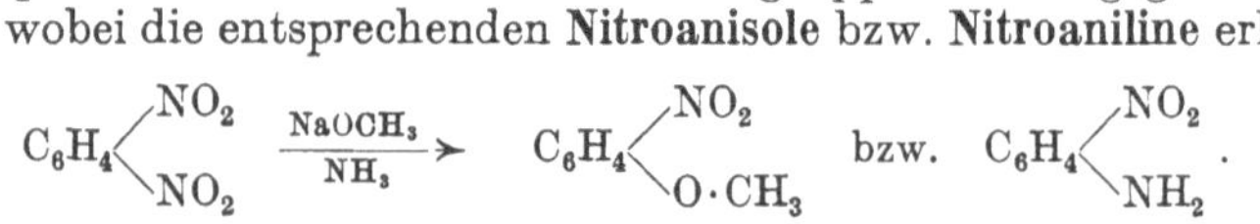

o- und p- — Nitroanisol — Nitroanilin

m-Dinitrobenzol verhält sich wieder analog wie m-Chlornitrobenzol, indem es einem Austausch nicht zugänglich ist. Dagegen ist im symmetrischen Trinitrobenzol, in dem alle drei Gruppen in Meta-Stellung zueinander stehen, eine der Nitrogruppen sehr leicht durch OCH_3 ersetzbar.

2,4,6-Trinitro-toluol, in der Technik unter dem Namen **Trotyl** bekannt, wird in großem Maßstab, oft gemischt mit Ammoniumnitrat oder Natriumnitrat, als Explosivstoff verwendet (für Granaten, Minen, Bergbausprengstoffe). Es wird in der Technik so gewonnen, daß man zunächst durch Nitrierung von Toluol in der Kälte ein Gemisch der Mononitroverbindungen darstellt, das dann mit stärkerer Nitriersäure unter Steigerung der Temperatur bis auf 90° zunächst in die Dinitro-, dann in die Trinitroverbindung verwandelt wird. Es bildet farblose, bei 80,6° schmelzende Nadeln.

Trinitro-tert.-butylxylol

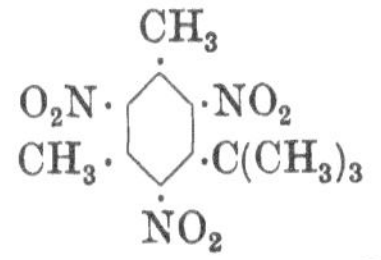

und **Trinitro-tert.-butyltoluol**

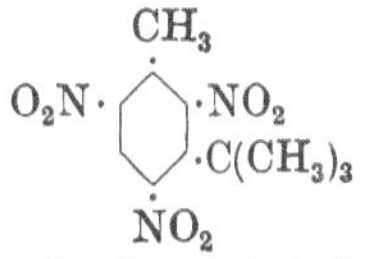

sind durch intensiven Moschusgeruch ausgezeichnet. Die Xylolverbindung (**„Xylolmoschus"**) wird technisch hergestellt und findet in der Parfümerie Verwendung[1]. Der Geruch wird einerseits bedingt durch die Gegenwart der tert.-Butylgruppe —$C(CH_3)_3$, andererseits durch die Metastellung der Nitrogruppen zueinander, wie zahlreiche Versuche zur Synthese analoger Stoffe ergeben haben.

Die früher besprochenen natürlichen Moschusriechstoffe Muscon, Zibeton und Ambrettolid besitzen eine völlig abweichende Struktur. Einen anderen Fall, wo strukturell völlig verschiedene Substanzen ähnlichen Geruch haben, lernten wir schon im Nitrobenzol kennen, das wie Benzaldehyd nach bitteren Mandeln riecht.

Substituierte Benzolsulfonsäuren

Chlor- und Brombenzol lösen sich beim Erwärmen in konzentrierter Schwefelsäure. Mit rauchender Schwefelsäure erfolgt die Umsetzung unter Selbsterwärmung. Hierbei bildet sich ausschließlich die p-Chlor(brom)benzolsulfonsäure, die in ihren Eigenschaften der unsubstituierten Benzolsulfonsäure sehr nahesteht.

Der Austausch der Substituenten in den Halogenbenzolsulfonsäuren erfordert energische Bedingungen. Am wichtigsten ist die Kalischmelze. Eigentümlicherweise gehen **o-, m- und p-Brombenzolsulfonsäure** beim Schmelzen mit Kali sämtlich in Resorcin $C_6H_4<{}^{CH\,1}_{CH\,3}$ über, vermutlich jedoch in wenig glatter Reaktion und unterschiedlicher Ausbeute. Wir haben hier einen der nicht so ganz seltenen Fälle, in denen eine Gruppe nicht an den Platz desjenigen Substituenten tritt, welchen sie ersetzt. Wir werden noch andere Beispiele derartiger Umlagerungen kennenlernen.

Sowohl durch Nitrierung von Benzolsulfonsäure als auch durch Sulfonierung von Nitrobenzol erhält man hauptsächlich **m-Nitrobenzolsulfonsäure,** während die isomeren Ortho- und Para-Verbindungen nur als Nebenprodukte auftreten.

Durch Erhitzen von Benzol und seinen Homologen mit rauchender Schwefelsäure bilden sich Di- und Trisulfonsäuren; auch hier ist es nicht gelungen, mehr als drei Sulfogruppen direkt einzuführen. Die Bildung von Benzoltrisulfonsäure wird durch Zusatz von Silbersulfat sehr erleichtert. Von Disulfonsäuren entsteht aus Benzol und Oleum bei 50—90° hauptsächlich die m-Disulfonsäure. Wird diese aber in Schwefelsäure lange und hoch erhitzt, so geht sie teilweise in die p-Disulfonsäure über; umgekehrt geht letztere unter denselben Bedingungen auch wieder teilweise in die m-Säure über. o-Benzoldisulfonsäure entsteht bei der direkten Sulfurierung von Benzol nicht.

---

[1] Andere technisch hergestellte Moschus-Ersatzstoffe sind:

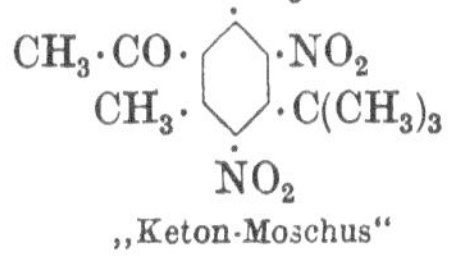

„Keton-Moschus"

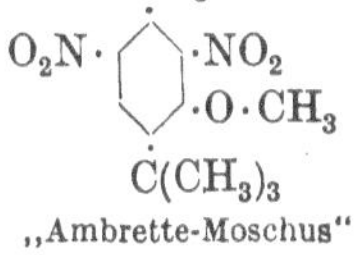

„Ambrette-Moschus"

Substituierte Phenole

Phenole werden durch Halogene, Schwefelsäure und Salpetersäure außerordentlich viel leichter als Benzol substituiert. Durch direkte Einwirkung von Chlor oder Brom auf Phenol erhält man schon ohne Katalysator o- und p-Chlor- bzw. Bromphenol, Verbindungen, die auch aus den o- und p-Halogennitrobenzolen durch Reduktion und darauffolgende Diazotierung entstehen. Die Halogenierung geht sogar sehr leicht weiter, namentlich in wäßriger Lösung, so daß für Chlorierungen unter Umständen das milder wirkende Natriumhypochlorit oder Sulfurylchlorid vorzuziehen ist. Wir sahen bereits auf S. 312, daß Phenol durch Bromwasser schon bei gewöhnlicher Temperatur in 2,4,6-Tribrom-phenol verwandelt wird.

Bei dieser Reaktion entsteht zunächst eine gelbe, sehr reaktionsfähige und zersetzliche Substanz mit 4 Brom-Atomen, das **„Tribromphenolbrom"**, für das man die Formeln I und II zur Diskussion gestellt hat:

I. II.

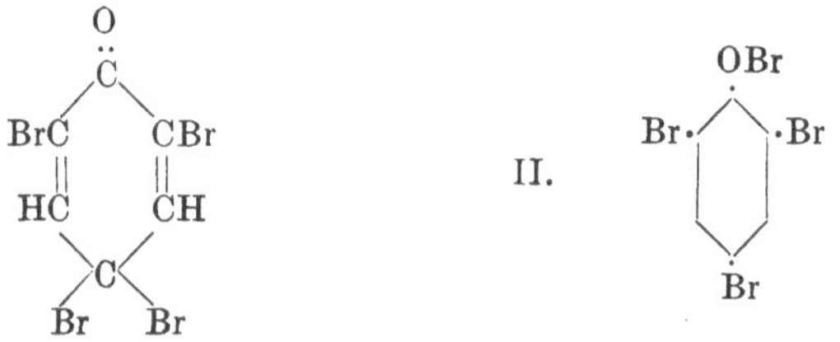

Nach der ersten leitet es sich von einer tautomeren Form des Phenols ab, nach der zweiten wäre es als Unterbromigsäureester des Tribromphenols aufzufassen. Mit Reduktionsmitteln, z. B. Zinn und Salzsäure, liefert es 2,4,6-Tribrom-phenol.

Die o-Halogenphenole haben einen sehr anhaftenden, jodoformähnlichen Geruch. o- und m-Chlor- bzw. Bromphenol sind bei gewöhnlicher Temperatur flüssig, die Para-Isomeren sind fest. Durch Schmelzen mit Kali kann man ihr Halogen gegen Hydroxyl austauschen, wobei aber wie bei der Kalischmelze der Brombenzolsulfonsäure (S. 343) Umlagerungen beobachtet werden. Der schwach saure Charakter der Phenole wird durch den Eintritt von Halogen erheblich verstärkt; Trichlorphenol z. B. zersetzt Carbonate.

Jod kann nur dann substituierend auf Phenole wirken, wenn ein Oxydationsmittel zur Oxydation der entstehenden Jodwasserstoffsäure zugegen ist (z. B. Jodsäure), da diese sonst das Jodphenol wieder zu Phenol reduzieren würde; bei der Einwirkung von Jod in alkalischer Lösung entstehen leicht kompliziertere Produkte.

Phenolsulfonsäure erhält man durch Auflösen von Phenol in starker Schwefelsäure bereits bei gewöhnlicher Temperatur. Die Ortho-Säure geht beim Erwärmen mit Schwefelsäure leicht in die Para-Säure über. Die Meta-Säure ist durch Erhitzen von Benzol-m-disulfonsäure mit Natronlauge unter Druck zugänglich.

Auch im Verhalten der Phenole gegen Salpetersäure zeigt sich wieder, daß ihre Kernwasserstoffatome im Vergleich zum Benzol viel leichter ersetzt werden. Während Benzol nur bei der Einwirkung von konzentrierter Salpetersäure nitriert wird, bilden sich **o-** und **p-Nitrophenol** schon, wenn man Phenol mit verdünnter Salpetersäure bei gewöhnlicher Temperatur behandelt. Die beiden Isomeren lassen sich durch Wasserdampf-Destillation voneinander trennen, da nur die Ortho-Verbindung entsprechend ihrem höheren Dampfdruck mit Wasserdampf flüchtig ist. m-Nitrophenol kann über die Diazoverbindung aus m-Nitroanilin dargestellt werden. o-Nitrophenol ist gelb und hat einen charakteristischen Geruch, m- und p-Nitrophenol sind farblos, bilden aber (wie auch die o-Verbindung) Salze von intensiver Farbe. Auch in den Nitrophenolen ist der saure Charakter des Phenols verstärkt; sie zersetzen Carbonate.

Das wichtigste Nitroderivat des Phenols ist 2,4,6-Trinitro-phenol oder **Pikrinsäure**

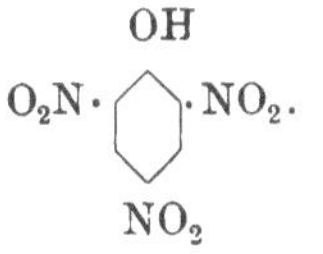

Pikrinsäure bildet sich aus den aromatischen Bausteinen der verschiedensten tierischen und pflanzlichen Stoffe, wie Seide, Leder, Wolle, Harzen, Indigo beim Kochen mit konzentrierter Salpetersäure. Sie ist daher eine der am längsten bekannten organischen Verbindungen (1788 von HAUSSMANN entdeckt). Zu ihrer Darstellung löst man Phenol in 100%ig. Schwefelsäure und trägt die Lösung der entstandenen Phenolsulfonsäuren in kleinen Mengen in Salpetersäure vom spezifischen Gewicht 1·4 ein, wobei neben direkter Substitution eine Verdrängung der Sulfo- durch Nitrogruppen erfolgt. Direkt aus Benzol kann sie durch Erhitzen mit Salpetersäure und Quecksilbernitrat erhalten werden. Unter dem Einfluß dieses Salzes wird Benzol durch Salpetersäure in Phenol umgewandelt und letzteres sofort nitriert. Beim Erkalten kristallisiert Pikrinsäure in gelben Blättchen aus. Sie läßt sich nicht weiter nitrieren, ist also das Endprodukt der Einwirkung von Salpetersäure auf Phenol.

Pikrinsäure ist im kristallisierten Zustand nur sehr schwach gelb, ihre wäßrige Lösung ist dagegen intensiv gelb. Da sie als mittelstarke Säure ($k = 3 \cdot 8 \times 10^{-1}$ bei 20°) in Wasser beträchtlich ionisiert ist, gehört die gelbe Farbe dem Anion an. Man kann ihre Dissoziation infolgedessen durch Messung der Absorption (vgl. S. 349) quantitativ verfolgen; sie ist danach in verdünnter Lösung zu 90—96% dissoziiert. Pikrinsäure ist in kaltem Wasser schwer löslich (1·18:100 bei 20°) und mit Wasserdampf nicht flüchtig; sie schmilzt bei 122° und verpufft bei raschem Erhitzen.

Pikrinsäure bildet schön kristallisierende Salze von gelber oder roter Farbe (**Pikrate**), die ebenso wie die Säure explosiv sind. Silber- und Bleipikrat sind gegen Stoß fast so empfindlich wie Knallquecksilber. Das Kaliumsalz ist in Wasser schwer löslich. In kleineren Mengen längere Zeit eingenommen, ruft es zuerst Gelbfärbung der Bindehaut des Auges und später der ganzen Haut hervor. Pikrinsäure besitzt einen intensiv bitteren Geschmack; daher rührt ihr Name (von πικρός = bitter) her.

Durch die Gegenwart der drei Nitrogruppen ist der saure Charakter des Phenols außerordentlich gesteigert; Pikrinsäure gleicht in ihren Reaktionen einer Carbonsäure. PCl_5 ersetzt die Hydroxylgruppe glatt durch Chlor, wobei **Pikrylchlorid** entsteht (S. 342). Aus Silberpikrat und Methyljodid entsteht der Methyläther (Trinitroanisol), der die Eigenschaften eines Esters besitzt; er läßt sich durch Kochen mit starkem Alkali verseifen und wird durch Ammoniak in Pikramid (S. 342) verwandelt. Eine sehr empfindliche Reaktion auf Pikrinsäure ist die Rotfärbung, die Kaliumcyanid in ihren Lösungen verursacht. Dabei entsteht in einer eigenartigen Reaktion eine **Isopurpursäure** genannte Verbindung, für die man die nebenstehende Formel

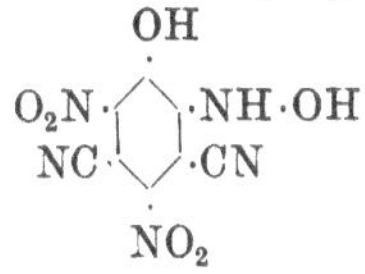

bewiesen hat.

Pikrinsäure bildet mit vielen aromatischen Kohlenwasserstoffen Additionsverbindungen, so z. B. mit Naphthalin eine Substanz der Zusammensetzung $C_{10}H_8 + C_6H_2(NO_2)_3 \cdot OH$. Diese Verbindungen kristallisieren gut und können oft mit Vorteil zur Abscheidung oder Identifizierung von aromatischen Kohlenwasserstoffen benutzt werden. Die Säure läßt sich daraus durch Ammoniak leicht wieder entfernen.

Zur Bildung ähnlicher Additionsverbindungen ist auch Trinitrobenzol befähigt, so daß man annehmen muß, daß die Nitrogruppen durch Nebenvalenzbindung mit dem aromatischen Kohlenwasserstoff in Beziehung treten. Über die Kristallstruktur dieser Verbindungen sind von HERTEL interessante röntgenographische Untersuchungen ausgeführt worden. Diese ergaben z. B., daß in der Verbindung von Fluoren mit Trinitrobenzol Schichten von Fluoren und Trinitrobenzol regelmäßig miteinander abwechseln.

Ihrer hohen Brisanz wegen dient Pikrinsäure — gewöhnlich in Form ihres Ammoniumsalzes — zur Bereitung von Sprengstoffen (Melinit, Lyddit), ist aber jetzt weitgehend durch Trinitrotoluol verdrängt. Früher fand sie auch als gelber Farbstoff für Seide und Wolle ausgedehnte Verwendung[1]; die Färbungen sind aber weder wasch- noch lichtecht.

Über **Nitrosophenol** s. S. 353.

Zwei- und mehrwertige Phenole

Es gibt 3 stellungsisomere **Dioxybenzole**, denen die folgenden Namen und Formeln zukommen:

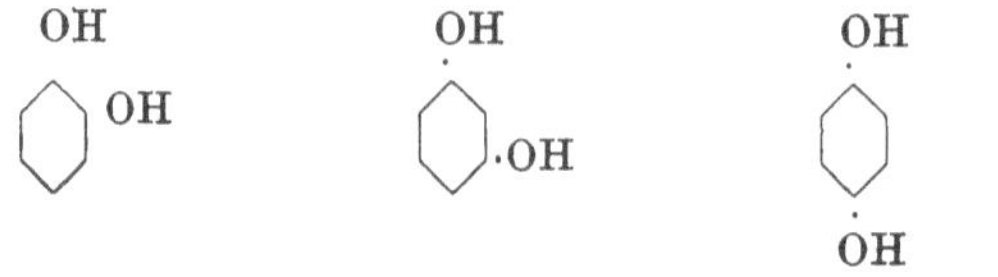

Brenzcatechin Resorcin Hydrochinon

Bereits Phenol wird von Oxydationsmitteln viel leichter als Benzol angegriffen. Von den mehrwertigen Phenolen gilt dies in erhöhtem Maße. Viele von ihnen sind kräftige Reduktionsmittel. Ihre alkalischen Lösungen absorbieren Sauerstoff aus der Luft und färben sich dabei unter Zersetzung dunkel. Wäßrige Lösungen von Brenzcatechin und Hydrochinon reduzieren schon bei gewöhnlicher Temperatur Silbernitrat zu Silber. Aus FEHLINGscher Lösung scheiden sie Kupfer(I)-oxyd aus. Auch Resorcin reduziert die gleichen Reagenzien, aber bedeutend weniger leicht.

Die leichte Oxydierbarkeit ist eine gemeinsame Eigenschaft aller mehrwertigen Phenole, die zwei Hydroxylgruppen in o- oder p-Stellung enthalten. Verbindungen derartiger Konstitution können nämlich durch vorsichtige Oxydation in um zwei Wasserstoffatome ärmere Substanzen, die Chinone (S. 350), übergeführt werden:

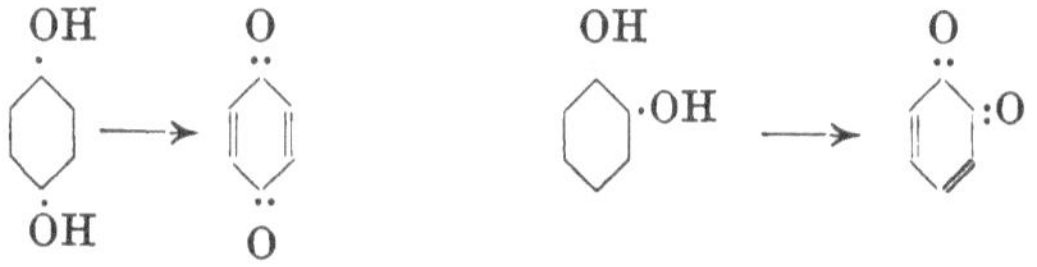

Die Chinone sind im Gegensatz zu den Phenolen ungesättigte, äußerst reaktionsfähige Verbindungen, die sich mit größter Leichtigkeit wieder zu Phenolen reduzieren lassen. In alkalischer Lösung sind sie sehr unbeständig, so daß es nicht verwunderlich ist, daß man ihnen bei der Autoxydation der Dioxybenzole in alkalischer Lösung nicht begegnet. Die Betrachtung der obigen Formeln lehrt, daß aus m-Dioxybenzol kein Chinon entstehen kann.

Die Gruppierung des **Brenzcatechins** findet sich in vielen Harzen. REINSCH erhielt es 1839 zuerst durch trockene Destillation von Catechu, einer Harzart aus indischem Akazienholz. Man kann Brenzcatechin durch Kalischmelze von o-Phenolsulfonsäure gewinnen; da es jedoch bei der Kalischmelze teilweise zerstört wird, geht man jetzt von o-Chlorphenol aus, das man mit verdünnter Natronlauge und etwas $CuSO_4$ auf 190^0 erhitzt. Brenzcatechin ist kristallisiert und in Wasser leicht löslich (Schmelzpunkt 104^0). Seine wäßrige Lösung wird durch Eisenchlorid grün gefärbt. Der bei $28{\cdot}5^0$ schmelzende Monomethyläther $C_6H_4\langle{}^{O\cdot CH_3\;1}_{OH\quad\;2}$ des Brenzcatechins ist **Guajacol**; er kommt im Buchenholzteer vor und fand früher bei Tukerkulose therapeutische Anwendung. Der Dimethyläther des Brenzcatechins trägt den Namen **Veratrol** (Schmelzpunkt 21^0). Er besitzt einen angenehmen Geruch.

[1] Sie wurde als erster künstlicher Farbstoff 1849 von GUINON (Lyon) eingeführt.

Resorcin (Schmelzpunkt 110°) wird technisch durch Kalischmelze von m-Benzol-disulfonsäure dargestellt. Es kristallisiert in farblosen Tafeln und ist in Wasser, Alkohol und Äther leicht löslich. Eisenchlorid erzeugt eine dunkelviolette Färbung; mit Bromwasser entsteht 2,4,6-Tribrom-resorcin. Resorcin findet Verwendung in der Farbstoffindustrie, ferner als Heilmittel gegen Ekzeme. Siehe auch S. 349.

Hydrochinon wird in der Technik durch Reduktion von p-Chinon dargestellt. Es bildet farblose Nadeln vom Schmelzpunkt 170°, die sich sublimieren lassen und bei 15° in 17 Teilen Wasser löslich sind. Wegen seiner reduzierenden Eigenschaften findet es in der Photographie als Entwickler Verwendung.

Ein Homologes des Resorcins ist das **Orcin** (3,5-Dioxy-toluol) 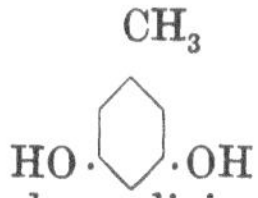, das in zahlreichen Flechten vorkommt. Es ist die Muttersubstanz des kompliziert zusammengesetzten **Lackmus-Farbstoffs,** der durch Fermentieren gewisser Flechten (z. B. Roccella tinctoria) mit Ammoniak und Pottasche gewonnen wird und als Indikator in der Alkalimetrie dient.

Von den **dreiwertigen Phenolen**

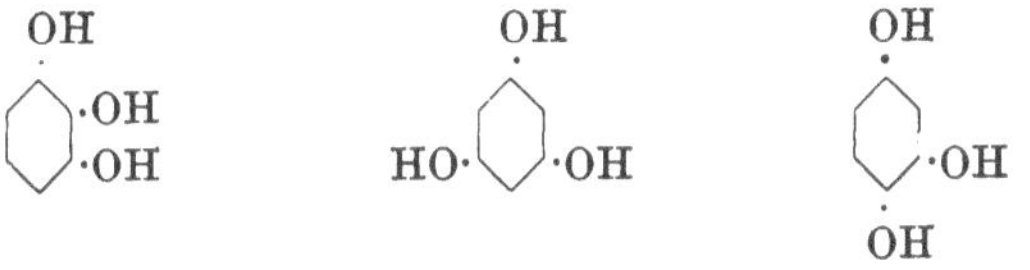

Pyrogallol Phloroglucin Oxyhydrochinon

wurde das **Pyrogallol** bereits 1786 von SCHEELE durch Erhitzen von Gallussäure gewonnen, die hierbei CO_2 abspaltet:

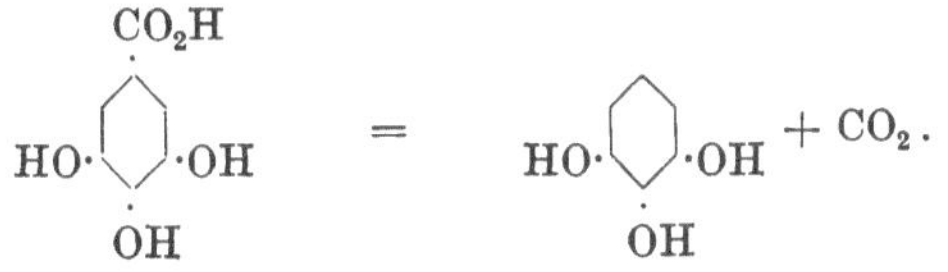

Gallussäure

Pyrogallol (Schmelzpunkt 132°) ist kristallisiert und in Wasser leicht löslich; in alkalischer Lösung ist es ein kräftiges Reduktionsmittel, absorbiert z. B. aus der Luft unter Braunfärbung leicht Sauerstoff und wird wegen dieser Eigenschaft in der Gasanalyse benutzt. Da jedoch bei dieser Oxydation leicht etwas Kohlenoxyd entsteht, müssen bestimmte Bedingungen innegehalten werden, wenn man genaue Resultate erhalten will. Pyrogallol wird als Haarfärbemittel verwendet und dient in der Photographie als Entwickler.

Bereits früher wurde der Einfluß von Hydroxylverbindungen auf das Leitvermögen der **Borsäure** erwähnt (S. 158). BÖESEKEN untersuchte auch das Verhalten der mehrwertigen Phenole und kam dadurch zu Resultaten, die eine allgemeinere Bedeutung haben. Er fand nämlich, daß von den drei Dioxybenzolen nur das Brenzcatechin der Borsäure ein stark erhöhtes Leitvermögen in wäßriger Lösung verleiht; von den dreiwertigen Phenolen besitzt nur Pyrogallol diese Wirkung. Er stellte z. B. von Borsäure und von Brenzcatechin halbnormale Lösungen dar; das Leitvermögen betrug für die Borsäurelösung $25 \cdot 7 \times 10^{-6}$ Ohm^{-1}, für die Brenzcatechinlösung $13 \cdot 6 \times 10^{-6}$. Eine Lösung, die beide Stoffe in halbnormaler Konzentration enthielt, hatte aber ein Leitvermögen von $555 \cdot 2 \times 10^{-6}$. Für Resorcin wurde das Leitvermögen einer halbnormalen Lösung zu $5 \cdot 7 \times 10^{-6}$ gefunden; für Borsäure + Resorcin zu $25 \cdot 0 \times 10^{-6}$ anstatt $(25 \cdot 7 + 5 \cdot 7) \times 10^{-6} = 31 \cdot 4 \times 10^{-6}$. Im ersten Fall wurde also eine sehr große Erhöhung, im zweiten eine geringe Erniedrigung konstatiert.

Nun haben Brenzcatechin und Pyrogallol zwei OH-Gruppen an direkt miteinander verbundenen C-Atomen; dies genügt aber offenbar allein noch nicht, um die Erhöhung des Leitvermögens zu bewirken, denn Glykol $HO \cdot CH_2 \cdot CH_2 \cdot OH$ ist ohne Wirkung auf Borsäure. Die Erhöhung muß darauf zurückgeführt werden, daß in den beiden genannten mehrwertigen Phenolen die OH-Gruppen sich auch in derselben Ebene und an derselben Seite der C-Atome befinden, wodurch die Bildung ringförmiger Komplexe wie

möglich wird. Daß diese Komplexe stärkere Säuren sind, ist übrigens auch durch elektrometrische Titration und p_H-Messungen bestätigt worden.

Man hat daher in der Änderung des Leitvermögens von mehrwertigen Alkoholen durch Borsäure ein Hilfsmittel, ihre Konfiguration zu beurteilen. Bei den aliphatischen Verbindungen mit frei drehbaren Gruppen ist diese Aussage über die Konfiguration statistisch aufzufassen. Glykol (das ja um die Verbindungslinie der beiden C-Atome frei drehbar ist, so daß die Hydroxylgruppen sich in verschiedener Lage zueinander befinden können) muß also vorzugsweise die Konfiguration $\begin{matrix} HO\cdot CH_2 \\ | \\ H_2C\cdot OH \end{matrix}$ haben; Erythrit, Mannit, Dulcit, Sorbit dagegen, die das Leitvermögen der Borsäure erhöhen, müssen im Mittel mindestens zwei OH-Gruppen in korrespondierender Lage haben. Bei hochmolekularen Polyoxy-Verbindungen, z. B. Polysacchariden, kann die Komplex-Bildung mit Borsäure zu Vernetzung und Bildung unlöslicher Gele führen.

Sehr interessant ist der Zusammenhang zwischen der Änderung des Leitvermögens von Borsäure durch α- und β-Glucose und der Mutarotation (S. 230). Diese Erscheinung wird dadurch verursacht, daß die zwei stereoisomeren Formen α und β teilweise ineinander übergehen, bis sie ein Gleichgewicht bilden. Die Untersuchung der Konfiguration dieser Stereoisomeren lehrte, daß sie wahrscheinlich durch die auf S. 231 angegebenen Formeln dargestellt werden muß. Nach den obigen Ausführungen sollte nun α-Glucose das Leitvermögen der Borsäure erhöhen, β-Glucose dagegen nicht; jedoch müssen die Unterschiede des Leitvermögens sich durch die Einstellung des Gleichgewichts allmählich ausgleichen, geradeso wie das optische Drehungsvermögen der einen Modifikation sich mit der Zeit erhöht, das der anderen sinkt. Der Versuch ergab nun in der Tat, daß das Leitvermögen von Borsäure + α-Glucose sinkt, das von Borsäure + β-Glucose steigt.

Phloroglucin (1,3,5-Trioxy-benzol) entsteht aus verschiedenen Harzen durch Kalischmelze. Es kristallisiert mit 2 H_2O und schmilzt wasserfrei bei 217°; die wäßrige Lösung wird durch Eisenchlorid dunkelviolett gefärbt. Es kann durch Kalischmelze von Benzoltrisulfonsäure gewonnen werden.

Seine Konstitution folgt aus einer von BAEYER beschriebenen Synthese. Bei der Einwirkung von Natriumäthylat auf Malonester entsteht durch CLAISEN-Kondensation zunächst Acetontricarbonsäureester. Gleichzeitig wird ein Teil des Malonesters durch das Äthylat unter Bildung von Essigester gespalten, der sich nunmehr mit dem Acetontricarbonsäureester zu Phloroglucindicarbonsäureester kondensiert. Aus diesem wird durch Verseifung und Abspaltung von CO_2 durch Kalischmelze Phloroglucin erhalten.

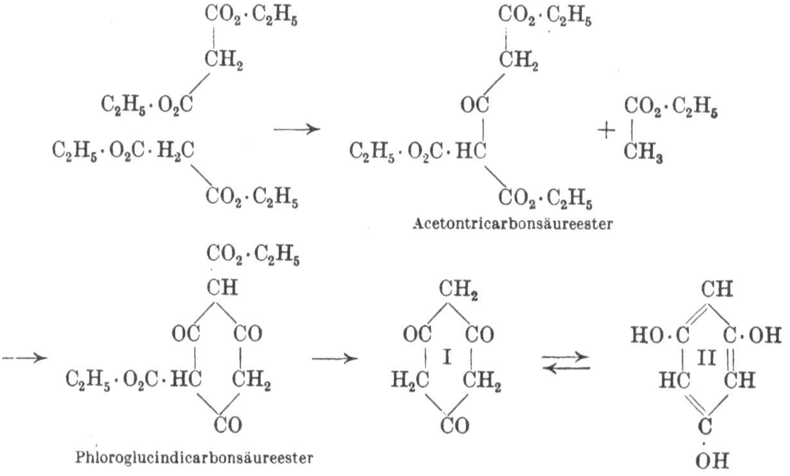

Hiernach könnte man geneigt sein, dem Phloroglucin die Struktur I eines **Cyclohexantrions-(1,3,5)** zuzuschreiben. Doch haben wir schon früher an anderen Beispielen gesehen, daß die Konstitution desmotroper bzw. mesomerer Verbindungen sich auf chemischem Wege nicht immer eindeutig ermitteln läßt. Tatsächlich zeigt nun Phloroglucin durchaus das Verhalten einer desmotropen Substanz. So bildet es einerseits wie ein Triketon mit drei Molekülen Hydroxylamin ein Trioxim. Andrerseits besitzt es jedoch den Charakter eines Phenols, gibt z. B. mit Acetylchlorid ein Triacetat. Auch die Tatsache, daß bei der Behandlung von Phloroglucin (und anderen höherwertigen Phenolen) mit Alkyljodid und Kali die Alkylgruppen teilweise an Kohlenstoff statt an Sauerstoff treten, ist im gleichen Sinn zu deuten.

Daß auch **Resorcin** in desmotropen Formen zu reagieren vermag, geht daraus hervor, daß es sehr leicht 2 Atome Wasserstoff anlagert und in **Dihydroresorcin** (bzw. Cyclohexandion-1,3) übergeht. Dieses verhält sich durchaus wie das Enol eines Diketons (vgl. S. 214), reagiert sauer, addiert Brom und liefert Sauerstoffäther.

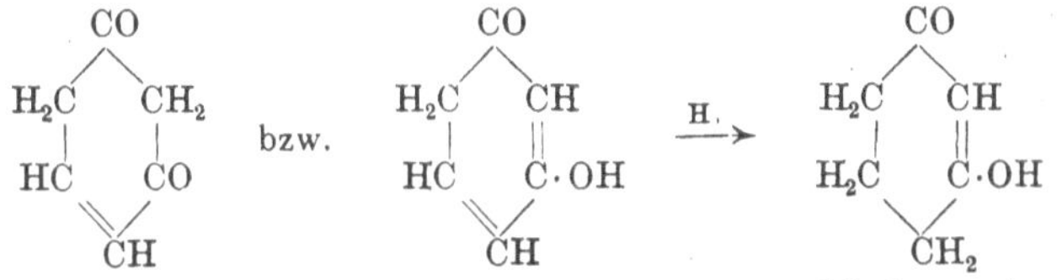

Ketoformen des Resorcins — Dihydroresorcin

Die Frage, ob das freie Phloroglucin die Keto- oder die Phenolformel besitzt, läßt sich durch Untersuchung des **Absorptionsspektrums** im Ultraviolett beantworten. Da diese Methode sich auch in vielen anderen Fällen als sehr brauchbar erwiesen hat, sei sie hier näher beschrieben. Nach dem Vorgang von HARTLEY und BALY erzeugt man zwischen Eisen-Elektroden einen Lichtbogen *L* (Fig. 83); die von ihm ausgesandte Strahlung ist im Ultraviolett sehr linienreich und bildet deshalb einen guten Ersatz für ein kontinuierliches Spektrum; sie passiert zunächst einen Kondensor *K*, darauf die in einem „Balyrohr" *B* von variabler Länge befindliche Lösung der zu untersuchenden Substanz und tritt dann bei *Sp* in den Spalt eines Spektrographen mit Quarzoptik. Hier wird sie in dem Prisma *P* spektral zerlegt und auf der Platte *Pl* photographiert. Das so gewonnene photographische Absorptionsspektrum läßt ein oder mehrere Absorptionsbanden erkennen, d. h. Stellen, wo das einfallende Licht durch die Lösung so weit geschwächt ist, daß der nicht absorbierte Rest die Platte nicht mehr geschwärzt hat. In derselben Weise werden nun Absorptionsspektra für zunehmende Verdünnung (oder abnehmende Schichtdicke) der Lösung auf der gleichen Platte untereinander aufgenommen. Trägt man nunmehr in einem Diagramm auf der Abszisse die Wellenlängen (oder, was gebräuchlicher ist, die Wellenzahlen $\tilde{\nu}$ = reziproke Wellenlängen) der Absorptionsgrenzen, auf der Ordinate die Logarithmen der Schichtdicken auf, so erhält man eine Kurve der in Fig. 84 gezeichneten Gestalt. Diese nur zu orientierenden Messungen brauchbare Methode ist von HENRI, WEIGERT, SCHEIBE und anderen so ausgestaltet worden, daß sie eine quantitative Messung des Extinktionskoeffizienten gestattet. Der molekulare dekadische Extinktionskoeffizient *k* (oder ε) ist durch die Gleichung

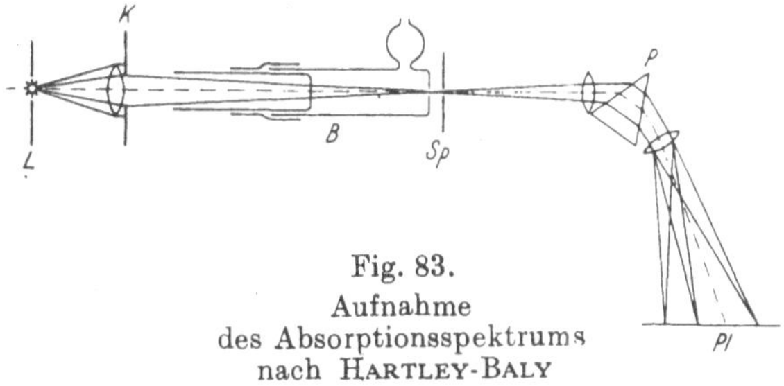

Fig. 83. Aufnahme des Absorptionsspektrums nach HARTLEY-BALY

$$\log \frac{J_0}{J} = kcd$$

definiert, wo J_0 die Intensität des einfallenden, J die des austretenden Lichts ist, c die Konzentration (in Mol/Liter), d die Schichtdicke (in cm). $\log (J_0/J)$ wird auch als „optische Dichte" bezeichnet. Beim HARTLEY-BALY-Verfahren kann man sie mit ca. 2,4 in Rechnung setzen, was gut der Tatsache entspricht, daß der geradlinige Teil der Schwärzungskurve etwa 200fachem Belichtungsspielraum gleichkommt. Fig. 84 zeigt das auf diese Weise von SCHEIBE aufgenommene Absorptionsspektrum des Azobenzols im ultravioletten und sichtbaren Gebiet. Die Form solcher Absorptionskurven hängt mehr oder weniger von dem gewählten Lösungsmittel ab.

Um nach diesem Verfahren die Konstitution des Phloroglucins zu bestimmen, vergleicht man sein Spektrum mit dem eines Derivats, das sicher einen Benzolring enthält. Eine geeignete Vergleichssubstanz ist z. B. der Trimethyläther. Da man durch Kochen

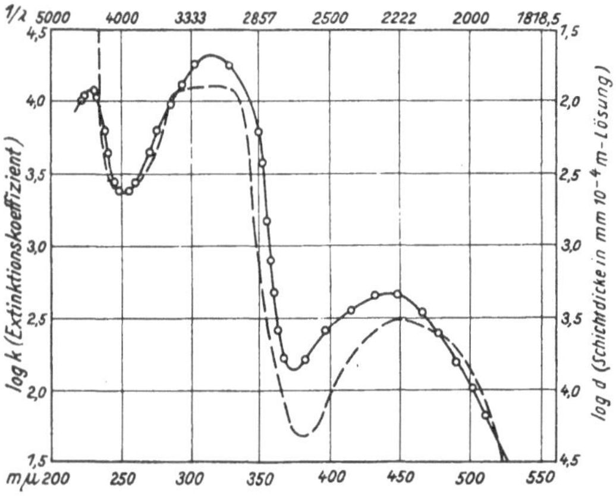

Fig. 84. Absorption von Azobenzol in Alkohol
------ Kurve nach HARTLEY-BALY
o-o-o Extinktionskurve nach SCHEIBE

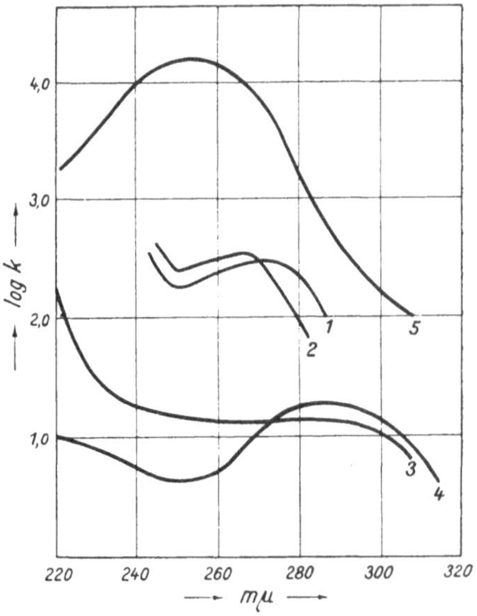

Fig. 85.

1 = Phloroglucin
2 = Phloroglucin-trimethyläther
3 = Cyclohexandion-(1,4)
4 = Cyclohexanon
5 = Dihydroresorcin

des Trimethyläthers mit Salzsäure Phloroglucin wiedergewinnen kann, müssen seine Methylgruppen an Sauerstoff gebunden sein. Aus Fig. 85 ersieht man, daß die beiden Spektra sehr ähnlich sind. Vom Cyclohexantrion wäre zu erwarten, daß es wie Cyclohexanon und Cyclohexandion-(1,4) oder aber, im enolisierten Zustand, wie Dihydroresorcin absorbiert. Man darf daher schließen, daß das freie Phloroglucin ein echtes Benzolderivat ist.

Bei bekanntem Absorptionsspektrum kann man nach dieser Methode auch quantitative Bestimmungen (Bestimmung von *c* in obiger Gleichung) mit großer Genauigkeit ausführen; auch zur Messung chemischer Gleichgewichte, Bestimmung von Dissoziationskonstanten usw. ist sie sehr geeignet.

Die früher technisch schwierige Aufnahme der Absorptionsspektren im **Ultrarot** (bis etwa 20 μ) hat neuerdings große Bedeutung erlangt, weil zahlreiche Atomgruppen sich durch charakteristische Schwingungsfrequenzen zu erkennen geben.

Von den **höherwertigen Phenolen** ist besonders **Hexaoxybenzol** $C_6(OH)_6$ zu nennen. Seine Kaliumverbindung $C_6(OK)_6$ ist das **Kohlenoxydkalium,** das bei der Gewinnung von Kalium aus K_2CO_3 und Kohle entsteht und beim Liegen an der Luft explosive Eigenschaften annimmt. Man kann es durch Erhitzen von Kalium in einem Strom von Kohlenoxyd erhalten. Wir haben hier also die direkte Synthese eines Benzolderivats aus den Elementen. Durch Destillation über Zinkstaub wird Hexaoxybenzol in Benzol übergeführt. Es ist weiß, kristallisiert und sehr oxydabel. Wie leicht einzusehen ist, erhöht es die Leitfähigkeit der Borsäure viel stärker als Brenzcatechin.

Chinone

Unter Chinonen versteht man Verbindungen, die sich von den aromatischen Dioxy-Verbindungen durch Abspaltung zweier Wasserstoffatome ableiten:

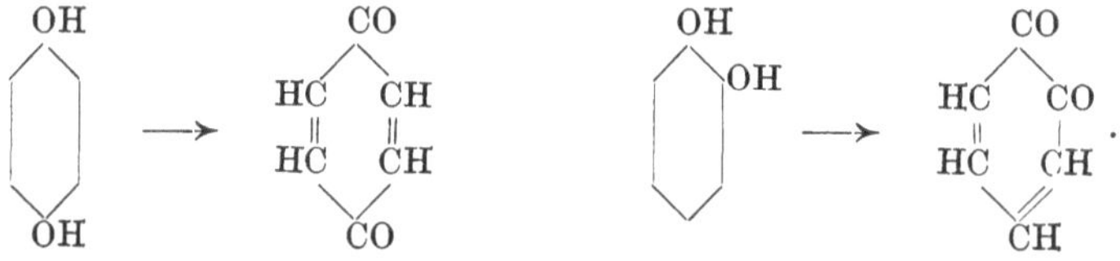

Hydrochinon p-Chinon Brenzcatechin o-Chinon

Die Chinone sind Verbindungen von intensiver, oft goldgelber Farbe und einem eigentümlich stechenden Geruch. Sie sind mit Wasserdampf (unter Zersetzung) flüchtig und besitzen oxydierende Eigenschaften.

Das einfachste Chinon ist p-Benzochinon $C_6H_4O_2$, auch schlechtweg **Chinon** genannt; Schmelzpunkt 116°. Chinon erhält man bei der Oxydation vieler Paraderivate des Benzols, so von Hydrochinon, p-Aminophenol, Sulfanilsäure, p-Phenolsulfonsäure, in der Praxis durch Oxydation von Anilin mit Chromsäure; für die Darstellung im Laboratorium geht man am besten von Hydrochinon aus. Auch Benzol selbst kann durch Bleidioxyd in 50%iger Schwefelsäure bei Zimmertemperatur zu Chinon oxydiert werden.

Von den beiden anderen Dioxybenzolen läßt sich das Brenzcatechin durch Oxydation mit Silberoxyd gleichfalls in ein unbeständiges, rotes **o-Chinon** überführen. Vom Resorcin ist dagegen kein Chinon bekannt, wie überhaupt alle Versuche zur Darstellung von m-Chinonen gescheitert sind.

Bei der Oxydation von Chinon, z. B. mit Alkalipersulfat in Gegenwart von Silbersulfat und Schwefelsäure, bildet sich Maleinsäure:

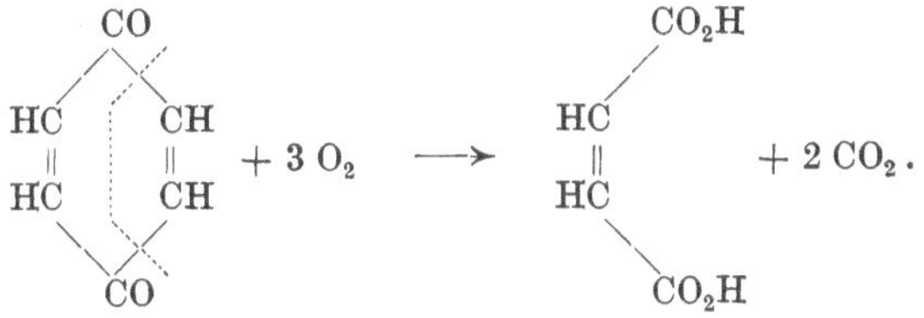

Bei der technischen Darstellung von Maleinsäure geht man unmittelbar von Benzol aus, das man in Dampfform mit Luft gemischt bei 500° über V- und Mo-haltige Katalysatoren leitet.

Die Reduktion von Chinon zu Hydrochinon wurde schon S. 347 erwähnt. Hierbei bildet sich ein in Wasser schwerlösliches, tiefgrünes Zwischenprodukt, das man am bequemsten durch Oxydation von Hydrochinon mit Eisenchlorid darstellt, das **Chinhydron.** Chinhydron ist eine Molekülverbindung aus je 1 Mol Chinon und Hydrochinon. Seine Lösungen zeigen infolge weitgehenden Zerfalls in die Komponenten die gelbe Farbe des Chinons.

Die Reduktion von Chinon zu Hydrochinon ist, wie HABER und RUSS sowie BIILMANN gezeigt haben, eine vollkommen reversible Oxydations-Reduktionsreaktion. Es besteht also das Gleichgewicht

$$C_6H_4O_2 + H_2 \rightleftharpoons C_6H_4(OH)_2 \qquad (1)$$

oder, wenn man die elektrische Bilanz für das Anion des Hydrochinons aufschreibt

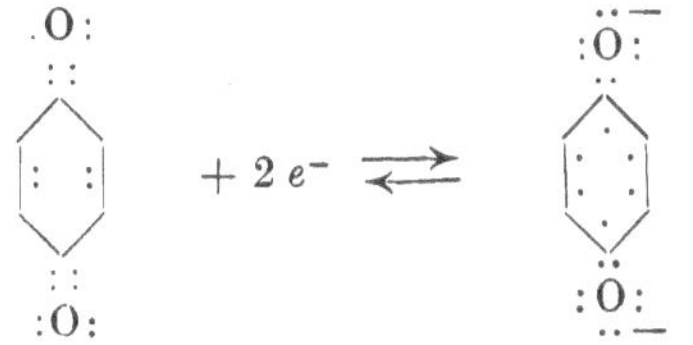

(2)

Der maßgebende elektrische Vorgang ist also der gleiche wie bei anorganischen Oxydations-Reduktions-Systemen, die auf dem Wertigkeitswechsel von Ionen beruhen:

$$Fe^{+++} + e^- \rightleftharpoons Fe^{++}.$$

Da die hier behandelten Vorgänge reversibel sind, kann man ihre Affinität sehr genau auf elektrochemischem Wege bestimmen. Wendet man auf das Gleichgewicht (1) das Massenwirkungsgesetz an, so ergibt sich, daß der Wasserstoffdruck p über einer Chinon-Hydrochinonlösung nur vom Verhältnis dieser beiden Verbindungen abhängt:

$$p_{H_2} = K_p \frac{p_{C_6H_4(OH)_2}}{p_{C_6H_4O_2}}. \qquad (3)$$

Ein in eine solche Lösung getauchtes Platinblech muß sich also für ein bestimmtes Chinon-Hydrochinon-Verhältnis wie eine Wasserstoffelektrode bestimmten Drucks verhalten (solange man die elektrolytische Dissoziation von Hydrochinon vernachlässigen kann, was für $p_H < 8$ recht genau zutrifft). Nun hängt allgemein das Potential E einer Wasserstoffelektrode von der Wasserstoffionen-Konzentration und dem Wasserstoffdruck p_{H_2} in folgender Weise ab:

$$E = 1{,}983 \cdot 10^{-4}\, T \log \frac{[H^+]}{p_{H_2}^{1/2}} .$$

Durch Einsetzen von Gleichung (3) in diese Gleichung erhält man

$$E = 1{,}983 \cdot 10^{-4}\, T \log \frac{[H^+]\, p_{C_6H_4O_2}^{1/2}}{K_p^{1/2}\, p_{C_6H_6O_2}^{1/2}} . \qquad (4)$$

Biilmann hat diese Beziehung zur Konstruktion einer sehr bequem herstellbaren Wasserstoffelektrode benutzt. Taucht man nämlich das Platinblech in eine gesättigte Lösung von Chinhydron, die festes Chinhydron als Bodenkörper enthält, so wird das Verhältnis Chinon : Hydrochinon = 1, und das Potential hängt lediglich von der Wasserstoffionen-Konzentration und der Temperatur ab. Es besitzt für 25° und die Wasserstoffionen-Konzentration 1 den Wert + 0·6994 Volt, woraus man K_p, den Wasserstoff-Gleichgewichtsdruck über einer Chinhydronlösung bei 25° zu $10^{-23,65}$ Atmosphären berechnet. Die Affinität des Chinons zum Wasserstoff ist also sehr groß, das Gleichgewicht liegt gänzlich auf der Seite des Hydrochinons. Die Chinhydron-Elektrode dient auf Grund der obigen Beziehungen zur genauen Bestimmung von Wasserstoffionen-Konzentrationen. Denn durch eine einfache Umformung von (4) erhält man für das Potential der Chinhydron-Elektrode bei 25° in Abhängigkeit von der Wasserstoffionen-Konzentration: $E = 0{,}6994 - 0{,}05914\, p_H$ in bezug auf die Wasserstoff-Elektrode oder $0{,}4554 - 0{,}05914\, p_H$ in bezug auf die gesättigte Kalomel-Elektrode. Die Genauigkeit der p_H-Messung ist unter anderem deshalb beschränkt, weil die von Fall zu Fall auftretenden Diffusionspotentiale ihrer Größe nach unbekannt sind. Durch sinnreiche colorimetrische Methoden hat man die potentiometrische von etwa 0 bis + 12 reichende p_H-Skala auf den Bereich etwa — 10 bis + 19 erweitern können. Das Potential der Fe^{II}/Fe^{III}-Elektrode[1] beträgt etwa + 0,70—0,74 Volt, das der $Fe(CN)_6^{IV}/Fe(CN)_6^{III}$-Elektrode etwa + 0,47 Volt. Hydrochinon wird also bei p_H 4 (E = + 0,46 Volt) durch Fe^{III} vollständig, durch $Fe(CN)_6^{III}$ nur teilweise oxydiert. Redox-Potentiale weiterer Chinone s. S. **428**. Bei der Oxydation von Hydrochinon werden nach Gleichung (2) *zwei* Elektronen abgegeben. Wir werden später Verbindungen von verwandtem Bau kennenlernen, wo sich dieser Vorgang in 2 Stufen abspielt. Die eigenartigen radikalartigen Zwischenprodukte, die nur 1 Elektron verloren haben, heißen **Merichinone** oder **Semichinone** (S 413).

Nach der eingangs angeführten Formel erscheint Chinon als ein Diketon mit zwei doppelten Bindungen. Es ist somit kein eigentliches Benzolderivat mehr, sondern das p-Diketon eines ungesättigten Kohlenwasserstoffs, Cyclohexadien-(1,4)(I). Dementsprechend bildet es mit Hydroxylamin ein Chinonmonoxim II und Chinondioxim III,

I

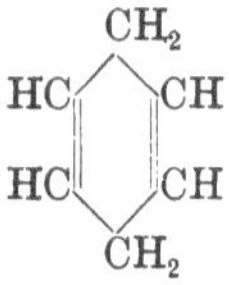

II

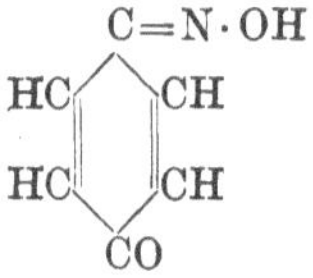

III

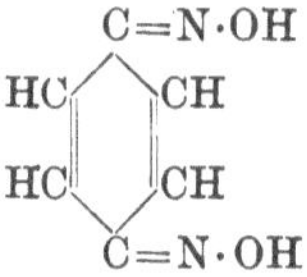

mit Brom in Chloroform momentan ein Dibromid, langsamer ein Tetrabromid. Trotzdem zeigen die auffälligen Besonderheiten der Chinone, ihr Oxydationsvermögen (wobei sie selbst wieder in Hydrochinone übergehen), ihre Neigung zur Bildung von tieffarbigen Chinhydronen und andere Eigenschaften, daß sie mit den früher beschriebenen Diketonen nicht ohne weiteres in Parallele gesetzt werden können. Die Eigenart ihres Verhaltens muß mit der besonderen Bindungsverteilung im Chinonmolekül zusammenhängen und ist durch unsere Formelbilder so wenig ausdrückbar, wie das Verhalten der ihnen nahestehenden aromatischen Verbindungen.

---

[1] das, wie sich unschwer ableiten läßt, im Gegensatz zur Chinhydron-Elektrode von der Wasserstoffionen-Konzentration unabhängig ist (wenigstens unterhalb p_H 4, wo die Hydrolyse der Fe^{III}-Salze noch zu vernachlässigen ist).

Eine Reihe wichtiger Reaktionen des Chinons kann als 1,4-Addition gedeutet werden, so die Addition von HCl, die ein C-Chlor-hydrochinon liefert, und die Reaktion mit Anilin:

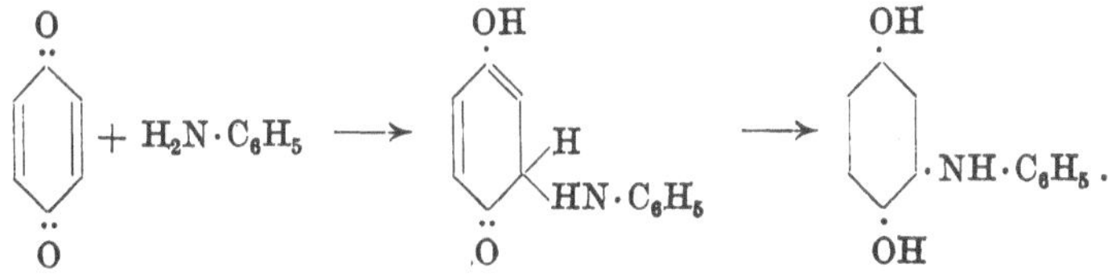

Anilinohydrochinon

Über die Anlagerung von Chinonen an konjugierte Systeme, die eine genaue Parallele zu den Dien-Synthesen mit Maleinsäureanhydrid bildet, s. S. 427.

Während **Chinonmonoxim** seiner Bildung nach die Formel eines Oxims besitzt, verhält es sich in seinen Reaktionen vielfach wie ein **Nitrosophenol.** Wir begegnen hier also einem Vertreter einer neuen Klasse tautomer reagierender Substanzen, deren Besonderheit in dem Wechsel zwischen chinoidem und benzoidem Bindungszustand liegt:

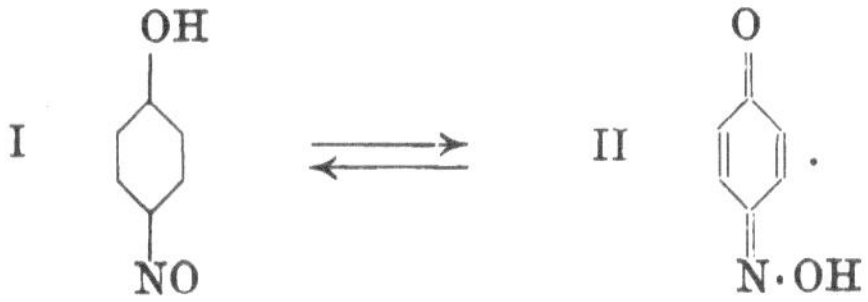

In ätherischer Lösung ist, wie aus Absorptionsmessungen an den isomeren, von I und II ableitbaren Methyläthern zu folgen scheint, das Gleichgewicht sehr zugunsten der Oximform verschoben. Nitrosophenol entsteht auch durch Einwirkung von salpetriger Säure auf Phenol sowie durch Einwirkung von Alkalien auf Nitrosodimethylanilin (S. 317):

Es bildet farblose Nadeln, die in nicht ganz reinem Zustand an der Luft sehr leicht braun werden, und schmilzt bei etwa 130° unter Zersetzung. Es besitzt sauren Charakter ($k = 3 \cdot 10^{-7}$) und bildet grüne und rote Salze nicht sicher bekannter Konstitution. Bei der Oxydation und Reduktion reagiert es als Nitrosophenol; es liefert dabei Nitrophenol bzw. Aminophenol. Die Tautomerie-Verhältnisse der Nitrosophenole sind noch wenig erforscht. Bei den Nitroso-halogenphenolen scheinen sich nach den Untersuchungen von HODGSON Nitroso- und Oximform so langsam ineinander umzulagern, daß sie aus indifferenten Lösungsmitteln unverändert umkristallisiert werden können.

Anilinschwarz

Die Bildung von Chinon durch Oxydation von Anilin ist durchaus kein einfacher Vorgang. Nach Untersuchungen von ST. GOLDSCHMIDT scheint zunächst ein unbeständiges Radikal, **Phenylimid** $C_6H_5 \cdot N:$, zu entstehen, das sich sofort zu **N-Phenyl-chinondiimid** $C_6H_5 \cdot N : C_6H_4 : NH$ polymerisiert. Dieses vermag sich selbst wieder in mannigfacher Weise zu polymerisieren. Auf diese Art entsteht schließlich durch Zusammentreten von 8 Anilinresten eine Verbindung der Formel

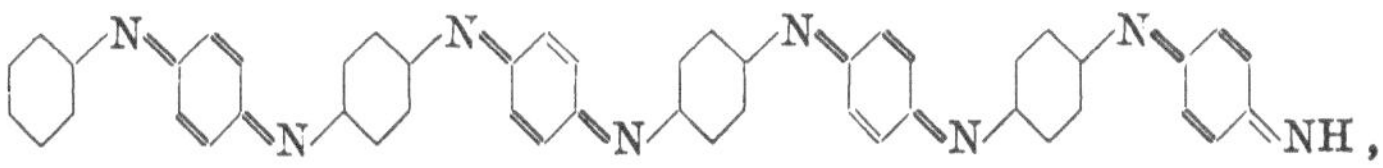

die deshalb besonderes Interesse besitzt, weil sie in naher Beziehung zu dem wichtigen Farbstoff **Anilinschwarz** steht. Die Hydrolyse dieser Verbindung muß Chinon und p-Phenylendiamin geben, das seinerseits durch überschüssiges Oxydationsmittel leicht in Chinondiimid und weiter in Chinon verwandelt wird:

p-Phenylendiamin Chinondiimid Chinon

In der Tat treten bei der Darstellung von Chinon aus Anilin anfänglich grünschwarze Niederschläge auf, die aus Vorstufen des Anilinschwarz bestehen (WILLSTÄTTER, GREEN). Die ältere Annahme, daß Chinon sich auf dem Wege: Anilin ⟶ Phenylhydroxylamin ⟶ Aminophenol ⟶ Chinon bilde, mußte verlassen werden, da Phenylhydroxylamin unter den Bedingungen der Chinondarstellung kein Chinon liefert. — Im technischen Anilinschwarz dürften nach GREEN heterocyclische Komplexe der folgenden Struktur anzunehmen sein:

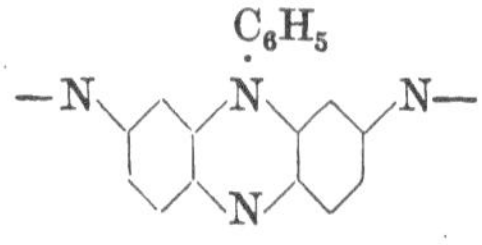

Substituierte Aniline

Freie aromatische Amine werden von Chlor schon ohne Überträger sehr heftig angegriffen. Wenn man Halogene direkt in den Kern einführen will, so muß man die Aminogruppe durch Einführung von Acetyl „schützen". Läßt man Chlor auf die Eisessiglösung von Acetanilid einwirken, so bildet sich hauptsächlich p-Chlor-acetanilid $ClC_6H_4 \cdot NH \cdot CO \cdot CH_3$, das sich leicht zu **p-Chloranilin** verseifen läßt. o- und m-Halogenaniline werden durch Reduktion der entsprechenden Nitrohalogenbenzole erhalten. Bei der Einwirkung von Brom auf Anilin in Benzol oder Eisessig entsteht 2,4,6-Tribrom-anilin. Der basische Charakter von Anilin ist durch die Einführung der Halogene abgeschwächt.

Nitroaniline $O_2N \cdot C_6H_4 \cdot NH_2$ können durch partielle Reduktion der Dinitroverbindungen dargestellt werden, wozu sich mit Vorteil Schwefelammonium verwenden läßt. Auch durch Nitrierung von Anilin lassen sie sich darstellen. Läßt man jedoch Salpetersäure direkt auf Anilin einwirken, so tritt vornehmlich Oxydation ein. Man geht deshalb so vor, daß man entweder das Anilin zuerst in Acetanilid überführt und dieses nitriert oder Salpetersäure auf Anilin bei Gegenwart von sehr viel Schwefelsäure einwirken läßt. Bei der Nitrierung der Acetylverbindung entsteht hauptsächlich p-Nitroanilin; bei Anwendung von Schwefelsäure erhält man ungefähr gleiche Mengen m- und p- neben sehr wenig o-Nitroanilin. Durch Umwandlung von Anilin in das Anilinium-Ion $C_6H_5 \cdot NH_3^+$ wird also die m-Substitution in auffallender Weise begünstigt (vgl. S. 383). Sehr reines p-Nitroanilin entsteht auch aus p-Chlornitrobenzol (das technisch in großem Maßstab gewonnen wird) und Ammoniak bei 170⁰ im Autoklaven (S. 342).

o-, m- und p-Nitroanilin sind gelbe kristallisierte Substanzen, in Wasser schwer, in Alkohol etwas leichter löslich. Schmelzpunkte: 71^0, 114^0 und 147^0. In den Nitroanilinen ist der basische Charakter geschwächt, am meisten bei der o- ($k_b \sim 4 \times 10^{-14}$), am wenigsten bei der m-Verbindung ($k_b \sim 4 \times 10^{-12}$).

Löst man o-Nitroanilin in konz. Schwefelsäure und gießt die Lösung in viel Wasser, so bildet sich ein Niederschlag von Nitroanilin, da das Salz nahezu völlig hydrolysiert wird. Bei p-Nitroanilin nimmt die Lösung eine gelbe Farbe an, die von freiem, nicht an Schwefelsäure gebundenem Nitroanilin herrührt, es bildet sich jedoch kein Niederschlag; die Hydrolyse ist hier also viel geringer. m-Nitroanilin endlich, in der gleichen Weise behandelt, gibt eine farblose Lösung; das Sulfat ist nicht hydrolysiert.

Bei o- und p-Nitroanilin ist die Aminogruppe durch Erhitzen mit Kalilauge gegen Hydroxyl austauschbar, wodurch die K-Salze der entsprechenden Nitrophenole entstehen. Eine besondere Beweglichkeit besitzt die Aminogruppe im Pikramid (2,4,6-Trinitro-anilin) (S. 342). Dagegen ist die Aminogruppe im m-Nitroanilin nicht in gleicher Weise ersetzbar. p-Nitroanilin dient zur Herstellung von p-Nitroanilinrot (S. 364) und von p-Phenylendiamin (S. 357).

o- und p-Nitroanilin geben im Gegensatz zu m-Nitroanilin mit Natriumäthylat orangerote Natriumsalze $NaC_6H_5O_2N_2$. Es liegt nahe, die auffallenden Eigenschaften des o- und p-Isomeren auf eine Tautomerie zwischen benzoider Nitroverbindung und chinoider Nitronsäure zurückzuführen. Wahrscheinlich liegt bei beiden Verbindungen Mesomerie zwischen zwei Zuständen vor, die sich nur durch die Elektronenverteilung voneinander unterscheiden:

p-Aminobenzolsulfonsäure oder **Sulfanilsäure** stellt man aus Anilinsulfat dar, indem man es auf Blechen in dünner Schicht auf 200⁰ erhitzt („Backverfahren"):

$$C_6H_5 \cdot NH_2,\ H_2SO_4 = C_6H_4{<}{}^{NH_2}_{SO_3H} + H_2O.$$

Auch durch Erhitzen von p-Chlorbenzolsulfonsäure mit Ammoniak auf 200⁰ bei Gegenwart von Kupfer kann sie erhalten werden. Sie zersetzt sich gegen 300⁰ ohne zu schmelzen, ist unlöslich in organischen Lösungsmitteln und schwer löslich in kaltem Wasser (Gegensatz zu den Sulfonsäuren der Kohlenwasserstoffe). All dies deutet darauf hin, daß Sulfanilsäure ein Zwitterion ist:

$$C_6H_4{<}{}^{SO_3^-}_{NH_3^+}.$$

Der große Unterschied in den Dissoziationskonstanten der Sulfo- und der Aminogruppe macht es verständlich, daß Salze der Sulfanilsäure mit Säuren nicht bekannt sind. Dagegen bildet die Sulfogruppe mit Basen Salze.

Bei der Kalischmelze von Sulfanilsäure entsteht nicht, wie man erwarten sollte, Aminophenol, sondern Anilin. Durch Oxydation mit Chromsäure wird Chinon gebildet.

Beim Eingießen einer Mischung der wäßrigen Lösungen von sulfanilsaurem Natrium und Natriumnitrit in verdünnte Schwefelsäure scheidet sich **p-Diazobenzolsulfonsäure** in Form eines in Wasser sehr schwer löslichen inneren Salzes $C_6H_4{<}{}^{N_2^+}_{SO_3^-}$ ab, das man in feuchtem Zustand gefahrlos handhaben kann, während es trocken sehr explosiv ist. Diese Verbindung besitzt große Bedeutung für die Darstellung von Azofarbstoffen; s. Helianthin (S. 363). Über therapeutische Anwendung von Abkömmlingen der Sulfanilsäure vgl. S. 356.

Aminophenole werden durch Reduktion der Nitrophenole gewonnen. Sie lösen sich als Phenole in Alkalien, als Amine bilden sie mit Säuren Salze. Die Aminophenole kristallisieren in farblosen Blättchen, werden aber bereits durch den Sauerstoff der Luft oxydiert, was sich durch Verharzung und Braunfärbung zu erkennen gibt; ihre salzsauren Salze sind beständiger.

p-Aminophenol stellt man im allgemeinen durch Reduktion von p-Nitrophenol mit Eisen und Säuren, z. B. Essigsäure, in der Wärme dar.

Die alkalische Lösung von p-Aminophenol färbt sich rasch dunkel; sie ist jedoch bei Gegenwart von Natriumsulfit haltbar. Eine solche Lösung wird unter dem Namen **Rodinal** als Entwickler in der Photographie benutzt. p-Methylamino-phenol $CH_3 \cdot NH \cdot C_6H_4 \cdot OH$ ist das gleichfalls als Entwickler beliebte **Metol.**

Lumière hat einige allgemeine Regeln gefunden, denen aromatische Verbindungen genügen müssen, um als Entwickler in der Photographie zu dienen. Er hat z. B. gezeigt, daß solche Verbindungen entweder mehrere Hydroxyl- oder Aminogruppen in o- oder p-Stellung enthalten müssen oder wenigstens je eine dieser beiden Gruppen zugleich; weiter, daß Substitutionen, sowohl in der Amino- als auch in der Hydroxylgruppe das Entwicklungsvermögen vernichten, wenn dadurch die Oxydationsmöglichkeit zu chinoiden Verbindungen aufgehoben wird. In der Praxis werden als Entwickler vor allem Metol, Hydrochinon, Pyrogallol und Rodinal angewendet.

Therapeutische Anwendung als Antipyreticum findet ein Derivat des p-Aminophenols, das **Acetyl-p-phenetidin**[1] $C_6H_4<^{O\cdot C_2H_5}_{NH\cdot CO\cdot CH_3}$ (**Phenacetin**, HINSBERG und KAST 1887). Es schmilzt bei 135°.

Arsenderivate des Anilins. Beim Erhitzen von arsensaurem Anilin $C_6H_5\cdot NH_2$, H_3AsO_4 entsteht unter Abspaltung von Wasser in schlechter Ausbeute **p-Amino-phenylarsonsäure (Arsanilsäure)**:

$$C_6H_5\cdot NH_2,\ H_3AsO_4 = H_2N\cdot C_6H_4\cdot AsO(OH)_2 + H_2O$$

Sie ist diazotierbar, enthält also eine freie NH_2-Gruppe und wird durch Jod unter Abspaltung des Arsonsäure-Restes in p-Jod-anilin verwandelt.

Weitaus vorteilhafter geht man aber zur Darstellung der Arsanilsäure vom p-Nitroanilin aus, dessen Diazoverbindung mit Natriumarsenit **p-Nitro-phenylarsonsäure** liefert, die man nunmehr mit Eisen(II)-sulfat in alkalischer Lösung zu Arsanilsäure reduziert. **Atoxyl,** das Natriumsalz der Arsanilsäure, und seine Acetylverbindung, das **Arsacetin** $CH_3\cdot CO\cdot NH\cdot C_6H_4\cdot AsO(OH)(ONa)$, sind als Heilmittel gegen die von Trypanosomen hervorgerufene Schlafkrankheit wirksam (ROBERT KOCH). Atoxyl selbst hat sich jedoch als zu toxisch erwiesen.

Noch ein anderes Arsenderivat des Anilins hat als Heilmittel gegen Spirillen und Trypanosomen außerordentliche Bedeutung erlangt, nämlich **4,4'-Dioxy-3,3'-diamino-arsenobenzol**

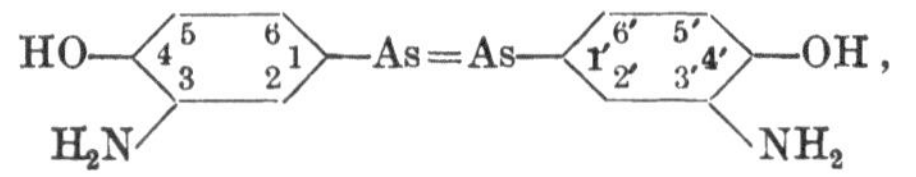

dessen Hydrochlorid das **Salvarsan** von EHRLICH und HATA ist. Zur Darstellung nitriert man Arsanilsäure unter Schutz der Aminogruppe; bei folgender Behandlung mit Kali wird NH_2 durch OH ersetzt; Reduktion der Nitrooxyphenylarsonsäure mit $Na_2S_2O_4$ liefert dann Salvarsan. Seine Molekulargröße und damit die Annahme einer As = As-Gruppe ist jedoch zweifelhaft geworden.

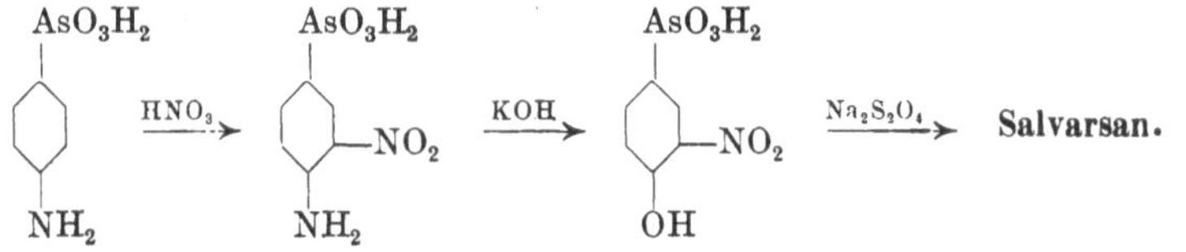

Salvarsan wird als Heilmittel gegen Syphilis und einige andere Protozoenerkrankungen mit gutem Erfolg angewandt. Es ist ein kristallinisches Pulver, das sich in heißem Wasser leicht löst, sich jedoch rasch zersetzt. Durch Kondensation mit formaldehydsulfoxylsaurem Natrium, wobei eine NH_2-Gruppe in $NH\cdot CH_2\cdot SO_2H$ übergeht, liefert es das in der Syphilisbehandlung vorzugsweise angewendete **Neosalvarsan.**

Man bezeichnet die Bekämpfung der durch Bakterien und Protozoen hervorgerufenen Infektionskrankheiten mit rein chemischen Mitteln als **„Chemotherapie".** Derartige Mittel sollen für den erkrankten Organismus möglichst unschädlich sein, dagegen die Mikroorganismen abtöten oder so weit schädigen, daß die natürlichen Abwehrkräfte des Organismus die Oberhand gewinnen. Eine der ältesten und wichtigsten hierhergehörigen Substanzen ist das Malariamittel Chinin (S. 496; vgl. auch Plasmochin, S. 474). Über den Zusammenhang zwischen Konstitution und chemotherapeutischer Wirkung weiß man noch sehr wenig. Während die wirksame Bekämpfung der durch Protozoen und Spirillen hervorgerufenen Erkrankungen verhältnismäßig frühzeitig einsetzte, ist die Beeinflussung bakterieller Infektionen erst eine Errungenschaft der neueren Zeit. Als wirksames Heilmittel gegen septische Streptokokken-Infektionen und Erysipel hat sich ein Azoderivat der Sulfanilsäure (**Prontosil** rubrum, DOMAGK 1932) erwiesen:

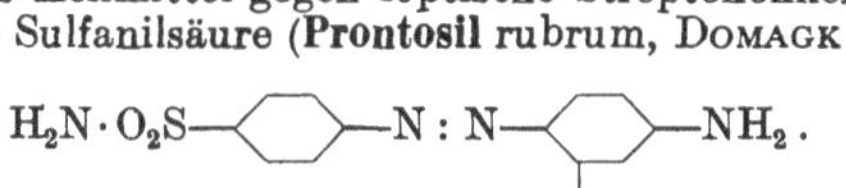

Auch Sulfanilsäureamid selbst $H_2N\cdot O_2S\cdot C_6H_4\cdot NH_2$ (Prontosil album) und sein Acetylderivat **Albucid** $H_2N\cdot C_6H_4\cdot SO_2\cdot NH\cdot CO\cdot CH_3$ dienen den gleichen Zwecken. Ebenfalls ein Abkömmling der Sulfanilsäure ist das Pyrimidin-Derivat **Debenal (Pyrimal)** $H_2N\cdot C_6H_4\cdot SO_2\cdot NH\cdot C_4H_3N_2$, das in Kombination mit **Marfanil** $H_2N\cdot CH_2\cdot C_6H_4\cdot SO_2\cdot NH_2$ durch besondere Wirksamkeit ausgezeichnet ist. Über den Wirkungsmechanismus der in großer Zahl hergestellten Sulfonamide weiß man, daß sie das Bakterienwachstum hemmen. Man kennt auch Antagonisten der Sulfonamidwirkung, z. B. p-Amino-benzoesäure. Von Organismen erzeugte Stoffe von bakteriostatischer oder toxischer

[1] Die O-Methyl- und Äthyläther des Aminophenols heißen **Anisidin** $CH_3\cdot O\cdot C_6H_4\cdot NH_2$ bzw. **Phenetidin** $C_2H_5\cdot O\cdot C_6H_4\cdot NH_2$.

Wirkung nennt man **Antibiotika.** Unter ihnen sind am bekanntesten die aus *chryPenicillium sogenum* gewonnenen **Penicilline,** für deren noch nicht ganz geklärte Struktur man die Formel I. vorgeschlagen hat (*R* ist z. B. = Benzyl).

I. 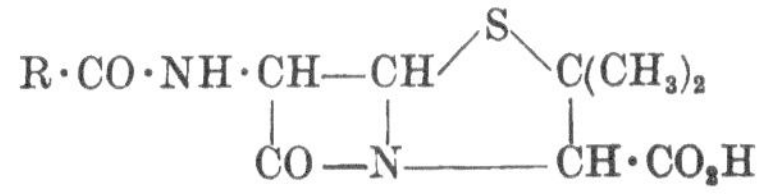

Mehrwertige Aminoverbindungen

Sie bilden sich durch Reduktion der Polynitroverbindungen. Für die m-Diamine ist dies der bequemste Weg zur Darstellung; so ist **m-Phenylendiamin** aus m-Dinitrobenzol leicht zugänglich:

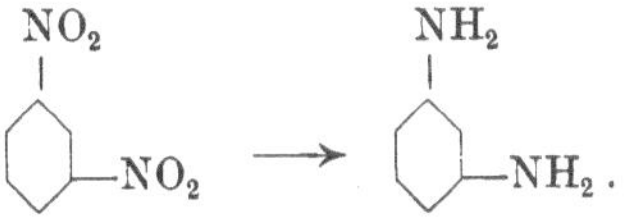

Das Ausgangsmaterial für p-Diamine bilden p-substituierte Aniline. p-Phenylendiamin kann leicht aus p-Amino-azobenzol (S. 327) durch Reduktion mit Zinn und Salzsäure gewonnen werden:

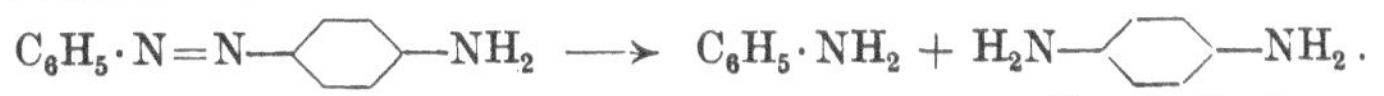

p-Phenylendiamin

Zu seiner Darstellung dient die Reduktion von p-Nitroanilin. Auch durch Erhitzen der Dichlorbenzole und Chloraniline mit wäßrigem Ammoniak auf 180—200° bei Anwesenheit von Kupfersulfat erhält man Diamine.

Die mehrwertigen Aminobenzole sind meist kristallinisch und destillieren ohne Zersetzung. In warmem Wasser sind sie leicht löslich. o-Phenylendiamin zeigt F: 102°; Kp: 257°, m-Phenylendiamin F: 63°; Kp: 282°, p-Phenylendiamin F: 140°; Kp: 267°.

Die Phenylendiamine sind schwache zweisäurige Basen, deren 1. Dissoziationskonstante um so kleiner ist, je geringer der Abstand zwischen den Aminogruppen ist (o: $1\cdot86\times10^{-10}$, m: $4\cdot79\times10^{-10}$, p: $7\cdot59\times10^{-9}$ bei 20°).

Die o-Verbindung ist wegen der räumlichen Nähe der beiden Aminogruppen sehr zu Ringschluß-Reaktionen geneigt. Sie reagiert leicht mit 1,2-Dioxo-Verbindungen, wodurch **Chinoxaline** entstehen:

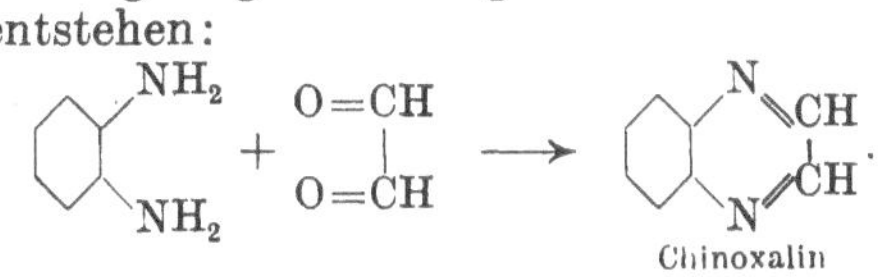

Chinoxalin

Mit Phenanthrenchinon (S. 431) erhält man auf diese Weise schwer lösliche Chinoxalin-Derivate, die sich zur Abscheidung von o-Diaminen eignen. Auch bei der Diazotierung in schwach saurer Lösung erfolgt Ringschluß. Das entstehende **Benztriazol** kann als eine cyclische Diazoaminoverbindung betrachtet werden:

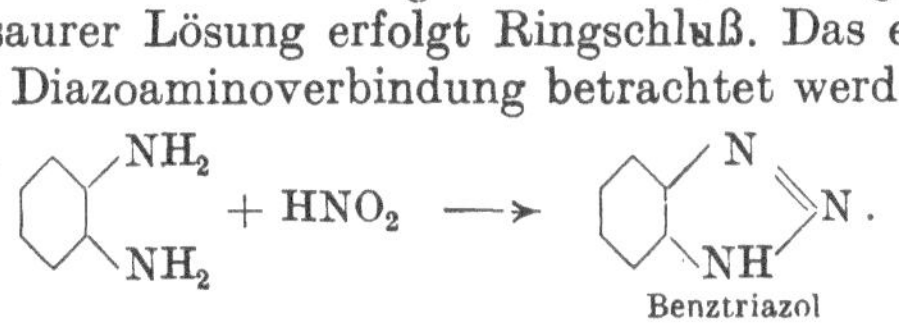

Benztriazol

Beim m- und p-Phenylendiamin läßt sich eine Aminogruppe leicht in die Diazogruppe verwandeln. Die Diazogruppe des m-Phenylendiamins kuppelt leicht mit m-Phenylendiamin zu dem schwer löslichen Bismarckbraun (S. 362) weiter, so daß mit dieser Reaktion schon Spuren von salpetriger Säure nachgewiesen werden können. Eine Diazotierung beider Aminogruppen kann in allen drei Diaminen erzwungen werden, wenn man in sehr stark saurer Lösung arbeitet. o- und p-Phenylendiamin kuppeln im Gegensatz zur m-Verbindung nicht mit Diazoverbindungen.

Wie die mehrwertigen Phenole sind die mehrwertigen Amine leicht oxydierbar und färben sich an der Luft dunkel. Beständiger sind ihre Salze.

Durch gemeinsame Oxydation von p-Phenylendiamin mit einem Monoamin entstehen die **Indamine,** Aminoderivate des Phenylchinondiimids:

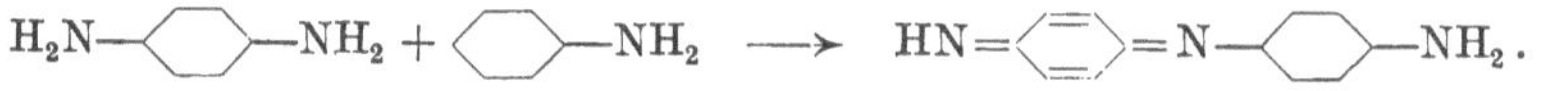

Phenylenblau

Bindschedlers Grün wird durch Oxydation von p-Aminodimethylanilin und Dimethylanilin erhalten:

Analog entstehen aus Phenolen und p-Amino-phenolen oder p-Diaminen **Indophenole:**

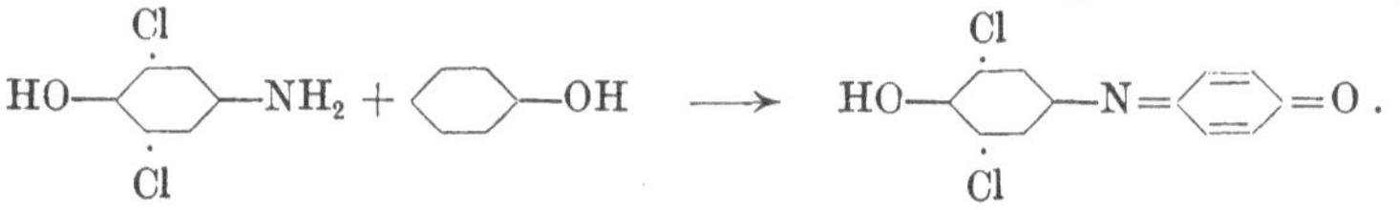

Indamine und Indophenole bilden die Klasse der **Chinonimid-Farbstoffe.** Sie besitzen kaum praktische Bedeutung, da sie durch Säuren unter Abspaltung von Chinon zersetzt werden, spielen aber als Redox-Indikatoren eine gewisse Rolle (z. B. besitzt das oben aufgeführte **2,6-Dichlorphenolindophenol** bei $p_H 7$ das Normalpotential + 0,23 V). Durch Bindungsverschiebung lassen sich von diesen Farbstoffen zwei Grenzformeln ableiten, die im Verhältnis der Mesomerie zueinander stehen. Es ist daher nicht verwunderlich, daß Versuche, die diesen Grenzformeln entsprechenden Stoffe zu synthetisieren, stets zu identischen Substanzen geführt haben:

Über Farbstoffe und Färberei

Damit eine chemische Verbindung unserem Auge farbig erscheint, muß sie aus dem Spektrum des weißen Tageslichtes einen gewissen Strahlenbereich absorbieren; sie erscheint uns alsdann in der Komplementärfarbe:

mμ	Absorption im	Komplementärfarbe
400—435	Violett	Gelbgrün
435—480	Blau	Gelb
480—490	Eisblau	Orange
490—500	Blaugrün	Rot
500—560	Grün	Purpur
560—580	Gelbgrün	Violett
580—595	Gelb	Blau
595—605	Orange	Eisblau
605—650	Rot	Blaugrün
650—750	Purpur	Grün

Farblose Substanzen zeigen demnach keine selektive Absorption im sichtbaren Gebiet. In der Tat besitzen die gesättigten aliphatischen Verbindungen nur im äußersten Ultraviolett (unterhalb von 200 mμ) Absorptionsbanden. Treten aber in ein solches Molekül ungesättigte Gruppen ein, so beobachtet man das Auftreten von Absorptionsbanden in der Nähe des sichtbaren Gebiets oder im sichtbaren Gebiet selbst. Diese Erscheinung hängt damit zusammen, daß die Elektronen in ungesättigten Verbindungen teilweise lockerer gebunden sind. Farbige Verbindungen sind demnach stets ungesättigt und verlieren durch Reduktion ihre Farbe, eine Tatsache, die schon 1868 von Graebe und Liebermann erkannt wurde. Witt (1876) nannte die ungesättigten Gruppen, die das Auftreten von Absorptionsbanden nahe dem Sichtbaren bedingen, **chromophore Gruppen** und die Moleküle, die solche Chromophore enthalten, **Chromogene.** Derartige chromophore Gruppen sind z. B. die Äthylengruppe —CH = CH—, die Carbonylgruppe >C=O, die Nitrosogruppe —N=O, vor allem aber die Azogruppe —N=N—.

Eine einzelne chromophore Gruppe im Molekül reicht im allgemeinen nicht aus, um Farbigkeit hervorzurufen; die Absorptionsbande bleibt im Ultraviolett. Befinden sich aber mehrere Chromophore in einem Molekül in konjugierter Lage, so beeinflussen sie sich meist in der Weise, daß eine neue Bande auftritt, die nicht nur wesentlich intensiver zu sein pflegt, sondern auch weiter nach dem Sichtbaren hin verschoben ist. So ist z. B. Dimethylfulven bereits orangerot. Diphenylpolyene $C_6H_5 \cdot [CH=CH]_n \cdot C_6H_5$ sind von KUHN dargestellt worden. Die Farbe der betreffenden Verbindungen ist für n = 3 grünstichig-gelb, n = 5 orangerot, n = 8 blaustichig-kupferrot. Bei rein aliphatischen Kohlenwasserstoffen tritt Farbigkeit auf, sobald sich wenigstens 4 Doppelbindungen in konjugierter Lage befinden. Die Carotinoide (S. 404) sind entsprechend einer viel größeren Anzahl solcher Doppelbindungen intensiv farbig. Ganz allgemein wird man also Farbigkeit im Sichtbaren erwarten können, wenn die lockeren Elektronen einzelner Gruppen durch Konjugation miteinander gekoppelt werden. Es entspricht daher nur der Erwartung, daß auch die Amino- und die Oxygruppe infolge des Vorhandenseins überschüssiger, nicht durch Einfachbindungen beanspruchter Elektronen die Wirkung eines vorhandenen Chromophors verstärken. Man hat sie deshalb auch als **auxochrome Gruppen** bezeichnet, eine heute entbehrlich gewordene Unterscheidung. An den Absorptionskurven des Azobenzols, p-Oxy- und Aminoazobenzols (Fig. 86) sieht man sehr deutlich, wie die hohe Absorptionsbande des Azobenzols bei 325 mμ durch den Eintritt der Oxygruppe und noch stärker durch die Aminogruppe nach längeren Wellen (kleineren Schwingungszahlen) verschoben wird. In der Regel beobachtet man, daß die Anregungsenergie der Farbstoff-Elektronensysteme um so niedriger, die Absorptionsbande also bei um so längeren Wellen liegt, je umfangreicher das System konjugierter Bindungen ist. Gelbe und rote Farbstoffe sind deshalb häufig einfacher gebaut als blaue und grüne.

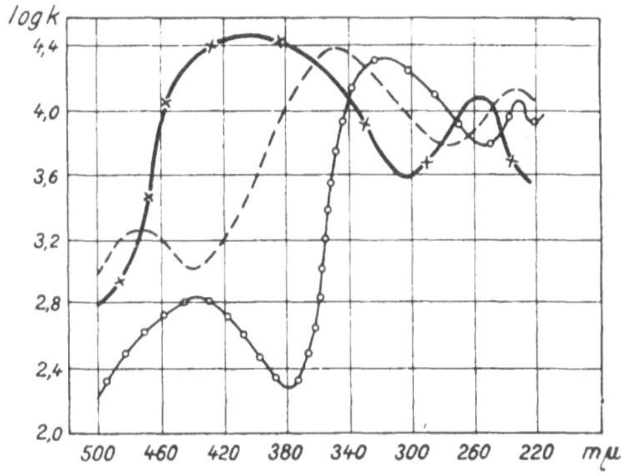

Fig. 86. Absorptionsspektra von Azobenzol (-o-o-o-), p-Oxyazobenzol (- - - -) und p-Aminoazobenzol (-x——x-)

Verschiebt sich unter dem Einfluß verschiedener Substituenten eine Absorptionsbande von Violett nach Gelbgrün zu, so ändert sich die Farbe des Farbstoffs in gleicher Richtung von Gelbgrün nach Rot und Violett. Die Schwingungszahl nimmt ab. Man bezeichnet diesen Vorgang mit einem aus der Akustik entlehnten Analogon (Abnahme der Tonhöhe mit der Schwingungszahl) als **Farbvertiefung (bathochromer Effekt).** Im umgekehrten Fall spricht man von **Farberhöhung (hypsochromer Effekt).** Mit dem *physiologischen* Eindruck der Helligkeit bzw. Sättigung einer Farbe haben diese Ausdrücke also nichts zu tun.

Die Verwendung farbiger Substanzen zum Färben von Gebrauchsgegenständen, vor allem Textilien, ist uralt. Damit eine Verbindung zum Färben von Textilien brauchbar ist, mit anderen Worten ein „Farbstoff" im technischen Sinn wird, muß sie eine ganze Anzahl von Anforderungen erfüllen: sie muß nicht nur die genügende Intensität der Färbung besitzen, sondern sie muß außerdem auf der Faser haften, sie muß „waschecht" sein und darf im Sonnenlicht nicht nennenswert ausbleichen. Die meisten farbigen Verbindungen der aromatischen Reihe, denen wir bisher begegnet sind (Azobenzol, Chinon) genügen diesen Bedingungen nicht. Die für die technische Brauchbarkeit entscheidende Affinität zur Textilfaser erhält der Farbstoff in den meisten Fällen durch saure oder basische Gruppen, die gleichzeitig auch als Auxochrome fungieren können.

Will man sich ein richtiges Verständnis der **Färbevorgänge** erwerben, so muß man sich vor allen Dingen klarmachen, daß die zu färbenden Textilmaterialien chemisch sehr verschiedener Natur sind: Wolle und Seide, Nylon und Perlon gehören zu den Proteinen bzw. Säureamiden, Baumwolle, Leinen, Papier und Kunstseide bestehen aus Cellulose, Acetatseide ist ein Ester der Cellulose usf. Es ist also von vornherein zu erwarten, daß Wolle und Seide als amphoter reagierende Substanzen saure und basische Farbstoffe rein chemisch durch Salzbildung zu fixieren imstande sein werden, während bei den übrigen Fasern eine Bindung nur durch Adsorption an der Oberfläche oder durch Lösung zustande kommen kann. Es ist nach dem Gesagten verständlich, daß ein gegebener Farbstoff sich gegen verschiedene Fasern sehr verschieden verhalten kann und daß z. B. die Färbung von Mischgeweben aus verschiedenen Fasermaterialien ihre besonderen Schwierigkeiten bietet. Je leichter und vollständiger ein Farbstoff auf die Faser „zieht", um so vollkommener ist die Ausnutzung des Färbebades. Bei Wolle erreicht man mit sauren und basischen Farbstoffen leicht eine Erschöpfung des Farbbades. Bei Baumwolle gelingt eine Erschöpfung des Bades mit direktziehenden (s. unten) Farbstoffen nicht; basische Farbstoffe ziehen überhaupt nicht nennenswert auf. Zusatz von 10—20% NaCl oder Na_2SO_4 befördert die Abscheidung der Farbstoffe sehr. Da Wolle durch starke Laugen, Cellulose durch Säuren zerstört wird, ergeben sich auch hieraus Beschränkungen in der Auswahl der Färbeverfahren und der Farbstoffe.

In vielen Fällen kann man einen Farbstoff dauernd mit der Faser verbinden und eine Erschöpfung des Bades erreichen, wenn man den zu färbenden Gegenstand mit einer Substanz behandelt, die sich sowohl mit dem Farbstoff als auch mit der Faser unlöslich verbindet. Solche Fixierungsmittel nennt man **Beizen**; gewöhnlich sind es Salze schwacher Basen, z. B. Aluminiumacetat, Eisen-, Chrom- und Zinnsalze (wie Pinksalz $SnCl_4 \cdot 2NH_4Cl$). Ihre wäßrigen Lösungen sind hydrolytisch gespalten. Wolle nimmt daraus in der Wärme direkt die freien Basen auf; Baumwolle wird mit der Lösung getränkt und in einem warmem, feuchtem Raum gedämpft, wobei sich ein Teil der Säure verflüchtigt und basische Salze in der Faser zurückbleiben. Auf diese Weise wird das Metalloxyd in fein verteiltem Zustand in der Faser niedergeschlagen; bei der darauf vorgenommenen Färbung vereinigt es sich mit sauren oder zur Komplexbildung befähigten Farbstoffen zu **Farblacken**, die durch Waschen nicht mehr von der Faser entfernt werden können. Die wichtigste Anwendung dieser Färbemethode stellte die heute ziemlich bedeutungslos gewordene Türkischrotfärberei des Alizarins dar. Basische Farbstoffe fixiert man auf Baumwolle mit Hilfe von Tannin, das vorher durch Antimonoxyd unlöslich niedergeschlagen ist. Hier liegt eine einfache Salzbildung mit der Gerbsäure vor.

Nach den Untersuchungen von WERNER sind die Farblacke wahrscheinlich **„innere Metallkomplexsalze"** nach der Art des Glykokollkupfers (S. 270); denn die **„auf Beizen ziehenden"** Farbstoffe besitzen sämtlich eine salzbildende Gruppe und eine zweite Gruppe, die mit dem Metallatom der Beize eine Nebenvalenzbindung eingehen kann (z. B. Alizarin, o-Oxy-azofarbstoffe).

In neuerer Zeit ist die gebräuchlichste Form, in der Komplexsalz-Bildung zur Veredlung von Färbungen benutzt wird, die **„Nachchromierung"**. In der Wollfärberei wird bei der Nachbehandlung mit Kaliumdichromat durch die reduzierende Wirkung der Wolle Chrom(III)-salz gebildet. Dieses verbindet sich mit o-Oxyazofarbstoffen unter Beteiligung der Wolle zu Komplexsalzen, wobei eine wesentliche Verbesserung der Naß- und Waschechtheit und häufig eine Vertiefung des Farbtons erzielt wird. Eine Nachbehandlung von Färbungen mit Kupfersalzen wirkt sich besonders auf die Lichtechtheit sehr günstig aus. Teilweise färbt man auch direkt die löslichen Komplexverbindungen als Farbstoffe (Neolan- und Palatinecht-Farbstoffe).

Unter den Baumwollfarbstoffen haben solche, die „direkt", d. h. ohne Verwendung von Beizen aufziehen (**substantive** Baumwollfarbstoffe; s. Kongorot, S. 421), eine immer größere Bedeutung erlangt. Ihre Naßechtheit läßt sich unter Umständen durch eine Nachbehandlung auf der Faser steigern, indem man durch weitere Azokupplung eine Molekülvergrößerung herbeiführt, die eine Herabsetzung der Löslichkeit im Gefolge hat. Die Nachbehandlung substantiver Färbungen mit hochmolekularen quartären Ammoniumsalzen (Solidogen) dient dem gleichen Zweck. Auch an und für sich völlig unlösliche Farbstoffe lassen sich fest auf und in der Faser fixieren. Hier sind in erster Linie die **Entwicklungsfarbstoffe** zu nennen, die aus ihren löslichen Komponenten erst direkt auf der Faser erzeugt werden. Dem gleichen technischen Ziel dient eine zweite wichtige Gruppe, die sog. **Küpenfarbstoffe,** die als solche unlöslich sind, aber durch Reduktion in alkalilösliche Produkte übergehen. Tränkt man das Gewebe mit der alkalischen, **„Küpe"** genannten Lösung und setzt es dann der Luft aus, so erfolgt die Oxydation zum Farbstoff auf der Faser (Indigo, Indanthren, Schwefelfarbstoffe). Küpen- und Entwicklungsfarbstoffe sind wegen ihrer Echtheit für die Baumwoll- und Wollfärberei von allergrößter Bedeutung. Schließlich können wasserunlösliche Farbstoffe bei Kunstfasern auch schon der Spinnlösung einverleibt werden **(Spinnfärbung).** Zusammenfassend kann man die Farbstoffe etwa folgendermaßen einteilen:

1. Basische Farbstoffe (Fuchsin, Methylenblau, Farbstoffe für Acetatseide).
2. Saure Wollfarbstoffe (saure Azofarbstoffe, Nitrofarbstoffe).
3. Chromierungs- und Beizenfarbstoffe (Diamantschwarz).
4. Substantive Baumwollfarbstoffe (Kongorot).
5. Entwicklungsfarbstoffe (Azofarbstoffe, namentlich Naphthol-AS-Farbstoffe, Anilinschwarz).
6. Küpenfarbstoffe.
7. Schwefelfarbstoffe.

Die basischen Triphenylmethanfarbstoffe und die Küpenfarbstoffe der Indigo- und Anthrachinon-Reihe werden uns erst später beschäftigen, so daß wir uns im folgenden auf eine Besprechung der Azofarbstoffe beschränken wollen.

Azofarbstoffe

Azofarbstoffe sind Derivate des Azobenzols, in denen Wasserstoffatome durch Amino- oder Oxygruppen als „auxochrome Gruppen" ersetzt sind. Häufig enthalten sie außerdem noch Sulfo- oder Carboxylgruppen.

Man stellt sie durch Einwirkung eines Diazoniumchlorids auf ein aromatisches Amin oder Phenol dar:

$$C_6H_5 \cdot N_2 \cdot Cl + C_6H_5 \cdot N(CH_3)_2 = C_6H_5 \cdot N : N \cdot C_6H_4 \cdot N(CH_3)_2 + HCl$$

$$C_6H_5 \cdot N_2 \cdot Cl + C_6H_4(OH)_2 = C_6H_5 \cdot N : N \cdot C_6H_3(OH)_2 + HCl.$$

Im ersten Fall entstehen basische, im zweiten saure Farbstoffe; praktisch spielt diese Unterscheidung keine erhebliche Rolle, da die Mehrzahl der technischen Azofarbstoffe Sulfogruppen enthält. Wir sahen bereits (S. 327), daß bei der Kombination eines Diazoniumsalzes mit einem primären (oder sekundären) aromatischen Amin zunächst oft die Diazoaminoverbindung entsteht, die erst beim Erwärmen mit dem salzsauren Salz des Amins in die Aminoazoverbindung übergeht. Bei der Kupplung tritt stets das Para-Wasserstoffatom des Amins oder Phenols mit dem Diazoniumchlorid in Reaktion; ist dieses Atom durch einen Substituenten ersetzt, so tritt die Diazokomponente in die o-Stellung, falls nicht (wie bei Aminen der Benzolreihe) die Kupplung überhaupt unterbleibt.

Diese Methode der „Kupplung" läßt außerordentlich mannigfache Variationen zu, da fast alle Diazoniumsalze sich mit den verschiedensten substituierten Anilinen oder Phenolen kombinieren können. Daher kommt es, daß die Zahl der Azofarbstoffe die aller anderen Farbstoffe zusammengenommen mindestens erreicht. Sie färben nicht nur Wolle, Baumwolle und Seide, sondern auch Leinen, Papier usw., wobei sie gleichzeitig den verschiedensten Ansprüchen an Echtheit und Farbton zu genügen vermögen. Man unterscheidet nach der Zahl der Azogruppen im Molekül Monoazofarbstoffe, Disazofarbstoffe, Trisazofarbstoffe usw.

Zur Gewinnung von Oxyazofarbstoffen läßt man die mit Eis gekühlte Lösung des Diazoniumchlorids langsam zu der alkalischen Lösung eines Phenols oder einer Phenolsulfonsäure fließen, wobei man dafür sorgen muß, daß die Lösung stets schwach alkalisch bleibt, da sonst die frei werdende Salzsäure die Bildung des Farbstoffs verhindert. Nach einiger Zeit wird der Farbstoff durch Kochsalz ausgesalzen, wodurch er sich in Flocken abscheidet. Diese werden durch Filterpressen vom größten Teil des Wassers befreit und entweder getrocknet oder als Teig in den Handel gebracht.

Zur Darstellung der Aminoazoverbindungen mischt man die wäßrige Lösung des Diazoniumchlorids mit der des Anilinsalzes und stumpft nötigenfalls die Mineralsäure durch Natriumacetat ab; wasserunlösliche Amine werden mitunter in alkoholischer Lösung gekuppelt.

Die Azofarbstoffe werden durch kräftige Reduktion mit Zinn und Salzsäure zu Aminen aufgespalten. So gibt z. B. p-Amino-azobenzol Anilin und p-Phenylendiamin:

$$C_6H_5 \cdot N = N \cdot C_6H_4 \cdot NH_2 \longrightarrow C_6H_5 \cdot NH_2 + H_2N \cdot C_6H_4 \cdot NH_2.$$

Man besitzt in dieser Reaktion ein bequemes Mittel, um die Konstitution eines Azofarbstoffs zu bestimmen.

Die meisten Monoazofarbstoffe sind gelb bis rot. Eine Vertiefung der Farbe nach Blau über Grün bis Schwarz beobachtet man im allgemeinen nur bei Polyazofarbstoffen. Erst in neuerer Zeit ist es gelungen, auch grüne und blaue Monoazofarbstoffe (s. Variaminblau, S. 365) darzustellen. Grüne Färbungen kann man auch durch Mischen blauer und gelber Farbstoffe erzielen. Eine interessante Variante dieses Verfahrens ist die „molekulare" Mischung, bei der man einen blauen und einen gelben Farbstoff chemisch so miteinander verkuppelt, daß die konjugierten Systeme beider Farbstoffe voneinander getrennt bleiben. Einige Azofarbstoffe seien im folgenden kurz beschrieben.

Anilingelb ist salzsaures p-Amino-azobenzol (S. 327); es wird nur wenig verwendet, da es durch andere gelbe Farbstoffe verdrängt ist. Seine Disulfonsäure ist das als Farbstoff gleichfalls nicht mehr benutzte **Echtgelb**

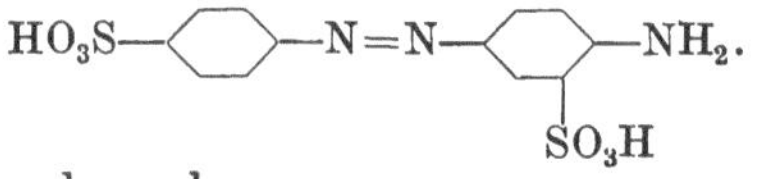

Chrysoidin, 2,4-Diamino-azobenzol

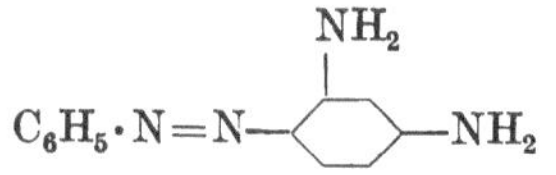

wird aus Benzoldiazoniumchlorid und m-Phenylendiamin gewonnen. Es färbt mit Tannin gebeizte Baumwolle orange und findet in der Lederfärberei Verwendung.

Bismarckbraun (Vesuvin) wird erhalten, wenn man eine wäßrige Lösung von Nitrit und m-Phenylendiamin ansäuert. Es ist ein Gemisch von verschiedenen Farbstoffen; teilweise besteht es aus Triaminoazobenzol, das sich durch Diazotierung einer NH_2-Gruppe des m-Phenylendiamins und Einwirkung der entstandenen Diazoverbindung auf ein zweites Molekül dieser Base bildet:

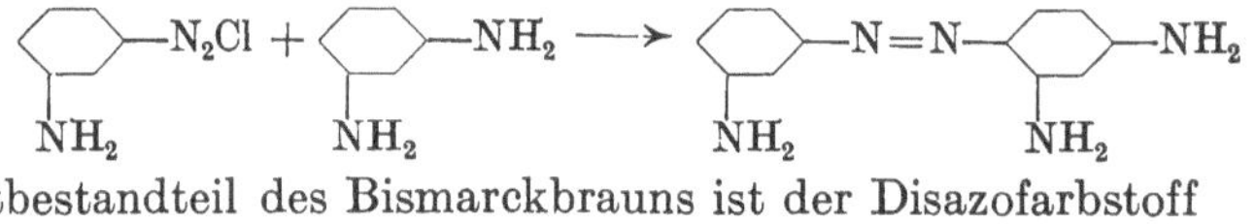

Der Hauptbestandteil des Bismarckbrauns ist der Disazofarbstoff

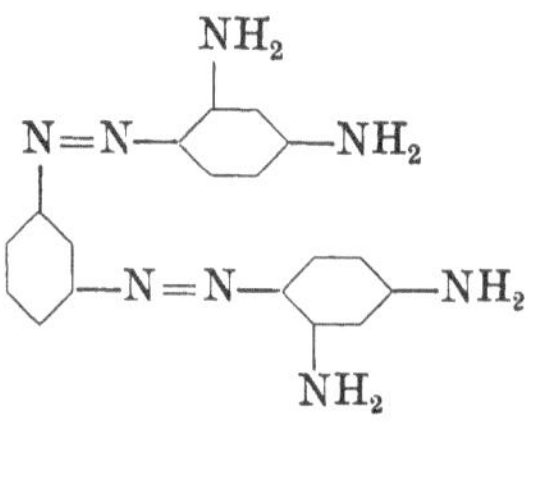

Es findet trotz mangelnder Lichtechtheit vielfache Anwendung zum Färben von Baumwolle (auf Tannin-Brechweinstein-Beize) und namentlich Leder.

Helianthin, p,p'-Dimethylamino-azobenzolsulfonsäure, wird durch Vermischen einer wäßrigen Lösung von Diazobenzolsulfonsäure mit salzsaurem Dimethylanilin gewonnen:

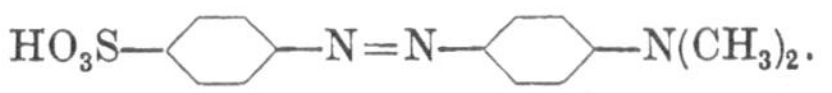

Als Farbstoff wird es nicht verwendet. Sein Natriumsalz (**Methylorange**) dient als Indikator in der Alkalimetrie; die Farbe der Lösung dieses Salzes ist gelb und schlägt beim Ansäuern in Rot um. Der Farbumschlag vollzieht sich bei $p_H = 4$, also im sauren Gebiet. Er beruht vermutlich auf Salzbildung an der nur schwach basischen Dimethylaminogruppe, während die Dissoziation der stark sauren Sulfogruppe durch den Säurezusatz nicht berührt wird.

Metanilgelb, ein lichtechtes, in der Woll- und Papierfärberei viel verwendetes Gelb, entsteht aus diazotierter Metanilsäure (m-Amino-benzolsulfonsäure) und Diphenylamin:

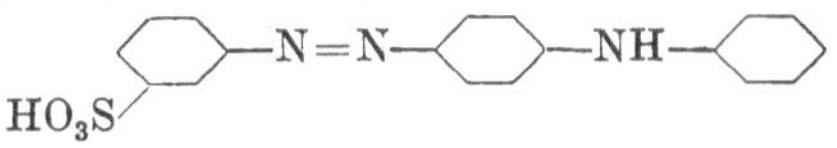

Während Phenol für Oxyazofarbstoffe nur wenig verwendet wird, leiten sich vom β-Naphthol (S. 420) wichtige Kombinationen ab; mit Diazobenzolsulfonsäure entsteht **Orange II**:

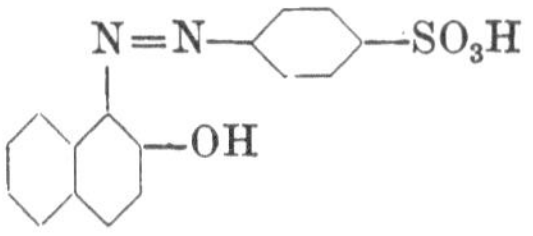

Als Beispiel eines Disazofarbstoffs sei der **Walkscharlach G** genannt, der aus m-Tolidin durch Diazotieren und Kuppeln mit Naphthol-(2)-sulfonsäure-(6) (SCHÄFFER-Säure) erhältlich ist:

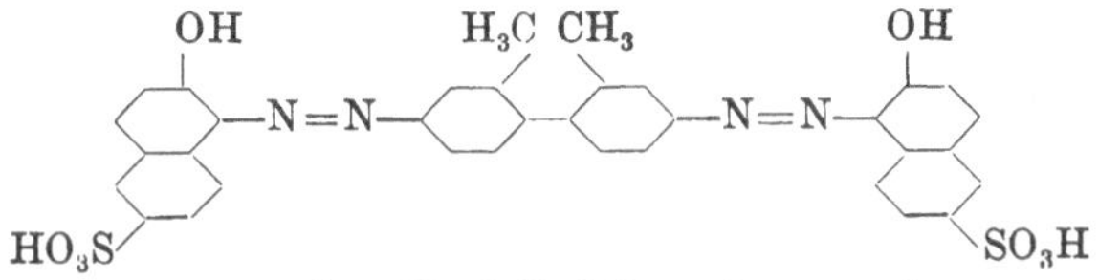

Ein weiterer Vertreter ist das **Naphtholblauschwarz,** das gewonnen wird, wenn 8-Amino-naphthol-(1)-disulfonsäure-(3,6) („H-Säure") mit diazotiertem p-Nitroanilin und Anilin gekuppelt wird:

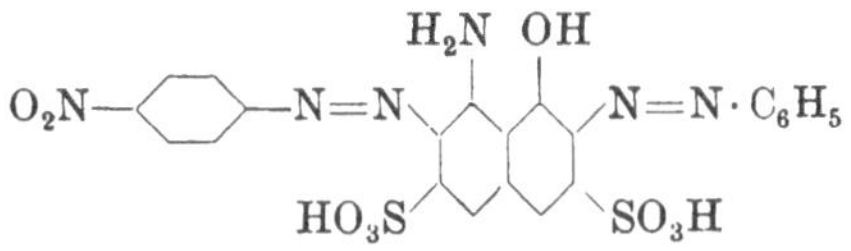

Die hier aufgeführten sauren Azofarbstoffe dienen zum Färben von Wolle aus saurem Bade. Für die Baumwollfärberei sind sie dagegen vielfach unbrauchbar. Welchen strukturellen Forderungen ein Azofarbstoff genügen muß, um „direkt" auf Baumwolle zu ziehen, läßt sich nicht in Form allgemeingültiger Regeln aussprechen. Doch hat eine ausgedehnte Erfahrung gelehrt, daß die Abkömmlinge des (in 2·2'-Stellung unsubstituierten!) Benzidins, z. B. Kongorot (S. 421) oder **Direkt-Tiefschwarz E extra**

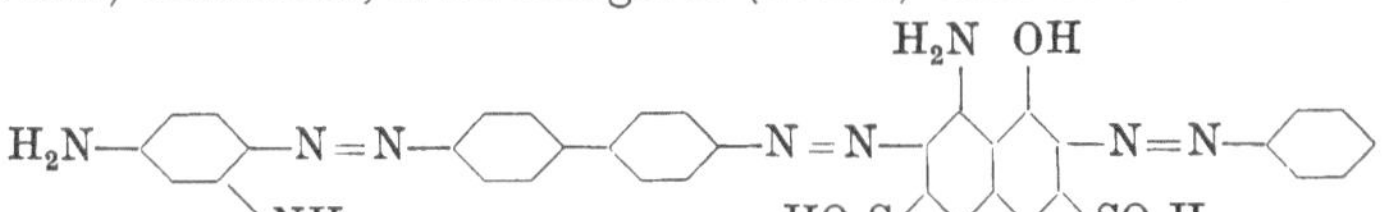

und Derivate der 6-Amino-naphthol-(1)-sulfonsäure-(3) („I-Säure") wie **Siriusblau 6G**

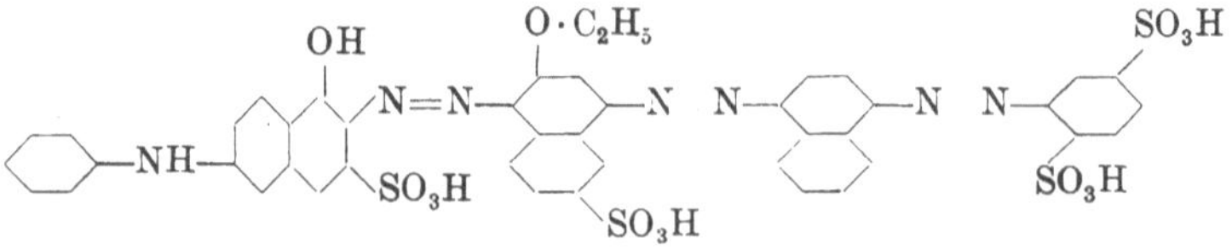

fast ausnahmslos substantiv sind. Offenbar begünstigt ihr langgestreckter Bau die Festigkeit der adsorptiven Bindung.

Beizenziehende Azofarbstoffe müssen über die zur Metallkomplexbildung nötigen Gruppen verfügen. In diese Klasse gehören vor allem o-Oxyazofarbstoffe und von der Salicylsäure abgeleitete Azofarbstoffe (vgl. S. 367). Unter den o-Oxyazofarbstoffen ist **Diamantschwarz PV**

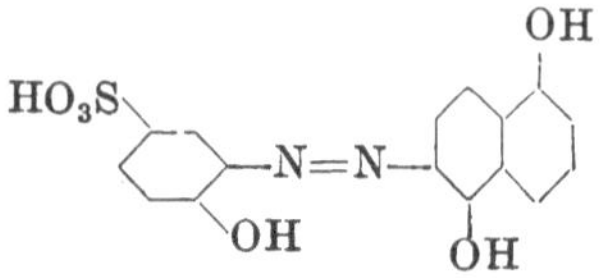

ein Beispiel für einen an und für sich roten Farbstoff, der beim Nachchromieren schwarz wird. Die Änderung des Farbtons ist namentlich bei Wollfarbstoffen eine häufige Erscheinung. Als Repräsentanten eines gelben Beizenfarbstoffs, dessen Nuance beim Chromieren nur unwesentlich verändert wird, nennen wir das **Chromechtgelb RD** (**Chromocitronin**)

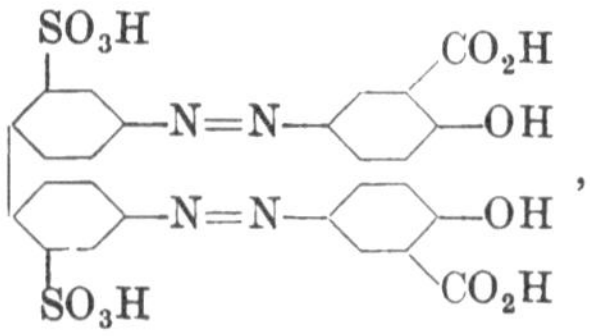

einen Abkömmling der Salicylsäure (S. 367), der im Gemisch mit Chrom(III)-acetat zum Bedrucken von Baumwolle verwendet wird. Von unlöslichen Azofarbstoffen, die auf der Faser entwickelt werden müssen, sei **p-Nitranilinrot (Pararot)** genannt. Es wird durch Einwirkung von diazotiertem p-Nitranilin auf die mit β-Naphtholnatrium getränkte Faser erhalten:

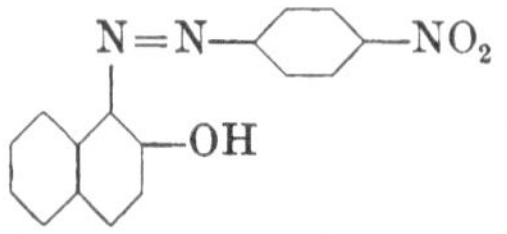

Es spielte in der Baumwollfärberei eine große Rolle. Einen bedeutenden Fortschritt ihm gegenüber bilden die **Naphthol-AS-Farbstoffe.** Bei ihnen ist β-Naphthol als Kupplungskomponente durch die bedeutend stärker substantiven Anilide der 2-Oxy-naphthoesäure-(3) ersetzt. Diese ziehen ohne Beize sehr leicht auf die Faser auf und liefern in diesem Zustand mit Diazoverbindungen überaus echte Farbstoffe. Als Beispiel sei der rote Farbstoff gebracht, der durch Kupplung von Oxynaphthoesäure-[5-chlor-2,4-dimethoxyanilid] mit der **Echtrotbase ITR** (4-Methoxy-3-amino-benzolsulfonsäurediäthylamid) entsteht:

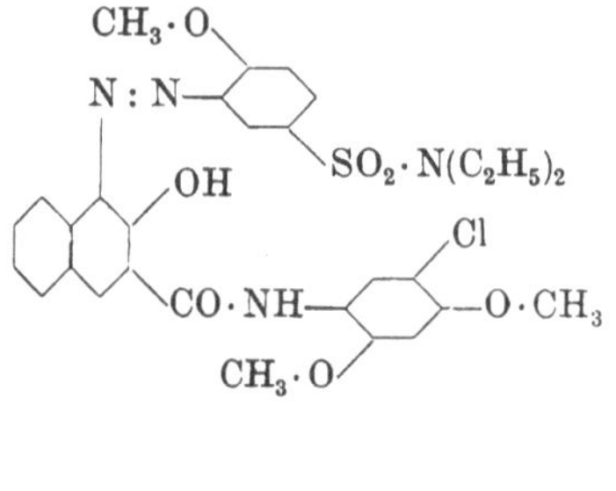

Er übertrifft an Schönheit und Einfachheit des Färbeverfahrens bei weitem das Alizarin und hat dieses daher in der Türkischrotfärberei bereits teilweise verdrängt. Blaue Naphthol-AS-Farbstoffe entstehen, wenn man als Diazokomponente Derivate des p-Amino-diphenylamins verwendet, z. B. die **Variaminblau**-Base B

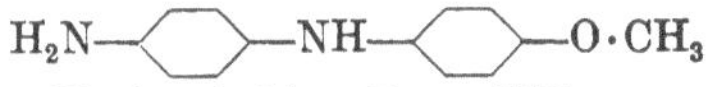

oder p-Amino-diphenylamin (Variaminblau-Base RT)

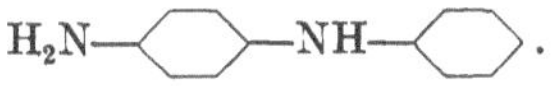

Diese sehr echten Farbstoffe sind als blaue Monoazofarbstoffe besonders bemerkenswert. Anschließend sei erwähnt, daß unlösliche, sulfogruppenfreie Azofarbstoffe auch in Substanz, als Pigmentfarbstoffe, eine bedeutende Rolle spielen. Besondere Probleme stellt auch die Färberei der Acetatseide, wo sulfogruppenhaltige Farbstoffe vielfach unbrauchbar sind. Als Beispiel für die Wege, die man einschlägt, um trotzdem eine ausreichende Löslichkeit oder Dispergierbarkeit im Färbebad zu erzielen, sei der **Cellitonätzscharlach** mit eingeführter Oxyäthyl-Gruppe genannt:

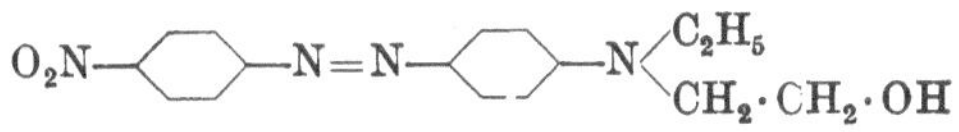

Weitere Beispiele für wichtige Azofarbstoffe s. unter Salicylsäure (S. 367), Stilben (S. 416) und Pyrazolon (S. 467).

Ein Beispiel für eine interessante Abart in der Verwendung von Entwicklungsfarbstoffen stellen die **Diazotypie-Papiere** dar. Viele Diazoverbindungen werden durch Belichtung zerstört. Belichtet man also ein mit Diazoverbindung imprägniertes Papier unter einem Negativ, so werden bei anschließender Entwicklung mit der Lösung eines Phenols nur die unbelichteten Stellen unter Kupplung gefärbt. Als lichtempfindliche Diazoverbindung verwendet man z. B. diazotiertes p-Amino-dimethylanilin oder p-Amino-diphenylamin, als Entwickler Phloroglucin oder Resorcin (Erzeugung schwarzer bzw. brauner Töne). Häufiger imprägniert man das Papier gleichzeitig mit einem Phenol und einer in saurer Lösung nichtkuppelnden Diazoverbindung, z. B. 1-Diazo-naphthol-(2)-sulfonsäure-(4). Die Kupplung vollzieht sich dann durch einfaches Einbringen in eine alkalische Lösung oder eine feuchte NH_3-haltige Atmosphäre. Da man durch Verwendung geeigneter Komponenten natürlich auch farbige Kopien erhalten kann, macht man von diesem Verfahren auch in der Farbenphotographie Gebrauch.

Substituierte Benzoesäuren

Aus Benzoesäure erhält man durch direkte Chlorierung unter Anwendung von $FeCl_3$ als Katalysator ein komplexes Gemisch von Säuren, unter denen **m-Chlorbenzoesäure** das einzige Monosubstitutionsprodukt ist. Sie kann auch aus der entsprechenden Aminoverbindung durch Diazotieren gewonnen werden, ein Weg, der für die Darstellung der Halogenbenzoesäuren sehr zu empfehlen ist. **p-Chlor-** und **p-Brombenzoesäure** werden meist durch Oxydation des entsprechenden halogenierten Toluols gewonnen. Wie zu erwarten ist, werden die sauren Eigenschaften der Benzoesäure durch Einführung von Halogen, und zwar am stärksten in o-Stellung, gesteigert. Die Dissoziationskonstante k ist für Benzoesäure 6×10^{-5}, für o-Chlorbenzoesäure $1 \cdot 3 \times 10^{-3}$, m-Chlorbenzoesäure $1 \cdot 6 \times 10^{-4}$, p-Chlorbenzoesäure $9 \cdot 3 \times 10^{-5}$.

Beim Nitrieren von Benzoesäure entsteht hauptsächlich **m-Nitrobenzoesäure,** daneben rund $20^0/_0$ Ortho- und sehr wenig Parasäure. o- und p-Nitro-benzoesäure werden am besten durch Oxydation von o- bzw. p-Nitro-toluol erhalten; die o-Säure ist durch intensiv süßen Geschmack charakterisiert. Auch hier wird durch den Eintritt der Nitrogruppe in o-Stellung der Wert der Dissoziationskonstante am stärksten erhöht.

Das cyclische Imid der **o-Sulfobenzoesäure** $C_6H_4\langle{}^{SO_2}_{CO}\rangle NH$, unter dem Namen **Saccharin** bekannt, ist durch außergewöhnlich süßen Geschmack ausgezeichnet und wird als Zuckerersatz, auch für Zuckerkranke, benutzt. Es besitzt keinen Nährwert, da es den Körper unverändert wieder verläßt. Seine Süßkraft übertrifft die des Rohrzuckers um das 500fache. Da durch direktes Sulfurieren von Benzoesäure beinahe ausschließlich m-Sulfo-benzoesäure entsteht, so ist dieser Weg für die Gewinnung von Saccharin nicht geeignet. Man geht deshalb vom Toluol aus, das beim Behandeln mit Chlorsulfonsäure SO_3HCl ein Gemisch von viel p- und wenig o-Toluolsulfochlorid liefert. Aus dem o-Sulfochlorid wird das Sulfamid dargestellt und danach die Methylgruppe durch Kaliumpermanganat zu Carboxyl oxydiert. Beim Erhitzen gibt dieses Oxydationsprodukt sehr leicht 1 Mol H_2O ab und geht in Saccharin über:

$$\underset{\text{Toluol}}{C_6H_5\cdot CH_3} \longrightarrow \underset{\text{o-Toluolsulfochlorid}}{C_6H_4{<}^{SO_2Cl\ 1}_{CH_3\ \ 2}} \longrightarrow \underset{\text{o-Toluolsulfamid}}{C_6H_4{<}^{SO_2\cdot NH_2}_{CH_3}}$$

$$\longrightarrow \underset{\text{o-Sulfamid der Benzoesäure}}{C_6H_4{<}^{SO_2\cdot NH_2}_{COOH}} \longrightarrow \underset{\text{Saccharin}}{C_6H_4{<}^{SO_2}_{CO}{>}NH.}$$

Saccharin ist ein weißes kristallinisches Pulver, das in kaltem Wasser schwer, in Alkohol und Äther leicht löslich ist. Durch Aufnahme von einem Molekül Wasser wird es in das nicht süß schmeckende o-Sulfamid der Benzoesäure zurückverwandelt.

Über den Zusammenhang von Geschmack und chemischer Struktur ist noch wenig bekannt; viele Substanzen, die chemisch nichts miteinander zu tun haben, besitzen einen süßen Geschmack. Durch Substitution der Wasserstoffatome des Benzolkerns in Saccharin geht der süße Geschmack zurück; dafür macht sich ein bitterer Nebengeschmack bemerkbar, der bei reinem Saccharin sehr schwach ist. Beim Ersatz des Imidwasserstoffs durch Metalle dagegen bleibt der süße Geschmack erhalten. Die Na-Verbindung des Saccharins kristallisiert sehr schön und ist unter dem Namen **Kristallose** im Handel.

Interessant ist, daß Phthalimid (I) geschmacklos ist, Saccharin (II) sehr süß, während die Substitution der zweiten CO-Gruppe des Phthalimids durch SO_2 eine Verbindung III gibt, die wieder viel weniger süß ist und einen herben Nebengeschmack hat.

$$\text{I. } C_6H_4{<}^{CO}_{CO}{>}NH \qquad \text{II. } C_6H_4{<}^{CO}_{SO_2}{>}NH \qquad \text{III. } C_6H_4{<}^{SO_2}_{SO_2}{>}NH.$$

Von anderen Süßstoffen, die teilweise auch praktische Verwendung finden, seien erwähnt: **4-Äthoxy-phenylharnstoff (Dulcin)** $C_2H_5\cdot O\cdot C_6H_4\cdot NH\cdot CO\cdot NH_2$ (200), **4-Nitro-2-amino-l-propyloxy-benzol** $O_2N\cdot C_6H_3(NH_2)\cdot O\cdot CH_2\cdot C_2H_5$ (4000), **4-Cyan-2-amino-l-propyloxy-benzol** $NC\cdot C_6H_3(NH_2)\cdot O\cdot CH_2\cdot C_2H_5$ (2500) und **N-[4-Nitro-phenyl]-N'-[β-carboxy-äthyl]-harnstoff** $O_2N\cdot C_6H_4\cdot NH\cdot CO\cdot NH\cdot CH_2\cdot CH_2\cdot CO_2H$ (350). Die in Klammern beigefügten Zahlen geben die Süßkraft im Vergleich zu Rohrzucker an.

Aromatische Oxysäuren (Phenolcarbonsäuren)

Die wichtigste der aromatischen Oxysäuren ist die unter dem Namen **Salicylsäure** bekannte o-Oxybenzoesäure $C_6H_4{<}^{OH\ \ 2}_{CO_2H\ 1}$. Ihr Name erklärt sich aus ihrer Beziehung zum **Salicin,** einem Glucosid, das sich im Bast und in den Blättern der Weide (Salix) findet. Durch Hydrolyse wird es in **Saligenin** und Glucose gespalten:

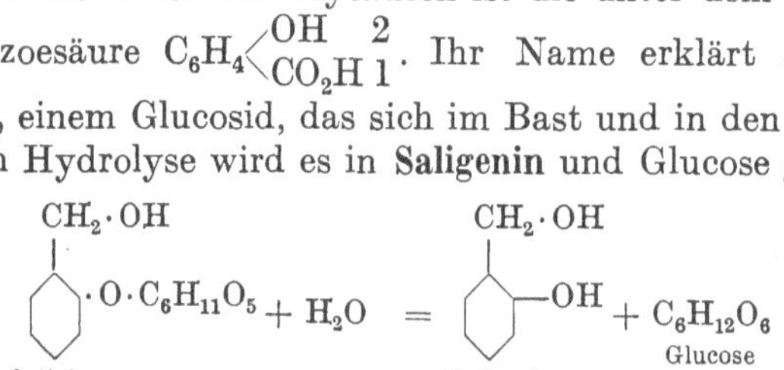

Salicin Saligenin

Saligenin ist der Alkohol, welcher der Salicylsäure entspricht; durch Oxydation kann er in diese übergeführt werden:

$$\underset{\text{Saligenin}}{C_6H_4{<}^{OH}_{CH_2\cdot OH}} \longrightarrow \underset{\text{Salicylsäure}}{C_6H_4{<}^{OH}_{COOH}}\cdot$$

Salicylsäure findet sich als Methylester im ätherischen Öl von *Gaultheria procumbens* (Wintergrünöl). Man kann Salicylsäure durch Schmelzen von o-Kresol mit Kaliumhydroxyd und Bleidioxyd als Oxydationsmittel in guter Ausbeute erhalten:

$$C_6H_4{<}{}^{CH_3}_{OH} \longrightarrow C_6H_4{<}{}^{COOH}_{OH}\,.$$

Technisch wird sie nach einem von KOLBE aufgefundenen und von SCHMITT verbesserten Verfahren bereitet, indem man auf Phenolnatrium Kohlendioxyd unter Druck einwirken läßt und dann auf 130⁰ erhitzt.

Wenn Phenolnatrium bei gewöhnlicher Temperatur mit Kohlendioxyd unter einem Überdruck von etwa $^1/_3$ Atmosphäre in Berührung gebracht wird, bildet sich phenylkohlensaures Natrium:

$$C_6H_5\cdot ONa + CO_2 = C_6H_5\cdot O\cdot CO_2Na,$$

denn bei der Einwirkung von verdünnten Säuren zersetzt sich das Reaktionsprodukt unter Rückbildung von Phenol und Kohlendioxyd. Die naheliegende Auffassung dieser Verbindung als Zwischenprodukt bei der Synthese von Salicylsäure im Sinne des Schemas

$$C_6H_4{<}{}^{O\cdot CO_2Na}_{H} \longrightarrow C_6H_4{<}{}^{OH}_{CO_2Na}$$

ist mit der Begründung bestritten worden, daß phenylkohlensaures Natrium bei 130⁰ vollkommen in Natriumphenolat und CO_2 zerfallen sei. Ein exakter Beweis ist jedoch nie erbracht, und es ist wohl möglich, daß phenylkohlensaures Natrium wenigstens bei den Versuchen unter Druck als Intermediärprodukt auftritt.

Salicylsäure stellt ein kristallinisches, in kaltem Wasser schwer lösliches Pulver vom Schmelzpunkt 159⁰ dar. Sie ist eine ungewöhnlich starke Säure ($k = 1\cdot 06 \times 10^{-3}$), was auf eine Wasserstoffbrücke zwischen OH und Carboxyl zurückgeführt wird. Bei vorsichtigem Erhitzen sublimiert sie, durch schnelles Erhitzen wird sie dagegen in Phenol und Kohlendioxyd gespalten. Mit Eisenchlorid entsteht auch in *alkoholischer* Lösung Violettfärbung (Unterschied von Phenol, das in alkoholischer Lösung durch Eisenchlorid nicht violett gefärbt wird).

Salicylsäure vermag als Phenolderivat mit Diazoniumverbindungen zu kuppeln. Sie ist wichtig als Azokomponente, da die so erhältlichen Farbstoffe auf Beizen ziehen. Sie sind namentlich als Nachchromierungsfarbstoffe sehr wertvoll. Der Farbstoff aus diazotiertem m-Nitranilin und Salicylsäure

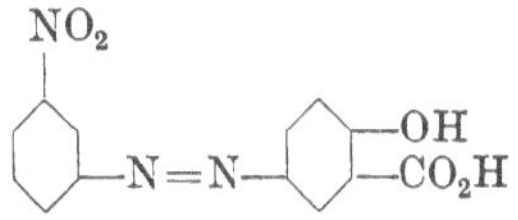

heißt **Alizaringelb GG.**

Salicylsäure wirkt gärungshemmend und fäulnisverhindernd und wird deshalb zur Konservierung von Nahrungsmitteln, Getränken (Bier) usw. angewandt. Ihr Natriumsalz sowie ihr Acetylderivat $C_6H_4{<}{}^{O\cdot CO\cdot CH_3}_{CO_2H}$ (**Aspirin**; 1898 von F. HOFFMANN bei BAYER & Co. eingeführt) werden therapeutisch angewendet. Salicylsäuremethylester, meist synthetisch dargestellt, ist ein wichtiger Riechstoff.

Salicylsäurephenylester wird durch Erhitzen von Salicylsäure mit Phenol und $POCl_3$ dargestellt. Er schmilzt bei 41 · 7⁰ und findet unter dem Namen **Salol** wegen der Spaltung in Phenol und Salicylsäure als mildes Harndesinfiziens therapeutische Anwendung.

Protocatechusäure (3,4-Dioxy-benzolcarbonsäure-1)

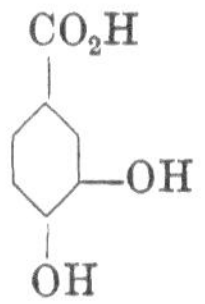

entsteht aus vielen Harzen durch Kalischmelze. Synthetisch gewinnt man sie neben Brenzcatechin-o-carbonsäure durch Erhitzen von Brenzcatechin mit Ammoniumcarbonat-Lösung im Autoklaven. Dies ist ein sehr bemerkenswertes Beispiel einer leichten Einführung des Carboxyls in den Kern. In Wasser ist die Säure leicht löslich; sie reduziert als Brenzcatechinderivat ammoniakalische Silberlösung, ist aber gegen alkalische Kupferlösung beständig. Wie Brenzcatechin gibt Protocatechusäure ferner eine charakteristische Reaktion mit Eisenchlorid, nämlich Grünfärbung, die beim Zufügen einer sehr verdünnten Sodalösung in Blau umschlägt und schließlich in Rot übergeht.

Die bekannteste Trioxycarbonsäure ist die **Gallussäure**

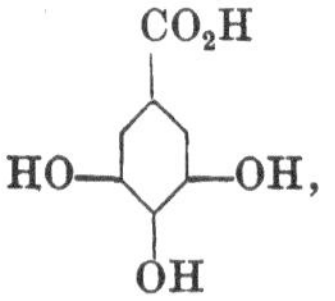

die als Bestandteil von Gerbstoffen in Galläpfeln, im chinesischen Tee, im Sumach usw. vorkommt. Sie wird aus Tannin (S. 369) durch Erhitzen mit überschüssigem Kalk unter Druck oder durch fermentative Spaltung mit Hilfe von Schimmelpilzen dargestellt. Sie kristallisiert in feinen Nadeln, die in kochendem Wasser leicht löslich sind, und schmilzt oberhalb 225°. Beim Erhitzen geht Gallussäure unter CO_2-Abspaltung in Pyrogallol über (S. 347); sie reduziert Gold- und Silbersalze unter Abscheidung des Metalls und gibt mit Eisenchlorid einen blauschwarzen Niederschlag. Ebenso wie Pyrogallol färbt sie sich an der Luft durch Oxydation braun.

Die hier besprochenen Oxycarbonsäuren stehen in enger Beziehung zu zahlreichen Naturstoffen. So sind die Reste der p-Oxybenzoesäure, Protocatechusäure und Gallussäure in den Anthocyanen und den Flavonfarbstoffen enthalten (S. 451).

In den **Flechten** finden sich ebenfalls charakteristische Farbstoffe, von denen einzelne synthetisch aus aromatischen Oxysäuren aufgebaut sind. Es stellte sich nämlich heraus, daß sie aus zwei (oder mehr) Molekülen dieser Säuren derart aufgebaut sind, daß die Carboxylgruppe der einen durch die Hydroxylgruppe der anderen esterifiziert ist. E. Fischer hat eine ganze Reihe solcher Verbindungen dargestellt, denen er den allgemeinen Namen **Depside**[1] gegeben hat. Ihr Aufbau erinnert an den der Polypeptide.

Ein Beispiel einer solchen Synthese liefert die Darstellung des Didepsids der p-Oxybenzoesäure. Diese Säure wird zunächst mit Acetylchlorid in alkalischer Lösung zusammengebracht, wobei folgende Reaktion stattfindet:

$$CH_3 \cdot COCl + NaO \cdot C_6H_4 \cdot CO_2Na = NaCl + CH_3 \cdot CO \cdot O \cdot C_6H_4 \cdot CO_2Na.$$

Nachdem auf diese Weise die Hydroxylgruppe der p-Oxybenzoesäure „geschützt" ist, kann durch Einwirkung von PCl_5 das Chlorid dargestellt werden, das nunmehr (wieder in alkalischer Lösung) mit einem zweiten Molekül p-Oxybenzoesäure in Reaktion gebracht wird:

$$\begin{aligned} CH_3 \cdot CO \cdot O \cdot C_6H_4 \cdot COCl + NaO \cdot C_6H_4 \cdot CO_2Na &= NaCl \\ &+ CH_3 \cdot CO \cdot O \cdot C_6H_4 \cdot CO \cdot O \cdot C_6H_4 \cdot CO_2Na. \end{aligned}$$

Entfernt man nunmehr die Acetylgruppe durch Verseifung, so erhält man das freie Didepsid

$$HO \cdot C_6H_4 \cdot CO \cdot O \cdot C_6H_4 \cdot CO_2H.$$

Die **Gerbstoffe** oder **Gerbsäuren** sind im Pflanzenreich weitverbreitet. Man versteht darunter Verbindungen, die meist amorph und in Wasser leicht löslich sind, einen zusammenziehenden („adstringierenden") Geschmack besitzen, mit Eisen(III)-salzen schwarze oder grüne Färbungen geben, Tierhaut in Leder überführen und Eiweißstoffe (z. B. Leim) fällen.

---

[1] von δέψειν = gerben.

Man teilt sie in drei Gruppen ein. Weitaus der größte Teil der Gerbstoffe gruppiert sich um den Gerbstoff der Eichenrinde und vorderindischer Akazien und das damit verwandte **Catechin,** dessen Konstitution von FREUDENBERG aufgeklärt wurde (S. 452).

Die zweite Gruppe **(Ellagengerbstoffe)** gibt beim Erwärmen mit verdünnten Säuren die **Ellagsäure,** die ein inneres Didepsid darstellt:

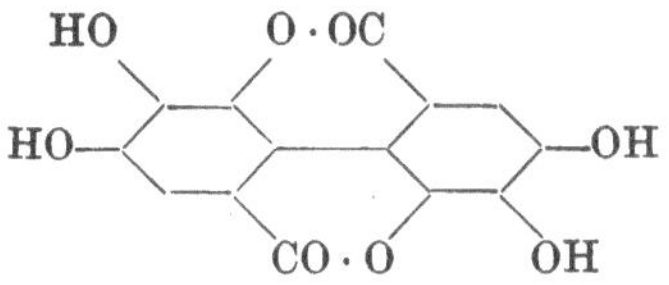

Ellagsäure ist z. B. in der Rinde des Granatapfelbaumes, wahrscheinlich als Glucosid, enthalten. Ihre Formel läßt die nahe Verwandtschaft mit Gallussäure erkennen, aus der sie übrigens durch Oxydation leicht entsteht.

Zu der dritten Gruppe, die nur einen geringen Teil der Gerbstoffe umfaßt, gehört das **Tannin (Gallotannin)** der chinesischen Galläpfel, dessen Struktur sowohl durch Abbau als auch durch Synthese nahezu völlig bewiesen ist. Durch Erwärmen mit verdünnter Schwefelsäure wird es in Gallussäure und d-Glucose gespalten.

Auf synthetischem Wege hat E. FISCHER eine Substanz dargestellt, die dem Tannin sehr ähnlich ist, indem er aus Gallussäure zunächst das Didepsid m-Digallussäure

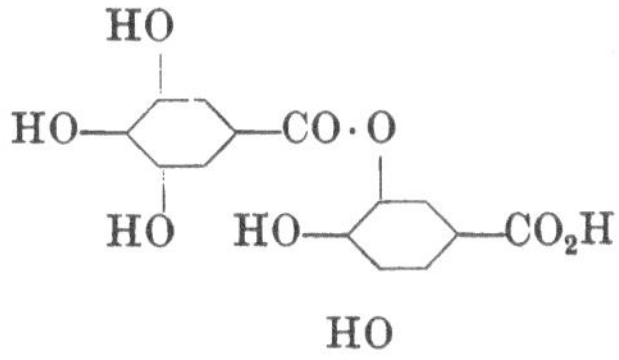

aufbaute und deren Chlorid mit Glucose in Reaktion brachte, wodurch Pentadigalloylglucose $C_{76}H_{52}O_{46}$ entstand:

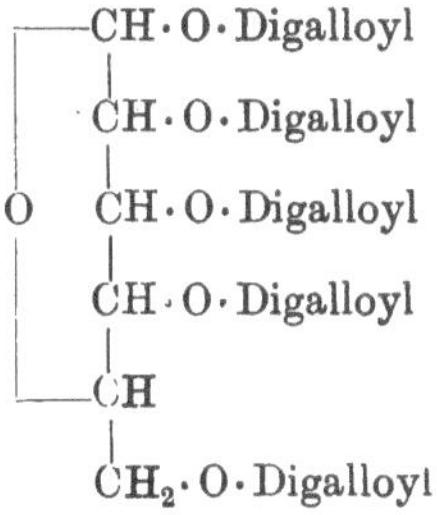

Wahrscheinlich ist Tannin ein Gemisch von Stoffen, die der Pentadigalloylglucose ähnlich sind. Es enthält neben Digallussäure auch Gallussäure selbst in esterartiger Bindung

Tannin stellt ein gelbliches amorphes Pulver dar, das in Wasser und Alkohol leicht löslich, in Äther nahezu unlöslich ist. Seine wäßrige Lösung ist rechtsdrehend. Die zahlreichen Phenolhydroxyle verleihen ihm einen schwach sauren Charakter, so daß es Carbonate zersetzt. Es bildet mit Basen Metallsalze und schlägt viele Alkaloide aus ihren wäßrigen Lösungen nieder. Die Bildung einer blauen Lösung bzw. eines schwarzen Niederschlages mit Eisen(III)-salzen wird bei der Herstellung von Tinte verwertet.

Zur Bereitung schwarzer **Tinte** vermischt man eine Lösung von Tannin und Gallussäure mit einer Lösung von Eisen(II)-sulfat, die eine Spur freier Schwefelsäure enthält. Ohne Gegenwart von Schwefelsäure würde das Eisen(II)-salz an der Luft ziemlich rasch oxydiert werden und mit Gallussäure bzw. Tannin einen dicken schwarzen Niederschlag bilden; bei Anwesenheit von ein wenig Schwefelsäure geht die Oxydation aber außerordentlich langsam vor sich. Wird die Lösung auf Papier gebracht, so wird die freie Säure durch die in diesem enthaltenen basischen Stoffe (Tonerde usf.) neutralisiert; der Oxydationsvorgang ist nicht mehr gehemmt. Nun sind aber die Eisen(II)-salze der Gerbsäuren nur schwach braun, so daß die frische Schrift blaß sein würde. Man setzt daher einen organischen Farbstoff zu. Die Tinte fließt dann zwar blau aus der Feder, wird aber durch den Oxydationsprozeß beim Trocknen tiefschwarz. Die heutigen Tinten sind, soweit sie keine Dokumententinten sind, vielfach keine Gallustinten, sondern enthalten als färbende Bestandteile Anilinfarbstoffe, z. B. sulfuriertes Anilinblau.

Vom Gerbstoff rührt der vielen Getränken eigene bittere Geschmack her, wie er z. B. beim Tee beobachtet wird, wenn er zu lange gezogen hat. Auf Zusatz von Milch verschwindet der bittere Geschmack, da der Gerbstoff sich mit den Eiweißstoffen der Milch zu einer unlöslichen Verbindung vereinigt. Der Gerbstoff des Tees gehört in der Hauptsache zur Klasse der Catechine.

In der **Gerberei** dienen Gerbstoffe dazu, die tierische Haut in Leder überzuführen. Beim Gerben wird die tierische Haut mit Gerbstoffen imprägniert (Leder enthält 30—50% Gerbstoff). Durch diese Behandlung wird sie biegsam und geschmeidig, erlangt die Fähigkeit, in getrennten Fasern aufzutrocknen und widersteht in der Nässe der Fäulnis, während die Rohhaut durch Trocknen steif und hornig wird und im feuchten Zustand schnell in Fäulnis übergeht.

Die tierische Haut besteht aus drei Schichten, der Epidermis, dem Corium oder Lederhaut und der Fetthaut; nur das Corium (dessen Hauptbestandteil der Eiweißstoff Kollagen ist, S. 286) dient für die Lederbereitung, die beiden anderen Schichten müssen entfernt werden. Dies geschieht durch „Äschern“ mit Kalkmilch und etwas Na_2S und anschließendes Schaben. Die so präparierten Häute werden in großen holzausgekleideten Gruben in horizontaler Lage ausgebreitet, wobei man zwischen je zwei Häute gemahlene Eichenrinde, „Lohe“, oder anderes gerbstoffhaltiges Material streut. Hierauf werden die Tröge mit Wasser gefüllt. Nach 6 bis 8 Wochen werden die Häute herausgeholt und in eine zweite Grube mit frischer Lohe gebracht. Dies wird mit einem stets konzentrierteren Gerbstoff fortgesetzt, bis die Häute „gar“ sind, was bei diesem Verfahren 2—3 Jahre dauern kann. Ob eine Haut gut durchgegerbt ist, erkennt man an der Schnittfläche und bei der Behandlung mit verdünnter Essigsäure; schwillt die Haut dabei von innen noch an, so ist der Übergang in Leder noch nicht vollendet. In modernen Betrieben wird mit fertigen Gerbstoffextrakten eine wesentlich schnellere Gerbung (2—3 Monate) erzielt.

Es gibt noch zahlreiche andere Substanzen, die gerbende Wirkung besitzen. Technisch wichtig ist namentlich die Chromgerbung der leichteren Leder, die ein 4—7% Chromoxyd enthaltendes Leder erzeugt. Besondere Bedeutung haben synthetische Gerbmittel erlangt, die durch Kondensation von Naphthalinsulfonsäure mit Formaldehyd und Phenolen gewonnen werden (Tanigan). Sie gestatten einen Ersatz des natürlichen Gerbstoffs bis zu 50%. Über die eigentlichen Vorgänge der Gerbung ist noch wenig Sicheres bekannt. Man nimmt an, daß bei der Gerbung die Umwandlung hydrophiler in hydrophobe Kolloide und Vernetzungen durch Wasserstoffbrücken oder Komplexsalzbildung eine wesentliche Rolle spielen.

Benzoldicarbonsäuren, Phthalsäuren

Die Ortho-Dicarbonsäure des Benzols heißt **Phthalsäure.** Sie entsteht bei der Oxydation von solchen aromatischen Kohlenwasserstoffen, die zwei orthoständige Seitenketten oder einen in Ortho-Stellung angegliederten Ring enthalten, z. B. von Naphthalin. Phthalsäure bildet monokline Kristalle und ist in heißem Wasser und in Alkohol leicht löslich. Sie schmilzt gegen 230° unter Wasserabspaltung und geht dabei in **Phthalsäureanhydrid** (Schmelzp. 131·0°) über, das in langen Nadeln sublimiert. Sie ist eine starke Säure ($k_1 = 1{,}1 \times 10^{-3}$; $k_2 = 3{,}9 \times 10^{-6}$).

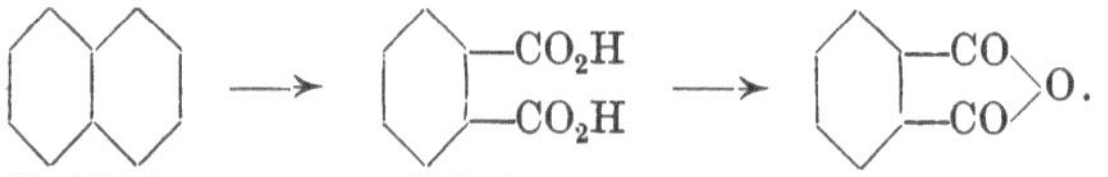

Naphthalin Phthalsäure Phthalsäureanhydrid

Phthalsäure, von der große Mengen für die Fabrikation von Phthalsäureestern, Anthrachinon, Benzoesäure und Kunstharzen[1] verbraucht werden, wurde früher nach dem Verfahren

[1] Durch Kondensation von Phthalsäure (oder Phthalsäure und ungesättigten Fettsäuren) mit Glycerin und anderen Polyalkoholen entstehen Harze vom Typus des **Glyptals (Alkydharze)**, die eine große Bedeutung für die Lackindustrie besitzen.

von SAPPER (Bad. Anilin- u. Sodafabrik) gewonnen. Dabei wird Naphthalin mit rauchender Schwefelsäure und etwas Quecksilbersulfat erhitzt; das entweichende SO_2 wird in einer angeschlossenen Schwefelsäurefabrik zu Schwefelsäure regeneriert. Das Verfahren wurde durch einen Zufall entdeckt, indem bei einem Versuch das Thermometer zerbrach. Jetzt oxydiert man das Naphthalin katalytisch in der Gasphase nach einem von WOHL in Deutschland und GIBBS in Amerika ausgearbeiteten Verfahren, indem man es unter sorgfältiger Temperaturkontrolle mit Luft bei ca. 400° über einen Katalysator aus Vanadiumpentoxyd und Kaliumsulfat auf Kieselgur leitet. In beiden Fällen entsteht das Anhydrid der Phthalsäure. Bei dem stark steigenden Bedarf an Phthalsäure wird neuerdings in Amerika auch o-Xylol aus Petroleum als Ausgangsmaterial benutzt.

Phthalylchlorid entsteht durch Einwirkung von PCl_5 auf Phthalsäure. Es existiert in zwei isomeren Formen: I $C_6H_4\left<\begin{matrix}COCl\\COCl\end{matrix}\right.$ und II $C_6H_4\left<\begin{matrix}CCl_2\\CO\end{matrix}\right>O$, von denen II durch Erwärmen von I mit $AlCl_3$ entsteht. II wandelt sich leicht wieder in I um. I schmilzt bei 16°, II bei 89°. Chemisch unterscheiden sie sich unter anderem darin, daß I viel rascher mit Ammoniak und Anilin reagiert als II; jedoch ist es bemerkenswert, daß hierbei und bei mehreren anderen Reaktionen aus beiden Isomeren dieselben Verbindungen entstehen. So bildet sich z. B. durch Einwirkung von Ammoniak Cyanbenzoesäure:

$$C_6H_4\left<\begin{matrix}COCl + NH_3\\COCl\end{matrix}\right. \longrightarrow C_6H_4\left<\begin{matrix}C\begin{matrix}Cl\\NH_2\\OH\end{matrix}\\COCl\end{matrix}\right. - 2\,HCl \longrightarrow C_6H_4\left<\begin{matrix}C{=}NH\\CO\end{matrix}\right>O \longrightarrow C_6H_4\left<\begin{matrix}CN\\COOH\end{matrix}\right. .$$

Beim Isochlorid II hat man anzunehmen, daß die Gruppe CCl_2 sofort die Gruppe $C{=}NH$ liefert.

Es läßt sich daher auf rein chemischem Wege nicht ohne weiteres entscheiden, wie die beiden Formeln auf die Isomeren verteilt werden müssen. Doch folgt aus den physikalischen Eigenschaften (Refraktion, Absorption, Dipolmoment), daß das direkt aus PCl_5 und Phthalsäure erhaltene Produkt die Formel I hat.

Das Imid der Phthalsäure, **Phthalimid** $C_6H_4\left<\begin{matrix}CO\\CO\end{matrix}\right>NH$, hat durch die Untersuchungen von GABRIEL für die Synthese primärer Amine Bedeutung erlangt.

Man gewinnt es durch Einleiten von trocknem Ammoniak in geschmolzenes Phthalsäureanhydrid. Sein Imidwasserstoff ist durch Metall ersetzbar; die Kaliumverbindung z. B. scheidet sich ab, wenn man KOH zur alkoholischen Lösung des Imids gibt. Läßt man auf dieses **Phthalimidkalium** Alkylhalogenid einwirken, so wird das Metall durch Alkyl ersetzt; aus dem Reaktionsprodukt spalten Säuren oder Alkalien beim Erhitzen primäres Amin ab, das frei von sekundärem oder tertiärem Amin ist:

$$\underset{\text{Phthalimidkalium}}{C_6H_4\left<\begin{matrix}CO\\CO\end{matrix}\right>NK} + C_2H_5Br \longrightarrow C_6H_4\left<\begin{matrix}CO\\CO\end{matrix}\right>N\cdot C_2H_5 \longrightarrow C_6H_4\left<\begin{matrix}COOH\\COOH\end{matrix}\right. + C_2H_5\cdot NH_2 .$$

Die gleichen Reaktionen kann man auch mit substituierten Alkylhalogeniden ausführen, z. B. mit 1,2-Dibrom-äthan $CH_2Br\cdot CH_2Br$, wobei man Bromäthylamin $H_2N\cdot CH_2\cdot CH_2Br$ erhält; mit 2-Brom-äthanol-(1) $CH_2Br\cdot CH_2\cdot OH$ entsteht Oxyäthylamin (Colamin) $H_2N\cdot CH_2\cdot CH_2\cdot OH$ (S. 160).

Isophthalsäure (m-Benzol-dicarbonsäure) wird durch Oxydation von m-Xylol dargestellt. Sie schmilzt bei 345°, ist in Wasser schwer löslich und vermag kein Anhydrid zu bilden.

Terephthalsäure (p-Benzol-dicarbonsäure) entsteht unter anderem bei der Oxydation von Terpentinöl. Zu ihrer Darstellung dient die Oxydation von p-Xylol. In Wasser, Alkohol und Äther ist sie nahezu unlöslich. Bei gewöhnlichem Druck schmilzt sie nicht, bei hoher Temperatur sublimiert sie ohne Zersetzung. Auch diese Säure bildet kein Anhydrid. Mit Glykol bildet sie einen linearen Polyester, der als Kunstfaser (**Terylen**) Verwendung findet.

Auch Tri-, Tetra-, Penta- und Hexacarbonsäuren des Benzols sind bekannt. Unter ihnen verdient die letztere, **Mellitsäure,** Beachtung wegen ihres Vorkommens im **Honigstein,** einem Mineral, das in Braunkohlenlagern gefunden wird. Der Honigstein ist das Aluminiumsalz der Mellitsäure: $C_{12}O_{12}Al_2 + 18\,H_2O$. Mellitsäure entsteht durch Oxydation von Graphit und Kohlen, in denen die Graphitstruktur vorgebildet ist, mit Salpetersäure und Vanadinsäure als Katalysator. Ihre Bildung ist leicht verständlich, wenn man die röntgenographisch

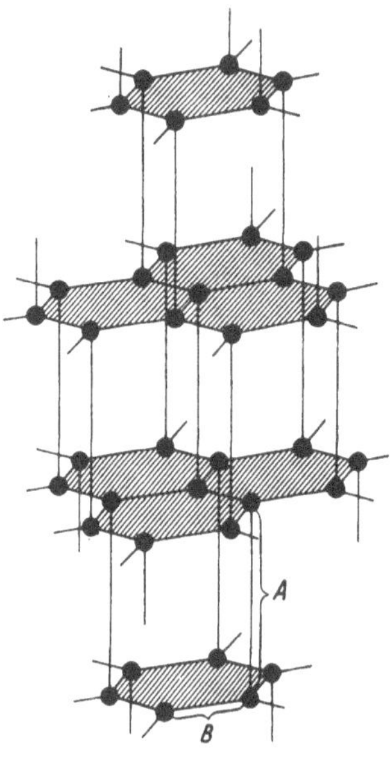

g. 87

ermittelte Kristallstruktur des Graphits (Fig. 87) betrachtet ($A = 3{\cdot}4$ Å, $B = 1{\cdot}42$ Å). Graphit steht danach zu den aromatischen Verbindungen in einem ähnlichen Verhältnis wie Diamant zu den aliphatischen. Mellitsäurehexamethylester bildet sich durch Polymerisation von Acetylendicarbonsäureester unter dem Einfluß von Pyridin (DIELS, ALDER). Diese schöne Synthese ist ein genaues Analogon zur BERTHELOTschen Benzolsynthese. Mellitsäure kristallisiert in Nadeln vom Schmelzpunkt 288°, die in Alkohol und Wasser leicht löslich sind. Beim Erhitzen spaltet sie zwei Moleküle CO_2 und zwei Moleküle H_2O ab und geht dadurch in **Pyromellitsäureanhydrid** $^{1}_{2}O{<}^{CO}_{CO}{>}C_6H_2{<}^{CO}_{CO}{>}O^{4}_{5}$ über, das sich durch Wasseraufnahme in Pyromellitsäure $C_6H_2(CO_2H)_4$ verwandelt. Beim Erhitzen mit Kalk gibt Mellitsäure Benzol.

Anthranilsäure

Von den **Aminobenzoesäuren** besitzt die Ortho-Verbindung, die **Anthranilsäure**, die größte Bedeutung; man hat sie zuerst durch Oxydation von Indigo gewonnen. Sie besitzt ganz den Charakter einer Aminosäure und bildet sowohl mit Säuren als auch mit Basen Salze. Anthranilsäure besitzt süßen Geschmack und zeigt schwach antiseptische Eigenschaften. Man kann sie nach der Methode von HOOGEWERFF und VAN DORP aus Phthalimid durch Behandeln mit Natriumhypochlorit darstellen; hierbei entsteht zunächst das phthalamidsaure Salz, das nach dem Schema des HOFMANNschen Abbaus in Anthranilsäure übergeht:

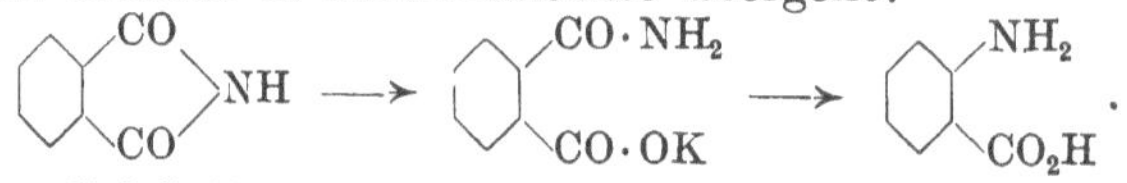

Phthalimid K-Salz der Phthalamidsäure Anthranilsäure

Durch eine sehr interessante intramolekulare Umlagerung entsteht sie auch aus o-Nitro-toluol beim Kochen der alkalischen Lösung:

$$C_6H_4{<}^{NO_2}_{CH_3} \longrightarrow C_6H_4{<}^{NH_2}_{CO_2H}\,.$$

Anthranilsäure schmilzt bei 145° und kann ohne Zersetzung sublimiert werden; sie ist in Wasser und Alkohol leicht löslich. Sie wurde früher für die technische Synthese von Indigo nach der erstgenannten Methode dargestellt, auch für Azo- und Anthrachinonfarbstoffe findet sie Verwendung.

Der Methylester der Anthranilsäure hat einen intensiven Blumengeruch und ist auch in den ätherischen Ölen mancher Blumen, z. B. im Jasminblütenöl, nachgewiesen worden.

p-Amino-benzoesäure, durch Oxydation von N-Acetyl-p-toluidin erhältlich, ist interessant als Wuchsstoff (Vitamin H') für viele Bakterien und als Antagonist von Sulfonamiden. **4-Amino-2-oxy-benzoesäure** (p-Amino-salicylsäure), aus m-Amino-phenol und CO_2 darstellbar, ebenfalls ein Antagonist der p-Amino-benzoesäure, wird wegen ihrer wachstumshemmenden Wirkung auf Tuberkelbazillen klinisch verwandt.

Substituierte Aldehyde

m-Nitro-benzaldehyd entsteht als Hauptprodukt bei der Nitrierung von Benzaldehyd; der als Nebenprodukt erhaltene o-Nitro-benzaldehyd kann besser durch Oxydation von o-Nitro-toluol mit Chromsäure und Essigsäureanhydrid in Eisessig-Schwefelsäure und Verseifung des erhaltenen Aldehyd-diacetats dargestellt werden.

o-Nitro-benzaldehyd unterliegt im Sonnenlicht einer raschen Umlagerung in o-Nitroso-benzoesäure:

$$C_6H_4{<}^{NO_2}_{CHO} \longrightarrow C_6H_4{<}^{NO}_{COOH}\,.$$

Aromatische **Oxyaldehyde** lassen sich mittels einer allgemein anwendbaren, von GATTERMANN entdeckten synthetischen Reaktion gewinnen. Diese besteht in der gleichzeitigen Einwirkung von Blausäure (oder bequemer Zinkcyanid) und Chlorwasserstoff auf die ätherische Lösung eines Phenols. Die Reaktion, bei der man Formimidchlorid HC(:NH)Cl in statu nascendi als wirksames Agens annehmen kann, führt über das salzsaure Salz eines Imids:

$$C_6H_5 \cdot OH + HCN + HCl = C_6H_4 <\begin{matrix} OH \\ CH:NH \cdot HCl \end{matrix},$$

das man in verschiedenen Fällen isolieren konnte. Warmes Wasser verwandelt das salzsaure Imid in Oxyaldehyd und Salmiak:

$$C_6H_4 <\begin{matrix} OH \\ CH:NH \cdot HCl \end{matrix} + H_2O = C_6H_4 <\begin{matrix} OH \\ CHO \end{matrix} + NH_4Cl.$$

Die Aldehydgruppe tritt hierbei in p-Stellung zum Hydroxyl ein; aus Phenol erhält man also p-Oxy-benzaldehyd. Bei schwerer reagierenden Phenolen ist es häufig zweckmäßig, noch eine kleine Menge Aluminiumchlorid als Kondensationsmittel zuzusetzen.

Eine weitere, mitunter verwendbare Methode ist die Synthese von Oxyaldehyden nach REIMER und TIEMANN durch Einwirkung von Chloroform und Alkali auf Phenole:

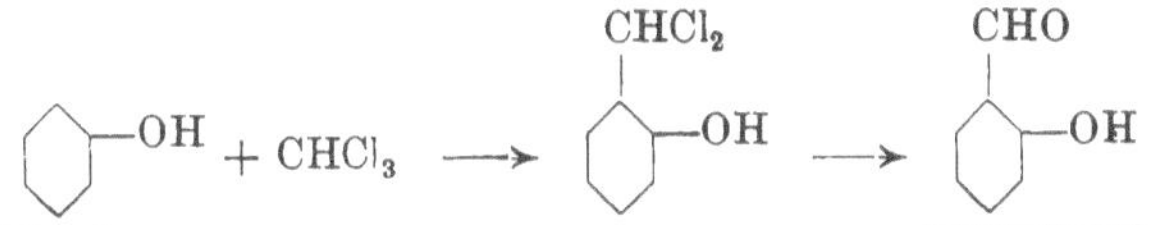

Phenol Salicylaldehyd

Hierbei entstehen meist überwiegend o-Oxyaldehyde, aber auch p-Oxyaldehyde, Dialdehyde und andere Verbindungen, so daß die Aufarbeitung nicht immer leicht ist.

Bei der Anwendung der REIMER-TIEMANNschen Synthese auf p-Kresol erhält man neben Oxyaldehyd eine chinolartige hydroaromatische Verbindung:

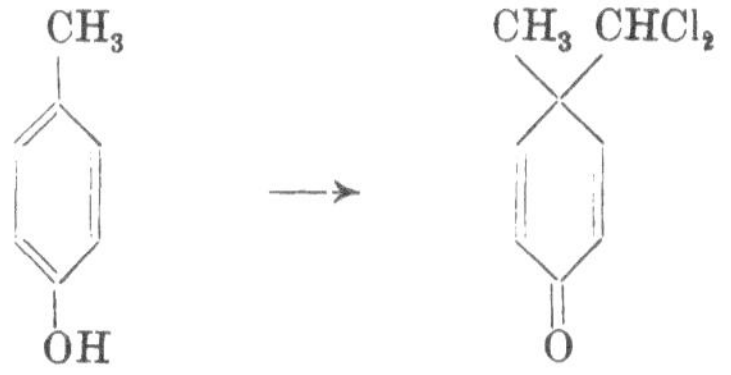

Der Vorgang erinnert an die früher besprochene C-Alkylierung des Resorcins.

Salicylaldehyd, o-Oxy-benzaldehyd, dessen Synthese oben beschrieben wurde, kommt im ätherischen Öl von Spiraea-Arten vor. Man gewinnt ihn nach der REIMER-TIEMANNschen Synthese oder aus o-Kresol (S. 375). Er ist ein aromatisch riechendes Öl vom Kp: 197° und saurer als Phenol ($k =$ ca. 10^{-8}). Bemerkenswert ist, daß die Alkalisalze in einer gelben und einer farblosen Form existieren. Die gelbe Form ist ein saures Salz, für das die nachstehende Komplexformel vorgeschlagen ist:

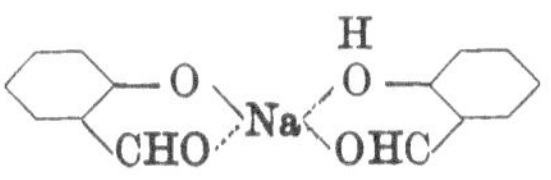

Salicylaldehyd dient in der Riechstoffindustrie zur Darstellung von Cumarin (S. 375). Bereits auf S. 289 wurde die Eigenschaft von komplexen Kobalt-Verbindungen der SCHIFFschen Basen aus Salicylaldehyd und Diaminen erwähnt, Sauerstoff reversibel zu binden. Sie dient zur Sauerstoffgewinnung aus Luft in kleinen transportablen Anlagen.

Der Methyläther des p-Oxy-benzaldehyds ist der gewürzig riechende **Anisaldehyd** $CH_3 \cdot O \cdot C_6H_4 \cdot CHO$ (Kp: 248°).

Zu der eben besprochenen Klasse von Verbindungen gehört auch der Monomethyläther des Protocatechualdehyds, das **Vanillin** (I), das als Glucosid in den Vanilleschoten enthalten ist. Man stellt es synthetisch u. a. aus **Eugenol** (II) dar, das den riechenden Bestandteil des Nelkenöls bildet und durch Alkalien in **Isoeugenol** (III) umgelagert wird. Dieses gibt bei der Oxydation mit Ozon oder mit Nitrobenzol + Alkali Vanillin. Die Bildung von Vanillin durch Oxydation von Lignin, die ebenfalls technische Bedeutung besitzt, wurde bereits früher erwähnt.

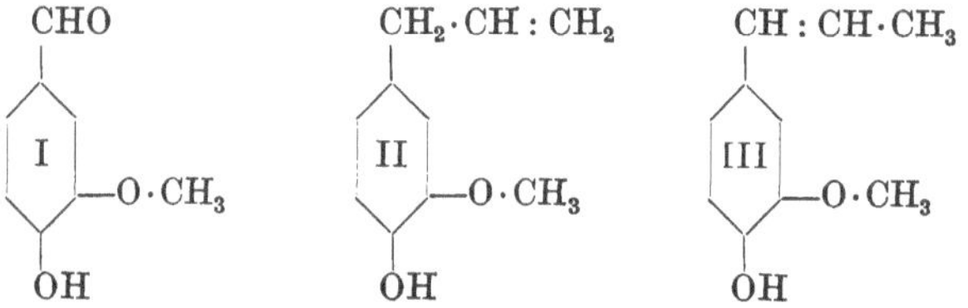

Vanillin Eugenol Isoeugenol

Man kennt eine ganze Reihe synthetischer Verfahren zur Darstellung von Vanillin. Dabei entstehen aber meist kleine Mengen schwer zu entfernender Isomeren, die den Geschmack des Vanillins, das fast ausschließlich in der Nahrungsmittelindustrie verwendet wird, ungünstig beeinflussen.

Mehrfach substituierte Benzolderivate mit Substituenten in den Seitenketten

Von den vielen hierher gehörenden Verbindungen können nur wenige besprochen werden.

p-Oxy-phenylbrenztraubensäure $C_6H_4\left<{}^{OH}_{CH_2\cdot CO\cdot CO_2H}\right.$ besitzt durch ihren Zusammenhang mit **Tyrosin,** einem wichtigen Baustein vieler Eiweißstoffe (S. 278), eine gewisse Bedeutung. Tyrosin (F: 314°) ist p-Oxy-phenylalanin

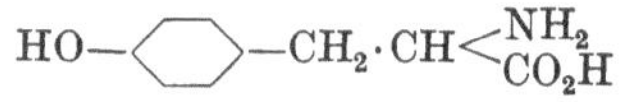

und bildet als Aminosäure sowohl mit Säuren als auch mit Basen Salze.

Es wird am besten durch Hydrolyse von Seidenabfällen mit rauchender Salzsäure dargestellt. Durch Oxydation von Tyrosin unter Mitwirkung einer Oxydase (Tyrosinase) entstehen sehr beständige schwarze Farbstoffe, **„Melanine“,** die mit den Pigmenten der Haut und der Haare verwandt sein dürften. Als Zwischenprodukt bildet sich dabei **3,4-Dioxy-phenylalanin („Dopa“),** das man vielfach in Insekten nachgewiesen hat. Es kommt auch im Pflanzenreich, z. B. in der Saubohne (Vicia faba) und der Samtbohne vor. Tyrosinase findet sich in der Haut der Säugetiere, bei Albinos fehlt sie.

Ein wichtiges Derivat des Tyrosins ist das von KENDALL entdeckte **Thyroxin,** das in der Schilddrüse in peptidartiger Bindung im Thyreoglobulin vorkommt und als „Hormon“ (S. 434) für die Regulierung des Stoffwechsels von großer Bedeutung ist. Es besitzt nach BARGER und HARINGTON die Formel

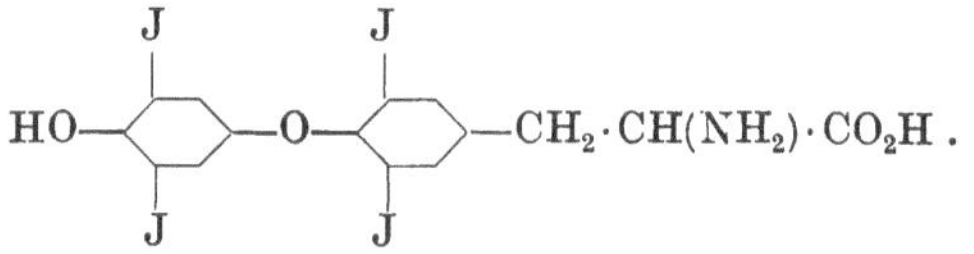

o-Oxy-zimtsäure existiert als Zimtsäure-Derivat in zwei stereoisomeren Formen, die leicht ineinander übergehen können:

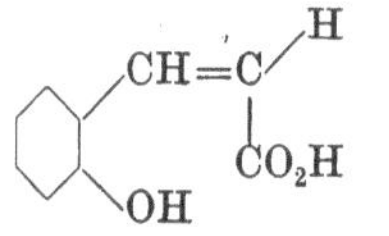

Cumarinsäure

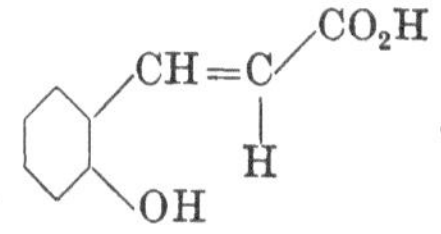

Cumarsäure

Die Cumarinsäure selbst kennt man nicht in freiem Zustand, sondern nur in Form ihrer Salze; wird sie aus diesen freigemacht, so verliert sie sofort Wasser und geht in das Lacton **Cumarin**, den Riechstoff des Waldmeisters (*Asperula odorata*), über. Cumarsäure hingegen vermag kein eigenes Anhydrid zu bilden.

Cumarin kann man nach PERKINS Synthese (S. 339) aus Salicylaldehyd, Natriumacetat und Essigsäureanhydrid darstellen, wobei zunächst **Acetylcumarsäure** entsteht, die beim Erhitzen Essigsäure abspaltet und in Cumarin übergeht:

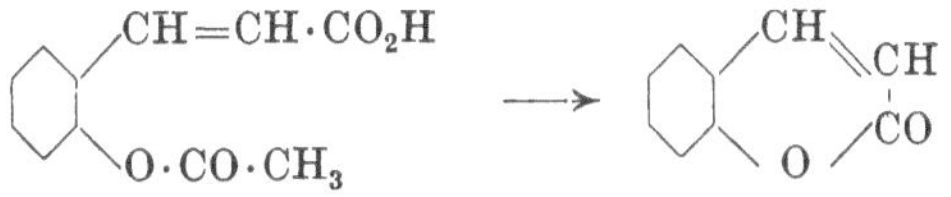

Cumarin

Zur technischen Darstellung von Cumarin verwandelt man nach RASCHIG o-Kresol zunächst mit Phosgen, um die OH-Gruppe zu schützen, in Di-o-tolyl-carbonat. Das durch Chlorierung erhaltene Zwischenprodukt liefert beim Verseifen mit alkohol. Natronlauge Salicylaldehyd, der der PERKINschen Synthese unterworfen wird:

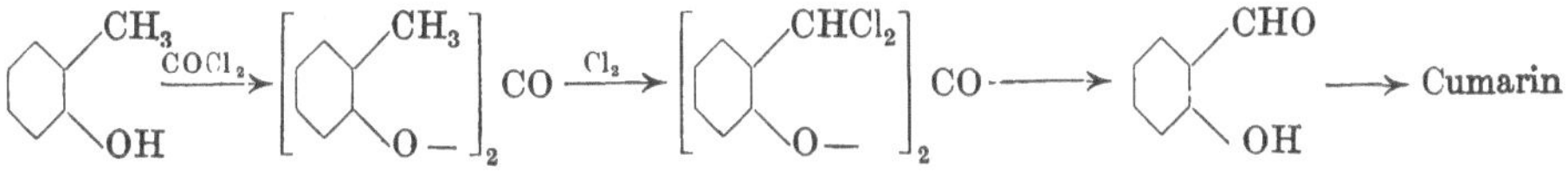

Cumarin-Derivate, bei denen der Benzolkern durch Oxy- und Alkoxy-Gruppen substituiert oder mit einem Furanring kondensiert ist, sind in der Natur, wie namentlich Untersuchungen von SPÄTH gezeigt haben, sehr verbreitet.

Als doppelt ungesättigte Säure möge hier noch die **Piperinsäure** (I) erwähnt werden. Sie ist ein Spaltungsprodukt des Pfefferstoffs Piperin (S. 457).

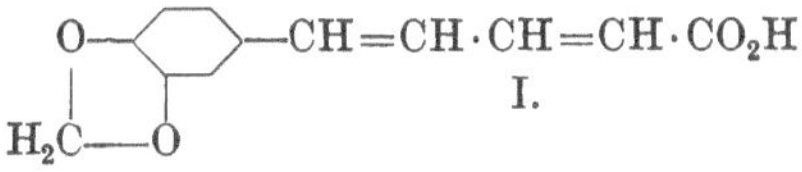

I.

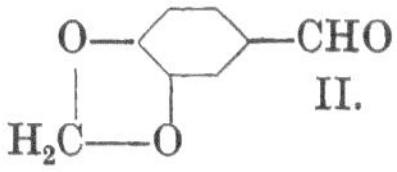

II.

Durch Oxydation mit Permanganat geht sie in **Piperonal** (II), den Methylenäther des Protocatechualdehyds, über. Piperonal schmilzt bei 37°, siedet bei 263°, hat einen heliotropähnlichen Geruch und findet daher in der Parfümerie unter dem Namen **Heliotropin** Verwendung. Worauf der Geruch der tropischen Zierpflanze Heliotropium beruht, ist unbekannt.

Durch Kondensation von Piperonal mit Acetaldehyd in Gegenwart von Natronlauge entsteht **Piperonylidenacetaldehyd,** der seinerseits durch Einwirkung von Natriumacetat und Essigsäureanhydrid nach der PERKINschen Reaktion in Piperinsäure übergeht:

$$H_2C{<}^{O}_{O}{>}C_6H_3\cdot CH:CH\cdot CHO \longrightarrow H_2C{<}^{O}_{O}{>}C_6H_3\cdot CH:CH\cdot CH:CH\cdot CO_2H.$$

Ein wichtiges, hier zu erwähnendes Naturprodukt ist das **Adrenalin,** $C_9H_{13}O_3N$, das als erstes konstitutionell aufgeklärtes Hormon (S. 436) auch historische Bedeutung hat. Es ist in einer Menge von etwa 1 Prozent in den Nebennieren der Wirbeltiere, und zwar im Nebennieren-Mark enthalten, übrigens auch bei einigen Anneliden nachgewiesen, und besitzt schon in sehr verdünnter Lösung eine kräftig blutdrucksteigernde, gefäßverengernde und daher blutstillende Wirkung; es findet deshalb in der Heilkunde Verwendung. Durch Oxydation entsteht aus ihm Protocatechusäure. Synthetisch wird es in folgender Weise dargestellt (STOLZ, Höchster Farbwerke): Durch Einwirkung von Chloracetylchlorid $CH_2Cl\cdot COCl$ auf Brenzcatechin (I) wird Chloracetylbrenzcatechin (II) erhalten, das mit Methylamin in Reaktion gebracht wird. Hierdurch entsteht das Aminoketon (III), das durch Reduktion in Adrenalin (IV) übergeführt werden kann:

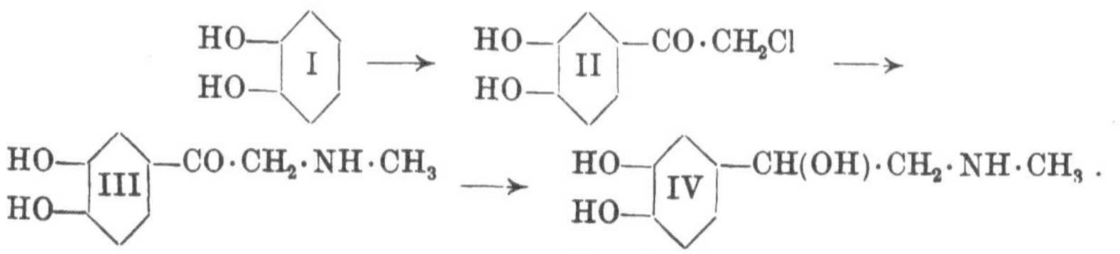

Adrenalin (Suprarenin)

Durch Spaltung mit Weinsäure (das mit * bezeichnete C-Atom des Adrenalins ist asymmetrisch) wird hieraus das linksdrehende Adrenalin gewonnen, das physiologisch 12—16 mal wirksamer ist als rechtsdrehendes Adrenalin.

Auch das am Stickstoff entmethylierte Adrenalin-Analogon $(HO)_2C_6H_3\cdot CH(OH)\cdot CH_2\cdot NH_2$ **(Arterenol)** findet sich in der Nebenniere. Es spielt analog der Funktion des Acetylcholins beim Vagus (S. 161) die Rolle des chemischen Überträgers in sympathischen Nervenendigungen („cholinergische bzw. arterenergische" Nervenfasern). Eine blutdruckerhöhende Wirkung hat man noch bei anderen organischen Basen, die gleichzeitig Phenolcharakter besitzen, beobachtet. Zu nennen sind hier **Hordenin** $(p)HO\cdot C_6H_4\cdot CH_2\cdot CH_2\cdot N(CH_3)_2$ aus Gerstenkeimlingen sowie **Tyramin,** $HO\cdot C_6H_4\cdot CH_2\cdot CH_2\cdot NH_2$, p-Oxyphenyläthylamin, das im Mutterkorn und im Speichel der Kephalopoden vorkommt. Es bildet sich aus Tyrosin durch CO_2-Abspaltung beim Erhitzen oder bei der Einwirkung von Fermenten. In verschiedenen Ephedra-Arten (namentlich chinesischer) findet sich optisch-aktives **Ephedrin,** $C_6H_5\cdot CH(OH)\cdot CH<^{CH_3}_{NH\cdot CH_3}$. Optisch-inaktives Ephedrin **(Ephetonin)** und das synthetisch gewonnene **Sympatol** $HO\cdot C_6H_4\cdot CH(OH)\cdot CH_2\cdot NH\cdot CH_3$ werden wegen ihrer schwach blutdrucksteigernden Wirkung therapeutisch verwendet. Bereits das Ephedrin besitzt eine gewisse anregende Wirkung, die beim **Benzedrin** $C_6H_5\cdot CH_2\cdot CH(CH_3)\cdot NH_2$ und **Pervitin** $C_6H_5\cdot CH_2\cdot CH(CH_3)\cdot NH\cdot CH_3$ außerordentlich gesteigert ist („Weckamine").

Ortsbestimmung bei aromatischen Verbindungen

In den vorhergehenden Kapiteln sind einige wichtige, mehrfach substituierte Benzolderivate beschrieben worden. Nunmehr soll eine Übersicht über die allgemeinen Methoden gegeben werden, nach denen man die Stellung der eingetretenen Substituenten ermittelt.

Es gibt zwei Arten der Ortsbestimmung:

1. **Die relative Ortsbestimmung.** Man sucht Verbindungen, in denen die Plätze der Substituenten unbekannt sind, in solche mit bekannter Stellung überzuführen, und folgert dann, daß in der ersten Verbindung die Substituenten die gleiche Anordnung wie in der zweiten haben. Will man z. B. die Struktur eines der drei Xylole bestimmen, so kann man den Kohlenwasserstoff oxydieren; die Konstitution der entstehenden Dicarbonsäure ergibt die Stellung der Methylgruppen in dem untersuchten Xylol. Hierbei wird natürlich vorausgesetzt, daß jeder Substituent bei den Umwandlungen, die er erleidet, an demselben Platz bleibt, an dem er sich einmal befindet. Dies ist erfahrungsgemäß auch meist der Fall; bei einzelnen Reaktionen ändert sich jedoch der Ort der Seitenketten.

So geben alle drei Brombenzolsulfonsäuren bei der Kalischmelze Resorcin (S. 343). Bei der Kalischmelze von p-Chlortoluol bildet sich m-Kresol in erheblicher Menge.

Um Trugschlüsse zu vermeiden, empfiehlt es sich daher in zweifelhaften Fällen, die Ortsbestimmung durch Überführung in mehrere andere Verbindungen zu kontrollieren.

2. **Die absolute Ortsbestimmung.** Die relative Ortsbestimung erlaubt naturgemäß nur eine Einteilung der aromatischen Verbindungen in Gruppen, die hinsichtlich der Anordnung der Seitenketten übereinstimmen müssen. Über die tatsächliche Stellung der Seitenketten vermag sie aber so lange nichts auszusagen, als nicht für wenigstens einen Vertreter der verschiedenen Gruppen auf unabhängigem Wege eine direkte Ortsbestimmung gelungen ist. Eine solche Methode der absoluten Ortsbestimmung

ist von KÖRNER[1] geschaffen und bildet eine der Grundlagen der organischen Strukturchemie. Heute, wo die Stellung zahlreicher Benzolderivate sicher bekannt ist, kommt man mit der relativen Ortsbestimmung aus.

Das Prinzip der absoluten Methode ist folgendes: um zu erkennen, ob Disubstitutionsprodukte mit gleichen Substituenten Ortho-, Meta- oder Para-Verbindungen sind, bestimmt man die Anzahl der ihnen entsprechenden Trisubstitutionsprodukte. Durch die Einführung einer dritten Gruppe Y in eine Ortho-Verbindung $C_6H_4X_2$ (gleichviel, ob Y gleich oder nicht gleich X ist) können zwei Isomere entstehen, nämlich:

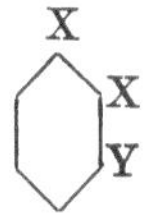

und

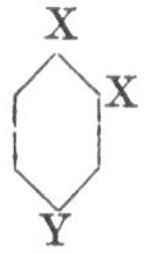

Bei einer Meta-Verbindung gibt die Einführung einer dritten Gruppe zur Bildung von *drei* Isomaren Veranlassung:

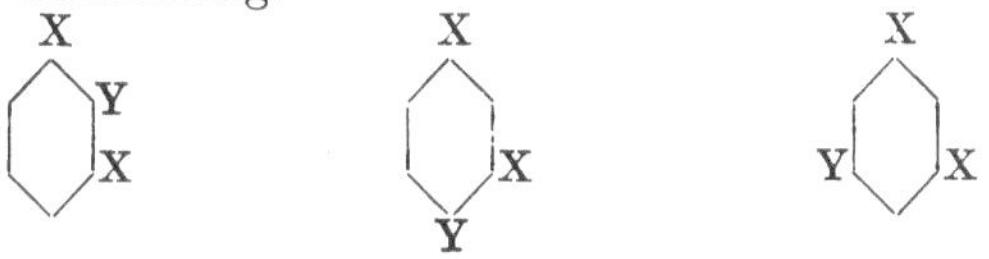

Aus einer Paraverbindung endlich kann man nur *ein* Trisubstitutionsprodukt erhalten:

Neben dieser allgemeinen Methode gibt es noch verschiedene spezielle Verfahren, von denen einige hier ebenfalls Erwähnung finden sollen. Man wird daraus erkennen, daß sich die so gezogenen Schlüsse durchaus mit den nach der KÖRNERschen Methode gewonnenen decken.

1. Absolute Ortsbestimmung bei Orthoverbindungen

Für die Orthoreihe ist nach der KÖRNERschen Methode die o-Struktur eines bei $+5{\cdot}6^0$ schmelzenden **Dibrombenzols** bestimmt worden, das zwei isomere Nitrodibrombenzole liefert, ebenso die eines bei 144⁰ siedenden und bei —28⁰ schmelzenden **Xylols.** Aus diesem Xylol entstand durch Oxydation Phthalsäure, deren Orthostruktur somit bewiesen war. Unabhängig davon ist die Konstitution der Phthalsäure noch auf einem ganz anderen Wege festgestellt worden. Naphthalin $C_{10}H_8$ liefert bei der Oxydation Phthalsäure. Man kann hieraus ableiten, daß die Struktur von Naphthalin durch $C_6H_4 <\} C_4H_4$ wiedergegeben wird, d. h. daß die Atomgruppe C_4H_4 an zwei Stellen mit einem Benzolkern verbunden ist. Bei der Behandlung von Naphthalin mit Salpetersäure entsteht Nitronaphthalin, das durch Oxydation in Nitrophthalsäure übergeht. Die Atomgruppe C_4H_4 ist also auch hier in zwei Carboxylgruppen übergegangen:

$$O_2N\cdot C_6H_3 <\} C_4H_4 \longrightarrow O_2N\cdot C_6H_3 < {CO_2H \atop CO_2H}.$$

Unterwirft man dagegen die durch Reduktion dieses Nitronaphthalins entstehende Aminoverbindung (Naphthylamin) der Oxydation, so bildet sich Phthalsäure. Diesmal ist also ein anderer Teil des Moleküls, nämlich der Rest $N\cdot C_6H_3$, der Oxydation anheimgefallen. Da man trotzdem abermals Phthalsäure erhält, muß die zu Phthalsäure führende Gruppierung zweimal vorhanden sein. Dies ist aber nur möglich, wenn die Atomgruppe C_4H_4 mit zwei Kohlenstoffatomen des Benzolkerns einen zweiten Benzolkern bildet, so daß Naphthalin durch folgende Formel dargestellt wird:

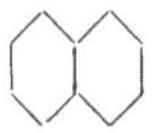

[1] WILH. KÖRNER, geb. 1839 in Kassel, gest. 1925 in Mailand. Vgl. den Nekrolog von R. ANSCHÜTZ, Ber. Dtsch. Chem. Ges. 59 A, 75.

Phthalsäure muß also eine Orthoverbindung sein, und die Oxydation des Nitro- und Aminonaphthalins wird durch die folgenden Schemata veranschaulicht:

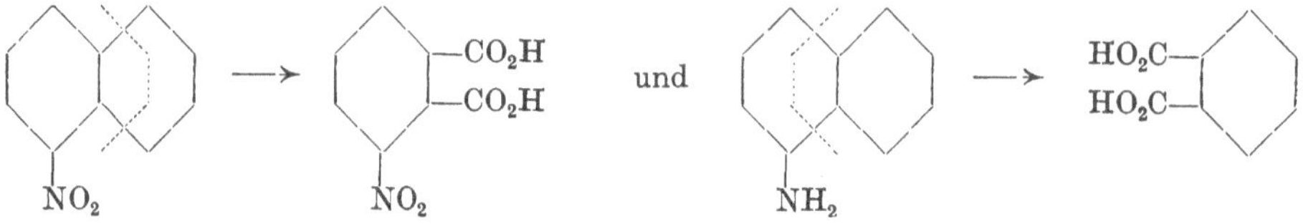

2. Absolute Ortsbestimmung bei Metaverbindungen

Den Beweis, daß Mesitylen symmetrisches Trimethylbenzol ist, hat LADENBURG in folgender Weise geliefert:

Wenn diese Verbindung wirklich die Struktur 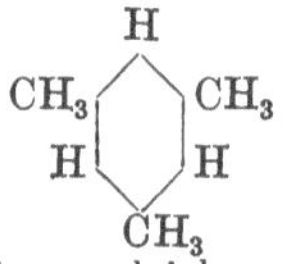 besitzt, so müssen die drei direkt an den Benzolkern gebundenen Wasserstoffatome gleichwertig sein.

Der Beweis für die Gleichwertigkeit dieser drei Wasserstoffatome ist folgendermaßen erbracht worden: Mesitylen wurde nitriert, wodurch eine Dinitroverbindung erhalten wurde. Schreibt man die Formel des Kohlenwasserstoffs

$$C_6(CH_3)_3\overset{a}{H}\overset{b}{H}\overset{c}{H} \qquad \text{I.}$$

so ergibt sich für die Dinitroverbindung folgende, willkürlich angenommene Formel:

$$C_6(CH_3)_3\overset{a}{NO_2}\overset{b}{NO_2}\overset{c}{H} \qquad \text{II.}$$

In der Dinitroverbindung wurde eine Nitrogruppe reduziert. Man erhält eine Monoaminoverbindung, das Nitromesidin, dessen Aminogruppe man acetylieren kann; dieses Acetylderivat sei, wieder willkürlich angenommen,

$$C_6(CH_3)_3\overset{a}{NO_2}\overset{b}{NH(C_2H_3O)}\overset{c}{H} \qquad \text{III.}$$

Das Acetylderivat läßt sich aufs neue nitrieren, wodurch also

$$C_6(CH_3)_3\overset{a}{NO_2}\overset{b}{NH(C_2H_3O)}\overset{c}{NO_2}$$

entstehen muß.

Aus dieser Verbindung läßt sich die Acetylaminogruppe $NH(C_2H_3O)$ entfernen (durch Verseifen, darauffolgendes Diazotieren usw.). Dadurch wird ein Dinitromesitylen $C_6(CH_3)_3NO_2HNO_2$ erhalten, das mit dem ursprünglichen Dinitroprodukt II, dessen Nitrogruppen in *a* und *b* stehen, identisch ist. Hieraus folgt

$$H_b = H_c.$$

Für den weiteren Beweis, daß auch $H_a = H_c$ ist, diente das **Nitromesidin** *a b* (dessen Acetylverbindung die Formel III darstellt).

Mittels der Diazoreaktion läßt sich die Aminogruppe daraus entfernen, wodurch entsteht:

$$C_6(CH_3)_3\overset{a}{NO_2}\overset{b}{H}\overset{c}{H} \qquad \text{IV.}$$

Durch Reduktion und Acetylierung geht diese Verbindung in **Acetylmesidin**

$$C_6(CH_3)_3\overset{a}{NH(C_2H_3O)}\overset{b}{H}\overset{c}{H}$$

über.

Acetylmesidin liefert durch Nitrierung

$$C_6(CH_3)_3\overset{a}{NH(C_2H_3O)}\overset{b}{NO_2}\overset{c}{H},$$

wobei es gleichgültig ist, ob die Nitrogruppe in *b* oder *c* zu stehen kommt, da die Gleichwertigkeit dieser Plätze in bezug auf *a* bereits bewiesen ist.

Entfernt man aus der zuletzt gewonnenen Verbindung die Acetylaminogruppe, so entsteht ein Mononitromesitylen, das mit der Verbindung IV identisch ist; folglich ist $a = b = c$, womit der Beweis für die Gleichwertigkeit der drei Wasserstoffatome geliefert ist.

Aus der auf diese Weise erkannten Struktur von Mesitylen läßt sich nach dem ersten Verfahren (S. 376) die vieler anderer Verbindungen ableiten.

Mesitylen liefert z. B. durch partielle Oxydation **Mesitylensäure** $C_6H_3\begin{cases}CO_2H\\CH_3\\CH_3\end{cases}$, aus der durch Destillation mit Kalk ein Xylol entsteht, das notwendigerweise m-Xylol sein muß. Durch Oxydation dieses m-Xylols wurde Isophthalsäure erhalten; hieraus folgt für diese Säure Metastellung der Carboxylgruppen.

Von den Metaderivaten, bei welchen die Stellung der Substituenten unabhängig bestimmt wurde, ist ein bei 220° siedendes **Dibrombenzol** zu nennen. Für diese Verbindung bewies KÖRNER, daß ihr drei isomere Tribrombenzole und drei isomere Nitrodibrombenzole entsprechen. Endlich sei noch bemerkt, daß das bei 63° schmelzende **Phenylendiamin** aus drei verschiedenen Diaminobenzoesäuren durch CO_2-Abspaltung dargestellt werden kann, also die Metaverbindung sein muß.

3. Absolute Ortsbestimmung bei Paraverbindungen

Für die Bestimmung der Struktur einzelner Glieder der Parareihe ist die KÖRNERsche Methode gleichfalls von großer Bedeutung. Aus dem bei 138° siedenden und bei + 13° schmelzenden **Xylol** war z. B. nur *ein* Nitroxylol zu erhalten; das bei 140° schmelzende **Phenylendiamin** kann durch CO_2-Abspaltung nur aus *einer* Diaminobenzoesäure dargestellt werden.

Diese Ortsbestimmungen sind auch auf andere Weise bestätigt worden. Für p-Oxybenzoesäure z. B. ist die Struktur durch absolute Bestimmung in folgender Weise bewiesen worden: Durch Nitrierung von Brombenzoesäure, die durch direkte Bromierung von Benzoesäure erhalten wird, entstehen zwei isomere Nitrobrombenzoesäuren. Diese gehen durch Reduktion unter gleichzeitiger Eliminierung des Bromatoms in ein und dieselbe Aminobenzoesäure, Anthranilsäure, über, die ihrerseits durch Diazotierung in Salicylsäure überführbar ist. Aus den eben angeführten Tatsachen geht hervor, daß die Nitrogruppe in beiden Isomeren symmetrisch in bezug auf das Carboxyl steht, also an 2 oder 6 oder an 3 oder 5 gebunden ist, wenn die Carboxylgruppe in 1 steht. Die Stellung der Hydroxylgruppe in der Salicylsäure muß demnach die gleiche sein. Bezüglich der Stellung des Bromatoms ergibt sich aus dem Vorangehenden, daß es sich nicht in 4 befinden kann; denn von 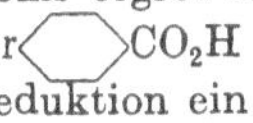 können nicht zwei isomere Nitroverbindungen abgeleitet werden, die bei der Reduktion ein und dieselbe Aminobenzoesäure ergeben. Das Bromatom muß also entweder in m- oder in o-Stellung zum Carboxyl stehen. Dieser Brombenzoesäure entspricht eine Oxybenzoesäure vom Schmelzpunkt 200°, die demnach auch eine m- oder o-Verbindung sein muß. Für die damit isomere Salicylsäure ist soeben bewiesen, daß sie gleichfalls nur m- oder o-Verbindung sein kann. So bleibt für die dritte bekannte Oxybenzoesäure vom Schmelzpunkt 210° nur die Parastruktur übrig.

4. Ortsbestimmung bei Tri- und Polyderivaten des Benzols

Die Ortsbestimmung drei- und höherwertiger Derivate des Benzols kann in den meisten Fällen durch Untersuchung der Beziehungen erfolgen, in denen sie zu Biderivaten von bekannter Struktur stehen. Wenn z. B. ein Chlornitroanilin $C_6H_3Cl(NO_2)(NH_2)$ einerseits durch Nitrieren von m-Chloranilin 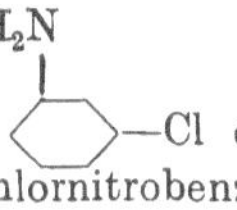 entsteht und andererseits bei Ersatz der Aminogruppe durch Wasserstoff p-Chlornitrobenzol  liefert, so ergibt sich als Struktur

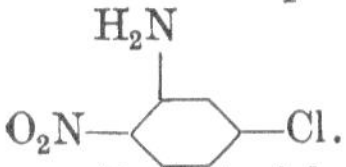.

Als Beispiel eines komplizierteren Falles der Ortsbestimmung sei erwähnt, wie die Stellung der Substituenten in der **Pikrinsäure** (S. 345) ermittelt wurde.

Durch vorsichtige Nitrierung kann man aus Phenol zwei Mononitrophenole (I und II) erhalten:

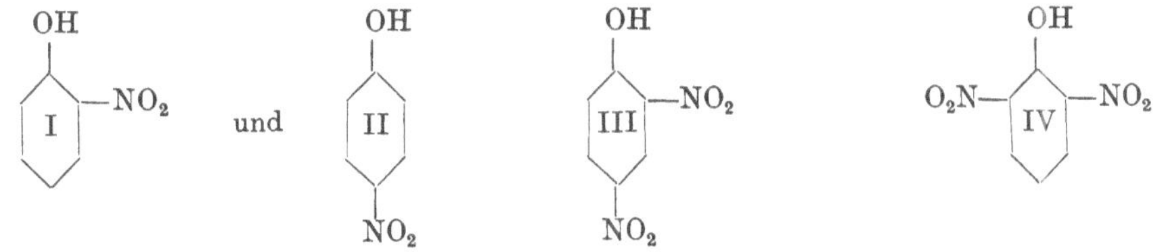

Schmelzpunkt 45° Schmelzpunkt 114°

Diese Substanzen müssen die o- und die p-Verbindung sein, denn das dritte Nitrophenol kann aus m-Dinitrobenzol (dessen Struktur man durch sein Reduktionsprodukt, m-Phenylendiamin, s. o., kennt) durch Reduktion zu m-Nitroanilin und Umwandlung des letzteren über die Diazoverbindung in das zugehörige Phenol erhalten werden.

Beide Nitrophenole liefern bei weiterer Nitrierung das gleiche Dinitrophenol, das daher nur die Formel III haben kann. Das bei 114° schmelzende Mononitrophenol geht durch Oxydation in Chinon über, ist also die Paraverbindung; für die bei 45° schmelzende Verbindung bleibt demnach nur noch die o-Struktur übrig. Dieses Ortho-Nitrophenol gibt nun beim Nitrieren außer 2,4-Dinitro-phenol (III) noch 2,6-Dinitro-phenol (IV). Denn erhitzt man den Methyläther der letzteren Verbindung mit alkoholischem Ammoniak, so wird die Gruppe OCH_3 durch NH_2 ersetzt, und die entstandene Verbindung V liefert beim Ersatz von NH_2 durch Wasserstoff m-Dinitrobenzol.

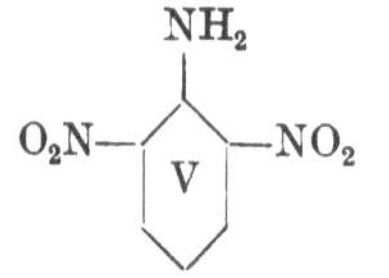

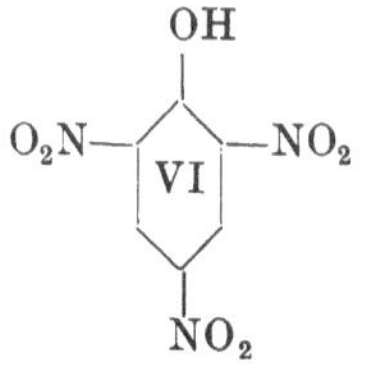

Wir haben jetzt zwei Dinitrophenole III und IV von bekannter Struktur. Beide geben bei weiterem Nitrieren Pikrinsäure. Ihr muß deshalb die Struktur VI zugeschrieben werden.

Aus der einmal gefundenen Struktur dieser Säure folgt nun auch die Stellung der Nitrogruppen im gewöhnlichen Trinitrobenzol, da diese Verbindung durch Oxydation leicht in Pikrinsäure übergeht (S. 345). Es ist daher die symmetrische Verbindung.

Gleichwertigkeit der Wasserstoffatome des Benzols

Wir haben schon früher darauf hingewiesen, daß man vom Benzol keine isomeren Monosubstitutionsprodukte kennt. Daraus wurde geschlossen, daß die sechs Wasserstoffatome von Benzol gleichwertig sind.

Hierfür sind auch direktere Beweise geliefert worden. Durch seine Einfachheit zeichnet sich der Beweis von NOELTING aus:

Die sechs Wasserstoffatome wollen wir mit *a, b, c, d, e, f* bezeichnen; wir nehmen willkürlich an, daß in Anilin die Aminogruppe den Platz *a* einnimmt. Durch die Diazoreaktion ist Anilin in Brombenzol überführbar, das sich durch die FITTIGsche Synthese in Toluol umwandeln läßt, in dem also die Methylgruppe auch auf *a* steht. Wird Toluol nitriert, so bilden sich drei isomere Nitrotoluole (Meta- allerdings sehr wenig). In diesen Verbindungen bezeichnen wir den Platz der Nitrogruppen willkürlich mit *b, c* und *d*.

Durch Reduktion erhält man aus den Nitrotoluolen die drei Toluidine, und aus diesen durch Oxydation (wobei die Aminogruppe durch Acetylierung geschützt werden muß) die drei Aminobenzoesäuren. Da aus diesen durch Abspaltung von CO_2 Anilin erhalten werden kann, das vollkommen identisch mit dem Ausgangsprodukt ist, so ist die Gleichwertigkeit von *a, b, c* und *d* bewiesen:

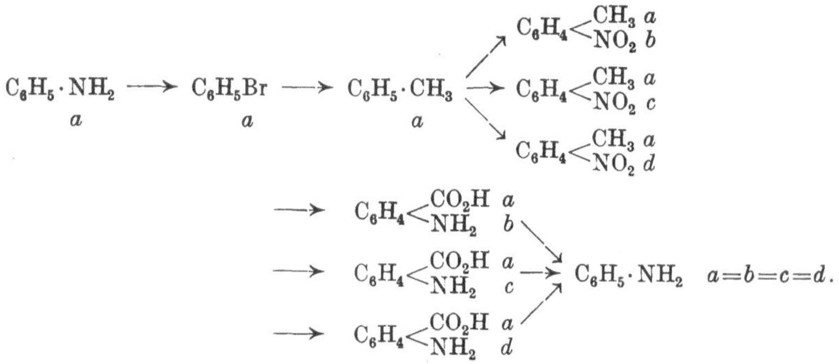

Um den Beweis zu liefern, daß *e* und *f* gleichfalls mit den vier anderen Wasserstoffatomen identisch sind, gehen wir von o-Toluidin aus, indem wir CH_3 auf *a*, NH_2 willkürlich auf *b* ansetzen. Durch Nitrieren seiner Acetylverbindung und darauffolgende Abspaltung der Acetylgruppe werden vier isomere Nitro-o-toluidine erhalten; *a* und *b* waren besetzt, also müssen die Nitrogruppen die Plätze *c, d, e* und *f* einnehmen. Durch Elimination der Aminogruppe entstehen nun vier Nitrotoluole *ac, ad, ae* und *af*, von denen die ersten zwei oben auch schon erhalten wurden. Es ergibt sich aber, daß Nitrotoluol *ae* identisch ist mit *ac* (m-Nitrotoluol) und *af* mit *ab* (o-Nitrotoluol), wodurch die Gleichwertigkeit von *c* mit *e* und von *b* mit *f* bewiesen und somit der vollständige Beweis der Gleichwertigkeit aller sechs Wasserstoffatome geliefert ist.

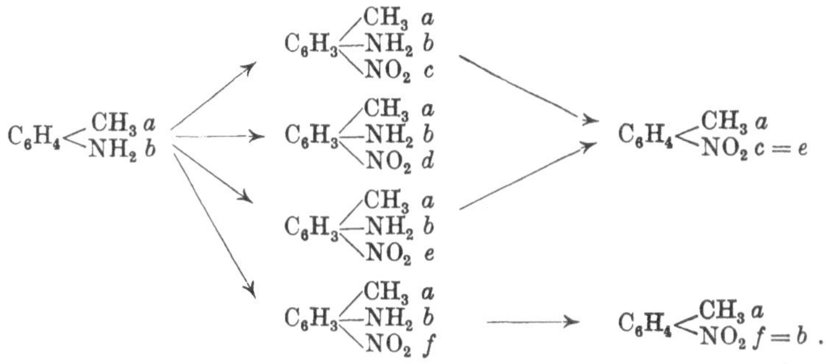

Die Tatsache, daß aus

$$C_6H_3\left\langle\begin{matrix} CH_3 a \\ NH_2 b \\ NO_2 c \end{matrix}\right. \quad \text{und} \quad C_6H_3\left\langle\begin{matrix} CH_3 a \\ NH_2 b \\ NO_2 e \end{matrix}\right.$$

ein und dasselbe Disubstitutionsprodukt $C_6H_4\left\langle\begin{matrix} CH_3 \\ NO_2 c = e \end{matrix}\right.$ hervorgeht, beweist, daß es gleichgültig ist, ob in einem Monosubstitutionsprodukt ein zweiter Substituent in *c* oder in *e* eintritt; es entsteht in jedem Fall das gleiche Disubstitutionsprodukt. *c* und *e* bilden also ein Paar symmetrisch gebundener H-Atome in bezug auf das H-Atom *a*.

Das gleiche gilt von *f* und *b*:

$$C_6H_3\left\langle\begin{matrix} CH_3 a \\ NH_2 b \\ NO_2 f \end{matrix}\right. \longrightarrow C_6H_4\left\langle\begin{matrix} CH_3 a \\ NO_2 f = b \end{matrix}\right.$$

Fassen wir die Beziehungen der H-Atome H_a, H_b, H_c, H_d, H_e und H_f untereinander zusammen, so ergibt sich: H_b und H_f sind zu H_a symmetrisch gelegen; ebenso H_c und H_e. Das noch übrige H-Atom H_d aber steht vereinzelt. Diese Verhältnisse kommen in der Sechseckformel deutlich zum Ausdruck.

Regelmäßigkeiten bei der Bildung von Benzolderivaten

Es wurde bereits S. 340 ausgeführt, daß es zwei Typen von Substituenten gibt, solche, die einen neu eintretenden zweiten Substituenten nach o-p-, und solche, die ihn nach m- dirigieren. Die hier obwaltenden Gesetzmäßigkeiten, deren Kenntnis man in erster Linie den eingehenden Untersuchungen von HOLLEMAN verdankt, ergeben sich aus der nachstehenden Tabelle, in der die isomeren Substitutionsprodukte nach abnehmender Menge geordnet sind.

Vorhandener Substituent in 1	Hinzukommender Substituent tritt ein:				
	Cl	Br	J	SO_3H	NO_2
Cl	4 (2) (3)	4 (2) (3)	4	4	4 (2) (3)
Br	4 (2) (3)	4 (2) (3)	—	4	4 (2)
J	4	4	4	4	4 (2)
OH	4 (2)	4 (2)	4 (2)	4 (2)	4 (2)
SO_3H	—	3	—	3 (4)	3 (2) (4)
NO_2	3	3	—	3 (2) (4)	3 (2) (4)
NH_2	4 (2)	4	4	4 (2)	4 (2)
CH_3	4 (2)	4 (2)	4 (2)	4 (2) (3)	4 (2) (3)
CO_2H	3	3	3	3 (4)	3 (2) (4)
CN	—	—	—	—	3
NO	4	4	—	—	4

Es verdient hervorgehoben zu werden, daß die relativen Mengen, in denen die Isomeren sich nebeneinander bilden, auch beim gleichen Substitutionstypus sehr verschieden und von drei Bedingungen abhängig sind: 1. vom bereits vorhandenen Substituenten; 2. vom eintretenden Substituenten; 3. von äußeren Umständen, wie Reaktionstemperatur und Katalysator. Bei höheren Temperaturen kann sich sogar der Substitutionstypus vollkommen ändern. Halogenbenzole werden, wie WIBAUT gezeigt hat, bei 400—500° durch Brom in Gegenwart von Graphit überwiegend in m-Stellung substituiert, während bei Anwendung von Eisenbromid als Katalysator auch bei 500° der o-p-Substitutionstypus erhalten bleibt.

Bei der Einführung eines dritten Substituenten C in ein Benzolderivat C_6H_4AB kann man die folgende Frage stellen: Wenn man Art und Mengenverhältnis der Isomeren kennt, die sich bei der Einführung von C in C_6H_5A und in C_6H_5B bilden, läßt sich dann daraus Stellung und Menge der Isomeren C_6H_3ABC ableiten, die sich bei der Einführung von C in C_6H_4AB bilden werden?

Qualitativ läßt sich dies in der Tat voraussagen.

Die auf diesem Gebiet beobachteten Erscheinungen lassen sich nämlich am besten erklären, wenn man annimmt, daß die Geschwindigkeit der Substitution unter dem Einfluß bereits vorhandener Substituenten sehr verschieden ist. Wenn z. B. im o-Kresol (I), wo beide Substituenten nach o-p- dirigieren, nur die Stellen 4 und 6 substitutiert werden, so muß man

I. 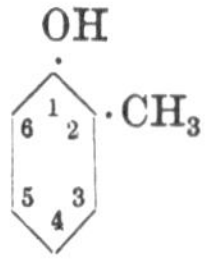 II. 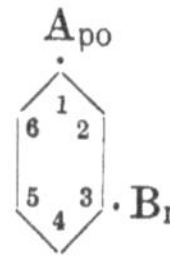

annehmen, daß Hydroxyl die Substitution viel stärker erleichtert als Methyl und daß aus diesem Grunde Substitutionsprodukte in 3 und 5 sich dem Nachweis entziehen. Die Kombination II, die einen p-o- und einen m-dirigierenden Substituenten enthält, liefert immer nur Substitutionsprodukte in 2, 4 und 6, niemals in 5. Die m-Substitution muß also sehr viel langsamer verlaufen als die o-p-Substitution.

Durch das Studium der verschiedenen Fälle von Substitutionen in Verbindungen C_6H_4AB und Bestimmung der dabei sich bildenden Isomeren kann man nun in ähnlicher Weise eine Rangordnung der verschiedenen Substituenten nach der Größe der von ihnen bewirkten Geschwindigkeitsbeeinflussung aufstellen, da eine direkte Bestimmung in fast allen Fällen ausgeschlossen ist. Für die nach Para-Ortho-Stellen dirigierenden Gruppen kommt man so zur Reihenfolge:

$$NH_2 > OH > Cl > J > Br > CH_3;$$

für die viel langsamer wirkenden Gruppen, die nach Meta-Stellen orientieren, zu:

$$CO_2H > SO_3H > NO_2.$$

Für die Tatsache, daß zwei verschiedene Substitutionstypen existieren, gibt es verschiedene Erklärungsversuche, die vorläufig rein qualitativ sind. Denn man benötigt dazu nicht nur die Kenntnis der Bindungsverhältnisse im Ausgangs- und Endprodukt, sondern auch einen Einblick in den Reaktionsmechanismus und die Natur des reaktionsfähigen Zwischenprodukts, des sogenannten „aktivierten Komplexes". Die hierüber entwickelten Vorstellungen sind vielfach noch recht spekulativer Natur, aber von prinzipiellem Interesse. Es ist bereits frühzeitig aufgefallen, daß die dirigierende Wirkung, die ein am Benzolkern gebundener Substituent X auf einen neu eintretenden Substituenten Y ausübt, durch den polaren Charakter von X bestimmt zu sein scheint. Gemäß S. 336 beginnt die Substitution mit Anlagerung eines Ions an ein Ring-C-Atom, wobei dieses gesättigt wird und ein benachbartes Atom Elektronen aufnimmt oder abgibt. Die meisten Substituenten Y sind Kationen mit einem Elektronensextett und bestrebt, Elektronen aufzunehmen („elektrophile" Substituenten), z. B. Br^+ oder NO_2^+. Quantenmechanische Überlegungen zeigen nun, daß die o,p-dirigierenden Substituenten X den Energieaufwand zur Bereitstellung eines Elektronenpaars in o,p erniedrigen, während m-dirigierende den Aufwand für die o,p-Stellungen erhöhen. Dies macht verständlich, daß die Substitution in o,p erleichtert wird, in m- dagegen nicht erleichtert wird, sondern durch Erschwerung der o,p-Substitution zustandekommt. Die polarisierende Wirkung von X ist bei ausgesprochen elektronegativen Gruppen als elektrostatische Induktion aufzufassen. Oft ist aber Mesomeriefähigkeit von ausschlaggebender Bedeutung, weil Zustände, die die Zahl der Doppelbindungen vermehren, energetisch besonders günstig sind. Aus elektrostatischen Gründen würde Cl in Chlorbenzol ein elektrophiles Y m-dirigieren müssen (I.). Tatsächlich dirigiert es nach o,p, weil die mesomeren Formen II—IV bei Addition von Y 1 Doppelbindung mehr als I ergeben.

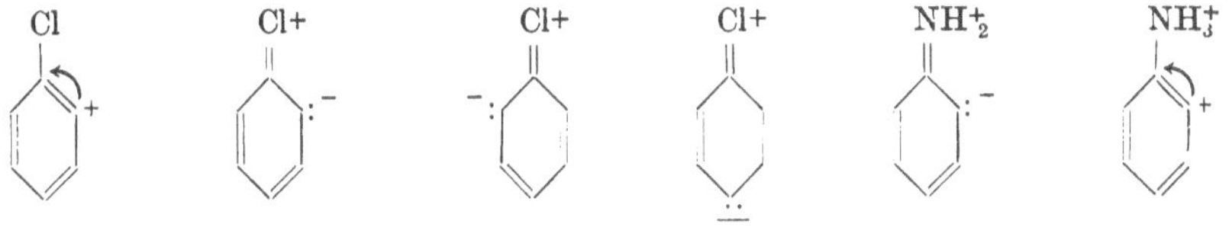

I. II. III. IV. V. VI.

Analoge Betrachtungen gelten für den Eintritt „nucleophiler" Substituenten, d. h. solcher, die ein Elektronenpaar mitbringen und einen Kern suchen, z. B. NH_2^- ($NaNH_2$) bei der Amidierung von Pyridin in α-Stellung. Besonders lehrreich ist die Umkehrung des Substitutionstypus, wie sie Armstrong und Vorländer beim Anilin beobachtet haben. Die mesomere Grenzform (Ketimonium-Form) V orientiert bei der Nitrierung o,p. In sehr stark schwefelsaurer Lösung bildet sich aber das Anilinium-Ion VI, das m-dirigiert. Das Trimethylphenylammonium-Ion $C_6H_5 \cdot N(CH_3)_3^+$, in dem VI von vornherein festgelegt ist, orientiert ebenfalls nach m-. Das positiv geladene Ammonium-Ion wirkt als stark elektronegativer Substituent.

Der Gegensatz zwischen Ortho- und Para-Derivaten einerseits und Meta-Derivaten andererseits tritt nicht nur bei ihrer Entstehung, sondern auch in den Umsetzungen hervor. Ganz allgemein kann man sagen: die Metaverbindungen setzen den chemischen Angriffen mehr Widerstand entgegen als die Ortho- und Para-Derivate. Beispiele dieser Art lernten wir bereits kennen (S. 342).

Einen bemerkenswerten Einfluß üben mitunter orthoständige Gruppen aus, indem sie Reaktionen verzögern oder völlig verhindern, die sonst glatt verlaufen. Bekanntlich läßt sich eine Säure, die in überschüssigem absolutem Alkohol gelöst ist, durch Einleiten von Chlorwasserstoff nahezu quantitativ esterifizieren. V. Meyer und seine Schüler fanden jedoch, daß die Esterbildung unter diesen Bedingungen dann völlig ausbleibt, wenn zwei Substituenten in Orthostellung zum Carboxyl stehen; hat man die Säure aber auf anderem Wege einmal in den Ester umgewandelt (was z. B. durch Behandeln des Silbersalzes mit Alkyljodid gelingt), so läßt sich dieser nur sehr schwer wieder verseifen. Bei einer anderen Stellung der zwei Substituenten treten diese eigentümlichen Erscheinungen nicht oder doch nicht in diesem Maße auf.

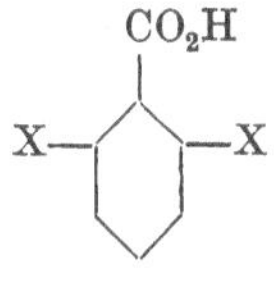

Zweifach orthosubstituierte Ketone der Formel I auf S. 384 (R = Alkyl) lassen sich nicht oximieren; das Xylidin II kann durch Behandlung mit CH_3J nicht in eine quartäre Base übergeführt werden. Pentamethylbenzonitril $C_6(CH_3)_5CN$ läßt sich nicht zu der entsprechenden Säure verseifen; im o,o'-Dinitrotoluol III ist es selbst bei 200° nicht möglich, den Wasserstoff des Methyls auf die übliche Weise durch Halogene zu substituieren; ebensowenig gelingt dies bei 2,4-Dinitrotoluol IV.

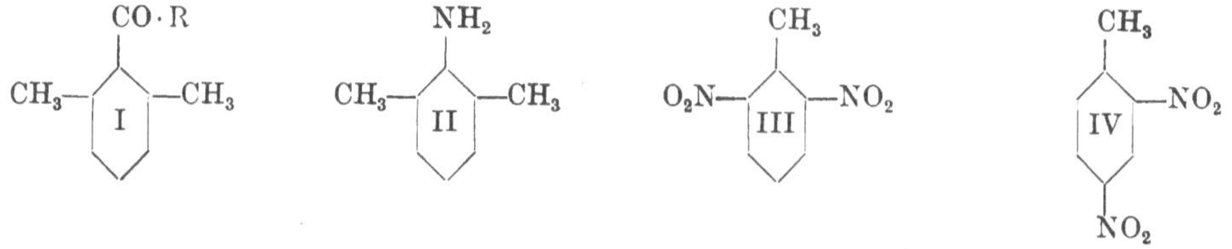

Auch entfernter stehende Gruppen üben zuweilen eine analoge Wirkung aus: Im symmetrischen Trinitrobenzol wird durch Einwirkung von Na-Methylat leicht eine der NO_2-Gruppen durch OCH_3 ersetzt, während dies bei dem Trinitrotoluol V nicht gelingt. Die Methylgruppe verhindert also hier den Ersatz der Nitrogruppen, auch der paraständigen.

Es gibt jedoch auch Fälle, in denen Orthosubstituenten die zwischen ihnen stehende Gruppe reaktionsfähiger machen.

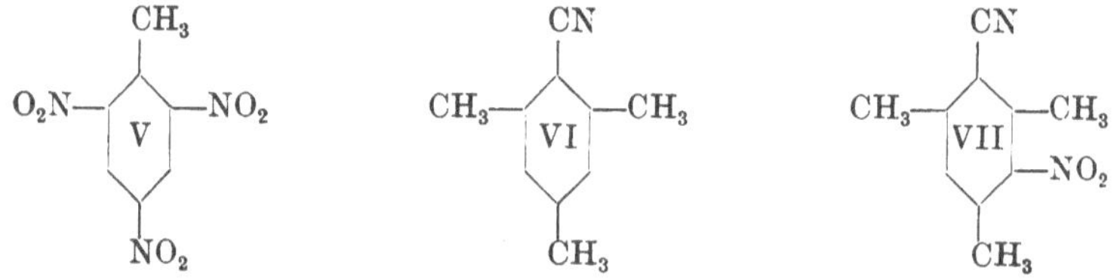

Bemerkenswert ist auch die Beobachtung von KÜSTER, daß das Nitril der Mesitylencarbonsäure VI der Verseifung großen Widerstand entgegensetzt, daß aber die Einführung einer Nitrogruppe in m-Stellung (VII) diesen Widerstand aufhebt.

Man hat die geschilderte Reaktionserschwerung früher als **sterische Hinderung** bezeichnet und auf den Einfluß der Raumerfüllung seitens der o-Substituenten zurückgeführt. Daß diese Erklärung aber allein nicht zureichend sein kann, geht bereits aus den angeführten Ausnahmen hervor. Neuere Deutungsversuche bedienen sich der gleichen Vorstellungen, wie sie oben für die Theorie der Substitution vorgebracht sind. Die Berücksichtigung mesomerer Zustände hat sich sehr fruchtbar gezeigt.

3. Hydroaromatische Verbindungen

In natürlichen Produkten kommen zahlreiche Substanzen vor, die nach ihrem Wasserstoffgehalt zwischen den aromatischen Verbindungen mit gesättigten Seitenketten und den gesättigten aliphatischen Verbindungen stehen und leicht in aromatische Verbindungen übergeführt werden können. Wir haben es hier mit alicyclischen Verbindungen zu tun (S. 292), denen ein Sechsring zugrunde liegt und die sich je nach dem Grad ihrer Sättigung vom Cyclohexan (I), Cyclohexen (II) oder vom Cyclohexadien (III und IV) ableiten.

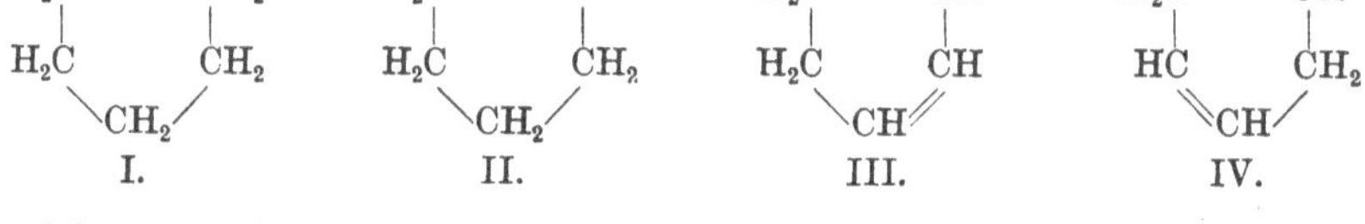

I. II. III. IV.

Die wichtigsten Vertreter der hydroaromatischen Reihe sind die **Terpene**, d. h. Kohlenwasserstoffe, die in pflanzlichen **ätherischen Ölen** weit verbreitet sind und die allgemeine Zusammensetzung $C_{10}H_{16}$ aufweisen. In verwandtschaftlicher Beziehung zu ihnen stehen sauerstoffhaltige Verbindungen $C_{10}H_{16}O$, $C_{10}H_{18}O$ und $C_{10}H_{20}O$, die man nach einem ihrer wichtigsten Vertreter, dem Campher, herkömmlicherweise als **Campher-Arten** bezeichnet.

Für den Aufbau hydroaromatischer Verbindungen stehen zwei prinzipiell verschiedene Wege zur Verfügung. Man kann entweder von aliphatischen Verbindungen ausgehen und diese einer Ringschlußreaktion unterwerfen, oder aber aromatische Verbindungen, in denen also der Ring schon vorgebildet ist, als Ausgangsmaterial benutzen. Hierfür sollen zunächst einige Beispiele geliefert werden.

Adipinsaures Calcium liefert bei der trocknen Destillation Cyclopentanon (S. 293); analog entsteht aus pimelinsaurem Calcium **Cyclohexanon** $C_6H_{10}O$:

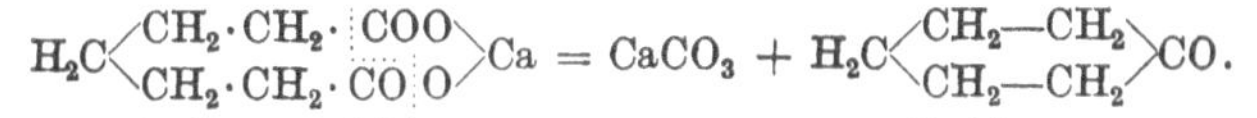

pimelinsaures Calcium Cyclohexanon

Seine Struktur folgt aus dem Vorhandensein von Keton-Eigenschaften und der glatten Oxydierbarkeit zu Adipinsäure:

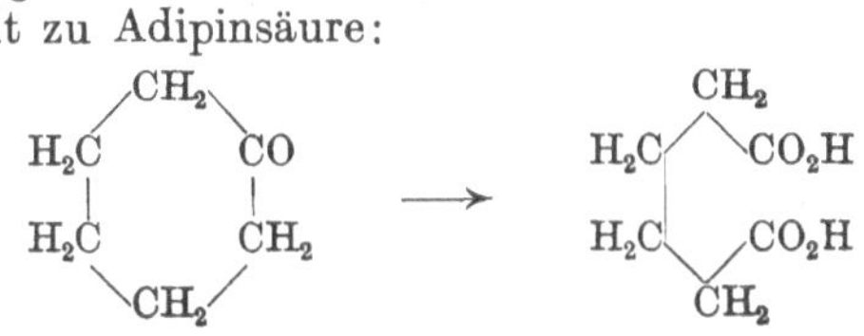

Cyclohexanon Adipinsäure

Die große Neigung zur Bildung sechsgliedriger Ringe wird auch durch eine Synthese von Cyclohexan-Derivaten veranschaulicht, die von Bernsteinsäureäthylester ausgeht. Unter der Einwirkung von Natrium kondensieren sich zwei Moleküle nach dem Schema der CLAISEN-Reaktion zu **Succinylobernsteinsäureester,** Cyclohexandion-(2,5)-dicarbonsäure-(1,4)-diäthylester (Schmelzpunkt 127°):

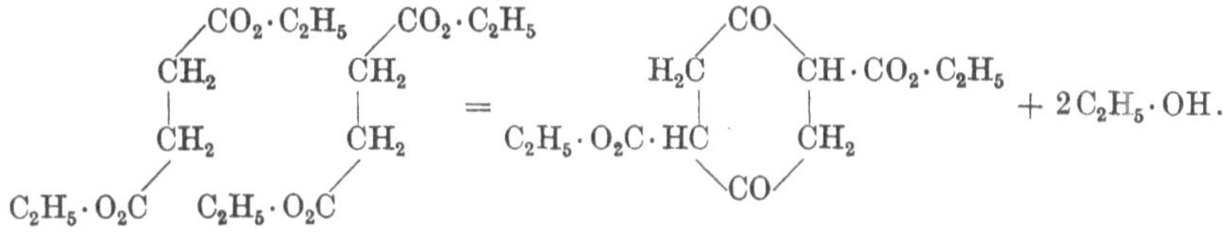

Bernsteinsäureester Succinylobernsteinsäureester

Die durch Verseifen erhaltene freie Säure spaltet beim Erhitzen auf 200° CO_2 ab und geht in **Cyclohexandion-(1,4)** $OC\langle{CH_2—CH_2 \atop CH_2—CH_2}\rangle CO$ über. Es läßt sich entsprechend der angenommenen Struktur durch Reduktion in Cyclohexan überführen.

Unter Ringschlußreaktion verläuft auch die Anlagerung ungesättigter Verbindungen an Systeme mit konjugierten Doppelbindungen. Auf diesem Prinzip beruht die Polymerisation zahlreicher ungesättigter acylischer Verbindungen zu cyclischen Produkten (vgl. die S. 118 erwähnte Polymerisation von Isopren zu Dipenten). Als Beispiel derartiger **„Dien-Synthesen“**, die in neuerer Zeit namentlich von DIELS und ALDER studiert worden sind, sei die Anlagerung von Butadien an Maleinsäureanhydrid genannt; es entsteht Tetrahydrophthalsäureanhydrid, das sich leicht zu Tetrahydrophthalsäure aufspalten läßt:

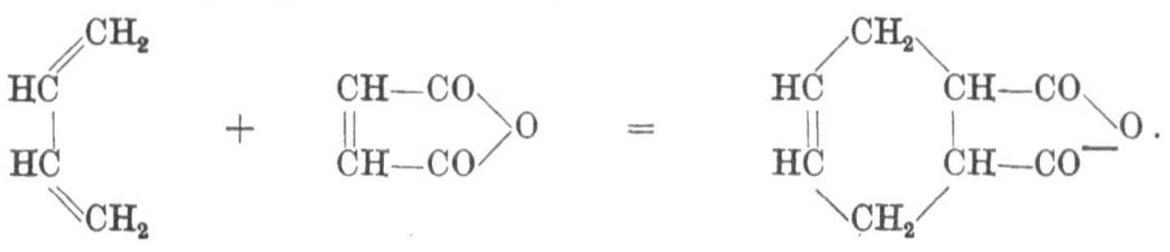

Der zweite Weg zur Gewinnung hydroaromatischer Verbindungen besteht in der katalytischen Hydrierung aromatischer Verbindungen. Dazu leitet man sie, mit Wasserstoff gemischt, in Dampfform bei Temperaturen zwischen 150° und 200° über feinverteiltes Nickel, oder man hydriert sie bei gewöhnlicher Temperatur, indem man die unverdünnte flüssige Verbindung oder ihre Lösung in Äther oder Eisessig in einer Wasserstoff-Atmosphäre mit Platinschwarz oder Platinoxyd als Katalysator schüttelt. Die aromatischen Verbindungen werden bedeutend schwerer hydriert als Olefine und erfordern daher aktive Katalysatoren.

Diese Reaktion ist bei höherer Temperatur umkehrbar. ZELINSKY fand, daß Palladiumschwarz bei 300° imstande ist, aus Cyclohexan glatt sechs Wasserstoffatome abzuspalten und es so durch „Dehydrierung" in Benzol zurückzuverwandeln. Da Cyclopentan und Cycloheptan bei 300° durch Pd-Schwarz nicht wesentlich dehydriert werden, kann man auf diese Weise die verschiedenen Ringsysteme voneinander unterscheiden. Energetisch ist dieses Verhalten leicht verständlich. Aus den Hydrierungswärmen kann man berechnen, daß die freie Energie bei der Dehydrierung des Cyclohexans bei 300° um 2 kcal **abnimmt,** während sie beim Übergang von Cyclopentan in Cyclopentadien und von Cycloheptan in Cycloheptatrien um etwa 11 kcal **zunehmen** würde. Weniger übersichtlich sind die Verhältnisse, wenn man es mit Gemischen von Cycloalkanen zu tun hat. In Gegenwart von Wasserstoff wird Cyclopentan bei 300° glatt zu Pentan aufgespalten. Diese Reaktion vollzieht sich deshalb auch in einem Gemisch von Cyclopentan und Cyclohexan auf Kosten des von dem letzteren abgespaltenen Wasserstoffs. Außerdem ist bei Cycloalkanen mit Seitenketten eine Umlagerung zu hydroaromatischen Verbindungen, die dann ihrerseits dehydriert werden, möglich und auch beobachtet worden.

Bei der Besprechung der hydroaromatischen Verbindungen empfiehlt es sich, die Derivate der hydrierten Cymole, die Terpene, gesondert zu betrachten, weil sie durch ihr natürliches Vorkommen eine besondere Gruppe bilden. Wir geben zunächst einen kurzen Überblick über die anderen hydroaromatischen Verbindungen.

Der einfachste Vertreter dieser Klasse ist das **Cyclohexan,** das am leichtesten aus Benzol durch Hydrierung mit Wasserstoff und Nickel gewonnen wird. Wie seine Homologen ist es eine wasserklare Flüssigkeit, deren Siedepunkt bei 80·74° liegt, also sehr nahe beim Siedepunkt von Benzol (80·1°).

Es gelingt daher auch nicht, Cyclohexan durch fraktionierte Destillation von unverändertem Benzol, das sich immer darin befindet, zu trennen. Hierzu benutzt man seine Indifferenz gegen schwach rauchende Schwefelsäure oder konzentrierte Salpetersäure, durch welche Benzol in Benzolsulfonsäure bzw. Nitrobenzol übergeführt wird. Beide sind in überschüssiger Säure löslich, Cyclohexan dagegen nicht, so daß ihre Trennung leicht ausführbar ist. Die Reinheit des Cyclohexans wird am besten durch seinen Schmelzpunkt kontrolliert, der bei +6·5° liegt, also auch sehr nahe beim Schmelzpunkt von Benzol (+5·5°). Das spezifische Gewicht ist D^{20}_{4}: 0·7786.

Einer kurzen Erörterung bedarf noch der räumliche Bau des Cyclohexan-Ringes. Versucht man, mit Hilfe des regulären Kohlenstofftetraeders, dessen Bindungsrichtungen Winkel von je 109° 28′ einschließen, regelmäßige *n*-Ecke aufzubauen, so ist dazu vom Dreiring bis zum Fünfring eine Verkleinerung des Winkels erforderlich, die nach der BAEYERschen Spannungstheorie (S. 170) eine „Spannung" in diesen Ringsystemen bedingen sollte. Solche Ringe besitzen ebene Konfiguration, wie auch aus röntgenographischen Untersuchungen hervorgeht.

Vom Sechsring an aufwärts lassen sich aber mit den regulären Tetraedermodellen, wie SACHSE und später MOHR gezeigt haben, vollkommen spannungsfreie Ringe aufbauen, bei denen die Ringglieder nicht mehr sämtlich in einer Ebene liegen. Fig. 88 und 89 geben zwei spannungsfreie Modelle des Cyclohexans nach SACHSE wieder. Auf Grund von Elektronenbeugungsaufnahmen weiß man heute, daß die hochsymmetrische, der rhomboedrischen Punktgruppe D_{3d} entsprechende „Sesselform" die normale Konfiguration des Cyclohexans darstellt und um etwa 5 kcal stabiler als die weniger symmetrische Wannenform (rhombische Punktgruppe C_{2v}) ist. Von den 12 CH-Bindungen

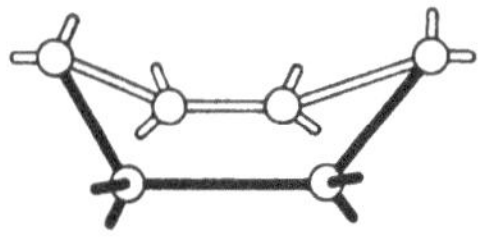

Fig. 88.
„Wannenform" des Cyclohexans

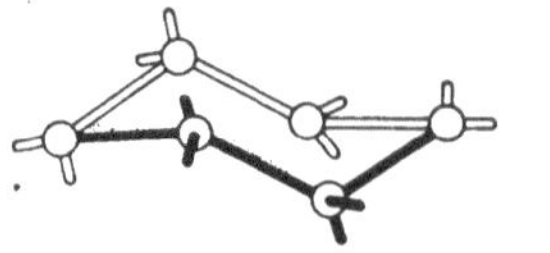

Fig. 89.
„Sesselform" des Cyclohexans

der Sesselform liegen je 6 senkrecht zur Ringebene („polar"), 6 etwa parallel zu ihr („äquatorial"). Daß trotzdem die Anzahl stereoisomerer Substitutionsprodukte nicht größer ist als man für einen ebenen Cyclohexanring erwarten würde, zeigt, daß der Energieaufwand für die Überführung der Sessel- und der Wannenform in die ebene Form nur gering ist. Eine interessante Konsequenz dieser räumlichen Konfigurationen ist die Annäherung benachbarter trans-Bindungen auf eine Entfernung, die eine spannungsfreie Angliederung eines zweiten Ringes nicht nur in cis-, sondern auch in trans-Stellung gestattet. So zu deutende Stereoisomere werden wir bei den Dekalinen kennenlernen (S. 423).

In seinen chemischen Eigenschaften unterscheidet sich Cyclohexan nicht von den gesättigten aliphatischen Kohlenwasserstoffen. Bei der Einwirkung von Chlor, die namentlich im Tageslicht sehr energisch stattfindet und im direkten Sonnenlicht explosiv verläuft, bilden sich Substitutionsprodukte, aus denen **Chlorcyclohexan** $C_6H_{11}Cl$ durch fraktionierte Destillation zu gewinnen ist. Bei der Behandlung mit alkoholischem Kali spaltet diese Verbindung Chlorwasserstoff ab und geht dadurch in **Cyclohexen** C_6H_{10} (Formel II, S. 384) über, eine Flüssigkeit vom Siedepunkt 83°, die alle Eigenschaften einer ungesättigten Verbindung zeigt.

Den einwertigen Alkohol **Cyclohexanol** $C_6H_{11} \cdot OH$ stellt man am besten dar, indem man Phenol mit Wasserstoff und Nickel bei 160° unter ca. 4 Atmosphären hydriert. Es bildet eine wasserklare, etwas dicke Flüssigkeit, die bei 161·1° siedet und bei niedriger Temperatur zu einer campherähnlichen Masse vom Schmelzpunkt +25° erstarrt. Da Cyclohexanol sich wie Cyclohexanon (S. 385) leicht zu Adipinsäure oxydieren läßt, bildet es ein bequemes Ausgangsmaterial für diese.

Analog dem Phenol läßt sich auch Hydrochinon katalytisch hydrieren. Dabei entsteht **Cyclohexandiol-(1,4)** oder **Chinit.** Die gleiche Verbindung ist auch aus Cyclohexandion(1,4) (S. 385) durch Reduktion mit Natriumamalgam zugänglich. Eine Betrachtung der Raumformel des Chinits ergibt, daß er in einer cis-Form und einer trans-Form vorkommen kann:

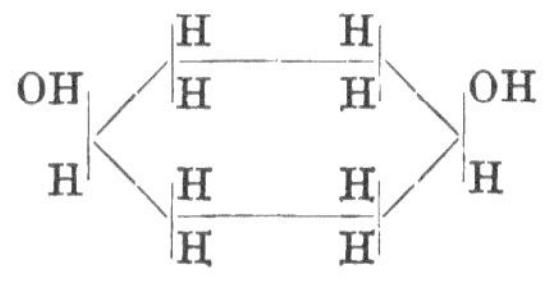

cis-Chinit

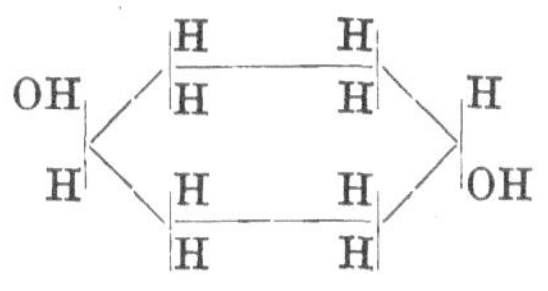

trans-Chinit

In der Tat sind zwei Modifikationen vom Schmelzpunkt 101° und 139° bekannt. Keine von beiden ist in optische Antipoden spaltbar; denn beide Formen besitzen eine Spiegelebene (senkrecht zum Sechsring durch die OH-Gruppen). Auch vom Cyclohexandiol-(1,2) sind zwei Stereoisomere möglich. Hier ist aber die trans-Form, wie eine einfache Überlegung zeigt, spaltbar und in der Tat auch gespalten worden.

Ein sechswertiger Alkohol, der sich vom Cyclohexan ableitet, ist **Inosit** $C_6H_{12}O_6$; er hat also dieselbe Molekularformel wie die Hexosen. Er ist, teilweise in Form des Hexaphosphorsäureesters (**Phytinsäure**), sehr verbreitet im Pflanzenreich. Bei Tieren hat man ihn in Muskeln, Leber und Gehirn gefunden. Wegen seiner Bruttoformel und seines süßen Geschmacks wurde er längere Zeit zu den Zuckerarten gerechnet. Daß er ein Cyclohexan-Derivat ist, geht daraus hervor, daß er durch Reduktion mit Jodwasserstoffsäure in Phenol und Trijodphenol übergeht, durch Salpetersäure in Tetraoxychinon umgewandelt wird. Die Anwesenheit von sechs Hydroxylgruppen wird durch die Bildung eines Hexaacetats bewiesen. Die Struktur des Inosits folgt schließlich auch daraus, daß er durch Hydrierung mit Platinschwarz aus Hexaoxybenzol (S. 350) dargestellt werden kann.

Für ein Hexaoxycyclohexan sind nicht weniger als acht verschiedene stereoisomere Formen möglich; 7 von ihnen sind symmetrisch und daher nicht in optische Antipoden spaltbar (vgl. z. B. Formel I, die Striche bedeuten OH-Gruppen). Zu ihnen gehört der natürliche Inosit, dessen Konfiguration Formel I wiedergibt. Der Inosit der Konfiguration II kann in aktiven

Formen auftreten; sein Monomethyläther, der rechtsdrehende **Pinit** $C_6H_6(OH)_5(O \cdot CH_3)$ kommt im Cambialsaft von Nadelhölzern vor.

I. II.

Schon zu Anfang des Jahrhunderts fand WILDIERS in Löwen einen für das Wachstum der Hefe unentbehrlichen Wachstumsfaktor[1], den er **Bios** nannte. Er erwies sich später als ein Komplex verschiedener Stoffe. Einen von ihnen identifizierte erstmalig 1928 EASTCOTT mit dem natürlichen nicht spaltbaren Inosit (Mesoinosit). KÖGL schied dann Inosit aus Hefe selbst ab.

Cyclohexanon, dessen Darstellung aus Pimelinsäure schon erwähnt wurde, wird am leichtesten erhalten, wenn man die Dämpfe von Cyclohexanol über fein verteiltes Kupfer leitet: $C_6H_{12}O \longrightarrow C_6H_{10}O + H_2$. Es siedet bei 155·7⁰, ist in Wasser nicht unbeträchtlich löslich und bildet in alkalischer Lösung ein gut kristallisierendes Kondensationsprodukt mit Benzaldehyd, das bei 118⁰ schmilzt:

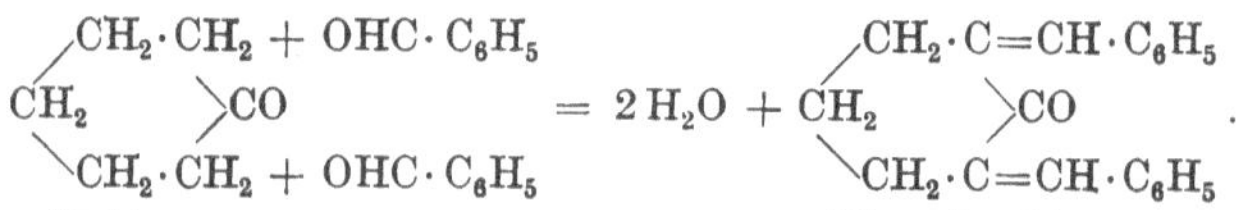

Cyclohexanon Dibenzal-cyclohexanon

Die Bildung solcher Kondensationsprodukte gelingt allgemein bei Verbindungen, die eine Methylengruppe zur Ketongruppe benachbart enthalten.

Die **hydroaromatischen Carbonsäuren** schließen sich in ihrem Verhalten den aliphatischen Säuren an. **Cyclohexancarbonsäure** besitzt wie Hexancarbonsäure einen ranzigen Geruch; sie schmilzt schon bei 29⁰, also erheblich niedriger als Benzoesäure (121·4⁰).

Die hydrierten Benzoldicarbonsäuren verdienen besonderes Interesse, weil sie das Material für BAEYERS berühmte Untersuchungen über die Konstitution des Benzols[2] geliefert haben. Schon BAEYER fand, daß sie in je zwei stereoisomeren Formen existieren und führte bei dieser Gelegenheit die Bezeichnungen cis- und trans- in die stereochemische Terminologie ein. Die trans-Formen der **Hexahydrophthalsäure** und **Hexahydroisophthalsäure** müssen sich nach den oben für Cyclohexandiol-(1,2) gemachten Ausführungen spalten lassen; diese Spaltung ist später A. WERNER und BÖESEKEN gelungen. Die dem Chinit entsprechenden **Hexahydroterephthalsäuren** (s. untenstehende Formel) enthalten dagegen eine Spiegelebene und sind daher nicht spaltbar. Man gewinnt sie durch Hydrierung von Terephthalsäure mit Wasserstoff in Gegenwart von Platinschwarz.

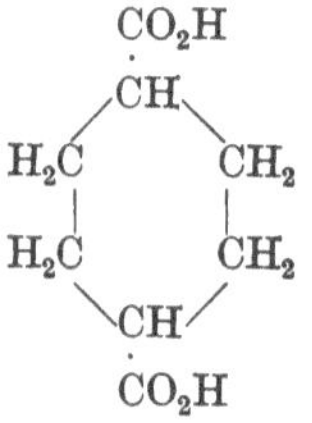

Es ist sehr bemerkenswert, daß nicht nur cis-Hexahydrophthalsäure und -isophthalsäure, sondern auch trans-Hexahydrophthalsäure und cis-Hexahydroterephthalsäure innere Anhydride

[1] Über Wuchsstoffe vgl. S. 476.

[2] Lieb. Ann. **245,** 103 (1888). Ein wichtiges Ergebnis von BAEYERS Arbeiten über die hydrierten Benzoldicarbonsäuren war die Feststellung, daß schon die Aufhebung einer einzigen „Doppelbindung“ im Benzolkern genügt, um den Benzolcharakter zu vernichten und die Eigenschaften ungesättigter Verbindungen hervortreten zu lassen.

liefern. Bei der Betrachtung der SACHSEschen Cyclohexanmodelle sieht man aber, daß auch in diesen Fällen ein Ringschluß ohne erhebliche Spannung möglich ist.

Ein interessantes Cyclohexan-Derivat ist die 1-Methyl-cyclohexyliden-4-essigsäure

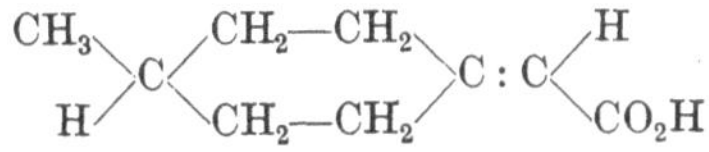

weil diese Verbindung den Beweis liefert, daß molekulare Asymmetrie optische Aktivität zur Folge hat, auch wenn kein asymmetrisches Kohlenstoffatom vorhanden ist.

Das asymmetrische Kohlenstoffatom ist also nur ein besonders leicht faßlicher Ausdruck der molekularen Asymmetrie. Wie Fig. 90 zeigt, liegt die Gruppe $=C<^{H}_{CO_2H}$ in der gleichen Ebene wie der Cyclohexanring, während CH_3 und H in einer dazu senkrechten (schraffierten) Ebene liegen, die keine Symmetrieebene des Moleküls ist. In der Tat ist die Säure auch in optisch-aktive Komponenten spaltbar. Sie gehört zum Typus der substituierten Allene ${}^{a}_{b}>C:C:C<^{c}_{d}$ (wobei eine der doppelten Bindungen durch den Sechsring ersetzt ist). Am Modell sieht man leicht, daß ${}^{a}_{b}>C$ und $C<^{c}_{d}$ zwei aufeinander senkrechte Ebenen bestimmen und daß das Molekül keine Spiegelebene besitzt. Die Spaltbarkeit der Allene ist von VAN'T HOFF bereits 1874 vorausgesagt und neuerdings auch an einem einfachen Beispiel verwirklicht worden. Aus dem gleichen Grunde sind auch substituierte **Spirane**

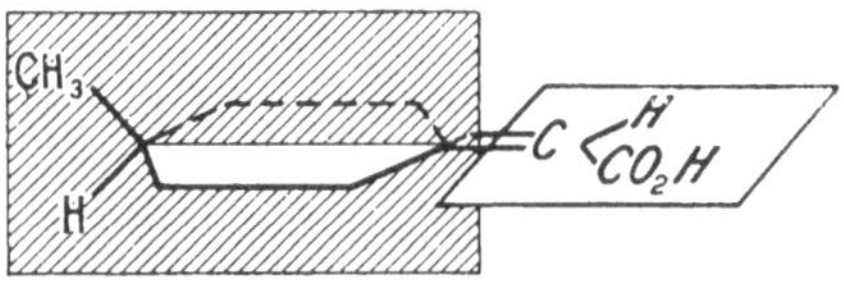

Fig. 90.

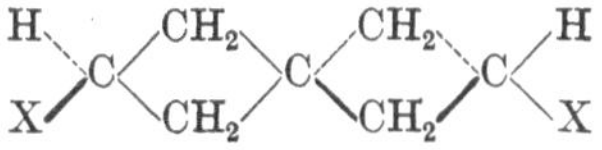

in die Antipoden spaltbar (die dick gedruckten Bindungen liegen oberhalb, die gestrichelten unterhalb der Papierebene in einer dazu senkrechten Ebene).

Terpene

Unter dem Namen **Terpene** faßt man die Hydroderivate des Cymols (S. 306) und ihre Substitutionsprodukte zusammen. Die meisten hierher gehörigen Verbindungen haben ungesättigten Charakter. Um ihre Erforschung hat sich namentlich WALLACH sehr verdient gemacht. Sie finden sich im Pflanzenreich. Da sie mit Wasserdampf leicht flüchtig sind, können sie durch Behandlung der Pflanzenteile mit Wasserdampf und anschließende fraktionierte Destillation der so erhaltenen „ätherischen Öle" leicht isoliert werden.

Oft sind freilich die ätherischen Öle recht komplexe Gemenge von Kohlenwasserstoffen, Alkoholen und Ketonen, und zur Abscheidung der Terpene ist es dann häufig notwendig, sie in kristallisierte Derivate überzuführen und sie daraus wieder zurückzugewinnen. Die monocyclischen Terpen-Kohlenwasserstoffe sind durchweg farblose Flüssigkeiten von meist angenehmem Geruch, die schon durch den Sauerstoff der Luft mehr oder weniger leicht oxydiert werden. Mit Oxydationsmitteln geben sie teils Benzolderivate (Cymol, Toluylsäuren, Phthalsäuren), teils aliphatische Spaltstücke. Sie bilden leicht Additionsprodukte mit Chlorwasserstoff, Brom, Nitrosylchlorid usw., die oft gut kristallisieren und zur Identifikation der Isomeren geeignet sind.

Um die zahlreichen Derivate der hydrierten Cymole einheitlich benennen zu können, hat BAEYER folgende Namen und Bezifferungen eingeführt:

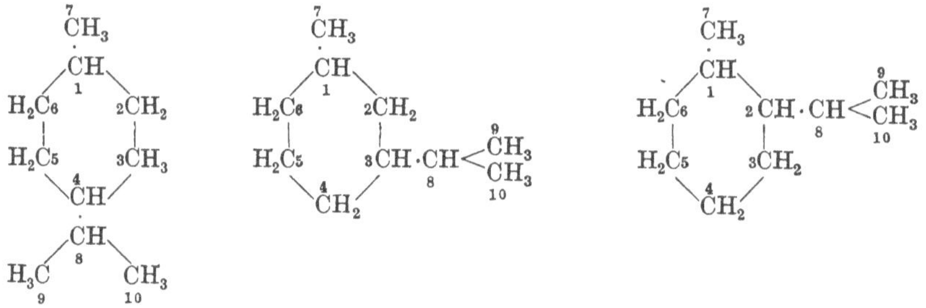

p-Menthan m-Menthan o-Menthan

Der gesättigte cyclische Kohlenwasserstoff $C_{10}H_{20}$, das **p-Menthan,** kommt in der Natur nicht vor; es kann durch Hydrierung von p-Cymol mit Wasserstoff und Nickel erhalten werden. Es ist eine petroleumartig riechende Flüssigkeit vom Siedepunkt 170°. p-Menthan existiert in zwei diastereoisomeren Formen, die aber wegen des Vorhandenseins einer Symmetrieebene beide optisch inaktiv sein müssen. Durch Eintritt eines Substituenten in 2 oder 3 wird diese Symmetrie zerstört. Die meisten im folgenden zu besprechenden Menthan-Abkömmlinge sind daher optisch aktiv.

Während die einfach ungesättigten Kohlenwasserstoffe $C_{10}H_{18}$ **(Menthene)** ohne besondere Bedeutung sind, finden sich unter den **Menthadienen** $C_{10}H_{16}$ viele Naturprodukte.

Von ihnen sind zunächst die Kohlenwasserstoffe **Terpinolen, d- und l-Limonen,** sowie deren Racemverbindung **Dipenten** zu erwähnen. **Terpinolen** siedet bei 185° und bildet ein charakteristisches Tetrabromid vom Schmelzpunkt 116°; es entsteht durch Kochen von optisch-aktivem Terpineol (S. 393) mit Oxalsäurelösung, wobei ein Molekül Wasser abgespalten wird. Die Wasserabspaltung kann theoretisch nach zwei Richtungen erfolgen:

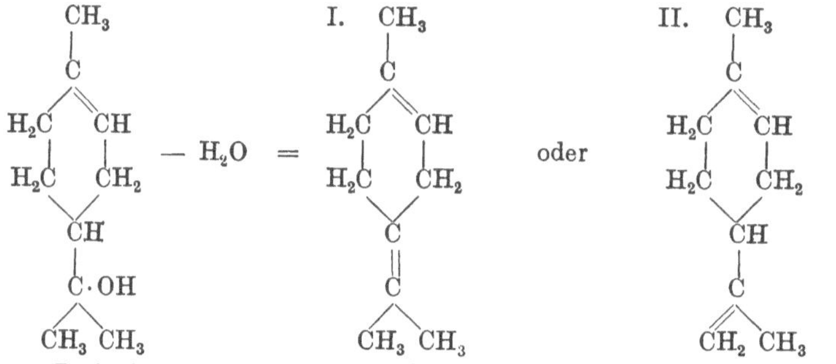

Terpineol Terpinolen d- und l-Limonen

Da Terpinolen optisch-inaktiv, aber aus einer aktiven Verbindung hervorgegangen ist, so muß es sein asymmetrisches Kohlenstoffatom eingebüßt haben. Dies ist nur bei der Formel I der Fall, denn in Formel II ist das C-Atom 4 asymmetrisch, wie im Terpineol selbst. Die Formel II erkennt man dagegen dem optisch-aktiven **Limonen** zu, das in zahlreichen ätherischen Ölen (Kümmelöl, Fichtennadelöl) vorkommt. Es hat einen angenehm citronenartigen Geruch. Sein gut kristallisiertes Tetrabromid schmilzt bei 105°. Seine Struktur geht daraus hervor, daß man es gleichfalls aus Terpineol erhalten kann, wenn man als wasserabspaltendes Mittel Kaliumbisulfat anwendet. Andrerseits gibt Limonen durch Addition von 2HBr dasselbe Dibrommenthan, das auch aus dem zweiwertigen Alkohol Terpin (S. 393) bei der Substitution der Hydroxyle durch Brom erhalten wird:

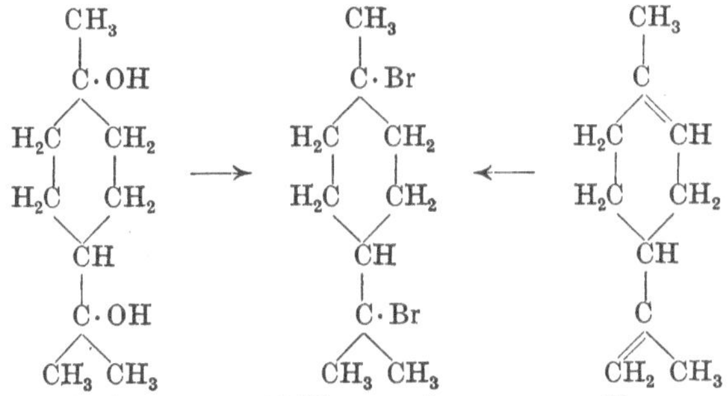

Terpin 1,8-Dibrom-menthan Limonen

Durch Mischen gleicher Gewichtsteile von d- und l-Limonen entsteht **Dipenten,** das sich auch in zahlreichen ätherischen Ölen findet. Es bildet wie die Limonene mit Brom ein schön kristallisierendes Tetrabromid (Schmelzpunkt 126°), eine Tatsache, die das Vorhandensein von zwei Doppelbindungen in seinem Molekül beweist. Bei den Limonenen und dem Dipenten liegt der seltene Fall vor, daß beide optisch-aktiven Formen nebst ihrem racemischen Gemisch Naturprodukte sind. Dipenten entsteht bei der trockenen Destillation von Kautschuk und zerfällt bei hoher Temperatur, z. B. beim Vorbeileiten der Dämpfe an glühenden Drähten, wie bereits beschrieben (S. 131), in Isopren, aus dem es andrerseits durch Polymerisation erhalten werden kann.

Von großem Interesse sind die gesättigten **Alkohole** und **Ketone,** die sich vom Menthan ableiten. Linksdrehendes **Menthol** oder Menthanol-(3) bildet den Hauptbestandteil des Pfefferminzöls, aus dem es sich beim Abkühlen kristallinisch abscheidet. Es kristallisiert in farblosen Säulen, die einen starken Pfefferminzgeruch besitzen. Es schmilzt bei 43°, siedet bei 216° und zeigt in alkoholischer Lösung $[\alpha]_D$: —50°. Man erkennt ihm die Formel I zu:

I. 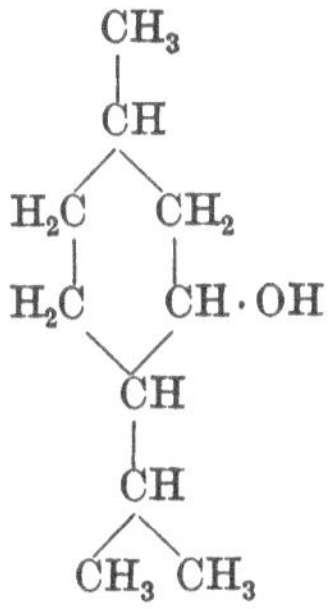

Menthol

II. 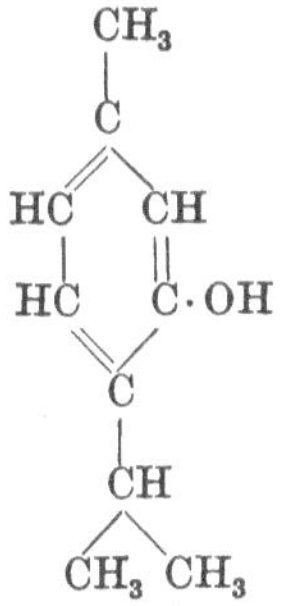

Thymol

Daß Menthol ein sekundärer Alkohol ist, folgt zunächst daraus, daß es durch Oxydation mit Chromsäuregemisch zwei Wasserstoffatome verliert und in eine Verbindung übergeht, die alle Eigenschaften eines Ketons besitzt. Dieses Keton heißt Menthon; es kommt ebenfalls im Pfefferminzöl vor. Das Cymol-Skelett läßt sich im Menthol durch zahlreiche Übergänge in p-Cymol oder dessen Derivate nachweisen; einer dieser Übergänge beweist auch die Stellung 3 der Hydroxylgruppe.

Wenn man nämlich Menthon in Chloroformlösung mit Brom behandelt, entsteht ein Dibrom-menthon, aus dem sich mit Hilfe von Chinolin 2HBr abspalten lassen, wobei ein Phenol, das Thymol (Formel II) entsteht.

Daß im Thymol die Hydroxyl- und die Methylgruppe in Metastellung zueinander stehen, geht daraus hervor, daß es beim Erhitzen mit Phosphorpentoxyd Propylen abspaltet und in m-Kresol übergeht.

Menthol enthält drei asymmetrische C-Atome und kann deshalb in acht optisch-aktiven und vier racemischen Modifikationen existieren, die sämtlich bekannt sind. Die Racemform des natürlichen Menthols schmilzt bei 34° und wird technisch durch Hydrierung von Thymol mit Wasserstoff und Nickel dargestellt, wobei aber auch andere Stereoisomere des Menthols entstehen. Führt man die Hydrierung mit Kupferchromit als Katalysator bei 200° durch, so wird der Anteil der unerwünschten Isomeren auf weniger als 30% reduziert.

Ein zweiwertiger Alkohol, der sich vom Menthan ableitet, ist **Terpin** $C_{10}H_{18}(OH)_2$. Sein Hydrat $C_{10}H_{20}O_2 + H_2O$ entsteht, wenn Terpentinöl $C_{10}H_{16}$ (S. 397) mit verdünnter Schwefelsäure behandelt wird. **Terpinhydrat** hat eine große Kristallisationsfähigkeit; beim Erhitzen verliert es ein Molekül Wasser, worauf wasserfreies Terpin bei 258° destilliert. Der Schmelzpunkt des Hydrats liegt bei 121°.

Terpin kann synthetisch aus Geraniol (S. 136) erhalten werden. Wenn man dieses längere Zeit mit 5%iger Schwefelsäure schüttelt, so nimmt es zwei Moleküle Wasser auf und geht nahezu quantitativ in Terpinhydrat über:

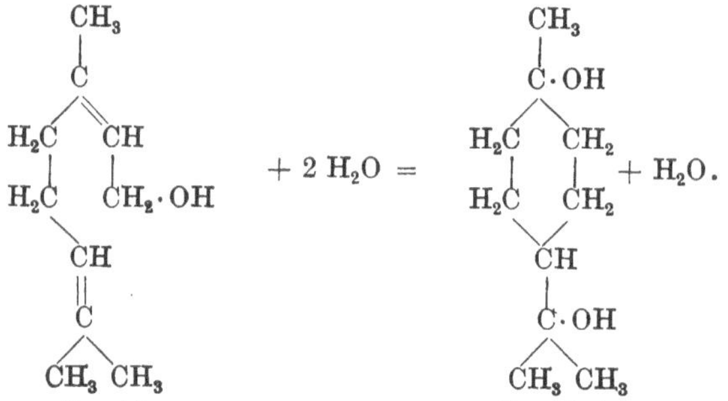

Geraniol Terpinhydrat

Terpin wäre nach dieser Synthese also ein p-Menthandiol-(1,8). Diese Auffassung wird dadurch gestützt, daß es sich durch Jodwasserstoffsäure zu p-Menthan reduzieren läßt; es enthält also das p-Cymol-Skelett. Ferner ist es PERKIN gelungen, Terpin in folgender Weise synthetisch darzustellen.

Bei Einwirkung von Natrium-cyanessigester auf β-Jod-propionsäureester findet nachstehende Reaktion statt:

$$NC\cdot CH_2\cdot CO_2\cdot C_2H_5 + 2\ JCH_2\cdot CH_2\cdot CO_2\cdot C_2H_5 \longrightarrow$$

$$\begin{matrix} NC \\ C_2H_5\cdot O_2C \end{matrix} > C < \begin{matrix} CH_2\cdot CH_2\cdot CO_2\cdot C_2H_5 \\ CH_2\cdot CH_2\cdot CO_2\cdot C_2H_5 \end{matrix}.$$

Bei der Verseifung des entstandenen Esters wird gleichzeitig eine Carboxylgruppe abgespalten, und es entsteht Pentan-tricarbonsäure-(1,3,5)

$$HO_2C\cdot CH < \begin{matrix} CH_2\cdot CH_2\cdot CO_2H \\ CH_2\cdot CH_2\cdot CO_2H \end{matrix},$$

die beim Erhitzen mit Essigsäureanhydrid Wasser und Kohlendioxyd verliert und in Cyclohexanon-(4)-carbonsäure-(1)

$$HO_2C\cdot CH < \begin{matrix} CH_2\cdot CH_2 \\ CH_2\cdot CH_2 \end{matrix} > CO$$

übergeht. Der Ester dieser Säure reagiert leicht mit Methylmagnesiumjodid, und zwar sowohl mit der Carbäthoxy-Gruppe $-CO_2\cdot C_2H_5$ als auch mit der Carbonylgruppe, wodurch

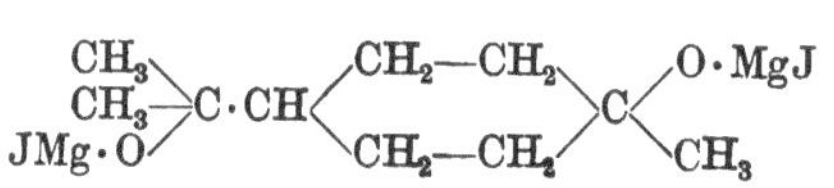

entsteht, das durch Säuren in

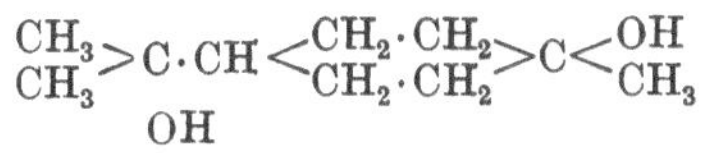

übergeht, eine Verbindung, die mit Terpin identisch ist.

Ein ungesättigter monocyclischer Alkohol ist das **α-Terpineol** $C_{10}H_{18}O$, das in rechts- und linksdrehender Form in ätherischen Ölen vorkommt und fliederartig riecht. Es schmilzt bei 38—40° (aktiv) bzw. 35° (inaktiv) und siedet bei 219°. Es steht in naher Beziehung zu Terpin; wenn es mit verdünnter Schwefelsäure geschüttelt wird, geht es in Terpinhydrat über; umgekehrt spaltet dieses unter der Einwirkung desselben Agens leicht Wasser ab unter Rückbildung von Terpineol. Es muß deshalb in seiner Struktur mit dem Terpin nahe verwandt sein; es kann nur noch die Frage sein, welche der Hydroxylgruppen mit einem Wasserstoffatom als Wasser ausgetreten ist. Wenn man sich vergegenwärtigt, daß Terpineol in aktiver Form bekannt ist, so sieht man leicht ein, daß es die Hydroxylgruppe 1 sein muß und dem α-Terpineol demnach folgende Struktur zukommt:

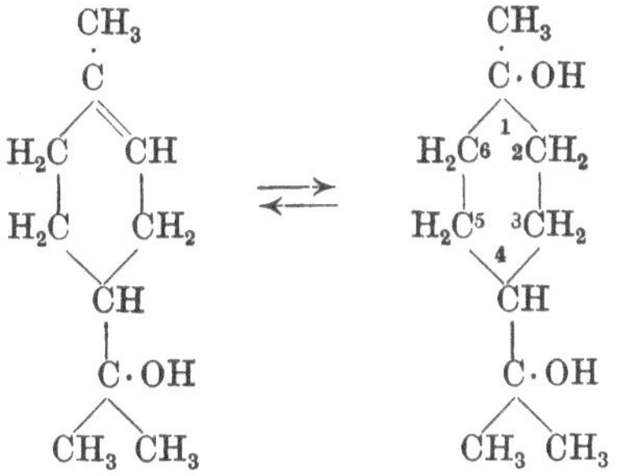

Terpineol — Terpin

Denn in dieser Formel ist das Kohlenstoffatom 4 asymmetrisch; Wasserverlust zwischen den Kohlenstoffatomen 4, 8; 8, 9 (oder 10) oder 1, 7 würde dagegen kein asymmetrisches Kohlenstoffatom im Molekül erzeugen.

Ein Isomeres des Terpineols ist das **Isopulegol**, das sich ähnlich wie Terpin aus einer aliphatischen Verbindung durch Ringschluß bildet; es entsteht beim Behandeln von Citronellal mit 5%iger Schwefelsäure und ist ein pfefferminzartig riechendes Öl.

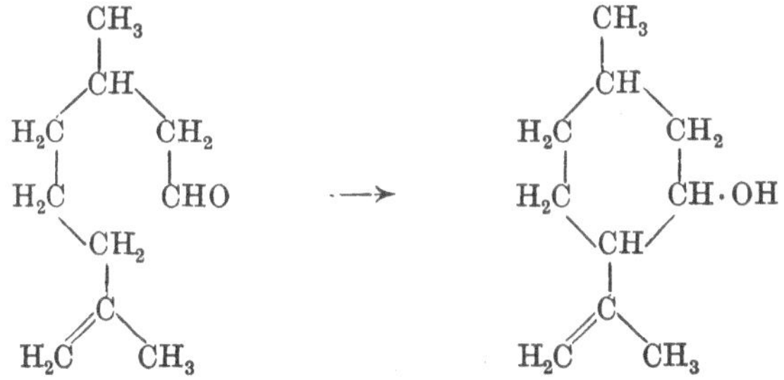

Citronellal — Isopulegol

Unter den verschiedenen Verbindungen, die aus Terpin durch Wasserabspaltung entstehen, befindet sich auch eine heterocyclische Verbindung, die als innerer Äther des Terpins aufgefaßt werden kann, nämlich das **Cineol** $C_{10}H_{18}O$. Es ist ein Bestandteil zahlreicher ätherischer Öle; besonders reich daran sind Eucalyptusöl und Wurmsamenöl (*Oleum cinae*). Es schmilzt bei etwa +1°, siedet bei 176° und bildet als Äther additionelle Verbindungen (Oxonium-Verbindungen). Auf Grund seiner Bildung und Eigenschaften erkennt man dem Cineol Formel I zu:

I. 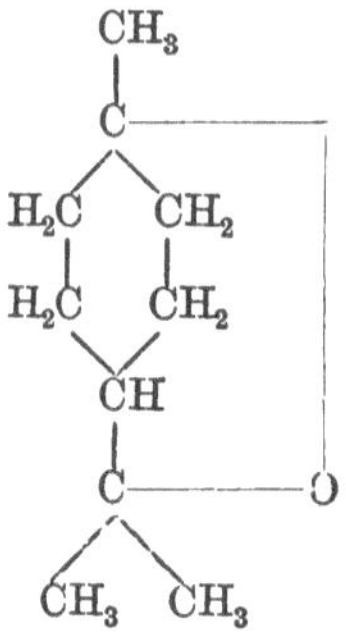

Cineol

II. 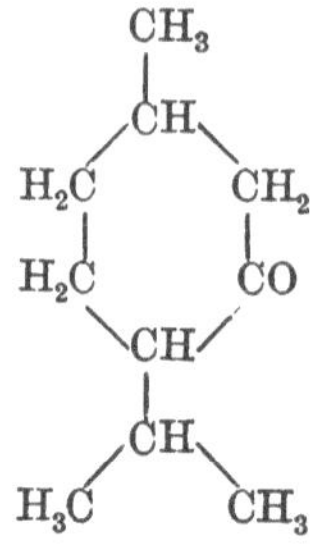

Menthon

Von den Ketonen der Terpenreihe ist an erster Stelle p-Menthanon-(3), gewöhnlich **Menthon** genannt, aufzuführen. Es entsteht durch Oxydation von Menthol mit CrO_3 und entspricht daher Formel II. Es ist ein pfefferminzartig riechendes Öl vom Siedepunkt 207° und ist deshalb von besonderem Interesse, weil es einer an die Mutarotation der Zucker erinnernden stereochemischen Umlagerung unterliegt. Schon beim Aufbewahren, rascher unter dem Einfluß von Säuren und Alkalien geht das ursprünglich linksdrehende Keton in ein rechtsdrehendes Produkt über, das sich als ein Gleichgewichtsgemisch aus l-Menthon und einem rechtsdrehenden Stereoisomeren, dem d-Isomenthon, erweist. Dieser Vorgang wird ohne weiteres verständlich, wenn man das Enol des Menthons als Zwischenprodukt betrachtet (in den folgenden Formeln liegen stark ausgezogene Bindungen über, punktierte Bindungen unter der Ebene des Papiers):

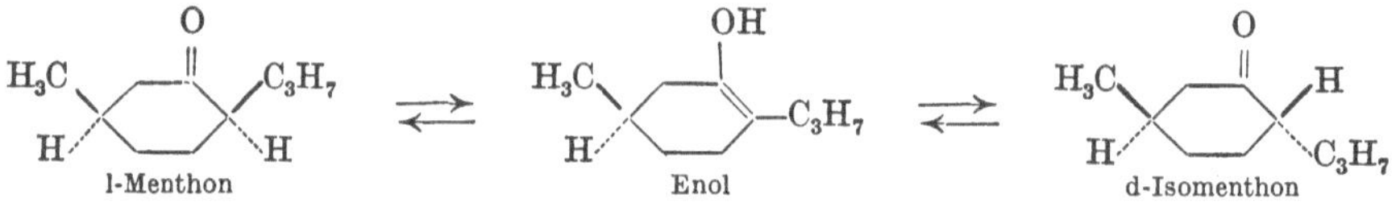

l-Menthon Enol d-Isomenthon

Pulegon, der Hauptbestandteil des Poleiöls, ist ein einfach ungesättigtes Keton. Es siedet bei 224° und riecht pfefferminzartig. Durch die Bildung eines Oxims ist es als Keton gekennzeichnet; bei der Reduktion mit Natrium und Alkohol nimmt es vier Wasserstoffatome auf und geht in Menthol über, woraus folgt, daß die Carbonylgruppe die Stellung 3 im Molekül einnimmt. Die doppelte Bindung liegt zwischen den Kohlenstoffatomen 4 und 8, denn sowohl bei der Oxydation, als auch beim Erhitzen mit Wasser spaltet Pulegon Aceton ab.

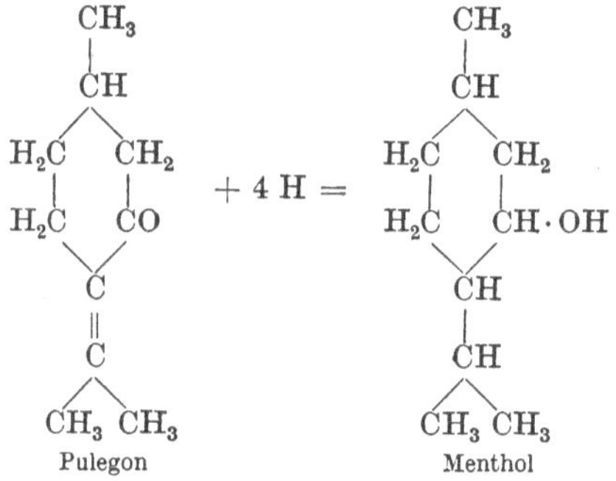

Pulegon Menthol

Ein weiteres, hierher gehöriges Keton ist **Carvon** $C_{10}H_{14}O$. Es bildet den Hauptbestandteil des Kümmelöls, dessen charakteristischen Geruch es besitzt, und dreht die Ebene des polarisierten Lichts nach rechts. Sein Siedepunkt liegt bei 228⁰. Beim Erhitzen mit Katalysatoren, z. B. KOH oder $POCl_3$, lagert es sich in ein Phenol, das **Carvacrol,** um:

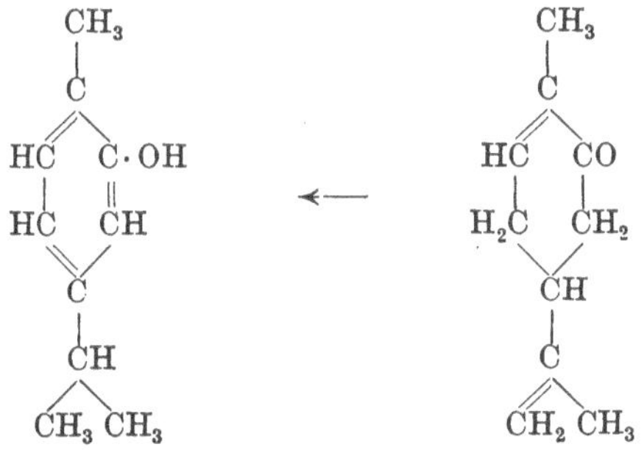

Carvacrol Carvon

Carvacrol hat die Hydroxylgruppe am Kohlenstoffatom 2, da es beim Erhitzen mit Phosphorpentoxyd Propylen abspaltet und o-Kresol liefert. Auf diese Weise ist auch die Stellung des Carbonyls im Carvon festgelegt. Daß Carvon ein Keton ist, geht aus der Bildung eines Oxims **(Carvoxim)** hervor.

Carvoxim entsteht auch, wenn man an Limonen Nitrosylchlorid addiert und danach HCl abspaltet:

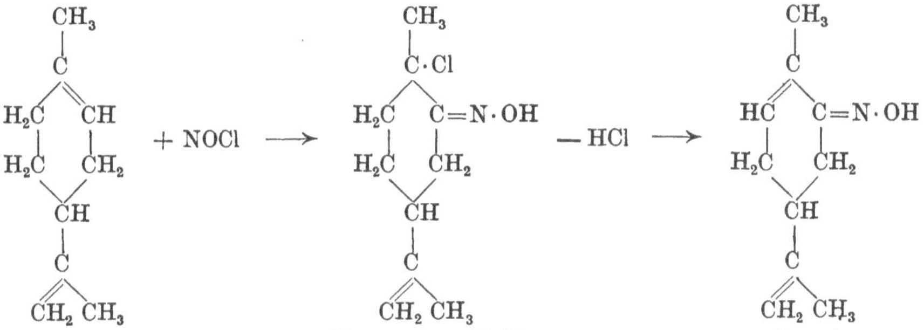

Limonen Limonennitrosochlorid Carvoxim

Diese Methode, Kohlenwasserstoffe über die **Nitrosochloride** in Ketone zu verwandeln, wird in der Terpenchemie häufig angewandt. Diejenigen Nitrosochloride, die, wie Limonennitrosochlorid, H und NO am gleichen Kohlenstoffatom enthalten, reagieren in der desmotropen Oximform. Tritt dagegen die Nitrosogruppe an ein tertiär gebundenes Kohlenstoffatom, so erhält man Nitrosochloride, die sich durch ihre blaue Farbe als echte Nitrosoverbindungen zu erkennen geben.

Bicyclische Terpene

Es gibt eine Reihe von Terpenen $C_{10}H_{16}$, die offenbar nur *eine* doppelte Bindung enthalten, da sie nur zwei einwertige Atome oder Gruppen zu addieren vermögen. Da sie vom gesättigten cyclischen Menthan $C_{10}H_{20}$ um vier Wasserstoffatome differieren, muß notwendig noch eine zweite Ringbindung in ihrem Molekül vorhanden sein. Auch diese Verbindungen und ihre Derivate stehen in nahem Zusammenhang mit Cymol; sie sind meistens in diesen Kohlenwasserstoff oder dessen Derivate überführbar. Die Erfahrung hat gelehrt, daß diese zweite Ringbindung im Molekül des Menthans auf verschiedene Art zustande kommen kann, wie die folgenden Formeln zeigen:

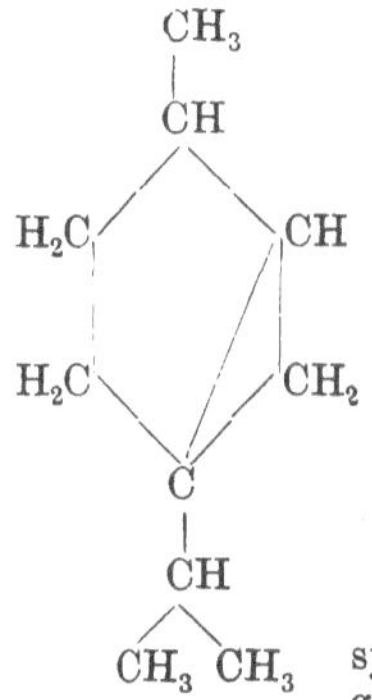

Thujan

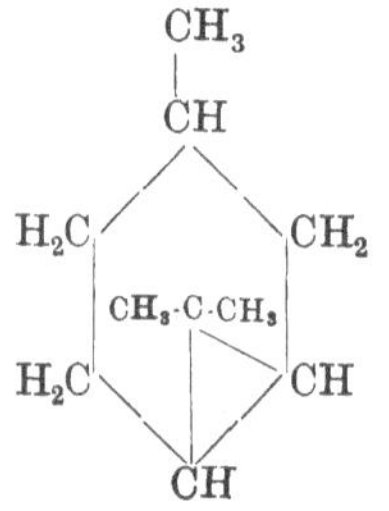

Caran

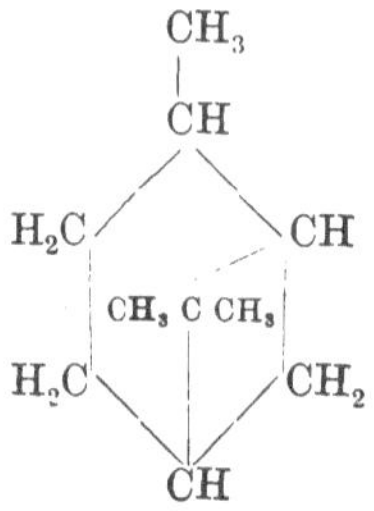

Pinan

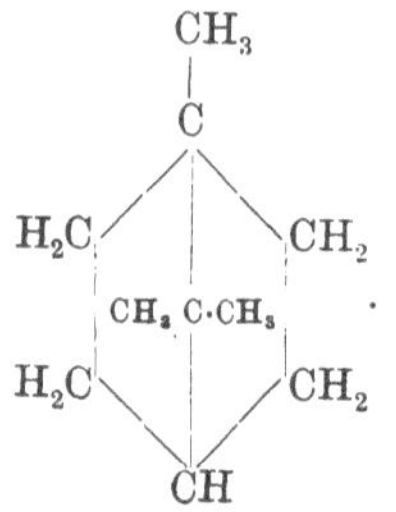

Camphan

Wir begegnen hier zum erstenmal sogenannten kondensierten Ringsystemen, d. h. polycyclischen Gebilden, die ein oder mehrere Ringglieder gemeinsam haben. So kann man das Thujan als ein System aus einem Sechsring und einem Dreiring (mit drei gemeinsamen Ringgliedern) oder aus einem Fünfring und einem Dreiring (mit zwei gemeinsamen Ringgliedern) auffassen. Pinan ist ein System aus einem Sechsring und einem Vierring mit drei gemeinsamen Ringgliedern und so fort. Man kann sich solche Systeme auch so entstanden denken, daß zwischen zwei Ringgliedern eines monocyclischen Systems eine „Brücke" geschlagen wird: im Thujan ist es eine einfache Valenzbrücke, im Caran, Pinan, Camphan liegt eine kohlenstoffhaltige, von einer Dimethylmethylen-Gruppe $\frac{CH_3}{CH_3}{>}C{<}$ gebildete Brücke vor. BAEYER hat vorgeschlagen, solche polycyclischen Kohlenwasserstoffe so zu benennen, daß aus dem Namen die Gesamtzahl der Ringkohlenstoffatome (ohne Seitenketten!) und der Ringe hervorgeht: Thujan leitet sich von einem Bicyclohexan, Caran von einem Bicycloheptan ab. Um die Struktur eines Bicycloheptans vollständig zu beschreiben, geht man mit BAEYER so vor, daß man zwei (im folgenden fettgedruckte) Kohlenstoffatome aus dem Ringsystem auswählt, denen gegenüber alle übrigen C-Atome die Rolle von Brücken spielen. Solcher Brücken gibt es in dem folgenden Bicycloheptan I zwischen den C-Atomen 1 und 6 drei: ihre C-Anzahl beträgt 0 (zwischen 1 und 6), 1 (C-Atom 7) und 4 C-Atome 2, 3, 4, 5). So ergibt sich der vollständige Name Bicyclo-[0, 1, 4]-heptan:

I. 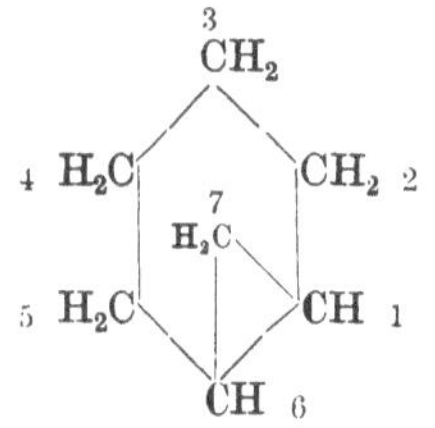

II. 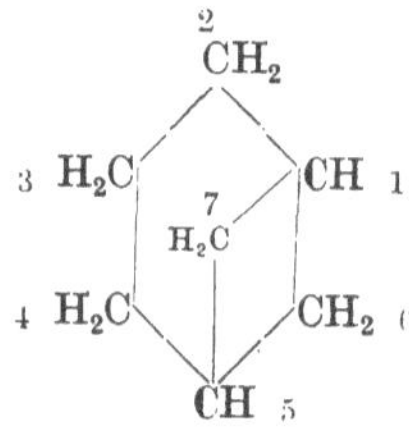

Entsprechend heißt die Verbindung II Bicyclo-[1,1,3]-heptan.

Vom Ringsystem des Thujans leiten sich ab das **Sabinen** $C_{10}H_{16}$, ein Terpen, das sich in einigen ätherischen Ölen, z. B. im Sadebaumöl (*Juniperus Sabina*) findet und bei 163—165° siedet, sowie das Keton **Thujon** $C_{10}H_{16}O$. Thujon kommt in zwei diastereoisomeren Formen (α und β) vor, die β-Form im Rainfarnöl und Wermutöl, die α-Form vornehmlich im Thujaöl. Beim Kochen mit verdünnter Schwefelsäure lagert es sich unter Ringspaltung in ein Fünfringketon, das **Isothujon**, um.

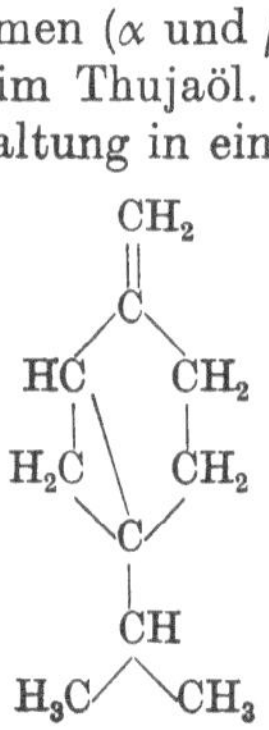

Sabinen

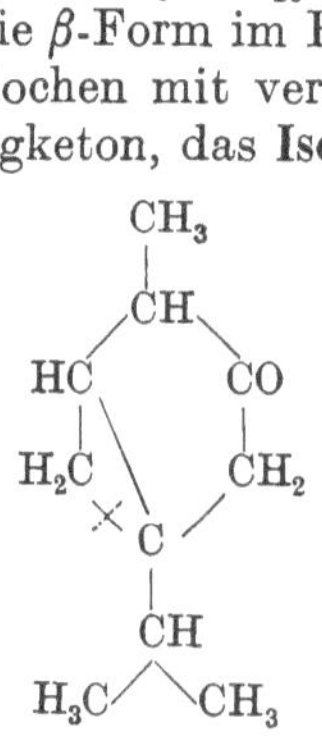

Thujon

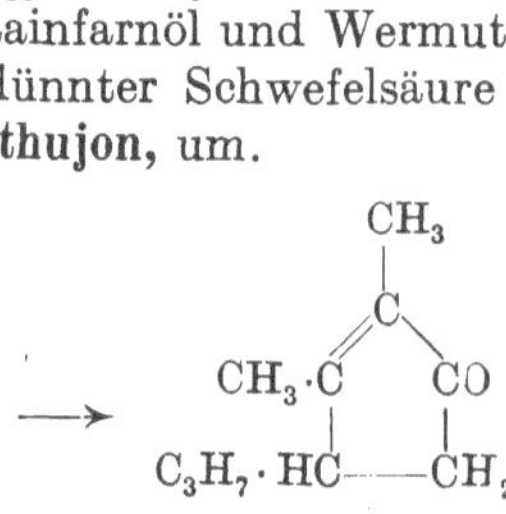

Isothujon

Die Anwesenheit eines Dreiringes im Sabinen und Thujon ergibt sich unter anderem aus dem oxydativen Abbau zu Carbonsäuren des Cyclopropans.

Ein Vertreter der Caranreihe ist das synthetisch auf folgendem Wege zugängliche **Caron**:

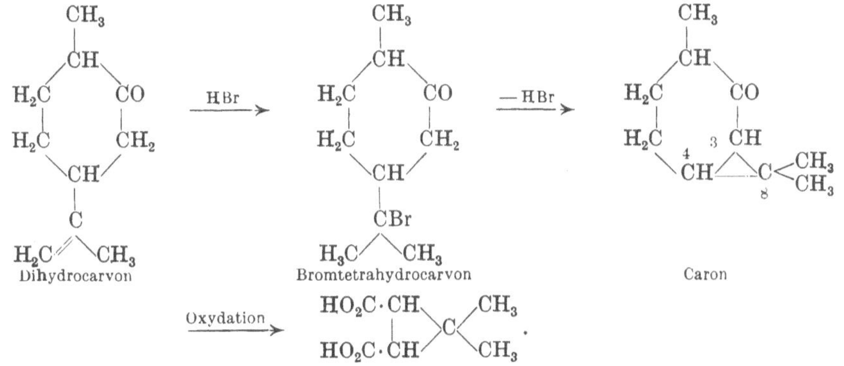

Dihydrocarvon — Bromtetrahydrocarvon — Caron — Caronsäure

Caron siedet gegen 210° und zeigt die hohe Drehung $[\alpha]_D$: + 174°. Daß es einen Dreiring enthält, beweist die Oxydation zu Caronsäure. Die Reduktion des Carons zum Caran ist KISHNER durch ein auf Ketone der cyclischen Reihe allgemein anwendbares Verfahren gelungen, indem er das Hydrazon durch Destillieren mit platiniertem Ton katalytisch zersetzte: $C_{10}H_{16}:N \cdot NH_2 = C_{10}H_{18} + N_2$.

Caran ist flüssig und siedet bei 169°. Seine Struktur geht daraus hervor, daß es sowohl in Derivate des p-Cymols (Sprengung der Bindung 3, 8), als auch in solche des m-Cymols (Sprengung der Bindung 4, 8) überführbar ist.

In der Pinangruppe ist **α-Pinen** $C_{10}H_{16}$ der wichtigste Vertreter. Es bildet den Hauptbestandteil der **Terpentinöle**, die unter anderem als Lösungsmittel für Harze in der Firnis- und Lack-Industrie dienen, und ist daher auch technisch sehr wichtig. Es ist in zwei optisch-aktiven Formen sowie in der inaktiven Modifikation bekannt. Es siedet bei 155° und zeigt D_{20}^{20}: 0,858. Seine Struktur wird durch die folgende Formel wiedergegeben:

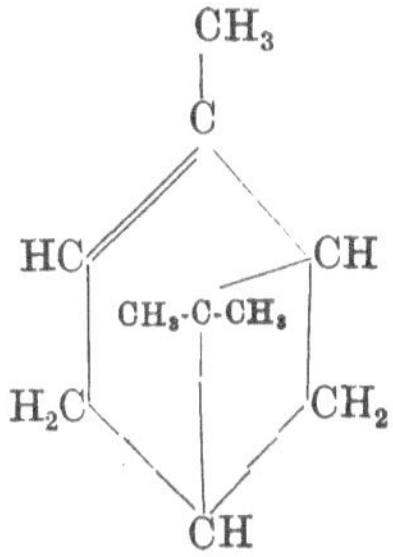

α-Pinen

Die Konstitution des im Pinen enthaltenen Vierrings läßt sich folgendermaßen beweisen: Bei der Autoxydation von Pinen entsteht nach dem Schema von S. 113 **Verbenon**. Dieses wird durch Permanganat zu **Pinononsäure** oxydiert, die durch Natriumhypobromit in **Norpinsäure** übergeführt wird:

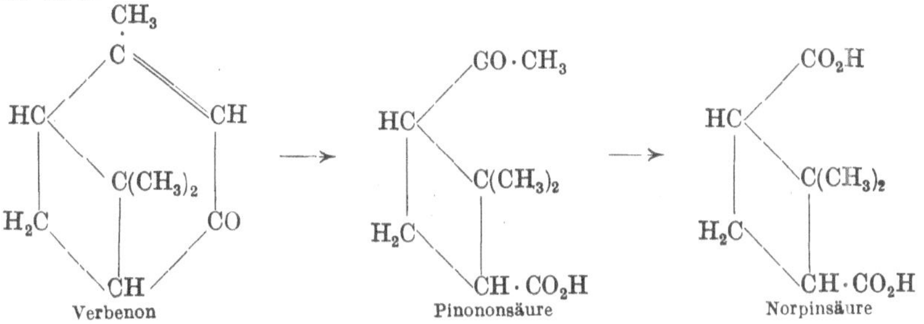

Verbenon — Pinononsäure — Norpinsäure

Norpinsäure läßt sich synthetisch aufbauen, indem man aus Aceton durch Kondensation mit Cyanessigester und alkoholischem Ammoniak β,β-Dimethyl-α,α'-dicyan-glutarimid darstellt und die daraus durch Einwirkung von Methylenjodid erhältliche Verbindung erst mit Schwefelsäure und dann mit konzentrierter Alkalilauge kocht. Die hierbei entstehende 2,2-Dimethyl-cyclobutan-tetracarbonsäure-(1,1,3,3) spaltet beim Erhitzen Kohlendioxyd ab und geht in eine Dicarbonsäure über, die mit der aus Pinen erhaltenen Norpinsäure identisch ist:

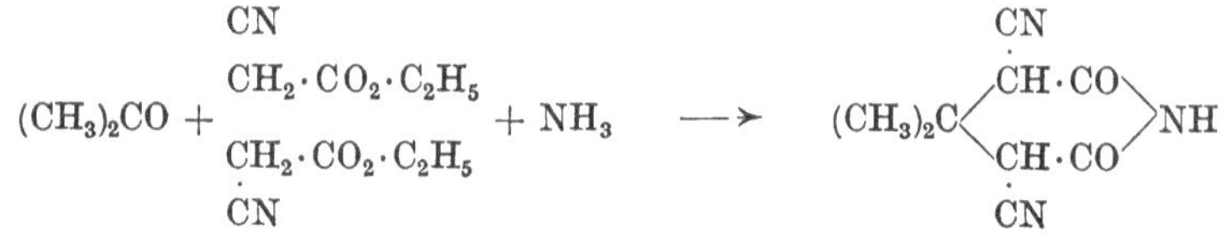

Dimethyldicyanglutarimid

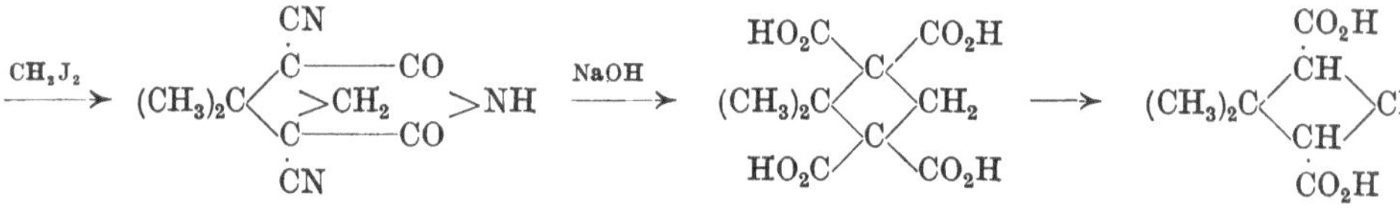

Norpinsäure

Komppa ist es in jüngster Zeit gelungen, Norpinsäure über Pinononsäure und einige weitere Zwischenstufen in das gesättigte Pinan überzuführen, das man durch katalytische Hydrierung von Pinen erhält. Damit ist die bisher nur durch Abbau begründete Pinenformel auch synthetisch bewiesen.

Der Vierring des Pinens wird bei der Behandlung mit verdünnten Säuren gesprengt; es entsteht, wie bereits früher erwähnt (S. 392), Terpinhydrat, indem gleichzeitig die Doppelbindung 1 Mol Wasser anlagert. Durch Addition von Nitrosylchlorid (aus Äthylnitrit und HCl) an Pinen entsteht das Pinennitrosochlorid $C_{10}H_{16}NOCl$, dessen optisch-inaktive Form bei 103° schmilzt und zum Nachweis des Pinens dient; beim Behandeln mit Anilin oder Natriumacetat regeneriert es Pinen (verhält sich also anders als Limonennitrosochlorid, S. 395).

Auf eine Reihe bemerkenswerter Umlagerungen, die vom Pinan- zum Camphan-Skelett führen, kann hier nur mit wenigen Worten eingegangen werden. Das normale Hydrochlorid des Pinens, das sich beim Einleiten von Chlorwasserstoff in seine Petroläther-Lösung bei —60° als kristallinische Masse abscheidet, ist eine sehr unbeständige Verbindung. Es spaltet leicht Chlorwasserstoff ab und lagert sich schon unterhalb 0° weitgehend in das isomere **Bornylchlorid** um:

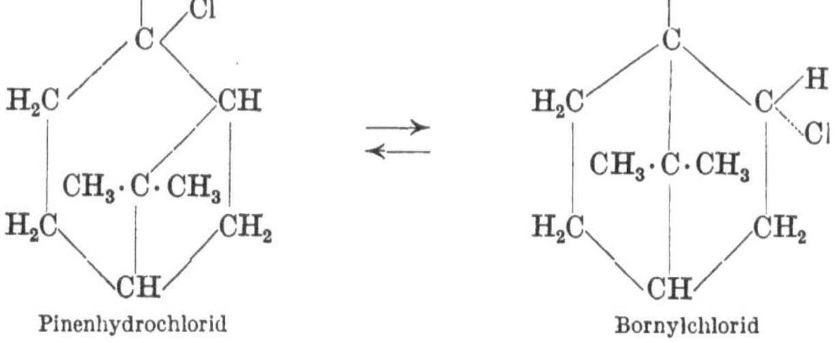

Pinenhydrochlorid Bornylchlorid

Der Vorgang entspricht, wie man an den Formeln ablesen kann, durchaus der früher behandelten Pinakolin-Umlagerung (S. 152) von Verbindungen mit Kohlenstoff-Verzweigung (tertiär + tertiär —➤ quartär + sekundär). Meerwein hat gezeigt, daß die Umlagerung monomolekular verläuft und vermutlich auf eine elektrolytische Dissoziation des Chlorids zurückzuführen ist, da sie in Lösungsmitteln mit hoher Dielektrizitätskonstante (Begünstigung der Ionisation) am raschesten vor sich geht. Leitet man HCl in unverdünntes Pinen, so entsteht sofort Bornylchlorid (früher meist

„Pinenchlorhydrat“ genannt). Wegen seines an Campher erinnernden Geruchs und Aussehens heißt es auch **künstlicher Campher.**

Wenn man Bornylchlorid mit Anilin oder Natriumphenolat erhitzt, so wird HCl abgespalten, und es entsteht unter Retropinakolin-Umlagerung (WAGNER-MEERWEIN-Umlagerung) der ungesättigte, bei 50° schmelzende Kohlenwasserstoff **Camphen**:

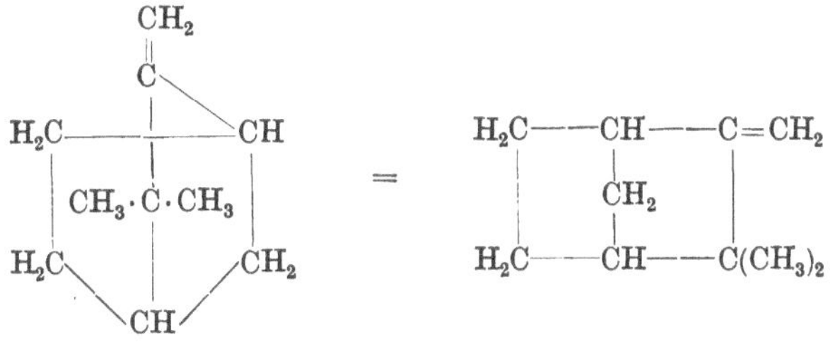

Camphen

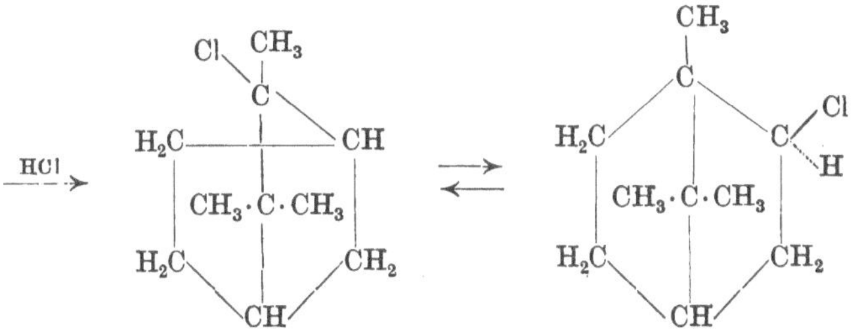

Camphenhydrochlorid Isobornylchlorid

Wie Pinen gibt auch Camphen ein instabiles Hydrochlorid mit tertiär gebundenem Halogen **(Camphenhydrochlorid).** Seine freiwillig verlaufende Pinakolin-Umlagerung ergibt **Isobornylchlorid,** das stereoisomer mit Bornylchlorid ist (cis- bzw. trans-Stellung des Halogens in bezug auf die $C(CH_3)_2$-Brücke) und sich beim Erhitzen in dieses umlagert. Alle diese Reaktionen sind Gleichgewichts-Reaktionen. Die oben geschilderte Bildung des Camphens ist offenbar so zu verstehen, daß das im Gleichgewicht in kleinerer Menge vorliegende Camphenhydrochlorid infolge seiner leichteren Reaktionsfähigkeit durch Camphen-Bildung dauernd zerstört, die Retropinakolin-Umlagerung also durch Gleichgewichts-Störung des Systems Bornylchlorid-Isobornylchlorid-Camphenhydrochlorid erzwungen wird. Behandelt man Pinen oder Camphen mit Ameisensäure oder Essigsäure und etwas H_2SO_4 als Katalysator, so bilden sich vollkommen analog die den Chloriden entsprechenden Ester der stereoisomeren Alkohole Borneol und Isoborneol (Bornylester aus Pinen, Isobornylester aus Camphen).

Wegen ihrer technischen Wichtigkeit sei hier auf die Ringsprengungs- und Umlagerungsreaktionen des α-Pinens noch mit einigen Worten eingegangen. Beim Erhitzen mit einer Reihe von Katalysatoren (s. a. S. 401), namentlich sauren Silikaten, entsteht unter anderem Camphen, das sich teilweise weiter in das gesättigte **Tricyclen** umlagert:

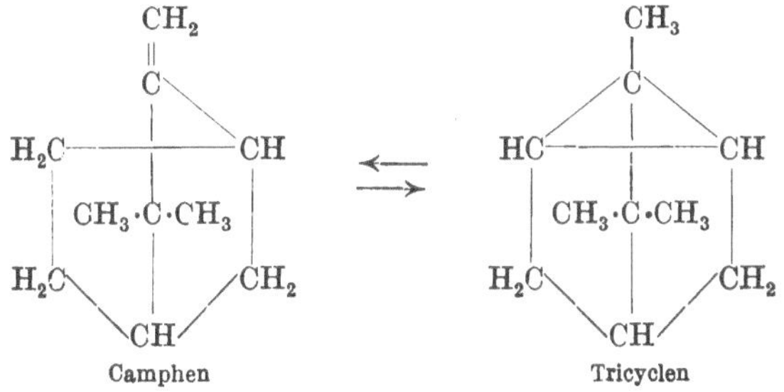

Camphen Tricyclen

Kocht man Camphen mit Magnesiumsulfathydrat oder Titandioxyd, so kann man die Umwandlung in Tricyclen quantitativ gestalten, wenn man das niedriger siedende Tricyclen ständig abdestilliert. Ohne Katalysatoren zerfällt α-Pinen in der Gasphase oder in flüssiger Phase zwischen 300° und 400° in monocyclische Terpene (Dipenten) und das aliphatische Terpen **Alloocimen**, das sich teilweise wieder zu α- und **β-Pyronen** cyclisiert:

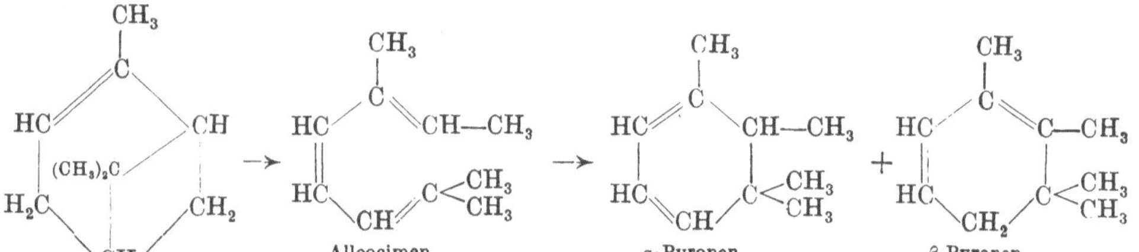

α-Pinen Alloocimen α-Pyronen β-Pyronen

Der wichtigste Vertreter der Camphengruppe ist der **Campher** $C_{10}H_{16}O$. Es gibt kaum eine andere organische Substanz, die so eingehend und nach den verschiedensten Richtungen hin erforscht worden ist. Der gewöhnliche, rechtsdrehende Campher (Japancampher) wird aus dem Holz des Campherbaums durch Destillation mit Wasserdampf gewonnen (Japan, China). Er bildet eine durchscheinende, zähe, kristallinische Masse von eigentümlichem Geruch, die sich schon bei gewöhnlicher Temperatur an der Luft nach und nach verflüchtigt. Er schmilzt bei 178° und siedet bei 209°.

Die von Bredt bewiesene Formel des Camphers (I) kennzeichnet

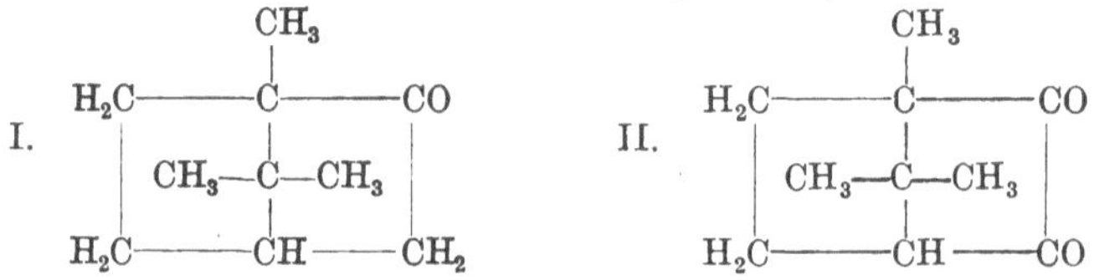

diesen als ein gesättigtes Keton. Als solches bildet er ein Oxim und liefert bei der Reduktion einen sekundären Alkohol, das bereits erwähnte **Borneol** oder Borneocampher[1] $C_{10}H_{18}O$. In Nachbarschaft zur Carbonylgruppe enthält das Camphermolekül eine Methylengruppe. Wie früher gezeigt wurde, wird in der Gruppe $—CH_2 \cdot CO—$ der Wasserstoff durch Behandlung mit Amylnitrit und Na-Alkoholat leicht durch die Oximgruppe ersetzt. Aus Campher entsteht so **Isonitrosocampher** (Schmelzpunkt 153°). Aus diesem läßt sich die Oximgruppe eliminieren, wodurch man zum **Campherchinon** (II) gelangt. Es bildet goldgelbe Nadeln vom Schmelzpunkt 199° und trägt seinen Namen nicht zu Recht, denn es ist kein Chinon, sondern ein 1,2-Diketon. Es wird am besten durch Erhitzen von Campher mit Selendioxyd dargestellt.

Das wichtigste Abbauprodukt des Camphers ist die **Camphersäure**, die sowohl aus Campher selbst durch Salpetersäure als auch aus Campherchinon und Wasserstoffperoxyd erhältlich ist. Die Formel der Camphersäure und somit auch die des Camphers ergibt sich aus nachstehender Reaktionsfolge:

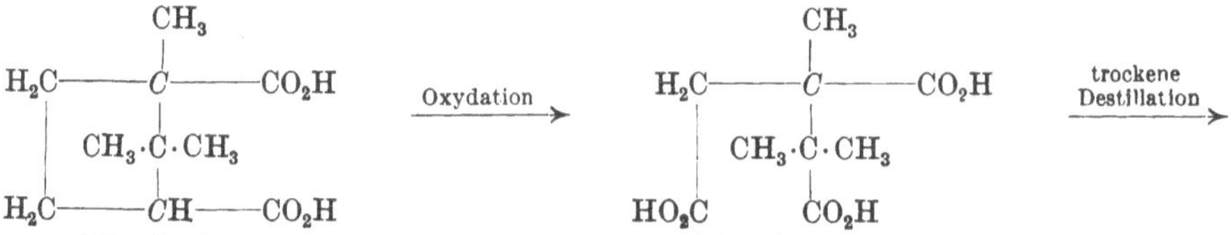

d-Camphersäure l-Camphoronsäure

[1] Als „Campher" bezeichnete man ursprünglich alle festen Ausscheidungen aus ätherischen Ölen. Heute ist diese Ausdrucksweise nicht mehr gebräuchlich.

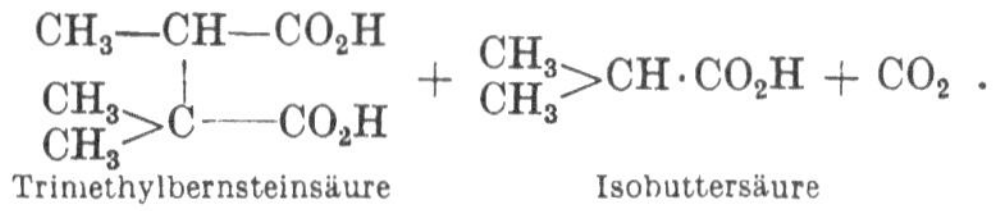

d-Camphersäure ist rechtsdrehend und schmilzt bei 187°. Die Strukturformel der Camphersäure läßt zwei (schräg gedruckte) ungleichartige asymmetrische C-Atome erkennen. Dementsprechend kennt man außer d- und l-Camphersäure noch zwei weitere optisch-aktive Säuren der gleichen Struktur, **d- und l-Isocamphersäure.**

Von den zahlreichen weiteren Umsetzungen des Camphers seien nur noch zwei Reaktionen angeführt, bei denen die $(CH_3)_2C$-Brücke gesprengt wird und die mit der angegebenen Campherformel im Einklang stehen. Beim Erhitzen von Campher mit Jod entsteht Carvacrol (S. 395), beim Erhitzen mit Phosphorpentoxyd p-Cymol (S. 306), das auf diese Weise dargestellt werden kann.

Eine vollständige Synthese des Camphers ist zuerst von KOMPPA angegeben worden:

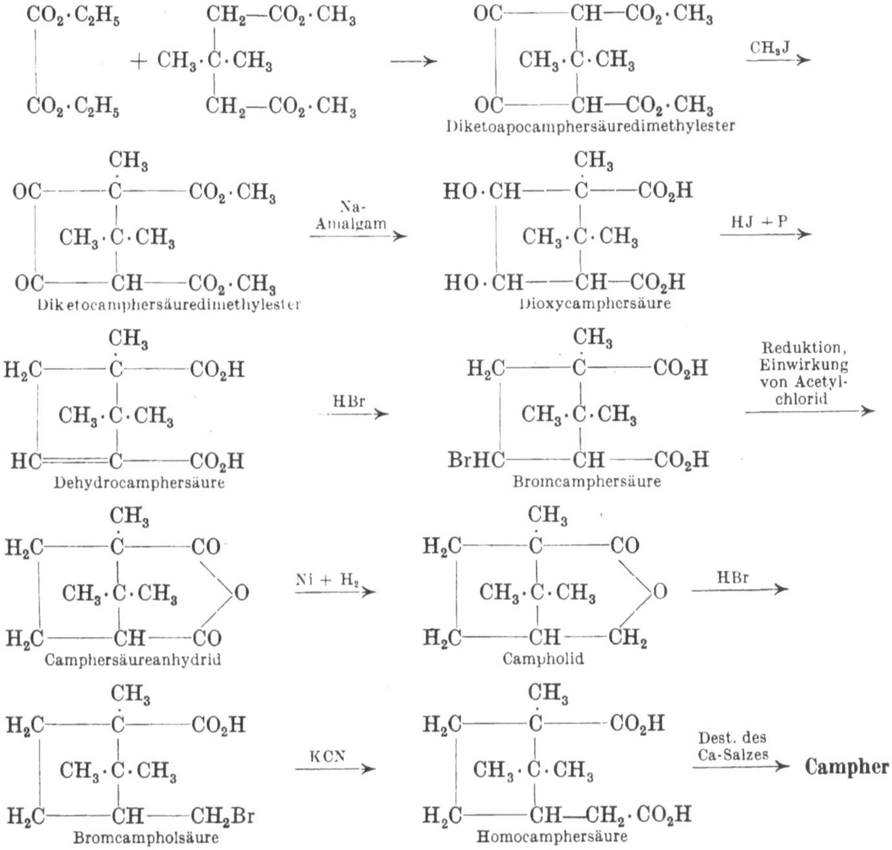

Campher dient unter anderem zur Darstellung von **Celluloid**; dieses besteht aus einer festen Lösung von Nitrocellulose und Campher, die ausgezeichnete plastische Eigenschaften hat. Man hat aus diesem Grunde auch technisch brauchbare Campher-Synthesen ausgearbeitet. α-Pinen wird durch Erhitzen in flüssiger Phase mit Katalysatoren wie Titansäure oder Wolframsäure in ausgezeichneter Ausbeute in Camphen umgelagert. Hieraus wird in bekannter Weise Isobornylacetat dargestellt. Das daraus gewonnene Isoborneol wird über einem Dehydrierungskatalysator zu Campher dehydriert.

Polyterpene

Außer den monocyclischen und bicyclischen Terpenen $C_{10}H_{16}$ kennt man noch höher molekulare Verbindungen von verwandtem Charakter, so die **Sesquiterpene** $C_{15}H_{24}$, die **Diterpene** $C_{20}H_{32}$, kurzum Kohlenwasserstoffe, die der allgemeinen Formel $(C_5H_8)_n$ entsprechen und somit als Polymerisationsprodukte des Isoprens C_5H_8 aufgefaßt werden können. Auch Polyterpene und ihre Derivate sind in der Natur außerordentlich verbreitet.

Von den zahlreichen Sesquiterpen-Verbindungen seien hier wenigstens zwei kurz erwähnt, weil bei der Aufklärung ihrer Struktur eine Methode benutzt worden ist, die für hydroaromatische Verbindungen mit mehreren Ringen allgemeine Bedeutung erlangt hat (Ruzicka, Diels). Viele ätherische Öle enthalten den Kohlenwasserstoff **Cadinen** $C_{15}H_{24}$, der sich auch in den Destillationsprodukten des Holzes von Juniperus-Arten („Cadeöl") findet. Er bildet ein bei 275° siedendes linksdrehendes Öl und enthält zwei Doppelbindungen (Addition von 2 Mol HCl). Durch Erhitzen mit Schwefel auf 180—250° wird Cadinen unter Schwefelwasserstoff-Entwicklung glatt zu **Cadalin** $C_{15}H_{18}$ dehydriert:

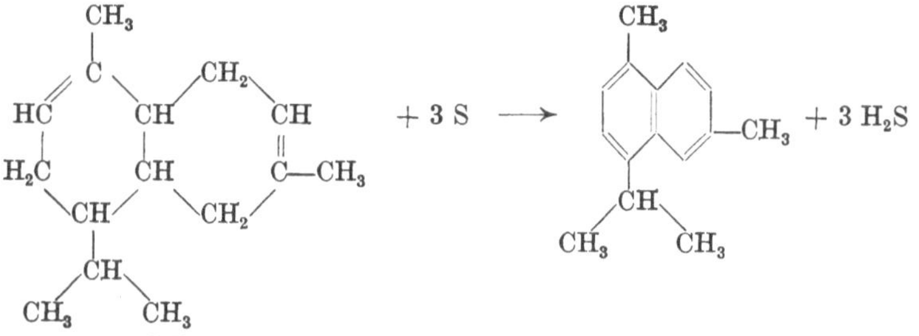

Cadinen Cadalin

Cadalin, das das unveränderte Kohlenstoff-Skelett des Cadinens enthält, ist ein Naphthalin-Derivat, dessen Konstitution durch Abbau und Synthese bewiesen worden ist. Hiernach blieb nur noch die Lage der Doppelbindungen im Cadinen zu bestimmen, was nach anderen Methoden ebenfalls gelungen ist.

Auch der Sesquiterpenalkohol **Eudesmol** $C_{15}H_{26}O$, der in einigen Eucalyptusölen vorkommt (F: 80°), ist von Ruzicka mit Schwefel dehydriert worden. Hierbei entsteht der Naphthalin-Kohlenwasserstoff **Eudalin** $C_{14}H_{16}$, der 1 C-Atom weniger als Eudesmol enthält. Die durch Abbau bestätigte Formel des Eudesmols läßt dies ver-

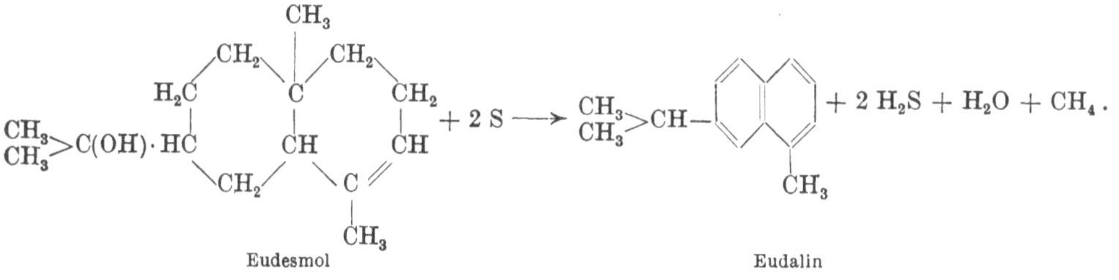

Eudesmol Eudalin

ständlich erscheinen. Die quartär gebundene Methylgruppe hat in dem aromatischen Ringsystem keinen Platz mehr und wird deshalb als Methan abgespalten.

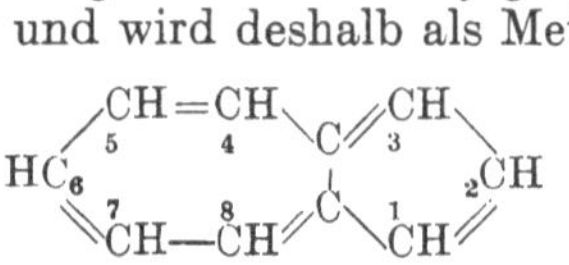

Azulen

Langbekannte blaue bis violette Kohlenwasserstoffe, die sich in manchen ätherischen Ölen finden, leiten sich von einem dem Naphthalin isomeren Stammkern **Azulen** ab. Seine durch

5 konjugierte Doppelbindungen charakterisierte Formel verdankt man PLATTNER und PFAU. Sie lösen sich in konz. H_3PO_4 und geben schwarze kryst. Pikrate. Das Chamazulen $C_{15}H_{18}$ des Kamillen- und Schafgarbenöls, ein rein blaues Öl (Kp_{12}: 161°), ist vielleicht 1.5-Dimethyl-8-isopropyl-azulen.

Kautschuk

Ein wichtiges Naturprodukt, das zweckmäßig im Anschluß an die Polyterpene besprochen wird, ist der **Kautschuk,** der aus dem Milchsaft **(Latex)** von verschiedenen tropischen Pflanzen, vor allem Hevea brasiliensis, gewonnen wird. Der milchig aussehende Latex, der eine Emulsion von Kautschukpartikeln in einem eiweißhaltigen, wäßrigen „Serum" darstellt, wird durch Zusatz von Ameisensäure koaguliert. Das Koagulum wird zwischen erwärmten Walzen geknetet und so in die Form von Fellen (sheets) gebracht. Durch Lösen in Chloroform und Fällen mit Alkohol läßt sich der Rohkautschuk reinigen. Er bildet dann eine farblose, elastische Masse, die im Gegensatz zu Rohkautschuk, der oxydationshemmende Stoffe enthält, sehr autoxydabel ist. Kautschuk löst sich auch in Benzin und Benzol. Der Lösung geht starke Quellung voran. Kautschuk ist eine hochmolekulare Substanz. Seine Lösungen geben keine meßbare Gefrierpunkts-Erniedrigung und sind schon bei niedrigen Konzentrationen hochviskos. Bei der Destillation zersetzt er sich völlig, wobei unter anderem Isopren und Dipenten entstehen.

Die konstitutionelle Verwandtschaft des Kautschuks mit Isopren hat HARRIES in grundlegenden Untersuchungen aufgeklärt. Bei der Einwirkung von Ozon auf eine Chloroformlösung von Kautschuk entsteht ein Ozonid $(C_5H_8O_3)_n$, das mit Wasser Lävulinaldehyd $CH_3\cdot CO\cdot CH_2\cdot CH_2\cdot CHO$ und Lävulinsäureperoxyd liefert. Eben dies ist zu erwarten, wenn Isopren sich in folgender Weise zu Kautschuk polymerisiert:

$$CH_2:\overset{CH_3}{\dot{C}}\cdot CH:CH_2 + CH_2:\overset{CH_3}{\dot{C}}\cdot CH:CH_2 + CH_2:\overset{CH_3}{\dot{C}}\cdot CH:CH_2 + \cdots \longrightarrow$$

$$CH_2:\overset{CH_3}{\dot{C}}\cdot CH:CH\cdot[CH_2\cdot\overset{CH_3}{\dot{C}}:CH\cdot CH_2]_n\cdot CH_2\cdot\overset{CH_3}{\dot{C}}:CH\cdot CH_3\,.$$

Die Anwesenheit von Doppelbindungen im Molekül folgt auch daraus, daß Kautschuk salpetrige Säure zu einem Nitrosit, HCl zu einem Hydrochlorid addiert. Sie erklärt auch seine Empfindlichkeit gegen Sauerstoff. Die direkte Polymerisation von Isopren zu kautschukähnlichen Produkten wurde erstmalig 1911 von HARRIES und gleichzeitig von MATTHEWS und STRANGE verwirklicht.

Das Ergebnis der Oxydation allein würde noch nicht genügen, um die obige Formel zu beweisen. Die Erkenntnis, daß das Kautschukmolekül tatsächlich in der Hauptsache aus langen Ketten „polymerhomologer" Kohlenwasserstoffe besteht, verdankt man namentlich den eingehenden Untersuchungen von STAUDINGER. Wichtig ist in diesem Zusammenhang vor allem der Befund, daß Kautschuk sich mit Wasserstoff und Nickel zu einem **Hydrokautschuk** $(C_5H_{10})_n$ hydrieren läßt, der abgesehen von seinem gesättigten Charakter dem Kautschuk vollkommen gleicht und sich wie ein hochmolekulares Paraffin verhält. Auch die Röntgenanalyse des gedehnten Kautschuks, der im Gegensatz zu dem ungedehnten, amorphen Kautschuk infolge teilweiser Orientierung ein Faserdiagramm gibt, spricht für das Vorliegen langer Ketten. Das Durchschnitts-Molekulargewicht des Naturkautschuks kann man aus osmotischen Messungen abschätzen. Danach sind im Molekül des unveränderten Naturkautschuks etwa 2000—5000 Isoprenreste vereinigt.

Die Elastizität des Kautschuks ist nach Untersuchungen von K. H. MEYER und W. KUHN eine statistische Erscheinung. Man muß sich vorstellen, daß die Ketten im normalen Zustande Knäuelform haben. Die durch die Dehnung hervorgerufene teilweise Aufrollung der Ketten bedeutet den Übergang in einen weniger wahrscheinlichen Zustand, aus dem die Moleküle in den weniger geordneten wahrscheinlicheren Knäuelzustand zurückstreben. Bei der Dehnung ändert sich in der Hauptsache nicht die Energie, sondern die Entropie. Die gleiche Erscheinung hoher Elastizität findet man in mannigfachen Variationen auch bei anderen hochmolekularen Substanzen, namentlich bei synthetischen Hochmolekularen geeigneten Baus. Statistisch begründete Kautschukelastizität tritt nur auf, wenn die Kohäsionskräfte zwischen benachbarten Fasern klein sind, also keine Kristallisationsneigung besteht.

Rohkautschuk ist zwar hochelastisch, aber zur direkten Verarbeitung auf Gummiwaren ungeeignet, weil er in der Kälte hart, in der Wärme plastisch wird. Man unterwirft ihn daher in der Technik einem als **Vulkanisation**[1] bezeichneten Veredelungsprozeß, der auf einer chemischen Umsetzung mit Schwefel beruht. Der Rohkautschuk wird zunächst zwischen schweren Walzen „mastiziert". Über die hierbei sich abspielenden Vorgänge ist man sich noch nicht völlig klar. Der mastizierte Kautschuk ist unelastisch, vollkommen plastisch und in diesem Zustand leicht mit Schwefel mischbar und formbar. Beim nun folgenden Erhitzen auf etwa 120° werden die Ketten durch Eintritt von Schwefel zu Netzen verknüpft. Der vulkanisierte Kautschuk ist unlöslich, hochelastisch und zeichnet sich gegenüber Rohkautschuk durch bedeutend größere Reißfestigkeit und Temperatur-Unempfindlichkeit aus. Durch Zusatz von Vulkanisationsbeschleunigern (z. B. Diphenylthioharnstoff, dimethyldithiocarbamidsaures Zink) erreicht man eine Herabsetzung der Vulkanisationstemperatur und -zeit und eine Ersparnis an Schwefel. Vulkanisierter Weichgummi enthält etwa 1—5% Schwefel. Bei höherem S-Gehalt (15—30%) bildet sich **Hartgummi (Ebonit)**. Dünnere Kautschukgegenstände vulkanisiert man auch durch Eintauchen in Lösungen von Chlorschwefel in Schwefelkohlenstoff. Die Wirkung der Vulkanisation besteht in einer Vernetzung, die das Abgleiten der Ketten gegeneinander verhindert.

Wie bei allen Naturstoffen ist auch beim Kautschuk der Anreiz zur Synthese sehr groß gewesen. Als Ausgangsmaterial dienten früher Isopren und Dimethylbutadien C_6H_{10}. Heute bevorzugt man das billiger darzustellende Butadien, dessen Darstellung und Polymerisation bereits früher (S. 131) behandelt worden ist. Je nachdem die Polymerisation des Butadiens durch 1.2- oder 1.4-Addition erfolgt, liegen die Doppelbindungen des Polymerisats in den Seitenketten oder in der Hauptkette. Mit Natrium polymerisierter Buna ist stark verzweigt mit Doppelbindungen in den Seitenketten. Mit Peroxyden polymerisiertes Butadien ist überwiegend durch 1.4-Addition entstanden und ähnelt darin dem Naturkautschuk, dessen Doppelbindungen zu fast 100% in der Hauptkette liegen. Bisher hat man Butadien fast ausschließlich im Gemisch mit Styrol **(Buna S)** oder Acrylsäurenitril **(Perbunan)** polymerisiert. Daß die Doppelbindungen als solche nichts mit der Elastizität zu tun haben, zeigt das Beispiel des Butylkautschuks (S. 117), bei dem nur soviel Doppelbindungen in das Molekül eingeführt sind, wie für die Durchführung der Vulkanisation erforderlich sind. Man kennt heute auch andere zu Elastizität führende Vernetzungen von Kettenpolymeren, z. B. die Isocyanat-Vernetzung von OH-Gruppen enthaltenden linearen Polyestern.

Carotinoide

Unter diesem Namen faßt man eine Reihe hoch ungesättigter Verbindungen zusammen, von denen heute etwa 30 wohlbekannt sind und deren wichtigster Vertreter das Carotin ist. Sie sind nahe verwandt mit den Terpenen, mit denen sie das gleiche Bauprinzip, Aufbau aus Isopren-Gruppen, teilen. Hier seien **Carotin** $C_{40}H_{56}$ und **Xanthophyll** $C_{40}H_{56}O_2$ erwähnt. Beides sind Pigmente, die das Chlorophyll in den Blättern begleiten (0·1% des Trockengewichts) und deren Farbe im Herbst hervortritt, wenn das Chlorophyll aus den Blättern verschwindet. Man kennt mehrere Carotine, die sich durch die Lage der Doppelbindungen und die Anzahl der Ringe unterscheiden. β-Carotin, der Hauptbestandteil des Carotin-Gemisches, bildet dunkelrote Tafeln vom Schmelzpunkt 184°, ist sehr oxydabel und besitzt nach KARRER und KUHN die Formel:

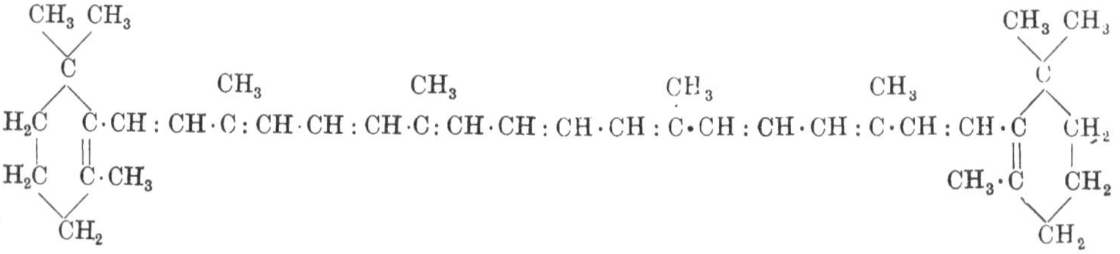

Die Konstitution ergibt sich aus der Oxydation, bei der u. a. β-Jonon, Dimethylglutarsäure und die berechnete Menge Essigsäure entstehen, ferner aus der katalytischen Hydrierung, die zur Aufnahme von 11 Mol Wasserstoff führt. β-Carotin ist symmetrisch gebaut. Es enthält 2 β-Jonon-Ringe. Das bei 188° schmelzende α-Carotin enthält einen α- und einen β-Jonon-Ring. Sein Absorptionsspektrum (Fig. 91),

[1] Nach Vulcanus, dem antiken Gott des Feuers.

das dem des β-Carotins sehr ähnlich ist, enthält die für Farbstoffe typischen sehr hohen Banden ($\log k = 5$). Die Anwesenheit vieler konjugierter Doppelbindungen in den Carotinoiden bedingt ihre tiefe Farbe und die Möglichkeit sehr zahlreicher cis-trans-isomerer Formen. In der Natur überwiegen anscheinend die reinen trans-Formen in hohem Grade. Durch Wärme, Licht und Katalysatoren, namentlich Jod kann man eine teilweise Umlagerung in cis-Formen hervorrufen. Die Spektra der cis-Formen unterscheiden sich u. a. durch geringere Höhe und Aufspaltung charakteristisch von den Spektren der trans-Formen. Carotin, meist überwiegend β-Carotin, findet sich außer in Blättern und Gräsern besonders reichlich in den Möhren und gelangt mit der Nahrung in die Milch, die Butter und in das Blut. Es wandelt sich im tierischen Organismus, wahrscheinlich in der Darmschleimhaut, in Vitamin A um (S. 434). Die stärkste „Provitamin"-Wirkung besitzt das reine trans-β-Carotin. Das gelbe **Xanthophyll** ist ein zweiwertiger Alkohol mit den Hydroxylgruppen in den Jonon-Ringen. Es ist im Blatt von **Xanthophyllepoxyd** $C_{40}H_{56}O_3$ begleitet, einem durch Aufhebung einer Ringdoppelbindung entstandenen cyclischen Oxyd. Solche Oxyde scheinen in der Natur häufiger vorzukommen.

Außer Kohlenwasserstoffen, Oxy- und Oxo-Verbindungen finden sich unter den Carotinoiden auch einige Carbonsäuren, z. B. das ziegelrote, bei 285° schmelzende **Crocetin**

$$[HO_2C\cdot C(CH_3):CH\cdot CH:CH\cdot C(CH_3):CH\cdot CH=]_2$$

und das violette, bei 198° schmelzende **Bixin,** das ein Monomethylester des Norbixins

$$[HO_2C\cdot CH:CH\cdot C(CH_3):CH\cdot CH:CH\cdot C(CH_3):CH\cdot CH=]_2$$

ist. An beiden Carboxylgruppen mit Gentiobiose verestertes Crocetin bildet den rotgelben Farbstoff **Crocin** $C_{44}H_{64}O_{24}$, der sich in den Narben des Safrans findet und nach den hervorragenden Untersuchungen von R. KUHN, MOEWUS und JERCHEL (1938) eine wichtige Rolle bei der Kopulation der männlichen und weiblichen Gameten von Grünalgen spielt. Bixin ist das färbende Prinzip der Samenschalen von Bixa orellana, einem tropisch-amerikanischen Baum, und findet als **„Orlean"** z. B. zum Färben von Nahrungsmitteln Verwendung.

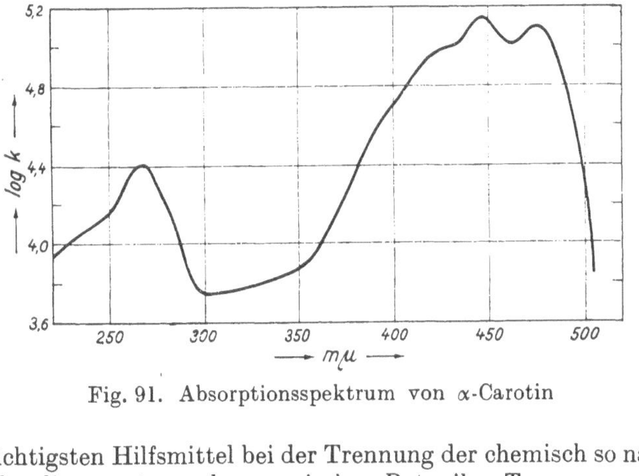

Fig. 91. Absorptionsspektrum von α-Carotin

Eines der wichtigsten Hilfsmittel bei der Trennung der chemisch so nahe verwandten Carotinoide bildet die zuerst von dem russischen Botaniker TSWETT angewandte **„chromatographische Adsorptionsanalyse"**. Sie beruht darauf, daß die Carotinoide gegenüber Adsorptionsmitteln teilweise sehr ausgeprägte Affinitätsunterschiede zeigen. Läßt man eine Lösung eines Carotinoid-Gemisches in Benzin oder Benzol durch eine senkrechte, etwa 10—15 cm lange Säule eines Adsorbens (z. B. Calciumcarbonat, Kalk, Aluminiumhydroxyd oder Rohrzucker) langsam hindurchfließen, so werden die am stärksten adsorbierbaren Verbindungen bereits im obersten Teil der Säule festgehalten, während sich die schwächer adsorbierbaren Komponenten gemäß ihrer Affinität auf die tiefer gelegenen Abschnitte der Säule verteilen. Man erhält infolgedessen eine Reihe von verschiedenfarbigen Segmenten, die man durch Aufgießen von reinem Lösungsmittel noch weiter auseinandertreiben („entwickeln") kann. Durch Zerschneiden der Säule und Extrahieren der einzelnen Segmente (unter Zusatz von etwas Alkohol oder Methylalkohol zwecks leichterer Desorption) erhält man die getrennten Komponenten, die man durch Wiederholung der Adsorption, gegebenenfalls unter Verwendung eines anderen Adsorptionsmittels, so lange weiter reinigt, bis im Chromatogramm keine verschiedenfarbigen Zonen mehr zu erkennen sind. Das Verfahren beruht im Grunde genommen auf dem gleichen Prinzip wie die früher besprochene Trennung der Enzyme durch Adsorption. Nur bietet im Fall der Farbstoffe die Farbe einen bequemen Indikator für den Erfolg der Trennungsoperation. Bei farblosen Verbindungen ist eine Trennung auf der Adsorptionssäule ebenfalls möglich, wenn die Komponenten sich durch eine charakteristische Fluorescenz auszeichnen oder ihre Lage auf der Säule durch chemische Mittel, z. B. Bestreichen mit Permanganat, markiert werden kann.

Eine besondere Ausführungsform der Chromatographie ist die **Verteilungschromatographie** mit zwei nur teilweise mischbaren Lösungsmitteln. Man bringt z. B. einen Tropfen einer wässrigen Lösung eines Aminosäure-Gemischs auf einen Filtrierpapierstreifen und entwickelt mit Phenol, das man vom unteren Rand her kapillar aufsteigen läßt. Besprüht man nach beendeter Operation das Papier mit Triketohydrindenhydrat (Ninhydrin), das mit Aminosäuren eine blaue Färbung gibt, so wird ein Diagramm von einzelnen Flecken sichtbar, die nur je eine Aminosäure enthalten, so daß eine direkte kolorimetrische Bestimmung möglich ist. Abweichend von der „Kapillaranalyse" nach SCHÖNBEIN und GOPPELSROEDER, an die das Verfahren erinnert, liegt hier im wesentlichen eine Verteilung des Gelösten zwischen zwei Lösungsmitteln vor, deren eines (im vorliegenden Fall das Wasser) durch das Adsorbens mechanisch fixiert wird.

B. Polycyclische Verbindungen

I. Nichtkondensierte aromatische Systeme

Im folgenden sollen einige aromatische Verbindungen besprochen werden, die mehrere Benzolringe in nichtkondensierter Form (vgl. S. 291) enthalten. Der einfachste Fall dieser Art liegt vor, wenn zwei Benzolkerne direkt aneinander gebunden sind.

Diphenyl 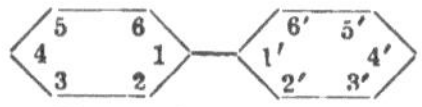

kann nach der FITTIGschen Synthese aus Brombenzol und Natrium gewonnen werden. Eine andere Reaktion, nach der Derivate des Diphenyls entstehen, nämlich die Umlagerung des Hydrazobenzols in Benzidin, lernten wir bereits kennen (S. 320). Werden durch Diazotierung die Aminogruppen des letzteren eliminiert, so entsteht Diphenyl. Hierin liegt ein Beweis für die Struktur des Benzidins, das als Muttersubstanz vieler Azofarbstoffe von großer technischer Bedeutung ist (S. 363, 420). Diphenyl entsteht ferner beim Durchleiten von Benzol durch glühende Röhren (BERTHELOT) bei etwa 740° und wird nach diesem Verfahren dargestellt. F: 70°; Kp: 254°. Bei der Oxydation liefert Diphenyl Benzoesäure, was ebenso wie seine Entstehung nach der FITTIGschen Synthese über seine Struktur Aufschluß gibt.

Interessante Isomerie-Erscheinungen sind bei der **Diphensäure** (Diphenyl-2,2'-dicarbonsäure) beobachtet worden. Diphensäure entsteht bei der Oxydation von Phenanthrenchinon (S. 430) mit CrO_3 und kann synthetisch aus Anthranilsäure durch Diazotieren und Verkochen der Diazoverbindung mit ammoniakalischer Kupferlösung erhalten werden. Ihre Struktur ist also:

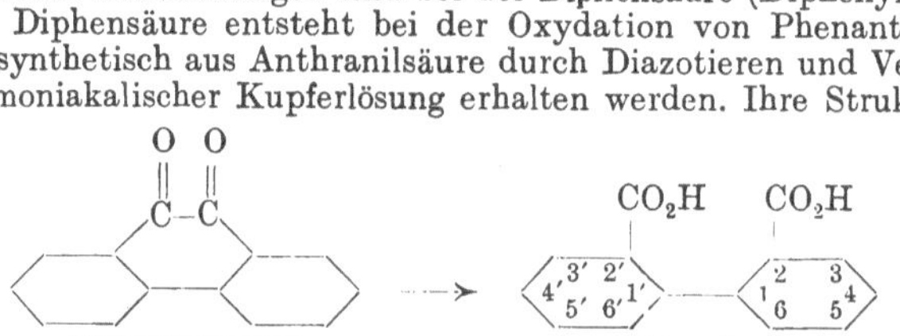

Phenanthrenchinon Diphensäure

Beim Nitrieren von Diphensäure entstehen zwei Dinitroverbindungen; das Hauptprodukt ist die 4,4'-Dinitroverbindung (α), die uns hier nicht weiter interessiert. Nebenprodukt ist die β-Dinitrosäure, die man ursprünglich für das 6,6'-Isomere hielt, bis CHRISTIE und KENNER zeigten, daß die β-Säure bei der trocknen Destillation 2,4' (= 4,6')-Dinitrodiphenyl bekannter Konstitution liefert, demnach die 4,6'-Dinitro-diphensäure sein muß:

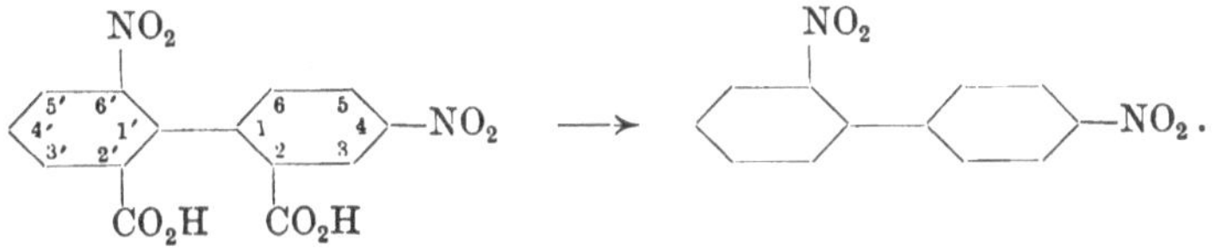

Bei der Nitrierung von Diphensäure entsteht also neben der symmetrischen eine unsymmetrische Dinitroverbindung. Das gleiche ist auch beim Diphenyl selbst der Fall. Merkwürdigerweise ist nun die β-Dinitrodiphensäure in optische Antipoden spaltbar. Sie teilt diese Eigenschaft mit der echten 6,6'-Dinitro-diphensäure (γ), die durch Synthese erhalten werden kann:

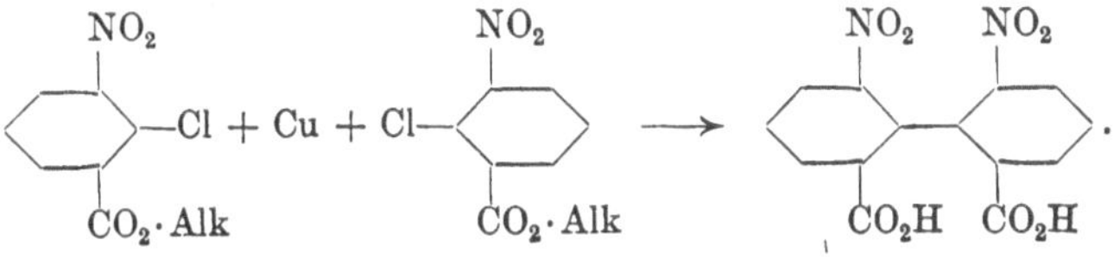

Die Ursache dieser der Theorie scheinbar zuwiderlaufenden Spaltbarkeit hat man in einer Aufhebung der freien Drehbarkeit der beiden Diphenylkerne gegeneinander zu suchen (**Atropisomerie,** abgeleitet von griech. α = nicht und τροπέω = ich drehe).

Diese wird, wie zahlreiche Untersuchungen gezeigt haben, dadurch bedingt, daß die Substituenten in 2 und 2' bei genügender Größe nicht mehr aneinander vorbei passieren können. Infolgedessen können sich die beiden Benzolkerne des Diphenyls nicht mehr in eine Ebene einstellen. Jede andere Konfiguration, z. B. die folgende Raumformel der 6,6'-Dinitro-diphensäure(I), bei der die Benzolkerne aufeinander senkrecht stehen, besitzt aber keine Spiegelebene mehr und muß deshalb in optische Antipoden spaltbar sein. Wir haben hier also ein neues Beispiel für molekulare Asymmetrie als Ursache der optischen Aktivität vor uns (vgl. S. 389).

I. 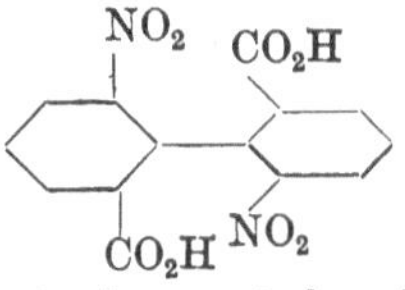 II. 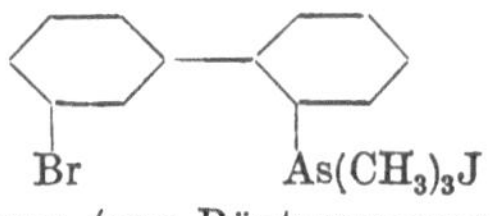

Je nach der Größe der sterischen Hinderung, die vom (aus Röntgenmessungen abschätzbaren) Volumen der Substituenten abhängt, sind die optisch-aktiven Diphenylderivate schwerer oder leichter racemisierbar. Bei genügender Größe genügt sogar ein einziger Substituent in 2-Stellung, um optische Aktivität hervorzurufen. Z. B. hat sich die Verbindung II als aktivierbar erwiesen. Andererseits ist Diphensäure selbst nicht spaltbar, weil die Dimensionen des Carboxyls für eine sterische Hinderung nicht ausreichen. Man kennt heute zahlreiche Verbindungen mit auf gehemmter Rotation beruhender molekularer Asymmetrie. Daß sie in günstigen Fällen auch bei Benzol-Derivaten auftreten kann, hat MILLS am Beispiel der Verbindung III gezeigt.

III. 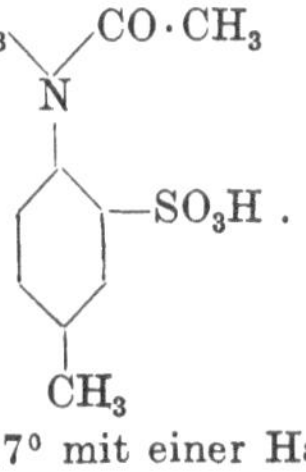

Diese Verbindung racemisiert sich bei 17° mit einer Halbwertszeit von 5 Stunden.

Diphenylmethan $C_6H_5 \cdot CH_2 \cdot C_6H_5$

kann durch Einwirkung von Benzylchlorid $C_6H_5 \cdot CH_2Cl$ auf Benzol bei Gegenwart von Aluminiumchlorid dargestellt werden. Es kristallisiert in farblosen Nadeln, schmilzt bei 27° und siedet bei 262°; es hat einen ähnlichen Geruch wie Orangenschalen und wird zu Parfümeriezwecken angewandt. Bei der Oxydation mit Chromsäure geht es in Benzophenon über. Hierin zeigt sich die erhöhte Reaktionsbereitschaft, in die die Methylengruppe durch die Nachbarschaft zweier „negativer" Gruppen gelangt ist. Über Benzilsäure $(C_6H_5)_2C(OH)\cdot CO_2H$ siehe S. 417.

Ein wichtiger Abkömmling des Diphenylmethans ist **4,4'-Dichlor-diphenyl-trichlormethylmethan** $(ClC_6H_4)_2CH\cdot CCl_3$. Diese Verbindung, die sich aus Chlorbenzol durch Kondensation mit Chloral leicht darstellen läßt, hat in neuerer Zeit unter dem abgekürzten Namen DDT eine außerordentliche Bedeutung als Schädlingsbekämpfungsmittel erlangt.

Triphenylmethan $(C_6H_5)_3CH$

entsteht durch Einwirkung von Aluminiumchlorid auf Phenyldichlormethan $C_6H_5\cdot CHCl_2$ und Benzol, ferner aus Benzaldehyd und Benzol durch den Einfluß eines wasserentziehenden Mittels ($ZnCl_2$) oder aus Chloroform, Benzol und $AlCl_3$:

$$3\,C_6H_6 + CHCl_3 = (C_6H_5)_3CH + 3\,HCl.$$

Es bildet farblose, bei 93° schmelzende Blättchen und siedet bei 359°. Durch Bleidioxyd wird es leicht zu **Triphenylcarbinol** $(C_6H_5)_3C\cdot OH$ oxydiert.

Triphenylmethan hat als Muttersubstanz zahlreicher Farbstoffe, vor allem des Fuchsins, in mannigfacher Hinsicht eine große Bedeutung. Zur Darstellung dieser Farbstoffe, die trotz mangelnder Lichtechtheit wegen ihrer Klarheit und Brillanz auch heute noch unentbehrlich sind, bedient man sich ähnlicher Methoden wie für den Aufbau des Triphenylmethans selbst, indem man geeignete einfache Komponenten einer Kondensation unterwirft. Dies sei zunächst an einigen Beispielen erläutert.

Erhitzt man Benzaldehyd und Dimethylanilin unter Zusatz von Schwefelsäure, so entsteht zunächst eine farblose, bei etwa 100° schmelzende „Leukobase" (λευκός = weiß), das p,p'-Tetramethyldiamino-triphenylmethan (**„Leukomalachitgrün"**):

$$C_6H_5\cdot CHO + 2\,C_6H_5\cdot N(CH_3)_2 \longrightarrow C_6H_5\cdot CH{<}\begin{array}{l}C_6H_4\cdot N(CH_3)_2\ (p)\\ C_6H_4\cdot N(CH_3)_2\ (p')\end{array}.$$

Diese Verbindung läßt sich mit PbO_2 in schwefelsaurer Lösung bei 0° zum entsprechenden Carbinol (**Malachitgrünbase**)

$$C_6H_5\cdot C(OH){<}\begin{array}{l}C_6H_4\cdot N(CH_3)_2\\ C_6H_4\cdot N(CH_3)_2\end{array}$$

oxydieren, das ebenso wie Leukomalachitgrün farblos ist, aber auf noch zu erörternde Weise mit Säuren sofort unter Wasseraustritt ein Farbsalz, den Farbstoff **Malachitgrün,** liefert (O. FISCHER 1877).

Eine analoge Verbindung mit 3 Aminogruppen stellt das (ebenfalls farblose) **p,p',p"-Triaminotriphenylcarbinol** oder **Pararosanilin** dar, das entsteht, wenn man ein Gemisch aus 1 Mol p-Toluidin und 2 Mol Anilin mit Nitrobenzol (früher wurde auch Arsensäure verwandt) als Oxydationsmittel erhitzt:

$$CH_3\diagup\begin{array}{l}C_6H_4\cdot NH_2\\ C_6H_5\cdot NH_2\\ C_6H_5\cdot NH_2\end{array} + 3\,O \longrightarrow HO\cdot C\begin{array}{l}\diagup C_6H_4\cdot NH_2\ (p)\\ - C_6H_4\cdot NH_2\ (p')\\ \diagdown C_6H_4\cdot NH_2\ (p'')\end{array}.$$

Pararosanilin

Hierbei liefert also das Methyl des Toluidins das „Methankohlenstoffatom" des Triphenylmethans. Durch Reduktion mit Zinkstaub und Salzsäure geht das Pararosanilin in das farblose, bei 207° schmelzende **Triaminotriphenylmethan, Paraleukanilin** $HC(C_6H_4\cdot NH_2)_3$ über, das sich durch Oxydation wieder in das Carbinol zurückverwandeln läßt.

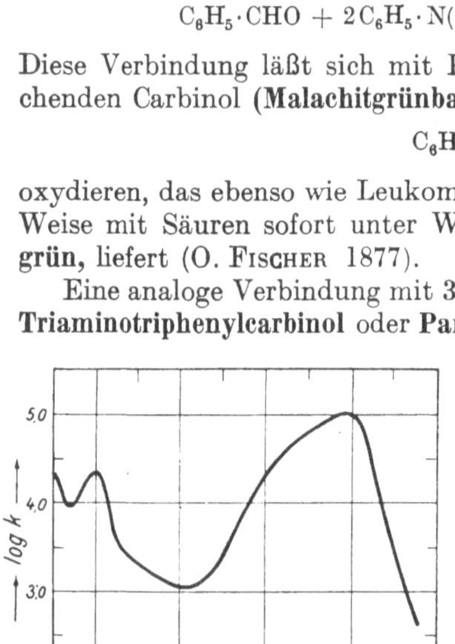

Fig. 92. Absorptionsspektrum von Kristallviolett

Die Struktur des Paraleukanilins ergibt sich einerseits aus seinem Übergang in Triphenylmethan durch Diazotieren und Ersatz der Diazogruppe durch Wasserstoff, andrerseits aus seiner Bildung durch Nitrierung von Triphenylmethan und Reduktion der entstandenen Trinitroverbindung (E. und O. FISCHER).

Eine dritte wichtige Carbinolbase ist das **Rosanilin,** das ganz analog durch Oxydation äquimolekularer Mengen von Anilin, o- und p-Toluidin entsteht, wobei das Methankohlenstoffatom von p-Toluidin geliefert wird (VERGUIN 1859; COUPIER 1869):

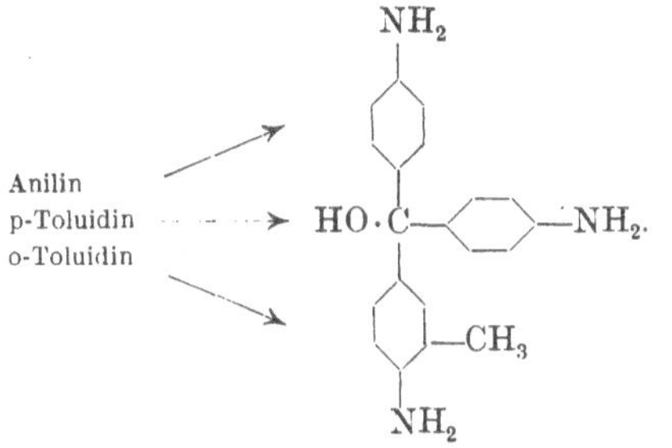

Rosanilin

Es gibt zahlreiche Derivate des Pararosanilins und Rosanilins, die durch Ersatz der Amino-Wasserstoffe durch Alkyl entstehen. Je mehr Methylgruppen sie enthalten, desto mehr verschiebt sich die Farbe der Farbsalze nach Violett. Während z. B. das Absorptionsmaximum von Fuchsin bei 500 mμ liegt, besitzt Kristallviolett, das sechs Methylgruppen am Stickstoff enthält, seine stärkste Absorption bei 600 mμ (Fig. 92).

Das Farbsalz des **Pentamethylpararosanilins** ist als **Methylviolett** im Handel (Kopiertinten, Farbbänder). Man stellt Methylviolett durch Oxydation von Dimethylanilin mit Kupfersulfatlösung unter Luftzutritt dar; hierbei spaltet sich eine Methylgruppe als Formaldehyd ab; sie liefert das zentrale Methankohlenstoffatom. — **Hexamethylpararosanilin** (die Farbbase des **Kristallvioletts)** wird auf folgendem Wege gewonnen:

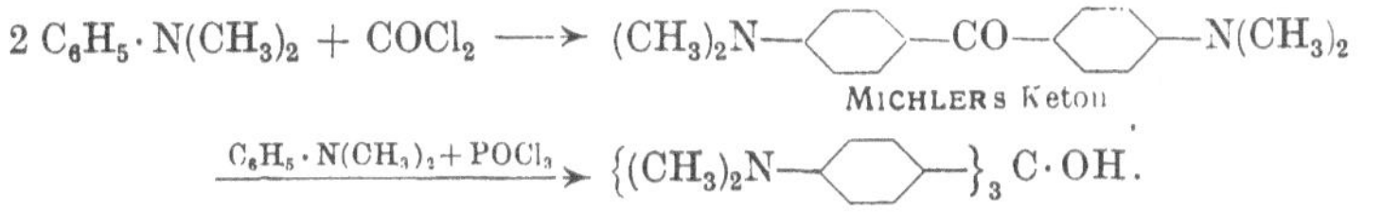

Durch Einführung von je einem Phenyl in jede Aminogruppe des Rosanilins entsteht ein reinblauer Farbstoff, das **Anilinblau (Triphenylrosanilin).** Es wird aus Rosanilin durch Erhitzen mit Anilin und einer schwachen Säure (z. B. Benzoesäure) dargestellt. Dabei werden die Aminogruppen des Rosanilins direkt durch Anilinogruppen ersetzt, das frei werdende Ammoniak wird durch die Benzoesäure gebunden. Wir haben hier also ein vollkommenes Analogon zur Bildung des Diphenylamins aus Anilin und salzsaurem Anilin.

Man kennt auch Farbstoffe, die aus den **Hydroxylderivaten des Triphenylmethans** entstehen; sie besitzen jedoch mit geringen Ausnahmen keine färberische Bedeutung. Am bekanntesten von ihnen ist das **Aurin,** das durch Erhitzen von Phenol mit Oxalsäure und H_2SO_4 entsteht; die Oxalsäure liefert das zentrale C-Atom. Es ist als Carbinol nicht bekannt, sondern nur in dei um 1 Mol Wasser ärmeren Form. Mit Säuren bildet es leicht hydrolysierbare Salze.

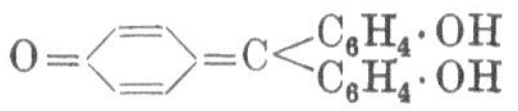

Aurin

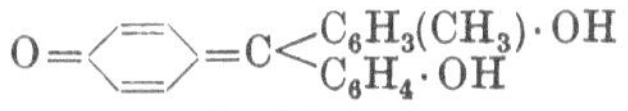

Rosolsäure

Rosolsäure kann durch Diazotieren von Rosanilin erhalten werden. Über Fuchson s. S. 414

Phthaleine

Triphenylmethanfarbstoffe, die sich von der o-Carbonsäure des Triphenylcarbinols ableiten, sind die Phthaleine. Sie entstehen beim Erhitzen von Phthalsäureanhydrid (S. 370) mit Phenolen und Schwefelsäure:

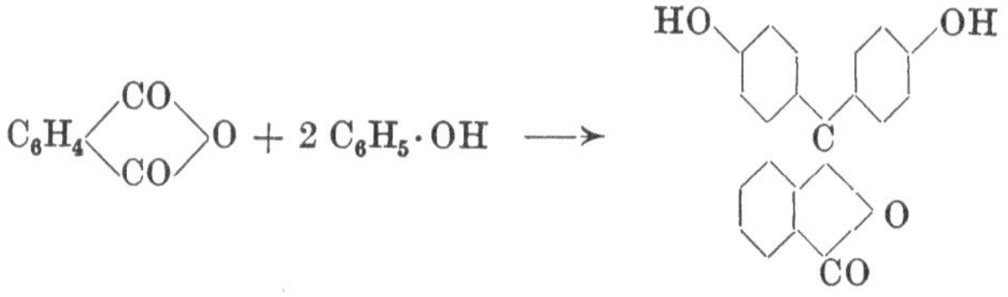

Phenolphthalein

Ihr einfachster Vertreter ist das **Phenolphthalein,** ein farbloses Pulver, das sich als Phenol in Alkalien löst. Die tiefrote Farbe, die hierbei auftritt und die Anwendung des Phenolphthaleins als Indikator in der Acidimetrie bedingt, deutet darauf hin, daß nicht bloße Salzbildung an den Phenolhydroxylen eingetreten ist, sondern daß unter Sprengung des Lactonringes die chinoide Form (I) entstanden ist.

I. 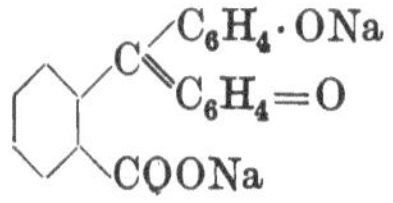

Nach THIEL besteht in alkalischer Lösung ein Tautomerie-Gleichgewicht zwischen dem Anion der Lactonform (II) und der chinoiden Form (III). Die Existenz zweier mesomerer Grenzformen III und IV des chinoiden Anions bietet eine Erklärung für die tiefrote Farbe dieses Ions:

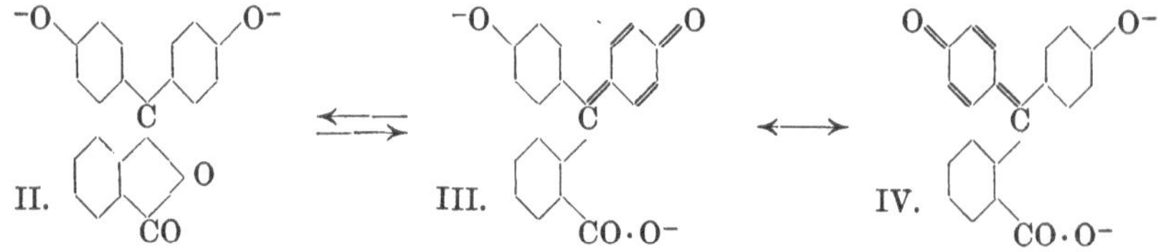

II. III. IV.

Die chinoide Form geht beim Ansäuern wieder in die farblose Lactonform über. Das Umschlags-Intervall von Phenolphthalein liegt bei $p_H = 8$—10.

Das auf analogem Weg durch Erhitzen von Resorcin mit Phthalsäureanhydrid auf 210° erhältliche **Fluorescein** besitzt die Formel V; es hat sich also gleichzeitig durch Wasserabspaltung ein neuer heterocyclischer Ring gebildet. In alkalischer Lösung erzeugen die geringsten Spuren von Fluorescein eine äußerst intensive gelbgrüne Fluorescenz. R. MEYER wies nach, daß die Fluorescenz eine allgemeine Eigenschaft von Derivaten des **Fluorans** (VI) ist, das er als Nebenprodukt bei der Darstellung des Phenolphthaleins erhielt. Durch Einwirkung von Brom auf Fluorescein entsteht Tetrabromfluorescein, dessen Natriumsalz als prachtvoller roter Farbstoff unter dem Namen **Eosin** bekannt ist.

V. 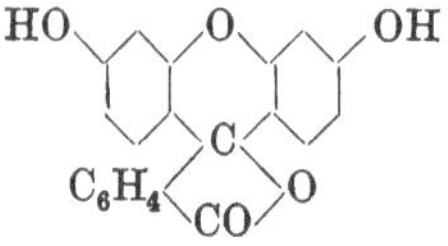

VI. 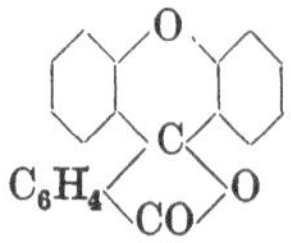

Phthaleine, die statt der Lactongruppierung —CO·O— eine **Sultongruppe** —SO_2·O— enthalten, sind die gleichfalls als Indikatoren sehr wichtigen **Sulfonphthaleine.** Aus Saccharin (S. 365) erhält man durch Erhitzen mit Phenol und Schwefelsäure auf 120° **Phenolrot** (VII), das durch Einwirkung von Brom in **Bromphenolblau** verwandelt wird (VIII):

VII. 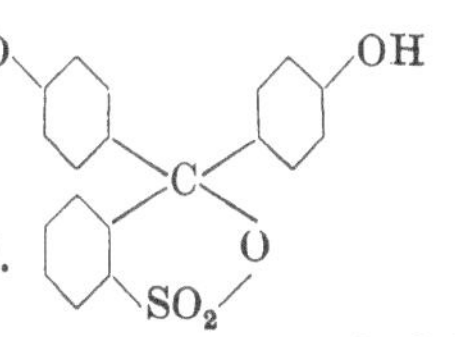

VIII. 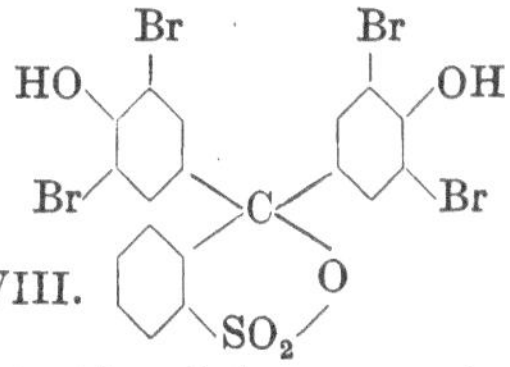

Bromphenolblau ist in alkoh. Lösung als Sulton farblos und schlägt bei p_H = ca. 4 von Gelb nach Purpur um.

Konstitution der Triphenylmethan-Farbstoffe

Bei den bisherigen Betrachtungen haben wir noch nicht der Tatsache Rechnung getragen, daß die eigentlichen, technisch verwendeten Farbstoffe erst durch Salzbildung mit Säuren unter Wasseraustritt aus den Carbinolbasen hervorgehen: **Parafuchsin** ist das salzsaure Salz des Pararosanilins, Fuchsin das des Rosanilins mit *einem* Äquivalent Säure. **Fuchsin** besteht in festem Zustand aus prächtig grünen, metallglänzenden Kristallen, die sich in Wasser mit intensiv roter Farbe auflösen[1]. Die Farbe der Fuchsinlösungen wird durch das einwertige Kation $[C_{20}H_{20}N_3]^+$ verursacht; denn eine solche Lösung ist nahezu vollständig ionisiert, da ihr molekulares Leitvermögen bei weiterer Verdünnung nur noch wenig zunimmt. Auch zeigen die Lösungen aller Fuchsinsalze (Chlorid, Bromid, Sulfat usw.) bei gleicher molekularer Konzentration dasselbe Absorptionsspektrum; sie müssen also das gleiche Kation enthalten.

In viel Salzsäure löst sich Fuchsin nahezu farblos, da die Salze des Rosanilins mit drei Äquivalenten Säure gelb sind; das rote, einwertige ist in das gelbe, dreiwertige Kation übergegangen. Diese mehrsäurigen Salze werden jedoch leicht hydrolytisch gespalten, denn beim Eingießen der salzsauren Lösung in viel Wasser tritt die rote Farbe wieder auf.

Den Farbsalzen müssen starke Basen zugrunde liegen, denn die Lösungen des Fuchsins können stundenlang ohne Zersetzung gekocht werden. Die Fuchsinbase bildet, wie Madelung zeigte, ein bei Siedehitze beständiges Nitrit, was gleichfalls eine Eigenschaft starker Basen ist.

Um die Konstitution dieser Salze ist seit den achtziger Jahren des vorigen Jahrhunderts ein Streit geführt worden, der viele interessante Beobachtungen zutage gefördert hat. Ihre Vereinigung zu einem einigermaßen widerspruchslosen Bild ist erst in neuerer Zeit gelungen. Eine der ältesten Auffassungen, von Nietzki und Hantzsch verfochten, sieht in den Farbsalzen chinoide Verbindungen, denen eine hypothetische „Imoniumbase" zugrunde liegen soll. Die Imoniumbase des Parafuchsins liefert ein braunes Anhydrid (Homolkasche Base), das einer Lösung von Parafuchsin +1 Mol Alkali durch Äther entzogen werden kann und sich in Wasser wieder mit roter Farbe zur Imoniumbase löst:

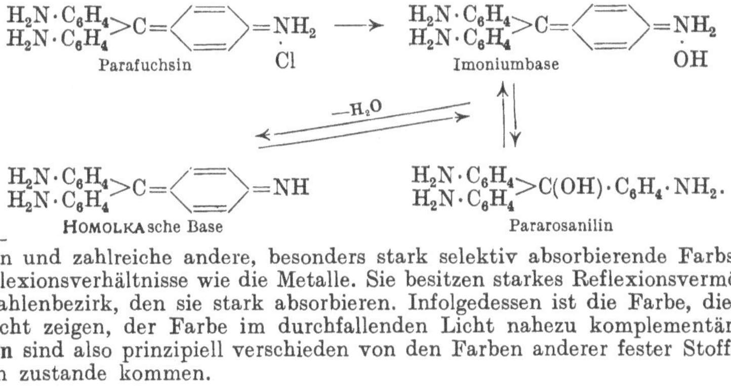

[1] Fuchsin und zahlreiche andere, besonders stark selektiv absorbierende Farbstoffe zeigen ähnliche Reflexionsverhältnisse wie die Metalle. Sie besitzen starkes Reflexionsvermögen für den gleichen Strahlenbezirk, den sie stark absorbieren. Infolgedessen ist die Farbe, die sie im auffallenden Licht zeigen, der Farbe im durchfallenden Licht nahezu komplementär. Diese **Reflexionsfarben** sind also prinzipiell verschieden von den Farben anderer fester Stoffe, die durch Absorption zustande kommen.

Andererseits lagert sich die rote Imoniumbase rasch und weitgehend in das farblose Triaminotriphenylcarbinol um, so daß ihre Lösung sich fast vollständig entfärbt.

Sehr deutlich sind diese Verhältnisse am Kristallviolett (Hexamethyltriaminotriphenylcarbinol) zu beobachten. Wenn man nämlich dem gelösten Salz dieser Base (mit 1 Äquivalent Säure) ein Äquivalent Alkali zusetzt, ist die Flüssigkeit zu Anfang farbig, reagiert stark alkalisch und leitet den elektrischen Strom; allmählich aber entfärbt sie sich durch Abscheidung des unlöslichen farblosen Carbinols und reagiert schließlich nicht mehr alkalisch, während gleichzeitig ihr elektrisches Leitvermögen auf das des gebildeten Alkalisalzes herabgesunken ist. Dies Verhalten ist völlig analog demjenigen von Säuren, welche in Pseudosäuren übergehen. Deshalb darf das Carbinol als Pseudobase angesehen werden. Eine kinetische Verfolgung des Vorgangs war wegen der Unlöslichkeit des Carbinols nicht möglich.

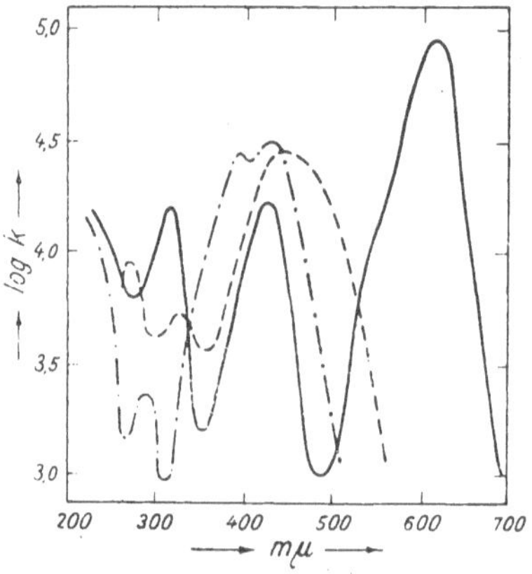

Fig. 93. Absorptionsspektrum von Malachitgrün: einsäuriges (——), zweisäuriges (- - - - -), dreisäuriges Salz (—.—.—)

Nach den Untersuchungen von GOMBERG, BAEYER und VILLIGER sowie von HANTZSCH ist **Triphenylchlormethan** $(C_6H_5)_3CCl$, das man durch FRIEDEL-CRAFTSsche Reaktion aus Tetrachlorkohlenstoff und Benzol darstellen kann, in festem Zustand sowie in Äther und Benzol farblos. Seine Lösung in flüssigem Schwefeldioxyd ist dagegen gelb und leitet den elektrischen Strom. Man kennt ferner ein farbiges Perchlorat des Triphenylcarbinols sowie ein rotes Sulfat, das ebenfalls in Schwefeldioxyd elektrolytisch dissoziiert ist und mit konz. Schwefelsäure oder Dimethylsulfat gelbe Lösungen gibt. Die salzartigen leitenden Verbindungen bezeichnete BAEYER in Analogie zu den Ammoniumsalzen als **Carboniumsalze**, ohne die Natur der ihnen zugrunde liegenden hypothetischen Carboniumvalenz näher erklären zu können. Der konsequente Schluß, daß die farbigen Verbindungen als echte Salze $[(C_6H_5)_3C^+]ClO_4^-$ zu formulieren sind, wurde 1921 von HANTZSCH gezogen. Es ist nicht zu bezweifeln, daß in diesen Fällen die Farbe mit dem positiv geladenen Carboniumion in Zusammenhang steht und nicht auf eine chinoide Struktur zurückgeführt werden kann. Die Triphenylcarboniumsalze, die also als Salze der Pseudobase Triphenylcarbinol aufzufassen sind, werden im Gegensatz zu den absolut beständigen Farbstoffsalzen der Fuchsinreihe hydrolytisch überaus leicht gespalten, aber es gibt auch hier graduelle Übergänge, denn die farbigen Salze des Tri-(p-methoxy-phenyl)-carbinols $(CH_3 \cdot O \cdot C_6H_4)_3C \cdot OH$ sind schon erheblich beständiger.

Versucht man, die im vorangehenden mitgeteilten Tatsachen über das Farbstoffverhalten der Triphenylmethan-Verbindungen zu einem einheitlichen Bild zusammenzufassen, so liegt vom heutigen Standpunkt die vielfach bestätigte Auffassung am nächsten, daß der Farbstoffcharakter an die Existenz mesomerer Ionen gebunden ist und daß die Farbe sich mit wachsender Länge der konjugierten Kette zwischen den Ladungsträgern vertieft. In diesem Sinn wären die Verhältnisse beim Pararosanilin etwa durch folgendes Gleichgewichts-Schema zu beschreiben:

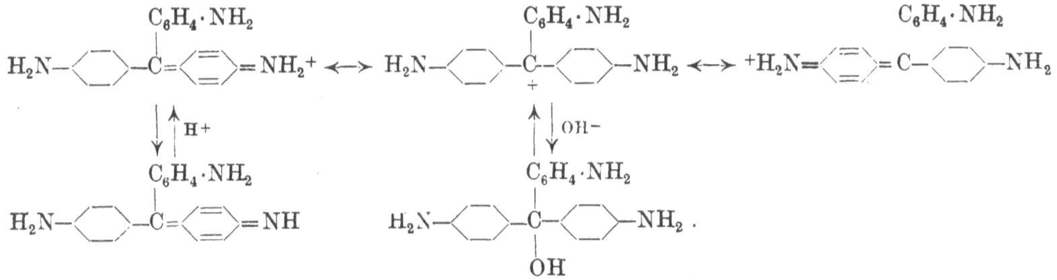

Chinoide Struktur und Carbonium-Struktur sind also nur als Repräsentanten eines mesomeren Systems für die Farbstoff-Natur von Bedeutung. Das obige Schema gestattet auch in großen Zügen die Abhängigkeit der Farbe von der Acidität verständlich zu machen. Mit abnehmender Wasserstoffionen-Konzentration geht die Dissoziation des am schwächsten basischen Carboniumions zurück, so daß eine ständige Gleichgewichtsstörung durch Ausscheidung des farblosen Carbinols eintritt. In sehr stark saurer Lösung nimmt mit zunehmender Verwandlung von NH_2- in NH_3^+-Gruppen die Mesomeriemöglichkeit und damit die Farbtiefe ab; die mehrsäurigen Salze des Fuchsins und Malachitgrüns unterscheiden sich in der Absorption kaum von den N-freien Triphenylcarboniumsalzen (Fig. 93). Die Triphenylmethanfarbstoffe bilden im Gegensatz zu den Chinonen, Indaminen und Indophenolen keine thermodynamisch reversiblen Redox-Systeme mit ihren Leukoverbindungen. Vielleicht hängt dies damit zusammen, daß die Bildung der CH-Bindung am zentralen Kohlenstoffatom irreversibel ist. Die Natur der Reduktionspotentiale, die man, z. B. bei Phenolphthalein, polarographisch an der Quecksilbertropfelektrode messen kann, ist theoretisch noch nicht befriedigend gedeutet.

Eine weitere für die Theorie der Farbe wichtige Klasse von Verbindungen sind die **Chinhydrone,** die man früher allgemein für additionelle Verbindungen aus 1 Mol Chinon und 1 Mol Hydrochinon hielt und deren intensive Farbe auf der gleichzeitigen Anwesenheit eines chinoiden und eines benzoiden Kerns beruhen sollte. Aus farblosem Hydrochinon und gelbem Chinon entsteht das tiefgrüne Chinhydron. p-Aminodimethylanilin (I) ist farblos, das Chlorid des Dimethyl-

I. 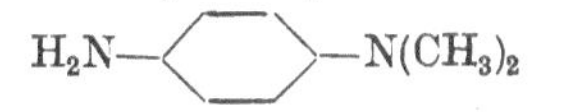 II. 

chinondiimins (II) ist gelb, durch Vereinigung beider entsteht das tieffarbige WURSTERsche Rot. WILLSTÄTTER bezeichnete solche Verbindungen als **„merichinoid“** (von μέρος = Teil). Neuere Untersuchungen haben ergeben, daß diese Substanzen in Wirklichkeit häufig monomolekular sind und wirkliche **„Semichinone“,** Zwischenstufen zwischen Chinonen und Hydrochinonen, darstellen (WEITZ, MICHAELIS). Sie besitzen eine ungerade Anzahl von Elektronen, was man durch potentiometrische und magnetische Messungen feststellen kann, und sind offenbar Radikal-Ionen, deren Beständigkeit und Farbe auf Mesomerie zwischen zwei Grenzstrukturen beruht (das Kreuz bedeutet ein ungepaartes Elektron):

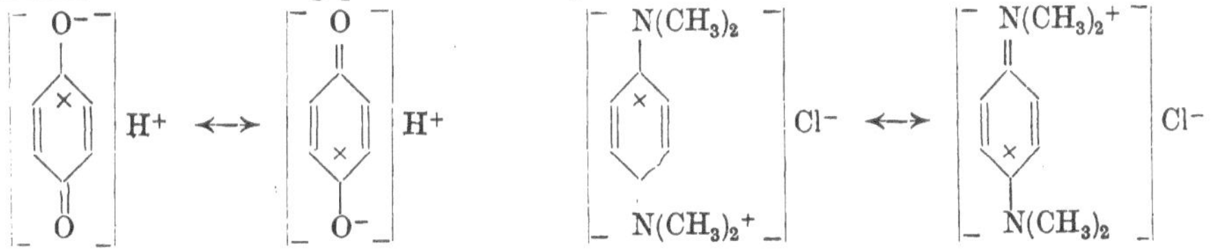

Das gewöhnliche Chinhydron aus p-Chinon ist nach magnetischen Messungen eine dimolekulare, aus gleichen Molekülen Chinon und Hydrochinon bestehende Verbindung. Daß aber nicht nur Diimine, sondern auch Chinone bei der Reduktion die Stufe eines monomolekularen Semichinons mit ungerader Elektronenzahl durchlaufen, hat MICHAELIS am Beispiel der β-Naphthochinon-sulfonsäure-4 (I auf S. 414) und des Durochinons (II) gezeigt. Die braunen Chinhydrone dieser Verbindungen sind nach potentiometrischen und magnetischen Messungen monomolekular. Die monomolekularen Chinhydrone sind nur in alkalischer Lösung (als Anionen-Radikale) stabil und disproportionieren sich in neutraler und saurer Lösung fast quantitativ zu Chinon + Hydrochinon. Damit mag es zusammenhängen, daß man bei p-Chinon selbst, das in alkalischer Lösung sehr unbeständig ist,

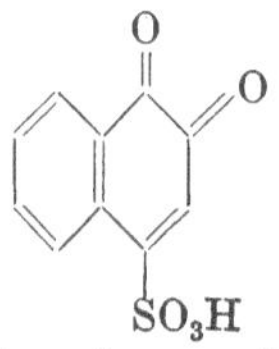

I.

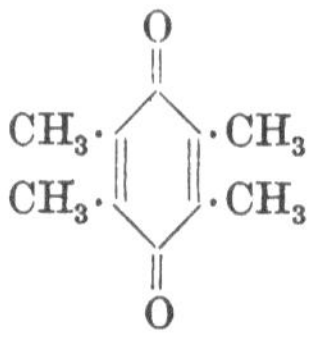

II.

kein Semichinon beobachtet hat, während man andrerseits das Chinhydron des Durochinons nur in monomolekularer Radikalform kennt.

Wählt man für die Triphenylmethanfarbstoffe die chinoide Formulierung, so kann man als ihre Muttersubstanz die Verbindung der Formel III betrachten, die man **Fuchson** genannt hat. Vom Fuchson würden sich dann die Aurine ableiten, vom Fuchsonimin (IV) die Rosaniline. Ein Diaminoderivat des Fuchsonimins ist die HOMOLKAsche Base (S. 411). Fuchson entsteht durch Wasserabspaltung aus p-Oxytriphenylcarbinol (V) bei 200° und bildet bräunliche Tafeln vom Schmelzpunkt 168°. Es wandelt sich schon beim Kochen mit Essigsäure wieder in Oxytriphenylcarbinol um.

III.

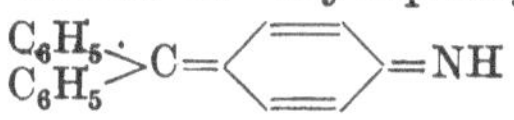

IV.

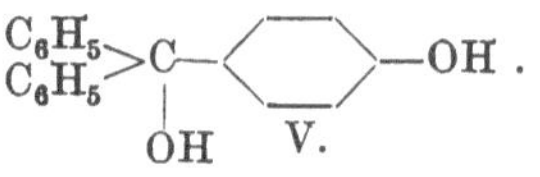

V.

Triphenylmethyl und andere Verbindungen mit anomaler Wertigkeit

Durch Einwirkung von Zink oder feinverteiltem Kupfer auf eine Benzol-Lösung von Triphenylchlormethan $(C_6H_5)_3CCl$ erhält man eine gelbe Lösung. Aus dieser läßt sich zwar das erwartete Hexaphenyläthan $(C_6H_5)_3C{-}C(C_6H_5)_3$ durch Zusatz von Aceton oder Äthylformiat in farblosen Kristallen abscheiden. Die daraus bereiteten Lösungen sind aber wiederum gelb und zeigen ein auffallendes Additionsvermögen. Beim Schütteln mit Luft entsteht farbloses, in Alkohol und Äther unlösliches Triphenylmethylperoxyd $(C_6H_5)_3C\cdot O\cdot O\cdot C(C_6H_5)_3$. Jodlösung wird augenblicklich unter Bildung von Triphenylmethyljodid $(C_6H_5)_3CJ$ entfärbt. Mit Natrium bildet sich leuchtend rotes Triphenylmethylnatrium $(C_6H_5)_3C\cdot Na$, dessen Konstitution daraus folgt, daß es mit CH_3J Triphenyläthan $(C_6H_5)_3C\cdot CH_3$ liefert. Die ätherische Lösung des Triphenylmethylnatriums leitet den elektrischen Strom[1].

Die eingehende Untersuchung dieser von GOMBERG entdeckten Erscheinungen hat ergeben, daß die gelben Lösungen ein Gleichgewichts-Gemisch von Hexaphenyläthan und seinem Dissoziationsprodukt, dem Triphenylmethyl, enthalten:

$$\underset{\text{Triphenylmethyl gelb}}{2\,(C_6H_5)_3C} \rightleftarrows \underset{\text{Hexaphenyläthan farblos}}{(C_6H_5)_3C{-}C(C_6H_5)_3};\quad \Delta H_{298} = -11\ \text{kcal};\quad \Delta F_{298} = -4.7\ \text{kcal}.$$

Die Lage des Gleichgewichts, über die wir durch die verdienstvollen Radikalarbeiten von ZIEGLER sehr genau unterrichtet sind, hängt vom Lösungsmittel und von der Temperatur ab; mit steigender Temperatur nimmt die Dissoziation zu, die Farbe vertieft sich. Wie aus kryoskopischen und kolorimetrischen Messungen hervorgeht, liegt das Gleichgewicht fast ganz auf der Seite des Hexaphenyläthans.

Stärker dissoziiert sind eine Reihe analoger, von SCHLENK dargestellter Triarylmethyle, die größere aromatische Reste enthalten. Ein Derivat des Diphenyls, das Tri-diphenylyl-methyl $(C_6H_5\cdot C_6H_4)_3C$ existiert nur in der monomolekularen Form, deren Lösung intensiv violett ist. Auch Pentaphenyläthan $(C_6H_5)_3C\cdot CH(C_6H_5)_2$ zerfällt bei höherer Temperatur nachweisbar unter Bildung von Triphenylmethyl. Tetraphenyläthan $(C_6H_5)_2CH\cdot CH(C_6H_5)_2$ ist dagegen völlig beständig.

---

[1] Hierin gleicht es dem **Benzylnatrium** $C_6H_5\cdot CH_2\cdot Na$, das aus Quecksilberdibenzyl $(C_6H_5\cdot CH_2)_2Hg$ und Natrium entsteht und ebenfalls intensiv rot und in Äther löslich ist. **Benzyllithium** $C_6H_5\cdot CH_2\cdot Li$ besitzt gelbe Farbe.

Die leichte Dissoziation des Hexaphenyläthans zu Triphenylmethyl läßt auf eine abnorme Schwächung der C—C-Bindung schließen. Diese scheint nach quantenmechanischen Betrachtungen teilweise damit zusammenzuhängen, daß bei der Dissoziation die Radikale aus der tetraedrischen in eine fast ebene Konfiguration übergehen und daß damit ein Energiegewinn verknüpft ist, um den die normale Dissoziationsenergie der C—C-Bindung von etwa 79 kcal (S. 120) zu vermindern ist. Radikale vom Typus des Triphenylmethyls enthalten dreiwertigen Kohlenstoff, d. h. ein unvollständiges Oktett mit einem ungepaarten Elektron, das zu Mesomerie Anlaß gibt (wobei aber das zentrale C-Atom die reaktionsfähigste Stelle bleibt):

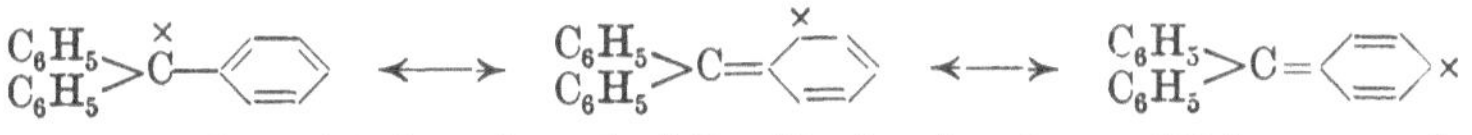

Wir kennen somit das Triphenylmethyl-Radikal mit einem Elektronen-Septett, das Triphenylmethyl-Kation (z. B. im Perchlorat) mit einem Sextett und das Triphenylmethyl-Anion (z. B. in der Natriumverbindung) mit einem Oktett am zentralen C-Atom. Radikale mit ungepaarten Elektronen zeigen im Gegensatz zu valenzmäßig gesättigten Substanzen Paramagnetismus. Das magnetische Verhalten kann deshalb mit Nutzen dazu herangezogen werden, um über den Radikal-Charakter einer Verbindung zu entscheiden. Vom Diphenyl leiten sich zwei Verbindungen ab, die nach ihrer dem Triphenylmethyl analogen Darstellungsweise als Diradikale betrachtet werden könnten:

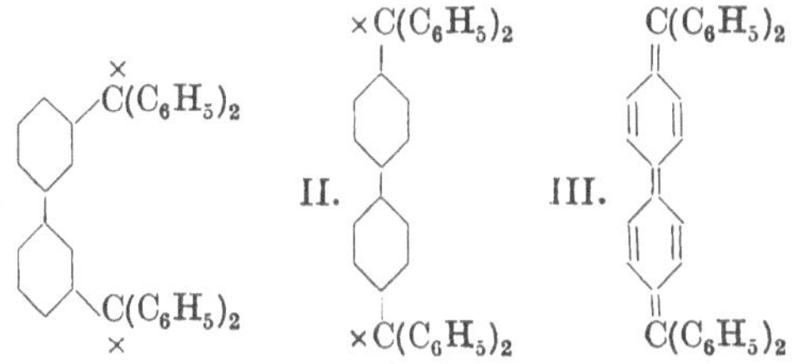

I. II. III.

Die magnetische Untersuchung dieser farbigen Kohlenwasserstoffe hat ergeben, daß nur die m-Verbindung I Radikal-Charakter zeigt, während die p-Verbindung II diamagnetisch ist. Das Diradikal II lagert sich also in die chinoide Form III um. In ihrem chemischen Verhalten steht diese den echten Radikalen sehr nahe.

Nachdem durch diese interessanten Untersuchungen die Existenz von Verbindungen mit einer freien Kohlenstoffbindung bewiesen war, ist noch eine Anzahl gleichartiger Verbindungen gefunden worden. Läßt man z. B. auf die ätherische Lösung von aromatischen Ketonen (Benzophenon) Kalium einwirken, so färbt sie sich sehr intensiv und enthält eine Verbindung $\genfrac{}{}{0pt}{}{R}{R}{>}C{<}\genfrac{}{}{0pt}{}{OK}{}$, die wiederum mit einem Dimolekularen, dem Dikaliumsalz des entsprechenden Pinakons $\genfrac{}{}{0pt}{}{R}{R}{>}C(OK)\cdot C(OK){<}\genfrac{}{}{0pt}{}{R}{R}$, im Gleichgewicht zu stehen scheint. Auch diese Radikale, die man als **„Metallketyle"** bezeichnet, oxydieren sich sofort an der Luft. Wie Triphenylmethyl sich mit Alkali verbinden kann, nimmt auch das Ketyl bei Einwirkung überschüssigen Metalls noch 1 Atom auf und bildet die Dikaliumverbindung $\genfrac{}{}{0pt}{}{R}{R}{>}C{<}\genfrac{}{}{0pt}{}{OK}{K}$.

Stickstoffverbindungen mit zweiwertigem Stickstoff (d. h. mit nur7 Elektronen am Stickstoff) sind gleichfalls dargestellt worden. Durch Oxydation von Diphenylamin mit $KMnO_4$ kann Tetraphenylhydrazin erhalten werden:

$$(C_6H_5)_2NH + O + HN(C_6H_5)_2 = (C_6H_5)_2N{-}N(C_6H_5)_2 + H_2O.$$

Dieses dissoziiert, wenn auch nur in geringem Maße, beim Erwärmen der Toluollösung auf 90°. Hierbei bildet sich „Diphenylstickstoff" $(C_6H_5)_2N{-}$. Denn leitet man NO in die heiße Lösung, so entsteht quantitativ Diphenylnitrosamin $(C_6H_5)_2N\cdot NO$. Mit Triphenylmethyl bildet sich $(C_6H_5)_3C{-}N(C_6H_5)_2$. Diphenylstickstoff ist viel unbeständiger als Triphenylmethyl.

Die freien Verbindungen $R_2N{-}$ besitzen wie Triphenylmethyl intensive Farbe. Tetraanisylhydrazin $(CH_3O\cdot C_6H_4)_2N{-}N(C_6H_4\cdot OCH_3)_2$ ist schon bei gewöhnlicher Temperatur merklich dissoziiert; seine Lösung ist deutlich grün, wird beim Erwärmen intensiv grün und verblaßt wieder beim Abkühlen. Gegen Sauerstoff sind die Stickstoff-Radikale unempfindlich. Über ein Kation-Radikal mit zweiwertigem Stickstoff s. S. 317.

Lösungen, die dieselbe Menge Farbstoff, jedoch in verschiedener Konzentration enthalten, zeigen dieselbe Lichtabsorption, wenn die Dicke der Flüssigkeitsschicht umgekehrt proportional der Konzentration ist (Gesetz von BEER); denn das Licht trifft dann bei seinem Durchgang dieselbe Anzahl von Farbstoffmolekülen. Bei dissoziierenden Substanzen ist dies jedoch nicht mehr der Fall, weil der Dissoziationsgrad sich mit der Verdünnung ändert. Man hat darin also ein Mittel, die Dissoziation nachzuweisen. So ergab sich z. B., daß eine 0·05%ige Lösung von Tetraanisylhydrazin in Benzol 3·2mal so stark dissoziiert ist wie eine 0·3%ige Lösung. Es hat sich gezeigt, daß auf die Radikal-Dissoziation das OSTWALDsche Verdünnungsgesetz anwendbar ist.

Außerordentlich stark dissoziierte Verbindungen sind die von ST. GOLDSCHMIDT aufgefundenen Triarylhydrazyle, die mit Hexaaryl-tetrazanen im Gleichgewicht stehen:

$$2\,(C_6H_5)_2N\cdot \underset{\substack{\cdot\\ C_6H_5}}{N}— \rightleftarrows (C_6H_5)_2N\cdot \underset{\substack{\cdot\\ C_6H_5}}{N}———\underset{\substack{\cdot\\ C_6H_5}}{N}\cdot N(C_6H_5)_2\,.$$

Während aber die tiefblaue Phenylverbindung äußerst unbeständig ist, stellt das Diphenyl-trinitrophenyl-hydrazyl $(C_6H_5)_2N\cdot \dot{N}\cdot C_6H_2(NO_2)_3$ vollkommen beständige, dem $KMnO_4$ ähnliche Kristalle dar, die in Lösung keinerlei Neigung zur Polymerisation aufweisen. Es oxydiert Hydrochinon sofort zu Chinon, wobei es selbst zum Hydrazin reduziert wird.

Dibenzyl

Dibenzyl (1,2-Diphenyl-äthan) kann durch Einwirkung von Natrium auf Benzylchlorid dargestellt werden:

$$2\,C_6H_5\cdot CH_2Cl + 2\,Na = C_6H_5\cdot CH_2\cdot CH_2\cdot C_6H_5 + 2\,NaCl.$$

Es schmilzt bei 52°.

α,α'-**Diphenyl-äthylen (Stilben)** $C_6H_5\cdot CH{=}CH\cdot C_6H_5$ vom Schmelzpunkt 125° kann auf verschiedene Weise dargestellt werden; eigentümlich ist seine Bildung beim Erhitzen von Benzaldazin, das sich dabei in Stilben und Stickstoff spaltet:

$$C_6H_5\cdot CH:N\cdot N:CH\cdot C_6H_5 = C_6H_5\cdot CH:CH\cdot C_6H_5 + N_2.$$

Aus den eingehenden Untersuchungen von SCHLENK geht hervor, daß Kohlenwasserstoffe, die Phenylreste in Nachbarschaft zu einer Doppelbindung tragen, durch das Vermögen ausgezeichnet sind, leicht zwei Atome Lithium oder Natrium zu addieren:

$$C_6H_5\cdot CH:CH\cdot C_6H_5 + 2\,Na = C_6H_5\cdot \underset{Na}{CH}—\underset{Na}{CH}\cdot C_6H_5.$$

Die Natriumverbindung des Stilbens ist ein braunviolettes, höchst oxydables Pulver, das in Berührung mit Wasser Na gegen H austauscht und Dibenzyl liefert. Mit CO_2 reagiert es wie die Alkalialkyle (S. 74) unter Bildung einer Carbonsäure:

$$\begin{array}{l} C_6H_5\cdot CHNa \\ \quad | \\ C_6H_5\cdot CHNa \end{array} + 2\,CO_2 = \begin{array}{l} C_6H_5\cdot CH\cdot CO_2Na \\ \quad | \\ C_6H_5\cdot CH\cdot CO_2Na \end{array}.$$

Noch leichter als Stilben addiert **Tetraphenyläthylen** Alkalimetalle. Vgl. auch S. 426.

p-Diaminodiphenyläthylen $H_2N\cdot C_6H_4\cdot CH{=}CH\cdot C_6H_4\cdot NH_2$ wird dargestellt aus p-Nitrobenzylchlorid $ClH_2C\cdot C_6H_4\cdot NO_2$ durch Einwirkung von alkoholischem Kali, wobei das zuerst entstehende p-Dinitrodiphenyläthylen durch Reduktion in die Diaminoverbindung übergeht. Seine Disulfonsäure dient als Ausgangsmaterial für die Darstellung von gelben direktziehenden Azofarbstoffen, z. B. **Chrysophenin G**

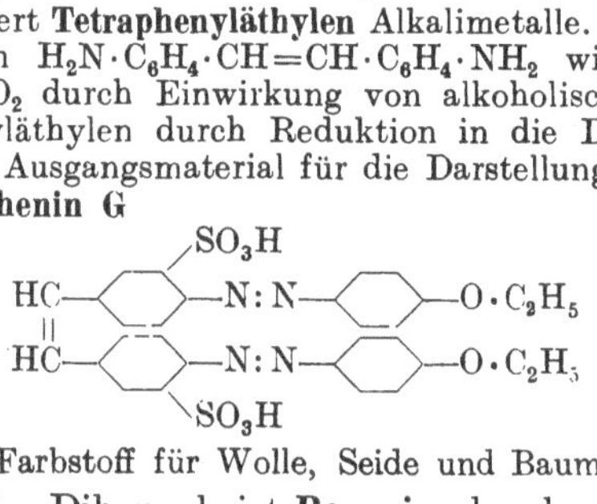

einem sehr wichtigen gelben Farbstoff für Wolle, Seide und Baumwolle.

Ein wichtiges Derivat des Dibenzyls ist **Benzoin**, das durch Kondensation von zwei Molekülen Benzaldehyd unter der Einwirkung von Kaliumcyanid erhalten wird:

$$C_6H_5\cdot C\begin{array}{l}H \\ O\end{array} \begin{array}{c}\longrightarrow \\ +\end{array} \begin{array}{r}O \\ H\end{array}C\cdot C_6H_5 = \underset{\text{Benzoin}}{C_6H_5\cdot CO\cdot CH(OH)\cdot C_6H_5}\,.$$

Benzoin besitzt den Charakter eines Ketonalkohols (Acyloins), denn durch Aufnahme von zwei H-Atomen geht es in einen zweiwertigen Alkohol, **Hydrobenzoin** $C_6H_5 \cdot CH(OH) \cdot CH(OH) \cdot C_6H_5$ über, während sich durch Oxydation ein Diketon, Benzil $C_6H_5 \cdot CO \cdot CO \cdot C_6H_5$, bildet. Benzoin zeigt die früher besprochenen charakteristischen Reaktionen der Acyloine. Es ist in alkalischer Lösung autoxydabel, reduziert alkalische Kupferlösung und bildet ein Osazon.

Benzil kristallisiert aus Alkohol in gelben, bei 95° schmelzenden Prismen. Außerdem existieren noch zwei polymorphe Modifikationen vom Schmelzpunkt 41·5° und etwa 27°. Als Diketon verbindet es sich mit zwei Molekülen Hydroxylamin zu Benzildioxim.

Vom Benzildioxim muß man nach den früheren Ausführungen über die Stereochemie der Oxime 3 stereoisomere Formen erwarten:

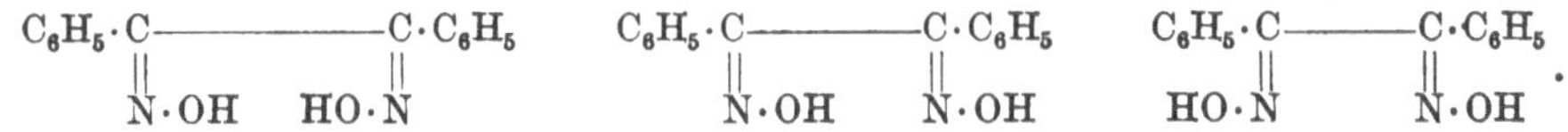

β-(syn), F: 214° γ-(amphi), F: 165° α-(anti), F: 244°

Sie wurden von V. MEYER, GOLDSCHMIDT und AUWERS entdeckt und stellten den ersten Fall stereoisomerer Stickstoff-Verbindungen dar.

Gibt man zu einer ätherischen Lösung von 1 Mol Benzil 1 Mol äthylalkoholisches Kali, so erhält man ein Additionsprodukt, das sich fast quantitativ in das Kaliumsalz der **Benzilsäure** umwandelt. Hierbei findet ein Platzwechsel von C_6H_5 und OK statt:

Benzilsäure

Diese intramolekulare Umwandlung ähnelt dem Übergang von Pinakonen in Pinakoline (S. 152).

2. Kondensierte aromatische Systeme

Kondensierte Ringsysteme sind in der Einleitung (S. 291) als Verbindungen definiert worden, welche Kohlenstoffatome enthalten, die gleichzeitig mehreren Ringen gemeinsam sind. Solche Verbindungen finden sich in den hochsiedenden Fraktionen des Steinkohlenteers (S. 303). Carbolöl und Kreosotöl enthalten neben Phenolen hauptsächlich Naphthalin. Das Anthracenöl enthält Anthracen, Phenanthren und noch einige andere polycyclische Kohlenwasserstoffe.

Naphthalin $C_{10}H_8$

findet sich in großer Menge im Steinkohlenteer (ca. 6%) und ist daraus leicht in reinem Zustand zu gewinnen. Die rohen Naphthalin-Kristalle, die sich beim Erkalten der Fraktion 170—250° abscheiden, werden zunächst zur Entfernung flüssiger Beimengungen abgepreßt und dann mit einer geringen Menge konzentrierter Schwefelsäure erwärmt, um beigemengte Verbindungen andrer Art in nichtflüchtige Sulfonsäuren überzuführen. Das Naphthalin wird darauf mit Wasserdampf überdestilliert, oder es wird sublimiert.

Es kristallisiert in glänzenden Blättchen, die bei 80° schmelzen und bei 218° sieden. Es ist in Wasser unlöslich, dagegen in heißem Alkohol und in Äther leicht löslich; von kaltem Alkohol wird es nur wenig gelöst. Es besitzt einen sehr charakteristischen Geruch und ist trotz seines hohen Siedepunktes sehr flüchtig. Es findet sich stets dem Leuchtgas beigemengt, dessen Leuchtkraft es beträchtlich erhöht. Sein Vorkommen im Steinkohlenteer erklärt sich daraus, daß zahlreiche Verbindungen Naphthalin liefern, wenn man ihre Dämpfe durch glühende Röhren leitet.

Für Naphthalin ist die folgende Strukturformel I durch oxydativen Abbau bewiesen worden (S. 377):

I 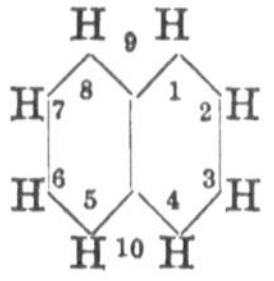 II 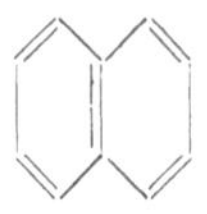 III 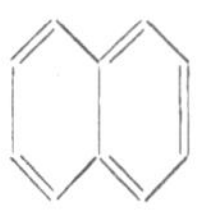 IV 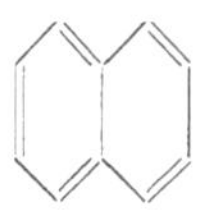

Diese Formel wird durch mehrere Synthesen bestätigt. So entsteht eine Hydroxylverbindung des Naphthalins (α-Naphthol) beim Erhitzen von Phenylisocrotonsäure (3-Phenyl-propen-2-carbonsäure-1):

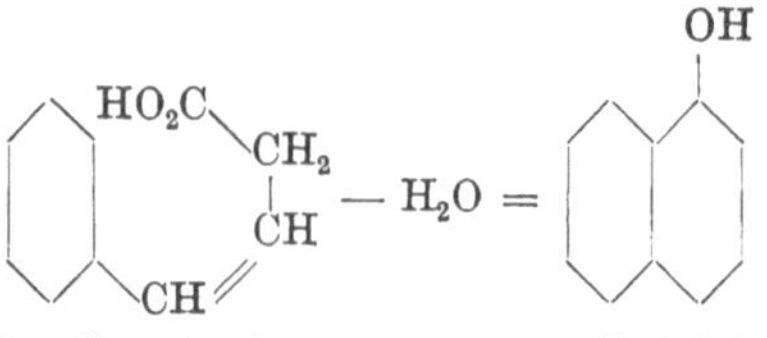

Phenylisocrotonsäure α-Naphthol

Naphthalin besitzt ganz den Charakter eines aromatischen Kohlenwasserstoffs. So gibt es bei der Behandlung mit Salpetersäure eine Nitroverbindung, mit Schwefelsäure eine Sulfonsäure; seine Hydroxylverbindungen besitzen Phenolcharakter; die Aminoderivate lassen sich diazotieren usw.

Ebensowenig wie für Benzol ist es gelungen, für Naphthalin mit den Mitteln der klassischen Strukturchemie eine Formel zu finden, die über die inneren Bindungsverhältnisse erschöpfende Auskunft gibt. Meist benutzt man die der KEKULÉschen Benzolformel nachgebildete Formel II von ERLENMEYER. Die quantenmechanische Behandlung, auf die hier nicht eingegangen werden kann, führt zu ähnlichen Resultaten wie beim Benzol. Es liegt Mesomerie zwischen verschiedenen Valenzstrukturen, namentlich II, III und IV vor. Die Frage nach den Bindungsverhältnissen von Benzol und Naphthalin sowie von anderen kondensierten Ringsystemen ist im übrigen ohne praktische Bedeutung, soweit es sich nur um die Feststellung der Isomerieverhältnisse handelt. Diese werden durch das vereinfachte Schema I befriedigend gedeutet.

Die **Anzahl der isomeren Substitutionsprodukte** des Naphthalins ist notwendigerweise viel größer als beim Benzol. So existieren bereits *zwei* isomere Monosubstitutionsprodukte. Die Substitution kann nämlich entweder an einem Kohlenstoffatom stattfinden, das mit einem der beiden gemeinschaftlichen Kohlenstoffatome (9, 10) direkt verbunden ist (1, 4, 5 oder 8), oder an einem der anderen, die ebenfalls unter sich gleichwertig sind. Man bezeichnet die Monoderivate als α-Verbindungen, wenn 1, 4, 5 oder 8 substituiert ist, und als β-Verbindungen, wenn 2, 3, 6 oder 7 ersetzt ist.

Die Anzahl der **Disubstitutionsprodukte** ist sehr groß. Bei zwei gleichen Substituenten sind 10 möglich, bei zwei ungleichen 14. Natürlich wird die Anzahl der Isomeren bei drei gleichen und noch mehr bei drei ungleichen Substituenten viel größer. Bei Substitution der Stellungen 1, 8 oder 4, 5 spricht man auch von *Peristellung*; sie zeigt in mancher Hinsicht Ähnlichkeit mit der Orthostellung. **Peri-Naphthalindicarbonsäure (Naphthalsäure)** 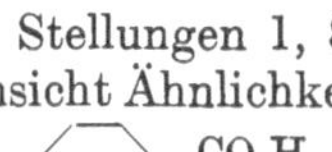 ist z. B. ebenso wie Phthalsäure imstande, ein Anhydrid (Schmelzpunkt 274°) zu bilden.

Wegen der großen Zahl von Isomeren, die bei den Naphthalinderivaten auftreten, wird die Ortsbestimmung in vielen Fällen recht schwierig. Im allgemeinen bedient man sich für Ortsbestimmungen in der Naphthalinreihe der gleichen Methoden wie für die Benzolderivate: Zurückführung von Verbindungen mit unbekannter Stellung der Substituenten auf solche, in denen die Stellung bekannt ist.

Ein anderes wichtiges Hilfsmittel für die Ortsbestimmung ist hier die Oxydation. Sie läßt nicht nur erkennen, ob sich die Substituenten in demselben Kern befinden oder nicht, sondern gibt auch Aufschluß über ihre Stellung zueinander. Man habe z. B. die Stellung der Nitrogruppen eines Dinitronaphthalins zu bestimmen. Gibt eine solche Verbindung bei der Oxydation Phthalsäure, so weiß man, daß sich beide Nitrogruppen in einem Kern befinden, nämlich in dem durch Oxydation zerstörten. Entsteht Dinitrophthalsäure, so befinden sich die beiden Nitrogruppen ebenfalls in ein und demselben Kern. Die Durchführung der Ortsbestimmung für diese Dinitrophthalsäure wird dann auch die Stellung der Nitrogruppen im Naphthalin ergeben. Ist endlich das Oxydationsprodukt eine Mononitrophthalsäure, so befindet sich in jedem Kern eine Nitrogruppe.

Substitutionsregelmäßigkeiten

Die Substitution im Naphthalin-Kern gestaltet sich infolge der zahlreichen Isomerie-Möglichkeiten weniger übersichtlich als beim Benzol. Immerhin ist es möglich, auch hier einige Hauptregeln herauszuschälen. Halogenierung und Nitrierung erfolgt fast ausschließlich in der α-Stellung (die Vorstufe der Reaktion ist gegenüber der β-Stellung energetisch begünstigt, weil sie die größere Anzahl mesomerer Strukturen aufweist). Oberhalb 200° greift Halogen zunehmend auch die β-Stellung an. Auch die Sulfogruppe sucht vorzugsweise die α-Stellung auf und bevorzugt erst bei höherer Temperatur die β-Stellung. Die stark orientierenden Substituenten 1. Ordnung, namentlich Hydroxyl- und Amino-, lenken, wenn sie in 1-Stellung stehen, einen neu eintretenden Substituenten nach o- und p-, wenn sie in 2-Stellung stehen, nach 1 und nach 6 oder 8. In 1 stehendes Halogen dirigiert meist nach 4 und 5. Die m-Orientierung durch Substituenten 2. Ordnung ist beim Naphthalin viel weniger ausgeprägt. Der neu eintretende Substituent begibt sich meist in den anderen Kern.

Derivate des Naphthalins

Die Homologen von Naphthalin (Methyl-, Äthyl- usw. Verbindungen) können nach den Synthesen von FITTIG oder von FRIEDEL und CRAFTS dargestellt werden. Einige von ihnen finden sich im Steinkohlenteer. **α-Methyl-naphthalin** ist eine bei 245° siedende Flüssigkeit, **β-Methyl-naphthalin** ist fest und schmilzt bei 35°. Bei der Oxydation liefern sie α- und **β-Naphthoesäure** (Naphthalincarbonsäure), die der Benzoesäure entsprechen und bei der Destillation mit Kalk Naphthalin geben.

Bei der Einwirkung von Chlor oder Brom auf siedendes Naphthalin entstehen α-Chlor- bzw. α-Brom-naphthalin; in ihnen ist das Halogen etwas beweglicher als in den entsprechenden Benzolverbindungen; jedoch bleiben auch sie beim Kochen mit Alkalien unverändert. Dasselbe gilt von den entsprechenden β-Verbindungen, die nicht durch direkte Einwirkung von Halogen auf Naphthalin, sondern aus anderen β-Verbindungen (Amino-, Sulfoderivaten) nach den beim Benzol besprochenen Methoden dargestellt werden.

Von großer Wichtigkeit für die Ortsbestimmung von Naphthalin-Derivaten ist **α-Nitro-naphthalin,** das bei der Einwirkung von Salpeterschwefelsäure auf Naphthalin entsteht. Durch Reduktion geht es in α-Naphthylamin über, das sich seinerseits über die Diazoverbindung in dasselbe Naphthol umwandeln läßt, das aus Phenylisocrotonsäure (S. 418) entsteht; damit ist die α-Stellung der Nitrogruppe bewiesen. Mit der Stellung der Nitrogruppe in diesem Nitronaphthalin ist die Konstitution sehr vieler anderer Monosubstitutionsprodukte gegeben, da man NO_2 durch zahlreiche andere Atome oder Gruppen ersetzen kann. Alle diese Substanzen gehören zur α-Reihe; die Isomeren müssen also β-Verbindungen sein. α-Nitro-naphthalin bildet gelbe Nadeln vom Schmelzpunkt 61°; die isomere β-Verbindung, die auf dem Umweg über β-Naphthylamin (S. 420) dargestellt werden muß, ist ebenfalls gelb und schmilzt bei 79°.

Die beiden isomeren **Monosulfonsäuren** entstehen bei der Einwirkung von konzentrierter Schwefelsäure auf Naphthalin; beide sind kristallisiert. Läßt man die Temperatur nicht über 80° steigen, so entsteht hauptsächlich die α-Verbindung; erhöht man jedoch die Temperatur auf 160°, so ist die β-Säure das Hauptprodukt (etwa 85%), da die α-Verbindung bei dieser Temperatur in die β-Säure übergeht. Bei Temperaturen zwischen diesen Grenzen besteht ein Gleichgewicht zwischen α- und β-Säure; denn auch die β-Säure kann sich in die α-Säure umlagern.

Durch Kalischmelze entstehen aus den Sulfonsäuren die **Naphthole** $C_{10}H_7 \cdot OH$, die große Analogie mit Phenol zeigen. Sie treten auch im Steinkohlenteer auf, aus dem man sie jedoch nicht zu gewinnen pflegt. **α-Naphthol,** vielfach durch Säurehydrolyse von α-Naphthylamin unter Druck gewonnen, schmilzt bei 95° und siedet bei 280°; **β-Naphthol** schmilzt bei 122° und siedet bei 288°. Sie sind in Alkalien löslich. Eine wäßrige Lösung von α-Naphthol gibt mit Eisenchlorid einen violetten, flockigen Niederschlag, β-Naphthol hingegen Grünfärbung und eine Fällung von **β-Dinaphthol** $HO \cdot C_{10}H_6 \cdot C_{10}H_6 \cdot OH$ (Formel I). Hierbei findet also unter Wegoxydation zweier H-Atome eine Kohlenstoffverknüpfung der beiden α-Stellen statt. In analoger Weise läßt sich auch Phenol durch Permanganat zu 4,4′-Dioxy-diphenyl oxydieren. Dieses ist auch mittels der Diazoreaktion aus Benzidin erhältlich, woraus sich seine Konstitution ergibt. Der violette Niederschlag, den α-Naphthol mit Eisenchlorid gibt, ist vermutlich eine Eisenverbindung des **α-Dinaphthols.**

I 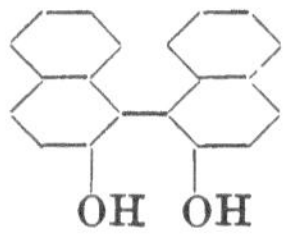

II 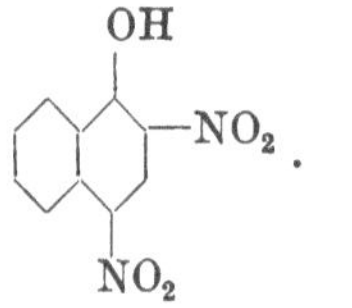

2,4-Dinitro-α-naphthol (Formel II) ist einer der wenigen im Gebrauch befindlichen sogenannten **„Nitrofarbstoffe“.** Man erhält es durch Sulfurieren von α-Naphthol und folgendes Nitrieren, wobei die Sulfogruppe wieder abgespalten wird. Es dient als **Martiusgelb** oder **Naphtholgelb** zum Färben von Wolle und Seide.

α- und **β-Naphthylamin** $C_{10}H_7 \cdot NH_2$ lassen sich durch Reduktion der entsprechenden Nitroverbindungen darstellen. Die β-Verbindung wird jedoch in der Technik nach BUCHERER durch Erhitzen von β-Naphthol mit Ammoniumsulfit und Ammoniak dargestellt; man erklärt diesen Vorgang jetzt so, daß Naphthol in der Ketoform reagiert und intermediär ein Additionsprodukt entsteht:

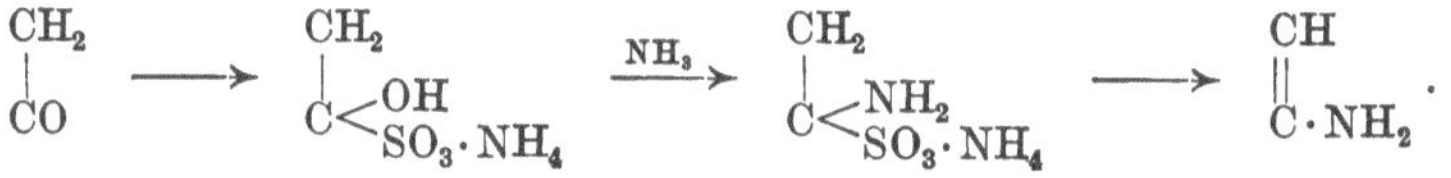

Auf die gleiche Weise läßt sich Naphthylamin in Naphthol verwandeln. Die Reaktion ist also umkehrbar. α-Naphthylamin läßt sich auch durch Erhitzen von Naphthalin mit Natriumamid auf Temperaturen über 200° gewinnen, wobei Wasserstoff entwickelt wird. Es schmilzt bei 50° und besitzt fäkalartigen Geruch; β-Naphthylamin schmilzt bei 112° und ist nahezu geruchlos. Die beiden Isomeren unterscheiden sich ferner dadurch, daß die Salze der α-Verbindung mit Eisenchlorid oder anderen oxydierenden Stoffen einen blauen Niederschlag liefern, während die der β-Verbindung unter den gleichen Bedingungen nicht reagieren.

Durch Sulfurieren von α-Naphthylamin nach dem Backverfahren (S. 355) erhält man die **1,4-Naphthylaminsulfonsäure (Naphthionsäure)** $H_2N \cdot C_{10}H_6 \cdot SO_3H$, eines der am längsten bekannten Naphthalin-Derivate. Sie bildet in Wasser schwer lösliche Kristalle. Die Lösungen ihrer Salze besitzen intensive rotblaue Fluorescenz.

Die Naphthylamine finden in der Farbentechnik ausgedehnte Anwendung. Sie dienen zur Darstellung wichtiger Farbstoffe, namentlich des **Kongorots** und der **Benzopurpurine,** die Baumwolle ohne Beize direkt anfärben, also zu den „substantiven Farbstoffen“ zählen. Beim Kongorot schlägt die Färbung durch Säuren in Blau um. Kongorot und Benzopurpurin sind auch heute noch wichtige Farbstoffe, werden aber fast ausschließlich zum Färben von Papier verwendet.

Kongorot entsteht durch Einwirkung von Naphthionsäure auf diazotiertes Benzidin. Das Natriumsalz dieser Säure stellt den Farbstoff dar:

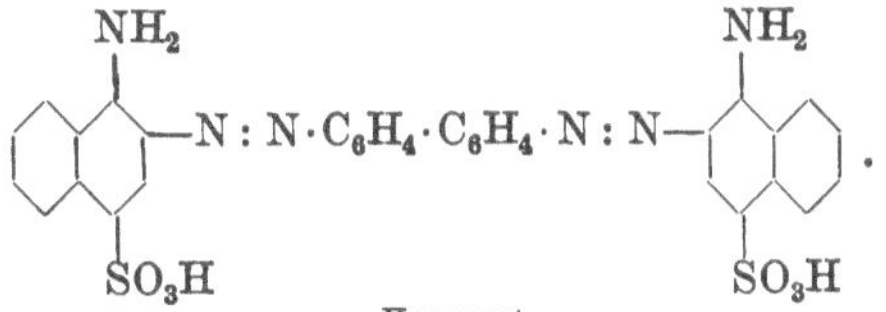

Kongorot

Die Säure selbst besitzt blaue Farbe. Die Benzopurpurine unterscheiden sich nur darin von dem Kongorot, daß jeder der beiden Benzolkerne des Benzidinrestes eine Methylgruppe in o-Stellung zur Diazogruppe enthält. — Sehr bemerkenswert und unerklärt ist die Tatsache, daß Benzidinfarbstoffe die Substantivität verlieren, wenn die 2-Stellungen des Diphenyls substituiert sind. Es ist nicht ausgeschlossen, daß hierbei die Behinderung der freien Drehbarkeit der 2,2′-disubstituierten Diphenylkerne eine Rolle spielt, insofern als dadurch eine ebene Anordnung des gesamten Moleküls verhindert werden könnte. Farbstoffe dieser Konstitution besitzen als walkechte saure Wollfarbstoffe Bedeutung, z. B.:

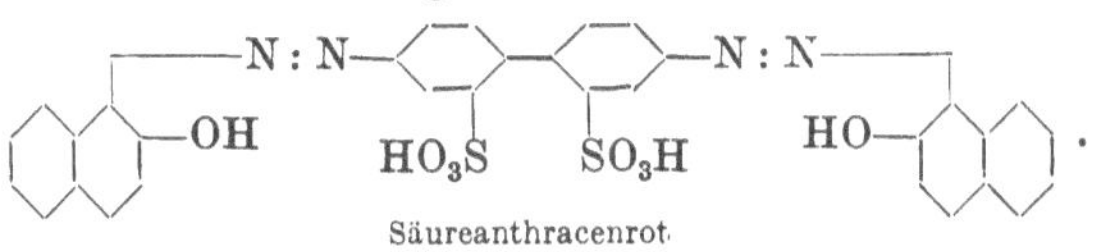

Säureanthracenrot

α-Naphthole und α-Naphthylamine kuppeln in p-Stellung, ist diese, wie bei der Naphthionsäure, besetzt, in o-Stellung. Bei β-Verbindungen erfolgt die Kupplung in α-Stellung. Wenn diese besetzt ist, bleibt die Reaktion aus; mitunter wird auch der Substituent in α eliminiert. Die Sulfonsäuren der Naphthylamine, Naphthole und Aminonaphthole sind als Ausgangsmaterialien für die Azofarbenindustrie von allergrößter Bedeutung (S. 363).

Drei **Chinone des Naphthalins** sind bekannt:

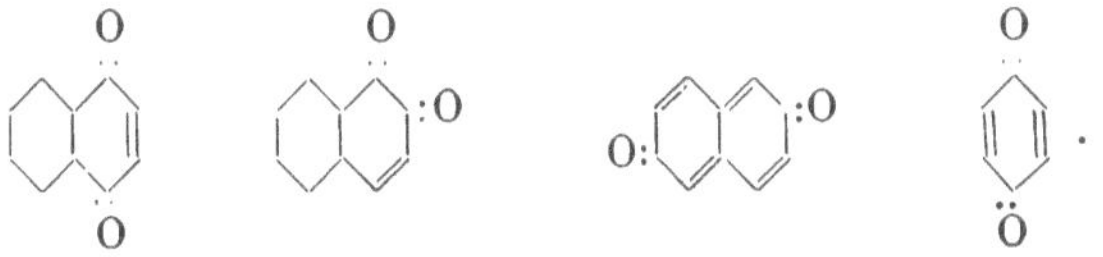

1,4 (α) 1,2 (β) 2,6 (amphi) Benzochinon

1,4-Naphthochinon (α-Naphthochinon) entsteht bei der Oxydation vieler α-Derivate oder 1,4-Biderivate des Naphthalins. Auch durch Oxydation von Naphthalin selbst mit einer siedenden Lösung von Chromsäure in Eisessig kann es erhalten werden. Aus Alkohol kristallisiert es in intensiv gelben Nadeln vom Schmelzpunkt 125°. Bei der Oxydation liefert es Phthalsäure, wodurch bewiesen wird, daß beide Sauerstoffatome an *denselben* Kern gebunden sind. Ferner reagiert es mit Hydroxylamin unter Oximbildung.

1,2-Naphthochinon (β-Naphthochinon) entsteht bei der Oxydation des 1-Aminonaphthols-(2). Es ist orangerot und zersetzt sich bei 115°.

2,6-Naphthochinon entsteht bei der Oxydation des entsprechenden Dioxynaphthalins mit Bleidioxyd in Benzol-Lösung. Es besitzt rote Farbe.

Von diesen Naphthochinonen hat nur das 2,6-Isomere eine ähnliche Lage der beiden CO-Gruppen gegenüber den doppelten Bindungen wie das Benzochinon (siehe die Formeln); auch in chemischer Hinsicht weist es die größte Ähnlichkeit mit diesem auf. Beide oxydieren sofort eine kalte verdünnte Lösung von Jodwasserstoff, bläuen $Fe_2[Fe(CN_6)]$, oxydieren schweflige Säure und so fort. 1,4-Naphthochinon zeigt diese Eigenschaften nicht, gleicht dagegen in Geruch und Flüchtigkeit dem Benzochinon. 1,2-Naphthochinon oxydiert ebenfalls verdünnte Jodwasserstofflösung nicht, bläut aber $Fe_2[Fe(CN)_6]$ und oxydiert schweflige Säure. Es ist jedoch, wie die 2,6-Verbindung, nicht flüchtig und deshalb auch ohne Geruch. 1,2- und 1,4-Naphthochinon unterscheiden sich vom Benzochinon dadurch, daß eine der Äthylenbindungen des Benzochinons durch einen Benzolkern ersetzt ist. Ihr abweichendes Verhalten illustriert also aufs neue die Tatsache, daß die Benzolbindungen nicht mit Äthylenbindungen gleichzusetzen sind. Über Oxydationspotentiale der Naphthochinone s. S. 428.

Ein Derivat des 1,4-Naphthochinons ist das schwarzrote **Naphthazarin**, das als Baumwollfarbstoff früher große Bedeutung besaß (es gibt auf Chrombeize ein tiefes Schwarz) und aus 1,5-Dinitro-naphthalin oder 1,8-Dinitro-naphthalin durch Erhitzen mit rauchender Schwefelsäure und reduzierenden Mitteln gewonnen wird (ROUSSIN 1861; R. BOHN). Vermutlich ist der Reaktionsverlauf der folgende:

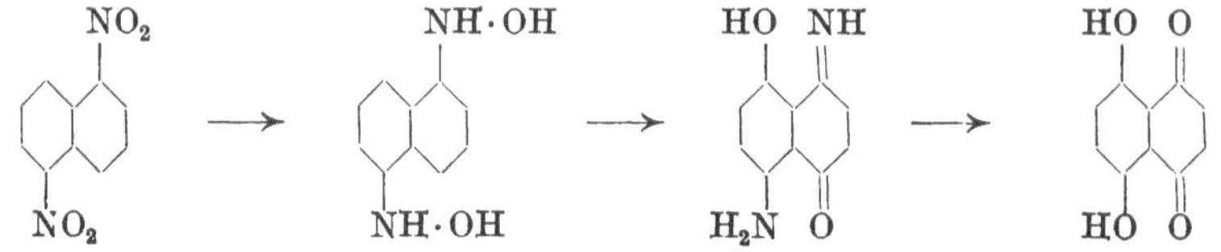

1,5-Dinitro-naphthalin Naphthazarin

Additionsprodukte des Naphthalins

Alle Hydrierungsstufen des Naphthalins, vom **Dihydronaphthalin** $C_{10}H_{10}$ angefangen bis zum **Dekahydronaphthalin** $C_{10}H_{18}$, sind wohl bekannt. 1,4-Dihydro-naphthalin erhält man durch Behandlung von Naphthalin mit Natrium und Alkohol. Durch Oxydation entsteht aus ihm o-Phenylen-diessigsäure, was durch folgende Strukturformel erklärt wird:

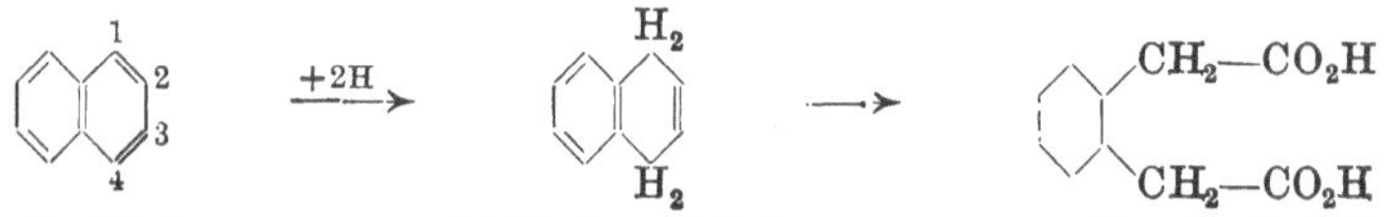

Naphthalin 1,4-Dihydro-naphthalin o-Phenylen-diessigsäure

Naphthalin verhält sich also bei dieser Reaktion wie ein konjugiertes System, das entsprechend THIELES Regel in 1,4-Stellung addiert. Beim Erhitzen mit Natriumäthylat lagert sich 1,4-Dihydro- in das stabilere 1,2-Dihydro-naphthalin um, bei dem die Doppelbindung mit dem Benzolkern konjugiert ist.

SCHLENK fand, daß auch Lithium von Naphthalin in 1,4 addiert wird, und daß dieses Additionsprodukt mit Alkohol gleichfalls 1,4-Dihydro-naphthalin liefert.

WIELAND hat beim 1,4-Dihydro-naphthalin die interessante Beobachtung gemacht, daß es durch Palladium schon bei Zimmertemperatur zu Naphthalin und Tetrahydronaphthalin disproportioniert wird:

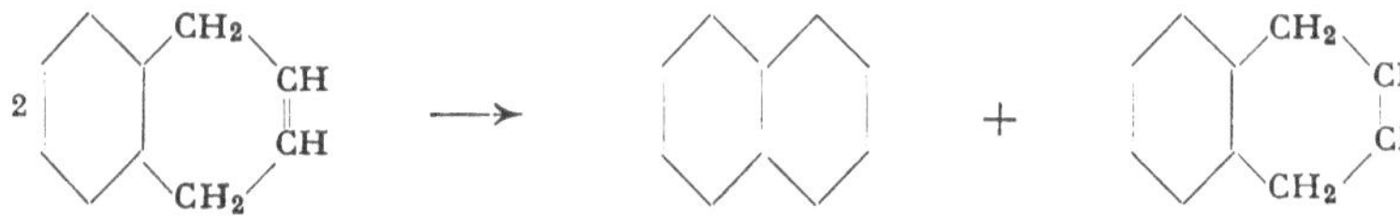

Technisch werden Tetrahydronaphthalin (Siedepunkt 206°) und Dekahydronaphthalin (Siedepunkt 190°) durch Hydrierung von sorgfältig gereinigtem[1] Naphthalin mit Wasserstoff bei 170° unter einem Druck von 10—15 Atmosphären und Anwendung von Nickel als Katalysator dargestellt (SCHROETER). Im Handel sind diese Substanzen unter den Namen **Tetralin** und **Dekalin** bekannt. Es sind ausgezeichnete Lösungsmittel, unter anderem werden sie als Ersatzmittel für Terpentinöl in Firnissen und Lacken benutzt.

Auf die Existenzmöglichkeit mehrerer spannungsfreier Formen des Cyclohexanrings ist schon früher hingewiesen worden (S. 386). Für Dekalin hat MOHR auf Grund analoger

[1] Technisches Naphthalin enthält als Verunreinigung schwefelhaltiges Thionaphthen, das als Katalysatorgift wirkt und durch Behandlung mit Natrium oder Bleicherde entfernt werden muß.

Betrachtungen zwei stereoisomere Formen vorausgesagt, deren Modelle in den Figg. 94a und 95a wiedergegeben sind.

Der experimentelle Beweis ist HÜCKEL bei Derivaten des Dekalins gelungen. Durch Hydrierung von β-Naphthol erhielt er vier racemische Dekahydronaphthole. Dies ist ein Hinweis darauf, daß die beiden hydrierten Ringe nicht in einer Ebene liegen können, sondern daß der Rest $—CH_2·CH_2·CH_2·CH_2—$ einmal in cis-Stellung und einmal in trans-Stellung an den Cyclohexanring geknüpft ist. Dann ergeben sich für ein β-Substitutionsprodukt vier Isomere. cis- und trans-Dekalin (Kp: 194,6° bzw. 185,5°) erhält man durch Fraktionieren des technischen Produkts. Ihre physikalischen Eigenschaften unterscheiden sich recht erheblich voneinander.

Am Modell überzeugt man sich leicht, daß sich sowohl von der Wannen- als auch von der Sesselform des Cyclohexans stereoisomere Dekaline ableiten lassen, je nachdem man den zweiten Ring in cis- oder in trans-Stellung angliedert. Dies beruht darauf, daß bei beiden

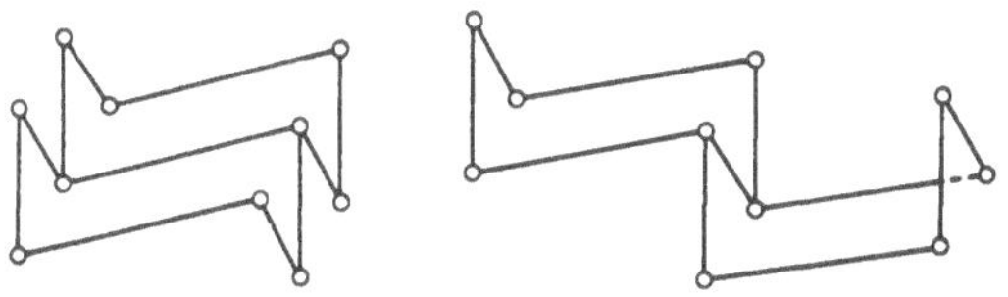

(a) (b)
Fig. 94. trans-Dekalin

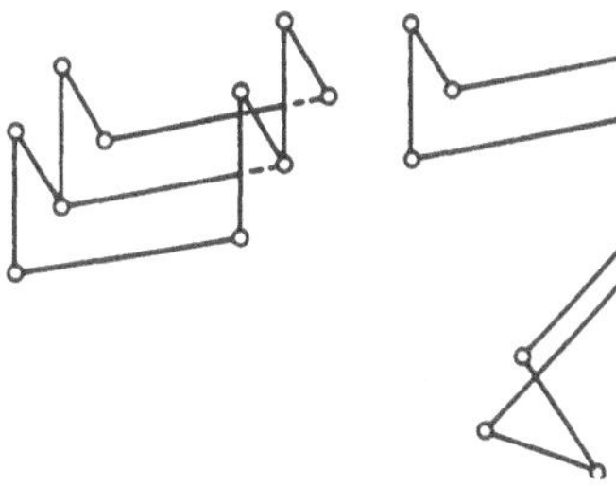

(a) (b)
Fig. 95. cis-Dekalin

Cyclohexanmodellen die trans-Bindungen sich im Vergleich zum ebenen Cyclohexanmodell auf eine mittlere Lage nähern, die von BREDT als meso-trans-Stellung bezeichnet ist und die Angliederung eines zweiten Ringes auch an trans-Bindungen ermöglicht. Insgesamt ergeben sich 7 verschiedene Kombinationen von Sessel- und Wannenform, von denen 4 hier abgebildet sind. Experimentell hat man bisher bei Dekalin-Derivaten keine Isomeren beobachtet, die zur Annahme von mehr als 2 Dekalinen nötigen.

Auf synthetischem Wege kann man die Dekahydro-β-naphthole (**β-Dekalole**) nach einem von LINSTEAD angegebenen Verfahren gewinnen. Cyclohexanon wird nach dem GRIGNARDschen Verfahren mit der Magnesiumverbindung des Butenylbromids zu 1-Butenyl-cyclohexanol-(1) umgesetzt. Behandelt man dieses in Eisessig mit Acetanhydrid und etwas Schwefelsäure, so bildet sich der Essigsäureester des β-Dekalols, der mit Lauge zum Dekalol verseift werden kann:

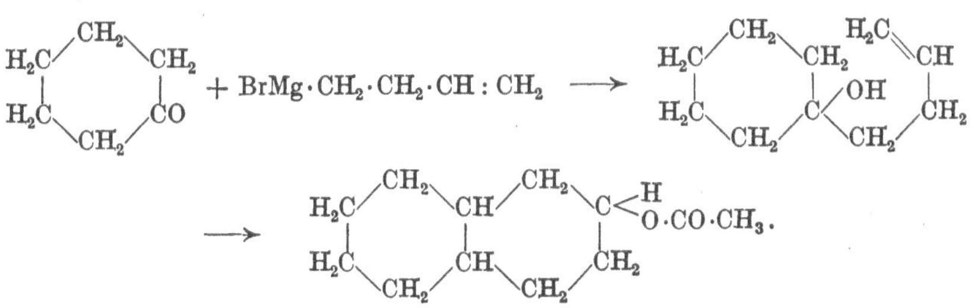

β-Dekalylacetat

Die Reaktion ähnelt dem Übergang von Geraniol in Terpineol. Führt man die gleiche Reaktionsfolge mit 1-Methyl-cyclohexanon-(2) durch, so gelangt man zu dem in

Brückenstellung substituierten 9-Methyl-β-dekalol, das durch Umwandlung in das Keton und anschließende Reduktion in 9-Methyl-dekalin verwandelt werden kann:

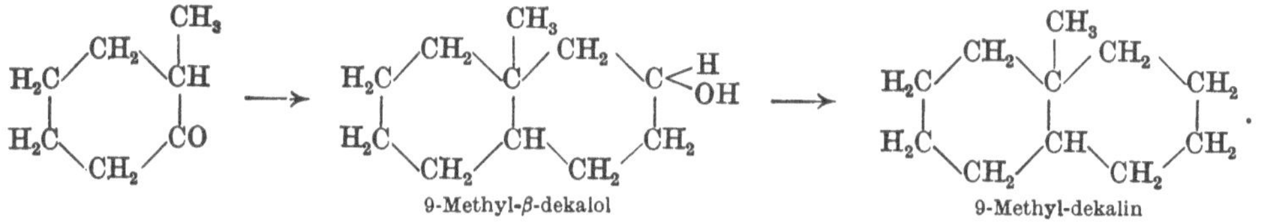

9-Methyl-β-dekalol 9-Methyl-dekalin

Die verschiedenen Hydroderivate des Naphthalins zeigen bei der Dehydrierung charakteristische Unterschiede. Tetralin wird über Platin oder Palladium schon beim Siedepunkt ohne Schwierigkeit zu Naphthalin dehydriert, beim cis- und trans-Dekalin verläuft die gleiche Reaktion erst bei 300° glatt. Beim 9-Methyl-dekalin ist ein Übergang in das aromatische System nur möglich, wenn die Methylgruppe in 9 abgespalten wird. LINSTEAD machte nun die wichtige Beobachtung, daß hierbei nicht nur Naphthalin, sondern unter Wanderung der CH_3-Gruppe auch 1-Methyl-naphthalin entsteht:

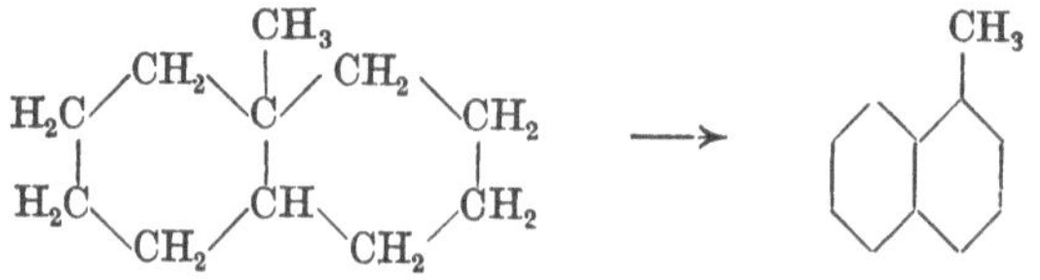

Die **Hydrierung von Naphthalin-Derivaten** ist bei den Naphthylaminen am besten untersucht. Hierbei hat sich herausgestellt, daß bei der Bildung der Tetrahydro-Derivate die Addition von Wasserstoff jeweils nur an *einem* Kern stattfindet. Dies ergibt sich unter anderem aus den Resultaten der Oxydation.

Wird β-Naphthylamin in siedendem Amylalkohol mit Natrium reduziert, so entsteht ein **Tetrahydro-β-naphthylamin** (Kp_{250}: 210°), das sich fast ganz wie ein aliphatisches Amin verhält: es reagiert stark alkalisch, zieht aus der Luft Kohlendioxyd an, riecht ammoniakalisch und liefert keine Diazoverbindung. Die vier Wasserstoffatome sind in den die Aminogruppe enthaltenden Benzolkern eingetreten:

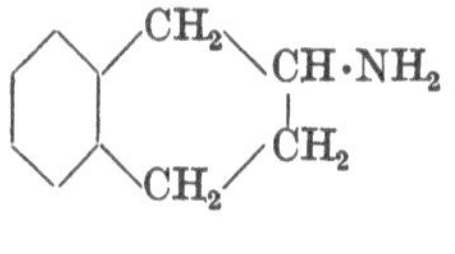

Denn bei der Oxydation durch Kaliumpermanganat entsteht Hydrozimt-o-carbonsäure $C_6H_4 \langle {CO_2H \atop CH_2 \cdot CH_2 \cdot CO_2H}$, deren Bildung mit der angegebenen Strukturformel in gutem Einklang steht, wenn die Oxydation an dem mit NH_2 verbundenen Kohlenstoffatom angreift.

Ein weiterer Beweis dafür, daß die vier H-Atome an *einen* Benzolkern addiert sind, besteht darin, daß die Tetrahydroverbindung kein Brom addiert. Wenn in jeden Kern zwei Wasserstoffatome eingetreten wären, so würde eine Substanz mit aktiven Doppelbindungen entstanden sein, die Brom momentan aufnehmen müßte. Da dieses Tetrahydronaphthylamin sich demnach wie ein gesättigtes alicyclisches Amin verhält, nennt man es **ac.-Tetrahydro-β-naphthylamin** (ac. = alicyclisch).

α-Naphthylamin läßt sich ebenfalls durch Amylalkohol und Natrium reduzieren. Das hierbei gebildete **ar.-Tetrahydro-α-naphthylamin** (Kp_{250}: 234°) unterscheidet sich jedoch stark von dem vorigen, denn alle charakteristischen Eigenschaften der aromatischen Amine sind bei ihm erhalten geblieben; es ist diazotierbar und besitzt keinen ammoniakalischen Geruch. Dies wird durch das Präfix ar. (= aromatisch) zum Ausdruck gebracht. Die Struktur dieser Verbindung wird durch die Formel I veranschaulicht:

I 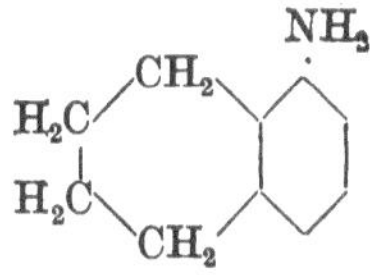 II 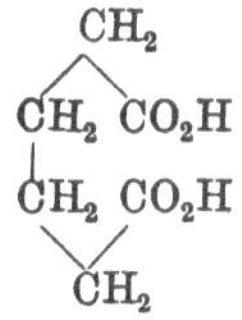

Denn aus der Tatsache, daß sie ebensowenig wie ihr Isomeres Brom zu addieren vermag, ergibt sich, daß die Wasserstoffatome wiederum alle vier in *einen* Kern eingetreten sein müssen, und zwar dieses Mal in denjenigen, der *nicht* die Aminogruppe enthält. Dieser Schluß wird durch das Resultat der Oxydation bestätigt. Denn hierbei entsteht unter Zerstörung des aromatischen Kerns Adipinsäure (II).

Im übrigen hängt der Verlauf der Hydrierung von Naphthalin-Derivaten nicht nur von der Stellung des Substituenten, sondern auch vom Hydrierungsverfahren ab. So bildet sich bei der Hydrierung von β-Naphthylamin mit Nickel unter Druck bei 300^0 in überwiegender Menge ar.-Tetrahydro-β-naphthylamin, während die Menge des alicyclischen Isomeren zurücktritt. α-Naphthol wird mit Nickel rascher im nichtsubstituierten Ring, mit Kupfer-Chromoxyd im substituierten Ring hydriert. Bei β-Naphthol erfolgt der Angriff schließlich sowohl mit Nickel wie mit Kupfer-Chromoxyd ausschließlich im substituierten Ring.

Anthracen $C_{14}H_{10}$

Anthracen wurde 1832 von Dumas und Laurent im Steinkohlenteer entdeckt. Es ist darin in einer Menge von 0,5—2$^0/_0$ enthalten. Es bildet das Ausgangsmaterial für die Darstellung wichtiger Farbstoffe (Alizarin, Indanthren). Anthracen wird aus dem Anthracenöl gewonnen (S. 303), das bei weiterer Aufarbeitung das sogenannte 50$^0/_0$-ige oder gereinigte Anthracen liefert. Es ist in diesem Zustand durch Phenanthren, Carbazol, Acridin verunreinigt, von denen es durch Waschen mit Pyridin befreit wird.

Anthracen kristallisiert in farblosen Blättchen mit schön violetter Fluorescenz. Sein Schmelzpunkt liegt bei 216^0 (korr.), der Siedepunkt bei 340^0. Es ist in kochendem Benzol zu etwa 8%, in Alkohol und Äther schwer löslich. Mit Pikrinsäure bildet es die Verbindung $C_{14}H_{10} + C_6H_2(NO_2)_3OH$ vom Schmelzpunkt 138^0.

Wird Anthracen ultraviolettem Licht ausgesetzt, so verwandelt es sich in einem stationären photochemischen Prozeß in schwer lösliches Dianthracen, das sich im Dunkeln in der Wärme wieder zu Anthracen depolymerisiert:

$$2\,C_{14}H_{10} \underset{\text{Dunkel}}{\overset{\text{Licht}}{\rightleftarrows}} C_{28}H_{20}\,.$$

Man kennt verschiedene Bildungsweisen des Anthracens, die Einblick in seine Struktur gewähren und weiter unten beim Anthrachinon besprochen werden sollen. Formal besonders einfach erscheint eine von Anschütz aufgefundene Synthese, bei der Anthracen durch Erhitzen von Benzol mit Tetrabromäthan und Aluminiumchlorid entsteht:

$$C_6H_6 + \begin{matrix} BrCHBr \\ | \\ BrCHBr \end{matrix} + C_6H_6 = C_6H_4\left\langle\begin{matrix} CH \\ | \\ CH \end{matrix}\right\rangle C_6H_4 + 4\,HBr\,.$$

Anthracen

Sie zeigt, normalen Verlauf der Reaktion vorausgesetzt, daß das Anthracen aus zwei Benzolkernen zusammengesetzt ist, welche durch die Gruppe C_2H_2 verbunden sind. Diese Gruppe greift in beiden Benzolkernen auf Ortho-Stellen ein (Beweis s. S. 427), so daß die Struktur des Anthracens durch eines der Formelbilder auf S. 426 dargestellt werden muß. Die Stellungen 9 und 10 bezeichnet man auch als meso(ms)-Stellungen. Für die Bindungsverteilung im Anthracen-Molekül gelten ähnliche Überlegungen wie für Benzol und Naphthalin. Die Mesobrücke in Formel I ist daher keine Bindung, was schon durch die zu große Entfernung der C-Atome 9 und 10 ausgeschlossen ist, sondern nur eine der zahlreichen mesomeren Strukturen, durch deren Überlagerung sich der formelmäßig nicht ausdrückbare aromatische Sättigungszustand einstellt.

I Anthracen

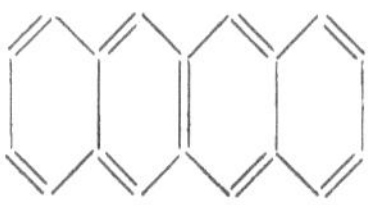

II Naphthacen

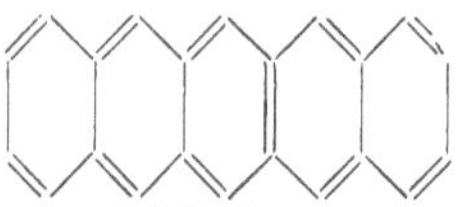

III Pentacen

Der Strukturformel des Anthracens zufolge ist die Zahl der theoretisch möglichen isomeren Anthracen-Derivate sehr groß. Es sind bereits drei Monosubstitutionsprodukte möglich. Bei der obigen Numerierung der Kohlenstoffatome sind die Substituenten 1=4=5=8 (α-Stellung); 2=3=6=7 (β-Stellung) und 9=10. Die Zahl der Disubstitutionsprodukte mit gleichen Gruppen beträgt 15 usw. Die Ortsbestimmung wird in der gleichen Weise wie beim Naphthalin ausgeführt.

Charakteristisch für Anthracen ist die große Leichtigkeit, mit der es Additions-Reaktionen in Mesostellung unterliegt. So addiert es beim Belichten seiner Lösungen unter Luftzutritt Sauerstoff. Das entstehende Anthracenperoxyd $C_{14}H_{10}O_2$ (IV) bildet leicht veränderliche farblose Nadeln, die sich gegen 120^0 explosionsartig zersetzen und aus angesäuerter Kaliumjodid-Lösung Jod ausscheiden. Durch Addition von 2 Atomen Natrium an Anthracen bildet sich eine tiefblaue Dinatriumverbindung, die mit Alkohol 9,10-Dihydro-anthracen liefert, das auch durch Reduktion von Anthracen mit Natriumamalgam erhalten werden kann. Auch der erste Angriff der Halogene besteht in einer Addition in 9,10-Stellung. Schließlich zeigt Anthracen auch die charakteristische Reaktionsfähigkeit konjugierter Systeme gegenüber Maleinsäureanhydrid, mit dem es sich zu einem Säureanhydrid der Formel V verbindet.

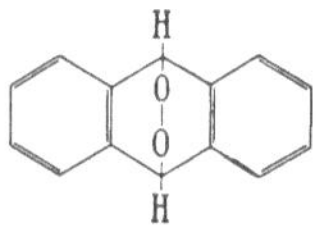

IV

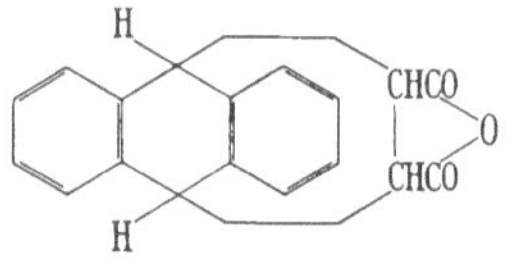

V

Bei dem gelben Naphthacen (II) und dem violettblauen Pentacen (III) ist das Additionsvermögen so gesteigert, daß man sie früher geradezu für Radikale gehalten hat.

Derivate

Das wichtigste Anthracen-Derivat ist Anthrachinon-(9,10), meist nur **Anthrachinon** genannt, das durch Oxydation von Anthracen mit Salpetersäure, Chromsäure usw. erhalten wird. Es bildet sich so leicht, daß Anthracen bei der Behandlung mit Salpetersäure nicht nitriert, sondern nur zu Anthrachinon oxydiert wird. In der Technik oxydiert man Anthracen meist mit Chromsäure oder neuerdings auch katalytisch mit Luft über einem Vanadium-Eisenkontakt bei 320—390^0 in Gegenwart von Wasserdampf (Wohl und Gibbs). Seine Konstitution wird durch die folgende Formel wiedergegeben:

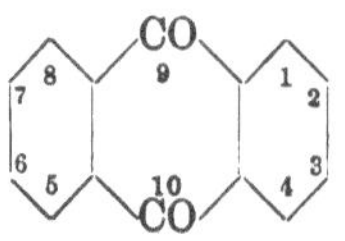

,

Anthrachinon

wie die nachstehende (auch technisch wichtige) Synthese ergibt.

Anthrachinon entsteht aus Phthalsäureanhydrid und Benzol in Gegenwart von Aluminiumchlorid durch FRIEDEL-CRAFTSsche Synthese:

$$C_6H_4{<}\substack{CO\\CO}{>}O + C_6H_6 = C_6H_4{<}\substack{CO\\CO}{>}C_6H_4 + H_2O\,.$$

Die Reaktion verläuft in zwei Stufen, indem sich zuerst o-Benzoylbenzoesäure bildet, die dann durch Wasserabspaltung in Anthrachinon übergeht:

$$C_6H_4{<}\substack{CO_2H\\CO\cdot C_6H_5} \longrightarrow C_6H_4{<}\substack{CO\\CO}{>}C_6H_4\,.$$

Ein Beweis dafür, daß die mittelständigen Gruppen im Anthrachinon, folglich auch im Anthracen in *beiden* Benzolkernen orthoständig sind, kann folgendermaßen geliefert werden. Er beruht auf demselben Prinzip, das auch beim Naphthalin angewandt wurde: einer der Benzolkerne wird durch Einführung eines Substituenten charakterisiert, damit man ein Erkennungszeichen dafür besitzt, welcher von beiden bei der Oxydation verschwindet.

Das Anhydrid der Bromphthalsäure liefert analog wie Phthalsäureanhydrid selbst bei der Behandlung mit Benzol und Aluminiumchlorid eine Benzoyl-brombenzoesäure, die durch Wasserabspaltung in Bromanthrachinon übergeht.

$$\underset{\text{Bromphthalsäureanhydrid}}{BrC_6H_3{<}\substack{CO\\CO}{>}O} \longrightarrow \underset{\text{Benzoyl-brombenzoesäure}}{\overset{\text{I}\qquad\text{II}}{BrC_6H_3{<}\substack{CO—\\COOH}{\searrow}C_6H_5}} \longrightarrow \underset{\text{Bromanthrachinon}}{\overset{\text{I}\qquad\text{II}}{BrC_6H_3{<}\substack{CO\\CO}{>}C_6H_4}}\,.$$

In dieser Verbindung enthält Benzolkern I, da er von der Phthalsäure herstammt, die beiden CO-Gruppen sicher in Orthostellung. — Tauscht man nun durch Kalischmelze Brom gegen Hydroxyl aus, so entsteht ein Oxyanthrachinon. Dieses wird durch Oxydation mit Salpetersäure in Phthalsäure übergeführt. Kern II ist also unversehrt geblieben, und die Entstehung von Phthalsäure zeigt, daß er die beiden CO-Gruppen ebenfalls in Orthostellung enthält:

$$\underset{\text{Oxyanthrachinon}}{\overset{\text{I}\qquad\qquad\text{II}}{HO\cdot C_6H_3{<}\substack{CO\\CO}{>}C_6H_4}} \longrightarrow \underset{\text{Phthalsäure}}{\overset{\text{II}}{\substack{HOOC\\HOOC}{>}C_6H_4}}\,.$$

Einen sehr klaren Beweis für die angenommene Konstitution des Anthrachinons bildet auch seine Darstellung durch Dien-Synthese nach DIELS. 1,4-Naphthochinon addiert glatt 1 Molekül Butadien zu einem Tetrahydroanthrachinon, das sich leicht zu Anthrachinon oxydieren läßt:

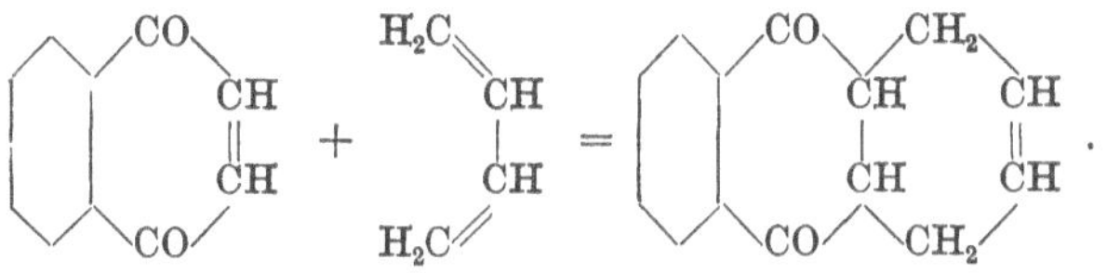

Die für Anthrachinon aufgestellte Strukturformel verlangt, daß nur zwei Monosubstitutionsprodukte existieren. Diese Forderung ist durch das Experiment in jeder Beziehung bestätigt worden.

Anthrachinon bildet rhombische, schwach gelblichgrüne Nadeln, die bei 285° schmelzen und keine Fluorescenz zeigen; bei höherer Temperatur sublimiert es sehr leicht. Es ist eine sehr stabile Verbindung, die nur schwer von Oxydationsmitteln, konzentrierter Schwefelsäure oder Salpetersäure, angegriffen wird.

Anthrachinon nimmt eine Mittelstellung zwischen den eigentlichen Chinonen und den Diketonen ein (s. unten); leichte Reduzierbarkeit, große Flüchtigkeit, stechender Geruch usw. sind Eigenschaften, die ihm abgehen. Mit Hydroxylamin bildet es nur schwer ein Monoxim. Bei der Reduktion mit Zinkstaub und Natronlauge oder mit $Na_2S_2O_4$ bildet sich die Dinatriumverbindung des **Anthrahydrochinons** $C_6H_4{<}\substack{C\cdot OH\\C\cdot OH}{>}C_6H_4$; die freie Verbindung bildet braune Kristalle vom Schmelzpunkt 180°, deren alkoholische Lösung intensiv grün fluoresciert. Die Lösung in Alkalien ist tief blutrot und wird beim Schütteln mit Luft farblos durch Rückbildung von Anthrachinon. Dieses charakteristische Verhalten seines Reduktionsprodukts kann zum Nachweis von Anthrachinon dienen.

Die reversible Reduktion von Anthrachinon zu Anthrahydrochinon gestattet auch eine quantitative Einordnung des Anthrachinons in die Reihe der Chinone.

Im folgenden sind einige von CONANT und FIESER gemessene Oxydations-Reduktionspotentiale zusammengestellt (bezogen auf ein äquimolekulares Gemisch von Chinonen und Hydrochinonen in alkoholischer Lösung, 25° und p_H etwa gleich 0):

	Volt
o-Benzochinon	0·784
p-Benzochinon	0·715
2,6-Naphthochinon	0.758(?)
1,2-Naphthochinon	0·576
1,4-Naphthochinon	0·484
1,2-Anthrachinon	0·490
1,4-Anthrachinon	0·401
9,10-Anthrachinon	0·154
Phenanthrenchinon	0·460

Diese Zahlen entsprechen durchaus der Abstufung der Eigenschaften, die wir auf chemischem Wege gefunden hatten (S. 421). Sie lassen auch namentlich die überaus schwache Oxydationswirkung des Anthrachinons deutlich hervortreten. Dagegen entsprechen die isomeren 1,2- und 1,4-Anthrachinone, auf deren Darstellung hier nicht eingegangen werden kann, in ihren Eigenschaften etwa den Naphthochinonen. Es ist sehr bemerkenswert, daß die Reaktionsfähigkeit der Chinone sich im umgekehrten Verhältnis wie die der Kohlenwasserstoffe ändert. So läßt sich das Chinon des Naphthacens (S. 426) nur eben noch mit Mühe verküpen, das des Pentacens überhaupt nicht mehr.

Die besondere Lage der Gruppen 9 und 10 im Anthracen-Molekül kommt auch darin zum Ausdruck, daß Anthrahydrochinon mit einem Isomeren, dem **Oxanthron,** in einem Desmotropie-Gleichgewicht steht, eine Erscheinung, die man beim einfachen Hydrochinon der Benzolreihe vermißt. Beide Isomere sind in Lösung beständig, jedoch

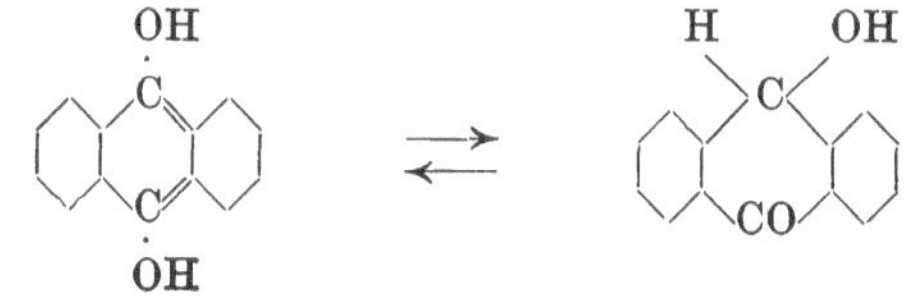

Anthrahydrochinon Oxanthron

durch Katalysatoren ineinander überführbar. In kalter alkoholisch-salzsaurer Lösung liegt das Gleichgewicht bei 97% Anthrahydrochinon und 3% Oxanthron. Oxanthron ist farblos, fluoresciert nicht in Lösung und schmilzt bei 167°. Anthrahydrochinon und Oxanthron sind Beispiele von desmotropen Substanzen, die in hohem Grade stabil in beiden Formen sind.

Bei der Behandlung mit Zinn und Salzsäure wird Anthrachinon zu **Anthron** reduziert, das durch Kochen in alkalischer Lösung in das desmotrope **Anthranol** umge-

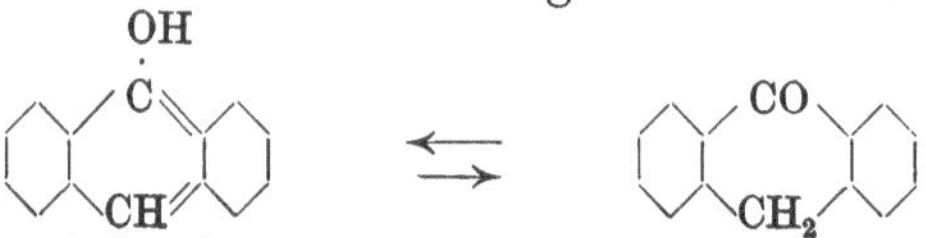

Anthranol Anthron

wandelt wird. Dieses fluoresciert in Lösung tiefblau und geht leicht wieder in Anthron über. Andererseits gibt Anthron beim Kochen in essigsaurer Lösung ein wenig Anthranol. Anthron muß daher als eine Pseudosäure betrachtet werden, deren aci-Form Anthranol ist.

Bei noch kräftigerer Reduktion, nämlich durch Destillieren mit Zinkstaub, wird Anthracen erhalten.

Die **Oxy- und Amino-Derivate des Anthrachinons** spielen eine große Rolle in der Farbenindustrie. Das wichtigste Derivat des Anthrachinons ist die 1,2-Dioxyverbindung, die den Namen **Alizarin** führt. Früher wurde dieser prächtig rote, beständige Farbstoff fabrikmäßig aus der Krappwurzel gewonnen, in der ein Glykosid **Ruberythrinsäure** $C_{25}H_{26}O_{13}$, vorkommt. Dieses wird durch kochende verdünnte Schwefelsäure in Alizarin und das Disaccharid Primverose gespalten, dessen Komponenten d-Glucose und d-Xylose sind. Alizarin gehört zu den ältesten bekannten Naturfarbstoffen. Gegenwärtig wird es fast nur noch künstlich dargestellt. Zu diesem Zweck wird Anthrachinon mit rauchender Schwefelsäure (40% SO_3) auf 160^0 erhitzt, wobei es zum größten Teil in die Anthrachinonsulfonsäure-(2) übergeht.

Auffallend ist, daß bei Gegenwart von Quecksilbersalz die α-Sulfonsäure entsteht, während sonst die β-Sulfonsäure erhalten wird. Ein derartiger Einfluß eines Katalysators kommt sehr selten vor. Die α-Sulfogruppe kann leicht gegen NH_2, OCH_3 usw. ausgetauscht werden. Die β-Sulfogruppe ist viel schwerer beweglich.

Das Natriumsalz der 2-Sulfonsäure („Silbersalz“) ist in Wasser schwer löslich und scheidet sich daher beim Neutralisieren mit Soda ab. Durch Schmelzen mit Ätznatron wird auf die gewöhnliche Weise die Sulfogruppe durch Hydroxyl ersetzt. Eigentümlicherweise entsteht in diesem Fall durch Oxydation gleichzeitig ein zweites Hydroxyl. Man erleichtert diesen Prozeß durch Zusatz eines Oxydationsmittels, z. B. Natriumchlorat oder besser Natriumnitrat:

$$C_6H_4\left\{\begin{matrix}CO\\CO\end{matrix}\right\}C_6H_3\cdot SO_3Na + 3\,NaOH + O =$$

Anthrachinonmonosulfonsaures Na

$$C_6H_4\left\{\begin{matrix}CO\\CO\end{matrix}\right\}C_6H_2(ONa)_2 + 2\,H_2O + Na_2SO_3\,.$$

Durch Ansäuern dieser Natriumverbindung wird der Farbstoff erhalten. Alizarin kristallisiert in roten rhombischen Nadeln vom Schmelzpunkt 289^0 und sublimiert in orangeroten Prismen; in Wasser ist es fast gar nicht, in Alkohol wenig löslich. Es bildet ein Diacetat und löst sich in Alkalien, besitzt also Phenol-Eigenschaften. Die alkalische Lösung ist intensiv blau. Durch Destillation über Zinkstaub wird Alizarin zu Anthracen reduziert. Auf diesem Wege haben GRAEBE und LIEBERMANN zuerst einen Einblick in die Struktur des Alizarins gewonnen. Mit gewissen Metalloxyden bildet Alizarin Verbindungen von prächtiger Farbe, die in der Färberei und beim Kattundruck ausgedehnte Verwendung finden und als „Krapplacke“ bezeichnet werden. Werden Gewebe mit diesen Oxyden bedruckt oder gebeizt und dann in die Alizarinlösung getaucht, so wird das Alizarin in den Fasern fixiert. Die Färbung hängt von dem angewandten Oxyd ab. Am wichtigsten ist der als **Türkischrot** bezeichnete durch Aluminium- und Kalksalze erzeugte Lack. Die Faser bedarf, um das Oxyd auf ihr zu befestigen, einer Vorbehandlung mit ranzigem Olivenöl („Altrot-Verfahren“) oder mit Türkischrotöl („Neurotverfahren“). Infolge der Umständlichkeit des Färbeverfahrens ist Alizarin weitgehend durch Naphthol-AS-Farbstoffe verdrängt.

Die Struktur des Alizarins ergibt sich zum Teil durch seine Darstellungsweise; danach muß es ein Derivat des Anthrachinons sein; nur die Stellung der Hydroxylgruppen bleibt noch zu bestimmen. Diese müssen sich in *einem* Benzolkern befinden, denn Alizarin entsteht auch (neben Hystazarin), wenn man Brenzcatechin und Phthalsäureanhydrid mit Schwefelsäure auf 150^0 erhitzt. Da die Hydroxyle im Brenzcatechin orthoständig sind, müssen sie es auch im Alizarin sein. Somit bleiben nur die beiden folgenden Strukturformeln übrig:

I 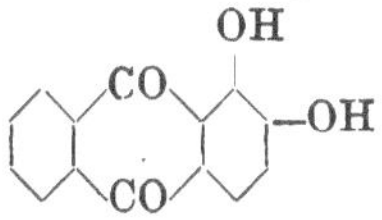

Alizarin

II 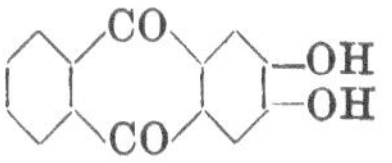

Hystazarin

Das Ergebnis der Nitrierung gestattet, zwischen ihnen zu entscheiden. Hierbei werden nämlich aus Alizarin zwei isomere Mononitroprodukte gewonnen, die die Nitrogruppen in demselben Kern wie die Hydroxylgruppen enthalten, da *beide* bei der Oxydation Phthalsäure geben. Da nur die Formel I die Möglichkeit zweier derartiger Monoderivate zuläßt, ist sie als Strukturformel des Alizarins erwiesen.

Auch andere Hydroxylderivate des Anthrachinons besitzen färberische Eigenschaften. **Purpurin** z. B. ist das 1,2,4-Trioxy-anthrachinon $C_6H_4(CO)_2C_6H(OH)_3$; es kommt auch in der Krappwurzel vor. Das Vermögen der Oxyanthrachinone, mit Beizmitteln Farbstoffe zu bilden, ist unter anderem an die Bedingung geknüpft, daß die Möglichkeit zur Bildung innerer Komplexsalze (S. 270, 360) gegeben sein muß. Dies wird der Fall sein, wenn wenigstens eine Hydroxylgruppe einem Carbonyl benachbart ist. Das an den Sauerstoff der Hydroxylgruppe gebundene Metall kann dann zu der Carbonylgruppe in Nebenvalenz-Beziehung treten. Dementsprechend liefert auch 1-Oxy-anthrachinon (technisch wertlose) Beizenfärbungen. Durch Erhitzen mit rauchender Schwefelsäure lassen sich in Alizarin weitere Oxygruppen einführen. Dabei entstehen unter anderem **Alizarinbordeaux** (1,2,5,8-Tetraoxy-anthrachinon) und **Anthracenblau** (1,2,4,5,6,8-Hexaoxy-anthrachinon). Anthracenblau entsteht nach BOHN und R. E. SCHMIDT auch aus 1,5-Dinitro-anthrachinon durch Erhitzen mit rauchender Schwefelsäure unter Zusatz von Schwefel und Borsäure. Die Reaktion erinnert an die Bildung des Naphthazarins (S. 422).

Di- und Trioxy-methylanthrachinone (**Chrysophansäure, Emodin**) sind im Rhabarber und in der Aloe enthalten und bedingen die abführende Wirkung dieser Drogen.

Von **2-Amino-anthrachinon** 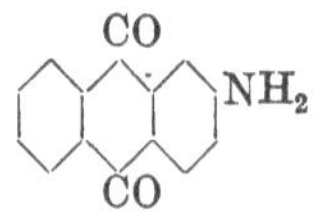

, das durch Erhitzen von Anthrachinon-2-sulfonsäure mit konz. Ammoniak auf 200° darstellbar ist und rote Nadeln bildet, leiten sich die außerordentlich lichtechten Baumwollfarbstoffe der Indanthren-Gruppe ab. **Indanthrenblau**[1] entsteht (neben etwas Alizarin) durch Kalischmelze von 2-Amino-anthrachinon unter Zusatz von Salpeter. Man gibt ihm die Strukturformel:

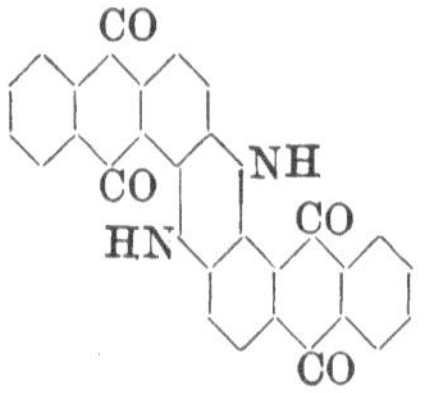

Indanthren und seine Abkömmlinge sind Küpenfarbstoffe von hervorragender Echtheit[2].

Ein weiteres wichtiges Aminoderivat des Anthrachinons ist z. B. **1,4-Diamino-anthrachinon,** das durch Nitrierung von 1-Amino-anthrachinon (nach Schutz der Aminogruppe mit Oxalsäure) und Reduktion des 4-Nitro-1-amino-anthrachinons mit Natriumsulfid gewonnen wird. Diaminoanthrachinon und seine Analogen haben in neuerer Zeit als Farbstoffe für Acetatseide Bedeutung erlangt. 1,4-Diamino-anthrachinon gibt rotviolette, sein N,N'-Dimethylderivat blaue Färbungen.

Phenanthren $C_{14}H_{10}$

Dieser mit dem Anthracen isomere Kohlenwasserstoff findet sich, wie bereits bemerkt, ebenfalls im Anthracenöl. Phenanthren (I auf S. 431) kristallisiert in farblosen, glänzenden Blättchen, die sich leichter als Anthracen in Alkohol lösen; diese Lösung zeigt blaue Fluorescenz. Sein Schmelzpunkt liegt bei 100°, sein Siedepunkt bei 340°.

Bei der Oxydation mit Chromsäure entsteht zunächst Phenanthrenchinon (Formel II) und dann Diphensäure (III):

[1] Der Name ist aus Indigo und Anthracen zusammengezogen und rührt daher, daß der Entdecker R. BOHN den Farbstoff zunächst für ein Analogon des Indigos hielt.

[2] Die Handelsbezeichnung Indanthren-Farbstoffe erstreckt sich auch auf viele Farbstoffe, die chemisch mit Indanthren nichts zu tun haben, und ist nur ein Ausdruck für einen Komplex von Echtheits-Eigenschaften.

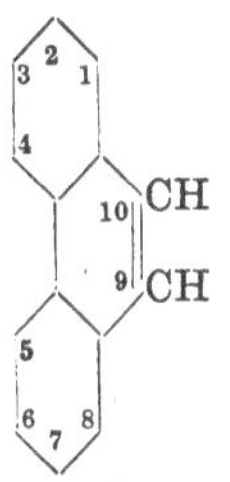

I

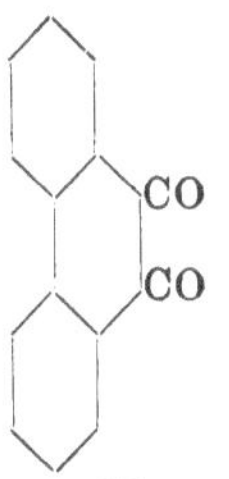

II

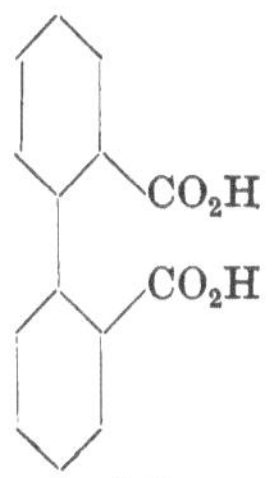

III

Hieraus folgt, daß das Phenanthren zwei direkt miteinander verbundene Benzolkerne enthält und demnach ein Derivat des Diphenyls ist, in dem zwei Orthostellen durch die Gruppe C_2H_2 verbunden sind. Die Formel I des Phenanthrens wird dadurch bestätigt, daß Phenanthren entsteht, wenn man Dämpfe von Diphenyläthylen durch eine glühende Röhre leitet:

$$\begin{array}{c} C_6H_5{-}CH \\ \Vert \\ C_6H_5{-}CH \end{array} - H_2 = \begin{array}{c} C_6H_4{-}CH \\ | \quad \Vert \\ C_6H_4{-}CH \end{array} .$$

Diphenyläthylen Phenanthren

Diese Bildung ist dem Übergang von Benzol in Diphenyl analog.

In der Phenanthren-Formel bildet die Gruppe CH=CH mit vier Kohlenstoffatomen des Diphenyls einen dritten Sechsring, der sich jedoch von einem eigentlichen Benzolring dadurch unterscheidet, daß die Gruppe C_2H_2 sehr leicht Brom addiert; auch bei der Oxydation wird das Phenanthren hier zuerst angegriffen. Mit einem Kupfer-Chromoxyd-Katalysator erfolgt glatte Hydrierung zu 9,10-Dihydro-phenanthren.

Das bereits erwähnte **Phenanthrenchinon** kristallisiert in geruchlosen, mit Wasserdampf nicht flüchtigen orangefarbenen Nadeln, schmilzt bei 207° und destilliert ohne Zersetzung. Seine Fähigkeit, sich mit saurem Natriumsulfit und mit Hydroxylamin zu verbinden, charakterisiert es als Diketon. Als Chinon wird es leicht zu einem sehr oxydablen Hydrochinon reduziert (vgl. S. 428).

Eine wichtige Synthese von Phenanthren und seinen Derivaten ist von PSCHORR entdeckt. Er kondensierte zunächst nach der PERKINschen Reaktion (S. 339) o-Nitrobenzaldehyd mit Phenylessigsäure:

$$C_6H_4{<}^{NO_2}_{CHO} + H_2C{<}^{C_6H_5}_{CO_2H} = C_6H_4{<}^{NO_2}_{CH} : C{<}^{C_6H_5}_{CO_2H} + H_2O.$$

Phenylessigsäure α-Phenyl-o-nitrozimtsäure

Die durch Reduktion erhaltene Aminosäure wurde diazotiert; bei der Behandlung mit Kupferpulver in schwefelsaurer Lösung spalten sich Stickstoff und Wasser ab, und es entsteht nahezu quantitativ Phenanthren-carbonsäure-(9),

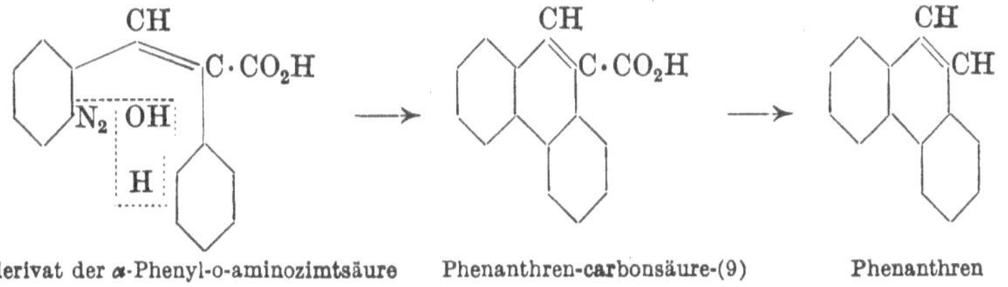

Diazoderivat der α-Phenyl-o-aminozimtsäure Phenanthren-carbonsäure-(9) Phenanthren

die bei der Destillation unter CO_2-Abspaltung in Phenanthren übergeht.

Verwendet man an Stelle von o-Nitrobenzaldehyd Nitroveratrumaldehyd (I s. folgende Seite), so entsteht ein Dimethoxyphenanthren II (Dimethylmorphol), das auch aus Morphin durch Abbau erhalten werden kann (S. 499).

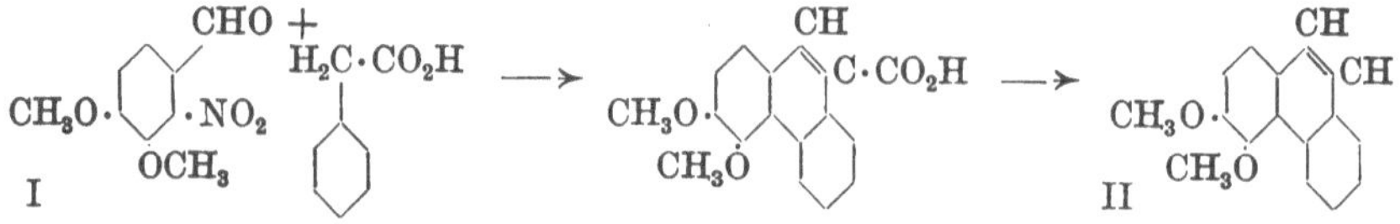

Nitroveratrumaldehyd Dimethylmorphol

Das Phenanthren-Skelett kommt in zahlreichen wichtigen Naturstoffen vor. Hiervon wird in einem der nächsten Abschnitte eingehend die Rede sein. Eine technische Verwendung für Phenanthren hat man noch nicht gefunden.

Fluoren $C_{13}H_{10}$

Fluoren (III) wurde von BERTHELOT im Steinkohlenteer entdeckt und entsteht beim Durchleiten von Diphenylmethan durch glühende Röhren. Seinen Namen verdankt es seiner schönen violetten Fluorescenz, die indessen nur eine Eigenschaft des unreinen Kohlenwasserstoffs zu sein scheint. Es bildet farblose, in Äther und Benzol leicht lösliche Blättchen vom Schmelzpunkt 113—114°. Es kann als ein kondensiertes Cyclopentadien aufgefaßt werden. Mit Cyclopentadien teilt es die Reaktionsfähigkeit der Methylengruppe: so liefert es beim Erhitzen mit KOH eine Kaliumverbindung, bei der Einwirkung von Lithiumäthyl eine Lithiumverbindung. Mit Benzaldehyd und Natriumäthylat entsteht 9-Benzal-fluoren (IV). Durch Chromsäure wird Fluoren zu **Fluorenon** (V) oxydiert, das blaßgelbe Täfelchen vom Schmelzp. 84° bildet. Seine Konstitution geht daraus hervor, daß es aus Diphensäure (S. 406) durch Destillation mit Kalk erhalten wird. Bei der Zinkstaub-Destillation liefert es wieder Fluoren.

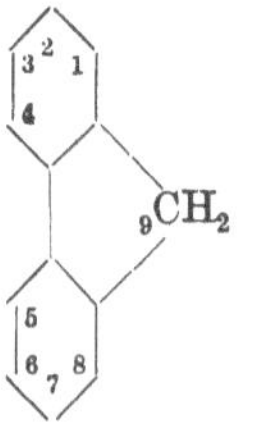

III

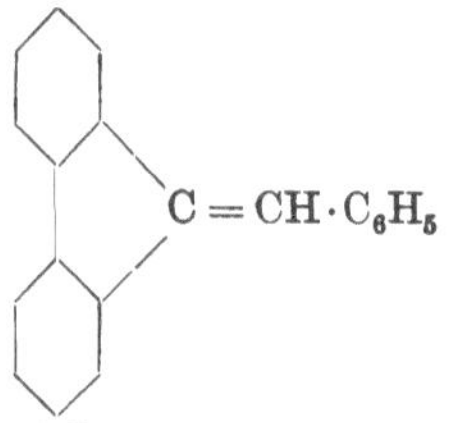

IV

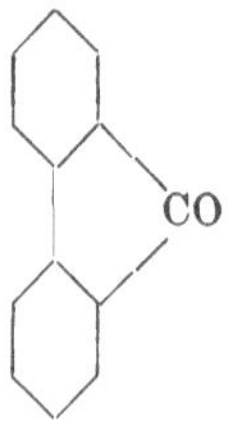

V

Hochkondensierte aromatische Kohlenwasserstoffe

Von den vielen Verbindungen mit zahlreichen kondensierten Benzolringen, die teilweise wegen ihrer Farbigkeit auch bedeutendes technisches Interesse besitzen, sei hier noch das im Steinkohlenteer vorkommende **Pyren** $C_{16}H_{10}$ erwähnt. Es ist farblos, schmilzt bei 156° und läßt sich über einige Zwischenstufen zu der auch technisch wichtigen Naphthalin-tetracarbonsäure-(1,4,5,8) oxydieren:

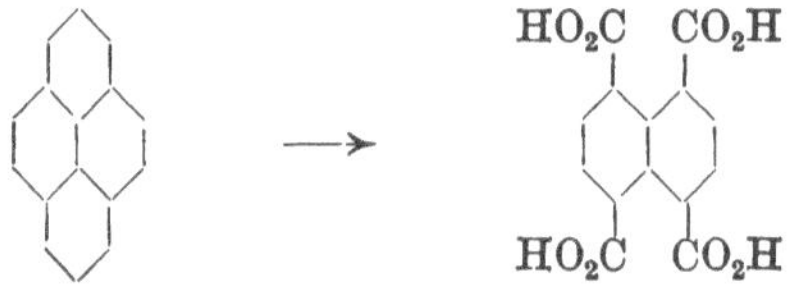

Pyren Naphthalintetracarbonsäure

Wenn man Benzoylchlorid auf Pyren in Gegenwart von Aluminiumchlorid einwirken läßt, so bildet sich Dibenzoylpyren, das beim Erhitzen mit Aluminiumchlorid unter Wasserstoff-Abspaltung in das als Küpenfarbstoff verwendete orangerote **Pyranthron**

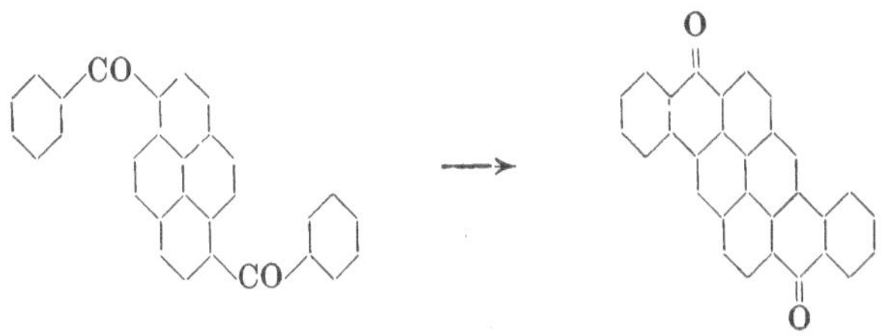

Pyranthron

übergeht.

Weitere vielkernige Verbindungen, die als Küpenfarbstoffe in der Farbentechnik eine wichtige Rolle spielen, erhält man auf folgendem Wege. Durch Erhitzen von Anthrachinon mit Glycerin und Schwefelsäure in Gegenwart eines Reduktionsmittels oder von Anthron mit Glycerin und Schwefelsäure gelangt man zu dem in gelben Nädelchen vom Schmelzpunkt 170^0 kristallisierenden **Benzanthron**:

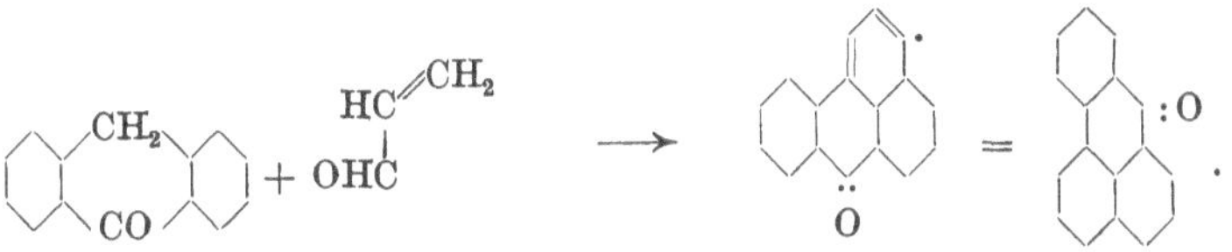

Dieses liefert bei der Kalischmelze unter gleichzeitiger Oxydation je nach den Bedingungen die Küpenfarbstoffe **Violanthron** oder **Isoviolanthron**:

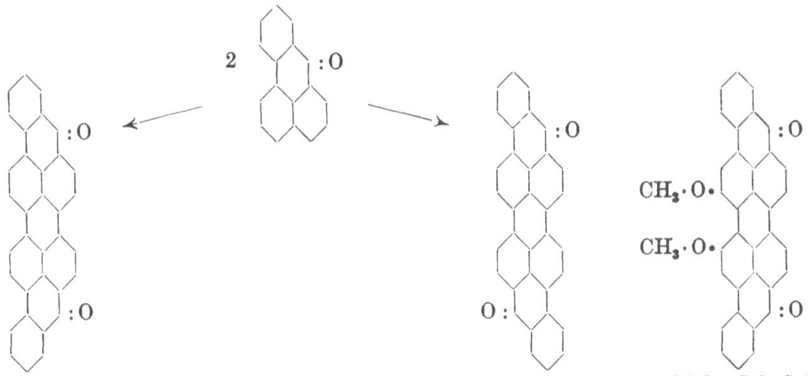

Violanthron Isoviolanthron Caledon Jade Grün

Violanthron (**Dibenzanthron, Indanthrendunkelblau**) gibt schön marineblaue Färbungen. Isoviolanthron (**Isodibenzanthron, Indanthrenviolett**) färbt ein reines rötliches Violett. Durch Oxydation von Violanthron erhält man ein Chinon, das, reduziert und methyliert, einen schönen grünen Farbstoff (Dimethoxyviolanthron, **Caledon Jade Grün, Indanthrenbrillantgrün FFB**) ergibt. Violanthron und Isoviolanthron sind Abkömmlinge des **Perylens**,

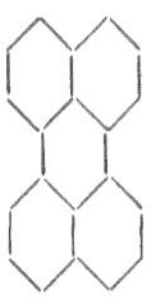

von dem sich auch andere Farbstoffe von technischem Interesse ableiten.

Polycyclische hydroaromatische Verbindungen, die in naher Beziehung zum Phenanthren stehen

Hydroaromatische Verbindungen, die das Phenanthren-Skelett enthalten, sind in der Natur sehr verbreitet und von großer physiologischer Bedeutung. Eine Aufzählung der wichtigsten Vertreter dieser Gruppe: Harzsäuren, Morphin, Sterine, Gallensäuren, Sexualhormone, Digitalis-Glykoside und Saponine beleuchtet zur Genüge die weitreichenden Wirkungen, die die Erforschung dieser Körperklasse auf große Gebiete der Physiologie und Pathologie ausgeübt hat. Die Behandlung des ganzen Fragenkomplexes kann als ein Musterbeispiel für die wechselseitige Befruchtung von Medizin und Chemie gelten. Die Zahl der zur Konstitutionsaufklärung erforderlichen chemischen Umsetzungen wächst rasch mit der Kompliziertheit des Moleküls. Ein kleiner Ausschnitt aus dem Gesamtgebiet muß daher genügen, um die Voraussetzung und Anregung zum eingehenderen Studium zu vermitteln. Hinsichtlich der Erörterung der medizinischen Seite müssen wir uns darauf beschränken, zum besseren Verständnis des Folgenden eine kurze Besprechung der Vitamine und Hormone vorauszuschicken.

Vitamine und Hormone

Vitamine sind Bestandteile pflanzlicher Nahrungsmittel, die in der Nahrung nur in verschwindend geringer Menge vorkommen und nicht als Bausteine des Organismus verwendet werden. Dagegen sind sie als Katalysatoren für die Stoffwechselregulation unentbehrlich. Ihr Fehlen ruft daher mehr oder minder schwere Krankheitserscheinungen hervor. Hormone (von ὁρμᾶν = antreiben) werden im tierischen Organismus selbst von dazu bestimmten Drüsen erzeugt und fließen durch „innere Sekretion" den zu steuernden Organen zu. Die Grenze zwischen beiden Stoffgruppen und anderen in kleiner Menge vorkommenden Substanzen lebenswichtiger Natur ist nicht völlig scharf und verschiebt sich naturgemäß mit der Entwicklung der Forschung. Die Einführung der Begriffe Vitamin und Hormon für Substanzen, die in kleinsten Mengen regulierend auf den Stoffwechsel wirken, ruht auf medizinischen Tatsachen. In chemischer Beziehung gehören die hier zusammengefaßten Verbindungen gänzlich verschiedenen Gruppen an. Die in dem Namen Vitamine zum Ausdruck kommende Arbeitshypothese FUNKS (1912), daß es sich um Amine handle, hat sich bisher nur in einem einzigen Fall bestätigt. Eine Zusammenfassung dieser Verbindungen unter einem gemeinsamen Titel rechtfertigt sich daher nur unter medizinischen Gesichtspunkten.

Daß eine Reihe von Stoffwechselstörungen als Vitamin-Mangelkrankheiten aufzufassen sind, weiß man seit den grundlegenden Arbeiten des holländischen Arztes CHR. EIJKMAN. Er wies 1897 experimentell nach, daß die bei Völkern mit überwiegender Reisnahrung verbreitete Beri-Beri-Krankheit nur auftritt, wenn der Reis durch Polieren seiner Schalen beraubt wird. Von den weiteren Pionieren der Vitamin-Forschung sind namentlich STEPP und HOPKINS hervorzuheben. Heute sind zahlreiche Vitamine in ihrer Konstitution wohl bekannt. Ihre Formeln sind S. 435 aufgeführt. Das fettlösliche **Vitamin A (Axerophthol)** wurde von KARRER konstitutionell aufgeklärt und wird nach den Synthesen von ISLER u. a. aus β-Jonon technisch hergestellt. Es bildet sich in der Darmwand aus dem Pflanzenfarbstoff Carotin, das also als „Provitamin" aufzufassen ist, wird in der Leber gespeichert und kommt im Lebertran, ferner in Eigelb, Butter und Milch vor. Sein Fehlen bewirkt beim Menschen in der Kindheit Wachstumsstillstand, Austrocknung und Erweichung der Hornhaut (Xerophthalmie), im Erwachsenenalter Nachtblindheit, Gewichtsabnahme, Veränderungen im Blutbild und Epithelverhornung. Ein Stereoisomeres, **Neovitamin A,** findet sich gleichfalls in der Natur. Die schon erwähnte Beri-Beri-Krankheit, die mit schweren Nervenveränderungen einhergeht, beruht auf Mangel von **Vitamin B_1 (Aneurin).** Das im Pflanzenreich weit verbreitete Vitamin wurde 1926 von JANSEN und DONATH kristallisiert erhalten. Seine Konstitution wurde 1935 von R. R. WILLIAMS und von WINDAUS aufgeklärt, die Synthese gelang 1936 GREWE, und unabhängig WILLIAMS sowie ANDERSAG und WESTPHAL. Es ist ein Amin, und stellt eine Kombination eines Pyrimidin-Ringes mit einem Thiazolring dar. Der Pyrophosphorsäureester des Aneurins bildet als **Cocarboxylase** die prosthetische Gruppe der Carboxylase (LOHMANN). Eine sehr interessante Verbindung ist das **Vitamin B_2** oder **Lactoflavin,** dessen Stammsubstanz das Isoalloxazin (S. 482) ist. Es ist ein gelber, in der Natur verbreiteter Farbstoff, der teils frei, teils an Eiweiß und Phosphorsäure gebunden vorkommt. Besonders reich an Lactoflavin sind die Leber, ferner Milch, Eier und Hefe. Es wurde 1933 von KUHN, GYÖRGY und WAGNER-JAUREGG aus Molken in kristallisiertem Zustand erhalten. Die mit der Synthese verbundene Konstitutionsaufklärung gelang 1935 gleichzeitig KARRER und KUHN. Symptom des Lactoflavin-Mangels ist bei der Ratte Wachstumsstillstand. Die allgemeine biologische Bedeutung des Lactoflavins erhellt aus der Tatsache, daß seine Verbindung mit Eiweiß und Phosphorsäure mit dem „gelben Ferment" identisch ist, das nach den Untersuchungen von WARBURG, KEILIN und SZENT-GYÖRGYI ein Glied in der Reihe der Atmungs-Katalysatoren (S. 489) darstellt. Die Konstitution des **Vitamins B_6 (Adermin, Pyridoxin)** aus Hefe wurde 1938 von KUHN aufgeklärt und durch Synthese gesichert. Es ist ein Oxypyridin-Derivat und heilt bei Anwesenheit von B_2 Hauterkrankungen der Ratte. Der entsprechende Aldehyd, **Pyridoxal,** findet sich gleichfalls in der Natur. Ein davon abgeleiteter Phosphorsäureester gilt als Coferment von Aminosäure-Decarboxylasen. **Vitamin B_{12}** bildet wasserlösliche rote Kristalle noch unbekannter Konstitution. Es wurde von FOLKERS und LESTER SMITH 1948 aus Leber-Konzentraten isoliert, findet sich z. B. auch in Kulturen von *Streptomyces griseus* und wirkt in Mengen von einigen γ pro Tag heilend bei perniciöser **Anämie.** Die menschliche **Pellagra** ist auf Mangel an **Nicotinsäureamid** zurückzuführen (S. 458). Die als Skorbut seit langem bekannte Erkrankung beruht auf Fehlen von **Vitamin C (l-Ascorbinsäure).** Vitamin C wurde 1928 von SZENT-GYÖRGYI aus Nebennieren, die neben Hypophyse und Placenta dieses Vitamin am reichsten enthalten, kristallisiert abgeschieden. Seine Konstitutionsaufklärung und Synthese ist mit den Namen zahlreicher Forscher verknüpft. Es ist eine wasserlösliche, stark reduzierende Substanz und spielt vermutlich eine Rolle im Oxydations-Reduktions-Stoffwechsel. Es kommt besonders reichlich in Hagebutten, Paprika, Apfelsinen, Citronen, Johannisbeeren, Kohl und Erbsen vor. Von Vitamin D wird in den folgenden Kapiteln die Rede sein.

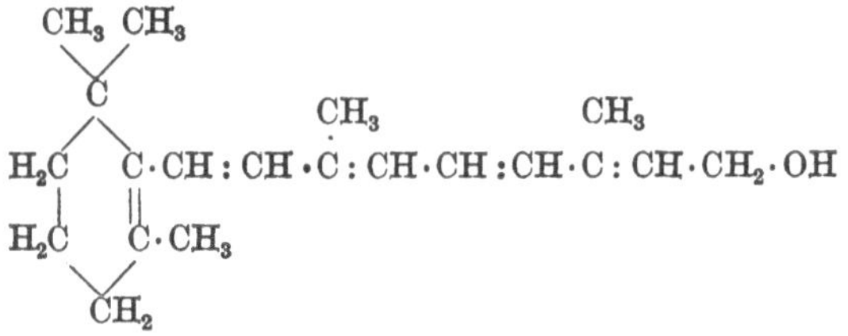

Vitamin A, Axerophthol

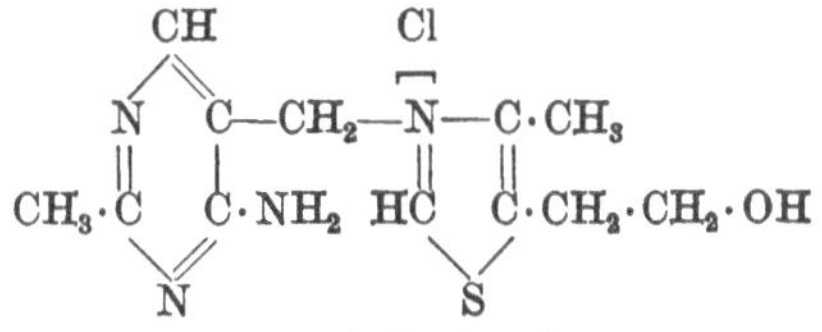

Vitamin B_1, Aneurin

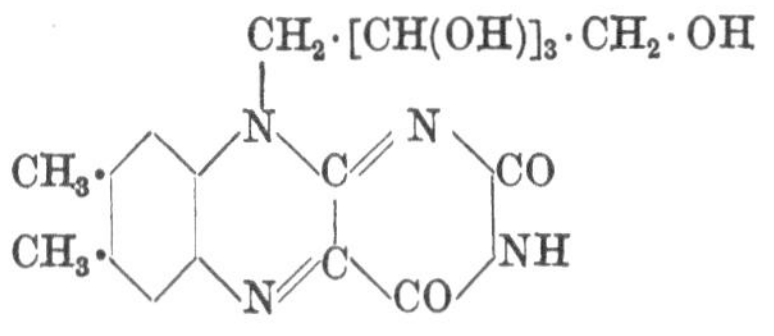

Vitamin B_2, Lactoflavin

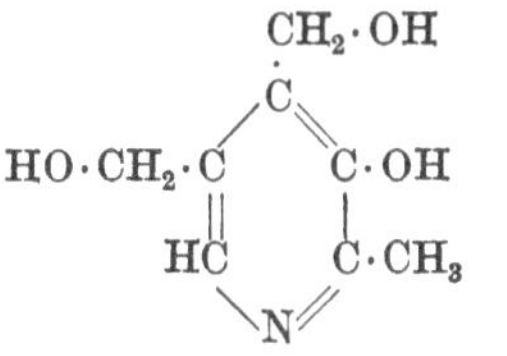

Vitamin B_6, Pyridoxin

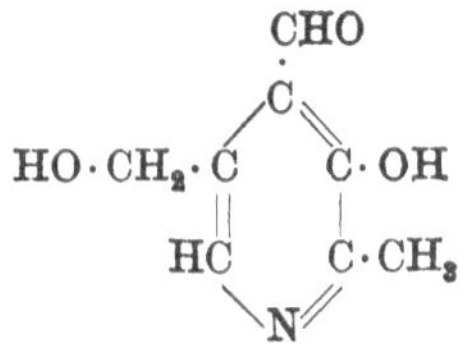

Vitamin B_6, Pyridoxal

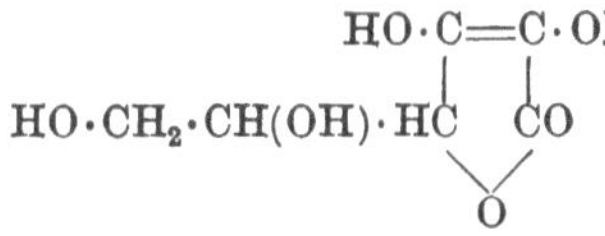

Vitamin C, *l*-Ascorbinsäure

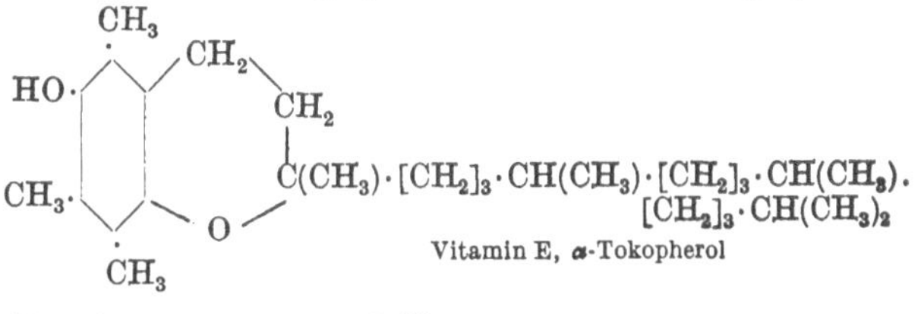

Vitamin E, α-Tokopherol

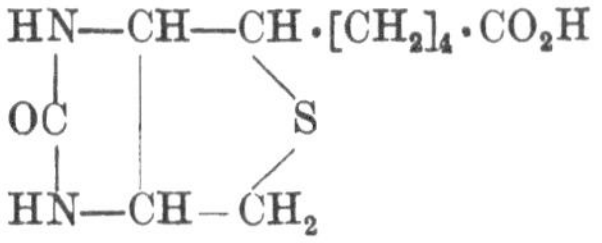

Vitamin H, Biotin

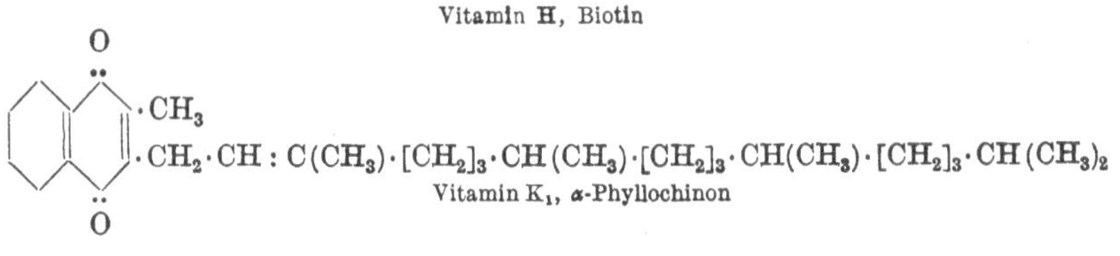

Vitamin K_1, α-Phyllochinon

$$HO\cdot CH_2\cdot C(CH_3)_2\cdot CH(OH)\cdot CO\cdot NH\cdot CH_2\cdot CH_2\cdot CO_2H$$

Pantothensäure

Zur Gruppe der fettlöslichen Faktoren gehört das **Vitamin E (Tokopherol)**, das zuerst eingehend von EVANS in Kalifornien studiert worden ist. Man kennt bisher drei chemisch nahe verwandte Tokopherole (α, β, γ). Tokopherol ist in sehr kleinen Mengen in der Natur weit verbreitet. In reichlicherer Menge ist es unter anderem in Weizenkeimlingsöl, Gemüsen und Placenta enthalten. Sein Fehlen bewirkt Sterilität bei Ratten. In der menschlichen Therapie dient es zur Bekämpfung von habituellem Abort. Die von FERNHOLZ aufgestellte Formel des α-Tokopherols wurde 1938 von KARRER durch Synthese bewiesen. **Vitamin H (Biotin)**, eine in Hefe vorkommende, von dieser als Wuchsstoff benötigte Substanz, erwies sich als ein für die normale Funktion der Haut wichtiger Faktor. Es wurde von KÖGL aus Eigelb kristallisiert erhalten und als eine Schwefel und Stickstoff enthaltende Carbonsäure neuartigen Typs charakterisiert. DU VIGNEAUD, der es aus Leber isolierte, verdankt man die endgültige Konstitutionsformel, die auch synthetisch bewiesen ist. Das antihämorrhagische (Blutungen verhindernde) **Vitamin K_1 (α-Phyllochinon)** wurde 1929 von DAM entdeckt und findet sich vor allem in grünen Blättern, z. B. Spinat und Brennesseln. Seine Konstitutionsformel, zu der namentlich DOISY wichtige Beiträge geliefert hat, ist auch durch verschiedene Synthesen gesichert. Das von DOISY isolierte Vitamin K_2 unterscheidet sich von K_1 durch den Bau der ungesättigten Seitenkette. Wichtig ist die Feststellung, daß das gewöhnliche 2-Methyl-naphthochinon-1,4 die gleiche Wirksamkeit wie diese Vitamine besitzt. Weit verbreitet ist das wasserlösliche Vitamin **Pantothensäure**, die von R. J. WILLIAMS als N-[$\alpha \cdot \gamma$-Dioxy-$\beta \cdot \beta$-dimethyl-butyryl]-β-alanin erkannt wurde. Sie scheint zusammen mit β-Amino-äthylmercaptan und Adenosintriphosphorsäure im **Coenzym A** eine Rolle beim Stoffwechsel der Essigsäure und bei der physiologischen Acetylierung zu spielen (LIPMANN, LYNEN).

Die Reihe der konstitutionell aufgeklärten **Hormone** wird durch das 1901 von ALDRICH und TAKAMINE aus Nebennierenmark isolierte **Adrenalin** eröffnet, dessen Angriffspunkt das sympathische Nervensystem ist. Es ruft nach Injektion dieselben Erscheinungen wie eine elektrische Sympathikus-Reizung hervor (Steigerung des Blutdrucks, Pupillenerweiterung, Verengung der Hautgefäße, daher blutstillende Wirkung). Auch das Hormon der Schilddrüse, **Thyroxin**, wurde schon erwähnt (S. 374). **Insulin**, das von den LANGERHANSschen Inseln der Pankreasdrüse sezerniert wird, ist nach den Untersuchungen von ABEL und JENSEN und von FREUDENBERG ein Zink-Komplex eines Eiweißstoffs mit etwa 0,5% Zink-Gehalt. Es wurde 1922 von BANTING und BEST isoliert, ist kristallinisch und dient als Heilmittel gegen die Zuckerkrankheit (Diabetes mellitus), indem es die dem diabetischen Organismus verlorengegangene Speicherungsfähigkeit von Zucker in der Leber und den Muskeln wiederherstellt. Nach einer neueren Hypothese hebt Insulin die Hemmung der Glucose-Phosphorylierung auf, die durch eine Substanz des Hypophysen-Vorderlappens hervorgerufen wird.

Die **Sexualhormone** und **Nebennierenrinden-Hormone** werden weiter unten besprochen werden.

Sterine

Als Sterine bezeichnet man eine Reihe einander ähnlicher polycyclischer hydroaromatischer Alkohole, die in kleinen Mengen im Tier- und Pflanzenreich teils frei, teils in Form von Estern weit verbreitet sind[1]. Die eingehenden Untersuchungen der letzten Jahre haben gezeigt, daß eine ganze Reihe von verschiedenen Sterinen existiert. Man teilt sie in Sterine tierischer Herkunft (**Zoosterine**) und Sterine pflanzlicher Herkunft (**Phystosterine**) ein.

Zoosterine

Das wichtigste Zoosterin ist das **Cholesterin** $C_{27}H_{46}O$, von CHEVREUL auf Grund seines Vorkommens in der Galle (χολή) so benannt. Es findet sich in allen tierischen Organen, in größerer Menge im Gehirn, im Rückenmark und in den Nebennieren, und kann vom Organismus selbst synthetisiert werden. Man gewinnt es aus Gallensteinen, die nahezu ausschließlich Cholesterin enthalten, durch Extraktion mit Alkohol-Äther. Technische Ausgangsmaterialien sind Wollfett und tierisches Rückenmark. Cholesterin kristallisiert in Nadeln vom Schmelzpunkt 148°, ist in Wasser unlöslich und dreht die Ebene des polarisierten Lichtes nach links. Seine physiologische Bedeutung ist in anbetracht des gleichzeitigen Vorkommens zahlreicher strukturell verwandter Verbindungen mit bemerkenswerten hormonalen Eigenschaften sicher be-

[1] Alle Fette enthalten geringe Mengen von „Unverseifbarem" (meist weniger als 1%), das zum Teil aus Sterinen besteht.

trächtlich. Hervorgehoben sei auch seine „antihämolytische" Wirkung: Saponine[1], z. B. Digitonin (S. 443), besitzen die Fähigkeit, aus roten Blutkörperchen den Farbstoff auszuziehen (Hämolyse); Cholesterin bildet mit Saponinen Molekularverbindungen, denen diese Fähigkeit abgeht, und entgiftet sie dadurch. Die Digitonin-Verbindung dient wegen ihrer Schwerlöslichkeit zur gravimetrischen Bestimmung von Cholesterin. Beim Schütteln der Chloroformlösung von Cholesterin mit konz. Schwefelsäure tritt eine blutrote Färbung auf (Reaktion von SALKOWSKI).

Cholesterin ist ein sekundärer Alkohol, der 2 Atome Brom addiert und somit eine Doppelbindung enthält. Die untenstehende Konstitutionsformel, die im wesentlichen auf Untersuchungen von DIELS und WINDAUS aufgebaut ist, läßt erkennen, daß die Möglichkeit zu chemischen Eingriffen in dieses Molekül sehr beschränkt ist. Eine der wichtigsten Abbaumethoden bestand in der oxydativen Ringaufspaltung zu Dicarbonsäuren, die beim Erhitzen mit Essigsäureanhydrid cyclische Anhydride geben, wenn die Carboxyle sich in α,γ-Stellung befinden (Glutarsäure-Typus), während bei α,δ- oder α,ε-Stellung unter Abspaltung von H_2O und CO_2 Ketone entstehen (Adipinsäure-Typus).

Die Erfahrung, daß diese sog. BLANCsche Regel nicht ohne Ausnahme gilt, erforderte gewisse Korrekturen an der ursprünglichen Konstitutionsformel, die jetzt durch das nachstehende endgültige Formelbild ersetzt ist:

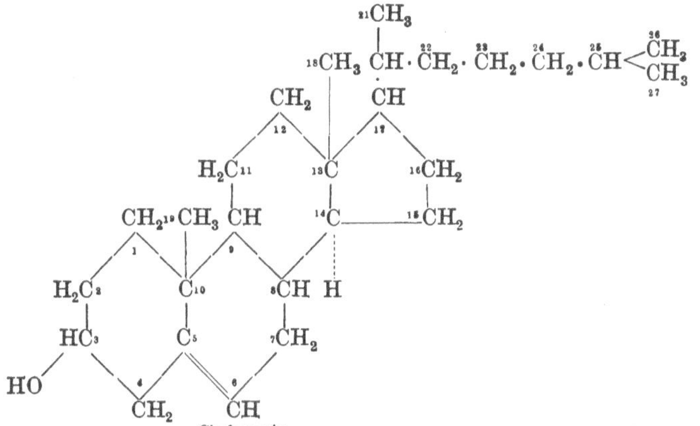

Cholesterin

Die auf oxydativem Wege abgeleitete Strukturformel des Cholesterins findet eine wichtige Bestätigung in dem Verlauf des dehydrierenden Abbaus mit Selen. Hierbei entsteht nach DIELS unter anderem in geringer Menge ein Kohlenwasserstoff $C_{18}H_{16}$, der das unveränderte Ringskelett des Cholesterins enthält. Die Konstitution dieses als **Methylcyclopentenophenanthren** (IV auf S. 438) erkannten Kohlenwasserstoffs ist auf folgendem Weg durch Synthese bewiesen worden. 2-Acetyl-phenanthren (I) liefert mit Bromessigester eine Oxysäure, die durch Wasserabspaltung in die ungesättigte Säure II übergeht. Diese Säure wurde reduziert und über das Säurechlorid in das Keton III verwandelt, das schließlich durch Reduktion mit amalgamiertem Zink und Salzsäure den Kohlenwasserstoff $C_{18}H_{16}$ ergab:

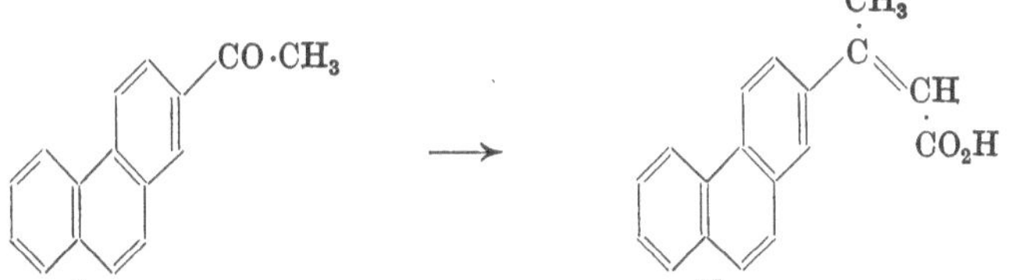

I II

[1] Saponine sind verbreitete glykosidische Pflanzenstoffe, die in Wasser wie Seifen schäumen. Sie sind teils Abkömmlinge des Cyclopentenophenanthrens, teils Triterpene mit fünf kondensierten Ringen.

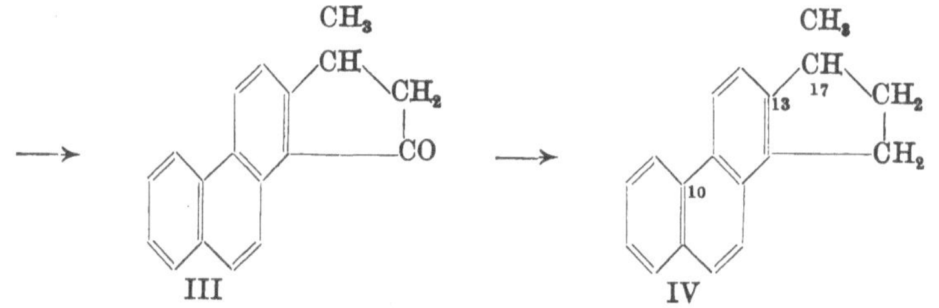

III IV

Bei der Dehydrierung der Cholesterins ist also die Seitenkette in 17 abgespalten, ebenso die beiden Methylgruppen in 10 und 13, die in einem aromatischen Ringsystem keinen Platz mehr haben. Eine dieser Methylgruppen ist auf den freiwerdenden Platz in 17 gewandert (vgl. den analogen Vorgang beim 9-Methyl-dekalin, S. 424).

Durch Austausch der Hydroxylgruppe des Cholesterins gegen Wasserstoff und Hydrierung der Doppelbindung gelangt man zu dem Grundkohlenwasserstoff des Cholesterins $C_{27}H_{48}$. Je nach dem eingeschlagenen Weg erhält man hierbei **Cholestan** oder einen stereoisomeren Kohlenwasserstoff, das **Koprostan (Pseudocholestan).** Ihre Stereoisomerie erklärt sich auf die gleiche Weise wie die der beiden Dekaline, indem die Ringe A und B in cis- oder trans-Stellung miteinander verknüpft sein können. Hieraus folgt für das 5-ständige Wasserstoffatom trans-Stellung zur 10-ständigen Methylgruppe im Cholestan (I) bzw. cis-Stellung beim Koprostan (II)[1]:

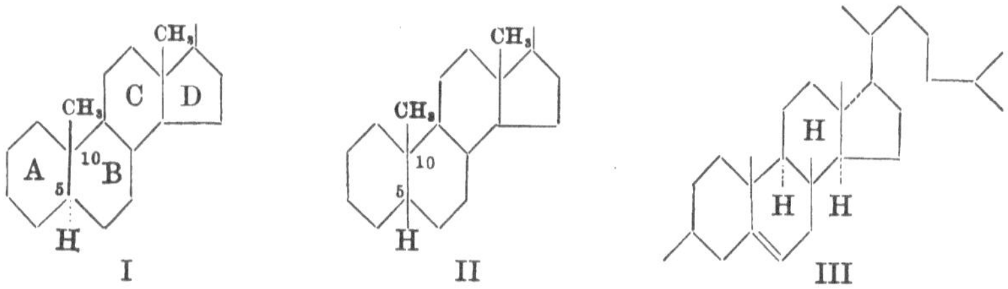

I II III

Auch für die Verknüpfung der Ringe B, C und D miteinander ergeben sich mehrere Stereoisomerie-Möglichkeiten. Die Zahl der theoretisch denkbaren Sterin-Isomeren ist infolgedessen sehr erheblich und eifrig durchforscht. Die heute angenommene Konfiguration des Cholesterins ist in Formel III schematisch wiedergegeben.

Bevor wir zur Besprechung der anderen Sterine übergehen, seien noch einige **Sexualhormone** erwähnt, mit denen das Cholesterin durch verschiedene chemische Umwandlungen verknüpft ist. Man versteht darunter von den männlichen und weiblichen Keimdrüsen erzeugte Substanzen, die für die Sexualfunktion und die Entwicklung der Geschlechtscharaktere von Bedeutung sind[2].

Cholesterin liefert bei katalytischer Hydrierung mit Platin Dihydrocholesterin. Das daraus durch Chromsäureoxydation erhältliche Keton Cholestanon liefert bei der Reduktion mit Platin in saurer Lösung den stereoisomeren Alkohol Epidihydrocholesterin, dessen Acetylderivat sich durch energische Oxydation und anschließende Verseifung in das männliche Hormon **Androsteron** überführen läßt (RUZICKA):

[1] Im folgenden werden zwecks Vereinfachung der Formelschreibweise gesättigte Ringe durch , ungesättigte und aromatische Ringe durch eingezeichnete Doppelbindungen wiedergegeben und von der Reaktion nicht berührte Molekülteile weggelassen. Punktierte Bindungen besagen, daß der Substituent sich unterhalb, ausgezogene Bindungen, daß er sich oberhalb der Ringebene (= Papierebene) befindet. In Namen wird diese Lage durch die Symbole (α) bzw. (β) bezeichnet.

[2] Um Verwirrung zu vermeiden, sei betont, daß „männliche" und „weibliche" Hormone bei beiden Geschlechtern aufgefunden worden sind. Die Bezeichnungen männlich oder weiblich beziehen sich also auf die *Wirkung* dieser Substanzen, nicht auf ihr Vorkommen.

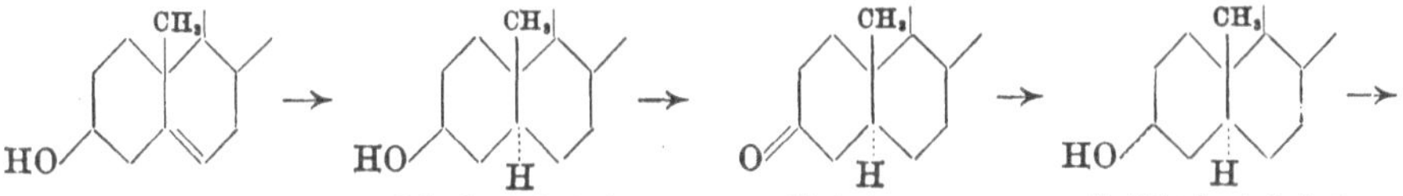

Cholesterin Dihydrocholesterin Cholestanon Epidihydrocholesterin

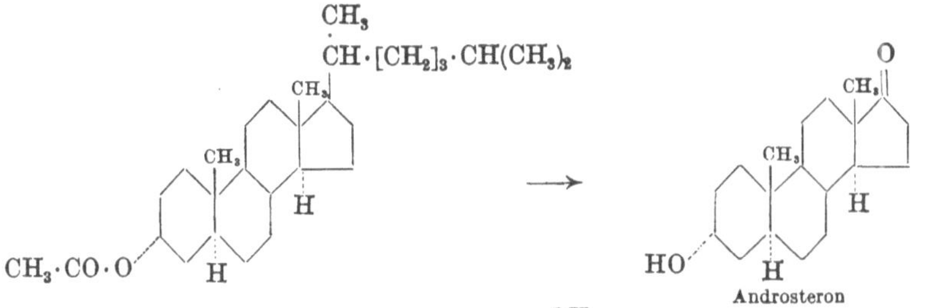

Androsteron

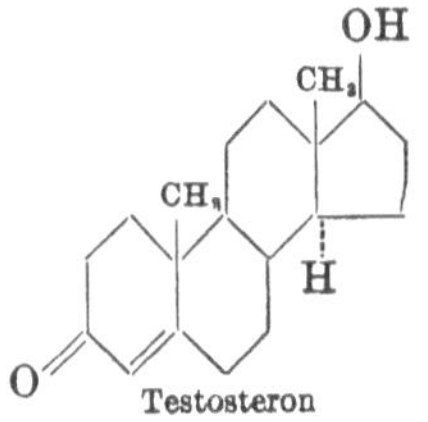

Testosteron

Androsteron $C_{19}H_{30}O_2$ wurde 1931 von Butenandt aus Männerharn kristallisiert erhalten, findet sich aber auch im Frauenharn. Es teilt mit mehreren ähnlich gebauten Verbindungen die „androgene" Wirkung, ist aber nicht das eigentliche männliche Sexualhormon. Dieses wurde 1935 von Laqueur aus Stierhoden kristallisiert dargestellt und **Testosteron** genannt. Es besitzt die Formel $C_{19}H_{28}O_2$, ist, wie die obige Konstitutionsformel erkennen läßt, ein naher Verwandter des Androsterons und läßt sich ebenfalls durch Abbau von Cholesterin darstellen. Auf der Bildung von Testosteron (oder einer ihm chemisch sehr nahestehenden Verbindung) im interstitiellen Gewebe des Hodens beruht dessen innersekretorische Wirksamkeit. Testosteron ist für das Wachstum der accessorischen Geschlechtsorgane (Vesiculardrüsen, Prostata) nötig und kontrolliert die extragenitalen Geschlechtsmerkmale (z. B. Kammwachstum des Hahns). Die accessorischen Drüsen erzeugen unter anderem Fructose, die als Energiequelle der Spermatozoen dient, und Citronensäure.

Aus Schwangerenharn sind mehrere Stoffe mit weiblicher Wirkung isoliert worden, unter denen **Östron** (Follikelhormon, Theelin) $C_{18}H_{22}O_2$ und **Östriol** (Theelol) $C_{18}H_{24}O_3$ an erster Stelle zu nennen sind. Sie gehören zur Klasse der sogenannten östrogenen Stoffe, deren Funktion unter anderem darin besteht, daß sie vermehrtes Dickenwachstum (Proliferation) der Uterusschleimhaut in der Menstruation und Schwangerschaft hervorrufen. Der anschließende Umbau der proliferierten Uterusschleimhaut zu einer „Sekretionsschleimhaut", die zur Aufnahme und Ernährung des befruchteten Eies befähigt ist, wird dagegen durch das **Progesteron** („Schwangerschaftshormon") $C_{21}H_{30}O_2$ hervorgerufen, das vom Corpus luteum und von der Placenta gebildet wird und auf synthetischem Wege aus Cholesterin erhalten werden kann. Östron und Östriol, deren Konstitutionsbeweis man namentlich Butenandt und Cook verdankt, enthalten einen aromatischen Ring. Östriol liefert durch Wasserabspaltung Östron. Durch Kalischmelze läßt es sich in eine Oxydicarbonsäure („**Marrianolsäure**") verwandeln, aus der durch Selen-Dehydrierung 7-Oxy-1,2-dimethyl-phenanthren erhalten worden ist. Dieses liefert bei der Zinkstaub-Destillation 1,2-Dimethyl-phenanthren, dessen Konstitution durch Synthese bewiesen ist:

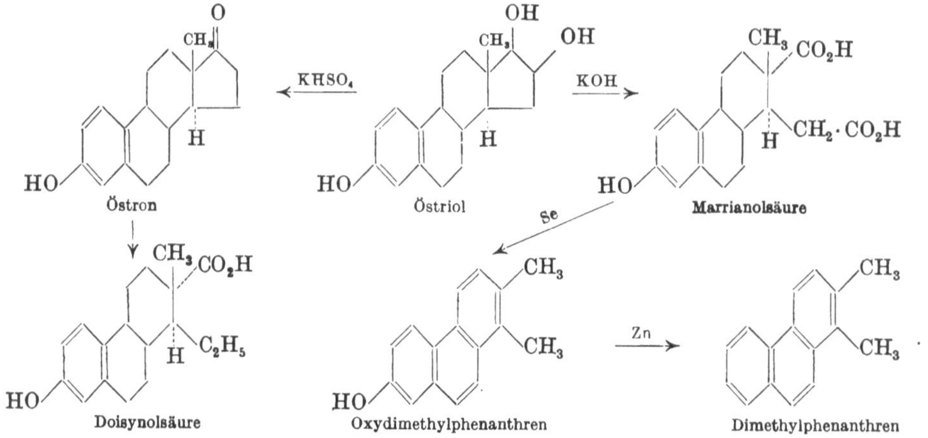

Eine andere aus Östron durch Kalischmelze erhältliche Säure ist die **Doisynolsäure,** die durch Dehydrierung 2-Methyl-1-äthyl-phenanthren liefert.

Östron findet sich nicht nur im Schwangerenharn, sondern in reichlicher Menge auch im Hengstharn. Östrogene Stoffe sind auch im Pflanzenreich, z. B. in Palmkernen (Östron) und weiblichen Weidenblüten (Östriol) gefunden worden. Die Bildungsstätte der östrogenen Stoffe im Säugetier-Organismus ist vornehmlich der Eierstock. In den Eierstocksfollikeln des Schweins hat Doisy das hochwirksame **Östradiol** $C_{18}H_{24}O_2$ nachgewiesen, das ein Reduktionsprodukt des Östrons ist.

Es ist sehr bemerkenswert, daß Doisynolsäure die gleiche östrogene Wirkung wie Östron besitzt. Etwa 10mal wirksamer sind eine Bisdehydrodoisynolsäure und das rein synthetische **Diäthylstilböstrol** $HO \cdot C_6H_4 \cdot C(C_2H_5) = C(C_2H_5) \cdot C_6H_4 \cdot OH$.

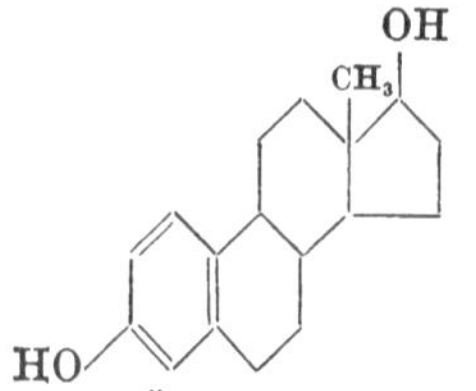

Östradiol

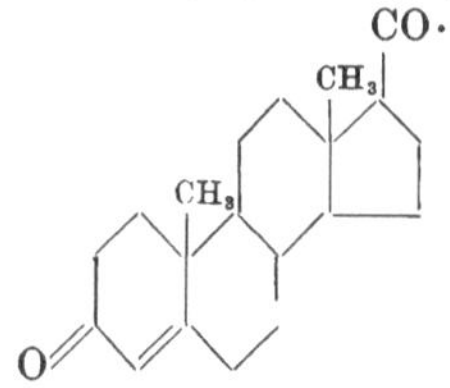

Progesteron

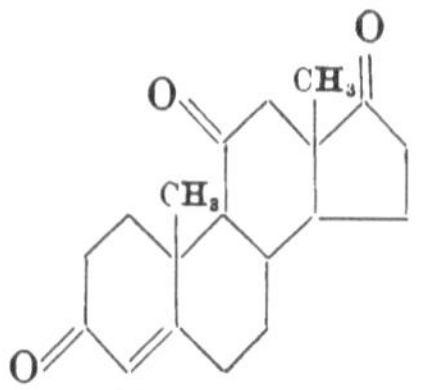

Adrenosteron

Das Auftreten der Sexualhormone im Harn ist als ein Ausscheidungsvorgang der im Überschuß gebildeten Hormone zu betrachten. Der Organismus entledigt sich ihrer wie anderer zu entgiftender Stoffe durch chemische Bindung in Form von Schwefelsäureestern und Glucuronsäure-Abkömmlingen. Progesteron steht nach seiner Formel in nahem Zusammenhang mit den Hormonen der Nebennieren-Rinde, die unter dem Sammelnamen **Cortin** zusammengefaßt werden. Um ihre Erforschung hat sich besonders Reichstein sehr verdient gemacht. Von den zahlreichen isolierten Verbindungen seien nur **Desoxycorticosteron** $C_{21}H_{30}O_3$, **Corticosteron** $C_{21}H_{30}O_4$, **Cortison** $C_{21}H_{28}O_5$ und **Adrenosteron** $C_{19}H_{24}O_3$ genannt.

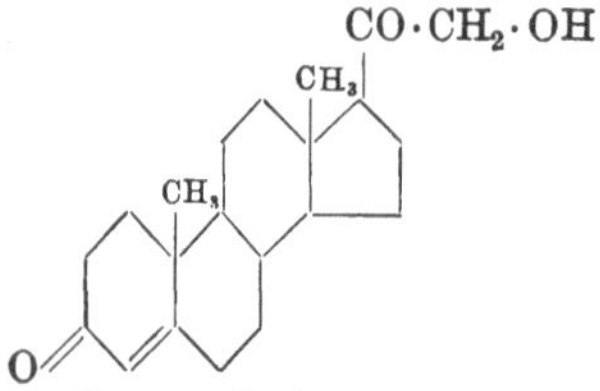

Desoxycorticosteron

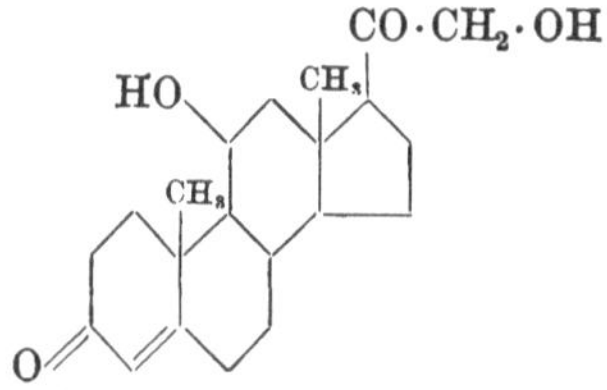

Corticosteron

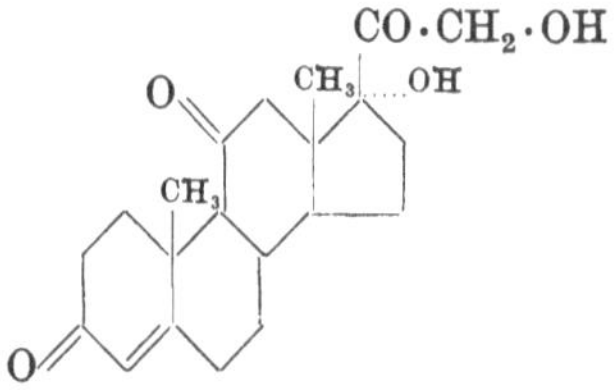

Cortison

Der Ausfall der Nebennierenrinden-Funktion ist mit schweren, zum Tode führenden Stoffwechselstörungen verknüpft, wie man sie z. B. bei der meist durch Tuberkulose hervorgerufenen ADDISONschen Krankheit beobachtet. Das bisher wirksamste der diese Ausfallserscheinungen heilenden Hormone ist das Desoxycorticosteron, das man auch synthetisch dargestellt hat. Adrenosteron besitzt keine Nebennieren-Wirksamkeit, sondern gehört zur Reihe der androgenen Stoffe.

Phytosterine

Unter den **Phytosterinen** ist in erster Linie das noch ungenügend untersuchte **Sitosterin** $C_{29}H_{48}O$ bzw. $C_{30}H_{50}O$ zu nennen, das z. B. in Getreidekeimen (σῖτος = Weizen) enthalten ist. β-Sitosterin (Cinchol) $C_{29}H_{50}O$ findet sich auch in der Chinarinde und ist seiner Struktur nach ein in der Seitenkette hydriertes Dihydro-Derivat des **Stigmasterins** $C_{29}H_{48}O$, das in Sojabohnen vorkommt und ein wichtiges Ausgangsmaterial für Hormon-Synthesen darstellt.

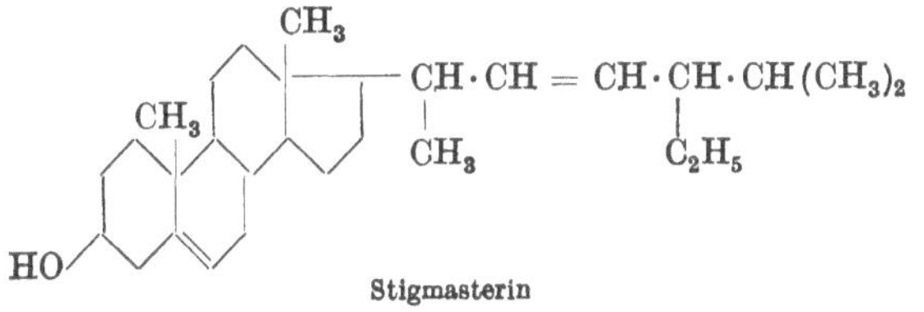

Stigmasterin

In niederen Pflanzen (Mutterkorn, Hefe) findet sich das **Ergosterin** $C_{28}H_{44}O$. Es ist wie Cholesterin ein sekundärer Alkohol, enthält aber 3 Doppelbindungen und eine abweichend gebaute Seitenkette.

1924 entdeckten fast gleichzeitig HESS und STEENBOCK in Amerika und O. ROSENHEIM in England, daß ultraviolettbestrahltes Cholesterin Rachitis zu heilen vermag. POHL und WINDAUS wiesen dann später nach, daß die Wirksamkeit des Cholesterins auf Verunreinigung durch eine Verbindung vom Typus des Ergosterins beruht. Die photochemische Umwandlung von Ergosterin in das antirachitische **Vitamin D_2 (Calciferol)**, die über mehrere Zwischenstufen verläuft, besteht nach WINDAUS in einer Isomerisation, bei der der Ring B des Ergosterins geöffnet wird:

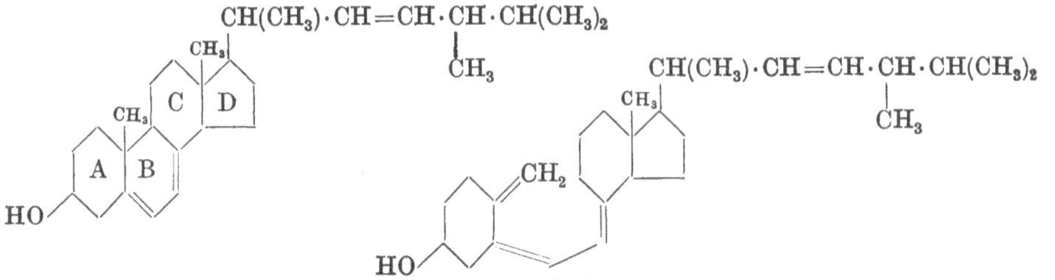

Ergosterin Vitamin D_2

Kristallisiertes Vitamin D_2 wurde zuerst 1932 von BOURDILLON in London und WINDAUS in Göttingen erhalten.

WINDAUS ist es auch gelungen, ein strukturelles Analogon des Ergosterins aus Cholesterin zu gewinnen. Dieses 7-Dehydro-cholesterin (auf dessen Anwesenheit die antirachitische Wirksamkeit bestrahlten Cholesterins zurückzuführen ist) wandelt sich im ultravioletten Licht in **Vitamin D_3** um:

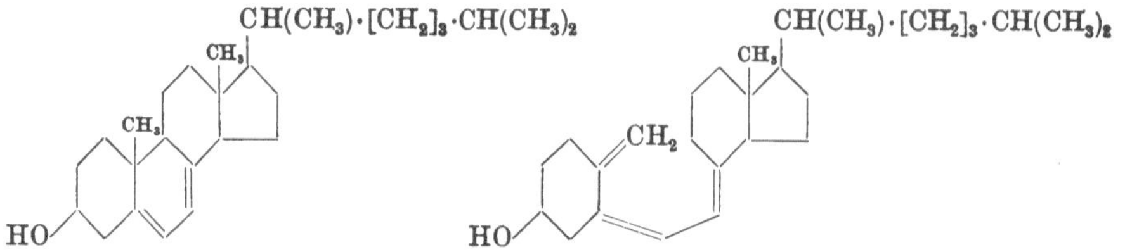

7-Dehydro-cholesterin Vitamin D_3

Die antirachitische Wirkung der Fischleberöle, von denen der Dorschlebertran von jeher in der Therapie eine bedeutende Rolle gespielt hat, beruht hauptsächlich auf der Gegenwart von Vitamin D_3. Daneben kommt aber auch Vitamin D_2 in wechselnden Mengen vor (BROCKMANN).

Gallensäuren

Sie leiten sich vom gleichen Kohlenstoffskelett wie das Cholesterin ab. Denn durch Oxydation des aus Cholesterin erhältlichen Koprostans $C_{27}H_{48}$ gelangt man zur **Cholansäure** $C_{23}H_{39}\cdot COOH$, der Muttersubstanz der drei Gallensäuren:

Cholsäure $C_{23}H_{36}(OH)_3\cdot COOH$
Desoxycholsäure $C_{23}H_{37}(OH)_2\cdot COOH$
Lithocholsäure $C_{23}H_{38}(OH)\cdot COOH$.

Von diesen drei Säuren ist die erste in der Säugetiergalle in größter Menge vorhanden (5—6%). Im normalen Menschenblut sind auf 100 cm³ etwa 1—2 mg Cholsäure enthalten. Cholsäure und Desoxycholsäure kommen in der Galle nicht frei, sondern in Form „gepaarter Gallensäuren" amidartig an Glykokoll und Taurin gebunden vor. Die Paarlinge der Cholsäure heißen **Glykocholsäure** (schwer löslich in Wasser) und **Taurocholsäure** (leicht löslich in Wasser). Die Gallensäuren sind in alkoholischer Lösung rechtsdrehend. Sehr merkwürdig sind die sog. **Choleinsäuren,** additionelle Verbindungen von Desoxycholsäure mit allen möglichen Substanzen, z. B. Fettsäuren, Alkoholen, Kohlenwasserstoffen, deren Alkalisalze in Wasser löslich sind.

Daß die Gallensäuren an der Resorption der Fettsäuren im Darm maßgebend beteiligt sind, steht außer Zweifel. Über den Weg, auf dem dies geschieht, hat man jedoch bisher trotz zahlreicher Untersuchungen keine Klarheit gewinnen können.

Die Formel der Cholsäure ist nach den hervorragenden Untersuchungen von WIELAND, WINDAUS und DIELS folgendermaßen aufzulösen (man beachte den vom Cholesterin abweichenden sterischen Bau):

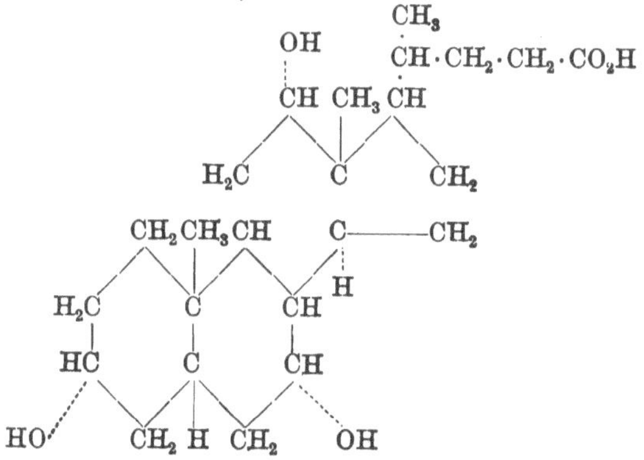

Cholsäure

Cholsäure schmilzt bei 197° und gibt mit Jod-Kaliumjodid eine charakteristische blaue Verbindung. Wenn man eine Cholsäure-Lösung unter Zusatz von Rohrzucker mit konz. Schwefelsäure unterschichtet, so erscheint an der Schichtgrenze ein roter bis violetter Ring (PETTENKOFERsche Reaktion). Die Reaktion beruht auf der Bildung eines Kondensationsprodukts mit Oxymethylfurfurol und dient zur colorimetrischen Bestimmung der Cholsäure, da andere Gallensäuren diese Reaktion nicht geben.

Digitalis-Glykoside

Nur kurz erwähnt seien schließlich noch die Digitalis-Glykoside, die sich gleichfalls vom Ringskelett des Cyclopentenophenanthrens ableiten und durch das Vorhandensein sauerstoffhaltiger Ringe in der Seitenkette ausgezeichnet sind. Ihre Konstitutionsaufklärung verdankt man in erster Linie TSCHESCHE in Göttingen und JACOBS und ELDERFIELD in New York. Nicht alle Digitalis-Glykoside sind herzwirksam. Starke Wirkung besitzt das Digitoxin[1], während das zur Klasse der Saponine gehörige Digitonin nur die dieser Gruppe eigene Giftigkeit aufweist, aber herzunwirksam ist. Für die entsprechenden Aglykone hat man folgende Formeln ermittelt:

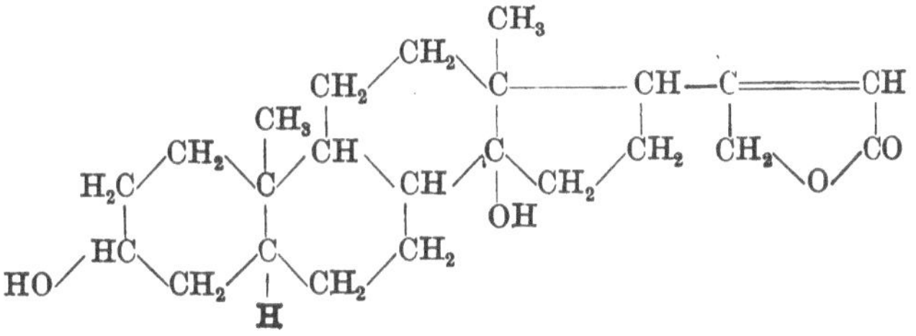

Digitoxigenin (aus Digitoxin)

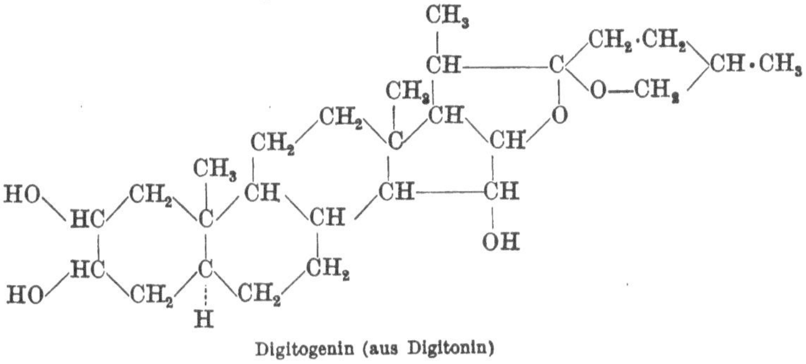

Digitogenin (aus Digitonin)

Harzsäuren

Vertreter der Phenanthrengruppe werden auch in Harzen häufig angetroffen. Von den zahlreichen hierher gehörigen Verbindungen können nur die **Fichtenharzsäuren** etwas näher besprochen werden. Wenn man das Cambium von Coniferen verletzt, so bildet sich durch den Wundreiz von zahlreichen Harzröhren durchzogenes Neuholz, aus dem flüssiger „**Terpentin**", ein Gemisch von Harzsäuren und Terpenen, abfließt. Wegen dieser Zusammensetzung bezeichnet man die öligen Sekrete auch als **Oleoresine**. In der Technik verarbeitet man den Terpentin, indem man die flüchtigen Terpene, hauptsächlich Pinen (Terpentinöl), abdestilliert. Die zurückbleibenden nichtdestillierbaren Harzsäuren bezeichnet man als **Kolophonium**. Die Hauptmenge des Terpentins wird in Amerika aus Pinus palustris, in Südfrankreich aus Pinus maritima gewonnen. Die ursprünglichen, in den Fichtenharzen enthaltenen Säuren sind sehr veränderliche

[1] Digitoxin ist als solches in Digitalis-Blättern nicht enthalten. Es entsteht erst im Lauf der Aufarbeitung infolge einer enzymatischen Spaltung von Purpureaglykosid in Digitoxin und Glucose und ist heute als Heilmittel im Handel.

hydroaromatische Substanzen, von denen **Dextropimarsäure** (I) und **Lävopimarsäure** (II) $C_{20}H_{30}O_2$ bisher am besten charakterisiert sind. Die Bezeichnung dieser Säuren ist wenig zweckmäßig, da sie, wie die nachstehenden Formeln zeigen, nicht stereoisomer, sondern strukturisomer sind:

I
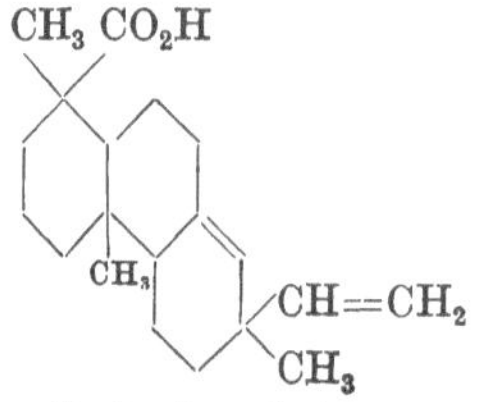

Dextropimarsäure

II
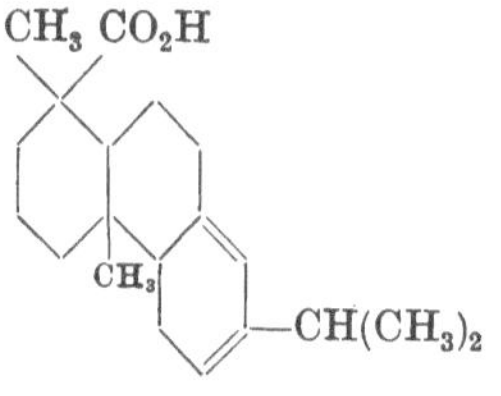

Lävopimarsäure

III
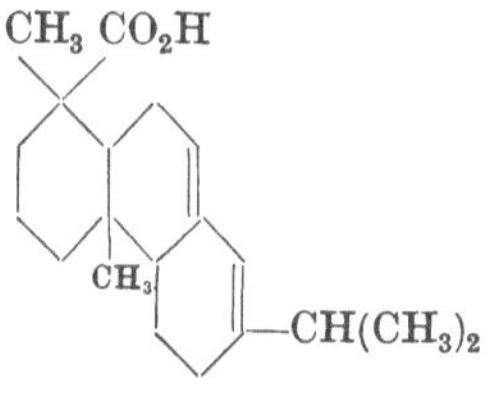

Abietinsäure

Lävopimarsäure, die bei 150° schmilzt und stark linksdrehend ist, $[\alpha]_D$: —282° in alkoholischer Lösung, geht schon bei häufigem Umkristallisieren, leicht beim Kochen mit Eisessig in die isomere **Abietinsäure** (F: 173°, $[\alpha]_D$: —100°) über, die einen Bestandteil des technischen Kolophoniums bildet, entgegen früherer Ansicht aber auch bereits im natürlichen Harz vorkommt. Abietinsäure (III) enthält zwei katalytisch hydrierbare Doppelbindungen, wird durch Selen unter Abspaltung der quartär gebundenen Methyl- und Carboxylgruppe zu 1-Methyl-7-isopropyl-phenanthren (**Reten** IV) dehydriert und liefert bei der Oxydation unter anderem zwei gesättigte Säuren, für die nach synthetischen Versuchen Formel V und VI sehr wahrscheinlich sind. Lävopimarsäure liefert bei der Oxydation und Dehydrierung die gleichen Produkte, unterscheidet sich also von Abietinsäure lediglich durch die Lage der Doppelbindungen.

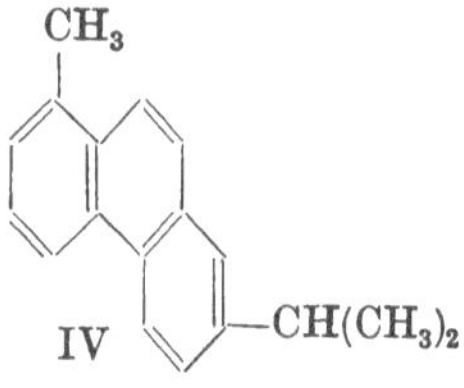

IV

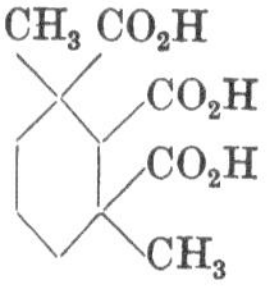

V

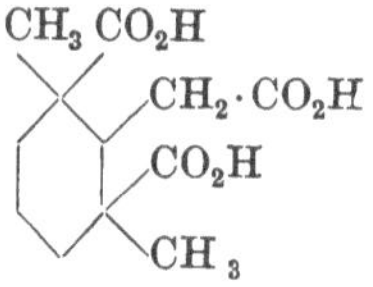

VI

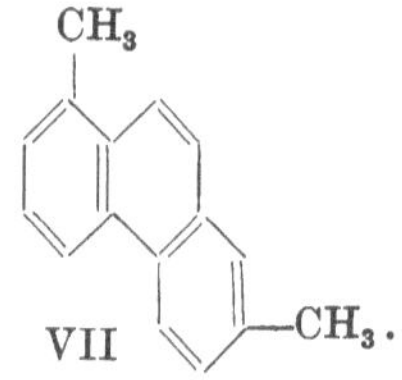

VII

Viel beständiger ist die Dextropimarsäure (F: 211°, $[\alpha]_D$: +75°), die bei der Dehydrierung nicht Reten, sondern 1,7-Dimethyl-phenanthren (**Pimanthren** VII) ergibt und entsprechend dem Vorhandensein einer Vinylgruppe beim Ozonabbau reichliche Mengen Formaldehyd liefert.

Auch einige andere technisch wichtige Harze enthalten Säuren ähnlicher Konstitution. In **Manila-** und **Kauri-Kopal,** fossilen Harzen, deren Stammpflanzen zur Familie Agathis gehören, findet sich **Agathendisäure** $C_{20}H_{30}O_4$, die nach Ruzicka vermutlich Formel VIII besitzt und leicht in Isoagathendisäure (IX) umgelagert werden kann. Agathendisäure schmilzt bei 203—204°, ist rechtsdrehend und verliert beim Erhitzen die in der Seitenkette gebundene Carboxylgruppe. Bei der Dehydrierung mit Schwefel oder Selen bilden sich **Agathalin** (1,2,5-Trimethyl-naphthalin X) und durch Cyclisierung Pimanthren.

VIII
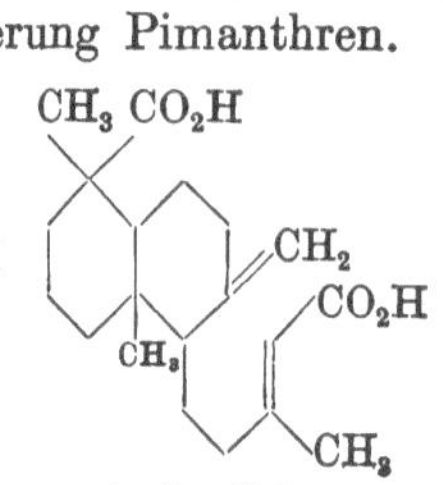

Agathendisäure

IX
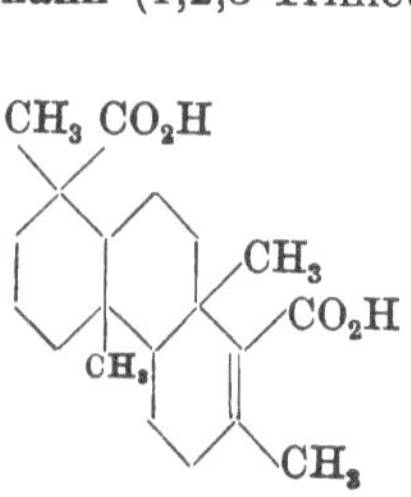

Isoagathendisäure

X
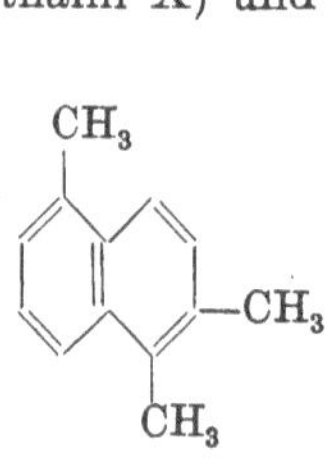

Agathalin

Heterocyclische Verbindungen

Unter heterocyclischen Verbindungen versteht man, wie früher auseinandergesetzt wurde (S. 20), solche Ringsysteme, bei denen neben Kohlenstoff auch andere Elemente als Ringglieder vorkommen. Die wichtigsten, als „**Heteroatome**" auftretenden Elemente sind Sauerstoff, Stickstoff und Schwefel. Wie in der isocyclischen Reihe sind auch hier wieder fünf- und sechsgliedrige Ringsysteme die beständigsten.

Bei der Bezifferung von heterocyclischen Ringen erteilt man meist dem Heteroatom die Ziffer 1. Enthält der Ring verschiedene Heteroatome, so wählt man Sauerstoff, Schwefel bzw. Stickstoff in absteigender Reihenfolge zum Ausgangspunkt der Bezifferung und zählt so weiter, daß andere Heteroatome möglichst kleine Ziffern erhalten.

Die Zusammenfassung der heterocyclischen Verbindungen in einer besonderen Gruppe trägt auch ihrem chemischen Verhalten Rechnung. Bei einem Teil dieser Verbindungen kehrt nämlich, wenn auch mitunter in abgeschwächter Form, der eigenartige aromatische Charakter wieder, der dem Benzol eine Sonderstellung unter den isocyclischen Verbindungen zuweist. Unter den Heterocyclen begegnet man dieser Erscheinung bei den Fünfringen mit 2 Doppelbindungen und den Sechsringen mit drei Doppelbindungen, z. B.:

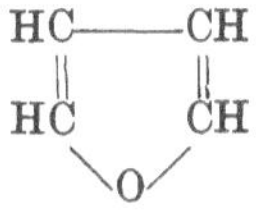

Furan

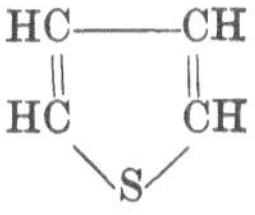

Thiophen

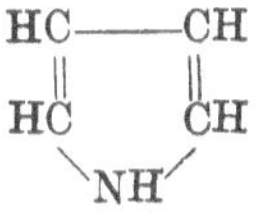

Pyrrol

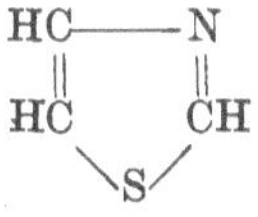

Thiazol

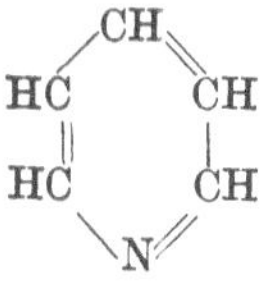

Pyridin

Fragt man nach dem gemeinsamen strukturellen Kennzeichen der im vorangehenden mit Doppelbindungen formulierten Ringsysteme, so findet man es in dem Vorhandensein von mindestens 6 Außenelektronen, die nicht in Einfachbindungen untergebracht werden können (bei Pyrrol 6, bei Furan, Thiophen und Pyridin 8, bei Thiazol 10). Man hat Grund zu der Annahme, daß der benzolähnliche Charakter dieser Ringsysteme mit der Wechselwirkung dieser Elektronen zusammenhängt. Eine quantitative Behandlung dieser Fragen begegnet aber einstweilen noch großen Schwierigkeiten. Die geringere Symmetrie der heterocyclischen Moleküle hat eine weniger vollkommene Absättigung als beim Benzol zur Folge und begünstigt vielfach eine Neigung zur Ringaufspaltung, die gleichzeitig die Grenzen einer solchen vergleichenden Betrachtungsweise aufzeigt.

1. Sauerstoff bzw. Schwefel enthaltende Heterocyclen

Furan (Furfuran) C_4H_4O

Der wasserstoffärmste Fünfring mit einem heterocyclisch gebundenen Sauerstoffatom ist das Furan

Es ist eine chloroformartig riechende Flüssigkeit vom Siedepunkt 31 · 3° und Erstarrungspunkt —85 · 6°. Furan entsteht aus Brenzschleimsäure (S. 447) durch CO_2-Abspaltung in gleicher Weise wie Benzol aus Benzoesäure. Aus Furfurol kann es durch Abspaltung der Seitenkette über Nickel bei 280° oder über Zinkchromit bei 400° gewonnen werden. Seine Strukturformel wurde von BAEYER bewiesen, der durch Abbau zeigte, daß es vier miteinander verbundene C-Atome enthält und daß der Sauerstoff ätherartig gebunden sein muß. Denn Furan entwickelt mit Natrium keinen Wasserstoff und reagiert nicht mit Carbonyl-Reagenzien. Mit dieser Auffassung stehen zahlreiche Synthesen von Furan-Derivaten im Einklang, bei denen man von 1,4-Diketonen ausgeht. Man kann annehmen, daß hierbei die Enolformen in Reaktion treten:

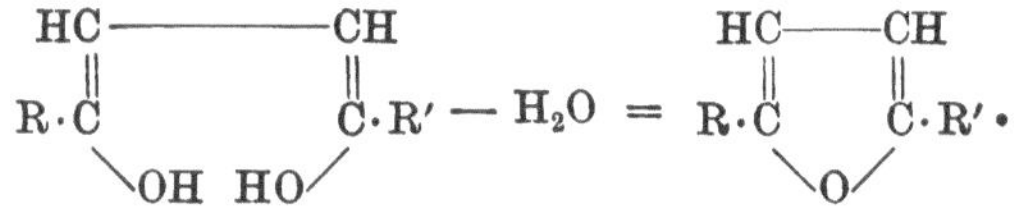

Man gewinnt so 2,5-substituierte Derivate des Furans.

Wie Benzol läßt Furan sich nur schwierig hydrieren, wird durch Brom substituiert und ist der FRIEDEL-CRAFTSschen Reaktion zugänglich. Besonders deutlich äußert sich der aromatische Charakter in der niedrigen Wärmetönung der Hydrierung, die mit 36.6 kcal/Mol um etwa 17 kcal niedriger ist als die Hydrierungswärme des Cyclopentadiens. Andererseits ist aber Furan äußerst empfindlich gegen Säuren, durch die es in unlösliche schwarze Produkte verwandelt wird. Eine charakteristische Reaktion auf Furan ist die Grünfärbung, die es einem mit Salzsäure befeuchteten Fichtenspan erteilt. Höher methylierte Furane zeigen dagegen eine rote Fichtenspanreaktion.

Tetrahydrofuran wird aus Acetylen über die Stufen des Butindiols und Butandiols (S. 132) oder durch Hydrierung von Furan gewonnen. Es verhält sich völlig wie ein cyclischer Äther, siedet bei 65,5° und ist wichtig als vielseitig verwendbares Lösungsmittel, z. B. für Polyvinylchlorid, sowie als Ausgangsmaterial für Synthesen aliphatischer Verbindungen.

Daß Furan im Vergleich zu Benzol doch in vieler Beziehung das Verhalten einer ungesättigten Verbindung zeigt, geht auch aus der Leichtigkeit hervor, mit der es eine Dien-Synthese mit Maleinsäureanhydrid eingeht:

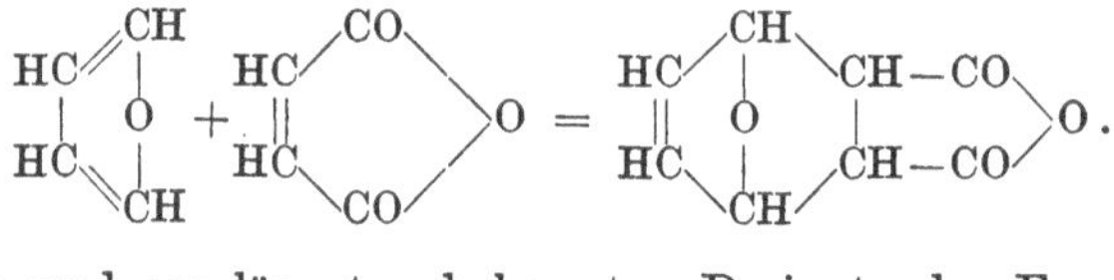

Die wichtigsten und am längsten bekannten Derivate des Furans sind Furfurol, das das Ausgangsmaterial für die Darstellung der meisten Furan-Verbindungen bildet, und Brenzschleimsäure.

Die Darstellung von **Furfurol** (s. untenstehende Formel) beruht auf der früher aufgeführten (S. 228) Bildung durch Einwirkung von Säuren auf Pentosen (Destillation von Kleie, Maisspindeln usw. mit verd. Schwefelsäure). Es schmilzt bei —38 · 7° und siedet

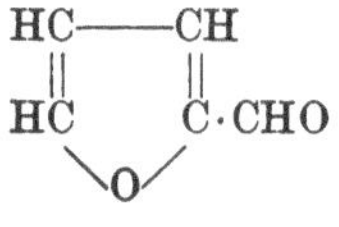

bei 162°; spez. Gewicht 1 · 1598 bei 20 · 0°; an der Luft färbt es sich braun. Es besitzt völlig den Charakter eines aromatischen Aldehyds, ist jedoch wie Furan gegen Säuren nicht sonderlich beständig. Bei der Behandlung mit alkoholischem Kali unterliegt es der CANNIZZAROschen Reaktion, indem es zu Brenzschleimsäure und Furfuralkohol disproportioniert wird:

$$2\,C_4H_3O\cdot CHO + H_2O = C_4H_3O\cdot CO_2H + C_4H_3O\cdot CH_2\cdot OH.$$

Mit Ammoniak gibt Furfurol eine dem Hydrobenzamid analoge Verbindung $(C_5H_4O)_3N_2$, das „**Furfuramid**". Schließlich wird es analog dem Benzaldehyd unter dem Einfluß von Kaliumcyanid zu einem Acyloin, dem **Furoin** $C_4H_3O\cdot CH(OH)\cdot CO\cdot C_4H_3O$, kondensiert.

Daß die Aldehydgruppe im Furfurol die 2-Stellung besetzt, bewies BAEYER durch Abbau der **Furfuracrylsäure**, die aus Furfurol und Essigsäure nach der PERKINschen Reaktion entsteht, zu Pimelinsäure $HO_2C\cdot[CH_2]_5\cdot CO_2H$. Aus der Bildung dieser

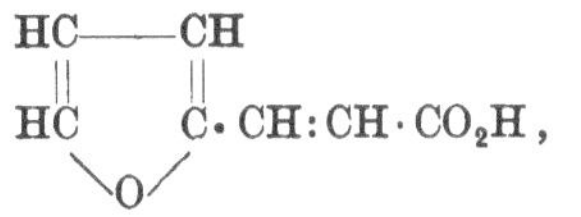

Furfuracrylsäure

Säure folgt, **daß** in der Furfuracrylsäure keine Kohlenstoffverzweigung vorkommt; bei 3-Stellung der Aldehydgruppe hätte man eine verzweigte Säure erhalten müssen.

Während Furfurol mit freiem Anilin in normaler Weise ein Anil liefert, wird beim Behandeln mit salzsaurem Anilin der Ring aufgespalten:

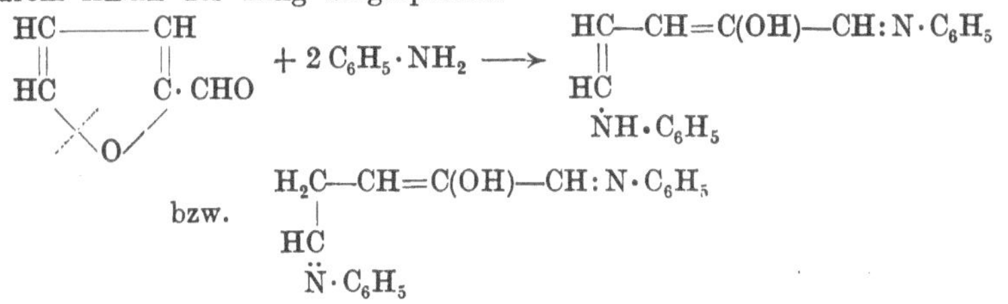

und man erhält das violette salzsaure Salz des Oxyglutaconaldehyd-dianils (vgl. den analogen Vorgang beim Pyridin, S. 455). Hieraufberuht eine Farbreaktion des Furfurols (S. 228).

In derselben Weise, wie Furfurol aus Pentosen entsteht, bildet sich aus Ketohexosen durch Einwirkung sehr verdünnter Säuren **Oxymethyl-furfurol** (I), dessen Konstitution

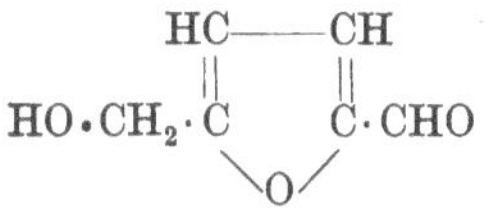

I

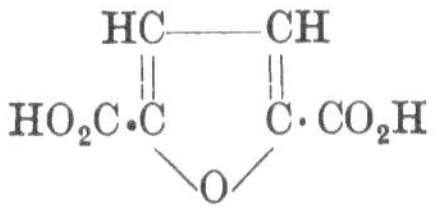

II

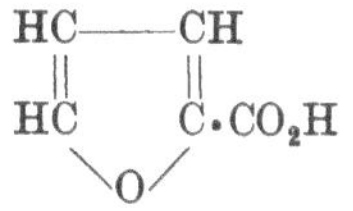

III

dadurch bewiesen ist, daß es sich zu einer zweibasischen Säure, der **Dehydroschleimsäure** (II), oxydieren läßt. Wird es mit Mineralsäure erhitzt, so bilden sich fast quantitativ Ameisensäure und Lävulinsäure (S. 262).

Die Entstehung des Oxymethylfurfurols ist die Ursache einiger Reaktionen, welche die Hexosen zeigen. So gibt es, mit Resorcin und konzentrierter Salzsäure erwärmt, einen dunkelroten Niederschlag. Durch diese Reaktion ist Kunsthonig vom Naturprodukt (Invertzucker) zu unterscheiden; Kunsthonig wird durch Erhitzen von Rohrzucker mit verdünnten Säuren dargestellt und enthält deshalb eine geringe Menge Oxymethylfurfurol.

Furan-carbonsäure-(2), Brenzschleimsäure (Formel III) wird durch Oxydation von Furfurol mit Permanganat dargestellt. Sie ist, wie ihr Name andeutet, zuerst durch trockene Destillation von Schleimsäure (S. 234) erhalten worden. Sie ist eine ziemlich starke Säure ($k = 7{\cdot}4 \times 10^{-4}$), schmilzt bei 133° und ist in heißem Wasser leicht löslich. Durch Erhitzen im zugeschmolzenen Rohr auf 275° oder durch Erhitzen mit Teerbasen und Kupferoxyd auf 200° wird sie glatt in Kohlendioxyd und Furan gespalten.

Wiewohl Brenzschleimsäure in ihren äußeren Eigenschaften (z. B. der leichten Sublimierbarkeit) der Benzoesäure ähnlich ist, zeigt sie nur in einzelnen Reaktionen aromatischen Charakter, z. B. läßt sie sich durch rauchende Schwefelsäure in eine

Sulfonsäure überführen; den meisten ihrer chemischen Eigenschaften nach ist sie nicht einer aromatischen Säure, sondern einer ungesättigten Fettsäure gleichzustellen. Sie ist z. B. leicht oxydierbar und addiert sehr leicht vier Atome Brom.

Thiophen C_4H_4S

Thiophen ist die dem Furan entsprechende Schwefelverbindung. Es zeigt in seinen physikalischen und chemischen Eigenschaften eine auffallende Ähnlichkeit mit Benzol. Dies beruht darauf, daß Schwefel in gleicher Weise wie eine —CH:CH-Gruppe leicht ein einsames Elektronenpaar zu den π-Elektronen des Ringes beisteuern kann. Die Ähnlichkeit der Elektronen-Konfiguration äußert sich sehr deutlich im Absorptionsspektrum. Thiophen ist eine farblose Flüssigkeit von schwachem Geruch, siedet bei 84° (Benzol 80·4°) und hat das spez. Gew. 1·0658 bei 20°. Es findet sich stets im Teerbenzol (etwa 0·15%), in dem es 1883 von V. Meyer[1] entdeckt wurde. Seine Homologen **Thiotolen** (2-Methyl-thiophen) und **Thioxen** (2,5-Dimethyl-thiophen) begleiten in geringer Menge das Steinkohlen-Toluol und -Xylol. Da Thiophen leichter als Benzol sulfuriert wird, kann man es dem Benzol durch Schütteln mit Schwefelsäure entziehen und aus der Sulfonsäure durch Erhitzen mit Wasser regenerieren.

Zweckmäßig bewirkt man die Trennung von Benzol und Thiophen, indem man das Benzol des Handels mit Quecksilberoxyd und Essigsäure kocht. Das Thiophen scheidet sich dann in Form von **Thiophendiquecksilberoxyacetat** $C_4H_2S(Hg \cdot O \cdot CO \cdot CH_3) \cdot Hg \cdot OH$ ab; aus dieser Verbindung ist es durch Destillation mit mäßig starker Salzsäure glatt abspaltbar.

Synthetisch kann Thiophen auf verschiedene Weise gewonnen werden. Beim Überleiten von Acetylen über Pyrit (FeS_2) bei 300° entsteht ein flüssiges Kondensat, das ungefähr zur Hälfte aus Thiophen besteht:

Im Laboratorium kann es in guter Ausbeute aus bernsteinsaurem Natrium und Schwefelphosphor P_2S_3 erhalten werden.

Thiophen wird durch Chlor und Brom mit größter Leichtigkeit substituiert, doch erhält man fast immer ein Gemenge von Substitutionsprodukten, das nur auf umständlichem Wege getrennt werden kann. Thiophen-Homologe werden deshalb meist nicht auf dem Weg der Fittigschen Synthese, sondern durch Ringschluß aus aliphatischen Verbindungen dargestellt. Strukturell besonders übersichtlich verläuft die Synthese aus 1,4-Diketonen durch Erhitzen mit Schwefelphosphor. Aus Hexandion-(2,5) entsteht z. B. 2,5-Dimethyl-thiophen (Thioxen):

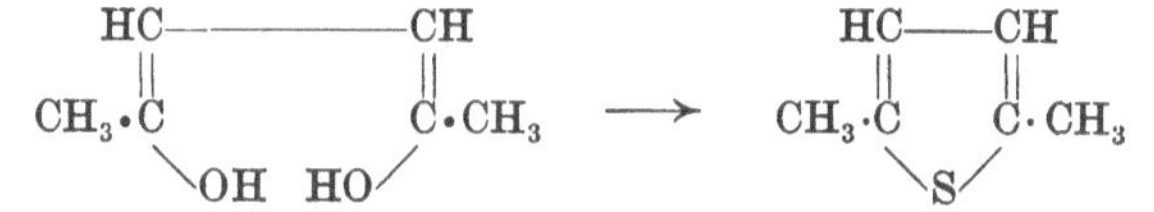

tautomere Form des Hexandions — Dimethylthiophen

Analog dem Thiophen können auch seine Homologen aus substituierten Bernsteinsäuren und P_2S_3 gewonnen werden. Auf diese Weise sind 3-Alkyl- und 3,4-Dialkylthiophene zugänglich:

[1] Victor Meyer, geboren 8. September 1848 in Berlin, gestorben 8. August 1897 in Heidelberg, lehrte 1871 in Zürich, 1885 in Göttingen, von 1889 ab in Heidelberg. Seine hervorragendsten Untersuchungen galten den Nitro- und Isonitro-Verbindungen, den Jodoso-Verbindungen, dem Thiophen und der sterischen Hinderung. Von großer Bedeutung ist ferner die nach ihm benannte Methode zur Dampfdichte-Bestimmung. Vgl. die Nachrufe von C. Liebermann, Ber. Dtsch. Chem. Ges. **30** (1897), 2157 und R. Meyer, Ber. Dtsch. Chem. Ges. **41** (1908), 4505.

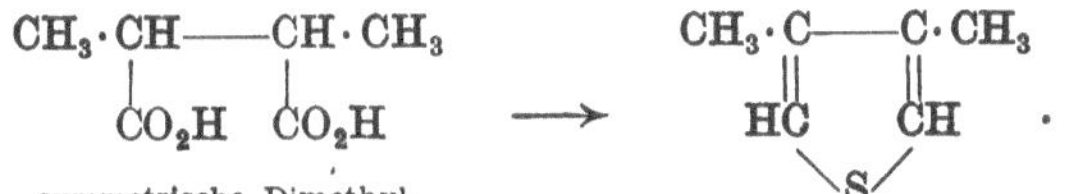

symmetrische Dimethyl-bernsteinsäure → 3,4-Dimethyl-thiophen

Ein weiterer mitunter gangbarer Weg führt über die Diolefine, die beim Eintropfen in Schwefel bei 300—400° in reichlicher Menge Thiophen-Homologe liefern:

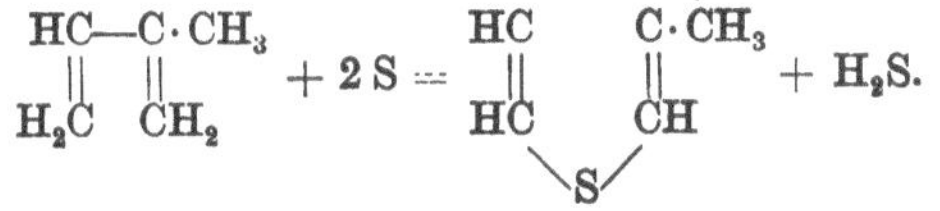

Eine empfindliche Reaktion auf Thiophen ist die Blaufärbung, die beim Erwärmen von Thiophen mit Isatin (S. 474) und konzentrierter Schwefelsäure (eine Spur HNO_3 enthaltend) auftritt **(Indophenin-Reaktion).** Die Formel des Indophenins

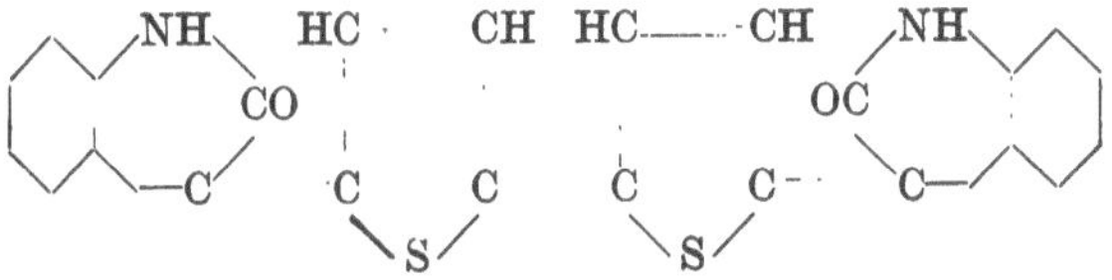

zeigt, daß hierbei eine Verknüpfung zweier Thiophenreste stattfindet.

Die Homologen des Thiophens lassen sich zu Säuren oxydieren, wobei jede Kohlenstoff-Seitenkette ebenso wie bei den Benzolhomologen in eine Carboxylgruppe übergeht. Die beiden Monocarbonsäuren, die 2- und **3-Thiophensäure**:

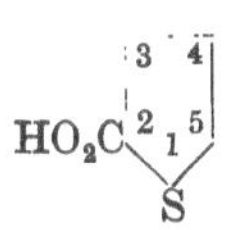

und

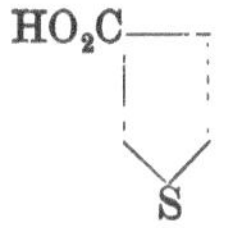

besitzen die für isomere Substanzen seltene Eigenschaft, Mischkristalle zu bilden, die sich nur sehr schwierig in die beiden Komponenten zerlegen lassen.

Bringt man Thiophen in ein Gemisch von Essigsäureanhydrid und konz. Salpetersäure, so bildet sich **2-Nitro-thiophen.** Dieses ist fest, schmilzt bei 46° und siedet bei 224°. Es besitzt vollkommen denselben Geruch wie Nitrobenzol. Durch Reduktion erhält man 2-Amino-thiophen **(Thiophenin)**, das jedoch im Gegensatz zu Anilin eine sehr unbeständige Substanz ist, die schnell in eine firnisartige Masse übergeht; sein salzsaures Salz ist dagegen beständig. Es ist als Zinnchlorid-Doppelsalz wenn auch schwierig diazotierbar und gibt mit Benzoldiazoniumchlorid einen kristallisierten, orangefarbenen Azofarbstoff. Auch 3-Amino-thiophen ist sehr unbeständig.

Pyron

Von einem sechsgliedrigen sauerstoffhaltigen Heterocyclus leiten sich zwei isomere Oxoverbindungen ab, das α-Pyron (I) und das γ-Pyron (II). Pyronderivate kommen häufig in der Natur vor, z. B. die **Chelidonsäure** (γ-Pyron-α,α'-dicarbonsäure) im Schöllkraut. Auch die Flavone und Anthocyane (S. 451) sind Pyronderivate.

I 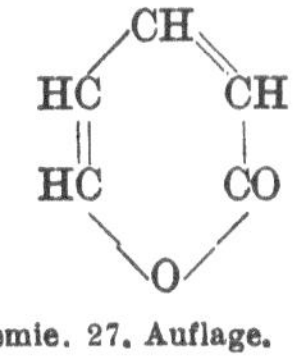

II 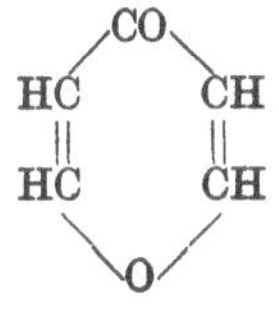

Eine häufig untersuchte Verbindung ist das **2,6-Dimethyl-γ-pyron**. Man kann es synthetisch aus Kupferacetessigester und Phosgen erhalten:

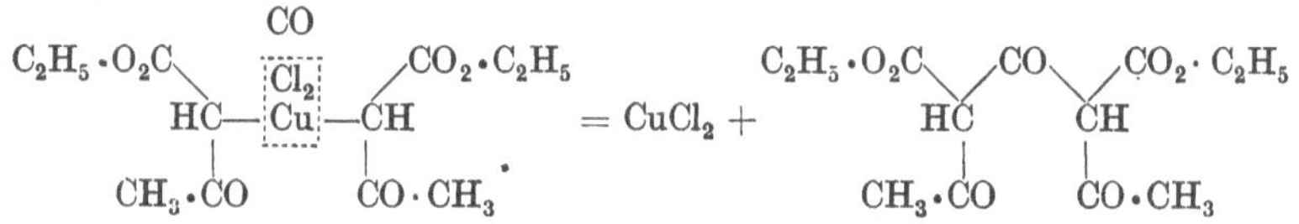

Bei der Behandlung mit verdünnter Schwefelsäure spaltet dieses Produkt die beiden Carbäthoxyle ab; die entstehende Verbindung I verliert von selbst 1 Mol Wasser und geht in Dimethylpyron (III) über, wobei sie, wie man annehmen kann, sich zunächst in die tautomere Form II umlagert:

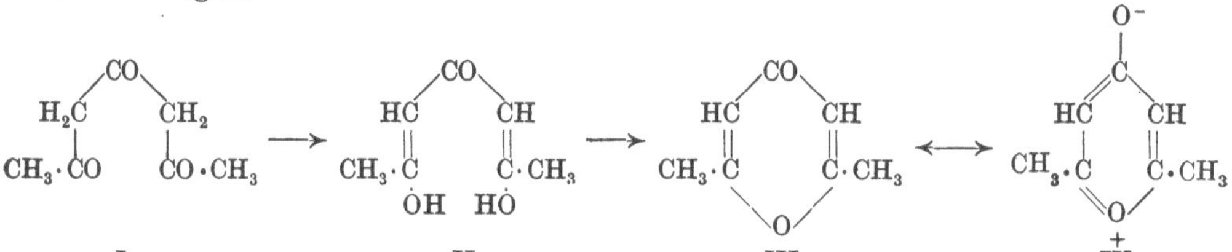

I II III IV

Dimethylpyron verhält sich in mancher Hinsicht nicht wie ein normales Keton, es gibt z. B. kein Oxim oder Semicarbazon. Man nimmt daher an, daß Mesomerie zwischen III und der betainartigen Form IV vorliegt. Bemerkenswert ist noch die Fähigkeit des Dimethylpyrons, mit Säuren Additionsverbindungen zu bilden, die als echte Salze einer sehr schwachen Base aufgefaßt werden müssen. Die wäßrige Lösung dieser Salze reagiert infolge hydrolytischer Spaltung stark sauer und zeigt ein elektrisches Leitvermögen, das dem der freien Säuren sehr nahe kommt. Die Bildung derartiger „Oxoniumsalze", die manche Analogien mit den Ammoniumsalzen zeigen, ist nicht auf Dimethylpyron beschränkt. Baeyer und Villiger haben gezeigt, daß alle Klassen sauerstoffhaltiger organischer Verbindungen, wie Alkohole, Aldehyde, Ester, Äther (vgl. S. 58) mit komplexen Säuren, z. B. Ferrocyanwasserstoffsäure, Salze zu bilden vermögen. Nach Willstätter liegen auch die Anthocyane in den Blumen teilweise als Oxoniumsalze vor. Man nimmt an, daß in diesen Salzen das am Ringschluß beteiligte Sauerstoffatom dreibindig geworden ist, und formuliert das salzsaure Dimethylpyron gemäß V. Baeyer zeigte, daß das Additionsprodukt von Methyljodid an Dimethylpyron mit Ammoniak ein Oxypyridin-Derivat (Methoxylutidin VII) gibt und schrieb ihm deshalb die Formel VI zu.

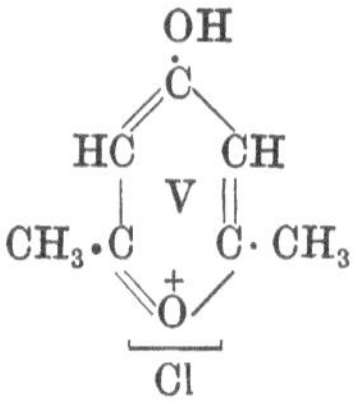

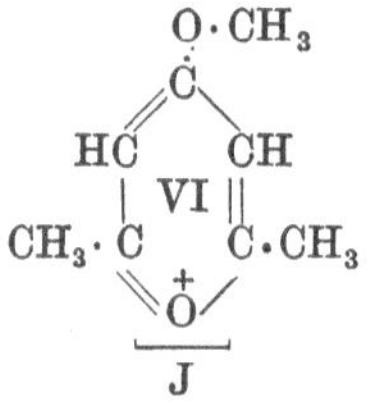

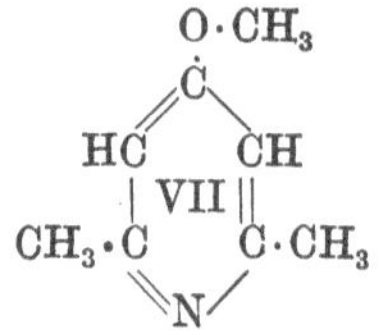

Mit Benzol kondensierte, sauerstoffhaltige Hetero-Ringe

Das einfachste kondensierte Pyron ist das **Chromon** (I), das bei 59⁰ schmilzt und

I 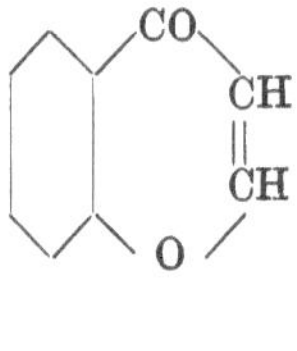 II 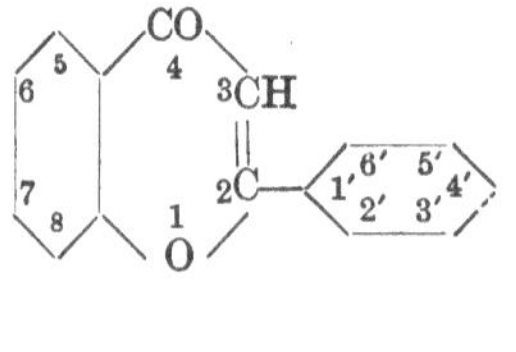

in farblosen Nadeln kristallisiert. Seine Homologen entstehen aus Phenolen[1] und β-Ketonsäureestern durch Erhitzen mit P_2O_5 (SIMONIS):

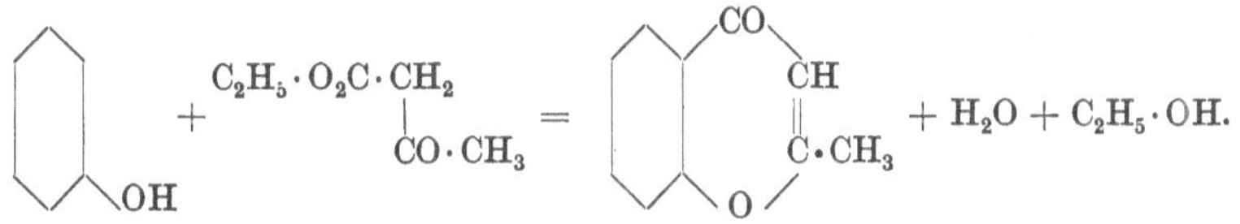

Mit Benzoylessigester entsteht auf diesem Wege das **Flavon** (Phenylchromon) (II auf S. 450), von dem sich eine große Reihe wichtiger gelber **Pflanzenfarbstoffe** ableitet. Ihre Konstitution ist durch v. KOSTANECKI aufgeklärt worden. Hierher gehören das **Chrysin** (5,7-Dioxy-flavon), das in Pappelknospen vorkommt, **Luteolin** (5,7,3′,4′-Tetraoxy-flavon), der Farbstoff des Gelbkrauts oder Wau (*Reseda luteola*), der Farbstoff **Morin** (3,5,7,2′,4′-Pentaoxy-flavon) aus gelbem Brasilholz (*Morus tinctoria*), das **Quercetin** (3,5,7,3′,4′-Pentaoxy-flavon) aus der Rinde von *Quercus tinctoria* usw. Sie sind in den Pflanzen meist in Form von Glykosiden enthalten und spielen zum Teil noch heute als Beizenfarbstoffe in der Färberei eine gewisse Rolle.

Den Flavon-Farbstoffen strukturell nahe verwandt sind die roten und blauen Farbstoffe der Blumen und Früchte, deren Konstitution durch WILLSTÄTTERS berühmte Untersuchungen aufgeklärt ist. Diese Farbstoffe, die man als **Anthocyane** bezeichnet, sind Glykoside. Sie geben mit anorganischen und organischen Säuren gut kristallisierende Salze, die für die Abscheidung der Anthocyane aus den Blumen oder Früchten wertvoll sind. Da sie stickstoffrei sind, werden sie gewöhnlich als Oxoniumsalze betrachtet, obwohl auch Carboniumsalz-Strukturen diskutiert worden sind. Der Anthocyan-Gehalt der Blütenblätter ist häufig sehr beträchtlich. Z. B. enthalten die getrockneten Blumenblätter des Stiefmütterchens über 20% Anthocyan. Durch Erhitzen mit Salzsäure werden die Anthocyane in Kohlenhydrat und die eigentlichen Farbstoffkomponenten, die **Anthocyanidine,** gespalten. Die Untersuchung dieser sehr verschiedenfarbigen Blumen und Früchten entstammenden Anthocyanidine ergab das überraschende Resultat, daß sie fast alle auf den gleichen Grundkörper zurückgehen. Ihre salzsauren Salze haben die Struktur:

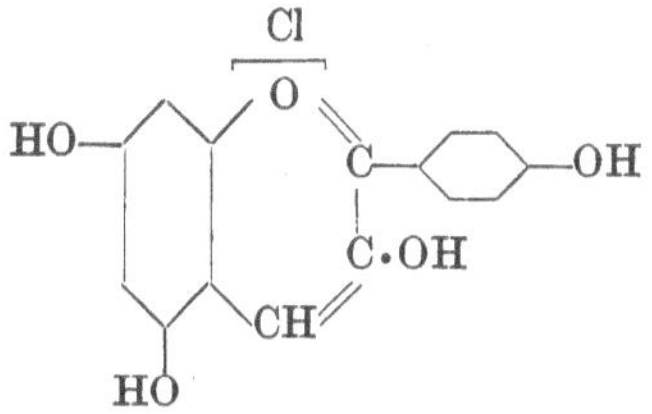

Pelargonidin (rot)

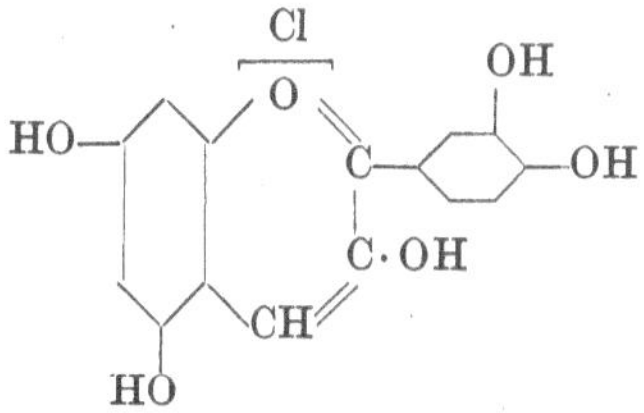

Cyanidin (violett)

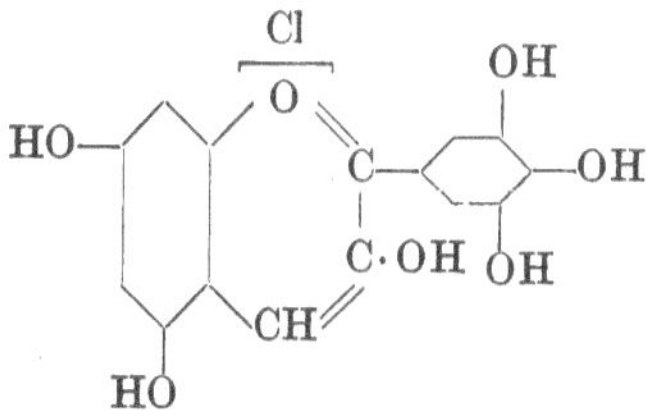

Delphinidin (purpurn)

Einem Teil der Blütenfarbstoffe liegen auch Methyläther der Anthocyanidine zugrunde. Durch Kalischmelze der Anthocyanidine erhält man Phloroglucin und p-Oxy-

[1] Manche Phenole liefern bei dieser Reaktion nicht Chromone, sondern Cumarine.

benzoesäure (bzw. Protocatechusäure bzw. Gallussäure). Eine große Anzahl von Anthocyanen ist in neuerer Zeit von R. Robinson synthetisch dargestellt worden, so das in der Rose und Geranie enthaltene **Cyanin.** Es stellt ein 3,5-Diglucosid des Cyanidins dar; denn es läßt sich synthetisch aus den Monoglucosiden des Phloroglucinaldehyds und des 3,4, α-Trioxy-acetophenons gewinnen, indem man auf ihre Lösung in Essigester Chlorwasserstoff einwirken läßt:

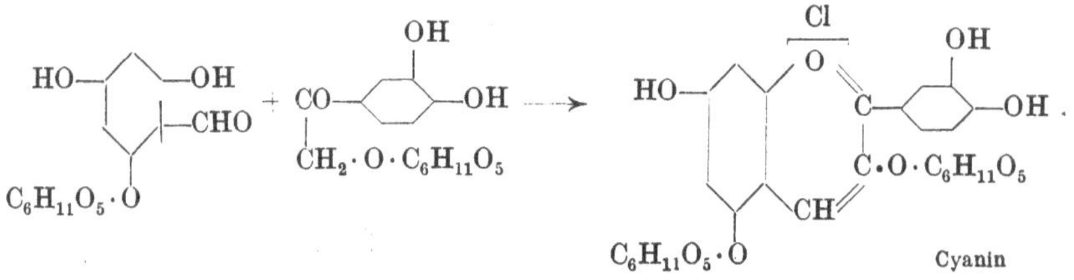

Cyanin

Während die Salze der Anthocyanidine mit Säuren rot sind, besitzen die durch die berechnete Menge Alkali abscheidbaren Basen violettblaue Farbe. Diese Basen besitzen vermutlich chinoide Konstitution:

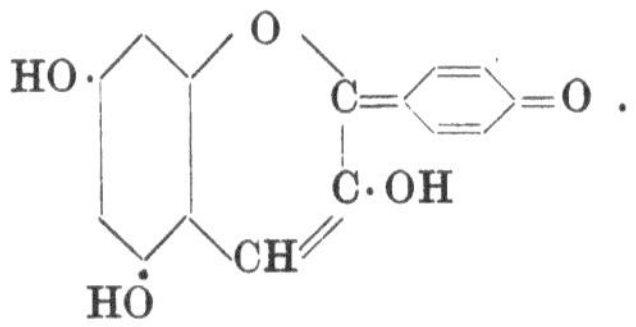

Die Alkalisalze der Basen, die als Phenolate aufzufassen sind, sind blau.

Die reiche Farbenpracht der Blumen wird außer durch die verschiedene Natur der Anthocyane auch durch ihren Lösungszustand im Zellsaft, die Reaktion des Zellsaftes und die gleichzeitige Anwesenheit von anderen Farbstoffen (z. B. Flavonfarbstoffen) bedingt. Vielleicht spielt auch der Eisengehalt des Zellsafts dabei eine Rolle. Denn die Anthocyanidine geben tiefblaue Färbungen mit Ferrisalzen.

Durch katalytische Hydrierung des Cyanidins und Quercetins (in Form der Methyläther) gelangt man auf überraschend einfache Weise zum **Catechin,** das gemäß seiner Formel in mehreren stereoisomeren Formen vorkommen kann. Umgekehrt kann man

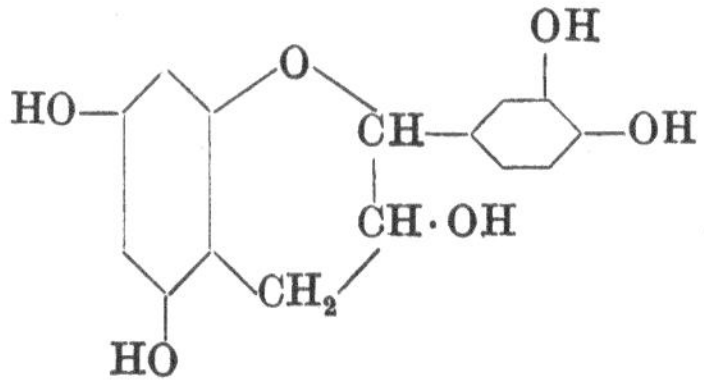

Cyanidin aus Catechin darstellen, indem man seinen Tetramethyläther in Dioxan bromiert und das Bromid des erhaltenen Bromcyanidintetramethyläthers mit Jodwasserstoff und Phenol behandelt. Catechin ist eine weiße, in heißem Wasser leicht lösliche, kristallisierte Substanz, die den Hauptbestandteil des **Gambirs,** des eingedickten Saftes malaiischer Lianen, darstellt. Catechin geht durch einen Kondensationsvorgang unbekannter Art leicht in den amorphen Catechugerbstoff über. Beim Kochen mit verdünnten Säuren liefert es amorphes, unlösliches **„Gerbstoffrot".**

Ein Derivat des beiderseitig kondensierten Pyrons ist das **Xanthon** (I), das beim Destillieren von Salicylsäure mit Essigsäureanhydrid entsteht; primär bildet sich Salicylsäure-phenyläther $C_6H_4<^{O\cdot C_6H_5}_{CO_2H}$, der dann Wasser abspaltet.

I 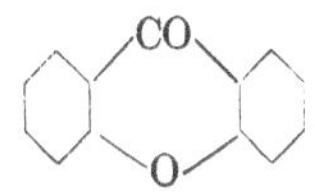 II 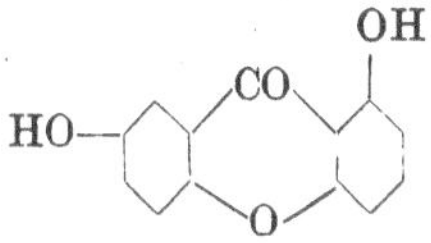

1,7-Dioxy-xanthon ist das **Euxanthon** (II), das an Glucuronsäure gebunden die indische Malerfarbe **Indischgelb (Euxanthinsäure)** ausmacht.

2. Stickstoff enthaltende Heterocyclen

A. Einkernige Stickstoff-Verbindungen

Pyridin C_5H_5N

Pyridin und einige seiner Homologen finden sich im Steinkohlenteer (etwa 0 · 1% und werden daraus technisch gewonnen. Wenn man das Leichtöl (S. 303) mit Schwefelsäure extrahiert und die saure Lösung mit Soda versetzt, so geht mit Wasserdampf eine basische Flüssigkeit über, die bei fraktionierter Destillation Pyridin und seine Homologen liefert. Da Pyridin stets eine geringe Menge seiner Homologen mitnimmt, läßt es sich auf diese Weise nicht vollkommen rein darstellen. Auch das rohe Ammoniak aus Gaswasser enthält Pyridin.

Eine andere Quelle für die Gewinnung von Pyridin und seinen Derivaten bildete früher DIPPELS „Tieröl"[1], ein unangenehm riechendes Produkt, das durch trockene Destillation von nicht entfetteten Knochen gewonnen wurde (S. 455). Dieses Öl ist ein sehr kompliziertes Gemisch; es enthält außer Pyridin- und Chinolinbasen noch Nitrile, Amine, Kohlenwasserstoffe usw. Ferner hat man die Bildung von Pyridin beim Durchleiten von Acetylen mit Blausäure oder Ammoniak durch glühende Röhren beobachtet.

Pyridin ist eine farblose, eigentümlich scharf riechende Flüssigkeit vom spez. Gewicht D^{20} : 0 · 9828, die bei 115 · 5° siedet und bei —41 · 8° erstarrt. Es ist mit Wasser in jedem Verhältnis mischbar. Pyridin ist sehr beständig; so wird es z. B. von siedender Salpetersäure oder Chromsäurelösung nicht angegriffen. Durch Permanganat wird es in saurer Lösung in der Wärme zu Kohlendioxyd und Ammoniak oxydiert. Schwefelsäure wirkt erst bei hoher Temperatur ein, wobei eine Sulfonsäure entsteht; auch die Halogene greifen Pyridin nur schwer an. Durch sehr energische Reduktion mit Jodwasserstoffsäure bei 300° entstehen n-Pentan und Ammoniak.

Als basische Substanz liefert es Salze mit Säuren, die meist in Wasser leicht löslich, aber hydrolytisch gespalten sind; denn Pyridin ist eine sehr schwache Base ($k = 1 \cdot 3 \times 10^{-9}$). Seine wäßrige Lösung bläut Lackmus und rötet Phenolphthalein schwach.

Schwer lösliche Salze, die zur Reinigung des Pyridins dienen können, sind das Perchlorat (Vorsicht!), das Zinkchlorid-Doppelsalz und das ferrocyanwasserstoffsaure Salz. Das salzsaure Salz bildet mit Platinchlorid ein in Wasser leicht lösliches Doppelsalz $(C_5H_5N)_2H_2PtCl_6$; beim Kochen gibt es zwei Moleküle HCl ab und geht in die gelbe, in Wasser schwer lösliche Komplexverbindung $(C_5H_5N)_2PtCl_4$ über. Man benutzt dieses Verhalten als empfindliche Reaktion auf Pyridin.

Es gibt zahlreiche Synthesen von Pyridin und seinen Homologen, jedoch verschaffen uns nur wenige einen Einblick in seine Struktur. Hierher gehört die wichtige Synthese der Pyridin-Homologen nach HANTZSCH, von der weiter unten die Rede sein wird. Die Konstitution des Pyridins ergibt sich aus seiner Beziehung zu Piperidin, über dessen Bildung aus Pentamethylendiamin bereits S. 159 berichtet wurde; durch Erhitzen mit konz. Schwefelsäure läßt sich Piperidin (I) zu Pyridin (II) oxydieren:

[1] So genannt nach dem ersten Darsteller, dem Alchimisten J. C. DIPPEL (1673—1734).

I 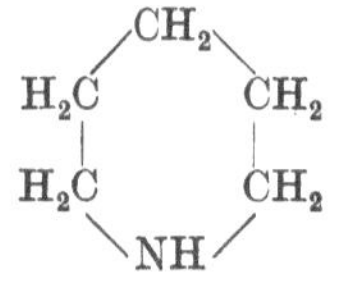 II 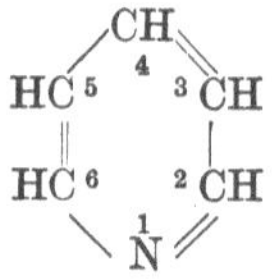

Piperidin Pyridin

Über die Bildung von Pyridin aus Pyrrol s. S. 460.

Da Pyridin in essigsaurer Lösung durch Wasserstoff unter Überdruck bei Gegenwart von kolloidem Platin nahezu quantitativ zu Piperidin reduziert wird und dieses sich umgekehrt zu Pyridin oxydieren bzw. dehydrieren läßt (z. B. über Palladium bei 150—200°), muß man annehmen, daß Pyridin dieselbe geschlossene Atomkette wie Piperidin enthält, d. h. einen Ring von fünf Kohlenstoffatomen und einem Stickstoffatom. Ferner kann man leicht zeigen, daß an das Stickstoffatom des Pyridins kein Wasserstoffatom gebunden ist. Denn während Piperidin den Charakter eines sekundären Amins besitzt, z. B. eine Nitrosoverbindung liefert, ist Pyridin ein tertiäres Amin. Als solches addiert es vermöge seines „einsamen" Elektronenpaars am Stickstoff 1 Molekül Methyljodid; in diesem Additionsprodukt ist (ebenso wie in anderen Ammoniumjodiden) das Jod ionogen gebunden und durch feuchtes Silberoxyd gegen Hydroxyl austauschbar.

Wie beim Benzol führt auch beim Pyridin die Anzahl der isomeren Substitutionsprodukte zu dem Schluß, daß an jedes C-Atom ein H-Atom gebunden ist. Bei der oben angenommenen Formel des Pyridins (II) wird man *drei* Monosubstitutionsprodukte erwarten können, nämlich 2=6, 3=5 und 4. Ferner wird man die Existenz von sechs Diderivaten mit gleichen Gruppen voraussetzen müssen; nämlich 2 : 3 = 6 : 5; 3 : 4 = 5 : 4; 2 : 4 = 6 : 4 ; 2 :6; 3 : 5 und 2 : 5 = 6 : 3. Das Experiment hat diese Annahme bestätigt.

Im chemischen Verhalten zeigt Pyridin eine gewisse Ähnlichkeit mit Benzol. Doch reagiert es wesentlich schwerer, so daß man vielfach seine Zuflucht zu extremen Reaktionsbedingungen nehmen muß. Oxydationsmittel greifen bei Pyridin wie bei Benzol nur die Seitenketten an; bei der Einwirkung von Schwefelsäure geben beide Verbindungen Sulfonsäuren, die durch Schmelzen mit Kali in Hydroxylverbindungen, durch Erhitzen mit Kaliumcyanid in Nitrile verwandelt werden. Durch Erhitzen mit rauchender Schwefelsäure und Salpeter auf 330° kann Pyridin nitriert werden. Die Oxypyridine besitzen Phenolcharakter, sie geben z. B. mit Eisenchlorid charakteristische Färbungen.

Die Analogie zwischen Benzol und Pyridin kommt auch in den Substitutions-Regelmäßigkeiten zum Ausdruck. Nitro- und Sulfogruppen treten z. B. an die 3-Stelle. Auch hat das Halogenatom in 2- und 4- eine größere Beweglichkeit als in 3-Stellung. Der Ringstickstoff ist also in dieser Hinsicht mit einem stark negativen Substituenten im Benzol zu vergleichen. Er bewirkt eine Elektronenverarmung an allen C-Atomen, am stärksten jedoch in 2 und 4, die dadurch für elektrophile Reagenzien (S. 382) unangreifbar werden.

Wir kommen somit bezüglich der Konstitution des Pyridins zu ähnlichen Schlüssen wie bei Benzol und müssen annehmen, daß Formel II nur einen Grenzzustand der verschiedenen möglichen Bindungsverteilungen darstellt, zwischen denen Mesomerie besteht.

Die **Ortsbestimmung** wird beim Pyridin nach denselben Prinzipien wie beim Benzol ausgeführt: Überführung einer Verbindung mit unbekannter Stellung der Seitenkette in eine solche mit bekannter Stellung. Als Grundlage für die Ortsbestimmung haben hier vor allem die Mono- und Dicarbonsäuren gedient (S. 458).

Es wurde bereits oben betont, daß die Analogie zwischen Pyridin und Benzol nur beschränkt ist. Dies zeigt sich auch im Verhalten der Derivate. 2-Amino-pyridin (I auf S. 455) (durch Erhitzen von Pyridin mit Natriumamid in guter Ausbeute darstellbar; vgl. S. 383) und 4-Amino-pyridin (II) lassen sich nicht auf normale Weise diazotieren und zeigen das Verhalten desmotroper Substanzen. Desgleichen verhalten sich die Oxypyridine (III und IV) bei manchen Reaktionen wie Pyridone[1]. 3-Amino-pyridin läßt sich diazotieren und in Azofarbstoffe verwandeln, aber sein N,N-Dimethylderivat gibt keine p-Nitrosoverbindung. Ein Chinon des Pyridins ist nicht mit Sicherheit bekannt.

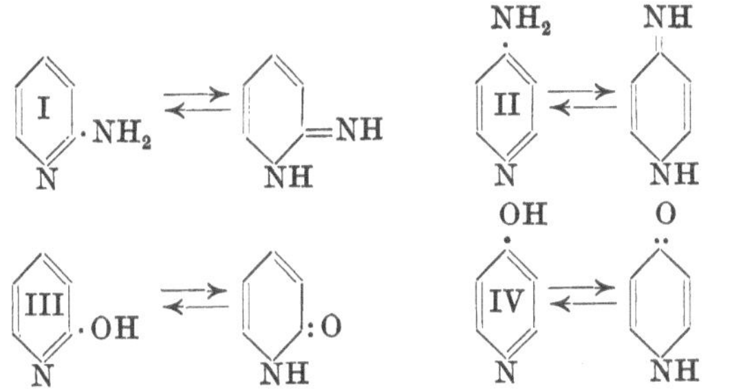

α-Pyridon γ-Pyridon

Während der Ring des Pyridins mit 3wertigem Stickstoff überaus beständig ist, fällt er leicht der Aufspaltung anheim, sobald Addition am N stattfindet; die Reaktion kann nach ihrem Bruttoverlauf folgendermaßen wiedergegeben werden:

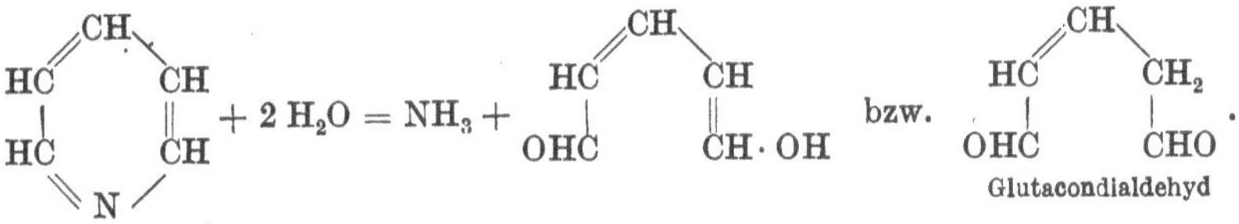

So wird die durch Anlagerung von SO_3 an Pyridin erhältliche betainartige **„Pyridiniumsulfonsäure"** nach Baumgarten durch kalte Natronlauge zu einem gelben Dinatriumsalz aufgespalten, das einerseits leicht unter Abspaltung von Natriumsulfat Pyridin regeneriert, andererseits beim Erwärmen mit Lauge in das Natriumsalz des Glutacondialdehyds übergeht:

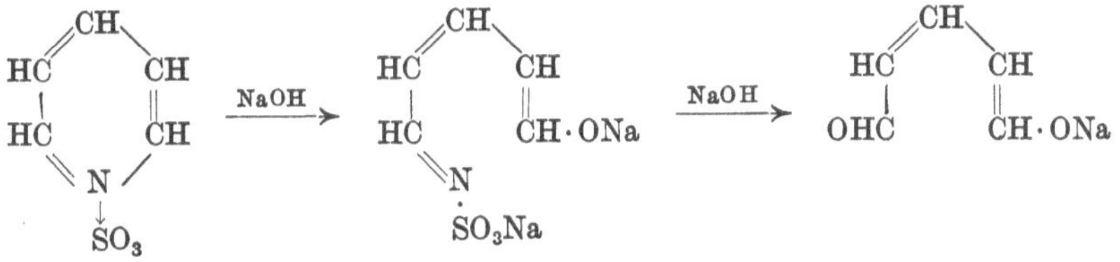

An die große Zahl von **Komplexverbindungen** des Pyridins, in denen dieses dieselbe Rolle wie das Ammoniak in den „Amminen" spielt, kann hier nur kurz erinnert werden.

Homologe des Pyridins

sind die **Methylpyridine** oder **Picoline,** die **Dimethylpyridine** oder **Lutidine** und die **Trimethylpyridine** oder **Kollidine.** Viele dieser Verbindungen sind synthetisch auf mehr oder weniger komplizierten Wegen dargestellt worden. So entsteht z. B. 3-Methylpyridin bei der Destillation von Acroleinammoniak, Kollidin ebenso aus Crotonaldehydammoniak. Auf diesen Reaktionen beruht auch die Bildung von Pyridin und seinen Homologen bei der Destillation von Knochen; das in diesen enthaltene Fett liefert beim Erhitzen Acrolein, das erforderliche Ammoniak entstammt den Eiweißstoffen.

[1] Für die Oxypyridine ist auch Formulierung als Zwitterion in Betracht zu ziehen. Es besteht dann also Mesomerie zwischen folgenden Grenzformen:

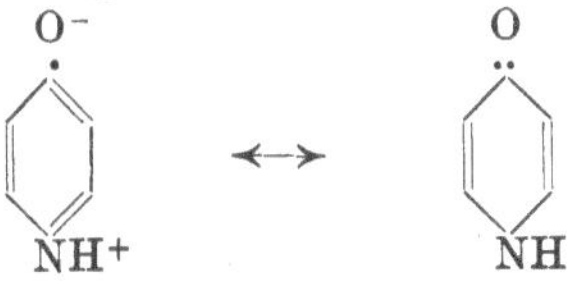

Vom Pyridin ausgehend kann man verschiedene seiner Homologen darstellen, indem man Alkyljodid addiert und die entstandenen Additionsprodukte auf 300° erhitzt. Das anfangs an Stickstoff gebundene Alkyl wandert dann an den Kohlenstoff. Dieser Prozeß erinnert an die Entstehung des Toluidins durch starkes Erhitzen von salzsaurem Methylanilin (S. 317). Doch erhält man so stets Gemische von isomeren Alkylpyridinen.

Synthetisch ist eine Reihe von Homologen des Pyridins durch die Pyridinsynthese von HANTZSCH zugänglich. Sie besteht in der Kondensation von Acetaldehydammoniak mit Acetessigester:

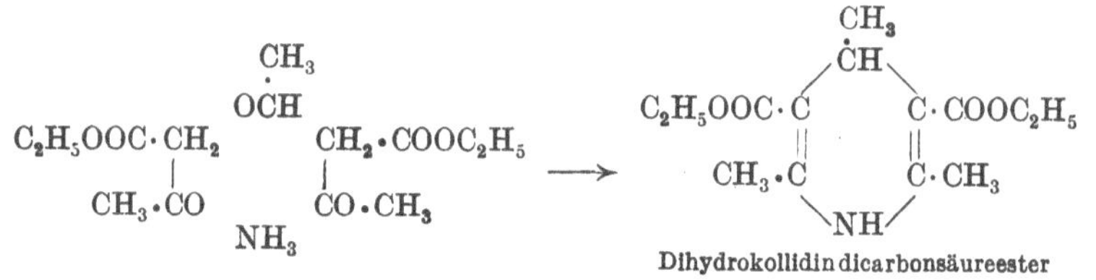

Dihydrokollidindicarbonsäureester

Hierbei entsteht also zunächst ein Abkömmling des 1,4-Dihydro-pyridins. Dieser gibt bei der Oxydation mit salpetriger Säure die beiden Wasserstoffatome der CH- und NH-Gruppe ab, und es entsteht Kollidindicarbonsäureester. Man verseift nun mit Kali und destilliert mit Kalk, wobei unter Abspaltung der Carboxylgruppen Kollidin (s. u.) erhalten wird. Da man bei dieser Reaktion statt des Acetaldehyds andere Aldehyde, statt des Acetessigesters andere β-Ketonsäureester anwenden kann, eröffnet diese Synthese die Möglichkeit, zahlreiche Pyridinderivate darzustellen, deren reaktionsfähige Seitenketten weitere wichtige Umsetzungen vermitteln (vgl. den folgenden Abschnitt).

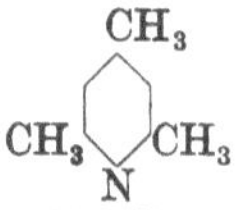

Kollidin

Hydroderivate von Pyridin und seinen Homologen

Vom Hexahydroderivat des Pyridins, dem **Piperidin,** leiten sich zahlreiche wichtige Naturstoffe ab, die im folgenden noch mehrfach Erwähnung finden werden. Namentlich unter den Alkaloiden (S. 490) sind häufig Abkömmlinge des Piperidins angetroffen worden. Piperidin ist eine farblose, mit Wasser mischbare Flüssigkeit (Siedepunkt 106·4°; D^{20}_4: 0·8613), besitzt pfefferartigen und ammoniakalischen Geruch und hat stark basische Eigenschaften ($k = 1 \cdot 1 \times 10^{-3}$). Es wird durch katalytische Hydrierung von Pyridin dargestellt.

Piperidin zeigt im Gegensatz zu Pyridin die Eigenschaften eines sekundären aliphatischen Amins. Durch Methylierung gelangt man zum Dimethylpiperidiniumjodid. Dieses liefert mit Silberoxyd das quartäre Hydroxyd, das bei der trocknen Destillation in eine ungesättigte aliphatische tertiäre Base, das 5-Dimethylamino-penten-(1) (**„des-Dimethylpiperidin“**), übergeht[1]:

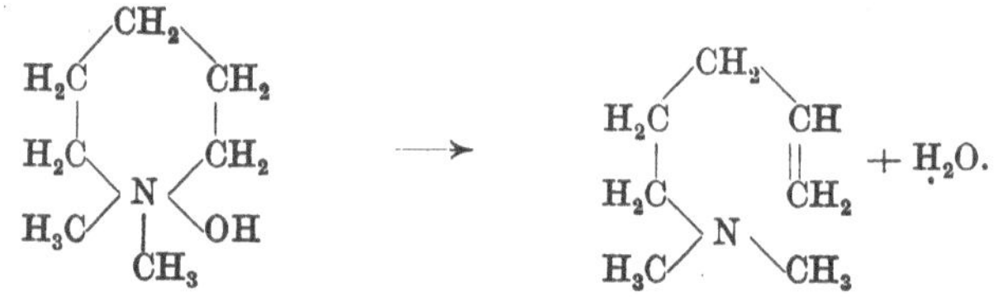

[1] Substanzen, die durch Sprengung einer Bindung entstanden sind, kennzeichnet man mitunter durch die Vorsilbe des- (abgeleitet vom französischen dés-).

Diese als „**Hofmannscher Abbau**" bekannte Ringspaltungs-Reaktion (vgl. S. 494) hat bei der Konstitutionsaufklärung der Alkaloide eine wichtige Rolle gespielt. Sie verläuft jedoch keineswegs immer glatt in dem angegebenen Sinn; häufig wird einfach 1 Mol Alkohol vom Stickstoff unter Erhaltung des Ringes abgespalten. Eine weitere Methode zur Aufspaltung des Rings in tertiären cyclischen Basen rührt von v. BRAUN her. Er zeigte z. B., daß N-Phenyl-piperidin mit Bromcyan ein substituiertes Cyanamid liefert, aus dem man durch Kochen mit Bromwasserstoffsäure die Cyan-Gruppe abspalten kann, so daß man schließlich zu [ε-Brom-amyl]-anilin gelangt:

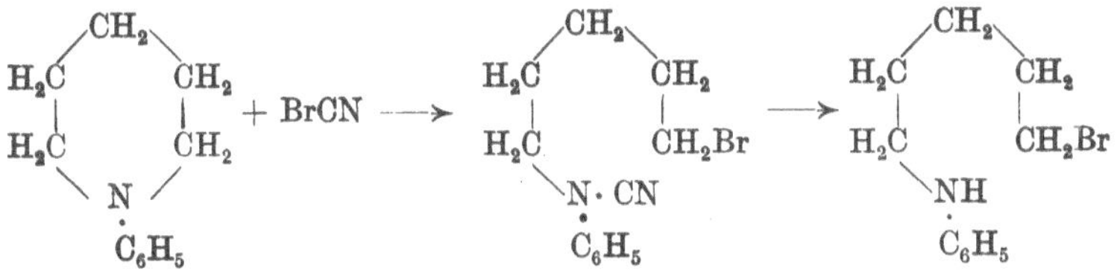

Piperidin kommt im Pfeffer als Bestandteil des **Piperins** $C_{17}H_{19}O_3N$ vor. Piperin wird beim Kochen mit Alkalien durch Aufnahme von 1 Mol H_2O in **Piperinsäure** $C_{12}H_{10}O_4$ (S. 375) und Piperidin gespalten; es muß also als ein substituiertes Amid der Piperinsäure betrachtet werden, das an Stelle der Amidgruppe den Piperidinrest $C_5H_{10}N$ enthält:

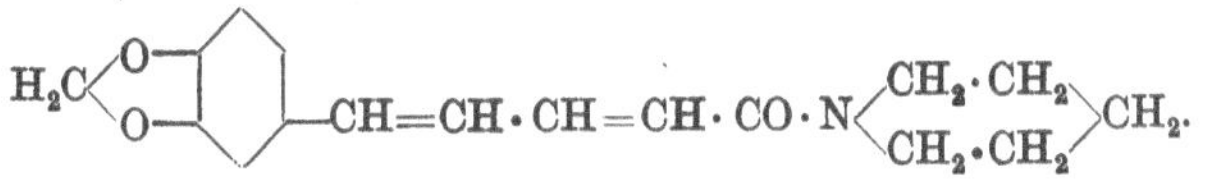

Bei den 2- und 4-Methylderivaten des Pyridins ist im Gegensatz zum 3-Methylderivat die große Reaktionsfähigkeit der Methylgruppen sehr bemerkenswert. Sie beruht offenbar auf der S. 454 erwähnten Elektronenverarmung in 2 und 4. So erhielt LADENBURG durch Kondensation von 2-Methyl-pyridin mit Acetaldehyd **2-Propenyl-pyridin:**

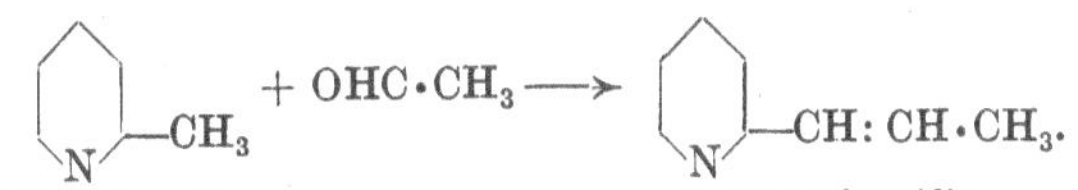

2-Methyl-pyridin 2-Propenyl-pyridin

Mit Hilfe dieser Verbindung ist es LADENBURG geglückt, ein natürliches Alkaloid, das **Coniin** $C_8H_{17}N$, synthetisch darzustellen, indem er mit Natrium und siedendem Alkohol sowohl den Ring als auch die Seitenkette reduzierte. Das entstehende **2-Propyl-**

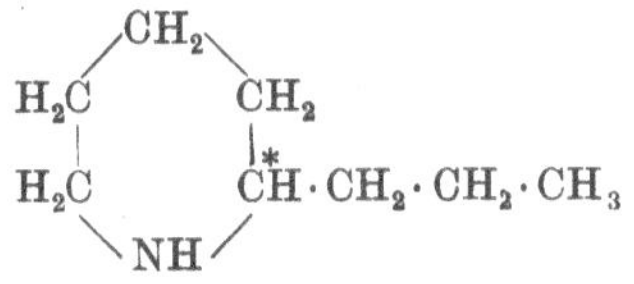

Coniin

piperidin ist wie alle synthetisch aus inaktivem Material dargestellten Stoffe optisch-inaktiv. Durch fraktionierte Kristallisation des weinsauren Salzes läßt es sich jedoch in die Antipoden spalten; die rechtsdrehende Form ist mit dem natürlichen Coniin identisch.

Bei der Betrachtung der Coniinformel sieht man, daß sie ein asymmetrisches Kohlenstoffatom (*) enthält. 4-Propyl-piperidin enthält kein asymmetrisches Kohlenstoffatom, könnte also auch nicht optisch-aktiv sein. Dagegen wäre 3-Propyl-piperidin auch in optisch-aktiver Form möglich. Diese Konstitution ist jedoch für Coniin deshalb ausgeschlossen, weil es sich bei starkem Erhitzen mit Jodwasserstoffsäure in Ammoniak und normales Octan spaltet, während 3- und auch 4-Propyl-piperidin ein Octan mit verzweigter Seitenkette liefern müßten.

Pyridincarbonsäuren

Einige für die Ortsbestimmung in der Pyridinreihe wichtige Carbonsäuren seien im folgenden genannt:

	Schmelzpunkt
Pyridin-carbonsäure-(2) Picolinsäure	135°
Pyridin-carbonsäure-(3), Nicotinsäure	231°
Pyridin-carbonsäure-(4), Isonicotinsäure	317°
Pyridin-dicarbonsäure-(2,3), Chinolinsäure	—
Pyridin-dicarbonsäure-(3,4), Cinchomeronsäure	258°

Picolinsäure erhält man bei der Oxydation von Coniin, dessen Seitenkette in 2-Stellung steht (s. oben), indem Propyl zu Carboxyl wird und die sechs addierten Wasserstoffatome wegoxydiert werden.

Die Konstitution der Nicotinsäure ergibt sich auf folgendem Wege. Es wird unten gezeigt werden (S. 470), daß Chinolin die Struktur I besitzt, also als Naphthalin aufzufassen ist, in dem die CH-Gruppe in 1 durch N ersetzt ist. Bei der Oxydation gibt Chinolin eine Pyridindicarbonsäure, Chinolinsäure, die also die Struktur II haben muß. Diese gibt beim Erhitzen leicht 1 Mol CO_2 ab und geht in Nicotinsäure über. Da Picolinsäure bereits als 2-Verbindung bestimmt ist, so kann Nicotinsäure nur die 3-Säure sein. Für die dritte Pyridinmonocarbonsäure, die Isonicotinsäure, bleibt dann schließlich nur noch die 4-Struktur übrig.

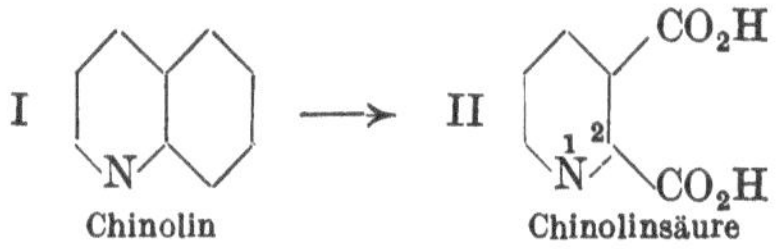

Die Pyridinmonocarbonsäuren entstehen auch durch Oxydation der Homologen des Pyridins. Sie sind kristallisierte Substanzen, die basischen und sauren Charakter zugleich besitzen. Man kennt deshalb sowohl Salze mit Mineralsäuren und Komplexsäuren (H_2PtCl_6) als auch mit Basen. Die Kupfersalze leisten zur Abscheidung dieser Säuren oft gute Dienste. Picolinsäure unterscheidet sich durch zwei Eigenschaften von ihren Isomeren: sie spaltet beim Erhitzen leichter CO_2 ab (unter Bildung von Pyridin) und gibt mit Fe(II)-Salz in wäßriger Lösung eine gelbrote Färbung. Beide Reaktionen zeigt auch die Chinolinsäure; hieraus kann man schließen, daß sie für Säuren mit der Carboxylgruppe in 2-Stellung charakteristisch sind.

Von Derivaten der Nicotinsäure ist ihr Methylbetain **(Trigonellin)** erwähnenswert.

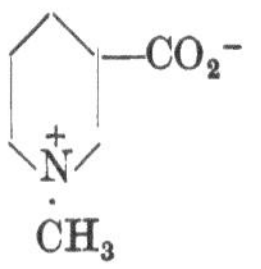

Es entsteht aus dem Jodmethylat der Nicotinsäure beim Behandeln mit Silberoxyd und ist eines der einfachsten natürlich vorkommenden Alkaloide. Es findet sich in Bockshornklee (Trigonella), Erbsen, Kartoffeln, Dahlien und im Kaffee. Es bildet leicht lösliche, mit 1 Mol Wasser kristallisierende Prismen vom Schmelzpunkt 130°.

Nicotinsäureamid spielt als Baustein wasserstoffübertragender Fermente (Cozymase, Codehydrase) eine überaus wichtige Rolle im Stoffwechsel (S. 435, 487). Die maßgebende Reaktion besteht hierbei in einer reversiblen Oxydoreduktion des quartär gebundenen Pyridinium-Ions nach folgendem Schema:

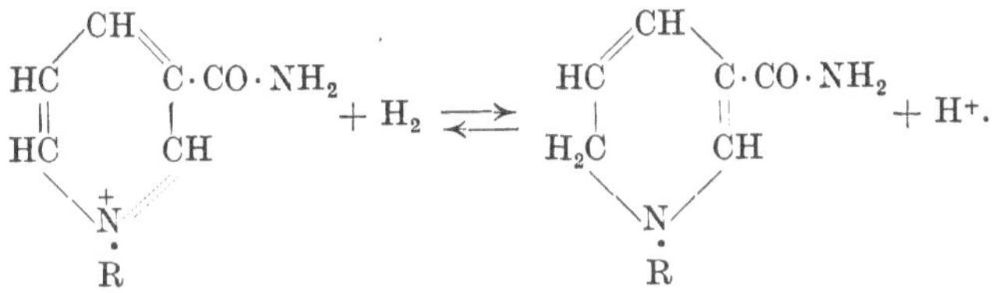

Das N.N-Diäthylderivat des Nicotinsäureamids ist das als Herzmittel verwendete **Coramin.**

Pyrrol C_4H_5N

Pyrrol ist die wichtigste der fünfgliedrigen heterocyclischen Verbindungen. Seine Struktur entspricht der folgenden Formel:

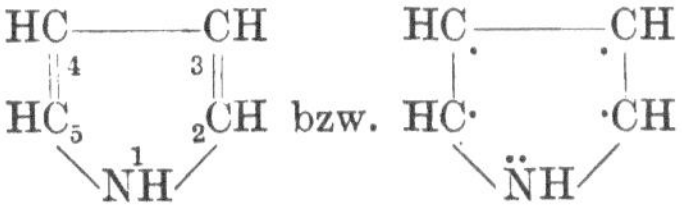

In der Natur finden sich viele Stoffe, die den Pyrrolkern enthalten, unter anderem der Farbstoff des Blutes sowie das Chlorophyll und einige Alkaloide, z. B. das Nicotin; auch unter den Spaltungsprodukten der Eiweisstoffe sind Pyrrolderivate gefunden worden (S. 278).

Pyrrol ist eine farblose Flüssigkeit vom spezifischen Gewicht 0 · 968 bei 20⁰; es ist schwer löslich in Wasser, siedet bei 131⁰ und färbt sich an der Luft rasch braun. Seine Dämpfe färben einen mit Salzsäure befeuchteten Fichtenspan kirschrot (πυρρός = feuerrot); diese Reaktion ist charakteristisch für Pyrrolderivate (vgl. aber auch Furan, S. 446).

Es kann synthetisch durch Behandlung von Bernsteinsäuredialdehyd (Succindialdehyd) mit Ammoniak erhalten werden:

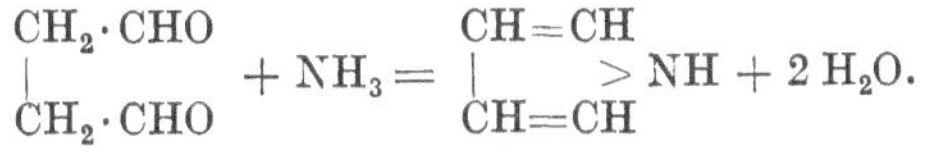

Pyrrol

Als Ausgangsmaterial für die Darstellung eignet sich schleimsaures Ammonium, das beim Erhitzen mit hochsiedenden Lösungsmitteln, z. B. Glycerin, auf 180—210⁰ in Pyrrol, Ammoniak und Kohlendioxyd zerfällt:

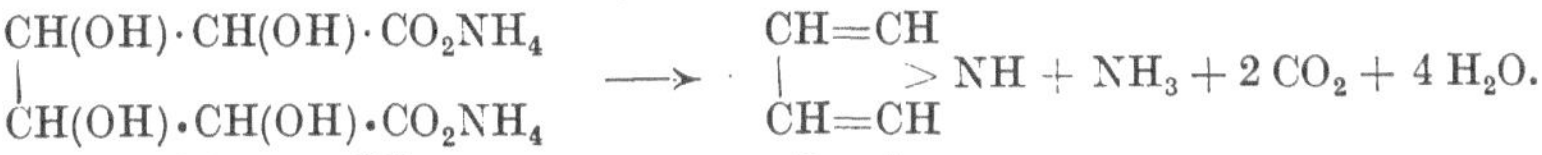

schleimsaures NH_4 Pyrrol

Umgekehrt entsteht aus Pyrrol durch Einwirkung von Hydroxylamin unter Ammoniak-Entwicklung das Dioxim des Bernsteinsäuredialdehyds, Succindialdoxim $HO \cdot N : CH \cdot CH_2 \cdot CH_2 \cdot CH : N \cdot OH$. Pyrrol-Homologe können aus 1,4-Diketonen und Ammoniak dargestellt werden:

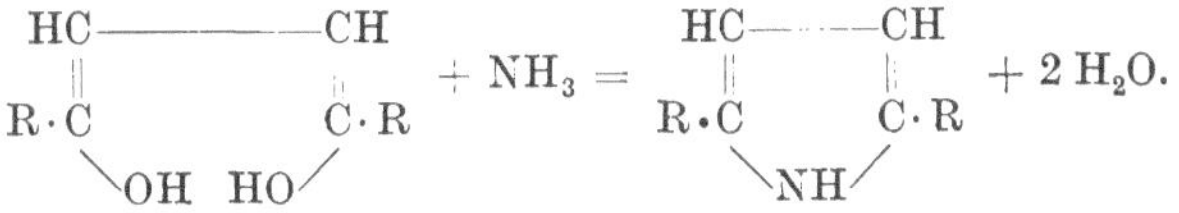

tautomere Form der 1,4-Diketone 2,5-Dialkylpyrrol

Die Analogie dieser Reaktion mit den Furan-Synthesen tritt auch darin hervor, daß Furan-Abkömmlinge direkt durch Erhitzen mit Aminen in Pyrrol-Derivate verwandelt werden können.

Die Struktur des Pyrrols ergibt sich aus den angegebenen Bildungsweisen. Pyrrol zeigt keine basischen Eigenschaften. Es wird durch Säuren verharzt. Infolgedessen ist es auch nicht gelungen, Sulfonsäuren des Pyrrols darzustellen. Dieses Verhalten wird verständlich, wenn man annimmt, daß die beiden nicht an Einfachbindungen beteiligten Stickstoffelektronen durch ihre Wechselwirkung mit den vier π-Elektronen der Kohlenstoffatome den aromatischen Charakter des Pyrrols bedingen. Ihre Inanspruchnahme durch Salzbildung hebt infolgedessen den aromatischen Charakter auf. Dagegen kann der Imidwasserstoff des Pyrrols durch Kalium ersetzt werden.

Die interessanteste Eigenschaft der Pyrrole ist die beispiellose Reaktionsfähigkeit der Kernwasserstoffatome, in der sie sogar die aromatischen Kohlenwasserstoffe übertreffen und eher mit Phenol und Anilin zu vergleichen sind. Mit Halogenen liefert Pyrrol Substitutionsprodukte und keine Additionsprodukte, wie zu erwarten wäre, wenn es eine ungesättigte aliphatische Verbindung wäre. Mit Salpetersäure in Essigsäureanhydrid gibt es Mono- und Dinitroderivate. N-Methyl-pyrrol wandelt sich beim Erhitzen in 2-Methyl-pyrrol um

$$C_4H_4N \cdot CH_3 \longrightarrow C_4H_3(CH_3)NH,$$

entsprechend dem Übergang von Methylanilin in p-Toluidin (S. 317). Die Analogie mit Phenol zeigt sich bei der Behandlung von Pyrrolkalium mit Kohlendioxyd, wobei Pyrrol-carbonsäure-(2) entsteht, gerade wie aus Phenolnatrium und Kohlendioxyd Salicylsäure entsteht. Mit Chloroform und Alkali entsteht Pyrrol-2-aldehyd. Auch kann Pyrrol wie Phenol mit Benzoldiazoniumchlorid gekuppelt werden.

Eine sehr merkwürdige Reaktion findet statt, wenn Pyrrolkalium in ätherischer Lösung mit Chloroform in Reaktion gebracht wird. Das Kohlenstoffatom des Chloroforms schiebt sich dann zwischen zwei Kohlenstoffatome des Pyrrolringes, wodurch 3-Chlor-pyridin entsteht:

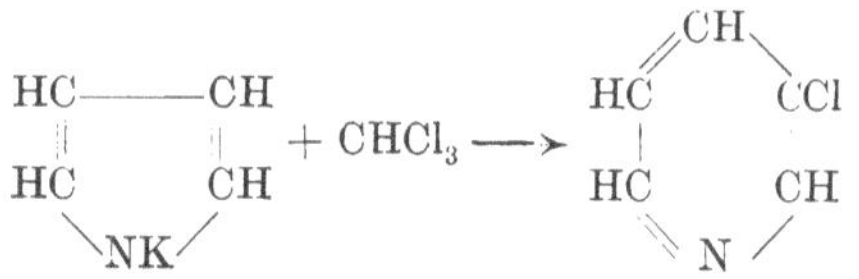

Pyrrol läßt sich durch Zinkstaub und kalte Salzsäure zu einer Verbindung C_4H_7N, die also zwei Wasserstoffatome mehr enthält, reduzieren. Diese Verbindung, die bei 91⁰ siedet, wird **Pyrrolin** genannt. Pyrrolin ist stark basisch und hat wie die partiellen Reduktionsprodukte von aromatischen Verbindungen ungesättigten Charakter, was einen weiteren Beweis für die aromatische Natur des Pyrrols abgibt.

Auch Pyrrolin ist noch zur Aufnahme von zwei H-Atomen befähigt. Das so erhaltene **Pyrrolidin** C_4H_9N, das auch direkt durch katalytische Hydrierung von Pyrrol gewonnen werden kann, ist eine stark ammoniakalisch riechende Flüssigkeit, siedet bei 87^0 und kommt im Tabak vor. Seine Derivate Prolin und Oxyprolin sind bereits besprochen worden (S. 278).

Pyrrol-Farbstoffe

Es wurde bereits oben erwähnt, daß der Blutfarbstoff und der grüne Farbstoff der Blätter, das Chlorophyll, Derivate des Pyrrols sind. Infolge ihrer äußerst komplizierten Struktur und der mannigfachen Veränderungen, die sie bei chemischen Umsetzungen erleiden können, hat man erst im letzten Jahrzehnt Klarheit über ihren Bau gewonnen. Auch heute weiß man noch nicht über alle Einzelheiten Bescheid, und sehr vieles auf diesem interessanten Gebiet bleibt noch zu tun. Die Forscher, denen wir unsere heutige Kenntnis im wesentlichen verdanken, sind Nencki, Marchlewski, Willstätter, Piloty, Küster und vor allem Hans Fischer.

Das im Blut enthaltene Hämoglobin besteht nach S. 288 aus einem Eiweißanteil Globin, das mit der eigentlichen Farbstoffkomponente als prosthetischer Gruppe verbunden ist. Die Freilegung der prosthetischen Farbstoffgruppe aus dem Hämoglobin wird gewöhnlich so vorgenommen, daß man Blut in heißen NaCl-haltigen Eisessig einfließen läßt. Hierbei erhält man braune rhombische Prismen, die sog. Teichmannschen Kristalle, die aus einem salzsauren Salz, dem **Hämin** $C_{34}H_{32}O_4N_4FeCl$ bestehen[1]. Seine Konstitutionsformel ist auf Grund von Abbau und Synthese (H. Fischer 1928) in folgender Weise aufzulösen:

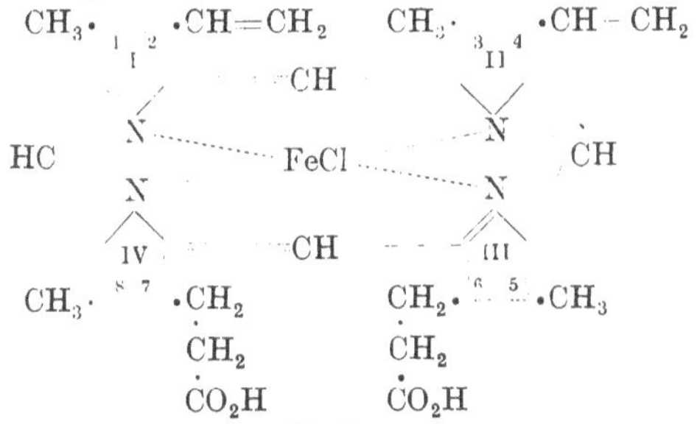
Hämin

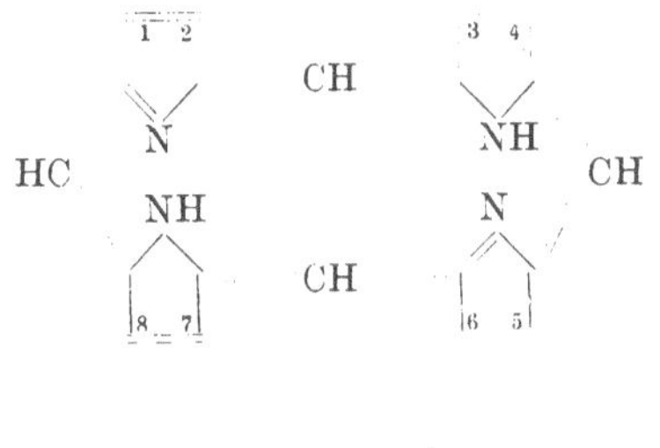
Porphin

Der Stammkern, von dem man sich das Hämin abgeleitet denken kann, indem man das Eisen und die Seitenketten durch Wasserstoff ersetzt, heißt **Porphin** $C_{20}H_{14}N_4$. Es kann aus Pyrrol und Formaldehyd synthetisch erhalten werden und bildet dunkelrote, schwerlösliche Blättchen, die sich oberhalb 360° ohne zu schmelzen zersetzen. Die fortlaufende Konjugation der Doppelbindungen in diesem interessanten Ringsystem erklärt in sehr befriedigender Weise die Beständigkeit, den aromatischen Charakter und die tiefe Farbigkeit seiner Abkömmlinge. Durch Behandlung mit starken Säuren läßt sich aus Hämin das komplex gebundene Eisen abspalten, und man gelangt zu verschiedenen Porphin-Derivaten, die man als **Porphyrine** bezeichnet und aus denen sich durch Einführung von Eisen wieder häminartige Farbstoffe regenerieren lassen. **Protoporphyrin** $C_{34}H_{34}O_4N_4$ entsteht durch Austausch von FeCl im Hämin durch 2 Wasserstoffatome. **Hämatoporphyrin** $C_{34}H_{38}O_6N_4$ bildet sich durch Anlagerung von Wasser an die Vinylgruppen des Protoporphyrins [Bildung von $CH(OH) \cdot CH_3$], **Mesoporphyrin** $C_{34}H_{38}O_4N_4$ durch Reduktion der Vinylgruppen zu Äthylgruppen. Durch Kohlensäureabspaltung aus Mesoporphyrin entsteht schließlich das sauerstoffreie **Ätioporphyrin** $C_{32}H_{38}N_4$, das die Konstitution eines 1,3,5,8-Tetramethyl-2,4,6,7-tetraäthyl-porphins besitzt.

Durch reduktiven Abbau erhält man aus Hämin und den Porphyrinen ein Gemenge von homologen Pyrrolen mit CH_3- und C_2H_5-Seitenketten, z. B. **Hämopyrrol** (I),

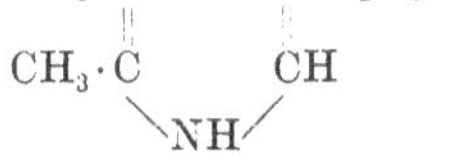
I.

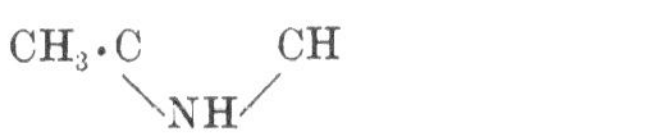
II.

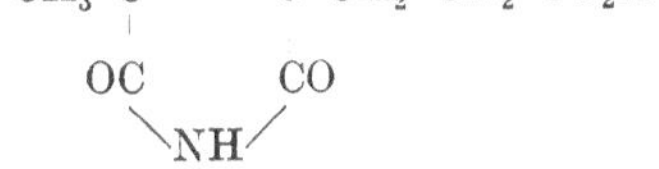
III.

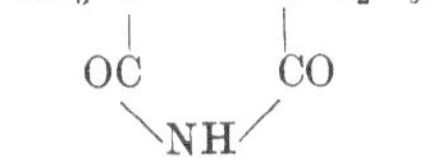
IV.

[1] Es wird als Eisen-Derivat des weiter unten erwähnten Protoporphyrins auch als **„Protohämin"** bezeichnet.

außerdem eine Reihe von Carbonsäuren, z. B. die **Hämopyrrolcarbonsäure** (II). Hämopyrrolcarbonsäure gibt bei der Oxydation **Hämatinsäure** (III), Hämopyrrol **Methyläthylmaleinimid** (IV). Während aus Hämin bei der Oxydation nur Hämatinsäure entsteht, liefert Mesoporphyrin außerdem Methyläthylmaleinimid. Die vinylhaltigen Kerne I und II des Hämins werden also durch Oxydation vollkommen abgebaut und erst nach Reduktion der Vinyl- zu Äthyl-Gruppen als Methyläthylmaleinimid faßbar.

Das Absorptionsspektrum der Porphyrine ist durch eine Reihe schmaler intensiver Banden im sichtbaren Gebiet ausgezeichnet. Die Spektra des Protoporphyrins und Hämins in Fig. 96 lassen erkennen, in wie bemerkenswerter Weise die Komplexbildung mit Eisen die Absorptionsverhältnisse ändert.

Wie schon S. 288 erwähnt wurde, enthält der im Hämoglobin gebundene Farbstoff das Eisen in zweiwertiger Form, und zwar in ionogener Bindung. Von den sechs Koordinationsstellen des Eisens werden vier von den vier Pyrrol-Stickstoffatomen besetzt, eine von einem Histidinstickstoff im Globin. Sauerstoff besetzt im Oxyhämoglobin die sechste Koordinationsstelle unter Umwandlung der ionogenen in homöopolare Bindungen. Die Bildung von Hämin verläuft unter gleichzeitiger Oxydation. Tatsächlich erweist sich auch das durch Einführung von zweiwertigem Eisen in Protoporphyrin synthetisch erhaltene **„Häm"** als äußerst oxydabel. Es spaltet ferner schon mit sehr verdünnten Säuren Eisen ab, während man aus dem Hämoglobin die prosthetische Gruppe durch verdünnte Säuren, z. B. Oxalsäure, ohne Eisenverlust abspalten kann. Das aus dem Hämin durch Austausch von Cl gegen OH (z. B. durch Einwirkung von Natronlauge) hervorgehende Hydroxyd $C_{34}H_{32}O_4N_4Fe(OH)$ heißt **Hämatin (Oxyhämin)**. Wenn man Hämatin und Globin in neutraler Lösung zusammenbringt, so erhält man **Methämoglobin** (S. 289), ein Derivat mit dreiwertigem Eisen. Setzt man gleichzeitig ein Reduktionsmittel zu, so erhält man wieder Hämoglobin. Methämoglobin und Hämoglobin bilden ein reversibles Redox-System, dessen Normalpotential (bei $p_H = 7$) $+ 0{\cdot}152$ Volt beträgt. Hämoglobin wird daher durch starke Oxydationsmittel wie Chinon oder Kaliumferricyanid zu Methämoglobin oxydiert. Komplexbildende Basen verdrängen das Globin aus Hämoglobin, und es entstehen Komplexverbindungen des Häms, die **Hämochromogene**. Die verschiedenen Tierarten besitzen artspezifische

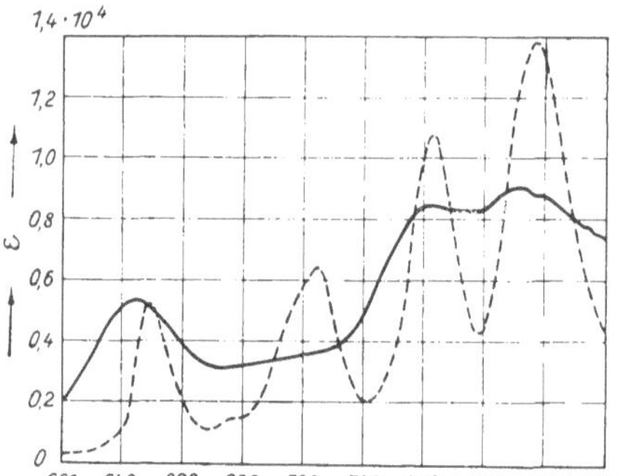

Fig. 96. Absorptionsspektrum von Hämin (—) und Protoporphyrin (----) in Dioxan

Hämoglobine, die, wie es scheint, alle das gleiche Häm, aber verschiedene Globine enthalten. Beim Menschen hat man ein Hämoglobin des Neugeborenen, ein Hämoglobin des Erwachsenen und ein Muskelhämoglobin (**Myoglobin**) zu unterscheiden. Alle diese Hämoglobine binden 1 Mol Sauerstoff auf 1 Atom Eisen unter Bildung von Oxyhämoglobinen, aber ihre Affinität zum Sauerstoff, die Dissoziationskonstante des Oxyhämoglobins, ist sehr verschieden. Während verdünnte Säuren, wie oben bemerkt, das Hämoglobin leicht in Farbstoff und Globin spalten, gelingt eine solche Zerlegung mit Alkalien nicht in glatter Weise. Hierbei wird das Globin bereits hydrolysiert, bevor die Eisen-Globin-Bindung gelöst ist.

An Eiweiß gebundene Eisenkomplexe des Protoporphyrins sind, teilweise als Fermente, in der Natur sehr verbreitet. In den Knöllchen der Leguminosen findet sich ein Pigment, das dem Hämoglobin überraschend ähnlich ist. Hämatin bildet, meist irreversibel gebunden, die prosthetische Gruppe der **Katalase, Peroxydase** und der Cytochrome, die als Oxydationsfermente bei der Zell-„Atmung" (S. 244, 489) tätig sind. Im am besten bekannten **Cytochrom c,** das man aus Herzmuskel isoliert, scheinen die Vinylreste des Hämatins durch Vermittlung von Cysteingruppen an Eiweiß gebunden zu sein (ZEILE, THEORELL). Das Hämin des Wurms Spirographis unterscheidet sich vom gewöhnlichen Hämin lediglich durch Ersatz der Vinylgruppe in 2 durch Formyl. Unter pathologischen Erzeugnissen des Organismus findet man jedoch auch Verbindungen von abweichendem Bau. Dies gilt z. B. für einige Porphyrine, die im Harn und Kot normalerweise in sehr geringer Menge auftreten, aber unter pathologischen Verhältnissen stark vermehrt sind (Porphyrinurie). Genannt seien die Octacarbonsäure **Uroporphyrin I** $C_{40}H_{38}O_{16}N_4$ aus Harn und die Tetracarbonsäure **Koproporphyrin I** $C_{36}H_{38}O_8N_4$ aus Kot. Die durch Synthese von H. FISCHER bewiesene Formel des Koproporphyrins I

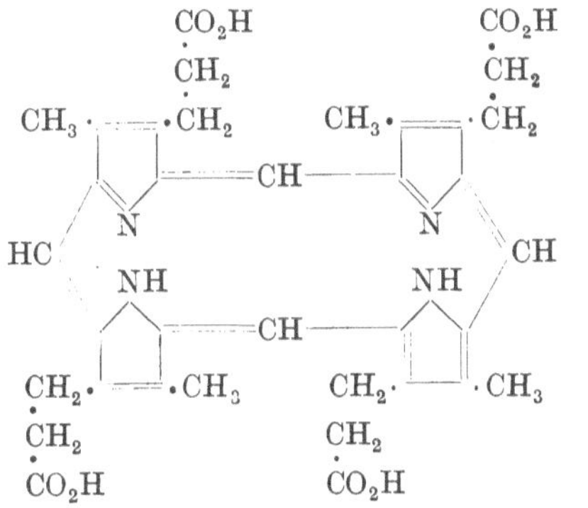

läßt erkennen, daß die carboxylfreien Stammsubstanzen (Ätioporphyrin $C_{32}H_{38}N_4$) des Hämins einerseits und des Koproporphyrins I andererseits nicht identisch, sondern isomer sind. Dagegen entsprechen die Carbonsäuren Uroporphyrin III und Koproporphyrin III, die man gleichfalls aus Harn und Kot isoliert hat, in der Verteilung der Seitenketten dem Hämin.

Die Konstitutionsaufklärung des **Chlorophylls** erwies sich als bedeutend schwieriger als die des Hämins. Man verdankt die nachstehende Formel, die vielleicht noch nicht in den letzten Einzelheiten endgültig ist, den hervorragenden Untersuchungen von HANS FISCHER. Unter den übrigen Forschern, die wichtige Beiträge zu dieser Formel geliefert haben, sind in erster Linie noch WILLSTÄTTER und STOLL sowie CONANT zu nennen.

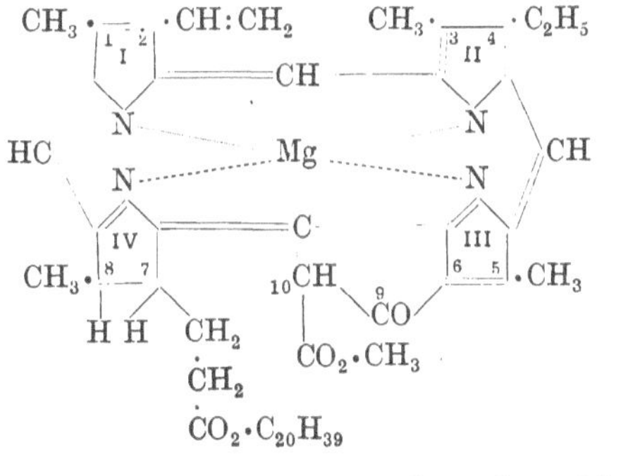

Wie Hämin leitet sich auch Chlorophyll von dem Grundskelett des Porphins ab. Man erhält daher beim reduktiven Abbau ähnliche Pyrrol-Abkömmlinge wie aus Hämin. Bei der Oxydation entsteht jedoch neben Methyläthylmaleinimid optisch-aktive Dihydrohämatinsäure. Chlorophyll ist also zum Unterschied von Hämin optisch-aktiv, und auch sonst bestehen, wie obige Formel erkennen läßt, beträchtliche Unterschiede: das komplex gebundene Metall ist Magnesium, eine Doppelbindung des Porphin-Kerns und eine Seitenkette ist hydriert, Pyrrolring III ist mit einem isocyclischen Fünfring verschmolzen, und schließlich sind die Carboxylgruppen durch Methylalkohol und den früher besprochenen hochmolekularen Alkohol Phytol $C_{20}H_{40}O$ (S. 136) verestert. Der systematische Abbau des Chlorophylls verläuft daher über eine große

Anzahl von Zwischenstufen, deren Entwirrung erhebliche Mühe gekostet hat und nur durch zielbewußte Vereinigung analytischer und synthetischer Verfahren möglich gewesen ist.

Chlorophyll ist gegen Säuren sehr empfindlich und verliert bei vorsichtiger Säurebehandlung zunächst das Magnesium. Das entstehende **Phäophytin** $C_{55}H_{74}O_5N_4$ wird durch energischere Einwirkung zu Phytol und **Phäophorbid** $C_{35}H_{36}O_5N_4$ verseift, das durch Isomerisation in ein optisch-inaktives **Phäoporphyrin** der folgenden Formel ($X = CO_2 \cdot CH_3$) übergeht:

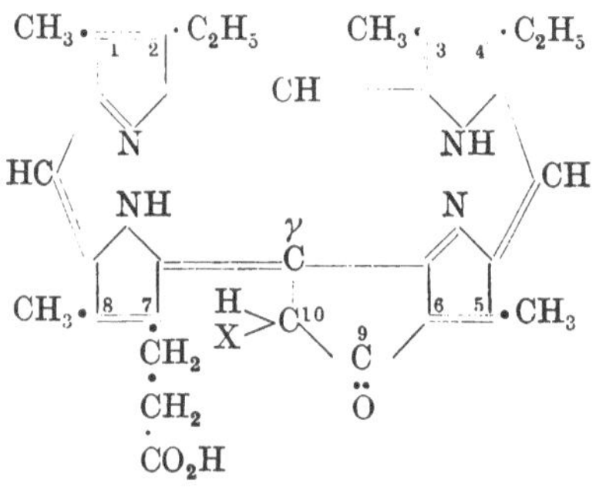

Diese Formel ist auch durch Abbau und Totalsynthese bewiesen worden. Durch Abspaltung der Carbomethoxy-Gruppe aus diesem Phäoporphyrin gelangt man weiter zum **Phylloerythrin** ($X = H$), das man auch im Magen-Darm-Kanal von Wiederkäuern als natürliches Chlorophyll-Abbauprodukt gefunden hat. Phäoporphyrin kann ferner (wie Chlorophyll, Phäophytin und Phäophorbid) mit Eisessig-Bromwasserstoff in Desoxophylloerythrin übergeführt werden (CH_2 statt CO in Stellung 9 des Phylloerythrins), dessen Decarboxylierung schließlich den sauerstoff- und magnesiumfreien Stammkörper des Chlorophylls ergibt. Dieses **Ätiodesoxophylloerythrin** $C_{32}H_{36}N_4$ unterscheidet sich von dem 1,3,5,8-Tetramethyl-2,4,6,7-tetraäthyl-porphin aus Hämin lediglich durch den Mindergehalt von 2 Wasserstoff-Atomen, entsprechend dem Vorhandensein eines isocyclischen Fünfrings zwischen 6 und γ. Phylloerythrin und seine Abbauprodukte sind auch synthetisch erhalten worden. In Phäoporphyrin, Phäophorbid und Phäophytin läßt sich Magnesium in komplexer Bindung wieder einführen. Der physiologische Zusammenhang der Hämin- und Chlorophyllreihe ist auf mannigfache Weise bewiesen worden. Aus der Alge *Chlorella* können durch Schädigung mit Röntgenstrahlen Mutanten erzeugt werden, denen die Fähigkeit zur Chlorophyll-Synthese verlorengegangen ist und die stattdessen Protoporphyrin und Magnesiumprotoporphyrin enthalten. Man muß daraus schließen, daß diese Verbindungen Vorstufen des Chlorophylls bilden (Granick).

Das Chlorophyll der meisten Pflanzen enthält neben dem bisher ausschließlich besprochenen Chlorophyll a $C_{55}H_{72}O_5N_4Mg$ noch ein Chlorophyll b $C_{55}H_{70}O_6N_4Mg$, und zwar ziemlich konstant 1 Molekül b auf 3 Moleküle a. Chlorophyll b unterscheidet sich, wie man heute weiß, von Chlorophyll a lediglich durch das Vorhandensein einer CHO-Gruppe an Stelle der Methylgruppe in 3.

Die biologische Funktion des Chlorophylls besteht bekanntlich darin, daß es unter dem Einfluß absorbierter Strahlung die Synthese von Kohlenhydraten aus Kohlendioxyd und Wasser ermöglicht:

$$6\,CO_2 + 6\,H_2O\ \text{flüss.} = C_6H_{12}O_6\ \text{fest} + 6\,O_2;\quad \Delta H_{298} = +\,673.6\ \text{kcal};\quad \Delta F_{298} = +\,692.1\ \text{kcal}.$$

Die Reduktion, die im Dunkeln nicht stattfindet, verbraucht nach den Untersuchungen von Warburg pro Molekül CO_2 ca. 4 Quanten der Wellenlänge 6600 Å, entsprechend ca. 173 kcal/Mol

CO_2. Trotz vieler darauf verwandter Mühe ist der Reaktionsmechanismus noch unklar. Durch Markierung mit Isotopen weiß man, daß der bei der Assimilation entwickelte Sauerstoff nicht dem Kohlendioxyd, sondern dem Wasser entstammt und daß das assimilierte Kohlendioxyd zuerst in den C-Atomen 3 und 4 der Glucose nachweisbar ist. Vielleicht ist also eines der ersten Assimilationsprodukte Brenztraubensäure oder Glycerinsäure, deren reversible Umwandlung (mit Dihydrocozymase) in Glycerinaldehyd und weiter in Glucose denkbar ist. Nach WARBURG ist an der Zersetzung des Wassers Zink, vielleicht in Form einer Fermentverbindung, beteiligt. Denn nach Entfernung des Zinks hört die Sauerstoffentwicklung auf. Über die Bindung des Chlorophylls im Blatt ist noch wenig bekannt. Die oft vermutete Verknüpfung mit Eiweiß hat durch neuere Untersuchungen keine Stütze erhalten.

Phthalocyanine

In neuerer Zeit hat man eine Gruppe von Farbstoffen kennengelernt, die in ihrem Bau den Porphyrinen sehr ähnlich sind und durch ihre überraschend leichte Bildung auffallen. Es sind dies die von LINSTEAD eingehend untersuchten **Phthalocyanine**, die beim Erhitzen von Phthalsäuredinitril mit Metallsalzen auf 150—200° entstehen:

$$2\,CuCl + 4\,C_6H_4(CN)_2 \longrightarrow C_{32}H_{16}N_8Cu + CuCl_2.$$

Das nach vorstehender Gleichung gebildete Kupferphthalocyanin bildet unlösliche blaue, metallisch glänzende Nadeln, die sich bei 500—600° sublimieren lassen und das Metall so fest gebunden enthalten, daß es nicht ohne Zerstörung des Moleküls

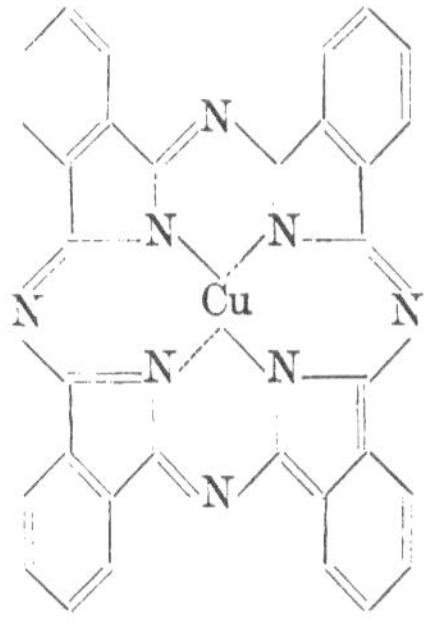

entfernt werden kann. Wie die obenstehende Konstitutionsformel zeigt, leitet es sich von einem Porphin ab, das mit 4 Benzolkernen kondensiert ist und dessen CH-Gruppen durch —N= ersetzt sind. Es ist also ein Kupferderivat des Tetrabenzo-tetraaza-porphins[1]. Auch die entsprechenden Verbindungen des Platins und Zinks sind von ähnlicher Beständigkeit. Zahlreiche andere Metallverbindungen tauschen dagegen wie die Porphyrine bei Säurebehandlung das Metall gegen 2 Wasserstoffatome aus und liefern freies Phthalocyanin $C_{32}H_{18}N_8$, das eine grünblaue, sehr beständige Substanz darstellt und von Salpetersäure zu Phthalimid und Phthalsäureanhydrid oxydiert wird. Verwandte Verbindungen hat man aus zahlreichen Dinitrilen gewonnen, welche die CN-Gruppen an 2 benachbarten doppelt gebundenen C-Atomen enthalten. Z. B. entsteht aus Diphenylmaleinsäurenitril ein Oktaphenyl-tetraaza-porphin. Metallphthalocyanine werden wegen ihrer hervorragenden Echtheitseigenschaften und intensiven Färbung als Pigmentfarben verwendet **(Monastralblau, Heliogenblau)**. Durch die Darstellung löslicher Sulfonsäuren ist auch die Anwendung dieser Farbstoffe in der Textilfärberei ermöglicht. Eine interessante Variation der üblichen Färbeverfahren ist schließlich der direkte Zusatz von Phthalocyaninen zu Viscose-Lösungen vor der Fällung.

---

[1] Den *Ersatz* von ringförmig gebundenem —CH= durch —N= drückt man in der Nomenklatur durch Vorsetzen der Silbe — **aza** vor den Namen des kohlenstoffhaltigen Stammkerns aus. Pyridin kann also nach diesem Verfahren als ein Aza-benzol bezeichnet werden.

Hetero-Fünfringe mit zwei Stickstoffatomen

Die Stammkerne dieser Gruppe sind **Imidazol** (I) und **Pyrazol** (II).

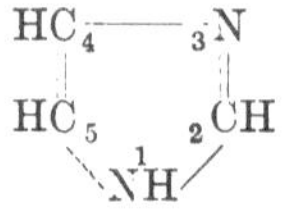
I

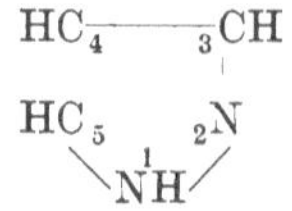
II

Wichtige Abkömmlinge des Imidazols werden uns später bei der Besprechung der Harnsäuregruppe entgegentreten. Wir begnügen uns hier damit, eine allgemeine Methode zur Darstellung anzuführen, die in der Einwirkung von Glyoxal auf Ammoniak und Aldehyde besteht:

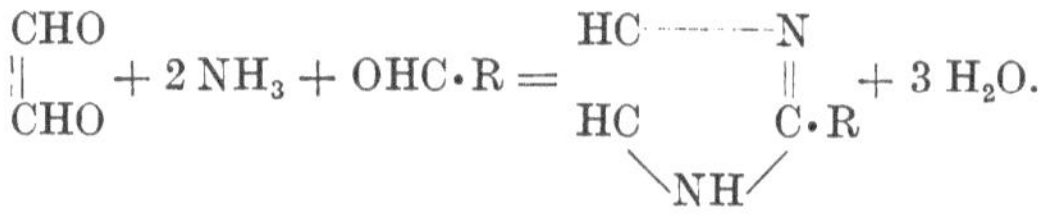

Eine Modifikation dieses Verfahrens ist der von WEIDENHAGEN angegebene Weg, α-Ketonalkohole in Gegenwart von Ammoniak und Aldehyden mit Kupfersalzen zu oxydieren:

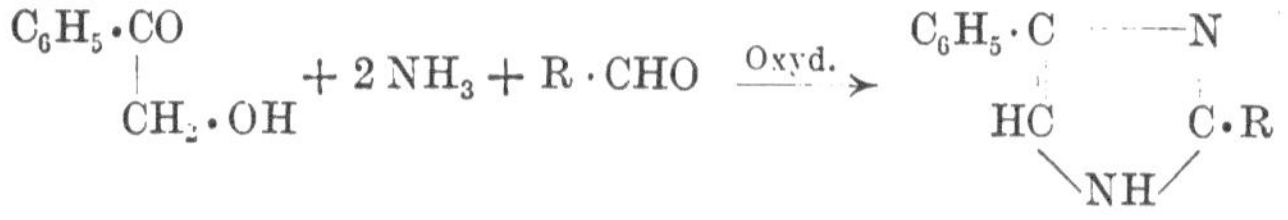

Imidazol (früher **Glyoxalin** genannt) kristallisiert in Prismen vom Schmelzpunkt 90°, siedet bei 256° und ist in Wasser leicht löslich. Es ist eine schwache Base ($k = 1 \cdot 2 \times 10^{-7}$). Es besitzt aromatische Eigenschaften, ist sulfurierbar, nitrierbar, läßt sich nicht reduzieren und kuppelt mit Diazoniumverbindungen in 2-Stellung.

Derivate des **Pyrazols** entstehen durch Einwirkung von Diazoessigester auf Acetylencarbonsäureester. Z. B. vereinigen sich Acetylendicarbonsäureester und Diazoessigester mit explosionsartiger Heftigkeit zu Pyrazoltricarbonsäureester:

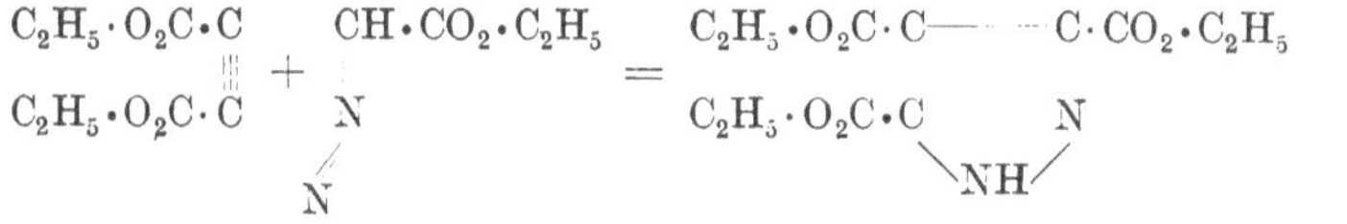

Pyrazol selbst erhält man unter anderem durch Einwirkung von Hydrazin auf Propargylacetal (S. 144):

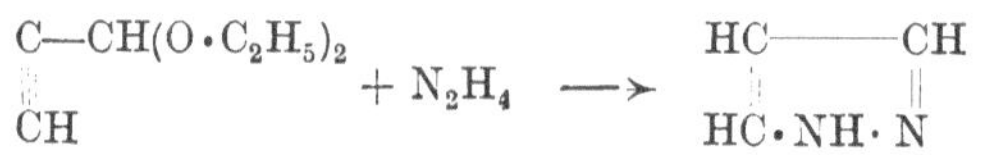

Mit dieser Synthese ist zugleich die Strukturformel des Pyrazols gegeben; nach ihr ist das Pyrazol als ein Pyrrol aufzufassen, in dem eine dem Stickstoffatom benachbarte CH-Gruppe durch N ersetzt ist. Pyrazol bildet eine sehr schwache Base ($k = 3 \times 10^{-12}$); seine wäßrige Lösung reagiert neutral. Es ist kristallisiert, schmilzt bei 70° und siedet bei 185°. Es ist ebenfalls eine ausgesprochen aromatische Verbindung: es ist gegen Oxydation sehr beständig und läßt sich wie Benzol sulfurieren und nitrieren. In seinen Monohalogenderivaten ist das Halogen sehr schwer beweglich.

Theoretisch interessant ist, daß die 3- und die 5-Derivate des Pyrazols, die gemäß der obigen Strukturformel verschieden sein sollten, in Wirklichkeit identisch sind. Da die Stelle 3 zu Stelle 5 wird, wenn der Wasserstoff unter gleichzeitiger Verlagerung der Doppelbindungen an das andere Stickstoffatom wandert, so hat man angenommen, daß eine Umlagerung von I in II (s. S. 467) sehr leicht stattfindet.

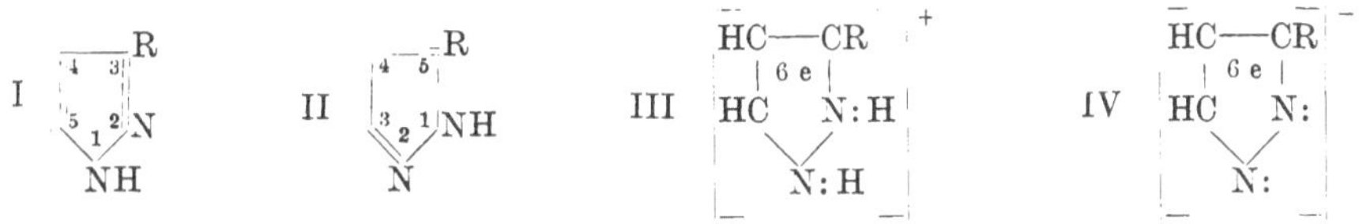

In der Sprache der Elektronentheorie läßt sich dieser Sachverhalt klarer so ausdrücken, daß im Pyrazol nur Einfachbindungen und eine abgeschlossene 6-Elektronengruppe vorkommen. Dann werden in saurer oder in alkalischer Lösung (Anlagerung bzw. Abspaltung eines Protons) die beiden Formen (III bezw. IV) jeweils miteinander identisch. Wird aber der an Stickstoff gebundene Wasserstoff substituiert, so verschwindet diese Möglichkeit; 3- und 5-Derivate werden dann strukturisomer. Den um 2 Wasserstoffe reicheren basischen und oxydablen **Pyrazolinen** fehlt der aromatische Bindungszustand. Hier kennt man strukturisomere Verbindungen, die den Formeln

entsprechen müssen.

Vom **Pyrazolin** leiten sich die wichtigsten Derivate der Pyrazolreihe ab. Sie entstehen analog den Pyrazolen durch Kondensation von einfach ungesättigten Säureestern mit Diazoessigester:

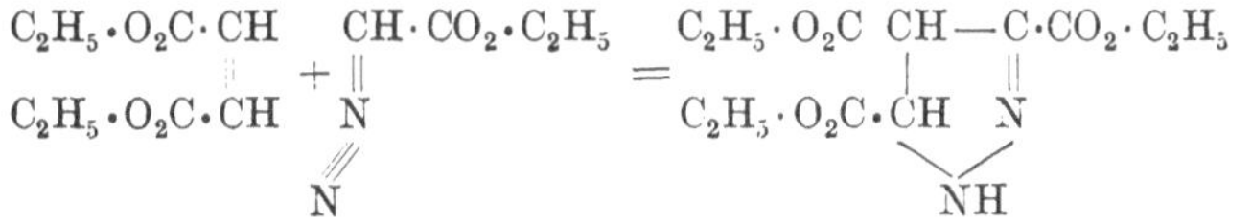

Fumarsäureester Pyrazolintricarbonsäureester

Pyrazolin (I) selbst entsteht durch Einwirkung von Hydrazin auf Acrolein; durch Brom wird es in Pyrazol verwandelt. Ein Ketoderivat des Pyrazolins ist **Pyrazolon** (II), für das auch die desmotropen Formeln IIa und IIb in Betracht zu ziehen sind.

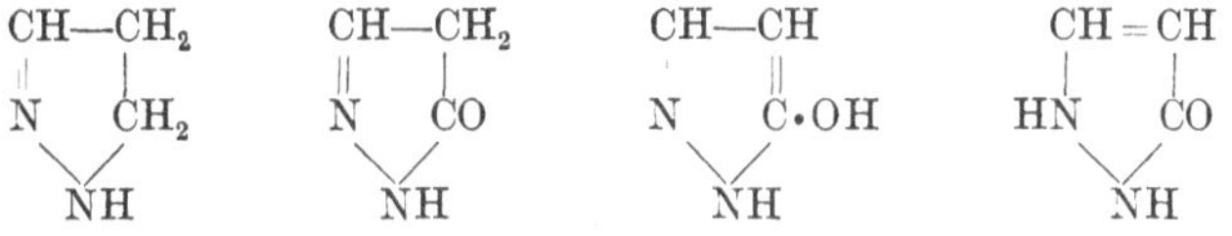

I II IIa IIb

Pyrazolon-Derivate werden sehr leicht durch Einwirkung von Hydrazinen auf β-Ketonsäureester erhalten. Z. B. entsteht aus Phenylhydrazin und Acetessigester **1-Phenyl-3-methyl-pyrazolon-(5)**:

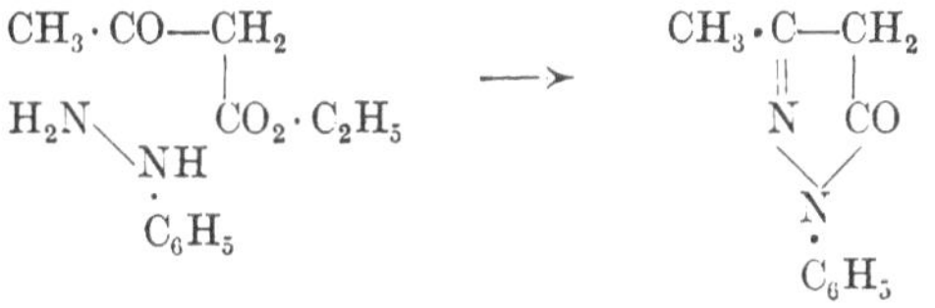

Eine analoge Kondensation findet bei der Einwirkung von Methylphenylhydrazin $C_6H_5 \cdot NH \cdot NH \cdot CH_3$ auf Acetessigester statt; das entstehende **1-Phenyl-2,3-dimethyl-pyrazolon-(5)** (III) leitet sich von der Pyrazolonformel IIb ab:

III 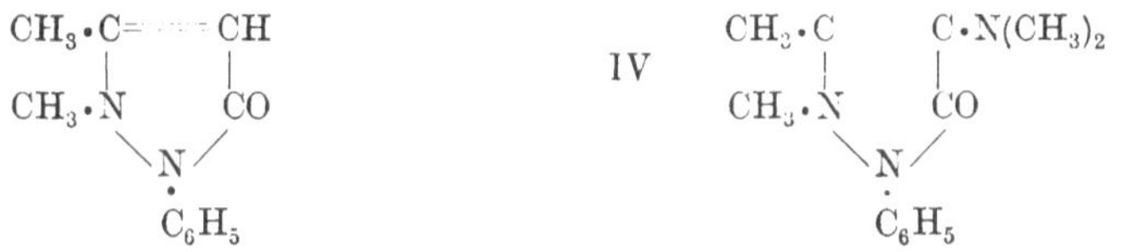 IV

Dieses Derivat ist das von KNORR 1883 entdeckte **Antipyrin**, das wegen seiner die Körpertemperatur herabsetzenden Wirkung ausgedehnte Anwendung als Fiebermittel findet. Es kristallisiert in farblosen Blättchen, schmilzt bei 113° und kann nicht ohne Zersetzung destilliert werden. In Wasser und Alkohol ist es leicht löslich; die wäßrige Lösung wird durch Eisenchlorid rot, durch salpetrige Säure blaugrün gefärbt.

Salipyrin ist eine Verbindung des Antipyrins mit Salicylsäure. 4-Dimethylamino-antipyrin (IV auf S. 467) ist das bekannte Fiebermittel **Pyramidon.**

Die in Formel IIa zum Ausdruck kommende Phenolnatur der Pyrazolone macht sie zu wichtigen Kupplungskomponenten für Azofarbstoffe. Die als Wollfarbstoffe verwendeten Pyrazolonfarbstoffe sind gelb und zeichnen sich vielfach durch hervorragende Lichtechtheit aus. **Xylengelb** wird gewonnen, indem man zunächst das Hydrazin aus 2,5-Dichlor-sulfanilsäure mit Acetessigester zum Pyrazolon umsetzt und dieses mit p-Diazobenzolsulfonsäure kuppelt:

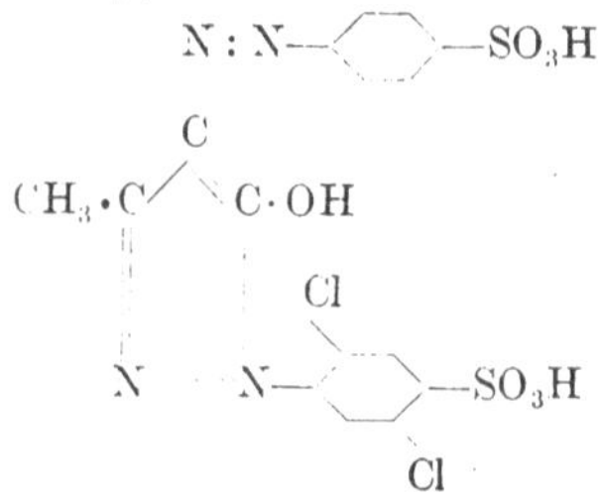

Der älteste bekannte und noch heute viel gebrauchte gelbe Pyrazolonfarbstoff ist das **Tartrazin**, das zuerst aus Dioxyweinsäure (= Dihydrat der Diketobernsteinsäure) und Phenylhydrazin-p-sulfonsäure dargestellt wurde:

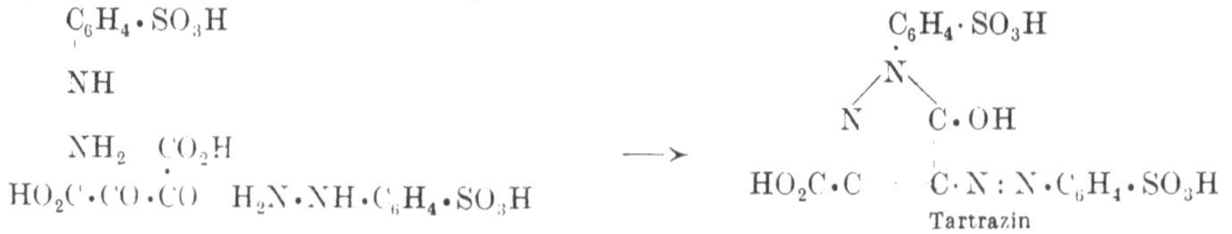

Tartrazin

Thiazol

Unter den heterocyclischen Fünfringen, die zwei verschiedene Heteroatome als Ringglieder enthalten, bietet das Thiazol besonderes Interesse, weil es zum Pyridin in dem gleichen Verhältnis steht, wie Thiophen zum Benzol (HANTZSCH):

Thiophen Benzol Thiazol Pyridin

In der Tat beobachtet man auch im chemischen und physikalischen Verhalten viele Analogien zwischen Pyridin und Thiazol. Thiazol und seine Homologen können aus Thiosäureamiden und α-Halogen-aldehyden dargestellt werden:

Thioformamid Chloracetaldehyd Thiazol

Eine andere brauchbare Darstellungsmethode beruht auf der Umsetzung von Acylaminoaldehyden oder -ketonen mit Phosphorpentasulfid (Gabriel):

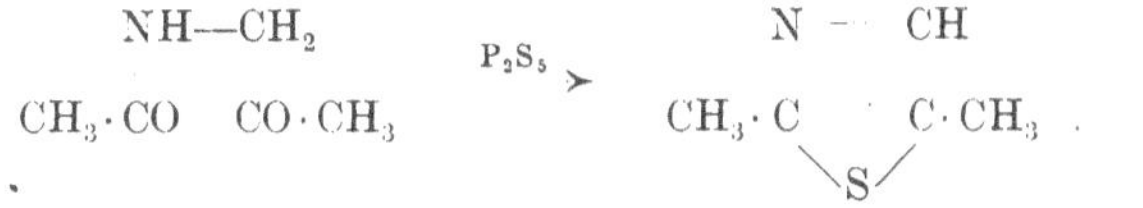

Thiazol ist eine bei 117⁰ siedende Flüssigkeit von pyridinartigem Geruch und rein aromatischem Charakter. D_4^{17}: 1·1998. Es reagiert neutral und bildet mit Säuren beständige Salze, die infolge hydrolytischer Spaltung sauer reagieren. Ein natürlich vorkommendes Thiazol-Derivat ist das früher erwähnte Vitamin B_1 (S. 435). Mit einem Benzolkern kondensierte Thiazole (**Benzthiazole**) spielen in der Farbenindustrie eine Rolle. Beim Erhitzen von p-Toluidin mit Schwefel entsteht zunächst **Dehydrothio-p-toluidin**:

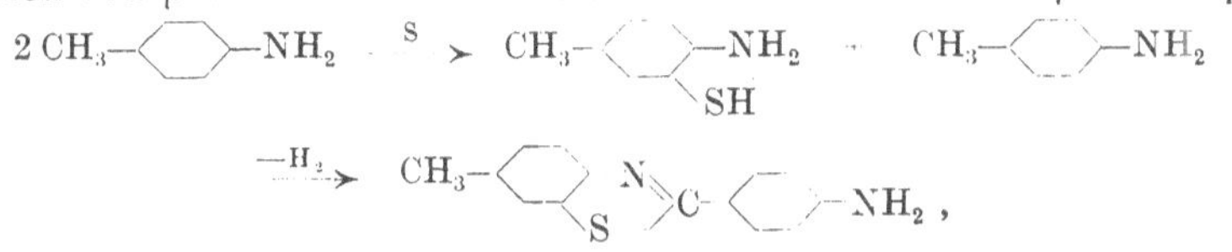

Dehydrothio-p-toluidin

das bei höherer Temperatur der gleichen Umwandlung wie p-Toluidin unterliegt:

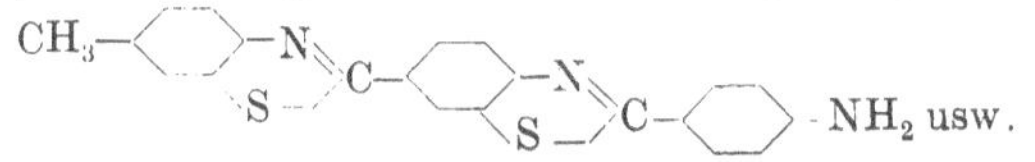

Durch Sulfurierung der gelben, schwer löslichen Kondensationsprodukte erhält man neben dem heute bedeutungslos gewordenen **Primulin** hauptsächlich Dehydrothio-p-toluidin-sulfonsäure-(7). Durch Oxydation mit Natriumhypochlorit wird daraus **Siriuslichtgelb RR (Naphthamingelb NN)** erhalten, dessen Hauptbestandteil der Azofarbstoff folgender Formel ist:

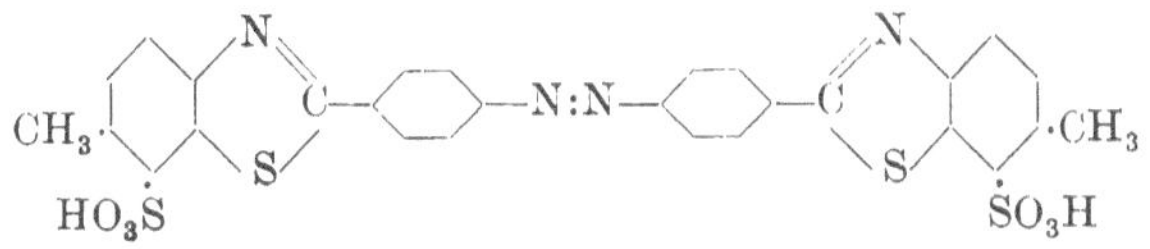

B. Mehrkernige Stickstoff-Verbindungen

Chinolin C_9H_7N

Chinolin findet sich (neben Chinaldin und Isochinolin) im Steinkohlenteer. Es ist eine farblose, stark lichtbrechende Flüssigkeit von eigentümlichem, unangenehmem Geruch. Sein Siedepunkt liegt bei 237·1⁰; sein spezifisches Gewicht ist 1·0938 bei 20⁰; es erstarrt bei —15·6⁰. Chinolin besitzt wie Pyridin den Charakter einer tertiären Base ($k = 1 \cdot 1 \times 10^{-9}$), enthält also am Stickstoff kein Wasserstoffatom.

Mit Säuren gibt Chinolin kristallisierende Salze; das Bichromat $(C_9H_7N)_2H_2Cr_2O_7$ ist in Wasser schwer löslich.

Chinolin kann nach verschiedenen Methoden dargestellt werden, die zugleich über seine Struktur Aufschluß geben. Zuerst wurde es von Königs (1879) beim Leiten von Allylanilin-Dämpfen über glühendes Bleioxyd synthetisch erhalten:

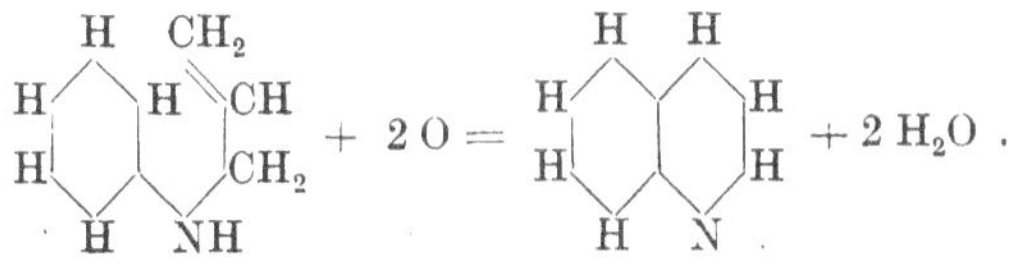

Allylanilin Chinolin

Als Darstellungsverfahren dient die SKRAUPsche Synthese (1880), bei der Anilin mit Glycerin und Schwefelsäure in Gegenwart von Nitrobenzol erhitzt wird. Durch den wasserentziehenden Einfluß der Schwefelsäure bildet sich aus dem Glycerin Acrolein, das sich mit Anilin zu einem Additionsprodukt

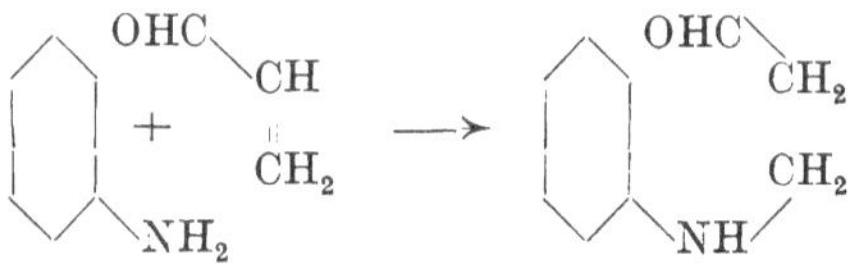

vereinigt; die oxydierende Wirkung, die bei der Synthese von KÖNIGS Bleioxyd ausübt, wird hier durch Nitrobenzol erreicht. An Stelle des Nitrobenzols kann auch Arsensäure verwendet werden.

Eine andere, von P. FRIEDLAENDER aufgefundene Synthese liefert den Beweis dafür, daß Chinolin ein Orthoderivat des Benzols ist; sie besteht in der Kondensation von o-Amino-benzaldehyd mit Acetaldehyd, die unter dem Einfluß von Natronlauge leicht vonstatten geht:

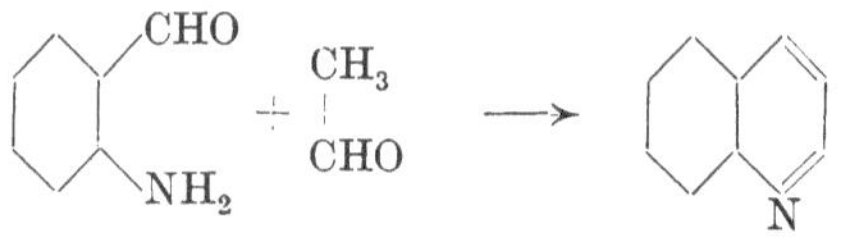

Wir haben also nur noch die Struktur des stickstoffhaltigen Ringes zu ermitteln. Nun entsteht nach S. 458 durch Oxydation von Chinolin die zweibasische **Chinolinsäure,** die bei der Destillation mit Kalk Pyridin liefert. Es ist daher unzweifelhaft, daß Chinolin einen Benzol- und einen Pyridinkern enthält, die zwei Kohlenstoffatome gemeinsam haben. Chinolin ist also ein Naphthalin, in dem eine α-CH-Gruppe durch N ersetzt ist.

Die Anzahl der isomeren Substitutionsprodukte ist hier natürlich sehr groß, da die mit Wasserstoff verbundenen Kohlenstoffatome bezüglich ihrer Stellung zum Stickstoffatom sämtlich voneinander verschieden sind. Es gibt daher 7 isomere Monosubstitutionsprodukte, und die Anzahl der Biderivate mit gleichen Substituenten beträgt bereits 21; noch größer ist die Anzahl der Triderivate usw.

Für die Ortsbestimmung kommen drei Methoden in Betracht: Die relative Ortsbestimmung (S. 376), die Oxydation und die SKRAUPsche Synthese. Bei der Oxydation wird im allgemeinen der Benzolkern zerstört, während der Pyridinkern erhalten bleibt. Man kann also mit Hilfe der Oxydation entscheiden, wie die Substituenten sich auf den Benzolkern und den Pyridinkern verteilen. Die SKRAUPsche Synthese ist deshalb ein wichtiges Hilfsmittel, weil sie nicht nur mit Anilin selbst, sondern auch mit zahlreichen substituierten Anilinen ausführbar ist.

Homologe des Chinolins lassen sich nach der Methode von DÖBNER und v. MILLER aufbauen, indem man Anilin bei Gegenwart von konzentrierter Salzsäure mit 2 Mol eines Aldehyds kondensiert. Wahrscheinlich kondensiert sich primär der Aldehyd zum Aldol, das dann seine Oxygruppe gegen den Anilinorest austauscht. Aus Acetaldehyd und Anilin entsteht so zunächst 2-Methyl-dihydrochinolin:

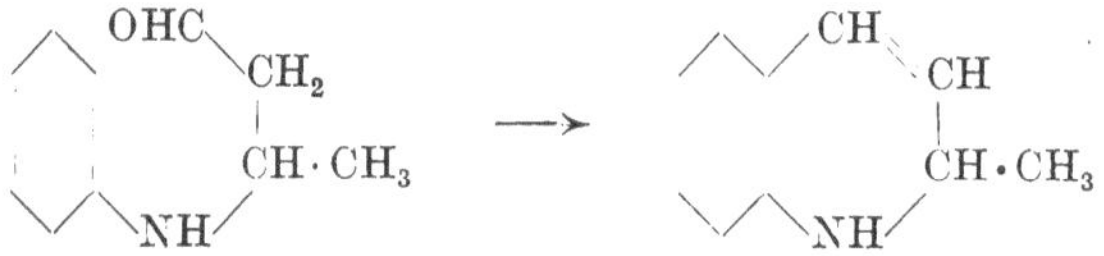

Dieses disproportioniert sich alsdann zu 2-Methyl-chinolin (**Chinaldin**) und 2-Methyl-tetrahydrochinolin:

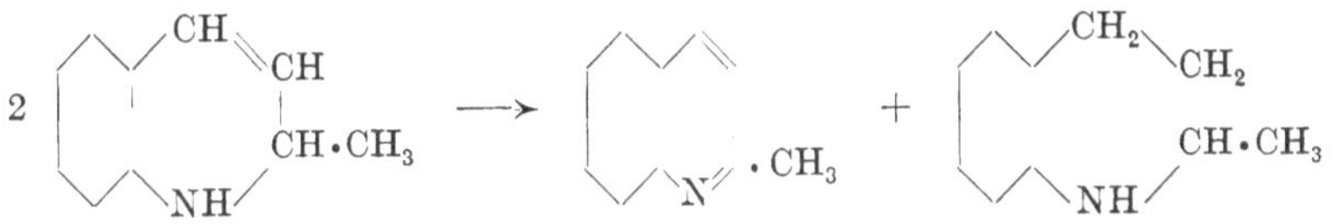

Durch direkte Substitution lassen sich Sulfo- und Nitrogruppen in das Chinolin einführen. Da der Benzolkern leichter als der Pyridinkern reagiert, treten die Gruppen vorzugsweise in den ersten ein. Aus den Sulfonsäuren erhält man durch Kalischmelze Oxychinoline, durch Erhitzen mit Kaliumcyanid die Nitrile von Chinolincarbonsäuren. Ein im Pyridinkern substituiertes Oxychinolin ist das **Carbostyril**, das durch Wasserabspaltung aus o-Amino-zimtsäure dargestellt werden kann:

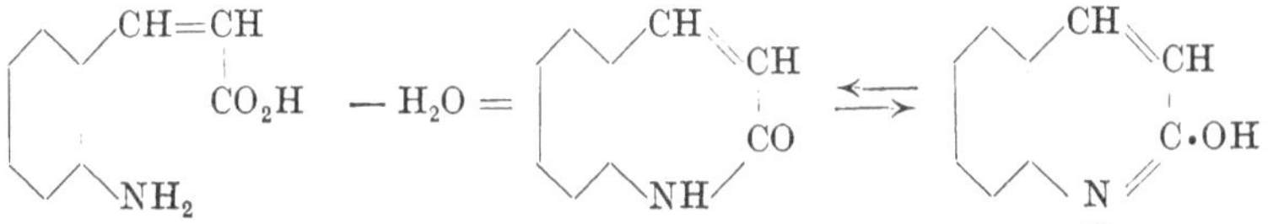

I II

Carbostyril (α-Chinolon)

Viel leichter kann man Carbostyril aber durch Erhitzen von Chinolin mit gepulvertem Ätzkali auf 225⁰ gewinnen, wobei sich Wasserstoff entwickelt:

$$C_9H_7N + KOH \longrightarrow C_9H_6(OK)N + H_2.$$

Aus der Kaliumverbindung, die so erhalten wird, kann durch verdünnte Säuren Carbostyril in Freiheit gesetzt werden.

Der freien Verbindung muß die Formel I zugeschrieben werden, da die Lage ihrer Absorptionsbanden im Ultraviolett mit derjenigen des am Stickstoff methylierten Derivats nahezu zusammenfällt (S. 349). Da aber Carbostyril den Charakter eines Phenols besitzt, z. B. in Alkalien löslich ist und durch CO_2 aus dieser Lösung wieder abgeschieden wird, kann es sich offenbar in die tautomere Form II umwandeln. Völlig analog sind die Beziehungen zwischen γ-Chinolon **(Kynurin)** und 4-Oxy-chinolin.

Analog dem Carbostyril entsteht aus o-Amino-hydrozimtsäure **Hydrocarbostyril**

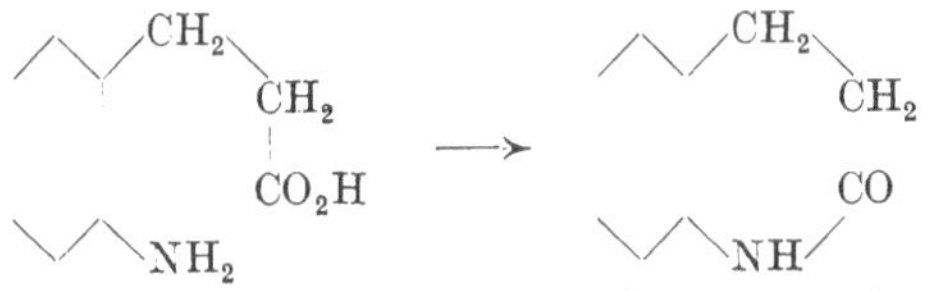

Hydrocarbostyril

Dieses liefert beim Erhitzen mit Phosphorpentachlorid + Phosphoroxychlorid 2,3-Dichlor-chinolin, das sich zu Chinolin reduzieren läßt. Diese von Baeyer 1879 durchgeführte Reaktion kann unter Berücksichtigung der bekannten Beziehungen zwischen Chinolin und Pyridin als erster Konstitutionsbeweis für Pyridin gelten.

Interessante Beobachtungen machte Decker bei den Alkylhalogenid-Additionsprodukten des Chinolins. Sie liefern beim Behandeln mit Silberoxyd stark alkalisch reagierende, ätherunlösliche Ammoniumbasen (I auf S. 472). Diese lagern sich rasch in ätherlösliche, sehr veränderliche Pseudobasen um, denen die Konstitution II zukommen muß, da sie sich zu N-Alkylchinolonen (III) oxydieren lassen. Mit Säuren geben sie, solange sie unverändert sind, wieder die echten Ammoniumsalze zurück. Chinaldinjodmethylat (IV) spaltet bei gleicher Behandlung Jodwasserstoff ab; es entsteht eine gelbe, sehr veränderliche Methylenverbindung (V), die durch HJ wieder in das Jodmethylat verwandelt wird. Diese Erscheinungen erinnern an die Verhältnisse bei den Triphenylmethanfarbstoffen; auch bei den Anthocyanen (S. 451) hat man ähnliche Beobachtungen gemacht.

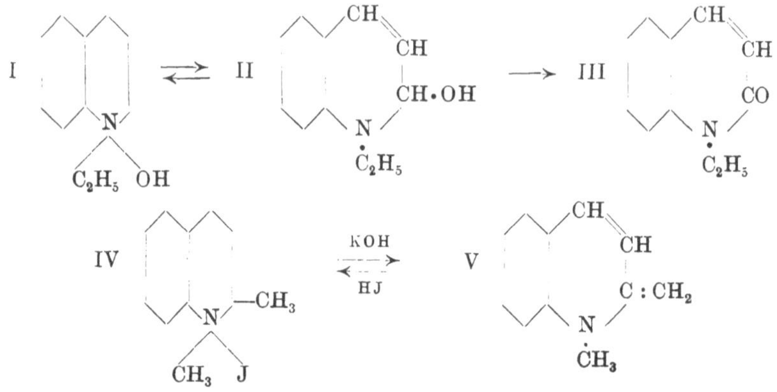

Von den Halogenalkylaten des Chinolins und seiner Homologen leitet sich eine große Reihe wichtiger Farbstoffe ab, von denen hier nur die Gruppe der **Cyanin-** und **Isocyaninfarbstoffe** genannt sei. Sie sind im allgemeinen sehr unecht und deshalb von Ausnahmen abgesehen für die Färberei unbrauchbar, spielen aber für die Sensibilisierung photographischer Platten[1] eine bedeutende Rolle. Aus den Jodäthylaten des Chinolins und Lepidins (4-Methyl-chinolins) entsteht durch Einwirkung von Alkali das blaue **Cyanin**

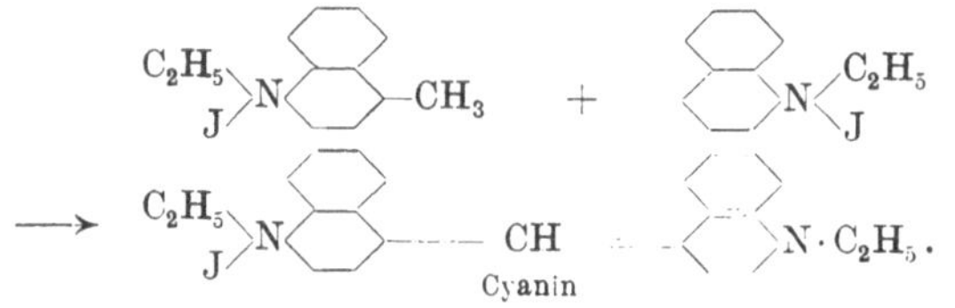

Cyanin

Nimmt man an Stelle von Lepidin Chinaldin, so entsteht das Isocyanin **Äthylrot**:

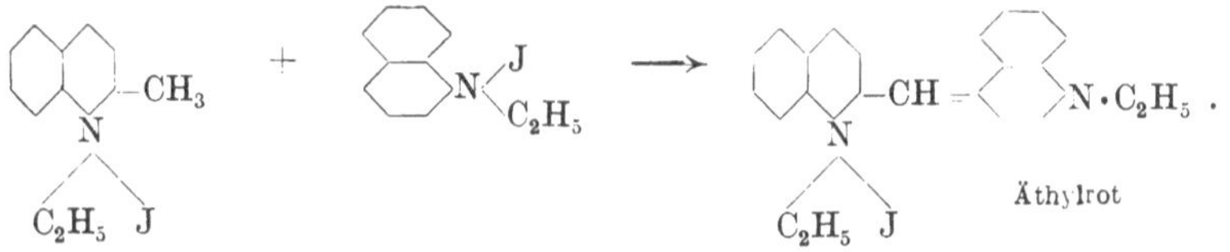

Äthylrot

Die Kondensation von Chinaldinjodäthylat mit Chloroform und Alkali liefert **Pinacyanol**:

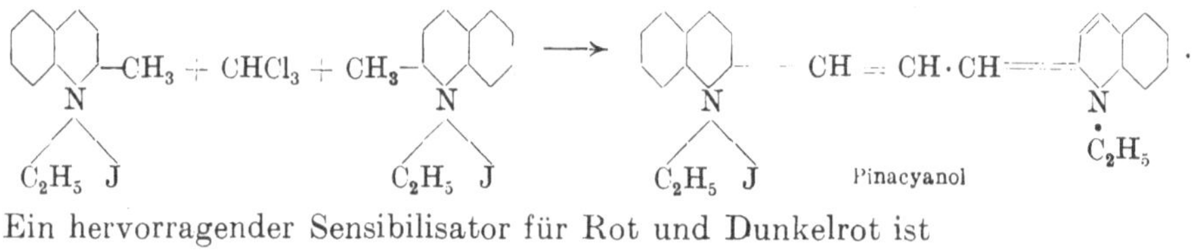

Pinacyanol

Ein hervorragender Sensibilisator für Rot und Dunkelrot ist

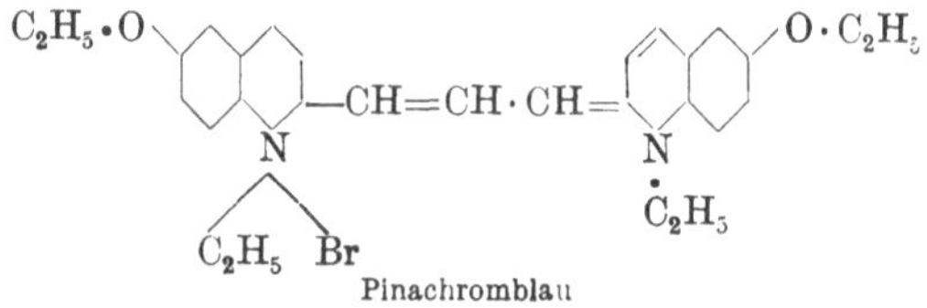

Pinachromblau

[1] Die gewöhnliche Trockenplatte ist nur für Blau und Violett empfindlich, und zwar deckt sich die Empfindlichkeitskurve zwischen 400—490 mμ genau mit der Absorptionskurve des Brom-

Die intensive Farbigkeit dieser Verbindungen hängt zweifellos mit Mesomerie-Erscheinungen zusammen, deren Wesen durch das folgende Beispiel verdeutlicht sei:

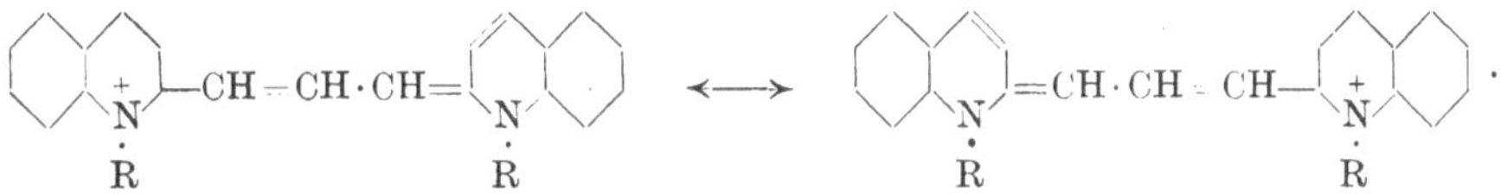

Da man analog gebaute Farbstoffe auch von anderen heterocyclischen Verbindungen ableiten kann, geht die Zahl der bekannten Cyaninfarbstoffe heute bereits in die Hunderte. In technischer Beziehung sind die oben beschriebenen Farbstoff-Individuen heute größtenteils überholt und durch verwandte heterocyclische Verbindungen abgelöst, bei denen die —CH=CH-Gruppe eines oder beider Chinolin-Kerne in Stellung 3,4 durch O, S oder Se ersetzt ist, z. B.:

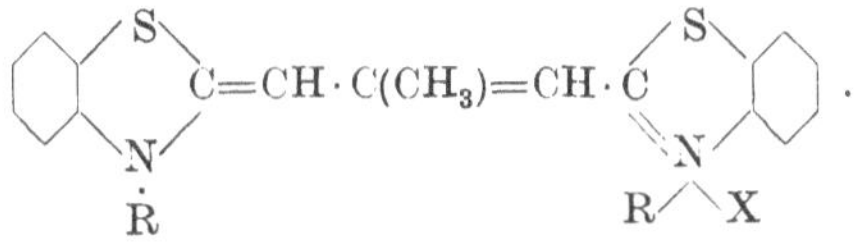

Ein Textilfarbstoff, der auf dem Wege der Skraupschen Synthese entsteht, ist das **Alizarinblau.** Es wurde 1877 von Prudhomme durch Erhitzen von Nitroalizarin mit Glycerin und H_2SO_4 erhalten, wobei die NO_2-Gruppe in NH_2 übergeht:

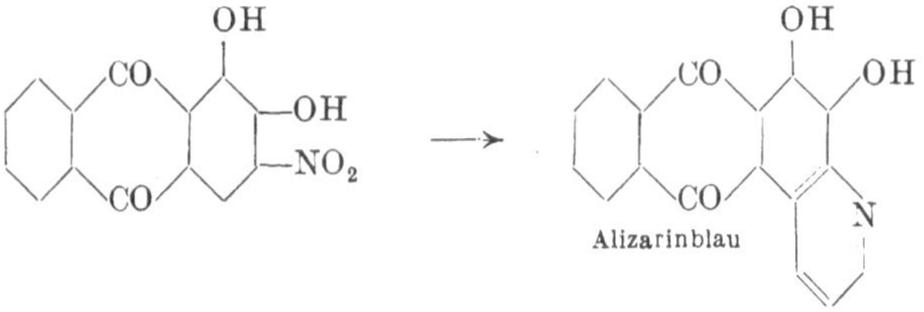

Alizarinblau

Seine lösliche Bisulfit-Verbindung (Alizarinblau S) besaß für den Baumwolldruck auf Chrombeize eine gewisse Bedeutung. Die Färbungen sind durch Seewasser-Echtheit ausgezeichnet.

Ein wegen seiner pharmakologischen Wirkung geschätztes Derivat des Chinolins ist die 2-Phenyl-chinolin-carbonsäure-(4), die unter dem Namen **Atophan** als Heilmittel gegen Gicht Anwendung findet. Sie wird durch Erhitzen von je 1 Mol Anilin, Benzaldehyd und Brenztraubensäure dargestellt. Auch aus Isatin (S. 475) und Acetophenon in Gegenwart alkalischer Kondensationsmittel kann sie gewonnen werden:

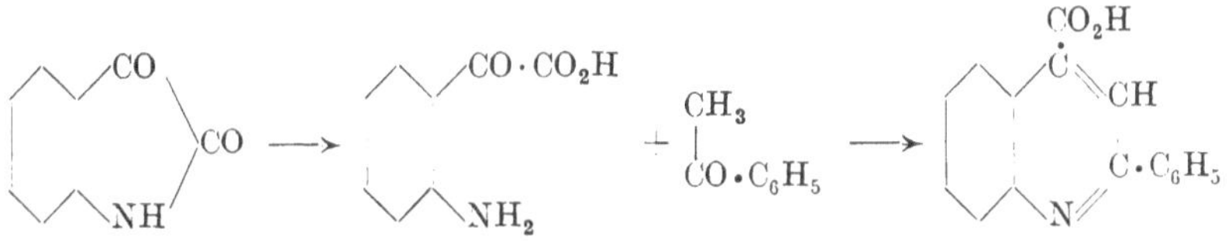

Isatin — Isatinsäure — Atophan

Chinolin-Derivate haben als chemotherapeutische Mittel in neuerer Zeit große Bedeutung erlangt. Unter den zahlreichen bekannten Verbindungen seien die folgenden als besonders wichtig hervorgehoben:

---

silbers. Um sie auch für längere Wellen zu „sensibilisieren", versetzt man die Emulsion mit organischen Farbstoffen. Die Sensibilisierung erfolgt ungefähr für den Bezirk, den diese Farbstoffe selbst absorbieren.

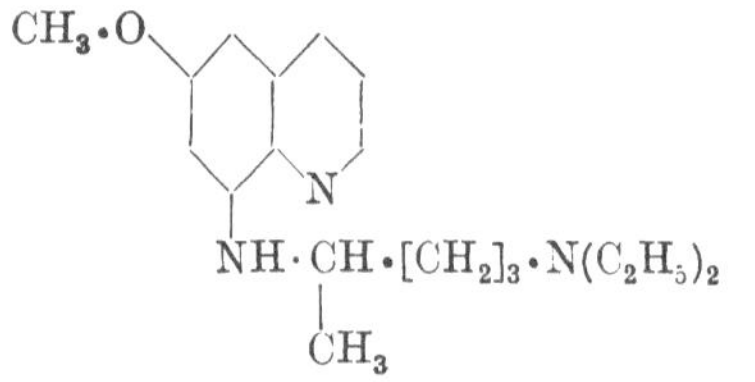

Plasmochin (Pamachin)

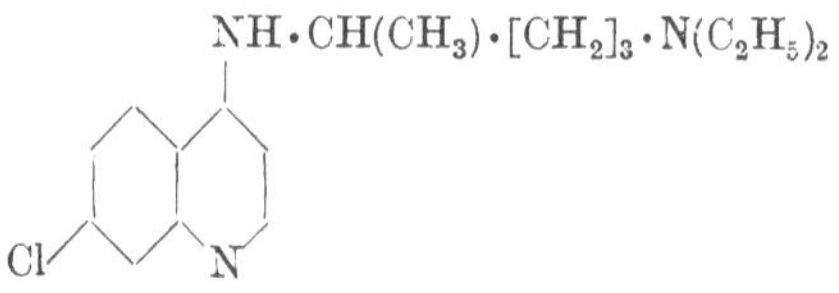

Resochin (Chlorochin)

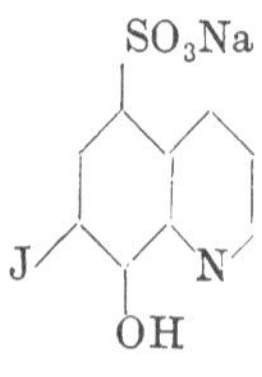

Yatren

Plasmochin (HÖRLEIN, SCHULEMANN, ROEHL 1924—1926) dient zur Bekämpfung der Geschlechtsformen der Malariaparasiten (vgl. Atebrin, S. 480). Diesem ersten, ziemlich toxischen, aber unentbehrlichen Sanierungsmittel folgten zahlreiche andere Verbindungen, von denen das Resochin (in Amerika Chlorochin genannt) besonderes Interesse wegen seiner dem Atebrin ähnlichen Wirkung erweckt hat. Yatren hat sich als Mittel zur Behandlung der Amöbenruhr bewährt.

Isochinolin C_9H_7N

Isochinolin kommt im Steinkohlenteer vor und ist daraus von HOOGEWERFF und VAN DORP mittels des schwer löslichen Sulfats isoliert worden. Es ist eine farblose Flüssigkeit vom Geruch des Benzaldehyds; es siedet bei 242° und erstarrt bei + 24°.

Durch Oxydation gibt es Cinchomeronsäure und Phthalsäure:

Cinchomeronsäure Isochinolin Phthalsäure

ein Beweis für die oben angenommene Struktur, die überdies durch verschiedene Synthesen erhärtet wurde.

Indol C_8H_7N

Indol stellt ein kondensiertes System aus einem Benzol- und einem Pyrrolring dar. Seine Konstitution geht aus der nachstehenden Formel hervor:

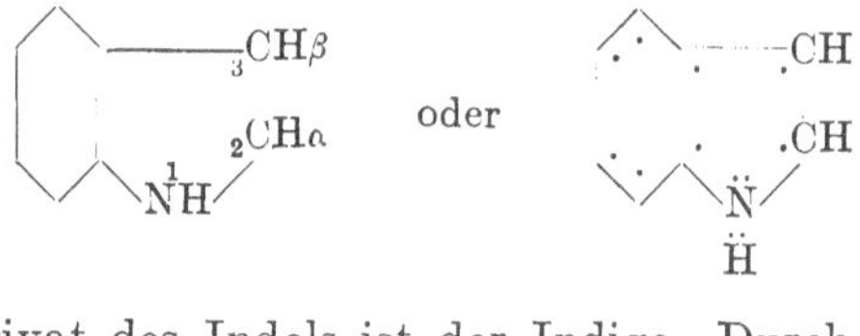

Das wichtigste Derivat des Indols ist der Indigo. Durch Oxydation von Indigo mit Salpetersäure entsteht **Isatin**, das BAEYER [1] auf dem folgenden Wege in Indol überführen konnte:

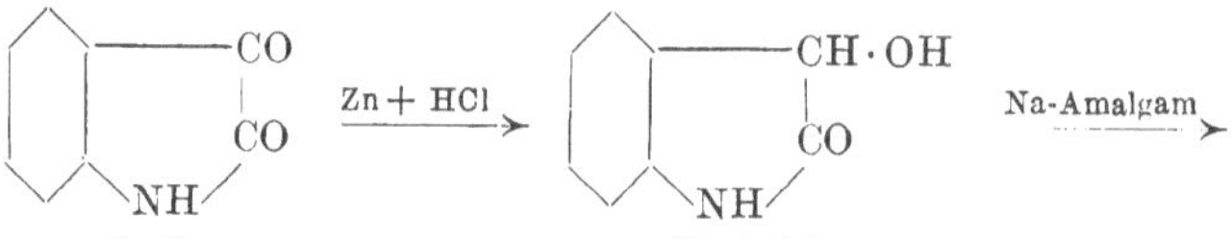

Isatin Dioxindol

[1] ADOLF v. BAEYER, geboren 31. Oktober 1835 in Berlin, gestorben 20. August 1917 in München, lehrte von 1860 an im Gewerbeinstitut (der späteren Technischen Hochschule) in Berlin, 1872 in Straßburg, seit 1875 in München. Durch seine hervorragenden Untersuchungen sind zahlreiche Gebiete der organischen Chemie befruchtet worden. Erinnert sei an seine Arbeiten über Indigo, Phthaleine, Anthrachinon- und Triphenylmethan-Abkömmlinge, über hydroaromatische Verbindungen und Oxoniumsalze. Seine Spannungstheorie wurde bereits mehrfach erwähnt. Vgl. seine autobiographischen Aufzeichnungen in den Gesammelten Werken (Braunschweig 1905); ferner den Nachruf von R. WILLSTÄTTER, Ztschr. angew. Chemie 30 (1917), 229.

Oxindol Indol

Die Konstitution der einzelnen Zwischenstufen wurde durch Synthese bewiesen. o-Nitro-benzoylchlorid liefert bei Behandlung mit AgCN ein Nitril, dessen Verseifung o-Nitro-phenylglyoxylsäure ergibt:

$$C_6H_4\begin{cases}COCl\ 1\\NO_2\ \ 2\end{cases} \longrightarrow C_6H_4\begin{cases}CO\cdot CN\\NO_2\end{cases} \longrightarrow C_6H_4\begin{cases}CO\cdot CO_2H\\NO_2\end{cases}.$$

o-Nitro-benzoylchlorid o-Nitro-phenylglyoxylsäure

Die daraus durch Reduktion entstehende Aminoverbindung geht durch intramolekulare Wasserabspaltung leicht in Isatin über:

$$C_6H_4<^{CO\cdot CO_2H}_{NH_2} - H_2O = C_6H_4<^{CO}_{NH}>CO.$$

o-Amino-phenylglyoxylsäure (Isatinsäure) Isatin

Isatin bildet rotgelbe Prismen vom Schmelzpunkt 201° und ist in kaltem Wasser schwer löslich. In Alkalien löst es sich unter Bildung dunkelroter Salze. Nach einiger Zeit erfolgt jedoch Entfärbung, indem der Ring aufgespalten wird und die farblosen Salze der Isatinsäure entstehen.

Dioxindol entsteht bei der Reduktion von o-Nitro-mandelsäure mit Zinkstaub und Essigsäure über die unbeständige o-Amino-mandelsäure hinweg:

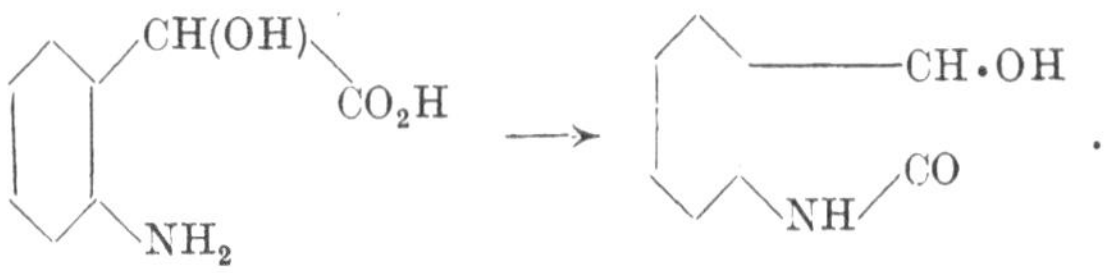

o-Amino-mandelsäure Dioxindol

Analog erhält man schließlich auch **Oxindol** durch Reduktion von o-Nitro-phenylessigsäure:

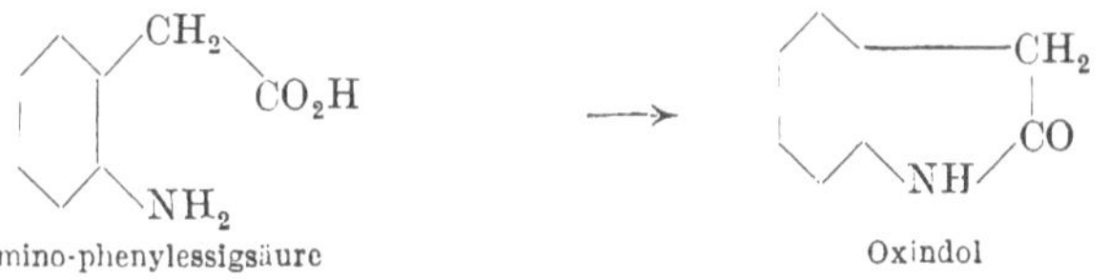

o-Amino-phenylessigsäure Oxindol

Zur Darstellung des Indols geht man zweckmäßig vom Indoxyl aus, das bei der technischen Indigo-Synthese gewonnen wird (s. S. 478), und reduziert dieses mit Natriumamalgam:

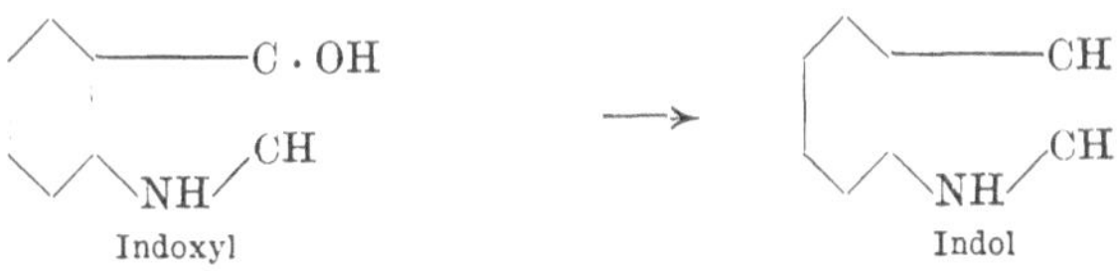

Indoxyl Indol

Indol findet sich in geringer Menge im Steinkohlenteer und kann der bei 240—260° siedenden Fraktion durch Erhitzen mit Ätzkali in Form seiner N-Kaliumverbindung entzogen werden. Es kristallisiert in farblosen Blättchen vom Schmelzpunkt 52°, siedet bei 254° und ist in heißem Wasser nicht unerheblich löslich. Reines Indol riecht unangenehm intensiv, dabei deutlich blumig. Es kommt z. B. im Jasminblütenöl vor und spielt in der Parfümerie zur „Abrundung" von Blumengerüchen eine gewisse Rolle. Das in kaltem Benzol schwer lösliche rote Pikrat kann zur quantitativen Bestimmung dienen. Indol färbt wie Pyrrol einen mit Salzsäure befeuchteten Fichtenspan rot. Durch Säuren wird es nicht in Salze verwandelt, sondern polymerisiert (Beanspruchung des einsamen Elektronenpaars am N zerstört die 6-Elektronengruppe und damit den aromatischen Sättigungszustand).

Homologe des Indols können nach einer von E. Fischer angegebenen Synthese aus Phenylhydrazonen von Aldehyden oder Ketonen durch Schmelzen mit Zinkchlorid gewonnen werden:

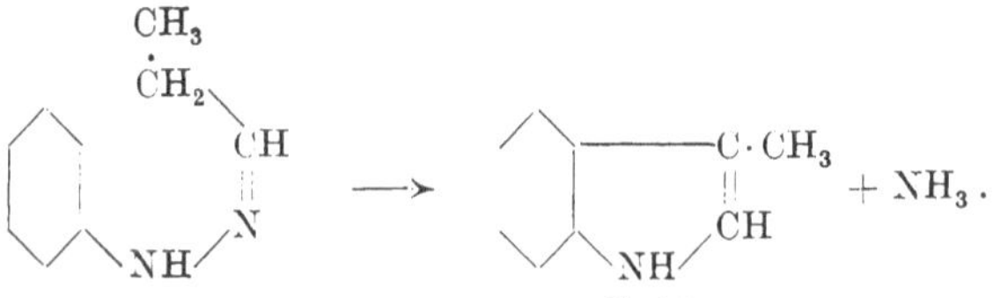

Skatol

Der Mechanismus dieser Reaktion, bei der das vom Benzolkern entfernter stehende N-Atom als NH_3 austritt, ist unaufgeklärt; man hat eine vorhergehende Benzidin-Umlagerung angenommen, ohne indessen stichhaltige Beweise dafür beibringen zu können.

α-Methyl-indol („Methylketol"), aus Acetonphenylhydrazon erhältlich, schmilzt bei 60°. Es lagert sich beim Durchleiten durch ein glühendes Rohr in Chinolin um:

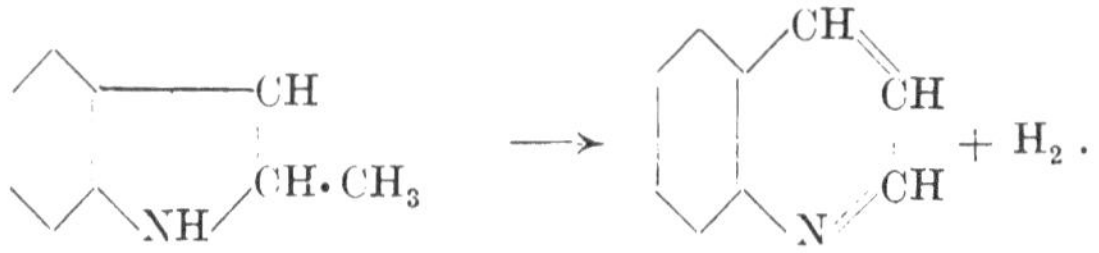

β-Methyl-indol (Skatol), Schmelzpunkt 95°, findet sich in den Fäzes, deren unangenehmen Geruch es zum Teil bedingt. Aus Eiweißstoffen entsteht es durch Kalischmelze oder Fäulnis. Seine Muttersubstanz ist das **Tryptophan (β-Indolyl-alanin)**, das als wichtiges Eiweißspaltprodukt schon früher Erwähnung fand (S. 279). Es kann synthetisch aus Indol auf folgendem Wege erhalten werden. Indol liefert mit Chloroform und Kalilauge Indol-3-aldehyd (I). Dieser läßt sich mit Hippursäure zu einer Verbindung der Formel II kondensieren. Wenn diese mit Natrium und Alkohol behandelt wird, so nimmt sie zwei Atome Wasserstoff auf; gleichzeitig spaltet sich die Benzoylgruppe ab, wodurch racemisches Tryptophan (III) erhalten wird.

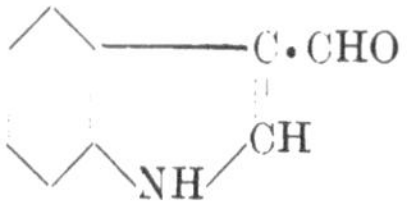

I

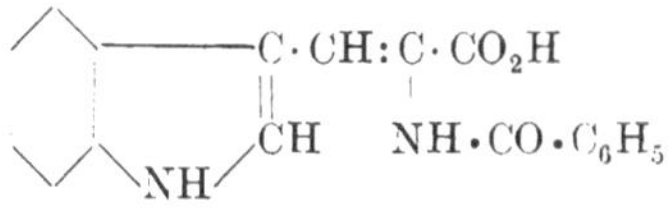

II

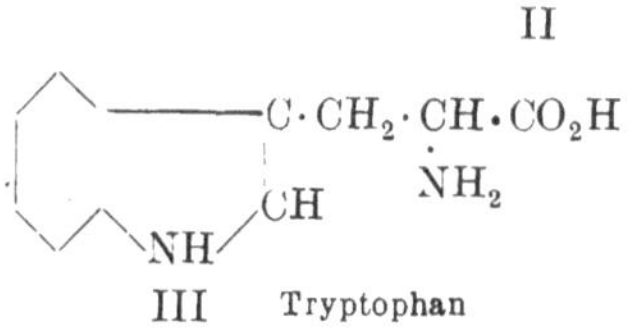

III Tryptophan

Besonderes Interesse verdient schließlich unter den einfachen Indol-Abkömmlingen noch die **Skatolcarbonsäure** oder **β-Indolyl-essigsäure** (IV) wegen ihrer Fähigkeit, als pflanzlicher **Wuchsstoff** zu wirken. Zu den Wuchsstoffen gehören z. B. Substanzen, die in den Gräserspitzen erzeugt, durch Diffusion abwärts transportiert werden und durch Zellstreckung bedingtes Wachstum hervorrufen. Der wichtigste, nicht nur in Hefe, Pilzen und Bakterien, sondern auch in höheren Pflanzen, z. B. der *Avena*-Koleoptile nachgewiesene Wuchsstoff ist die β-Indolyl-essigsäure („Heteroauxin"). Sie scheint ihre Wirkung nur in Bindung an Eiweiß zu entfalten. Kögl hat als Wuchsstoffe zwei als **Auxin a** (V) und **Auxin b** (VI) bezeichnete Substanzen beschrieben:

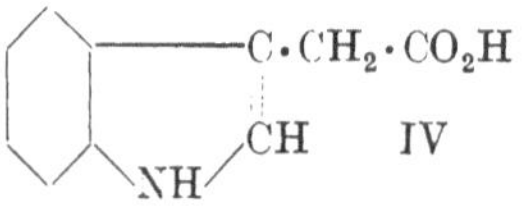

IV

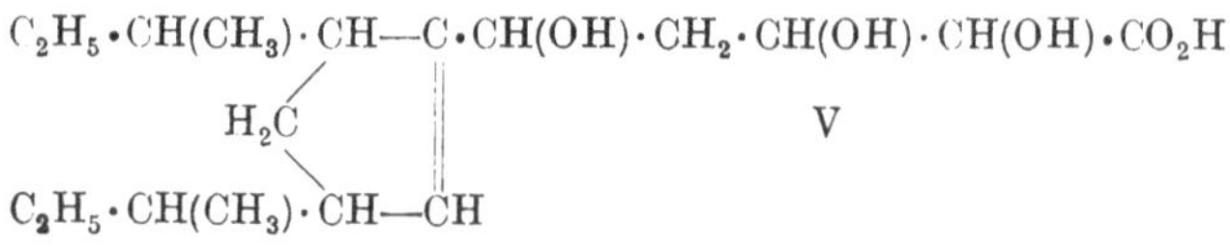

V

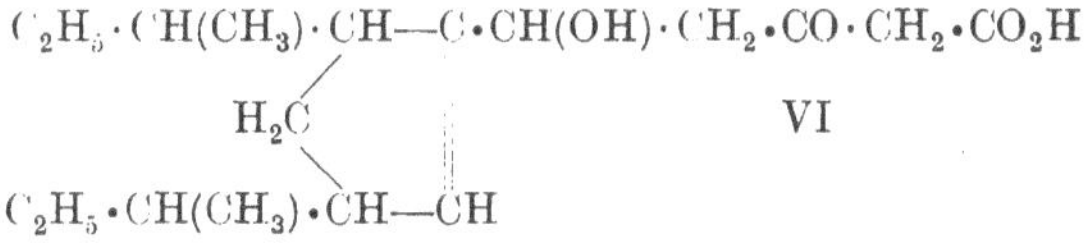

VI

Auxin a findet sich in Gräsern. Im Malz und im Maisöl ist es von Auxin b begleitet. Ihre Bedeutung kann nach neueren Untersuchungen noch nicht als geklärt gelten. Zahlreiche synthetische Verbindungen, z. B. cis-Zimtsäure, α-Naphthylessigsäure und 2,4-Dichlor-phenoxyessigsäure $C_6H_3Cl_2 \cdot O \cdot CH_2 \cdot CO_2H$ zeigen gleichfalls Wuchsstoffwirkung und finden für die verschiedensten gärtnerischen Zwecke praktische Anwendung, u. a. auch zur Unkrautbekämpfung. Diese beruht auf der hemmenden Wirkung höherer Konzentrationen, gegen die verschiedene Pflanzen sehr ungleich empfindlich sind.

Die **Struktur des Indigos** ergibt sich auf Grund seiner Bildung aus **Isatinchlorid**. Dieses entsteht bei der Einwirkung von PCl_5 auf Isatin und liefert bei der Behandlung mit Zinkstaub und Essigsäure Indigo:

$$\underbrace{C_6H_4\Big\langle{}^{CO}_{N}\Big\rangle C\cdot Cl + 2\,H_2 + Cl\cdot C\Big\langle{}^{CO}_{N}\Big\rangle C_6H_4}_{\text{Isatinchlorid}} = \underbrace{C_6H_4\Big\langle{}^{CO}_{NH}\Big\rangle C = C\Big\langle{}^{CO}_{NH}\Big\rangle C_6H_4}_{\text{Indigo}} + 2\,HCl.$$

Die folgende Synthese beweist, daß in der Tat bei der Indigobildung zwischen den Isatinresten Kohlenstoffbindung zustande kommt. Indigo kann nämlich auch durch Behandlung von **o-Dinitro-diphenyldiacetylen** mit Schwefelsäure und darauffolgende Reduktion dargestellt werden:

$$C_6H_4\Big\langle{}^{C\equiv C-C\equiv C}_{NO_2\quad\ O_2N}\Big\rangle C_6H_4 \longrightarrow C_6H_4\Big\langle{}^{CO}_{\underset{\ddot{O}}{N}}\Big\rangle C-C\Big\langle{}^{CO}_{\underset{\ddot{O}}{N}}\Big\rangle C_6H_4.$$

Indigo war schon im Altertum ein geschätzter Farbstoff; er gehört zu den schönsten blauen Farbstoffen, hat aber durch die Entwicklung der modernen Küpenfarbstoffe sehr an Bedeutung verloren. Er wurde früher aus einigen Pflanzen, namentlich *Indigofera tinctoria* und *I. leptostachya*, gewonnen, die in Indien und Java in großem Maßstab angebaut wurden. Diese Pflanzen enthalten ein Glucosid des Indoxyls, **Indican** $C_{14}H_{17}O_6N + 3\,H_2O$, das hauptsächlich in den Blättern vorkommt. Außerdem findet sich in den Blättern eine Glucosidase, die Indican in Glucose und Indoxyl zu spalten vermag. Indoxyl ist in schwach saurer Lösung ziemlich beständig, wird aber in alkalischer Lösung durch den Luftsauerstoff rasch zu Indigo oxydiert.

Der hohe Preis des Indigos hat zu zahlreichen Versuchen Veranlassung gegeben, den Farbstoff billiger auf synthetischem Wege darzustellen.

Von den Baeyerschen Synthesen, die jedoch für die technische Durchführung zu teuer waren, sei hier eine genannt: o-Nitrobenzaldehyd und Aceton werden durch wäßrige Natronlauge glatt zu Indigo kondensiert. Der Reaktionsverlauf ist im einzelnen nicht aufgeklärt:

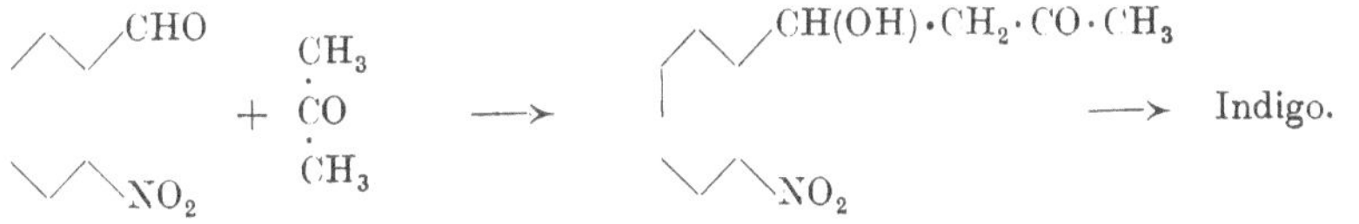

Die erste Indigo-Synthese, die sich als rentabel erwies, wurde 1890 von K. Heumann aufgefunden und von der Badischen Anilin- und Sodafabrik ausgeführt (1897); sie hat den natürlichen Indigo fast vollkommen verdrängt. Anthranilsäure (aus Naphthalin über Phthalimid gewonnen) und Chloressigsäure werden zunächst zu Phenylglycin-o-carbonsäure kombiniert:

$$C_6H_4\begin{cases}CO_2H & 1\\ NH_2 & 2\end{cases} + CH_2Cl\cdot CO_2H \longrightarrow \underbrace{C_6H_4\begin{cases}CO_2H\\ NH\cdot CH_2\cdot CO_2H.\end{cases}}_{\text{Phenylglycin-o-carbonsäure}}$$

Diese geht beim Schmelzen mit NaOH in **Indoxylsäure** über, die schon beim Erwärmen mit Wasser CO_2 abspaltet und Indoxyl liefert; bei der Luftoxydation in alkalischer Lösung geht sie in Indigo über:

$$C_6H_4\begin{cases}CO_2H\\NH\cdot CH_2\cdot CO_2H\end{cases} \xrightarrow{-H_2O} C_6H_4<{}^{CO}_{NH}>CH\cdot CO_2H \xrightarrow{-CO_2}$$

Indoxylsäure

$$C_6H_4<{}^{CO}_{NH}>CH_2 \xrightarrow{+O_2} \textbf{Indigo.}$$

Indoxyl

Phenylglycin, aus Anilin und Chloressigsäure erhältlich, geht nach Heumann bei der Alkalischmelze in Indoxyl über. Pfleger fand, daß man vorteilhaft nicht Ätzalkalien, sondern Natriumamid $NaNH_2$ für die Schmelze verwendet, weil man die Reaktion dann schon bei 200° (statt bei 300°) durchführen kann und infolgedessen höhere Indoxyl-Ausbeuten erhält. Dadurch wurde dieses Verfahren mit dem erstgenannten konkurrenzfähig (Höchster Farbwerke 1901). Heute wird in der Technik nur noch dieses Verfahren ausgeübt.

Das Phenylglycin wird aus Anilin und Chloressigsäure oder Anilin, Formaldehyd und Blausäure gewonnen. Es sei erwähnt, daß in neuerer Zeit die Zahl der technisch gangbaren Indigo-Synthesen um eine weitere vermehrt ist, die von Anilin und Aethylenoxyd ausgeht. **Indigo (Indigoblau, Indigotin)** ist ein dunkelblaues Pulver, das durch Reiben kupfrig-rotglänzend wird. Im Vakuum kann er ohne Zersetzung sublimiert werden; man hat daher seine Dampfdichte bestimmen können. Der Dampf ist dunkelrot. Indigo kann aus Nitrobenzol, Anilin oder anderen hochsiedenden Lösungsmitteln umkristallisiert werden. In den meisten übrigen Lösungsmitteln ist er unlöslich.

Indigo könnte theoretisch in einer cis-Form (I) und einer trans-Form (II) existieren, doch sind diese nicht die einzigen in Frage kommenden Formen.

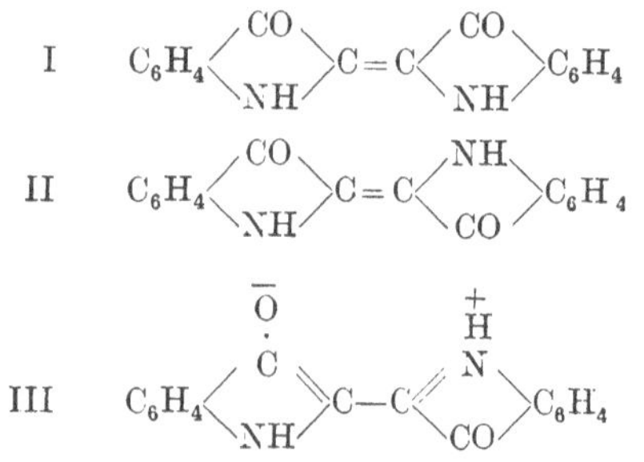

Man kann nämlich für Indigo auch polare Strukturen in Betracht ziehen (Kuhn, Arndt, Eistert, van Alphen), von denen eine freie Drehbarkeit zuläßt (III). Die Möglichkeit eines Uebergangs oder Gleichgewichts zwischen I und II besteht also, und man hat neuerdings bei Thioindigo derartige Isomere auch abtrennen können. Hiermit steht auch die Existenz cyclischer Kondensationsprodukte des Indigos im Einklang, die sich teils von I, teils von II ableiten. So erhält man aus Indigo und 2 Mol Phenylessigsäure-äthylester einen Farbstoff **(Lackrot)**, für den Formel IV sehr wahrscheinlich ist:

IV 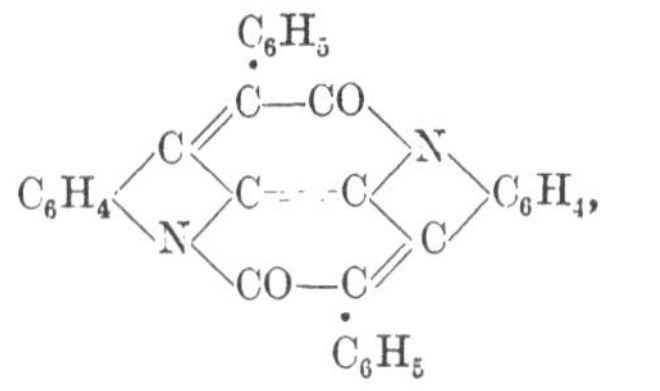

während mit Oxalylchlorid ein **Oxalylindigo** der Formel V entsteht:

V 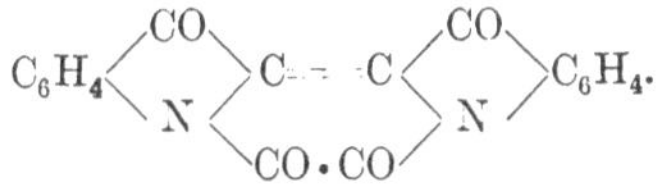

Da Indigo wegen seiner Unlöslichkeit nicht direkt zum Färben verwendet werden kann, muß man ihn zunächst in eine lösliche Form überführen. Dies geschieht von altersher durch „Verküpung". Indigo wird durch Reduktion mit Natriumdithionit $Na_2S_2O_4$, Rongalit oder mit Wasserstoff und Nickel in alkalischer Suspension unter Aufnahme von zwei Atomen Wasserstoff in eine weiße kristallisierte Substanz, **Indigweiß** $C_{16}H_{12}O_2N_2$, umgewandelt, die infolge ihres phenolartigen Charakters in Alkalien löslich ist:

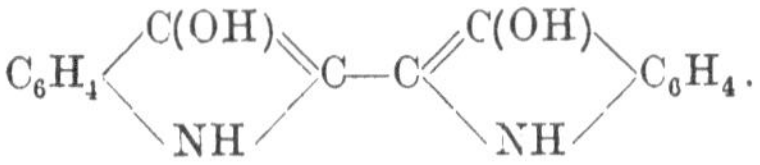

Indigweiß

Bei Zutritt von Luftsauerstoff zu der alkalischen Lösung von Indigweiß erfolgt wieder Oxydation zu Indigo. Tränkt man daher die zu färbenden Gewebe (Baumwolle oder Kunstseide) mit der alkalischen Lösung und setzt sie der Luft aus, so bildet sich Indigo in unmittelbarer Berührung mit der Faser und haftet fest an derselben.

Indigo ist der älteste Vertreter der **Küpenfarbstoffe.** Hierunter versteht man in Wasser unlösliche Pigmente, die sich durch alkalische Reduktion in lösliche Hydroverbindungen (Leukoverbindungen) verwandeln, die die Eigenschaft besitzen, daß sie ihren Lösungen von der Faser entzogen werden. Bei der darauffolgenden Oxydation wird alsdann das unlösliche Pigment in der Faser ausgeschieden und diese dadurch echt angefärbt.

Da hier eine Vorbereitung der Faser, wie z. B. das Beizen, unterbleiben kann, da ferner sowohl die Herstellung der Küpe als auch das Färben meist schon bei 40—50° erfolgt, so bietet diese Färbemethode große Vorteile vor anderen. Außerdem sind diese Farbstoffe meist sehr echt.

Durch Sulfurieren kann man den unlöslichen Indigo in die wasserlösliche Disulfonsäure (**Indigocarmin**) verwandeln. Sie ist nicht lichtecht und besitzt daher keine färberische Bedeutung. Ihre wäßrige Lösung ist die in der analytischen Praxis verwendete **„Indigolösung"**.

Aus Indigweiß und Chlorsulfonsäure oder Schwefeltrioxyd in Gegenwart von Pyridin entsteht der Dischwefelsäureester des Indigweiß (**Indigosol O, Anthrasol O**):

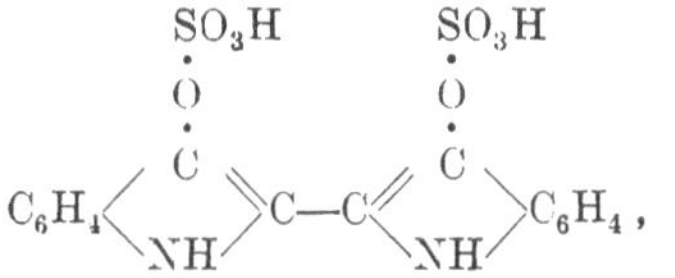

der gegen Alkalien beständig ist, aber von Säuren langsam gespalten wird. Hiervon macht man in der Färberei Gebrauch, indem man die Fasern mit Indigosol-natrium tränkt und dann die Färbung in saurer Lösung durch ein Oxydationsmittel, z. B. Nitrit, entwickelt. Auch bei anderen Küpenfarbstoffen (z. B. Anthrachinonfarbstoffen) wird dieses Prinzip vielfach angewandt.

Substituiert man im Indigo Wasserstoffatome der Benzolkerne durch Halogen, so gelangt man zu technisch wichtigen Farbstoffen (**Cibablau, Brillantindigo = Tetrabromindigo**). Nur der Ersatz von H-Atomen in o- und p-Stellung zu den CO-Gruppen hat wesentlichen Einfluß auf die Farbe. Der symmetrische 6,6'-Dibrom-indigo ist der Farbstoff des violetten **antiken Purpurs**, der im Altertum in phönizischen Färbereien aus der Purpurschnecke Murex brandaris gewonnen und aus der Küpe gefärbt wurde. Die Natur des viel höher geschätzten roten Purpurs aus der Schnecke Murex trunculus ist dagegen noch unbekannt, wiewohl ziemlich sicher ebenfalls ein indigoider Farbstoff vorliegt[1].

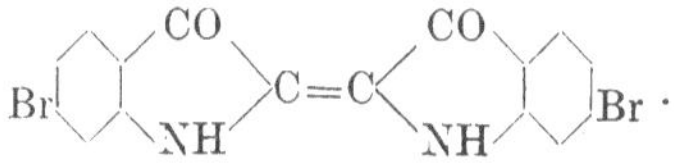

FRIEDLAENDER hat gezeigt, daß der Indigo nur ein Spezialfall der großen Klasse von **Indigoiden** ist, die durch die gemeinsame Gruppierung

$$O{=}C{>}C{=}C{<}C{=}O$$

gekennzeichnet sind und von DECKER als **Zweikernchinon-Farbstoffe** bezeichnet werden.

Thioindigo (Algolrot 5 B, Helindonrot 2 B) entsteht, wenn man sich im Indigo die beiden NH-Gruppen durch S ersetzt denkt. Zu seiner Darstellung verwandelt man Anthranilsäure nach der SANDMEYERschen Reaktion in Thiophenol-o-carbonsäure und kombiniert diese mit Chloressigsäure:

$$C_6H_4\left\{\begin{matrix}CO_2H\\NH_2\end{matrix}\right. \longrightarrow C_6H_4\left\{\begin{matrix}CO_2H\\SH\end{matrix}\right. \longrightarrow C_6H_4\left\{\begin{matrix}CO_2H\\S\cdot CH_2\cdot CO_2H\end{matrix}\right. .$$

Die so entstehende Säure gibt bei der Schmelze mit NaOH Oxythionaphthencarbonsäure, die nun in ähnlicher Weise wie die Indoxylsäure auf Thioindigo verarbeitet wird:

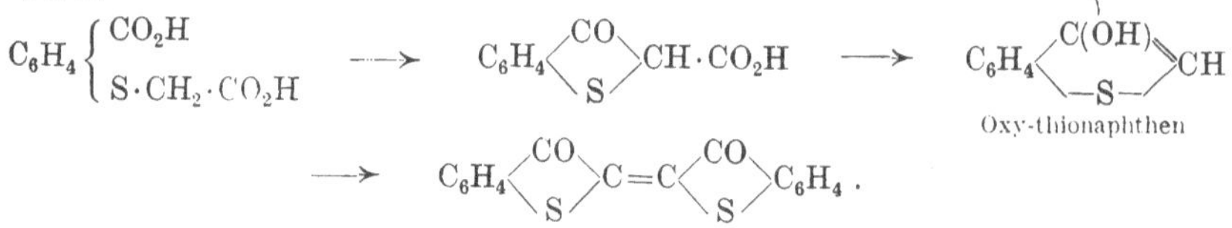

Oxy-thionaphthen

Thioindigo

Thioindigo ist wie Indigo ein Küpenfarbstoff; er färbt Baumwolle und Wolle dunkelrot. Färberisch wichtige Derivate des Thioindigos sind z. B. **Algolorange R, Helindonorange R** (6.6'-Diäthoxy-thioindigo) und **Indanthrenbrillantrosa R** (6.6'-Dichlor-4.4'-dimethyl-thioindigo).

Acridin und Carbazol

Kleine Mengen von **Acridin** (I) finden sich im Steinkohlenteer. Es kristallisiert in farblosen Nadeln vom Schmelzpunkt 110°. Acridin und seine Salze zeigen in Lösung starke blaue Fluorescenz. Synthetisch ist es von BERNTHSEN durch Erhitzen von Diphenylamin mit Ameisensäure und $ZnCl_2$ auf 270° erhalten worden:

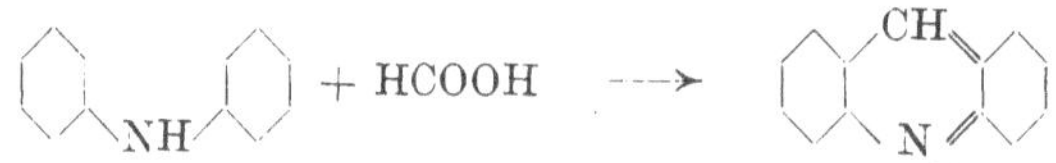

I Acridin

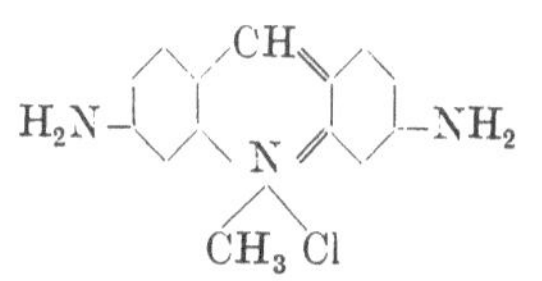

II Trypaflavin

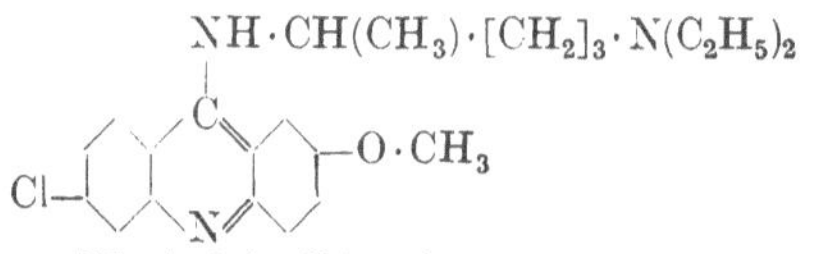

III Atebrin, Chinacrin

[1] P. FRIEDLAENDER, Ber. Dtsch. Chem. Ges. **42**, 765 (1909).

Es ist eine schwache Base, die mit starken Säuren gelbe Salze bildet. Das Chlormethylat des Diaminoacridins heißt **Trypaflavin** oder **Panflavin** (II auf S. 480). Es wirkt stark antiseptisch und dient zur Wundbehandlung. Ebenfalls ein Acridin-Abkömmling ist das **Atebrin** oder **Chinacrin** (III), das zur Bekämpfung der ungeschlechtlichen Entwicklungsformen (Schizonten) der Malariaparasiten verwendet wird (vgl. Plasmochin, S. 474).

Atebrin ist neben Chinin eines der wichtigsten Malariamittel. In jüngster Zeit hat ein sehr einfach gebauter Abkömmling des Biguanids, das in England (ICI) aufgefundene **Paludrin**

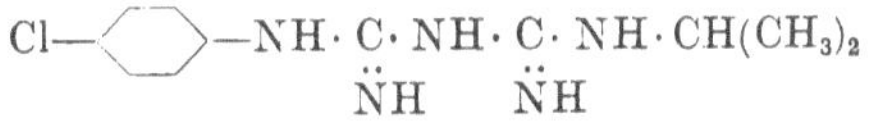

als Schizontenmittel außerordentliche Bedeutung erlangt.

Carbazol findet sich im Anthracenöl und bleibt bei der Destillation von Roh-Anthracen über Kali als Kaliumverbindung zurück. Es entsteht beim Erhitzen von 2,2'-Diamino-diphenyl mit verdünnter Schwefelsäure auf 200⁰, wodurch seine Konstitution sichergestellt ist:

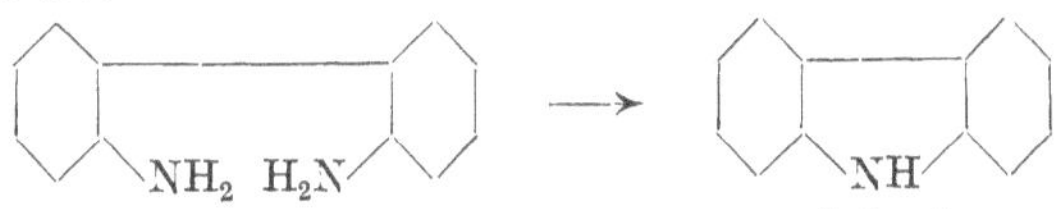

Carbazol

Es bildet farblose Blättchen vom Schmelzpunkt 240⁰. Sein Salzbildungsvermögen ist sehr gering. Sein rotes, schwer lösliches Pikrat kann zur Abscheidung dienen. Obwohl es ein Pyrrol-Abkömmling ist, ist Carbazol im Gegensatz zu Pyrrol und Indol eine recht beständige Verbindung. Der Ring des Carbazols ist unter anderem in einer Reihe wichtiger Anthrachinon-Küpenfarbstoffe (**Indanthrengelb 3 R, Indanthrenbraun BR**) enthalten. Über Hydronblau s. S. 490.

Harnsäure-Gruppe

Als **Purin** hat E. Fischer die Substanz der Formel I bezeichnet, die man als Produkt der Kondensation von **Pyrimidin** (II) mit **Imidazol** (III) betrachten kann:

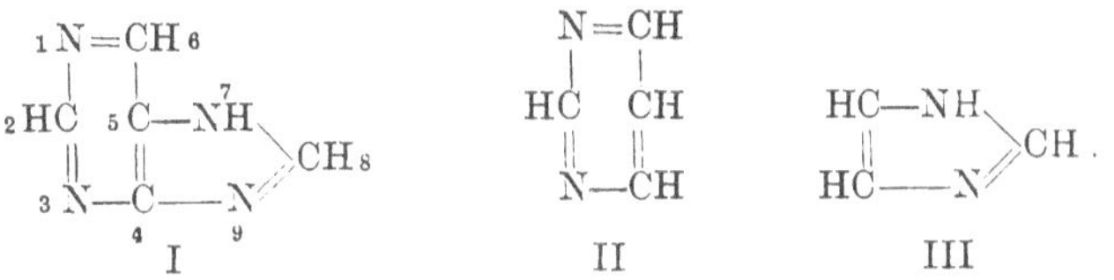

I II III

Die wichtigste Verbindung, die sich von diesem Stammkern ableitet, ist die **Harnsäure** $C_5H_4O_3N_4$. Ihre Konstitution ist auf Grund der nachstehend beschriebenen Reaktionen durch folgende Formeln wiederzugeben, die zueinander im Verhältnis der Tautomerie stehen:

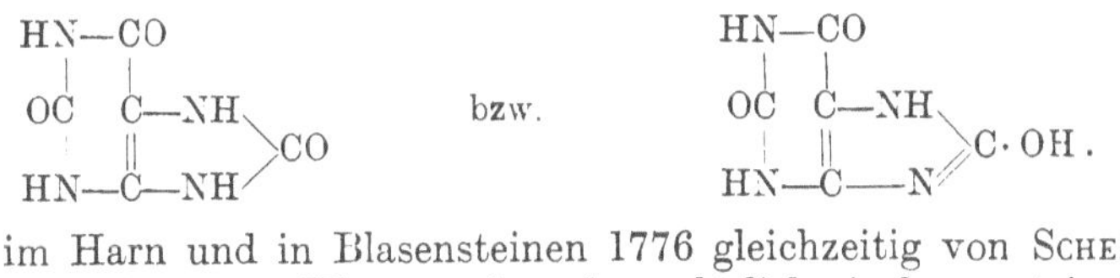

Sie wurde im Harn und in Blasensteinen 1776 gleichzeitig von Scheele und von Bergman entdeckt. Sie ist in Wasser sehr schwer löslich; in konzentrierter Schwefelsäure löst sie sich und wird durch Wasser wieder aus dieser Lösung gefällt. Harnsäure ist eine schwache Säure ($k = 1{,}5 \cdot 10^{-6}$), die ein oder zwei Wasserstoffatome gegen Metalle auszutauschen vermag. Vermutlich rührt die Acidität von dem Sauerstoff im Imidazolring her, wie der Vergleich mit Xanthin zeigt. Die Salze der Harnsäure heißen **Urate.** Das neutrale Natriumsalz $C_5H_2O_3N_4Na_2+H_2O$ ist in Wasser viel leichter löslich als das saure Salz $C_5H_3O_3N_4Na+{}^1/_2H_2O$. Die größte Löslichkeit besitzt unter ihren Salzen das neutrale Lithiumsalz.

Harnsäure findet sich im Harn der Säugetiere nur in geringer Menge; ein erwachsener Mensch scheidet täglich etwa 1 g Harnsäure aus. Dagegen bestehen die Exkremente der Vögel und Reptilien zu etwa 90% aus dem Ammoniumsalz der Harnsäure; Schlangenexkremente z. B. sind ein gutes Ausgangsmaterial zu ihrer Darstellung. Bei gewissen pathologischen Zuständen des menschlichen Organismus (z. B. bei der Gicht) lagert sich Harnsäure in den Gelenkknorpeln, der Haut und den Muskeln ab. Als Heilmittel dient Atophan (S. 473), das eine vermehrte Harnsäure-Ausscheidung bewirkt.

Ein wichtiges Spaltungsprodukt der Harnsäure ist **Alloxan** $C_4H_2O_4N_2+4H_2O$, das durch Oxydation von Harnsäure mit Chlor in essigsaurer Lösung erhalten wird. Da Alloxan bei der Behandlung mit Alkalien unter Aufnahme von zwei Molekülen Wasser in Harnstoff und Mesoxalsäure gespalten wird, so muß man es als **Mesoxalylharnstoff** auffassen; es ist also ein cyclisches Ureid:

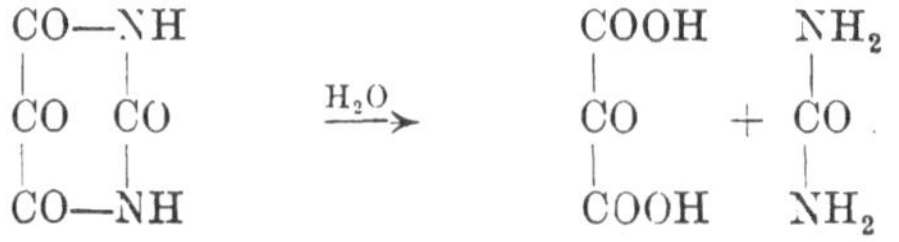

Alloxan Mesoxalsäure

Wie Mesoxalsäure (S. 262) enthält auch Alloxan 1 Mol Wasser äußerst fest gebunden. Man kann es nur im hohen Vakuum bei 200° entfernen und erhält dann das wasserfreie Alloxan in Form gelber Kristalle vom Schmelzpunkt 256°.

Durch Oxydation von Alloxan mit Salpetersäure entstehen Kohlendioxyd und **Parabansäure** (Oxalylharnstoff) (I). Mit Zinnchlorür und Salzsäure kann man Alloxan zu **Dialursäure** (Tartronylharnstoff) (II) reduzieren.

I 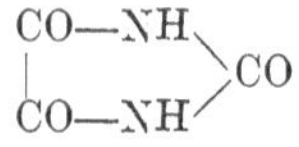 II 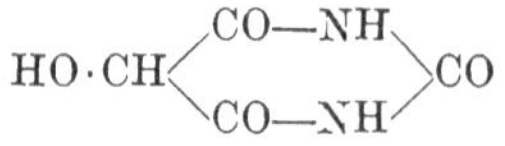

Alloxan liefert beim Erwärmen mit salzsaurem o-Phenylendiamin ein Chinoxalin-Derivat (vgl. S. 357), das gelbe **Alloxazin** (III), das deshalb von besonderem Interesse ist, weil sich von seiner Isoform, dem **Isoalloxazin** oder **Flavin** (IV), das Vitamin B_2 (Lactoflavin, S. 435) ableitet.

III 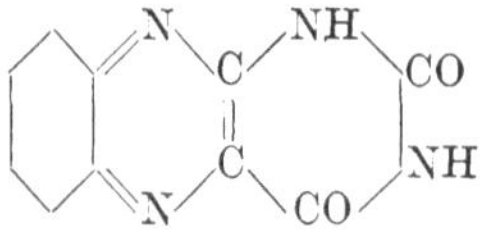 IV 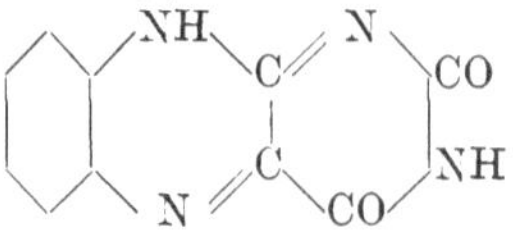

Unterwirft man Alloxan der Reduktion mit Schwefelwasserstoff, so bildet sich **Alloxantin:**

$$2\,C_4H_2O_4N_2 + 2\,H = C_8H_6O_8N_4\,.$$

Alloxan Alloxantin

Alloxantin entsteht auch direkt durch Eindampfen von Harnsäure mit verdünnter Salpetersäure. Man faßt diese noch nicht befriedigend gedeutete Substanz als eine Verbindung von Dialursäure und Alloxan auf (V), da man sie auch aus einer Lösung dieser beiden Verbindungen erhalten kann. Übergießt man sie mit Ammoniak, so entsteht das prächtig purpurrot gefärbte **Murexid,** das Ammoniumsalz der **Purpursäure.** Für Purpursäure hat man die Formel VI bewiesen:

V 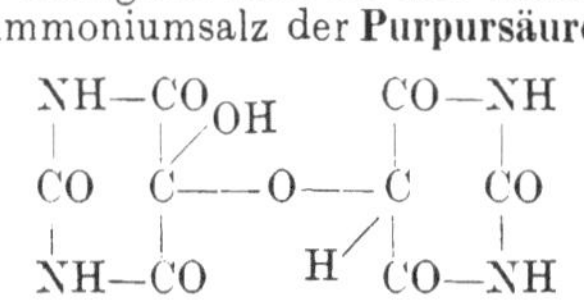 VI 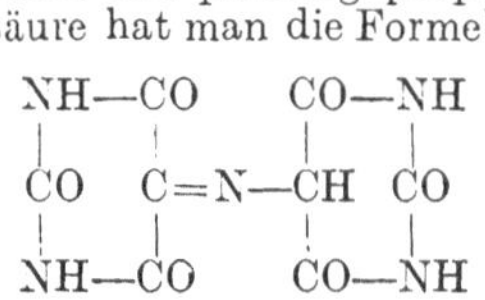

Alloxantin (?) Purpursäure

Die Murexidbildung dient als **Reaktion auf Harnsäure.** Alloxantin ist in Wasser schwer löslich unter teilweisem Zerfall in Alloxan und Dialursäure und gibt mit Alkali eine blaue Färbung.

Ein anderes wichtiges Spaltungsprodukt der Harnsäure, das aus dieser bei der Oxydation mit Permanganat sowie bei der Einwirkung des in der Leber von Säugetieren vorkommenden Ferments Uricase entsteht, ist **Allantoin** (Schmelzpunkt 240°). Allantoin kann synthetisch durch Erhitzen von Harnstoff mit Glyoxylsäure gewonnen werden und besitzt die folgende Strukturformel, die auch durch andere Umsetzungen begründet ist:

Allantoin

Die Entstehung von Alloxan und Allantoin aus Harnsäure steht im Einklang mit der S. 481 gegebenen Formel der Harnsäure. Das Auftreten von Alloxan läßt auf die Anwesenheit der Atomgruppierung I in der Harnsäure schließen; das Auftreten von Allantoin zwingt zu der Annahme, daß zwei Harnstoffreste und die Atomgruppierung II vorkommen müssen. Dem entspricht auch das sonstige chemische Verhalten der Harnsäure.

Eine Synthese der Harnsäure ist E. FISCHER auf folgendem Wege gelungen. Durch Erhitzen von Malonsäure mit Harnstoff in Eisessiglösung auf 90° unter Zusatz von Essigsäureanhydrid entsteht Malonylharnstoff I (**Barbitursäure**). Durch Einwirkung von salpetriger Säure auf diese Substanz entsteht die Isonitrosoverbindung II (**Violursäure**), deren Struktur ihre Bildung aus Alloxan und Hydroxylamin ergibt. Violursäure liefert bei der Reduktion Aminobarbitursäure (**Uramil**) III, die in Berührung mit Kaliumcyanat analog wie die Amine ein Molekül Cyansäure addiert und **Pseudoharnsäure** IV gibt.

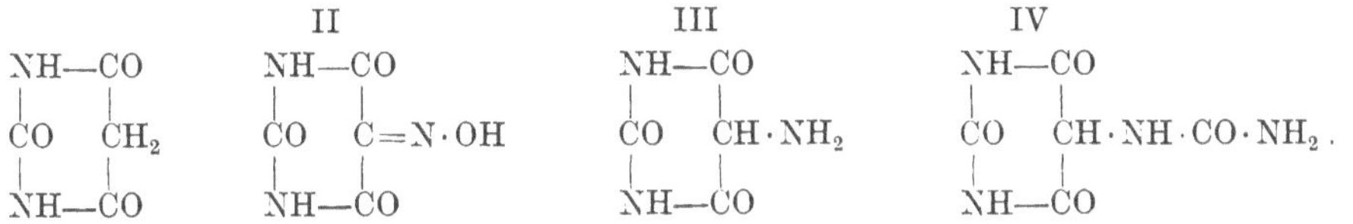

Barbitursäure — Violursäure — Uramil — Pseudoharnsäure

Diese spaltet beim Kochen mit 20%iger Salzsäure Wasser ab und geht in Harnsäure über. Die Diäthylbarbitursäure

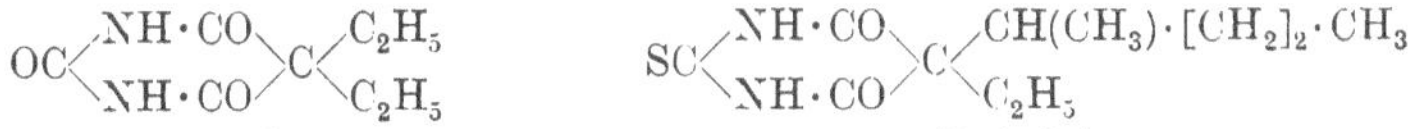

Veronal — Pentothal

ist das bekannte Schlafmittel **Veronal.** Sie ist nur eine sehr schwache Säure, während Barbitursäure selbst durch Enolisierung der —CO—CH_2-Gruppierung erheblich sauer ist ($k = 10^{-4}$).

Von weiteren, viel gebrauchten Schlafmitteln der Barbitursäure-Gruppe seien hier genannt: **Luminal** (Phenyl-äthyl-), **Dial** (Diallyl-), **Allional** (Allyl-isopropyl-), **Phanodorm** (Cyclohexenyl-äthyl-) und **Evipan** (Cyclohexenyl-methyl-N-methyl-). Von der Thiobarbitursäure leitet sich das **Pentothal ab, das in Amerika als Kurz-Anästhetikum Bedeutung in der Chirurgie besitzt.**

Schlafmittel oder Hypnotika sind Substanzen, die einen dem physiologischen Schlaf ähnlichen Zustand hervorzurufen vermögen. Sie sollen relativ ungiftig sein und müssen rasch und vollständig wieder ausgeschieden werden, damit die Müdigkeit nach dem Erwachen nicht anhält.

Es gibt eine erhebliche Anzahl von Verbindungen, die dasselbe Kohlenstoff-Stickstoff-Skelett wie Harnsäure besitzen. Diese Stoffe sind teilweise tierischen, teilweise pflanzlichen Ursprungs. Zu den ersteren gehören **Hypoxanthin** $C_5H_4ON_4$, **Xanthin** $C_5H_4O_2N_4$ und **Guanin** $C_5H_5ON_5$, zu den letzteren die Pflanzenbasen **Theobromin** $C_7H_8O_2N_4$ und **Kaffein** $C_8H_{10}O_2N_4$.

Wie die folgenden Konstitutionsformeln zeigen,

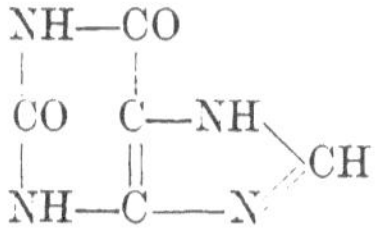

Xanthin
2,6-Dioxypurin

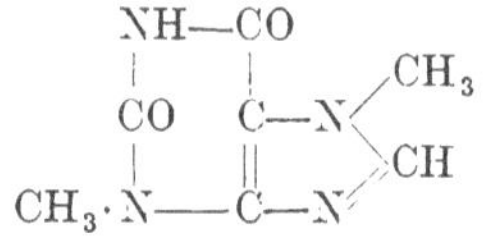

Theobromin
3,7-Dimethyl-xanthin

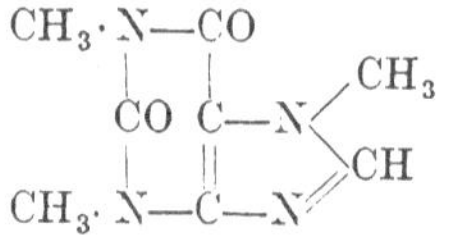

Kaffein
1,3,7-Trimethyl-xanthin

ist Theobromin ein Dimethyl-, Kaffein ein Trimethylderivat von Xanthin; man hat sie durch Methylierung von Xanthin darstellen können.

Xanthin $C_5H_4O_2N_4$ kommt in allen Geweben des tierischen Körpers vor; auch in Pflanzen hat man es häufig gefunden. Sein Vorläufer ist vielfach das Guanin (S. 485), aus dem es durch Desaminierung entsteht. Xanthin ist ein farbloses Pulver, in Wasser schwer löslich und von nur schwach basischen Eigenschaften. Mit Salpetersäure gibt es eine gelbe Färbung, der es seinen Namen verdankt (ξανθός = gelb). Durch Oxydation entstehen Alloxan und Harnstoff.

Theobromin $C_7H_8O_2N_4$ findet sich in den Kakaobohnen, aus denen es auch gewonnen wird. Es ist in kaltem Wasser sehr schwer löslich. Durch Oxydation entstehen Monomethylalloxan und Monomethylharnstoff. Theobromin findet als Diureticum therapeutische Verwendung.

Kaffein $C_8H_{10}O_2N_4$ bildet den wirksamen Bestandteil der Kaffeebohnen (ca. 1%) und des Tees (etwa 2—3%). Es kristallisiert mit 1 H_2O in seidenglänzenden Nadeln und ist in Wasser ziemlich löslich. Man gewinnt es aus Teestaub, der bis zu 5% Kaffein enthält, und als Nebenprodukt bei der Herstellung von kaffeinarmem Kaffee. Die künstliche Darstellung nach dem Prinzip der Traubeschen Synthese (S. 485) lohnt sich nur, wenn die natürlichen Rohprodukte nicht erreichbar sind. Bei vorsichtiger Oxydation von Kaffein entstehen Dimethylalloxan und Monomethylharnstoff.

Die Ähnlichkeit zwischen der Struktur der Harnsäure und der Struktur von Xanthin, Theobromin und Kaffein ist sehr augenfällig:

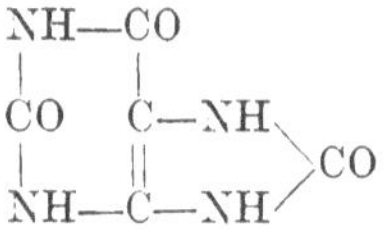

Harnsäure

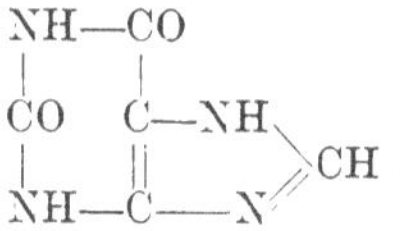

Xanthin

Xanthin erscheint danach als ein Reduktionsprodukt der Harnsäure, und es hat nicht an Versuchen gefehlt, Xanthin durch Reduktion von Harnsäure zu gewinnen. Dies ist zuerst E. Fischer im Jahre 1897 gelungen. Er hat mehrere Wege gefunden, die von der Harnsäure zu den Derivaten des Xanthins führen. Der direkte Ersatz von Sauerstoff durch Wasserstoff erwies sich bei der Harnsäure als sehr schwierig. E. Fischer ersetzte deshalb zunächst den Sauerstoff mit Hilfe von $POCl_3$ durch Chlor. In den so entstehenden halogenhaltigen Derivaten kann man dann die Chloratome in verschiedenartiger Weise gegen andere Atomgruppen austauschen.

Bei der Behandlung von Harnsäure mit $POCl_3$ entsteht zuerst 8-Oxy-2,6-dichlorpurin, das durch weitere sehr vorsichtige Behandlung mit demselben Reagens 2,6,8-Trichlorpurin I gibt:

I 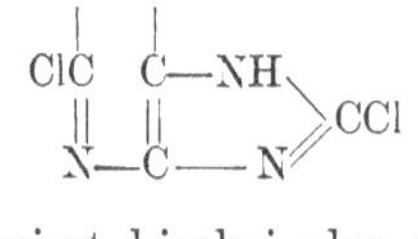

II 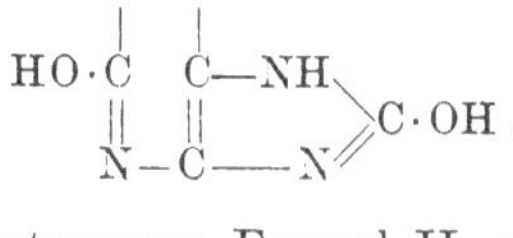

Harnsäure reagiert hierbei also nach der tautomeren Formel II, nach der sie als Trioxypurin erscheint, indem bei der Einwirkung von $POCl_3$ die Hydroxyle in normaler Weise durch Cl ersetzt werden.

Trichlorpurin geht durch Behandlung mit HJ und PH_4J bei 0° in ein Dijodpurin über:

$$C_5HN_4Cl_3 + 4\,HJ = C_5H_2N_4J_2 + 3\,HCl + 2\,J,$$

das beim Kochen mit Zinkstaub in wäßriger Lösung **Purin** gibt. Purin ist eine weiße kristallisierte Substanz (Schmelzpunkt 216—217°), die in Wasser sehr leicht löslich und nur schwach basisch ist, da sie Lackmus nicht bläut.

Vom Trichlorpurin gelangt man in folgender Weise zum Xanthin: Im Trichlorpurin ist das Chloratom 8 sehr resistent gegen die Einwirkung von Alkalien, während die Chloratome 2 und 6 relativ leicht ausgetauscht werden. Bei der Behandlung von Trichlorpurin mit Na-Äthylat werden daher nur die Cl-Atome 2 und 6 durch Äthoxyl ersetzt. Beim Erhitzen der so entstehenden Verbindung mit Jodwasserstoffsäure werden einerseits die Äthoxylgruppen verseift, andererseits wird das Cl-Atom 8 durch Wasserstoff ersetzt, und es resultiert Xanthin:

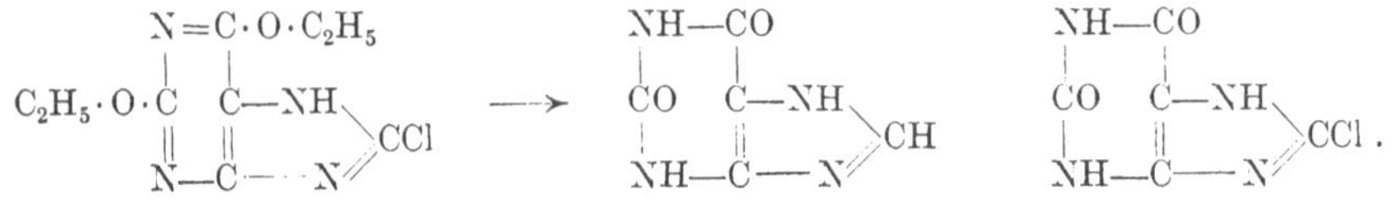

2,6-Diäthoxy-8-chlor-purin — Xanthin — 2,6-Dioxy-8-chlor-purin

Erhitzt man 2,6-Diäthoxy-8-chlor-purin jedoch mit Salzsäure, so tritt nur Verseifung der Äthoxylgruppen ein, und man erhält 2,6-Dioxy-8-chlor-purin (s. oben), das bei der Methylierung seine an Stickstoff gebundenen H-Atome gegen Methylgruppen austauscht, wodurch **Chlorkaffein** entsteht, das sich leicht zu Kaffein reduzieren läßt. Neuerdings hat H. Bredereck einen schönen und einfachen Weg zum Xanthin gefunden, indem er Harnsäure mit Formamid umsetzte. Diese Reaktion kommt einem Austausch von Kohlensäure gegen Ameisensäure im Imidazolring gleich.

Eine sehr schöne Synthese des Xanthins hat W. Traube auf folgendem Wege durchgeführt:

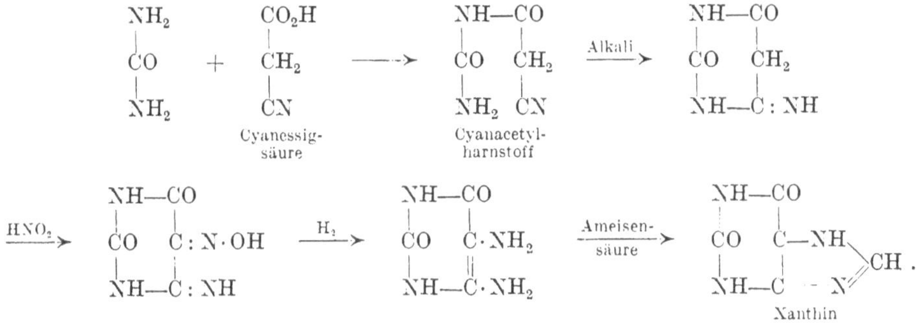

Amino-Derivate des Purins sind die **„Nucleinbasen"** **Adenin** (I) und **Guanin** (II). Sie sind am Aufbau der Nucleoproteide (S. 287), d. h. Verbindungen von Eiweißstoffen mit Nucleinsäuren, beteiligt.

Die natürlich vorkommenden **Nucleinsäuren** sind kompliziert zusammengesetzte, meist hochmolekulare Substanzen, deren Bau noch nicht völlig erforscht ist. Durch hydrolytische Spaltung mit Alkalien werden sie in mehrere analog konstituierte Bausteine, die **Mononucleotide** zerlegt. Die Mononucleotide zerfallen durch Hydrolyse in je 1 Mol Kohlenhydrat (d-Ribose bei Hefenucleinsäure, 2-Desoxy-d-ribose bei Thymusnucleinsäure), heterocyclischer Base (Purin- oder Pyrimidin-Derivate) und Phosphorsäure. Aus Hefenucleinsäure erhält man z. B. das Mononucleotid **Hefeadenylsäure,** das aus d-Ribose, Adenin und Phosphorsäure in nachstehender Verknüpfung aufgebaut ist:

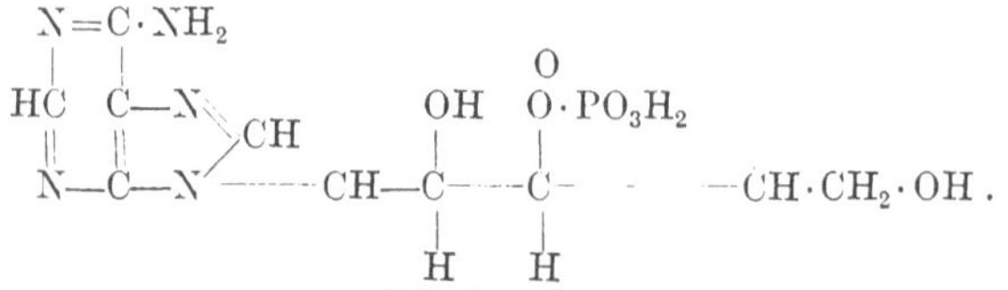

Hefeadenylsäure

Die Verknüpfung der Mononucleotide in den Nucleinsäuren wird durch die Phosphorsäure-Reste vermittelt, die esterartig vom Zuckermolekül eines Nucleotids zu dem des nächsten Nucleotids übergreifen:

Purin-Ribose-Phosphorsäure

Pyrimidin-Ribose-Phosphorsäure

Purin-Ribose-Phosphorsäure

Pyrimidin-Ribose-Phosphorsäure

Ob an dem Aufbau der hochmolekularen Nucleinsäuren noch andere Bindungstypen beteiligt sind, ist noch ungeklärt. Während bei den Mononucleotiden durch Säuren zuerst die Glykosid-Bindung gelöst wird, gelingt es, mit Fermenten (Phosphatasen) die Phosphorsäure abzuspalten. Die so erhaltenen glykosidartigen Verbindungen aus Zucker und Purin- bzw. Pyrimidinbase heißen **Nucleoside.** Das der Hefeadenylsäure entsprechende Nucleosid ist das **Adenosin:**

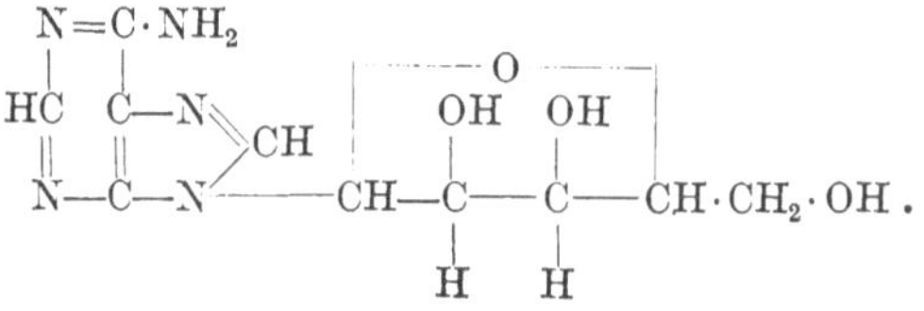

Adenosin

Eines der wichtigsten Mononucleotide ist die im Muskel vorkommende **Muskeladenylsäure,** die sich von der Hefeadenylsäure durch die Stellung des Phosphorsäure-Rests unterscheidet:

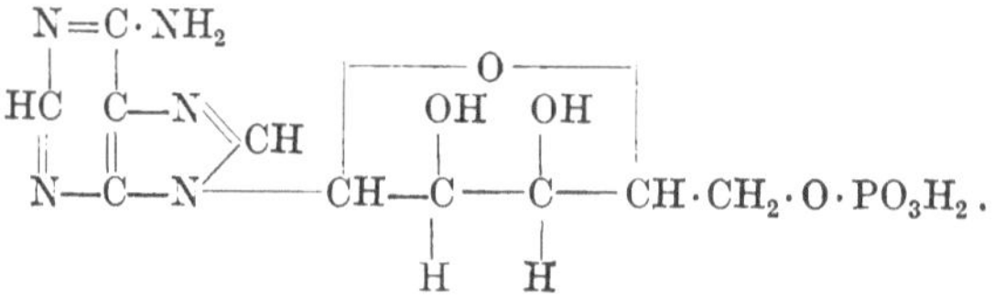

Muskeladenylsäure

Ein Pyrophosphorsäure-Derivat der Muskeladenylsäure („Adenosintriphosphorsäure") ist als Coferment an den Phosphorylierungsprozessen beim Kohlenhydratabbau beteiligt. Es ist nach einem Verfahren von Todd synthetisch darstellbar und wird neuerdings als Kreislaufmittel **(Lacarnol, Myoston)** therapeutisch verwendet. Weitere wichtige Verbindungen von nucleotidartiger Struktur sind die **Cozymase** (auch als **„Diphosphopyridinnucleotid"** oder DPN bezeichnet)

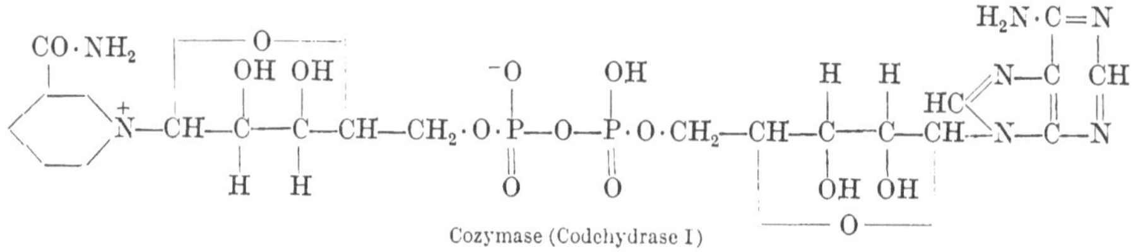

Cozymase (Codehydrase I)

und die **Codehydrase II („Triphosphopyridinnucleotid",** TPN), die ebenfalls als Cofermente beim Kohlenhydratabbau eine Rolle spielen (S. 244).

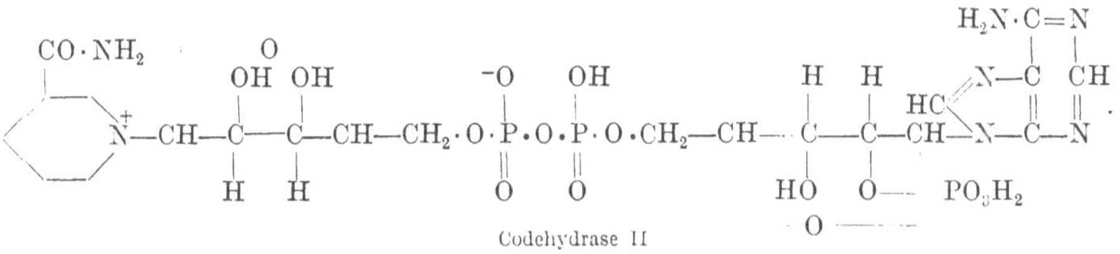

Codehydrase II

Die Wasserstoffübertragung durch diese Fermente beruht auf der abwechselnden Hydrierung und Dehydrierung des Nicotinsäureamid-Restes (vgl. S. 458). Nucleotidartige Verbindungen von Adenylsäure mit Lactoflavinphosphat bilden die prosthetische Gruppe einiger **gelber Fermente** (Flavoproteine).

Die Nucleinsäuren sind die Quelle der Harnsäure im menschlichen Organismus, indem sie teils mit der Nahrung eingeführt werden, teils aus Zellkernmaterial durch „Zellabnützung" entstehen. Aus Versuchen mit radioaktiven Indicatoren kann man entnehmen, daß der Organismus die Purine, die ganz oder teilweise die Vorstufe der Harnsäure bilden, aus Ammoniak, Kohlendioxyd, Ameisensäure, Essigsäure, Milchsäure und Glykokoll zu synthetisieren vermag. Beim Säugetier (nicht beim Menschen) wird Harnsäure weitgehend in Allantoin umgewandelt; der Harn der Säugetiere enthält daher an Stelle von Harnsäure Allantoin.

Strukturell mit dem Purin und dem Alloxazin nahe verwandt ist das **Pteridin** (I), von dem sich eine Reihe natürlich vorkommender Verbindungen ableitet. In den Schmetterlingsflügeln, in der Haut und den Augen von Fischen sowie im Harn und der Leber von Säugetieren finden sich die **Pterine,** deren Kenntnis man namentlich H. WIELAND, SCHÖPF und PURRMANN verdankt. Es sind farblose oder gelbe Verbindungen, die sich in Lösung durch charakteristische Fluorescenz auszeichnen. Erwähnt seien die Formeln des gelben **Xanthopterins** (II) und der interessanten Verbindung III. Sie enthält den Pteridinring, p-Amino-benzoesäure und Glutaminsäure in peptidartiger Verknüpfung und ist **Pteroylglutaminsäure** genannt worden. Sie findet sich z. B. in der Leber und ist ein Wachstumsfaktor für verschiedene Bakterien. Sie wird gewöhnlich mit einem von MITCHELL und R. J. WILLIAMS aus Spinat isolierten, **Folsäure** genannten Faktor identifiziert. Die viel studierte Frage, welche Rolle die Pteroylglutaminsäure und ihre Analogen bei den verschiedenen Formen der Anämie spielen, harrt noch der Beantwortung.

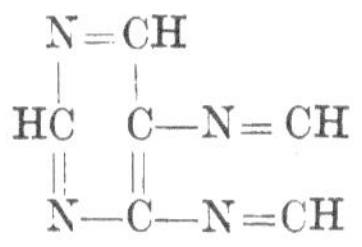

I

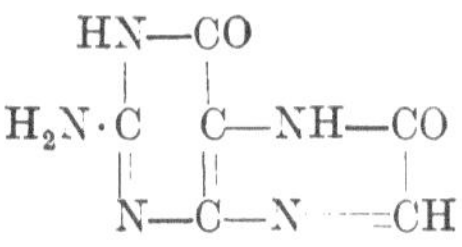

II

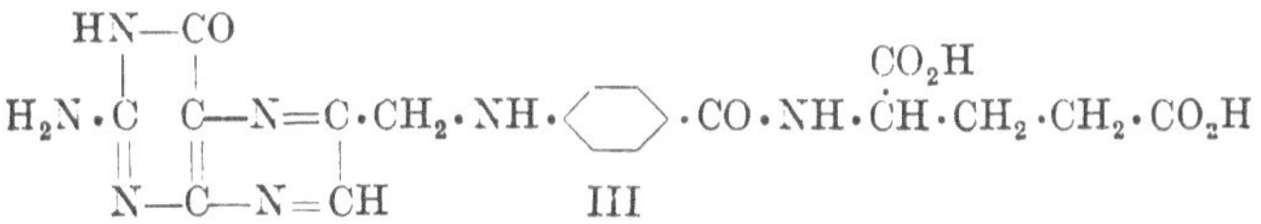

III

Thiazine

Ein mehrkerniges System mit Schwefel und Stickstoff als Hetero-Atomen ist das **Phenthiazin,** gewöhnlich **Thiodiphenylamin** (I) genannt, weil es durch Erhitzen von Diphenylamin mit Schwefel auf 250°, am besten unter Zusatz von etwas $FeCl_3$, erhalten wird. Es bildet gelbliche, in Wasser unlösliche Blättchen vom Schmelzpunkt 180°.

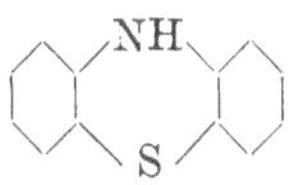

I

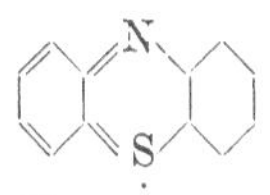

II

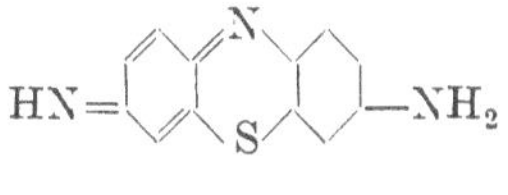

III

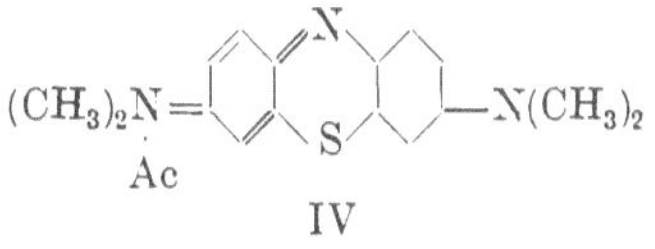

IV

Durch Oxydation in saurer Lösung entstehen daraus farbige **Phenazthioniumsalze**, die man gewöhnlich nach KEHRMANN mit dreibindigem Schwefel (II auf S. 487) formuliert. Der einfachste Farbstoff der Thiazinreihe ist das **LAUTHsche Violett** (III), 1876 von LAUTH durch Erhitzen von p-Phenylendiamin mit Schwefel und nachfolgende Oxydation mit $FeCl_3$ in saurer Lösung erhalten. Hervorragende technische Bedeutung besitzt sein Tetramethylderivat, das **Methylenblau** (IV), das nach BERNTHSEN (1888) am besten so dargestellt wird, daß man p-Amino-dimethylanilin in Gegenwart von Natriumthiosulfat zu p-Amino-dimethylanilinthiosulfonsäure oxydiert:

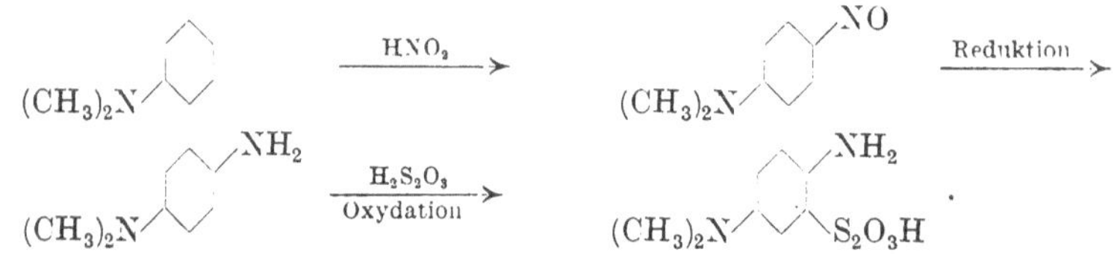

Gemeinsame Oxydation dieser Verbindung mit Dimethylanilin gibt ein Indamin, das durch Kochen mit $ZnCl_2$-Lösung in Leukomethylenblau verwandelt wird:

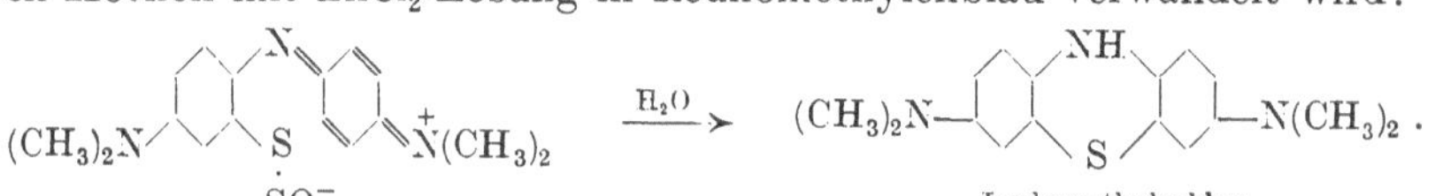

Leukomethylenblau

Leukomethylenblau bildet farblose Nadeln vom Schmelzpunkt 185° und oxydiert sich überaus leicht zu Methylenblau. Methylenblau wurde als basischer Farbstoff auf tannierter Baumwolle gefärbt, findet jedoch heute als Textilfarbstoff nicht mehr Verwendung. Die Farbigkeit der Thiazinfarbstoffe ist in gleicher Weise wie bei den Indaminen und den Triphenylmethanfarbstoffen durch Mesomerie zwischen verschiedenen Valenzstrukturen zu erklären. Die Thiazinfarbstoffe bilden mit ihren Leukoverbindungen reversible Redox-Systeme, deren Potential vom p_H abhängig ist. Bei 30° und $p_H = 0$ beträgt das Normalpotential[1] für LAUTHsches Violett $+0{\cdot}563$ V, für Methylenblau $+0{\cdot}532$ V. Methylenblau ist also als Oxydationsmittel wesentlich schwächer als Chinon.

Methylenblau ist nicht nur für die Färberei von Interesse. Es hat auch seit seiner Entdeckung eine bedeutende Rolle in der Biologie gespielt[2].

Darauf, daß die einzelnen Teile des tierischen und pflanzlichen Organismus sich hinsichtlich ihres Speicherungsvermögens für Farbstoffe sehr stark unterscheiden, beruht die Möglichkeit der mikroskopischen Erforschung von Strukturen, die am ungefärbten Präparat nicht zu erkennen sind. Die selektive Anfärbung der Bakterien durch bestimmte Farbstoffe ist ein wichtiges Hilfsmittel der klinischen Mikroskopie. EHRLICH entdeckte 1885 das auswählende Aufnahmevermögen der grauen Substanz des Nervensystems für Methylenblau. Da Methylenblau verhältnismäßig ungiftig ist, konnte er auch lebende Organismen damit färben und schuf so das als **„Vitalfärbung"** bekannte Verfahren. Man hat die Vitalfärbung mit den verschiedensten Farbstoffen dazu benutzt, um einen Einblick in die Permeabilitätsverhältnisse der Zellen, den Stofftransport und den Chemismus im lebenden Gewebe zu erhalten. Doch ist die Deutung dieser Erscheinungen in ihrer Gesamtheit noch umstritten. Man weiß nicht mit Sicherheit, ob Färbung ohne Zellschädigung möglich ist. Auch über die Frage, wieweit Farbstoffspeicherung der Ausdruck chemischer Affinität ist und wieweit es sich lediglich um rein passive Aufnahme der Farbstoffe infolge von günstigen physikalisch-chemischen und kolloidchemischen Verhältnissen handelt, gehen die Meinungen noch auseinander (Arbeiten von UNNA, MÖLLENDORF, HÖBER).

Ein weiteres wichtiges Anwendungsgebiet der Farbstoffe in der Biologie ist ihre Verwendung als Redox-Indikatoren.

Die Energie, die der Organismus für die Aufrechterhaltung seiner Tätigkeit benötigt, wird größtenteils durch Oxydationsprozesse aufgebracht. Das tätige Gewebe nimmt auf dem Umweg

---

[1] d.h. das Potential, bei dem das Mengenverhältnis von oxydierter und reduzierter Stufe 1:1 ist.

[2] Über synthetische Farbstoffe und ihre Rolle in der medizinisch-biologischen Forschung vgl. den Vortrag von G. HECHT, Angew. Chemie **48** (1935), 169.

über das Oxyhämoglobin Sauerstoff aus dem Plasma auf und produziert CO_2 („Gewebsatmung"). Es wirkt also reduzierend, und man kann den Grad seines Reduktionsvermögens an der Entfärbung reduzierbarer Farbstoffe zu ihren Leukoverbindungen zu prüfen versuchen. In seiner berühmten Arbeit über „das Sauerstoffbedürfnis des Organismus" hatte P. EHRLICH 1885 durch Injektion von Alizarinblau (S. 473) in den tierischen Organismus Lunge und Leber als Orte stärksten Reduktionsvermögens gekennzeichnet.

Nach unseren heutigen Vorstellungen besteht das Prinzip des EHRLICHschen Verfahrens darin, daß man den Sauerstoff als Wasserstoffakzeptor durch einen reduzierbaren Farbstoff ersetzt. Der methodische Fortschritt gegenüber EHRLICH beruht aber darauf, daß man gegenwärtig mit möglichst einfachen Zellsystemen, z. B. Aufschwemmungen von Hefezellen oder Erythrocyten, oder mit Gewebsschnitten arbeitet und ihre Fähigkeit, Umsetzungen in einfachen chemischen Systemen bekannter Zusammensetzung hervorzurufen, untersucht. Man verwendet also die Gewebe in erster Linie als Träger von Fermenten. Tritt in dem untersuchten System eine Umsetzung ein, so ist damit die Möglichkeit gegeben, daß die gleiche Reaktion auch im Stoffwechsel eine Rolle spielen könnte. WIELAND gelangte auf diesem Wege zu der grundlegenden Feststellung, daß der erste Schritt bei der Nährstoffoxydation in der Zelle ohne Zutun von Sauerstoff verläuft und auf einer Wasserstoffaktivierung mit anschließender Dehydrierung beruht. Bei der Oxydation von Alkohol zu Essigsäure durch das Ferment der Essigbakterien kann das Methylenblau die Rolle des Wasserstoffakzeptors übernehmen. Es wird bei Sauerstoffausschluß durch die Essigbakterien zu Leukomethylenblau reduziert, während gleichzeitig eine äquivalente Menge Alkohol zu Essigsäure dehydriert wird. Das Ferment der Essigbakterien ist also eine Dehydrogenase. Eine andere Dehydrogenase findet sich z. B. in der ungekochten Milch. Versetzt man sie mit Formaldehyd und Methylenblau, so wird der Aldehyd dehydriert und der Wasserstoff auf das Methylenblau übertragen. Die Entfärbung von Methylenblau bleibt aus, wenn man das Enzym durch Kochen der Milch zerstört (SCHARDINGERS Reaktion zum Nachweis gekochter Milch). Das hier wirksame Enzym, das auch Xanthin oxydiert, heißt Xanthin-Oxydase und enthält als Coenzym ein Flavinadenindinucleotid. Ein besonders eindrucksvolles Beispiel einer Dehydrierung bildet schließlich der von THUNBERG mit der Methylenblau-Methode nachgewiesene Übergang von Bernsteinsäure in Fumarsäure unter dem Einfluß der Succinodehydrogenase des Muskelgewebes. Wenn die Dehydrierung, wie dies bei Bernsteinsäure und Fumarsäure in Gegenwart der Dehydrogenase der Fall ist, reversibel ist, kann man das Redox-Potential und damit die Affinität des Vorgangs mit Hilfe geeigneter Redox-Indikatoren messen. Man sucht dazu in einer Skala von Redox-Indikatoren bekannten Potentials denjenigen auf, der durch das zu messende System nur teilweise entfärbt wird. Sein Potential ist nahe gleich dem gesuchten. Das Redoxpotential des Systems Bernsteinsäure-Fumarsäure wurde für $p_H = 7$ bei 37° zu 0·000 Volt ermittelt. Methylenblau ist daher hier zur Messung der Affinität sehr geeignet, da sein Redoxpotential unter gleichen Bedingungen bei +0·001 Volt liegt. Da das Potential von Methylenblau bei vollständiger Reduktion auf −0·06 Volt sinkt, das des Bernsteinsäure-Systems sich aber von −0·06 Volt nach positiven Werten bewegt, sobald sich mehr als 1% Fumarsäure bildet, sieht man leicht ein, daß eine vollständige Entfärbung von Methylenblau einen so großen Überschuß von Bernsteinsäure voraussetzt, daß die Menge der Fumarsäure im Verhältnis zur Bernsteinsäure unerheblich bleibt.

In der lebenden Zelle wird Wasserstoff des Substrats auf Codehydrase und Lactoflavinphosphorsäure (bzw. ihre Nucleotide) übertragen. Andrerseits hat WARBURG in grundlegenden Untersuchungen gezeigt, daß auch der Sauerstoff nur auf dem Umweg über ein Fermentsystem als Wasserstoffakzeptor in das Zellgeschehen eingreifen kann. Das „Atmungsferment" (Cytochromoxydase), eine Verbindung von Eiweiß mit einer häminartigen prosthetischen Gruppe, wird durch molekularen Sauerstoff oxydiert und durch die ebenfalls häminartigen Cytochrome (S. 462) wieder reduziert. Die Cytochrome vermögen schließlich mit der reduzierten Lactoflavinphosphorsäure zu reagieren, so daß auf diesem langen Weg endlich der Wasserstoff des Substrats sich mit dem Sauerstoff zu Wasser verbindet. Der oxydative Abbau der Nährstoffe verläuft also wesentlich komplizierter als LAVOISIER und LAPLACE annahmen, die 1780 in einer berühmten Abhandlung zu folgendem Schluß gelangten: Der tierische Stoffwechsel ist eine Verbrennung der Nährstoffe, die zwar sehr langsam verläuft, aber im übrigen der Verbrennung der Kohle vollständig gleicht.

Zur Gruppe der Thiazinfarbstoffe gehören teilweise auch die sog. **Schwefelfarbstoffe,** die aus zahlreichen organischen Verbindungen durch Erhitzen mit Schwefel oder Natriumpolysulfid erhalten werden. Der erste und lange fabrizierte Schwefelfarbstoff, das braune **Cachou de Laval,** wurde aus organischen Abfällen (Holz, Kleie) gewonnen. Sehr kräftige schwarze Farbstoffe entstehen aus o- und p-Aminophenol (VIDAL), Dinitrooxydiphenylamin (**Immedialschwarz,** KALISCHER), 2,4-Dinitrophenol (**Schwefelschwarz T**).

Sie sind in Natriumsulfid-Lösung unter Reduktion löslich und färben daraus Baumwolle gut an. Man kann unter den Schwefelfarbstoffen, soweit ihre Konstitution bisher aufgeklärt worden ist, zwei große Klassen unterscheiden. Die eine besteht aus Vertretern vom Typus des Primulins. So erhält man durch Verschmelzen von Benzidin mit Dehydrothiotoluidin und Schwefel das **Immedialgelb GG**, dessen hier folgende Formel man

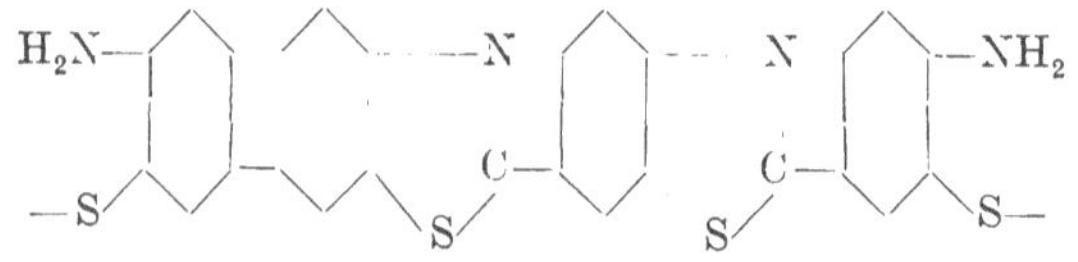

sich durch Disulfidbrücken vervielfacht denken muß. Diese verleihen ihm in o-Stellung zu den Aminogruppen die Löslichkeit in Schwefelnatrium. Die zweite Gruppe wird von Chinonimid-Farbstoffen gebildet, denen die Ringe des Phenthiazons (I) und des Thianthrens (II)

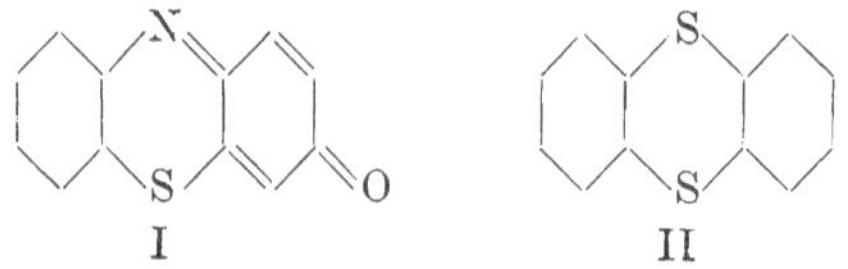

zugrundeliegen. Hierher gehört das wichtige **Hydronblau**, das durch Polysulfid-Behandlung eines aus Carbazol und Nitrosophenol erhältlichen Indophenols gewonnen wird und vermutlich einen der untenstehenden Formel ähnlichen Bau besitzt:

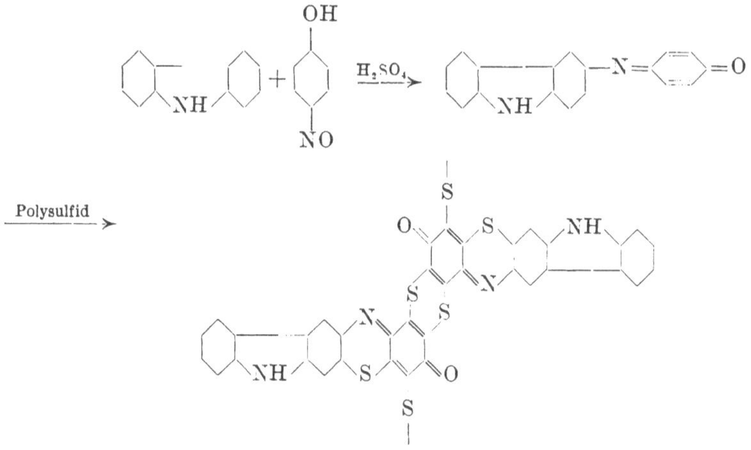

C. Alkaloide

Unter „Alkaloiden" versteht man stickstoffhaltige, meist kompliziert gebaute Substanzen, die von Pflanzen erzeugt werden, und sich durch charakteristische, zum Teil schon den Naturvölkern bekannte pharmakologische Wirkungen auszeichnen[1]. Viele Alkaloide sind starke Gifte. Sie haben deshalb frühzeitig die Aufmerksamkeit der Naturforscher auf sich gezogen. Sie leiten sich von sehr verschiedenen Stammsubstanzen ab.

[1] Einfacher gebaute Pflanzenbasen von ausgesprochener pharmakologischer Wirkung, die deshalb häufig den Alkaloiden zugerechnet werden, sind schon früher besprochen worden: Cholin, Tyramin, Ephedrin, Hordenin, Pyrrolidin.

Der komplizierte Bau vieler Alkaloide hat die Ermittlung ihrer Struktur sehr erschwert, so daß selbst heute, nach mehr als einem Jahrhundert emsiger Forscherarbeit, bei weitem noch nicht alle Alkaloide konstitutionell aufgeklärt sind. Dies ist auch der Grund dafür, daß man die Klassenbezeichnung Alkaloide, die in einer älteren Epoche auf Grund mehr äußerlicher Merkmale wie basischer Charakter (ihr Name rührt von Alkali her), Vorkommen in Pflanzen und Giftigkeit geschaffen wurde, auch jetzt noch aufrechterhält. Viele Alkaloide lassen sich auf Pyridin (Chinolin und Isochinolin) zurückführen; der Ausbau der Pyridingruppe ist mit der Alkaloidforschung aufs engste verknüpft.

Die meisten Alkaloide sind kristallisierte, in Wasser schwer lösliche Substanzen von basischem Charakter, meist optisch-aktiv und mit wenigen Ausnahmen nicht unzersetzt destillierbar. Von Säuren werden sie unter Bildung teilweise gut kristallisierter Salze gelöst, aus denen sie durch Alkalien wieder abgeschieden werden.

Sehr viele Alkaloide werden aus ihrer Lösung in Wasser oder Säuren durch gewisse Reagenzien gefällt. Solche **Alkaloid-Reagenzien** sind Tannin, Phosphorwolframsäure, Phosphormolybdänsäure, Kaliumwismutjodid, Kaliumquecksilberjodid und Jod-Kaliumjodidlösung. Man kennt auch für manche Alkaloide charakteristische Farbenreaktionen, die zwar sehr empfindlich, aber nicht immer spezifisch sind. Auch die Untersuchung ihrer pharmakologischen Wirkung wird zum Nachweis und zur Wertbestimmung der Alkaloide mit Erfolg herangezogen.

Vorkommen der Alkaloide. Man findet sie im ganzen Pflanzenreich verbreitet; aber ihr Vorkommen in den verschiedenen Pflanzenfamilien ist sehr ungleichmäßig. Am häufigsten finden sie sich in tropischen und subtropischen dikotylen Pflanzen; unter diesen zeichnen sich einzelne Familien, wie die Papaveraceen, Solanaceen, Ranunculaceen und Rubiaceen durch einen besonderen Reichtum an Alkaloiden aus. Sehr selten enthält ein Gewächs nur ein einziges Alkaloid; fast immer kommen mehrere (bis zu zwanzig) zusammen vor, die dann aber meist chemisch untereinander nahe verwandt sind. Auch ist das Vorkommen eines Alkaloids meist auf eine bestimmte Pflanzenart beschränkt, wenngleich Ausnahmen von dieser Regel in neuerer Zeit häufiger beobachtet worden sind.

Die Alkaloide können in allen Teilen der Pflanzen vorkommen; sie bilden sich hauptsächlich in Geweben, die in kräftiger Entwicklung begriffen sind. Aus diesen wandern sie nach anderen Teilen (Wurzel, Rinde usw.), wo sie aufgespeichert werden. Sie kommen nie frei in den Pflanzen vor, sondern immer gebunden an Pflanzensäuren, wie Oxalsäure, Äpfelsäure, Bernsteinsäure, Chinasäure usw. Zur Isolierung der Alkaloide behandelt man die zerkleinerten Pflanzenteile oder ihren sauren Auszug mit Alkalien. Die Basen werden hierdurch aus ihren Salzen in Freiheit gesetzt und können nunmehr durch Extraktion mit organischen Lösungsmitteln oder Destillation mit Wasserdampf in reinem Zustand gewonnen werden. Häufig leistet auch die Überführung in ein schwer lösliches Salz gute Dienste.

Welche Rolle die Alkaloide im pflanzlichen Stoffwechsel spielen, ist nicht bekannt. In Anbetracht der großen Schwierigkeit physiologischer Versuche an höheren Pflanzen ist der Zusammenhang ihres Entstehens und Vergehens mit dem übrigen Stoffwechsel noch in Dunkel gehüllt.

1. Alkaloide, die sich vom Pyridin und Piperidin ableiten

Coniin $C_8H_{17}N$ findet sich im Schierling (*Conium maculatum*). Es ist eine farblose rechtsdrehende Flüssigkeit vom Siedepunkt 167°, die sich in Wasser wenig löst und sehr giftig ist. Es zeichnet sich durch unangenehmen, betäubenden Geruch und scharfen Geschmack aus. Wie die bereits mitgeteilte Synthese (S. 457) beweist, besitzt es die Struktur eines α-Propyl-piperidins.

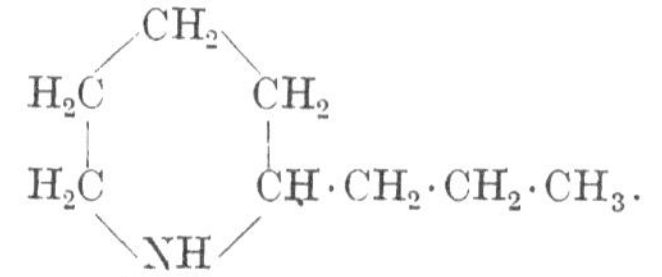

Coniin

Lobelanin $C_{22}H_{25}O_2N$ ist neben mehreren ähnlich gebauten Alkaloiden im Lobeliakraut enthalten. Es bildet bei 99° schmelzende Nadeln, die in Alkohol leicht löslich sind. Es besitzt nach WIELAND die Konstitution eines 1-Methyl-2,6-diphenacyl-piperidins. Seine Konstitution ist durch mehrere Synthesen bewiesen worden, von denen die unten angeführte aus Methylamin, Glutardialdehyd und Benzoylessigsäure in saurer Lösung (SCHÖPF) die einfachste ist. Im **Lobelin** $C_{22}H_{27}O_2N$ ist eine der CO-Gruppen des Lobelanins zu CH(OH) reduziert. Die Lobelia-Alkaloide, namentlich Lobelin, finden therapeutische Verwendung als Atmungsstimulantien.

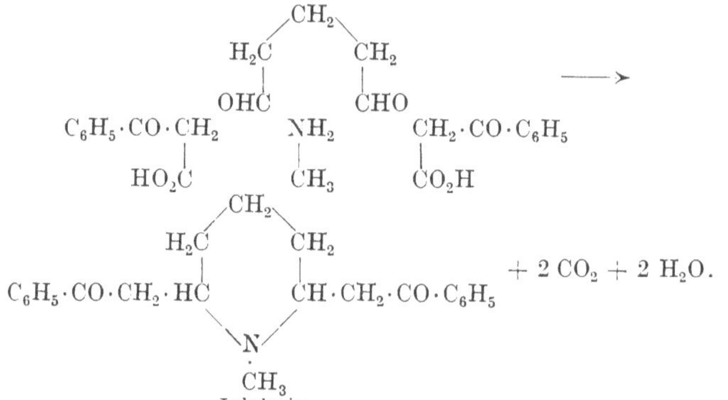

Lobelanin

Nicotin $C_{10}H_{14}N_2$ findet sich in den Blättern und Wurzeln des Tabaks, an Äpfelsäure und Citronensäure gebunden (2—6% je nach Art des Tabaks). Seine Bildungsstätte ist die Wurzel. Es ist eine farblose, linksdrehende Flüssigkeit, die nach Tabak riecht; der Geruch tritt jedoch bei einem frisch destillierten Präparat viel weniger hervor als bei einem alten. Sein Siedepunkt liegt bei 246·7°; es ist mit Wasser mischbar und sehr giftig. An der Luft bräunt es sich. Nicotin ist ein 1-Methyl-2-[β-pyridyl]-pyrrolidin:

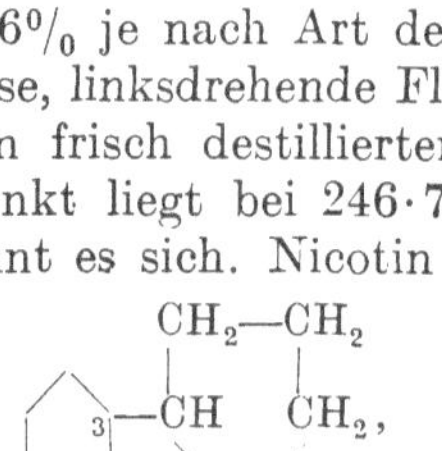

d. h. es enthält einen hydrierten Pyrrolkern, der am Stickstoffatom methyliert ist, und einen Pyridinkern, dessen C-Atom 3 in den Pyrrolkern eingreift. Mit dieser Formel steht im Einklang, daß Nicotin eine ditertiäre Base ist, durch Oxydation mit Permanganat Nicotinsäure (S. 458) liefert und beim Erhitzen des jodwasserstoffsauren Salzes Methyljodid abspaltet. Es ist zuerst PICTET gelungen, Nicotin synthetisch herzustellen und dadurch die angegebene Strukturformel zu bestätigen. Er wandte die Pyrrolsynthese aus Schleimsäure (S. 459) auf 3-Amino-pyridin (I auf S. 493) an, indem er dieses mit Schleimsäure destillierte. Dabei entsteht 1-[β-Pyridyl]-pyrrol (II), das sich bei Rotglut unter anderem in 2-[β-Pyridyl]-pyrrol (III) umlagert. Von diesem aus gelangt man über einige Zwischenstufen hinweg, am besten durch Hydrierung des Pyrrolkerns und anschließende Methylierung des sekundären Stickstoffs (SPÄTH), schließlich zum dl-Nicotin, das nunmehr in die optischen Antipoden gespalten wird.

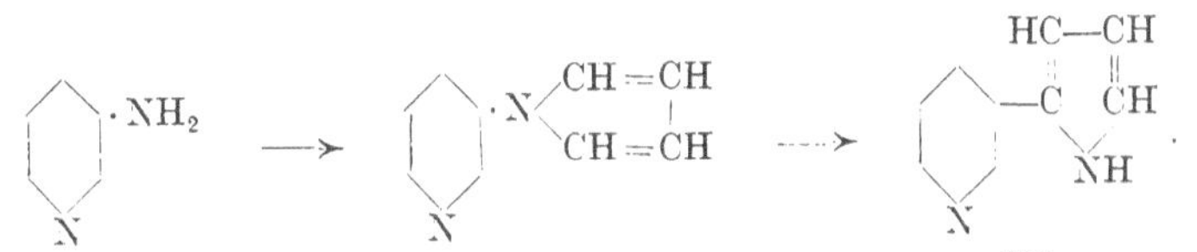

I II III

Von SPÄTH stammt die nachfolgende übersichtliche Synthese:

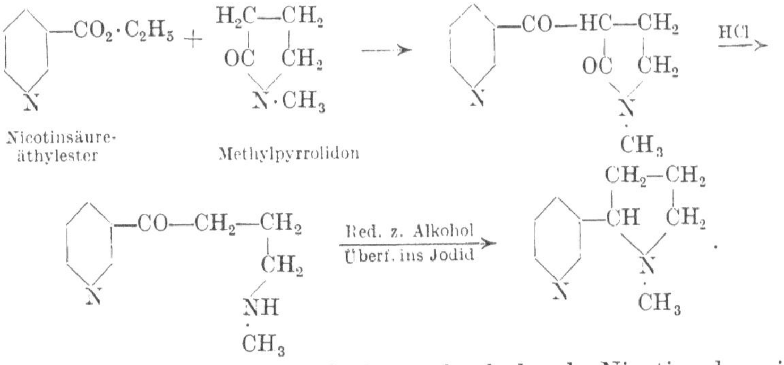

Bei der Synthese erhält man auch das rechtsdrehende Nicotin, das viel weniger giftig als das linksdrehende natürliche Nicotin ist. Nicotin wirkt in kleinen Mengen erregend auf das Nervensystem. Größere Mengen wirken durch Lähmung des Atemzentrums tödlich.

Die Lösung von Nicotin in Wasser ist ein typisches Beispiel eines Falles partieller Mischbarkeit. Nicotin und Wasser mischen sich nur unterhalb 60° und oberhalb 208° in allen Verhältnissen. Zwischen diesen beiden Temperaturen ist die gegenseitige Löslichkeit beschränkt. Stellt man diese Verhältnisse graphisch dar, so bekommt man eine geschlossene Kurve (Fig. 97), innerhalb deren Entmischung besteht, während außerhalb dieses Gebiets keine Entmischung stattfindet.

Fügt man z. B. zu Wasser von 90° steigende Mengen Nicotin, so löst sich dieses zunächst auf, dann bilden sich bei etwa 6% zwei Schichten; bei etwa 82% Nicotin wird wieder alles homogen. Andrerseits sieht man beim Erwärmen einer Lösung von 60% Nicotin und 40% Wasser bei etwa 60° Entmischung eintreten; nach Erhitzen (im geschlossenen Rohr) auf etwa 200° tritt wieder Homogenität ein.

Bei einigen anderen Basen, wie β-Picolin und Methylpiperidinen, hat man dasselbe Verhalten gegenüber Wasser beobachtet. In weitaus den meisten Fällen beschränkter Mischbarkeit von Flüssigkeiten läßt sich jedoch nicht die ganze geschlossene Kurve realisieren; bei Phenol-Wasser kennt man z. B. nur den oberen Teil, weil eine der Komponenten (Phenol) sich bereits in festem Zustand ausscheidet, bevor noch bei niedriger Temperatur Homogenität entsteht. Bei Trimethylamin-Wasser dagegen ist nur der untere Teil realisierbar, weil die kritische Temperatur einer der Komponenten bereits erreicht ist, bevor sich Homogenität der Flüssigkeit einstellt.

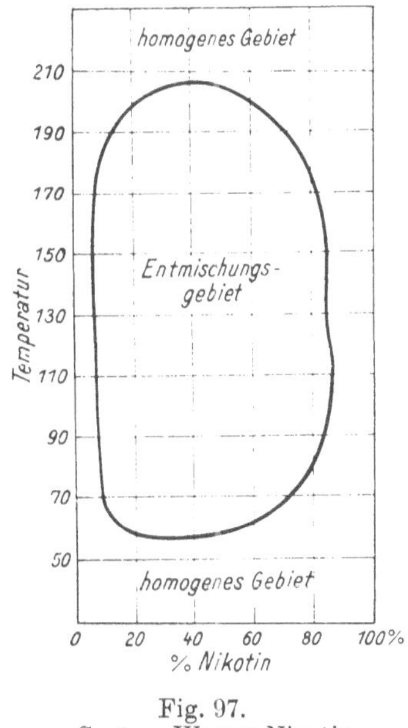

Fig. 97.
System Wasser-Nicotin

2. Alkaloide mit kondensierten Pyrrolidin- und Piperidin-Ringen

Linksdrehendes **Atropin (l-Hyoscyamin)** $C_{17}H_{23}O_3N$ findet sich in der Tollkirsche (*Atropa Belladonna*) und in den Samen des Stechapfels (*Datura Stramonium*). Da es sich z. B. durch Einwirkung von Alkalien sehr leicht racemisiert, ist das technisch gewonnene Atropin optisch-inaktiv. Es kristallisiert in Nädelchen oder Prismen, schmilzt bei 115·5° und ist sehr giftig. Es findet in der Augenheilkunde Anwendung, weil es

„mydriatisch“ wirkt [1], d. h. weil eine verdünnte Atropinlösung, in das Auge getröpfelt, Erweiterung der Pupille bewirkt. Beim Erhitzen mit Salzsäure oder Natronlauge auf 120⁰ spaltet es sich unter Aufnahme von Wasser in (intramolekular inaktives) **Tropin** und racemische **Tropasäure**:

$$\underset{\text{Atropin}}{C_{17}H_{23}O_3N} + H_2O = \underset{\text{Tropin}}{C_8H_{15}ON} + \underset{\text{Tropasäure}}{C_9H_{10}O_3}\,.$$

Aus diesen Spaltungsprodukten läßt es sich durch Einwirkung von Salzsäure zurückgewinnen. Atropin ist also als Tropasäure-Ester des Tropins anzusehen. Die Struktur der Tropasäure ist bekannt (S. 338): sie ist β-Oxy-α-phenyl-propionsäure $HO\cdot CH_2\cdot CH(C_6H_5)\cdot CO_2H$. Tropin hat die folgende Struktur:

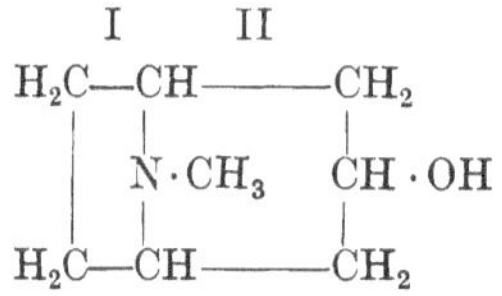
Tropin

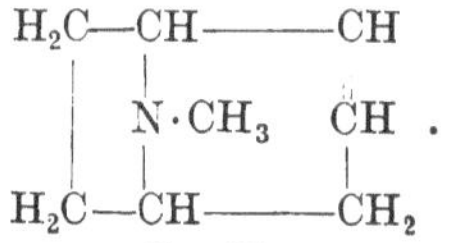
Tropidin

Es enthält also einen Kohlenstoffsiebenring mit mittelständiger „Stickstoffbrücke“. Diese Formel ist von Willstätter durch zahlreiche Umwandlungen sicher begründet worden. Beim oxydativen Abbau von Tropin entsteht N-Methyl-succinimid (I)

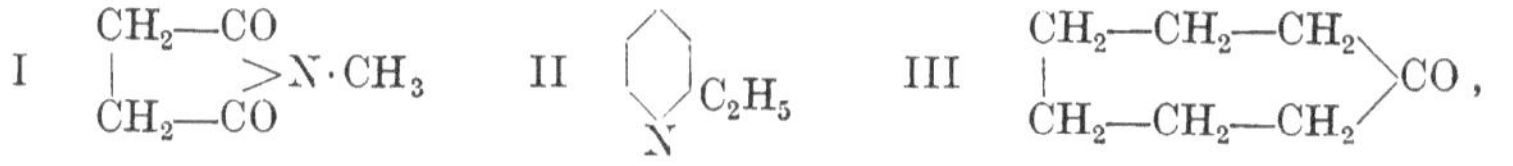

wodurch die Gegenwart eines Pyrrolidinkerns bewiesen wird. Beim Erhitzen von Tropin mit konzentrierter Schwefelsäure und Eisessig auf 165⁰ wird unter Abspaltung von H_2O Tropidin (Formel s. o.) erhalten. Dieses läßt sich in 2-Äthyl-pyridin (II) überführen, folglich ist im Tropin ein Pyridinring vorhanden.

Ekgonin (S. 495), ein carboxyliertes Tropin, läßt sich zu Cycloheptanon (III) abbauen, ein Beweis für die Gegenwart eines Kohlenstoffsiebenrings im Tropinmolekül. Zum gleichen Schluß, daß Tropin eine unverzweigte Kette von 7 C-Atomen enthält, führt der Abbau von Tropin zu Pimelinsäure. Bei dieser Reaktionsfolge wird von der Methode der „erschöpfenden Methylierung“ Gebrauch gemacht, die als Mittel zur Konstitutionsaufklärung in der Alkaloidchemie eine hervorragende Rolle spielt:

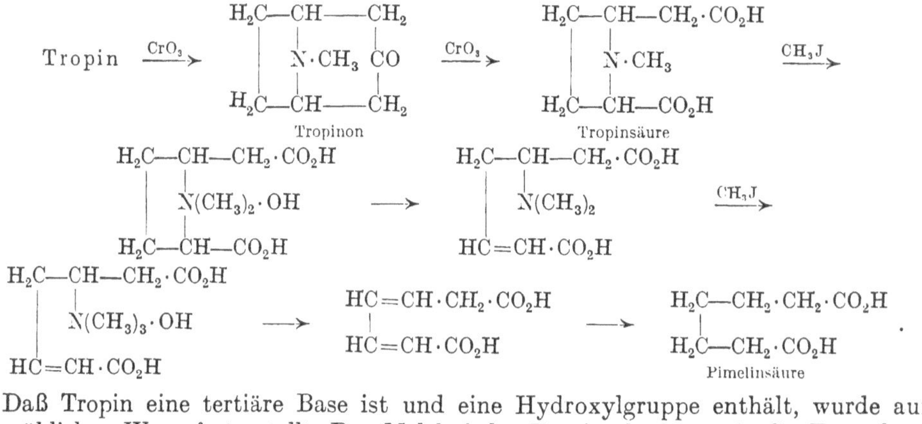

Daß Tropin eine tertiäre Base ist und eine Hydroxylgruppe enthält, wurde auf dem üblichen Wege festgestellt. Das Molekül des Tropins besitzt, wie die Formel er-

[1] μυδρίασις = Pupillenerweiterung.

kennen läßt, eine Symmetrieebene. Es kann daher nicht optisch-aktiv sein. Wohl aber ist Diastereoisomerie durch verschiedene Stellung der OH-Gruppe zur Stickstoffbrücke möglich. Der dem Tropin entsprechende diastereoisomere Alkohol heißt **Pseudotropin.** Die optische Aktivität des Hyoscyamins beruht auf der Tropasäure-Komponente, die ein asymmetrisches C-Atom enthält.

Eine interessante Synthese von Tropinon wurde von ROBINSON entdeckt. Sie besteht in der Kondensation von Succindialdehyd mit Methylamin und Aceton:

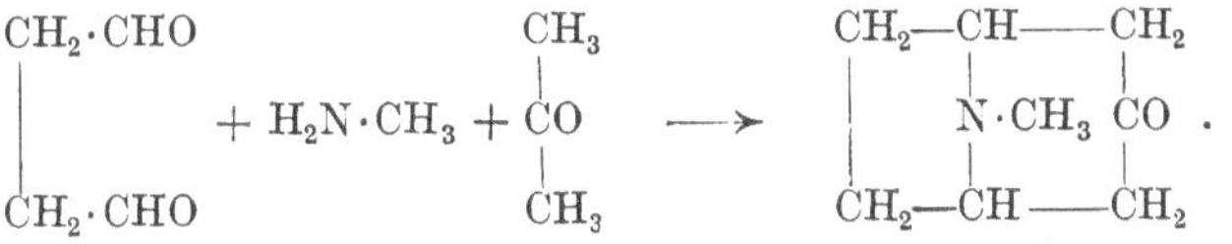

Tropinon

Auch Aceton-α, α'-dicarbonsäure geht, wie SCHÖPF gezeigt hat, beim Behandeln mit Succindialdehyd und Methylamin in neutraler Lösung unter CO_2-Abspaltung glatt in Tropinon über. Da Acetondicarbonsäure in nahem Zusammenhang mit der Citronensäure steht, ist es denkbar, daß auch die Atropin-Synthese in der Zelle den gleichen Verlauf nimmt. Reduktion des Tropinons und Veresterung zu Atropin sind Reaktionen, die nach zahlreichen Analogien der Zelle keine Schwierigkeiten bereiten.

Cocain $C_{17}H_{21}O_4N$. In den Cocablättern (von *Erythroxylon Coca*) kommen verschiedene Alkaloide vor, unter denen das bei 97·5⁰ schmelzende Cocain am bekanntesten ist, weil es dazu angewandt wird, lokale Anästhesie hervorzurufen. Es ist kristallisiert, in Alkohol leicht löslich und linksdrehend. Beim Erhitzen mit starken Säuren wird eine Benzoyl- und eine Methylgruppe abgespalten, und es entsteht eine Oxycarbonsäure, das **Ekgonin** $C_9H_{15}O_3N$. Cocain wurde von WILLSTÄTTER auf folgendem Wege synthetisiert:

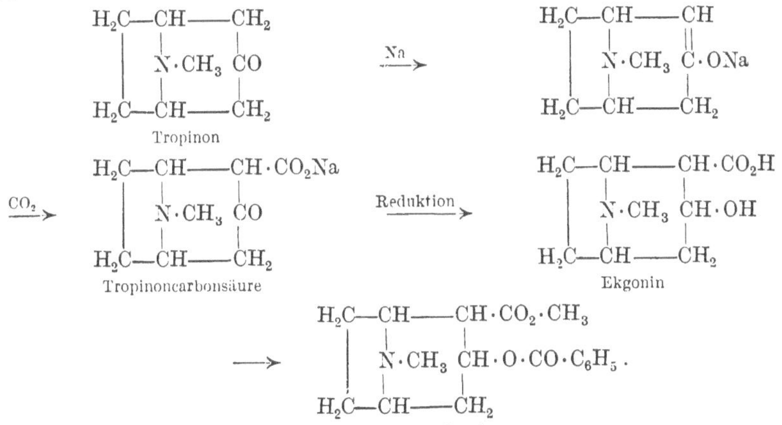

Tropinon, Tropinoncarbonsäure, Ekgonin, Cocain

Cocain ist also ein Benzoylekgonin-methylester. Auch Tropinoncarbonsäuremethylester kann nach SCHÖPF synthetisch leicht aus Succindialdehyd, Methylamin und Acetondicarbonsäuremonomethylester erhalten werden. Damit ist auch für Cocain eine zellmögliche Synthese vorgezeichnet. Ekgonin ist im Gegensatz zu Tropin asymmetrisch gebaut. Es kann daher sowohl in optisch-aktiven als auch in diastereoisomeren Formen auftreten.

Als ein Homologes des Tropinons ist das **Pseudopelletierin** von Interesse, das von TANRET in der Rinde des Granatapfelbaums entdeckt wurde. Es ist eine starke, bei 48⁰ schmelzende Base, deren Konstitutionsformel

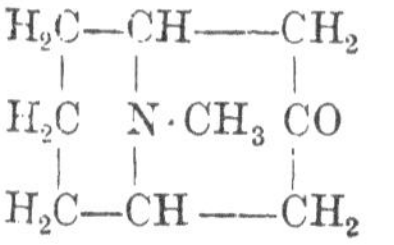

von WILLSTÄTTER durch erschöpfende Methylierung bewiesen wurde. Hierbei gelangt man je nach dem Abbauweg zu Cyclooctadien oder Cyclooctatetraen (S. 299), ein Beweis, daß die Base einen Achtring enthält. Es läßt sich nach den Verfahren von ROBINSON und SCHÖPF synthetisch aus Glutardialdehyd, Methylamin und Acetondicarbonsäure analog der Tropinon-Synthese bereiten. Pseudopelletierin besitzt als Ausgangsmaterial zur Darstellung von lokalanästhetisch wirkenden Stoffen ein gewisses Interesse.

3. Alkaloide, die sich vom Chinolin ableiten

Chinin $C_{20}H_{24}O_2N_2$. In der Rinde zahlreicher Arten der Gattung *Cinchona* und in der Rinde von *Remijia* (Chinarinde) findet sich eine große Anzahl von Alkaloiden, von denen 30 isoliert worden sind. Unter diesen nimmt das 1820 von PELLETIER und CAVENTOU entdeckte Chinin (unabhängig 1819 auch von F. RUNGE beschrieben) wegen seiner Eigenschaft, die Fiebertemperatur herabzusetzen, und als spezifisches Heilmittel gegen Malaria die erste Stelle ein. Von den Nebenalkaloiden ist **Cinchonin** $C_{19}H_{22}ON_2$ das wichtigste, da es ähnlich wie Chinin, nur schwächer wirkt. Es wurde 1810 von GOMES entdeckt und von PELLETIER und CAVENTOU genauer untersucht.

Außer Alkaloiden enthalten die Rinden dieser Bäume verschiedene Säuren (Chinasäure, Chinovasäure[1] usw.) und indifferente Verbindungen (Chinovin, Chinarot usw.).

Chinin ist in Wasser wenig löslich; es ist linksdrehend; wasserfrei schmilzt es bei 177°, mit drei Molekülen Kristallwasser bei 57°.

Lösungen der Chininsalze fluoreszieren prächtig blau, eine Erscheinung, die zum Nachweis von Chinin benutzt werden kann. Setzt man zu einer Chininlösung Chlorwasser und danach Ammoniak im Überschuß, so färbt sich die Flüssigkeit smaragdgrün. Durch diese sehr empfindliche Reaktion unterscheidet sich Chinin von Cinchonin.

Die Konstitution des Chinins und Cinchonins ist vor allem durch Untersuchungen von KÖNIGS und von SKRAUP bis in alle Einzelheiten aufgeklärt:

I 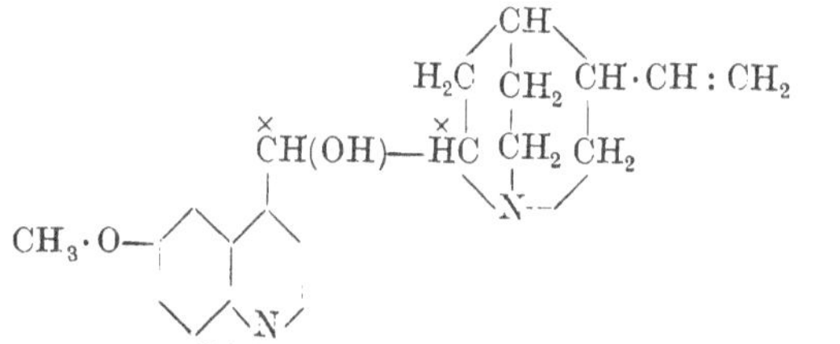

Chinin

II 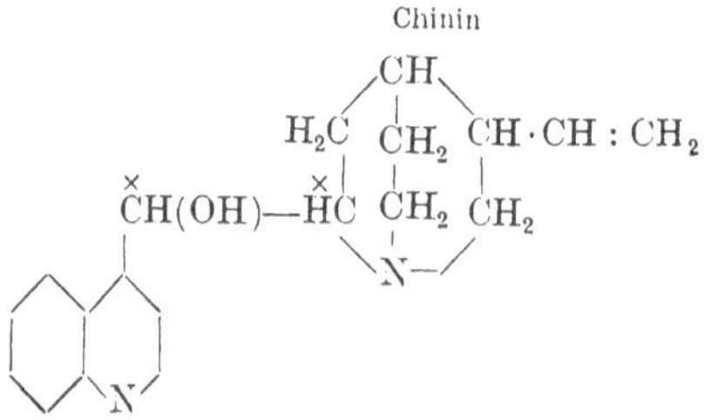

Cinchonin

III 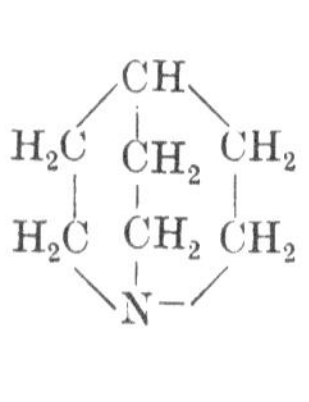

Chinuclidin

[1] Chinasäure ist eine 1,3,4,5-Tetraoxy-cyclohexan-carbonsäure-(1), Chinovasäure $C_{30}H_{46}O_5$ eine kompliziert gebaute pentacyclische Oxydicarbonsäure.

Der Verlauf des oxydativen Abbaus kann am besten am Cinchonin (II auf S. 496) veranschaulicht werden. Durch Chromsäure-Oxydation entsteht zunächst das Keton Cinchoninon, das bei weiterer Oxydation eine Ringspaltung in dem bicyclischen **„Chinuclidin“**-Rest (III) erfährt. Hierbei erhält man Chinolin-carbonsäure-4 (Cinchoninsäure) und Merochinen, das eine 3-Vinyl-piperidin-essigsäure-4 darstellt. Merochinen kann man einerseits mit Permanganat zu Cincholoiponsäure und Loiponsäure abbauen. Andrerseits liefert es beim Erhitzen mit Salzsäure auf 240° durch gleichzeitige Hydrierung und Dehydrierung 4-Methyl-3-äthyl-pyridin, das durch Oxydation Cinchomeronsäure gibt, die sich ihrerseits mit Natrium und Alkohol in Loiponsäure verwandeln läßt:

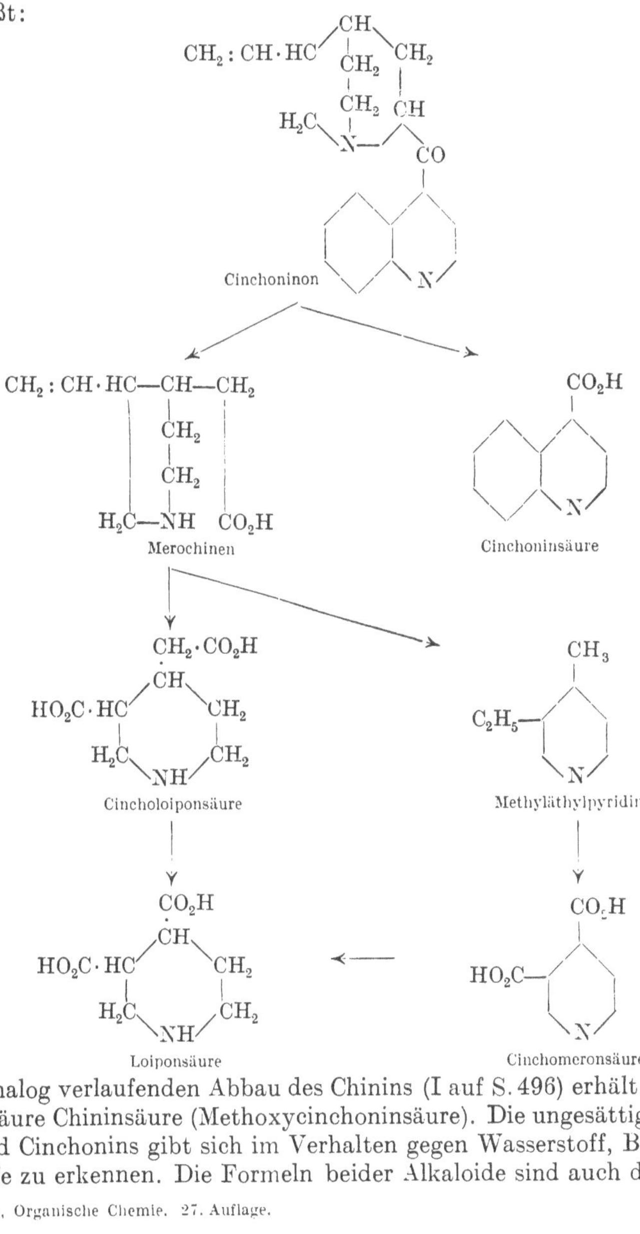

Beim analog verlaufenden Abbau des Chinins (I auf S. 496) erhält man an Stelle von Cinchoninsäure Chininsäure (Methoxycinchoninsäure). Die ungesättigte Seitenkette des Chinins und Cinchonins gibt sich im Verhalten gegen Wasserstoff, Brom und Halogenwasserstoffe zu erkennen. Die Formeln beider Alkaloide sind auch durch synthetische

Versuche gestützt. RABE gelang 1931 die Synthese von Dihydrochinin, das an Stelle der Vinylgruppe eine Aethylgruppe trägt. Die Totalsynthese des Chinins selbst beschrieben 1945 R. B. WOODWARD und DOERING [1]. Auch Chinuclidin selbst ist synthetisch erhalten worden. Seine Bildung verläuft leicht und glatt, wenn man verdünnte Natronlauge bei 50° auf das Hydrobromid des 1,5-Dibrom-3-[β-amino-äthyl]-pentans einwirken läßt (PRELOG):

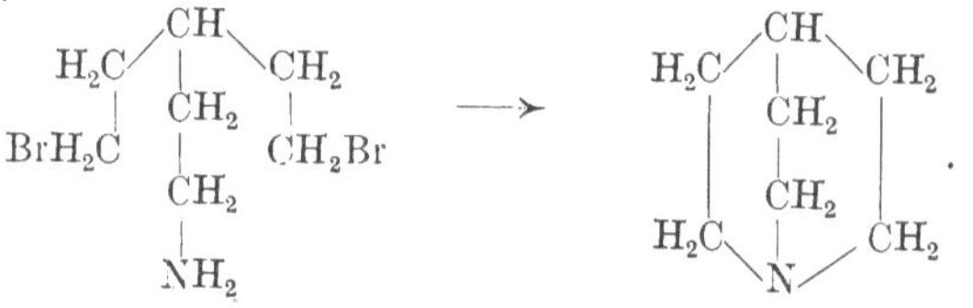

Es bildet eine campherartige Masse vom Schmelzpunkt 158—159°. Obwohl Chinin und Cinchonin mehrere asymmetrische C-Atome enthalten, die außer optischer Aktivität Diastereoisomerie veranlassen sollten, kennt man bisher doch nur Diastereoisomere, die sich durch die räumliche Stellung an den mit × bezeichneten C-Atomen unterscheiden. Die dem Chinin und Cinchonin entsprechenden Diastereoisomeren heißen Chinidin und Cinchonidin, und zwar gehören nach ihrer Konfiguration Chinin und Cinchonidin einerseits, Cinchonin und Chinidin andrerseits zusammen. Bei der Oxydation geben Cinchonin und Cinchonidin das gleiche Cinchoninon. Ebenso sind die Oxydationsprodukte aus Chinin und Chinidin identisch. Daß man trotz verschiedener Konfiguration an den mit × bezeichneten C-Atomen identische Ketone erhält, beruht darauf, daß die Asymmetrie durch Ketoenol-Isomerie

aufgehoben wird. $>CO—CH< \rightleftarrows >C(OH)=C<$

Die Verbindung, die aus Chinin durch Ersatz von $—O \cdot CH_3$ gegen —OH entsteht, heißt **Cuprein.** Sie kommt auch in kleiner Menge natürlich vor.

4. Opium-Alkaloide

Morphin $C_{17}H_{19}O_3N$ ist die am längsten bekannte und neben Chinin wichtigste Pflanzenbase. Es wurde 1805 von SERTÜRNER aus dem Opium gewonnen. Die bis dahin bei Pflanzenstoffen unbekannten alkaliähnlichen Eigenschaften des Morphins gaben SERTÜRNER Veranlassung zur Einführung des Begriffs „Alkaloide". Das Opium ist der eingedickte Milchsaft der unreifen Mohnkapseln von *Papaver somniferum.* Es besteht aus einem äußerst komplizierten Gemenge, das unter anderem Kautschuk, Fette, Harze, Gummi, Kohlenhydrate, Eiweißstoffe, Mineralsalze, einige organische Säuren usw. neben zahlreichen Alkaloiden enthält. Unter den mehr als zwanzig im Opium nachgewiesenen Basen tritt Morphin in größter Menge auf (etwa 10% des Opiums). **Kodein** $C_{18}H_{21}O_3N$ ist sein Monomethyläther.

Morphin kristallisiert mit 1 H_2O, schmilzt wasserfrei bei 240° unter Zersetzung, ist in Wasser wenig löslich und von schmerzstillender und narkotischer Wirkung. Aus den Reaktionen des Morphins läßt sich ableiten, daß von den drei in ihm vorhandenen Sauerstoffatomen eines als Phenolhydroxyl (Löslichkeit in Alkalien), ein zweites als sekundäres alkoholisches Hydroxyl und das dritte brückenartig gebunden vorkommen muß. Bei der Destillation über Zinkstaub entsteht Phenanthren $C_{14}H_{10}$.

Die nachstehende Konstitutionsformel [2] des Morphins bzw. Kodeins fußt auf den Arbeiten von VONGERICHTEN, PSCHORR, KNORR und HÖRLEIN sowie SCHÖPF. Sie wurde von R. ROBINSON aufgestellt und gibt eine befriedigende Erklärung für den Übergang des Kodeins in Morphenolmethyläther, der durch zweimaligen HOFMANNschen Abbau

[1] Journ. Amer. Chem. Soc. **67** (1945), 860.

[2] Der eigenartige räumliche Bau des Morphins kommt am besten in der nachstehenden perspektivischen Formel zum Ausdruck. Man erkennt deutlich, daß Morphin einen Isochinolinring

bewirkt wird. Durch den Übergang der hydroaromatischen Ringe des intermediär entstehenden Methylmorphimethins in das aromatische Morphenol wird die Abspaltung der Seitenkette in Stellung 13 als Äthylen erzwungen:

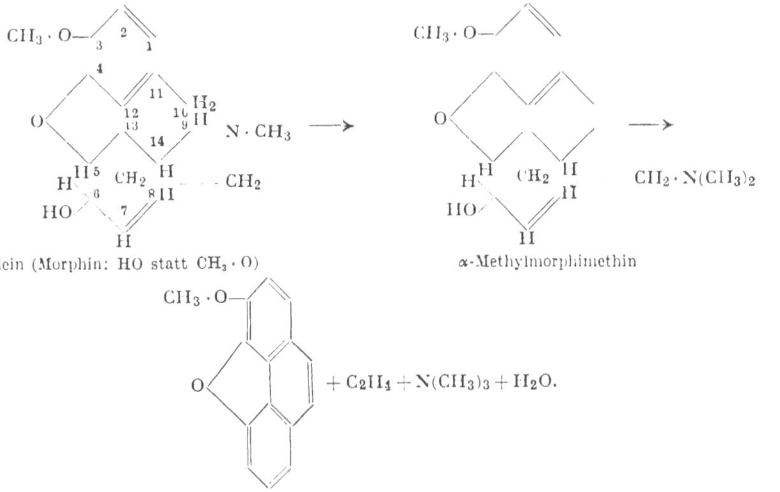

Kodein (Morphin: HO statt $CH_3 \cdot O$) — α-Methylmorphimethin — Morphenol-methyläther

Eine analoge Abspaltung beobachtet man beim Kochen von Methylmorphimethin mit Essigsäureanhydrid (Formelbilder s. unten); hierbei entsteht das Acetat des Dimethylaminoäthylalkohols neben einem Derivat des Morphols (S. 432). Auch die sonstigen zahlreichen Umwandlungen des Morphins stehen mit der obigen Formel im Einklang. Der sauerstoffreie Stammkern des Morphins, das **Morphinan** $C_{16}H_{21}N$, ist 1947 von R. Grewe aus 1-Benzyl-$\Delta^{9.10}$-oktahydroisochinolin synthetisch erhalten worden.

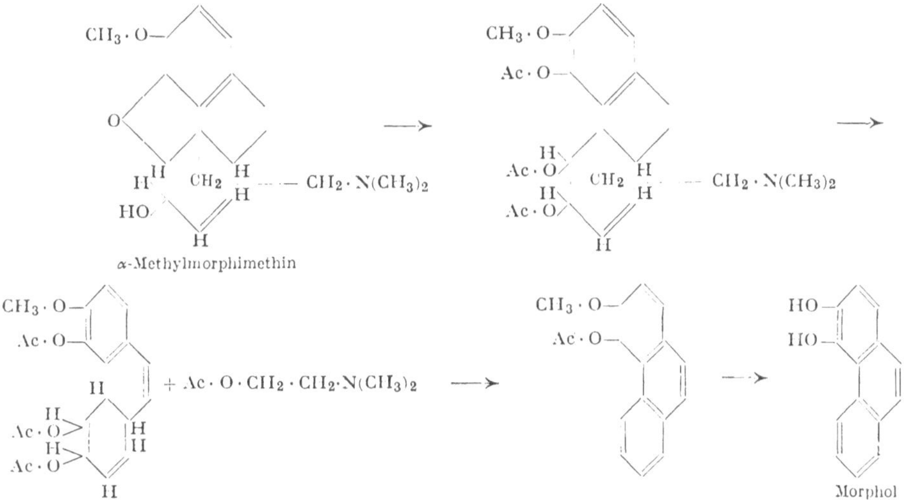

α-Methylmorphimethin — Morphol

enthält und daß 5 Atome des N-haltigen Rings in einer zur Phenanthren-Ebene ungefähr senkrechten Ebene liegen:

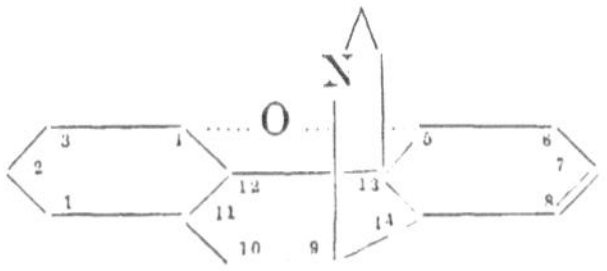

Die Atome 6—8 des Morphins bilden ein „Allyl-System" (S. 134). Man beobachtet daher auch hier die bei Verbindungen dieses Typus vertrauten Umlagerungen. Beim Behandeln mit PCl_5 oder $SOCl_2$ gibt Kodein neben wenig β-Chlorokodid ein α-Chlorokodid $C_{18}H_{20}O_2NCl$, das beim Kochen mit verdünnter Essigsäure zu Pseudokodein, Allopseudokodein und einer geringeren Menge Isokodein hydrolysiert wird:

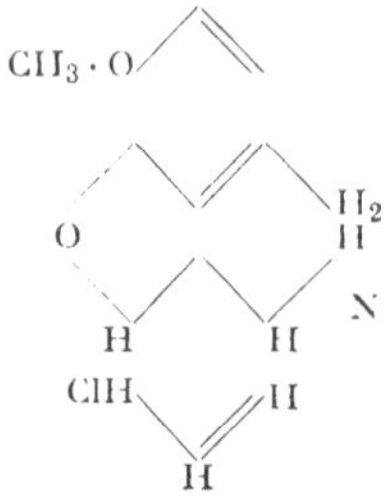

α-Chlorokodid

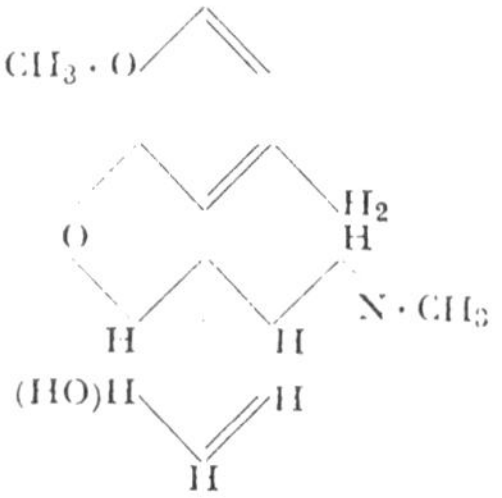

Isokodein

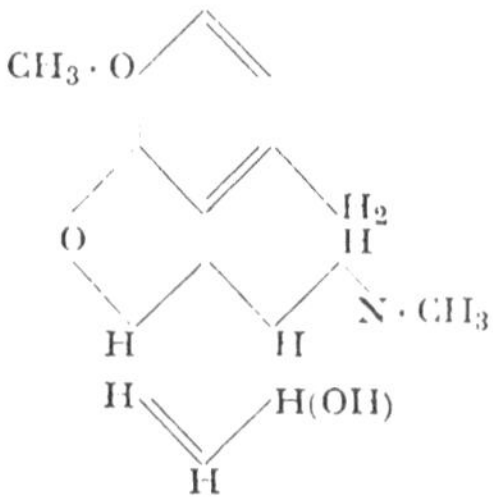

Pseudokodein, Allopseudokodein

Kodein und Isokodein sind am C-Atom 6, Pseudo- und Allopseudokodein am C-Atom 8 diastereoisomer (in der Morphinreihe entspricht dem Isokodein α-Isomorphin, dem Pseudo- und Allopseudokodein γ- bzw. β-Isomorphin). β-Chlorokodid, das vermutlich das Chloratom am C-Atom 8 trägt, gibt bei der Hydrolyse vorwiegend Isokodein, aber kein Kodein.

Wenn man Morphin mit Salzsäure auf 140° erhitzt, so verliert es 1 Molekül Wasser. Da hierbei ein hydroaromatischer Ring aromatisch wird, kann die $—CH_2·CH_2·N$-Brücke nicht an 13 haften bleiben. Sie wandert daher, wie wir es ähnlich bereits bei der Dehydrierung des 9-Methyl-dekalins beobachtet haben, an eine andere Stelle (8) des aromatischen Rings. Gleichzeitig wird der Sauerstoffring unter Bildung einer Phenolgruppe aufgespalten:

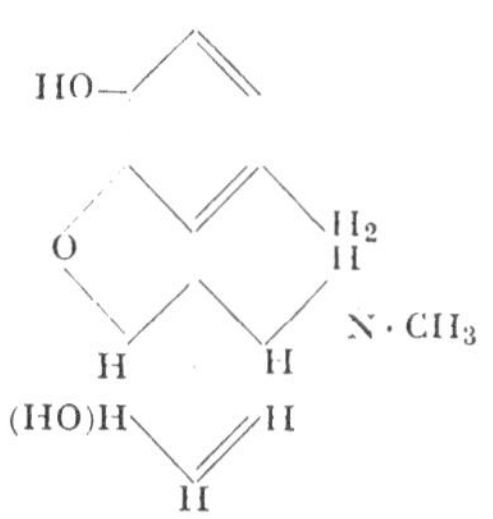

Morphin

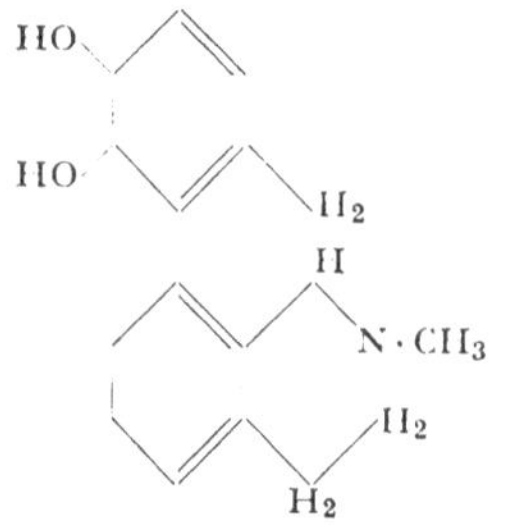

Apomorphin

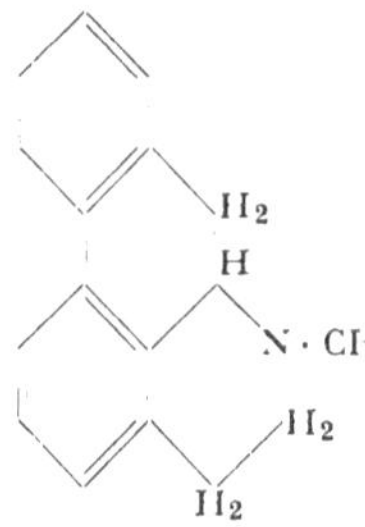

Aporphin

Die Formel des **Apomorphins** ist auch durch Synthese bewiesen. Den sauerstofffreien Stammkörper des Apomorphins nennt man **Aporphin.** Der stickstoffhaltige Ring des Aporphins gehört gleichzeitig einem Chinolin- und einem Isochinolinring an. Viele wichtige Alkaloide leiten sich vom Aporphin ab.

Durch Oxydation der sekundären Alkoholgruppe des Kodeins entsteht **Kodeinon.** Der Methyläther der Enolform des Kodeinons ist das Opiumalkaloid **Thebain.** Kodein wirkt ähnlich wie Morphin, aber viel schwächer. Man verwendet es unter anderem zur Bekämpfung von Hustenreiz. Thebain wirkt krampferzeugend und wird therapeutisch kaum verwendet, ist aber wichtig als Ausgangsmaterial zur Darstellung von Kodeinderivaten. Ein in Menispermaceen vorkommendes Alkaloid, das sehr ähnlichen Bau wie Morphin besitzt, ist das später noch erwähnte **Sinomenin** (S. 503).

Narkotin $C_{22}H_{23}O_7N$ bildet neben Morphin einen Bestandteil des Opiums (etwa 6%). Es ist kristallisiert, schmilzt bei 176° und ist weniger giftig als Morphin; es ist nur eine schwache (tertiäre) Base, da seine Salze leicht hydrolytisch gespalten werden.

Seine von PERKIN und ROBINSON durch Synthese bewiesene Formel ist die folgende:

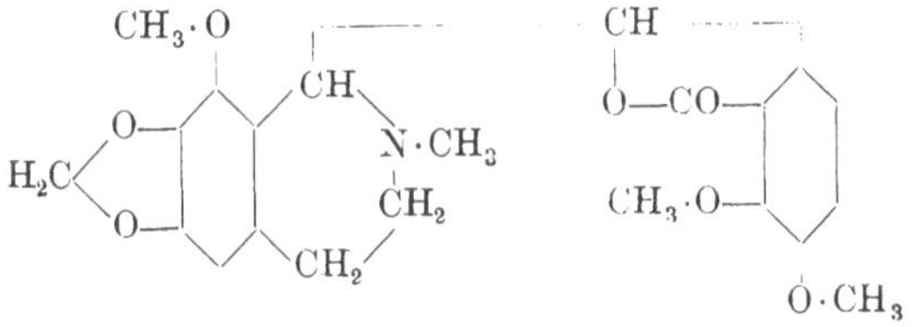

Der auf Abbau beruhende Konstitutionsbeweis für Narkotin sei im folgenden kurz skizziert, weil er zu einer Reihe interessanter Zwischenprodukte geführt hat. Wie schon WÖHLER fand, zerfällt Narkotin bei der Oxydation mit MnO_2 und Schwefelsäure in die Base **Kotarnin** und **Opiansäure.** Bei der Oxydation von Kotarnin erhält man Apophyllensäure, die sich als das Methylbetain der Cinchomeronsäure erwies, und Kotarnsäure, die durch Erhitzen mit Jodwasserstoffsäure und Phosphor in Gallussäure übergeführt wird und über Myristicinsäure auch mit dem Myristicin des Muskatnußöls in Zusammenhang steht. Opiansäure verliert beim Erhitzen mit Salzsäure auf 170° unter gleichzeitiger Entmethylierung die Carboxylgruppe. Dabei entsteht Protocatechualdehyd, den man mit gleichen Eigenschaften auch durch Erhitzen von Piperonal mit Salzsäure darstellen kann:

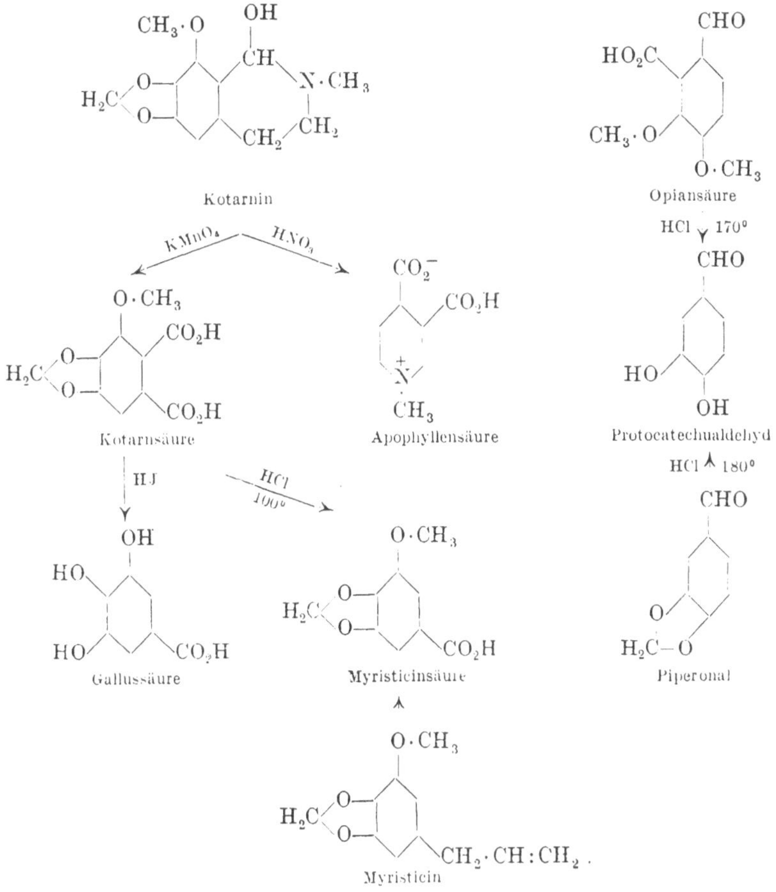

Ein weiteres wichtiges Opiumalkaloid ist das **Papaverin** $C_{20}H_{21}O_4N$, das nach seiner Formel ein aromatischer Isochinolin-Abkömmling, nämlich Tetramethoxybenzylisochinolin, ist. Es ist entsprechend dieser Konstitution optisch-inaktiv und schmilzt bei 147°. Es ist wesentlich weniger giftig und narkotisch als Morphin und findet als Mittel gegen Krampfzustände der glatten Muskulatur therapeutische Anwendung.

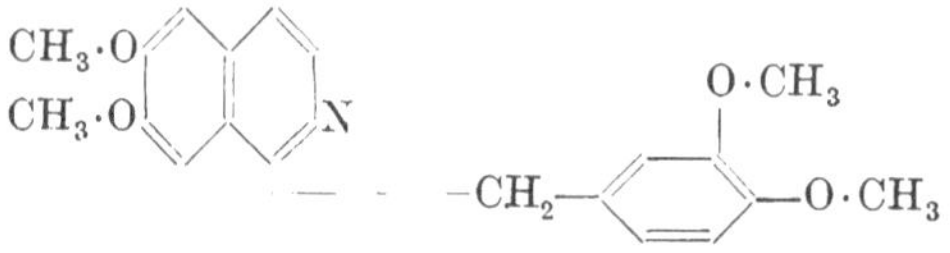

Papaverin wurde von PICTET auf folgendem Wege synthetisch erhalten. Veratrol gibt mit Acetylchlorid nach FRIEDEL und CRAFTS Acetoveratron, dessen Isonitrosoverbindung zu Aminoacetoveratron (I) reduziert wurde. Dieses Aminoketon wurde mit dem Chlorid (II) der Homoveratrumsäure (aus Veratrumsäure darstellbar) zu Homoveratroylamino-acetoveratron (III) umgesetzt. Dieses ließ sich mit Natriumamalgam zum sekundären Alkohol (IV) reduzieren, der beim Erhitzen mit Phosphorpentoxyd unter Verlust von 2 Molekülen Wasser in Papaverin (V) überging:

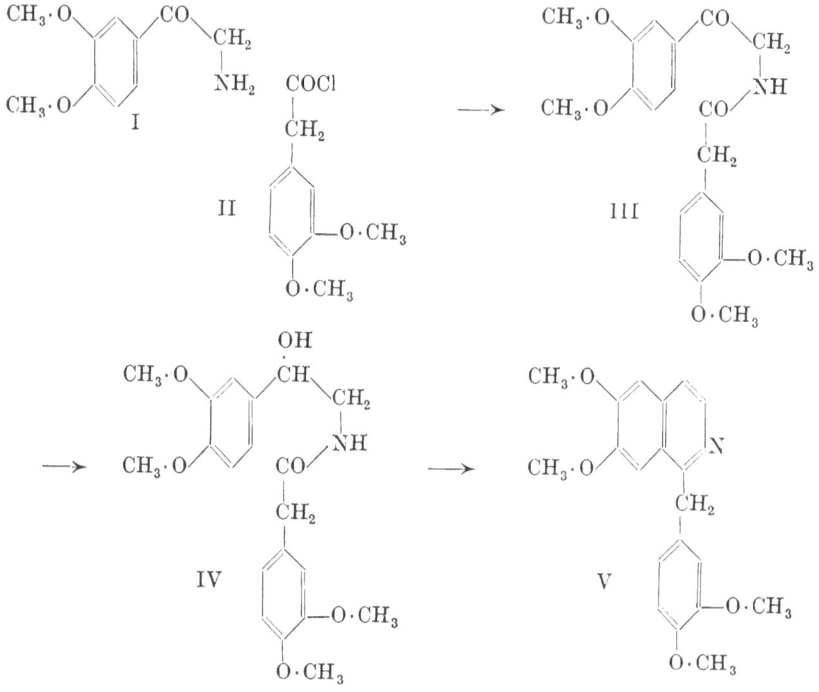

Als tertiäre Base bildet Papaverin ein Chlormethylat. Wenn man dieses mit Zinkamalgam in Gegenwart von Cadmium reduziert, so wird der Isochinolinring hydriert, und man gelangt zum racemischen **Laudanosin** (Laudanosolin-tetramethyläther) $C_{21}H_{27}O_4N$ (I auf S. 503), dessen d-Form sich in kleiner Menge im Opium findet. Wenn man die Formeln verschiedener Opiumalkaloide miteinander vergleicht, so erkennt man ihre nahe strukturelle Verwandtschaft. Durch Entzug von zwei Wasserstoffatomen gelangt man vom Laudanosin zu dem Opiumalkaloid Glaucin $C_{21}H_{25}O_4N$, das zum Aporphin-Typus gehört. Schreibt man die Formel des Laudanosins entsprechend II, so ist ein Ringschluß mit der Brückenstellung des Isochinolinrings unter Wasserstoffverschiebung (analog der GREWEschen Morphinan-Synthese) denkbar. Auf diese Weise würde der dem Laudanosin entsprechende Dimethyläther IIa (Laudanosolindimethyläther, Protosinomenin) in Sinomenin, ein Alkaloid vom Morphin-Typus, übergehen.

I

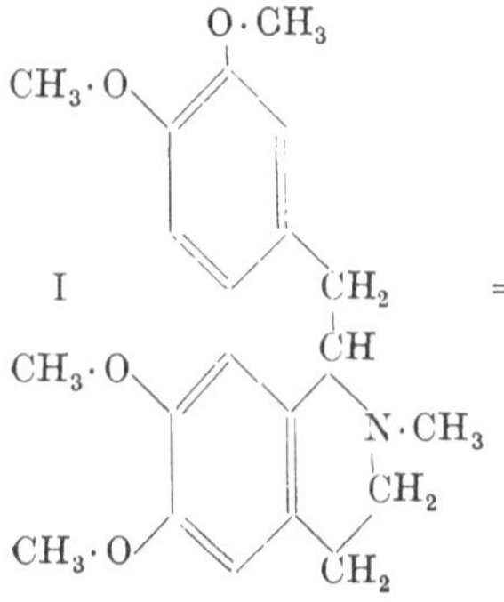

=

II

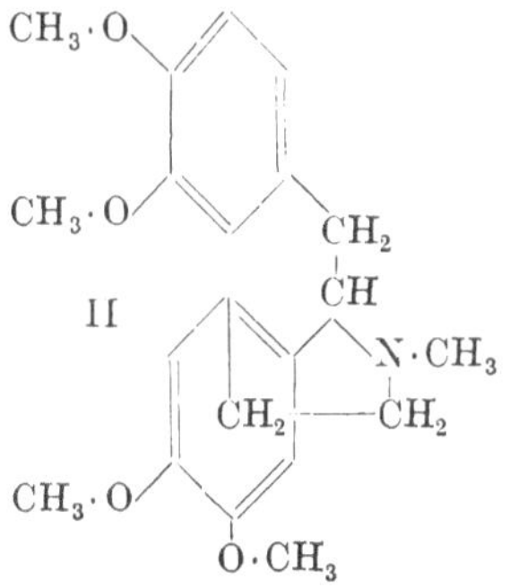

Laudanosin
Laudanosolintetramethyläther

IIa

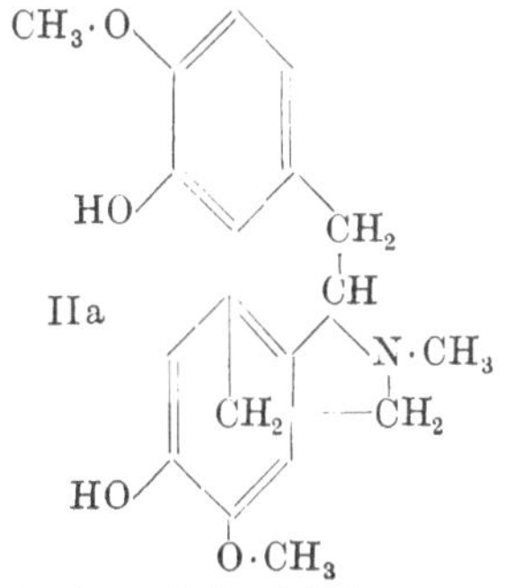

Laudanosolindimethyläther

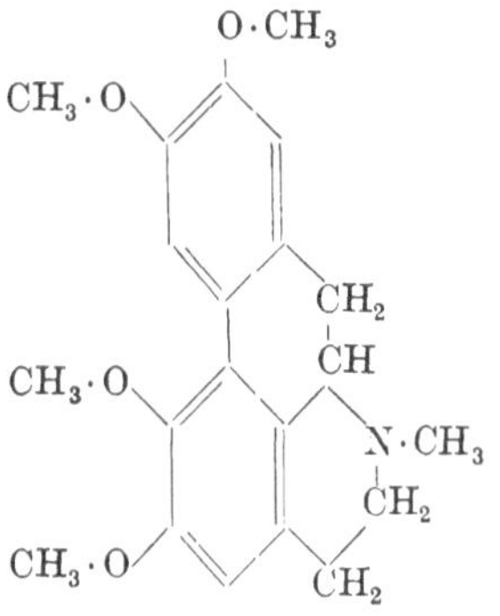

Glaucin

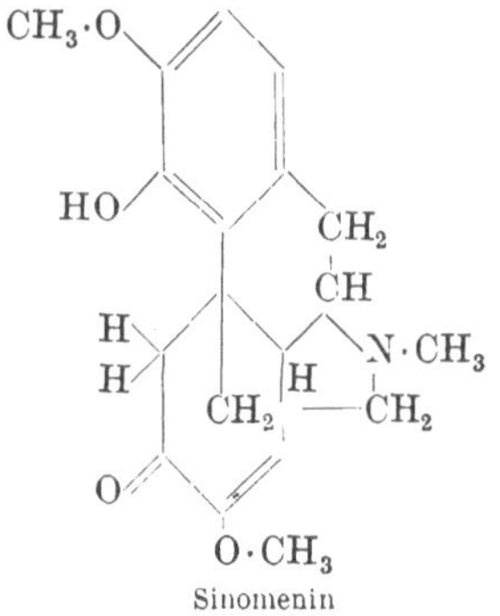

Sinomenin

5. Curare-Alkaloide

Unter Curare versteht man die wirksamen Alkaloide südamerikanischer Pfeilgifte, die verschiedenen botanischen Quellen, hauptsächlich jedoch anscheinend Menispermaceen entstammen. Einige wichtige Bestandteile dieser Alkaloidgemische sind in den letzten Jahren durch SPÄTH und durch KING konstitutionell aufgeklärt worden. Die nachstehenden Formeln auf S. 504 lassen erkennen, daß es sich um einen merkwürdigen Typus von Isochinolin-Alkaloiden handelt, bei denen zwei Isochinolin-Reste durch Oxybenzyl-Gruppen miteinander verbunden sind.

Die Curare-Alkaloide sind innerlich genommen verhältnismäßig unschädlich. Bei subkutaner Einspritzung wirken sie dagegen als äußerst heftige Gifte. Sie bewirken Lähmung der motorischen Nervenendigungen und führen durch Atemstillstand den Tod herbei. **Tubocurarin,** das strukturgleich, aber diastereoisomer mit dem Bis-chlormethylat des Bebeerins ist, findet therapeutische Anwendung zur Muskelentspannung.

6. Strychnos-Alkaloide

Strychnin $C_{21}H_{22}O_2N_2$. In der Brechnuß, dem Samen von *Strychnos nux vomica*, und anderen Strychnos-Arten finden sich die von PELLETIER und CAVENTOU 1817 und 1819 entdeckten Alkaloide **Strychnin** und **Brucin**, die durch starke Giftigkeit ausgezeichnet sind.

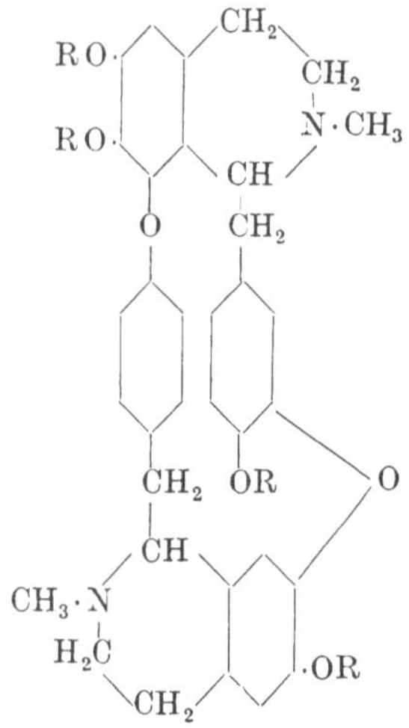

Curin (Bebeerin)
($2\,R = CH_3$, $2\,R = H$)

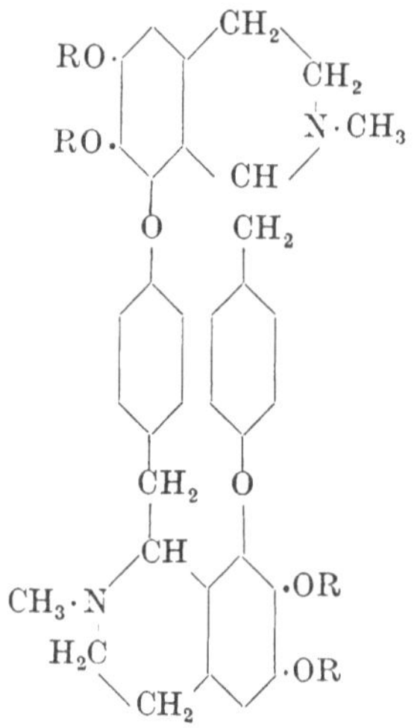

Protocuridin und Isochondrodendrin
($2\,R = CH_3$, $2\,R = H$)

Sie bewirken schon in geringer Menge krampfhafte Starre der Muskeln; Curare-Alkaloide werden als Gegengift gebraucht. Strychnin ist in kleinen Dosen als nervenreizendes Mittel offizinell.

Strychnin bildet farblose prismatische Kristalle, schmilzt bei 269° und ist in Wasser nahezu unlöslich. Charakteristisch für Strychnin ist die Farbreaktion mit Kaliumdichromat und Schwefelsäure. Es tritt eine blaue Färbung auf, die allmählich in Gelb übergeht. Strychnin ist eine einwertige tertiäre Base; nur das eine seiner beiden Stickstoffatome zeigt basische Eigenschaften. Bei der Kalischmelze liefert Strychnin Chinolinbasen und Indol, beim Destillieren mit Kalk β-Picolin, Skatol und Carbazol. Auch beim Erhitzen mit Zinkstaub ist Carbazol erhalten worden.

Ein Bild von dem komplizierten Bau des Strychnins vermittelt die folgende Formel, die auf den Arbeiten von LEUCHS, R. ROBINSON und R. B. WOODWARD fußt.

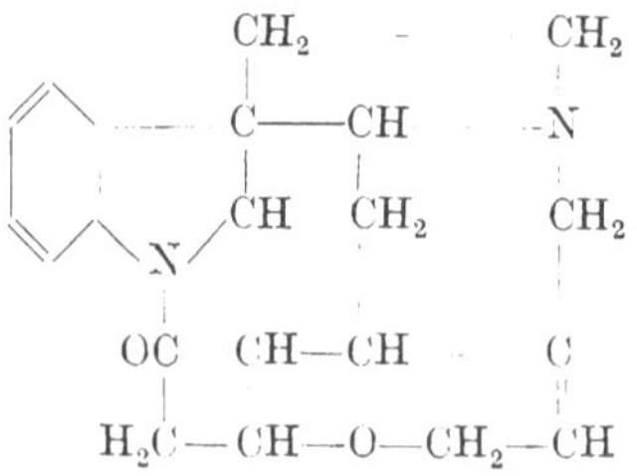

Brucin $C_{23}H_{26}O_4N_2$ ist ein Dimethoxy-strychnin. Charakteristisch für Brucin ist die tiefrote Färbung, die es mit Salpetersäure gibt; sie beruht auf der Bildung eines Chinons auf Kosten der beiden $CH_3 \cdot O$-Gruppen.

Strychnin und Brucin werden im Laboratorium vielfach zur Spaltung racemischer Säuren in die optischen Antipoden verwendet.

Einführung in das chemische Schrifttum

System der organischen Verbindungen

Lehrbücher können ihrem Wesen nach nur die Kenntnis der grundlegenden Tatsachen und Gedanken einer Wissenschaft vermitteln. Wer sich eingehender mit bestimmten Gebieten beschäftigen oder praktische Forschungsarbeit im Laboratorium treiben will, ist genötigt, zu den Quellen selbst vorzudringen. Er wird das gesamte zu einer Frage beigesteuerte Beweismaterial kennenlernen wollen und die Beweggründe und Untersuchungsmethoden der Forscher studieren, die sich vor ihm mit diesem Gebiet beschäftigt haben. Die Ergebnisse chemischer Laboratoriumstätigkeit wurden ursprünglich vielfach in den Berichten der wissenschaftlichen Akademien der verschiedenen Länder sowie in physikalischen und pharmazeutischen Journalen, mit fortschreitender Spezialisierung sehr bald in eigenen chemischen Fachzeitschriften niedergelegt. Unter diesen stehen in Deutschland auf dem Gebiet der organischen Chemie an erster Stelle:

Liebigs Annalen der Chemie (seit 1832)
Berichte der Deutschen Chemischen Gesellschaft (seit 1868; erscheint seit 1947 unter dem Titel Chemische Berichte)
Journal für praktische Chemie (jetzt Journ. f. makromolekulare Chemie) (seit 1834)
Hoppe-Seyler's Zeitschrift für physiologische Chemie (seit 1877)
Biochemische Zeitschrift (seit 1906)

Im Ausland zählen zu den hervorragendsten Zeitschriften:

Amerika:
- Journal of the American Chemical Society (seit 1879)
- Journal of Organic Chemistry (seit 1937)
- Journal of Biological Chemistry (seit 1906)

England:
- Journal of the Chemical Society (seit 1849)
- Biochemical Journal (seit 1906)

Frankreich:
- Comptes rendus de l'Académie des Sciences (seit 1835)
- Bulletin de la Société Chimique de France (seit 1858)
- Annales de Chimie (seit 1789)

Italien:
- Atti della Reale Accademia dei Lincei (seit 1851)
- Gazzetta Chimica Italiana (seit 1871)

Niederlande:
- Recueil des Travaux Chimiques des Pays-Bas (seit 1882)

Österreich:
- Monatshefte für Chemie (seit 1880)

Rußland:
- Journal der Russischen Physikalisch-chemischen Gesellschaft (seit 1869; Titel seit 1931 Žurnal obščej Chimii)

Schweiz:
- Helvetica Chimica Acta (seit 1918).

Eine nicht geringe Anzahl wichtiger Arbeiten organisch-chemischen Inhalts ist auch in den Fachzeitschriften der Grenzgebiete (physikalische Chemie, Pharmazie, Medizin und Technologie) veröffentlicht. Einen guten Überblick über das Gesamtgebiet vermitteln die zusammenfassenden Darstellungen in der Zeitschrift „Angewandte Chemie" (früher Zeitschrift für Angewandte Chemie, seit 1888, Die Chemie, seit 1942).

Es ist natürlich völlig unmöglich, alle diese Zeitschriften ständig im Original zu verfolgen. Man ist deshalb schon frühzeitig dazu übergegangen, in besonderen Referatenorganen laufend kurze Auszüge zu veröffentlichen, die den Forscher über alle Neuerscheinungen unterrichten. In Deutschland dient dieser Aufgabe das *Chemische Zentralblatt* (seit 1830), das 1896 von der Deutschen Chemischen Gesellschaft unter ihre Obhut genommen wurde und sich seitdem zu einem wissenschaftlichen Hilfsmittel ersten Ranges entwickelt hat[1]. In englischer Sprache stellen die seit 1906 von der American Chemical Society herausgegebenen *Chemical Abstracts* das wichtigste gleichartige Unternehmen dar. Mit größter Sorgfalt bearbeitete Autorenregister, Sachregister und Brutto-formel-Register vermitteln einen leichten Überblick sowohl über das Schaffen des einzelnen Forschers als auch über alle Forschungsergebnisse für jede einzelne Verbindung.

Trotzdem genügten bei dem ungeheuren Umfang der organischen Chemie auch diese Hilfsmittel noch nicht allen Bedürfnissen. Das Sammeln aller auf eine einzelne Verbindung bezüglichen Angaben auf dem Umweg über die Register und die Referate ist zeitraubend und mühselig, weil vieles durch den Fortschritt der Wissenschaft als unrichtig Erkannte nachträglich wieder ausgeschieden werden muß, bevor ein abgerundetes Bild der heutigen Kenntnisse gewonnen werden kann. Diesem Übelstand weitgehend abgeholfen zu haben, ist das Verdienst des in Petersburg geborenen Deutsch-Russen Friedrich Konrad Beilstein (1838—1906), der in seinem „*Handbuch der Organischen Chemie*" erstmals 1881 eine systematisch geordnete und kritische Sammlung aller damals bekannten organischen Verbindungen bot[2]. Sein die Kräfte eines Einzelnen bald übersteigendes Unternehmen wurde seit 1896 von der Deutschen Chemischen Gesellschaft weitergeführt. Die 4. seit 1918 erscheinende Auflage des Handbuchs umfaßt ein Hauptwerk (bis 1909) von 31 Bänden sowie ein 1. Ergänzungswerk (bis 1919) von gleicher Bandzahl. Weitere Ergänzungswerke, die die Literatur bis zur Gegenwart behandeln sollen, sind in Bearbeitung. Von der Literaturperiode 1920—1929 sind bisher 14 Bände erschienen. Hauptwerk und 1. Ergänzungswerk sind durch ein gemeinsames General-Sach- und Formelregister (Literatur bis 1919 einschließlich) abgeschlossen.

Allein das Register dieses Handbuchs umfaßt 4300 Seiten. Das Chemische Zentralblatt benötigte für die kurze Spanne von 1935—1939 ein Formelregister von 1890 Seiten Umfang. Diese Zahlen sprechen eine beredte Sprache für den gewaltigen Umfang der organischen Chemie. Sich in der Masse dieses Stoffs zurechtzufinden, ist trotz der durch die genannten Hilfsmittel gebotenen Erleichterungen für den Anfänger kein einfaches Beginnen. Es dürfte deshalb nützlich sein, hier noch einige einführende Hinweise für die Benutzung dieser Sammelwerke zu geben. Die größte Schwierigkeit beim Aufsuchen einer organischen Verbindung besteht erfahrungsgemäß in der Ermittlung des richtigen Namens, unter dem die Verbindung in den Registern verzeichnet ist. Der Hauptvorzug der organischen Nomenklatur, ihre große Variabilität und Anpassungsfähigkeit an die verschiedensten Bedürfnisse, ist gleichzeitig ihre größte Schwäche. Eine so einfache Verbindung wie tert.-Butylalkohol $(CH_3)_3C \cdot OH$ kann mit gleichem Recht als Oxy-trimethyl-methan, 2-Methyl-propanol-(2), β-Oxy-β-methyl-propan oder Trimethyl-

[1] Vgl. M. Pflücke, „Hundert Jahre Chemisches Zentralblatt" in Ber. Dtsch. Chem. Ges. **62** A (1929), 132.

[2] Über Leben und Werk Beilsteins s. F. Richter, Ber. Dtsch. Chem. Ges. **71** A (1938), 35; Angewandte Chemie **51** (1938), 101.

carbinol bezeichnet werden. Die Zahl der möglichen Namen wächst rasch mit der Kompliziertheit des Moleküls. Kein Sammelwerk ist in der Lage, alle richtigen Namen zu verzeichnen. Für den Anfänger gesellt sich zu diesen Schwierigkeiten noch die Unsicherheit hinsichtlich der Richtigkeit des gebildeten Namens und der richtigen Wahl der Reihenfolge der Namensbestandteile. Diese Schwierigkeiten sind auf verschiedenen Wegen weitgehend behoben worden.

Der erste ist die Einführung der **Formelregister**[1] durch M. M. Richter (seit 1884). Ihnen liegt als ordnendes Prinzip nicht der Name, sondern die *Bruttoformel* zugrunde. Für die Elemente in der Bruttoformel gilt die Reihenfolge CHONClBrIFSP („Richter-Alphabet"). Für die Aufeinanderfolge der Bruttoformeln ist in erster Linie die Anzahl der C-Atome (C_1 vor C_2 usw.), in zweiter Linie die Anzahl der neben C vorkommenden Element*arten* und weiter die Atomanzahl dieser Elemente nach obenstehender Reihenfolge maßgeblich, also:

C_2-I	C_2H_2	C_2-II	$C_2H_2N_4$	C_2-III	C_2HOCl_3	C_2-IV	C_2HONCl_2
	C_2H_4		$C_2H_2Cl_2$		$C_2HO_2Cl_3$		C_2HON_2Cl
	C_2H_6		C_2H_3N		C_2HNCl_2		C_2HOClF_2
	C_2N_2		C_2H_4O		$C_2H_2ON_2$		C_2H_2ONCl
	C_2Cl_4		$C_2H_4O_2$		$C_2H_2ON_6$		
	C_2I_2		$C_2H_4O_3$		$C_2H_2O_2N_2$		
			$C_2H_4N_2$				
			$C_2Cl_2S_3$				

Auch bei dieser Art der Anordnung organischer Verbindungen[2] kann die Anzahl der Isomeren unter einer einzelnen Bruttoformel die Zahl 100 überschreiten. Der Leser ist jedoch stets der Mühe enthoben, sich die Namen der Verbindungen selbst zu konstruieren. Er hat lediglich die ihm unter dieser Formel gebotenen Namen in die Strukturformel zu übersetzen und zu prüfen, ob sich die gesuchte Verbindung darunter befindet. Er wird also bei gehöriger Sorgfalt stets sicher sein, die gesuchte Verbindung, wenn sie überhaupt existiert, auch zu finden.

Das eben geschilderte Verfahren von M. M. Richter ist das einzige erprobte System, um jeder organischen Verbindung in Registern einen nahezu völlig definierten Platz anzuweisen[3]. Es ist leicht und völlig mechanisch zu erlernen und deshalb sehr beliebt. Es eignet sich indessen nicht für die Anordnung organischer Verbindungen im fortlaufenden Text der Handbücher. Denn die Zufälligkeit identischer Bruttoformeln versammelt heterogenste Verbindungen unter einem Stichwort. Von einem Handbuch verlangt man dagegen die Vereinigung des sachlich Zusammengehörigen an einer Stelle. Aus diesem Grunde ist im Beilstein-Handbuch der zweite oben angedeutete Weg beschritten worden, nämlich eine Anordnung der organischen Verbindungen nach ihrer *Konstitutionsformel*. Diese Methode der Anordnung stellt also ein System der organischen Verbindungen dar. Die Wichtigkeit dieses Systems für den organischen Chemiker erhellt daraus, daß es mit seiner Hilfe möglich ist, jeder Verbindung im Handbuch auch ohne Kenntnis ihres Namens ihren genauen Platz anzuweisen.

[1] M. M. Richter, Lexikon der Kohlenstoffverbindungen 3. Aufl. (Literatur bis 1909) (Hamburg und Leipzig 1910—1912), fortgesetzt durch R. Stelzners Literatur-Register der organischen Chemie (Literatur 1910—1921), das seit 1922 als Formelregister des Chemischen Zentralblatts weitergeführt wird. Mit Ausnahme der Jahre 1920 und 1921 wird heute die gesamte Literatur durch die Formelregister der Referatenorgane und des Beilstein-Handbuchs erfaßt.

[2] Das System der Chemical Abstracts zeigt geringfügige Abweichungen von dem ursprünglichen Richterschen Verfahren (System von Hill).

[3] In neuerer Zeit sind interessante, zur mechanischen Lochkartensortierung geeignete Systeme beschrieben worden, die aber noch in der Entwicklung begriffen sind. Vgl. G. M. Dyson, A new notation and enumeration system, 2. Aufl. (London 1949).

Im **Beilstein-System**[1] wird die Gesamtheit der organischen Verbindungen zunächst in die **3 Hauptabteilungen** der acyclischen, isocyclischen und heterocyclischen Verbindungen eingeteilt. Diese Begriffe bedürfen nach früheren Ausführungen (S. 20) keiner Erläuterung mehr. Jede dieser Hauptabteilungen zerfällt in **28 Hauptklassen**, von denen im folgenden nur die wichtigsten der Reihe nach aufgeführt seien:

1. Kohlenwasserstoffe (bzw. heterocyclische „Stammkerne")
2. Oxyverbindungen
   Mono-, Di-, Trioxyverbindungen usw.
3. Oxoverbindungen
   Mono-, Di-, Trioxoverbindungen usw.
   Oxyoxoverbindungen mit 2,3,4 usw. O-Atomen
4. Carbonsäuren
   Mono-, Di-, Tri-usw.-carbonsäuren
   Oxycarbonsäuren mit 3,4,5 usw. O-Atomen
   Oxocarbonsäuren mit 3,4,5 usw. O-Atomen
   Oxyoxocarbonsäuren mit 4,5 usw. O-Atomen
6. Sulfonsäuren
   Mono-, Di-, Trisulfonsäuren usw.
   Sulfoderivate aller vorangehenden C-O-Verbindungen, geordnet nach den zugrunde liegenden C-O-Verbindungen und erst bei jeder individuellen Sauerstoffverbindung nach Mono-, Di- und Trisulfoderivaten usw. unterteilt (gleichartiges Einteilungsprinzip gilt für alle folgenden Hauptklassen bei Verbindungen mit mehreren, verschiedenartigen Funktionen)
8. Amine
9. Hydroxylamine
10. Hydrazine
11. Azoverbindungen (Gruppe -N : NH)
13. Diazoverbindungen (Gruppe $-N_2 \cdot OH$)
14. Azoxyverbindungen (Gruppe -N(: O): NH)
23. Verbindungen mit an C gebundenem P, As, Sb

24—28. Metallorganische Verbindungen

Innerhalb der einzelnen Hauptklassen[2] und ihrer Unterklassen wird dann in leicht verständlicher Weise noch nach fallendem Sättigungsgrad (C_nH_{2n+2}, C_nH_{2n}, C_nH_{2n-2}), steigender Kohlenstoffzahl und schließlich fallender Länge der unverzweigten Kette (bzw. fallender Ringgliederzahl bei Cyclen) geteilt. Z. B. gilt für die ersten Glieder der Kohlenwasserstoffe C_nH_{2n+2} nachstehende Anordnung:

C_1	CH_4
C_2	$CH_3 \cdot CH_3$
C_3	$CH_3 \cdot CH_2 \cdot CH_3$
C_4	$CH_3 \cdot CH_2 \cdot CH_2 \cdot CH_3$
	$(CH_3)_2CH \cdot CH_3$
C_5	$CH_3 \cdot CH_2 \cdot CH_2 \cdot CH_2 \cdot CH_3$
	$(CH_3)_2CH \cdot CH_2 \cdot CH_3$
	$(CH_3)_3C \cdot CH_3$

[1] B. PRAGER, D. STERN, K. ILBERG, System der organischen Verbindungen (Berlin 1929). — F. RICHTER, K. ILBERG, Kurze Anleitung zur Orientierung in BEILSTEINS Handbuch der organischen Chemie (Berlin 1936 Springer-Verlag).

[2] In der 3. Hauptabteilung (heterocyclische Verbindungen) ist vor die Hauptklassen als erstes Ordnungsprinzip noch Art und Zahl der Hetero-Atome geschaltet: O_1, O_2, O_3 ... N_1, N_2, N_3 ... O_1N_1, O_2N_1, O_3N_1 ... O_1N_2, O_2N_2, O_3N_2 ... (über besondere Behandlung von Schwefel siehe S.510).

Die Gesamtzahl der in den 3 Hauptabteilungen untergebrachten Haupt- und Unterklassen aller Sättigungsgrade beläuft sich auf rund 5000 Nummern. Ihre Zusammenstellung in dem S. 508 Anm. 1 genannten Systembuch gibt einen lehrreichen Einblick in die einfache Architektonik des Ganzen.

Der Anfänger wird in diesem System viele ihm vertraute Verbindungen vermissen, z. B. die Halogenverbindungen, Nitroverbindungen, die Äther, Ester, Nitrile und Sulfide. Dies führt uns auf einen wesentlichen Punkt des Systems. Die existierenden Typen organischer Verbindungen sind viel zu zahlreich, als daß man für alle besondere Klassen bilden könnte. Der Bildung von Hauptklassen sind deshalb nur die wichtigsten, oben genannten Funktionen zugrundegelegt. Alle übrigen Verbindungen werden als **Derivate** der in den Hauptklassen unterzubringenden Substanzen (die deshalb auch Registrierverbindungen genannt werden) betrachtet und müssen daher auf die Registrierverbindungen zurückgeführt werden.

Die Derivate zerfallen in 3 Gruppen:

1. funktionelle Derivate (entstanden durch Verknüpfung mit organ. Oxyverbindungen oder wasserstoffhaltigen anorgan. Verbindungen)
2. Substitutionsprodukte (mit Cl, Br, I, F, NO, NO_2, N_3)
3. Schwefelanaloga der Sauerstoffverbindungen

Die Zurückführung der Substitutionsprodukte (Gruppe 2) auf ihre Registrierverbindungen bereitet nicht die geringsten Schwierigkeiten. Man hat dazu lediglich den Substituenten durch H zu ersetzen: β-Bromäthylalkohol $Br\cdot CH_2\cdot CH_2\cdot OH$ findet man hinter Äthylalkohol[1]. Etwas eingehender sind die Vertreter der 1. Gruppe zu behandeln. Alle funktionellen Derivate werden im Beilstein-System formal als Produkte einer Wasserabspaltung zwischen einer Registrierverbindung und einer „Kupplungsverbindung" (organ. C-Oxyverbindung oder anorgan. wasserstoffhaltige Verbindung) aufgefaßt. Zur Ermittlung der Registrierverbindung hat man also das Derivat dem umgekehrten Prozeß einer Hydrolyse zu unterwerfen:

1. Anisol $C_6H_5\cdot O\cdot CH_3 \longrightarrow \mathbf{C_6H_5\cdot OH} + CH_3\cdot OH$
2. Essigester $CH_3\cdot CO\cdot OC_2H_5 \longrightarrow \mathbf{CH_3\cdot CO_2H} + C_2H_5\cdot OH$
3. Acetamid $CH_3\cdot CO\cdot NH_2 \longrightarrow \mathbf{CH_3\cdot CO_2H} + NH_3$
4. Blausäure $HCN \longrightarrow \mathbf{HCO_2H} + NH_3$
5. Acetanilid $C_6H_5\cdot NH\cdot CO\cdot CH_3 \longrightarrow \mathbf{C_6H_5\cdot NH_2} + CH_3\cdot CO_2H$
6. N-Methyl-benzamid $C_6H_5\cdot CO\cdot NH\cdot CH_3 \longrightarrow \mathbf{C_6H_5\cdot CO_2H} + NH_3 + CH_3\cdot OH$
7. Azobenzol $C_6H_5\cdot N:N\cdot C_6H_5 \longrightarrow \mathbf{C_6H_5\cdot N:NH} + C_6H_5\cdot OH$
8. p-Azoxy-phenetol $C_2H_5\cdot O\cdot C_6H_4\cdot N(:O):N\cdot C_6H_4\cdot O\cdot C_2H_5 \longrightarrow$
   $\mathbf{HO\cdot C_6H_4\cdot N(:O):NH} + HO\cdot C_6H_4\cdot OH + 2\,C_2H_5\cdot OH$

Bei der Hydrolyse entsteht entweder eine Registrierverbindung und eine anorganische Kupplungsverbindung (Beispiele 3 und 4) oder mehrere Registrierverbindungen mit oder ohne Begleitung einer anorganischen Kupplungsverbindung. Treten mehrere Registrierverbindungen auf, so bestimmt die (fettgedruckte) im System an spätester Stelle stehende Verbindung[2] den Registrierort („Prinzip der spätesten Systemstelle").

[1] Eine Ausnahme bildet aus chemischen Gründen der Fall, daß das gleiche C-Atom einen Substituenten und eine Funktion (oder mehrere Funktionen) trägt. Hier erfolgt Ersatz durch Sauerstoff:

$$C_6H_5\cdot CH\begin{matrix}\diagup Cl\\ \diagdown OH\end{matrix} \longrightarrow C_6H_5\cdot CHO; \qquad CH_3\cdot C\begin{matrix}\diagup OC_2H_5\\ -OC_2H_5\\ \diagdown OC_2H_5\end{matrix} \longrightarrow CH_3\cdot CO_2H.$$

[2] Die übrigen, systematisch früheren Registrierverbindungen sinken damit auf den Rang von Kupplungsverbindungen zurück (Beispiel 8).

Die hydrolytische Spaltung[1] wird stets soweit getrieben, daß ausschließlich Registrierverbindungen (entsprechend obigem Verzeichnis der Hauptklassen) und erlaubte Kupplungsverbindungen (C-Oxyverbindungen, anorgan. Wasserstoffverbindungen) entstehen. Sind verschiedene Spaltungen dieser Art möglich, so ist derjenige Weg richtig, der die späteste Registrierverbindung liefert, die bei der Resynthese der Spaltstücke nur Derivate ergibt. Diese wichtigste Regel wird durch die Beispiele 5 und 6 erläutert[2].

Die Reihenfolge der als Anhang einer Registrierverbindung gebrachten funktionellen Derivate wird durch die Stellung der Kupplungsverbindungen im Beilstein-System bestimmt. Jedoch sind der Einfachheit halber die isomeren Kupplungsverbindungen aus der ersten und zweiten Hauptabteilung an einer Stelle zusammengefaßt. Derivate mit Allylalkohol und Cyclopropanol folgen also unmittelbar aufeinander. Für die anorganischen Kupplungsverbindungen gilt folgende vereinfachte Rangordnung: H_2O_2; HOCl, HOBr, H_2SO_4, HNO_2, HNO_3, H_3PO_4; HCl, HBr, HJ; NH_3, $NH_2 \cdot OH$, N_2H_4, HN_3.

Daß die Schwefel-, Selen- und Tellurverbindungen (mit Ausnahme ihrer Sauerstoffsäuren) als dritte Unterabteilung der Derivate geführt werden, besagt, daß für diese Verbindungen keine besonderen Hauptklassen geschaffen worden sind. Äthylmercaptan steht also unter den Derivaten des Äthylalkohols an letzter Stelle hinter Diäthyläther und Bromäthylalkohol. Gleiches gilt für diese Elemente als Hetero-Atome: Thiophen wird als Derivat von Furan behandelt.

Einige besondere Regeln, die hier übergangen werden können, beschäftigen sich mit desmotropiefähigen Verbindungen, wo eine Auswahl zwischen verschiedenen möglichen Formeln getroffen werden muß, und mit solchen Verbindungen, die wie Ammonium- und Sulfoniumverbindungen, Sulfoxyde und Sulfone die Elemente N und S nicht in ihrer niedrigsten Wertigkeitsstufe enthalten.

Als abschließendes Beispiel sei ein komplizierterer Fall gebracht, der zeigt, wie man bei Verbindungen zu verfahren hat, die aus Registriersubstanzen durch mehrfache Veränderung hervorgehen. Der Phenylester der 4-Nitro-thiobenzoesäure liefert nach Ersatz von NO_2 durch H und Austausch von S gegen O bei hydrolytischer Spaltung Benzoesäure und Phenol:

$$O_2N \cdot C_6H_4 \cdot CO \cdot S \cdot C_6H_5 \longrightarrow C_6H_5 \cdot CO \cdot O \cdot C_6H_5 \longrightarrow \mathbf{C_6H_5 \cdot CO_2H} + C_6H_5 \cdot OH.$$

Registrierverbindung ist Benzoesäure. Ihre systematisch späteste Veränderung ist Ersatz von O durch S. Die gesuchte Verbindung erscheint also unter Monothiobenzoesäure unter deren Nitrosubstitutionsprodukten als Ester.

Die Gesamtheit der oben auf ihren einfachsten Nenner gebrachten Regeln wird nach kurzem Studium als so überraschend einfach erscheinen, daß kein Chemiker die geringe Mühe scheuen sollte, dieses System gründlich zu erlernen und praktisch zu üben. Es wird ihm namentlich in den unvermeidlichen Wartepausen zwischen dem Erscheinen der einzelnen Generalregister ein verläßlicher Führer sein und ihm ein sonst nicht erreichbares Gefühl der Sicherheit in der Benutzung dieses wichtigen Nachschlagewerks geben.

---

[1] *Nicht* gespalten werden C-C-Bindungen und heterocyclische Ringe.

[2] In Beispiel 5 wäre die an sich mögliche Spaltung in Phenol, NH_3 und Essigsäure unrichtig, weil sie nicht die späteste Registriersubstanz liefert, namentlich aber auch, weil der erste Schritt der Resynthese $C_6H_5 \cdot OH + NH_3 \longrightarrow C_6H_5 \cdot NH_2$ zu einer Registrierverbindung statt zu einem Derivat führt, also unzulässig ist.

In Beispiel 6 wird N-Methyl-benzamid nicht in Benzoesäure und Methylamin gespalten, weil Methylamin keine Oxyverbindung, mithin keine erlaubte Kupplungssubstanz ist. Andererseits kann Methylamin in diesem Fall nicht Registrierverbindung sein, weil es im System vor Benzoesäure steht.

Register

(Die Seitenzahlen, wo sich die wichtigsten auf ein Stichwort bezüglichen Angaben finden, sind durch Fettdruck hervorgehoben)

B

C

G

H

L

M

N

T

FSC
www.fsc.org
MIX
Papier | Fördert gute Waldnutzung
FSC® C083411

Kolibri 360 GmbH
Ferdinand-Jühlke-Straße 7
99095 Erfurt, Deutschland
produktsicherheit@kolibri360.de